CÁLCULO

Volume 1

Dados Internacionais de Catalogação na Publicação (CIP)
(Câmara Brasileira do Livro, SP, Brasil)

Stewart, James
　Cálculo, volume I / James Stewart, Daniel Clegg, Saleem Watson ; tradução técnica Francisco Magalhães Gomes. - 5. ed. - São Paulo : Cengage Learning, 2022.

　Título original: Calculus
　9. ed. norte-americana.
　ISBN 978-65-5558-401-1

　1. Cálculo I. Clegg, Daniel. II. Watson, Saleem. III. Título.

21-75162　　　　　　　　　　　　　　　　　　　　　　　　CDD-515

Índice para catálogo sistemático:
1. Cálculo : Matemática　515
Cibele Maria Dias - Bibliotecária - CRB-8/9427

CÁLCULO

Volume 1

Tradução da 9ª edição norte-americana

JAMES STEWART

McMASTER UNIVERSITY
E
UNIVERSITY OF TORONTO

DANIEL CLEGG

PALOMAR COLLEGE

SALEEM WATSON

CALIFORNIA STATE UNIVERSITY, LONG BEACH

Tradução técnica dos trechos da 9ª edição:

FRANCISCO MAGALHÃES GOMES
UNIVERSIDADE ESTADUAL DE CAMPINAS (UNICAMP)

CENGAGE

Austrália • Brasil • México • Cingapura • Reino Unido • Estados Unidos

CENGAGE

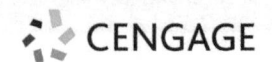

Cálculo – Volume 1 – Tradução da 9ª edição norte-americana
6ª edição brasileira

James Stewart, Daniel Clegg e Saleem Watson

Gerente editorial: Noelma Brocanelli

Editora de desenvolvimento: Gisela Carnicelli

Supervisora de produção gráfica: Fabiana Alencar Albuquerque

Título original: Calculus – Early transcendentals – 9th edition (ISBN 13: 978-0-357-11351-6)

Tradução técnica dos trechos novos da 9ª edição norte-americana: Francisco Magalhães Gomes

Tradução dos trechos da 8ª edição: Helena Maria Ávila de Castro

Revisão técnica da 8ª edição: Eduardo Garibaldi

Tradução dos trechos da 7ª edição norte-americana: EZ2Translate

Revisão técnica da 7ª edição: Eduardo Garibaldi

Tradução técnica da 6ª edição norte-americana: Antonio Carlos Moretti e Antonio Carlos Gilli Martins

Preparação de arquivos: Priscilla Lopes, Beatriz Simões e Diego Carrera

Cotejo e revisão: Fábio Gonçalves, Rosângela Ramos da Silva, Olívia Frade Zambone e Larissa Wostog

Diagramação: PC Editorial Ltda.

Indexação: Priscilla Lopes

Capa: Raquel Braik Pedreira

Imagem da capa: DRN Studio/Shutterstock

© 2021, 2016 Cengage Learning
© 2022 Cengage Learning Edições Ltda.

Todos os direitos reservados. Nenhuma parte deste livro poderá ser reproduzida, sejam quais forem os meios empregados, sem a permissão, por escrito, da Editora. Aos infratores aplicam-se as sanções previstas nos artigos 102, 104, 106 e 107 da Lei nº 9.610, de 19 de fevereiro de 1998.

Esta editora empenhou-se em contatar os responsáveis pelos direitos autorais de todas as imagens e de outros materiais utilizados neste livro. Se porventura for constatada a omissão involuntária na identificação de algum deles, dispomo-nos a efetuar, futuramente, os possíveis acertos.

A Editora não se responsabiliza pelo funcionamento dos sites contidos neste livro que possam estar suspensos.

> Para informações sobre nossos produtos, entre em contato pelo telefone 0800 11 19 39
>
> Para permissão de uso de material desta obra, envie seu pedido para direitosautorais@cengage.com

© 2022 Cengage Learning. Todos os direitos reservados.

ISBN-13: 978-65-5558-401-1
ISBN-10: 65-5558-401-7

Cengage Learning
Condomínio E-Business Park
Rua Werner Siemens, 111 – Prédio 11 – Torre A – Conjunto 12
Lapa de Baixo – CEP 05069-900 – São Paulo – SP
Tel.: (11) 3665-9900 – Fax: (11) 3665-9901
SAC: 0800 11 19 39

Para suas soluções de curso e aprendizado, visite
www.cengage.com.br

Impresso no Brasil.
Printed in Brazil.
1ª impressão – 2021

Sumário

Prefácio ix

Um Tributo a James Stewart xx

Sobre os Autores xxi

Recursos Tecnológicos Desta Edição xxii

Ao Aluno xxiii

Testes de Verificação xxiv

Uma Apresentação do Cálculo xxix

1 Funções e Modelos 1

1.1 Quatro Maneiras de Representar uma Função 2

1.2 Modelos Matemáticos: Uma Lista de Funções Essenciais 15

1.3 Novas Funções a Partir de Conhecidas 29

1.4 Funções Exponenciais 38

1.5 Funções Inversas e Logaritmos 45

Revisão 58

Princípios da Resolução de Problemas 61

2 Limites e Derivadas 67

2.1 Os Problemas da Tangente e da Velocidade 68

2.2 O Limite de uma Função 72

2.3 Cálculos Usando Propriedades dos Limites 84

2.4 A Definição Precisa de um Limite 93

2.5 Continuidade 103

2.6 Limites no Infinito; Assíntotas Horizontais 114

2.7 Derivadas e Taxas de Variação 127

  PROJETO ESCRITO • Métodos Iniciais para Encontrar Tangentes 138

2.8 A Derivada como uma Função 138

Revisão 149

Problemas Quentes 154

3 Regras de Derivação 157

3.1 Derivadas de Funções Polinomiais e Exponenciais 158

  PROJETO APLICADO • Construindo uma Montanha-Russa Melhor 167

3.2 As Regras de Produto e Quociente 168
3.3 Derivadas de Funções Trigonométricas 174
3.4 A Regra da Cadeia 181
  PROJETO APLICADO • Onde um Piloto Deve Iniciar a Descida? 190
3.5 Derivação Implícita 191
  PROJETO DE DESCOBERTA • Famílias de Curvas Implícitas 197
3.6 Derivadas de Funções Logarítmicas e de Funções Trigonométricas Inversas 198
3.7 Taxas de Variação nas Ciências Naturais e Sociais 205
3.8 Crescimento e Decaimento Exponenciais 218
  PROJETO APLICADO • Controle de Perda de Células Vermelhas do Sangue Durante uma Cirurgia 225
3.9 Taxas Relacionadas 226
3.10 Aproximações Lineares e Diferenciais 232
  PROJETO DE DESCOBERTA • Aproximações Polinomiais 238
3.11 Funções Hiperbólicas 239
  Revisão 245

Problemas Quentes 250

4 Aplicações da Derivação 255

4.1 Valores Máximo e Mínimo 256
  PROJETO APLICADO • O Cálculo do Arco-Íris 264
4.2 O Teorema do Valor Médio 265
4.3 Como as Derivadas Afetam a Forma de um Gráfico 271
4.4 Formas Indeterminadas e Regra de l'Hôspital 283
  PROJETO ESCRITO • As Origens da Regra de l'Hôspital 292
4.5 Resumo do Esboço de Curvas 293
4.6 Representação Gráfica com Cálculo e a Tecnologia 301
4.7 Problemas de Otimização 308
  PROJETO APLICADO • A Forma de uma Lata 320
  PROJETO APLICADO • Aviões e Pássaros: Minimizando a Energia 321
4.8 Método Newton 322
4.9 Primitivas 327
  Revisão 334

Problemas Quentes 339

5 Integrais 341

5.1 Os Problemas de Áreas e Distâncias 342
5.2 A Integral Definida 353
  PROJETO DE DESCOBERTA • Funções Área 366

SUMÁRIO vii

    5.3 O Teorema Fundamental do Cálculo 367

    5.4 Integrais Indefinidas e o Teorema da Variação Total 376

        PROJETO ESCRITO • Newton, Leibniz e a Invenção do Cálculo 385

    5.5 A Regra da Substituição 385

        Revisão 393

Problemas Quentes 397

6 Aplicações de Integração 401

    6.1 Áreas entre Curvas 402

        PROJETO APLICADO • O Índice de Gini 410

    6.2 Volumes 412

    6.3 Volumes por Cascas Cilíndricas 424

    6.4 Trabalho 431

    6.5 Valor Médio de uma Função 436

        PROJETO APLICADO • Cálculos e Beisebol 440

        PROJETO APLICADO • Onde se Sentar no Cinema 441

        Revisão 441

Problemas Quentes 444

7 Técnicas de Integração 447

    7.1 Integração por Partes 448

    7.2 Integrais Trigonométricas 454

    7.3 Substituição Trigonométrica 460

    7.4 Integração de Funções Racionais por Frações Parciais 467

    7.5 Estratégias de Integração 476

    7.6 Integração Usando Tabelas e Tecnologia 481

        PROJETO DE DESCOBERTA • Padrões em Integrais 486

    7.7 Integração Aproximada 487

    7.8 Integrais Impróprias 498

        Revisão 508

Problemas Quentes 511

8 Mais Aplicações de Integração 515

    8.1 Comprimento de Arco 516

        PROJETO DE DESCOBERTA • Torneio de Comprimento de Arcos 522

    8.2 Área de uma Superfície de Revolução 523

        PROJETO DE DESCOBERTA • Rotação em Torno de uma Reta Inclinada 529

8.3 Aplicações à Física e à Engenharia 530
     PROJETO DE DESCOBERTA • Xícaras de Café Complementares 540
8.4 Aplicações à Economia e à Biologia 541
8.5 Probabilidade 545
  Revisão 552

Problemas Quentes 555

Apêndices A1

A   Números, Desigualdades e Valores Absolutos A2
B   Geometria Analítica e Retas A9
C   Gráficos de Equações de Segundo Grau A15
D   Trigonometria A22
E   Notação Sigma A33
F   Demonstrações dos Teoremas A38
G   O Logaritmo Definido como uma Integral A49
H   Respostas para os Exercícios Ímpares A56

ÍNDICE REMISSIVO I1

PÁGINAS DE REFERÊNCIAS P1

Prefácio

Uma descoberta extraordinária resolve um problema extraordinário, mas há um pequeno grão de descoberta na solução de qualquer problema. Ainda que seu problema seja modesto, se ele desafia sua curiosidade e desperta sua inventividade, e se você o resolve por conta própria, você pode experimentar a tensão e desfrutar o triunfo da descoberta.

GEORGE POLYA

A arte de ensinar, segundo Mark Van Doren, é a arte de auxiliar a descoberta. Nessa nona edição, assim como em todas as anteriores, mantemos a tradição de escrever um livro que, esperamos, auxilie os estudantes a descobrir o cálculo – tanto por sua utilidade prática como por sua surpreendente beleza. Nosso intuito é transmitir ao estudante uma ideia da utilidade do cálculo, assim como promover o desenvolvimento de sua habilidade técnica. Ao mesmo tempo, nos empenhamos em valorizar a beleza intrínseca do assunto. Não há dúvida de que Newton experimentou uma sensação de triunfo quando fez suas grandes descobertas. Queremos que os estudantes compartilhem um pouco desse entusiasmo.

A ênfase incidirá sobre a compreensão dos conceitos. Praticamente todos os professores de cálculo concordam que o domínio dos conceitos deve ser o objetivo principal do ensino de cálculo; para atingir esse objetivo, apresentamos os tópicos fundamentais graficamente, numericamente, algebricamente e verbalmente, dando ênfase nas relações existentes entre essas diversas representações. Visualização, experimentação numérica e gráfica e descrição verbal podem facilitar bastante a compreensão de conceitos. Além disso, a compreensão de conceitos e a habilidade técnica podem seguir de mãos dadas, uma reforçando a outra.

Temos plena consciência de que há várias formas adequadas de se ensinar e que existem abordagens diferentes para o ensino e o aprendizado de cálculo, de modo que as explicações e os exercícios foram planejados para acomodar estilos diferentes de ensino e aprendizado. Os recursos disponíveis (incluindo projetos, exercícios estendidos, princípios da resolução de problemas e referências históricas) fornecem uma variedade de reforços para um núcleo composto por conceitos e habilidades fundamentais. Nosso objetivo é fornecer a professores e alunos as ferramentas de que necessitam para traçar seus próprios caminhos para a descoberta do cálculo.

O que Há de Novo Nesta Edição?

Em grande medida, a estrutura geral do texto permanece a mesma, mas vários aprimoramentos foram feitos para tornar a nona edição ainda mais útil como uma ferramenta pedagógica para os professores e como uma ferramenta de aprendizagem para os estudantes. As alterações são resultado do diálogo com colegas e estudantes, de sugestões de leitores e revisores, das descobertas oriundas de nossa própria experiência didática com o livro e das numerosas notas que nos foram confiadas por James Stewart, indicando as mudanças que ele desejava que considerássemos para a nova edição. Em todas as mudanças efetuadas, tanto as pequenas como as grandes, mantivemos as características e o tom que contribuíram para o sucesso desse livro.

- Mais de 20% dos exercícios são novos:

  Foram incluídos exercícios básicos, quando apropriado, próximo ao início de uma sequência de exercícios. Tais exercícios têm como propósito dar mais confiança aos estudantes e reforçar a compreensão dos conceitos fundamentais de uma seção. (Veja, por exemplo, os Exercícios 7.3.1 – 4, 9.1.1 – 5 e 11.4.3 – 6.)

Alguns dos novos exercícios incluem gráficos destinados a encorajar os alunos a perceber o quanto um gráfico facilita a solução de um problema; esses exercícios complementam os seguintes, para os quais os estudantes precisam fornecer seus próprios gráficos. (Veja os Exercícios 6.2.1– 4, 10.4.43 – 46 e 53 – 54, 15.5.1 – 2, 15.6.9 – 12, 16.7.15 e 24, 16.8.9 e 13.)

Alguns exercícios foram estruturados em duas etapas, em que a parte (a) envolve a modelagem e a parte (b) a solução de problema. Isso permite que os estudantes confiram suas respostas para a parte (a) antes de concluir o problema. (Veja os Exercícios 6.1.1 – 4, 6.3.3 – 4, 15.2.7 – 10.)

Alguns exercícios desafiadores e mais elaborados foram adicionados ao final de uma sequência de exercícios (tais como os Exercícios 6.2.87, 9.3.56, 11.2.79 – 81 e 11.9.47).

Atribuiu-se títulos a exercícios selecionados que estendem conceitos discutidos nas seções correspondentes. (Veja, por exemplo, os Exercícios 2.6.66, 10.1.55 – 57, 15.2.80 – 81.)

Dos novos exercícios, alguns dos nossos favoritos são: 1.3.71, 3.4.99, 3.5.65, 4.5.55 – 58, 6.2.79, 6.5.18, 10.5.69, 15.1.38 e 15.4.3 – 4. Adicionalmente, são interessantes e desafiadores o problema 14 da seção *Problemas Quentes* do capítulo 6 e o problema 4 da seção *Problemas Quentes* do capítulo 15.

- Foram incluídos novos exemplos, bem como acrescentados passos à resolução de alguns exercícios já existentes. (Servem como ilustração os exemplos 2.7.5, 6.3.5, 10.1.5, 14.8.1, 14.8.4 e 16.3.4.)

- Várias seções foram restruturadas e receberam novas subseções para que a organização do texto fosse definida a partir de conceitos fundamentais. (Ilustram bem isso as seções 2.3, 11.1, 11.2 e 14.2.)

- Foram incluídos novos gráficos e ilustrações, assim como vários foram renovados, para proporcionar uma visão gráfica adicional de conceitos essenciais.

- Alguns tópicos foram introduzidos e outros expandidos (dentro de uma seção ou em exercícios estendidos) a pedido de revisores. (Exemplos incluem uma subseção sobre torção na Seção 13.3, quocientes diferenciais simétricos no Exercício 2.7.60 e integrais impróprias de mais de um tipo nos Exercícios 7.8.65 – 68.)

- Foram acrescentados novos projetos e alguns dos existentes foram reformulados. (Como exemplo, veja o Projeto de Descoberta ao final da Seção 12.2, *O formato de uma corrente pendente*.)

- As derivadas de funções logarítmicas e de funções trigonométricas inversas são cobertas em uma mesma seção (3.6), na qual se enfatiza o conceito de derivada de função inversa.

- Séries alternadas e convergência absoluta são agora abordadas em uma única seção (11.5).

Recursos

Cada recurso foi concebido para complementar práticas específicas de ensino e aprendizado. Ao longo do texto existem referências históricas, exercícios estendidos, projetos, princípios da resolução de problemas e várias oportunidades do uso de tecnologia para testar conceitos.

Estamos conscientes de que, em um semestre, dificilmente haverá tempo para empregar todos esses recursos, mas o fato de eles estarem disponíveis dá ao professor a opção de indicar alguns deles e, talvez, de apenas chamar a atenção para outros, de modo a enfatizar a riqueza de ideias do cálculo e sua crucial importância para o mundo real.

■ Exercícios Conceituais

O meio mais importante de promover a compreensão de conceitos é através dos problemas que o professor passa. Para tanto, incluímos vários tipos de problemas. Alguns conjuntos de exercícios começam pela exigência de que se explique o significado de conceitos básicos da seção (veja, por exemplo, os primeiros exercícios das Seções 2.2, 2.5, 11.2, 14.2 e 14.3) e a maioria dos conjuntos de exercícios contém problemas concebidos para reforçar os conhecimentos básicos (tais como os Exercícios 2.5.3 – 10, 5.5.1 – 8, 6.1.1 – 4, 7.3.1 – 4, 9.1.1 – 5 e 11.4.3 – 6). Outros exercícios testam a compreensão de conceitos por meio de gráficos e tabelas (Veja os Exercícios 2.7.17, 2.8.36 – 38, 2.8.47 – 52, 9.1.23 – 25, 10.1.30 – 33, 13.2.1 – 2, 13.3.37 – 43, 14.1.41 – 44, 14.3.2, 14.3.4 – 6, 14.6.1 – 2, 14.7.3 – 4, 15.1.6 – 8, 16.1.13 – 22, 16.2.19 – 20 e 16.3.1 – 2.)

Muitos exercícios fornecem um gráfico para auxiliar sua visualização (veja, por exemplo, os Exercícios 6.2.1 – 4, 10.4.43 – 46, 15.5.1 – 2, 15.6.9 – 12 e 16.7.24). Outro tipo de exercício emprega descrições verbais para avaliar a compreensão de conceitos (veja os Exercícios 2.5.12, 2.8.66, 4.3.79 – 80 e 7.8.79). Além disso, todas as seções de revisão começam com uma Verificação de Conceitos e Testes Verdadeiro-Falso).

Valorizamos particularmente os problemas que combinam e comparam abordagens gráficas, numéricas e algébricas. (Veja os Exercícios 2.6.45 – 46, 3.7.29 e 9.4.4.)

■ Conjuntos de Exercícios Hierarquizados

Cada conjunto de exercícios é cuidadosamente classificado, partindo-se de exercícios conceituais básicos até exercícios gráficos e de desenvolvimento de habilidades, os quais são seguidos por exercícios mais desafiadores que frequentemente estendem os conceitos da seção, aproveitam conceitos de seções anteriores ou envolvem aplicações ou demonstrações.

■ Dados Reais

Dados de aplicações reais fornecem uma maneira tangível de introduzir, motivar ou ilustrar os conceitos de cálculo. Sendo assim, muitos exemplos e exercícios envolvem funções definidas por dados numéricos ou gráficos desse tipo. Esses dados reais foram obtidos contactando-se empresas e agências governamentais, bem como fazendo pesquisas na Internet e em bibliotecas. Veja, por exemplo, a Figura 1 da Seção 1.1 (sismograma do terremoto de Northridge), o Exercício 2.8.36 (número de cirurgias cosméticas), o Exercício 5.1.12 (velocidade do ônibus espacial *Endeavour*), o Exercício 5.4.83 (consumo de energia nos estados da região da Nova Inglaterra, nos EUA), o Exemplo 3 da Seção 14.4 (o índice de calor), a Figura 1 da Seção 14.6 (mapa de contorno da temperatura), o Exemplo 9 da Seção 15.1 (a queda de neve no Colorado) e a Figura 1 da Seção 16.1 (campos vetoriais de velocidade do vento na baía de São Francisco).

■ Projetos

Uma forma de envolver os estudantes e torná-los alunos ativos é fazê-los trabalhar (possivelmente, em grupos) em projetos mais aprofundados que permitam uma sensação de realização ao serem concluídos. Há três tipos de projetos nesse livro.

Os *Projetos Aplicados* envolvem aplicações destinadas a apelar para a imaginação dos estudantes. O projeto apresentado após a Seção 9.5 questiona se uma bola jogada para o alto demora mais para atingir a sua altura máxima ou para cair de volta à sua altura original (a resposta pode surpreendê-lo). O projeto que sucede a Seção 14.8 emprega multiplicadores de Lagrange para determinar as massas dos três estágios de um foguete de modo a minimizar a massa total e, ao mesmo tempo, permitir que o foguete atinja a velocidade desejada.

Os *Projetos de Descoberta* antecipam resultados que serão discutidos posteriormente ou encorajam a descoberta por meio do reconhecimento de padrões (veja o projeto apresentado logo após a Seção 7.6, que explora padrões em integrais). Outros projetos de descoberta exploram aspectos da geometria: tetraedros (após a Seção 12.4), hiperesferas (após a Seção 15.6) e intersecções de três cilindros (após a Seção 15.7). Adicionalmente, o projeto que sucede a Seção 12.2 usa a definição geométrica de derivada para a obtenção de uma fórmula para o formato de uma corrente pendente. Alguns projetos empregam tecnologia de modo substancial; o que é apresentado após a Seção 10.2 mostra como usar curvas de Bézier para desenhar curvas que representam letras usadas por uma impressora a laser.

Os *Projetos Escritos* requerem dos estudantes que comparem métodos atuais com aqueles empregados pelos fundadores do cálculo – o método de Fermat para a obtenção de tangentes, apresentado após a Seção 2.7, é um exemplo. Nesses casos, fornecemos recomendações de leitura.

■ Resolução de Problemas

Os estudantes normalmente têm dificuldades com problemas que não contam com um método bem definido para a obtenção da solução. Tendo sido aluno de George Polya, James Stewart teve contato, em primeira mão, com as cativantes e penetrantes descobertas de Polya sobre o processo de resolução de problemas. Dessa forma, uma versão modificada da estratégia de resolução de problemas em quatro estágios, proposta por Polya, é apresentada logo após o Capítulo 1, na seção Princípios da Resolução de Problemas. Tais princípios são empregados, explícita e implicitamente, ao longo do livro. Cada um dos demais capítulos é sucedido por uma seção denominada *Problemas Quentes*, que inclui exemplos de como enfrentar problemas desafiadores de cálculo. Ao selecionar os problemas da seção Problemas Quentes, mantivemos em mente o seguinte conselho de David Hilbert: "Um problema matemático deve ser difícil de modo atrair-nos, mas não inacessível a ponto de zombar de nossos esforços". Usamos esses problemas com grande sucesso em nossas próprias aulas de cálculo; é gratificante observar como os estudantes respondem a um desafio. James Stewart disse "Quando incluo esses problemas desafiadores em tarefas e provas, corrijo-os de uma forma diferente... Recompenso significativamente o estudante por apresentar ideias que levem à solução e por reconhecer quais princípios de resolução de problemas são mais relevantes".

■ Tecnologia

Quando se usa tecnologia, é particularmente importante compreender claramente os conceitos que embasam as imagens na tela ou os resultados de uma conta. Quando usadas de forma apropriada, calculadoras gráficas e computadores são ferramentas poderosas para a descoberta e a compreensão desses conceitos. Esse livro-texto pode ser usado com ou sem o uso de tecnologia – usamos dois símbolos especiais para indicar claramente quando é necessário um tipo particular de auxílio tecnológico. O ícone indica um exercício que definitivamente exige o uso de um programa de desenho ou de uma calculadora gráfica para auxiliar no traçado de um gráfico. (O que não quer dizer que também não se possa usar tecnologia nos demais exercícios.) O símbolo T indica que o auxílio de um programa ou uma calculadora gráfica para a conclusão de um exercício não se limita ao traçado de gráficos. Frequentemente, websites gratuitos como o WolframAlpha.com ou o Symbolab.com são apropriados para isso. Nos casos em que são necessários todos os recursos de um sistema de computação algébrica, como o Maple ou o Mathematica, deixamos isso claro no exercício. Naturalmente, a tecnologia não torna obsoleto o uso de lápis e papel. Frequentemente, cálculos e esboços feitos à mão são melhores que os recursos tecnológicos para ilustrar e reforçar alguns conceitos. Tanto professores como alunos precisam desenvolver a habilidade de decidir em quais situações o uso de tecnologia é apropriado e em quais casos adquire-se mais conhecimento resolvendo um exercício à mão.

WebAssign: webassign.net

A edição norte-americana deste livro está disponível no WebAssign, uma solução online totalmente personalizável da Cengage para disciplinas de ciências, tecnologia, engenharia e matemática (cujo acrônimo em inglês é STEM). O WebAssign conta com milhares de exercícios numéricos, algébricos e de múltipla escolha, eBook em inglês, vídeos, tutoriais e módulos de aprendizado interativo "Explore It". Os professores podem decidir a que tipo de auxílio os alunos terão acesso enquanto realizam as tarefas e em que momento esse auxílio será fornecido. O sistema de avaliação realiza uma análise automática das respostas, fornecendo instantaneamente um retorno aos estudantes. Os professores têm acesso a um *dashboard* com resultado de desempenho individual ou da turma, ajudando-os a identificar os pontos em que os estudantes têm dificuldades.

Para mais informações sobre como adquirir o cartão de acesso a essa ferramenta, contate: vendas.brasil@cengage.com. WebAssign é uma plataforma com conteúdo em inglês. É necessário ter conhecimento intermediário do idioma para melhor aproveitamento.

Website do Stewart

Visite StewartCalculus.com para ter acesso ao seguinte material adicional (importante: ao acessar o site, escolha Calculus Early Transcendentals – 9th edition):

- Solutions to the Concept Checks (que fazem parte da seção de revisão de cada capítulo).
- Algebra and Analytic Geometry Review.
- Lies My Calculator and Computer Told Me.
- History of Mathematics, com links para websites históricos recomendados pelo autor.
- Additional Topics: Fourier Series, Rotation of Axes, Formulas for the Remainder Theorem in Taylor Series.
- Links para fontes externas da Internet sobre tópicos particulares.

Todo o material disponível no site do autor está em inglês. A Editora não se responsabiliza pela atualização do site e pelo funcionamento dos links contidos nele. Alguns dos materiais do website do autor também estão disponíveis na página deste livro no site da Cengage.

Na página deste livro no site da Cengage

- Problemas de Desafio para capítulos selecionados, com soluções e respostas (em inglês).
- Problemas Arquivados para todos os capítulos, com soluções e respostas (em português).
- Slides de Power Point® (em português).
- Revisão de Álgebra (em inglês).
- Revisão de Geometria Analítica (em inglês).
- Suplemento: *Mentiras que minha calculadora e meu computador me contaram* com exercícios e soluções (em português).
- Tópicos adicionais: Fórmulas para o termo de resto nas séries de Taylor; séries de Fourier; rotação de eixos; revisão de seções cônicas (em inglês).
- Respostas aos exercícios de verificação de conceitos (em português).
- Manual de soluções (em inglês, para professores).

Conteúdo

Testes de Verificação O livro começa com quatro testes de verificação: Álgebra Básica, Geometria Analítica, Funções e Trigonometria.

Uma Apresentação do Cálculo Temos aqui um panorama da matéria, incluindo uma série de questões para nortear o estudo do cálculo.

VOLUME 1

1 Funções e Modelos Desde o princípio, a multiplicidade de representações das funções é valorizada: verbal, numérica, visual e algébrica. A discussão dos modelos matemáticos conduz a uma revisão das funções usuais, incluindo as funções exponenciais e logarítmicas, por meio desses quatro pontos de vista.

2 Limites e Derivadas O material sobre limites decorre da discussão prévia sobre os problemas da tangente e da velocidade. Os limites são tratados dos pontos de vista descritivo, gráfico, numérico e algébrico. A Seção 2.4, sobre a definição precisa de limite por meio de epsilons e deltas, é opcional. As Seções 2.7 e 2.8 tratam de derivadas (incluindo derivadas para funções definidas gráfica e numericamente) antes da introdução das regras de derivação (que serão discutidas no Capítulo 3). Aqui, os exemplos e exercícios exploram o significado das derivadas em diversos contextos. As derivadas de ordem superior são apresentadas na Seção 2.8.

3 Regras de Derivação Todas as funções básicas, incluindo as exponenciais, logarítmicas e inversas de trigonométricas são derivadas aqui. Agora, as duas últimas classes de funções são cobertas em uma única seção, dedicada à derivada de uma função inversa. Quando as derivadas são calculadas em situações aplicadas, é solicitado que o aluno explique seu significado. Nesta edição, o crescimento e decaimento exponencial são tratados neste capítulo.

4 Aplicações de Derivação Os fatos básicos referentes aos valores extremos e formas de curvas são deduzidos do Teorema do Valor Médio. O uso de tecnologias gráficas ressalta a interação entre o cálculo e as máquinas e a análise de famílias de curvas. São apresentados alguns problemas substanciais de otimização, incluindo uma explicação de por que precisamos elevar nossa cabeça a 42° para ver o topo de um arco-íris.

5 Integrais Problemas de área e distância servem para apresentar a integral definida, introduzindo a notação de somatório (ou notação sigma) quando necessária (esta notação é estudada de forma mais completa no Apêndice E). Dá-se ênfase à explicação do significado das integrais em diversos contextos e à obtenção de estimativas para seus valores a partir de tabelas e gráficos.

6 Aplicações de Integração Este capítulo apresenta algumas aplicações de integração – área, volume, trabalho, valor médio – que podem ser feitas sem o uso de técnicas avançadas. Dá-se ênfase aos métodos gerais. O objetivo é que os alunos consigam dividir uma dada quantidade em partes menores, estimar usando somas de Riemann e que sejam capazes de reconhecer o limite como uma integral.

7 Técnicas de Integração Todos os métodos tradicionais são mencionados, mas é claro que o verdadeiro desafio é perceber qual técnica é mais adequada a cada situação. Dessa forma, uma estratégia para o cálculo de integrais é descrita na Seção 7.5. O uso de programas matemáticos é discutido na Seção 7.6.

8 Mais Aplicações de Integração Este capítulo contém as aplicações de integração para as quais é útil dispor de todas as técnicas de integração – área de superfície e comprimento do arco – bem como outras aplicações à biologia, à economia e à física (força hidrostática e centros de massa). Foi incluída uma seção sobre probabilidade. Há mais aplicações do que se pode estudar em qualquer curso, assim, o professor pode selecionar aquelas que julgue mais interessantes ou adequadas a seus alunos.

VOLUME 2

9 Equações Diferenciais

Modelagem é o tema que unifica esse tratamento introdutório de equações diferenciais. Campos direcionais e o método de Euler são estudados antes de as equações separáveis e lineares serem solucionadas explicitamente, de modo que abordagens qualitativas, numéricas e analíticas recebem a mesma consideração. Esses métodos são aplicados, dentre outros, ao modelo exponencial e ao modelo logístico para o crescimento populacional. As quatro ou cinco primeiras seções deste capítulo servem como uma boa introdução a equações diferenciais de primeira ordem. Uma seção final opcional utiliza os modelos presa-predador para ilustrar sistemas de equações diferenciais.

10 Equações Paramétricas e Coordenadas Polares

Este capítulo introduz curvas paramétricas e polares e aplica os métodos de cálculo a elas. As curvas paramétricas são adequadas a projetos que requerem o uso de recursos tecnológicos para o traçado de gráficos; os dois apresentados aqui envolvem famílias de curvas e curvas de Bézier. Um breve tratamento de seções cônicas em coordenadas polares prepara o caminho para as Leis de Kepler, no Capítulo 13.

11 Sequências, Séries e Séries de Potência

Os testes de convergência possuem justificativas intuitivas (veja a Seção 11.3), bem como demonstrações formais. Estimativas numéricas de somas de séries baseiam-se em qual teste foi usado para demonstrar a convergência. A ênfase é dada à série de Taylor e aos polinômios e suas aplicações à física.

12 Vetores e a Geometria do Espaço

O material sobre geometria analítica tridimensional e vetores é abordado neste e no próximo capítulo. Aqui, lidamos com vetores, produtos escalar e vetorial, retas, planos e superfícies.

13 Funções Vetoriais

Aqui, são estudadas as funções a valores vetoriais, suas derivadas e integrais, o comprimento e curvatura de curvas espaciais, a velocidade e aceleração ao longo dessas curvas, finalizando com as Leis de Kepler.

14 Derivadas Parciais

As funções de duas ou mais variáveis são estudadas do ponto de vista verbal, numérico, visual e algébrico. Em particular, as derivadas parciais são introduzidas mediante a análise de coluna específica de uma tabela com índices de conforto térmico (temperatura aparente do ar), como função da temperatura medida e da umidade relativa.

15 Integrais Múltiplas

Para calcular as médias de temperatura e precipitação de neve em dadas regiões, utilizamos mapas de contorno e a Regra do Ponto Médio. São usadas integrais duplas e triplas no cálculo de volumes, área de superfície e, em projetos, do volume de hiperesferas e da intersecção de três cilindros. As coordenadas esféricas e cilíndricas são introduzidas no contexto de cálculo de integrais triplas. Várias aplicações são contempladas, incluindo o cálculo de massa, carga e probabilidades.

16 Cálculo Vetorial

A apresentação de campos vetoriais é feita por meio de figuras dos campos de velocidade do vento na Baía de São Francisco. Exploramos também as semelhanças entre o Teorema Fundamental para integrais de linha, o Teorema de Green, o Teorema de Stokes e o Teorema do Divergente.

17 Equações Diferenciais de Segunda Ordem

Como as equações diferenciais de primeira ordem foram tratadas no Capítulo 9, este último capítulo trata das equações diferenciais lineares de segunda ordem, sua aplicação em molas vibrantes e circuitos elétricos, e soluções em séries.

Agradecimentos

Um dos principais fatores que auxiliaram a preparação dessa edição foi a orientação fundamentada fornecida por um grande número de revisores, todos com larga experiência no ensino de cálculo. Agradecemos-lhes imensamente por suas sugestões e pelo tempo que despenderam para compreender a abordagem adotada nesse livro. Aprendemos algo com cada um deles.

■ Revisores Desta Edição

Malcolm Adams, *University of Georgia*
Ulrich Albrecht, *Auburn University*
Bonnie Amende, *Saint Martin's University*
Champike Attanayake, *Miami University Middletown*
Amy Austin, *Texas A&M University*
Elizabeth Bowman, *University of Alabama*
Joe Brandell, *West Bloomfield High School / Oakland University*
Lorraine Braselton, *Georgia Southern University*
Mark Brittenham, *University of Nebraska–Lincoln*
Michael Ching, *Amherst College*
Kwai-Lee Chui, *University of Florida*
Arman Darbinyan, *Vanderbilt University*
Roger Day, *Illinois State University*
Toka Diagana, *Howard University*
Karamatu Djima, *Amherst College*
Mark Dunster, *San Diego State University*
Eric Erdmann, *University of Minnesota–Duluth*
Debra Etheridge, *The University of North Carolina at Chapel Hill*
Jerome Giles, *San Diego State University*
Mark Grinshpon, *Georgia State University*
Katie Gurski, *Howard University*
John Hall, *Yale University*
David Hemmer, *University at Buffalo–SUNY, N. Campus*
Frederick Hoffman, *Florida Atlantic University*
Keith Howard, *Mercer University*
Iztok Hozo, *Indiana University Northwest*
Shu-Jen Huang, *University of Florida*
Matthew Isom, *Arizona State University–Polytechnic*
James Kimball, *University of Louisiana at Lafayette*
Thomas Kinzel, *Boise State University*
Anastasios Liakos, *United States Naval Academy*
Chris Lim, *Rutgers University–Camden*
Jia Liu, *University of West Florida*

Joseph Londino, *University of Memphis*
Colton Magnant, *Georgia Southern University*
Mark Marino, *University at Buffalo–SUNY, N. Campus*
Kodie Paul McNamara, *Georgetown University*
Mariana Montiel, *Georgia State University*
Russell Murray, *Saint Louis Community College*
Ashley Nicoloff, *Glendale Community College*
Daniella Nokolova-Popova, *Florida Atlantic University*
Giray Okten, *Florida State University–Tallahassee*
Aaron Peterson, *Northwestern University*
Alice Petillo, *Marymount University*
Mihaela Poplicher, *University of Cincinnati*
Cindy Pulley, *Illinois State University*
Russell Richins, *Thiel College*
Lorenzo Sadun, *University of Texas at Austin*
Michael Santilli, *Mesa Community College*
Christopher Shaw, *Columbia College*
Brian Shay, *Canyon Crest Academy*
Mike Shirazi, *Germanna Community College–Fredericksburg*
Pavel Sikorskii, *Michigan State University*
Mary Smeal, *University of Alabama*
Edwin Smith, *Jacksonville State University*
Sandra Spiroff, *University of Mississippi*
Stan Stascinsky, *Tarrant County College*
Jinyuan Tao, *Loyola University of Maryland*
Ilham Tayahi, *University of Memphis*
Michael Tom, *Louisiana State University–Baton Rouge*
Michael Westmoreland, *Denison University*
Scott Wilde, *Baylor University*
Larissa Williamson, *University of Florida*
Michael Yatauro, *Penn State Brandywine*
Gang Yu, *Kent State University*
Loris Zucca, *Lone Star College–Kingwood*

■ Revisores da Edição Anterior

Jay Abramson, *Arizona State University*
B. D. Aggarwala, *University of Calgary*
John Alberghini, *Manchester Community College*
Michael Albert, *Carnegie-Mellon University*
Daniel Anderson, *University of Iowa*
Maria Andersen, *Muskegon Community College*
Eric Aurand, *Eastfield College*
Amy Austin, *Texas A&M University*
Donna J. Bailey, *Northeast Missouri State University*
Wayne Barber, *Chemeketa Community College*
Joy Becker, *University of Wisconsin–Stout*

Marilyn Belkin, *Villanova University*
Neil Berger, *University of Illinois, Chicago*
David Berman, *University of New Orleans*
Anthony J. Bevelacqua, *University of North Dakota*
Richard Biggs, *University of Western Ontario*
Robert Blumenthal, *Oglethorpe University*
Martina Bode, *Northwestern University*
Przemyslaw Bogacki, *Old Dominion University*
Barbara Bohannon, *Hofstra University*
Jay Bourland, *Colorado State University*
Adam Bowers, *University of California San Diego*

Philip L. Bowers, *Florida State University*
Amy Elizabeth Bowman, *University of Alabama in Huntsville*
Stephen W. Brady, *Wichita State University*
Michael Breen, *Tennessee Technological University*
Monica Brown, *University of Missouri–St. Louis*
Robert N. Bryan, *University of Western Ontario*
David Buchthal, *University of Akron*
Roxanne Byrne, *University of Colorado at Denver and Health Sciences Center*
Jenna Carpenter, *Louisiana Tech University*
Jorge Cassio, *Miami-Dade Community College*
Jack Ceder, *University of California, Santa Barbara*
Scott Chapman, *Trinity University*
Zhen-Qing Chen, *University of Washington–Seattle*
James Choike, *Oklahoma State University*
Neena Chopra, *The Pennsylvania State University*
Teri Christiansen, *University of Missouri–Columbia*
Barbara Cortzen, *DePaul University*
Carl Cowen, *Purdue University*
Philip S. Crooke, *Vanderbilt University*
Charles N. Curtis, *Missouri Southern State College*
Daniel Cyphert, *Armstrong State College*
Robert Dahlin
Bobby Dale Daniel, *Lamar University*
Jennifer Daniel, *Lamar University*
M. Hilary Davies, *University of Alaska Anchorage*
Gregory J. Davis, *University of Wisconsin–Green Bay*
Elias Deeba, *University of Houston–Downtown*
Daniel DiMaria, *Suffolk Community College*
Seymour Ditor, *University of Western Ontario*
Edward Dobson, *Mississippi State University*
Andras Domokos, *California State University, Sacramento*
Greg Dresden, *Washington and Lee University*
Daniel Drucker, *Wayne State University*
Kenn Dunn, *Dalhousie University*
Dennis Dunninger, *Michigan State University*
Bruce Edwards, *University of Florida*
David Ellis, *San Francisco State University*
John Ellison, *Grove City College*
Martin Erickson, *Truman State University*
Garret Etgen, *University of Houston*
Theodore G. Faticoni, *Fordham University*
Laurene V. Fausett, *Georgia Southern University*
Norman Feldman, *Sonoma State University*
Le Baron O. Ferguson, *University of California–Riverside*
Newman Fisher, *San Francisco State University*
Timothy Flaherty, *Carnegie Mellon University*
José D. Flores, *The University of South Dakota*
William Francis, *Michigan Technological University*
James T. Franklin, *Valencia Community College, East*
Stanley Friedlander, *Bronx Community College*
Patrick Gallagher, *Columbia University–New York*
Paul Garrett, *University of Minnesota–Minneapolis*
Frederick Gass, *Miami University of Ohio*
Lee Gibson, *University of Louisville*
Bruce Gilligan, *University of Regina*
Matthias K. Gobbert, *University of Maryland, Baltimore County*
Gerald Goff, *Oklahoma State University*
Isaac Goldbring, *University of Illinois at Chicago*
Jane Golden, *Hillsborough Community College*
Stuart Goldenberg, *California Polytechnic State University*
John A. Graham, *Buckingham Browne & Nichols School*

Richard Grassl, *University of New Mexico*
Michael Gregory, *University of North Dakota*
Charles Groetsch, *University of Cincinnati*
Semion Gutman, *University of Oklahoma*
Paul Triantafilos Hadavas, *Armstrong Atlantic State University*
Salim M. Haïdar, *Grand Valley State University*
D. W. Hall, *Michigan State University*
Robert L. Hall, *University of Wisconsin–Milwaukee*
Howard B. Hamilton, *California State University, Sacramento*
Darel Hardy, *Colorado State University*
Shari Harris, *John Wood Community College*
Gary W. Harrison, *College of Charleston*
Melvin Hausner, *New York University/Courant Institute*
Curtis Herink, *Mercer University*
Russell Herman, *University of North Carolina at Wilmington*
Allen Hesse, *Rochester Community College*
Diane Hoffoss, *University of San Diego*
Randall R. Holmes, *Auburn University*
Lorraine Hughes, *Mississippi State University*
James F. Hurley, *University of Connecticut*
Amer Iqbal, *University of Washington–Seattle*
Matthew A. Isom, *Arizona State University*
Jay Jahangiri, *Kent State University*
Gerald Janusz, *University of Illinois at Urbana-Champaign*
John H. Jenkins, *Embry-Riddle Aeronautical University, Prescott Campus*
Lea Jenkins, *Clemson University*
John Jernigan, *Community College of Philadelphia*
Clement Jeske, *University of Wisconsin, Platteville*
Carl Jockusch, *University of Illinois at Urbana-Champaign*
Jan E. H. Johansson, *University of Vermont*
Jerry Johnson, *Oklahoma State University*
Zsuzsanna M. Kadas, *St. Michael's College*
Brian Karasek, *South Mountain Community College*
Nets Katz, *Indiana University Bloomington*
Matt Kaufman
Matthias Kawski, *Arizona State University*
Frederick W. Keene, *Pasadena City College*
Robert L. Kelley, *University of Miami*
Akhtar Khan, *Rochester Institute of Technology*
Marianne Korten, *Kansas State University*
Virgil Kowalik, *Texas A&I University*
Jason Kozinski, *University of Florida*
Kevin Kreider, *University of Akron*
Leonard Krop, *DePaul University*
Carole Krueger, *The University of Texas at Arlington*
Mark Krusemeyer, *Carleton College*
Ken Kubota, *University of Kentucky*
John C. Lawlor, *University of Vermont*
Christopher C. Leary, *State University of New York at Geneseo*
David Leeming, *University of Victoria*
Sam Lesseig, *Northeast Missouri State University*
Phil Locke, *University of Maine*
Joyce Longman, *Villanova University*
Joan McCarter, *Arizona State University*
Phil McCartney, *Northern Kentucky University*
Igor Malyshev, *San Jose State University*
Larry Mansfield, *Queens College*
Mary Martin, *Colgate University*
Nathaniel F. G. Martin, *University of Virginia*
Gerald Y. Matsumoto, *American River College*
James McKinney, *California State Polytechnic University, Pomona*

Tom Metzger, *University of Pittsburgh*
Richard Millspaugh, *University of North Dakota*
John Mitchell, *Clark College*
Lon H. Mitchell, *Virginia Commonwealth University*
Michael Montaño, *Riverside Community College*
Teri Jo Murphy, *University of Oklahoma*
Martin Nakashima, *California State Polytechnic University, Pomona*
Ho Kuen Ng, *San Jose State University*
Richard Nowakowski, *Dalhousie University*
Hussain S. Nur, *California State University, Fresno*
Norma Ortiz-Robinson, *Virginia Commonwealth University*
Wayne N. Palmer, *Utica College*
Vincent Panico, *University of the Pacific*
F. J. Papp, *University of Michigan–Dearborn*
Donald Paul, *Tulsa Community College*
Mike Penna, *Indiana University–Purdue University Indianapolis*
Chad Pierson, *University of Minnesota, Duluth*
Mark Pinsky, *Northwestern University*
Lanita Presson, *University of Alabama in Huntsville*
Lothar Redlin, *The Pennsylvania State University*
Karin Reinhold, *State University of New York at Albany*
Thomas Riedel, *University of Louisville*
Joel W. Robbin, *University of Wisconsin–Madison*
Lila Roberts, *Georgia College and State University*
E. Arthur Robinson, Jr., *The George Washington University*
Richard Rockwell, *Pacific Union College*
Rob Root, *Lafayette College*
Richard Ruedemann, *Arizona State University*
David Ryeburn, *Simon Fraser University*
Richard St. Andre, *Central Michigan University*
Ricardo Salinas, *San Antonio College*
Robert Schmidt, *South Dakota State University*
Eric Schreiner, *Western Michigan University*
Christopher Schroeder, *Morehead State University*
Mihr J. Shah, *Kent State University–Trumbull*
Angela Sharp, *University of Minnesota, Duluth*
Patricia Shaw, *Mississippi State University*

Qin Sheng, *Baylor University*
Theodore Shifrin, *University of Georgia*
Wayne Skrapek, *University of Saskatchewan*
Larry Small, *Los Angeles Pierce College*
Teresa Morgan Smith, *Blinn College*
William Smith, *University of North Carolina*
Donald W. Solomon, *University of Wisconsin–Milwaukee*
Carl Spitznagel, *John Carroll University*
Edward Spitznagel, *Washington University*
Joseph Stampfli, *Indiana University*
Kristin Stoley, *Blinn College*
Mohammad Tabanjeh, *Virginia State University*
Capt. Koichi Takagi, *United States Naval Academy*
M. B. Tavakoli, *Chaffey College*
Lorna TenEyck, *Chemeketa Community College*
Magdalena Toda, *Texas Tech University*
Ruth Trygstad, *Salt Lake Community College*
Paul Xavier Uhlig, *St. Mary's University, San Antonio*
Stan Ver Nooy, *University of Oregon*
Andrei Verona, *California State University–Los Angeles*
Klaus Volpert, *Villanova University*
Rebecca Wahl, *Butler University*
Russell C. Walker, *Carnegie-Mellon University*
William L. Walton, *McCallie School*
Peiyong Wang, *Wayne State University*
Jack Weiner, *University of Guelph*
Alan Weinstein, *University of California, Berkeley*
Roger Werbylo, *Pima Community College*
Theodore W. Wilcox, *Rochester Institute of Technology*
Steven Willard, *University of Alberta*
David Williams, *Clayton State University*
Robert Wilson, *University of Wisconsin–Madison*
Jerome Wolbert, *University of Michigan–Ann Arbor*
Dennis H. Wortman, *University of Massachusetts, Boston*
Mary Wright, *Southern Illinois University–Carbondale*
Paul M. Wright, *Austin Community College*
Xian Wu, *University of South Carolina*
Zhuan Ye, *Northern Illinois University*

Agradecemos a todos que contribuíram com essa edição – e foram muitos –, bem como àqueles cujas contribuições às edições anteriores foram mantidas nessa nova edição. Agradecemos a Marigold Ardren, David Behrman, George Bergman, R. B. Burckel, Bruce Colletti, John Dersch, Gove Effinger, Bill Emerson, Alfonso Gracia-Saz, Jeffery Hayen, Dan Kalman, Quyan Khan, John Khoury, Allan MacIsaac, Tami Martin, Monica Nitsche, Aaron Peterson, Lamia Raffo, Norton Starr, Jim Trefzger, Aaron Watson e Weihua Zeng por suas sugestões; a Joseph Bennish, Craig Chamberlin, Kent Merryfield e Gina Sanders pelas relevantes conversas sobre cálculo; a Al Shenk e Dennis Zill pela permissão de uso de exercícios de seus textos de cálculo; à COMAP pela permissão de uso de material de projetos; a David Bleecker, Victor Kaftal, Anthony Lam, Jamie Lawson, Ira Rosenholtz, Paul Sally, Lowell Smylie, Larry Wallen e Jonathan Watson pelas ideias sobre exercícios; a Dan Drucker pelo projeto sobre *roller derby*; a Thomas Banchoff, Tom Farmer, Fred Gass, John Ramsay, Larry Riddle, Philip Straffin e Klaus Volpert pelas ideias sobre projetos; a Josh Babbin, Scott Barnett e Gina Sanders por resolver os novos exercícios e sugerir formas de aprimorá-los; a Jeff Cole por inspecionar as respostas de todos os exercícios e assegurar que estão corretas; a Mary Johnson e Marv Riedesel pela precisão na revisão e a Doug Shaw pela conferência da exatidão dos dados. Agradecemos ainda a Dan Anderson, Ed Barbeau, Fred Brauer, Andy Bulman-Fleming,

Bob Burton, David Cusick, Tom DiCiccio, Garret Etgen, Chris Fisher, Barbara Frank, Leon Gerber, Stuart Goldenberg, Arnold Good, Gene Hecht, Harvey Keynes, E. L. Koh, Zdislav Kovarik, Kevin Kreider, Emile LeBlanc, David Leep, Gerald Leibowitz, Larry Peterson, Mary Pugh, Carl Riehm, John Ringland, Peter Rosenthal, Dusty Sabo, Dan Silver, Simon Smith, Alan Weinstein e Gail Wolkowicz.

Somos gratos a Phyllis Panman por nos auxiliar na preparação do manuscrito, por resolver os exercícios, além de propor novos, e por realizar uma revisão crítica de todo o manuscrito.

Temos uma dívida profunda com nosso amigo e colega Lothar Redlin que havia começado a trabalhar conosco nesta revisão logo antes de sua morte prematura em 2018. Os conhecimentos profundos de Lothar sobre matemática e educação matemática, bem como suas habilidades para resolver problemas instantaneamente, eram dons inestimáveis.

Agradecemos especialmente a Kathi Townes da TECHarts, nosso serviço de produção de editoração (desta e de várias edições passadas). Sua habilidade extraordinária para lembrar detalhes do texto quando necessário, sua facilidade para realizar concomitantemente diferentes tarefas de editoração e sua vasta familiaridade com o livro foram essenciais para assegurar sua exatidão e permitir sua produção dentro do prazo. Também agradecemos a Lori Heckelman pela preparação elegante e precisa das novas ilustrações.

Da Cengage Learning, agradecemos a Timothy Bailey, Teni Baroian, Diane Beasley, Carly Belcher, Vernon Boes, Laura Gallus, Stacy Green, Justin Karr, Mark Linton, Samantha Lugtu, Ashley Maynard, Irene Morris, Lynh Pham, Jennifer Risden, Tim Rogers, Mark Santee, Angela Sheehan e Tom Ziolkowski. Todos fizeram um trabalho notável.

Ao longo das últimas três décadas, esse livro beneficiou-se consideravelmente dos conselhos e orientações de alguns dos melhores editores de matemática: Ron Munro, Harry Campbell, Craig Barth, Jeremy Hayhurst, Gary Ostedt, Bob Pirtle, Richard Stratton, Liz Covello, Neha Taleja e, agora, Gary Whalen. Todos contribuíram significativamente para o sucesso desse livro. De forma destacada, o amplo conhecimento de Gary Whalen sobre as questões atuais relativas ao ensino de matemática e sua pesquisa contínua sobre a criação de formas melhores de uso de tecnologia como ferramenta de auxílio ao ensino e à aprendizagem foram inestimáveis para a criação dessa edição.

JAMES STEWART
DANIEL CLEGG
SALEEM WATSON

Um Tributo a James Stewart

JAMES STEWART tinha um dom particular para ensinar matemática. Os amplos auditórios em que ministrava suas aulas de cálculo estavam sempre lotados de estudantes, que se mantinham atentos, com interesse e ansiedade, enquanto ele os levava a descobrir um novo conceito ou a solução de um problema estimulante. Stewart apresentava o cálculo do jeito que o via – como um tema rico, com conceitos intuitivos, problemas maravilhosos, aplicações relevantes e com uma história fascinante. Como um testamento de seu sucesso como professor e palestrante, muitos de seus estudantes se tornaram matemáticos, cientistas e engenheiros, e não poucos são agora eles mesmos professores universitários. Foram seus estudantes os primeiros a sugerir que ele escrevesse seu próprio livro-texto de cálculo. Ao longo dos anos, ex-alunos, então empregados como cientistas e engenheiros, chamavam-no para discutir problemas matemáticos que encontravam no trabalho; algumas dessas discussões acabaram resultando em novos exercícios e projetos do livro.

Ambos conhecemos James Stewart – ou Jim, como ele gostava que o chamássemos – a partir de suas aulas e palestras, o que o levou a nos convidar a assumir a coautoria em livros-texto de matemática. Nos anos em que passamos juntos, ele foi, sucessivamente, nosso professor, mentor e amigo.

Jim tinha vários talentos especiais cuja combinação talvez o tenha qualificado de forma única a escrever um livro-texto tão belo para cálculo – um livro-texto com uma narrativa dirigida aos estudantes e que combina os fundamentos do cálculo com indicações conceituais de como refletir sobre eles. Jim sempre ouviu atentamente seus alunos para descobrir precisamente em que ponto eles poderiam ter dificuldades com um conceito. E o que é crucial, ele realmente apreciava o trabalho árduo – uma característica necessária para que se conclua a tarefa imensa que consiste em escrever um livro de cálculo. Como seus coautores, desfrutamos de seu entusiasmo e otimismo contagiantes, que sempre tornavam divertido e produtivo, nunca estressante, o tempo que passamos juntos.

A maioria das pessoas concordaria que escrever um livro-texto de cálculo é um feito suficientemente relevante para consumir uma vida, mas, surpreendentemente, Jim tinha muitos outros interesses e realizações: ele tocou violino profissionalmente nas orquestras filarmônicas McMaster e Hamilton por vários anos, teve uma paixão duradoura pela arquitetura, foi patrono das artes e preocupou-se profundamente com muitas causas sociais e humanitárias. Foi também um viajante pelo mundo, um eclético colecionador de arte e até mesmo um cozinheiro *gourmet*.

James Stewart foi uma pessoa, um matemático e um professor extraordinário. Sentimo-nos honrados e privilegiados por termos sido seus coautores e amigos.

DANIEL CLEGG

SALEEM WATSON

Sobre os Autores

Por mais de duas décadas, Daniel Clegg e Saleem Watson trabalharam com James Stewart na redação de livros-texto de matemática. Sua relação de trabalho muito próxima foi particularmente produtiva, uma vez que eles compartilhavam um ponto de vista comum sobre o ensino de matemática e sobre a escrita de textos matemáticos. Em uma entrevista de 2014, James Stewart comentou sobre essa colaboração: "Descobrimos que conseguimos pensar de uma mesma forma... concordamos em quase tudo, o que é um tanto incomum".

Daniel Clegg e Saleem Watson conheceram James Stewart de formas diferentes, ainda que, em ambos os casos, o primeiro encontro tenha se tornado o início de uma longa parceria. Stewart detectou o talento de Daniel para o ensino em um encontro casual em uma conferência matemática e pediu-lhe para rever o manuscrito de uma futura edição de *Cálculo* e para redigir o manual de soluções da versão do livro sobre cálculo em várias variáveis. Desde então, Daniel assumiu um papel crescente na preparação de diversas edições dos livros de cálculo de Stewart. Ambos também foram coautores de um livro-texto de cálculo aplicado. Stewart conheceu Saleem quando este era aluno de seu curso de pós-graduação em matemática. Mais tarde, Stewart passou um período sabático realizando pesquisas com ele na Penn State University, à época em que Saleem era docente lá. Stewart pediu a Saleem e a Lothar Redlin (também aluno de Stewart) que se juntassem a ele para escrever uma série de livros de pré-cálculo; os muitos anos dessa colaboração resultaram em várias edições desses livros.

JAMES STEWART foi professor de matemática na McMaster University e na University of Toronto por muitos anos. Fez pós-graduação na Stanford University e na University of Toronto e, posteriormente, fez pesquisa na University of London. Seu campo de pesquisa era Análise Harmônica e ele também estudou as relações entre matemática e música.

DANIEL CLEGG é professor de matemática no Palomar College, no sul da Califórnia. Graduou-se na California State University, em Fullerton, e fez pós-graduação na University of California, em Los Angeles (UCLA). Daniel é um competente professor; ensina matemática desde quando era um estudante de pós-graduação na UCLA.

SALEEM WATSON é professor emérito de matemática na California State University, em Long Beach. Graduado na Andrews University, em Michigan, pós-graduado na Dalhousie University e na McMaster University. Depois de um período como bolsista de pesquisa na University of Warsaw, ele lecionou por muitos anos na Penn State University, antes de se juntar ao Departamento de Matemática da California State University, em Long Beach.

Stewart e Clegg publicaram *Brief Applied Calculus*.

Stewart, Redlin e Watson publicaram *Precalculus: Mathematics for Calculus; College Algebra; Trigonometry; Algebra and Trigonometry* e *College Algebra: Concepts and Contexts* (com Phyllis Panman).

Recursos Tecnológicos Desta Edição

Equipamentos e programas que traçam gráficos e efetuam cálculos são ferramentas valiosas para o aprendizado e a exploração do cálculo. Alguns, inclusive, consolidaram-se no apoio ao ensino de cálculo. Calculadoras gráficas são úteis para traçar gráficos e realizar alguns cálculos numéricos, tais como a determinação de soluções aproximadas de equações ou o cálculo do valor numérico de derivadas (Capítulo 3) ou de integrais definidas (Capítulo 5). Pacotes computacionais de matemática denominados sistemas de computação algébrica (cuja abreviatura é SCA) são ferramentas ainda mais poderosas. Apesar desse nome, a álgebra representa apenas um pequeno subconjunto dos recursos de um SCA. Em particular, um SCA consegue trabalhar com a matemática de forma simbólica, e não apenas numérica. Ele é capaz de determinar soluções exatas para equações, bem como fórmulas exatas para derivadas e integrais.

Hoje em dia, temos acesso a uma gama de ferramentas, com recursos variados, maior do que jamais tivemos no passado. A lista inclui recursos on-line (alguns dos quais gratuitos), bem como aplicativos para smartphones e tablets. Muitos desses recursos incluem ao menos algumas das funcionalidades de um SCA, de modo que alguns exercícios que poderiam tipicamente exigir o emprego de um SCA podem agora ser realizados usando essas ferramentas alternativas.

Nessa edição, em lugar de nos referirmos a um tipo específico de equipamento (uma calculadora gráfica, por exemplo) ou pacote computacional (como um SCA), indicamos o tipo de recurso necessário para a resolução de um exercício.

Ícone de Ferramenta Gráfica

A presença de um ícone desse tipo ao lado de um exercício indica que se espera que você use um equipamento ou programa que o auxilie a traçar um gráfico. Em muitos casos, uma calculadora gráfica é suficiente. Sites como o Desmos.com fornecem recursos semelhantes. Se o gráfico for tridimensional (veja os Capítulos 12 a 16), o WolframAlpha.com é um bom recurso. Também existem muitos aplicativos gráficos para computadores, smartphones e tablets. Se um exercício exigir o traçado de um gráfico, mas não contiver o ícone de ferramenta gráfica, você deverá fazer o gráfico à mão. No Capítulo 1, revisamos os gráficos de funções básicas e discutimos como usar transformações para traçar os gráficos de versões modificadas dessas funções.

Ícone de Recurso Tecnológico

Esse ícone é usado para indicar que é necessário recorrer a um programa ou equipamento com mais recursos do que o simples traçado de gráficos para concluir o exercício. Várias calculadoras gráficas e programas de computador são capazes de fornecer aproximações numéricas quando estas são exigidas. Para trabalhar simbolicamente com matemática, sites como o WolframAlpha.com ou o Symbolab.com são úteis, assim como são as calculadoras gráficas mais avançadas, como a Texas Instrument TI-89 ou TI-Nspite CAS. Se for necessário contar com recursos exclusivos de um SCA, isso será indicado no exercício e, nesse caso, pode ser necessário recorrer a pacotes computacionais como o Mathematica, o Maple, o MATLAB ou o SageMath. Se um exercício não incluir um ícone de recurso tecnológico, você deverá calcular limites, derivadas e integrais, ou resolver equações à mão, obtendo respostas exatas. Esses exercícios não requerem recursos tecnológicos mais avançados do que, eventualmente, uma calculadora científica básica.

Ao Aluno

A leitura de um livro-texto de cálculo difere da leitura de um conto ou um artigo de jornal. Não desanime se precisar ler o mesmo trecho muitas vezes antes de entendê-lo. E, durante a leitura, você deve sempre ter lápis, papel e calculadora à mão, para fazer contas e desenhar diagramas.

Alguns estudantes preferem partir diretamente para os exercícios passados como dever de casa, consultando o texto somente ao topar com alguma dificuldade. Acreditamos que ler e compreender toda a seção antes de lidar com os exercícios é muito mais interessante. Você deve prestar especial atenção às definições e compreender o significado exato dos termos. E, antes de ler cada exemplo, sugerimos que cubra a solução e tente resolvê-lo sozinho.

Parte do objetivo deste curso é treiná-lo a pensar logicamente. Procure escrever os estágios da resolução de forma articulada, passo a passo, com frases explicativas – e não somente uma série de equações e fórmulas desconexas.

As respostas da maioria dos exercícios ímpares são dadas ao final do livro, no Apêndice H. Alguns exercícios pedem explicações, interpretações ou descrições por extenso. Em tais casos, não há uma forma única de escrever a resposta, então não se preocupe se a sua ficou muito diferente. Da mesma forma, também há mais de uma maneira de expressar uma resposta algébrica ou numérica. Assim, se a sua resposta diferir daquela que consta no livro, não suponha imediatamente que a sua está errada. Por exemplo, se a resposta impressa é $\sqrt{2}-1$ e você chegou em $1/(1+\sqrt{2})$, você está certo, e a racionalização do denominador mostrará que ambas são equivalentes.

O ícone gráfico ⌒ indica que o exercício definitivamente exige o uso de uma calculadora gráfica ou um computador com um programa que o auxilie a traçar o gráfico. Mas isso não significa que você não possa utilizar esses equipamentos para verificar seus resultados nos demais exercícios. O símbolo T indica que é necessário algum auxílio tecnológico mais avançado que o simples traçado de gráficos para a conclusão do exercício. (Para maiores detalhes, consulte a seção Recursos Tecnológicos Desta Edição.)

Você também encontrará o símbolo ⊘, que o alertará sobra a possibilidade de cometer um erro. Esse símbolo é apresentado à margem do texto, em situações nas quais muitos estudantes tendem a cometer o mesmo erro.

Recomendamos que guarde este livro para fins de referência após o término do curso. Como você provavelmente esquecerá alguns detalhes específicos do cálculo, o livro servirá como um lembrete útil quando precisar usá-lo em cursos subsequentes. E, como este livro contém uma maior quantidade de material que pode ser abordada em qualquer curso, ele também pode servir como um recurso valioso para um cientista ou engenheiro em atuação.

O cálculo é uma matéria fascinante e, com justiça, é considerado uma das maiores realizações da inteligência humana. Esperamos que você descubra não apenas o quanto esta disciplina é útil, mas também o quão intrinsecamente bela ela é.

Testes de Verificação

O sucesso no cálculo depende em grande parte do conhecimento da matemática que precede o cálculo: álgebra, geometria analítica, funções e trigonometria. Os testes a seguir têm a intenção de diagnosticar falhas que você possa ter nessas áreas. Depois de fazer cada teste, é possível conferir suas respostas com as respostas dadas e, se necessário, refrescar sua memória consultando o material de revisão fornecido.

A | Testes de Verificação: Álgebra

1. Avalie cada expressão sem usar uma calculadora.
   (a) $(-3)^4$
   (b) -3^4
   (c) 3^{-4}
   (d) $\dfrac{5^{23}}{5^{21}}$
   (e) $\left(\dfrac{2}{3}\right)^{-2}$
   (f) $16^{-3/4}$

2. Simplifique cada expressão. Escreva sua resposta sem expoentes negativos.
   (a) $\sqrt{200} - \sqrt{32}$
   (b) $(3a^3b^3)(4ab^2)^2$
   (c) $\left(\dfrac{3x^{3/2}y^3}{x^2y^{-1/2}}\right)^{-2}$

3. Expanda e simplifique.
   (a) $3(x+6) + 4(2x-5)$
   (b) $(x+3)(4x-5)$
   (c) $(\sqrt{a}+\sqrt{b})(\sqrt{a}-\sqrt{b})$
   (d) $(2x+3)^2$
   (e) $(x+2)^3$

4. Fatore cada expressão.
   (a) $4x^2 - 25$
   (b) $2x^2 + 5x - 12$
   (c) $x^3 - 3x^2 - 4x + 12$
   (d) $x^4 + 27x$
   (e) $3x^{3/2} - 9x^{1/2} + 6x^{-1/2}$
   (f) $x^3y - 4xy$

5. Simplifique as expressões racionais.
   (a) $\dfrac{x^2+3x+2}{x^2-x-2}$
   (b) $\dfrac{2x^2-x-1}{x^2-9} \cdot \dfrac{x+3}{2x+1}$
   (c) $\dfrac{x^2}{x^2-4} - \dfrac{x+1}{x+2}$
   (d) $\dfrac{\dfrac{y}{x}-\dfrac{x}{y}}{\dfrac{1}{y}-\dfrac{1}{x}}$

6. Racionalize a expressão e simplifique.
   (a) $\dfrac{\sqrt{10}}{\sqrt{5}-2}$
   (b) $\dfrac{\sqrt{4+h}-2}{h}$

7. Reescreva, completando o quadrado.
   (a) $x^2 + x + 1$
   (b) $2x^2 - 12x + 11$

8. Resolva a equação. (Encontre apenas as soluções reais.)
   (a) $x + 5 = 14 - \tfrac{1}{2}x$
   (b) $\dfrac{2x}{x+1} = \dfrac{2x-1}{x}$
   (c) $x^2 - x - 12 = 0$
   (d) $2x^2 + 4x + 1 = 0$
   (e) $x^4 - 3x^2 + 2 = 0$
   (f) $3|x-4| = 10$
   (g) $2x(4-x)^{-1/2} - 3\sqrt{4-x} = 0$

9. Resolva cada desigualdade. Escreva sua resposta usando a notação de intervalos.
   (a) $-4 < 5 - 3x \leq 17$
   (b) $x^2 < 2x + 8$

(c) $x(x-1)(x+2) > 0$ (d) $|x-4| < 3$

(e) $\dfrac{2x-3}{x+1} \le 1$

10. Diga se cada equação é verdadeira ou falsa.

(a) $(p+q)^2 = p^2 + q^2$ (b) $\sqrt{ab} = \sqrt{a}\sqrt{b}$

(c) $\sqrt{a^2+b^2} = a+b$ (d) $\dfrac{1+TC}{C} = 1+T$

(e) $\dfrac{1}{x-y} = \dfrac{1}{x} - \dfrac{1}{y}$ (f) $\dfrac{1/x}{a/x - b/x} = \dfrac{1}{a-b}$

RESPOSTAS DOS TESTES DE VERIFICAÇÃO A: ÁLGEBRA

1. (a) 81 (b) −81 (c) $\tfrac{1}{81}$
 (d) 25 (e) $\tfrac{9}{4}$ (f) $\tfrac{1}{8}$

2. (a) $6\sqrt{2}$ (b) $48a^5b^7$ (c) $\dfrac{x}{9y^7}$

3. (a) $11x-2$ (b) $4x^2+7x-15$
 (c) $a-b$ (d) $4x^2+12x+9$
 (e) $x^3+6x^2+12x+8$

4. (a) $(2x-5)(2x+5)$ (b) $(2x-3)(x+4)$
 (c) $(x-3)(x-2)(x+2)$ (d) $x(x+3)(x^2-3x+9)$
 (e) $3x^{-1/2}(x-1)(x-2)$ (f) $xy(x-2)(x+2)$

5. (a) $\dfrac{x+2}{x-2}$ (b) $\dfrac{x-1}{x-3}$
 (c) $\dfrac{1}{x-2}$ (d) $-(x+y)$

6. (a) $5\sqrt{2}+2\sqrt{10}$ (b) $\dfrac{1}{\sqrt{4+h}+2}$

7. (a) $(x+\tfrac{1}{2})^2 + \tfrac{3}{4}$ (b) $2(x-3)^2 - 7$

8. (a) 6 (b) 1 (c) −3, 4
 (d) $-1 \pm \tfrac{1}{2}\sqrt{2}$ (e) $\pm 1, \pm \sqrt{2}$ (f) $\tfrac{2}{3}, \tfrac{22}{3}$
 (g) $\tfrac{12}{5}$

9. (a) [−4, 3) (b) (−2, 4)
 (c) $(-2, 0) \cup (1, \infty)$ (d) (1, 7)
 (e) (−1, 4]

10. (a) Falso (b) Verdadeiro (c) Falso
 (d) Falso (e) Falso (f) Verdadeiro

Se você tiver dificuldade com estes problemas, consulte a Revisão de Álgebra, "Review of Algebra" na página deste livro no site da Cengage. Material em inglês.

B | Testes de Verificação: Geometria Analítica

1. Encontre uma equação para a reta que passa pelo ponto (2, −5) e
 (a) tem inclinação −3
 (b) é paralela ao eixo x
 (c) é paralela ao eixo y
 (d) é paralela à reta $2x - 4y = 3$

2. Encontre uma equação para o círculo que tem centro (−1, 4) e passa pelo ponto (3, −2).

3. Encontre o centro e o raio do círculo com equação $x^2 + y^2 - 6x + 10y + 9 = 0$.

4. Sejam $A(-7, 4)$ e $B(5, -12)$ pontos no plano:
 (a) Encontre a inclinação da reta que contém A e B.
 (b) Encontre uma equação da reta que passa por A e B. Quais são as intersecções com os eixos?
 (c) Encontre o ponto médio do segmento AB.
 (d) Encontre o comprimento do segmento AB.
 (e) Encontre uma equação para a mediatriz de AB.
 (f) Encontre uma equação para o círculo para o qual AB é um diâmetro.

5. Esboce as regiões do plano xy definidas pelas equações ou inequações.
(a) $-1 \leq y \leq 3$
(b) $|x| < 4$ e $|y| < 2$
(c) $y < 1 - \frac{1}{2}x$
(d) $y \geq x^2 - 1$
(e) $x^2 + y^2 < 4$
(f) $9x^2 + 16y^2 = 144$

RESPOSTAS DOS TESTES DE VERIFICAÇÃO B: GEOMETRIA ANALÍTICA

1. (a) $y = -3x + 1$ (b) $y = -5$
(c) $x = 2$ (d) $y = \frac{1}{2}x - 6$

2. $(x + 1)^2 + (y - 4)^2 = 52$

3. Centro $(3, -5)$, raio 5

4. (a) $-\frac{4}{3}$
(b) $4x + 3y + 16 = 0$; intersecção com o eixo $x = -4$; intersecção com o eixo $y = -\frac{16}{3}$
(c) $(-1, -4)$
(d) 20
(e) $3x - 4y = 13$
(f) $(x + 1)^2 + (y + 4)^2 = 100$

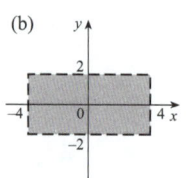

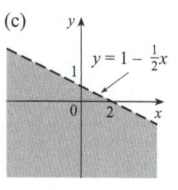

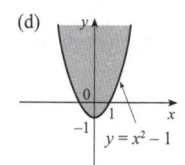

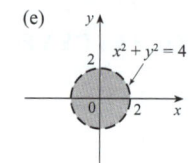

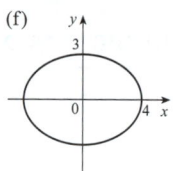

Se você tiver dificuldade com estes problemas, consulte a Revisão de Geometria Analítica, nos Apêndices B e C.

C | Testes de Verificação: Funções

1. O gráfico de uma função f é dado à esquerda.
(a) Diga o valor de $f(-1)$.
(b) Estime o valor de $f(2)$.
(c) Para quais valores de x vale que $f(x) = 2$?
(d) Estime os valores de x tais que $f(x) = 0$.
(e) Diga qual é o domínio e a imagem de f.

2. Se $f(x) = x^3$, calcule o quociente $\dfrac{f(2+h) - f(2)}{h}$ e simplifique sua resposta.

3. Encontre o domínio da função.
(a) $f(x) = \dfrac{2x+1}{x^2 + x - 2}$
(b) $g(x) = \dfrac{\sqrt[3]{x}}{x^2 + 1}$
(c) $h(x) = \sqrt{4-x} + \sqrt{x^2 - 1}$

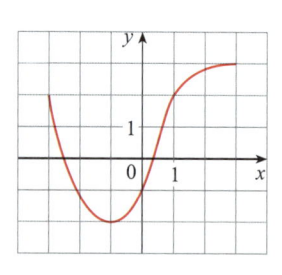

FIGURA PARA O PROBLEMA 1

4. Como os gráficos das funções são obtidos a partir do gráfico de f?
(a) $y = -f(x)$
(b) $y = 2f(x) - 1$
(c) $y = f(x-3) + 2$

5. Sem usar uma calculadora, faça um esboço grosseiro do gráfico.
(a) $y = x^3$
(b) $y = (x+1)^3$
(c) $y = (x-2)^3 + 3$
(d) $y = 4 - x^2$
(e) $y = \sqrt{x}$
(f) $y = 2\sqrt{x}$
(g) $y = -2^x$
(h) $y = 1 + x^{-1}$

6. Seja $f(x) = \begin{cases} 1 - x^2 & \text{se } x \leq 0 \\ 2x + 1 & \text{se } x > 0 \end{cases}$

(a) Calcule $f(-2)$ e $f(1)$.
(b) Esboce o gráfico de f.

7. Se $f(x) = x^2 + 2x - 1$ e $g(x) = 2x - 3$, encontre cada uma das seguintes funções.
(a) $f \circ g$
(b) $g \circ f$
(c) $g \circ g \circ g$

RESPOSTAS DOS TESTES DE VERIFICAÇÃO C: FUNÇÕES

1. (a) −2 (b) 2,8
(c) −3, 1 (d) −2,5, 0,3
(e) [−3, 3], [−2, 3]

2. $12 + 6h + h^2$

3. (a) $(-\infty, -2) \cup (-2, 1) \cup (1, \infty)$
(b) $(-\infty, \infty)$
(c) $(-\infty, -1] \cup [1, 4]$

4. (a) Refletindo em torno do eixo x.
(b) Expandindo verticalmente por um fator 2, a seguir transladando 1 unidade para baixo.
(c) Transladando 3 unidades para a direita e 2 unidades para cima.

5. (a), (b), (c) [gráficos]

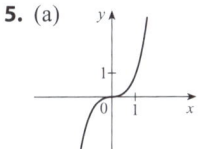

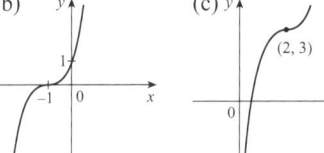

(d), 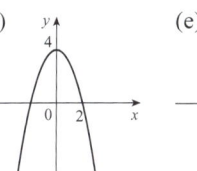 (e), 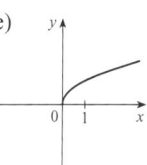 (f), 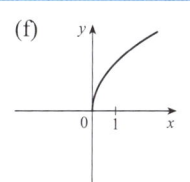 (g), 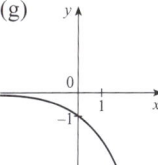 (h) [gráficos]

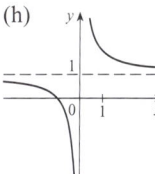

6. (a) −3, 3 (b) [gráfico]

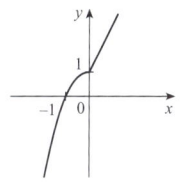

7. (a) $(f \circ g)(x) = 4x^2 - 8x + 2$
(b) $(g \circ f)(x) = 2x^2 + 4x - 5$
(c) $(g \circ g \circ g)(x) = 8x - 21$

Se você tiver dificuldade com estes problemas, consulte as seções 1.1 a 1.3 deste livro.

D | Testes de Verificação: Trigonometria

1. Converta de graus para radianos.
(a) 300° (b) −18°

2. Converta de radianos para graus.
(a) $5\pi/6$ (b) 2

3. Encontre o comprimento de um arco de um círculo de raio 12 cm, cujo ângulo central é 30°.

4. Encontre os valores exatos.
(a) $\text{tg}(\pi/3)$ (b) $\text{sen}(7\pi/6)$ (c) $\sec(5\pi/3)$

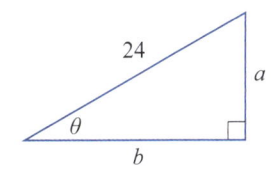

5. Expresse os comprimentos a e b na figura em termos de θ.

6. Se $\text{sen } x = \frac{1}{3}$ e $\sec y = \frac{5}{4}$, onde x e y estão entre 0 e $\pi/2$, avalie $\text{sen}(x + y)$.

FIGURA PARA O PROBLEMA 5

7. Demonstre as identidades.
(a) $\text{tg }\theta \text{ sen }\theta + \cos \theta = \sec \theta$
(b) $\dfrac{2 \text{ tg } x}{1 + \text{tg}^2 x} = \text{sen } 2x$

8. Encontre todos os valores de x tais que $\text{sen } 2x = \text{sen } x$ e $0 \leq x \leq 2\pi$.

9. Esboce o gráfico da função $y = 1 + \text{sen } 2x$ sem usar calculadora.

RESPOSTAS DOS TESTES DE VERIFICAÇÃO D: TRIGONOMETRIA

1. (a) $5\pi/3$ (b) $-\pi/10$

2. (a) $150°$ (b) $360°/\pi \approx 114{,}6°$

3. 2π cm

4. (a) $\sqrt{3}$ (b) $-\frac{1}{2}$ (c) 2

5. $a = 24 \operatorname{sen} \theta$, $b = 24 \cos \theta$

6. $\frac{1}{15}(4 + 6\sqrt{2})$

8. $0, \pi/3, \pi, 5\pi/3, 2\pi$

9.

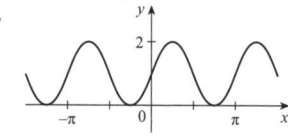

Se você tiver dificuldade com estes problemas, consulte o Apêndice D deste livro.

Ao terminar esse curso, você será capaz de determinar em que ponto um piloto deve iniciar a descida para que o pouso seja suave, encontrar o comprimento da curva usada para projetar o Gateway Arch, em St. Louis, calcular a força em um bastão de beisebol quando este bate na bola, predizer o tamanho das populações de espécies que competem seguindo um modelo presa-predador, mostrar que as abelhas formam as células de uma colmeia de tal forma que o consumo de cera seja mínimo e estimar a quantidade de combustível necessária para pôr em órbita um foguete.

Linha superior: Who is Danny / Shutterstock.com; iStock.com / gnagel; Richard Paul Kane / Shutterstock.com

Linha inferior: Bruce Ellis / Shutterstock.com; Kostiantyn Kravchenko / Shutterstock.com; Ben Cooper / Science Faction / Getty Images"

Uma Apresentação do Cálculo

O CÁLCULO É FUNDAMENTALMENTE DIFERENTE da matemática que você já estudou. Ele é menos estático e mais dinâmico. Trata de variação e de movimento, bem como de quantidades que tendem a outras quantidades. Por esse motivo, pode ser útil ter uma visão geral do cálculo antes de iniciar seu estudo sobre o tema. Damos aqui uma amostra das ideias principais do cálculo e mostramos como seus fundamentos são construídos a partir do conceito de *limite*.

■ O que É Cálculo?

O mundo à nossa volta muda continuamente – as populações crescem, uma xícara de café esfria, uma pedra cai, os produtos químicos reagem uns com os outros, o valor das moedas flutua, e assim por diante. Gostaríamos de ser capazes de analisar quantidades e processos que sofrem mudanças continuamente. Por exemplo, se uma pedra cai 10 pés a cada segundo, podemos dizer facilmente quão rápido ela cai a cada instante, mas isso *não* é o que acontece de fato – a pedra cai cada vez mais rápido e sua velocidade muda a cada instante. Ao estudar cálculo, aprenderemos como modelar (ou descrever) esses processos de mudança instantânea e como determinar o efeito cumulativo dessas mudanças.

O cálculo se baseia naquilo que você aprendeu de álgebra e geometria analítica, mas promove um avanço espetacular dessas ideias. Seu uso se estende por praticamente todo campo da atividade humana. Você encontrará numerosas aplicações do cálculo ao longo desse livro.

Em sua essência, o cálculo gira em torno de dois problemas fundamentais que envolvem gráficos de funções – o *problema da área* e o *problema da tangente* –, bem como da relação inesperada que existe entre eles. Resolver esses problemas é útil porque a área sob o gráfico de uma função e a reta tangente ao gráfico de uma função têm muitas interpretações importantes em uma variedade de contextos.

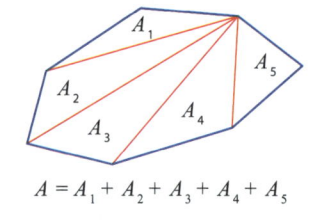

■ O Problema da Área

As origens do cálculo remontam à Grécia antiga, pelo menos 2.500 anos atrás, quando foram encontradas áreas usando o chamado "método da exaustão". Naquela época, os gregos já sabiam encontrar a área A de qualquer polígono dividindo-o em triângulos, como na Figura 1, e, em seguida, somando as áreas obtidas.

É muito mais difícil achar a área de uma figura curva. O método da exaustão dos antigos gregos consistia em inscrever e circunscrever a figura com polígonos e, então, aumentar o número de lados deles. A Figura 2 ilustra esse procedimento no caso especial de um círculo, com polígonos regulares inscritos.

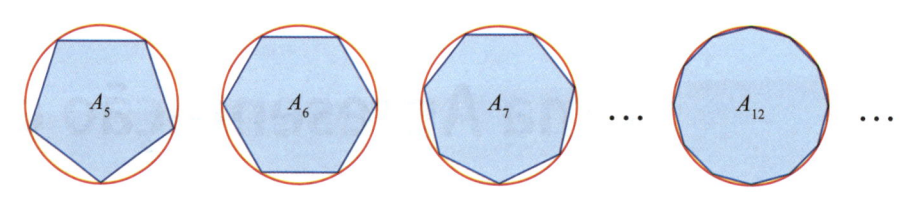

$A = A_1 + A_2 + A_3 + A_4 + A_5$

FIGURA 1

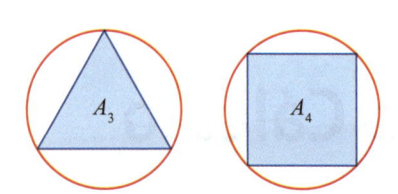

FIGURA 2

Seja A_n a área do polígono inscrito com n lados. À medida que aumentamos n, fica evidente que A_n ficará cada vez mais próxima da área do círculo. Dizemos, então, que a área do círculo é o *limite* das áreas dos polígonos inscritos e escrevemos

$$A = \lim_{n \to \infty} A_n$$

Os gregos não usaram explicitamente limites. Todavia, por um raciocínio indireto, Eudoxo (século V a.C.) usa o método da exaustão para demonstrar a conhecida fórmula da área do círculo: $A = \pi r^2$.

Usaremos uma ideia semelhante no Capítulo 5 para encontrar a área de regiões do tipo mostrado na Figura 3. Aproximaremos tal área por áreas de retângulos, como mostrado na Figura 4. Se aproximarmos a área A da região sob o gráfico de f usando n retângulos R_1, $R_2, \ldots, R_n$, então a área aproximada é

$$A_n = R_1 + R_2 + \ldots R_n$$

Imagine agora que aumentamos o número de retângulos (à medida que a largura de cada um é reduzida) e calculamos A como o limite dessa soma das áreas de retângulos:

$$A = \lim_{n \to \infty} A_n$$

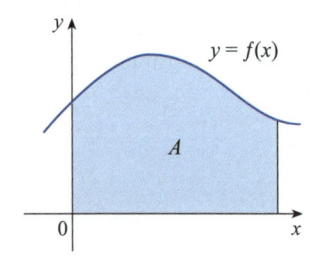

FIGURA 3
A área A da região sob o gráfico de f

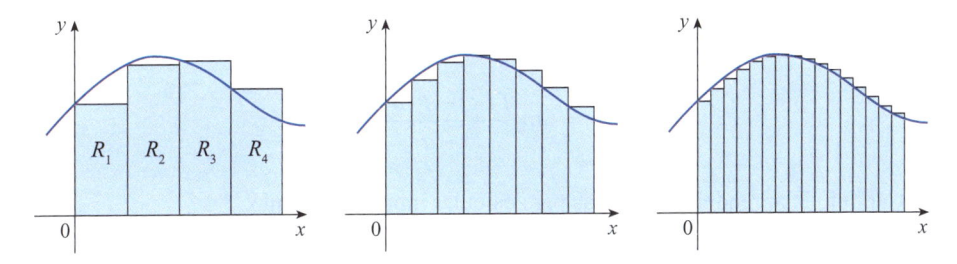

FIGURA 4 Aproximando a área A com o uso de retângulos

No Capítulo 5 aprenderemos como calcular esse tipo de limite.

O problema da área é o problema central do ramo do cálculo denominado *cálculo integral*; ele é importante porque a área sob o gráfico de uma função tem interpretações diferentes dependendo daquilo que a função representa. De fato, as técnicas que desenvolvemos para encontrar áreas também nos permitirão calcular o volume de um sólido, o comprimento de uma curva, a força exercida pela água sobre uma represa, a massa e o centro de massa de uma barra, o trabalho realizado ao se bombear água de um tanque e a quantidade de combustível que é necessária para pôr em órbita um foguete.

■ O Problema da Tangente

Considere o problema de tentar determinar a reta tangente ℓ a uma curva com equação $y = f(x)$, em um dado ponto P. (Daremos uma definição precisa de reta tangente no Capítulo 2; por ora, você pode imaginá-la como a reta que toca a curva em P, e segue a direção da curva em P, como mostrado na Figura 5.) Uma vez que o ponto P está sobre a reta tangente, podemos encontrar a equação de ℓ se conhecermos sua inclinação m. O problema está no fato de que, para calcular a inclinação, é necessário conhecer dois pontos e, sobre ℓ, temos somente o ponto P. Para contornar esse problema, determinamos primeiro uma aproximação para m, tomando sobre a curva um ponto próximo Q e calculando a inclinação m_{PQ} da reta secante PQ.

Imagine agora o ponto Q movendo-se ao longo da curva em direção a P, como na Figura 6. Você pode ver que a reta secante PQ gira e aproxima-se da reta tangente ℓ como sua posição-limite. Isso significa que a inclinação m_{PQ} da reta secante fica cada vez mais próxima da inclinação m da reta tangente. Isso é denotado por

$$m = \lim_{Q \to P} m_{PQ}$$

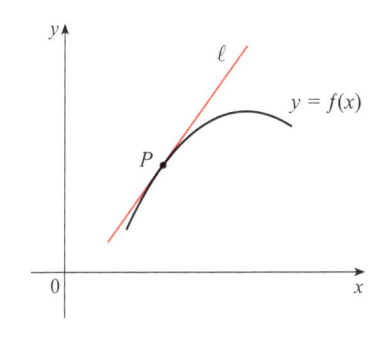

FIGURA 5
A reta tangente em P

e dizemos que m é o limite de m_{PQ} quando Q tende a P ao longo da curva.

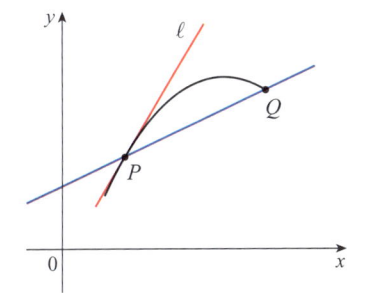

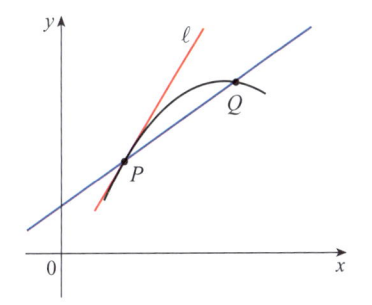

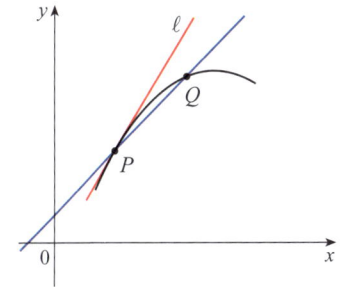

FIGURA 6 As retas secante se aproximam da reta tangente conforme Q se aproxima de P

Da Figura 7, note que, se P é o ponto $(a, f(a))$ e Q é o ponto $(x, f(x))$, então

$$m_{PQ} = \frac{f(x) - f(a)}{x - a}$$

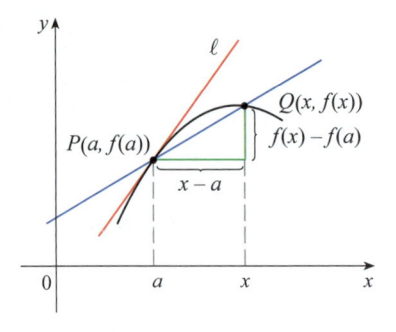

FIGURA 7
A reta secante PQ

Uma vez que x tende a a à medida que Q tende a P, uma expressão equivalente para a inclinação da reta tangente é

$$m = \lim_{x \to a} \frac{f(x) - f(a)}{x - a}$$

No Capítulo 3, aprenderemos regras para calcular limites desse tipo.

O problema da tangente deu origem ao ramo do cálculo denominado *cálculo diferencial*; ele é importante porque a inclinação da reta tangente ao gráfico de uma função pode ter várias interpretações, dependendo do contexto. Por exemplo, a resolução do problema da tangente nos permite determinar a velocidade instantânea de uma pedra que cai, a taxa de variação de uma reação química ou a direção das forças em uma corrente pendente.

■ Uma Relação entre os Problemas da Área e da Tangente

Os problemas da área e da tangente aparentam ser problemas muito diferentes, mas, supreendentemente, estão intimamente relacionados – de fato, eles estão relacionados de forma tão íntima que a resolução de um deles leva à solução do outro. A relação entre esses dois problemas é introduzida no Capítulo 5; ela é a principal descoberta do cálculo e é adequadamente denominada Teorema Fundamental do Cálculo. Mas talvez o mais importante seja o fato de que o Teorema Fundamental simplifica enormemente a solução do problema da área, tornando possível a determinação de áreas sem que seja necessário aproximá-las por retângulos e, em seguida, calcular os limites associados.

Atribui-se a invenção do cálculo a Isaac Newton (1642-1727) e Gottfried Leibniz (1646-1716) porque eles foram os primeiros a reconhecer a importância do Teorema Fundamental do Cálculo e a utilizá-lo como uma ferramenta para resolver problemas reais. Ao estudar cálculo, você descobrirá por conta própria esses poderosos resultados.

■ Resumo

Vimos que o conceito de limite aparece na obtenção da área de uma região e na determinação da inclinação da reta tangente a uma curva. É a ideia básica de limite que diferencia o cálculo das outras áreas da matemática. De fato, podemos definir o cálculo como a parte da matemática que lida com limites. Mencionamos que as áreas sob curvas e as inclinações das retas tangentes a curvas têm muitas interpretações diferentes em uma variedade de contextos. Finalmente, comentamos que os problemas da área e da tangente estão intimamente relacionados.

Depois de inventar sua versão do cálculo, Isaac Newton usou-a para explicar o movimento dos planetas em torno do Sol, dando uma resposta definitiva para a descrição de nosso sistema solar, cuja busca durava séculos. Atualmente, o cálculo é aplicado em uma grande variedade de contextos, como a determinação da órbita de satélites e naves espaciais, a estimativa do tamanho de populações, a previsão do tempo, a medição do débito cardíaco e a avaliação da eficiência de um mercado econômico.

Para transmitir uma noção do poder e da versatilidade do cálculo, concluímos fornecendo uma lista de questões que você será capaz de responder usando cálculo.

1. Como podemos projetar uma montanha-russa de modo que o percurso seja seguro e suave?
   (Veja o Projeto Aplicado apresentado após a Seção 3.1.)
2. A que distância de um aeroporto deve um piloto iniciar a descida?
   (Veja o Projeto Aplicado apresentado após a Seção 3.4.)
3. Como podemos explicar o fato de que o ângulo de elevação a partir de um observador até o ponto mais alto de um arco-íris é sempre igual a 42°?
   (Veja o Projeto Aplicado apresentado após a Seção 4.1.)
4. Como podemos estimar o trabalho que foi necessário para construir a Grande Pirâmide de Quéops, no antigo Egito?
   (Veja o Exercício 36 da Seção 6.4.)

5. Com que velocidade um projétil deve ser lançado para escapar da atração gravitacional da Terra?

   (Veja o Exercício 77 da Seção 7.8.)

6. Como podemos explicar as mudanças na espessura do gelo marinho ao longo do tempo e por que as fraturas no gelo tendem a "cicatrizar"?

   (Veja o Exercício 56 da Seção 9.3.)

7. Uma bola jogada para o alto consome mais tempo subindo até atingir sua altura máxima ou caindo de volta à sua altura original?

   (Veja o Projeto Aplicado apresentado após a Seção 9.5.)

8. Como podemos ajustar curvas para desenhar formas que representem letras em uma impressora a laser?

   (Veja o Projeto Aplicado apresentado após a Seção 10.2.)

9. Como podemos explicar o fato de planetas e satélites se moverem em órbitas elípticas?

   (Veja o Projeto Aplicado apresentado após a Seção 13.4.)

10. Como podemos distribuir o fluxo de água entre as turbinas de uma usina hidrelétrica de modo a maximizar a produção total de energia?

    (Veja o Projeto Aplicado apresentado após a Seção 14.8.)

A potência elétrica gerada por uma turbina eólica pode ser estimada por uma função matemática que inclui vários fatores. Exploraremos essa função no Exercício 1.2.25, no qual determinaremos a potência de saída esperada de uma turbina específica para várias velocidades do vento.
chaiviewfinder/Shutterstock.com

1 Funções e Modelos

O OBJETO FUNDAMENTAL DO CÁLCULO são as funções. Este capítulo abre o caminho para o cálculo, discutindo as ideias básicas concernentes às funções e seus gráficos, bem como as formas de combiná-los e transformá-los. Destacamos que uma função pode ser representada de diferentes maneiras: por uma equação, por uma tabela, por um gráfico ou por meio de palavras. Vamos examinar os principais tipos de funções que ocorrem no cálculo e descrever o modo de usá-las como modelos matemáticos de fenômenos do mundo real.

1.1 Quatro Maneiras de Representar uma Função

■ Funções

As funções surgem quando uma quantidade depende de outra. Consideremos as seguintes situações:

A. A área A de um círculo depende do seu raio r. A regra que conecta r e A é dada pela equação $A = \pi r^2$. A cada número r positivo está associado um único valor de A e dizemos que A é uma *função* de r.

B. A população humana do mundo P depende do tempo t. A Tabela 1 mostra as estimativas da população mundial P no momento t em certos anos. Por exemplo,

$$P \approx 2.560.000.000 \quad \text{quando } t = 1950$$

Para cada valor do tempo t, existe um valor correspondente de P, e dizemos que P é uma função de t.

C. O custo C de enviar um envelope pelo correio depende de seu peso w. Embora não haja uma fórmula simples relacionando W e C, o correio tem uma fórmula que permite calcular C quando w é dado.

D. A aceleração vertical a do solo registrada por um sismógrafo durante um terremoto é uma função do tempo t. A Figura 1 mostra o gráfico gerado pela atividade sísmica durante o terremoto de Northridge, que abalou Los Angeles em 1994. Para um dado valor de t, o gráfico fornece um valor correspondente de a.

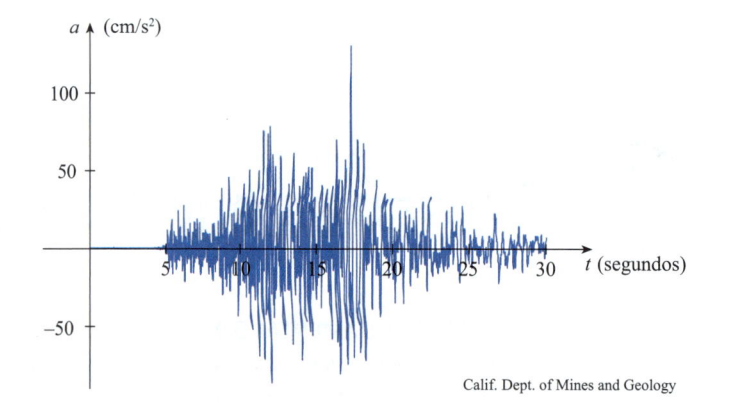

Tabela 1 População Mundial

Ano	População (em milhões)
1900	1.650
1910	1.750
1920	1.860
1930	2.070
1940	2.300
1950	2.560
1960	3.040
1970	3.710
1980	4.450
1990	5.280
2000	6.080
2010	6.870

FIGURA 1
Aceleração vertical do solo durante o terremoto de Northridge

Calif. Dept. of Mines and Geology

Cada um desses exemplos descreve uma regra pela qual, dado um número (como r no Exemplo A), outro número (A) é associado. Em cada caso dizemos que o segundo número é uma função do primeiro. Se f representa a regra que relaciona A a r no Exemplo A, então, na **notação de função**, isso é expresso por $A = f(r)$.

> Uma **função** f é uma lei que associa, a cada elemento x em um conjunto D, exatamente um elemento, chamado $f(x)$, em um conjunto E.

Em geral, consideramos as funções para as quais D e E são conjuntos de números reais. O conjunto D é chamado **domínio** da função. O número $f(x)$ é o **valor de f em x** e é lido "f de x". A **imagem** de f é o conjunto de todos os valores possíveis de $f(x)$ obtidos quando x varia por todo o domínio. O símbolo que representa um número arbitrário no *domínio* de uma função f é denominado **variável independente**. Um símbolo que representa um número na *imagem* de f é denominado **variável dependente**. No Exemplo A, a variável r é independente, enquanto A é dependente.

É útil considerar uma função como uma **máquina** (veja a Figura 2). Se x estiver no domínio da função f, quando x entrar na máquina, ele será aceito como entrada, e a

FIGURA 2
Diagrama de máquina para uma função f

máquina produzirá uma saída $f(x)$ de acordo com a lei que define a função. Então, podemos pensar o domínio como o conjunto de todas as entradas, enquanto a imagem é o conjunto de todas as saídas possíveis. As funções pré-programadas de sua calculadora são exemplos de funções como máquinas. Por exemplo, se você fornece um número como entrada e aperta a tecla x^2, a calculadora mostra como saída o quadrado do número de entrada.

Outra forma de ver a função é como um **diagrama de flechas**, como na Figura 3. Cada flecha conecta um elemento de D com um elemento de E. A flecha indica que está associado a x, $f(a)$ está associado a a e assim por diante.

Talvez o método mais útil de visualizar uma função consiste em fazer seu gráfico. Se f for uma função com domínio D, então seu **gráfico** será o conjunto de pares ordenados

$$\{(x, f(x)) \mid x \in D\}$$

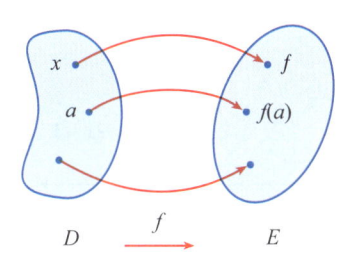

FIGURA 3
Diagrama de flechas para f

(Note que esses são os pares entrada-saída.) Em outras palavras, o gráfico de f consiste de todos os pontos (x, y) no plano coordenado tais que $y = f(x)$ e x está no domínio de f.

O gráfico de uma função f nos fornece uma imagem útil do comportamento ou "histórico" da função. Uma vez que a coordenada y de qualquer ponto (x, y) sobre o gráfico é $y = f(x)$, podemos ler o valor $f(x)$ como a altura do ponto no gráfico acima de x (veja a Figura 4). O gráfico de f também nos permite visualizar o domínio de f sobre o eixo x e a imagem sobre o eixo y, como na Figura 5.

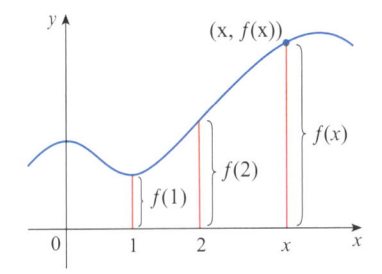

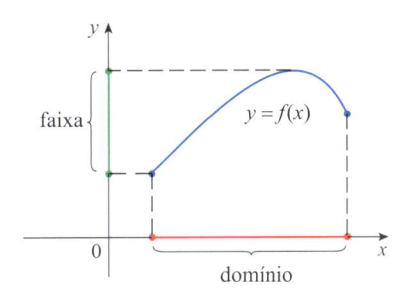

FIGURA 4

FIGURA 5

EXEMPLO 1 O gráfico de uma função f está na Figura 6.
(a) Encontre os valores de $f(1)$ e $f(5)$.
(b) Quais são o domínio e a imagem de f?

SOLUÇÃO

(a) Vemos na Figura 6 que o ponto $(1, 3)$ encontra-se no gráfico de f, então, o valor de f em 1 é $f(1) = 3$. (Em outras palavras, o ponto no gráfico que se encontra acima de $x = 1$ está 3 unidades acima do eixo x.)

Quando $x = 5$, o ponto no gráfico que corresponde a esse valor está 0,7 unidade abaixo do eixo x e estimamos que $f(5) \approx -0{,}7$.

(b) Vemos que $f(x)$ está definida quando $0 \leq x \leq 7$, logo, o domínio de f é o intervalo fechado $[0, 7]$. Observe que os valores de f variam de -2 a 4, assim, a imagem de f é

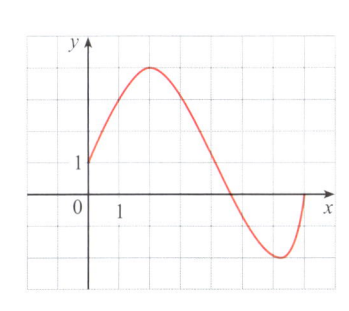

$$\{y \mid -2 \leq y \leq 4\} = [-2, 4]$$

FIGURA 6

A notação para intervalos é dada no Apêndice A.

No cálculo, a forma mais comum de definir uma função é por meio de uma equação algébrica. Por exemplo, a equação $y = 2x - 1$ define y como uma função de x. Podemos expressar isso na notação de função escrevendo $f(x) = 2x - 1$.

EXEMPLO 2 Esboce o gráfico e encontre o domínio e a imagem de cada função.
(a) $f(x) = 2x - 1$
(b) $g(x) = 2x - 1$

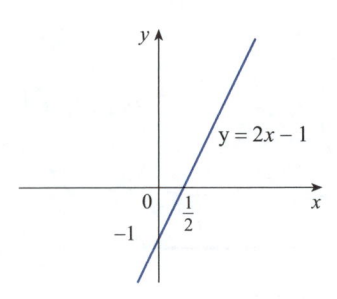

FIGURA 7

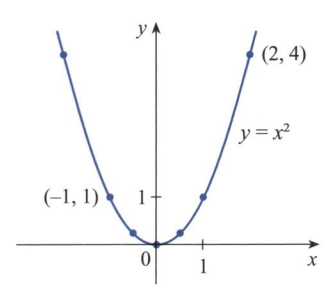

FIGURA 8

A expressão
$$\frac{f(a+h)-f(a)}{h}$$
no Exemplo 3 é chamada de **quociente de diferenças** e ocorre com frequência no cálculo. Como veremos no Capítulo 2, ela representa a taxa média de variação de $f(x)$ entre $x = a$ e $x = a + h$.

Tabela 2 População Mundial

t (anos a partir de 1900)	População (em milhões)
0	1.650
10	1.750
20	1.860
30	2.070
40	2.300
50	2.560
60	3.040
70	3.710
80	4.450
90	5.280
100	6.080
110	6.870

SOLUÇÃO

(a) O gráfico tem equação $y = 2x - 1$, que reconhecemos ser a equação de uma reta com inclinação 2 e intersecção com o eixo y igual a -1. (Relembre a forma inclinação-intersecção da equação de uma reta: $y = mx + b$. Veja o Apêndice B.) Isso nos possibilita esboçar uma parte do gráfico de f na Figura 7. A expressão $2x - 1$ é definida para todos os números reais; logo, o domínio f é o conjunto de todos os números reais, denotado por $\mathbb{R}$. O gráfico mostra ainda que a imagem também é $\mathbb{R}$.

(b) Uma vez que $g(2) = 2^2 = 4$ e $g(-1) = (-1)^2 = 1$, podemos marcar os pontos $(2, 4)$ e $(-1, 1)$, junto com outros poucos pontos para ligá-los, e produzir o gráfico da Figura 8. A equação do gráfico é $y = x^2$, que representa uma parábola (veja o Apêndice C). O domínio de g é $\mathbb{R}$. A imagem de g consiste em todos os valores $g(x)$, isto é, todos os números da forma x^2. Mas $x^2 \geq 0$ para todos os números reais x e todo número positivo y é um quadrado. Assim, a imagem de g é $\{y \mid y \geq 0\} = [0, \infty)$. Isso também pode ser visto na Figura 8. ∎

EXEMPLO 3 Se $f(x) = 2x^2 - 5x + 1$ e $h \neq 0$, avalie $\dfrac{f(a+h)-f(a)}{h}$.

SOLUÇÃO Primeiro calculamos $f(a + h)$ substituindo x por $a + h$ na expressão para $f(x)$:

$$f(a+h) = 2(a+h)^2 - 5(a+h) + 1$$
$$= 2(a^2 + 2ah + h^2) - 5(a+h) + 1$$
$$= 2a^2 + 4ah + 2h^2 - 5a - 5h + 1$$

A seguir, substituímos isso na expressão dada e simplificamos:

$$\frac{f(a+h)-f(a)}{h} = \frac{(2a^2 + 4ah + 2h^2 - 5a - 5h + 1) - (2a^2 - 5a + 1)}{h}$$
$$= \frac{2a^2 + 4ah + 2h^2 - 5a - 5h + 1 - 2a^2 + 5a - 1}{h}$$
$$= \frac{4ah + 2h^2 - 5h}{h} = 4a + 2h - 5 \qquad \blacksquare$$

■ Representações de Funções

Empregamos quatro formas diferentes para representar uma função:

- verbalmente   (descrevendo-a com palavras)
- numericamente   (por meio de uma tabela de valores)
- visualmente   (através de um gráfico)
- algebricamente   (utilizando uma fórmula explícita)

Se uma função puder ser representada das quatro maneiras, em geral é útil ir de uma representação para a outra, a fim de obter um entendimento adicional da função. (No Exemplo 2, iniciamos com fórmulas algébricas e então obtemos gráficos.) Mas certas funções são descritas mais naturalmente por um método que pelo outro. Tendo isso em mente, vamos reexaminar as quatro situações consideradas no começo desta seção.

A. A mais útil dentre as representações da área de um círculo em função de seu raio é provavelmente a fórmula $A = \pi r^2$, ou, na notação de função, $A(r) = \pi r^2$. Também é possível elaborar uma tabela de valores, bem como esboçar um gráfico (meia parábola). Como o raio do círculo deve ser positivo, o domínio da função é $\{r \mid r > 0\} = (0, \infty)$, e a imagem também é $(0, \infty)$.

B. Fornecemos uma descrição da função em palavras: $P(t)$ é a população humana mundial no momento t. Vamos medir t de modo que $t = 0$ corresponde ao ano 1900. A Tabela 2 fornece uma representação conveniente dessa função. Se marcamos sobre o plano os pares ordenados dessa tabela, vamos obter o gráfico (chamado *diagrama* *de dispersão*) da Figura 9. Ele é também uma representação útil, já que nos possibilita absorver todos os dados de uma vez. E o que dizer sobre uma fórmula para a função? Certamente, é impossível dar uma fórmula explícita que forneça a população humana exata $P(t)$ a qualquer momento t. Mas é possível encontrar uma expressão para uma função que *se aproxime de P(t)*. De fato, usando métodos explicados na Seção 1.4 obtemos uma aproximação para a população P:

$$P(t) \approx f(t) = (1{,}43653 \times 10^9) \cdot (1{,}01395)^t$$

A Figura 10 mostra que o "ajuste" é bem razoável. A função f é chamada *modelo matemático* do crescimento populacional. Em outras palavras, é uma função com uma fórmula explícita que aproxima o comportamento da função dada. No entanto, vamos ver que podemos aplicar ideias de cálculo em tabelas de valores, não sendo necessária uma fórmula explícita.

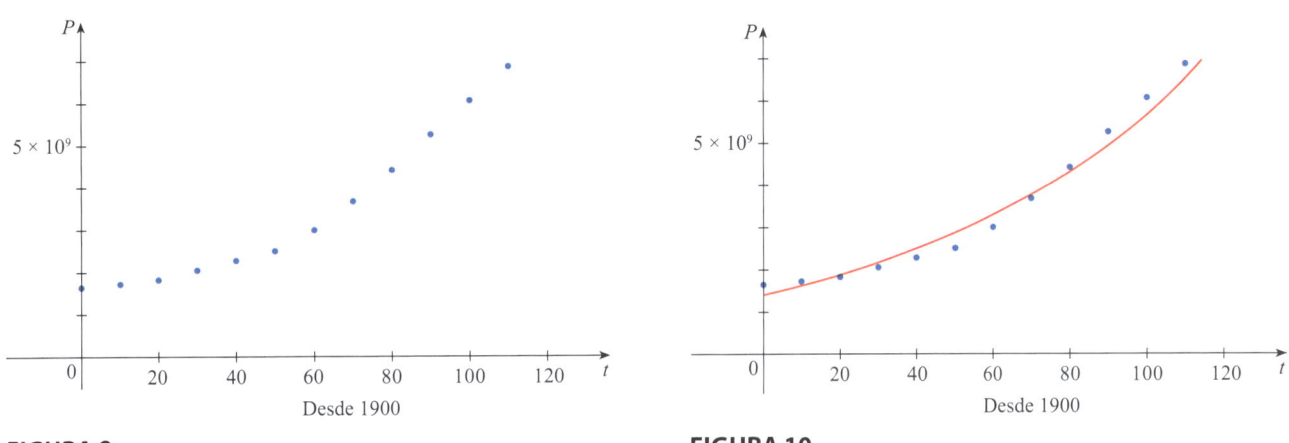

FIGURA 9

FIGURA 10

A função P é um exemplo típico das funções que aparecem quando tentamos aplicar o cálculo ao mundo real. Começamos por uma descrição verbal de uma função. Então é possível que a partir de dados experimentais possamos construir as tabelas de valores da função. Mesmo que não tenhamos um conhecimento completo dos valores da função, veremos por todo este livro que é possível realizar operações do cálculo nessas funções.

C. Novamente, a função é descrita em palavras: $C(w)$ é o custo de envio pelo correio de um grande envelope com peso w. A regra usada pelos Correios dos Estados Unidos a partir de 2019 é a seguinte: paga-se 1 dólar para um peso de até 25 g e mais 15 cents para cada 25 g adicionais (ou fração), até 350 g. Para essa função, uma tabela de valores é a representação mais conveniente (veja a Tabela 3), embora seja possível traçar um gráfico (veja o Exemplo 10).

D. O gráfico na Figura 1 é a representação mais natural da função aceleração vertical $a(t)$. É verdade que seria possível montar uma tabela de valores e até desenvolver uma fórmula aproximada. Porém tudo o que um geólogo precisa saber – amplitude e padrões – pode ser facilmente obtido do gráfico. (O mesmo é válido tanto para os padrões de um eletrocardiograma como para o caso de um detector de mentiras.)

No próximo exemplo, vamos esboçar o gráfico de uma função definida verbalmente.

EXEMPLO 4 Quando você abre uma torneira de água quente que está conectada a um reservatório de água aquecida, a temperatura T da água depende de há quanto tempo ela está correndo. Esboce um gráfico de T como uma função do tempo t decorrido desde a abertura da torneira.

SOLUÇÃO A temperatura inicial da água corrente está próxima da temperatura ambiente, pois ela estava em repouso nos canos. Quando a água do tanque de água quente começa a escoar da torneira, T aumenta rapidamente. Na próxima fase, T fica constante, na

Uma função por uma tabela de valores é chamada de função *tabular*.

Tabela 3

w (gramas)	$C(w)$ (dólares)
$0 < w \leq 25$	1,00
$25 < w \leq 50$	1,15
$50 < w \leq 75$	1,30
$75 < w \leq 100$	1,45
$100 < w \leq 125$	1,60
⋮	⋮

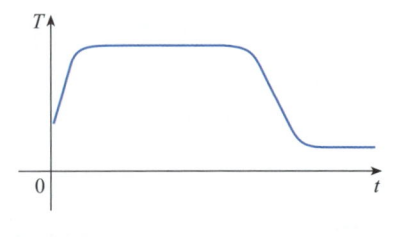

FIGURA 11

temperatura da água aquecida no tanque. Quando o tanque fica vazio, T decresce para a temperatura da fonte de água. Isso nos permite fazer o esboço de T como uma função de t, mostrada na Figura 11. ∎

No exemplo a seguir, começamos pela descrição verbal de uma função em uma situação física e depois obtemos uma fórmula algébrica explícita. A habilidade de fazer essa transição é muito útil na solução de problemas de cálculo envolvendo a determinação de valores máximo ou mínimo de quantidades.

EXEMPLO 5 Uma caixa de armazenamento retangular aberta na parte superior tem um volume de 10 m³. O comprimento da base é o dobro de sua largura. O material da base custa $ 10 por metro quadrado, ao passo que o material das laterais custa $ 6 por metro quadrado. Expresse o custo total do material como uma função do comprimento da base.

SOLUÇÃO Fazemos um diagrama como o da Figura 12, com uma notação na qual w e $2w$ são, respectivamente, o comprimento e a largura da base, e h é a altura.

A área da base é $(2w)w = 2w^2$, assim, o custo do material em dólares para a base é de $10(2w^2)$. Quanto aos lados, dois têm área wh e os outros dois, $2wh$, portanto, o custo total dos lados é $6[2(wh) + 2(2\ wh)]$. Logo, o custo total é

$$C = 10(2w^2) + 6[2(wh) + 2(2wh)] = 20w^2 + 36wh$$

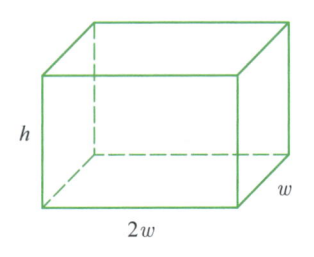

FIGURA 12

Para expressar C como uma função somente de w, precisamos eliminar h, o que é feito usando o volume dado, de 10 m³. Assim,

$$w(2w)h = 10$$

o que fornece

$$h = \frac{10}{2w^2} = \frac{5}{w^2}$$

Substituindo essa expressão na fórmula de C, temos

$$C = 20w^2 + 36w\left(\frac{5}{w^2}\right) = 20w^2 + \frac{180}{w}$$

Portanto, a equação

$$C(w) = 20w^2 + \frac{180}{w} \qquad w > 0$$

expressa C como uma função de w. ∎

> **SP** Na montagem de funções aplicadas, como no Exemplo 5, pode ser útil rever os Princípios da Resolução de Problemas, apresentados ao final deste capítulo, particularmente o *Passo 1: Entendendo o Problema*.

No próximo exemplo, determinamos o domínio de uma função definida algebricamente. Se uma função é dada por uma fórmula e seu domínio não é declarado explicitamente, usamos a seguinte **convenção sobre o domínio**: o domínio da função é o conjunto de todos os valores de entrada para os quais a fórmula faz sentido e fornece como saída um número real.

EXEMPLO 6 Encontre o domínio de cada função.

(a) $f(x) = \sqrt{x+2}$ (b) $g(x) = \dfrac{1}{x^2 - x}$

SOLUÇÃO

(a) Como a raiz quadrada de um número negativo não é definida (como um número real), o domínio de f consiste em todos os valores de x tais que $x + 2 \geq 0$. Isso é equivalente a $x \geq -2$; assim, o domínio é o intervalo $[-2, \infty)$.

(b) Uma vez que

$$g(x) = \frac{1}{x^2 - x} = \frac{1}{x(x-1)}$$

e a divisão por 0 não é permitida, vemos que $g(x)$ não está definida no caso $x = 0$ ou $x = 1$. Dessa forma, o domínio de g é

$$\{x \mid x \neq 0, x \neq 1\}$$

que também pode ser dado na notação de intervalo como

$$(-\infty, 0) \cup (0, 1) \cup (1, \infty) \qquad \blacksquare$$

■ Quais Regras Definem Funções?

Nem toda equação define uma função. A equação $y = x^2$ define y como uma função de x porque essa equação fornece exatamente um valor de y para cada valor de x. No entanto, a equação $y^2 = x$ *não* define y como uma função de x porque alguns valores de entrada x estão associados a mais de um valor de saída y; por exemplo, para a entrada $x = 4$ a equação fornece as saídas $y = 2$ e $y = -2$.

Do mesmo modo, nem toda tabela define uma função. A Tabela 3 define C como uma função de w, pois cada peso de embalagem, w, está relacionado a exatamente um custo de envio. Por outro lado, a Tabela 4 *não* define y como uma função de x, uma vez que há valores de entrada x na tabela associados a mais de uma saída y; por exemplo, a entrada $x = 5$ fornece as saídas $y = 7$ e $y = 8$.

Tabela 4

x	2	4	5	5	6
y	3	6	7	8	9

E quanto às curvas traçadas no plano-xy? Quais curvas são gráficos de funções? O teste a seguir fornece uma resposta a essa questão.

> **Teste da Reta Vertical** Uma curva no plano xy é o gráfico de uma função de x se e somente se nenhuma reta vertical cortar a curva mais de uma vez.

A razão da veracidade do Teste da Reta Vertical pode ser vista na Figura 13. Se cada reta vertical $x = a$ cruzar a curva somente uma vez, em (a, b), então exatamente um valor funcional é definido por $f(a) = b$. Mas se a reta $x = a$ interceptar a curva em dois pontos, em (a, b) e (a, c), nesse caso, a curva não pode representar uma função, pois uma função não pode associar dois valores diferentes a a.

Por exemplo, a parábola $x = y^2 - 2$ na Figura 14(a) não é o gráfico de uma função de x, pois, como podemos ver, existem retas verticais que interceptam a parábola duas vezes. A parábola, no entanto, contém os gráficos de *duas* funções de x. Note que a equação $x = y^2 - 2$ implica $y^2 = x + 2$, de modo que $y = \pm\sqrt{x+2}$. Assim, a metade superior e a metade inferior da parábola são os gráficos de $f(x) = \sqrt{x+2}$ [do Exemplo 6(a)] e $g(x) = -\sqrt{x+2}$. [Observe as figuras 14(b) e (c).]

Observe que se invertermos os papéis de x e y, então a equação $x = h(y) = y^2 - 2$ define x como uma função de y (com y como uma variável independente e x como variável dependente). O gráfico da função h é a parábola apresentada na Figura 14(a).

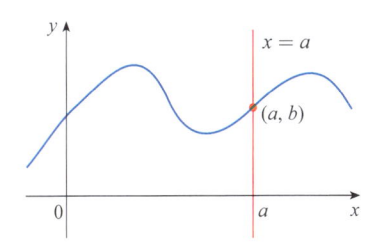

(a) Esta curva representa a função.

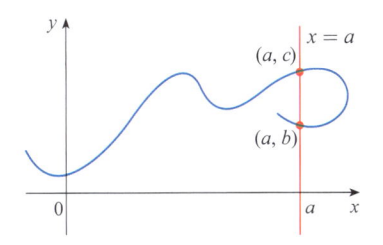

(b) Esta curva não representa a função.

FIGURA 13

(a) $x = y^2 - 2$ (b) $y = \sqrt{x+2}$ (c) $y = -\sqrt{x+2}$

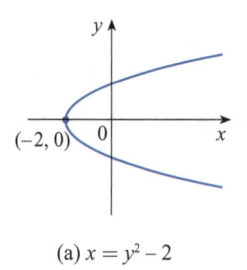

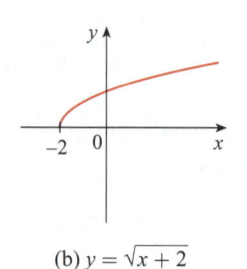

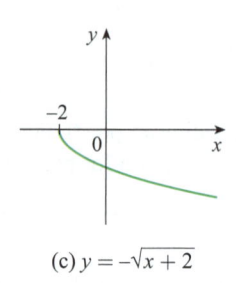

FIGURA 14

■ Funções Definidas por Partes

As funções nos quatro exemplos a seguir são definidas por fórmulas distintas em diferentes partes de seus domínios. Tais funções são chamadas **funções definidas por partes**.

EXEMPLO 7 Uma função f é definida por

$$f(x) = \begin{cases} 1-x & \text{se } x \leq -1 \\ x^2 & \text{se } x > -1 \end{cases}$$

Avalie $f(-2), f(-1)$ e $f(0)$ e esboce o gráfico.

SOLUÇÃO Lembre-se de que toda função é uma regra. Para esta função em particular a regra é a seguinte: primeiro olhe para o valor da entrada x. Se acontecer de $x \leq -1$, então o valor de $f(x)$ é $1 - x$. Por outro lado, se $x > -1$, então o valor de $f(x)$ é x^2. Note que, embora tenham sido usadas duas fórmulas diferentes, f é *uma* única função, não *duas*.

$$\text{Uma vez que } -2 \leq -1, \text{ temos } f(-2) = 1 - (-2) = 3.$$
$$\text{Uma vez que } -1 \leq -1, \text{ temos } f(-1) = 1 - (-1) = 2.$$
$$\text{Uma vez que } 0 > -1, \text{ temos } f(0) = 0^2 = 0.$$

Como fazer o gráfico de f? Observamos que se $x \leq -1$, então $f(x) = 1 - x$, assim, a parte do gráfico de f à esquerda da reta vertical $x = -1$ deve coincidir com a reta $y = 1 - x$, essa última com inclinação -1 e intersecção com o eixo y igual a 1. Se $x > -1$, então $f(x) = x^2$ e, dessa forma, a parte do gráfico f à direita da reta $x = -1$ deve coincidir com o gráfico de $y = x^2$, que é uma parábola. Isso nos permite esboçar o gráfico na Figura 15. O círculo cheio indica que o ponto $(-1, 2)$ está incluso no gráfico; o círculo vazio indica que o ponto $(-1, 1)$ está excluído do gráfico. ■

O próximo exemplo de função definida por partes é a função valor absoluto. Lembre-se de que o **valor absoluto** de um número a, denotado por $|a|$, é a distância de a até 0 sobre a reta real. Como distâncias são sempre positivas ou nulas, temos

$$|a| \geq 0 \quad \text{para todo número } a.$$

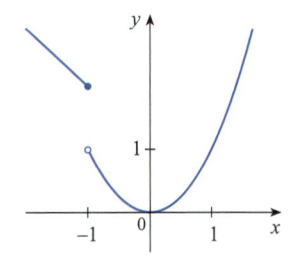

FIGURA 15

Para uma revisão mais ampla dos valores absolutos, veja o Apêndice A.

Por exemplo,

$$|3| = 3 \quad |-3| = 3 \quad |0| = 0 \quad |\sqrt{2} - 1| = \sqrt{2} - 1 \quad |3 - \pi| = \pi - 3$$

Em geral, temos

$$\boxed{\begin{aligned} |a| &= a \quad \text{se } a \geq 0 \\ |a| &= -a \quad \text{se } a < 0 \end{aligned}}$$

(Lembre-se de que se a for negativo, então $-a$ será positivo.)

EXEMPLO 8 Esboce o gráfico da função valor absoluto $f(x) = |x|$.

SOLUÇÃO Da discussão precedente sabemos que

$$|x| = \begin{cases} x & \text{se } x \geq 0 \\ -x & \text{se } x < 0 \end{cases}$$

Usando o mesmo método empregado no Exemplo 7, vemos que o gráfico de f coincide com a reta $y = x$ à direita do eixo y e com a reta $y = -x$ à esquerda do eixo y (veja a Figura 16).

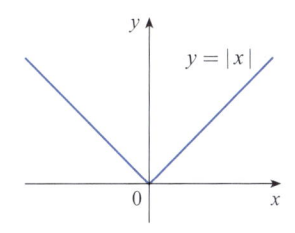

FIGURA 16

EXEMPLO 9 Encontre uma fórmula para a função f cujo gráfico está na Figura 17.

SOLUÇÃO A reta que passa pelos pontos (0, 0) e (1, 1) tem inclinação $m = 1$ e intersecção com o eixo y, $b = 0$; assim, sua equação é $y = x$. Logo, para a parte do gráfico de f que liga os pontos (0, 0) e (1, 1), temos

$$f(x) = x \qquad \text{se } 0 \leq x \leq 1.$$

A reta que passa pelos pontos (1, 1) e (2, 0) tem uma inclinação de $m = -1$, dessa maneira, a forma ponto-inclinação será

$$y - 0 = (-1)(x - 2) \qquad \text{ou} \qquad y = 2 - x$$

Logo, temos $\qquad f(x) = 2 - x \qquad \text{se } 1 < x \leq 2$

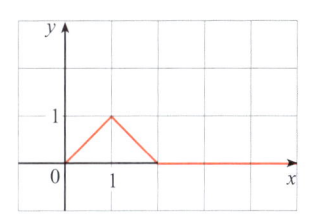

FIGURA 17

A forma ponto-inclinação da equação da reta: $y - y_1 = m(x - x_1)$. Veja o Apêndice B.

Vemos também que o gráfico de f coincide com o eixo x para $x > 2$. Juntando todas as informações, temos a seguinte fórmula em três partes para f:

$$f(x) = \begin{cases} x & \text{se } 0 \leq x \leq 1 \\ 2 - x & \text{se } 1 < x \leq 2 \\ 0 & \text{se } x > 2 \end{cases}$$

EXEMPLO 10 No Exemplo C apresentado no início dessa seção, consideramos o custo $C(w)$ de postagem de um grande envelope cujo peso é w. De fato, esta é uma função linear por partes, uma vez que, segundo a Tabela 3, temos

$$C(w) = \begin{cases} 1,00 & \text{se } 0 < w \leq 25 \\ 1,15 & \text{se } 25 < w \leq 50 \\ 1,30 & \text{se } 50 < w \leq 75 \\ 1,45 & \text{se } 75 < w \leq 100 \\ \vdots & \end{cases}$$

O gráfico dessa função é mostrado na Figura 18.

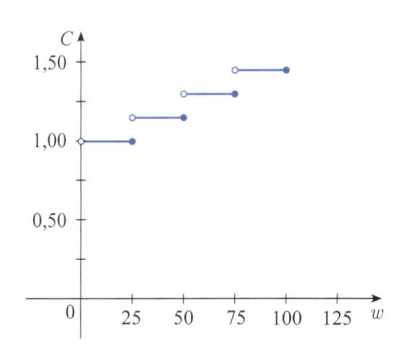

FIGURA 18

Observando a Figura 18, você percebe por que uma função como a do Exemplo 10 é denominada **função escada**.

■ Funções Par e Ímpar

Se uma função f satisfaz $f(-x) = f(x)$ para todo número x em seu domínio, então f é chamada **função par**. Por exemplo, a função $f(x) = x^2$ é par, pois

$$f(-x) = (-x)^2 = x^2 = f(x)$$

O significado geométrico de uma função ser par é que seu gráfico é simétrico em relação ao eixo y (veja a Figura 19). Isso significa que se fizermos o gráfico de f para $x \geq 0$, então, para obter o gráfico inteiro, basta refletir esta parte em torno do eixo y.

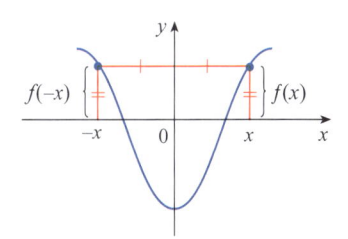

FIGURA 19
Uma função par

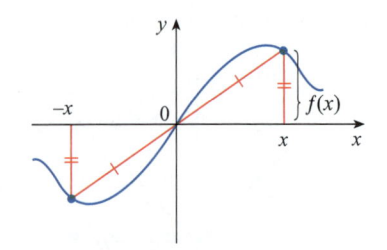

FIGURA 20
Uma função ímpar

Se f satisfaz $f(-x) = -f(x)$ para cada número x em seu domínio, então f é chamada **função ímpar**. Por exemplo, a função $f(x) = x^3$ é ímpar, pois

$$f(-x) = (-x)^3 = -x^3 = -f(x)$$

O gráfico de uma função ímpar é simétrico em relação à origem (veja a Figura 20). Se já tivermos o gráfico de f para $x \geq 0$, poderemos obter o restante do gráfico girando esta parte 180° em torno da origem.

EXEMPLO 11 Determine se a função é par, ímpar ou nenhum dos dois.

(a) $f(x) = x^5 + x$ (b) $g(x) = 1 - x^4$ (c) $h(x) = 2x - x^2$

SOLUÇÃO

(a)
$$f(-x) = (-x)^5 + (-x) = (-1)^5 x^5 + (-x)$$
$$= -x^5 - x = -(x^5 + x)$$
$$= -f(x)$$

Portanto, f é uma função ímpar.

(b) $$g(-x) = 1 - (-x)^4 = 1 - x^4 = g(x)$$

Assim, g é par.

(c) $$h(-x) = 2(-x) - (-x)^2 = -2x - x^2$$

Como $h(-x) \neq h(x)$ e $h(-x) \neq -h(x)$, concluímos que h não é par nem ímpar. ∎

Os gráficos das funções no Exemplo 11 estão na Figura 21. Observe que o gráfico de h não é simétrico em relação ao eixo y nem em relação à origem.

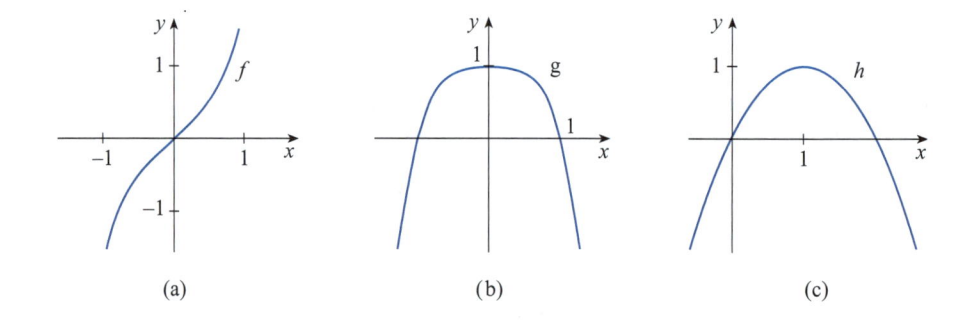

FIGURA 21

(a) (b) (c)

Funções Crescentes e Decrescentes

O gráfico da Figura 22 cresce de A para B, decresce de B para C e cresce novamente de C para D. Digamos que a função f é crescente no intervalo $[a, b]$, decrescente em $[b, c]$ e crescente novamente em $[c, d]$. Note que se x_1 e x_2 são dois números quaisquer entre a e b com $x_1 < x_2$, então $f(x_1) < f(x_2)$. Utilizamos isso como a propriedade que define uma função crescente.

> Uma função f é chamada **crescente** em um intervalo I se
>
> $$f(x_1) < f(x_2) \quad \text{quando } x_1 < x_2 \text{ em } I.$$
>
> É denominada **decrescente** em I se
>
> $$f(x_1) > f(x_2) \quad \text{quando } x_1 < x_2 \text{ em } I.$$

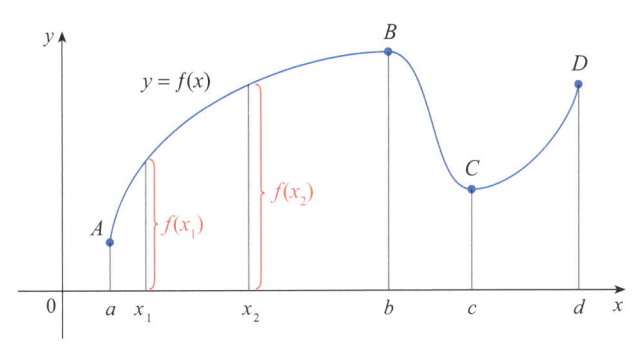

FIGURA 22

Na definição de uma função crescente, é importante perceber que a desigualdade $f(x_1) < f(x_2)$ deve responder a *cada* par de números x_1 e x_2 em I com $x_1 < x_2$.

Você pode ver que na Figura 23 a função $f(x) = x^2$ é decrescente no intervalo $(-\infty, 0]$ e crescente no intervalo $[0, \infty)$.

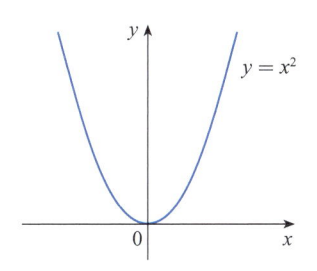

FIGURA 23

1.1 Exercícios

1. Se $f(x) = x + \sqrt{2-x}$ e $g(u) = u + \sqrt{2-u}$, é verdadeiro que $f = g$?

2. Se
$$f(x) = \frac{x^2 - x}{x - 1} \quad \text{e} \quad g(x) = x$$
é verdadeiro que $f = g$?

3. O gráfico de uma função g é dado.
   (a) Forneça os valores de $g(-2)$, $g(0)$, $g(2)$ e $g(3)$.
   (b) Para que valores de x tem-se $g(x) = 3$?
   (c) Para que valores de x tem-se $g(x) \leq 3$?
   (d) Diga quais são o domínio e a imagem de g.
   (e) Em qual(is) intervalo(s) g é crescente?

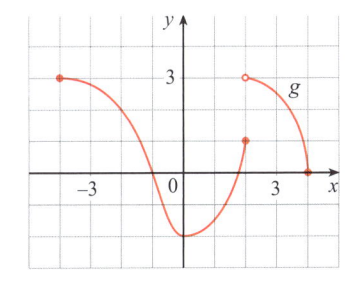

4. Os gráficos de f e g são dados.
   (a) Diga o valor de $f(-4)$ e $g(3)$.
   (b) Qual valor é maior, $f(-3)$ ou $g(-3)$?
   (c) Para que valores de x tem-se $f(x) = g(x)$?
   (d) Em quais intervalos tem-se $f(x) \leq g(x)$?
   (e) Forneça as soluções da equação $f(x) = -1$.
   (f) Em quais intervalos g é decrescente?
   (g) Forneça o domínio e o conjunto imagem de f.
   (h) Forneça o domínio e o conjunto imagem de g.

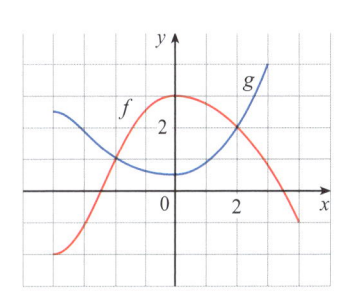

5. A Figura 1 foi registrada por um instrumento monitorado pelo California Department of Mines and Geology, pertencente ao hospital da Universidade do Sul da Califórnia (USC), em Los Angeles. Use-a para estimar a imagem da função da aceleração vertical do solo na USC durante o terremoto de Northridge.

6. Nesta seção, discutimos os exemplos de funções cotidianas: a população em função do tempo; o custo da franquia postal em função do peso; a temperatura da água em função do tempo. Dê três novos exemplos de funções cotidianas que possam ser descritas verbalmente. O que você pode dizer sobre o domínio e a imagem de cada uma dessas funções? Se possível, esboce um gráfico para cada uma delas.

7-14 Determine se a equação ou a tabela define y como uma função de x.

7. $3x - 5y = 7$
8. $3x^2 - 2y = 5$
9. $x^2 + (y-3)^2 = 5$
10. $2xy + 5y^2 = 4$
11. $(y+3)^3 + 1 = 2x$
12. $2x - |y| = 0$

13.

x Altura (cm)	y Número do calçado
180	12
150	8
150	7
160	9
175	10

14.

x Ano	y Anuidade escolar ($)
2016	10.900
2017	11.000
2018	11.200
2019	11.200
2020	11.300

15-18 Determine se a curva é o gráfico de uma função de x. Se o for, determine o domínio e a imagem da função.

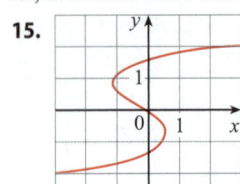

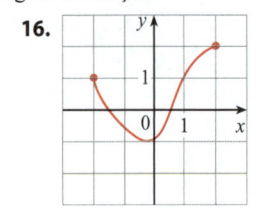

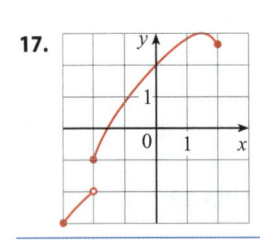

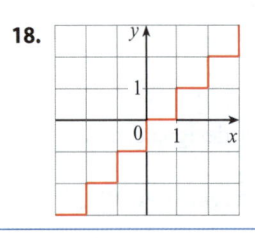

15.

16.

17.

18.

19. É mostrado um gráfico da temperatura média global T durante o século XX. Faça estimativas do seguinte.
(a) A temperatura média global em 1950.
(b) O ano no qual a temperatura média era 14,2 °C.
(c) O ano de menor e de maior temperatura média.
(d) A imagem de T.

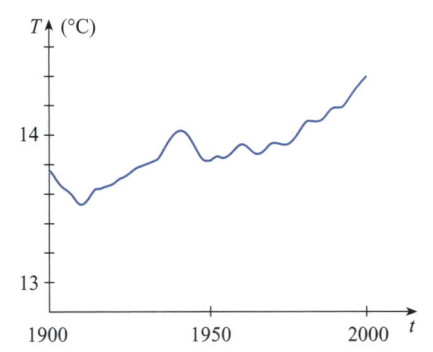

Fonte: Adaptado de *Globe and Mail* [Toronto], 5 de dezembro de 2009. Impresso.

20. As árvores crescem mais rapidamente e formam anéis maiores nos anos quentes e crescem mais lentamente e formam anéis mais estreitos nos anos mais frios. A figura mostra a largura dos anéis de um pinheiro da Sibéria de 1500 a 2000.
(a) Qual é a imagem da função largura dos anéis?
(b) O que o gráfico parece dizer sobre a temperatura da terra? O gráfico reflete as erupções vulcânicas de meados do século XIX?

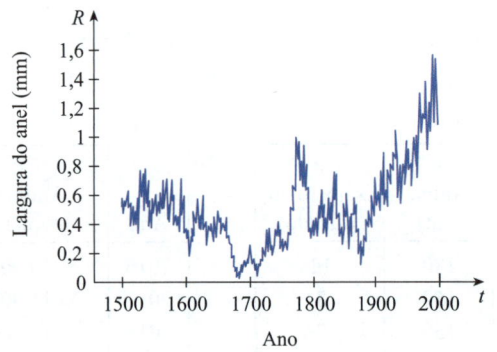

Fonte: Adaptado de G. Jacoby et al., Mongolia tree rings and 20th-Century Warning. *Science* 273 (1996): 771-73.

21. Ponha cubos de gelo em um copo, encha-o com água fria e deixe-o sobre uma mesa. Descreva como vai variar no tempo a temperatura da água. Esboce, então, um gráfico da temperatura da água como uma função do tempo decorrido.

22. Coloque uma torta gelada em um forno e asse-a por uma hora. Tire-a do forno e deixe-a esfriar antes de comê-la. Descreva como varia no tempo a temperatura da torta. Esboce um gráfico da temperatura da torta como uma função do tempo.

23. O gráfico mostra o consumo de energia por um dia em setembro em São Francisco. (P é medido em megawatts; t é medido em horas a partir da meia-noite.)
(a) O que acontece com o consumo de energia às 6 horas da manhã? E às 6 horas da tarde?
(b) Quando houve o menor consumo de energia? E quando foi o maior? Esses horários parecem razoáveis?

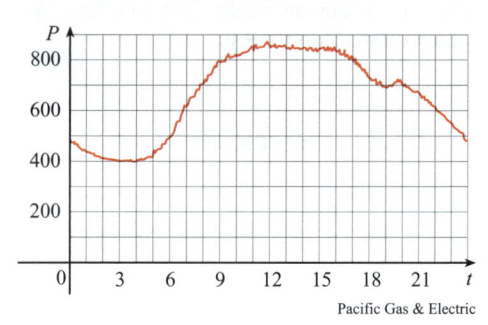

Pacific Gas & Electric

24. Três corredores competem em uma corrida de 100 metros. O gráfico representa a distância da corrida como uma função de tempo para cada corredor. Descreva o que o gráfico diz sobre esta corrida. Quem ganhou? Todos os corredores finalizaram a prova?

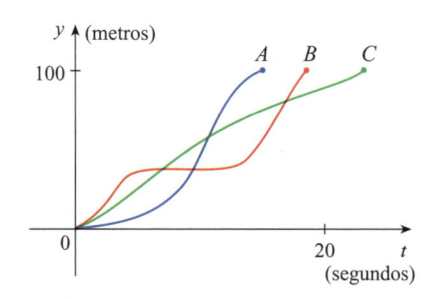

25. Esboce um gráfico da temperatura externa como uma função do tempo durante um dia típico de primavera.

26. Esboce um gráfico do número de horas diárias de luz do sol como uma função do tempo no decorrer de um ano.

27. Esboce o gráfico da quantidade de uma marca particular de café vendida por uma loja como função do preço do café.

28. Esboce um gráfico do valor de mercado de um carro novo como função do tempo por um período de 20 anos. Suponha que ele esteja bem conservado.

29. Um homem apara seu gramado toda quarta-feira à tarde. Esboce o gráfico da altura da grama como uma função do tempo no decorrer de um período de quatro semanas.

30. Um avião decola de um aeroporto e aterrissa uma hora depois em outro aeroporto, a 650 km. Se t representa o tempo em minutos desde a partida do avião, seja $x(t)$ a distância horizontal percorrida e $y(t)$ a altura do avião.

(a) Esboce um possível gráfico de $x(t)$.
(b) Esboce um possível gráfico de $y(t)$.
(c) Esboce um possível gráfico da velocidade no solo.
(d) Esboce um possível gráfico da velocidade vertical.

31. Foram registradas as medidas da temperatura T (em ºC) em Atlanta, a cada duas horas, entre meia-noite e duas horas da tarde, em um dia de junho. O tempo t foi contado em horas a partir da meia-noite.

t	0	2	4	6	8	10	12	14
T	23	21	20	19	21	26	28	30

(a) Use as medidas para esboçar o gráfico de T como uma função de t.
(b) Use seu gráfico para estimar a temperatura às 9 horas da manhã.

32. Pesquisadores mediram a concentração de álcool no sangue (CAS) de oito homens adultos após o consumo rápido de 30 mL de etanol (correspondente a duas doses padrão de bebidas alcoólicas). A tabela mostra os dados que eles obtiveram ao tomar a média do CAS (em mg/mL) dos oito homens.
(a) Use os valores para esboçar o gráfico do CAS como função de t.
(b) Use seu gráfico para descrever como o efeito do álcool varia com o tempo.

t (horas)	CAS	t (horas)	CAS
0	0	1,75	0,022
0,2	0,025	2,0	0,018
0,5	0,041	2,25	0,015
0,75	0,040	2,5	0,012
1,0	0,033	3,0	0,007
1,25	0,029	3,5	0,003
1,5	0,024	4,0	0,001

Fonte: Adaptado de P. Wilkinson et al., Pharmacokinetics of Ethanol after Oral Administration in the Fasting State. *Journal of Pharmacokinetics and Biopharmaceutics* 5 (1977): 207-24.

33. Se $f(x) = 3x^2 - x + 2$, encontre $f(2), f(-2), f(a), f(-a), f(a+1)$, $2f(a), f(2a), f(a^2), [f(a)]^2$ e $f(a+h)$.

34. Dada $g(x) = \dfrac{x}{\sqrt{x+1}}$, determine $g(0)$, $g(3)$, $5g(a), \frac{1}{2}g(4a)$, $g(a^2), [g(a)]^2, g(a+h)$ e $g(x-a)$.

35-38 Calcule o quociente das diferenças para a função dada. Simplifique sua resposta.

35. $f(x) = 4 + 3x - x^2$, $\dfrac{f(3+h) - f(3)}{h}$

36. $f(x) = x^3$, $\dfrac{f(a+h) - f(a)}{h}$

37. $f(x) = \dfrac{1}{x}$, $\dfrac{f(x) - f(a)}{x - a}$

38. $f(x) = \sqrt{x+2}$, $\dfrac{f(x) - f(1)}{x - 1}$

39-46 Encontre o domínio da função.

39. $f(x) = \dfrac{x+4}{x^2 - 9}$

40. $f(x) = \dfrac{x^2 + 1}{x^2 + 4x - 21}$

41. $f(t) = \sqrt[3]{2t - 1}$

42. $g(t) = \sqrt{3 - t} - \sqrt{2 + t}$

43. $h(x) = \dfrac{1}{\sqrt[4]{x^2 - 5x}}$

44. $f(u) = \dfrac{u+1}{1 + \dfrac{1}{u+1}}$

45. $F(p) = \sqrt{2 - \sqrt{p}}$

46. $h(x) = \sqrt{x^2 - 4x - 5}$

47. Encontre o domínio e a imagem e esboce o gráfico da função $h(x) = \sqrt{4 - x^2}$.

48. Encontre o domínio e esboce o gráfico da função.
$$f(x) = \dfrac{x^2 - 4}{x - 2}$$

49-52 Calcule $f(-3), f(0)$ e $f(2)$ para a função definida por partes. A seguir, esboce o gráfico da função.

49. $f(x) = \begin{cases} x^2 + 2 & \text{se } x < 0 \\ x & \text{se } x \geq 0 \end{cases}$

50. $f(x) = \begin{cases} 5 & \text{se } x < 2 \\ \frac{1}{2}x - 3 & \text{se } x \geq 2 \end{cases}$

51. $f(x) = \begin{cases} x + 1 & \text{se } x \leq -1 \\ x^2 & \text{se } x > -1 \end{cases}$

52. $f(x) = \begin{cases} -1 & \text{se } x \leq 1 \\ 7 - 2x & \text{se } x > 1 \end{cases}$

53-58 Esboce o gráfico da função.

53. $f(x) = x + |x|$

54. $f(x) = |x + 2|$

55. $g(t) = |1 - 3t|$

56. $f(x) = \dfrac{|x|}{x}$

57. $f(x) = \begin{cases} |x| & \text{se } |x| \leq 1 \\ 1 & \text{se } |x| > 1 \end{cases}$

58. $g(x) = ||x| - 1|$

59-64 Encontre uma fórmula para a função cujo gráfico é a curva dada.

59. O segmento de reta unindo os pontos $(1, -3)$ e $(5, 7)$

60. O segmento de reta unindo os pontos $(-5, 10)$ e $(7, -10)$

61. A metade inferior da parábola $x + (y - 1)^2 = 0$

62. A metade superior do círculo $x^2 + (y - 2)^2 = 4$

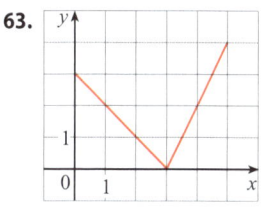

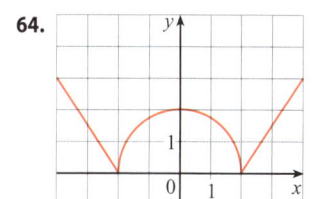

63.

64.

65-70 Encontre uma fórmula para a função descrita e obtenha seu domínio.

65. Um retângulo tem um perímetro de 20 m. Expresse a área do retângulo como uma função do comprimento de um de seus lados.

66. Um retângulo tem uma área de 16 m². Expresse o perímetro do retângulo como uma função do comprimento de um de seus lados.

67. Expresse a área de um triângulo equilátero como uma função do comprimento de um lado.

68. Uma caixa retangular fechada com volume de 0,25 m³ tem comprimento igual duas vezes a largura. Expresse a altura da caixa como função da largura.

69. Uma caixa retangular aberta com volume de 2 m³ tem uma base quadrada. Expresse a área da superfície da caixa como uma função do comprimento de um lado da base.

70. Um cilindro circular reto tem um volume de 400 cm³. Expresse o raio do cilindro como uma função de sua altura.

71. Uma caixa sem tampa deve ser construída de um pedaço retangular de papelão com dimensões 30 cm por 50 cm. Para isso, devem-se cortar quadrados de lados x de cada canto e depois dobrar, conforme mostra a figura. Expresse o volume V da caixa como uma função de x.

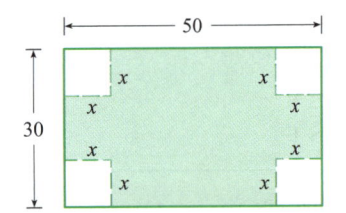

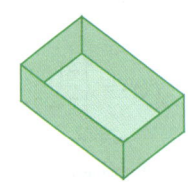

72. Uma janela normanda tem o formato de um retângulo em cima do qual se coloca um semicírculo. Se o perímetro da janela for de 10 m, expresse a área A da janela como uma função de sua largura x.

73. Em certa província a velocidade máxima permitida em estradas é de 100 km/h e a velocidade mínima é de 60 km/h. A multa por violar esses limites é de $ 15 para cada quilômetro por hora acima da velocidade máxima ou abaixo da velocidade mínima. Expresse a quantidade de multa F como uma função de velocidade de condução x e esboce o gráfico $F(x)$ para $0 \leq x \leq 150$.

74. Uma empresa de eletricidade cobra de seus clientes uma taxa-base de $ 10 mensais, mais 6 centavos por quilowatt-hora (kWh) para os primeiros 1.200 kWh e 7 centavos para todo o uso acima de 1.200 kWh. Expresse o custo mensal E como uma função da quantidade utilizada x de eletricidade. Então, faça um gráfico da função E para $0 \leq x \leq 2000$.

75. Em certo país, o imposto de renda é taxado da maneira a seguir: não existe nenhuma taxa para rendimentos de até $ 10.000,00. Qualquer renda acima de $ 10.000,00 e abaixo de $ 20.000,00 tem uma taxa de 10%. Qualquer renda acima de $ 20.000,00 é taxada a 15%.
(a) Esboce o gráfico da taxa de impostos R como uma função da renda I.
(b) Qual o imposto cobrado sobre um rendimento de $ 14.000? E sobre $ 26.000?
(c) Esboce o gráfico do imposto total cobrado T como uma função da renda I.

76. (a) Se o ponto (5, 3) estiver no gráfico de uma função par, que outro ponto também deverá estar no gráfico?
(b) Se o ponto (5, 3) estiver no gráfico de uma função ímpar, que outro ponto também deverá estar no gráfico?

77-78 Os gráficos de f e g são mostrados a seguir. Verifique se cada função é par, ímpar ou nem par nem ímpar. Explique seu raciocínio.

77.

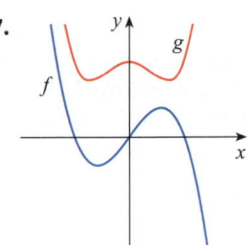

78.

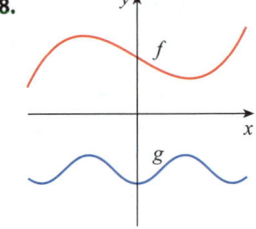

79-80 Seja dado o gráfico de uma função para $x \geq 0$. Complete o gráfico para $x < 0$ de modo a obter (a) uma função par e (b) uma função ímpar.

79.

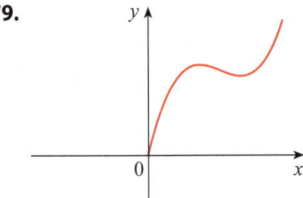

80.

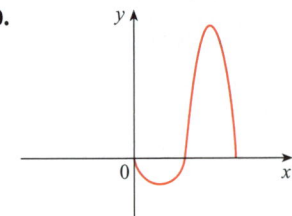

81-86 Determine se f é par, ímpar ou nenhum dos dois. Se você tiver uma calculadora gráfica, use-a para verificar visualmente sua resposta.

81. $f(x) = \dfrac{x}{x^2 + 1}$

82. $f(x) = \dfrac{x^2}{x^4 + 1}$

83. $f(x) = \dfrac{x}{x + 1}$

84. $f(x) = x|x|$

85. $f(x) = 1 + 3x^2 - x^4$

86. $f(x) = 1 + 3x^3 - x^5$

87. Se f e g são funções pares, $f + g$ é par? Se f e g são funções ímpares, f e g pares, $f + g$ é par? Justifique suas respostas.

88. Se f e g são funções pares, o produto f é par? Se f e g são funções ímpares, f é ímpar? O que se pode dizer se f for par e g for ímpar? Justifique suas respostas.

1.2 Modelos Matemáticos: Uma Lista de Funções Essenciais

Um **modelo matemático** é a descrição matemática (frequentemente por meio de uma função ou de uma equação) de um fenômeno do mundo real, como o tamanho de uma população, a demanda por um produto, a velocidade de um objeto caindo, a concentração de um produto em uma reação química, a expectativa de vida de uma pessoa ao nascer ou o custo da redução de poluentes. O propósito desses modelos é entender o fenômeno e talvez fazer previsões sobre seu comportamento futuro.

Dado um problema do mundo real, nossa primeira tarefa no processo de modelagem matemática é formular um modelo matemático por meio da identificação e especificação das variáveis dependentes e independentes e da formulação de hipóteses que simplifiquem o fenômeno o suficiente, tornando-o matematicamente tratável. Usamos nosso conhecimento da situação física e nossos recursos matemáticos para obter equações que relacionem as variáveis. Em situações em que não existe uma lei física para nos guiar, pode ser necessário coletar dados (da Internet ou de uma biblioteca ou conduzindo nossas próprias experiências) e examiná-los na forma de uma tabela, a fim de perceber os padrões. Dessa representação numérica de uma função podemos obter sua representação gráfica marcando os dados. Esse gráfico pode até sugerir a fórmula algébrica apropriada, em alguns casos.

O segundo estágio é aplicar a matemática que sabemos (tal como o cálculo a ser desenvolvido neste livro) ao modelo matemático que formulamos, a fim de tirar conclusões matemáticas. Então, em um terceiro estágio, interpretamos essas conclusões matemáticas como informações sobre o fenômeno original e oferecemos explicações ou fazemos previsões. A etapa final é testar nossas previsões, comparando-as com novos dados reais. Se as previsões não se ajustam bem à realidade, precisamos refinar nosso modelo ou formular um novo, começando novamente o ciclo. A Figura 1 ilustra o processo de modelagem matemática.

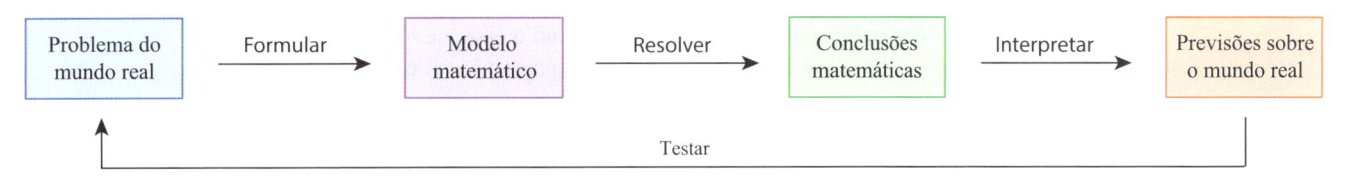

Problema do mundo real → Formular → Modelo matemático → Resolver → Conclusões matemáticas → Interpretar → Previsões sobre o mundo real → Testar → (Problema do mundo real)

FIGURA 1
Processo de modelagem

Um modelo matemático nunca é uma representação completamente precisa de uma situação física – é uma *idealização*. Um bom modelo simplifica a realidade o bastante para permitir cálculos matemáticos, mantendo, porém, precisão suficiente para conclusões significativas. É importante entender as limitações do modelo.

Existem vários tipos diferentes de funções que podem ser usados para modelar as relações observadas no mundo real. A seguir, discutiremos o comportamento e os gráficos de algumas dessas funções e daremos exemplos de situações modeladas apropriadamente por elas.

■ Modelos Lineares

Quando dizemos que y é uma **função linear** de x, queremos dizer que o gráfico da função é uma reta; assim, podemos usar a forma inclinação-intersecção da equação de uma reta para escrever uma fórmula para a função, como

$$y = f(x) = mx + b$$

A revisão de geometria em coordenadas das retas está no Apêndice B.

onde m é o coeficiente angular da reta e b é a intersecção com o eixo y.

Uma característica peculiar das funções lineares é que elas variam a uma taxa constante. Por exemplo, a Figura 2 mostra o gráfico da função linear $f(x) = 3x - 2$ e uma tabela de valores amostrais. Note que sempre que x aumenta 0,1, o valor de $f(x)$ aumenta em 0,3. Então, $f(x)$ aumenta três vezes mais rápido que x. Isso significa que a inclinação do gráfico $y = 3x - 2$, isto é, 3, pode ser interpretada como a taxa de variação de y em relação a x.

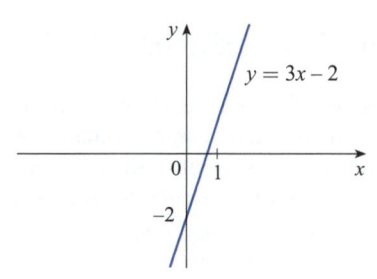

x	$f(x) = 3x - 2$
1,0	1,0
1,1	1,3
1,2	1,6
1,3	1,9
1,4	2,2
1,5	2,5

FIGURA 2

EXEMPLO 1

(a) À medida que o ar seco move-se para cima, ele se expande e esfria. Se a temperatura do solo for de 20 °C e a temperatura a uma altitude de 1 km for de 10 °C, expresse a temperatura T (em °C) como uma função da altitude h (em km), supondo que um modelo linear seja apropriado.

(b) Faça um gráfico da função na parte (a). O que a inclinação representa?

(c) Qual é a temperatura a 2,5 km de altura?

SOLUÇÃO

(a) Como estamos supondo que T é uma função linear de h, podemos escrever

$$T = mh + b$$

Também nos é dado que $T = 20$ quando $h = 0$, então

$$20 = m \cdot 0 + b = b$$

Em outras palavras, a intersecção com o eixo y é $b = 20$.

Também nos é dado que $T = 10$ quando $h = 1$, então

$$10 = m \cdot 1 + 20$$

A inclinação da reta é, portanto, $m = 10 - 20 = -10$ e a função linear procurada é

$$T = -10h + 20$$

(b) O gráfico está esboçado na Figura 3. A inclinação é igual a $m = -10$ °C/km e representa a taxa de variação da temperatura em relação à altura.

(c) A uma altitude de $h = 2,5$ km, a temperatura é

$$T = -10(2,5) + 20 = -5 \text{ °C}$$

FIGURA 3

Se não existir uma lei física ou princípio que nos ajude a formular o modelo, construímos um **modelo empírico**, inteiramente baseado em dados coletados. Procuramos uma curva que se ajuste aos dados, no sentido de que ela capte a tendência dos pontos dados.

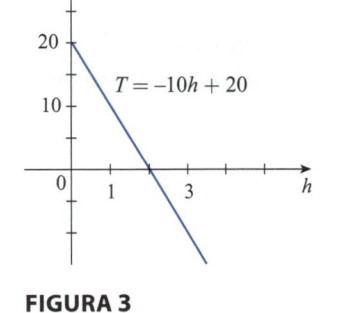

Tabela 1

Ano	Nível de CO_2 (em ppm)	Ano	Nível de CO_2 (em ppm)
1980	338,7	2000	369,4
1984	344,4	2004	377,5
1988	351,5	2008	385,6
1992	356,3	2012	393,8
1996	362,4	2016	404,2

EXEMPLO 2 A Tabela 1 fornece uma lista de níveis médios de dióxido de carbono na atmosfera, medidos em partes por milhão no Observatório de Mauna Loa em Hilo, Havaí, de 1980 a 2016. Use os dados da Tabela 1 para encontrar um modelo para o nível de dióxido de carbono.

SOLUÇÃO Utilizamos os dados da Tabela 1 para montar o gráfico de dispersão na Figura 4, onde t representa tempo (em anos) e C representa o nível de CO_2 (em partes por milhão, ppm).

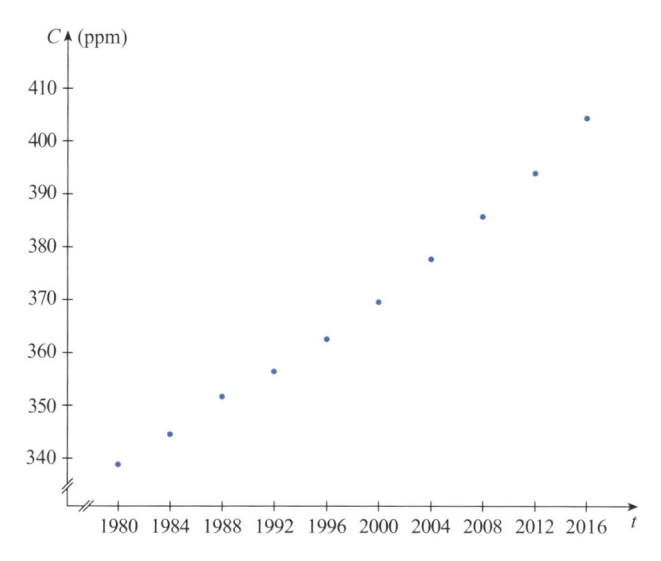

FIGURA 4
Diagrama de dispersão para o nível médio de CO_2

Observe que os pontos estão muito próximos de uma reta; dessa forma, é natural escolher um modelo linear nesse caso. Porém, há inúmeras possibilidades de retas para aproximar esses pontos. Qual deveríamos usar? Uma possibilidade é a reta que passa pelo primeiro e o último pontos dados. A inclinação dessa reta é

$$\frac{404,2 - 338,7}{2016 - 1980} = \frac{65,5}{36} \approx 1,819$$

Escrevemos sua equação como

$$C - 338,7 = 1,819(t - 1980)$$

ou

$$\boxed{1} \qquad C = 1,819t - 3262,92$$

A Equação 1 fornece um modelo linear possível para o nível de dióxido de carbono; seu gráfico está mostrado na Figura 5. Note que nosso modelo dá valores mais altos do que os níveis reais de CO_2. Um modelo linear melhor seria obtido por meio de um procedimento da estatística chamado *regressão linear*. Muitas calculadoras gráficas e programas de computador são capazes de determinar a reta de regressão associada a um conjunto de dados. Certa calculadora fornece os seguintes valores para a inclinação e a intersecção com o eixo y da reta de regressão associada aos dados da Tabela 1:

$$m = 1,78242 \qquad b = -3192,90$$

Assim, nosso modelo de mínimos quadrados para o nível de CO_2 é

$$\boxed{2} \qquad C = 1,78242t - 3192,90$$

Na Figura 6 fizemos o gráfico da reta de regressão e marcamos os pontos dados. Comparando-a com a Figura 5, vemos que a reta de regressão se ajusta melhor aos dados.

Um computador ou uma calculadora gráfica encontra a reta de regressão pelo **método dos mínimos quadráticos**, que minimiza a soma dos quadrados das distâncias verticais entre os pontos dados e a reta. Os detalhes serão esclarecidos no Exercício 14.7.61.

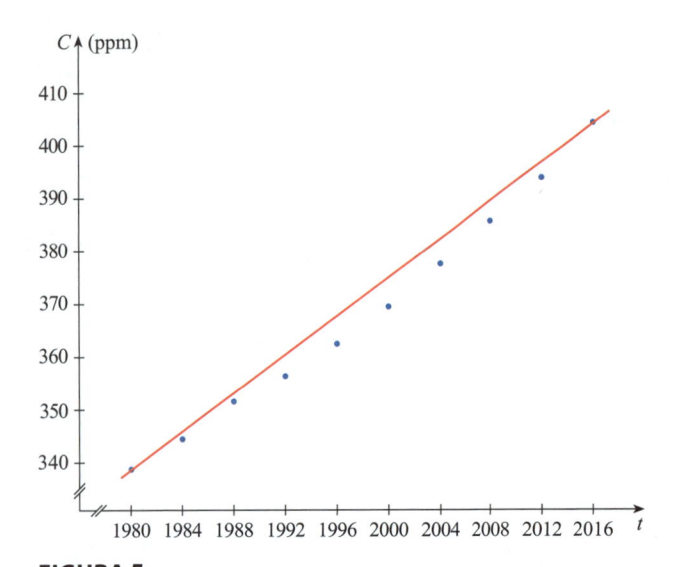

FIGURA 5
Modelo linear pelo primeiro e último pontos dados

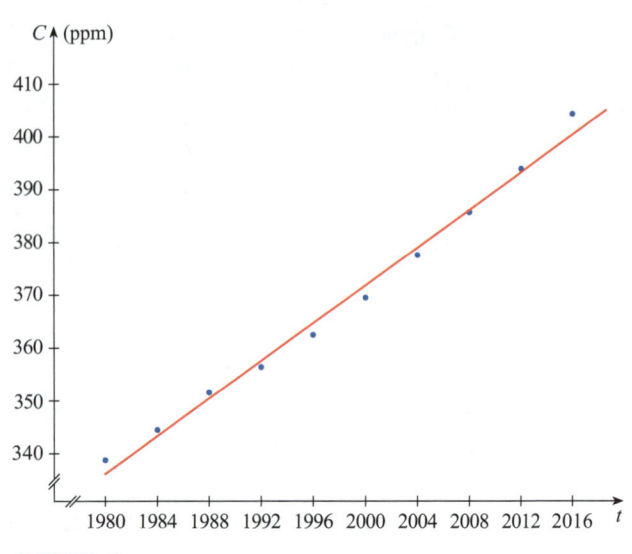

FIGURA 6
A reta de regressão

EXEMPLO 3 Use o modelo linear dado pela Equação 2 para estimar o nível médio de CO_2 em 1987 e predizer o nível para o ano de 2025. De acordo com esse modelo, quando o nível de CO_2 excederá 440 ppm?

SOLUÇÃO Usando a Equação 2 com $t = 1987$, estimamos que o nível médio de CO_2 em 1978 era

$$C(1987) = 1{,}78242\,(1987) - 3192{,}90 \approx 348{,}77$$

Esse é um exemplo de *interpolação*, pois estimamos um valor *entre* valores observados. (De fato, o Observatório de Mauna Loa registrou em 1987 um nível médio de 348,93 ppm; assim, nossa estimativa é bem precisa.)

Com $t = 2025$, obtemos

$$C(2025) = 1{,}78242\,(2025) - 3192{,}90 \approx 416{,}50$$

Prevemos então que o nível médio de CO_2 no ano de 2025 será de 416,5 ppm. Esse é um exemplo de *extrapolação*, pois prevemos um valor *fora* da região de observações. Consequentemente, temos menos certeza da precisão dessa nossa previsão.

Usando a Equação 2, vemos que o nível de CO_2 excederá 440 ppm quando

$$1{,}78242\,t - 3192{,}90 > 440$$

Resolvendo essa desigualdade, obtemos

$$t > \frac{3632{,}9}{1{,}78242} \approx 2038{,}18$$

Portanto, predizemos que o nível de CO_2 excederá 440 ppm perto do ano de 2038. Esta previsão é arriscada porque envolve um tempo bastante remoto de nossas observações. De fato, vemos na Figura 6 que a tendência era que os níveis de CO_2 aumentassem mais rapidamente nos últimos anos; assim, o nível excederia as 440 ppm muito antes de 2038. ∎

■ Polinômios

Uma função P é denominada **polinômio** se

$$P(x) = a_n x^n + a_{n-1} x^{n-1} + \cdots + a_2 x^2 + a_1 x + a_0$$

onde n é um inteiro não negativo e os números $a_0, a_1, a_2, \ldots, a_n$ são constantes chamadas **coeficientes** do polinômio. O domínio de qualquer polinômio é $\mathbb{R} = (-\infty, \infty)$. Se o **coeficiente dominante** $a_n \neq 0$, então o **grau** do polinômio é n. Por exemplo, a função

$$P(x) = 2x^6 - x^4 + \tfrac{2}{5}x^3 + \sqrt{2}$$

é um polinômio de grau 6.

Um polinômio de grau 1 é da forma $P(x) = mx + b$, portanto, é uma função linear. Um polinômio de grau 2 é da forma $P(x) = ax^2 + bx + c$ e é chamado **função quadrática**. O gráfico de P é sempre uma parábola obtida por translações da parábola $y = ax^2$, conforme veremos Seção 1.3. A parábola abre-se para cima se $a > 0$ e para baixo quando $a < 0$ (Veja a Figura 7.)

Um polinômio de grau 3 tem a forma

$$P(x) = ax^3 + bx^2 + cx + d \qquad a \neq 0$$

e é chamado **função cúbica**. A Figura 8 mostra o gráfico de uma função cúbica na parte (a) e os gráficos de polinômios de graus 4 e 5 nas partes (b) e (c). Veremos adiante por que os gráficos têm esses aspectos.

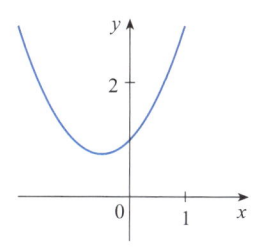

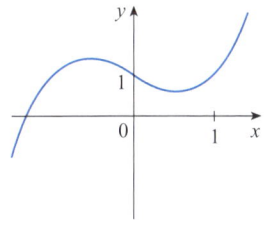

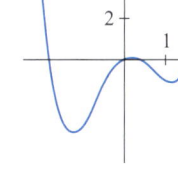

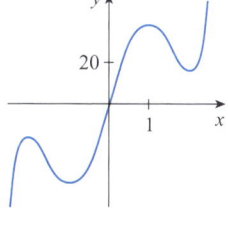

(a) $y = x^3 - x + 1$ (b) $y = x^4 - 3x^2 + x$ (c) $y = 3x^5 - 25x^3 + 60x$

FIGURA 8

(a) $y = x^2 + x + 1$

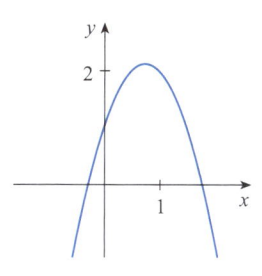

(b) $y = -2x^2 + 3x + 1$

FIGURA 7
Os gráficos de funções quadráticas são parábolas

Os polinômios são usados comumente para modelar diversas quantidades que ocorrem em ciências sociais e naturais. Por exemplo, na Seção 3.7 explicaremos por que os economistas frequentemente usam um polinômio $P(x)$ para representar o custo da produção de x unidades de um produto. No exemplo a seguir vamos usar uma função quadrática para modelar a queda de uma bola.

EXEMPLO 4 Uma bola é solta a partir do posto de observação no topo da Torre CN, 450 m acima do chão, e sua altura h acima do solo é registrada em intervalos de 1 segundo na Tabela 2. Encontre um modelo para ajustar os dados e use-o para predizer o tempo após o qual a bola atinge o chão.

SOLUÇÃO Vamos fazer um diagrama de dispersão na Figura 9 e observar que um modelo linear não é apropriado. Parece que os pontos podem estar sobre uma parábola; assim, vamos tentar um modelo quadrático. Usando uma calculadora gráfica ou um SCA (que usa o método dos mínimos quadrados), obtemos o seguinte modelo quadrático:

$$\boxed{3} \qquad h = 449{,}36 = 0{,}96t - 4{,}90t^2$$

Na Figura 10 fizemos um gráfico da Equação 3 a partir dos pontos dados e vimos que o modelo quadrático é adequado.

A bola atinge o chão quando $h = 0$, e assim resolvemos a equação quadrática

$$-4{,}90t^2 + 0{,}96t - 449{,}36 = 0$$

Tabela 2

Tempo (segundos)	Altura (metros)
0	450
1	445
2	431
3	408
4	375
5	332
6	279
7	216
8	143
9	61

FIGURA 9
Diagrama de dispersão para uma bola caindo

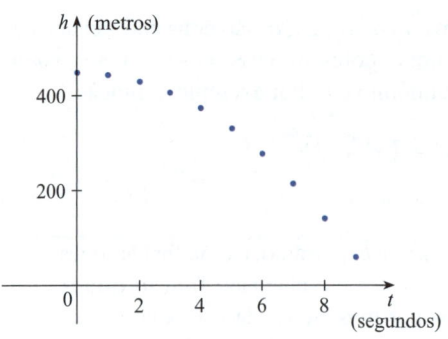

FIGURA 10
Modelo quadrático para uma bola caindo

A fórmula quadrática fornece

$$t = \frac{-0,96 \pm \sqrt{(0,96)^2 - 4(-4,90)(449,36)}}{2(-4,90)}$$

A raiz positiva é $t \approx 9,67$, dessa forma, predizemos que a bola vai atingir o chão após 9,7 segundos. ∎

■ Funções Potências

Uma função da forma $f(x) = x^a$, onde a é uma constante, é chamada função potência. Vamos considerar vários casos.

(i) $a = n$, onde n é um inteiro positivo

Os gráficos de $f(x) = x^n$ para $n = 1, 2, 3, 4$ e 5 estão indicados na Figura 11. (Esses são polinômios com somente um termo.) Já conhecíamos os gráficos de $y = x$ (uma reta passando pela origem, com inclinação 1) e $y = x^2$ [uma parábola – veja o Exemplo 2(b) da Seção 1.1.2].

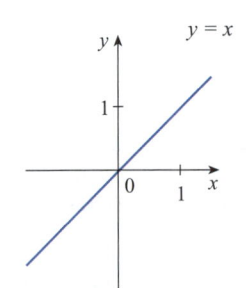

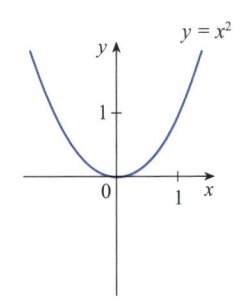

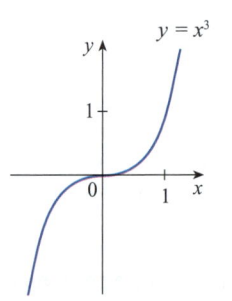

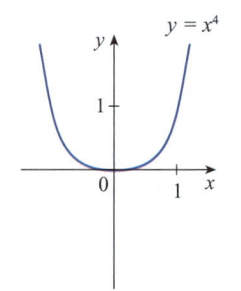

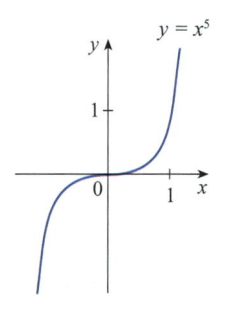

FIGURA 11
Gráficos de $f(x) = x^n$ para $n = 1, 2, 3, 4$ e 5

Uma **família de funções** é uma coleção de funções cujas equações estão relacionadas. A Figura 12 mostra duas famílias de funções potência, uma com potências pares e outra com potências ímpares.

A forma geral do gráfico de $f(x) = x^n$ depende de n ser par ou ímpar. Se n for par, então $f(x) = x^n$ será uma função par e seu gráfico será similar ao da parábola $y = x^2$. Se n for ímpar, então $f(x) = x^n$ será uma função ímpar e seu gráfico será similar ao de $y = x^3$. Observe na Figura 12, porém, que à medida que n cresce, o gráfico de $y = x^n$ torna-se mais achatado quando próximo de zero e mais inclinado quando $|x| \geq 1$. (Se x for pequeno, então x^2 é menor; x^3 será ainda menor; e x^4 será muito menor, e assim por diante.)

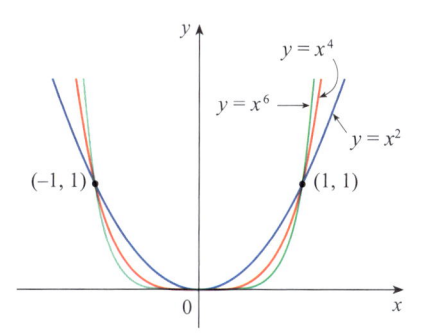

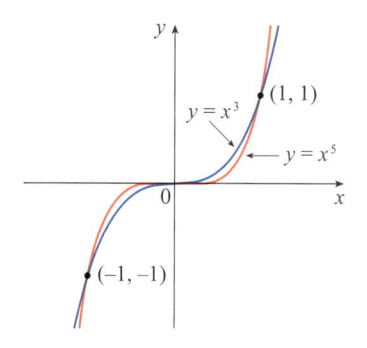

FIGURA 12

(ii) $a = 1/n$, onde n é um inteiro positivo

A função $f(x) = x^{1/n} = \sqrt[n]{x}$ é uma **função raiz**. Para $n = 2$, ela é a função raiz quadrada $f(x) = \sqrt{x}$, cujo domínio é $[0, \infty)$ e cujo gráfico é a parte superior da parábola $x = y^2$. [Veja a Figura 13(a).] Para outros valores pares de n, o gráfico de $y = \sqrt[n]{x}$ é semelhante ao de $y = \sqrt{x}$. Para $n = 3$, temos a função de raiz cúbica $f(x) = \sqrt[3]{x}$, cujo domínio é $\mathbb{R}$ (lembre-se de que cada número real tem uma raiz cúbica) e cujo gráfico será indicado na Figura 13(b). O gráfico de $y = \sqrt[n]{x}$ para n ímpar ($n > 3$) é similar ao de $y = \sqrt[3]{x}$.

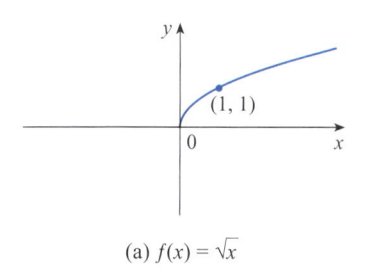

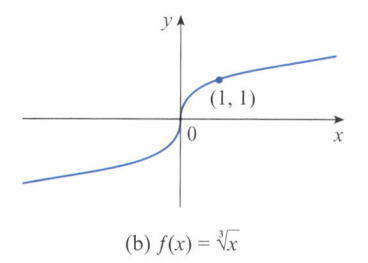

(a) $f(x) = \sqrt{x}$ (b) $f(x) = \sqrt[3]{x}$

FIGURA 13
Gráficos das funções raízes

(iii) $a = -1$

O gráfico de **função recíproca** $f(x) = x^{-1} = 1/x$ está na Figura 14. Seu gráfico tem a equação $y = 1/x$, ou $xy = 1$, e é uma hipérbole com os eixos coordenados como suas assíntotas. Esta função aparece em física e química em conexão com a Lei de Boyle, que afirma que, sendo constante a temperatura, o volume de um gás V é inversamente proporcional à pressão P:

$$V = \frac{C}{P}$$

onde C é uma constante. Assim, o gráfico de V como uma função de P (veja a Figura 15) tem o mesmo formato geral da metade direita da Figura 14.

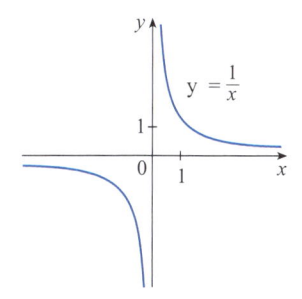

FIGURA 14
A função recíproca

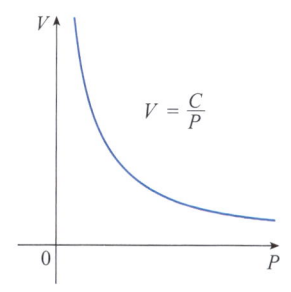

FIGURA 15
Volume como uma função da pressão à temperatura constante

(iv) $a = -2$

Dentre os demais expoentes negativos da função potência $f(x) = x^a$, de longe o mais importante é $a = -2$. Muitas leis da natureza estabelecem que uma grandeza é inversamente proporcional ao quadrado de outra grandeza. Dito de outra forma, modelamos a primeira grandeza por uma função na forma $f(x) = C/x^2$ e nos referimos a isso como a **lei do inverso do quadrado**. Por exemplo, a iluminância I sobre um objeto produzida por uma fonte de luz é inversamente proporcional ao quadrado da distância x à fonte:

$$I = \frac{C}{x^2}$$

onde C é uma constante. Assim, o gráfico de I como função de x (veja a Figura 17) tem um formato similar ao da metade direita da Figura 16.

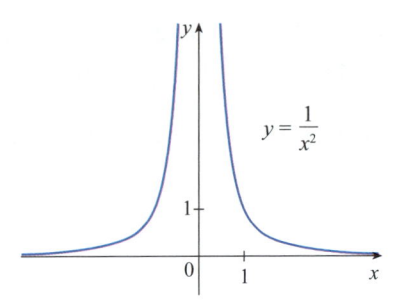

FIGURA 16
A recíproca da função quadrática

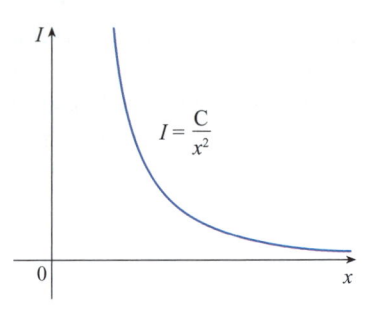

FIGURA 17
Iluminância produzida por uma fonte de luz como função da distância à fonte

A lei do inverso do quadrado é usada para modelar a força gravitacional, a intensidade do som e a força eletrostática entre duas partículas carregadas. Veja no Exercício 27 uma explicação geométrica para o fato de a lei do inverso do quadrado aparecer frequentemente na natureza.

Funções potência também são usadas para modelar relações espécie-área (Exercícios 35-36), bem como o período de revolução de um planeta como uma função de sua distância ao sol (veja o Exercício 34).

■ Funções Racionais

Uma **função racional** f é a razão de dois polinômios:

$$f(x) = \frac{P(x)}{Q(x)}$$

onde P e Q são polinômios. O domínio consiste em todos os valores de x tais que $Q(x) \neq 0$. Um exemplo simples de uma função racional é a função $f(x) = 1/x$, cujo domínio é $\{x \mid x \neq 0\}$; esta é a função recíproca cujo gráfico está na Figura 14. A função

$$f(x) = \frac{2x^4 - x^2 + 1}{x^2 - 4}$$

é uma função racional com domínio $\{x \mid x \neq \pm 2\}$. O gráfico é mostrado na Figura 18.

FIGURA 18
$f(x) = \dfrac{2x^4 - x^2 + 1}{x^2 - 4}$

■ Funções Algébricas

Uma função f é chamada **função algébrica** se puder ser construída por meio de operações algébricas (como adição, subtração, multiplicação, divisão e extração de raízes) a partir de polinômios. Toda função racional é automaticamente uma função algébrica. A seguir, alguns exemplos:

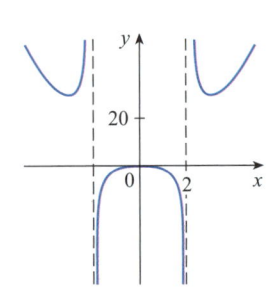

$$f(x) = \sqrt{x^2 + 1} \qquad g(x) = \frac{x^4 - 16x^2}{x + \sqrt{x}} + (x - 2)\sqrt[3]{x + 1}$$

No Capítulo 4, esboçaremos os gráficos de uma variedade de funções algébricas e veremos que seus gráficos podem assumir diversas formas. A Figura 17 ilustra algumas dessas possibilidades.

Um exemplo de função algébrica ocorre na Teoria da Relatividade. A massa de uma partícula com uma velocidade v é

$$m = f(v) = \frac{m_0}{\sqrt{1 - v^2/c^2}}$$

onde m_0 é a massa da partícula em repouso e $c = 3{,}0 \times 10^5$ km/s é a velocidade da luz no vácuo.

Funções que não são algébricas são denominadas **transcendentes**; fazem parte desse grupo as funções trigonométricas, exponenciais e logarítmicas.

■ Funções Trigonométricas

Há uma revisão de trigonometria e de funções trigonométricas no Apêndice D. Em cálculo, convenciona-se dar a *medida de ângulos em radianos* (exceto quando explicitamente mencionado). Por exemplo, quando utilizamos a função $f(x) = \operatorname{sen} x$, entende-se que seja o seno de um ângulo cuja medida em radianos é x. Assim, os gráficos das funções seno e cosseno estão na Figura 19.

As páginas de referência estão localizadas no fim do livro.

(a) $f(x) = \operatorname{sen} x$
(b) $g = \cos x$

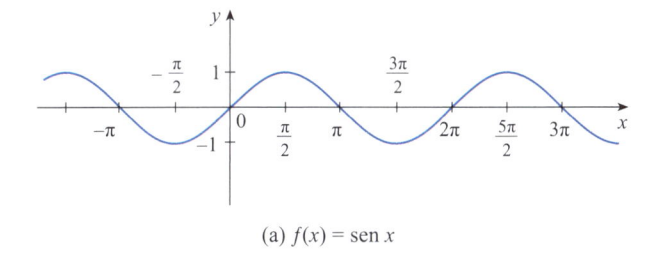

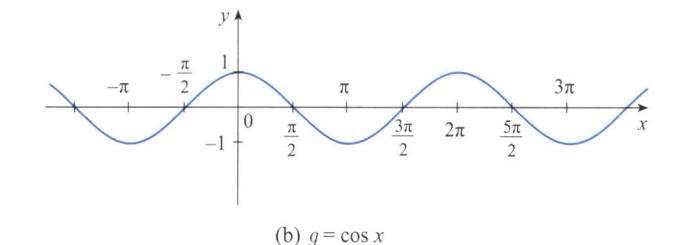

FIGURA 19

Observe que tanto para a função seno quanto para a função cosseno o domínio é $(-\infty, \infty)$, e a imagem é o intervalo fechado $[-1, 1]$. Dessa forma, para todos os valores de x temos

$$-1 \leq \operatorname{sen} x \leq 1 \qquad -1 \leq \cos x \leq 1$$

ou, em termos de valores absolutos,

$$|\operatorname{sen} x| \leq 1 \qquad |\cos x| \leq 1$$

Uma propriedade importante das funções seno e cosseno é que elas são periódicas e têm um período 2π. Isso significa que, para todos os valores de x,

$$\operatorname{sen}(x + 2\pi) = \operatorname{sen} x \qquad \cos(x + 2\pi) = \cos x$$

A natureza periódica dessas funções torna-as adequadas à modelagem de fenômenos repetitivos, tais como marés, cordas vibrantes e ondas sonoras. Como ilustração, no Exemplo 4 da Seção 1.3 veremos que um modelo razoável para o número de horas de luz solar na Filadélfia t dias após 1º de janeiro é dado pela função

$$L(t) = 12 + 2{,}8 \operatorname{sen}\left[\frac{2\pi}{365}(t - 80)\right]$$

EXEMPLO 5 Encontre o domínio da função $f(x) = \dfrac{1}{1 - 2\cos x}$.

SOLUÇÃO Essa função está definida para todos os valores de x, exceto os que tornam o denominador 0. Mas

$$1 - 2\cos x = 0 \iff \cos x = \frac{1}{2} \iff x = \frac{\pi}{3} + 2n\pi \text{ ou } x = \frac{5\pi}{3} + 2n\pi$$

onde n é qualquer inteiro (já que a função cosseno tem período 2π). Assim, o domínio de f é o conjunto de todos os números reais, com exceção dos listados anteriormente. ■

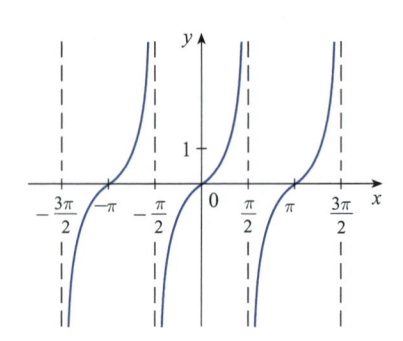

A função tangente relaciona-se com as funções seno e cosseno pela equação

$$\operatorname{tg} x = \frac{\operatorname{sen} x}{\cos x}$$

e seu gráfico é ilustrado na Figura 20. Ela não está definida quando $\cos x = 0$, isto é, quando $x = \pm\pi/2, \pm 3\pi/2, \ldots$ Sua imagem é $(-\infty, \infty)$. Observe que a função tangente tem período π:

$$\operatorname{tg}(x + \pi) = \operatorname{tg} x \qquad \text{para todo } x$$

As três funções trigonométricas remanescentes (cossecante, secante e cotangente) são as recíprocas das funções seno, cosseno e tangente. Seus gráficos estão no Apêndice D.

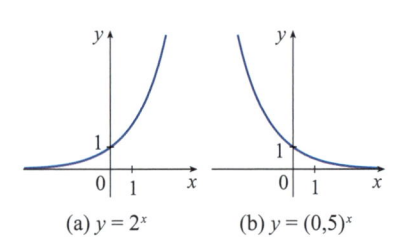

FIGURA 20
$y = \operatorname{tg} x$

FIGURA 21
(a) $y = 2^x$
(b) $y = (0{,}5)^x$

■ **Funções Exponenciais**

As **funções exponenciais** são da forma $f(x) = b^x$, onde a base b é uma constante positiva. Os gráficos de $y = 2^x$ e $y = (0{,}5)^x$ são indicados na Figura 21. Em ambos os casos, o domínio é $(-\infty, \infty)$ e a imagem é $(0, \infty)$.

As funções exponenciais serão estudadas em detalhes na Seção 1.4 e veremos que elas são úteis na modelagem de muitos fenômenos naturais, como quando a população aumenta (se $b > 1$) ou diminui (se $b < 1$).

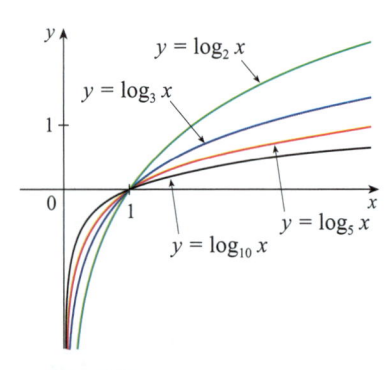

■ **Funções Logarítmicas**

As **funções logarítmicas** $f(x) = \log_b x$, onde a base b é uma constante positiva, são inversas das funções exponenciais e serão estudadas na Seção 1.5. A Figura 22 mostra os gráficos de quatro funções logarítmicas com várias bases. Em cada caso o domínio é $(0, \infty)$, a imagem é $(-\infty, \infty)$ e as funções crescem vagarosamente quando $x > 1$.

EXEMPLO 6 Classifique as funções a seguir em um dos tipos discutidos.

(a) $f(x) = 5^x$
(b) $g(x) = x^5$
(c) $h(x) = \dfrac{1 + x}{1 - \sqrt{x}}$
(d) $u(t) = 1 - t + 5t^4$

SOLUÇÃO

FIGURA 22

(a) $f(x) = 5^x$ é uma função exponencial. (A variável x é o expoente.)

(b) $g(x) = x^5$ é uma função potência. (A variável x é a base.) Podemos também considerá-la um polinômio de grau 5.

(c) $h(x) = \dfrac{1 + x}{1 - \sqrt{x}}$ é uma função algébrica. (Ela não é uma função racional porque seu denominador não é um polinômio.)

(d) $u(t) = 1 - t + 5t^4$ é um polinômio de grau 4. ■

A Tabela 3 mostra um resumo dos gráficos de algumas famílias de funções essenciais que serão usadas com frequência ao longo do livro.

Tabela 3 Famílias de Funções Essenciais e seus Gráficos

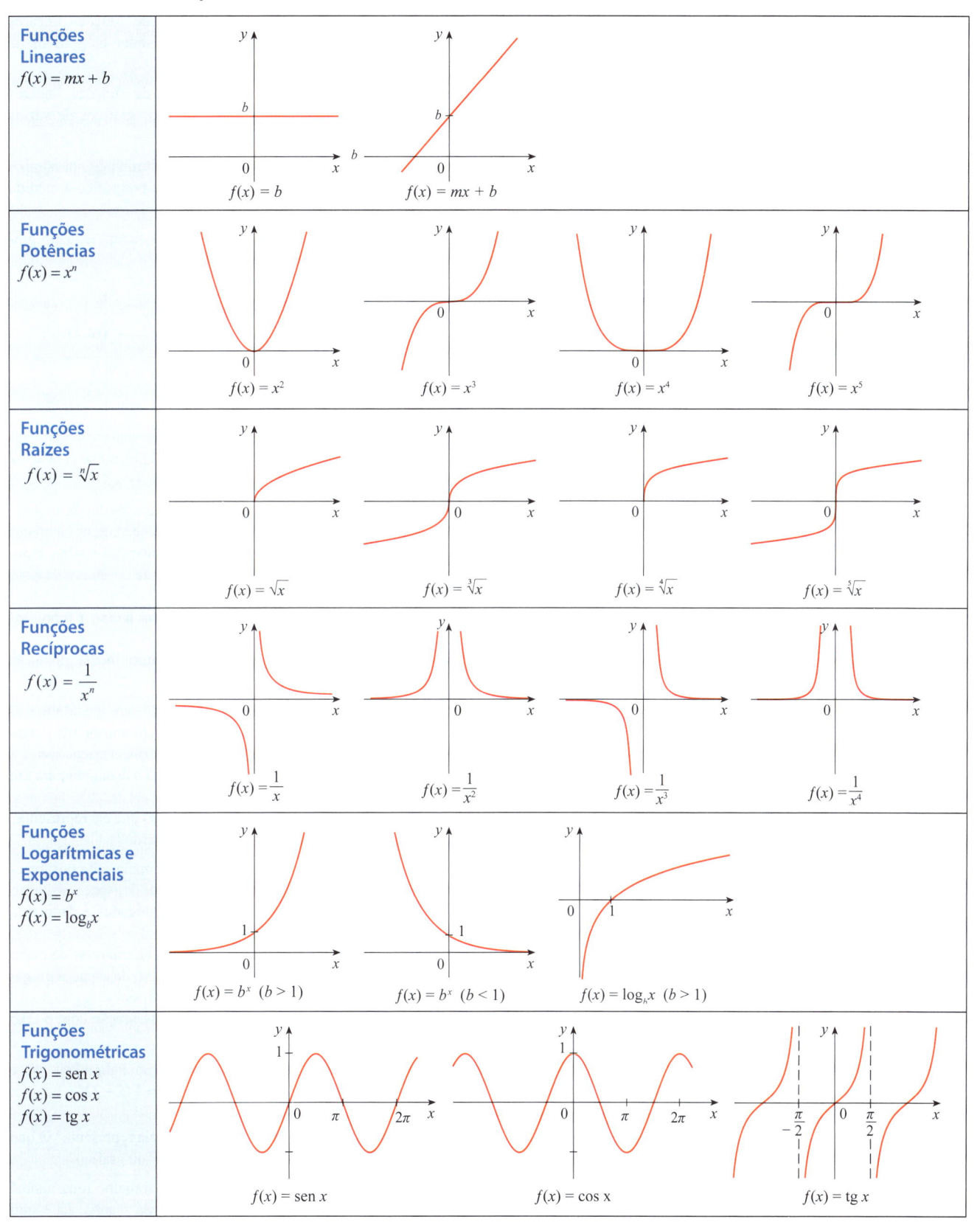

Funções Lineares $f(x) = mx + b$	$f(x) = b$; $f(x) = mx + b$
Funções Potências $f(x) = x^n$	$f(x) = x^2$; $f(x) = x^3$; $f(x) = x^4$; $f(x) = x^5$
Funções Raízes $f(x) = \sqrt[n]{x}$	$f(x) = \sqrt{x}$; $f(x) = \sqrt[3]{x}$; $f(x) = \sqrt[4]{x}$; $f(x) = \sqrt[5]{x}$
Funções Recíprocas $f(x) = \dfrac{1}{x^n}$	$f(x) = \dfrac{1}{x}$; $f(x) = \dfrac{1}{x^2}$; $f(x) = \dfrac{1}{x^3}$; $f(x) = \dfrac{1}{x^4}$
Funções Logarítmicas e Exponenciais $f(x) = b^x$ $f(x) = \log_b x$	$f(x) = b^x \ (b>1)$; $f(x) = b^x \ (b<1)$; $f(x) = \log_b x \ (b>1)$
Funções Trigonométricas $f(x) = \operatorname{sen} x$ $f(x) = \cos x$ $f(x) = \operatorname{tg} x$	$f(x) = \operatorname{sen} x$; $f(x) = \cos x$; $f(x) = \operatorname{tg} x$

1.2 Exercícios

1-2 Classifique cada função como uma função potência, função raiz, função polinomial (estabeleça seu grau), função racional, função algébrica, função trigonométrica, função exponencial ou função logarítmica.

1. (a) $f(x) = x^3 + 3x^2$ (b) $g(t) = \cos^2 t - \operatorname{sen} t$
   (c) $r(t) = t^{\sqrt{3}}$ (d) $v(t) = 8^t$
   (e) $y = \dfrac{\sqrt{x}}{x^2 + 1}$ (f) $g(u) = \log_{10} u$

2. (a) $f(t) = \dfrac{3t^2 + 2}{t}$ (b) $h(r) = 2{,}3^r$
   (c) $s(t) = \sqrt{t + 4}$ (d) $y = x^4 + 5$
   (e) $g(x) = \sqrt[3]{x}$ (f) $y = \dfrac{1}{x^2}$

3-4 Associe cada equação a seu gráfico. Explique sua escolha. (Não use computador ou calculadora gráfica.)

3. (a) $y = x^2$ (b) $y = x^5$ (c) $y = x^8$

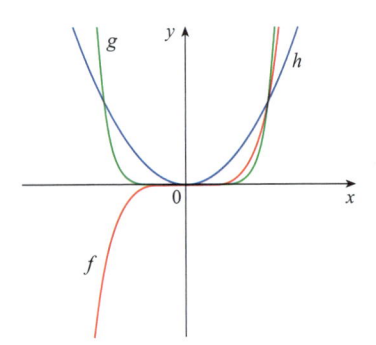

4. (a) $y = 3x$ (b) $y = 3^x$
   (c) $y = x^3$ (d) $y = \sqrt[3]{x}$

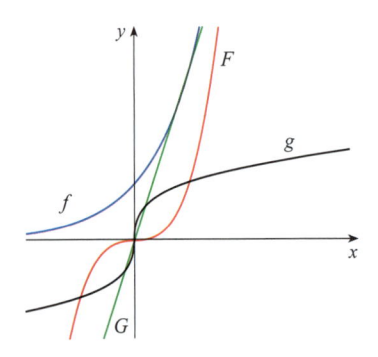

5-6 Encontre o domínio da função.

5. $f(x) = \dfrac{\cos x}{1 - \operatorname{sen} x}$ **6.** $g(x) = \dfrac{1}{1 - \operatorname{tg} x}$

7. (a) Encontre uma equação para a família de funções lineares com inclinação 2 e esboce os gráficos de vários membros da família.
(b) Encontre uma equação para a família de funções lineares tais que $f(2) = 1$. Esboce os gráficos de vários membros da família.
(c) Qual função pertence a ambas as famílias?

8. O que todos os membros da família de funções lineares $f(x) = 1 + m(x + 3)$ têm em comum? Esboce os gráficos de vários membros da família.

9. O que todos os membros da família de funções lineares $f(x) = c - x$ têm em comum? Esboce os gráficos de vários membros da família.

10. Esboce o gráfico de vários membros da família de polinômios $P(x) = x^3 - cx^2$. Que mudança se observa no gráfico à medida que c é alterado?

11-12 Determine uma fórmula para a função quadrática cujo gráfico é apresentado.

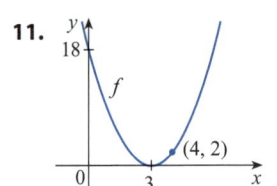

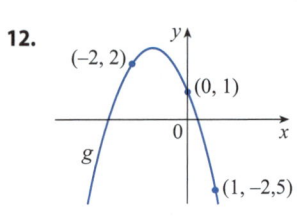

11. (gráfico com pontos $(0, 18)$ e $(4, 2)$, vértice em $x = 3$)

12. (gráfico com pontos $(-2, 2)$, $(0, 1)$ e $(1, -2{,}5)$)

13. Encontre uma fórmula para uma função cúbica f se $f(1) = 6$ e $f(-1) = f(0) = f(2) = 0$.

14. Estudos recentes indicam que a temperatura média da superfície da Terra vem aumentando continuamente. Alguns cientistas modelaram a temperatura pela função linear $T = 0{,}02t + 8{,}50$, onde T é a temperatura em °C e t representa o número de anos desde 1900.
(a) O que a inclinação e a intersecção com o eixo T representam?
(b) Use a equação para prever a temperatura média global da Terra em 2100.

15. Se a dose de uma medicação recomendada para um adulto é D (em mg), então, para determinar a dosagem apropriada c para uma criança com a anos de idade, os farmacêuticos usam a equação $c = 0{,}0417D(a + 1)$. Suponha que a dosagem para um adulto seja 200 mg.
(a) Encontre a inclinação do gráfico de c. O que ela representa?
(b) Qual é a dosagem para um recém-nascido?

16. Um administrador de bazar de fim de semana sabe por experiência que se cobrar x dólares pelo aluguel de espaço no bazar, o número y de espaços que podem ser alugados é dado pela equação $y = 200 - 4x$.
(a) Esboce o gráfico dessa função linear. (Lembre-se de que o aluguel cobrado pelo espaço e o número de espaços alugados não podem ser quantidades negativas.)
(b) O que representam a inclinação, a intersecção com o eixo y e a intersecção com o eixo x?

17. A relação entre as escalas de temperatura Fahrenheit (F) e Celsius (C) é dada pela função linear $F = \tfrac{9}{5}C + 32$.
(a) Esboce o gráfico dessa função.
(b) Qual a inclinação do gráfico e o que ela representa? O que representa a intersecção com o eixo F do gráfico?

18. Jade e sua colega de quarto Jari vão ao trabalho toda manhã viajando a oeste na rodovia I-10. Em certa manhã, Jade saiu para o trabalho às 6h50, enquanto Jari saiu 10 minutos depois.

Ambas dirigiram a velocidades constantes. Os gráficos mostram a distância (em quilômetros) que cada uma percorreu na rodovia I-10 até o instante t, contado em minutos a partir das 7h da manhã.
(a) Use o gráfico para determinar que motorista viaja mais rápido.
(b) Determine a que velocidade (em km/h) cada uma delas dirige.
(c) Determine as funções lineares f e g que modelam as distâncias percorridas por Jade e Jari como funções de t (em minutos).

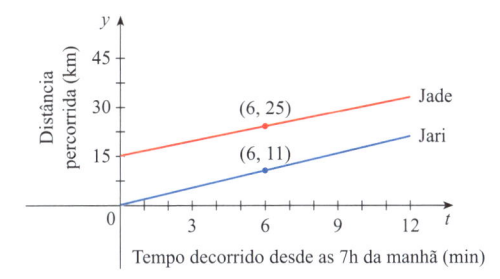

19. Um administrador de uma fábrica de móveis descobre que custa $ 2.200 para fabricar 100 cadeiras em um dia e $ 4.800 para produzir 300 cadeiras em um dia.
(a) Expresse o custo como uma função do número de cadeiras produzidas, supondo que ela seja linear. A seguir, esboce o gráfico.
(b) Qual é a inclinação do gráfico e o que ela representa?
(c) Qual é a intersecção com o eixo y do gráfico e o que ela representa?

20. O custo mensal do uso de um carro depende do número de quilômetros rodados. Lynn descobriu que em maio custou US$ 380 para dirigir 770 km e em junho, US$ 460 para dirigir 1.290 km.
(a) Expresse o custo mensal C como uma função da distância percorrida d, presumindo que a relação linear proporciona um modelo adequado.
(b) Use a parte (a) para predizer o custo quando forem percorridos 2.400 km por mês.
(c) Esboce o gráfico da função. O que a inclinação representa?
(d) O que representa a coordenada C do ponto de intersecção com o eixo vertical?
(e) Por que uma função linear é um modelo apropriado nessa situação?

21. Na superfície do oceano, a pressão da água é igual à do ar acima da água, 1,05 kg/cm². Abaixo da superfície, a pressão da água aumenta 0,3 kg/cm² para cada 3 m de profundidade.
(a) Expresse a pressão da água como uma função da profundidade abaixo da superfície do oceano.
(b) A que profundidade a pressão é de 7 kg/cm²?

22. A resistência R de um fio de comprimento fixo está relacionada ao diâmetro deste, x, pela lei do inverso do quadrado, ou seja, por uma função na forma $R(x) = kx^{-2}$.
(a) Um fio de comprimento fixo e 0,005 metros de diâmetro tem uma resistência de 140 ohms. Determine o valor de k.
(b) Encontre a resistência de um fio feito do mesmo material e com o mesmo comprimento do fio do item (a), mas com um diâmetro de 0,008 metros.

23. A iluminação de um objeto por uma fonte de luz está relacionada à distância entre o objeto e a fonte segundo a lei do inverso do quadrado. Suponha que, à noite, você esteja sentado em um cômodo que possui uma única lâmpada, tentando ler um livro. Como a luz é muito fraca, você move sua cadeira até a metade da distância que havia entre ela e a lâmpada. Quão maior será a iluminação produzida pela lâmpada?

24. A pressão P e uma amostra de gás oxigênio que é comprimida a uma temperatura constante está relacionada ao volume V de gás por uma função recíproca na forma $P = k/V$.
(a) Uma amostra de gás oxigênio que ocupa 0,671 m³ exerce uma pressão de 39 kPa à temperatura de 293 K (temperatura absoluta medida em kelvin). Determine o valor de k para o modelo fornecido.
(b) Supondo que a amostra seja expandida até atingir um volume de 0,916 m³, determine sua nova pressão.

25. A potência elétrica gerada por uma turbina eólica depende de vários fatores. Usando princípios de física, pode-se mostrar que a potência P gerada por uma turbina eólica é modelada por meio da função

$$P = kAv^3$$

onde v é a velocidade do vento, A é a área varrida pelas pás da hélice e k é uma constante que depende da densidade do ar, da eficiência da turbina e do formato das pás da turbina.
(a) Se a velocidade do vento for duplicada e os demais parâmetros forem mantidos constantes, qual será o fator de aumento da potência elétrica gerada?
(b) Se o comprimento das pás da hélice for duplicado e os demais parâmetros forem mantidos constantes, qual será o fator de aumento da potência elétrica gerada?
(c) Em determinada turbina eólica, as pás têm 30 m de comprimento e $k = 0,214$ kg/m³. Determine a potência gerada (em watts, W = m² · kg/s³) quando a velocidade do vento é igual a 10 m/s, 15 m/s e 25 m/s.

26. Os astrônomos inferem a irradiância (fluxo radiante emitido por unidade de área) das estrelas usando a Lei de Stefan-Boltzmann:

$$E(T) = (5,67 \times 10^{-8})T^4$$

na qual E é a energia radiada por unidade de área superficial medida em watt (W) e T é a temperatura absoluta medida em kelvin (K).
(a) Trace o gráfico da função E para temperaturas T entre 100 K e 300 K.
(b) Use o gráfico para descrever a mudança na energia E decorrente do aumento da temperatura T.

27-28 Para cada diagrama de dispersão, decida qual tipo de função você escolheria como um modelo para os dados. Explique sua escolha

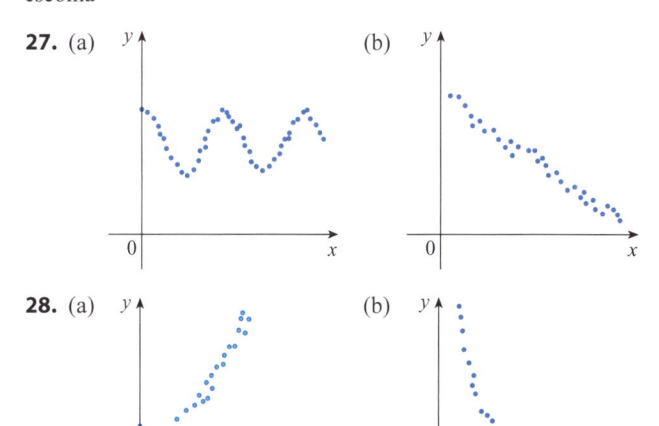

27. (a)   (b)

28. (a)   (b)

29. A tabela mostra as taxas de úlcera péptica (medida no decurso de toda vida) a cada 100 habitantes, de várias rendas familiares, conforme divulgado pelo National Health Interview Survey.
(a) Faça um diagrama de dispersão desses dados e decida se um modelo linear seria apropriado.
(b) Faça um gráfico de modelo linear usando o primeiro e o último pontos.
(c) Encontre e faça um gráfico da reta de regressão.
(d) Use o modelo linear de (c) para estimar a taxa de úlcera correspondente por pessoa com uma renda de $ 25.000.
(e) De acordo com o modelo, qual a chance de alguém com uma renda de $ 80.000 sofrer de úlcera péptica?
(f) Você acha razoável aplicar o modelo a alguém com uma renda de $ 200.000?

Rendimento	Taxa de úlcera (por população de 100)
$ 4.000	14,1
$ 6.000	13,0
$ 8.000	13,4
$ 12.000	12,5
$ 16.000	12,0
$ 20.000	12,4
$ 30.000	10,5
$ 45.000	9,4
$ 60.000	8,2

30. Quando ratos de laboratório são expostos a fibras de amianto, alguns deles desenvolvem tumores no pulmão. A tabela lista os resultados de diversas experiências de diferentes cientistas.
(a) Encontre a reta de regressão para os dados.
(b) Faça um diagrama de dispersão e trace a reta de regressão. A reta de regressão parece um modelo adequado para os dados?
(c) O que a intersecção com o eixo y da reta de regressão representa?

Exposição ao amianto (fibras/mL)	Porcentagem dos ratos que desenvolvem tumores de pulmão	Exposição ao amianto (fibras/mL)	Porcentagem dos ratos que desenvolvem tumores de pulmão
50	2	10.600	42
400	6	10.800	37
500	5	20.000	38
900	10	30.000	50
1.100	26		

31. Antropólogos usam um modelo linear que relaciona o comprimento do fêmur humano (osso da coxa) à altura. O modelo permite a eles determinar a altura de um indivíduo quando apenas um esqueleto parcial (que inclua o fêmur) tenha sido encontrado. Aqui, nós encontraremos o modelo pela análise dos dados sobre o comprimento do fêmur e a altura de oito homens, apresentados na tabela.
(a) Faça um diagrama de dispersão dos dados.
(b) Encontre e trace a reta de regressão que modela os dados.
(c) Um antropólogo encontra um fêmur humano de 53 cm de comprimento. Qual era a altura da pessoa?

Comprimento do fêmur (cm)	Altura (cm)	Comprimento do fêmur (cm)	Altura (cm)
50,1	178,5	44,5	168,3
48,3	173,6	42,7	165,0
45,2	164,8	39,5	155,4
44,7	163,7	38,0	155,8

32. A tabela mostra as tarifas de energia elétrica residencial nos EUA de 2000 a 2016, medidas em centavos de dólar por quilowatt-hora.
(a) Use os dados da tabela para criar um gráfico de dispersão. Você julga que um modelo linear é apropriado para o problema?
(b) Determine a reta de regressão e trace seu gráfico.
(c) Use o modelo linear obtido no item (b) para estimar a tarifa média de energia em 2005 e 2017.

Anos a partir de 2000	Centavos/kWh	Anos a partir de 2000	Centavos/kWh
0	8,24	10	11,54
2	8,44	12	11,88
4	8,95	14	12,52
6	10,40	16	12,90
8	11,26		

Fonte: US Energy Information Administration

33. A tabela mostra a média mundial diária de consumo de petróleo de 1985 a 2015, medida em milhares de barris por dia.
(a) Faça um diagrama de dispersão e decida se o modelo linear é apropriado.
(b) Encontre e trace a reta de regressão.
(c) Use o modelo linear para estimar o consumo de petróleo em 2002 e em 2017.

Anos a partir de 1985	Milhares de barris de petróleo por dia
0	60.083
5	66.533
10	70.099
15	76.784
20	84.077
25	87.302
30	94.071

Fonte: US Energy Information Administration

34. A tabela mostra as distâncias médias d dos planetas ao Sol (tomando como unidade de medida a distância da Terra ao Sol) e seus períodos T (tempo de revolução em anos).
(a) Ajuste um modelo de função potência aos dados.
(b) A Terceira Lei de Movimento Planetário de Kepler diz que "O quadrado do período de revolução de um planeta é proporcional ao cubo de sua distância média ao Sol". Seu modelo confirma a Terceira Lei de Kepler?

Planeta	d	T
Mercúrio	0,387	0,241
Vênus	0,723	0,615
Terra	1,000	1,000
Marte	1,523	1,881
Júpiter	5,203	11,861
Saturno	9,541	29,457
Urano	19,190	84,008
Netuno	30,086	164,784

35. Faz sentido que quanto maior a área, maior a quantidade de espécies que habitam a região. Muitos ecologistas modelaram a relação espécie-área com uma função potência e, em particular, a quantidade de espécies de morcegos S vivendo em cavernas no México Central foi relacionada à área de superfície A de cavernas pela equação $S = 0,7A^{0,3}$.
  (a) A caverna chamada *Misión Imposible*, próximo a Puebla, México, tem uma área de superfície de $A = 60$ m². Quantas espécies de morcegos se espera encontrar nesta caverna?
  (b) Se você descobrir que quatro espécies de morcego vivem em uma caverna, estime a área da caverna.

T 36. A tabela mostra o número N de espécies de répteis e anfíbios que habitam algumas ilhas do Caribe e as áreas A de cada ilha em quilômetros quadrados.

(a) Use uma função potência para modelar N como uma função de A.
(b) A ilha caribenha de Dominica tem uma área de 753 km². Quantas espécies de répteis e anfíbios você prevê que existam em Dominica?

Ilha	A	N
Saba	10	5
Monserrat	103	9
Porto Rico	8.959	40
Jamaica	11.424	39
Hispaniola	79.192	84
Cuba	114.524	76

37. Suponha que uma força ou energia tenha origem em uma fonte pontual e distribua-se igualmente em todas as direções, tal como a luz de uma lâmpada ou a força gravitacional de um planeta. Nesse caso, a uma distância r da fonte, a intensidade I da força ou energia é igual ao valor S produzido pela fonte dividido pela área da superfície de uma esfera de raio r. Mostre que I satisfaz a lei do inverso do quadrado $I = k/r^2$, onde k é uma constante positiva.

1.3 | Novas Funções a Partir de Conhecidas

Nesta seção, partimos das funções básicas definidas na Seção 1.2 e obtemos novas funções por deslocamento, expansão ou reflexão de seus gráficos. Vamos mostrar também como combinar pares de funções por meio de operações aritméticas ordinárias e por composição.

■ Transformações de Funções

Aplicando certas transformações aos gráficos de uma função obtemos o gráfico de funções relacionadas. Isso nos capacita a fazer o esboço de muitas funções à mão e nos permite também escrever equações para gráficos dados.

Vamos considerar inicialmente as **translações** dos gráficos. Se c for um número positivo, então o gráfico de $y = f(x) + c$ é tão somente o gráfico de $y = f(x)$ deslocado para cima em c unidades (uma vez que cada coordenada y fica acrescida pelo mesmo número c). Da mesma forma, se fizermos $g(x) = f(x - c)$, onde $c > 0$, então o valor de g em x é igual ao valor de f em $x - c$ (c unidades à esquerda de x). Portanto, o gráfico de $y = f(x - c)$ é precisamente o de $y = f(x)$ deslocado c unidades para a direita (veja a Figura 1).

> **Deslocamentos Verticais e Horizontais** Suponha $c > 0$. Para obter o gráfico de
>
> $y = f(x) + c$, desloque o gráfico de $y = f(x)$ em c unidades para cima
> $y = f(x) - c$, desloque o gráfico de $y = f(x)$ em c unidades para baixo
> $y = f(x - c)$, desloque o gráfico de $y = f(x)$ em c unidades para a direita
> $y = f(x + c)$, desloque o gráfico de $y = f(x)$ em c unidades para a esquerda

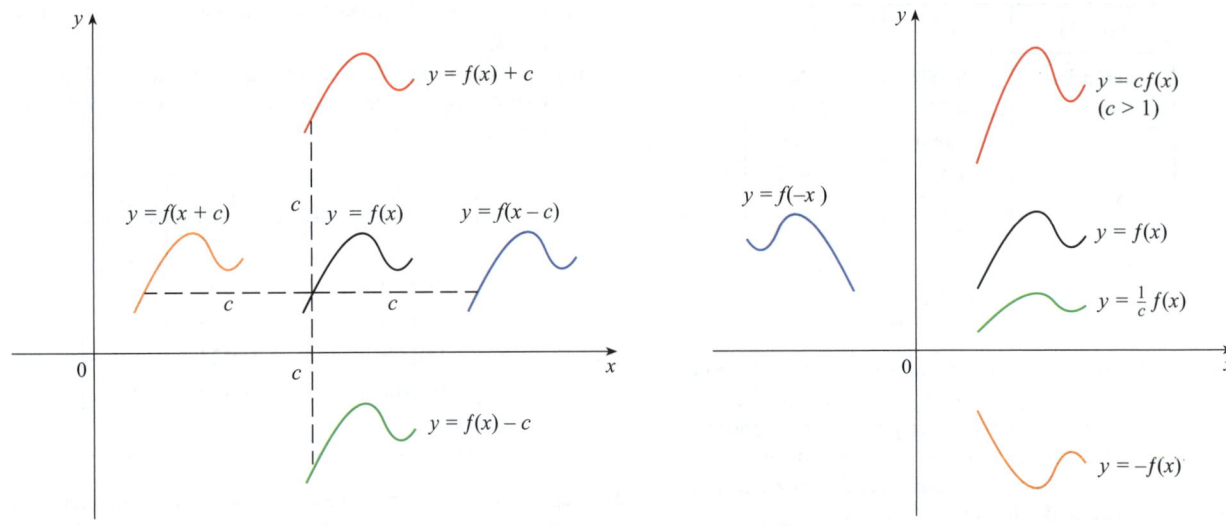

FIGURA 1 Translações do gráfico de f

FIGURA 2 Expansões e reflexões do gráfico f

Vamos considerar agora as transformações de **expansão** e **reflexão**. Se $c > 1$, então o gráfico de $y = cf(x)$ é o gráfico de $y = f(x)$ expandido por um fator c na direção vertical (pois cada coordenada y fica multiplicada pelo mesmo número c). O gráfico de $y = -f(x)$ é o gráfico de $y = f(x)$ refletido em torno do eixo x, pois o ponto (x, y) é substituído pelo ponto $(x, -y)$. (Veja a Figura 2 e a tabela a seguir, onde estão os resultados de várias transformações de expansão, compressão e reflexão.)

Reflexões e Expansões Horizontais e Verticais Suponha $c > 1$. Para obter o gráfico de

$y = cf(x)$, expanda o gráfico de $y = f(x)$ verticalmente por um fator de c;

$y = (1/c)f(x)$, comprima o gráfico de $y = f(x)$ verticalmente por um fator de c;

$y = f(cx)$, comprima o gráfico de $y = f(x)$ horizontalmente por um fator de c;

$y = f(x/c)$, expanda o gráfico de $y = f(x)$ horizontalmente por um fator de c;

$y = -f(x)$, reflita o gráfico de $y = f(x)$ em torno do eixo x;

$y = f(-x)$, reflita o gráfico de $y = f(x)$ em torno do eixo y.

A Figura 3 ilustra essas transformações de expansão quando aplicadas à função de cosseno com $c = 2$. Por exemplo, para obter o gráfico $y = 2 \cos x$, multiplicamos as coordenadas y de cada ponto do gráfico de $y = \cos x$ por 2. Isso significa que o gráfico de $y = \cos x$ fica expandido verticalmente por um fator de 2.

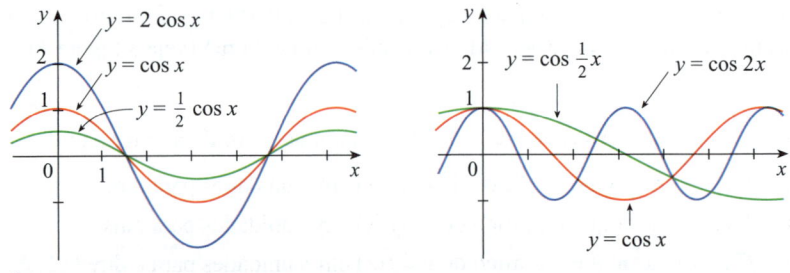

FIGURA 3

EXEMPLO 1 Dado o gráfico de $y = \sqrt{x}$, use transformações para obter os gráficos de $y = \sqrt{x} - 2$, $y = \sqrt{x-2}$, $y = -\sqrt{x}$, $y = 2\sqrt{x}$ e $y = \sqrt{-x}$.

SOLUÇÃO O gráfico da função raiz quadrada $y = \sqrt{x}$, obtido da Figura 1.12.13(a), na Seção 1.2, é mostrado na Figura 4(a). Nas outras partes da figura esboçamos $y = \sqrt{x} - 2$ deslocando 2 unidades para baixo; $y = \sqrt{x-2}$ deslocando 2 unidades para a direita; $y = -\sqrt{x}$ refletindo em torno do eixo x; $y = 2\sqrt{x}$ expandindo verticalmente por um fator de 2; e $y = \sqrt{-x}$ refletindo em torno do eixo y.

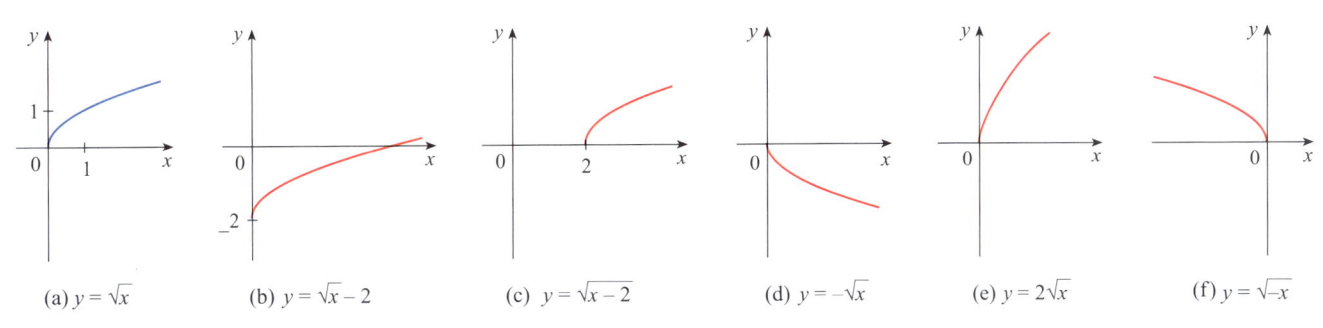

(a) $y = \sqrt{x}$ (b) $y = \sqrt{x} - 2$ (c) $y = \sqrt{x-2}$ (d) $y = -\sqrt{x}$ (e) $y = 2\sqrt{x}$ (f) $y = \sqrt{-x}$

FIGURA 4

EXEMPLO 2 Esboce o gráfico da função $f(x) = x^2 + 6x + 10$.

SOLUÇÃO Completando o quadrado, escrevemos a equação do gráfico como

$$y = x^2 + 6x + 10 = (x+3)^2 + 1$$

Isso significa que obtemos o gráfico desejado começando com a parábola $y = x^2$ e deslocando-a 3 unidades para a esquerda e então 1 unidade para cima (veja a Figura 5).

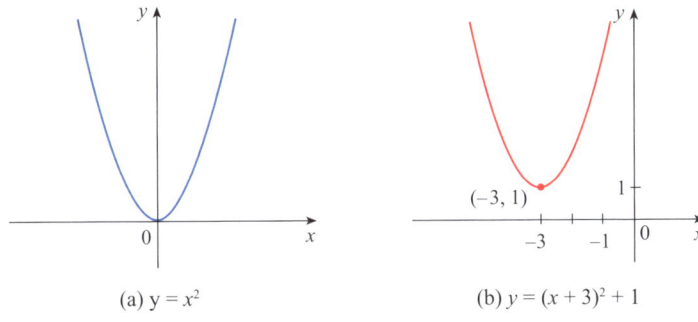

(a) $y = x^2$ (b) $y = (x+3)^2 + 1$

FIGURA 5

EXEMPLO 3 Esboce o gráfico de cada função.

(a) $y = \operatorname{sen} 2x$ (b) $y = 1 - \operatorname{sen} x$

SOLUÇÃO

(a) Obtemos o gráfico $y = \operatorname{sen} 2x$ a partir de $y = \operatorname{sen} x$ comprimindo horizontalmente este último por um fator de 2 (veja as Figuras 6 e 7). Assim, enquanto que o período de $y = \operatorname{sen} x$ é 2π, o período de $y = \operatorname{sen} 2x$ é $2\pi/2 = \pi$.

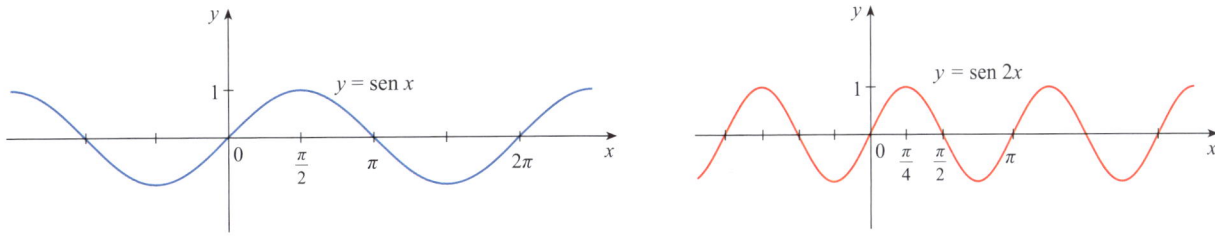

FIGURA 6

FIGURA 7

(b) Para obter o gráfico de $y = 1 - \operatorname{sen} x$, começamos novamente com $y = \operatorname{sen} x$. Refletimos em torno do eixo x para obter o gráfico de $y = -\operatorname{sen} x$ e então deslocamos uma unidade para cima para obter $y = 1 - \operatorname{sen} x$. (Veja a Figura 8.)

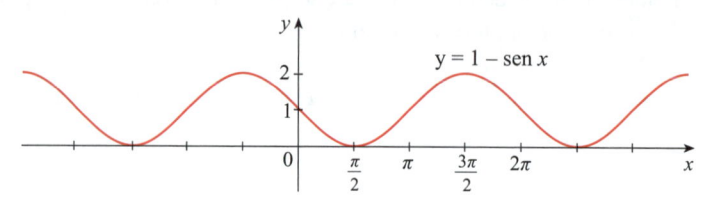

FIGURA 8

EXEMPLO 4 A Figura 9 mostra gráficos do número de horas de luz solar como função da época do ano em diversas latitudes. Dado que a Filadélfia está localizada a aproximadamente 40° N de latitude, encontre uma função que modele a duração da luz solar na Filadélfia.

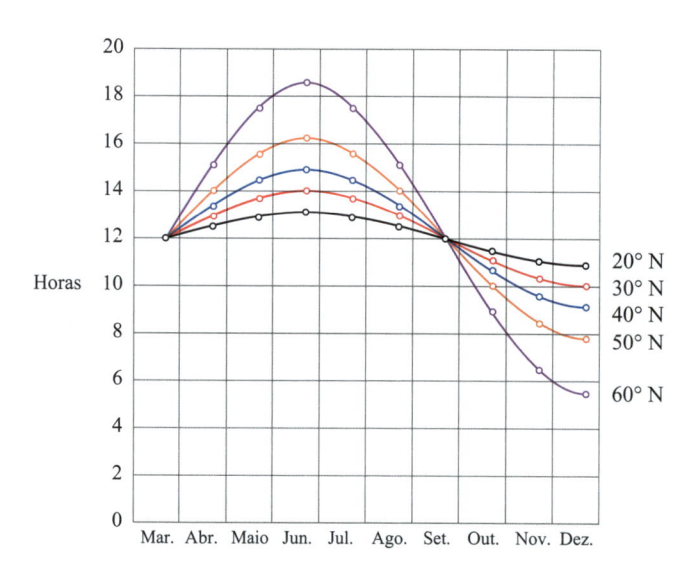

FIGURA 9
Gráfico da duração da luz solar de 21 de março a 21 de dezembro em várias latitudes
Fonte: Adaptado de L. Harrison, *Daylight, Twilight, Darkness and Time* (New York: Silver, Burdett 1935), p. 40.

SOLUÇÃO Observe que cada curva se assemelha à função seno deslocada e expandida. Observando a curva azul, vemos que, na latitude da Filadélfia, a luz solar dura cerca de 14,8 horas em 21 de junho e 9,2 horas em 21 de dezembro; assim, a amplitude da curva (o fator pelo qual expandimos verticalmente a curva do seno) é $\frac{1}{2}(14{,}8 - 9{,}2) = 2{,}8$.

Por qual fator deveremos expandir horizontalmente a curva do seno se a medida do tempo t for em dias? Em razão de haver aproximadamente 365 dias no ano, o período do nosso modelo deve ser 365. Mas o período de $y = \operatorname{sen} t$ é 2π, de modo que o fator de expansão horizontal deve ser $2\pi/365$.

Notamos também que a curva começa seu ciclo em 21 de março, 80º dia do ano, e então devemos deslocar a curva 80 unidades para a direita. Além disso, deslocamos 12 unidades para cima. Portanto, modelamos a duração da luz solar na Filadélfia no dia t do ano pela função

$$L(t) = 12 + 2{,}8 \operatorname{sen}\left[\frac{2\pi}{365}(t - 80)\right]$$

Outra transformação de algum interesse é tomar o *valor absoluto* de uma função. Se $y = |f(x)|$, então, de acordo com a definição de valor absoluto, $y = f(x)$ quando $f(x) \geq 0$ e $y = -f(x)$ quando $f(x) < 0$. Isso nos diz como obter o gráfico de $y = |f(x)|$ a partir do gráfico de $y = f(x)$: a parte do gráfico que está acima do eixo x permanece a mesma, enquanto a parte que está abaixo do eixo x é refletida em torno do eixo x.

EXEMPLO 5 Esboce o gráfico da função $y = |x^2 - 1|$.

SOLUÇÃO Primeiro fazemos o gráfico da parábola $y = x^2 - 1$, como na Figura 10(a), deslocando a parábola $y = x^2$ para baixo em uma unidade. Vemos que o gráfico está abaixo do eixo x quando $-1 < x < 1$; assim, refletimos essa parte do gráfico em torno do eixo x para obter o gráfico de $y = |x^2 - 1|$ na Figura 10(b).

■ Combinações de Funções

Duas funções f e g podem ser combinadas para formar novas funções $f + g$, $f - g$, fg e f/g de forma similar àquela pela qual somamos, subtraímos, multiplicamos e dividimos números reais.

Definição Dadas duas funções f e g, as funções de **soma**, **diferença**, **produto** e **quociente** são definidas por

$$(f + g)(x) = f(x) + g(x) \qquad (f - g)(x) = f(x) - g(x)$$

$$(fg)(g)(x) = f(x)\,g(x) \qquad \left(\frac{f}{g}\right)(x) = \frac{f(x)}{g(x)}$$

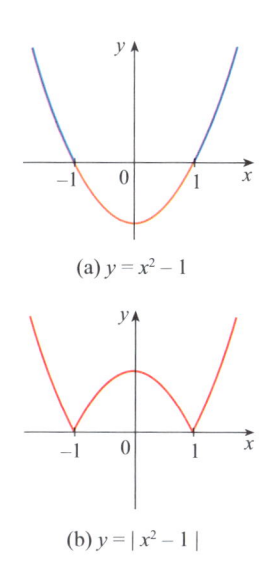

(a) $y = x^2 - 1$

(b) $y = |x^2 - 1|$

FIGURA 10

Se o domínio de f é A e o domínio de g é B, então o domínio de $f + g$ (e o domínio de $f - g$) é a intersecção $A \cap B$, porque tanto $f(x)$ quanto $g(x)$ devem estar definidos. Por exemplo, o domínio de $f(x) = \sqrt{x}$ é $A = [0, \infty)$ e o domínio de $g(x) = \sqrt{2-x}$ é $B = (-\infty, 2]$, de modo que o domínio de $(f + g)(x) = \sqrt{x} + \sqrt{2-x}$ é $A \cap B = [0, 2]$.

O domínio de fg é também $A \cap B$. Pelo fato de não podermos dividir por zero, o domínio de f/g é $\{x \in A \cap B \mid g(x) \neq 0\}$. Por exemplo, se $f(x) = x^2$ e $g(x) = x - 1$, então o domínio da função racional $(f/g)(x) = x^2/(x - 1)$ é $\{x \mid x \neq 1\}$, ou $(-\infty, 1) \cup (1, \infty)$.

Existe outra maneira de combinar duas funções para obter uma nova função. Por exemplo, suponha que $y = f(u) = \sqrt{u}$ e $u = g(x) = x^2 + 1$. Como y é uma função de u, e u, por sua vez, é uma função de x, segue que, afinal de contas, y é uma função de x. Computamos isso pela substituição:

$$y = f(u) = f(g(x)) = f(x^2 + 1) = \sqrt{x^2 + 1}$$

Este procedimento é chamado *composição*, pois a nova função é *composta* das duas funções dadas f e g.

Em geral, dadas quaisquer duas funções f e g, começamos com um número x no domínio de g e encontramos sua imagem $g(x)$. Se este número $g(x)$ estiver no domínio de f, podemos calcular o valor de $f(g(x))$. Note que a saída de uma função é utilizada como entrada para a próxima função. O resultado é uma nova função $h(x) = f(g(x))$ obtida pela substituição de g em f. É chamada de *composição* (ou *composta*) de f e g e é denotada por $f \circ g$ ("f bola g")

Definição Dadas duas funções f e g, a **função composta** $f \circ g$ (também chamada de **composição** de f e g) é definida por

$$(f \circ g)(x) = f(g(x))$$

O domínio $f \circ g$ é o conjunto de todos os x no domínio de g tais que $g(x)$ está no domínio de f. Em outras palavras, $(f \circ g)(x)$ está definida sempre que tanto $g(x)$ quanto $f(g(x))$ estiverem definidas. A Figura 11 mostra como visualizar $f \circ g$ em termos de máquinas.

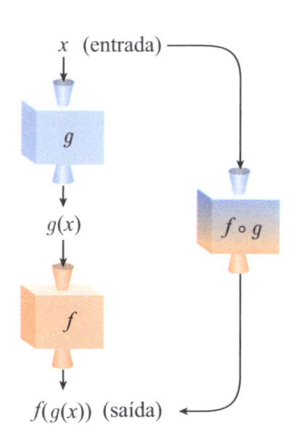

FIGURA 11
A $f \circ g$ máquina é composta pela máquina g (primeiro) e a seguir pela máquina f

EXEMPLO 6 Se $f(x) = x^2$ e $g(x) = x - 3$, encontre as funções compostas $f \circ g$ e $g \circ f$.

SOLUÇÃO Temos

$$(f \circ g)(x) = f(g(x)) = f(x - 3) = (x - 3)^2$$
$$(g \circ f)(x) = g(f(x)) = g(x^2) = x^2 - 3$$

NOTA Você pode ver no Exemplo 6 que, em geral, $f \circ g \neq g \circ f$. Lembre-se de que a notação $f \circ g$ significa que a função g é aplicada primeiro, e depois f é aplicada. No Exemplo 6, $f \circ g$ é a função que *primeiro* subtrai 3 e *então* eleva ao quadrado; $g \circ f$ é a função que *primeiro* eleva ao quadrado e *então* subtrai 3.

EXEMPLO 7 Se $f(x) = \sqrt{x}$ e $g(x) = \sqrt{2-x}$, encontre cada função e seu domínio.

(a) $f \circ g$ (b) $g \circ f$ (c) $f \circ f$ (d) $g \circ g$

SOLUÇÃO

(a) $\qquad (f \circ g)(x) = f(g(x)) = f\left(\sqrt{2-x}\right) = \sqrt{\sqrt{2-x}} = \sqrt[4]{2-x}$

O domínio $f \circ g$ é $\{x \mid 2 - x \geq 0\} = \{x \mid x \leq 2\} = (-\infty, 2]$.

(b) $\qquad (g \circ f)(x) = g(f(x)) = g\left(\sqrt{x}\right) = \sqrt{2 - \sqrt{x}}$

Se $0 \leq a \leq b$, então $a^2 \leq b^2$.

Para $\sqrt{x}$ estar definida, devemos ter $x \geq 0$. Para $\sqrt{2 - \sqrt{x}}$ estar definida, devemos ter $2 - \sqrt{x} \geq 0$, isto é, $\sqrt{x} \leq 2$, ou $x \leq 4$. Assim, temos $0 \leq x \leq 4$, e o domínio de $g \circ f$ intervalo fechado $[0, 4]$.

(c) $\qquad (f \circ f)(x) = f(f(x)) = f\left(\sqrt{x}\right) = \sqrt{\sqrt{x}} = \sqrt[4]{x}$

O domínio de $f \circ f$ é $[0, \infty)$.

(d) $\qquad (g \circ g)(x) = g(g(x)) = g\left(\sqrt{2-x}\right) = \sqrt{2 - \sqrt{2-x}}$

Esta expressão é definida quando ambas, $2 - x \geq 0$ e $2 - \sqrt{2-x} \geq 0$. A primeira desigualdade significa que $x \leq 2$, e a segunda é equivalente a $\sqrt{2-x} \leq 2$, ou $2 - x \leq 4$, ou $x \geq -2$. Assim $-2 \leq x \leq 2$, logo, o domínio de $g \circ g$ é o intervalo fechado $[-2, 2]$.

É possível fazer a composição de três ou mais funções. Por exemplo, a função composta $f \circ g \circ h$ pode ser encontrada calculando-se primeiro h, então g e depois f, como a seguir:

$$(f \circ g \circ h)(x) = f(g(h(x)))$$

EXEMPLO 8 Encontre $f \circ g \circ h$ se $f(x) = x/(x+1)$, $g(x) = x^{10}$ e $h(x) = x + 3$.

SOLUÇÃO

$$(f \circ g \circ h)(x) = f(g(h(x))) = f(g(x+3))$$
$$= f((x+3)^{10}) = \frac{(x+3)^{10}}{(x+3)^{10} + 1}$$

Até aqui usamos a composição para construir funções complicadas a partir das mais simples. Mas, em cálculo, é frequentemente útil *decompor* uma função complicada em outras mais simples, como no exemplo a seguir.

EXEMPLO 9 Dada $F(x) = \cos^2(x+9)$, encontre funções f, g e h tais que $F = f \circ g \circ h$.

SOLUÇÃO Uma vez que $F(x) = \cos^2(x+9)$, a fórmula para F diz: primeiro adicione 9, então tomemos o cosseno do resultado e, finalmente, o quadrado. Assim, fazemos

$$h(x) = x + 9 \qquad g(x) = \cos x \qquad f(x) = x^2$$

Então
$$(f \circ g \circ h)(x) = f(g(h(x))) = f(g(x+9)) = f(\cos(x+9))$$
$$= [\cos(x+9)]^2 = F(x)$$

1.3 Exercícios

1. Suponha que seja dado o gráfico de f. Escreva as equações para os gráficos obtidos a partir do gráfico de f da seguinte forma:
   (a) Desloque 3 unidades para cima.
   (b) Desloque 3 unidades para baixo.
   (c) Desloque 3 unidades para a direita.
   (d) Desloque 3 unidades para a esquerda.
   (e) Reflita em torno do eixo x.
   (f) Reflita em torno do eixo y.
   (g) Expanda verticalmente por um fator de 3.
   (h) Comprima verticalmente por um fator de 3.

2. Explique como obter, a partir do gráfico de $y = f(x)$, os gráficos a seguir:
   (a) $y = f(x) + 8$ (b) $y = f(x+8)$
   (c) $y = 8f(x)$ (d) $y = f(8x)$
   (e) $y = -f(x) - 1$ (f) $y = 8f\left(\frac{1}{8}x\right)$

3. Dado o gráfico de $y = f(x)$, associe cada equação com seu gráfico e justifique suas escolhas.
   (a) $y = f(x-4)$ (b) $y = f(x) + 3$
   (c) $y = \frac{1}{3}f(x)$ (d) $y = -f(x+4)$
   (e) $y = 2f(x+6)$

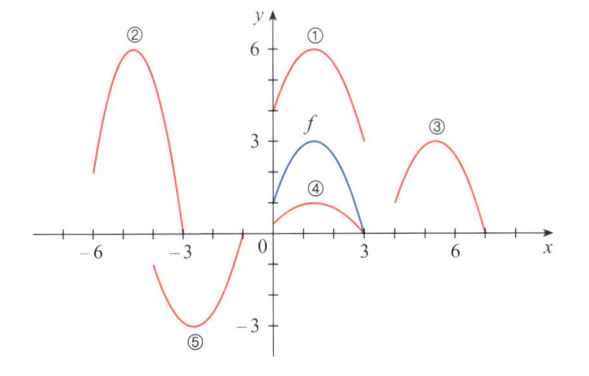

4. É dado o gráfico de f. Esboce os gráficos das seguintes funções:
   (a) $y = f(x) - 3$ (b) $y = f(x+1)$
   (c) $y = \frac{1}{2}f(x)$ (d) $y = -f(x)$

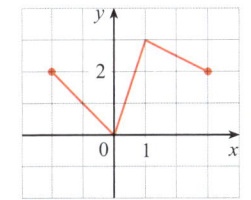

5. O gráfico de f é dado. Use-o para fazer o gráfico das seguintes funções:
   (a) $y = f(2x)$ (b) $y = f\left(\frac{1}{2}x\right)$
   (c) $y = f(-x)$ (d) $y = -f(-x)$

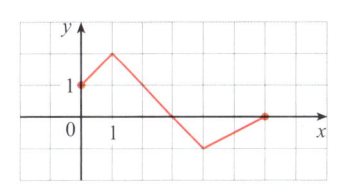

6-7 O gráfico de $y = \sqrt{3x - x^2}$ é dado. Use transformações para criar a função cujo gráfico é mostrado.

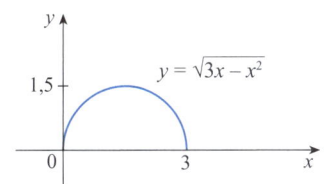

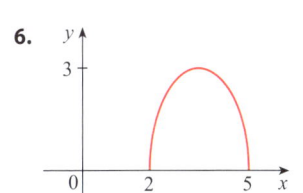

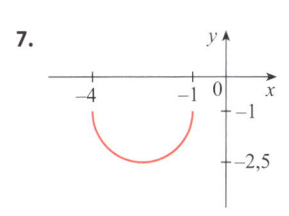

6.

7.

8. (a) Como estão relacionados o gráfico de $y = 1 + \sqrt{x}$ e o de $y = \sqrt{x}$? Use sua resposta e a Figura 4(a) para esboçar o gráfico de $y = 1 + \sqrt{x}$.
   (b) Que relação existe entre o gráfico de $y = 5 \operatorname{sen} \pi x$ e o gráfico de $y = \operatorname{sen} x$? Use a sua resposta e a Figura 6 para esboçar o gráfico de $y = 5 \operatorname{sen} \pi x$.

9-26 Trace à mão o gráfico de cada função, mas, em lugar de marcar pontos sobre o plano, parta do gráfico de uma das funções padrão dadas na Tabela 1.2.3 e aplique as transformações apropriadas.

9. $y = 1 + x^2$
10. $y = (x+1)^2$
11. $y = |x+2|$
12. $y = 1 - x^3$
13. $y = \dfrac{1}{x} + 2$
14. $y = -\sqrt{x} - 1$
15. $y = \operatorname{sen} 4x$
16. $y = 1 + \dfrac{1}{x^2}$

17. $y = 2 + \sqrt{x+1}$ **18.** $y = -(x-1)^2 + 3$

19. $y = x^2 - 2x + 5$ **20.** $y = (x+1)^3 + 2$

21. $y = 2 - |x|$ **22.** $y = 2 - 2\cos x$

23. $y = 3\,\text{sen}\,\tfrac{1}{2}x + 1$ **24.** $y = \dfrac{1}{4}\text{tg}\left(x - \dfrac{\pi}{4}\right)$

25. $y = |\cos \pi x|$ **26.** $y = |\sqrt{x} - 1|$

27. A cidade de Nova Orleans está localizada a uma latitude de 30° N. Use a Figura 9 para encontrar uma função que modele o número de horas de luz solar em Nova Orleans como uma função da época do ano. Para verificar a precisão do seu modelo, use o fato de que nessa cidade, em 31 de março, o Sol surge às 5h51 da manhã e se põe às 18h18.

28. Uma estrela variável é aquela cujo brilho alternadamente cresce e decresce. Para a estrela variável mais visível, Delta Cephei, o período de tempo entre os brilhos máximos é de 5,4 dias, o brilho médio (ou magnitude) da estrela é 4,0, e seu brilho varia de ±0,35 em magnitude. Encontre uma função que modele o brilho de Delta Cephei como uma função do tempo.

29. Algumas das marés mais altas do mundo ocorrem na baía de Fundy, na costa atlântica do Canadá. No Cabo Hopewell, a profundidade da água na maré baixa é cerca de 2,0 m e na maré alta é cerca de 12,0 m. O período natural de oscilação é cerca de 12 horas e, em um dia específico, a maré alta ocorreu às 6h45 da manhã. Encontre uma função envolvendo a função cosseno que modele a profundidade da água $D(t)$ (em metros) como uma função do tempo t (em horas após a meia-noite) naquele dia.

30. Em um ciclo respiratório normal, o volume de ar que se move para dentro e para fora dos pulmões é cerca de 500 mL. Os volumes de reserva e residual de ar que permanecem nos pulmões ocupam cerca de 2.000 mL e um único ciclo respiratório para um ser humano médio dura cerca de 4 segundos. Encontre um modelo para o volume total de ar $V(t)$ nos pulmões como função do tempo.

31. (a) Como estão relacionados o gráfico de $y = f(|x|)$ e o de f?
(b) Esboce o gráfico de $y = \text{sen}\,|x|$.
(c) Esboce o gráfico de $y = \sqrt{|x|}$.

32. Use o gráfico dado de f para esboçar o gráfico $y = 1/f(x)$. Quais aspectos de f são os mais importantes no esboço de $y = 1/f(x)$? Explique como eles são usados.

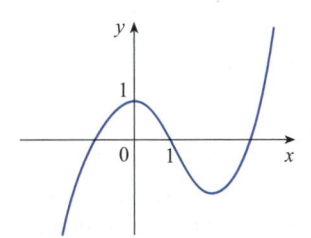

33-34 Encontre (a) $f + g$, (b) $f - g$, (c) fg e (d) f/g e defina seus domínios.

33. $f(x) = \sqrt{25 - x^2}$, $g(x) = \sqrt{x+1}$

34. $f(x) = \dfrac{1}{x-1}$, $g(x) = \dfrac{1}{x} - 2$

35-40 Encontre as funções (a) $f \circ g$, (b) $g \circ f$, (c) $f \circ f$ e (d) $g \circ g$ e seus domínios.

35. $f(x) = x^3 + 5$, $g(x) = \sqrt[3]{x}$

36. $f(x) = \dfrac{1}{x}$, $g(x) = 2x + 1$

37. $f(x) = \dfrac{1}{\sqrt{x}}$, $g(x) = x + 1$

38. $f(x) = \dfrac{x}{x+1}$, $g(x) = 2x - 1$

39. $f(x) = \dfrac{2}{x}$, $g(x) = \text{sen}\,x$

40. $f(x) = \sqrt{5-x}$, $g(x) = \sqrt{x-1}$

41-44 Encontre $f \circ g \circ h$.

41. $f(x) = 3x - 2$, $g(x) = \text{sen}\,x$, $h(x) = x^2$

42. $f(x) = |x-4|$, $g(x) 2^x$, $h(x) = \sqrt{x}$

43. $f(x) = \sqrt{x-3}$, $g(x) = x^2$, $h(x) = x^3 + 2$

44. $f(x) = \text{tg}\,x$, $g(x) = \dfrac{x}{x-1}$, $h(x) = \sqrt[3]{x}$

45-50 Expresse a função na forma $f \circ g$.

45. $F(x) = (2x + x^2)^4$ **46.** $F(x) = \cos^2 x$

47. $F(x) = \dfrac{\sqrt[3]{x}}{1 + \sqrt[3]{x}}$ **48.** $G(x) = \sqrt[3]{\dfrac{x}{1+x}}$

49. $v(t) = \sec(t^2)\,\text{tg}(t^2)$ **50.** $H(x) = \sqrt{1 + \sqrt{x}}$

51-54 Expresse a função na forma

51. $R(x) = \sqrt{\sqrt{x} - 1}$ **52.** $H(x) = \sqrt[8]{2 + |x|}$

53. $S(t) = \text{sen}^2(\cos t)$ **54.** $H(t) = \cos\left(\sqrt{\text{tg}\,t + 1}\right)$

55-56 Use a tabela para determinar o valor de cada expressão.

x	1	2	3	4	5	6
$f(x)$	3	1	5	6	2	4
$g(x)$	5	3	4	1	3	2

55. (a) $f(g(3))$ (b) $g(f(2))$
(c) $(f \circ g)(5)$ (d) $(g \circ f)(5)$

56. (a) $g(g(g(2)))$ (b) $(f \circ f \circ f)(1)$
(c) $(f \circ f \circ g)(1)$ (d) $(g \circ f \circ g)(3)$

57. Use os gráficos dados de f e g para determinar o valor de cada uma das expressões ou explique por que elas não estão definidas.
(a) $f(g(2))$ (b) $g(f(0))$
(c) $(f \circ g)(0)$ (d) $(g \circ f)(6)$
(e) $(g \circ g)(-2)$ (f) $(f \circ f)(4)$

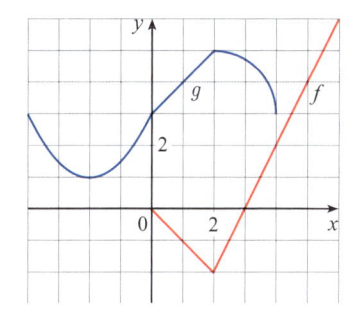

58. Use os gráficos dados de f e g para estimar o valor de $f(g(x))$ para $x = -5, -4, -3, \ldots, 5$. Use essas estimativas para esboçar o gráfico de $f \circ g$.

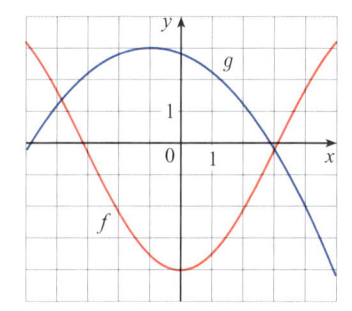

59. A queda de uma pedra em um lago gera ondas circulares que se espalham a uma velocidade de 60 cm/s.
(a) Expresse o raio r desse círculo como uma função do tempo t (em segundos).
(b) Se A é a área do círculo como uma função do raio, encontre $A \circ r$ e interprete-a.

60. Um balão esférico é inflado e seu raio aumenta a uma taxa de 2 cm/s.
(a) Expresse o raio r do balão como uma função do tempo t (em segundos).
(b) Se V for o volume do balão como função do raio, encontre $V \circ r$ e interprete-a.

61. Um navio se move a uma velocidade de 30 km/h paralelo a uma costa retilínea. O navio está a 6 km da costa e passa por um farol ao meio-dia.
(a) Expresse a distância s entre o farol e o navio como uma função de d, a distância que o navio percorreu desde o meio-dia; ou seja, encontre f tal que $s = f(d)$.
(b) Expresse d como uma função de t, o tempo decorrido desde o meio-dia; ou seja, encontre g tal que $d = g(t)$.
(c) Encontre $f \circ g$. O que esta função representa?

62. Um avião voa a uma velocidade de 560 km/h, a uma altitude de 2 km e passa diretamente sobre uma estação de radar no instante $t = 0$.
(a) Expresse a distância horizontal de voo d (em quilômetros) como uma função de t.
(b) Expresse a distância s entre o avião e a estação de radar como uma função de d.
(c) Use composição para expressar s como uma função de t.

63. A Função de Heaviside A *função de Heaviside H* é definida por

$$H(t) = \begin{cases} 0 & \text{se } t < 0 \\ 1 & \text{se } t \geq 0 \end{cases}$$

Essa função é usada no estudo de circuitos elétricos para representar o surgimento repentino de corrente elétrica, ou voltagem, quando uma chave é instantaneamente ligada.
(a) Esboce o gráfico da função de Heaviside.
(b) Esboce o gráfico da voltagem $V(t)$ no circuito se uma chave for ligada no instante $t = 0$ e 120 volts forem aplicados instantaneamente no circuito. Escreva uma fórmula para $V(t)$ em termos de $H(t)$.
(c) Esboce o gráfico da voltagem $V(t)$ em um circuito quando é ligada uma chave em $t = 5$ segundos e 240 volts são aplicados instantaneamente no circuito. Escreva uma fórmula para $V(t)$ em termos de $H(t)$. (Observe que começar em $t = 5$ corresponde a uma translação.)

64. A Função Rampa A Função de Heaviside, definida no Exercício 63, pode também ser usada para definir uma Função Rampa $y = ctH(t)$, que representa o crescimento gradual na voltagem ou corrente no circuito.
(a) Esboce o gráfico da função rampa $y = tH(t)$.
(b) Esboce o gráfico da voltagem $V(t)$ no circuito se uma chave for ligada no instante $t = 0$ e a voltagem crescer gradualmente até 120 volts em um intervalo de 60 segundos. Escreva uma fórmula para $V(t)$ em termos de $H(t)$ para $t \leq 60$.
(c) Esboce o gráfico da voltagem $V(t)$ em um circuito se em $t = 7$ segundos for ligada uma chave e a voltagem crescer gradualmente até 100 volts em um período de 25 segundos. Escreva uma fórmula para $V(t)$ em termos de $H(t)$ para $t \leq 32$.

65. Sejam f e g funções lineares com equações $f(x) = m_1 x + b_1$ e $g(x) = m_2 x + b_2$. A função $f \circ g$ também é linear? Em caso afirmativo, qual é a inclinação de seu gráfico?

66. Se você investir x dólares a 4% de juros capitalizados anualmente, então o valor do investimento depois de um ano é $A(x) = 1,04x$. Encontre $A \circ A$, $A \circ A \circ A$, e $A \circ A \circ A \circ A$. O que estas composições representam? Encontre uma fórmula para a composição de n cópias de A.

67. (a) Se $g(x) = 2x + 1$ e $h(x) = 4x^2 + 4x + 7$, encontre uma função f tal que $f \circ g = h$. (Pense em quais operações você teria que efetuar na fórmula de g para chegar à fórmula de h.)
(b) Se $f(x) = 3x + 5$ e $h(x) = 3x^2 + 3x + 2$, encontre uma função g tal que $f \circ g = h$.

68. Se $f(x) = x + 4$ e $h(x) = 4x - 1$, encontre uma função g tal que $g \circ f = h$.

69. Suponha que g seja uma função par e seja $h = f \circ g$. A função h é sempre uma função par?

70. Suponha que g seja uma função ímpar e seja $h = f \circ g$. A função h é sempre uma função ímpar? E se f for ímpar? E se f for par?

71. Seja $f(x)$ uma função com domínio $\mathbb{R}$.
(a) Mostre que $E(x) = f(x) + f(-x)$ é uma função par.
(b) Mostre que $O(x) = f(x) - f(-x)$ é uma função ímpar.
(c) Prove que toda função $f(x)$ pode ser escrita como a soma de uma função par e uma função ímpar.
(d) Expresse a função $f(x) = 2^x + (x - 3)^2$ como a soma de uma função par e uma função ímpar.

1.4 Funções Exponenciais

A função $f(x) = 2^x$ é chamada *função exponencial*, pois a variável, x, é o expoente. Ela não deve ser confundida com a função potência $g(x) = x^2$, na qual a variável é a base.

■ Funções Exponenciais e seus Gráficos

Em geral, uma **função exponencial** é uma função da forma

$$f(x) = b^x$$

> No Apêndice G apresentamos uma abordagem alternativa para as funções exponencial e logarítmica, usando o cálculo integral.

onde b é uma constante positiva. Vamos recordar o que isso significa.

Se $x = n$, um inteiro positivo, então

$$b^n = \underbrace{b \cdot b \cdots \cdot b}_{n \text{ fatores}}$$

Se $x = 0$, então $b^0 = 1$, e se $x = -n$, onde n é um inteiro positivo, então

$$b^{-n} = \frac{1}{b^n}$$

Se x for um número racional, $x = p/q$, onde p e q são inteiros e $q > 0$, então

$$b^x = b^{p/q} = \sqrt[q]{b^p} = \left(\sqrt[q]{b}\right)^p$$

Mas qual o significado de b^x se x for um número irracional? Por exemplo, qual o significado de $2^{\sqrt{3}}$ ou 5^π?

Para ajudá-lo a responder a essa questão, olhemos primeiro o gráfico da função $y = 2^x$, nos pontos onde x é racional. Uma representação desse gráfico encontra-se na Figura 1. Queremos aumentar o domínio de $y = 2^x$ para incluir tanto os números racionais quanto os irracionais.

Existem buracos no gráfico na Figura 1, correspondendo aos valores irracionais de x. Queremos preencher os buracos com a definição de $f(x) = 2^x$, onde $x \in \mathbb{R}$, de modo que f seja uma função crescente. Em particular, uma vez que o número irracional $\sqrt{3}$ satisfaz

$$1{,}7 < \sqrt{3} < 1{,}8$$

devemos ter

$$2^{1{,}7} < 2^{\sqrt{3}} < 2^{1{,}8}$$

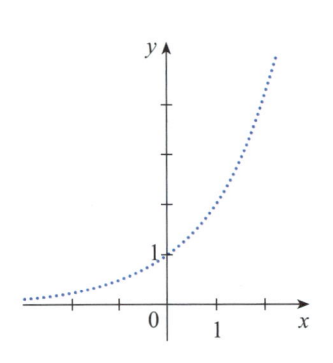

FIGURA 1
Representação de $y = 2^x$, x racional

e sabemos o que $2^{1,7}$ e $2^{1,8}$ significam, pois 1,7 e 1,8 são números racionais. Analogamente, usando melhores aproximações para $\sqrt{3}$, obtemos melhores aproximações para $2^{\sqrt{3}}$:

$$1{,}73 < \sqrt{3} < 1{,}74 \quad \Rightarrow \quad 2^{1{,}73} < 2^{\sqrt{3}} < 2^{1{,}74}$$
$$1{,}732 < \sqrt{3} < 1{,}733 \quad \Rightarrow \quad 2^{1{,}732} < 2^{\sqrt{3}} < 2^{1{,}733}$$
$$1{,}7320 < \sqrt{3} < 1{,}7321 \quad \Rightarrow \quad 2^{1{,}7320} < 2^{\sqrt{3}} < 2^{1{,}7321}$$
$$1{,}73205 < \sqrt{3} < 1{,}73206 \quad \Rightarrow \quad 2^{1{,}73205} < 2^{\sqrt{3}} < 2^{1{,}73206}$$
$$\vdots \qquad \vdots \qquad \vdots \qquad \vdots$$

Pode ser mostrado que há exatamente um número maior que todos os números

$$2^{1{,}7}, \quad 2^{1{,}73}, \quad 2^{1{,}732}, \quad 2^{1{,}7320}, \quad 2^{1{,}73205}, \quad \ldots$$

> Uma demonstração dessa afirmação é dada em J. Marsden e A. Weinstein, *Calculus Unlimited* (Benjamin/Cummings, CA, 1981).

e menor que todos os números

$$2^{1{,}8}, \quad 2^{1{,}74}, \quad 2^{1{,}733}, \quad 2^{1{,}7321}, \quad 2^{1{,}73206}, \quad \ldots$$

Definimos $2^{\sqrt{3}}$ como esse número. Usando o processo de aproximação precedente podemos calculá-lo corretamente com seis casas decimais:

$$2^{\sqrt{3}} \approx 3{,}321997$$

Analogamente, podemos definir 2^x (ou b^x, se $b > 0$), onde x é um número irracional qualquer. A Figura 2 mostra como todos os buracos da Figura 1 foram preenchidos para completar o gráfico da função $f(x) = 2^x$, $x \in \mathbb{R}$.

Os gráficos dos membros da família de funções $y = b^x$ estão na Figura 3, para vários valores da base b. Observe que todos esses gráficos passam pelo mesmo ponto $(0, 1)$ porque $b^0 = 1$ para $b \neq 0$. Observe que a função exponencial cresce mais rapidamente à medida que b fica maior (para $x > 0$).

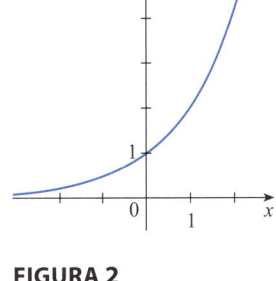

FIGURA 2
$y = 2^x$, x real

Se $0 < b < 1$, então b^x aproxima-se de 0 como x à medida que cresce. Se $b > 1$, então b^x tende a 0 conforme x decresce por valores negativos. Em ambos os casos, o eixo x é uma assíntota horizontal. Esses assuntos serão discutidos na Seção 2.6.

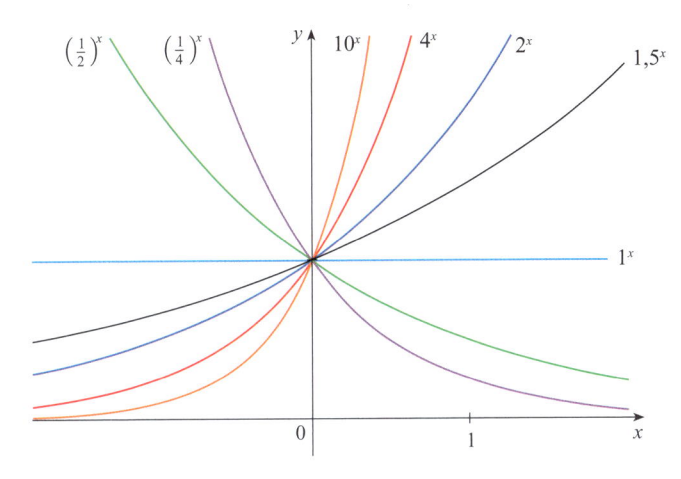

FIGURA 3

Você pode ver na Figura 3 que basicamente existem três tipos de função exponencial $y = b^x$. Se $0 < b < 1$, a função exponencial decresce; se $b = 1$, ela é uma constante; e se $b > 1$, ela cresce. Esses três casos são ilustrados na Figura 4. Observe que se $b \neq 1$, então a função exponencial $y = b^x$ tem domínio $\mathbb{R}$ e imagem $(0, \infty)$. Além disso, uma vez que $(1/b)^x = 1/b^x = b^{-x}$, o gráfico de $y = (1/b)^x$ é a reflexão do gráfico de $y = b^x$ em torno do eixo y.

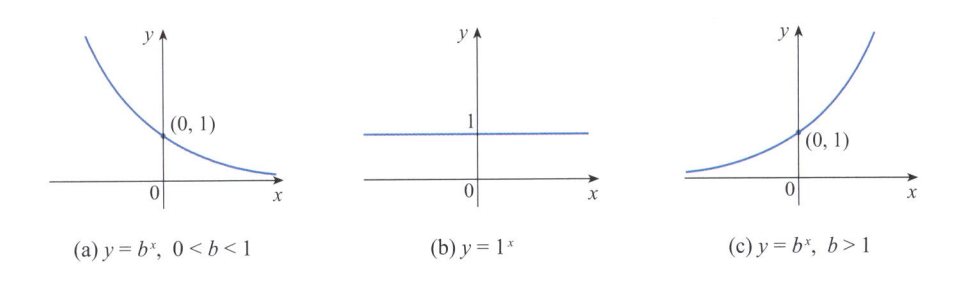

(a) $y = b^x$, $0 < b < 1$ (b) $y = 1^x$ (c) $y = b^x$, $b > 1$

FIGURA 4

Uma razão para a importância da função exponencial está nas propriedades a seguir. Se x e y forem números racionais, então essas propriedades são bem conhecidas da álgebra elementar. Pode-se demonstrar que elas permanecem verdadeiras para números reais arbitrários x e y.

Propriedades dos Expoentes Se a e b forem números positivos e x e y, quaisquer números reais, então
1. $b^{x+y} = b^x b^y$ 2. $b^{x-y} = \dfrac{b^x}{b^y}$ 3. $(b^x)^y = b^{xy}$ 4. $(ab)^x = a^x b^x$

www.StewartCalculus.com
Para rever e praticar o uso das Propriedades dos Expoentes, clique em *Review of Algebra*. (Conteúdo em inglês.)

EXEMPLO 1 Esboce o gráfico da função $y = 3 - 2^x$ e determine seu domínio e imagem.

SOLUÇÃO Primeiro refletimos o gráfico de $y = 2^x$ [mostrado nas Figuras 2 e 5(a)] em torno do eixo x para obter o gráfico de $y = -2^x$ na Figura 5(b). A seguir deslocamos o

Para uma revisão sobre as reflexões e translações de gráficos, veja a Seção 1.3.

gráfico de $y = -2^x$ em 3 unidades para cima, para obter o gráfico de $y = 3 - 2^x$ na Figura 5(c). O domínio é $\mathbb{R}$ e a imagem é $(-\infty, 3)$.

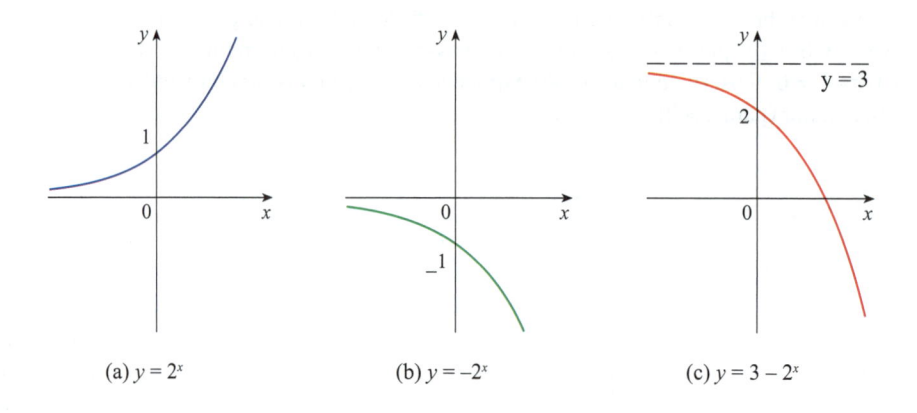

FIGURA 5 (a) $y = 2^x$ (b) $y = -2^x$ (c) $y = 3 - 2^x$

EXEMPLO 2 Use uma calculadora gráfica ou computador para comparar a função exponencial $f(x) = 2^x$ e a função potência $g(x) = x^2$. Qual função crescerá mais rapidamente quando x for grande?

SOLUÇÃO A Figura 6 mostra os gráficos das duas funções na janela retangular $[-2, 6]$ por $[0, 40]$. Vemos que os gráficos se interceptam três vezes, mas, para $x > 4$, o gráfico de $f(x) = 2^x$ fica acima do gráfico de $g(x) = x^2$. A Figura 7 dá uma visão mais abrangente e mostra que, para grandes valores de x, a função exponencial $f(x) = 2^x$ cresce muito mais rapidamente que a função potência $g(x) = x^2$.

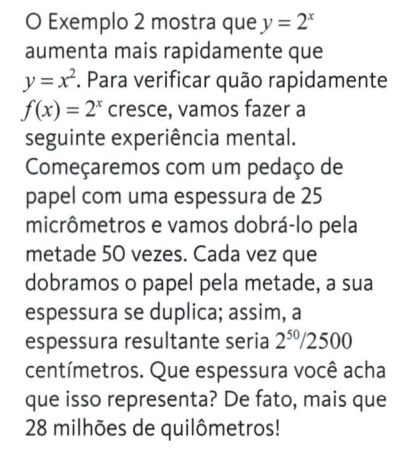

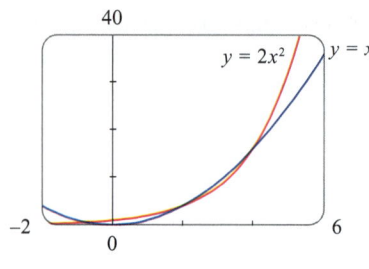

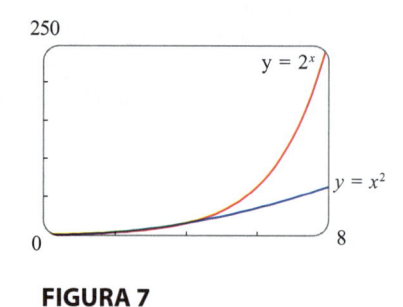

O Exemplo 2 mostra que $y = 2^x$ aumenta mais rapidamente que $y = x^2$. Para verificar quão rapidamente $f(x) = 2^x$ cresce, vamos fazer a seguinte experiência mental. Começaremos com um pedaço de papel com uma espessura de 25 micrômetros e vamos dobrá-lo pela metade 50 vezes. Cada vez que dobramos o papel pela metade, a sua espessura se duplica; assim, a espessura resultante seria $2^{50}/2500$ centímetros. Que espessura você acha que isso representa? De fato, mais que 28 milhões de quilômetros!

FIGURA 6   **FIGURA 7**

■ **Aplicações de Funções Exponenciais**

A função exponencial ocorre frequentemente em modelos matemáticos da natureza e da sociedade. Vamos indicar brevemente aqui como eles surgem na descrição do crescimento populacional ou da redução de cargas virais. Nos próximos capítulos vamos explorar estas e outras aplicações em mais detalhes.

Vamos considerar primeiro uma população de bactérias em um meio nutriente homogêneo. Suponhamos que tomando amostras da população em certos intervalos de tempo fique determinado que a população dobra a cada hora. Se o número de bactérias no instante t for $p(t)$, onde t é medido em horas, e a população inicial for $p(0) = 1.000$, então

$$p(1) = 2p(0) = 2 \times 1.000$$
$$p(2) = 2p(1) = 2^2 \times 1.000$$
$$p(3) = 2p(2) = 2^3 \times 1.000$$

Desse padrão parece que, em geral,

$$p(t) = 2^t \times 1.000 = (1.000)2^t$$

A função população é um múltiplo constante da função exponencial $y = 2^t$; logo, ela exibe o rápido crescimento que observamos na Figura 7. Sob condições ideais (espaço e alimentos ilimitados e ausência de doenças), esse crescimento exponencial é típico do que ocorre realmente na natureza.

EXEMPLO 3 A Tabela 1 mostra os dados da população mundial do século XX, e a Figura 8 mostra o correspondente diagrama de dispersão.

O padrão dos dados da Figura 8 sugere um crescimento exponencial; assim, se usarmos uma calculadora gráfica (ou computador) com capacidade para regressão exponencial por mínimos quadrados, obteremos o seguinte modelo exponencial:

$$P(t) = (1{,}43653 \times 10^9) \cdot (1{,}01395)^t$$

onde $t = 0$ corresponde a 1900. A Figura 9 mostra o gráfico dessa função exponencial junto com os pontos originais. Podemos ver que a curva exponencial se ajusta razoavelmente aos dados. Os períodos de crescimento populacional lento podem ser explicados pelas duas guerras mundiais e pela depressão dos anos 1930.

Tabela 1 População Mundial

t (anos a partir de 1900)	P População (milhões)
0	1.650
10	1.750
20	1.860
30	2.070
40	2.300
50	2.560
60	3.040
70	3.710
80	4.450
90	5.280
100	6.080
110	6.870

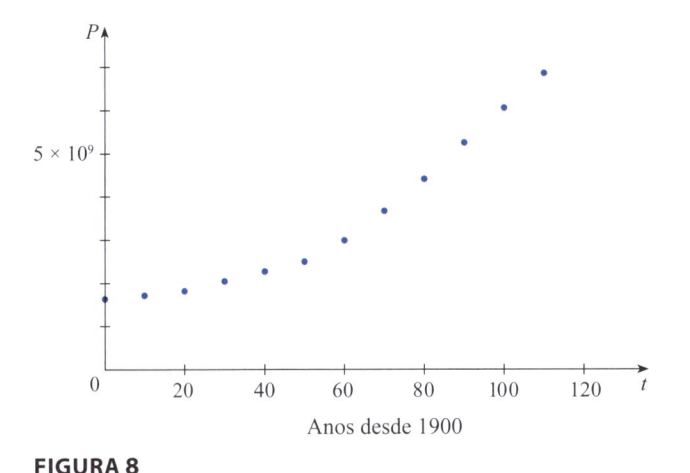

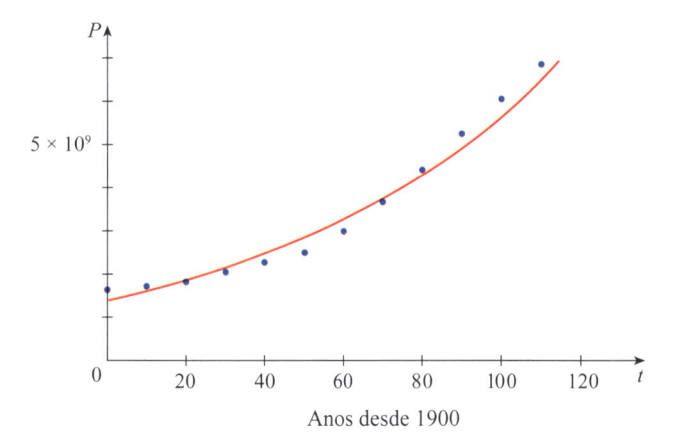

FIGURA 8
Diagrama de dispersão para o crescimento populacional mundial

FIGURA 9
Modelo exponencial para o crescimento populacional

EXEMPLO 4 Em 1995, foi publicado um artigo de pesquisa que detalhou o efeito do inibidor de protease ABT-538 no vírus de imunodeficiência humana HIV-1.[1] A Tabela 2 mostra valores da carga viral no plasma $V(t)$ do paciente 303, medida em cópias de RNA por mL, t dias após o tratamento com ABT-538 ter começado. O diagrama de dispersão correspondente é mostrado na Figura 10.

O declínio bastante dramático da carga viral que vemos na Figura 10 nos lembra dos gráficos da função exponencial $y = b^x$ nas Figuras 3 e 4(a) para o caso no qual b era menor do que 1. Assim, vamos modelar a função $V(t)$ por uma função exponencial. Usando uma calculadora gráfica ou um computador para ajustar os dados na Tabela 2 com uma função exponencial da forma $y = a \cdot b^t$, obtemos o modelo

$$V = 96{,}39785 \cdot (0{,}818656)^t$$

Na Figura 11, traçamos essa função exponencial com os pontos dados e observamos que o modelo representa razoavelmente bem a carga viral nos primeiros meses de tratamento.

Tabela 2

t(dias)	$V(t)$
1	76,0
4	53,0
8	18,0
11	9,4
15	5,2
22	3,6

---

[1] D. HO et al. Rapid Turnover of Plasma Virions and CD4 Lymphocytes en HIV-1 Infection, *Nature* 373 (1995): 123-26.

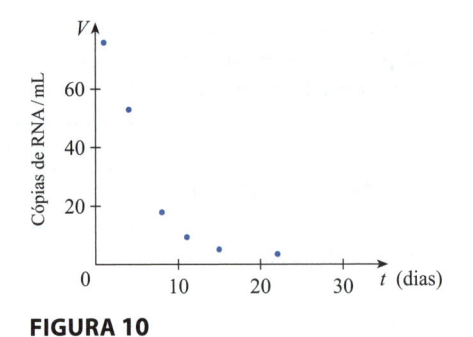

FIGURA 10
Carga viral no plasma do paciente 303

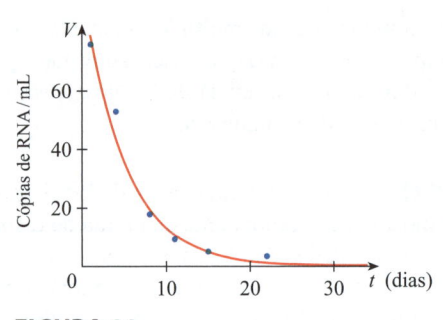

FIGURA 11
Modelo exponencial para a carga viral

No Exemplo 3, usamos uma função exponencial na forma $y = a \cdot b^t$, $b > 1$, para modelar o crescimento de uma população e, no Exemplo 4, usamos $y = a \cdot b^t$, $b < 1$, para modelar o decrescimento de uma carga viral. Na Seção 3.8, exploraremos exemplos adicionais de quantidades que crescem ou diminuem exponencialmente, incluindo o valor de uma conta de investimento sobre o qual incidem juros compostos e a quantidade de material radiativo que persiste à medida que o material decai.

■ O Número *e*

Dentre todas as bases possíveis para uma função exponencial, há uma que é mais conveniente para os propósitos do cálculo. A escolha de uma base *b* é influenciada pela maneira que o gráfico de $y = b^x$ cruza o eixo *y*. As Figuras 12 e 13 mostram as retas tangentes para os gráficos de $y = 2^x$ e $y = 3^x$ no ponto (0, 1). (As retas tangentes serão definidas precisamente na Seção 2.7. Para as finalidades presentes, você pode pensar na reta tangente para um gráfico exponencial em um ponto como a reta que toca o gráfico somente naquele ponto.) Se medirmos as inclinações dessas retas tangentes em (0, 1), descobrimos que $m \approx 0{,}7$ para $y = 2^x$ e $m \approx 1{,}1$ para $y = 3^x$.

Conforme será visto no Capítulo 3, as fórmulas do cálculo ficam muito simplificadas quando escolhemos como base *b* aquela para a qual resulta uma reta tangente a $y = b^x$ em (0,1) com uma inclinação de *exatamente* 1. (Veja a Figura 14.) De fato, *existe* um número assim e ele é denotado pelo caractere *e*. (Esta notação foi escolhida pelo matemático suíço Leonhard Euler em 1727, provavelmente porque é o primeiro caractere da palavra *exponencial*.) Na visualização das Figuras 12 e 13, não surpreende que o número *e* está entre 2 e 3 e o gráfico de $y = e^x$ esteja entre os gráficos $y = 2^x$ e $y = 3^x$. (Veja a Figura 15.) No Capítulo 3 veremos que o valor de *e* correto até a quinta casa decimal é

$$e \approx 2{,}71828$$

Podemos chamar a função $f(x) = e^x$ de **função exponencial natural.**

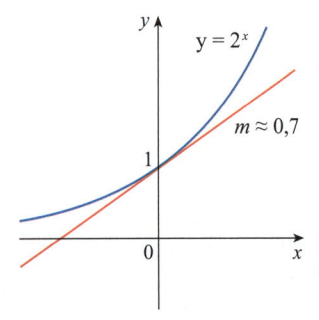

FIGURA 12

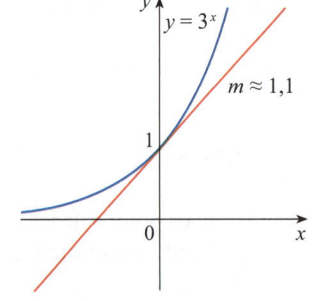

FIGURA 13

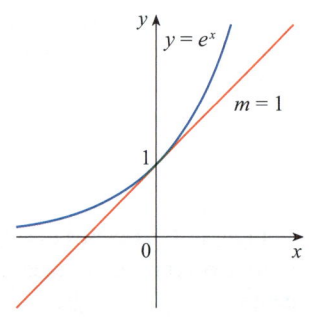

FIGURA 14

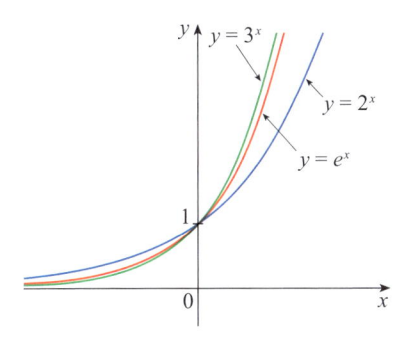

FIGURA 15
O gráfico de $y = e^x$ encontra-se entre os gráficos de $y = 2^x$ e $y = 3^x$

EXEMPLO 5 Faça o gráfico de $y = \frac{1}{2}e^{-x} - 1$ e diga quais são o domínio e a imagem.

SOLUÇÃO Começamos com o gráfico de $y = e^x$ das Figuras 14 e 16(a) e o refletimos em torno do eixo y para obter o gráfico de $y = e^{-x}$ ilustrado na Figura 16(b). (Observe que a reta tangente ao gráfico no ponto de intersecção com o eixo-y tem inclinação -1.) Então comprimimos verticalmente o gráfico por um fator de 2 para obter o gráfico de $y = \frac{1}{2}e^{-x}$ mostrado na Figura 16(c). Finalmente deslocamos o gráfico para baixo uma unidade, para obter o que foi pedido na Figura 16(d). O domínio é $\mathbb{R}$ e a imagem é $(-1, \infty)$.

(a) $y = e^x$ (b) $y = e^{-x}$ (c) $y = \frac{1}{2}e^{-x}$ (d) $y = \frac{1}{2}e^{-x} - 1$

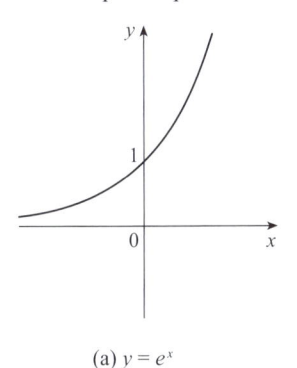

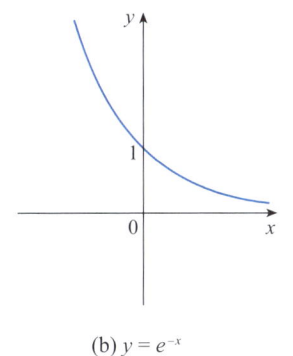

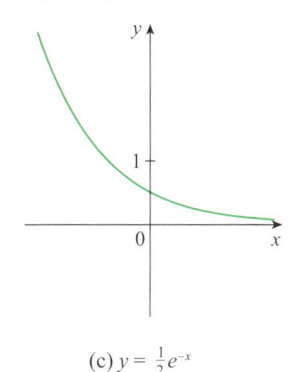

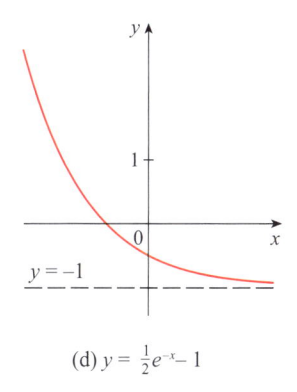

FIGURA 16

A que distância à direita da origem você estará quando o gráfico de $y = e^x$ ultrapassar 1 milhão? O próximo exemplo mostra a rapidez do crescimento dessa função, dando uma resposta a essa pergunta que poderá surpreendê-lo.

EXEMPLO 6 Use uma calculadora gráfica ou um computador para encontrar os valores de x para os quais $e^x > 1.000.000$.

SOLUÇÃO Na Figura 17 fizemos os gráficos da função $y = e^x$ e da reta horizontal $y = 1.000.000$. Vemos que essas curvas se interceptam quando $x \approx 13,8$. Então, $e^x > 10^6$ quando $x > 13,8$. Talvez seja surpreendente que os valores da função exponencial já ultrapassem 1 milhão quando x é somente 14.

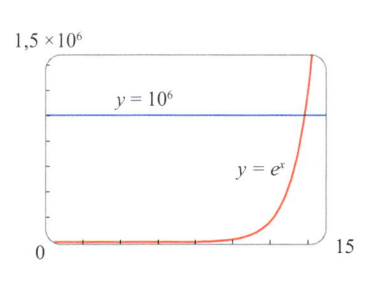

FIGURA 17

1.4 | Exercícios

1-2 Utilize as Propriedades dos Expoentes para reescrever e simplificar cada expressão.

1. (a) $\dfrac{-2^6}{4^3}$ (b) $\dfrac{(-3)^6}{9^6}$ (c) $\dfrac{1}{\sqrt[4]{x^5}}$

(d) $\dfrac{x^3 \cdot x^n}{x^{n+1}}$ (e) $b^3(3b^{-1})^{-2}$ (f) $\dfrac{2x^2 y}{(3x^{-2}y)^2}$

2. (a) $\dfrac{\sqrt[3]{4}}{\sqrt[3]{108}}$ (b) $27^{2/3}$ (c) $2x^2(3x^5)^2$

(d) $(2x^{-2})^{-3}x^{-3}$ (e) $\dfrac{3a^{3/2} \cdot a^{1/2}}{a^{-1}}$ (f) $\dfrac{\sqrt{a\sqrt{b}}}{\sqrt[3]{ab}}$

3. (a) Escreva uma equação que defina a função exponencial com base $b > 0$.

(b) Qual o domínio dessa função?
(c) Se $b \neq 1$, qual a imagem dessa função?
(d) Esboce a forma geral do gráfico da função exponencial nos seguintes casos.
  (i) $b > 1$
  (ii) $b = 1$
  (iii) $0 < b < 1$

4. (a) Como é definido o número e?
(b) Qual o valor aproximado de e?
(c) Qual a função exponencial natural?

5-8 Faça em uma mesma tela os gráficos das funções dadas. Como esses gráficos estão relacionados?

5. $y = 2^x$, $\quad y = e^x$, $\quad y = 5^x$, $\quad y = 20^x$

6. $y = e^x$, $\quad y = e^{-x}$, $\quad y = 8^x$, $\quad y = 8^{-x}$

7. $y = 3^x$, $\quad y = 10^x$, $\quad y = (\frac{1}{3})^x$, $\quad y = (\frac{1}{10})^x$

8. $y = 0,9^x$, $\quad y = 0,6^x$, $\quad y = 0,3^x$, $\quad y = 0,1^x$

9-14 Faça um esboço do gráfico de cada função. Use os gráficos dados nas Figuras 3 e 15 e, se necessário, as transformações da Seção 1.3.

9. $g(x) = 3^x + 1$ **10.** $h(x) = 2(\frac{1}{2})^x - 3$

11. $y = -e^{-x}$ **12.** $y = 4^{x+2}$

13. $y = 1 - \frac{1}{2}e^{-x}$ **14.** $y = e^{|x|}$

15. Começando com o gráfico de $y = e^x$, escreva as equações correspondentes aos gráficos que resultam ao
(a) deslocar 2 unidades para baixo
(b) deslocar 2 unidades para a direita
(c) refletir em torno do eixo x
(d) refletir em torno do eixo y
(e) refletir em torno do eixo x e, depois, do eixo y

16. Começando com o gráfico de $y = e^x$, encontre as equações dos gráficos que resultam ao
(a) refletir em torno da reta $y = 4$.
(b) refletir em torno da reta $x = 2$.

17-18 Encontre o domínio de cada função.

17. (a) $f(x) = \dfrac{1 - e^{x^2}}{1 - e^{1-x^2}}$ (b) $f(x) = \dfrac{1 + x}{e^{\cos x}}$

18. (a) $g(t) = \sqrt{10^t - 100}$ (b) $g(t) = \text{sen}(e^t - 1)$

19-20 Encontre a função exponencial $f(x) = Cb^x$ cujo gráfico é dado.

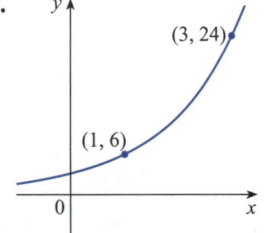

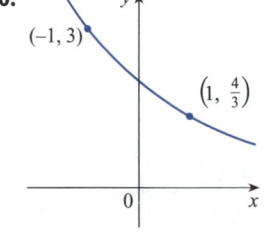

19. Gráfico passando por $(1, 6)$ e $(3, 24)$.

20. Gráfico passando por $(-1, 3)$ e $(1, \frac{4}{3})$.

21. Se $f(x) = 5^x$, mostre que
$$\frac{f(x+h) - f(x)}{h} = 5^x \left(\frac{5^h - 1}{h} \right)$$

22. Suponha que você receba uma oferta para trabalhar por apenas um mês. Qual das seguintes formas de pagamento você prefere?
  I. Um milhão de dólares no fim do mês.
  II. Um centavo de dólar no primeiro dia do mês, dois centavos no segundo dia, quatro centavos no terceiro dia, e, em geral, 2^{n-1} centavos de dólar no n-ésimo dia.

23. Suponha que os gráficos de $f(x) = x^2$ e $g(x) = 2^x$ sejam feitos sobre uma malha coordenada onde a unidade de comprimento seja 3 centímetros. Mostre que, a uma distância de 1 m à direita da origem, a altura do gráfico de f é 15 m, mas a altura do gráfico de g é maior que 419 km.

24. Compare as funções $f(x) = x^5$ e $g(x) = 5^x$ por meio de seus gráficos em várias janelas retangulares. Encontre todos os pontos de intersecção dos gráficos corretos até uma casa decimal. Para grandes valores de x, qual função cresce mais rapidamente?

25. Compare as funções $f(x) = x^{10}$ e $g(x) = e^x$ traçando ambos os gráficos em várias janelas retangulares. Quando finalmente o gráfico de g ultrapassa o de f?

26. Use um gráfico para estimar os valores de x tais que $e^x > 1.000.000.000$.

27. Um pesquisador está tentando determinar o tempo que leva para dobrar uma população de bactérias *Giardia lamblia*. Ele começa uma cultura em uma solução nutriente e faz uma estimativa da contagem de bactérias a cada quatro horas. Seus dados são mostrados na tabela.

Tempo (horas)	0	4	8	12	16	20	24
Contagem de bactérias (CFU/mL)	37	47	63	78	105	130	173

(a) Faça um diagrama de dispersão dos dados.
(b) Use uma calculadora ou computador para encontrar uma curva exponencial $f(t) = a \cdot b^t$ que modele a população de bactérias t horas depois.
(c) Trace o modelo da parte (b) junto com o diagrama de dispersão da parte (a). Use o recurso TRACE para determinar quanto tempo leva para a contagem de bactérias duplicar.

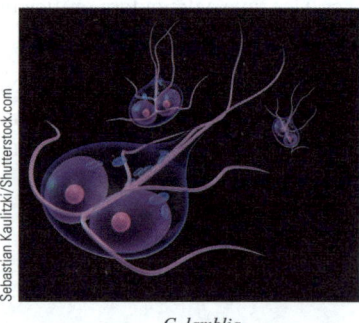

28. A tabela fornece a população dos Estados Unidos, em milhões, no período 1900-2010. Use uma calculadora gráfica (ou computador) capaz de realizar uma regressão exponencial para modelar a população norte-americana desde 1900. Use o modelo para prever a população em 1925 e para estimar a população no ano de 2020.

Ano	População
1900	76
1910	92
1920	106
1930	123
1940	131
1950	150
1960	179
1970	203
1980	227
1990	250
2000	281
2010	310

29. Uma cultura de bactérias começa com 500 indivíduos e dobra de tamanho a cada meia hora.
   (a) Quantas bactérias existem após 3 horas?
   (b) Quantas bactérias existem após t horas?
   (c) Quantas bactérias existem após 40 minutos?
   (d) Trace o gráfico da função população e estime o tempo para a população atingir 100.000 bactérias.

30. Uma população de esquilos-cinzentos foi introduzida em certa região há 18 anos. Segundo os biólogos, a população dobra a cada seis anos e a população atual é de 600 animais.
   (a) Qual era a população inicial de esquilos?
   (b) Qual é a população esperada de esquilos t anos após sua introdução na região?
   (c) Estime a população esperada de esquilos daqui a 10 anos.

31. No Exemplo 4, após um dia de tratamento, a carga viral do paciente era de 76,0 cópias de RNA por mililitro. Use o gráfico de V fornecido na Figura 11 para estimar o tempo adicional necessário para que a carga viral seja reduzida à metade daquele valor.

32. Depois de ser completamente absorvido pelo corpo, o álcool é metabolizado. Suponha que, depois de consumir vários drinques alcoólicos à noite, sua concentração de álcool no sangue (CAS) é de 0,14 g/dL à meia-noite e que, após 1,5 hora, sua CAS é reduzida à metade desse valor.
   (a) Determine um modelo exponencial que forneça sua CAS passadas t horas da meia-noite.
   (b) Trace o gráfico de sua CAS e use-o para determinar o instante em que ela atinge 0,08 g/dL.

Fonte: Adaptado de P. Wilkinson et al. Pharmacokinetics of Ethanol after Oral Administration in the Fasting State. *Journal of Pharmacokinetics and Biopharmaceutics 5* (1977): 207-24.

33. Se você traçar o gráfico da função

$$f(x) = \frac{1 - e^{1/x}}{1 + e^{1/x}}$$

verá que f parece ser uma função ímpar. Demonstre isso.

34. Trace o gráfico de diversos membros da família de funções

$$f(x) = \frac{1}{1 + ae^{bx}}$$

onde $a > 0$. Como o gráfico muda conforme b varia? Como ele muda conforme a varia?

35. Trace o gráfico de vários membros da família de funções

$$f(x) = \frac{a}{2}(e^{x/a} + e^{-x/a})$$

onde $a > 0$. Como o gráfico se altera à medida que a cresce?

1.5 | Funções Inversas e Logaritmos

■ Funções Inversas

A Tabela 1 fornece os dados de uma experiência na qual um biólogo deu início a uma cultura de bactérias com 100 bactérias em um meio limitado em nutrientes; o tamanho da população foi registrado em intervalos de uma hora. O número N de bactérias é uma função do tempo t: $N = f(t)$.

Suponha, todavia, que o biólogo mude seu ponto de vista e passe a se interessar pelo tempo necessário para a população alcançar vários níveis. Em outras palavras, ele está pensando em t como uma função de N. Essa função, chamada de *função inversa* de f, é denotada por f^{-1}, e deve ser lida assim: "inversa de f". Logo, $t = f^{-1}(N)$ é o tempo necessário para o nível da população atingir N. Os valores de f^{-1} podem ser encontrados na Tabela 1 lendo-a ao contrário ou consultando a Tabela 2. Por exemplo, $f^{-1}(550) = 6$, pois $f(6) = 550$.

Nem todas as funções possuem inversas. Vamos comparar as funções f e g cujo diagrama de flechas está na Figura 1. Observe que f nunca assume duas vezes o mesmo valor (duas entradas quaisquer em A têm saídas diferentes), enquanto g assume o mesmo valor duas vezes (2 e 3 têm a mesma saída, 4). Em símbolos,

$$g(2) = g(3)$$

Mas $f(x_1) \neq f(x_2)$ sempre que $x_1 \neq x_2$

Funções que compartilham essa última propriedade com f são chamadas *funções injetoras*.

Na linguagem de entradas e saídas, a Definição 1 diz que f é injetora se cada *saída* corresponde a uma única *entrada*.

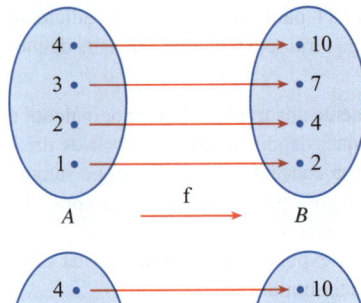

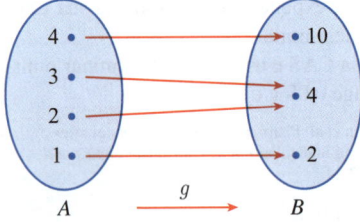

FIGURA 1
f é injetora; g não é

Tabela 1 *N* como uma função de *t*

t (horas)	$N = f(t)$ = população no instante t
0	100
1	168
2	259
3	358
4	445
5	509
6	550
7	573
8	586

Tabela 2 *t* como uma função de *N*

t (horas)	$t = f^{-1}(N)$ = população no instante t
100	0
168	1
259	2
358	3
445	4
509	5
550	6
573	7
586	8

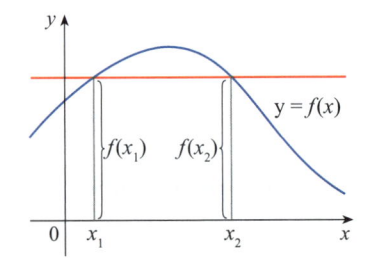

FIGURA 2
Esta função não é injetora, pois $f(x_1) = f(x_2)$

1 Definição Uma função f é chamada **função injetora** se ela nunca assume o mesmo valor duas vezes; isto é,

$$f(x_1) \neq f(x_2) \qquad \text{sempre que } x_1 \neq x_2$$

Se uma reta horizontal intercepta o gráfico de f em mais de um ponto, então vemos da Figura 2 que existem números x_1 e x_2 tais que $f(x_1) = f(x_2)$. Isso significa que f não é uma função injetora.

Portanto, temos o seguinte método geométrico para determinar se a função é injetora.

Teste da Reta Horizontal Uma função é injetora se nenhuma reta horizontal intercepta seu gráfico em mais de um ponto.

EXEMPLO 1 A função $f(x) = x^3$ é injetora?

SOLUÇÃO 1 Se $x_1 \neq x_2$, então $x_1^3 \neq x_2^3$ (dois números diferentes não podem ter o mesmo cubo). Portanto, pela Definição 1, $f(x) = x^3$ é injetora.

SOLUÇÃO 2 Da Figura 3 vemos que nenhuma reta horizontal intercepta o gráfico de $f(x) = x^3$ em mais de um ponto. Logo, pelo Teste da Reta Horizontal, f é injetora.

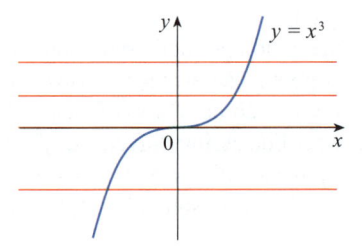

FIGURA 3
$f(x) = x^3$ é injetora

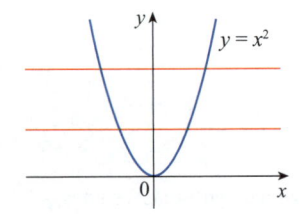

EXEMPLO 2 A função $g(x) = x^2$ é injetora?

SOLUÇÃO 1 Esta função não é injetora, pois, por exemplo,

$$g(1) = 1 = g(-1)$$

e, portanto, 1 e −1 têm a mesma saída.

SOLUÇÃO 2 Da Figura 4 vemos que existem retas horizontais que interceptam o gráfico de g mais de uma vez. Assim, pelo Teste da Reta Horizontal, g não é injetora.

FIGURA 4
$g(x) = x^2$ não é injetora

As funções injetoras são importantes, pois são precisamente as que possuem funções inversas, de acordo com a seguinte definição:

> **2 Definição** Seja f uma função injetora com domínio A e imagem B. Então, a sua **função inversa** f^{-1} tem domínio B e imagem A e é definida por
> $$f^{-1}(y) = x \iff f(x) = y$$
> para todo y em B.

Esta definição diz que se f transforma x em y, então f^{-1} transforma y de volta para x. (Se f não for injetora, então f^{-1} não seria definida de forma única.) O diagrama de setas na Figura 5 indica que f^{-1} reverte o efeito de f. Note que

> domínio de f^{-1} = imagem de f
> imagem de f^{-1} = domínio de f

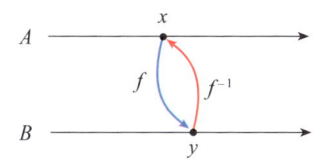

FIGURA 5

Por exemplo, a função inversa de $f(x) = x^3$ é $f^{-1}(x) = x^{1/3}$ porque se $y = x^3$, então
$$f^{-1}(y) = f^{-1}(x^3) = (x^3)^{1/3} = x$$

⊘ **ATENÇÃO** Não confunda -1 em f^{-1} com um expoente. Assim,

$$f^{-1}(x) \text{ não significa } \frac{1}{f(x)}$$

O recíproco $1/f^{-1}(x)$ pode ser escrito como $[f(x)]^{-1}$.

EXEMPLO 3 Se f é uma função injetora e $f(1) = 5, f(3) = 7$ e $f(8) = -10$, encontre e $f^{-1}(7), f^{-1}(5)$ e $f^{-1}(-10)$.

SOLUÇÃO Da definição de f^{-1} temos

$$f^{-1}(7) = 3 \quad \text{porque} \quad f(3) = 7$$
$$f^{-1}(5) = 1 \quad \text{porque} \quad f(1) = 5$$
$$f^{-1}(-10) = 8 \quad \text{porque} \quad f(8) = -10$$

O diagrama na Figura 6 torna claro que f^{-1} reverte o efeito de f nesses casos. ∎

A letra x é usada tradicionalmente como a variável independente; logo, quando nos concentramos em f^{-1} em vez de f, geralmente reverteremos os papéis de x e y na Definição 2 e escreveremos

> **3** $\quad f^{-1}(x) = y \iff f(y) = x$

Substituindo y na Definição 2 e x em (3), obtemos as seguintes **equações de cancelamento**:

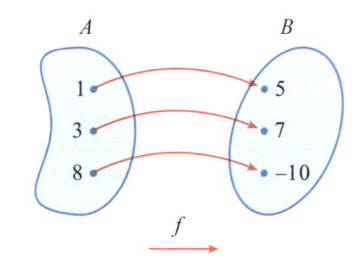

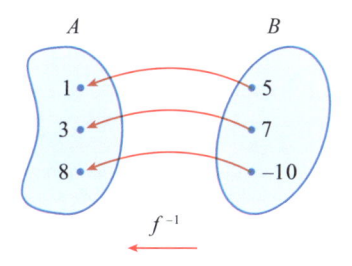

> **4** $\quad f^{-1}(f(x)) = x \quad$ para todo x em A
> $\quad f(f^{-1}(x)) = x \quad$ para todo x em B

FIGURA 6
A função inversa reverte entradas e saídas

A primeira lei do cancelamento diz que se começarmos em x, aplicarmos f e, em seguida f^{-1}, obteremos de volta x, de onde começamos (veja o diagrama de máquina na Figura 7). Assim, f^{-1} desfaz o que f faz. A segunda equação diz que f desfaz o que f^{-1} faz.

FIGURA 7

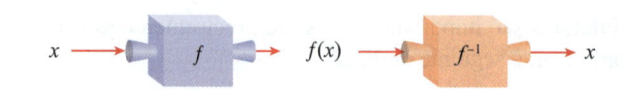

Por exemplo, se $f(x) = x^3$, então $f^{-1}(x) = x^{1/3}$ e as equações de cancelamento ficam

$$f^{-1}(f(x)) = (x^3)^{1/3} = x$$
$$f(f^{-1}(x)) = (x^{1/3}) = (x^3)^{1/3} = x$$

Essas equações simplesmente dizem que a função cubo e a função raiz cúbica cancelam-se uma à outra quando aplicadas sucessivamente.

Vamos ver agora como calcular as funções inversas. Se tivermos uma função $y = f(x)$ e formos capazes de isolar nessa equação x em termos de y, então, de acordo com a Definição 2, devemos ter $x = f^{-1}(y)$. Se quisermos chamar a variável independente de x, trocamos x por y e chegamos à equação $y = f^{-1}(x)$.

---

5 Como Achar a Função Inversa de uma Função Injetora f

PASSO 1 Escreva $y = f(x)$.

PASSO 2 Isole x nessa equação, escrevendo-o em termos de y (se possível).

PASSO 3 Para expressar f^{-1} como uma função de x, troque x por y. A equação resultante $y = f^{-1}(x)$.

EXEMPLO 4 Encontre a função inversa $f(x) = x^3 + 2$.

SOLUÇÃO De acordo com (5) escrevemos primeiro

$$y = x^3 + 2$$

Então, isolamos x nessa equação:

$$x^3 = y - 2$$
$$x = \sqrt[3]{y - 2}$$

Finalmente, trocando x por y:

$$y = \sqrt[3]{x - 2}$$

Portanto, a função inversa é $f^{-1}(x) = \sqrt[3]{x - 2}$. ∎

No Exemplo 4, perceba que f^{-1} reverte o efeito de f. A função f é dada pela regra "eleve ao cubo e então adicione 2" f^{-1} é dada pela regra "subtraia 2 e então tome a raiz cúbica".

O princípio de trocar x e y para encontrar a função inversa também nos dá um método de obter o gráfico f^{-1} a partir de f. Uma vez que $f(a) = b$ se e somente se $f^{-1}(b) = a$, o ponto (a, b) está no gráfico de f se e somente se o ponto (b, a) estiver no gráfico de f^{-1}. Mas obtemos o ponto (b, a) de (a, b) refletindo-o em torno da reta $y = x$. (Veja a Figura 8.)

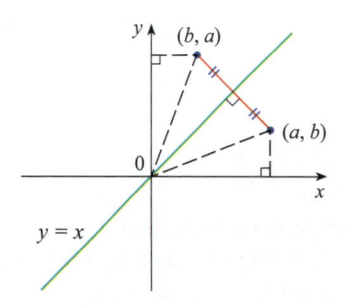

FIGURA 8

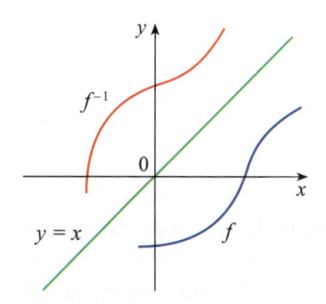

FIGURA 9

Portanto, conforme ilustrado na Figura 9:

> O gráfico de f^{-1} é obtido refletindo-se o gráfico de f em torno da reta $y = x$.

EXEMPLO 5 Esboce os gráficos de $f(x) = \sqrt{-1-x}$ e de sua função inversa usando o mesmo sistema de coordenadas.

SOLUÇÃO Esboçamos primeiro a curva $y = \sqrt{-1-x}$ (a metade superior da parábola $y^2 = -1 - x$, ou $x = -y^2 - 1$), e então, refletindo em torno da reta $y = x$, obtemos o gráfico de f^{-1}. (Veja a Figura 10.) Como uma verificação de nosso gráfico, observe que a expressão para f^{-1} é $f^{-1}(x) = -x^2 - 1$, $x \geq 0$. Assim, o gráfico de f^{-1} é a metade à direita da parábola $y = -x^2 - 1$, e isso parece razoável pela Figura 10.

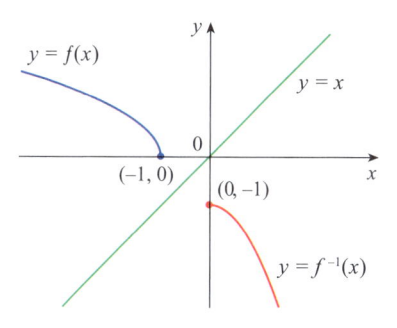

FIGURA 10

Funções Logarítmicas

Se $b > 0$ e $b \neq 1$, a função exponencial $f(x) = b^x$ é crescente ou decrescente, e, portanto, injetora pelo Teste da Reta Horizontal. Assim, existe uma função inversa f^{-1}, chamada **função logarítmica com base b** denotada por $\log_b$. Se usarmos a formulação de função inversa dada por (3)

$$f^{-1}(x) = y \iff f(y) = x$$

teremos

6 $$\log_b x = y \iff b^y = x$$

Dessa forma, se $x > 0$, então $\log_b x$ é o expoente ao qual deve se elevar a base b para se obter x. Por exemplo, $\log_{10} 0{,}001 = -3$, pois $10^{-3} = 0{,}001$.

As equações de cancelamento (4), quando aplicadas a $f(x) = b^x$ e $f^{-1}(x) = \log_b x$, ficam assim:

7 $$\log_b(b^x) = x \quad \text{para todo } x \in \mathbb{R}$$
$$b^{\log_b x} = x \quad \text{para todo } x > 0$$

A função logarítmica $\log_b$ tem o domínio $(0, \infty)$ e a imagem $\mathbb{R}$. Seu gráfico é a reflexão do gráfico de $y = b^x$ em torno da reta $y = x$.

A Figura 11 mostra o caso onde $b > 1$. (As funções logarítmicas mais importantes têm base $b > 1$.) O fato de que $y = b^x$ é uma função que cresce muito rapidamente para $x > 0$ está refletido no fato de que $y = \log_b x$ é uma função de crescimento muito lento para $x > 1$.

A Figura 12 mostra os gráficos de $y = \log_b x$ com vários valores da base $b > 1$. Pelo fato de $\log_b 1 = 0$, os gráficos de todas as funções logarítmicas passam pelo ponto $(1, 0)$.

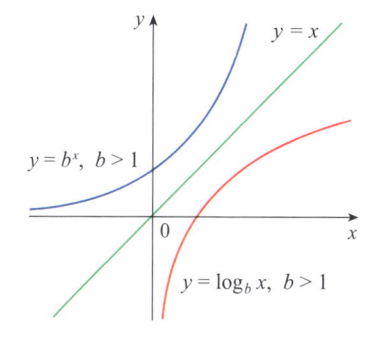

FIGURA 11

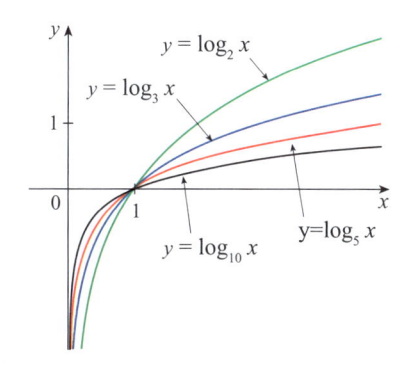

FIGURA 12

As seguintes propriedades das funções logarítmicas resultam das propriedades correspondentes das funções exponenciais dadas na Seção 1.4.

> **Propriedades de Logaritmos** Se x e y forem números positivos, então
> 1. $\log_b(xy) = \log_b x + \log_b y$
> 2. $\log_b\left(\dfrac{x}{y}\right) = \log_b x - \log_b y$
> 3. $\log_b(x^r) = r \log_b x$ (onde r é qualquer número real)

EXEMPLO 6 Use as propriedades dos logaritmos para calcular $\log_2 80 - \log_2 5$.

SOLUÇÃO Usando a Propriedade 2, temos

$$\log_2 80 - \log_2 5 = \log_2\left(\frac{80}{5}\right) = \log_2 16 = 4$$

pois $2^4 = 16$.

■ Logaritmos Naturais

De todas as possíveis bases b para os logaritmos, veremos no Capítulo 3 que a escolha mais conveniente para uma base é e, definido na Seção 1.4. O logaritmo na base e é chamado **logaritmo natural** e tem uma notação especial:

$$\log_e x = \ln x$$

Se fizermos $b = e$ e substituirmos $\log_e$ por "ln" em (6) e (7), então as propriedades que definem a função logaritmo natural ficam

8 $$\ln x = y \quad \Leftrightarrow \quad e^y = x$$

9 $$\ln(e^x) = x \quad x \in \mathbb{R}$$
$$e^{\ln x} = x \quad x > 0$$

Em particular, se fizermos $x = 1$, obteremos

$$\ln e = 1$$

Combinando a Propriedade 9 com a Lei 3 podemos escrever

$$x^r = e^{\ln(x^r)\,(xr)} = x \quad x > 0$$

Logo, uma função potência em x pode ser expressa em uma forma exponencial equivalente; isto nos será útil nos próximos capítulos.

Notação para Logaritmos
A maioria dos livros didáticos de cálculo e ciências, assim como as calculadoras, utiliza a notação $\ln x$ para o logaritmo natural e $\log x$ para o "logaritmo comum" $\log_{10} x$. Em literaturas matemáticas e científicas mais avançadas e em linguagem de computação, no entanto, a notação $\log x$ geralmente denota o logaritmo natural.

10 $\quad x^r = e^{r \ln x}$

EXEMPLO 7 Encontre x se $\ln x = 5$.

SOLUÇÃO 1 De (8) vemos que

$$\ln x = 5 \quad \text{significa} \quad e^5 = x$$

Portanto, $x = e^5$.

(Se você tiver problemas com a notação "ln", substitua-a por $\log_e$. Então a equação torna-se $\log_e x = 5$; portanto, pela definição de logaritmo, $e^5 = x$.)

SOLUÇÃO 2 Comece com a equação

$$\ln x = 5$$

e então aplique a função exponencial a ambos os lados da equação:

$$e^{\ln x} = e^5$$

Mas a segunda equação do cancelamento em (9) afirma que $e^{\ln x} = x$. Portanto, $x = e^5$. ∎

EXEMPLO 8 Resolva a equação $e^{5-3x} = 10$.

SOLUÇÃO Tomando-se o logaritmo natural de ambos os lados da equação e usando (9):

$$\ln(e^{5-3x0}) = \ln 10$$
$$5 - 3x = \ln 10$$
$$3x = 5 - \ln 10$$
$$x = \tfrac{1}{3}(5 - \ln 10)$$

Usando calculadora podemos aproximar a solução: até quatro casas decimais, $x \approx 0{,}8991$. ∎

As propriedades dos logaritmos permitem-nos expandir logaritmos de produtos e quocientes, escrevendo-os como somas e diferenças de logaritmos. As mesmas propriedades também nos permitem combinar somas e diferenças de logaritmos em uma única expressão logarítmica. Esses processos são ilustrados nos Exemplos 9 e 10.

EXEMPLO 9 Use as propriedades dos logaritmos para expandir $\ln \dfrac{x^2 \sqrt{x^2 + 2}}{3x + 1}$.

SOLUÇÃO Usando as propriedades 1, 2 e 3 dos logaritmos, temos

$$\ln \frac{x^2 \sqrt{x^2 + 2}}{3x + 1} = \ln x^2 + \ln \sqrt{x^2 + 2} - \ln(3x + 1)$$
$$= 2 \ln x + \tfrac{1}{2} \ln(x^2 + 2) - \ln(3x + 1)$$
∎

EXEMPLO 10 Expresse $\ln a + \tfrac{1}{2} \ln b$ como um único logaritmo.

SOLUÇÃO Usando as Propriedades 3 e 1 dos logaritmos, temos

$$\ln a + \tfrac{1}{2} \ln b = \ln a + \ln b^{1/2}$$
$$= \ln a + \ln \sqrt{b}$$
$$= \ln(a\sqrt{b})$$
∎

A fórmula a seguir mostra que os logaritmos com qualquer base podem ser expressos em termos de logaritmos naturais.

11 Fórmula de Mudança de Base Para todo número positivo $b \neq x$, temos

$$\log_b x = \frac{\ln x}{\ln b}$$

DEMONSTRAÇÃO Seja $y = \log_b x$. Então, de (6), temos $b^y = x$. Tomando-se logaritmos naturais em ambos os lados da equação, obtemos $y \ln b = \ln x$. Logo,

$$y = \frac{\ln x}{\ln b}$$

A Fórmula 11 nos capacita a usar a calculadora para calcular o logaritmo em qualquer base (conforme mostra o próximo exemplo). Analogamente, a Fórmula 11 nos permite fazer o gráfico de qualquer função logarítmica em calculadoras e computadores (veja os Exercícios 49 e 50).

EXEMPLO 11 Calcule $\log_8 5$ com precisão até a sexta casa decimal.

SOLUÇÃO A Fórmula 11 nos dá

$$\log_8 5 = \frac{\ln 5}{\ln 8} \approx 0{,}773976$$

Gráfico e Crescimento do Logaritmo Natural

Os gráficos da função exponencial $y = e^x$ e de sua função inversa, a função logaritmo natural, são indicados na Figura 13. Assim como todas as outras funções logarítmicas com base maior que 1, o logaritmo natural é uma função crescente definida em $(0, \infty)$ e com o eixo y como assíntota vertical. (Isto significa que os valores de $\ln x$ se tornam números negativos com valores absolutos muito grandes quando x tende a 0.)

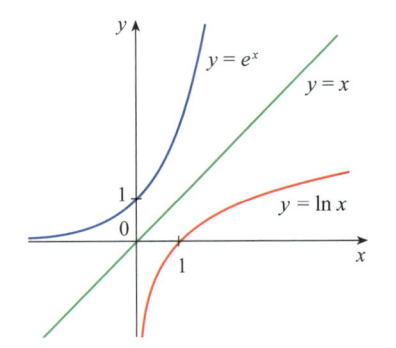

FIGURA 13
O gráfico de $y = \ln x$ é a reflexão do gráfico de $y = e^x$ em torno da reta $y = x$

EXEMPLO 12 Esboce o gráfico da função $y = \ln(x - 2) - 1$.

SOLUÇÃO Iniciaremos com o gráfico de $y = \ln x$ dado na Figura 13. Usando as transformações da Seção 1.3, o deslocamos duas unidades para a direita, obtendo o gráfico de $y = \ln(x - 2)$ e então o deslocamos uma unidade para cima, para obter o gráfico de $y = \ln(x - 2) - 1$. (Veja a Figura 14.)

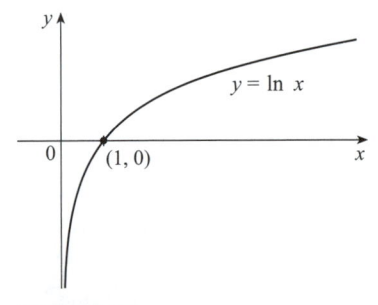

FIGURA 14

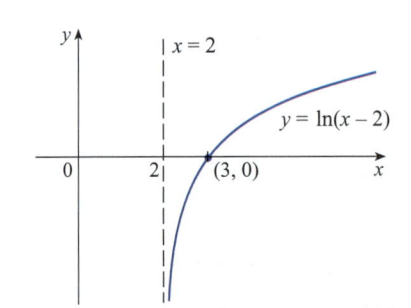

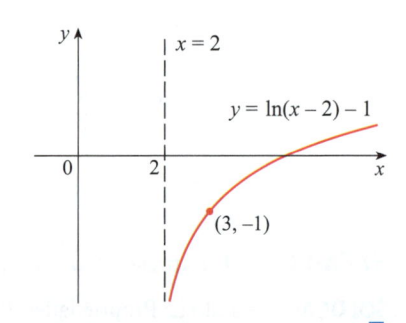

Embora $\ln x$ seja uma função crescente, seu crescimento é *muito* lento quando $x > 1$. De fato, $\ln x$ cresce mais vagarosamente do que qualquer potência positiva de x. Para ilustrar este fato, traçamos, nas Figuras 15 e 16, os gráficos de $y = \ln x$ e $y = x^{1/2} = \sqrt{x}$.

Podemos ver que os gráficos inicialmente crescem a taxas comparáveis, mas eventualmente a função raiz ultrapassa em muito o logaritmo.

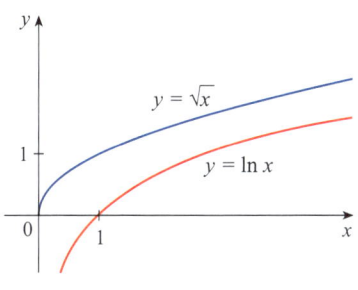

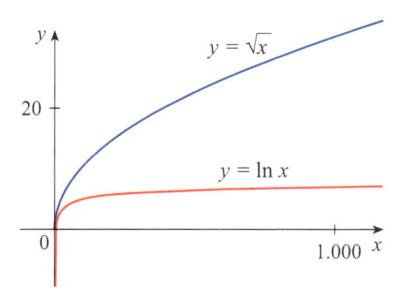

FIGURA 15

FIGURA 16

Funções Trigonométricas Inversas

Quando tentamos encontrar as funções trigonométricas inversas, temos uma pequena dificuldade: em razão de as funções trigonométricas não serem injetoras, elas não têm funções inversas. A dificuldade é superada restringindo-se os domínios dessas funções de forma a torná-las injetoras.

Você pode ver na Figura 17 que a função $y = \text{sen } x$ não é injetora (use o Teste da Reta Horizontal). Entretanto, se restringimos o domínio ao intervalo $[-\pi/2, \pi/2]$, a função se torna injetora e todos os valores do conjunto imagem de $y = \text{sen } x$ são preservados (veja a Figura 18). A função inversa dessa função seno restrita f existe e é denotada por sen^{-1} ou arcsen. Ela é chamada **inversa da função seno**, ou **função arco-seno**.

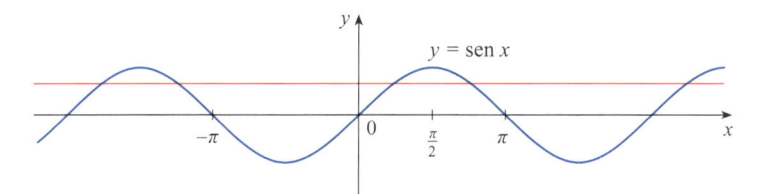

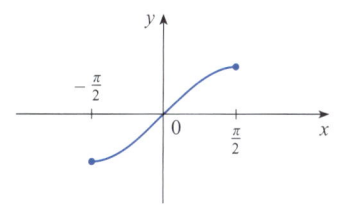

FIGURA 17

FIGURA 18
$y = \text{sen } x, -\frac{\pi}{2} \leq x \leq \frac{\pi}{2}$

Uma vez que a definição de uma função inversa diz

$$f^{-1}(x) = y \iff f(y) = x$$

temos

$$\boxed{\text{sen}^{-1} x = y \iff \text{sen } y = x \text{ e } -\frac{\pi}{2} \leq y \leq \frac{\pi}{2}}$$

Então, se $-1 \leq x \leq 1$, $\text{sen}^{-1} x$ é o número entre $-\pi/2$ e $\pi/2$ cujo seno é x.

⊘ $\text{sen}^{-1} x \neq \dfrac{1}{\text{sen } x}$

EXEMPLO 13 Calcule (a) $\text{sen}^{-1}\left(\frac{1}{2}\right)$ e (b) $\text{tg}\left(\text{arcsen } \frac{1}{3}\right)$.

SOLUÇÃO

(a) Temos

$$\text{sen}^{-1}\left(\tfrac{1}{2}\right) = \frac{\pi}{6}$$

pois $\text{sen}(\pi/6) = \frac{1}{2}$ e $\pi/6$ se situa entre e $-\pi/2$ e $\pi/2$.

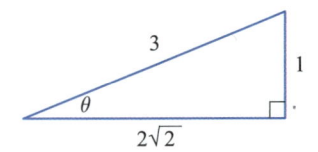

FIGURA 19

(b) Seja $\theta = \operatorname{arcsen}\frac{1}{3}$, logo sen $\theta = \frac{1}{3}$. Podemos desenhar um triângulo retângulo com o ângulo θ, como na Figura 19, e deduzir do Teorema de Pitágoras que o terceiro lado tem comprimento $\sqrt{9-1} = 2\sqrt{2}$. Isso nos possibilita interpretar a partir do triângulo que

$$\operatorname{tg}\left(\operatorname{arcsen}\tfrac{1}{3}\right) = \operatorname{tg} u = \frac{1}{2\sqrt{2}}$$
■

As equações de cancelamento para as funções inversas tornam-se, nesse caso,

$$\operatorname{sen}^{-1}(\operatorname{sen} x) = x \quad \text{para} \quad -\frac{\pi}{2} \leq x \leq \frac{\pi}{2}$$
$$\operatorname{sen}(\operatorname{sen}^{-1} x) = x \quad \text{para} \quad -1 \leq x \leq 1$$

A função inversa do seno, sen^{-1}, tem domínio $[-1, 1]$ e imagem $[-\pi/2, \pi/2]$, e seu gráfico, mostrado na Figura 20, é obtido daquela restrição da função seno (Figura 18) por reflexão em torno da reta $y = x$.

A **função inversa do cosseno** é tratada de modo similar. A função cosseno restrita $f(x) = \cos x$, $0 \leq x \leq \pi$, é injetora (veja a Figura 21); logo, ela tem uma função inversa denotada por cos^{-1} ou arccos.

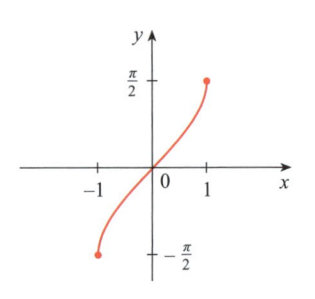

FIGURA 20
$y = \operatorname{sen}^{-1} x = \operatorname{arcsen} x$

$$\cos^{-1} x = y \iff \cos y = x \quad \text{e} \quad 0 \leq y \leq \pi$$

As equações de cancelamento são

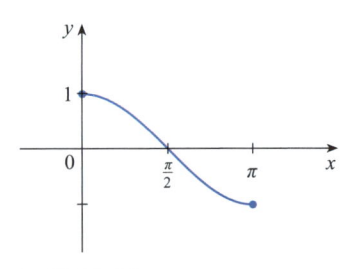

$$\cos^{-1}(\cos x) = x \quad \text{para } 0 \leq x \leq \pi$$
$$\cos(\cos^{-1} x) = x \quad \text{para } -1 \leq x \leq 1$$

FIGURA 21
$x = \cos x, 0 \leq x \leq \pi$

A função inversa do cosseno, cos^{-1}, tem domínio $[-1, 1]$ e imagem $[0, \pi]$. O gráfico está mostrado na Figura 22.

A função tangente se torna injetora quando restrita ao intervalo $(-\pi/2, \pi/2)$. Assim, a **função inversa da tangente** é definida como a inversa da função $f(x) = \operatorname{tg} x$, $-\pi/2 < x < \pi/2$. (Veja a Figura 23.) Ela é denotada por tg^{-1} ou arctg.

$$\operatorname{tg}^{-1} x = y \iff \operatorname{tg} y = x \quad \text{e} \quad -\frac{\pi}{2} < y < \frac{\pi}{2}$$

EXEMPLO 14 Simplifique a expressão $(\operatorname{tg}^{-1} x)$.

SOLUÇÃO 1 Seja $y = \operatorname{tg}^{-1} x$. Então tg $y = x$ e $-\pi/2 < y < \pi/2$. Queremos determinar cos y mas, uma vez conhecida, é mais fácil determinar primeiro sec y:

$$\sec^2 y = 1 + \operatorname{tg}^2 y = 1 + x^2$$
$$\sec y = \sqrt{1 + x^2} \qquad \text{(uma vez que sec } y > 0 \text{ para } -\pi/2 < y < \pi/2)$$

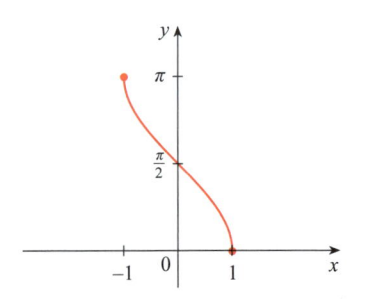

FIGURA 22
$y = \cos^{-1} x = \operatorname{arccos} x$

Assim,
$$\cos(\operatorname{tg}^{-1} x) = \cos y = \frac{1}{\sec y} = \frac{1}{\sqrt{1 + x^2}}$$

SOLUÇÃO 2 Em vez de usar as identidades trigonométricas como na Solução 1, talvez seja mais fácil fazer um diagrama. Se $y = \operatorname{tg}^{-1} x$, então $y = x$, e podemos concluir da Figura 24 (que ilustra o caso $y > 0$) que

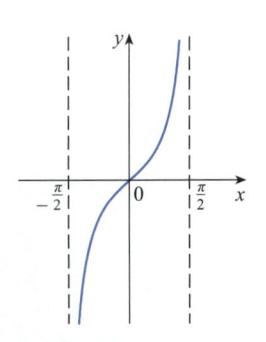

FIGURA 23
$y = \operatorname{tg} x, -\frac{\pi}{2} < x < \frac{\pi}{2}$

$$\cos(\operatorname{tg}^{-1} x) = \cos y = \frac{1}{\sqrt{1+x^2}}$$

■

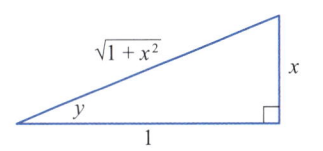

FIGURA 24

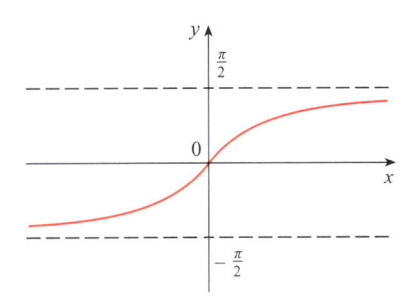

A função inversa da tangente, $\operatorname{tg}^{-1} = \operatorname{arctg}$, tem domínio $\mathbb{R}$ e imagem $(-\pi/2, \pi/2)$. O gráfico está mostrado na Figura 25.

FIGURA 25
$y = \operatorname{tg}^{-1} x = \operatorname{arctg} x$

Sabemos que as retas $x = \pm \pi/2$ são assíntotas verticais do gráfico da tangente. Uma vez que o gráfico da tg^{-1} é obtido refletindo-se o gráfico da função tangente restrita em torno da reta $y = x$, segue que as retas $y = \pi/2$ e $y = -\pi/2$ são assíntotas horizontais do gráfico de tg^{-1}.

As funções inversas trigonométricas restantes não são usadas com tanta frequência e estão resumidas aqui.

$\boxed{12}$ $\quad y = \operatorname{cossec}^{-1} x \,(|x| \geq 1) \;\Leftrightarrow\; \operatorname{cossec} y = x \;$ e $\; y \in (0, \pi/2] \cup (\pi, 3\pi/2]$
$\quad\quad\; y = \operatorname{sec}^{-1} x \,(|x| \geq 1) \;\;\;\Leftrightarrow\; \operatorname{sec} y = x \;$ e $\; y \in (0, \pi/2) \cup (\pi, 3\pi/2)$
$\quad\quad\; y = \operatorname{cotg}^{-1} x \,(x \in \mathbb{R}) \;\;\;\;\;\Leftrightarrow\; \operatorname{cotg} y = x \;$ e $\; y \in (0, \pi)$

A escolha dos intervalos para y nas definições de $\operatorname{cossec}^{-1}$ e sec^{-1} não são de aceitação universal. Por exemplo, alguns autores usam $y \in [0, \pi/2) \cup (\pi/2, \pi]$ na definição de sec^{-1}. [Você pode ver do gráfico da função secante na Figura 26 que esta escolha e a feita em (12) são ambas válidas.]

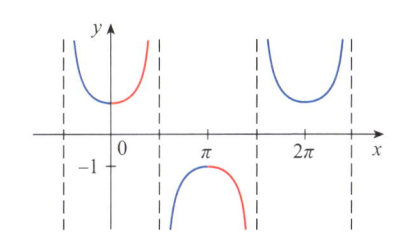

FIGURA 26
$y = \sec x$

1.5 | Exercícios

1. (a) O que é uma função injetora?
(b) A partir do gráfico, como dizer se uma função é injetora?

2. (a) Suponha que f seja uma função injetora com domínio A e imagem B. Como a inversa da função, f^{-1}, é definida? Qual o domínio de f^{-1}? Qual a imagem de f^{-1}?
(b) Se for dada uma fórmula para f, como você encontrará uma fórmula para f^{-1}?
(c) Se for dado o gráfico de f, como você encontrará o gráfico de f^{-1}?

3-16 Uma função é dada por uma tabela de valores, um gráfico, uma fórmula ou por meio de descrição verbal. Determine se f é injetora.

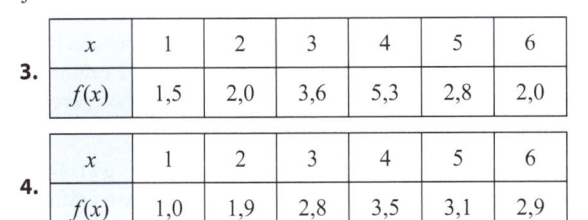

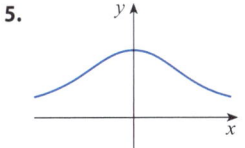

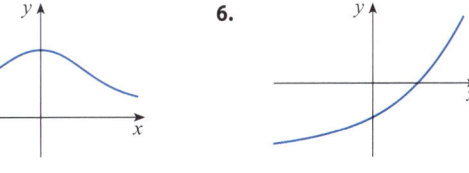

3.

x	1	2	3	4	5	6
$f(x)$	1,5	2,0	3,6	5,3	2,8	2,0

4.

x	1	2	3	4	5	6
$f(x)$	1,0	1,9	2,8	3,5	3,1	2,9

5.

6.

7.

8.

9. $f(x) = 2x - 3$

10. $f(x) = x^4 - 16$

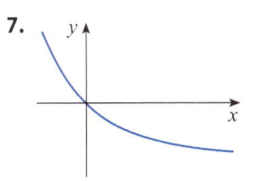

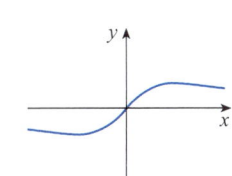

11. $r(t) = t^3 + 4$

12. $g(x) = \sqrt[3]{x}$

13. $g(x) = 1 - \operatorname{sen} x$

14. $f(x) = x^4 - 1, \quad 0 \leq x \leq 10$

15. $f(t)$ é a altura de uma bola de futebol t segundos após ter sido chutada.

16. $f(t)$ é a sua altura na idade t.

17. Suponha que f é uma função injetora.
(a) Se $f(6) = 17$, o que é $f^{-1}(17)$?
(b) Se $f^{-1}(3) = 2$, o que é $f(2)$?

18. Se $f(x) = x^5 + x^3 + x$, encontre $f^{-1}(3)$ e $f(f^{-1}(2))$.

19. Se $g(x) = 3 + x + e^x$, encontre $g^{-1}(4)$.

20. É dado o gráfico de f.
(a) Por que f é injetora?
(b) Determine o domínio e a imagem de f^{-1}.
(c) Qual o valor de $f^{-1}(2)$?
(d) Obtenha uma estimativa para o valor de $f^{-1}(0)$.

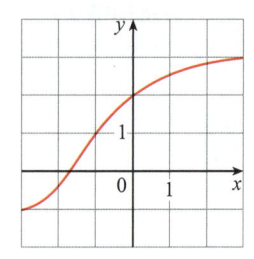

21. A fórmula $C = \frac{5}{9}(F - 32)$, onde $F \geq -459,67$, expressa a temperatura C em graus Celsius como uma função da temperatura F em graus Fahrenheit. Encontre uma fórmula para a função inversa e interprete-a. Qual o domínio da função inversa?

22. Na teoria da relatividade, a massa de uma partícula com velocidade v é
$$m = f(v) = \frac{m_0}{\sqrt{1 - v^2/c^2}}$$
onde m_0 é a massa da partícula no repouso e c é a velocidade da luz no vácuo. Encontre a função inversa de f e explique seu significado.

23-30 Encontre uma fórmula para a função inversa.

23. $f(x) = 1 - x^2$, $x \geq 0$

24. $g(x) = x^2 - 2x$, $x \geq 1$

25. $g(x) = 2 + \sqrt{x + 1}$

26. $h(x) = \dfrac{6 - 3x}{5x + 7}$

27. $y = e^{1-x}$

28. $y = 3 \ln(x - 2)$

29. $y = (2 + \sqrt[3]{x})^5$

30. $y = \dfrac{1 - e^{-x}}{1 + e^{-x}}$

31-32 Encontre uma fórmula explícita para f^{-1} e use-a para fazer na mesma tela os gráficos de f^{-1}, f e da reta $y = x$. Para verificar seu trabalho, veja se seus gráficos de f e f^{-1} são reflexões em torno da reta.

31. $f(x) = \sqrt{4x + 3}$

32. $f(x) = 1 + e^{-x}$

33-34 Use o gráfico dado de f para esboçar o de f^{-1}.

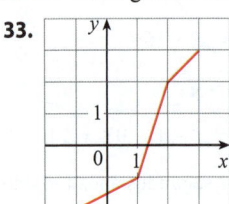

33.

34.

35. Seja $f(x) = \sqrt{1 - x^2}$, $0 \leq x \leq 1$.
(a) Encontre f^{-1}. Como está relacionada a f?
(b) Identifique o gráfico de f e explique a sua resposta para a parte (a).

36. Seja $g(x) = \sqrt[3]{1 - x^3}$.
(a) Encontre g^{-1}. Como está relacionada a g?
(b) Faça um gráfico de g. Como você explica a sua resposta para a parte (a)?

37. (a) Como está definida a função logarítmica $y = \log_b x$?
(b) Qual o domínio dessa função?
(c) Qual a imagem dessa função?
(d) Esboce a forma geral do gráfico da função $y = \log_b x$ se $b > 1$.

38. (a) O que é o logaritmo natural?
(b) O que é o logaritmo comum?
(c) Esboce os gráficos, no mesmo sistema de coordenadas, das funções logaritmo natural e exponencial natural.

39-42 Encontre o valor exato de cada expressão.

39. (a) $\log_3 81$ (b) $\log_3\left(\frac{1}{81}\right)$ (c) $\log_9 3$

40. (a) $\ln \dfrac{1}{e^2}$ (b) $\ln \sqrt{e}$ (c) $\ln(\ln e^{e^{50}})$

41. (a) $\log_2 30 - \log_2 15$
(b) $\log_3 10 - \log_3 5 - \log_3 18$
(c) $2 \log_5 100 - 4 \log_5 50$

42. (a) $e^{3 \ln 2}$ (b) $e^{-2 \ln 5}$ (c) $e^{\ln(\ln e^3)}$

43-44 Use as leis dos logaritmos para expandir cada expressão.

43. (a) $\log_{10}(x^2 y^3 z)$ (b) $\ln\left(\dfrac{x^4}{\sqrt{x^2 - 4}}\right)$

44. (a) $\ln \sqrt{\dfrac{3x}{x - 3}}$ (b) $\log_2[(x^3 + 1)\sqrt[3]{(x - 3)^2}]$

45-46 Expresse a quantidade dada como um único logaritmo.

45. (a) $\log_{10} 20 - \frac{1}{3} \log_{10} 1.000$ (b) $\ln a - 2 \ln b + \ln c$

46. (a) $3 \ln(x - 2) - \ln(x^2 - 5x + 6) + 2 \ln(x - 3)$
(b) $c \log_a x - d \log_a y + \log_a z$

47-48 Use a Fórmula 11 para calcular cada logaritmo com precisão até a sexta casa decimal.

47. (a) $\log_5 10$ (b) $\log_{15} 12$

48. (a) $\log_3 12$ (b) $\log_{12} 6$

49-50 Use a Fórmula 11 para fazer o gráfico das funções dadas em uma mesma tela. Como esses gráficos estão relacionados?

49. $y = \log_{1,5} x$, $y = \ln x$, $y = \log_{10} x$, $y = \log_{50} x$

50. $y = \ln x$, $y = \log_8 x$, $y = e^x$, $y = 8^x$

51. Suponha que o gráfico de $y = \log_2$ seja feito sobre uma malha coordenada onde a unidade de comprimento seja 1 centímetro. Quantos quilômetros à direita da origem devemos percorrer antes de a altura da curva atingir 25 centímetros?

52. Compare as funções e trace os gráficos de $f(x) = x^{0,1}$ e $g(x) = \ln x$ em várias janelas retangulares. Quando finalmente o gráfico de f ultrapassa o de g?

53-54 Faça o esboço à mão do gráfico de cada função. Use os gráficos dados nas Figuras 12 e 13 e, se necessário, as transformações da Seção 1.3.

53. (a) $y = \log_{10}(x+5)$ (b) $y = -\ln x$

54. (a) $y = \ln(-x)$ (b) $y = \ln|x|$

55-56
(a) Quais são o domínio e a imagem de f?
(b) Qual é a intersecção com o eixo x do gráfico de f?
(c) Esboce o gráfico de f.

55. $f(x) = \ln x + 2$ **56.** $f(x) = \ln(x-1) - 1$

57-60 Resolva cada equação em x. Forneça tanto o valor exato como uma aproximação na forma decimal, com três casa decimais de precisão.

57. (a) $\ln(4x+2) = 3$ (b) $e^{2x-3} = 12$

58. (a) $\log_2(x^2 - x - 1) = 2$ (b) $1 + e^{4x+1} = 20$

59. (a) $\ln x + \ln(x-1) = 0$ (b) $5^{1-2x} = 9$

60. (a) $\ln(\ln x) = 0$ (b) $\dfrac{60}{1+e^{-x}} = 4$

61-62 Resolva cada inequação em x.

61. (a) $\ln x < 0$ (b) $e^x > 5$

62. (a) $1 < e^{3x-1} < 2$ (b) $1 - 2\ln x < 3$

63. (a) Encontre o domínio de $f(x) = \ln(e^x - 3)$.
(b) Encontre f^{-1} e seu domínio.

64. (a) Quais são os valores de $e^{\ln 300}$ e $\ln(e^{300})$?
(b) Utilize a sua calculadora para calcular $e^{\ln 300}$ e $\ln(e^{300})$. O que você observa? Você pode explicar por que a calculadora encontra dificuldade?

T 65. Faça o gráfico da função $f(x) = \sqrt{x^3 + x^2 + x + 1}$ e explique por que ela é injetora. Use então um sistema de computação algébrica (SCA) para encontrar uma expressão explícita para $f^{-1}(x)$. (Seu SCA vai produzir três expressões possíveis. Explique por que duas delas são irrelevantes neste contexto.)

T 66. (a) Se $g(x) = x^6 + x^4$, $x \geq 0$, use um sistema de computação algébrica para encontrar uma expressão para $g^{-1}(x)$.
(b) Use a expressão da parte (a) para fazer na mesma tela um gráfico $y = g(x)$, $y = x$ e $y = g^{-1}(x)$.

67. Se a população de bactérias começa com 100 e dobra a cada três horas, então o número de bactérias após t horas é $n = f(t) = 100 \cdot 2^{t/3}$.
(a) Encontre a função inversa e explique seu significado.
(b) Quando a população atingirá 50.000 bactérias?

68. A National Ignition Facility, do Lawrence Livermore National Laboratory (situado na Califórnia, EUA), possui a maior instalação de laser do mundo. Os lasers, usados para dar início a uma reação de fusão nuclear, são alimentados por um banco de capacitores que armazena uma energia total de cerca de 400 megajoules. Quando os lasers são disparados, os capacitores são completamente descarregados e, logo em seguida, começam a ser recarregados. Passados t segundos da descarga, a carga Q dos capacitores é dada por

$$Q(t) = Q_0(1 - e^{-t/a})$$

(A capacidade máxima de carga é Q_0, e t é medido em segundos.)
(a) Encontre a função inversa e explique seu significado.
(b) Quanto tempo levará para recarregar o capacitor 90% da capacidade, se $a = 50$?

69-74 Encontre o valor exato de cada expressão.

69. (a) $\cos^{-1}(-1)$ (b) $\text{sen}^{-1}(0,5)$

70. (a) $\text{tg}^{-1}\sqrt{3}$ (b) $\text{arctg}(-1)$

71. (a) $\text{cossec}^{-1}\sqrt{2}$ (b) $\text{arcsen}\,1$

72. (a) $\text{sen}^{-1}(-1/\sqrt{2})$ (b) $\cos^{-1}(\sqrt{3}/2)$

73. (a) $\text{cotg}^{-1}(-\sqrt{3})$ b) $\sec^{-1} 2$

74. (a) $\text{arcsen}(\text{sen}(5\pi/4))$ (b) $\cos\left(2\,\text{sen}^{-1}\left(\frac{5}{13}\right)\right)$

75. Demonstre que $\cos(\text{sen}^{-1} x) = \sqrt{1 - x^2}$.

76-78 Simplifique a expressão.

76. $\text{tg}(\text{sen}^{-1} x)$ **77.** $\text{sen}(\text{tg}^{-1} x)$ **78.** $\text{sen}(2\,\text{arcos}\,x)$

79-80 Obtenha os gráficos das funções dadas em uma mesma tela. Como esses gráficos estão relacionados?

79. $y = \text{sen}\,x$, $-\pi/2 \leq x \leq \pi/2$, $y = \text{sen}^{-1} x$, $y = x$

80. $y = \text{tg}\,x$, $-\pi/2 < x \leq \pi/2$, $y = \text{tg}^{-1} x$, $y = x$

81. Determine o domínio e a imagem da função
$$g(x) = \text{sen}^{-1}(3x + 1)$$

82. (a) Faça o gráfico da função $f(x) = \text{sen}(\text{sen}^{-1} x)$ e explique sua aparência.
(b) Faça o gráfico da função $g(x) = \text{sen}^{-1}(\text{sen}\,x)$. Como você pode explicar a aparência desse gráfico?

83. (a) Se transladamos uma curva para a esquerda, o que acontece com sua reflexão em torno da reta $y = x$? Em vista deste princípio geométrico, encontre uma expressão para a inversa de $g(x) = f(x + c)$, onde f é uma função injetora.
(b) Encontre uma expressão para a inversa de $h(x) = f(cx)$, onde $c \neq 0$.

1 REVISÃO

VERIFICAÇÃO DE CONCEITOS

As respostas para a seção Verificação de Conceitos podem ser encontradas na página deste livro no site da Cengage.

1. (a) O que é uma função? O que são o domínio e a imagem de uma função?
   (b) O que é o gráfico de uma função?
   (c) Como podemos dizer se uma dada curva é o gráfico de uma função?

2. Discuta as quatro maneiras de representar uma função. Ilustre com exemplos.

3. (a) O que é uma função par? Como saber, a partir do gráfico, se uma função é par ou não? Dê três exemplos de uma função par.
   (b) O que é uma função ímpar? Como saber, a partir do gráfico, se uma função é ímpar ou não? Dê três exemplos de uma função ímpar.

4. O que é uma função crescente?

5. O que é um modelo matemático?

6. Dê um exemplo de cada tipo de função.
   (a) Função linear   (b) Função potência
   (c) Função exponencial (d) Função quadrática
   (e) Função polinomial de grau 5 (f) Função racional

7. Esboce à mão no mesmo sistema de coordenadas os gráficos das seguintes funções.
   (a) $f(x) = x$ (b) $g(x) = x^2$
   (c) $h(x) = x^3$ (d) $j(x) = x^4$

8. Esboce à mão o gráfico de cada função.
   (a) $y = \operatorname{sen} x$ (b) $y = \operatorname{tg} x$ (c) $y = e^x$
   (d) $y = \ln x$ (e) $y = 1/x$ (f) $y = |x|$
   (g) $y = \sqrt{x}$ (h) $y = \operatorname{tg}^{-1} x$

9. Suponha que f tem domínio A, e g tem domínio B.
   (a) Qual o domínio de $f + g$?
   (b) Qual o domínio de fg?
   (c) Qual o domínio de f/g?

10. Como é definida a função composta $f \circ g$? Qual seu domínio?

11. Suponha que seja dado o gráfico de f. Escreva a equação para cada um dos seguintes gráficos obtidos a partir do gráfico de f:
    (a) Deslocado 2 unidades para cima.
    (b) Deslocado 2 unidades para baixo.
    (c) Deslocado 2 unidades para a direita.
    (d) Deslocado 2 unidades para a esquerda.
    (e) Refletido em torno do eixo x.
    (f) Refletido em torno do eixo y.
    (g) Expandido verticalmente por um fator de 2.
    (h) Contraído verticalmente por um fator de 2.
    (i) Expandido horizontalmente por um fator de 2.
    (j) Contraído horizontalmente por um fator de 2.

12. (a) O que é uma função injetora? Como decidir, a partir de seu gráfico, se uma função é injetora?
    (b) Se f é uma função injetora, como é definida a função inversa f^{-1}? Como obter o gráfico f^{-1} do gráfico de f?

13. (a) Como a inversa da função seno $f(x) = \operatorname{sen}^{-1} x$ é definida? Qual é o seu domínio e qual é a sua imagem?
    (b) Como a inversa da função cosseno $f(x) = \cos^{-1} x$ é definida? Qual é o seu domínio e qual é a sua imagem?
    (c) Como a inversa da função tangente $f(x) = \operatorname{tg}^{-1} x$ é definida? Qual é o seu domínio e qual é a sua imagem?

TESTES VERDADEIRO-FALSO

Determine se a afirmação é falsa ou verdadeira. Se for verdadeira, explique por quê. Caso contrário, explique por que ou dê um exemplo que mostre que é falsa.

1. Se f é uma função, então $f(s + t) = f(s) + f(t)$.

2. Se $f(s) = f(t)$, então $s = t$.

3. Se f é uma função, então $f(3x) = 3f(x)$.

4. Se a função f tem inversa e $f(2) = 3$, então $f^{-1}(3) = 2$.

5. Uma reta vertical intercepta o gráfico de uma função no máximo uma vez.

6. Se f e g são funções, então $f \circ g = g \circ f$.

7. Se f for injetora, então $f^{-1}(x) = \dfrac{1}{f(x)}$.

8. É sempre possível dividir por e^x.

9. Se $0 < a < b$, então $\ln a < \ln b$.

10. Se $x > 0$, então $(\ln x)^6 = 6 \ln x$.

11. Se $x > 0$ e $a > 1$, então $\dfrac{\ln x}{\ln a} = \ln \dfrac{x}{a}$.

12. $\operatorname{tg}^{-1}(-1) = 3\pi/4$

13. $\operatorname{tg}^{-1} x = \dfrac{\operatorname{sen}^{-1} x}{\cos^{-1} x}$

14. Se x for qualquer número real, então $\sqrt{x^2} = x$.

EXERCÍCIOS

1. Seja f a função cujo gráfico é dado.

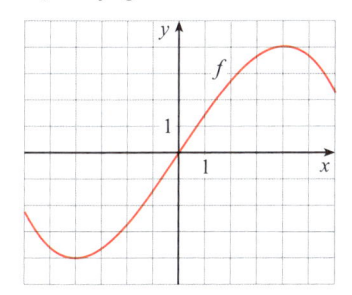

(a) Estime o valor de $f(2)$.
(b) Estime os valores de x tais que $f(3x) = 3$.
(c) Diga qual é o domínio de f.
(d) Diga qual é a imagem de f.
(e) Em qual intervalo a função f é crescente?
(f) f é injetora? Explique.
(g) f é par, ímpar ou nenhum dos dois? Explique.

2. É dado o gráfico de g.

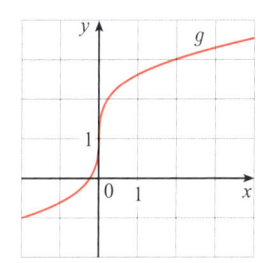

(a) Diga o valor de $g(2)$.
(b) Por que g é injetora?
(c) Estime o valor de $g^{-1}(2)$.
(d) Estime o domínio de g^{-1}.
(e) Esboce o gráfico de g^{-1}.

3. Se $f(x) = x^2 - 2x + 3$, calcule o quociente das diferenças

$$\frac{f(a+h) - f(a)}{h}$$

4. Esboce o gráfico do rendimento de uma colheita como uma função da quantidade usada de fertilizante.

5-8 Encontre o domínio e a imagem das funções. Escreva sua resposta usando a notação de intervalos.

5. $f(x) = 2/(3x - 1)$
6. $g(x) = \sqrt{16 - x^2}$
7. $h(x) = \ln(x + 6)$
8. $F(t) = 3 + \cos 2t$

9. Suponha que seja dado o gráfico de f. Descreva como os gráficos das seguintes funções podem ser obtidos a partir do gráfico de f.
(a) $y = f(x) + 5$ (b) $y = f(x + 5)$
(c) $y = 1 + 2f(x)$ (d) $y = f(x - 2) - 2$
(e) $y = -f(x)$ (f) $y = f^{-1}(x)$

10. É dado o gráfico de f. Esboce os gráficos das seguintes funções:
(a) $y = f(x - 8)$ (b) $y = -f(x)$
(c) $y = 2 - f(x)$ (d) $y = \frac{1}{2}f(x) - 1$
(e) $y = f^{-1}(x)$ (f) $y = f^{-1}(x + 3)$

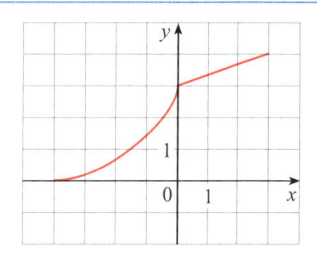

11-18 Use transformações para esboçar o gráfico da função.

11. $f(x) = x^3 + 2$
12. $f(x) = (x - 3)^2$
13. $y = \sqrt{x + 2}$
14. $y = \ln(x + 5)$
15. $g(x) = 1 + \cos 2x$
16. $h(x) = -e^x + 2$
17. $s(x) = 1 + 0{,}5^x$
18. $f(x) = \begin{cases} -x & \text{se } x < 0 \\ e^x - 1 & \text{se } x \geq 0 \end{cases}$

19. Determine se f é par, ímpar ou nenhum dos dois.
(a) $f(x) = 2x^5 - 3x^2 + 2$ (b) $f(x) = x^3 - x^7$
(c) $f(x) = e^{-x^2}$ (d) $f(x) = 1 + \operatorname{sen} x$
(e) $f(x) = 1 - \cos 2x$ (f) $f(x) = (x + 1)^2$

20. Encontre uma expressão para a função cujo gráfico consiste no segmento de reta ligando o ponto $(-2, 2)$ ao ponto $(-1, 0)$ junto com a parte de cima do círculo com centro na origem e raio 1.

21. Se $f(x) = \ln x$ e $g(x) = x^2 - 9$, encontre as funções (a) $f \circ g$, (b) $g \circ f$, (c) $f \circ f$ e (d) $g \circ g$ e seus domínios.

22. Expresse a função $F(x) = 1/\sqrt{x + \sqrt{x}}$ como uma composição de três funções.

23. A expectativa de vida progrediu dramaticamente nas últimas décadas. A tabela fornece a expectativa de vida ao nascer (em anos) de pessoas do sexo masculino nascidas nos Estados Unidos. Use um gráfico de dispersão para selecionar um tipo de modelo apropriado para esses dados. Use o seu modelo para prever quanto tempo de vida terá um homem nascido no ano de 2030.

Ano de nascimento	Expectativa de vida	Ano de nascimento	Expectativa de vida
1900	48,3	1960	66,6
1910	51,1	1970	67,1
1920	55,2	1980	70,0
1930	57,4	1990	71,8
1940	62,5	2000	73,0
1950	65,6	2010	76,2

24. Um pequeno fabricante descobre que custa $ 9.000 para produzir 1.000 torradeiras elétricas em uma semana e $ 12.000 para produzir 1.500 torradeiras em uma semana.
(a) Expresse o custo como uma função do número de torradeiras produzidas, supondo que ele é linear. A seguir, esboce o gráfico.
(b) Qual a inclinação do gráfico e o que ela representa?
(c) Qual a intersecção do gráfico com o eixo y e o que ela representa?

25. Se $f(x) = 2x + 4^x$, encontre $f^{-1}(6)$.

26. Encontre a função inversa de $f(x) = \dfrac{2x + 3}{1 - 5x}$.

27. Use as propriedades dos logaritmos para expandir cada expressão.

(a) $\ln x\sqrt{x+1}$ (b) $\log_2 \sqrt{\dfrac{x^2+1}{x-1}}$

28. Expresse cada expressão como um único logaritmo.
(a) $\frac{1}{2}\ln x - 2\ln(x^2+1)$
(b) $\ln(x-3) + \ln(x+3) - 2\ln(x^2-9)$

29-30 Encontre o valor exato de cada expressão.

29. (a) $e^{2\ln 5}$ (b) $\log_6 4 + \log_6 54$ (c) $\text{tg}(\arcsen \frac{4}{5})$

30. (a) $\ln\dfrac{1}{e^3}$ (b) $\sen(\text{tg}^{-1} 1)$ (c) $10^{-3\log 4}$

31-36 Encontre x que resolve a equação. Forneça tanto o valor exato como uma aproximação na forma decimal, com três casas decimais de precisão.

31. $e^{2x} = 3$
32. $\ln x^2 = 5$
33. $e^{e^x} = 10$
34. $\cos^{-1} x = 2$
35. $\text{tg}^{-1}(3x^2) = \dfrac{\pi}{4}$
36. $\ln x - 1 = \ln(5+x) - 4$

37. Logo antes de receber tratamento, um paciente com HIV tinha carga viral de 52,0 cópias de RNA/mL. Oito dias depois, a carga viral correspondia à metade do valor inicial.
(a) Encontre a carga viral após 24 dias de tratamento.
(b) Encontre a carga viral remanescente após t dias.
(c) Determine uma fórmula para a inversa da função V e explique o seu significado.
(d) Após quantos dias a carga viral será reduzida a 2,0 cópias de RNA/mL?

38. A população de certa espécie em um ambiente limitado, com população inicial igual a 100 e capacidade para comportar 1.000 indivíduos, é

$$P(t) = \dfrac{100.000}{100 + 900e^{-t}}$$

onde t é medido em anos.
(a) Faça o gráfico dessa função e estime quanto tempo levará para a população atingir 900 indivíduos.
(b) Encontre a inversa dessa função e explique seu significado.
(c) Use a função inversa para encontrar o tempo necessário para a população atingir 900 indivíduos. Compare com os resultados da parte (a).

Princípios da Resolução de Problemas

Não existem regras rígidas que garantam sucesso na resolução de problemas. Porém, é possível esboçar alguns passos gerais no processo de resolver problemas e fornecer alguns princípios que poderão ser úteis ao resolver certos problemas. Esses passos e princípios são tão somente o senso comum tornado explícito. Eles foram adaptados do livro de George Polya *How To Solve It*.

O primeiro passo é ler o problema e assegurar-se de que o entendeu claramente. Faça a si mesmo as seguintes perguntas:

1 ENTENDENDO O PROBLEMA

Qual é a incógnita?

Quais são as quantidades dadas?

Quais são as condições dadas?

Para muitos problemas é proveitoso

fazer um diagrama,

e identificar nele as quantidades dadas e pedidas.
    Geralmente é necessário

introduzir uma notação apropriada

Ao escolher os símbolos para as incógnitas, frequentemente utilizamos letras tais como a, b, c, m, n, x e y, mas, em alguns casos, é proveitoso usar as iniciais como símbolos sugestivos; por exemplo, V para o volume ou t para o tempo.

Encontre uma conexão entre a informação dada e a pedida que o ajude a encontrar a incógnita. Frequentemente pergunte-se: "Como posso relacionar o que foi dado ao que foi pedido?". Se não for possível visualizar imediatamente a conexão, as seguintes ideias podem ser úteis para delinear um plano.

2 PLANEJANDO

    Tente Reconhecer Algo Familiar Relacione a situação dada com seu conhecimento anterior. Olhe para a incógnita e tente se lembrar de um problema familiar que a envolva.

    Tente Reconhecer os Padrões Alguns problemas são resolvidos reconhecendo-se o tipo de padrão no qual ocorrem. O padrão pode ser geométrico, numérico ou algébrico. Você pode ver a regularidade ou a repetição em um problema ou ser capaz de conjecturar sobre o padrão de seu desenvolvimento para depois demonstrá-lo.

    Use Analogias Tente pensar sobre problemas análogos, isto é, um problema similar, um problema relacionado, mas que seja mais simples que o problema original. Se você puder resolver o problema similar mais simples, isso poderá lhe dar pistas sobre a solução do problema mais difícil. Por exemplo, se um problema envolver números muito grandes, você poderá primeiro tentar um problema similar com números menores. Caso o problema envolva a geometria tridimensional, poderá tentar primeiro um problema similar bidimensional. Se seu problema for genérico, tente primeiro um caso especial.

    Introduza Algo Mais Às vezes pode ser necessário introduzir algo novo, um auxílio extra, para que você faça a conexão entre o que foi dado e o que foi pedido. Por exemplo, em um problema no qual o diagrama é fundamental, a ajuda extra pode ser o traçado de uma nova reta nele. Em problemas mais algébricos, pode ser a introdução de uma nova incógnita, relacionada com a original.

    Divida em Casos Às vezes podemos ter que dividir um problema em diversos casos e dar um argumento diferente para cada um deles. Por exemplo, frequentemente temos que utilizar esta estratégia ao lidar com o valor absoluto.

    Trabalhe Retroativamente Às vezes é proveitoso imaginar o problema já resolvido e trabalhar passo a passo retroativamente até chegar ao que foi dado. Então você poderá reverter seus passos e, portanto, construir uma solução para o problema original. Esse procedimento é usado frequentemente na solução de equações. Por exemplo, ao resolver a equação $3x - 5 = 7$, supomos que x seja um número que satisfaça $3x - 5 = 7$ e trabalhamos retroativamente. Adicionamos 5 a ambos os lados da equação e então dividimos cada lado por 3 para obter $x = 4$. Como cada um desses passos pode ser revertido, resolvemos o problema.

Estabeleça Submetas Em um problema complexo é frequentemente útil estabelecer submetas (nas quais a situação desejada é apenas parcialmente satisfeita). Você pode atingir primeiro essas submetas e, depois, a partir delas, chegar à meta final.

Raciocine Indiretamente Algumas vezes é apropriado lidar com o problema indiretamente. Para demonstrar, por contradição, que P implica Q, supomos que P seja verdadeira e Q seja falsa e tentamos ver por que isso não pode acontecer. De certa forma temos de usar essa informação e chegar a uma contradição do que sabemos com certeza ser verdadeiro.

Indução Matemática Para demonstrar afirmações que envolvem um número inteiro positivo n, é frequentemente útil usar o seguinte princípio.

Princípio da Indução Matemática Seja S_n uma afirmação sobre o número positivo inteiro n, suponha que

1. S_1 seja verdadeira.

2. S_{k+1} seja verdadeira sempre que S_k for verdadeira.

Então S_n é verdadeira para todo inteiro positivo n.

Isso é razoável, pois uma vez que S_1 é verdadeira, segue, da condição 2 (com $k = 1$), que S_2 também é verdadeira. Então, utilizando a condição 2 com $k = 2$, vemos que S_3 é verdadeira. E novamente usando a condição 2 e, dessa vez, com $k = 3$, temos S_4 como verdadeira. Esse procedimento pode ser seguido indefinidamente.

3 CUMPRINDO O PLANO

Na etapa 2 um plano foi delineado. Para cumpri-lo, devemos verificar cada etapa do plano e escrever os detalhes que demonstram que cada etapa está correta.

4 REVENDO

Tendo completado nossa solução, é prudente revisá-la, em parte para ver se foram cometidos erros, e em parte para ver se podemos descobrir uma forma mais fácil de resolver o problema. Outra razão para a revisão é nos familiarizarmos com o método de resolução que pode ser útil na solução de futuros problemas. Descartes disse: "Todo problema que resolvi acabou se tornando uma regra que serviu posteriormente para resolver outros problemas".

Esses princípios da resolução de problemas serão ilustrados nos exemplos a seguir. Antes de ver as soluções, tente resolvê-los usando os princípios aqui estudados. Pode ser útil consultar de tempos em tempos esta seção, quando você estiver resolvendo os exercícios nos demais capítulos do livro.

EXEMPLO 1 Expresse a hipotenusa h de um triângulo retângulo com uma área de 25 m² como uma função do seu perímetro P.

SP Entendendo o problema.

SOLUÇÃO Classifique primeiro as informações, identificando a quantidade desconhecida e os dados:

$$\text{Incógnita:} \quad \text{hipotenusa } h$$
$$\text{Quantidades dadas:} \quad \text{perímetro } P, \text{ área de 25 m}^2$$

É útil fazer um diagrama; assim, fizemos isto na Figura 1.

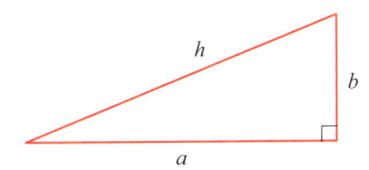

SP Desenhe um diagrama.

FIGURA 1

Para conectar as quantidades dadas à incógnita, introduzimos duas variáveis extras a e b, que são os comprimentos dos outros dois lados do triângulo. Isso nos permite expressar a condição dada, de o triângulo ser retângulo, pelo Teorema de Pitágoras:

SP Conecte os dados à incógnita.
SP Introduza algo extra.

$$h^2 = a^2 + b^2$$

As outras conexões entre as variáveis surgem escrevendo-se as expressões para a área e o perímetro:

$$25 = \tfrac{1}{2}ab \qquad P = a + b + h$$

Uma vez que P é dado, observe que agora temos três equações em três incógnitas a, b e h:

$$\boxed{1} \qquad h^2 = a^2 + b^2$$
$$\boxed{2} \qquad 25 = \tfrac{1}{2}ab$$
$$\boxed{3} \qquad P = a + b + h$$

Embora tenhamos um número correto de equações, elas não são fáceis de resolver diretamente. Porém, se usarmos as estratégias de resolução de problemas para tentar reconhecer algo familiar, poderemos resolver essas equações de forma mais fácil. Olhando os segundos membros das Equações 1, 2 e 3, eles não são familiares? Observe que eles contêm os ingredientes de uma fórmula familiar:

SP Relacione com algo familiar.

$$(a + b)^2 = a^2 + 2ab + b^2$$

Usando essa ideia, vamos expressar $(a + b)^2$ de duas maneiras. Das Equações 1 e 2 temos

$$(a + b)^2 = (a^2 + b^2) + 2ab = h^2 + 4(25) = h^2 + 100$$

Da Equação 3 temos

$$(a + b)^2 = (P - h)^2 = P^2 - 2Ph + h^2$$

Assim,
$$h^2 + 100 = P^2 - 2Ph + h^2$$
$$2Ph = P^2 - 100$$
$$h = \frac{P^2 - 100}{2P}$$

Essa é a expressão pedida de h como uma função de P. ∎

Como o exemplo a seguir ilustra, é frequentemente necessário usar o princípio de *dividir em casos* quando lidamos com valores absolutos.

EXEMPLO 2 Resolva a inequação $|x - 3| + |x + 2| < 11$.

SOLUÇÃO Lembre-se da definição de valor absoluto:

$$|x| = \begin{cases} x & \text{se } x \geq 0 \\ -x & \text{se } x < 0 \end{cases}$$

Segue que

$$|x-3| = \begin{cases} x-3 & \text{se } x-3 \geq 0 \\ -(x-3) & \text{se } x-3 < 0 \end{cases}$$

$$= \begin{cases} x-3 & \text{se } x \geq 3 \\ -x+3 & \text{se } x < 3 \end{cases}$$

De forma análoga

$$|x+2| = \begin{cases} x+2 & \text{se } x+2 \geq 0 \\ -(x+2) & \text{se } x+2 < 0 \end{cases}$$

$$= \begin{cases} x+2 & \text{se } x \geq -2 \\ -x-2 & \text{se } x < -2 \end{cases}$$

SP Divida em casos.

Essas expressões mostram que devemos considerar três casos:

$$x < -2 \qquad -2 \leq x < 3 \qquad x \geq 3$$

CASO I Se $x < -2$, temos

$$|x-3| + |x+2| < 11$$
$$-x+3-x-2 < 11$$
$$-2x < 10$$
$$x > -5$$

CASO II Se $-2 \leq x < 3$, a desigualdade dada torna-se

$$-x+3+x+2 < 11$$
$$5 < 11 \qquad \text{(sempre é verdadeiro)}$$

CASO III Se $x \geq 3$, a desigualdade torna-se

$$x-3+x+2 < 11$$
$$2x < 12$$
$$x < 6$$

Combinando os casos I, II e III, vemos que a inequação está satisfeita quando $-5 < x < 6$. Logo, a solução é o intervalo $(-5, 6)$. ∎

No exemplo a seguir, tentaremos conjecturar a resposta examinando casos especiais e reconhecendo um padrão. Provamos nossa conjectura pela indução matemática.

Ao usarmos o Princípio da Indução Matemática, seguimos três etapas:

Passo 1 Prove que S_n é verdadeira quando $n = 1$.

Passo 2 Suponha que S_n seja verdadeira quando $n = k$ e deduza que S_n seja verdadeira quando $n = k + 1$.

Passo 3 Conclua que S_n é verdadeira para todos os n pelo Princípio de Indução Matemática.

EXEMPLO 3 Se $f_0(x) = x/(x+1)$ e $f_{n+1} = f_0 \circ f_n$ e para $n = 0, 1, 2, \ldots$, encontre uma fórmula para $f_n(x)$.

SP Analogia: Tente um problema semelhante mais simples.

SOLUÇÃO Começamos por encontrar fórmulas para $f_n(x)$, para os casos especiais $n = 1$, 2 e 3.

$$f_1(x) = (f_0 \circ f_0)(x) = f_0(f_0(x)) = f_0\left(\frac{x}{x+1}\right)$$

$$= \frac{\frac{x}{x+1}}{\frac{x}{x+1}+1} = \frac{\frac{x}{x+1}}{\frac{2x+1}{x+1}} = \frac{x}{2x+1}$$

$$f_2(x) = (f_0 \circ f_1)(x) = f_0(f_1(x)) = f_0\left(\frac{x}{2x+1}\right)$$

$$= \frac{\frac{x}{2x+1}}{\frac{x}{2x+1}+1} = \frac{\frac{x}{2x+1}}{\frac{3x+1}{2x+1}} = \frac{x}{3x+1}$$

$$f_3(x) = (f_0 \circ f_2)(x) = f_0(f_2(x)) = f_0\left(\frac{x}{3x+1}\right)$$

$$= \frac{\frac{x}{3x+1}}{\frac{x}{3x+1}+1} = \frac{\frac{x}{3x+1}}{\frac{4x+1}{3x+1}} = \frac{x}{4x+1}$$

SP Busca por padrão.

Percebemos um padrão: o coeficiente de x no denominador de $f_n(x)$ é $n+1$ nos três casos calculados. Assim sendo, fazemos a seguinte conjectura, no caso geral,

$$\boxed{4} \qquad f_n(x) = \frac{x}{(n+1)x + 1}$$

Para demonstrá-la, usamos o Princípio da Indução Matemática. Já verificamos que (4) é verdadeira para $n = 1$. Suponha que ela é verdadeira para $n + k$, isto é,

$$f_k(x) = \frac{x}{(k+1)x + 1}$$

Então $\qquad f_{k+1}(x) = (f_0 \circ f_k)(x) = f_0(f_k(x)) = f_0\left(\frac{x}{(k+1)x+1}\right)$

$$= \frac{\frac{x}{(k+1)x+1}}{\frac{x}{(k+1)x+1}+1} = \frac{\frac{x}{(k+1)x+1}}{\frac{(k+2)x+1}{(k+1)x+1}} = \frac{x}{(k+2)x+1}$$

Essa expressão mostra que (4) é verdadeira para $n = k + 1$. Portanto, por indução matemática, é verdadeira para todo n inteiro positivo. ∎

Problemas

1. Um dos lados de um triângulo retângulo tem 4 cm de comprimento. Expresse o comprimento da altura perpendicular à hipotenusa como uma função do comprimento da hipotenusa.
2. A altura perpendicular à hipotenusa de um triângulo retângulo é de 12 cm. Expresse o comprimento da hipotenusa como uma função do perímetro.
3. Resolva a equação $|4x - |x+1|| = 3$.
4. Resolva a inequação $|x - 1| - |x - 3| \geq 5$.
5. Esboce o gráfico da função $f(x) = |x^2 - 4|x| + 3|$.
6. Esboce o gráfico da função $g(x) = |x^2 - 1| - |x^2 - 4|$.
7. Faça o gráfico da equação $x + |x| = y + |y|$.

8. Esboce a região do plano que consiste de todos os pontos (x, y) tais que
$$|x - y| + |x| - |y| \leq 2$$

9. A notação $\max\{a, b, \ldots\}$ significa o maior dos números $a, b, \ldots$ Esboce o gráfico de cada função.
   (a) $f(x) = \max\{x, 1/x\}$
   (b) $f(x) = \max\{\operatorname{sen} x, \cos x\}$
   (c) $f(x) = \max\{x^2, 2 + x, 2 - x\}$

10. Esboce a região do plano definida para cada uma das seguintes equações ou inequações.
   (a) $\max\{x, 2y\} = 1$
   (b) $-1 \leq \max\{x, 2y\} \leq 1$
   (c) $\max\{x, y^2\} = 1$

11. Mostre que, se $x > 0$ e $x \neq 1$, então
$$\frac{1}{\log_2 x} + \frac{1}{\log_3 x} + \frac{1}{\log_5 x} = \frac{1}{\log_{30} x}$$

12. Determine o número de soluções da equação $\operatorname{sen} x = \dfrac{x}{100}$.

13. Determine o valor exato de
$$\operatorname{sen}\frac{\pi}{100} + \operatorname{sen}\frac{2\pi}{100} + \operatorname{sen}\frac{3\pi}{100} + \cdots + \operatorname{sen}\frac{200\pi}{100}$$

14. (a) Mostre que a função $f(x) = \ln(x + \sqrt{x^2 + 1})$ é uma função ímpar.
   (b) Determine a função inversa de f.

15. Resolva a inequação $\ln(x^2 - 2x - 2) \leq 0$.

16. Use um raciocínio indireto para demonstrar que $\log_2 5$ é um número irracional.

17. Uma pessoa inicia uma viagem. Na primeira metade do percurso ela dirige sossegadamente a 50 km/h; na segunda, ela vai a 100 km/h. Qual sua velocidade média na viagem?

18. É verdadeiro que $f \circ (g + h) = f \circ g + f \circ h$?

19. Demonstre que, se n for um inteiro positivo, então $7^n - 1$ é divisível por 6.

20. Demonstre que $1 + 3 + 5 + \cdots + (2n - 1) = n^2$.

21. Se $f_0(x) = x^2$ e $f_{n+1}(x) = f_0(f_n(x))$ para $n = 0, 1, 2, \ldots$, encontre uma fórmula para $f_n(x)$.

22. (a) Se $f_0(x) = \dfrac{1}{2-x}$ e $f_{n+1} = f_0 \circ f_n$ para $n = 0, 1, 2, \ldots$, encontre uma expressão para $f_n(x)$ e utilize a indução matemática para demonstrá-la.
   (b) Faça na mesma tela os gráficos de f_0, f_1, f_2, f_3 e descreva os efeitos da composição repetida.

Sabemos que, ao soltar um objeto de determinada altura, sua queda fica cada vez mais rápida com o passar do tempo. Galileu descobriu que a distância percorrida na queda é proporcional ao quadrado do tempo decorrido. Por sua vez, o cálculo nos permite calcular a velocidade exata do objeto em qualquer instante. No Exercício 2.7.11, você é convidado a determinar a velocidade com que um saltador de penhasco mergulha no oceano.

Icealex/Shutterstock.com

2 Limites e Derivadas

EM *UMA APRESENTAÇÃO DO CÁLCULO* (incluída imediatamente antes do Capítulo 1) vimos como a ideia de limite é a base dos vários ramos do cálculo. Por isso, é apropriado começar nosso estudo de cálculo examinando os limites e suas propriedades. O tipo especial de limite usado para encontrar as tangentes e as velocidades dá origem à ideia central do cálculo diferencial – a derivada.

2.1 Os Problemas da Tangente e da Velocidade

Nesta seção vamos ver como surgem os limites quando tentamos encontrar a tangente de uma curva ou a velocidade de um objeto.

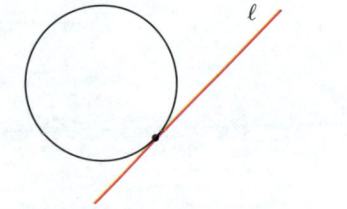

■ O Problema da Tangente

A palavra *tangente* vem do latim *tangens*, que significa "tocando". Podemos pensar na tangente como uma curva que se parece com uma reta que toca a curva e segue a mesma direção da curva no ponto de contato. Como tornar precisa essa ideia?

Para um círculo, poderíamos simplesmente, como Euclides, dizer que a tangente é uma reta ℓ que intercepta o círculo uma única vez, conforme a Figura 1(a). Para as curvas mais complicadas essa definição é inadequada. A Figura 1(b) mostra uma reta ℓ que aparenta ser tangente à curva C no ponto P, mas que intercepta C duas vezes.

Sendo objetivos, consideremos o problema que consiste em encontrar uma reta ℓ que é tangente à parábola $y = x^2$.

EXEMPLO 1 Encontre uma equação da reta tangente à parábola $y = x^2$ no ponto $P(1, 1)$

SOLUÇÃO Podemos encontrar uma equação da reta tangente ℓ assim que soubermos sua inclinação m. A dificuldade está no fato de conhecermos somente o ponto P, em ℓ, quando precisamos de dois pontos para calcular a inclinação. Observe, porém, que podemos calcular uma aproximação de m escolhendo um ponto próximo $Q(x, x^2)$ sobre a parábola (como na Figura 2) e calculando a inclinação m_{PQ} da reta secante PQ. (Uma **reta secante**, do latim *secans*, que significa "corte", é uma linha que corta [intersecta] uma curva mais de uma vez.)

Escolhemos $x \neq 1$ de forma que $Q \neq P$. Então

$$m_{PQ} = \frac{x^2 - 1}{x - 1}$$

Por exemplo, para o ponto $Q(1,5; 2,25)$, temos

$$m_{PQ} = \frac{2,25 - 1}{1,5 - 1} = \frac{1,25}{0,5} = 2,5$$

As tabelas mostram os valores de m_{PQ} para diversos valores de x próximos a 1. Quanto mais próximo Q estiver de P, mais próximo x estará de 1, e a tabela indica que m_{PQ} estará mais próximo de 2. Isso sugere que a inclinação da reta tangente ℓ deve ser $m = 2$.

Dizemos que a inclinação da reta tangente é o *limite* das inclinações das retas secantes e expressamos isso simbolicamente escrevendo que

$$\lim_{Q \to P} m_{PQ} = m \quad \text{e} \quad \lim_{x \to 1} \frac{x^2 - 1}{x - 1} = 2$$

Supondo que a inclinação da reta tangente seja realmente 2, usamos a forma ponto-inclinação da equação de uma reta $[y - y_1 = m(x - x_1)$, veja o Apêndice B] para escrever a equação da tangente no ponto $(1, 1)$ como

$$y - 1 = 2(x - 1) \quad \text{ou} \quad y = 2x - 1 \quad \blacksquare$$

A Figura 3 ilustra o processo de limite que ocorre no Exemplo 1. À medida que Q tende a P ao longo da parábola, as retas secantes correspondentes giram em torno de P e tendem à reta tangente ℓ.

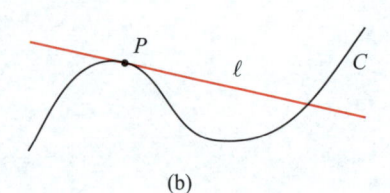

FIGURA 1

FIGURA 2

x	m_{PQ}
2	3
1,5	2,5
1,1	2,1
1,01	2,01
1,001	2,001

x	m_{PQ}
0	1
0,5	1,5
0,9	1,9
0,99	1,99
0,999	1,999

Q tende a *P* pela direita

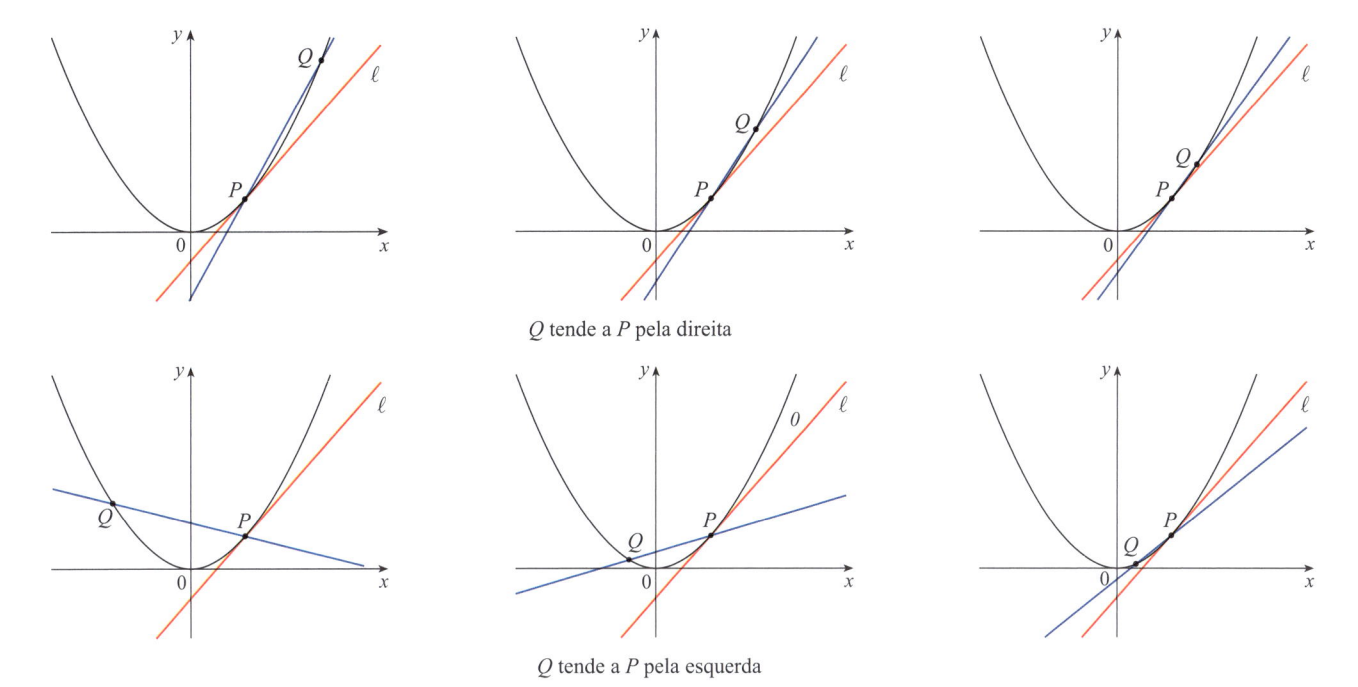

Q tende a *P* pela esquerda

FIGURA 3

Nas ciências, muitas funções não são descritas por equações explícitas; elas são definidas por dados experimentais. O exemplo a seguir mostra como estimar a inclinação da reta tangente ao gráfico de uma dessas funções.

EXEMPLO 2 Um dispositivo de laser por pulso funciona armazenando carga em um capacitor e liberando-a instantaneamente quando o laser é disparado. Os dados da tabela descrevem a carga Q disponível no capacitor (medida em coulombs) no instante t (medido em segundos decorridos desde o disparo do laser). Use os dados para traçar o gráfico dessa função e estimar a inclinação da reta tangente no ponto onde $t = 0,04$. (*Nota*: A inclinação da reta tangente representa a corrente elétrica [medida em amperes] que flui do capacitor para o laser.)

SOLUÇÃO Na Figura 4 marcamos os pontos dados e usamos esses pontos para esboçar uma curva que aproxima o gráfico da função.

t	Q
0,00	10,000
0,02	8,187
0,04	6,703
0,06	5,488
0,08	4,493
0,10	3,676

FIGURA 4

Dados os pontos $P(0,04, 6,703)$ e $R(0, 10)$ no gráfico, descobrimos que a inclinação da reta secante PR é

$$m_{PR} = \frac{10 - 6,703}{0 - 0,04} = -82,425$$

R	m_{PR}
(0, 10)	−82,425
(0,02, 8,187)	−74,200
(0,06, 5,488)	−60,750
(0,08, 4,493)	−55,250
(0,1, 3,676)	−50,450

A tabela à esquerda mostra os resultados de cálculos semelhantes para as inclinações de outras retas secantes. A partir dela podemos esperar que a inclinação da reta tangente em $t = 0,04$ esteja em algum ponto entre −74,20 e −60,75. De fato, a média das inclinações das duas retas secantes mais próximas é

$$\tfrac{1}{2}(-74,20 - 60,75) = -67,475$$

Assim, por esse método, estimamos que a inclinação da reta tangente é −67,5.

Outro método é traçar uma aproximação da reta tangente em P e medir os lados do triângulo ABC, como na Figura 5.

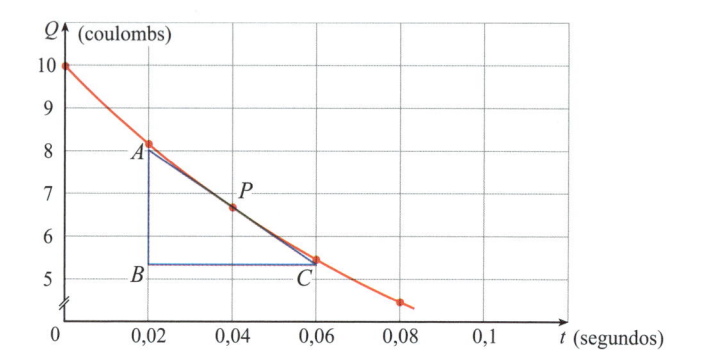

FIGURA 5

O significado físico da resposta do Exemplo 2 é que a corrente que flui do capacitor para o laser após 0,04 s é de cerca de −65 amperes.

Isso dá uma estimativa da inclinação da reta tangente como

$$-\frac{|AB|}{|BC|} \approx -\frac{8,0-5,4}{0,06-0,02} = -65,0$$

■ O Problema da Velocidade

Se você observar o velocímetro de um carro no tráfego urbano, verá que o ponteiro não fica parado no mesmo lugar por muito tempo; isto é, a velocidade do carro não é constante. Podemos conjecturar, pela observação do velocímetro, que o carro tem uma velocidade definida em cada momento. Mas como definir essa velocidade "instantânea"?

Consideremos o seguinte *problema da velocidade*: determinar a velocidade instantânea de um objeto que se move em uma trajetória reta, em determinado período, supondo que a posição do objeto a cada instante é conhecida. No próximo exemplo, investigamos a velocidade de uma bola que cai. Por meio de experimentos realizados há quatrocentos anos, Galileu descobriu que a distância percorrida por qualquer corpo em queda livre é proporcional ao quadrado do tempo de queda. (Esse modelo baseado na queda livre despreza a resistência do ar.) Se, após t segundos, a distância percorrida na queda, medida em metros, é denominada $s(t)$, então (nas proximidades da superfície da Terra) o princípio descoberto por Galileu pode ser expresso pela equação

$$s(t) = 4,9t^2$$

EXEMPLO 3 Suponha que uma bola seja solta a partir do ponto de observação no alto da Torre CN, em Toronto, 450 m acima do solo. Encontre a velocidade da bola após 5 segundos.

SOLUÇÃO A dificuldade em encontrar a velocidade após 5 segundos está em tratarmos de um único instante de tempo ($t = 5$), ou seja, não temos um intervalo de tempo. Porém, podemos aproximar a quantidade desejada calculando a velocidade média sobre o breve intervalo de tempo de um décimo de segundo, de $t = 5$ até $t = 5,1$:

A Torre CN, em Toronto.

$$\text{velocidade média} = \frac{\text{mudança de posição}}{\text{tempo decorrido}}$$

$$= \frac{s(5,1) - s(5)}{0,1}$$

$$= \frac{4,9(5,1)^2 - 4,9(5)^2}{0,1} = 49,49 \text{ m/s}$$

A tabela a seguir mostra os resultados de cálculos similares da velocidade média em períodos cada vez menores.

Intervalo de tempo	Velocidade média (m/s)
$5 \leq t \leq 5,1$	49,49
$5 \leq t \leq 5,05$	49,245
$5 \leq t \leq 5,01$	49,049
$5 \leq t \leq 5,001$	49,0049

Parece que, à medida que encurtamos o período do tempo, a velocidade média fica cada vez mais próxima de 49 m/s. A **velocidade instantânea** quando $t = 5$ é definida como o valor limite dessas velocidades médias em períodos cada vez menores, começando em $t = 5$. Assim, parece que a velocidade (instantânea) após 5 segundos é 49 m/s. ∎

Você deve ter percebido que os cálculos usados na solução desse problema são muito semelhantes àqueles usados anteriormente nesta seção para encontrar as tangentes. Na realidade, há uma estreita relação entre o problema da tangente e o problema da velocidade. Se traçarmos o gráfico da função distância percorrida pela bola (como na Figura 6) e considerarmos os pontos $P(5, 4,9(5)^2)$ e $Q(5 + h, 4,9(5 + h)^2)$ sobre o gráfico, então a inclinação da reta secante PQ será

$$m_{PQ} = \frac{4,9(5+h)^2 - 4,9(5)^2}{(5+h) - 5}$$

que é igual à velocidade média no intervalo de tempo $[5, 5 + h]$. Logo, a velocidade no instante $t = 5$ (o limite dessas velocidades médias quando h tende a 0) deve ser igual à inclinação da reta tangente em P (o limite das inclinações das retas secantes).

Os Exemplos 1 e 3 mostram que para resolver problemas de velocidade e de tangente precisamos encontrar limites. Após estudarmos métodos para o cálculo de limites nas próximas cinco seções, retornaremos aos problemas de encontrar tangentes e velocidades na Seção 2.7.

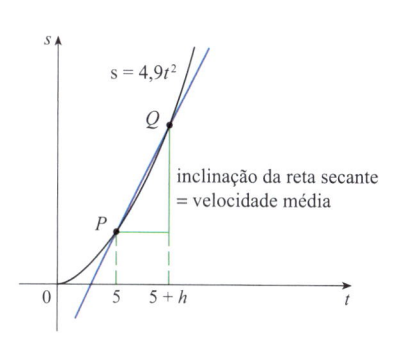

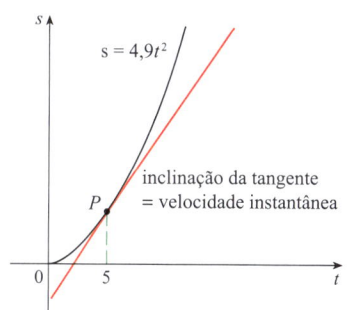

FIGURA 6

2.1 | Exercícios

1. Um tanque com capacidade para 1.000 litros de água é drenado pela base em meia hora. Os valores na tabela mostram o volume V de água remanescente no tanque (em litros) após t minutos.

t (min)	5	10	15	20	25	30
V (L)	694	444	250	111	28	0

(a) Se P é o ponto $(15, 250)$ sobre o gráfico de V, encontre as inclinações das retas secantes PQ, onde Q é o ponto sobre o gráfico com $t = 5, 10, 20, 25$ e 30.

(b) Estime a inclinação da reta tangente em P pela média das inclinações de duas retas secantes.

(c) Use um gráfico de V para estimar a inclinação da reta tangente em P. (Essa inclinação representa a razão na qual a água flui do tanque após 15 minutos.)

2. Uma estudante comprou um *smartwatch* que monitora o número de passos que ela dá ao longo do dia. A tabela mostra o número de passos registrados depois de passados t minutos das 3 horas da tarde, no primeiro dia de uso do relógio pela estudante.

t (min)	0	10	20	30	40
Passos	3.438	4.559	5.622	6.536	7.398

(a) Determine as inclinações das retas secantes correspondentes aos intervalos de t fornecidos a seguir. O que representam essas inclinações?
  (i) [0, 40] (ii) [10, 20] (iii) [20, 30]
(b) Calculando a média das inclinações de duas retas secantes, estime o ritmo de caminhada da estudante, em passos por minuto, às 3h20 da tarde.

3. O ponto $P(2, -1)$ está sobre a curva $y = 1/(1 - x)$.
   (a) Se Q é o ponto $(x, 1/(1 - x))$, determine a inclinação da reta secante PQ, com precisão de seis casas decimais, para os seguintes valores de x:
   (i) 1,5 (ii) 1,9 (iii) 1,99 (iv) 1,999
   (v) 2,5 (vi) 2,1 (vii) 2,01 (viii) 2,001
   (b) Usando os resultados da parte (a), estime o valor da inclinação da reta tangente à curva no ponto $P(2, -1)$.
   (c) Use a inclinação obtida na parte (b) para achar uma equação da reta tangente à curva em $P(2, -1)$.

4. O ponto $P(0,5; 0)$ está sobre a curva $y = \cos \pi x$.
   (a) Se Q é o ponto $(x, \cos \pi x)$, determine a inclinação da reta secante PQ (com precisão de seis casas decimais) para os seguintes valores de x:
   (i) 0 (ii) 0,4 (iii) 0,49
   (iv) 0,499 (v) 1 (vi) 0,6
   (vii) 0,51 (viii) 0,501
   (b) Usando os resultados da parte (a), estime o valor da inclinação da reta tangente à curva no ponto $P(0,5, 0)$.
   (c) Usando a inclinação obtida na parte (b), ache uma equação da reta tangente à curva em $P(0,5, 0)$.
   (d) Esboce a curva, duas das retas secantes e a reta tangente.

5. Uma ponte cruza um rio a uma altura de 80 metros do nível da água. Se uma pedra cai da ponte, sua altura com relação à superfície da água, depois de passados t segundos da queda, é dada por $y = 80 - 4,9t^2$.
   (a) Determine a velocidade média da pedra no intervalo que começa em $t = 4$ e dura
   (i) 0,1 segundo (ii) 0,05 segundo (iii) 0,01 segundo
   (b) Estime a velocidade instantânea que a pedra possuía 4 segundos após a queda.

6. Se uma pedra for jogada para cima no planeta Marte com velocidade de 10 m/s, sua altura (em metros) t segundos mais tarde é dada por $y = 10t - 1,86t^2$.
   (a) Encontre a velocidade média entre os intervalos de tempo dados:
   (i) [1, 2] (ii) [1, 1,5] (iii) [1, 1,1]
   (iv) [1, 1,01] (v) [1, 1,001]
   (b) Estime a velocidade instantânea quando $t = 1$.

7. A tabela mostra a posição de um ciclista após acelerar a partir do repouso.

t (segundos)	0	1	2	3	4	5	6
(metros)	0	1,5	6,3	14,2	24,1	38,0	53,9

(a) Encontre a velocidade média nos períodos de tempo a seguir:
   (i) [2, 4] (ii) [3, 4] (iii) [4, 5] (iv) [4, 6]
(b) Use o gráfico de s como uma função de t para estimar a velocidade instantânea quando $t = 3$.

8. O deslocamento (em centímetros) de uma partícula se movendo para a frente e para trás ao longo de uma reta é dado pela equação de movimento $s = 2 \operatorname{sen} \pi t + 3 \cos \pi t$, onde t é medido em segundos.
   (a) Encontre a velocidade média em cada período:
   (i) [1, 2] (ii) [1, 1,1]
   (iii) [1, 1,01] (iv) [1, 1,001]
   (b) Estime a velocidade instantânea da partícula quando $t = 1$.

9. O ponto $P(1, 0)$ está sobre a curva $y = \operatorname{sen}(10\pi/x)$.
   (a) Se Q for o ponto $(x, \operatorname{sen}(10\pi/x))$, encontre a inclinação da reta secante PQ (com precisão de quatro casas decimais) para $x = 2, 1,5, 1,4, 1,3, 1,2, 1,1, 0,5, 0,6, 0,7, 0,8$ e 0,9. As inclinações parecem tender a um limite?
   (b) Use um gráfico da curva para explicar por que as inclinações das retas secantes da parte (a) não estão próximas da inclinação da reta tangente em P.
   (c) Escolhendo as retas secantes apropriadas, estime a inclinação da reta tangente em P.

2.2 O Limite de uma Função

Tendo visto na seção anterior como surgem os limites quando queremos encontrar as tangentes a uma curva ou a velocidade de um objeto, vamos voltar nossa atenção para os limites em geral e para os métodos de calculá-los.

■ Determinando Limites Numérica e Graficamente

Vamos analisar o comportamento da função f definida por $f(x) = (x - 1)/(x^2 - 1)$ para valores de x próximos de 1. A tabela a seguir fornece os valores de $f(x)$ para valores de x próximos de 1, mas não iguais a 1.

$x < 1$	$f(x)$	$x > 1$	$f(x)$
0,5	0,666667	1,5	0,400000
0,9	0,526316	1,1	0,476190
0,99	0,502513	1,01	0,497512
0,999	0,500250	1,001	0,499750
0,9999	0,500025	1,0001	0,499975
⬇	⬇	⬇	⬇
1	0,5	1	0,5

Da tabela e do gráfico de f mostrado na Figura 1, vemos que quanto mais próximo x estiver de 1 (de qualquer lado de 1), mais próximo $f(x)$ estará de 0,5. De fato, parece que podemos tornar os valores de $f(x)$ tão próximos de 0,5 quanto quisermos, ao tornar x suficientemente próximo de 1. Expressamos isso dizendo que "o limite da função $f(x) = (x-1)/(x^2-1)$ quando x tende a 1 é igual a 0,5". A notação para isso é

$$\lim_{x \to 1} \frac{x-1}{x^2-1} = 0,5$$

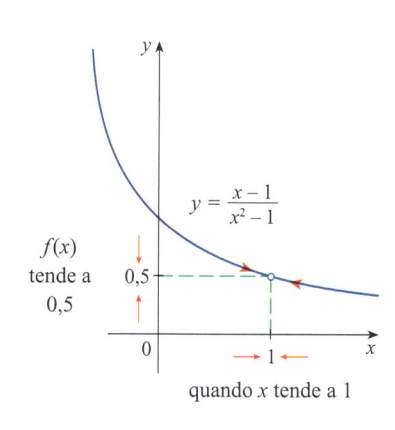

FIGURA 1

Em geral, usamos a seguinte notação:

> **1 Definição Intuitiva de Limite** Suponha que $f(x)$ seja definido quando está próximo ao número a. (Isso significa que f é definido em algum intervalo aberto que contenha a, exceto possivelmente no próprio a.) Então escrevemos
>
> $$\lim_{x \to a} f(x) = L$$
>
> e dizemos   "o limite de $f(x)$, quando x tende a a, é igual a L"
>
> se pudermos tornar os valores de $f(x)$ arbitrariamente próximos de L (tão próximos de L quanto quisermos), ao tomar x suficientemente próximo de a (por ambos os lados de a), mas não igual a a.

Grosso modo, isso significa que os valores de $f(x)$ tendem a L quando x tende a a. Em outras palavras, os valores de $f(x)$ tendem a ficar cada vez mais próximos do número L à medida que x tende ao número a (por qualquer lado de a), mas $x \neq a$. (Uma definição mais precisa será dada na Seção 2.4.)

Uma notação alternativa para

$$\lim_{x \to a} f(x) = L$$

é $f(x) \to L$ quando $x \to a$

que geralmente é lida como "$f(x)$ tende a L quando x tende a a".

Observe a frase, "mas x não é igual a a" na definição de limite. Isso significa que, ao procurar o limite de $f(x)$ quando x tende a a, nunca consideramos $x = a$. Na verdade, $f(x)$ não precisa sequer estar definida quando $x = a$. A única coisa que importa é como f está definida *próximo de a*.

A Figura 2 mostra os gráficos de três funções. Note que, na parte (b), $f(a)$ não está definida e, na parte (c), $f(a) \neq L$. Mas, em cada caso, não importando o que acontece em a, é verdade que $\lim_{x \to a} f(x) = L$.

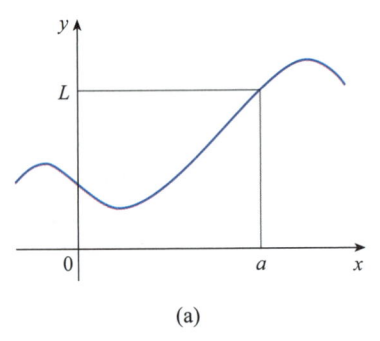

FIGURA 2 $\lim_{x \to a} f(x) = L$ nos três casos

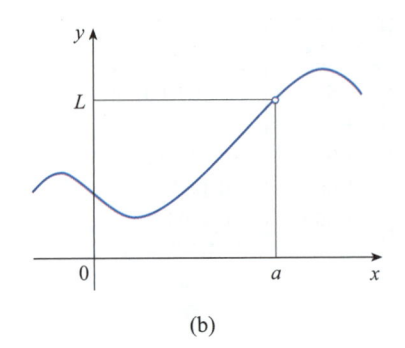

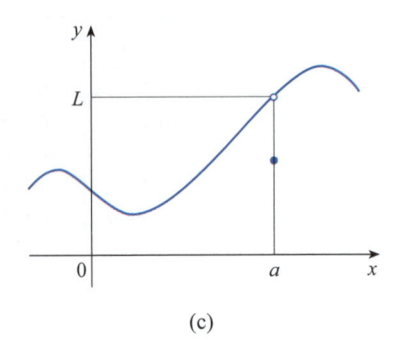

EXEMPLO 1 Estime o valor de $\lim_{t \to 0} \dfrac{\sqrt{t^2 + 9} - 3}{t^2}$.

SOLUÇÃO A tabela fornece uma lista de valores da função para vários valores de t próximos de 0.

t	$\dfrac{\sqrt{t^2+9}-3}{t^2}$
±1,0	0,162277 …
±0,5	0,165525 …
±0,1	0,166620 …
±0,05	0,166655 …
±0,01	0,166666 …

À medida que t tende a 0, os valores da função parecem tender a 0,1666666 … e, assim, podemos conjecturar que

$$\lim_{t \to 0} \dfrac{\sqrt{t^2+9}-3}{t^2} = \dfrac{1}{6}$$

t	$\dfrac{\sqrt{t^2+9}-3}{t^2}$
±0,001	0,166667
±0,0001	0,166670
±0,00001	0,167000
±0,000001	0,000000

O que aconteceria no Exemplo 1 se tivéssemos dado valores ainda menores para t? A tabela ao lado mostra os resultados obtidos em uma calculadora; você pode observar que algo estranho acontece.

Se você tentar fazer esses cálculos em sua calculadora, poderá obter valores diferentes, mas finalmente vai obter o valor 0 para um t suficientemente pequeno. Isso significa que a resposta é realmente 0, e não $\frac{1}{6}$? Não, o valor do limite é $\frac{1}{6}$, como veremos na próxima seção. O problema é que a calculadora dá valores falsos, pois $\sqrt{t^2+9}$ fica muito próximo de 3 quando t é pequeno. (Na realidade, quando t é suficientemente pequeno, o valor obtido na calculadora para $\sqrt{t^2+9}$ é 3.000 …, com tantas casas decimais quanto a calculadora for capaz de fornecer.)

Algo muito parecido acontece ao tentarmos fazer o gráfico da função

$$f(t) = \dfrac{\sqrt{t^2+9}-3}{t^2}$$

do Exemplo 1 em uma calculadora gráfica ou computador. As partes (a) e (b) da Figura 3 mostram gráficos bem precisos de f e, quando usamos o *trace mode* (se disponível), podemos facilmente estimar que o limite é de cerca de $\frac{1}{6}$. Porém, se dermos um *zoom*,

---

www.StewartCalculus.com
Para uma explicação adicional dos motivos pelos quais, às vezes, as calculadoras fornecem valores incorretos, clique em *Mentiras que Minha Calculadora e Meu Computador Me Contaram* (*Lies My Calculator and Computer Told Me*). Visite especialmente a seção denominada *Os Perigos da Subtração* (*The Perils of Subtraction*). Este material está disponível em português na página deste livro no site da Cengage.

como em (c) e (d), obteremos gráficos imprecisos, novamente em virtude dos erros de arredondamento que surgem nos cálculos.

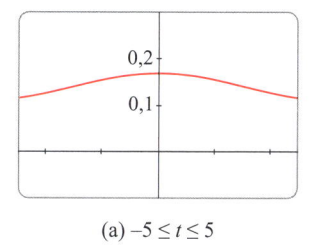

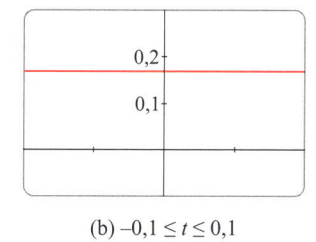

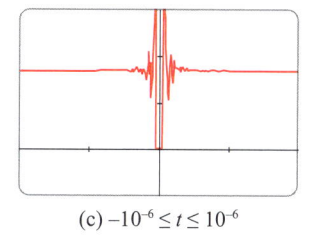

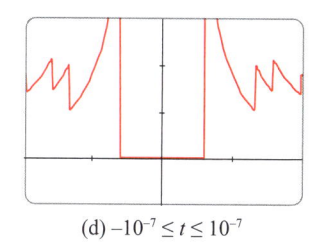

(a) $-5 \leq t \leq 5$ (b) $-0{,}1 \leq t \leq 0{,}1$ (c) $-10^{-6} \leq t \leq 10^{-6}$ (d) $-10^{-7} \leq t \leq 10^{-7}$

FIGURA 3

EXEMPLO 2 Faça uma estimativa de $\lim\limits_{x \to 0} \dfrac{\operatorname{sen} x}{x}$.

SOLUÇÃO A função $f(x) = (\operatorname{sen} x)/x$ não está definida quando $x = 0$. Usando uma calculadora (e lembrando-se de que, se $x \in \mathbb{R}$, sen x indica o seno de um ângulo cuja medida em *radianos* é x), construímos a tabela ao lado usando valores com precisão de oito casas decimais. Da tabela e do gráfico da Figura 4, temos que

$$\lim_{x \to 0} \frac{\operatorname{sen} x}{x} = 1$$

Essa suposição está de fato correta, como será demonstrado no Capítulo 3 usando argumentos geométricos.

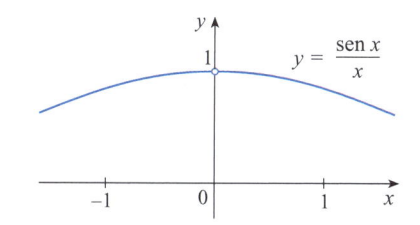

x	$\dfrac{\operatorname{sen} x}{x}$
$\pm 1{,}0$	0,84147098
$\pm 0{,}5$	0,95885108
$\pm 0{,}4$	0,97354586
$\pm 0{,}3$	0,98506736
$\pm 0{,}2$	0,99334665
$\pm 0{,}1$	0,99833417
$\pm 0{,}05$	0,99958339
$\pm 0{,}01$	0,99998333
$\pm 0{,}005$	0,99999583
$\pm 0{,}001$	0,99999983

FIGURA 4

EXEMPLO 3 Encontre $\lim\limits_{x \to 0} \left(x^3 + \dfrac{\cos 5x}{10.000} \right)$.

SOLUÇÃO Como antes, construímos uma tabela de valores. Pela primeira tabela tem-se a impressão de que o limite pode ser igual a zero.

x	$x^3 + \dfrac{\cos 5x}{10.000}$
1	1,000028
0,5	0,124920
0,1	0,001088
0,05	0,000222
0,01	0,000101

x	$x^3 + \dfrac{\cos 5x}{10.000}$
0,005	0,00010009
0,001	0,00010000

Mas, se continuarmos com valores ainda menores de x, a segunda tabela sugere que é mais provável que o limite seja 0,0001. Na Seção 2.5, seremos capazes de provar que $\lim_{x \to 0} \cos 5x = 1$, o que faz que

$$\lim_{x \to 0} \left(x^3 + \frac{\cos 5x}{10.000} \right) = \frac{1}{10.000} = 0{,}0001$$

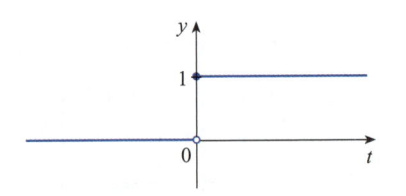

FIGURA 5
A função de Heaviside

■ Limites Laterais

A função de Heaviside, H, é definida por

$$H(t) = \begin{cases} 0 & \text{se } t < 0 \\ 1 & \text{se } t \geq 0 \end{cases}$$

[Essa função, cujo nome homenageia o engenheiro elétrico Oliver Heaviside (1850-1925), pode ser usada para descrever uma corrente elétrica que é ligada em $t = 0$.] Seu gráfico está na Figura 5.

Não há um número único para o qual $H(t)$ tende quando t tende a 0. Portanto, $\lim_{t \to 0} H(t)$ não existe. Entretanto, quando t tende a 0 pela esquerda, $H(t)$ tende 0. De modo análogo, quando t tende a 0 pela direita, $H(t)$ tende a 1. Indicamos essa situação simbolicamente escrevendo

$$\lim_{t \to 0^-} H(t) = 0 \quad \text{e} \quad \lim_{t \to 0^+} H(t) = 1$$

e damos a esses limites a denominação de *limites laterais*. A notação $t \to 0^-$ indica que estamos considerando somente valores de t menores que 0. Da mesma forma, $t \to 0^+$ indica que estamos considerando somente valores de t maiores que 0.

---

2 Definição de Limites Laterais Escrevemos

$$\lim_{x \to a^-} f(x) = L$$

e dizemos que o **limite à esquerda** de $f(x)$ quando x tende a a [ou o limite de $f(x)$ quando x tende a a pela esquerda] é igual a L se pudermos tornar os valores de $f(x)$ arbitrariamente próximos de L, ao restringirmos x a uma região suficientemente pequena em torno de a, com x menor que a.

Escrevemos

$$\lim_{x \to a^+} f(x) = L$$

e dizemos que o **limite à direita** de $f(x)$ quando x tende a a [ou o limite de $f(x)$ quando x tende a a pela direita] é igual a L se pudermos tornar os valores de $f(x)$ arbitrariamente próximos de L ao restringirmos x a uma região suficientemente pequena em torno de a, com x maior que a.

Como exemplo, a notação $x \to 5^-$ indica que consideramos apenas $x < 5$, e $x \to 5^+$ significa que consideramos apenas $x > 5$. A Definição 2 está ilustrada na Figura 6.

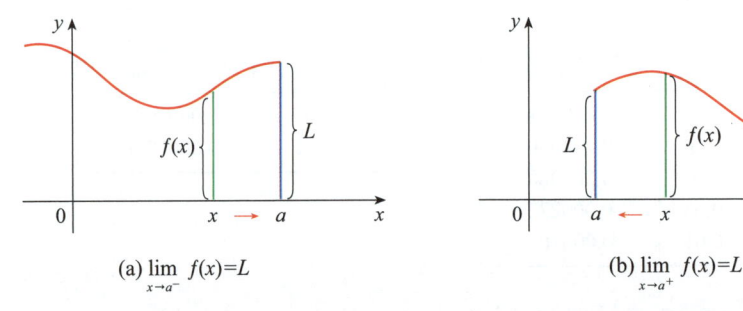

FIGURA 6

(a) $\lim_{x \to a^-} f(x) = L$

(b) $\lim_{x \to a^+} f(x) = L$

Observe que a Definição 2 difere da Definição 1 apenas pelo fato de exigirmos que x seja menor que (ou maior que) a. Comparando essas definições, chegamos à seguinte conclusão:

| 3 | $\lim_{x \to a} f(x) = L$ se e somente se $\lim_{x \to a^-} f(x) = L$ e $\lim_{x \to a^+} f(x) = L$ |

EXEMPLO 4 O gráfico de uma função g é apresentado na Figura 7. Use o gráfico para estabelecer os valores (se existirem) do seguinte:

(a) $\lim_{x \to 2^-} g(x)$ (b) $\lim_{x \to 5^-} h(x)$ (c) $\lim_{x \to 2} g(x)$

(d) $\lim_{x \to 5^-} g(x)$ (e) $\lim_{x \to 5^+} g(x)$ (f) $\lim_{x \to 5} g(x)$

SOLUÇÃO A partir do gráfico, vemos que os valores de $g(x)$ tendem a 3 à medida que os de x tendem a 2 pela esquerda, mas tendem a 1 quando x tende a 2 pela direita. Logo

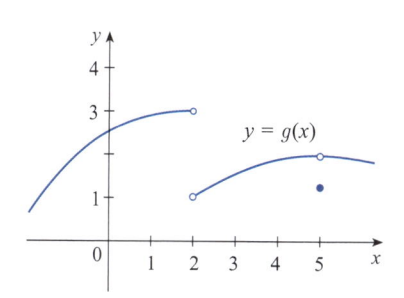

FIGURA 7

(a) $\lim_{x \to 2^-} g(x) = 3$ e (b) $\lim_{x \to 2^+} g(x) = 1$

(c) Uma vez que são diferentes os limites à esquerda e à direita, concluímos de (3) que $\lim_{x \to 2} g(x)$ não existe.

O gráfico mostra também que

(d) $\lim_{x \to 5^-} g(x) = 2$ e (e) $\lim_{x \to 5^+} g(x) = 2$

(f) Agora, os limites à esquerda e à direita são iguais; assim, de (3), temos

$$\lim_{x \to 5} g(x) = 2$$

Apesar desse fato, observe que $g(5) \neq 2$.

■ **Como é possível que um limite não exista?**

Já vimos que um limite não existe em um número a se os limites à esquerda e à direita não são iguais (como no Exemplo 4). Os próximos dois exemplos ilustram outras situações em que um limite pode não existir.

EXEMPLO 5 Analise $\lim_{x \to 0} \text{sen} \frac{\pi}{x}$.

SOLUÇÃO Observe que a função $f(x) = \text{sen}(\pi/x)$ não está definida para 0. Calculando a função para alguns valores pequenos de x, obtemos

$f(1) = \text{sen } \pi = 0$ $f(\tfrac{1}{2}) = \text{sen } 2\pi = 0$

$f(\tfrac{1}{3}) = \text{sen } 3\pi = 0$ $f(\tfrac{1}{4}) = \text{sen } 4\pi = 0$

$f(0,1) = \text{sen } 10\pi = 0$ $f(0,01) = \text{sen } 100\pi = 0$

De forma similar, $f(0,001) = f(0,0001) = 0$. Com base nessa informação, somos tentados a crer que o limite é 0, mas, nesse caso, nossa suposição está errada. Observe que, embora $f(1/n) = \text{sen } n\pi = 0$ para todo número inteiro n, também é verdade que $f(x) = 1$ para um número infinito de valores de x (tais como 2/5 e 2/101) que tendem a 0. Você pode constatar isso a partir do gráfico de f mostrado na Figura 8.

Limites e Tecnologia
Existem aplicativos, incluindo os sistemas de computação algébrica (SCA), que são capazes de calcular limites. Para evitar os tipos de problemas mostrados nos Exemplos 1, 3 e 5, esses aplicativos não encontram limites usando experimentação numérica. Em lugar disso, eles usam técnicas mais sofisticadas, tais como o cálculo de séries infinitas. Incentivamos você a usar um desses recursos para calcular os limites dos exemplos desta seção e conferir suas respostas aos exercícios deste capítulo.

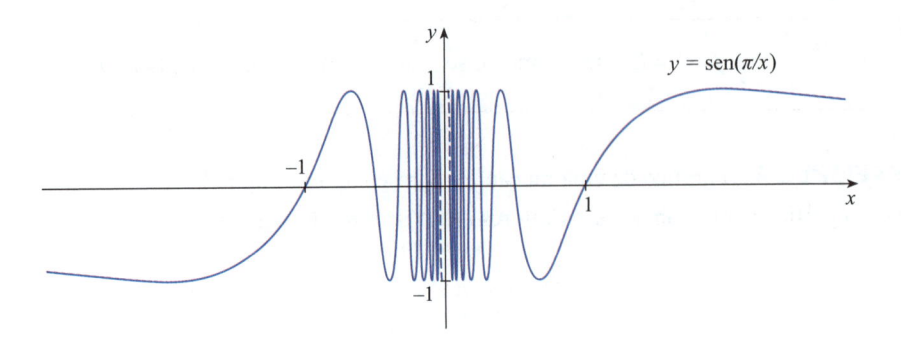

FIGURA 8

As linhas tracejadas próximas ao eixo y indicam que os valores de sen (π/x) oscilam com frequência infinita entre 1 e -1 quando x tende a 0.

Uma vez que os valores de $f(x)$ não tendem a um número fixo quando x tende a 0,

$$\lim_{x \to 0} \operatorname{sen} \frac{\pi}{x} \text{ não existe}$$

Os exemplos 3 e 5 ilustram algumas das armadilhas que surgem ao estimar o valor de um limite. É fácil deduzir um valor errado se usamos valores inapropriados de x, mas é difícil descobrir quando se deve parar de calcular valores. E, como mostra a discussão apresentada após o Exemplo 1, há casos em que as calculadoras e os computadores fornecem valores errados. Na próxima seção, entretanto, vamos expor métodos infalíveis para o cálculo de limites.

Outra situação em que é possível que não exista o limite em um número a é aquela na qual os valores da função crescem de forma arbitrária (em valor absoluto) quando x tende a a.

EXEMPLO 6 Encontre $\lim\limits_{x \to 0} \dfrac{1}{x^2}$, se existir.

SOLUÇÃO À medida que x tende a 0, x^2 também tende a 0, e $1/x^2$ fica muito grande. (Veja a tabela a seguir.) De fato, a partir do gráfico da função $f(x) = 1/x^2$ da Figura 9, parece que a função $f(x)$ pode se tornar arbitrariamente grande ao tornarmos os valores de x suficientemente próximos de 0. Assim, os valores de $f(x)$ não tendem a um número, e não existe $\lim_{x \to 0} (1/x^2)$.

x	$\dfrac{1}{x^2}$
± 1	1
$\pm 0{,}5$	4
$\pm 0{,}2$	25
$\pm 0{,}1$	100
$\pm 0{,}05$	400
$\pm 0{,}01$	10.000
$\pm 0{,}001$	1.000.000

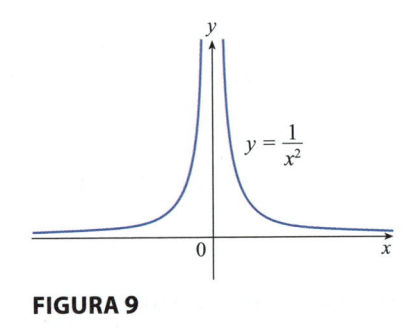

FIGURA 9

■ Limites Infinitos; Assíntotas Verticais

Para indicar o tipo de comportamento exibido no Exemplo 6 usamos a notação

$$\lim_{x \to 0} \frac{1}{x^2} = \infty$$

Isso não significa que consideramos ∞ um número. Tampouco significa que o limite existe. Expressa simplesmente uma maneira particular de não existência de limite: $1/x^2$ pode ser tão grande quanto quisermos, tornando x suficientemente perto de 0.

Em geral, simbolicamente, escrevemos

$$\lim_{x \to a} f(x) = \infty$$

para indicar que os valores de $f(x)$ tendem a se tornar cada vez maiores (ou "a crescer ilimitadamente") à medida que x se tornar cada vez mais próximo de a.

> **4 Definição Intuitiva de Limite Infinito** Seja f uma função definida em ambos os lados de a, exceto possivelmente no próprio a. Então
>
> $$\lim_{x \to a} f(x) = \infty$$
>
> significa que podemos fazer os valores de $f(x)$ ficarem arbitrariamente grandes (tão grandes quanto quisermos) tornando x suficientemente próximo de a, mas não igual a a.

Outra notação para $\lim_{x \to a} f(x) = \infty$ é

$$f(x) \to \infty \quad \text{quando} \quad x \to a$$

Novamente, o símbolo ∞ não é um número; todavia, a expressão $\lim_{x \to a} f(x) = \infty$ é usualmente lida como

"o limite de $f(x)$, quando x tende a a, é infinito"

ou "$f(x)$ se torna infinito quando x tende a a"

ou "$f(x)$ cresce ilimitadamente quando x tende a a"

Essa definição está ilustrada na Figura 10.

Um tipo análogo de limite, para funções que se tornam grandes em valor absoluto, porém negativas, quando x tende a a, cujo significado está na Definição 5, é ilustrado na Figura 11.

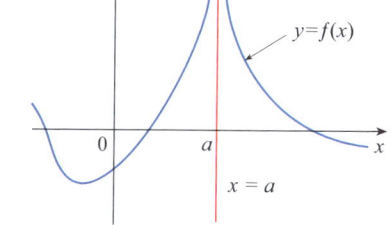

FIGURA 10
$\lim_{x \to a} f(x) = \infty$

Quando dizemos que um número é um "negativo grande", queremos dizer que ele é negativo, mas que seu valor absoluto é grande.

> **5 Definição** Seja f uma função definida em ambos os lados de a, exceto possivelmente no próprio a. Então
>
> $$\lim_{x \to a} f(x) = -\infty$$
>
> significa que os valores de $f(x)$ podem ser arbitrariamente grandes, porém negativos, ao tornarmos x suficientemente próximo de a, mas não igual a a.

O símbolo $\lim_{x \to a} f(x) = -\infty$ pode ser lido das seguintes formas: "o limite de $f(x)$, quando x tende a a, é negativo infinito", ou "$f(x)$ decresce ilimitadamente quando x tende a a". Como exemplo, temos

$$\lim_{x \to 0}\left(-\frac{1}{x^2}\right) = -\infty$$

Definições similares podem ser dadas no caso de limites laterais

$$\lim_{x \to a^-} f(x) = \infty \qquad \lim_{x \to a^+} f(x) = \infty$$
$$\lim_{x \to a^-} f(x) = -\infty \qquad \lim_{x \to a^+} f(x) = -\infty$$

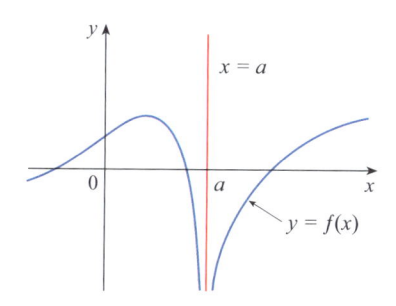

FIGURA 11
$\lim_{x \to a} f(x) = -\infty$

lembrando que $x \to a^-$ significa considerar somente os valores de x menores que a, ao passo que $x \to a^+$ significa considerar somente $x > a$. Ilustrações desses quatro casos são dadas na Figura 12.

(a) $\lim\limits_{x \to a^-} f(x) = \infty$ (b) $\lim\limits_{x \to a^+} f(x) = \infty$ (c) $\lim\limits_{x \to a^-} f(x) = -\infty$ (d) $\lim\limits_{x \to a^+} f(x) = -\infty$

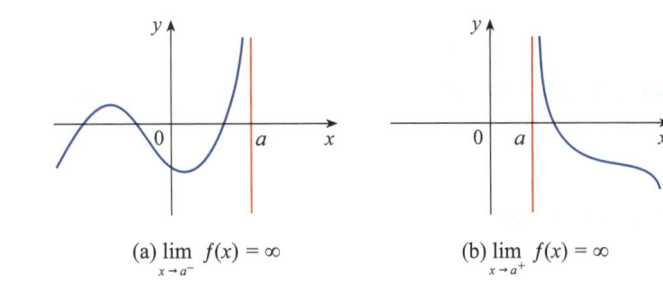

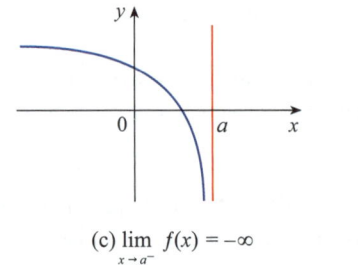

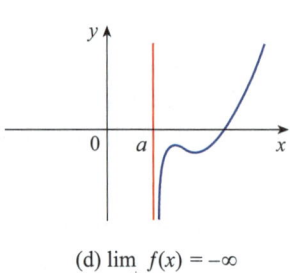

FIGURA 12

6 Definição A reta $x = a$ é chamada **assíntota vertical** da curva $y = f(x)$ se pelo menos uma das seguintes condições estiver satisfeita:

$$\lim_{x \to a} f(x) = \infty \qquad \lim_{x \to a^-} f(x) = \infty \qquad \lim_{x \to a^+} f(x) = \infty$$
$$\lim_{x \to a} f(x) = -\infty \qquad \lim_{x \to a^-} f(x) = -\infty \qquad \lim_{x \to a^+} f(x) = -\infty$$

Por exemplo, o eixo y é uma assíntota vertical da curva $y = 1/x^2$, pois $\lim_{x \to 0} (1/x^2) = \infty$. Na Figura 12, a reta $x = a$ é uma assíntota vertical em cada um dos quatro casos considerados. Em geral, o conhecimento de assíntotas verticais é muito útil no esboço de gráficos.

EXEMPLO 7 A curva $y = \dfrac{2x}{x-3}$ tem uma assíntota vertical?

SOLUÇÃO É possível que exista uma assíntota vertical quando o denominador é 0, ou seja, em $x = 3$. Sendo assim, investigaremos os limites laterais nesse ponto.

Se x está próximo a 3 mas é maior que 3, então o denominador $x - 3$ é um número positivo pequeno e $2x$ está próximo a 6. Portanto, o quociente $2x/(x - 3)$ é um número *positivo* grande. [Por exemplo, se $x = 3,01$ então $2x/(x - 3) = 6,02/0,01 = 602$.] Então, intuitivamente, temos que

$$\lim_{x \to 3^+} \frac{2x}{x-3} = \infty$$

Analogamente, se x está próximo a 3 mas é menor que 3, então $x - 3$ é um número negativo pequeno, mas $2x$ ainda é um número positivo (próximo a 6). Portanto, $2x/(x - 3)$ é um número *negativo* grande. Assim,

$$\lim_{x \to 3^-} \frac{2x}{x-3} = -\infty$$

O gráfico da curva $y = 2x/(x - 3)$ é dado na Figura 13. De acordo com a Definição 6, a reta $x = 3$ é uma assíntota vertical. ∎

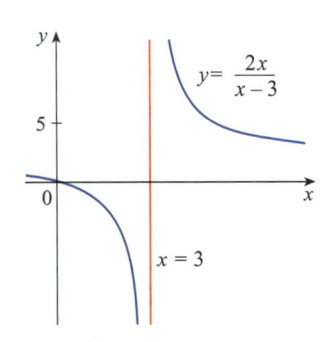

FIGURA 13

NOTA Embora nenhum dos limites dos exemplos 6 e 7 exista, no Exemplo 6 podemos escrever $\lim_{x \to 0} (1/x^2) = \infty$ porque $f(x) \to \infty$ quando x tende a 0 tanto pela esquerda quanto pela direita. Já no Exemplo 7, $f(x) \to \infty$ quando x tende a 3 pela direita e $f(x) \to -\infty$ quando x tende a 3 pela esquerda, de modo que dizemos apenas que $\lim_{x \to 3} f(x)$ não existe.

EXEMPLO 8 Encontre as assíntotas verticais de $f(x) = \operatorname{tg} x$.

SOLUÇÃO Como

$$\operatorname{tg} x = \frac{\operatorname{sen} x}{\cos x}$$

existem assíntotas verticais em potencial nos pontos nos quais $\cos x = 0$. De fato, como $\cos x \to 0^+$ quando $x \to (\pi/2)^-$ e $\cos x \to 0^-$ quando $x \to (\pi/2)^+$, enquanto sen x é positivo (próximo de 1) quando x está próximo de $\pi/2$, temos

$$\lim_{x \to (\pi/2)^-} \operatorname{tg} x = \infty \quad \text{e} \quad \lim_{x \to (\pi/2)^+} \operatorname{tg} x = -\infty$$

Isso mostra que a reta $x = \pi/2$ é uma assíntota vertical. Um raciocínio similar mostra que as retas $x = \pi/2 + n\pi$, onde n é um número inteiro, são todas assíntotas verticais de $f(x) = \operatorname{tg} x$. O gráfico da Figura 14 confirma isso. ■

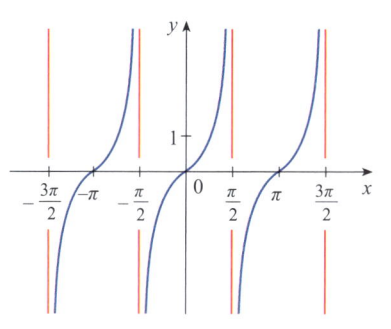

Outro exemplo de uma função cujo gráfico tem uma assíntota vertical é a função logarítmica natural $y = \ln x$. Da Figura 15, vemos que

$$\lim_{x \to 0^+} \ln x = -\infty$$

e, assim, a reta $x = 0$ (o eixo y) é uma assíntota vertical. Na realidade, isso é válido para $y = \log_b x$ desde que $b > 1$. (Veja as Figuras 1.5.11 e 1.5.12.)

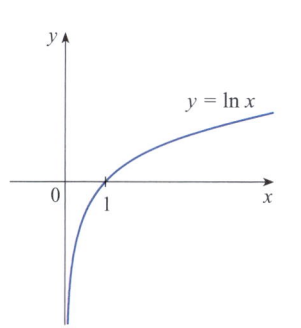

FIGURA 14
$y = \operatorname{tg} x$

FIGURA 15
O eixo y é uma assíntota vertical da função logarítmica natural.

2.2 | Exercícios

1. Explique com suas palavras o significado da equação

$$\lim_{x \to 2} f(x) = 5$$

É possível que a equação anterior seja verdadeira, mas que $f(2) = 3$? Explique.

2. Explique o que significa dizer que

$$\lim_{x \to 1^-} f(x) = 3 \quad \text{e} \quad \lim_{x \to 1^+} f(x) = 7$$

Nesta situação, é possível que $\lim_{x \to 1} f(x)$ exista? Explique.

3. Explique o significado de cada uma das notações a seguir.

(a) $\lim_{x \to -3} f(x) = \infty$ (b) $\lim_{x \to 4^+} f(x) = -\infty$

4. Use o gráfico dado de f para dizer o valor de cada quantidade, se ela existir. Se não existir, explique por quê.

(a) $\lim_{x \to 0} h(x)$ (b) $\lim_{x \to 2^+} f(x)$ (c) $\lim_{x \to 2} h(x)$
(d) $f(2)$ (e) $\lim_{x \to 4} f(x)$ (f) $f(4)$

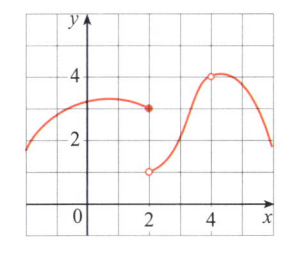

5. Para a função f, cujo gráfico é dado, diga o valor de cada quantidade indicada, se ela existir. Se não existir, explique por quê.

(a) $\lim_{x \to 1} f(x)$ (b) $\lim_{x \to 3^-} f(x)$ (c) $\lim_{x \to 3^+} f(x)$
(d) $\lim_{x \to 3} f(x)$ (e) $f(3)$

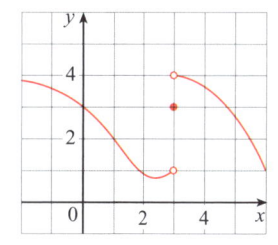

6. Para a função h cujo gráfico é dado, diga o valor de cada quantidade, se ela existir. Se não existir, explique por quê.

(a) $\lim_{x \to -3^-} h(x)$ (b) $\lim_{x \to -3^+} h(x)$ (c) $\lim_{x \to -3} h(x)$
(d) $h(-3)$ (e) $\lim_{x \to 0^-} h(x)$ (f) $\lim_{x \to 0^+} h(x)$
(g) $\lim_{x \to 0} h(x)$ (h) $h(0)$ (i) $\lim_{x \to 2} h(x)$
(j) $h(2)$ (k) $\lim_{x \to 5^+} h(x)$ (l) $\lim_{x \to 5^-} h(x)$

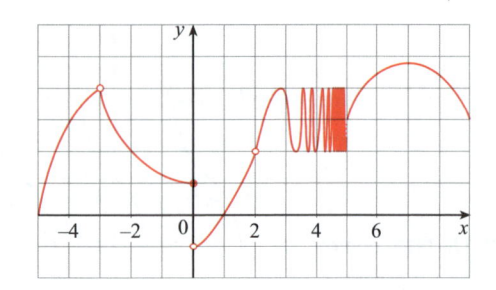

7. Para a função g cujo gráfico é fornecido, determine um número a que satisfaça cada condição.

(a) $\lim_{x \to a} g(x)$ não existe, mas $g(a)$ está definida.

(b) $\lim_{x \to a} g(x)$ existe, mas $g(a)$ não está definida.

(c) $\lim_{x \to a^-} g(x)$ e $\lim_{x \to a^+} g(x)$ existem, mas $\lim_{x \to a} g(x)$ não existe.

(d) $\lim_{x \to a^+} g(x) = g(a)$ mas $\lim_{x \to a^-} g(x) \neq g(a)$.

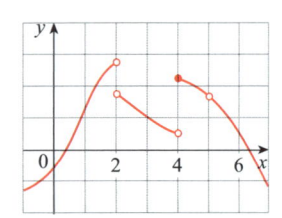

8. Para a função A cujo gráfico é mostrado a seguir, diga quem são:

(a) $\lim_{x \to -3} A(x)$ (b) $\lim_{x \to 2^-} A(x)$

(c) $\lim_{x \to 2^+} A(x)$ (d) $\lim_{x \to -1} A(x)$

(e) As equações das assíntotas verticais

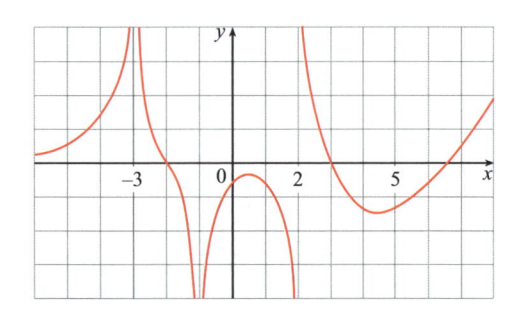

9. Para a função f cujo gráfico é mostrado a seguir, determine o seguinte:

(a) $\lim_{x \to -7} f(x)$ (b) $\lim_{x \to -3} f(x)$ (c) $\lim_{x \to 0} f(x)$

(d) $\lim_{x \to 6^-} f(x)$ (e) $\lim_{x \to 6^+} f(x)$

(f) As equações das assíntotas verticais

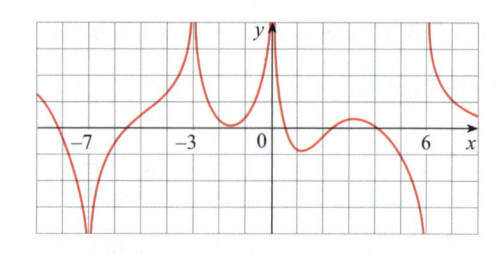

10. Um paciente recebe uma injeção de 150 mg de uma droga a cada 4 horas. O gráfico mostra a quantidade $f(t)$ da droga na corrente sanguínea após t horas. Encontre

$$\lim_{t \to 12^-} f(t) \quad \text{e} \quad \lim_{t \to 12^+} f(t)$$

e explique o significado desses limites laterais.

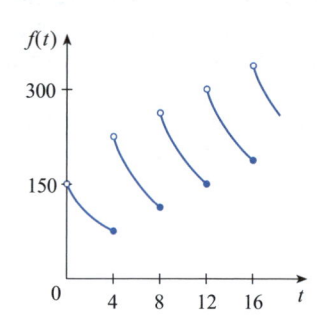

11-12 Esboce o gráfico da função e use-o para determinar os valores de a para os quais $\lim_{x \to a} f(x)$ existe:

11. $f(x) = \begin{cases} e^x & \text{se } x \leq 0 \\ x-1 & \text{se } 0 < x < 1 \\ \ln x & \text{se } x \geq 1 \end{cases}$

12. $f(x) = \begin{cases} \sqrt[3]{x} & \text{se } x \leq -1 \\ x & \text{se } -1 < x \leq 2 \\ (x-1)^2 & \text{se } x > 2 \end{cases}$

13-14 Use o gráfico da função f para dizer o valor de cada limite, se existir. Se não existir, explique por quê.

(a) $\lim_{x \to 0^-} f(x)$ (b) $\lim_{x \to 0^+} f(x)$ (c) $\lim_{x \to 0} f(x)$

13. $f(x) = x\sqrt{1 + x^{-2}}$ **14.** $f(x) = \dfrac{e^{1/x} - 2}{e^{1/x} + 1}$

15-18 Esboce o gráfico de um exemplo de uma função f que satisfaça a todas as condições dadas.

15. $\lim_{x \to 1^-} f(x) = 3, \quad \lim_{x \to 1^+} f(x) = 0, \quad f(1) = 2$

16. $\lim_{x \to 0} f(x) = 4, \quad \lim_{x \to 8^-} f(x) = 1, \quad \lim_{x \to 8^+} f(x) = -3,$
$f(0) = 6, \quad f(8) = -1$

17. $\lim_{x \to -1^-} f(x) = 0, \quad \lim_{x \to -1^+} f(x) = 1, \quad \lim_{x \to 2} f(x) = 3,$
$f(-1) = 2, \quad f(2) = 1$

18. $\lim_{x \to -3^-} f(x) = 3, \quad \lim_{x \to -3^+} f(x) = 2, \quad \lim_{x \to 3^-} f(x) = -1,$
$\lim_{x \to -3^+} f(x) = 2, \quad f(-3) = 2, \quad f(3) = 0$

19-22 Faça uma conjectura sobre o valor do limite (se ele existir) por meio dos valores da função nos números dados (com precisão de seis casas decimais).

19. $\lim_{x \to 3} \dfrac{x^2 - 3x}{x^2 - 9}$,

$x = 3,1, \ 3,05, \ 3,01, \ 3,001, \ 3,0001,$
$2,9, \ 2,95, \ 2,99, \ 2,999, \ 2,9999$

20. $\lim_{x \to -3} \dfrac{x^2 - 3x}{x^2 - 9}$,

$x = -2,5, \ -2,9, \ -2,95, \ -2,99, \ -2,999, \ -2,9999$
$-3,5, \ -3,1, \ -3,05, \ -3,01, \ -3,001, \ -3,0001$

21. $\lim_{t \to 0} \dfrac{e^{5t} - 1}{t}$, $\ t = \pm 0,5, \ \pm 0,1, \ \pm 0,01, \ \pm 0,001, \ \pm 0,0001$

22. $\lim_{h \to 0} \dfrac{(2+h)^5 - 32}{h}$,

$h = \pm 0,5, \ \pm 0,1, \ \pm 0,01, \ \pm 0,001, \ \pm 0,0001$

23-28 Use uma tabela de valores para estimar o valor do limite. Se você tiver alguma ferramenta gráfica, use-a para confirmar seu resultado.

23. $\lim_{x \to 4} \dfrac{\ln x - \ln 4}{x - 4}$

24. $\lim_{p \to -1} \dfrac{1 + p^9}{1 + p^{15}}$

25. $\lim_{\theta \to 0} \dfrac{\sen 3\theta}{\tg 2\theta}$

26. $\lim_{t \to 0} \dfrac{5^t - 1}{t}$

27. $\lim_{x \to 0^+} x^x$

28. $\lim_{x \to 0^+} x^2 \ln x$

29-40 Determine o limite infinito

29. $\lim_{x \to 5^+} \dfrac{x+1}{x-5}$

30. $\lim_{x \to 5^-} \dfrac{x+1}{x-5}$

31. $\lim_{x \to 2} \dfrac{x^2}{(x-2)^2}$

32. $\lim_{x \to 3^-} \dfrac{\sqrt{x}}{(x-3)^5}$

33. $\lim_{x \to 1^+} \ln\left(\sqrt{x} - 1\right)$

34. $\lim_{x \to 0^+} \ln(\sen x)$

35. $\lim_{x \to (\pi/2)^+} \dfrac{1}{x} \sec x$

36. $\lim_{x \to \pi^-} x \cotg x$

37. $\lim_{x \to 1} \dfrac{x^2 + 2x}{x^2 - 2x + 1}$

38. $\lim_{x \to 3^-} \dfrac{x^2 + 4x}{x^2 - 2x - 3}$

39. $\lim_{x \to 0} (\ln x^2 - x^{-2})$

40. $\lim_{x \to 0^+} \left(\dfrac{1}{x} - \ln x\right)$

41. Determine a assíntota vertical da função

$$f(x) = \dfrac{x-1}{2x+4}$$

42. (a) Encontre as assíntotas verticais da função

$$y = \dfrac{x^2 + 1}{3x - 2x^2}$$

(b) Confirme sua resposta da parte (a) fazendo o gráfico da função.

43. Determine $\lim_{x \to 1^-} \dfrac{1}{x^3 - 1}$ e $\lim_{x \to 1^+} \dfrac{1}{x^3 - 1}$

(a) calculando $f(x) = 1/(x^3 - 1)$ para valores de x que se aproximam de 1 pela esquerda e pela direita,
(b) raciocinando como no Exemplo 7, e
(c) a partir do gráfico de f.

44. (a) Traçando o gráfico da função

$$f(x) = \dfrac{\cos 2x - \cos x}{x^2}$$

e ampliando a imagem em torno do ponto onde o gráfico cruza o eixo y, estime o valor de $\lim_{x \to 0} f(x)$.

(b) Confira sua resposta da parte (a) calculando $f(x)$ para valores cada vez mais próximos de 0.

45. (a) Estime o valor do limite $\lim_{x \to 0} (1+x)^{1/x}$ com cinco casas decimais. Esse número lhe parece familiar?

(b) Ilustre a parte (a) fazendo o gráfico da função $y = (1+x)^{1/x}$.

46. (a) Faça o gráfico da função $f(x) = e^x + \ln|x - 4|$ para $0 \leq x \leq 5$. Você acha que o gráfico é uma representação precisa de f?
(b) Como você faria para que o gráfico representasse melhor f?

47. (a) Avalie a função para $f(x) = x^2 - (2^x/1.000)$ para $x = 1,\ 0,8,\ 0,6,\ 0,4,\ 0,2,\ 0,1$ e 0,05, e conjecture qual o valor de

$$\lim_{x \to 0} \left(x^2 - \dfrac{2^x}{1.000}\right)$$

(b) Avalie $f(x)$ para $x = 0,04,\ 0,02,\ 0,01,\ 0,005,\ 0,003$ e $0,001$. Faça uma nova conjectura.

48. (a) Calcule a função

$$h(x) = \dfrac{\tg x - x}{x^3}$$

para $x = 1,\ 0,5,\ 0,1,\ 0,05,\ 0,01$ e $0,005$.

(b) Estime o valor de $\lim_{x \to 0} \dfrac{\tg x - x}{x^3}$.

(c) Calcule $h(x)$ para valores sucessivamente menores de x até finalmente atingir um valor de 0 para $h(x)$. Você ainda está confiante que a conjectura em (b) está correta? Explique como finalmente obteve valores nulos. (Na Seção 4.4 veremos um método para calcular esse limite.)

(d) Faça o gráfico da função h na janela retangular $[-1, 1]$ por $[0, 1]$. Dê *zoom* até o ponto onde o gráfico corta o eixo y para estimar o limite de $h(x)$ quando x tende a 0. Continue dando *zoom* até observar distorções no gráfico de h. Compare com os resultados da parte (c).

49. Use um gráfico para encontrar equações aproximadas para todas as assíntotas verticais da curva

$$y = \tg(2 \sen x) \qquad -\pi \leq x \leq \pi$$

Em seguida, determine as equações exatas dessas assíntotas.

50. Considere a função $f(x) = \tg \dfrac{1}{x}$.

(a) Mostre que $f(x) = 0$ para $x = \dfrac{1}{\pi}, \dfrac{1}{2\pi}, \dfrac{1}{3\pi}, \ldots$

(b) Mostre que $f(x) = 1$ para $x = \dfrac{4}{\pi}, \dfrac{4}{5\pi}, \dfrac{4}{9\pi}, \ldots$

(c) O que você pode concluir sobre $\lim_{x \to 0^+} \tg \dfrac{1}{x}$?

51. Na teoria da relatividade, a massa de uma partícula com velocidade v é

$$m = \frac{m_0}{\sqrt{1 - v^2/c^2}}$$

onde m_0 é a massa da partícula em repouso e c, a velocidade da luz. O que acontece se $v \to c^-$?

2.3 Cálculos Usando Propriedades dos Limites

Propriedades dos Limites

Na Seção 2.2 empregamos gráficos e calculadoras para fazer conjecturas sobre o valor de limites, mas vimos que esses métodos nem sempre levam a respostas corretas. Nesta seção usaremos as *Propriedades dos Limites* para calculá-los.

> **Propriedades dos Limites** Supondo que c seja uma constante e os limites
>
> $$\lim_{x \to a} f(x) \quad \text{e} \quad \lim_{x \to a} g(x)$$
>
> existam, então
>
> 1. $\lim_{x \to a} [f(x) + g(x)] = \lim_{x \to a} f(x) + \lim_{x \to a} g(x)$
>
> 2. $\lim_{x \to a} [f(x) - g(x)] = \lim_{x \to a} f(x) - \lim_{x \to a} g(x)$
>
> 3. $\lim_{x \to a} [c f(x)] = c \lim_{x \to a} f(x)$
>
> 4. $\lim_{x \to a} [f(x) g(x)] = \lim_{x \to a} f(x) \cdot \lim_{x \to a} g(x)$
>
> 5. $\lim_{x \to a} \dfrac{f(x)}{g(x)} = \dfrac{\lim_{x \to a} f(x)}{\lim_{x \to a} g(x)}$ se $\lim_{x \to a} g(x) \neq 0$

Essas cinco propriedades podem ser enunciadas da seguinte forma:

Propriedade da Soma
1. O limite de uma soma é a soma dos limites.

Propriedade da Diferença
2. O limite de uma diferença é a diferença dos limites.

Propriedade da Multiplicação por Constante
3. O limite de uma constante multiplicando uma função é a constante multiplicando o limite dessa função.

Propriedade do Produto
4. O limite de um produto é o produto dos limites.

Propriedade do Quociente
5. O limite de um quociente é o quociente dos limites (desde que o limite do denominador não seja 0).

É fácil acreditar que essas propriedades são verdadeiras. Por exemplo, se $f(x)$ estiver próximo de L e $g(x)$ estiver próximo a M, é razoável concluir que $f(x) + g(x)$ está próximo a $L + M$. Isso nos dá uma base intuitiva para acreditar que a Propriedade 1 é verdadeira. Na Seção 2.4 daremos uma definição precisa de limite e a usaremos para demonstrar essa propriedade. As demonstrações das propriedades remanescentes encontram-se no Apêndice F.

EXEMPLO 1 Use as Propriedades dos Limites e os gráficos de f e g na Figura 1 para calcular os seguintes limites, se eles existirem.

(a) $\lim_{x \to -2} [f(x) + 5g(x)]$
(b) $\lim_{x \to 1} [f(x) g(x)]$
(c) $\lim_{x \to 2} \dfrac{f(x)}{g(x)}$

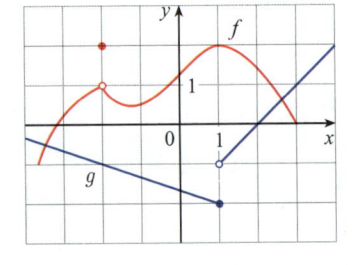

FIGURA 1

SOLUÇÃO

(a) Dos gráficos de f e g vemos que

$$\lim_{x \to -2} f(x) = 1 \quad \text{e} \quad \lim_{x \to -2} g(x) = -1$$

Portanto, temos

$$\begin{aligned}
\lim_{x \to -2} [f(x) + 5g(x)] &= \lim_{x \to -2} f(x) + \lim_{x \to -2} [5g(x)] \quad \text{(pela Propriedade 1)} \\
&= \lim_{x \to -2} f(x) + 5 \lim_{x \to -2} g(x) \quad \text{(pela Propriedade 3)} \\
&= 1 + 5(-1) = -4
\end{aligned}$$

(b) Vemos que $\lim_{x \to 1} f(x) = 2$. Mas $\lim_{x \to 1} g(x)$ não existe, pois os limites à esquerda e à direita são diferentes:

$$\lim_{x \to 1^-} g(x) = -2 \quad \lim_{x \to 1^+} g(x) = -1$$

Assim, não podemos usar a Propriedade 4 para o limite solicitado. Mas podemos usar a Propriedade 4 para os limites laterais:

$$\lim_{x \to 1^-} [f(x) g(x)] = \lim_{x \to 1^-} f(x) \cdot \lim_{x \to 1^-} g(x) = 2 \cdot (-2) = -4$$
$$\lim_{x \to 1^+} [f(x) g(x)] = \lim_{x \to 1^+} f(x) \cdot \lim_{x \to 1^+} g(x) = 2 \cdot (-1) = -2$$

Os limites à esquerda e à direita não são iguais, logo $\lim_{x \to 1} [f(x) g(x)]$ não existe

(c) Os gráficos mostram que

$$\lim_{x \to 2} f(x) \approx 1{,}4 \quad \text{e} \quad \lim_{x \to 2} g(x) = 0$$

Como o limite do denominador é 0, não podemos usar a Propriedade 5. O limite dado não existe, pois o denominador tende a 0, enquanto o numerador tende a um número diferente de 0. ■

Se usarmos a Propriedade do Produto repetidamente com $g(x) = f(x)$, obtemos a seguinte equação:

Propriedade da Potência

6. $\lim_{x \to a} [f(x)]^n = \left[\lim_{x \to a} f(x) \right]^n$ onde n é um número inteiro positivo.

Uma propriedade similar, que pediremos que você prove no Exercício 2.5.69, aplica-se às raízes:

Propriedade da Raiz

7. $\lim_{x \to a} \sqrt[n]{f(x)} = \sqrt[n]{\lim_{x \to a} f(x)}$ onde n é um número inteiro positivo.

[Se n for par, supomos que $\lim_{x \to a} f(x) > 0$.]

Ao aplicar essas sete propriedades dos limites, precisaremos empregar dois limites especiais:

8. $\lim_{x \to a} c = c$ **9.** $\lim_{x \to a} x = a$

Newton e os Limites

Isaac Newton nasceu no Natal, em 1642, ano da morte de Galileu. Quando entrou na Universidade de Cambridge, em 1661, Newton não sabia muito de matemática, mas aprendeu rapidamente lendo Euclides e Descartes e frequentando as aulas de Isaac Barrow. Cambridge foi fechada devido à peste de 1665 a 1666, e Newton voltou para casa para refletir sobre o que aprendeu. Esses dois anos foram incrivelmente produtivos, pois nesse tempo ele fez quatro de suas principais descobertas: (1) suas representações de funções como somas de séries infinitas, incluindo o teorema binominal; (2) seu trabalho sobre o cálculo diferencial e integral; (3) suas leis de movimento e da gravitação universal; e (4) seus experimentos com prismas sobre a natureza da luz e da cor. Devido ao medo de controvérsias e críticas, Newton relutou em publicar suas descobertas, e não o fez até 1687, quando, a pedido do astrônomo Halley, publicou *Principia Mathematica*. Nesse trabalho, o maior tratado científico já escrito, Newton tornou pública sua versão de cálculo e usou-a para pesquisar mecânica, dinâmica de fluidos e movimentos de ondas e explicar o movimento de planetas e cometas.

O início do cálculo é encontrado nos cálculos de áreas e volumes pelos gregos antigos, como Eudoxo e Arquimedes. Embora aspectos da ideia de um limite estejam implícitos em seu "método de exaustão", Eudoxo e Arquimedes nunca formularam explicitamente o conceito de limite. Da mesma maneira, matemáticos como Cavalieri, Fermat e Barrow, precursores imediatos de Newton no desenvolvimento de cálculo, não usaram limites realmente. Foi Isaac Newton quem primeiro falou explicitamente sobre limites. Explicou que a ideia principal de limites é que as quantidades "se aproximam mais do que por qualquer diferença dada". Newton declarou que o limite era um conceito básico no cálculo, mas foi deixado para matemáticos posteriores, como Cauchy, esclarecerem suas ideias sobre limites.

Esses limites são óbvios do ponto de vista intuitivo (expresse-os em palavras ou esboce os gráficos de $y = c$ e $y = x$), mas as demonstrações baseadas na definição precisa serão pedidas nos Exercícios 2.4.23-24.

Se pusermos agora $f(x) = x$ nas Propriedades 6 e 9, vamos obter outro limite especial útil para funções potência.

10. $\lim\limits_{x \to a} x^n = a^n$ onde n é um inteiro positivo.

Substituindo $f(x) = x$ na Propriedade 7 e usando a Propriedade 9, obtemos um limite especial similar para as raízes. (Para as raízes quadradas, a demonstração é esboçada no Exercício 2.4.37.)

11. $\lim\limits_{x \to a} \sqrt[n]{x} = \sqrt[n]{a}$ onde n é um inteiro positivo.

(Quando n é par, supomos que $a > 0$)

EXEMPLO 2 Calcule os limites a seguir justificando cada passagem.

(a) $\lim\limits_{x \to 5} (2x^2 - 3x + 4)$ (b) $\lim\limits_{x \to -2} \dfrac{x^3 + 2x^2 - 1}{5 - 3x}$

SOLUÇÃO

(a) $\lim\limits_{x \to 5} (2x^2 - 3x + 4) = \lim\limits_{x \to 5} (2x^2) - \lim\limits_{x \to 5} (3x) + \lim\limits_{x \to 5} 4$ (pelas Propriedades 2 e 1)

$\qquad = 2 \lim\limits_{x \to 5} x^2 - 3 \lim\limits_{x \to 5} x + \lim\limits_{x \to 5} 4$ (pela Propriedade 3)

$\qquad = 2(5^2) - 3(5) + 4$ (pelas Propriedades 10, 9 e 8)

$\qquad = 39$

(b) Começamos aplicando a Propriedade 5, mas seu uso só ficará completamente justificado no último passo, quando virmos que os limites do numerador e do denominador existem e o do denominador não é 0.

$\lim\limits_{x \to -2} \dfrac{x^3 + 2x^2 - 1}{5 - 3x} = \dfrac{\lim\limits_{x \to -2}(x^3 + 2x^2 - 1)}{\lim\limits_{x \to -2}(5 - 3x)}$ (pela Propriedade 5)

$\qquad = \dfrac{\lim\limits_{x \to -2} x^3 + 2 \lim\limits_{x \to -2} x^2 - \lim\limits_{x \to -2} 1}{\lim\limits_{x \to -2} 5 - 3 \lim\limits_{x \to -2} x}$ (pelas Propriedades 1, 2 e 3)

$\qquad = \dfrac{(-2)^3 + 2(-2)^2 - 1}{5 - 3(-2)}$ (pelas Propriedades 10, 9 e 8)

$\qquad = -\dfrac{1}{11}$ ∎

Calculando limites por substituição direta

No Exemplo 2(a), determinamos que $\lim_{x \to 5} f(x) = 39$, para $f(x) = 2x^2 - 3x + 4$. Mas repare que $f(5) = 39$; ou seja, teríamos obtido o resultado correto pela simples substituição de x por 5. Analogamente, a substituição direta fornece a resposta correta para a parte (b). As funções do Exemplo 2 são, respectivamente, polinomial e racional e, empregando-se as Propriedades dos Limites de forma similar ao que foi feito no exemplo, prova-se que a substituição direta sempre funciona para essas funções (veja os Exercícios 59 e 60). Enunciamos esse fato a seguir.

Propriedade de Substituição Direta Se f for uma função polinomial ou racional e a estiver no domínio de f, então

$$\lim_{x \to a} f(x) = f(a)$$

As funções que possuem essa Propriedade de Substituição Direta, chamadas de *contínuas em a*, serão estudadas na Seção 2.5. Entretanto, nem todos os limites podem ser calculados pela substituição direta, como mostram os exemplos a seguir.

EXEMPLO 3 Encontre $\lim\limits_{x \to 1} \dfrac{x^2-1}{x-1}$.

SOLUÇÃO Seja $f(x) = (x^2-1)/(x-1)$. Não podemos encontrar o limite substituindo $x = 1$ porque $f(1)$ não está definido. Nem podemos aplicar a Propriedade do Quociente porque o limite do denominador é 0. De fato, precisamos fazer inicialmente algumas operações algébricas. Fatoramos o numerador como uma diferença de quadrados:

$$\frac{x^2-1}{x-1} = \frac{(x-1)(x+1)}{x-1}$$

O numerador e o denominador têm um fator comum, que é $x - 1$. Ao tornarmos o limite quando x tende a 1, temos $x \neq 1$ e, assim, $x - 1 \neq 0$. Portanto, podemos cancelar o fator comum, $x - 1$, e então calcular o limite por substituição direta, como segue:

$$\lim_{x \to 1} \frac{x^2-1}{x-1} = \lim_{x \to 1} \frac{(x-1)(x+1)}{x-1}$$
$$= \lim_{x \to 1} (x+1) = 1+1 = 2$$

O limite neste exemplo já apareceu na Seção 2.1.1, na determinação da tangente à parábola $y = x^2$ no ponto $(1, 1)$. ∎

NOTA No Exemplo 3 conseguimos calcular o limite substituindo a função dada $f(x) = (x^2-1)/(x-1)$ por outra mais simples, $g(x) = x + 1$, que tem o mesmo limite. Isso é válido porque $f(x) = g(x)$, exceto quando $x = 1$ e, no cômputo de um limite, quando x tende a 1, não consideramos o que acontece quando x é exatamente *igual* a 1. Em geral, temos o seguinte fato útil

Se $f(x) = g(x)$ quando $x \neq a$, então $\lim\limits_{x \to a} f(x) = \lim\limits_{x \to a} g(x)$, desde que o limite exista.

EXEMPLO 4 Encontre $\lim\limits_{x \to 1} g(x)$ onde

$$g(x) = \begin{cases} x+1 & \text{se } x \neq 1 \\ \pi & \text{se } x = 1 \end{cases}$$

SOLUÇÃO Aqui g está definida em $x = 1$ e $g(1) = \pi$, mas o valor de um limite, quando x tende a 1, não depende do valor da função em 1. Como $g(x) = x + 1$ para $x \neq 1$, temos

$$\lim_{x \to 1} g(x) = \lim_{x \to 1} (x+1) = 2 \qquad \blacksquare$$

Observe que os valores das funções nos Exemplos 3 e 4 são idênticos, exceto quando $x = 1$ (veja a Figura 2), e assim elas têm o mesmo limite quando x tende a 1.

Note que no Exemplo 3 não temos um limite infinito, embora o denominador tenda a 0 quando $x \to 1$. Quando tanto o numerador como denominador tendem a 0, o limite pode ser infinito ou pode ser algum valor finito.

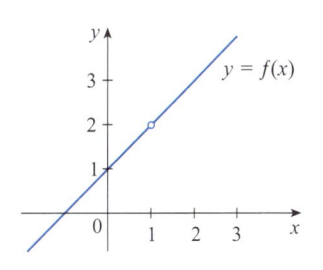

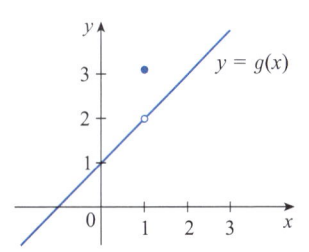

FIGURA 2
Gráficos das funções f (do Exemplo 3) e g (do Exemplo 4)

EXEMPLO 5 Calcule $\lim_{h \to 0} \dfrac{(3+h)^2 - 9}{h}$.

SOLUÇÃO Se definirmos

$$F(h) = \frac{(3+h)^2 - 9}{h}$$

então, como no Exemplo 3, não podemos calcular $\lim_{h \to 0} F(h)$ fazendo $h = 0$, porque $F(0)$ não está definida. Mas, se simplificarmos algebricamente $F(h)$, encontraremos que

$$F(h) = \frac{(9 + 6h + h^2) - 9}{h} = \frac{6h + h^2}{h}$$

$$= \frac{h(6+h)}{h} = 6 + h$$

(Lembre-se de que consideramos apenas $h \neq 0$ quando fazemos h tender a 0.) Assim,

$$\lim_{h \to 0} \frac{(3+h)^2 - 9}{h} = \lim_{h \to 0} = (6 + h) = 6$$

■

EXEMPLO 6 Encontre $\lim_{t \to 0} \dfrac{\sqrt{t^2 + 9} - 3}{t^2}$.

SOLUÇÃO Não podemos aplicar a Propriedade do Quociente de imediato, porque o limite do denominador é 0. Aqui, as operações algébricas preliminares consistem em racionalizar o numerador:

$$\lim_{t \to 0} \frac{\sqrt{t^2+9}-3}{t^2} = \lim_{t \to 0} \frac{\sqrt{t^2+9}-3}{t^2} \cdot \frac{\sqrt{t^2+9}+3}{\sqrt{t^2+9}+3}$$

$$= \lim_{t \to 0} \frac{(t^2+9)-9}{t^2(\sqrt{t^2+9}+3)}$$

$$= \lim_{t \to 0} \frac{t^2}{t^2(\sqrt{t^2+9}+3)}$$

$$= \lim_{t \to 0} \frac{1}{(\sqrt{t^2+9}+3)}$$

$$= \frac{1}{\sqrt{\lim_{t \to 0}(t^2+9)}+3}$$

(Aqui, usamos diversas propriedades de limites: 5, 1, 7, 8, 10.)

$$= \frac{1}{3+3} = \frac{1}{6}$$

Esse cálculo confirma a conjectura que fizemos no Exemplo 2.2.1.

■

■ Usando Limites Laterais

Para alguns limites, é melhor calcular primeiro os limites laterais à esquerda e à direita. O seguinte teorema é um lembrete do que descobrimos na Seção 2.2, isto é, que o limite bilateral existe se e somente se ambos os limites laterais (à esquerda e à direita) existirem e forem iguais.

1 Teorema $\lim_{x \to a} f(x) = L$ se e somente se $\lim_{x \to a^-} f(x) = L = \lim_{x \to a^+} f(x)$

Quando calculamos limites laterais, aproveitamos o fato de que as Propriedades dos Limites são válidas também para eles.

EXEMPLO 7 Mostre que $\lim_{x \to 0} |x| = 0$.

SOLUÇÃO Lembre-se de que

$$|x| = \begin{cases} x & \text{se } x \geq 0 \\ -x & \text{se } x < 0 \end{cases}$$

Uma vez que $|x| = x$ para $x > 0$, temos

$$\lim_{x \to 0^+} |x| = \lim_{x \to 0^+} x = 0$$

Para $x < 0$, temos $|x| = -x$ e, assim,

$$\lim_{x \to 0^-} |x| = \lim_{x \to 0^-} (-x) = 0$$

Portanto, pelo Teorema 1,

$$\lim_{x \to 0} |x| = 0$$

O resultado do Exemplo 7 parece plausível pela Figura 3.

FIGURA 3

EXEMPLO 8 Demonstre que $\lim_{x \to 0} \dfrac{|x|}{x}$ não existe.

SOLUÇÃO Levando em conta o fato que $|x| = x$ quando $x > 0$ e $|x| = -x$ quando $x < 0$, temos

$$\lim_{x \to 0^+} \frac{|x|}{x} = \lim_{x \to 0^+} \frac{x}{x} = \lim_{x \to 0^+} 1 = 1$$

$$\lim_{x \to 0^-} \frac{|x|}{x} = \lim_{x \to 0^-} \frac{-x}{x} = \lim_{x \to 0^-} (-1) = -1$$

Uma vez que os limites laterais à esquerda e à direita são diferentes, segue do Teorema 1 que $\lim_{x \to 0} |x|/x$ não existe. O gráfico da função $f(x) = |x|/x$ é mostrado na Figura 4 e confirma os limites laterais que encontramos.

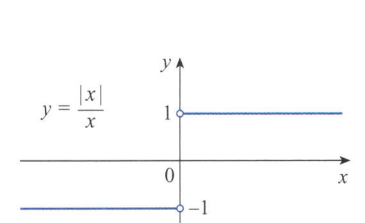

FIGURA 4

EXEMPLO 9 Se

$$f(x) = \begin{cases} \sqrt{x-4} & \text{se } x > 4 \\ 8 - 2x & \text{se } x < 4 \end{cases}$$

determine se $\lim_{x \to 4} f(x)$ existe.

SOLUÇÃO Uma vez que $f(x) = \sqrt{x-4}$ para $x > 4$, temos

$$\lim_{x \to 4^+} f(x) = \lim_{x \to 4^+} \sqrt{x-4} = \sqrt{4-4} = 0$$

Uma vez que $f(x) = 8 - 2x$ para $x < 4$, temos

$$\lim_{x \to 4^-} f(x) = \lim_{x \to 4^-} (8 - 2x) = 8 - 2 \cdot 4 = 0$$

Os limites laterais (à esquerda e à direita) são iguais. Dessa forma, o limite existe e vale

$$\lim_{x \to 4} f(x) = 0$$

O gráfico de f é exibido na Figura 5.

Mostra-se no Exemplo 2.4.4 que $\lim_{x \to 0^+} \sqrt{x} = 0$.

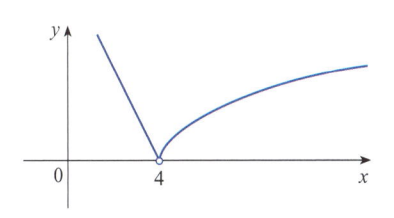

FIGURA 5

Outras notações para $[\![x]\!]$ são $[x]$ e $\lfloor x \rfloor$. A função maior inteiro é às vezes chamada de *função piso*.

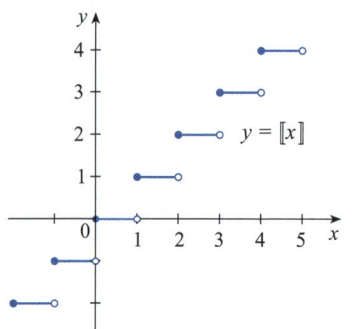

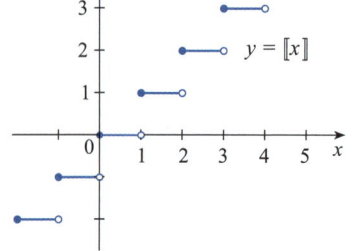

FIGURA 6
Função maior inteiro

EXEMPLO 10 A **função maior inteiro** é definida por $[\![x]\!]$ = o maior inteiro que é menor que ou igual a x. (Por exemplo, $[\![4]\!] = 4$, $[\![4{,}8]\!] = 4$, $[\![\pi]\!] = 3$, $[\![\sqrt{2}]\!] = 1$, $[\![-\tfrac{1}{2}]\!] = -1$.) Mostre que $\lim_{x \to 3} [\![x]\!]$ não existe.

SOLUÇÃO O gráfico da função maior inteiro é exibido na Figura 6. Uma vez que $[\![x]\!] = 3$ para $3 \leq x < 4$, temos

$$\lim_{x \to 3^+} [\![x]\!] = \lim_{x \to 3^+} 3 = 3$$

Uma vez que $[\![x]\!] = 2$ para $2 \leq x < 3$, temos

$$\lim_{x \to 3^-} [\![x]\!] = \lim_{x \to 3^-} 2 = 2$$

Como esses limites laterais não são iguais, pelo Teorema 1, $\lim_{x \to 3} [\![x]\!]$ não existe. ■

Teorema do Confronto

Os próximos dois teoremas descrevem a relação que existe entre limites de funções quando os valores de uma função são maiores ou iguais aos valores de outra. Suas demonstrações podem ser encontradas no Apêndice F.

> **2 Teorema** Se $f(x) \leq g(x)$ quando x está próximo a a (exceto possivelmente em a) e ambos os limites de f e g existem quando x tende a a, então
> $$\lim_{x \to a} f(x) \leq \lim_{x \to a} g(x)$$

> **3 Teorema do Confronto** Se $f(x) \leq g(x) \leq h(x)$ quando x está próximo a a (exceto possivelmente em a) e
> $$\lim_{x \to a} f(x) = \lim_{x \to a} h(x) = L$$
> então
> $$\lim_{x \to a} g(x) = L$$

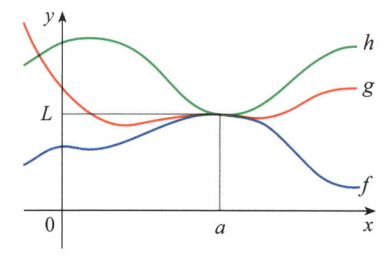

FIGURA 7

O Teorema do Confronto, algumas vezes chamado Teorema do Sanduíche ou do Imprensamento, está ilustrado na Figura 7. Ele diz que se $g(x)$ ficar imprensado entre $f(x)$ e $h(x)$ nas proximidades de a, e se f e h tiverem o mesmo limite L em a, então g será forçado a ter o mesmo limite L em a.

EXEMPLO 11 Mostre que $\lim_{x \to 0} x^2 \operatorname{sen} \dfrac{1}{x} = 0$.

SOLUÇÃO Primeiramente, observe que **não podemos** reescrever o limite como o produto dos limites $\lim_{x \to 0} x^2$ e $\lim_{x \to 0} \operatorname{sen}(1/x)$, uma vez que $\lim_{x \to 0} \operatorname{sen}(1/x)$ não existe (veja o Exemplo 2.2.5).

Mas *podemos* determinar o limite usando o Teorema do Confronto. Para aplicar o Teorema do Confronto, precisamos encontrar uma função f menor que $g(x) = x^2 \operatorname{sen}(1/x)$ e uma função h maior que g, de modo que tanto $f(x)$ como $h(x)$ tendam a 0 quando $x \to 0$. Para tal, usamos nossos conhecimentos sobre a função seno. Como o seno de qualquer número está entre -1 e 1, podemos escrever

$$\boxed{4} \qquad -1 \leq \operatorname{sen}\dfrac{1}{x} \leq 1$$

Qualquer inequação permanece verdadeira quando multiplicada por um número positivo. Sabemos que $x^2 \geq 0$ para todos os valores de x e, então, multiplicando cada lado das inequações em (4) por x^2, temos

$$-x^2 \leq x^2 \operatorname{sen} \frac{1}{x} \leq x^2$$

como ilustrado na Figura 8. Sabemos que

$$\lim_{x \to 0} x^2 = 0 \quad \text{e} \quad \lim_{x \to 0} (-x^2) = 0$$

Tomando-se $f(x) = -x^2$, $g(x) = x^2 \operatorname{sen}(1/x)$ e $h(x) = x^2$ no Teorema do Confronto, obtemos

$$\lim_{x \to 0} x^2 \operatorname{sen} \frac{1}{x} = 0$$

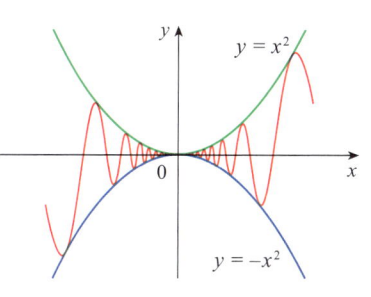

FIGURA 8
$y = x^2 \operatorname{sen}(1/x)$

2.3 Exercícios

1. Dado que

$$\lim_{x \to 2} f(x) = 4 \qquad \lim_{x \to 2} g(x) = -2 \qquad \lim_{x \to 2} h(x) = 0$$

encontre, se existir, o limite. Caso não exista, explique por quê.

(a) $\lim_{x \to 2} [f(x) + 5g(x)]$
(b) $\lim_{x \to 2} [g(x)]^3$
(c) $\lim_{x \to 2} \sqrt{f(x)}$
(d) $\lim_{x \to 2} \frac{3f(x)}{g(x)}$
(e) $\lim_{x \to 2} \frac{g(x)}{h(x)}$
(f) $\lim_{x \to 2} \frac{g(x)h(x)}{f(x)}$

2. Os gráficos de f e g são dados. Use-os para calcular cada limite. Caso não exista, explique por quê.

(a) $\lim_{x \to 2} [f(x) + g(x)]$
(b) $\lim_{x \to 0} [f(x) - g(x)]$
(c) $\lim_{x \to -1} [f(x)g(x)]$
(d) $\lim_{x \to 3} \frac{f(x)}{g(x)}$
(e) $\lim_{x \to 2} [x^2 f(x)]$
(f) $f(-1) + \lim_{x \to -1} g(x)$

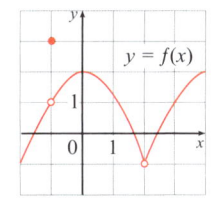

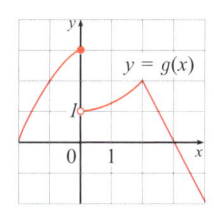

3-9 Calcule o limite justificando cada passagem com as Propriedades dos Limites que forem usadas

3. $\lim_{x \to 5} (4x^2 - 5x)$

4. $\lim_{x \to -3} (2x^3 + 6x^2 - 9)$

5. $\lim_{v \to 2} (v^2 + 2v)(2v^3 - 5)$

6. $\lim_{t \to 7} \frac{3t^2 + 1}{t^2 - 5t + 2}$

7. $\lim_{u \to -2} \sqrt{9 - u^3 + 2u^2}$

8. $\lim_{x \to 3} \sqrt[3]{x + 5} (2x^2 - 3x)$

9. $\lim_{t \to -1} \left(\frac{2t^5 - t^4}{5t^2 + 4} \right)^3$

10. (a) O que há de errado com a equação a seguir?

$$\frac{x^2 + x - 6}{x - 2} = x + 3$$

(b) Em vista de (a), explique por que a equação

$$\lim_{x \to 2} \frac{x^2 + x - 6}{x - 2} = \lim_{x \to 2} (x + 3)$$

está correta.

11-34 Calcule o limite, se existir.

11. $\lim_{x \to -2} (3x - 7)$

12. $\lim_{x \to 6} \left(8 - \tfrac{1}{2}x\right)$

13. $\lim_{t \to 4} \frac{t^2 - 2t - 8}{t - 4}$

14. $\lim_{x \to -3} \frac{x^2 + 3x}{x^2 - x - 12}$

15. $\lim_{x \to 2} \frac{x^2 + 5x + 4}{x - 2}$

16. $\lim_{x \to 4} \frac{x^2 + 3x}{x^2 - x - 12}$

17. $\lim_{x \to -2} \frac{x^2 - x - 6}{3x^2 + 5x - 2}$

18. $\lim_{x \to -5} \frac{2x^2 + 9x - 5}{x^2 - 25}$

19. $\lim_{t \to 3} \frac{t^3 - 27}{t^2 - 9}$

20. $\lim_{u \to -1} \frac{u + 1}{u^3 + 1}$

21. $\lim_{h \to 0} \frac{(h-3)^2 - 9}{h}$

22. $\lim_{x \to 9} \frac{9 - x}{3 - \sqrt{x}}$

23. $\lim_{h \to 0} \frac{\sqrt{9 + h} - 3}{h}$

24. $\lim_{x \to 2} \frac{2 - x}{\sqrt{x + 2} - 2}$

25. $\lim_{x \to 3} \frac{\dfrac{1}{x} - \dfrac{1}{3}}{x - 3}$

26. $\lim_{h \to 0} \frac{(-2 + h)^{-1} + 2^{-1}}{h}$

27. $\lim\limits_{t \to 0} \dfrac{\sqrt{1+t} - \sqrt{1-t}}{t}$

28. $\lim\limits_{t \to 0} \left(\dfrac{1}{t} - \dfrac{1}{t^2 + t} \right)$

29. $\lim\limits_{x \to 16} \dfrac{4 - \sqrt{x}}{16x - x^2}$

30. $\lim\limits_{x \to 2} \dfrac{x^4 - 4x + 4}{x^2 - 3x^2 - 4}$

31. $\lim\limits_{t \to 0} \left(\dfrac{1}{t\sqrt{1+t}} - \dfrac{1}{t} \right)$

32. $\lim\limits_{x \to -4} \dfrac{\sqrt{x^2 + 9} - 5}{x + 4}$

33. $\lim\limits_{h \to 0} \dfrac{(x+h)^3 - x^3}{h}$

34. $\lim\limits_{h \to 0} \dfrac{\dfrac{1}{(x+h)^2} - \dfrac{1}{x^2}}{h}$

35. (a) Estime o valor de
$$\lim_{x \to 0} \dfrac{x}{\sqrt{1+3x} - 1}$$
traçando o gráfico da função $f(x) = x/(\sqrt{1+3x} - 1)$.

(b) Faça uma tabela de valores de $f(x)$ para x próximo de 0 e estime qual será o valor do limite.

(c) Use as Propriedades dos Limites para mostrar que sua estimativa está correta.

36. (a) Use um gráfico de
$$f(x) = \dfrac{\sqrt{3+x} - \sqrt{3}}{x}$$
para estimar o valor de $\lim_{x \to 0} f(x)$ com duas casas decimais.

(b) Use uma tabela de valores de $f(x)$ para estimar o limite com quatro casas decimais.

(c) Use as Propriedades dos Limites para encontrar o valor exato do limite.

37. Use o Teorema do Confronto para provar que
$$\lim_{x \to 0} x^2 \cos 20\pi x = 0$$
Ilustre esse resultado traçando em uma mesma janela os gráficos das funções $f(x) = -x^2$, $g(x) = x^2 \cos 20\pi x$ e $h(x) = x^2$.

38. Empregue o Teorema do Confronto para mostrar que
$$\lim_{x \to 0} \sqrt{x^3 + x^2} \, \text{sen} \, \dfrac{\pi}{x} = 0$$
Ilustre fazendo os gráficos das funções f, g e h (como no Teorema do Confronto) na mesma tela.

39. Se $4x - 9 \le f(x) \le x^2 - 4x + 7$ para $x \ge 0$, encontre $\lim\limits_{x \to 4} f(x)$.

40. Se $2x \le g(x) \le x^4 - x^2 + 2$ para todo x, avalie $\lim\limits_{x \to 1} g(x)$.

41. Demonstre que $\lim\limits_{x \to 0} x^4 \cos \dfrac{2}{x} = 0$.

42. Demonstre que $\lim\limits_{x \to 0^+} \sqrt{x} \, e^{\text{sen}(\pi/x)} = 0$.

43-48 Encontre, quando existir, o limite. Caso não exista, explique.

43. $\lim\limits_{x \to -4} (|x+4| - 2x)$

44. $\lim\limits_{x \to -4} \dfrac{|x+4|}{2x+8}$

45. $\lim\limits_{x \to 0,5^-} \dfrac{2x-1}{|2x^3 - x^2|}$

46. $\lim\limits_{x \to -2} \dfrac{2 - |x|}{2 + x}$

47. $\lim\limits_{x \to 0^-} \left(\dfrac{1}{x} - \dfrac{1}{|x|} \right)$

48. $\lim\limits_{x \to 0^+} \left(\dfrac{1}{x} - \dfrac{1}{|x|} \right)$

49. A Função Sinal A *função sinal*, denotada por sgn, é definida por
$$\text{sgn}\, x = \begin{cases} -1 & \text{se } x < 0 \\ 0 & \text{se } x = 0 \\ 1 & \text{se } x > 0 \end{cases}$$

(a) Esboce o gráfico dessa função.

(b) Encontre ou explique por que não existe cada um dos limites a seguir.

(i) $\lim\limits_{x \to 0^+} \text{sgn}\, x$ (ii) $\lim\limits_{x \to 0^-} \text{sgn}\, x$

(iii) $\lim\limits_{x \to 0} \text{sgn}\, x$ (iv) $\lim\limits_{x \to 0} |\text{sgn}\, x|$

50. Seja $g(x) = \text{sgn}(\text{sen}\, x)$

(a) Determine cada um dos seguintes limites ou explique por que ele não existe.

(i) $\lim\limits_{x \to 0^+} g(x)$ (ii) $\lim\limits_{x \to 0^-} g(x)$ (iii) $\lim\limits_{x \to 0} g(x)$

(iv) $\lim\limits_{x \to \pi^+} g(x)$ (v) $\lim\limits_{x \to \pi^-} g(x)$ (vi) $\lim\limits_{x \to \pi} g(x)$

(b) Para quais valores de a o $\lim_{x \to a} g(x)$ existe?

(c) Esboce o gráfico de g.

51. Seja $g(x) = \dfrac{x^2 + x - 6}{|x - 2|}$.

(a) Encontre

(i) $\lim\limits_{x \to 2^+} g(x)$ (ii) $\lim\limits_{x \to 2^-} g(x)$

(b) $\lim_{x \to 2} g(x)$ existe?

(c) Esboce o gráfico de g.

52. Seja
$$f(x) = \begin{cases} x^2 + 1 & \text{se } x < 1 \\ (x-2)^2 & \text{se } x \ge 1 \end{cases}$$

(a) Encontre $\lim_{x \to 1^-} f(x)$ e $\lim_{x \to 1^+} f(x)$.

(b) $\lim_{x \to 1} f(x)$ existe?

(c) Esboce o gráfico de f.

53. Seja
$$B(t) = \begin{cases} 4 - \tfrac{1}{2} t & \text{se } t < 2 \\ \sqrt{t+c} & \text{se } t \ge 2 \end{cases}$$

Encontre o valor de c tal que exista $\lim_{t \to 2} B(t)$.

54. Seja
$$g(x) = \begin{cases} x & \text{se } x < 1 \\ 3 & \text{se } x = 1 \\ 2 - x^2 & \text{se } 1 < x \le 2 \\ x - 3 & \text{se } x > 2 \end{cases}$$

(a) Determine as quantidades a seguir, se existirem.

(i) $\lim\limits_{x \to 1^-} g(x)$ (ii) $\lim\limits_{x \to 1} g(x)$ (iii) $g(1)$

(iv) $\lim\limits_{x \to 2^-} g(x)$ (v) $\lim\limits_{x \to 2^+} g(x)$ (vi) $\lim\limits_{x \to 2} g(x)$

(b) Esboce o gráfico de g.

55. (a) Se o símbolo $[\![\ ]\!]$ denota a função maior inteiro do Exemplo 10, calcule

(i) $\lim_{x \to -2^+} [\![x]\!]$ (ii) $\lim_{x \to -2} [\![x]\!]$ (iii) $\lim_{x \to -2,4} [\![x]\!]$

(b) Se n for um inteiro, calcule

(i) $\lim_{x \to n^-} [\![x]\!]$ (ii) $\lim_{x \to n^+} [\![x]\!]$

(c) Para quais valores de a o limite $\lim_{x \to a} [\![x]\!]$ existe?

56. Seja $f(x) = [\![\cos x]\!]$, $-\pi \le x \le \pi$.

(a) Esboce o gráfico de f.

(b) Calcule cada limite, se existir.

(i) $\lim_{x \to 0} f(x)$ (ii) $\lim_{x \to (\pi/2)^-} f(x)$

(iii) $\lim_{x \to (\pi/2)^+} f(x)$ (iv) $\lim_{x \to \pi/2} f(x)$

(c) Para quais valores de a o limite $\lim_{x \to a} f(x)$ existe?

57. Se $f(x) = [\![x]\!] + [\![-x]\!]$, mostre que existe $\lim_{x \to 2} f(x)$, mas que não é igual a $f(2)$.

58. Na Teoria da Relatividade, a fórmula da contração de Lorentz

$$L = L_0 \sqrt{1 - v^2/c^2}$$

expressa o comprimento L de um objeto como uma função de sua velocidade v em relação a um observador, onde L_0 é o comprimento do objeto em repouso e c é a velocidade da luz. Encontre $\lim_{v \to c^-} L$ e interprete o resultado. Por que é necessário o limite à esquerda?

59. Se p for um polinômio, mostre que $\lim_{x \to a} p(x) = p(a)$.

60. Se r for uma função racional, use o Exercício 59 para mostrar que $\lim_{x \to a} r(x) = r(a)$ para todo número a no domínio de r.

61. Se $\lim_{x \to 1} \dfrac{f(x) - 8}{x - 1} = 10$, encontre $\lim_{x \to 1} f(x)$.

62. Se $\lim_{x \to 0} \dfrac{f(x)}{x^2} = 5$, encontre os seguintes limites.

(a) $\lim_{x \to 0} f(x)$ (b) $\lim_{x \to 0} \dfrac{f(x)}{x}$

63. Se

$$f(x) = \begin{cases} x^2 & \text{se } x \text{ é racional} \\ 0 & \text{se } x \text{ é irracional} \end{cases}$$

demonstre que $\lim_{x \to 0} f(x) = 0$.

64. Mostre por meio de um exemplo que $\lim_{x \to a} [f(x) + g(x)]$ pode existir mesmo que nem $\lim_{x \to a} f(x)$ nem $\lim_{x \to a} g(x)$ existam.

65. Mostre por meio de um exemplo que $\lim_{x \to a} [f(x) g(x)]$ pode existir mesmo que nem $\lim_{x \to a} f(x)$ nem $\lim_{x \to a} g(x)$ existam.

66. Calcule $\lim_{x \to 2} \dfrac{\sqrt{6-x} - 2}{\sqrt{3-x} - 1}$.

67. Existe um número a tal que

$$\lim_{x \to -2} \dfrac{3x^2 + ax + a + 3}{x^2 + x - 2}$$

exista? Caso exista, encontre a e o valor do limite.

68. A figura mostra um círculo fixo C_1 de equação $(x-1)^2 + y^2 = 1$ e um círculo C_2, a ser encolhido, com raio r e centro na origem. P é o ponto $(0, r)$, Q é o ponto de intersecção superior dos dois círculos e R é o ponto de intersecção da reta PQ com o eixo x. O que acontecerá com R quando C_2 se contrair, isto é, quando $r \to 0^+$?

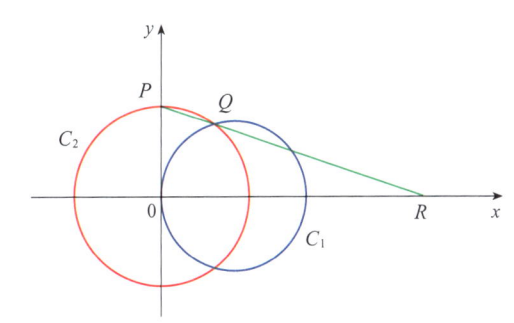

2.4 A Definição Precisa de um Limite

A definição intuitiva de limite dada na Seção 2.2 é inadequada para alguns propósitos, pois frases como "x está próximo de 2" e "$f(x)$ aproxima-se cada vez mais de L" são vagas. Para sermos capazes de demonstrar conclusivamente que

$$\lim_{x \to 0} \left(x^3 + \dfrac{\cos 5x}{10.000} \right) = 0,0001 \quad \text{ou} \quad \lim_{x \to 0} \dfrac{\text{sen } x}{x} = 1$$

devemos tornar precisa a definição de limite

■ A Definição Precisa de Limite

Para chegar à definição precisa de limite, consideremos a função

$$f(x) = \begin{cases} 2x - 1 & \text{se } x \ne 3 \\ 6 & \text{se } x = 3 \end{cases}$$

É intuitivamente claro que quando x está próximo de 3, mas $x \ne 3$, então $f(x)$ está próximo de 5 e, sendo assim, $\lim_{x \to 3} f(x) = 5$.

Para obter informações mais detalhadas sobre como $f(x)$ varia quando x está próximo de 3, fazemos a seguinte pergunta:

Quão próximo de 3 deverá estar x para que $f(x)$ difira de 5 por menos que 0,1?

A distância de x a 3 é $|x-3|$, e a distância de $f(x)$ a 5 é $|f(x)-5|$, logo, nosso problema é achar um número δ (a letra grega delta) tal que

$$|f(x)-5|<0,1 \quad \text{se} \quad |x-3|<\delta \quad \text{mas} \quad x \neq 3$$

Se $|x-3|>0$, então $x \neq 3$; portanto uma formulação equivalente de nosso problema é achar um número δ tal que

$$|f(x)-5|<0,1 \quad \text{se} \quad 0<|x-3|<\delta$$

Observe que, se $0<|x-3|<(0,1)/2=0,05$, então

$$|f(x)-5|=|(2x-1)-5|=|2x-6|=2|x-3|<2(0,05)=0,1$$

isto é, $\qquad |f(x)-5|<0,1 \quad \text{se} \quad 0<|x-3|<0,05$

Assim, uma resposta para o problema é dada por $\delta=0,05$; isto é, se x estiver a uma distância de no máximo 0,05 de 3, então $f(x)$ estará a uma distância de no máximo 0,1 de 5.

Se mudarmos o número 0,1 em nosso problema para o número menor 0,01, então, usando o mesmo método, achamos que $f(x)$ diferirá de 5 por menos que 0,01, desde que x difira de 3 por menos que $(0,01)/2 = 0,005$:

$$|f(x)-5|<0,01 \quad \text{se} \quad 0<|x-3|<0,005$$

De forma análoga,

$$|f(x)-5|<0,001 \quad \text{se} \quad 0<|x-3|<0,0005$$

Os números 0,1, 0,01 e 0,001, anteriormente considerados, são *tolerâncias de erro* que podemos admitir. Para que o número 5 seja precisamente o limite de $f(x)$, quando x tende a 3, devemos não apenas ser capazes de tornar a diferença entre $f(x)$ e 5 menor que cada um desses três números; devemos ser capazes de torná-la menor que *qualquer* número positivo. E, por analogia ao procedimento adotado, nós podemos! Se chamarmos ε (a letra grega épsilon) a um número positivo arbitrário, então encontramos, como anteriormente, que

$$\boxed{1} \qquad |f(x)-5|<\varepsilon \quad \text{se} \quad 0<|x-3|<\delta=\frac{\varepsilon}{2}$$

Esta é uma maneira precisa de dizer que $f(x)$ está próximo de 5 quando x está próximo de 3, pois (1) diz que podemos fazer os valores de $f(x)$ ficarem dentro de uma distância arbitrária ε de 5 restringindo os valores de x a uma distância $\varepsilon/2$ de 3 (mas $x \neq 3$).

Observe que (1) pode ser reescrita como:

$$\text{se} \quad 3-\delta<x<3+\delta \, (x \neq 3) \quad \text{então} \quad 5-\varepsilon<f(x)<5+\varepsilon$$

e isso está ilustrado na Figura 1. Tomando os valores de x ($\neq 3$) dentro do intervalo $(3-\delta, 3+\delta)$, podemos obter os valores de $f(x)$ dentro do intervalo $(5-\varepsilon, 5+\varepsilon)$.

Usando (1) como modelo, temos uma definição precisa de limite.

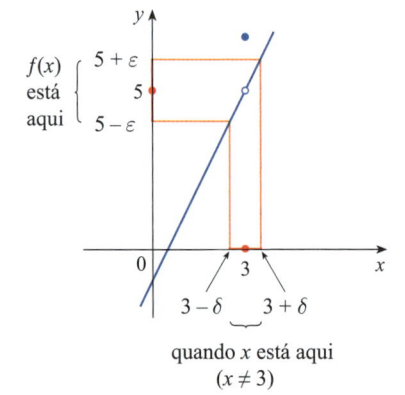

FIGURA 1

É uma tradição o uso das letras gregas ε e δ na definição precisa de limite.

$\boxed{2}$ **Definição Precisa de Limite** Seja f uma função definida em algum intervalo aberto que contenha o número a, exceto possivelmente no próprio a. Então dizemos que o **limite de $f(x)$ quando x tende a a é L**, e escrevemos

$$\lim_{x \to a} f(x) = L$$

se para todo número $\varepsilon > 0$ houver um número $\delta > 0$ tal que

$$\text{se} \quad 0<|x-a|<\delta \quad \text{então} \quad |f(x)-L|<\varepsilon$$

Uma vez que $|x - a|$ é a distância de x a a e $|f(x) - L|$ é a distância de $f(x)$ a L, e como ε pode ser arbitrariamente pequeno, a definição de limite pode ser expressa em palavras da seguinte forma:

$\lim_{x \to a} f(x) = L$ significa que a distância entre $f(x)$ e L fica arbitrariamente pequena ao se exigir que a distância de x a a seja suficientemente pequena (mas não igual a 0).

Alternativamente,

$\lim_{x \to a} f(x) = L$ significa que os valores de $f(x)$ podem ser tornados tão próximos de L quanto desejarmos, tornando-se x suficientemente próximo de a (mas não igual a a).

Podemos também reformular a Definição 2 em termos de intervalos, observando que a desigualdade $|x - a| < \delta$ é equivalente a $-\delta < x - a < \delta$, que pode ser escrita como $a - \delta < x < a + \delta$. Além disso, $0 < |x - a|$ é válida se, e somente se, $x - a \neq 0$, isto é, $x \neq a$. Analogamente, a desigualdade $|f(x) - L| < \varepsilon$ é equivalente ao par de desigualdades $L - \varepsilon < f(x) < L + \varepsilon$. Portanto, em termos de intervalos, a Definição 2 pode ser enunciada desta maneira:

$\lim_{x \to a} f(x) = L$ significa que para todo $\varepsilon > 0$ (não importa quão pequeno ε for) podemos achar $\delta > 0$ tal que, se x estiver no intervalo aberto $(a - \delta, a + \delta)$ e $x \neq a$, então $f(x)$ estará no intervalo aberto $(L - \varepsilon, L + \varepsilon)$.

Podemos interpretar geometricamente essa definição representando a função por um diagrama de flechas, como na Figura 2, onde f leva um subconjunto de $\mathbb{R}$ em outro subconjunto de $\mathbb{R}$.

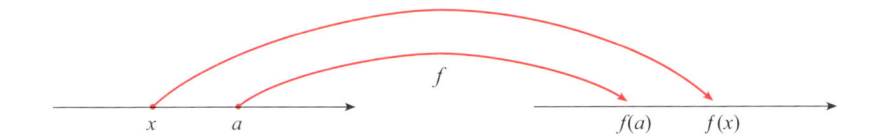

FIGURA 2

A definição de limite afirma que, se for dado qualquer intervalo pequeno $(L - \varepsilon, L + \varepsilon)$ em torno de L, então podemos achar um intervalo $(a - \delta, a + \delta)$ em torno de a tal que f leve todos os pontos de $(a - \delta, a + \delta)$ (exceto possivelmente a) para dentro do intervalo $(L - \varepsilon, L + \varepsilon)$. (Veja a Figura 3.)

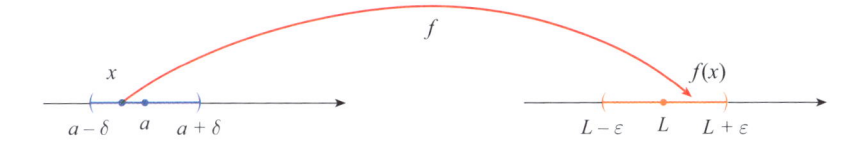

FIGURA 3

Outra interpretação geométrica de limite pode ser dada em termos do gráfico de uma função. Se for dado $\varepsilon > 0$, então traçamos as retas horizontais $y = L + \varepsilon$ e $y = L - \varepsilon$ e o gráfico de f (veja a Figura 4). Se $\lim_{x \to a} f(x) = L$, então podemos achar um número $\delta > 0$ tal que, se limitarmos x ao intervalo $(a - \delta, a + \delta)$ e tomarmos $x \neq a$, a curva $y = f(x)$ ficará entre as retas $y = L - \varepsilon$ e $y = L + \varepsilon$ (veja a Figura 5). Você pode ver que, se um destes δ tiver sido encontrado, então qualquer δ menor também servirá.

É importante compreender que o processo ilustrado nas figuras 4 e 5 deve funcionar para *todo* número positivo e independentemente de quão pequeno ele seja. A Figura 6 mostra que se um ε menor for escolhido, então será necessário um δ menor.

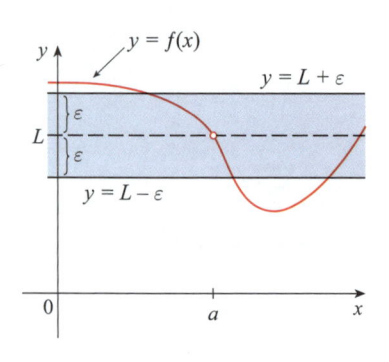

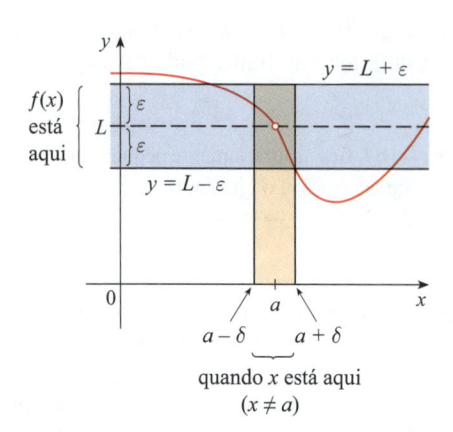

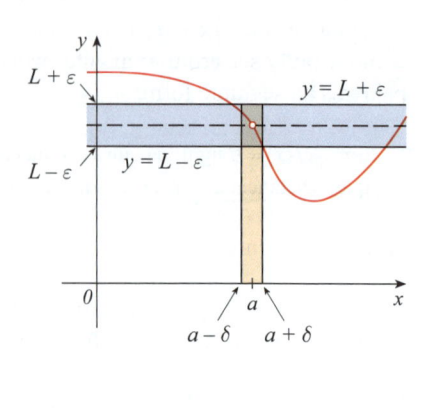

FIGURA 4

FIGURA 5

FIGURA 6

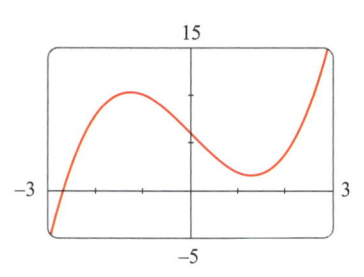

FIGURA 7

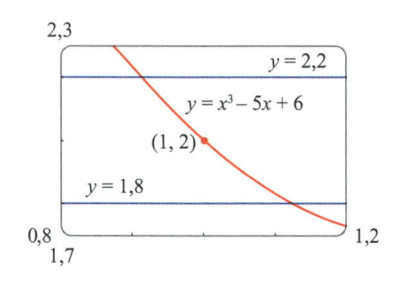

FIGURA 8

EXEMPLO 1 Como $f(x) = x^3 - 5x + 6$ é uma função polinomial, sabemos da Propriedade de Substituição Direta que $\lim_{x \to 1} f(x) = f(1) = 1^3 - 5(1) + 6 = 2$. Use um gráfico para encontrar um número δ tal que se x está a menos de δ de 1, então y está a menos de 0,2 de 2, isto é,

$$\text{se} \quad |x-1| < \delta \quad \text{então} \quad |(x^3 - 5x + 6) - 2| < 0,2$$

Em outras palavras, encontre um número δ que corresponda a $\varepsilon = 0,2$ na definição de um limite para a função $f(x) = x^3 - 5x + 6$ com $a = 1$ e $L = 2$.

SOLUÇÃO Um gráfico de f é mostrado na Figura 7, e estamos interessados na região próxima do ponto (1, 2). Observe que podemos reescrever a desigualdade

$$|(x^3 - 5x + 6) - 2| < 0,2$$

como

$$-0,2 < (x^3 - 5x + 6) - 2 < 0,2$$

ou equivalente

$$1,8 < x^3 - 5x + 6 < 2,2$$

Assim, precisamos determinar os valores de x para os quais a curva $y = x^3 - 5x + 6$ está entre as retas horizontais $y = 1,8$ e $y = 2,2$. Portanto, traçamos o gráfico das curvas $y = x^3 - 5x + 6$, $y = 1,8$ e $y = 2,2$ próximo do ponto (1, 2) na Figura 8. Usamos o cursor para estimar que a coordenada x do ponto de intersecção da reta $y = 2,2$ com a curva $y = x^3 - 5x + 6$ está em torno de 0,911. Analogamente, $y = x^3 - 5x + 6$ intercepta a reta $y = 1,8$ quando $x \approx 1,124$. Logo, arredondando-se em direção a 1, a favor da segurança, podemos afirmar que

$$\text{se} \quad 0,92 < x < 1,12 \quad \text{então} \quad 1,8 < x^3 - 5x + 6 < 2,2$$

Esse intervalo (0,92, 1,12) não é simétrico em torno de $x = 1$. A distância de $x = 1$ até a extremidade esquerda é $1 - 0,92 = 0,08$, e a distância até a extremidade direita é 0,12. Podemos escolher δ como o menor desses números, isto é, $\delta = 0,08$. Então podemos reescrever nossas desigualdades em termos de distâncias da seguinte forma:

$$\text{se} \quad |x-1| < 0,08 \quad \text{então} \quad |(x^3 - 5x + 6) - 2| < 0,2$$

Isso somente nos diz que, mantendo x dentro de uma distância de 0,08 de 1, podemos manter $f(x)$ dentro de uma distância de 0,2 de 2.

Embora tenhamos escolhido $\delta = 0,08$, qualquer valor positivo menor de δ também funcionaria. ■

O procedimento gráfico do Exemplo 1 dá uma ilustração da definição para $\varepsilon = 0,2$, mas não *prova* que o limite é igual a 2. Uma demonstração deve fornecer um δ para *cada* ε.

Ao demonstrar afirmações sobre os limites, pode ser proveitoso imaginar a definição de limite como um desafio. Primeiro ela o desafia com um número ε. Você deve então ser capaz de obter um δ adequado. Você deve fazer isso para *todo* $\varepsilon > 0$, e não somente para um valor particular de ε.

Imagine uma competição entre duas pessoas, A e B, e suponha que você seja B. A pessoa A estipula que o número fixo L deverá ser aproximado por valores de $f(x)$ com um grau de precisão ε (digamos 0,01). O indivíduo B então responde encontrando um número δ tal que, se $0 < |x - a| < \delta$, então $|f(x) - L| < \varepsilon$. Nesse caso, A pode tornar-se mais exigente e desafiar B com um valor menor de ε (digamos, 0,0001). Novamente, B deve responder encontrando um δ correspondente. Geralmente, quanto menor o valor de ε, menor deve ser o valor de δ correspondente. Se B sempre vencer, não importa quão pequeno A torna ε, então $\lim_{x \to a} f(x) = L$.

EXEMPLO 2 Prove que $\lim_{x \to 3}(4x - 5) = 7$.

SOLUÇÃO

1. *Uma análise preliminar do problema (conjecturando um valor para δ).* Seja ε um número positivo dado. Queremos encontrar um número δ tal que

$$\text{se} \quad 0 < |x - 3| < \delta \quad \text{então} \quad |(4x - 5) - 7| < \varepsilon$$

Porém $|(4x - 5) - 7| = |4x - 12| = |4(x - 3)| = 4|x - 3|$. Portanto, queremos δ tal que

$$\text{se} \quad 0 < |x - 3| < \delta \quad \text{então} \quad 4|x - 3| < \varepsilon$$

isto é,

$$\text{se} \quad 0 < |x - 3| < \delta \quad \text{então} \quad |x - 3| < \frac{\varepsilon}{4}$$

Isso sugere que deveríamos escolher $\delta = \varepsilon/4$.

2. *Demonstração (mostrando que este δ funciona).* Dado $\varepsilon > 0$, escolha $\delta = \varepsilon/4$. Se $0 < |x - 3| < \delta$, então

$$|(4x - 5) - 7| = |4x - 12| = 4|x - 3| < 4\delta = 4\left(\frac{\varepsilon}{4}\right) = \varepsilon$$

Assim,

$$\text{se} \quad 0 < |x - 3| < \delta \quad \text{então} \quad |(4x - 5) - 7| < \varepsilon$$

Portanto, pela definição de limite,

$$\lim_{x \to 3}(4x - 5) = 7$$

Este exemplo está ilustrado na Figura 9

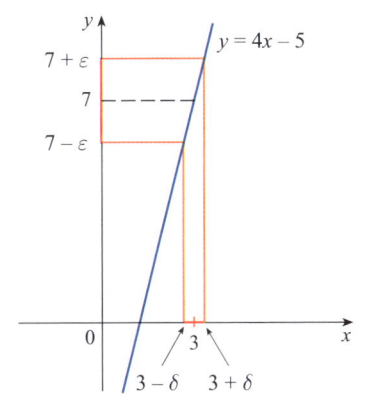

FIGURA 9

Cauchy e os Limites

Após a invenção do cálculo, no século XVII, seguiu-se um período de livre desenvolvimento do assunto, no século XVIII. Matemáticos como os irmãos Bernoulli e Euler estavam ansiosos por explorar o poder do cálculo, e exploraram audaciosamente as consequências dessa encantadora e nova teoria matemática sem grandes preocupações com o fato de suas demonstrações estarem ou não completamente corretas.

O século XIX, ao contrário, foi a Época do Rigor na matemática. Houve um movimento de volta aos fundamentos do assunto – de fornecer definições cuidadosas e demonstrações rigorosas. Na linha de frente desse movimento estava o matemático francês Augustin-Louis Cauchy (1789-1857), que começou como engenheiro militar antes de se tornar professor de matemática em Paris. Cauchy tomou a ideia de limite de Newton, mantida viva no século XVIII pelo matemático francês Jean d'Alembert, e tornou-a mais precisa. Sua definição de limite tem a seguinte forma: "Quando os valores sucessivos atribuídos a uma variável aproximam-se indefinidamente de um valor fixo, de forma que no final diferem dele por tão pouco quanto se queira, esse último é chamado limite de todos os outros". Mas quando Cauchy usava essa definição em exemplos e demonstrações, ele frequentemente empregava desigualdades delta-épsilon similares às desta seção. Uma prova de Cauchy típica se inicia com: "Designando por δ e ε dois números muito pequenos; ..." Ele usou ε em virtude de uma correspondência entre épsilon e a palavra francesa *erreur*, e δ, pois delta corresponderia a *différence*. Mais tarde o matemático alemão Karl Weierstrass (1815-1897) enunciou a definição de limite exatamente como em nossa Definição 2.

Observe que a solução do Exemplo 2 envolvia dois estágios – conjectura e demonstração. Fizemos uma análise preliminar que nos permitiu conjecturar um valor para δ. Então, em um segundo estágio, tivemos de voltar e demonstrar cuidadosamente e de forma lógica que fizemos uma conjectura correta. Esse procedimento é típico de boa parte da matemática. Por vezes é necessário primeiro fazer uma conjectura inteligente sobre a resposta de um problema para então demonstrar que a conjectura é correta

EXEMPLO 3 Prove que $\lim_{x \to 3} x^2 = 9$.

SOLUÇÃO

1. *Conjecturando um valor para δ.* Seja dado $\varepsilon > 0$. Devemos encontrar um número $\delta > 0$ tal que

$$\text{se} \quad 0 < |x-3| < \delta \quad \text{então} \quad |x^2 - 9| < \varepsilon$$

Para relacionar $|x^2 - 9|$ a $|x - 3|$, escrevemos $|x^2 - 9| = |(x+3)(x-3)|$. Assim, desejamos que

$$\text{se} \quad 0 < |x-3| < \delta \quad \text{então} \quad |x+3||x-3| < \varepsilon$$

Observe que, se formos capazes de encontrar uma constante positiva C tal que $|x+3| < C$, então teremos

$$|x+3||x-3| < C|x-3|$$

e será possível fazer com que $C|x-3| < \varepsilon$ tomando $|x-3| < \varepsilon/C$, de modo que poderíamos escolher $\delta = \varepsilon/C$.

Podemos encontrar um número C que satisfaça essa condição se restringirmos x a algum intervalo com centro em 3. De fato, como só estamos interessados em valores de x que estão próximos de 3, é razoável supor que a distância de x a 3 é menor que 1, ou seja, que $|x-3| < 1$. Logo, $2 < x < 4$ e, portanto, $5 < x + 3 < 7$. Assim, temos $|x+3| < 7$, de modo que $C = 7$ é uma escolha adequada para a constante.

Entretanto, agora existem duas restrições para $|x - 3|$, que são

$$|x-3| < 1 \quad \text{e} \quad |x-3| < \frac{\varepsilon}{C} = \frac{\varepsilon}{7}$$

Para assegurar que as duas desigualdades sejam satisfeitas, tomamos δ como o menor número entre 1 e $\varepsilon/7$. A notação para isso é $\delta = \min\{1, \varepsilon/7\}$.

2. *Mostrando que esse δ serve.* Dado $\varepsilon > 0$, seja $\delta = \min\{1, \varepsilon/7\}$. Se $0 < |x-3| < \delta$, então $|x-3| < 1 \Rightarrow 2 < x < 4 \Rightarrow |x+3| < 7$ (como visto na parte 1). Além disso, temos $|x-3| < \varepsilon/7$, de modo que

$$|x^2 - 9| = |x+3||x-3| < 7 \cdot \frac{\varepsilon}{7} = \varepsilon$$

Isso comprova que $\lim_{x \to 3} x^2 = 9$. ∎

■ Limites Laterais

As definições intuitivas de limites laterais dadas na Seção 2.2 podem ser reformuladas com mais precisão da seguinte forma

---

3 **Definição Precisa de Limite à Esquerda**

$$\lim_{x \to a^-} f(x) = L$$

se para todo número $\varepsilon > 0$ houver um número $\delta > 0$ tal que

$$\text{se} \quad a - \delta < x < a \quad \text{então} \quad |f(x) - L| < \varepsilon$$

> **4 Definição Precisa de Limite à Direita**
>
> $$\lim_{x \to a^+} f(x) = L$$
>
> se para todo número $\varepsilon > 0$ houver um número $\delta > 0$ tal que
>
> se $\quad a < x < a + \delta \quad$ então $\quad |f(x) - L| < \varepsilon$

Observe que a Definição 3 é igual à Definição 2, exceto que x está restrito à metade *esquerda* $(a - \delta, a)$ do intervalo $(a - \delta, a + \delta)$. Na Definição 4, x está restrito à metade *direita* $(a, a + \delta)$ do intervalo $(a - \delta, a + \delta)$.

EXEMPLO 4 Use a Definição 4 para provar que $\lim_{x \to 0^+} \sqrt{x} = 0$.

SOLUÇÃO

1. *Conjecturando um valor para δ.* Seja ε um número positivo dado. Aqui, $a = 0$ e $L = 0$; logo, queremos achar um número δ tal que

$$\text{se} \quad 0 < x < \delta \quad \text{então} \quad |\sqrt{x} - 0| < \varepsilon$$

isto é,

$$\text{se} \quad 0 < x < \delta \quad \text{então} \quad \sqrt{x} < \varepsilon$$

ou, elevando ao quadrado ambos os lados da desigualdade $\sqrt{x} < \varepsilon$, obtemos

$$\text{se} \quad 0 < x < \delta \quad \text{então} \quad x < \varepsilon^2$$

Isso sugere que deveríamos escolher $\delta = \varepsilon^2$.

2. *Mostrando que esse δ funciona.* Dado $\varepsilon > 0$, seja $\delta = \varepsilon^2$. Se $0 < x < \delta$, então

$$\sqrt{x} < \sqrt{\delta} = \sqrt{\varepsilon^2} = \varepsilon$$

logo

$$|\sqrt{x} - 0| < \varepsilon$$

Consequentemente, pela Definição 4, isso mostra que $\lim_{x \to 0^+} \sqrt{x} = 0$. ∎

■ As Propriedades dos Limites

Como comprovam os exemplos anteriores, nem sempre é fácil provar que uma afirmação sobre limite é verdadeira usando a definição baseada em ε e δ. De fato, se nos tivesse sido dada uma função mais complicada, como $f(x) = (6x^2 - 8x + 9)/(2x^2 - 1)$, a demonstração requereria uma grande dose de engenhosidade. Felizmente, isso não é necessário, porque as Propriedades dos Limites apresentadas na Seção 2.3 podem ser demonstradas usando-se a Definição 2 e, portanto, os limites de funções complicadas podem ser obtidos de forma rigorosa a partir das Propriedades dos Limites, sem que seja necessário recorrer diretamente à definição de limite.

Como exemplo provaremos a Propriedade da Soma: se $\lim_{x \to a} f(x) = L$ e $\lim_{x \to a} g(x) = M$ ambos existirem, então

$$\lim_{x \to a} [f(x) + g(x)] = L + M$$

As propriedades restantes estão demonstradas nos exercícios e no Apêndice F.

DEMONSTRAÇÃO DA PROPRIEDADE DA SOMA Seja $\varepsilon > 0$ dado. Devemos encontrar um $\delta > 0$ tal que

$$\text{se} \quad 0 < |x - a| < \delta \quad \text{então} \quad |f(x) + g(x) - (L + M)| < \varepsilon$$

Desigualdade Triangular:
$$|a+b| \le |a| + |b|$$
(Veja o Apêndice A.)

Usando a Desigualdade Triangular podemos escrever

$$\boxed{5} \quad |f(x)+g(x)-(L+M)| = |(f(x)-L)+(g(x)-M)|$$
$$\le |f(x)-L| + |g(x)-M|$$

Podemos tornar $|f(x) + g(x) - (L + M)|$ menor que ε tornando cada um dos termos $|f(x) - L|$ e $|g(x) - M|$ menor que $\varepsilon/2$.

Uma vez que $\varepsilon/2 > 0$ e $\lim_{x \to a} f(x) = L$, existe um número $\delta_1 > 0$ tal que

$$\text{se} \quad 0 < |x - a| < \delta_1 \quad \text{então} \quad |f(x) - L| < \frac{\varepsilon}{2}$$

Analogamente, uma vez que $\lim_{x \to a} g(x) = M$, existe um número $\delta_2 > 0$ tal que

$$\text{se} \quad 0 < |x - a| < \delta_2 \quad \text{então} \quad |g(x) - M| < \frac{\varepsilon}{2}$$

Seja $\delta = \min\{\delta_1, \delta_2\}$ o menor dos números δ_1 e δ_2. Observe que

$$\text{se} \quad 0 < |x-a| < \delta \quad \text{então} \quad 0 < |x-a| < \delta_1 \quad \text{e} \quad 0 < |x-a| < \delta_2$$

então
$$|f(x) - L| < \frac{\varepsilon}{2} \quad \text{e} \quad |g(x) - M| < \frac{\varepsilon}{2}$$

Portanto, de (5),

$$|f(x) + g(x) - (L+M)| \le |f(x) - L| + |g(x) - M|$$
$$< \frac{\varepsilon}{2} + \frac{\varepsilon}{2} = \varepsilon$$

Resumindo,

$$\text{se} \quad 0 < |x-a| < \delta \quad \text{então} \quad |f(x) + g(x) - (L + M)| < \varepsilon$$

Assim, pela definição de limite,

$$\lim_{x \to a} [f(x) + g(x)] = L + M \qquad \blacksquare$$

■ Limites Infinitos

Os limites infinitos podem também ser definidos de maneira precisa. A seguir apresenta-se uma versão precisa da Definição 2.2.4.

> $\boxed{6}$ **Definição Precisa de Limite Infinito** Seja f uma função definida em algum intervalo aberto que contenha o número a, exceto possivelmente no próprio a. Então
> $$\lim_{x \to a} f(x) = \infty$$
> significa que, para todo número positivo M, há um número positivo δ tal que
> $$\text{se} \quad 0 < |x - a| < \delta \quad \text{então} \quad f(x) > M$$

Isso diz que o valor de $f(x)$ pode ser arbitrariamente grande (maior que qualquer número dado M) tornando-se x suficientemente próximo de a (dentro de uma distância δ, onde δ depende de M, mas com $x \ne a$). Uma ilustração geométrica está na Figura 10.

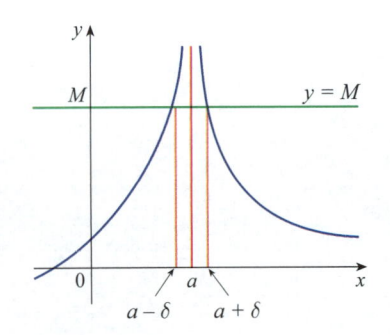

FIGURA 10

Dada qualquer reta horizontal $y = M$, podemos achar um número $\delta > 0$ tal que, se restringirmos x a ficar no intervalo $(a - \delta, a + \delta)$, mas $x \neq a$, então a curva $y = f(x)$ ficará acima da reta $y = M$. Você pode ver que se um M maior for escolhido, então um δ menor poderá ser necessário.

EXEMPLO 5 Use a Definição 6 para demonstrar que $\lim\limits_{x \to 0} \dfrac{1}{x^2} = \infty$.

SOLUÇÃO Seja M um número positivo dado. Queremos encontrar um número δ tal que

$$\text{se} \quad 0 < |x| < \delta \quad \text{então} \quad 1/x^2 > M$$

Mas $\dfrac{1}{x^2} > M \Leftrightarrow x^2 < \dfrac{1}{M} \Leftrightarrow \sqrt{x^2} < \sqrt{\dfrac{1}{M}} \Leftrightarrow |x| < \dfrac{1}{\sqrt{M}}$

Assim, se escolhermos $\delta = 1/\sqrt{M}$ e $0 < |x| < \delta = 1/\sqrt{M}$, então $1/x^2 > M$. Isto mostra que $1/x^2 \to \infty$ quando $x \to 0$. ∎

De maneira semelhante, a seguir apresentamos uma versão precisa da Definição 2.2.5, a qual é ilustrada pela Figura 11.

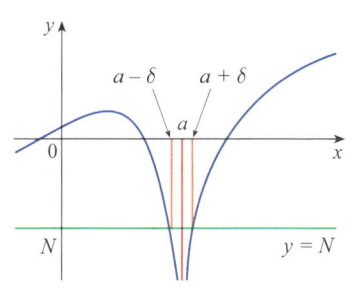

7 Definição Seja f uma função definida em algum intervalo aberto que contenha o número a, exceto possivelmente no próprio a. Então

$$\lim_{x \to a} f(x) = -\infty$$

significa que, para todo número negativo N, há um número positivo δ tal que

$$\text{se} \quad 0 < |x - a| < \delta \quad \text{então} \quad f(x) < N$$

FIGURA 11

2.4 | Exercícios

1. Use o gráfico dado de f para encontrar um número δ tal que

$$\text{se} \quad |x - 1| < \delta \quad \text{então} \quad |f(x) - 1| < 0{,}2$$

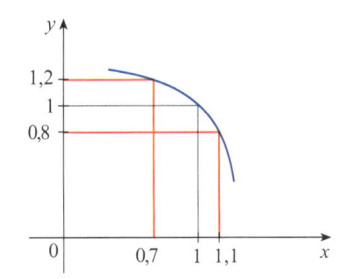

2. Use o gráfico dado de f para encontrar um número δ tal que

$$\text{se} \quad 0 < |x - 3| < d \quad \text{então} \quad |f(x) - 2| < 0{,}5$$

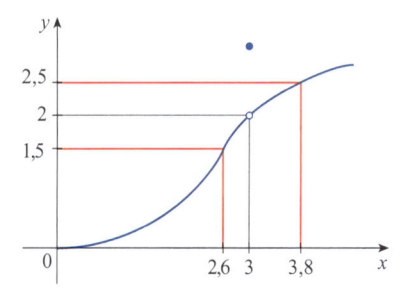

3. Use o gráfico dado de $f(x) = \sqrt{x}$ para encontrar um número δ tal que

$$\text{se} \quad |x - 4| < \delta \quad \text{então} \quad |\sqrt{x} - 2| < 0{,}4$$

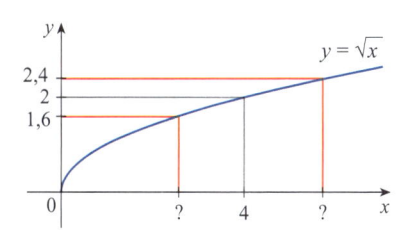

4. Use o gráfico dado de $f(x) = x^2$ para encontrar um número δ tal que

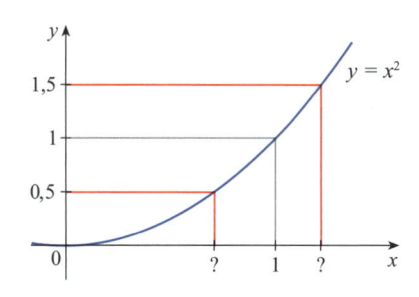

$$\text{se} \quad |x-1| < \delta \quad \text{então} \quad |x^2 - 1| < \tfrac{1}{2}$$

5. Use um gráfico para encontrar um número δ tal que

$$\text{se} \quad |x-2| < \delta \quad \text{então} \quad \left|\sqrt{x^2+5} - 3\right| < 0,3$$

6. Use um gráfico para encontrar um número δ tal que

$$\text{se} \quad \left|x - \tfrac{\pi}{6}\right| < \delta \quad \text{então} \quad \left|\cos^2 x - \tfrac{3}{4}\right| < 0,1$$

7. Para o limite

$$\lim_{x \to 2} (x^3 - 3x + 4) = 6$$

ilustre a Definição 2 encontrando os valores de δ que correspondam a $\varepsilon = 0,2$ e $\varepsilon = 0,1$.

8. Para o limite

$$\lim_{x \to 0} \frac{e^{2x} - 1}{x} = 2$$

ilustre a Definição 2 encontrando os valores de δ que correspondam a $\varepsilon = 0,5$ e $\varepsilon = 0,1$.

9. (a) Use um gráfico para encontrar um número tal que

$$\text{se} \quad 2 < x < 2+\delta \quad \text{então} \quad \frac{1}{\ln(x-1)} > 100$$

(b) Qual limite a parte (a) sugere ser verdadeiro?

10. Dado que $\lim_{x \to \pi} \operatorname{cossec}^2 x = \infty$, ilustre a Definição 6 encontrando os valores de δ que correspondam a (a) $M = 500$ e (b) $M = 1.000$.

11. Foi pedido a um torneiro mecânico que fabricasse um disco de metal circular com área de 1.000 cm^2.
(a) Qual é o raio do disco produzido?
(b) Se for permitido ao torneiro uma tolerância do erro de ± 5 cm^2 na área do disco, quão próximo do raio ideal da parte (a) o torneiro precisa controlar o raio?
(c) Em termos da definição ε, δ de $\lim_{x \to a} f(x) = L$, o que é x? O que é $f(x)$? O que é a? O que é L? Qual valor de ε é dado? Qual o valor correspondente de δ?

12. Uma fornalha para a produção de cristais é usada em uma pesquisa para determinar a melhor maneira de manufaturar os cristais utilizados em componentes eletrônicos para os veículos espaciais. Para a produção perfeita do cristal, a temperatura deve ser controlada precisamente, ajustando-se a potência de entrada. Suponha que a relação seja dada por

$$T(w) = 0,1w^2 + 2,155w + 20$$

onde T é a temperatura em graus Celsius e w é a potência de entrada em watts.
(a) Qual a potência necessária para manter a temperatura em 200 °C?
(b) Se for permitida uma variação de ± 1 °C a partir dos 200 °C, qual será o intervalo de potência permitido para a entrada?
(c) Em termos da definição ε, δ $\lim_{x \to a} f(x) = L$, o que é x? O que é $f(x)$? O que é a? O que é L? Qual valor de ε é dado? Qual o valor correspondente de δ?

13. (a) Encontre um número δ tal que se $|x-2| < \delta$, então $|4x - 8| < \varepsilon$, onde $\varepsilon = 0,1$.
(b) Repita a parte (a) com $\varepsilon = 0,01$.

14. Dado que $\lim_{x \to 2} (5x - 7) = 3$, ilustre a Definição 2 encontrando valores de δ que correspondam a $\varepsilon = 0,1$, $\varepsilon = 0,05$ e $\varepsilon = 0,01$.

15-18 Demonstre cada afirmação usando a definição ε, δ de um limite e ilustre com um diagrama como o da Figura 9.

15. $\lim_{x \to 4} (\tfrac{1}{2}x - 1) = 1$ **16.** $\lim_{x \to 2} (2 - 3x) = -4$

17. $\lim_{x \to -2} (-2x + 1) = 5$ **18.** $\lim_{x \to 1} (2x - 5) = -3$

19-32 Demonstre cada afirmação usando a definição ε, δ de limite.

19. $\lim_{x \to 9} (1 - \tfrac{1}{3}x) = -2$ **20.** $\lim_{x \to 5} (\tfrac{3}{2}x - \tfrac{1}{2}) = 7$

21. $\lim_{x \to 4} \dfrac{x^2 - 2x - 8}{x - 4} = 6$ **22.** $\lim_{x \to -1,5} \dfrac{9 - 4x^2}{3 + 2x} = 6$

23. $\lim_{x \to a} x = a$ **24.** $\lim_{x \to a} c = c$

25. $\lim_{x \to 0} x^2 = 0$ **26.** $\lim_{x \to 0} x^3 = 0$

27. $\lim_{x \to 0} |x| = 0$ **28.** $\lim_{x \to -6^+} \sqrt[8]{6 + x} = 0$

29. $\lim_{x \to 2} (x^2 - 4x + 5) = 1$ **30.** $\lim_{x \to 2} (x^2 + 2x - 7) = 1$

31. $\lim_{x \to -2} (x^2 - 1) = 3$ **32.** $\lim_{x \to 2} x^3 = 8$

33. Verifique que outra escolha possível de δ para mostrar que $\lim_{x \to 3} x^2 = 9$ no Exemplo 3 é $\delta = \min\{2, \varepsilon/8\}$.

34. Verifique, usando argumentos geométricos, que a maior escolha possível para o δ para que se possa mostrar que $\lim_{x \to 3} x^2 = 9$ é $\delta = \sqrt{9 + \varepsilon} - 3$.

35. (a) Para o limite $\lim_{x \to 1} (x^3 + x + 1) = 3$, use um gráfico para encontrar o valor de δ que corresponde a $\varepsilon = 0,4$.
(b) Usando um sistema de computação algébrica para resolver a equação cúbica $x^3 + x + 1 = 3 + \varepsilon$, determine o maior valor possível para δ que funcione para qualquer $\varepsilon > 0$ dado.
(c) Tome $\varepsilon = 0,4$, na sua resposta da parte (b), e compare com a sua resposta da parte (a).

36. Demonstre que $\lim_{x \to 2} \dfrac{1}{x} = \dfrac{1}{2}$.

37. Demonstre que se $\lim_{x \to a} \sqrt{x} = \sqrt{a}$ se $a > 0$.

$$\left[\textit{Dica}: \text{Use } \left|\sqrt{x} - \sqrt{a}\right| = \dfrac{|x - a|}{\sqrt{x} + \sqrt{a}}.\right]$$

38. Se H é a função de Heaviside definida na Seção 2.2, prove, usando a Definição 2, que $\lim_{t \to 0} H(t)$ não existe. [*Dica:* Use uma prova indireta como segue. Suponha que o limite seja L. Tome $\varepsilon = \frac{1}{2}$ na definição de limite e tente chegar a uma contradição.]

39. Se a função f for definida por

$$f(x) = \begin{cases} 0 & \text{se } x \text{ é racional} \\ 1 & \text{se } x \text{ é irracional} \end{cases}$$

demonstre que $\lim_{x \to 0} f(x)$ não existe.

40. Comparando as Definições 2, 3 e 4, demonstre o Teorema 2.3.1:

$$\lim_{x \to a} f(x) = L \text{ se e somente se } \lim_{x \to a^-} f(x) = L = \lim_{x \to a^+} f(x)$$

41. Quão próximo de -3 devemos deixar x para que

$$\frac{1}{(x+3)^4} > 10.000$$

42. Demonstre, usando a Definição 6, que $\lim_{x \to -3} \dfrac{1}{(x+3)^4} = \infty$.

43. Demonstre que $\lim_{x \to 0^+} \ln x = -\infty$.

44. Suponha que $\lim_{x \to a} f(x) = \infty$ e $\lim_{x \to a} g(x) = c$, onde c é um número real. Demonstre cada afirmação

(a) $\lim_{x \to a} [f(x) + g(x)] = \infty$

(b) $\lim_{x \to a} [f(x)g(x)] = \infty$ se $c > 0$

(c) $\lim_{x \to a} [f(x)g(x)] = -\infty$ se $c < 0$

2.5 | Continuidade

■ Continuidade de uma Função

Percebemos na Seção 2.3 que o limite de uma função quando x tende a a pode muitas vezes ser encontrado simplesmente calculando o valor da função em a. Funções que têm essa propriedade são chamadas de *contínuas em* a. Veremos que a definição matemática de continuidade tem correspondência bem próxima ao significado da palavra *continuidade* no uso comum. (Um processo contínuo é aquele que ocorre gradualmente, sem interrupções.)

> **1 Definição** Uma função f é **contínua em um número** a se
> $$\lim_{x \to a} f(x) = f(a)$$

Observe que a Definição 1 implicitamente requer três coisas para a continuidade de f em a:

1. $f(a)$ está definida (isto é, a está no domínio de f)
2. $\lim_{x \to a} f(x)$ existe
3. $\lim_{x \to a} f(x) = f(a)$

A definição diz que f é contínua em a se $f(x)$ tende a $f(a)$ quando x tende a a. Assim, uma função contínua f tem a propriedade de que uma pequena mudança em x produz somente uma pequena alteração em $f(x)$. De fato, a alteração em $f(x)$ pode ser mantida tão pequena quanto desejarmos, mantendo-se a variação em x suficientemente pequena.

Se f está definida próximo de a (em outras palavras, f está definida em um intervalo aberto contendo a, exceto possivelmente em a), dizemos que f é **descontínua em** a (ou que f tem uma **descontinuidade** em a) se f não é contínua em a.

Os fenômenos físicos são geralmente contínuos. Por exemplo, o deslocamento ou a velocidade de um veículo em movimento variam continuamente com o tempo, como a altura das pessoas. Mas descontinuidades ocorrem em situações tais como a corrente elétrica. [Veja o Exemplo 6 da Seção 2.2, onde a função de Heaviside é descontínua em 0, pois $\lim_{t \to 0} H(t)$ não existe.]

Geometricamente, você pode pensar em uma função contínua em todo número de um intervalo como uma função cujo gráfico não se quebra. O gráfico pode ser desenhado sem remover sua caneta do papel.

Como ilustrado na Figura 1, se f é contínua, então os pontos $(x, f(x))$ sobre o gráfico de f tendem ao ponto $(a, f(a))$ do gráfico. Então, não há quebras na curva.

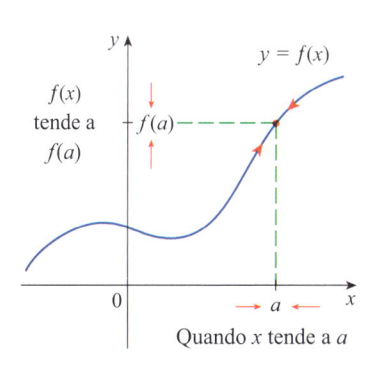

FIGURA 1

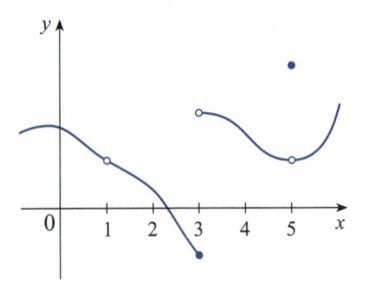

FIGURA 2

EXEMPLO 1 A Figura 2 mostra o gráfico da função f. Em quais números f é descontínua? Por quê?

SOLUÇÃO Parece haver uma descontinuidade quando $a = 1$, pois aí o gráfico tem um buraco. A razão oficial para f ser descontínua em 1 é que $f(1)$ não está definida.

O gráfico também tem uma quebra em $a = 3$, mas a razão para a descontinuidade é diferente. Aqui, $f(3)$ está definida, mas $\lim_{x \to 3} f(x)$ não existe (pois os limites esquerdo e direito são diferentes). Logo f é descontínua em 3.

E $a = 5$? Aqui, $f(5)$ está definida e $\lim_{x \to 5} f(x)$ existe (pois os limites esquerdo e direito são iguais). Mas

$$\lim_{x \to 5} f(x) \neq f(5)$$

Logo, f é descontínua em 5. ∎

Agora vamos ver como detectar descontinuidades quando uma função estiver definida por uma fórmula.

EXEMPLO 2 Onde cada uma das seguintes funções é descontínua?

(a) $f(x) = \dfrac{x^2 - x - 2}{x - 2}$

(b) $f(x) = \begin{cases} \dfrac{x^2 - x - 2}{x - 2} & \text{se } x \neq 2 \\ 1 & \text{se } x = 2 \end{cases}$

(c) $f(x) = \begin{cases} \dfrac{1}{x^2} & \text{se } x \neq 0 \\ 1 & \text{se } x = 0 \end{cases}$

(d) $f(x) = [\![x]\!]$

SOLUÇÃO

(a) Observe que $f(2)$ não está definida; logo, f é descontínua em 2. Mais à frente veremos por que f é contínua em todos os demais números.

(b) Nesse caso, $f(2) = 1$ está definida e

$$\lim_{x \to 2} f(x) = \lim_{x \to 2} \frac{x^2 - x - 2}{x - 2} = \lim_{x \to 2} \frac{(x-2)(x+1)}{x-2} = \lim_{x \to 2} (x+1) = 3$$

existe. Entretanto,

$$\lim_{x \to 2} f(x) \neq f(2)$$

de modo que f não é contínua em 2.

(c) Nesse caso, $f(0) = 1$, de modo que $f(0)$ está definida, mas

$$\lim_{x \to 0} f(x) = \lim_{x \to 0} \frac{1}{x^2}$$

não existe. (Veja o Exemplo 2.2.6). Logo, f é descontínua em 0.

(d) A função maior inteiro $f(x) = [\![x]\!]$ tem descontinuidades em todos os inteiros, pois $\lim_{x \to n} [\![x]\!]$ não existe se n for um inteiro. (Veja o Exemplo 2.3.10 e o Exercício 2.3.55.) ∎

A Figura 3 mostra os gráficos das funções no Exemplo 2. Em cada caso o gráfico não pode ser feito sem levantar a caneta do papel, pois um buraco, uma quebra ou salto ocorrem no gráfico. As descontinuidades ilustradas nas partes (a) e (b) são chamadas **removíveis**, pois podemos removê-las redefinindo f somente no número 2. [Se redefinirmos f atribuindo-lhe o valor 3 quando $x = 2$, então f torna-se equivalente à função $g(x) = x + 1$, que é contínua.] A descontinuidade da parte (c) é denominada **descontinuidade infinita**. As descontinuidades da parte (d) são ditas **descontinuidades em saltos**, porque a função "salta" de um valor para outro.

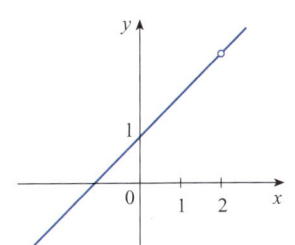

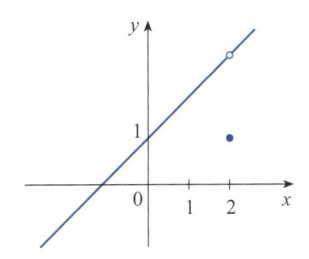

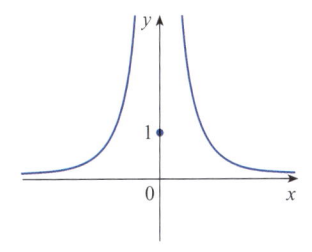

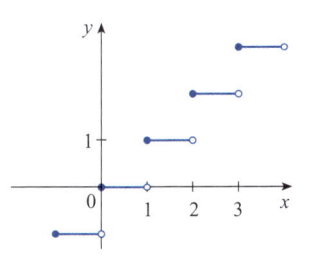

(a) Uma descontinuidade removível (b) Uma descontinuidade removível (c) Uma descontinuidade infinita (d) Descontinuidades saltadas

FIGURA 3
Gráficos das funções do Exemplo 2

> **2 Definição** Uma função f é **contínua à direita em um número** a se
> $$\lim_{x \to a^+} f(x) = f(a)$$
> e f é **contínua à esquerda em** a se
> $$\lim_{x \to a^-} f(x) = f(a)$$

EXEMPLO 3 Em cada inteiro n, a função $f(x) = [\![x]\!]$ [veja a Figura 3(d)] é contínua à direita, mas descontínua à esquerda, pois

$$\lim_{x \to n^+} f(x) = \lim_{x \to n^+} [\![x]\!] = n = f(n)$$

mas
$$\lim_{x \to n^-} f(x) = \lim_{x \to n^-} [\![x]\!] = n - 1 \neq f(n)$$ ■

> **3 Definição** Uma função f é **contínua em um intervalo** se for contínua em todos os números do intervalo. (Se f for definida somente de um lado da extremidade do intervalo, entendemos *continuidade* na extremidade como *continuidade à direita* ou *à esquerda*.)

EXEMPLO 4 Mostre que a função $f(x) = 1 - \sqrt{1 - x^2}$ é contínua no intervalo $[-1, 1]$.

SOLUÇÃO Se $-1 < a < 1$, então, usando as Propriedades dos Limites, temos

$$\lim_{x \to a} f(x) = \lim_{x \to a} \left(1 - \sqrt{1 - x^2}\right)$$
$$= 1 - \lim_{x \to a} \sqrt{1 - x^2} \quad \text{(pelas Propriedades 2 e 8)}$$
$$= 1 - \sqrt{\lim_{x \to a} (1 - x^2)} \quad \text{(pela Propriedade 7)}$$
$$= 1 - \sqrt{1 - a^2} \quad \text{(pelas Propriedades 2, 8 e 10)}$$
$$= f(a)$$

Assim, pela Definição 1, f é contínua em a se $-1 < a < 1$. Cálculos análogos mostram que

$$\lim_{x \to -1^+} f(x) = 1 = f(-1) \quad \text{e} \quad \lim_{x \to 1^-} f(x) = 1 = f(1)$$

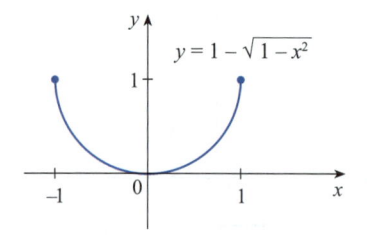

FIGURA 4

logo, f é contínua à direita em -1 e contínua à esquerda em 1. Consequentemente, de acordo com a Definição 3, f é contínua em $[-1, 1]$.

O gráfico de f está esboçado na Figura 4. É a metade inferior do círculo

$$x^2 + (y-1)^2 = 1$$

■

Propriedades das Funções Contínuas

Ao invés de sempre usar as Definições 1, 2 e 3 para verificar a continuidade de uma função como no Exemplo 4, muitas vezes é conveniente usar o próximo teorema, que mostra como construir funções contínuas complicadas a partir de funções simples.

> **4 Teorema** Se f e g forem contínuas em a e se c for uma constante, então as seguintes funções também são contínuas em a:
>
> 1. $f + g$ 2. $f - g$ 3. cf
>
> 4. fg 5. $\dfrac{f}{g}$ se $g(a) \neq 0$

DEMONSTRAÇÃO Cada uma das cinco partes desse teorema segue da correspondente Propriedade dos Limites da Seção 2.3. Por exemplo, vejamos a demonstração da parte 1. Uma vez que f e g são contínuas em a, temos

$$\lim_{x \to a} f(x) = f(a) \quad \text{e} \quad \lim_{x \to a} g(x) = g(a)$$

Logo

$$\begin{aligned}\lim_{x \to a}(f+g)(x) &= \lim_{x \to a}[f(x)+g(x)] \\ &= \lim_{x \to a} f(x) + \lim_{x \to a} g(x) \quad \text{(pela Propriedade 1)} \\ &= f(a) + g(a) \\ &= (f+g)(a)\end{aligned}$$

Isso mostra que $f + g$ é contínua em a. ■

Segue do Teorema 4 e da Definição 3 que se f e g forem contínuas em um intervalo, então $f + g$, $f - g$, cf, fg e (se g nunca for 0) f/g também o são. O seguinte teorema foi enunciado na Seção 2.3 como a Propriedade de Substituição Direta.

> **5 Teorema**
>
> (a) Qualquer polinômio é contínuo em toda a parte; ou seja, é contínuo em $\mathbb{R} = (-\infty, \infty)$.
>
> (b) Qualquer função racional é contínua sempre que estiver definida; ou seja, é contínua em seu domínio.

DEMONSTRAÇÃO

(a) Um polinômio é uma função da forma

$$P(x) = c_n x^n + c_{n-1} x^{n-1} + \cdots + c_1 x + c_0$$

onde $c_0, c_1, \ldots, c_n$ são constantes. Sabemos que

$$\lim_{x \to a} c_0 = c_0 \quad \text{(pela Propriedade 8)}$$

e
$$\lim_{x \to a} x^m = a^m \quad m = 1, 2, \ldots, n \quad \text{(pela Propriedade 10)}$$

Essa equação é precisamente a informação de que a função $f(x) = x^m$ é uma função contínua. Assim, pela parte 3 do Teorema 4, a função $g(x) = cx^m$ é contínua. Uma vez que P é a soma das funções desta forma e uma função constante, segue da parte 1 do Teorema 4 que P é contínua.

(b) Uma função racional é uma função da forma

$$f(x) = \frac{P(x)}{Q(x)}$$

onde P e Q são polinômios. O domínio de f é $D = \{x \in \mathbb{R} \mid Q(x) \neq 0\}$. Sabemos, da parte (a), que P e Q são contínuas em toda a parte. Assim, pela parte 5 do Teorema 4, f é contínua em todo número de D. ∎

Como uma ilustração do Teorema 5, observe que o volume de uma esfera varia continuamente com seu raio, pois a fórmula $V(r) = \frac{4}{3}\pi r^3$ mostra que V é uma função polinomial de r. Da mesma forma, se uma bola for atirada verticalmente no ar com uma velocidade inicial de 15 m/s, então a altura da bola em metros, t segundos mais tarde, é dada pela fórmula $h = 15t - 4,9t^2$. Novamente, essa é uma função polinomial, portanto a altura é uma função contínua do tempo decorrido.

O conhecimento de quais funções são contínuas nos permite calcular muito rapidamente alguns limites, como no exemplo a seguir. Compare-o com o Exemplo 2.3.2(b).

EXEMPLO 5 Encontre $\lim_{x \to -2} \dfrac{x^3 + 2x^2 - 1}{5 - 3x}$.

SOLUÇÃO A função

$$f(x) = \frac{x^3 + 2x^2 - 1}{5 - 3x}$$

é racional; assim, pelo Teorema 5, é contínua em seu domínio, que é $\left\{x \mid x \neq \frac{5}{3}\right\}$. Logo

$$\lim_{x \to -2} \frac{x^3 + 2x^2 - 1}{5 - 3x} = \lim_{x \to -2} f(x) = f(-2)$$
$$= \frac{(-2)^3 + 2(-2)^2 - 1}{5 - 3(-2)} = -\frac{1}{11}$$
∎

Resulta que as funções familiares são contínuas em todos os números de seus domínios. Por exemplo, a Propriedade dos Limites 11 na Seção 2.3 é exatamente a afirmação que as funções raízes são contínuas.

Pela forma dos gráficos das funções seno e cosseno (Figura 1.2.19), iríamos certamente conjecturar que elas são contínuas. Sabemos das definições de sen θ e cos θ que as coordenadas do ponto P na Figura 5 são (cos θ, sen θ). À medida que $\theta \to 0$, vemos que P tende ao ponto (1, 0) e, portanto, cos $\theta \to 1$ e sen $\theta \to 0$. Assim,

$$\boxed{6} \qquad \lim_{\theta \to 0} \cos\theta = 1 \qquad \lim_{\theta \to 0} \text{sen}\,\theta = 0$$

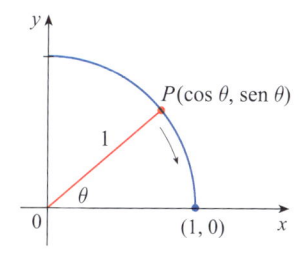

FIGURA 5

Uma vez que cos 0 = 1 e sen 0 = 0, as equações em (6) asseguram que as funções seno e cosseno são contínuas em 0. As fórmulas de adição para seno e cosseno podem, então, ser usadas para deduzir que essas funções são contínuas em toda a parte (veja os Exercícios 66 e 67).

Outra forma de estabelecer os limites em (6) é fazer uso do Teorema do Confronto com a desigualdade sen $\theta < \theta$ (para $\theta > 0$), que está demonstrada na Seção 3.3.

FIGURA 6
$y = \text{tg } x$

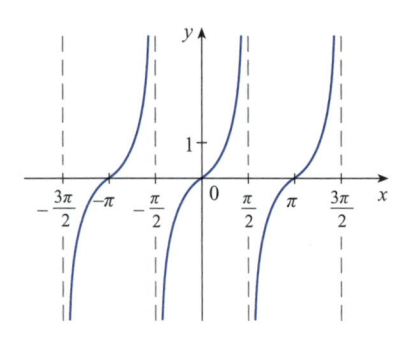

Segue da parte 5 do Teorema 4 que

$$\text{tg } x = \frac{\text{sen } x}{\cos x}$$

é contínua, exceto onde $\cos x = 0$. Isso acontece quando x é um múltiplo inteiro ímpar de $\pi/2$, portanto $y = \text{tg } x$ tem descontinuidades infinitas quando $x = \pm\pi/2, \pm 3\pi/2, \pm 5\pi/2$, e assim por diante (veja a Figura 6).

A função inversa de qualquer função contínua é também contínua. (Esse fato é provado no Apêndice F, mas nossa intuição geométrica faz que seja plausível: o gráfico de f^{-1} é obtido refletindo o gráfico de f em torno da reta $y = x$. Então, se o gráfico de f não possui quebras, o gráfico de f^{-1} tampouco possui.) Assim, as funções trigonométricas inversas são contínuas.

Na Seção 1.4 definimos a função exponencial $y = b^x$ de forma que preencha os buracos no gráfico de $y = b^x$, onde x é racional. Em outras palavras, a própria definição de $y = b^x$ torna-a uma função contínua em $\mathbb{R}$. Portanto, sua função inversa $y = \log_b x$ é contínua em $(0, \infty)$.

As funções trigonométricas inversas foram revistas na Seção 1.5.

7 Teorema Os seguintes tipos de funções são contínuas para todo o número de seus domínios:
- polinômios
- funções racionais
- funções raízes
- funções trigonométricas
- funções trigonométricas inversas
- funções exponenciais
- funções logarítmicas

EXEMPLO 6 Onde a função $f(x) = \dfrac{\ln x + \text{tg}^{-1} x}{x^2 - 1}$ é contínua?

SOLUÇÃO Sabemos do Teorema 7 que a função $y = \ln x$ é contínua para $x > 0$ e que $y = \text{tg}^{-1} x$ é contínua em $\mathbb{R}$. Assim, pela parte 1 do Teorema 4, $y = \ln x + \text{tg}^{-1} x$ é contínua em $(0, \infty)$. O denominador $y = x^2 - 1$ é um polinômio, portanto é contínuo em toda parte. Assim, pela parte 5 do Teorema 4, f é contínua em todos os números positivos x, exceto onde $x^2 - 1 = 0 \Leftrightarrow x = \pm 1$. Logo, f é contínua nos intervalos abertos $(0, 1)$ e $(1, \infty)$. ∎

EXEMPLO 7 Calcule $\displaystyle\lim_{x \to \pi} \frac{\text{sen } x}{2 + \cos x}$.

SOLUÇÃO O Teorema 7 nos diz que a função $y = \text{sen } x$ é contínua. A função no denominador, $y = 2 + \cos x$, é a soma de duas funções contínuas e, portanto, é contínua. Observe que esta função nunca é 0, pois $\cos x \geq -1$ para todo x e assim $2 + \cos x > 0$ em toda parte. Logo, a razão

$$f(x) = \frac{\text{sen } x}{2 + \cos x}$$

é sempre contínua. Portanto, pela definição de função contínua,

$$\lim_{x \to \pi} \frac{\text{sen } x}{2 + \cos x} = \lim_{x \to \pi} f(x) = f(\pi) = \frac{\text{sen } \pi}{2 + \cos \pi} = \frac{0}{2 - 1} = 0 \quad \blacksquare$$

Outra forma de combinar as funções contínuas f e g para obter novas funções contínuas é formar a função composta $f \circ g$. Esse fato é uma consequência do seguinte teorema

Esse teorema afirma que podem ser permutados um símbolo de limite e um símbolo de função se a função for contínua e se o limite existir. Em outras palavras, a ordem desses dois símbolos pode ser trocada.

8 Teorema Se f contínua em b e $\displaystyle\lim_{x \to a} g(x) = b$, então $\displaystyle\lim_{x \to a} f(g(x)) = f(b)$. Em outras palavras,

$$\lim_{x \to a} f(g(x)) = f\left(\lim_{x \to a} g(x)\right)$$

Intuitivamente, o Teorema 8 é razoável, pois se x está próximo de a, então $g(x)$ está próximo de b, e como f é contínua em b, se $g(x)$ está próxima de b, então $f(g(x))$ está próxima de $f(b)$. Uma prova do Teorema 8 é dada no Apêndice F.

EXEMPLO 8 Calcule $\lim_{x \to 1} \arcsen\left(\dfrac{1-\sqrt{x}}{1-x}\right)$.

SOLUÇÃO Uma vez que arcsen é uma função contínua, podemos aplicar o Teorema 8:

$$\lim_{x \to 1} \arcsen\left(\frac{1-\sqrt{x}}{1-x}\right) = \arcsen\left(\lim_{x \to 1} \frac{1-\sqrt{x}}{1-x}\right)$$

$$= \arcsen\left(\lim_{x \to 1} \frac{1-\sqrt{x}}{(1-\sqrt{x})(1+\sqrt{x})}\right)$$

$$= \arcsen\left(\lim_{x \to 1} \frac{1}{1+\sqrt{x}}\right)$$

$$= \arcsen \frac{1}{2} = \frac{\pi}{6}$$

Vamos aplicar agora o Teorema 8 no caso especial onde $f(x) = \sqrt[n]{x}$, onde n é um inteiro positivo. Então

$$f(g(x)) = \sqrt[n]{g(x)}$$

e

$$f\left(\lim_{x \to a} g(x)\right) = \sqrt[n]{\lim_{x \to a} g(x)}$$

Se colocarmos essas expressões no Teorema 8, obteremos

$$\lim_{x \to a} \sqrt[n]{g(x)} = \sqrt[n]{\lim_{x \to a} g(x)}$$

e, assim, a Propriedade dos Limites 7 foi demonstrada. (Pressupomos que a raiz exista.)

9 Teorema Se g for contínua em a e f for contínua em $g(a)$, então a função composta $f \circ g$ dada por $(f \circ g)(x) = f(g(x))$ é contínua em a.

Esse teorema é, com frequência, expresso informalmente dizendo que "uma função contínua de uma função contínua é uma função contínua".

DEMONSTRAÇÃO Uma vez que g é contínua em a, temos

$$\lim_{x \to a} g(x) = g(a)$$

Uma vez que f é contínua em $b = g(a)$, podemos aplicar o Teorema 8 para obter

$$\lim_{x \to a} f(g(x)) = f(g(a))$$

que é precisamente a afirmação de que a função $h(x) = f(g(x))$ é contínua em a; isto é, $f \circ g$ é contínua em a.

EXEMPLO 9 Onde as seguintes funções são contínuas?

(a) $h(x) = \sen(x^2)$
(b) $F(x) = \ln(1 + \cos x)$

SOLUÇÃO

(a) Temos $h(x) = f(g(x))$, onde

$$g(x) = x^2 \quad \text{e} \quad f(x) = \sen x$$

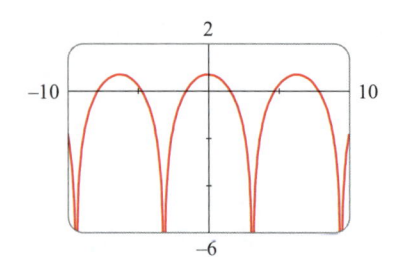

FIGURA 7
$y = \ln(1 + \cos x)$

Sabemos que, g é contínua em $\mathbb{R}$, pois é um polinômio, e f também é contínua em toda parte. Logo, $h = f \circ g$ é contínua em $\mathbb{R}$ pelo Teorema 9.

(b) Sabemos do Teorema 7 que $f(x) = \ln x$ é contínua e $g(x) = 1 + \cos x$ é contínua (pois ambas, $y = 1$ e $y = \cos x$, são contínuas). Portanto, pelo Teorema 9, $F(x) = f(g(x))$ é contínua sempre que estiver definida. A expressão $\ln(1 + \cos x)$ está definida quando $1 + \cos x > 0$. Dessa forma, não está definida quando $\cos x = -1$, e isso acontece quando $x = \pm\pi, \pm 3\pi, \ldots$ Logo, F tem descontinuidades quando x é um múltiplo ímpar de π e é contínua nos intervalos entre esses valores (veja a Figura 7). ∎

O Teorema do Valor Intermediário

Uma propriedade importante das funções contínuas está expressa pelo teorema a seguir, cuja demonstração é encontrada em textos mais avançados de cálculo.

10 Teorema do Valor Intermediário Suponha que f seja contínua em um intervalo fechado $[a, b]$ e seja N um número qualquer entre $f(a)$ e $f(b)$, onde $f(a) \neq f(b)$. Então existe um número c em (a, b) tal que $f(c) = N$.

O Teorema do Valor Intermediário afirma que uma função contínua assume todos os valores intermediários entre os valores da função $f(a)$ e $f(b)$. Isso está ilustrado na Figura 8. Observe que o valor N pode ser assumido uma vez [como na parte (a)] ou mais [como na parte (b)].

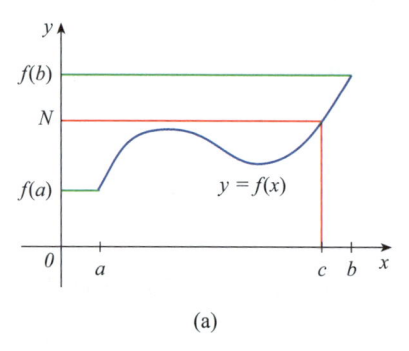

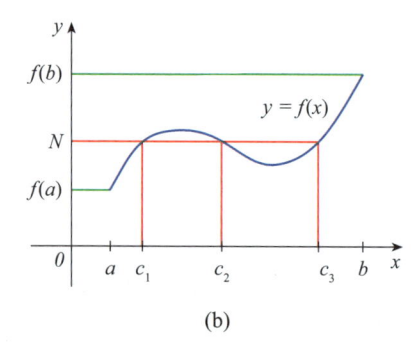

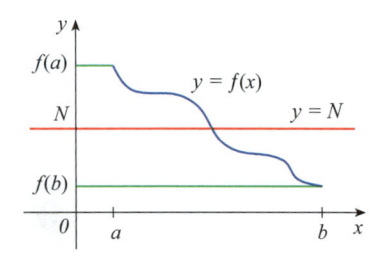

FIGURA 8   (a)   (b)

FIGURA 9

Se pensarmos em uma função contínua como aquela cujo gráfico não tem nem saltos nem quebras, então é fácil acreditar que o Teorema do Valor Intermediário é verdadeiro. Em termos geométricos, ele afirma que, se for dada uma reta horizontal qualquer $y = N$ entre $y = f(a)$ e $y = f(b)$, como na Figura 9, então o gráfico de f não poderá saltar a reta. Ele precisará interceptar $y = N$ em algum ponto.

É importante que a função f do Teorema 10 seja contínua. Em geral, o Teorema do Valor Intermediário não é verdadeiro para as funções descontínuas (veja o Exercício 52).

Uma das aplicações do Teorema do Valor Intermediário é a localização das soluções de equações, como no exemplo a seguir.

EXEMPLO 10 Mostre que existe uma solução da equação

$$4x^3 - 6x^2 + 3x - 2 = 0$$

entre 1 e 2.

SOLUÇÃO Seja $f(x) = 4x^3 - 6x^2 + 3x - 2$. Estamos procurando por uma solução da equação dada, isto é, um número c entre 1 e 2 tal que $f(c) = 0$. Portanto, tomamos $a = 1$, $b = 2$ e $N = 0$ no Teorema 10. Temos

$$f(1) = 4 - 6 + 3 - 2 = -1 < 0$$

e

$$f(2) = 32 - 24 + 6 - 2 = 12 > 0$$

Logo, $f(1) < 0 < f(2)$, isto é, $N = 0$ é um número entre $f(1)$ e $f(2)$. A função f é contínua, por ser um polinômio, o Teorema do Valor Intermediário afirma que existe um número c entre 1 e 2 tal que $f(c) = 0$. Em outras palavras, a equação $4x^3 - 6x^2 + 3x - 2 = 0$ tem pelo menos uma solução c no intervalo $(1, 2)$.

De fato, podemos localizar mais precisamente a solução usando novamente o Teorema do Valor Intermediário. Uma vez que

$$f(1,2) = -0{,}128 < 0 \quad \text{e} \quad f(1,3) = 0{,}548 > 0$$

uma solução deve estar entre 1,2 e 1,3. Uma calculadora fornece, por meio de tentativa e erro,

$$f(1,22) = -0{,}007008 < 0 \quad \text{e} \quad f(1,23) = 0{,}056068 > 0$$

assim, uma solução está no intervalo (1,22; 1,23). ∎

Podemos usar uma calculadora gráfica ou computador para ilustrar o uso do Teorema do Valor Intermediário no Exemplo 10. A Figura 10 mostra o gráfico de f em uma janela retangular $[-1, 3]$ por $[-3, 3]$, e você pode ver o gráfico cruzando o eixo x entre 1 e 2. A Figura 11 mostra o resultado ao aplicar o *zoom*, obtendo a janela retangular $[1,2; 1,3]$ por $[-0,2; 0,2]$.

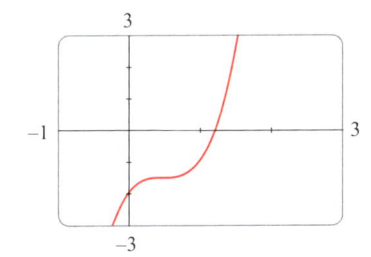

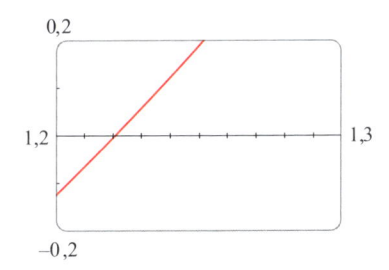

FIGURA 10

FIGURA 11

De fato, o Teorema do Valor Intermediário desempenha um papel na própria maneira de funcionar dessas ferramentas gráficas. Um computador calcula um número finito de pontos sobre o gráfico e acende os pixels que contêm os pontos calculados. Ele pressupõe que a função é contínua e acende todos os valores intermediários entre dois pontos consecutivos. O computador, portanto, "conecta os pontos" acendendo os pixels intermediários.

2.5 | Exercícios

1. Escreva uma equação que expresse o fato de que uma função f é contínua no número 4.

2. Se f é contínua em $(-\infty, \infty)$, o que você pode dizer sobre seu gráfico?

3. (a) Do gráfico de f, identifique números nos quais f é descontínua e explique por quê.
   (b) Para cada um dos números indicados na parte (a), determine se f é contínua à direita ou à esquerda, ou nenhum dos casos.

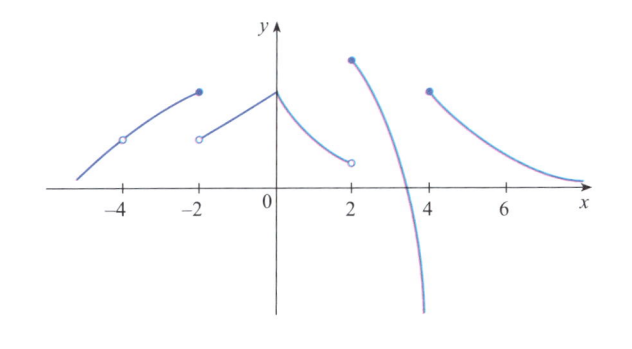

4. A partir do gráfico fornecido para g, indique os pontos nos quais g é descontínua e explique o por quê.

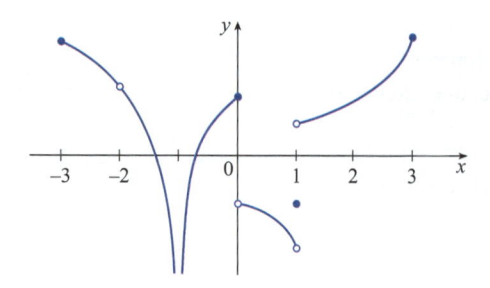

5-6 Seja dado o gráfico de uma função f.
(a) Para quais valores de a, $\lim_{x \to a} f(x)$ não existe?
(b) Para quais valores de a, f não é contínua?
(c) Para quais valores de a, $\lim_{x \to a} f(x)$ existe, mas f não é contínua em a?

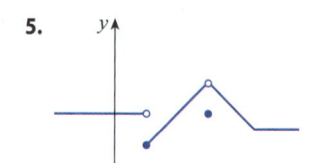

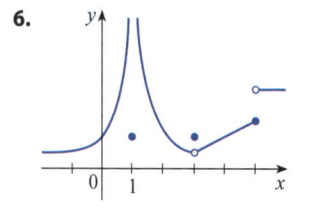

5.

6.

7-10 Esboce o gráfico de uma função f que seja definida em $\mathbb{R}$ e contínua, exceto pelas descontinuidades mencionadas.

7. Descontinuidade removível em -2, descontinuidade infinita em 2.

8. Descontinuidade de salto em -3, descontinuidade removível em 4.

9. Descontinuidades em 0 e 3, mas com continuidade à direita em 0 e com continuidade à esquerda em 3.

10. Continuidade somente à esquerda em -1, descontinuidade à esquerda e à direita em 3.

11. A tarifa T cobrada para dirigir em certo trecho de uma rodovia com pedágio é de $ 5, exceto durante o horário de pico (entre 7 e 10 da manhã e entre 4 da tarde e 7 da noite), quando a tarifa é de $ 7.
(a) Esboce um gráfico de T como função do tempo t, medido em horas após a meia-noite.
(b) Discuta as descontinuidades da função e seu significado para alguém que use a rodovia.

12. Explique por que cada função é contínua ou descontínua.
(a) A temperatura em um local específico como uma função do tempo.
(b) A temperatura em um tempo específico como uma função da distância em direção a oeste a partir da cidade de Nova York.
(c) A altitude acima do nível do mar como uma função da distância em direção a oeste a partir da cidade de Nova York.
(d) O custo de uma corrida de táxi como uma função da distância percorrida.
(e) A corrente no circuito para as luzes de uma sala como uma função do tempo.

13-16 Use a definição de continuidade e as propriedades de limites para demonstrar que a função é contínua em dado número a.

13. $f(x) = 3x^2 + (x+2)^5$, $\quad a = -1$

14. $g(t) = \dfrac{t^2 + 5t}{2t + 1}$, $\quad a = 2$

15. $p(v) = 2\sqrt{3v^2 + 1}$, $\quad a = 1$

16. $f(r) = \sqrt[3]{4r^2 - 2r + 7}$, $\quad a = -2$

17-18 Use a definição de continuidade e as propriedades de limites para mostrar que a função é contínua no intervalo dado.

17. $f(x) = x + \sqrt{x-4}$, $\quad [4, \infty)$

18. $g(x) = \dfrac{x-1}{3x+6}$, $\quad (-\infty, -2)$

19-24 Explique por que a função é descontínua no número dado a. Esboce o gráfico da função.

19. $f(x) = \dfrac{1}{x+2}$, $\quad a = -2$

20. $f(x) = \begin{cases} \dfrac{1}{x+2} & \text{se } x \neq -2 \\ 1 & \text{se } x = -2 \end{cases}$ $\quad a = -2$

21. $f(x) = \begin{cases} x+3 & \text{se } x \leq -1 \\ 2^x & \text{se } x > -1 \end{cases}$ $\quad a = -1$

22. $f(x) = \begin{cases} \dfrac{x^2 - x}{x^2 - 1} & \text{se } x \neq 1 \\ 1 & \text{se } x = 1 \end{cases}$ $\quad a = 1$

23. $f(x) = \begin{cases} \cos x & \text{se } x < 0 \\ 0 & \text{se } x = 0 \\ 1 - x^2 & \text{se } x > 0 \end{cases}$ $\quad a = 0$

24. $f(x) = \begin{cases} \dfrac{2x^2 - 5x - 3}{x - 3} & \text{se } x \neq 3 \\ 6 & \text{se } x = 3 \end{cases}$ $\quad a = 3$

25-26
(a) Mostre que f tem uma descontinuidade removível em $x = 3$.
(b) Redefina $f(3)$ de modo que f seja contínua em $x = 3$ ("removendo", assim, a descontinuidade).

25. $f(x) = \dfrac{x-3}{x^2 - 9}$ $\quad$ **26.** $f(x) = \dfrac{x^2 - 7x + 12}{x - 3}$

27-34 Explique, usando os Teoremas 4, 5, 7 e 9, por que a função é contínua em todo o número em seu domínio. Diga qual é o domínio.

27. $f(x) = \dfrac{x^2}{\sqrt{x^4 + 2}}$ $\quad$ **28.** $g(v) = \dfrac{3v-1}{v^2 + 2v - 15}$

29. $h(t) = \dfrac{\cos(t^2)}{1 - e^t}$

30. $B(u) = \sqrt{3u - 2} + \sqrt[3]{2u - 3}$

31. $L(v) = v \ln(1 - v^2)$ $\quad$ **32.** $f(t) = e^{-t^2} \ln(1 + t^2)$

33. $M(x) = \sqrt{1 + \dfrac{1}{x}}$ **34.** $g(t) = \cos^{-1}(e^t - 1)$

35-38 Empregue a continuidade para calcular o limite.

35. $\lim\limits_{x \to 2} x\sqrt{20 - x^2}$ **36.** $\lim\limits_{\theta \to \pi/2} \operatorname{sen}(\operatorname{tg}(\cos\theta))$

37. $\lim\limits_{x \to 1} \ln\left(\dfrac{5 - x^2}{1 + x}\right)$ **38.** $\lim\limits_{x \to 4} 3^{\sqrt{x^2 - 2x - 4}}$

39-40 Identifique os pontos de descontinuidade da função e os ilustre traçando um gráfico.

39. $f(x) = \dfrac{1}{\sqrt{1 - \operatorname{sen} x}}$ **40.** $y = \operatorname{arctg}\dfrac{1}{x}$

41-42 Mostre que f é contínua em $(-\infty, \infty)$.

41. $f(x) = \begin{cases} 1 - x^2 & \text{se } x \leq 1 \\ \ln x & \text{se } x > 1 \end{cases}$

42. $f(x) = \begin{cases} \operatorname{sen} x & \text{se } x < \pi/4 \\ \cos x & \text{se } x \geq \pi/4 \end{cases}$

43-45 Encontre os pontos nos quais f é descontínua. Em quais desses pontos f é contínua à direita, é contínua à esquerda ou não é contínua por nenhum dos dois lados? Esboce o gráfico de f.

43. $f(x) = \begin{cases} x^2 & \text{se } x < -1 \\ x & \text{se } -1 \leq x < 1 \\ 1/x & \text{se } x \geq 1 \end{cases}$

44. $f(x) = \begin{cases} 2^x & \text{se } x \leq 1 \\ 3 - x & \text{se } 1 < x \leq 4 \\ \sqrt{x} & \text{se } x > 4 \end{cases}$

45. $f(x) = \begin{cases} x + 2 & \text{se } x < 0 \\ e^x & \text{se } 0 \leq x \leq 1 \\ 2 - x & \text{se } x > 1 \end{cases}$

46. A força gravitacional exercida pela Terra sobre uma unidade de massa a uma distância r do centro do planeta é

$$F(r) = \begin{cases} \dfrac{GMr}{R^3} & \text{se } r < R \\ \dfrac{GM}{r^2} & \text{se } r \geq R \end{cases}$$

onde M é a massa da Terra; R é seu raio; e G é a constante gravitacional. F é uma função contínua de r?

47. Para quais valores da constante c a função f é contínua em $(-\infty, \infty)$?

$$f(x) = \begin{cases} cx^2 + 2x & \text{se } x < 2 \\ x^3 - cx & \text{se } x \geq 2 \end{cases}$$

48. Encontre os valores de a e b que tornam f contínua em toda parte.

$$f(x) = \begin{cases} \dfrac{x^2 - 4}{x - 2} & \text{se } x < 2 \\ ax^2 - bx + 3 & \text{se } 2 \leq x < 3 \\ 2x - a + b & \text{se } x \geq 3 \end{cases}$$

49. Suponha que f e g sejam funções contínuas tais que $g(2) = 6$ e $\lim\limits_{x \to 2}[3f(x) + f(x)g(x)] = 36$. Encontre $f(2)$.

50. Sejam $f(x) = 1/x$ e $g(x) = 1/x^2$.
 (a) Determine $(f \circ g)(x)$.
 (b) É verdade que $f \circ g$ é contínua sempre? Explique.

51. Quais das seguintes funções f têm uma descontinuidade removível em a? Se a descontinuidade for removível, encontre uma função g que seja igual a f para $x \neq a$ e seja contínua em a.

 (a) $f(x) = \dfrac{x^4 - 1}{x - 1}$, $a = 1$

 (b) $f(x) = \dfrac{x^3 - x^2 - 2x}{x - 2}$, $a = 2$

 (c) $f(x) = [\![\operatorname{sen} x]\!]$, $a = \pi$

52. Suponha que uma função f seja contínua em $[0, 1]$, exceto em $0{,}25$, e que $f(0) = 1$ e $f(1) = 3$. Seja $N = 2$. Esboce dois gráficos possíveis de f, um indicando que f pode não satisfazer a conclusão do Teorema do Valor Intermediário e outro mostrando que f poderia ainda satisfazer a conclusão do Teorema do Valor Intermediário (mesmo que não satisfaça as hipóteses).

53. Se $f(x) = x^2 + 10 \operatorname{sen} x$, mostre que existe um número c tal que $f(c) = 1.000$.

54. Suponha f contínua em $[1, 5]$ e que as únicas soluções da equação $f(x) = 6$ sejam $x = 1$ e $x = 4$. Se $f(2) = 8$, explique por que $f(3) > 6$.

55-58 Use o Teorema do Valor Intermediário para mostrar que existe uma solução da equação dada no intervalo especificado.

55. $-x^3 + 4x + 1 = 0$, $(1, 0)$

56. $\ln x = x - \sqrt{x}$, $(2, 3)$

57. $e^x = 3 - 2x$, $(0, 1)$ **58.** $\operatorname{sen} x = x^2 - x$, $(1, 2)$

59-60
 (a) Demonstre que a equação tem pelo menos uma solução real.
 (b) Use sua calculadora para encontrar um intervalo de comprimento $0{,}01$ que contenha uma solução.

59. $\cos x = x^3$ **60.** $\ln x = 3 - 2x$

61-62
 (a) Demonstre que a equação tem pelo menos uma solução real.
 (b) Use sua ferramenta gráfica para encontrar a solução correta até a terceira casa decimal.

61. $100e^{-x/100} = 0{,}01x^2$ **62.** $\operatorname{arctg} x = 1 - x$

63-64 Demonstre, sem traçar, que o gráfico da função tem pelo menos duas intersecções com o eixo x no intervalo especificado.

63. $y = \operatorname{sen} x^3$, $(1, 2)$ **64.** $y = x^2 - 3 + 1/x$, $(0, 2)$

65. Demonstre que f é contínua em a se, e somente se,

$$\lim_{h \to 0} f(a + h) = f(a)$$

66. Para demonstrar que seno é contínuo, precisamos mostrar que $\lim\limits_{x \to a} \operatorname{sen} x = \operatorname{sen} a$ para todo número real a. Pelo Exercício 65, uma afirmação equivalente é que

$$\lim_{h \to 0} \text{sen}(a+h) = \text{sen } a$$

Use (6) para mostrar que isso é verdadeiro.

67. Demonstre que o cosseno é uma função contínua.

68. (a) Demonstre a parte 3 do Teorema 4.
(b) Demonstre a parte 5 do Teorema 4.

69. Use o Teorema 8 para provar as Propriedades 6 e 7 dos limites, apresentadas na Seção 2.3.

70. Existe algum número que seja exatamente uma unidade maior que seu cubo?

71. Para que valores de x a função f é contínua?

$$f(x) = \begin{cases} 0 & \text{se } x \text{ é racional} \\ 1 & \text{se } x \text{ é irracional} \end{cases}$$

72. Para que valores de x a função g é contínua?

$$g(x) = \begin{cases} 0 & \text{se } x \text{ é racional} \\ 1 & \text{se } x \text{ é irracional} \end{cases}$$

73. Mostre que a função

$$f(x) = \begin{cases} x^4 \text{sen}(1/x) & \text{se } x \neq 0 \\ 0 & \text{se } x = 0 \end{cases}$$

é contínua em $(-\infty, \infty)$.

74. Se a e b são números positivos, prove que a equação

$$\frac{a}{x^3 + 2x^2 - 1} + \frac{b}{x^3 + x - 2} = 0$$

possui no mínimo uma solução no intervalo $(-1, 1)$.

75. Uma mulher sai de casa às 7 horas da manhã e toma o caminho que habitualmente adota para ir ao topo de uma montanha, no qual chega às 7 da noite. Na manhã seguinte, ela parte às 7 horas do topo e pega o mesmo caminho na volta, chegando em casa às 7 da noite. Use o Teorema do Valor Intermediário para mostrar que existe um ponto do caminho pelo qual ela passa exatamente no mesmo horário em ambos os dias.

76. Valor Absoluto e Continuidade
(a) Mostre que a função valor absoluto $F(x) = |x|$ é sempre contínua.
(b) Prove que, se f é uma função contínua em um intervalo, então o mesmo ocorre com $|f|$.
(c) Será que o inverso da afirmação do item (b) também é verdadeiro? Dito de outra forma, se $|f|$ é contínua, pode-se afirmar que f é contínua? Se isso for verdade, prove. Se não for verdade, encontre um contraexemplo.

2.6 | Limites no Infinito; Assíntotas Horizontais

Nas Seções 2.2 e 2.4, estudamos os limites infinitos e as assíntotas verticais de uma curva $y = f(x)$. Lá tomávamos x tendendo a um número e, como resultado, os valores de y ficavam arbitrariamente grandes (positivos ou negativos). Nesta seção vamos tornar x arbitrariamente grande (positivo ou negativo) e ver o que acontece com y.

■ Limites no Infinito e Assíntotas Horizontais

Vamos começar pela análise do comportamento da função f definida por

$$f(x) = \frac{x^2 - 1}{x^2 + 1}$$

quando x aumenta. A tabela ao lado fornece os valores dessa função, com precisão de seis casas decimais, e o gráfico de f feito por um computador está na Figura 1.

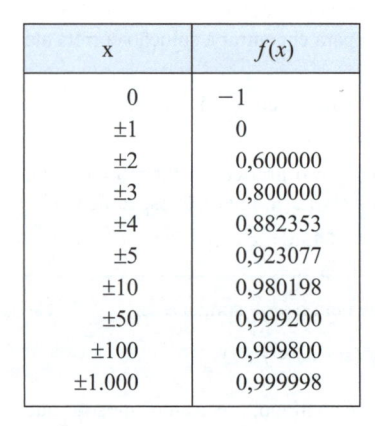

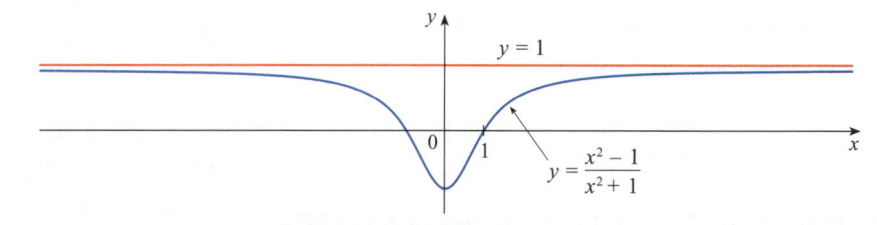

x	f(x)
0	−1
±1	0
±2	0,600000
±3	0,800000
±4	0,882353
±5	0,923077
±10	0,980198
±50	0,999200
±100	0,999800
±1.000	0,999998

FIGURA 1

Observa-se que, quanto maiores são os valores de x, mais próximos de 1 se tornam os valores de $f(x)$. (O gráfico de f se aproxima da reta horizontal $y = 1$ quando olhamos para a direita.) De fato, temos a impressão de que podemos tornar os valores de $f(x)$ tão próximos de 1 quanto quisermos se tornarmos um x suficientemente grande. Essa situação é expressa simbolicamente escrevendo

$$\lim_{x \to \infty} \frac{x^2 - 1}{x^2 + 1} = 1$$

Em geral, usamos a notação

$$\lim_{x \to \infty} f(x) = L$$

para indicar que os valores de $f(x)$ ficam cada vez mais próximos de L à medida que x fica maior.

> **1 Definição Intuitiva de Limite no Infinito** Seja f uma função definida em algum intervalo (a, ∞). Então
>
> $$\lim_{x \to \infty} f(x) = L$$
>
> significa que os valores de $f(x)$ ficam arbitrariamente próximos de L tornando x suficientemente grande.

Outra notação para $\lim_{x \to \infty} f(x) = L$ é

$$f(x) \to L \quad \text{quando} \quad x \to \infty.$$

O símbolo ∞ não representa um número. Todavia, frequentemente a expressão $\lim_{x \to \infty} f(x) = L$ é lida como

"o limite de $f(x)$, quando x tende ao infinito, é L"

ou "o limite de $f(x)$, quando x se torna infinito, é L"

ou "o limite de $f(x)$, quando x cresce ilimitadamente, é L"

O significado dessas frases é dado pela Definição 1. Uma definição mais precisa, análoga àquela de ε, δ da Seção 2.4, será dada no final desta seção.

As ilustrações geométricas da Definição 1 estão na Figura 2. Observe que existem muitas formas de o gráfico de f aproximar-se da reta $y = L$ (chamada *assíntota horizontal*) quando olhamos para a extremidade direita de cada gráfico.

Com relação ainda à Figura 1, vemos que para os valores negativos de x com grande valor absoluto, os valores de $f(x)$ estão próximos de 1. Fazendo x decrescer ilimitadamente para valores negativos, podemos tornar $f(x)$ tão próximo de 1 quanto quisermos. Isso é expresso escrevendo

$$\lim_{x \to -\infty} \frac{x^2 - 1}{x^2 + 1} = 1$$

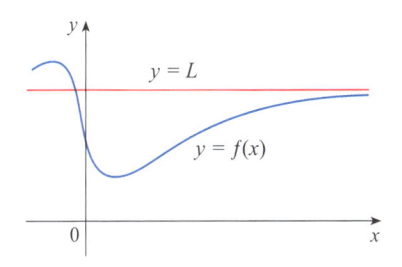

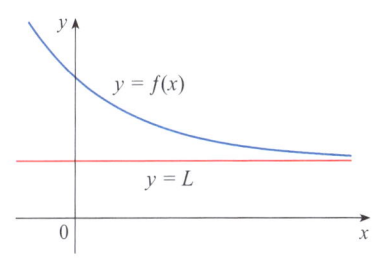

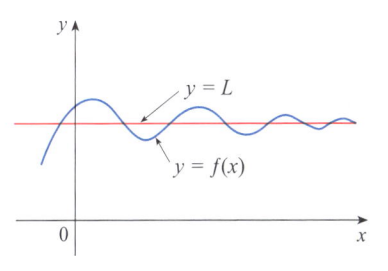

FIGURA 2
Exemplos ilustrando $\lim_{x \to \infty} f(x) = L$

A definição geral é dada a seguir

> **2 Definição** Seja f uma função definida em algum intervalo $(-\infty, a)$. Então
>
> $$\lim_{x \to -\infty} f(x) = L$$
>
> significa que os valores de $f(x)$ ficam arbitrariamente próximos de L, tornando x suficientemente grande em valor absoluto, mas negativo.

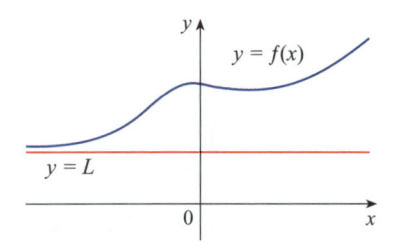

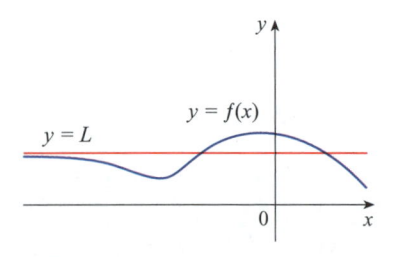

FIGURA 3
Exemplos ilustrando $\lim_{x \to -\infty} f(x) = L$

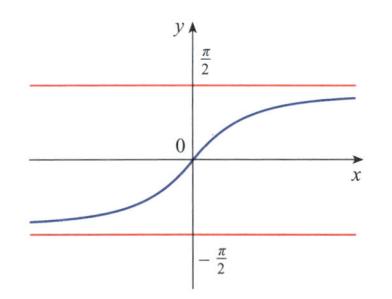

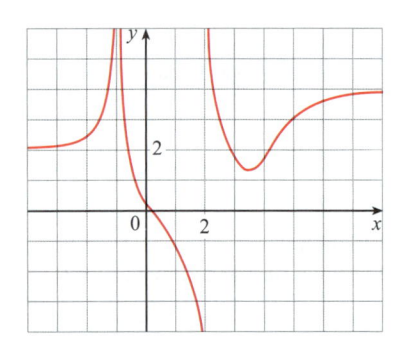

FIGURA 4
$y = \text{tg}^{-1} x$

FIGURA 5

Novamente, o símbolo $-\infty$ não representa um número; todavia, a expressão $\lim_{x \to -\infty} f(x) = L$ é frequentemente lida como

"o limite de $f(x)$, quando x tende a menos infinito, é L"

A Definição 2 está ilustrada na Figura 3. Observe que o gráfico se aproxima da reta $y = L$ quando olhamos para a extremidade esquerda de cada gráfico.

3 Definição A reta $y = L$ é chamada **assíntota horizontal** da curva $y = f(x)$ se

$$\lim_{x \to \infty} f(x) = L \quad \text{ou} \quad \lim_{x \to -\infty} f(x) = L$$

Por exemplo, a curva ilustrada na Figura 1 tem a reta $y = 1$ como uma assíntota horizontal, pois

$$\lim_{x \to \infty} \frac{x^2 - 1}{x^2 + 1} = 1$$

Um exemplo de curva com duas assíntotas horizontais é $y = \text{tg}^{-1} x$. (Veja a Figura 4.) Na verdade,

4 $$\lim_{x \to -\infty} \text{tg}^{-1} x = -\frac{\pi}{2} \qquad \lim_{x \to \infty} \text{tg}^{-1} x = \frac{\pi}{2}$$

logo, ambas as retas $y = -\pi/2$ e $y = \pi/2$ são assíntotas horizontais. (Isso segue do fato de que as retas $x = \pm \pi/2$ são assíntotas verticais do gráfico da função tangente.)

EXEMPLO 1 Encontre os limites infinitos, limites no infinito e assíntotas para a função f cujo gráfico está na Figura 5.

SOLUÇÃO Vemos que os valores de $f(x)$ ficam grandes por ambos os lados como $x \to -1$, então

$$\lim_{x \to -1} f(x) = \infty$$

Observe que $f(x)$ se torna grande em valor absoluto (porém negativo) quando x tende a 2 à esquerda; porém torna-se grande e positivo quando x tende a 2 à direita. Logo,

$$\lim_{x \to 2^-} f(x) = -\infty \quad \text{e} \quad \lim_{x \to 2^+} f(x) = \infty$$

Assim, ambas as retas $x = -1$ e $x = 2$ são assíntotas verticais.

Quando x se torna grande, vemos que $f(x)$ tende a 4. Mas quando x decresce para valores negativos, $f(x)$ tende a 2. Logo,

$$\lim_{x \to \infty} f(x) = 4 \quad \text{e} \quad \lim_{x \to -\infty} f(x) = 2$$

Isso significa que $y = 4$ e $y = 2$ são assíntotas horizontais. ∎

EXEMPLO 2 Encontre $\lim_{x \to \infty} \frac{1}{x}$ e $\lim_{x \to -\infty} \frac{1}{x}$.

SOLUÇÃO Observe que quando x é grande, $1/x$ é pequeno. Por exemplo,

$$\frac{1}{100} = 0,01 \qquad \frac{1}{10.000} = 0,0001 \qquad \frac{1}{1.000.000} = 0,000001$$

De fato, tomando x grande o bastante, podemos fazer $1/x$ tão próximo de 0 quanto quisermos. Portanto, conforme a Definição 1, temos

$$\lim_{x \to \infty} \frac{1}{x} = 0$$

Um raciocínio análogo mostra que, quando x é grande em valor absoluto (porém negativo), $1/x$ é pequeno em valor absoluto (mas negativo); logo, temos também

$$\lim_{x \to -\infty} \frac{1}{x} = 0$$

Segue que a reta $y = 0$ (o eixo x) é uma assíntota horizontal da curva $y = 1/x$. (Esta é uma hipérbole; veja a Figura 6.)

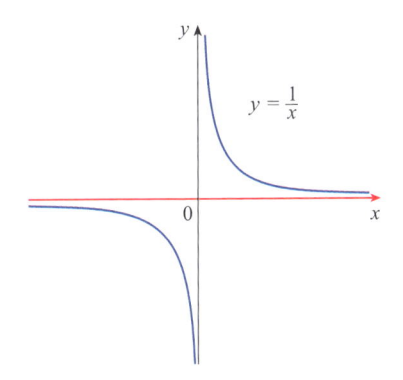

FIGURA 6

$\lim\limits_{x \to \infty} \dfrac{1}{x} = 0, \quad \lim\limits_{x \to -\infty} \dfrac{1}{x} = 0$

■ Calculando Limites no Infinito

A maioria das Propriedades dos Limites que foram dadas na Seção 2.3 também é válida para os limites no infinito. Pode ser demonstrado que as *Propriedades dos Limites listadas na Seção 2.3 (com exceção das Propriedades 10 e 11) são também válidas se "$x \to a$" for substituído por "$x \to \infty$" ou "$x \to -\infty$"*. Em particular, se combinarmos as Propriedades 6 e 7 com o resultado do Exemplo 2, obteremos a seguinte regra importante no cálculo de limites:

---

5 Teorema Se $r > 0$ for um número racional, então

$$\lim_{x \to \infty} \frac{1}{x^r} = 0$$

Se $r > 0$ for um número racional tal que x^r seja definido para todo x, então

$$\lim_{x \to -\infty} \frac{1}{x^r} = 0$$

EXEMPLO 3 Calcule o limite a seguir e indique que propriedades dos limites foram usadas em cada etapa.

$$\lim_{x \to \infty} \frac{3x^2 - x - 2}{5x^2 + 4x + 1}$$

SOLUÇÃO Quando x cresce, o numerador e o denominador também crescem, logo, não fica óbvio o que ocorre com a razão entre eles. Para eliminar essa indeterminação, precisaremos antes manipular algebricamente a expressão.

Para calcular o limite no infinito de uma função racional, primeiro dividimos o numerador e o denominador pela maior potência de x que ocorre no denominador. (Podemos assumir que $x \neq 0$, uma vez que estamos interessados apenas em valores grandes de x.) Nesse caso a maior potência de x no denominador é x^2; logo, temos

$$\lim_{x \to \infty} \frac{3x^2 - x - 2}{5x^2 + 4x + 1} = \lim_{x \to \infty} \frac{\dfrac{3x^2 - x - 2}{x^2}}{\dfrac{5x^2 + 4x + 1}{x^2}} = \lim_{x \to \infty} \frac{3 - \dfrac{1}{x} - \dfrac{2}{x^2}}{5 + \dfrac{4}{x} + \dfrac{1}{x^2}}$$

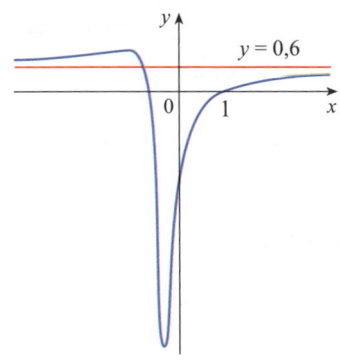

$$= \frac{\lim_{x\to\infty}\left(3 - \frac{1}{x} - \frac{2}{x^2}\right)}{\lim_{x\to\infty}\left(5 + \frac{4}{x} + \frac{1}{x^2}\right)} \quad \text{(pela Propriedade dos Limites 5)}$$

$$= \frac{\lim_{x\to\infty} 3 - \lim_{x\to\infty}\frac{1}{x} - 2\lim_{x\to\infty}\frac{1}{x^2}}{\lim_{x\to\infty} 5 + 4\lim_{x\to\infty}\frac{1}{x} + \lim_{x\to\infty}\frac{1}{x^2}} \quad \text{(pelas Propriedades 1, 2 e 3)}$$

$$= \frac{3 - 0 - 0}{5 + 0 + 0} \quad \text{(pela Propriedade 8 e pelo Teorema 5)}$$

$$= \frac{3}{5}$$

FIGURA 7
$y = \dfrac{3x^2 - x - 2}{5x^2 + 4x + 1}$

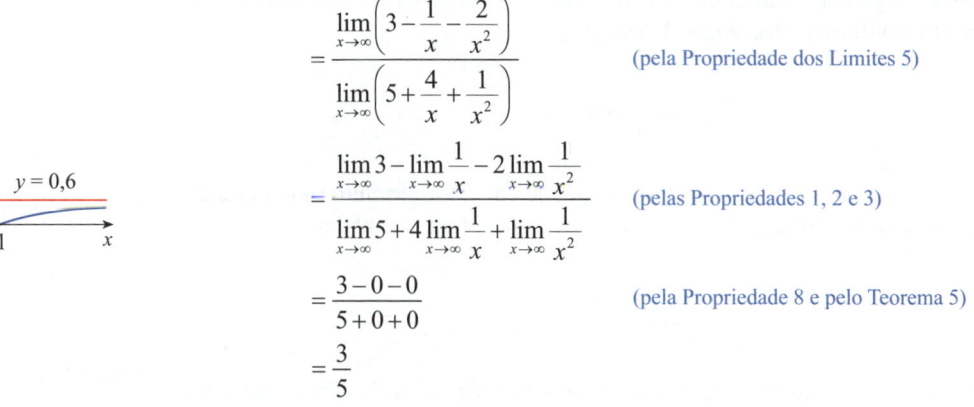

Um cálculo análogo mostra que o limite quando $x \to -\infty$ também é $\frac{3}{5}$. A Figura 7 ilustra o resultado desses cálculos mostrando como o gráfico da função racional dada aproxima-se da assíntota horizontal $y = \frac{3}{5} = 0{,}6$. ∎

EXEMPLO 4 Determine as assíntotas horizontais e verticais do gráfico da função

$$f(x) = \frac{\sqrt{2x^2 + 1}}{3x - 5}$$

SOLUÇÃO Dividindo o numerador e o denominador por x (que é a maior potência de x no denominador) e usando as Propriedade dos Limites, temos

$$\lim_{x\to\infty} \frac{\sqrt{2x^2+1}}{3x-5} = \lim_{x\to\infty} \frac{\frac{\sqrt{2x^2+1}}{x}}{\frac{3x-5}{x}} = \lim_{x\to\infty} \frac{\sqrt{\frac{2x^2+1}{x^2}}}{\frac{3x-5}{x}} \quad (\text{pois } \sqrt{x^2} = x \text{ para } x > 0)$$

$$= \frac{\lim_{x\to\infty}\sqrt{2+\frac{1}{x^2}}}{\lim_{x\to\infty}\left(3-\frac{5}{x}\right)} = \frac{\sqrt{\lim_{x\to\infty} 2 + \lim_{x\to\infty}\frac{1}{x^2}}}{\lim_{x\to\infty} 3 - 5\lim_{x\to\infty}\frac{1}{x}} = \frac{\sqrt{2+0}}{3 - 5\cdot 0} = \frac{\sqrt{2}}{3}$$

Portanto, a reta $y = \sqrt{2}/3$ é uma assíntota horizontal do gráfico de f.

No cálculo do limite quando $x \to -\infty$, devemos lembrar que, para $x < 0$, temos $\sqrt{x^2} = |x| = -x$. Logo, quando dividimos o numerador por x, para $x < 0$, obtemos

$$\frac{\sqrt{2x^2+1}}{x} = \frac{\sqrt{2x^2+1}}{-\sqrt{x^2}} = -\sqrt{\frac{2x^2+1}{x^2}} = -\sqrt{2+\frac{1}{x^2}}$$

Logo

$$\lim_{x\to-\infty} \frac{\sqrt{2x^2+1}}{3x-5} = \lim_{x\to-\infty} \frac{-\sqrt{2+\frac{1}{x^2}}}{3-\frac{5}{x}} = \frac{-\sqrt{2+\lim_{x\to-\infty}\frac{1}{x^2}}}{3 - 5\lim_{x\to-\infty}\frac{1}{x}} = -\frac{\sqrt{2}}{3}$$

FIGURA 8
$y = \dfrac{\sqrt{2x^2+1}}{3x-5}$

Assim, a reta $y = -\sqrt{2}/3$ é também uma assíntota horizontal. Veja a Figura 8. ∎

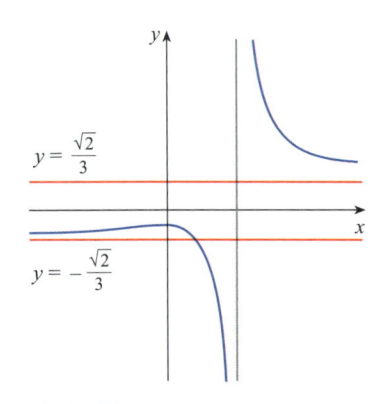

EXEMPLO 5 Calcule $\lim_{x \to \infty} \left(\sqrt{x^2+1} - x \right)$.

SOLUÇÃO Como tanto $\sqrt{x^2+1}$ quanto x são grandes quando x é grande, é difícil ver o que acontece com sua diferença; logo, usamos a álgebra para reescrever a função. Vamos primeiro multiplicar o numerador e o denominador pelo conjugado radical:

$$\lim_{x \to \infty} \left(\sqrt{x^2+1} - x \right) = \lim_{x \to \infty} \left(\sqrt{x^2+1} - x \right) \cdot \frac{\sqrt{x^2+1} + x}{\sqrt{x^2+1} + x}$$

$$= \lim_{x \to \infty} \frac{(x^2+1) - x^2}{\sqrt{x^2+1} + x} = \lim_{x \to \infty} \frac{1}{\sqrt{x^2+1} + x}$$

Podemos pensar na função dada como tendo denominador 1.

Note que o denominador desta última expressão $\left(\sqrt{x^2+1} + x \right)$ cresce ilimitadamente quando $x \to \infty$ (é maior que x). Logo,

$$\lim_{x \to \infty} \left(\sqrt{x^2+1} - x \right) = \lim_{x \to \infty} \frac{1}{\sqrt{x^2+1} + x} = 0$$

A Figura 9 ilustra esse resultado.

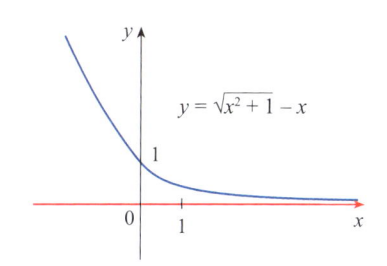

FIGURA 9

EXEMPLO 6 Calcule $\lim_{x \to 2^+} \text{arctg}\left(\frac{1}{x-2} \right)$.

SOLUÇÃO Se considerarmos $t = 1/(x-2)$, sabemos que $t \to \infty$ quando $x \to 2^+$. Portanto, pela segunda equação em (4), temos

$$\lim_{x \to 2^+} \text{arctg}\left(\frac{1}{x-2} \right) = \lim_{t \to \infty} \text{arctg } t = \frac{\pi}{2}$$

O gráfico da função exponencial natural $y = e^x$ tem a reta $y = 0$ (o eixo x) como uma assíntota horizontal. (O mesmo é verdadeiro para qualquer função exponencial com base $b > 1$.) Na verdade, a partir do gráfico na Figura 10 e da tabela de valores correspondentes, vemos que

$$\boxed{6} \qquad \boxed{\lim_{x \to -\infty} e^x = 0}$$

Observe que os valores de e^x tendem a 0 muito rapidamente.

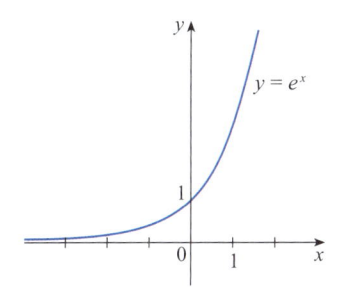

x	e^x
0	1,00000
−1	0,36788
−2	0,13534
−3	0,04979
−5	0,00674
−8	0,00034
−10	0,00005

FIGURA 10

EXEMPLO 7 Calcule $\lim_{x \to 0^-} e^{1/x}$.

SOLUÇÃO Se deixarmos $t = 1/x$, sabemos que $t \to -\infty$ quando $x \to 0^-$. Assim, por (6),

$$\lim_{x \to 0^-} e^{1/x} = \lim_{t \to -\infty} e^t = 0$$

(Veja o Exercício 81.)

SP A estratégia de solução de problemas para os Exemplos 6 e 7 é de *apresentar algo extra* (veja a seção Princípios da Resolução de Problemas, apresentada logo após o Capítulo 1). Aqui, o algo extra, a ajuda auxiliar, é a nova variável t.

EXEMPLO 8 Calcule $\lim_{x\to\infty} \operatorname{sen} x$.

SOLUÇÃO Quando x cresce, os valores de $\operatorname{sen} x$ oscilam entre 1 e -1 um número infinito de vezes; logo, eles não tendem a nenhum número definido. Portanto, $\lim_{x\to\infty} \operatorname{sen} x$ não existe. ∎

■ Limites Infinitos no Infinito

A notação

$$\lim_{x\to\infty} f(x) = \infty$$

é usada para indicar que os valores de $f(x)$ tornam-se grandes quanto x se torna grande. Significados análogos são dados aos seguintes símbolos:

$$\lim_{x\to-\infty} f(x) = \infty \qquad \lim_{x\to\infty} f(x) = -\infty \qquad \lim_{x\to-\infty} f(x) = -\infty$$

EXEMPLO 9 Encontre $\lim_{x\to\infty} x^3$ e $\lim_{x\to-\infty} x^3$.

SOLUÇÃO Quando x se torna grande, x^3 também fica grande. Por exemplo,

$$10^3 = 1.000 \qquad 100^3 = 1.000.000 \qquad 1.000^3 = 1.000.000.000$$

Na realidade, podemos fazer x^3 ficar tão grande quanto quisermos tomando x grande o suficiente. Portanto, podemos escrever

$$\lim_{x\to\infty} x^3 = \infty$$

Analogamente, quando x é muito grande em módulo, porém negativo, x^3 também o é. Assim,

$$\lim_{x\to-\infty} x^3 = -\infty$$

Essas afirmações sobre limites também podem ser vistas no gráfico de $y = x^3$ da Figura 11. ∎

FIGURA 11
$\lim_{x\to\infty} x^3 = \infty$, $\lim_{x\to-\infty} x^3 = -\infty$

Olhando para a Figura 10 vemos que

$$\lim_{x\to\infty} e^x = \infty$$

mas, como ilustra a Figura 12, $y = e^x$ torna-se grande muito mais rapidamente que $y = x^3$ quando $x \to \infty$.

EXEMPLO 10 Encontre $\lim_{x\to\infty}(x^2 - x)$.

SOLUÇÃO A Propriedade 2 dos limites estabelece que o limite de uma diferença é a diferença dos limites, desde que tais limites existam. Entretanto, não podemos usar a Propriedade 2 aqui, uma vez que

$$\lim_{x\to\infty} x^2 = \infty \qquad \text{e} \qquad \lim_{x\to\infty} x = \infty$$

⊘ As Propriedades dos Limites não podem ser aplicadas aos limites infinitos, pois ∞ não é um número (não podemos definir $\infty - \infty$). Contudo, *podemos* escrever

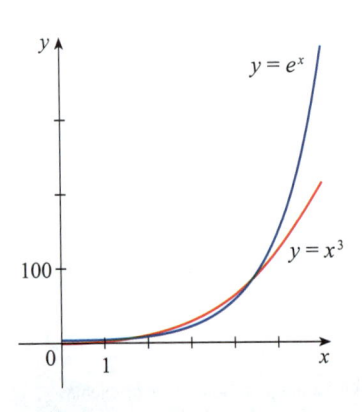

$$\lim_{x\to\infty}(x^2 - x) = \lim_{x\to\infty} x(x-1) = \infty$$

FIGURA 12
e^x é muito maior que x^3 quando x é grande.

porque, como x e $x - 1$ tornam-se arbitrariamente grandes, o mesmo acontece com seu produto. ∎

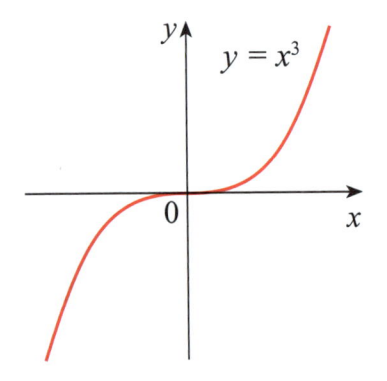

EXEMPLO 11 Encontre $\lim\limits_{x\to\infty} \dfrac{x^2+x}{3-x}$.

SOLUÇÃO Como no Exemplo 3, vamos dividir o numerador e o denominador pela potência mais elevada de x do denominador, que é justamente x:

$$\lim_{x\to\infty} \frac{x^2+x}{3-x} = \lim_{x\to\infty} \frac{x+1}{\dfrac{3}{x}-1} = -\infty$$

pois $x + 1 \to \infty$ e $3/x - 1 \to 0 - 1 = -1$ quando $x \to \infty$. ∎

O próximo exemplo mostra que, usando o limite infinito no infinito, com as intersecções com os eixos, podemos obter uma ideia aproximada do gráfico de um polinômio sem ter de marcar um grande número de pontos.

EXEMPLO 12 Esboce o gráfico de $y = (x-2)^4(x+1)^3(x-1)$ achando suas intersecções com os eixos e seus limites quando $x \to \infty$ e quando $x \to -\infty$.

SOLUÇÃO A intersecção com o eixo y é $f(0) = (-2)^4(1)^3(-1) = -16$, e as intersecções com o eixo x são encontradas fazendo-se $y = 0$: $x = 2, -1, 1$. Observe que, como $(x-2)^4$ nunca é negativo, a função não muda de sinal em 2; assim, o gráfico não cruza o eixo x em 2. O gráfico cruza o eixo em -1 e 1.

Para valores grandes de x, todos os três fatores também são grandes, de modo que

$$\lim_{x\to\infty} (x-2)^4 (x+1)^3 (x-1) = \infty$$

Quando os valores de x têm um módulo grande, porém são negativos, o primeiro fator é positivo e grande, ao passo que o segundo e o terceiro fatores têm grandes valores absolutos, porém são negativos. Portanto

$$\lim_{x\to-\infty} (x-2)^4 (x+1)^3 (x-1) = \infty$$

Combinando essas informações, damos um esboço do gráfico na Figura 13. ∎

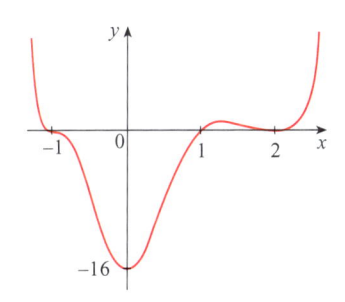

FIGURA 13
$y = (x-2)^4(x+1)^3(x-1)$

■ Definições Precisas

Podemos enunciar mais precisamente a Definição 1 da seguinte forma:

---

7 Definição Precisa de Limite no Infinito Seja f uma função definida em algum intervalo (a, ∞). Então

$$\lim_{x\to\infty} f(x) = L$$

significa que para valores de $\varepsilon > 0$ existe um correspondente número N tal que

se $\quad x > N \quad$ então $\quad |f(x) - L| < \varepsilon$

Em palavras, isso diz que os valores de $f(x)$ podem ficar arbitrariamente próximos de L (dentro de uma distância ε, onde ε é qualquer número positivo), exigindo-se que x seja suficientemente grande (maior que N, onde N depende de ε). Graficamente, isso quer dizer que, mantendo x suficientemente grande (maior que algum número N), podemos fazer o gráfico de f ficar entre duas retas horizontais dadas $y = L - \varepsilon$ e $y = L + \varepsilon$, como na Figura 14. Isso deve ser verdadeiro, não importando quão pequeno seja ε.

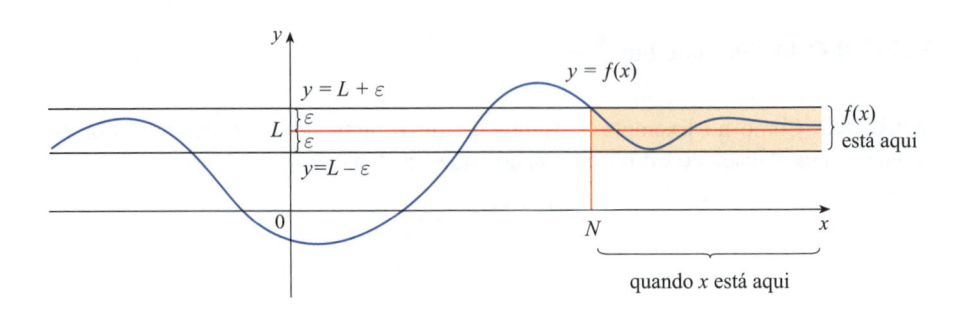

FIGURA 14
$\lim_{x \to \infty} f(x) = L$

A Figura 15 indica que se for escolhido um valor menor de ε, então poderá ser necessário um valor maior para N.

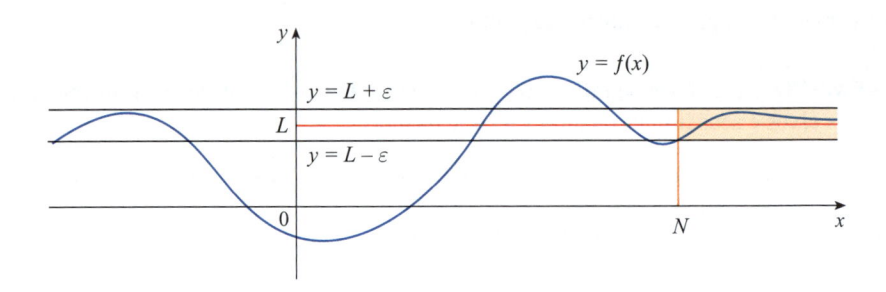

FIGURA 15
$\lim_{x \to \infty} f(x) = L$

Analogamente, uma versão precisa da Definição 2 é dada pela Definição 8, que está ilustrada na Figura 16.

> **8 Definição** Seja f uma função definida em algum intervalo $(-\infty, a)$. Então
> $$\lim_{x \to -\infty} f(x) = L$$
> significa que para todo $\varepsilon > 0$ existe um correspondente número N tal que
>
> se $x < N$ então $|f(x) - L| < \varepsilon$

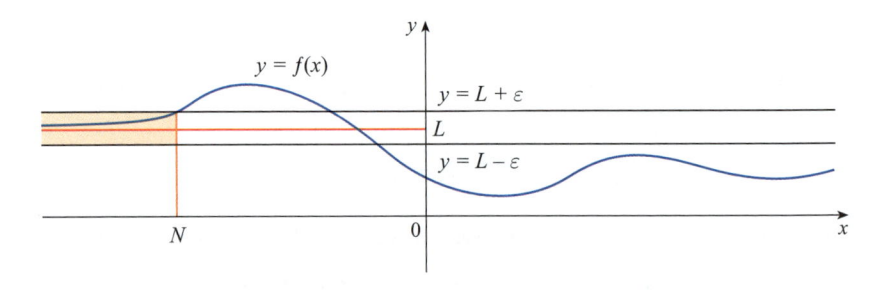

FIGURA 16
$\lim_{x \to -\infty} f(x) = L$

No Exemplo 3 calculamos que

$$\lim_{x \to \infty} \frac{3x^2 - x - 2}{5x^2 + 4x + 1} = \frac{3}{5}$$

No próximo exemplo vamos usar uma calculadora (ou computador) para relacionar isso com a Definição 7, com $L = \frac{3}{5} = 0,6$ e $\varepsilon = 0,1$.

EXEMPLO 13 Use um gráfico para encontrar um número N tal que

$$\text{se } x > N \quad \text{então} \quad \left| \frac{3x^2 - x - 2}{5x^2 + 4x + 1} - 0{,}6 \right| < 0{,}1$$

SOLUÇÃO Vamos reescrever a desigualdade dada como

$$0{,}5 < \frac{3x^2 - x - 2}{5x^2 + 4x + 1} < 0{,}7$$

Precisamos determinar os valores de x para os quais a curva dada fica entre as retas horizontais $y = 0{,}5$ e $y = 0{,}7$. Então fazemos o gráfico da curva e dessas retas na Figura 17. Assim, usamos o gráfico para estimar que a curva cruza a reta $y = 0{,}5$ quando $x \approx 6{,}7$. À direita desse número a curva fica entre as retas $y = 0{,}5$ e $y = 0{,}7$. Arredondando a favor da segurança, podemos dizer que

$$\text{se } x > 7 \quad \text{então} \quad \left| \frac{3x^2 - x - 2}{5x^2 + 4x + 1} - 0{,}6 \right| < 0{,}1$$

Em outras palavras, para $\varepsilon = 0{,}1$ podemos escolher $N = 7$ (ou qualquer número maior) na Definição 7. ∎

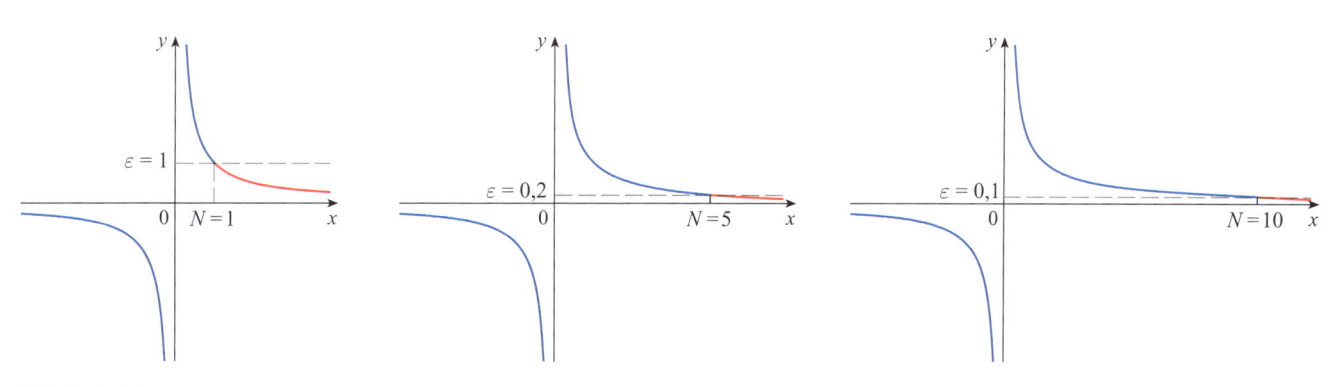

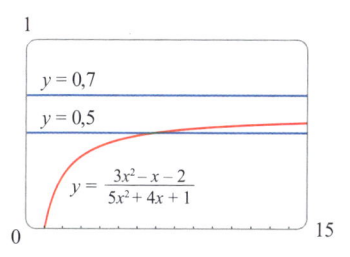

FIGURA 17

EXEMPLO 14 Use a Definição 7 para demonstrar que $\lim\limits_{x \to \infty} \dfrac{1}{x} = 0$.

SOLUÇÃO Dado $\varepsilon > 0$, queremos encontrar N tal que

$$\text{se } x > N \quad \text{então} \quad \left| \frac{1}{x} - 0 \right| < \varepsilon$$

Ao calcular o limite, podemos assumir que $x > 0$. Então, $1/x < \varepsilon \Leftrightarrow x > 1/\varepsilon$. Escolhemos $N = 1/\varepsilon$. Logo

$$\text{se } x > N = \frac{1}{\varepsilon} \quad \text{então} \quad \left| \frac{1}{x} - 0 \right| = \frac{1}{x} < \varepsilon$$

Logo, pela Definição 7,

$$\lim_{x \to \infty} \frac{1}{x} = 0$$

A Figura 18 ilustra a demonstração de alguns valores de ε e os valores correspondentes de N.

FIGURA 18

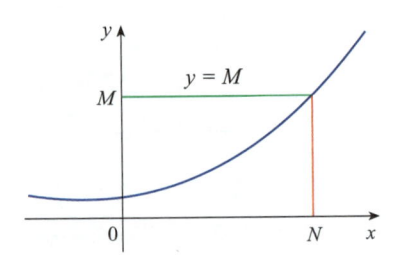

FIGURA 19
$\lim_{x \to \infty} f(x) = \infty$

Finalmente, observamos que pode ser definido um limite infinito no infinito da forma a seguir. A ilustração geométrica está dada na Figura 19.

> **9 Definição de Limite Infinito no Infinito** Seja f uma função definida em algum intervalo (a, ∞). Então
> $$\lim_{x \to \infty} f(x) = \infty$$
> significa que para todo número positivo M existe um correspondente número positivo N tal que
> $$\text{se} \quad x > N \quad \text{então} \quad f(x) > M$$

Definições análogas podem ser feitas quando o símbolo ∞ é substituído por $-\infty$. (Veja o Exercício 80.)

2.6 | Exercícios

1. Explique com suas palavras o significado de cada um dos itens a seguir.

(a) $\lim_{x \to \infty} f(x) = 5$ (b) $\lim_{x \to -\infty} f(x) = 3$

2. (a) O gráfico de $y = f(x)$ pode interceptar uma assíntota vertical? E uma assíntota horizontal? Ilustre com gráficos.
(b) Quantas assíntotas horizontais pode ter o gráfico de $y = f(x)$? Ilustre com gráficos as possibilidades.

3. Para a função f, cujo gráfico é dado, diga quem são.

(a) $\lim_{x \to \infty} f(x)$ (b) $\lim_{x \to -\infty} f(x)$

(c) $\lim_{x \to 1} f(x)$ (d) $\lim_{x \to 3} f(x)$

(e) As equações das assíntotas

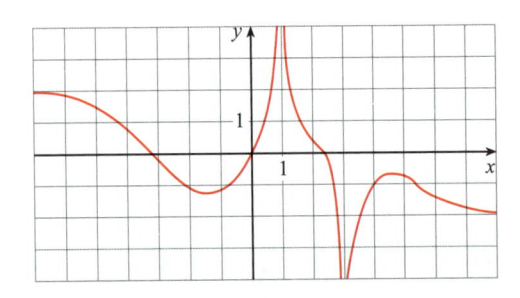

4. Para a função g, cujo gráfico é dado, determine o que se pede.

(a) $\lim_{x \to \infty} g(x)$ (b) $\lim_{x \to -\infty} g(x)$

(c) $\lim_{x \to 0} g(x)$ (d) $\lim_{x \to 2^-} g(x)$

(e) $\lim_{x \to 2^+} g(x)$ (f) As equações das assíntotas

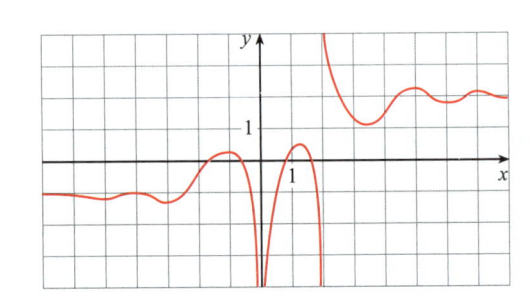

5-10 Esboce o gráfico de um exemplo de uma função f que satisfaça a todas as condições dadas.

5. $f(2) = 4$, $f(-2) = -4$, $\lim_{x \to -\infty} f(x) = 0$, $\lim_{x \to \infty} f(x) = 2$

6. $f(0) = 0$, $\lim_{x \to 1^-} f(x) = \infty$, $\lim_{x \to 1^+} f(x) = -\infty$,
$\lim_{x \to -\infty} f(x) = -2$, $\lim_{x \to \infty} f(x) = -2$

7. $\lim_{x \to 0} f(x) = \infty$, $\lim_{x \to 3^-} f(x) = -\infty$, $\lim_{x \to 3^+} f(x) = \infty$,
$\lim_{x \to -\infty} f(x) = 1$, $\lim_{x \to \infty} f(x) = -1$

8. $\lim_{x \to -\infty} f(x) = -\infty$, $\lim_{x \to -2^-} f(x) = \infty$, $\lim_{x \to -2^+} f(x) = -\infty$,
$\lim_{x \to 2} f(x) = \infty$, $\lim_{x \to \infty} f(x) = \infty$

9. $f(0) = 0$, $\lim_{x \to 1} f(x) = -\infty$, $\lim_{x \to \infty} f(x) = -\infty$, f é ímpar

10. $\lim_{x \to -\infty} f(x) = -1$, $\lim_{x \to 0^-} f(x) = \infty$, $\lim_{x \to 0^+} f(x) = -\infty$,
$\lim_{x \to 3^-} f(x) = 1$, $f(3) = 4$, $\lim_{x \to 3^+} f(x) = 4$, $\lim_{x \to \infty} f(x) = 1$

11. Faça uma conjectura sobre o valor do limite
$$\lim_{x \to \infty} \frac{x^2}{2^x}$$

calculando a função $f(x) = x^2/2^x$ para $x = 0, 1, 2, 3, 4, 5, 6, 7, 8, 9, 10, 20, 50$ e 100. Então, use o gráfico de f para comprovar sua conjectura.

12. (a) Use o gráfico de

$$f(x) = \left(1 - \frac{2}{x}\right)^x$$

para estimar o valor de $\lim_{x \to \infty} f(x)$ com precisão de duas casas decimais.

(b) Use uma tabela de valores de $f(x)$ para estimar o limite com precisão de quatro casas decimais.

13-14 Calcule o limite justificando cada passagem com as propriedade dos limites que forem usadas.

13. $\lim_{x \to \infty} \dfrac{2x^2 - 7}{5x^2 + x - 3}$

14. $\lim_{x \to \infty} \sqrt{\dfrac{9x^3 + 8x - 4}{3 - 5x + x^3}}$

15-42 Encontre o limite ou demonstre que não existe.

15. $\lim_{x \to \infty} \dfrac{4x + 3}{5x - 1}$

16. $\lim_{x \to \infty} \dfrac{-2}{3x + 7}$

17. $\lim_{t \to -\infty} \dfrac{3t^2 + t}{t^3 - 4t + 1}$

18. $\lim_{t \to -\infty} \dfrac{6t^2 + t - 5}{9 - 2t^2}$

19. $\lim_{r \to \infty} \dfrac{r - r^3}{2 - r^2 + 3r^3}$

20. $\lim_{r \to \infty} \dfrac{3x^3 - 8x + 2}{4x^3 - 5x^2 - 2}$

21. $\lim_{x \to \infty} \dfrac{4 - \sqrt{x}}{2 + \sqrt{x}}$

22. $\lim_{u \to -\infty} \dfrac{(u^2 + 1)(2u^2 - 1)}{(u^2 + 2)^2}$

23. $\lim_{x \to \infty} \dfrac{\sqrt{x + 3x^2}}{4x - 1}$

24. $\lim_{t \to \infty} \dfrac{t + 3}{\sqrt{2t^2 - 1}}$

25. $\lim_{x \to \infty} \dfrac{\sqrt{1 + 4x^6}}{2 - x^3}$

26. $\lim_{x \to -\infty} \dfrac{\sqrt{1 + 4x^6}}{2 - x^3}$

27. $\lim_{x \to -\infty} \dfrac{2x^5 - x}{x^4 + 3}$

28. $\lim_{q \to \infty} \dfrac{q^3 + 6q - 4}{4q^2 - 3q + 3}$

29. $\lim_{t \to \infty} \left(\sqrt{25t^2 + 2} - 5t\right)$

30. $\lim_{x \to -\infty} \left(\sqrt{4x^2 + 3x} + 2x\right)$

31. $\lim_{x \to \infty} \left(\sqrt{x^2 + ax} - \sqrt{x^2 + bx}\right)$

32. $\lim_{x \to \infty} \left(x - \sqrt{x}\right)$

33. $\lim_{x \to -\infty} (x^2 + 2x^7)$

34. $\lim_{x \to \infty} (e^{-x} + 2\cos 3x)$

35. $\lim_{x \to \infty} (e^{-2x} \cos x)$

36. $\lim_{x \to \infty} \dfrac{\text{sen}^2 x}{x^2 + 1}$

37. $\lim_{x \to \infty} \dfrac{1 - e^x}{1 + 2e^x}$

38. $\lim_{x \to \infty} \dfrac{e^{3x} - e^{-3x}}{e^{3x} + e^{-3x}}$

39. $\lim_{x \to (\pi/2)^+} e^{\sec x}$

40. $\lim_{x \to 0^+} \text{tg}^{-1}(\ln x)$

41. $\lim_{x \to \infty} [\ln(1 + x^2) - \ln(1 + x)]$

42. $\lim_{x \to \infty} [\ln(2 + x) - \ln(1 + x)]$

43. (a) Para $f(x) = \dfrac{x}{\ln x}$, encontre cada um dos seguintes limites.

(i) $\lim_{x \to 0^+} f(x)$ (ii) $\lim_{x \to 1^-} f(x)$ (iii) $\lim_{x \to 1^+} f(x)$

(b) Use uma tabela de valores para obter uma estimativa de $\lim_{x \to \infty} f(x)$.

(c) Use as informações das partes (a) e (b) para fazer um esboço grosseiro do gráfico de f.

44. (a) Para $f(x) = \dfrac{2}{x} - \dfrac{1}{\ln x}$, encontre cada um dos seguintes limites.

(i) $\lim_{x \to \infty} f(x)$ (ii) $\lim_{x \to 0^+} f(x)$

(iii) $\lim_{x \to 1^-} f(x)$ (iv) $\lim_{x \to 1^+} f(x)$

(b) Use as informações da parte (a) para fazer um esboço grosseiro do gráfico de f.

45. (a) Estime o valor de

$$\lim_{x \to -\infty} \left(\sqrt{x^2 + x + 1} + x\right)$$

traçando o gráfico da função $f(x) = \sqrt{x^2 + x + 1} + x$.

(b) Faça uma tabela de valores de $f(x)$ para estimar qual será o valor do limite.

(c) Demonstre que sua conjectura está correta.

46. (a) Use um gráfico de

$$f(x) = \sqrt{3x^2 + 8x + 6} - \sqrt{3x^2 + 3x + 1}$$

para estimar o valor de $\lim_{x \to \infty} f(x)$ com precisão de uma casa decimal.

(b) Use uma tabela de valores para estimar o limite com precisão de quatro casas decimais.

(c) Encontre o valor exato do limite.

47-52 Encontre as assíntotas horizontais e verticais de cada curva. Confira seu trabalho por meio de um gráfico da curva e das estimativas das assíntotas.

47. $y = \dfrac{5 + 4x}{x + 3}$

48. $y = \dfrac{2x^2 + 1}{3x^2 + 2x - 1}$

49. $y = \dfrac{2x^2 + x - 1}{x^2 + x - 2}$

50. $y = \dfrac{1 + x^4}{x^2 - x^4}$

51. $y = \dfrac{x^3 - x}{x^2 - 6x + 5}$

52. $y = \dfrac{2e^x}{e^x - 5}$

53. Estime a assíntota horizontal da função

$$f(x) = \dfrac{3x^3 + 500x^2}{x^3 + 500x^2 + 100x + 2.000}$$

através do gráfico f para $-10 \leq x \leq 10$. A seguir, determine a equação da assíntota calculando o limite. Como você explica a discrepância?

54. (a) Trace o gráfico da função

$$f(x) = \dfrac{\sqrt{2x^2 + 1}}{3x - 5}$$

Quantas assíntotas horizontais e verticais você observa? Use o gráfico para estimar os valores dos limites

$$\lim_{x \to \infty} \dfrac{\sqrt{2x^2 + 1}}{3x - 5} \quad \text{e} \quad \lim_{x \to -\infty} \dfrac{\sqrt{2x^2 + 1}}{3x - 5}$$

(b) Calculando valores de $f(x)$, dê estimativas numéricas dos limites na parte (a).

(c) Calcule os valores exatos dos limites na parte (a). Você obtém os mesmos valores ou valores diferentes para esses limites? [Em vista de sua resposta na parte (a), você pode ter de verificar seus cálculos para o segundo limite.]

55. Sejam P e Q polinômios. Encontre
$$\lim_{x\to\infty}\frac{P(x)}{Q(x)}$$
se o grau de P for (a) menor que o grau de Q e (b) maior que o grau de Q.

56. Faça um esboço da curva $y = x^n$ (n inteiro) nos seguintes casos:
(i) $n = 0$ (ii) $n > 0$, n ímpar
(iii) $n > 0$, n par (iv) $n < 0$, n ímpar
(v) $n < 0$, n par

Então, use esses esboços para encontrar os seguintes limites:
(a) $\lim_{x\to 0^+} x^n$ (b) $\lim_{x\to 0^-} x^n$
(c) $\lim_{x\to\infty} x^n$ (d) $\lim_{x\to -\infty} x^n$

57. Encontre uma fórmula para uma função f que satisfaça as seguintes condições:
$$\lim_{x\to\pm\infty}f(x)=0,\quad \lim_{x\to 0}f(x)=-\infty,\quad f(2)=0,$$
$$\lim_{x\to 3^-}f(x)=\infty,\quad \lim_{x\to 3^+}f(x)=-\infty$$

58. Encontre uma fórmula para uma função que tenha por assíntotas verticais $x = 1$ e $x = 3$, e por assíntota horizontal, $y = 1$.

59. Uma função f é a razão de funções quadráticas e possui uma assíntota vertical $x = 4$ e somente um intercepto com o eixo das abscissas em $x = 1$. Sabe-se que f possui uma descontinuidade removível em $x = -1$ e $\lim_{x\to -1}f(x) = 2$. Calcule
(a) $f(0)$ (b) $\lim_{x\to\infty}f(x)$

60-64 Encontre os limites quando $x \to \infty$ e quando $x \to -\infty$. Use essa informação, bem como as intersecções com os eixos, para fazer um esboço do gráfico, como no Exemplo 12.

60. $y = 2x^3 - x^4$ **61.** $y = x^4 - x^6$
62. $y = x^3(x+2)^2(x-1)$
63. $y = (3-x)(1+x)^2(1-x)^4$
64. $y = x^2(x^2-1)^2(x+2)$

---

65. (a) Use o Teorema do Confronto para determinar $\lim_{x\to\infty}\frac{\operatorname{sen}x}{x}$.

(b) Faça o gráfico de $f(x) = (\operatorname{sen}x)/x$. Quantas vezes o gráfico cruza a assíntota?

66. Comportamento Extremo de uma Função Por *comportamento extremo* de uma função queremos indicar uma descrição do que acontece com seus valores quando $x \to \infty$ e quando $x \to -\infty$.

(a) Descreva e compare o comportamento extremo das funções
$$P(x) = 3x^5 - 5x^3 + 2x \qquad Q(x) = 3x^5$$
por meio do gráfico de ambas nas janelas retangulares $[-2, 2]$ por $[-2, 2]$ e $[-10, 10]$ por $[-10.000, 10.000]$.

(b) Dizemos que duas funções têm o *mesmo comportamento extremo* se sua razão tende a 1 quando $x \to \infty$. Mostre que P e Q têm o mesmo comportamento extremo.

67. Encontre $\lim_{x\to\infty}f(x)$ se, para todo $x > 1$,
$$\frac{10e^x-21}{2e^x} < f(x) < \frac{5\sqrt{x}}{\sqrt{x-1}}$$

68. (a) Um tanque contém 5.000 litros de água pura. Água salgada contendo 30 g de sal por litro de água é bombeada para dentro do tanque a uma taxa de 25 L/min. Mostre que a concentração de sal depois de t minutos (em gramas por litro) é
$$C(t) = \frac{30t}{200+t}$$
(b) O que acontece com a concentração quando $t \to \infty$?

69. Seremos capazes de mostrar, no Capítulo 9, que, sob certas condições, a velocidade $v(t)$ de uma gota de chuva caindo no instante t é
$$v(t) = v^*(1 - e^{-gt/v^*})$$
onde g é a aceleração da gravidade e v^* é a *velocidade final* da gota.
(a) Encontre $\lim_{t\to\infty} v(t)$.
(b) Faça o gráfico de $v(t)$ se $v^* = 1$ m/s e $g = 9,8$ m/s². Quanto tempo levará para a velocidade da gota atingir 99% de sua velocidade final?

70. (a) Fazendo os gráficos de $y = e^{-x/10}$ e $y = 0,1$ na mesma tela, descubra quão grande você precisará tornar x para que $e^{-x/10} < 0,1$.
(b) A parte (a) pode ser resolvida sem usar uma ferramenta gráfica?

71. Use um gráfico para encontrar um número N tal que
se $x > N$ então $\left|\frac{3x^2+1}{2x^2+x+1} - 1,5\right| < 0,05$

72. Para o limite
$$\lim_{x\to\infty}\frac{1-3x}{\sqrt{x^2+1}} = -3$$
ilustre a Definição 7, encontrando os valores de N que correspondam a $\varepsilon = 0,1$ e $\varepsilon = 0,05$.

73. Para o limite
$$\lim_{x\to -\infty}\frac{1-3x}{\sqrt{x^2+1}} = 3$$
ilustre a Definição 8, encontrando os valores de N correspondentes a $\varepsilon = 0,1$ e $\varepsilon = 0,05$.

74. Para o limite
$$\lim_{x\to\infty}\sqrt{x\ln x} = \infty$$
ilustre a Definição 9, encontrando um valor de N correspondente a $M = 100$.

75. (a) Quão grande devemos tornar x para que $1/x^2 < 0,0001$?
(b) Tomando $r = 2$ no Teorema 5, temos a igualdade
$$\lim_{x\to\infty}\frac{1}{x^2} = 0$$
Demonstre isso diretamente usando a Definição 7.

76. (a) Quão grande devemos tornar x para que $1/\sqrt{x} < 0,0001$?

(b) Tomando $r = \frac{1}{2}$ no Teorema 5, temos a igualdade

$$\lim_{x \to \infty} \frac{1}{\sqrt{x}} = 0$$

Demonstre isso diretamente usando a Definição 7.

77. Use a Definição 8 para demonstrar que $\lim\limits_{x \to -\infty} \dfrac{1}{x} = 0$.

78. Demonstre, usando a Definição 9, que $\lim\limits_{x \to \infty} x^3 = \infty$.

79. Use a Definição 9 para demonstrar que $\lim\limits_{x \to \infty} e^x = \infty$.

80. Formule precisamente a definição de

$$\lim_{x \to -\infty} f(x) = -\infty$$

Então, use sua definição para demonstrar que

$$\lim_{x \to -\infty} (1 + x^3) = -\infty$$

81. (a) Demonstre que

$$\lim_{x \to \infty} f(x) = \lim_{t \to 0^+} f(1/t)$$

e $\quad \lim\limits_{x \to -\infty} f(x) = \lim\limits_{t \to 0^-} f(1/t)$

se esses limites existirem.

(b) Use a parte (a) e o Exercício 65 para encontrar

$$\lim_{x \to 0^+} x \operatorname{sen} \frac{1}{x}$$

2.7 | Derivadas e Taxas de Variação

Agora que definimos limites e aprendemos técnicas para calculá-los, revisitaremos os problemas da Seção 2.1 associados à obtenção de retas tangentes e velocidades. O tipo especial de limite que aparece nesses dois problemas é chamado *derivada* e veremos que ele pode ser interpretado como uma taxa de variação tanto nas ciências naturais ou sociais quanto na engenharia.

■ Tangentes

Se uma curva C tiver uma equação $y = f(x)$ e quisermos encontrar a reta tangente a C em um ponto $P(a, f(a))$, consideraremos (como fizemos na Seção 2.1) um ponto próximo $Q(x, f(x))$, onde $x \neq a$, e calculamos a inclinação da reta secante PQ:

$$m_{PQ} = \frac{f(x) - f(a)}{x - a}$$

Então fazemos Q aproximar-se de P ao longo da curva C ao obrigar x tender a a. Se m_{PQ} tender a um número m, então definimos a *tangente* ℓ como a reta que passa por P e tem inclinação m. (Isso implica dizer que a reta tangente é a posição-limite da reta secante PQ quando Q tende a P. Veja a Figura 1.)

> **1 Definição** A **reta tangente** à curva $y = f(x)$ em um ponto $P(a, f(a))$ é a reta que passa por P com a inclinação
>
> $$m = \lim_{x \to a} \frac{f(x) - f(a)}{x - a}$$
>
> desde que esse limite exista.

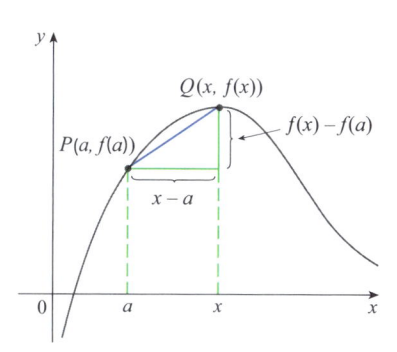

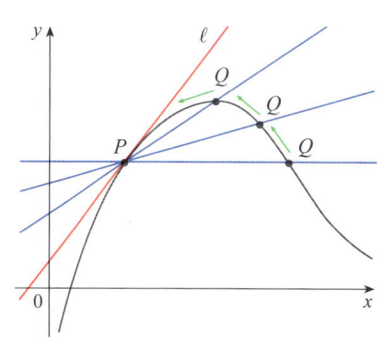

FIGURA 1

Em nosso primeiro exemplo vamos confirmar uma conjectura que foi feita no Exemplo 2.1.1.

EXEMPLO 1 Encontre uma equação da reta tangente à parábola $y = x^2$ no ponto $P(1, 1)$.

SOLUÇÃO Temos aqui $a = 1$ e $f(x) = x^2$, logo a inclinação é

$$m = \lim_{x \to 1} \frac{f(x) - f(1)}{x - 1} = \lim_{x \to 1} \frac{x^2 - 1}{x - 1}$$
$$= \lim_{x \to 1} \frac{(x-1)(x+1)}{x - 1}$$
$$= \lim_{x \to 1} (x + 1) = 1 + 1 = 2$$

A forma ponto-inclinação da equação da reta por um ponto (x_1, y_1) com uma inclinação m é:

$$y - y_1 = m(x - x_1)$$

Usando a forma ponto-inclinação da reta, encontramos que uma equação da reta tangente em $(1, 1)$ é

$$y - 1 = 2(x - 1) \quad \text{ou} \quad y = 2x - 1 \quad \blacksquare$$

Algumas vezes nos referimos à inclinação da reta tangente como a **inclinação da curva** no ponto. A ideia por trás disso é que, se dermos *zoom* (suficiente) em direção ao ponto, a curva parecerá quase uma reta. A Figura 2 ilustra esse procedimento para a curva $y = x^2$ do Exemplo 1. Quanto maior for o *zoom*, mais indistinguível da reta tangente será a parábola. Em outras palavras, a curva se torna quase indistinguível de sua reta tangente.

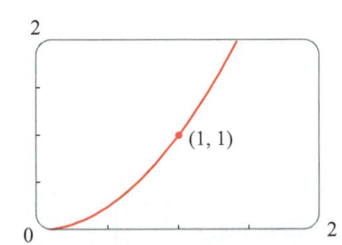

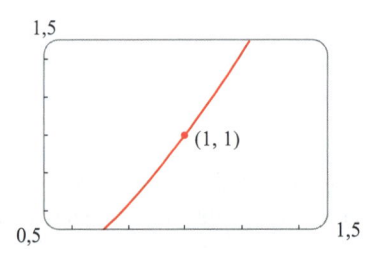

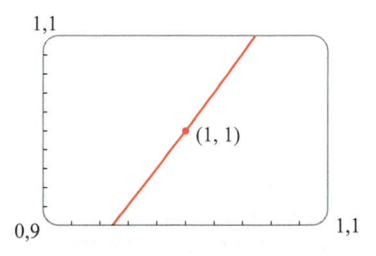

FIGURA 2 Um *zoom* cada vez maior da parábola $y = x^2$ em torno do ponto $(1, 1)$

Há outra expressão para a inclinação da reta tangente que é, às vezes, mais fácil de ser usada. Se $h = x - a$, então $x = a + h$ e, assim, a inclinação da reta secante PQ é

$$m_{PQ} = \frac{f(a + h) - f(a)}{h}$$

(Veja a Figura 3 onde o caso $h > 0$ é ilustrado e Q está localizado à direita de P. Se acontecesse de $h < 0$, entretanto, Q estaria à esquerda de P.)

Observe que quando x tende a a, h tende a 0 (pois $h = x - a$); assim, a expressão para a inclinação da reta tangente na Definição 1 fica

2
$$m = \lim_{h \to 0} \frac{f(a + h) - f(a)}{h}$$

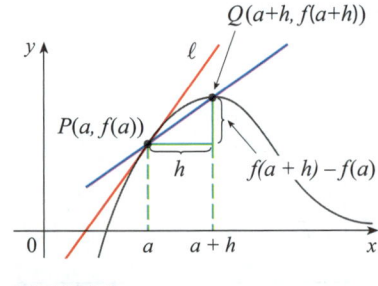

FIGURA 3

EXEMPLO 2 Encontre uma equação da reta tangente à hipérbole $y = 3/x$ no ponto $(3, 1)$.

SOLUÇÃO Seja $f(x) = 3/x$. Então, pela Equação 2, a inclinação da reta tangente em $(3, 1)$ é

$$m = \lim_{h \to 0} \frac{f(3 + h) - f(3)}{h}$$
$$= \lim_{h \to 0} \frac{\frac{3}{3+h} - 1}{h} = \lim_{h \to 0} \frac{\frac{3 - (3+h)}{3+h}}{h}$$
$$= \lim_{h \to 0} \frac{-h}{h(3+h)} = \lim_{h \to 0} -\frac{1}{3+h} = -\frac{1}{3}$$

Portanto, uma equação da reta tangente no ponto (3, 1) é

$$y - 1 = -\tfrac{1}{3}(x - 3)$$

que se simplifica para

$$x + 3y - 6 = 0$$

A hipérbole e sua tangente estão na Figura 4.

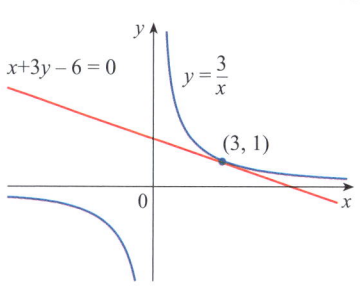

FIGURA 4

■ Velocidades

Na Seção 2.1 estudamos o movimento de uma bola abandonada de cima da Torre CN e sua velocidade foi definida como o valor-limite das velocidades médias em períodos cada vez menores.

Em geral, suponha que um objeto se mova sobre uma reta de acordo com a equação $s = f(t)$, na qual s é o deslocamento do objeto a partir da origem no instante t. A função f que descreve o movimento é chamada **função de posição** do objeto. No intervalo de tempo entre $t = a$ e $t = a + h$, a variação na posição será de $f(a + h) - f(a)$. (Veja a Figura 5.)

A velocidade média nesse intervalo é

$$\text{velocidade média} = \frac{\text{deslocamento}}{\text{tempo}} = \frac{f(a+h) - f(a)}{h}$$

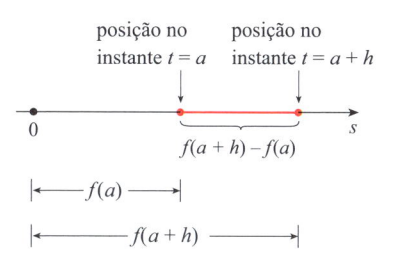

FIGURA 5

que é o mesmo que a inclinação da reta secante PQ na Figura 6.

Suponha agora que a velocidade média seja calculada em intervalos cada vez menores $[a, a + h]$. Em outras palavras, fazemos h tender a 0. Como no exemplo da queda da bola, definimos **velocidade** (ou **velocidade instantânea**) $v(a)$ no instante $t = a$ como o limite dessas velocidades médias:

> **3 Definição** A **velocidade instantânea**, no instante $t = a$, de um objeto cuja função de posição é $f(t)$, é dada por
>
> $$v(a) = \lim_{h \to 0} \frac{f(a+h) - f(a)}{h}$$
>
> desde que este limite exista.

$$m_{PQ} = \frac{f(a+h) - f(a)}{h}$$
$$= \text{velocidade média}$$

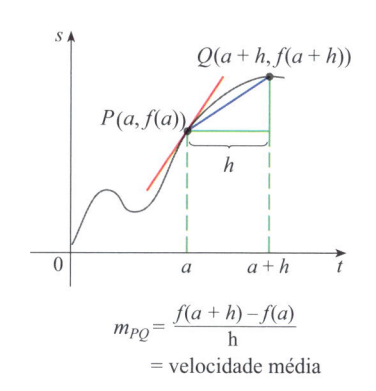

FIGURA 6

Isso significa que a velocidade no instante $t = a$ é igual à inclinação da reta tangente em P (compare a Equação 2 e a expressão na Definição 3).

Agora que sabemos calcular limites, vamos retornar ao problema da queda da bola do Exemplo 2.1.3.

EXEMPLO 3 Suponha que se deixou a bola cair do posto de observação da torre, 450 m acima do solo.

(a) Qual a velocidade da bola após 5 segundos?

(b) Com qual velocidade a bola chega ao solo?

Lembre-se da Seção 2.1: a distância (em metros) percorrida após t segundos é $4{,}9t^2$.

SOLUÇÃO Uma vez que foram solicitadas duas velocidades diferentes, é conveniente determinar, inicialmente, a velocidade em um instante genérico $t = a$. Usando a equação de movimento $s = f(t) = 4{,}9t^2$, temos

$$v(a) = \lim_{h \to 0} \frac{f(a+h) - f(a)}{h} = \lim_{h \to 0} \frac{4{,}9(a+h)^2 - 4{,}9a^2}{h}$$

$$= \lim_{h \to 0} \frac{4{,}9(a^2 + 2ah + h^2 - a^2)}{h} = \lim_{h \to 0} \frac{4{,}9(2ah + h^2)}{h}$$

$$= \lim_{h \to 0} \frac{4{,}9h(2a + h)}{h} = \lim_{h \to 0} 4{,}9(2a + h) = 9{,}8a$$

(a) A velocidade após 5 s é de $v(5) = (9,8)(5) = 49$ m/s.

(b) Uma vez que o posto de observação está 450 m acima do solo, a bola vai atingir o chão em t, quando $s(t) = 450$, isto é,

$$4,9t^2 = 450$$

Isso fornece

$$t^2 = \frac{450}{4,9} \quad \text{e} \quad t = \sqrt{\frac{450}{4,9}} \approx 9,6 \text{ s}$$

A velocidade com que a bola atinge o chão é, portanto,

$$v\left(\sqrt{\frac{450}{4,9}}\right) = 9,8\sqrt{\frac{450}{4,9}} \approx 94 \text{ m/s}$$

■ Derivadas

Vimos que o mesmo tipo de limite aparece ao encontrar a inclinação de uma reta tangente (Equação 2) ou a velocidade de um objeto (Definição 3). De fato, os limites do tipo

$$\lim_{h \to 0} \frac{f(a+h) - f(a)}{h}$$

surgem sempre que calculamos uma taxa de variação em qualquer ramo das ciências ou engenharia, tais como a taxa de uma reação química ou o custo marginal em economia. Uma vez que esse tipo de limite ocorre amplamente, ele recebe nome e notação especiais.

$f'(a)$ é lido como "f linha de a."

4 Definição A **derivada de uma função f em um número a**, denotada por $f'(a)$, é

$$f'(a) = \lim_{h \to 0} \frac{f(a+h) - f(a)}{h}$$

se o limite existir.

Se escrevermos $x = a + h$, então $h = x - a$ e h tende a 0 se e somente se, x tende a a. Consequentemente, uma maneira equivalente de enunciar a definição da derivada, como vimos na determinação das retas tangentes (veja a Definição 1), é

5
$$f'(a) = \lim_{x \to a} \frac{f(x) - f(a)}{x - a}$$

As definições 4 e 5 são equivalentes, de modo que podemos usar qualquer uma delas para calcular a derivada. Na prática, a Definição 4 em geral leva a cálculos mais simples.

EXEMPLO 4 Use a Definição 4 para encontrar a derivada da função $f(x) = x^2 - 8x + 9$ em um número (a) 2 e (b) a.

SOLUÇÃO

(a) Da Definição 4, temos

$$f'(2) = \lim_{h \to 0} \frac{f(2+h) - f(2)}{h}$$

$$= \lim_{h \to 0} \frac{(2+h)^2 - 8(2+h) + 9 - (-3)}{h}$$

$$= \lim_{h \to 0} \frac{4 + 4h + h^2 - 16 - 8h + 9 + 3}{h}$$

$$= \lim_{h \to 0} \frac{h^2 - 4h}{h} = \lim_{h \to 0} \frac{h(h-4)}{h} = \lim_{h \to 0} (h-4) = -4$$

(b)
$$f'(a) = \lim_{h \to 0} \frac{f(a+h) - f(a)}{h}$$
$$= \lim_{h \to 0} \frac{\left[(a+h)^2 - 8(a+h) + 9\right] - \left[a^2 - 8a + 9\right]}{h}$$
$$= \lim_{h \to 0} \frac{a^2 + 2ah + h^2 - 8a - 8h + 9 - a^2 + 8a - 9}{h}$$
$$= \lim_{h \to 0} \frac{2ah + h^2 - 8h}{h} = \lim_{h \to 0} (2a + h - 8) = 2a - 8$$

Para checarmos com o nosso trabalho na parte (a), note que se deixamos $Q = 2$, então $f'(2) = 2(2) - 8 = -4$. ∎

EXEMPLO 5 Use a Equação 5 para determinar a derivada da função $f(x) = 1/\sqrt{x}$ no ponto a $(a > 0)$.

SOLUÇÃO Da Equação 5, obtemos

$$f'(a) = \lim_{x \to a} \frac{f(x) - f(a)}{x - a}$$
$$= \lim_{x \to a} \frac{\frac{1}{\sqrt{x}} - \frac{1}{\sqrt{a}}}{x - a} = \lim_{x \to a} \frac{\frac{1}{\sqrt{x}} - \frac{1}{\sqrt{a}}}{x - a} \cdot \frac{\sqrt{x}\sqrt{a}}{\sqrt{x}\sqrt{a}}$$
$$= \lim_{x \to a} \frac{\sqrt{a} - \sqrt{x}}{\sqrt{ax}(x - a)} = \lim_{x \to a} \frac{\sqrt{a} - \sqrt{x}}{\sqrt{ax}(x - a)} \cdot \frac{\sqrt{a} + \sqrt{x}}{\sqrt{a} + \sqrt{x}}$$
$$= \lim_{x \to a} \frac{-(x - a)}{\sqrt{ax}(x - a)(\sqrt{a} + \sqrt{x})} = \lim_{x \to a} \frac{-1}{\sqrt{ax}(\sqrt{a} + \sqrt{x})}$$
$$= \frac{-1}{\sqrt{a^2}(\sqrt{a} + \sqrt{a})} = \frac{-1}{a \cdot 2\sqrt{a}} = -\frac{1}{2a^{3/2}}$$

Você pode verificar que o mesmo resultado é obtido usando-se a Definição 4. ∎

Definimos a reta tangente à curva $y = f(x)$ no ponto $P(a, f(a))$ como a reta que passa em P e tem inclinação m dada pela Equação 1 ou 2. Uma vez que, pela Definição 4 (e a Equação 5), isso é o mesmo que a derivada $f'(a)$, podemos agora dizer o seguinte:

> A reta tangente a $y = f(x)$ em $(a, f(a))$ é a reta que passa em $(a, f(a))$, cuja inclinação é igual a $f'(a)$, a derivada de f em a.

Se usarmos a forma ponto-inclinação da equação de uma reta, poderemos escrever uma equação da reta tangente à curva $y = f(x)$ no ponto $(a, f(a))$:

$$y - f(a) = f'(a)(x - a)$$

EXEMPLO 6 Encontre uma equação da reta tangente à parábola $y = x^2 - 8x + 9$ no ponto $(3, -6)$.

SOLUÇÃO Do Exemplo 4 (b), sabemos que a derivada de $f(x) = x^2 - 8x + 9$ no número a é $f'(a) = 2a - 8$. Portanto, a inclinação da reta tangente em $(3, -6)$ é $f'(3) = 2(3) - 8 = -2$. Dessa forma, uma equação da reta tangente, ilustrada na Figura 7, é

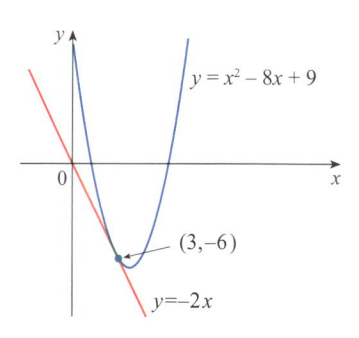

$$y - (-6) = (-2)(x - 3) \qquad \text{ou} \qquad y = -2x$$

FIGURA 7

■ Taxas de Variação

Suponha que y seja uma quantidade que depende de outra quantidade x. Assim, y é uma função de x e escrevemos $y = f(x)$. Se x variar de x_1 a x_2, então a variação em x (também chamada **incremento** de x) será

$$\Delta x = x_2 - x_1$$

e a variação correspondente em y será

$$\Delta y = f(x_2) - f(x_1)$$

O quociente das diferenças

$$\frac{\Delta y}{\Delta x} = \frac{f(x_2) - f(x_1)}{x_2 - x_1}$$

é denominado **taxa média de variação de y em relação a x** no intervalo $[x_1, x_2]$ e pode ser interpretado como a inclinação da reta secante PQ na Figura 8.

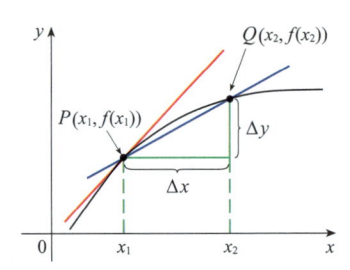

taxa média de variação = m_{PQ}
taxa instantânea de variação = inclinação da tangente em P

FIGURA 8

Por analogia com a velocidade, consideramos a taxa média de variação em intervalos cada vez menores fazendo x_2 tender a x_1 e, portanto, fazendo Δx tender a 0. O limite dessas taxas médias de variação é chamado **taxa (instantânea) de variação de y em relação a x** em $x = x_1$, a qual (como no caso da velocidade) é interpretada como a inclinação da tangente à curva $y = f(x)$ em $P(x_1, f(x_1))$:

$$\boxed{6} \qquad \text{taxa instantânea de variação} = \lim_{\Delta x \to 0} \frac{\Delta y}{\Delta x} = \lim_{x_2 \to x_1} \frac{f(x_2) - f(x_1)}{x_2 - x_1}$$

Reconhecemos este limite como a derivada $f'(x_1)$.

Sabemos que uma das interpretações da derivada $f'(a)$ é a inclinação da reta tangente à curva $y = f(x)$ quando $x = a$. Agora temos uma segunda interpretação:

A derivada a $f'(a)$ é a taxa instantânea de variação de $y = f(x)$ em relação a x quando $x = a$.

A conexão com a primeira interpretação é que, se esboçarmos a curva $y = f(x)$, então a taxa instantânea de variação será a inclinação da tangente a essa curva no ponto onde $x = a$. Isso significa que, quando a derivada for grande (e, portanto, a curva for íngreme como no ponto P na Figura 9), os valores de y mudarão rapidamente. Quando a derivada for pequena, a curva será relativamente achatada (como no ponto Q) e os valores de y mudarão lentamente.

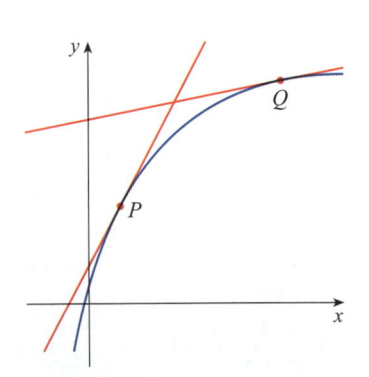

FIGURA 9
Os valores de y estão variando rapidamente em P e de modo lento em Q.

Em particular, se $s = f(t)$ for a função de posição de uma partícula que se move ao longo de uma reta, então $f'(a)$ será a taxa de variação do deslocamento s em relação ao tempo t. Em outras palavras, $f'(a)$ *é a velocidade da partícula no instante* $t = a$. A **velocidade** escalar da partícula é o valor absoluto da velocidade, isto é, $|f'(a)|$.

No próximo exemplo discutiremos o significado da derivada de uma função definida verbalmente.

EXEMPLO 7 Um fabricante produz peças de tecido com tamanho fixo. O custo, em dólares, da produção de x metros de certo tecido é $C = f(x)$.

(a) Qual o significado da derivada $f'(x)$? Quais são suas unidades?

(b) Em termos práticos, o que significa dizer que $f'(1.000) = 9$?

(c) O que você acha que é maior, $f'(50)$ ou $f'(500)$? E $f'(5.000)$?

SOLUÇÃO

(a) A derivada $f'(x)$ é a taxa de variação instantânea de C em relação a x; isto é, $f'(x)$ significa a taxa de variação do custo de produção em relação ao número de metros produzidos. (Os economistas chamam essa taxa de variação de *custo marginal*. Essa ideia será discutida em mais detalhes nas Seções 3.7 e 4.7.)

Como

$$f'(x) = \lim_{\Delta x \to 0} \frac{\Delta C}{\Delta x}$$

as unidades para $f'(x)$ são iguais àquelas do quociente de diferenças $\Delta C/\Delta x$. Uma vez que ΔC é medida em dólares e Δx em metros, segue que a unidade para $f'(x)$ é dólares por metro.

(b) A afirmação que $f'(1.000) = 9$ significa que, depois de 1.000 metros da peça terem sido fabricados, a taxa segundo a qual o custo de produção está aumentando é $ 9/metro. (Quando $x = 1.000$, C está aumentando 9 vezes mais rápido que x.)

Uma vez que $\Delta x = 1$ é pequeno comparado com $x = 1.000$, podemos usar a aproximação

$$f'(1.000) \approx \frac{\Delta C}{\Delta x} = \frac{\Delta C}{1} = \Delta C$$

e dizer que o custo de fabricação do milésimo metro (ou do 1001º) está em torno de $ 9.

(c) A taxa segundo a qual o custo de produção está crescendo (por metro) é provavelmente menor quando $x = 500$ do que quando $x = 50$ (o custo de fabricação do 500º metro é menor que o custo do 50º metro), em virtude da economia de escala. (O fabricante usa mais eficientemente os custos fixos de produção.) Então

$$f'(50) > f'(500)$$

Mas, à medida que a produção expande, a operação de larga escala resultante pode se tornar ineficiente, e poderiam ocorrer custos de horas extras. Logo, é possível que a taxa de crescimento dos custos possa crescer no futuro. Assim, pode ocorrer que

$$f'(5.000) > f'(500)$$ ∎

Aqui estamos assumindo que a função custo é bem comportada; em outras palavras, $C(x)$ não oscila muito rapidamente próximo a $x = 1.000$.

No exemplo a seguir estimamos a taxa de variação da dívida nacional em relação ao tempo. Aqui, a função é definida não por uma fórmula, mas por uma tabela de valores.

EXEMPLO 8 Seja $D(t)$ a dívida pública dos Estados Unidos no momento t. A tabela ao lado dá os valores aproximados dessa função, fornecendo as estimativas da dívida, no final do ano, em bilhões de dólares, no período de 2000 a 2016. Interprete e estime os valores de $D'(2008)$.

SOLUÇÃO A derivada $D'(2008)$ indica a taxa de variação da dívida D com relação a t quando $t = 2008$, isto é, a taxa de crescimento da dívida nacional em 2008.

t	$D(t)$
2000	5.662,2
2004	7.596,1
2008	10.699,8
2012	16.432,7
2016	19.976,8

Fonte: US Dept. of the Treasury

De acordo com a Equação 5,

$$D'(2008) = \lim_{t \to 2008} \frac{D(t) - D(2008)}{t - 2008}$$

Uma forma de estimar esse valor consiste em comparar as taxas médias de variação relativas a intervalos de tempo diferentes, calculando-se os quocientes de diferenças correspondentes, como resumido na tabela a seguir.

t	Intervalo de tempo	Taxa de variação média $= \dfrac{D(t) - D(2008)}{t - 2008}$
2000	[2000, 2008]	629,7
2004	[2004, 2008]	775,93
2012	[2008, 2012]	1433,23
2016	[2008, 2016]	1159,63

Da tabela vemos que $D'(2008)$ situa-se em algum lugar entre 775,93 e 1.433,23 bilhões de dólares por ano. [Aqui faremos a razoável suposição de que a dívida não flutuou muito entre 2004 e 2012.] Uma boa estimativa para taxa de crescimento da dívida pública dos Estados Unidos em 2008 seria a média desses dois números, a saber:

$$D'(2008) \approx 1.105 \text{ bilhões de dólares por ano}$$

Outro método seria traçar a função de débito e estimar a inclinação da reta tangente quando $t = 2008$. ■

Nos Exemplos 3, 7 e 8, vimos três casos específicos de taxas de variação: a velocidade de um objeto é a taxa de variação do deslocamento com relação ao tempo; o custo marginal é a taxa de variação do custo de produção em relação ao número de itens produzidos; a taxa de variação do débito em relação ao tempo é de interesse em economia. Aqui está uma pequena amostra de outras taxas de variação: em física, a taxa de variação do trabalho com relação ao tempo é chamada *potência*. Os químicos que estudam reações químicas estão interessados na taxa de variação da concentração de um reagente em relação ao tempo (chamada *taxa de reação*). Um biólogo está interessado na taxa de variação da população de uma colônia de bactérias em relação ao tempo. Na realidade, o cálculo das taxas de variação é importante em todas as ciências naturais, na engenharia e mesmo nas ciências sociais. Mais exemplos serão dados na Seção 3.7.

Todas essas taxas de variação são derivadas e podem, portanto, ser interpretadas como inclinações de tangentes. Isto dá importância extra à solução de problemas envolvendo tangentes. Sempre que resolvemos um problema envolvendo retas tangentes, não estamos resolvendo apenas um problema geométrico. Estamos também resolvendo implicitamente uma grande variedade de problemas envolvendo taxas de variação nas ciências e na engenharia.

Uma Observação sobre Unidades
As unidades para a taxa média de variação $\Delta D/\Delta t$ são as unidades para ΔD divididas pelas unidades para Δt, a saber, bilhões de dólares por ano. A taxa instantânea de variação é o limite das taxas médias de variação, de modo que é medida nas mesmas unidades: bilhões de dólares por ano.

2.7 | Exercícios

1. Uma curva tem por equação $y = f(x)$.
   (a) Escreva uma expressão para a inclinação da reta secante pelos pontos $P(3, f(3))$ e $Q(x, f(x))$.
   (b) Escreva uma expressão para a inclinação da reta tangente em P.

2. Faça o gráfico da curva $y = e^x$ nas janelas $[-1, 1]$ por $[0, 2]$, $[-0,5, 0,5]$ por $[0,5, 1,5]$ e $[-0,1, 0,1]$ por $[0,9, 1,1]$. Dando um *zoom* no ponto $(0, 1)$, o que você percebe na curva?

3. (a) Encontre a inclinação da reta tangente à parábola $y = x^2 + 3x$ no ponto $(-1, -2)$
   (i) usando a Definição 1. (ii) usando a Equação 2.
   (b) Encontre a equação da reta tangente da parte (a).
   (c) Faça os gráficos da parábola e da reta tangente. Como verificação, dê um *zoom* em direção ao ponto $(-1, -2)$ até que a parábola e a reta tangente fiquem indistinguíveis.

4. (a) Encontre a inclinação da reta tangente à curva $y = x^3 + 1$ no ponto $(1, 2)$
  (i) usando a Definição 1. (ii) usando a Equação 2.
  (b) Encontre a equação da reta tangente da parte (a).
  (c) Faça um gráfico da curva e da reta tangente em janelas retangulares cada vez menores centrados no ponto $(1, 2)$ até que a curva e a tangente pareçam indistinguíveis.

5-8 Encontre uma equação da reta tangente à curva no ponto dado.

5. $y = 2x^2 - 5x + 1$, $(3, 4)$ **6.** $y = x^2 - 2x^3$, $(1, -1)$

7. $y = \dfrac{x+2}{x-3}$, $(2, -4)$ **8.** $y = \sqrt{1-3x}$, $(-1, 2)$

---

9. (a) Encontre a inclinação da tangente à curva $y = 3 + 4x^2 - 2x^3$ no ponto onde $x = a$.
  (b) Encontre as equações das retas tangentes nos pontos $(1, 5)$ e $(2, 3)$.
  (c) Faça o gráfico da curva e de ambas as tangentes em uma mesma tela.

10. (a) Encontre a inclinação da tangente à curva $y = 2\sqrt{x}$ no ponto onde $x = a$.
  (b) Encontre as equações das retas tangentes nos pontos $(1, 2)$ e $(9, 6)$.
  (c) Faça o gráfico da curva e de ambas as tangentes em uma mesma tela.

11. Um saltador de penhasco se lança de uma altura de 30 m com relação à superfície da água. A distância percorrida pelo saltador em t segundo de sua queda é dada pela função $d(t) = 4,9t^2$ m.
  (a) Depois de quantos segundos o saltador atinge a água?
  (b) Com que velocidade o saltador atinge a água?

12. Se uma pedra for lançada para cima no planeta Marte com velocidade de 10 m/s, sua altura (em metros) após t segundos é dada por $H = 10t - 1,86t^2$.
  (a) Encontre a velocidade da pedra após um segundo.
  (b) Encontre a velocidade da pedra quando $t = a$.
  (c) Quando a pedra atinge a superfície?
  (d) Com que velocidade a pedra atinge a superfície?

13. O deslocamento (em metros) de uma partícula movendo-se ao longo de uma reta é dado pela equação do movimento $s = 1/t^2$, onde t é medido em segundos. Encontre a velocidade da partícula nos instantes $t = a$, $t = 1$, $t = 2$ e $t = 3$.

14. O deslocamento (em metros) de uma partícula movendo-se ao longo de uma reta é dado pela equação $s = \tfrac{1}{2}t^2 - 6t + 23$, onde t é medido em segundos.
  (a) Encontre as velocidades médias sobre os seguintes intervalos de tempo:
    (i) $[4, 8]$ (ii) $[6, 8]$
    (iii) $[8, 10]$ (iv) $[8, 12]$
  (b) Encontre a velocidade instantânea quando $t = 8$.
  (c) Faça o gráfico de s como uma função de t e desenhe as retas secantes cujas inclinações são as velocidades médias da parte (a). A seguir, trace a reta tangente cuja inclinação é a velocidade instantânea da parte (b).

15. (a) Uma partícula começa se movendo para a direita ao longo de uma reta horizontal; o gráfico de sua função de posição é mostrado na figura. Em que intervalo a partícula se move para a direita? E para a esquerda? Em que intervalo ela fica parada?
  (b) Trace um gráfico da função velocidade.

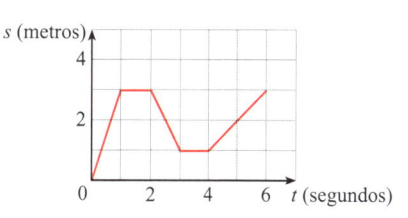

16. A figura mostra os gráficos das funções de posição de dois corredores, A e B, que participam de uma corrida de 100 metros rasos e terminam empatados.
  (a) Descreva e compare as estratégias de corrida dos dois corredores.
  (b) Em que instante a distância entre os corredores é máxima?
  (c) Em que instante eles têm a mesma velocidade?

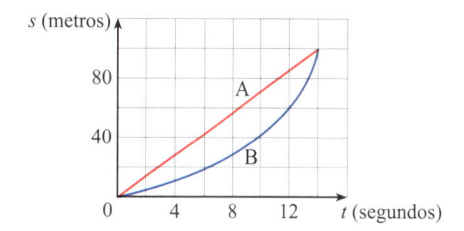

17. Para a função g cujo gráfico é dado, arrume os seguintes números em ordem crescente e explique seu raciocínio:
  $0 \quad g'(-2) \quad g'(0) \quad g'(2) \quad g'(4)$

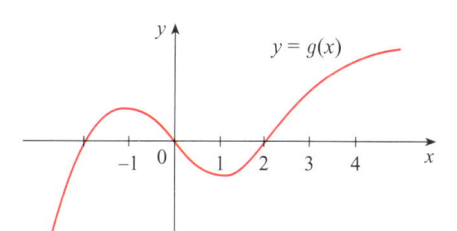

18. É mostrado o gráfico de uma função f.
  (a) Encontre a taxa de variação média de f no intervalo $[20, 60]$.
  (b) Identifique um intervalo no qual a taxa de variação média de f é 0.
  (c) Calcule
  $$\frac{f(40) - f(10)}{40 - 10}$$
  O que esse valor representa geometricamente?
  (d) Estime o valor de $f'(50)$.
  (e) Pode-se dizer que $f'(10) > f'(30)$?
  (f) Pode-se dizer que $f'(60) > \dfrac{f(80) - f(40)}{80 - 40}$? Explique.

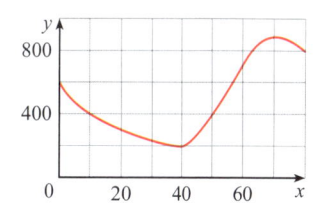

19-20 Use a Definição 4 para encontrar $f'(a)$ para o valor de a fornecido.

19. $f(x) = \sqrt{4x+1}, \quad a = 6$

20. $f(x) = 5x^4, \quad a = -1$

21-22 Use a Equação 5 para encontrar $f'(a)$ para o valor de a fornecido.

21. $f(x) = \dfrac{x^2}{x+6}, \quad a = 3$

22. $f(x) = \dfrac{1}{\sqrt{2x+2}}, \quad a = 1$

23-26 Determine $f'(a)$.

23. $f(x) = 2x^2 - 5x + 3$

24. $f(t) = t^3 - 3t$

25. $f(t) = \dfrac{1}{t^2 + 1}$

26. $f(x) = \dfrac{x}{1-4x}$

27. Obtenha uma equação para a reta tangente ao gráfico de $y = B(x)$ em $x = 6$, sabendo que $B(6) = 0$ e $B'(6) = -\tfrac{1}{2}$.

28. Encontre uma equação para a reta tangente ao gráfico de $y = g(x)$ em $x = 5$ se $g(5) = -3$ e $g'(5) = 4$.

29. Dada $f(x) = 3x^2 - x^3$, determine $f'(1)$ e use esse valor para encontrar uma equação da reta tangente à curva $y = 3x^2 - x^3$ no ponto $(1, 2)$.

30. Dada $g(x) = x^4 - 2$, determine $g'(1)$ e use esse valor para encontrar uma equação da reta tangente à curva $y = x^4 - 2$ no ponto $(1, -1)$.

31. (a) Dada $F(x) = 5x/(1 + x^2)$, determine $F'(2)$ e use esse valor para encontrar uma equação da reta tangente à curva $y = 5x/(1 + x^2)$ no ponto $(2, 2)$.
(b) Ilustre o resultado obtido na parte (a) traçando a curva e a reta tangente em uma mesma janela.

32. (a) Dada $G(x) = 4x^2 - x^3$, determine $G'(a)$ e use-a para encontrar as equações da reta tangente à curva $y = 4x^2 - x^3$ nos pontos $(2, 8)$ e $(3, 9)$.
(b) Ilustre o resultado obtido na parte (a) traçando a curva e as retas tangentes em uma mesma janela.

33. Se uma equação de uma reta tangente à curva $y = f(x)$ no ponto onde $a = 2$ é $y = 4x - 5$, encontre $f(2)$ e $f'(2)$.

34. Se a reta tangente a $y = f(x)$ em $(4, 3)$ passar pelo ponto $(0, 2)$, encontre $f(4)$ e $f'(4)$.

35-36 Uma partícula se move ao longo de uma reta com equação de movimento $s = f(t)$, onde s é medido em metros e t em segundos. Encontre a velocidade e a velocidade escalar quando $t = 4$.

35. $f(t) = 80t - 6t^2$

36. $f(t) = 10 + \dfrac{45}{t+1}$

37. Uma lata de refrigerante morna é colocada na geladeira. Esboce o gráfico da temperatura do refrigerante como uma função do tempo. A taxa de variação inicial da temperatura é maior ou menor que a taxa de variação após 1 hora?

38. Um peru assado é tirado de um forno quando a sua temperatura tinge 85 °C e colocado sobre uma mesa, em uma sala na qual a temperatura é 24 °C. O gráfico mostra como a temperatura do peru diminui e finalmente chega à temperatura ambiente. Por meio da medida da inclinação da reta tangente, estime a taxa de variação da temperatura após 1 hora.

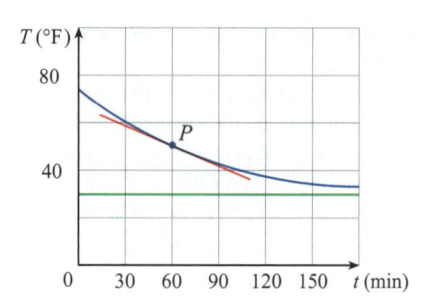

39. Esboce o gráfico de uma função f para a qual $f(0) = 0$, $f'(0) = 3$, $f'(1) = 3$ e $f'(2) = -1$.

40. Esboce o gráfico de uma função g para a qual $g(0) = g(2) = g(4) = 0$, $g'(1) = g'(3) = 0$, $g'(0) = g'(4) = 1$, $g'(2) = -1$, $\lim_{x \to \infty} g(x) = \infty$ e $\lim_{x \to -\infty} g(x) = -\infty$.

41. Esboce o gráfico de uma função g que é contínua em seu domínio $(-5, 5)$ e para a qual $g(0) = 1$, $g'(0) = 1$, $g'(-2) = 0$, $\lim_{x \to -5^+} g(x) = \infty$ e $\lim_{x \to 5^-} g(x) = 3$.

42. Esboce o gráfico de uma função f cujo domínio é $(-2, 2)$, $f'(0) = -2$, $\lim_{x \to 2^-} f(x) = \infty$, f é contínua em todos os pontos de seu domínio, com exceção de ± 1, e f é ímpar.

43-48 Cada limite a seguir representa a derivada de alguma função f em algum ponto a. Indique f e a em cada caso.

43. $\lim\limits_{h \to 0} \dfrac{\sqrt{9+h} - 3}{h}$

44. $\lim\limits_{h \to 0} \dfrac{e^{-2+h} - e^{-2}}{h}$

45. $\lim\limits_{x \to 2} \dfrac{x^6 - 64}{x - 2}$

46. $\lim\limits_{x \to 1/4} \dfrac{\tfrac{1}{x} - 4}{x - \tfrac{1}{4}}$

47. $\lim\limits_{h \to 0} \dfrac{\operatorname{tg}\left(\tfrac{\pi}{4} + h\right) - 1}{h}$

48. $\lim\limits_{\theta \to \pi/6} \dfrac{\operatorname{sen} \theta - \tfrac{1}{2}}{\theta - \tfrac{\pi}{6}}$

49. O custo (em dólares) para produzir x unidades de certa mercadoria é $C(x) = 5.000 + 10x + 0{,}05x^2$.
(a) Encontre a taxa média da variação de C em relação a x quando os níveis de produção estiverem variando
 (i) de $x = 100$ a $x = 105$
 (ii) de $x = 100$ a $x = 101$
(b) Encontre a taxa instantânea da variação de C em relação a x quando $x = 100$. (Isso é chamado *custo marginal*. Seu significado será explicado na Seção 3.7.)

50. Seja $H(t)$ o custo diário (em dólares) para aquecer um prédio de escritórios quando a temperatura externa for t graus Celsius.
(a) Qual é o significado de $H'(14)$? Quais são as unidades?
(b) Você esperaria que $H'(14)$ fosse positiva ou negativa? Explique.

51. O custo de extração de x quilogramas de ouro de uma nova mina de ouro corresponde a $C = f(x)$ dólares.
(a) Qual é o significado da derivada $f'(x)$? Quais são suas unidades?
(b) O que significa a afirmação $f'(22) = 17$?
(c) Você acha que os valores de $f'(x)$ irão crescer ou decrescer a curto prazo? E a longo prazo? Explique.

52. A quantidade (em quilogramas) de café vendida por uma companhia para uma lanchonete ao preço de p dólares por quilogramas é dada por $Q = f(p)$.

(a) Qual o significado da derivada $f'(8)$? Quais são suas unidades?

(b) $f'(8)$ é positivo ou negativo? Explique.

53. A quantidade de oxigênio que pode ser dissolvido em água depende da temperatura da água. (Logo, a poluição térmica influencia o nível de oxigênio da água.) O gráfico mostra como a solubilidade do oxigênio S varia em função da temperatura T da água.

(a) Qual o significado da derivada $S'(T)$? Quais são suas unidades?

(b) Dê uma estimativa do valor $S'(16)$ e interprete-o.

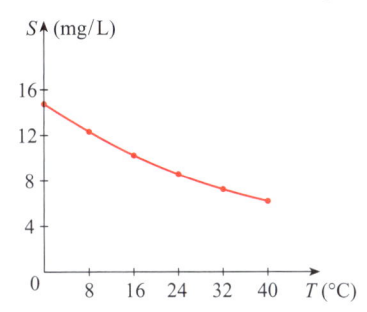

Fonte: C. Kupchella et al. *Environmental Science: Living Within the System of Nature*, 2. ed. (Boston: Allyn and Bacon, 1989).

54. O gráfico mostra a influência da temperatura T sobre a velocidade máxima S de nado de salmões Coho.

(a) Qual o significado da derivada $S'(T)$? Quais são suas unidades?

(b) Dê uma estimativa dos valores de $S'(15)$ e $S'(25)$ e interprete-os.

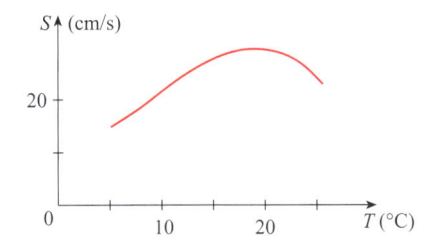

55. Pesquisadores mediram a concentração média de álcool, $C(t)$, encontrada no sangue de oito homens a partir de uma hora do consumo de 30 mL de etanol (correspondentes a duas doses de bebidas alcoólicas).

t (horas)	1,0	1,5	2,0	2,5	3,0
$C(t)$ (g/dL)	0,033	0,024	0,018	0,012	0,007

(a) Determine a taxa média de variação de C com relação a t em cada intervalo de tempo a seguir, fornecendo as unidades em cada caso:
   (i) [1,0, 2,0]   (ii) [1,5, 2,0]
   (iii) [2,0, 2,5]   (iv) [2,0, 3,0]

(b) Estime a taxa instantânea de variação em $t = 2$ e interprete seu resultado. Quais são as unidades?

Fonte: Adaptado de P. Wilkinson et al. Pharmacokinetics of Ethanol after Oral Administration in the Fasting State, *Journal of Pharmacokinetics and Biopharmaceutics* 5 (1977): 207-24.

56. O número N de pontos de venda de uma cadeia popular de cafeterias é dado na tabela. (Os números referem-se às lojas existentes em 1º de outubro.)

Ano	N
2008	16.680
2010	16.858
2012	18.066
2014	21.366
2016	25.085

(a) Determine a taxa média de crescimento
   (i) de 2008 a 2010
   (ii) de 2010 a 2012
   Em cada caso, inclua as unidades. A que conclusões você é capaz de chegar?

(b) Estime a taxa instantânea de crescimento em 2010 tomando a média de duas taxas médias de variação. Quais são as unidades?

(c) Faça uma estimativa da taxa instantânea de crescimento em 2010 medindo a inclinação de uma reta tangente.

57-58 Determine se existe ou não $f'(0)$.

57. $f(x) = \begin{cases} x \operatorname{sen} \dfrac{1}{x} & \text{se } x \neq 0 \\ 0 & \text{se } x = 0 \end{cases}$

58. $f(x) = \begin{cases} x^2 \operatorname{sen} \dfrac{1}{x} & \text{se } x \neq 0 \\ 0 & \text{se } x = 0 \end{cases}$

59. (a) Trace o gráfico da função $f(x) = \operatorname{sen} x - \frac{1}{1.000} \operatorname{sen}(1.000 x)$ na janela de visualização $[-2\pi, 2\pi]$ por $[-4, 4]$. Que inclinação o gráfico parece ter na origem?

(b) Amplie para a janela de visualização $[-0,4, 0,4]$ por $[-0,25, 0,25]$ e faça uma estimativa do valor de $f'(0)$. Isso está de acordo com sua resposta para a parte (a)?

(c) Agora amplie para a janela de visualização $[-0,008, 0,008]$ por $[-0,005, 0,005]$. Você quer rever sua estimativa para $f'(0)$?

60. Quocientes de Diferenças Simétricos No Exemplo 8, aproximamos uma taxa instantânea de variação calculando a média de duas taxas médias de variação. Um método alternativo para obter o mesmo resultado consiste em empregar uma única taxa média de variação, em um intervalo *centrado* no ponto desejado. Definimos o *quociente de diferenças simétrico* de uma função f em $x = a$, no intervalo $[a - d, a + d]$, como

$$\frac{f(a+d) - f(a-d)}{(a+d) - (a-d)} = \frac{f(a+d) - f(a-d)}{2d}$$

(a) Calcule o quociente de diferenças simétrico para a função D do Exemplo 8, no intervalo [2004, 2012], e verifique que o resultado obtido corresponde à estimativa de $D'(2008)$ calculada no exemplo.

(b) Mostre que o quociente de diferenças simétrico de uma função f em um ponto $x = a$ é equivalente à média das taxas médias de variação de f nos intervalos $[a - d, a]$ e $[a, a + d]$.

(c) Use um quociente de diferenças simétrico para estimar $f'(1)$ para $f(x) = x^3 - 2x^2 + 2$, com $d = 0,4$. Trace o gráfico de f, bem como as retas secantes correspondentes às taxas médias de variação nos intervalos $[1 - d, 1]$, $[1, 1 + d]$ e $[1 - d, 1 + d]$. Qual dessas retas secantes aparenta ter inclinação mais próxima à da reta tangente em $x = 1$?

| PROJETO ESCRITO | MÉTODOS INICIAIS PARA ENCONTRAR TANGENTES |

A primeira pessoa a formular explicitamente as ideias de limite e derivada foi Sir Isaac Newton, em 1660. Mas Newton reconhecia que "Se vejo mais longe do que outros homens, é porque estou sobre os ombros de gigantes". Dois desses gigantes eram Pierre Fermat (1601-1665) e o mentor de Newton em Cambridge, Isaac Barrow (1630-1677). Newton estava familiarizado com os métodos deles para encontrar as retas tangentes, e esses métodos desempenharam papel importante na formulação final do cálculo de Newton.

Aprenda sobre esses métodos pesquisando na Internet ou lendo uma das referências aqui listadas. Redija um ensaio sobre o assunto comparando os métodos de Fermat ou de Barrow com os métodos modernos. Em particular, use o método da Seção 2.7 para encontrar uma equação da reta tangente à curva $y = x^3 + 2x$ no ponto (1, 3) e mostre como Fermat ou Barrow teriam resolvido o mesmo problema. Embora você tenha usado as derivadas e eles não, mostre a analogia entre os métodos.

1. Boyer, C.; Merzbach, U. *A History of Mathematics*. 3. ed. Hoboken, NJ Wiley, 2011, p. 323, 356.
2. Edwards, C. H. *The Historical Development of the Calculus*. Nova York: Springer-Verlag, 1979. p. 124, 132.
3. Eves, H. *An Introduction to the History of Mathematics*. 6. ed. Nova York: Saunders, 1990. p. 391, 395.
4. Kline, M. *Mathematical Thought from Ancient to Modern Times*. Nova York: Oxford University Press, 1972. p. 344, 346.

2.8 A Derivada como uma Função

■ A Função Derivada

Na seção precedente consideramos a derivada de uma função f em um número fixo a:

$$\boxed{1} \qquad f'(a) = \lim_{h \to 0} \frac{f(a+h) - f(a)}{h}$$

Aqui mudamos nosso ponto de vista e deixamos o número a variar. Se substituirmos a na Equação 1 por uma variável x, obtemos

$$\boxed{2} \qquad f'(x) = \lim_{h \to 0} \frac{f(x+h) - f(x)}{h}$$

Dado qualquer número x para o qual esse limite exista, atribuímos a x o número $f'(x)$. Assim, podemos considerar f' como uma nova função, chamada **derivada de f** e definida pela Equação 2. Sabemos que o valor de f' em x, $f'(x)$, pode ser interpretado geometricamente como a inclinação da reta tangente ao gráfico de f no ponto $(x, f(x))$.

A função f' é denominada derivada de f, pois foi "derivada" a partir de f pela operação limite na Equação 2. O domínio de f' é o conjunto $\{x \mid f'(x) \text{ existe}\}$ e pode ser menor que o domínio de f.

EXEMPLO 1 O gráfico de uma função f é ilustrado na Figura 1. Use-o para esboçar o gráfico da derivada f'.

SOLUÇÃO Podemos estimar o valor da derivada para qualquer valor de x traçando a tangente no ponto $(x, f(x))$ e estimando sua inclinação. Para $x = 3$, por exemplo, traçamos a tangente em P mostrada na Figura 2 e estimamos sua inclinação como sendo aproximadamente igual a $-\frac{2}{3}$. (Desenhamos um triângulo para nos ajudar a estimar a inclinação.) Assim, $f'(3) \approx -\frac{2}{3} \approx -0{,}67$, o que nos permite marcar o ponto $P'(3, -0{,}67)$ bem abaixo de P, no gráfico de f'. (A inclinação do gráfico de f torna-se o valor de y no gráfico de f'.)

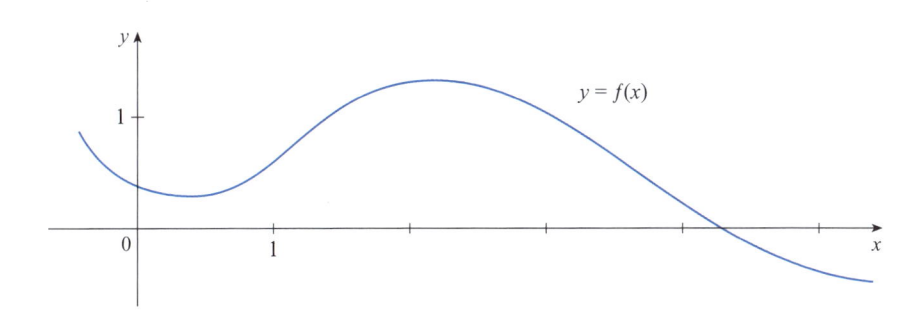

FIGURA 1

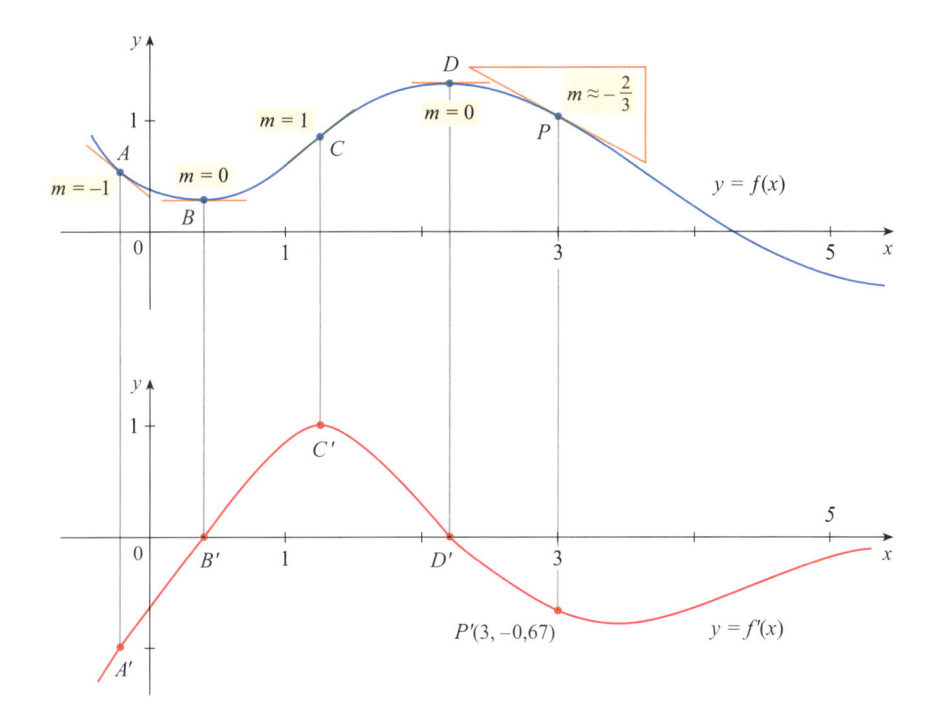

FIGURA 2

A inclinação da tangente que passa pelo ponto A aparenta ser próxima de -1, de modo que marcamos sobre o gráfico de f' o ponto A' com coordenada y igual a -1 (diretamente sob o ponto A). As tangentes em B e D são horizontais, de forma que a derivada é 0 nesses pontos e o gráfico de f' cruza o eixo x (no qual $y = 0$) nos pontos B' e D', mostrados exatamente abaixo de B e D. Entre B e D, o gráfico de f atinge sua inclinação máxima em C, ponto no qual a reta tangente aparenta ter inclinação 1. Assim, o valor máximo de $f'(x)$ entre B' e D' é 1 (em C').

Repare que as retas tangentes têm inclinação positiva entre B e D, de modo que $f'(x)$ é positiva nesse intervalo. (O gráfico de f' está acima do eixo x.) Já à direita de D as retas tangentes têm inclinação negativa, o que faz que $f'(x)$ seja negativa nesse intervalo. (O gráfico de f' está abaixo do eixo x.) ∎

EXEMPLO 2

(a) Se $f(x) = x^3 - x$, encontre uma fórmula para $f'(x)$.

(b) Ilustre essa fórmula comparando os gráficos de f e f'.

SOLUÇÃO

(a) Ao usar a Equação 2 para calcular uma derivada, devemos nos lembrar de que a variável é h e de que x é considerado temporariamente uma constante para os cálculos do limite.

140 CÁLCULO

$$f'(x) = \lim_{h \to 0} \frac{f(x+h) - f(x)}{h} = \lim_{h \to 0} \frac{[(x+h)^3 - (x+h)] - [x^3 - x]}{h}$$

$$= \lim_{h \to 0} \frac{x^3 + 3x^2h + 3xh^2 + h^3 - x - h - x^3 + x}{h}$$

$$= \lim_{h \to 0} \frac{3x^2h + 3xh^2 + h^3 - h}{h}$$

$$= \lim_{h \to 0} (3x^2 + 3xh + h^2 - 1) = 3x^2 - 1$$

(b) Vamos fazer os gráficos de f e f' utilizando uma calculadora. O resultado está na Figura 3. Observe que $f'(x) = 0$ quando f tem tangentes horizontais e que $f'(x)$ é positiva quando as tangentes têm inclinação positiva. Assim, esses gráficos servem como verificação do trabalho feito em (a). ∎

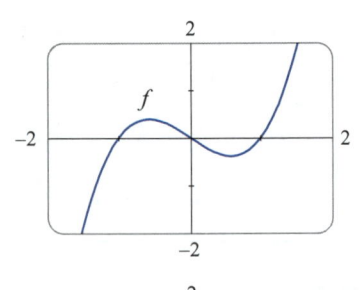

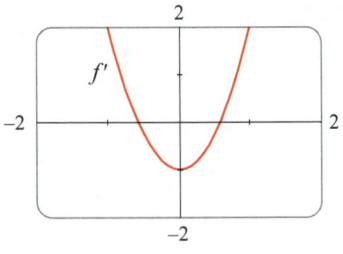

FIGURA 3

EXEMPLO 3 Se $f(x) = \sqrt{x}$, encontre a derivada de f. Diga qual é o domínio de f'.

SOLUÇÃO

$$f'(x) = \lim_{h \to 0} \frac{f(x+h) - f(x)}{h} = \lim_{h \to 0} \frac{\sqrt{x+h} - \sqrt{x}}{h}$$

$$= \lim_{h \to 0} \left(\frac{\sqrt{x+h} - \sqrt{x}}{h} \cdot \frac{\sqrt{x+h} + \sqrt{x}}{\sqrt{x+h} + \sqrt{x}} \right) \quad \text{(Racionalize o numerador.)}$$

$$= \lim_{h \to 0} \frac{(x+h) - x}{h(\sqrt{x+h} + \sqrt{x})} = \lim_{h \to 0} \frac{h}{h(\sqrt{x+h} + \sqrt{x})}$$

$$= \lim_{h \to 0} \frac{1}{\sqrt{x+h} + \sqrt{x}} = \frac{1}{\sqrt{x} + \sqrt{x}} = \frac{1}{2\sqrt{x}}$$

Vemos que $f'(x)$ existe se $x > 0$; logo, o domínio de f' é $(0, \infty)$. Ele é menor que o domínio de f, que é $[0, \infty)$. ∎

Vejamos se o resultado do Exemplo 3 é razoável, observando os gráficos de f e f' na Figura 4. Quando x estiver próximo de 0, $\sqrt{x}$ estará próximo de 0; logo, $f'(x) = 1/(2\sqrt{x})$ é muito grande, e isso corresponde a retas tangentes íngremes próximas de $(0, 0)$ na Figura 4(a) e os grandes valores de $f'(x)$ logo à direita de 0 na Figura 4(b). Quando x for grande, $f'(x)$ será muito pequeno, o que corresponde ao achatamento das retas tangentes no extremo direito do gráfico de f e à assíntota horizontal do gráfico de f'.

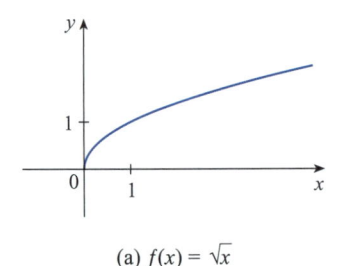

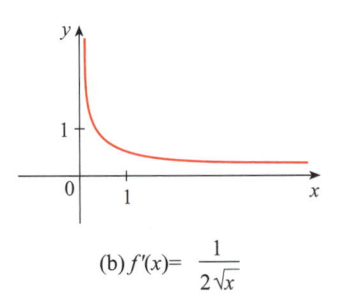

(a) $f(x) = \sqrt{x}$

(b) $f'(x) = \dfrac{1}{2\sqrt{x}}$

FIGURA 4

EXEMPLO 4 Encontre f' se $f(x) = \dfrac{1-x}{2+x}$.

SOLUÇÃO

$$f'(x) = \lim_{h \to 0} = \frac{f(x+h) - f(x)}{h}$$

$$= \lim_{h \to 0} \frac{\dfrac{1-(x+h)}{2+(x+h)} - \dfrac{1-x}{2+x}}{h}$$

$$= \lim_{h \to 0} \frac{(1-x-h)(2+x) - (1-x)(2+x+h)}{h(2+x+h)(2+x)}$$

$$= \lim_{h \to 0} \frac{(2-x-2h-x^2-xh) - (2-x+h-x^2-xh)}{h(2+x+h)(2+x)}$$

$$= \lim_{h \to 0} \frac{-3h}{h(2+x+h)(2+x)}$$

$$= \lim_{h \to 0} \frac{-3}{(2+x+h)(2+x)} = -\frac{3}{(2+x)^2}$$

∎

$$\dfrac{\dfrac{a}{b} - \dfrac{c}{d}}{e} = \dfrac{ad - bc}{bd} \cdot \dfrac{1}{e}$$

Outras Notações

Se usarmos a notação tradicional $y = f(x)$ para indicar que a variável independente é x e a variável dependente é y, então algumas notações alternativas para a derivada são as seguintes:

$$f'(x) = y' = \frac{dy}{dx} = \frac{df}{dx} = \frac{d}{dx} f(x) = Df(x) = D_x f(x)$$

Os símbolos D e d/dx são chamados **operadores diferenciais**, pois indicam a operação de **diferenciação**, que é o processo de cálculo de uma derivada.

O símbolo dy/dx, introduzido por Leibniz, não deve ser encarado como um quociente (por ora); trata-se simplesmente de um sinônimo para $f'(x)$. Todavia, essa notação é muito útil e proveitosa, especialmente quando usada em conjunto com a notação de incremento. Referindo-nos à Equação 6 da Seção 2.7, podemos reescrever a definição de derivada como

$$\frac{dy}{dx} = \lim_{\Delta x \to 0} \frac{\Delta y}{\Delta x}$$

Para indicar o valor de uma derivada dy/dx na notação de Leibniz em um número específico a, usamos a notação

$$\left. \frac{dy}{dx} \right|_{x=a} \quad \text{ou} \quad \left. \frac{dy}{dx} \right]_{x=a}$$

que é um sinônimo para $f'(a)$. A barra vertical significa "calculado em".

3 Definição Uma função f é derivável ou **diferenciável em a** se $f'(a)$ existir. É **derivável ou diferenciável em um intervalo aberto** (a, b) [ou (a, ∞) ou $(-\infty, a)$ ou $(-\infty, \infty)$] se for diferenciável em cada número do intervalo.

EXEMPLO 5 Onde a função $f(x) = |x|$ é diferenciável?

SOLUÇÃO Se $x > 0$, então $|x| = x$ e podemos escolher h suficientemente pequeno para que $x + h > 0$ e, portanto, $|x + h| = x + h$. Consequentemente, para $x > 0$ temos

$$f'(x) = \lim_{h \to 0} \frac{|x+h| - |x|}{h} = \lim_{h \to 0} \frac{(x+h) - x}{h}$$

$$= \lim_{h \to 0} \frac{h}{h} = \lim_{h \to 0} 1 = 1$$

e, dessa forma, f é diferenciável para qualquer $x > 0$.

Analogamente, para $x < 0$ temos $|x| = -x$ e podemos escolher h suficientemente pequeno para que $x + h < 0$, e assim $|x + h| = -(x + h)$. Portanto, para $x < 0$,

$$f'(x) = \lim_{h \to 0} \frac{|x+h| - |x|}{h} = \lim_{h \to 0} \frac{-(x+h) - (-x)}{h}$$

$$= \lim_{h \to 0} \frac{-h}{h} = \lim_{h \to 0} (-1) = -1$$

e, dessa forma, f é diferenciável para qualquer $x < 0$.

Para $x = 0$ temos de averiguar

$$f'(0) = \lim_{h \to 0} \frac{f(0+h) - f(0)}{h}$$

$$= \lim_{h \to 0} \frac{|0+h| - |0|}{h} = \lim_{h \to 0} \frac{|h|}{h} \quad \text{(se existir)}$$

Leibniz

Gottfried Wilhelm Leibniz nasceu em Leipzig em 1646 e estudou direito, teologia, filosofia e matemática na universidade local, graduando-se com 17 anos. Após obter seu doutorado em direito aos 20 anos, Leibniz entrou para o serviço diplomático, passando a maior parte de sua vida viajando pelas capitais europeias em missões políticas. Em particular, empenhou-se em afastar uma ameaça militar da França contra a Alemanha e tentou reconciliar as igrejas Católica e Protestante.

Leibniz só começou a estudar seriamente matemática em 1672, quando em missão diplomática em Paris. Lá ele construiu uma máquina de calcular e encontrou cientistas, como Huygens, que dirigiram sua atenção para os últimos desenvolvimentos da matemática e da ciência. Leibniz procurou desenvolver uma lógica simbólica e um sistema de notação que simplificassem o raciocínio lógico. Em particular, a versão do cálculo publicada por ele em 1684 estabeleceu a notação e as regras para encontrar as derivadas usadas até hoje.

Infelizmente, uma disputa muito acirrada de prioridades surgiu em 1690 entre os seguidores de Newton e os de Leibniz sobre quem teria inventado primeiro o cálculo. Leibniz foi até mesmo acusado de plágio pelos membros da Royal Society na Inglaterra. A verdade é que cada um inventou independentemente o cálculo. Newton chegou primeiro à sua versão do cálculo, mas, por temer controvérsias, não a publicou imediatamente. Assim, a publicação do cálculo de Leibniz em 1684 foi a primeira a aparecer.

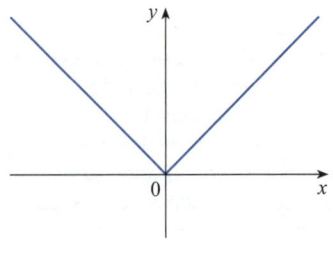

(a) $y = f(x) = |x|$

(b) $y = f'(x)$

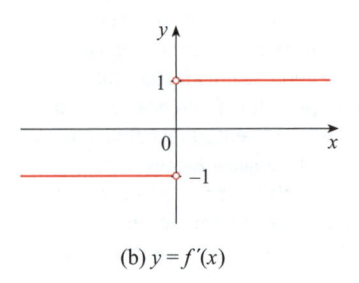

FIGURA 5

Vamos calcular os limites à esquerda e à direita separadamente:

$$\lim_{h \to 0^+} \frac{|h|}{h} = \lim_{h \to 0^+} \frac{h}{h} = \lim_{h \to 0^+} 1 = 1$$

e

$$\lim_{h \to 0^-} \frac{|h|}{h} = \lim_{h \to 0^-} \frac{-h}{h} = \lim_{h \to 0^-} (-1) = -1$$

Uma vez que esses limites são diferentes, $f'(0)$ não existe. Logo, f é diferenciável para todo x, exceto 0.

Uma fórmula para f' é dada por

$$f'(x) = \begin{cases} 1 & \text{se } x > 0 \\ -1 & \text{se } x < 0 \end{cases}$$

e seu gráfico está ilustrado na Figura 5(b). O fato de que $f'(0)$ não existe está refletido geometricamente no fato de que a curva $y = |x|$ não tem reta tangente em $(0, 0)$. [Veja a Figura 5(a).]

Tanto a continuidade como a diferenciabilidade são propriedades desejáveis em uma função. O seguinte teorema mostra como essas propriedades estão relacionadas.

4 Teorema Se f for diferenciável em a, então f é contínua em a.

DEMONSTRAÇÃO Para demonstrar que f é contínua em a, temos de mostrar que $\lim_{x \to a} f(x) = f(a)$. Fazemos isso ao mostrar que a diferença $f(x) - f(a)$ tende a 0.

A informação dada é que f é diferenciável em a, isto é,

$$f'(a) = \lim_{x \to a} \frac{f(x) - f(a)}{x - a}$$

SP Um aspecto importante da resolução do problema é tentar encontrar uma conexão entre o dado e o desconhecido. Veja a Etapa 2 (Planejando) nos Princípios da Resolução de Problemas do Capítulo 1.

existe (veja a Equação 5 da Seção 2.) Para conectar o dado com o desconhecido, dividimos e multiplicamos $f(x) - f(a)$ por $x - a$ (o que pode ser feito quando $x \neq a$):

$$f(x) - f(a) = \frac{f(x) - f(a)}{x - a} (x - a)$$

Assim, usando a Propriedade 4 dos limites, podemos escrever

$$\lim_{x \to a} [f(x) - f(a)] = \lim_{x \to a} \frac{f(x) - f(a)}{x - a} (x - a)$$
$$= \lim_{x \to a} \frac{f(x) - f(a)}{x - a} \cdot \lim_{x \to a} (x - a)$$
$$= f'(a) \cdot 0 = 0$$

Para usar o que acabamos de demonstrar, vamos começar com $f(x)$ e somar e subtrair $f(a)$:

$$\lim_{x \to a} f(x) = \lim_{x \to a} [f(a) + (f(x) - f(a))]$$
$$= \lim_{x \to a} f(a) + \lim_{x \to a} [f(x) - f(a)]$$
$$= f(a) + 0 = f(a)$$

Consequentemente, f é contínua em a.

NOTA A recíproca do Teorema 4 é falsa, isto é, há funções que são contínuas, mas não são diferenciáveis. Por exemplo, a função $f(x) = |x|$ é contínua em 0, pois

$$\lim_{x \to 0} f(x) = \lim_{x \to 0} |x| = 0 = f(0)$$

(Veja o Exemplo 2.3.7.) Mas, no Exemplo 5, mostramos que f não é diferenciável em 0.

■ Como uma Função Pode Não Ser Diferenciável?

Vimos que a função $y = |x|$ do Exemplo 5 não é diferenciável em 0, e a Figura 5(a) mostra que em $x = 0$ a curva muda abruptamente de direção. Em geral, se o gráfico de uma função f tiver uma "quina" ou uma "dobra", então o gráfico de f não terá tangente nesse ponto e f não será diferenciável ali. (Ao tentar calcular $f'(a)$, vamos descobrir que os limites à esquerda e à direita são diferentes.)

O Teorema 4 nos dá outra forma de uma função deixar de ter uma derivada. Ele afirma que se não for contínua em a, então f não é diferenciável em a. Então, em qualquer descontinuidade (por exemplo, uma descontinuidade de salto) f deixa de ser diferenciável.

Uma terceira possibilidade surge quando a curva tem uma **reta tangente vertical** quando $x = a$; isto é, f é contínua em a e

$$\lim_{x \to a} |f'(x)| = \infty$$

Isso significa que a reta tangente fica cada vez mais íngreme quando $x \to a$. A Figura 6 mostra uma forma de isso acontecer, e a Figura 7(c), outra. A Figura 7 ilustra as três possibilidades discutidas.

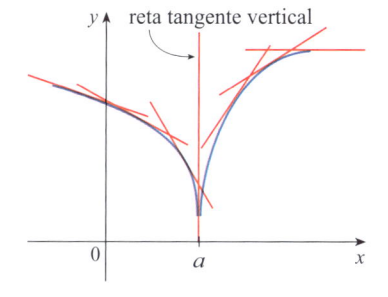

FIGURA 6

(a) Uma quina

(b) Uma descontinuidade

(c) Uma tangente vertical

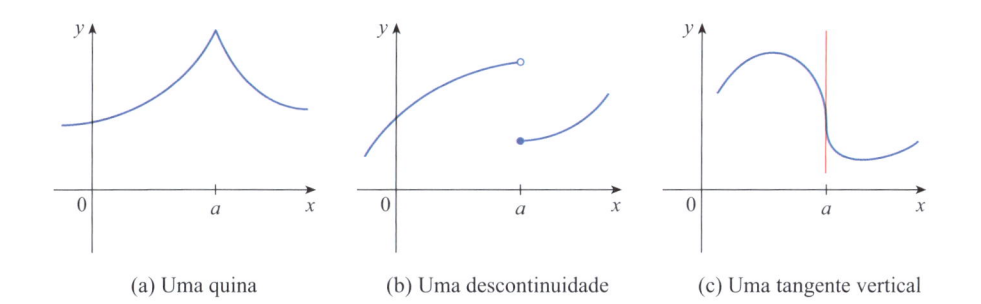

FIGURA 7
Três maneiras de f não ser diferenciável em a.

As calculadoras gráficas e os computadores são outra possibilidade de análise da diferenciabilidade. Se f for diferenciável em a, ao darmos *zoom* em direção ao ponto $(a, f(a))$, o gráfico vai se endireitando e se parecerá cada vez mais com uma reta. (Veja a Figura 8. Vimos um exemplo específico na Figura 2.7.2.) Por outro lado, independentemente da maneira como dermos o *zoom* em direção a pontos como os das Figuras 6 e 7(a), não poderemos eliminar a ponta aguda ou quina (veja a Figura 9).

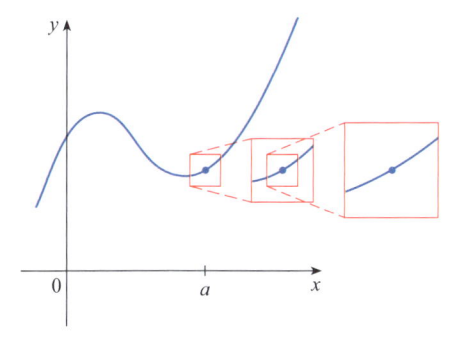

FIGURA 8
f é diferenciável em a

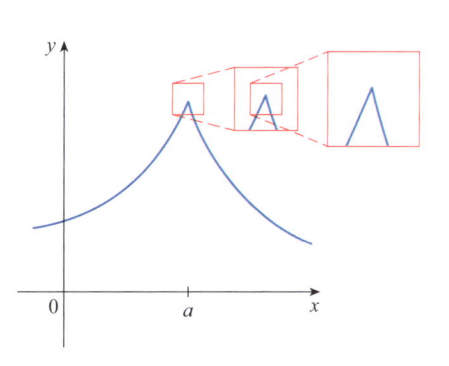

FIGURA 9
f não é diferenciável em a

Derivadas de Ordem Superior

Se f for uma função diferenciável, então sua derivada f' também é uma função, de modo que f' pode ter sua própria derivada, denotada por $(f')' = f''$. Esta nova função f'' é chamada de **segunda derivada** ou derivada de ordem dois de f. Usando a notação de Leibniz, escrevemos a segunda derivada de $y = f(x)$ como

$$\underbrace{\frac{d}{dx}}_{\text{derivada de}} \underbrace{\left(\frac{dy}{dx}\right)}_{\text{primeira derivada}} = \underbrace{\frac{d^2 y}{dx^2}}_{\text{segunda derivada}}$$

EXEMPLO 6 Se $f(x) = x^3 - x$, encontre e interprete $f''(x)$

SOLUÇÃO No Exemplo 2, encontramos que a primeira derivada é $f'(x) = 3x^2 - 1$. Assim, a segunda derivada é

$$\begin{aligned} f''(x) = (f')'(x) &= \lim_{h \to 0} \frac{f'(x+h) - f'(x)}{h} \\ &= \lim_{h \to 0} \frac{[3(x+h)^2 - 1] - [3x^2 - 1]}{h} \\ &= \lim_{h \to 0} \frac{3x^2 + 6xh + 3h^2 - 1 - 3x^2 + 1}{h} \\ &= \lim_{h \to 0} (6x + 3h) = 6x \end{aligned}$$

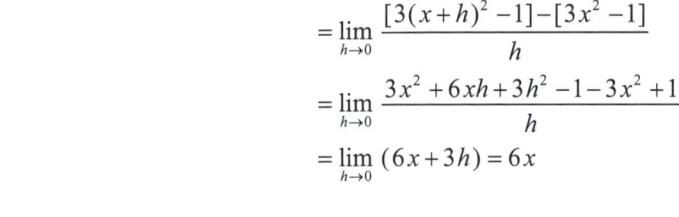

Os gráficos de f, f' e f'' são mostrados na Figura 10.

Podemos interpretar $f''(x)$ como a inclinação da curva $y = f'(x)$ no ponto $(x, f'(x))$. Em outras palavras, é a taxa de variação da inclinação da curva original $y = f(x)$.

Observe pela Figura 10 que $f''(x)$ é negativa quando $y = f'(x)$ tem inclinação negativa e positiva quando $y = f'(x)$ tem inclinação positiva. Assim, os gráficos servem como verificação de nossos cálculos.

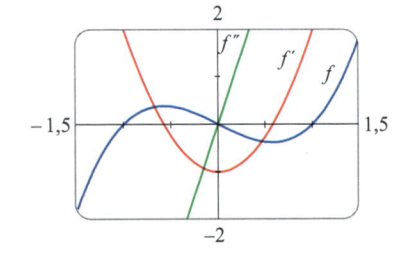

FIGURA 10

Em geral, podemos interpretar uma segunda derivada como uma taxa de variação de uma taxa de variação. O exemplo mais familiar disso é a *aceleração*, que é definida da maneira que se segue.

Se $s = s(t)$ for a função da posição de um objeto que se move em uma reta, sabemos que sua primeira derivada representa a velocidade $v(t)$ do objeto como uma função do tempo:

$$v(t) = s'(t) = \frac{ds}{dt}$$

A taxa instantânea de variação da velocidade com relação ao tempo é chamada **aceleração** $a(t)$ do objeto. Assim, a função aceleração é a derivada da função velocidade e, portanto, é a segunda derivada da função posição:

$$a(t) = v'(t) = s''(t)$$

ou, na notação de Leibniz,

$$a = \frac{dv}{dt} = \frac{d^2 s}{dt^2}$$

A aceleração é a variação na velocidade que você sente ao ir mais rápido ou mais devagar em um carro.

A **terceira derivada** f''' (ou derivada de terceira ordem) é a derivada da segunda derivada: $f''' = (f'')'$. Assim, $f'''(x)$ pode ser interpretada como a inclinação da curva $y = f''(x)$ ou como a taxa de variação $f''(x)$. Se $y = f(x)$, então as notações alternativas são

$$y''' = f'''(x) = \frac{d}{dx}\left(\frac{d^2y}{dx^2}\right) = \frac{d^3y}{dx^3}$$

Podemos interpretar fisicamente a terceira derivada no caso da função posição $s = s(t)$ de um objeto que se move ao longo de uma reta. Como $s''' = (s'')' = a'$, a terceira derivada da função posição é a derivada da função aceleração e é chamada **jerk**:

$$j = \frac{da}{dt} = \frac{d^3s}{dt^3}$$

Assim, o *jerk* j é a taxa de variação da aceleração. O nome é adequado (*jerk*, em português, significa solavanco, sacudida), pois um *jerk* grande significa uma variação súbita na aceleração, o que causa um movimento abrupto.

O processo de diferenciação pode continuar. A quarta derivada f'''' (ou derivada de quarta ordem) é usualmente denotada por $f^{(4)}$. Em geral, a n–ésima derivada de f é denotada por $f^{(n)}$ e é obtida a partir de f, derivando n vezes. Se $y = f(x)$, escrevemos

$$y^{(n)} = f^{(n)}(x) = \frac{d^ny}{dx^n}$$

EXEMPLO 7 Se $f(x) = x^3 - x$, encontre $f'''(x)$ e $f^{(4)}(x)$.

SOLUÇÃO No Exemplo 6 encontramos $f''(x) = 6x$. O gráfico da segunda derivada tem equação $y = 6x$ e, portanto, é uma reta com inclinação 6. Como a derivada $f'''(x)$ é a inclinação de $f''(x)$, temos

$$f'''(x) = 6$$

para todos os valores de x. Assim, f''' é uma função constante e seu gráfico é uma reta horizontal. Portanto, para todos os valores de x,

$$f^{(4)}(x) = 0$$

Vimos que uma aplicação da segunda e terceira derivadas ocorre na análise do movimento de objetos usando aceleração e *jerk*. Investigaremos mais uma aplicação da segunda derivada na Seção 4.3, quando mostraremos como o conhecimento de f'' nos dá informação sobre a forma do gráfico de f. No Capítulo 11, no Volume 2, veremos como a segunda derivada e as derivadas de ordem mais alta nos permitem representar funções como somas de séries infinitas

2.8 | Exercícios

1-2 Use os gráficos dados para estimar o valor de cada derivada. Esboce então o gráfico de f'.

1. (a) $f'(0)$ (b) $f'(1)$ (c) $f'(2)$ (d) $f'(3)$
(e) $f'(4)$ (f) $f'(5)$ (g) $f'(6)$ (h) $f'(7)$

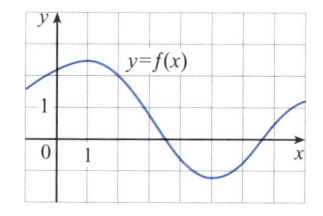

2. (a) $f'(-3)$ (b) $f'(-2)$ (c) $f'(-1)$ (d) $f'(0)$
(e) $f'(1)$ (f) $f'(2)$ (g) $f'(3)$

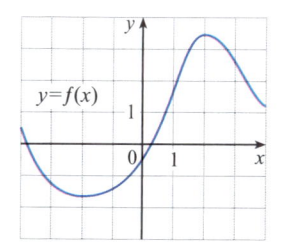

3. Associe o gráfico de cada função em (a)-(d) com o gráfico de sua derivada em I-IV. Dê razões para suas escolhas.

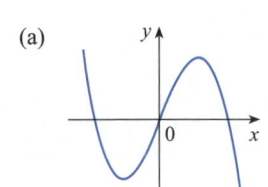

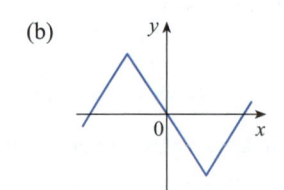

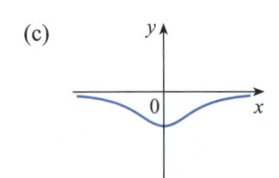

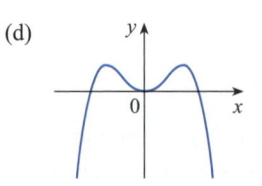

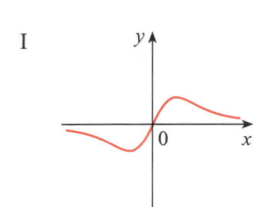

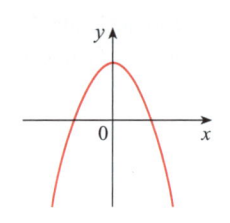

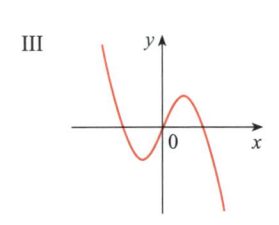

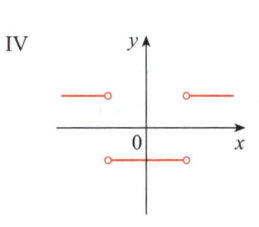

(a) (b)
(c) (d)

I II
III IV

4-11 Trace ou copie o gráfico da função f dada. (Assuma que os eixos possuem escalas iguais.) Use, então, o método do Exemplo 1 para esboçar o gráfico de f' abaixo.

4. **5.** 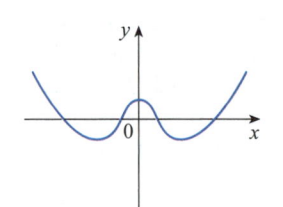
6. 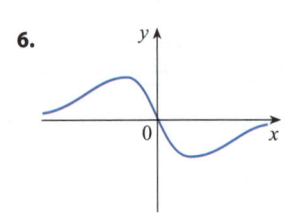 **7.** 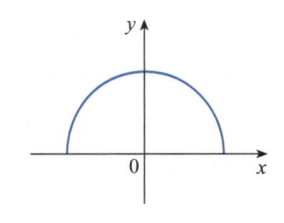
8. 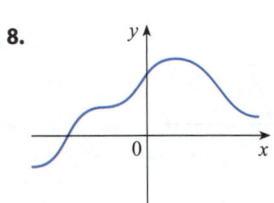 **9.** 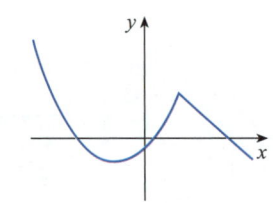
10. **11.**

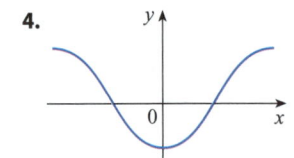

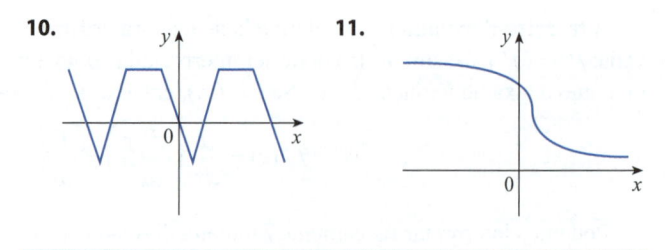

12. O gráfico mostrado corresponde ao da função população $P(t)$ de cultura em laboratório de células de levedo. Use o método do Exemplo 1 para obter o gráfico da derivada $P'(t)$. O que o gráfico de P' nos diz sobre a população de levedo?

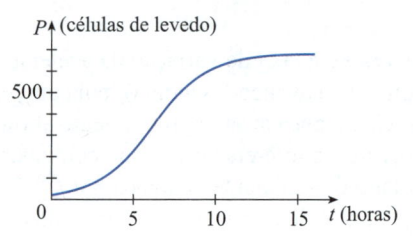

13. Uma pilha recarregável é colocada no carregador. O gráfico mostra $C(t)$, a porcentagem de capacidade total que a pilha alcança como uma função do tempo t decorrido (em horas).
(a) Qual o significado da derivada $C'(t)$?
(b) Esboce o gráfico de $C'(t)$. O que o gráfico diz?

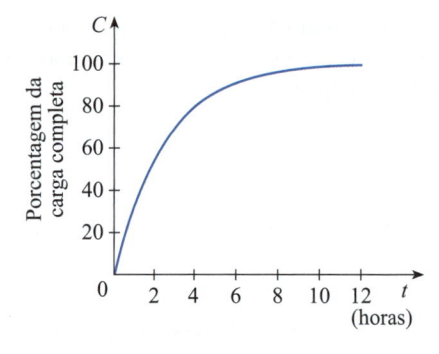

14. O gráfico (do Departamento de Energia dos EUA) mostra como a velocidade do carro afeta o rendimento do combustível. O rendimento do combustível F é medido em litros por 100 km e a velocidade é medida em quilômetros por hora.
(a) Qual o significado da derivada $F'(v)$?
(b) Esboce o gráfico de $F'(v)$.
(c) Em qual velocidade você deve dirigir se quer economizar combustível?

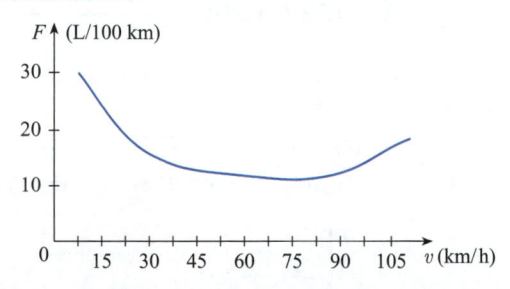

15. O gráfico mostra como a temperatura média da água na superfície do Lago Michigan, denominada f, varia ao longo do ano (supondo que t seja medido em meses, com $t = 0$ no dia 1º de janeiro). A média foi calculada com base nos dados obtidos ao longo do período de 20 anos encerrado em 2011. Esboce o gráfico da função derivada f'. Em que época $f'(t)$ atinge seu valor máximo?

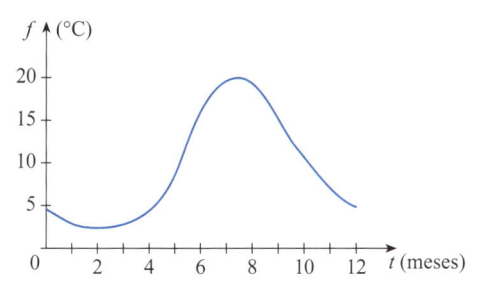

16-18 Faça um esboço cuidadoso de f e abaixo dele esboce o gráfico de f', como foi feito nos Exercícios 4-11. Você pode sugerir uma fórmula para $f'(x)$ a partir de seu gráfico?

16. $f(x) = \operatorname{sen} x$ **17.** $f(x) = e^x$ **18.** $f(x) = \ln x$

19. Seja $f(x) = x^2$.
(a) Estime os valores de $f'(0)$, $f'(\frac{1}{2})$, $f'(1)$ e $f'(2)$ fazendo uso de uma ferramenta gráfica para dar *zoom* no gráfico de f.
(b) Use a simetria para deduzir os valores de $f'(-\frac{1}{2})$, $f'(-1)$ e $f'(-2)$.
(c) Utilize os resultados de (a) e (b) para conjecturar uma fórmula para $f'(x)$.
(d) Use a definição de derivada para demonstrar que sua conjectura em (c) está correta.

20. Seja $f(x) = x^3$.
(a) Estime os valores de $f'(0)$, $f'(\frac{1}{2})$, $f'(1)$ e $f'(2)$ fazendo uso de uma ferramenta gráfica para dar *zoom* no gráfico de f.
(b) Use a simetria para deduzir os valores de $f'(-\frac{1}{2})$, $f'(-1)$, $f'(-2)$ e $f'(-3)$.
(c) Empregue os valores de (a) e (b) para fazer o gráfico de f'.
(d) Conjecture uma fórmula para $f'(x)$.
(e) Use a definição de derivada para demonstrar que sua conjectura em (d) está correta.

21-32 Encontre a derivada da função dada usando a definição da derivada. Diga quais são os domínios da função e da derivada.

21. $f(x) = 3x - 8$ **22.** $f(x) = mx + b$

23. $f(t) = 2{,}5t^2 + 6t$ **24.** $f(x) = 4 + 8x - 5x^2$

25. $A(p) = 4p^3 + 3p$ **26.** $F(t) = t^3 - 5t + 1$

27. $f(x) = \dfrac{1}{x^2 - 4}$ **28.** $F(v) = \dfrac{v}{v + 2}$

29. $g(u) = \dfrac{u + 1}{4u - 1}$ **30.** $f(x) = x^4$

31. $f(x) = \dfrac{1}{\sqrt{1 + x}}$ **32.** $g(x) = \dfrac{1}{1 + \sqrt{x}}$

33. (a) Esboce o gráfico de $f(x) = 1 + \sqrt{x+3}$ começando pelo gráfico de $y = \sqrt{x}$ e usando as transformações da Seção 1.3.
(b) Use o gráfico da parte (a) para esboçar o gráfico de f'.
(c) Use a definição de derivada para encontrar $f'(x)$. Quais os domínios de f e f'?
(d) Use uma ferramenta gráfica para fazer o gráfico de f' e compare-o com o esboço da parte (b).

34. (a) Se $f(x) = x + 1/x$, encontre $f'(x)$.
(b) Verifique se sua resposta na parte (a) foi razoável, comparando os gráficos de f e f'.

35. (a) Se $f(x) = x^4 + 2x$, encontre $f'(x)$.
(b) Verifique se sua resposta na parte (a) foi razoável, comparando os gráficos de f e f'.

36. A tabela fornece o número $N(t)$ de procedimentos cosméticos minimamente invasivos, em milhares, realizados nos Estados Unidos em vários anos t.

t	$N(t)$ (milhares)
2000	5.500
2002	4.897
2004	7.470
2006	9.138
2008	10.897
2010	11.561
2012	13.035
2014	13.945

Fonte: American Society of Plastic Surgeons.

(a) O que significa $N'(t)$? Quais são suas unidades?
(b) Construa uma tabela com valores estimados de $N'(t)$.
(c) Trace os gráficos de N e N'.
(d) Como seria possível obter valores mais precisos para $N'(t)$?

37. A tabela fornece a altura à medida que o tempo passa de um típico pinheiro cultivado para madeira em local controlado.

Idade da árvore (anos)	14	21	28	35	42	49
Altura (metros)	12	16	19	22	24	25

Fonte: Arkansas Forestry Commission.

Se $H(t)$ é a altura da árvore após t anos, construa uma tabela de valores estimados de H' e esboce seu gráfico.

38. A temperatura da água afeta a taxa de crescimento da truta. A tabela mostra a quantidade de peso ganho por uma truta depois de 24 dias em diversas temperaturas da água.

Temperatura (°C)	15,5	17,7	20,0	22,4	24,4
Peso ganho (g)	37,2	31,0	19,8	9,7	−9,8

Se $W(x)$ for o peso ganho na temperatura x, construa uma tabela de valores estimados de W' e esboce seu gráfico. Quais são as unidades de $W'(x)$?

Fonte: Adaptado de J. Chadwick Jr. *Temperature Effects on Growth and Stress Physiology of Brook Trout: Implications for Climate Change Impacts on an Iconic Cold-Water Fish*. Tese de mestrado. Paper 897. 2012. scholarworks. umass.edu/theses/897.

39. Represente por P a porcentagem de energia elétrica de uma cidade que é produzida por painéis solares t anos após 1º de janeiro de 2020.
(a) O que dP/dt representa nesse contexto?
(b) Interprete a afirmação

$$\left.\dfrac{dP}{dt}\right|_{t=2} = 3{,}5$$

40. Suponha que N seja o número de pessoas dos Estados Unidos que viajam de carro para passar férias em outro estado, em um ano no qual o preço médio da gasolina é igual a p dólares por litro. Você espera que dN/dp seja positiva ou negativa? Explique.

41-44 O gráfico de f é dado. Indique, justificando sua resposta, os números nos quais f não é diferenciável.

41.

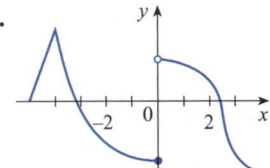

42.

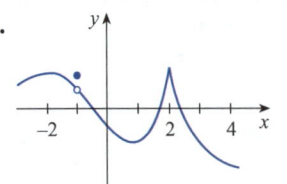

43.

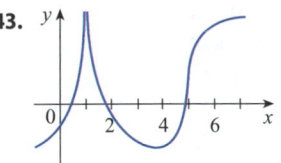

44.

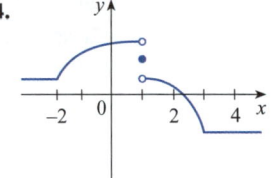

45. Faça o gráfico da função $f(x) = x + \sqrt{|x|}$. Dê *zoom* primeiro em direção ao ponto $(-1, 0)$ e, então, em direção à origem. Qual a diferença entre os comportamentos de f próximo a esses dois pontos? O que você conclui sobre a diferenciabilidade de f?

46. Dê *zoom* em direção aos pontos $(1, 0)$, $(0, 1)$ e $(-1, 0)$ sobre o gráfico da função $g(x) = (x^2 - 1)^{2/3}$. O que você observa? Explique o que você viu em termos da diferenciabilidade de g.

47-48 São mostrados os gráficos de uma função f e de sua derivada f'. Qual é maior, $f'(-1)$ ou $f''(1)$?

47.

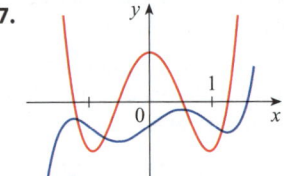

48.

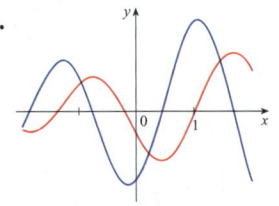

49. A figura mostra os gráficos de f, f' e f''. Identifique cada curva e explique suas escolhas.

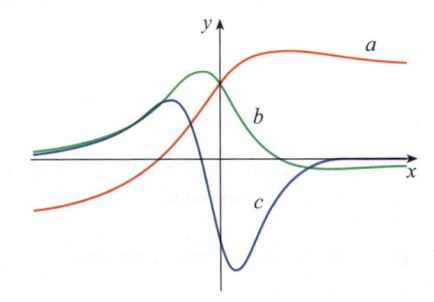

50. A figura mostra os gráficos de f, f', f'' e f'''. Identifique cada curva e explique suas escolhas.

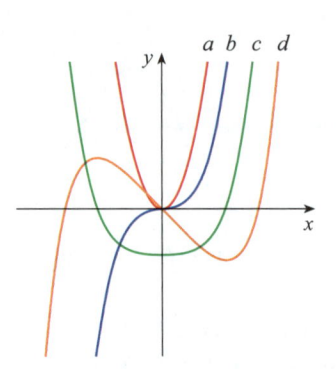

51. A figura mostra os gráficos de três funções. Uma é a função da posição de um carro, outra é a velocidade do carro e outra é sua aceleração. Identifique cada curva e explique suas escolhas.

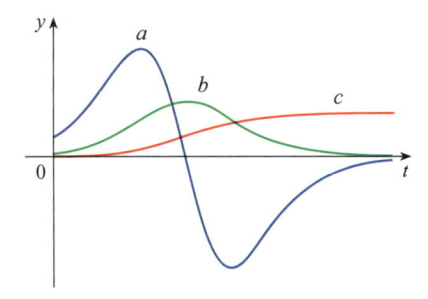

52. A figura mostra os gráficos de quatro funções. Uma é a função da posição de um carro, outra é a velocidade do carro, outra é sua aceleração e outra é seu *jerk*. Identifique cada curva e explique suas escolhas.

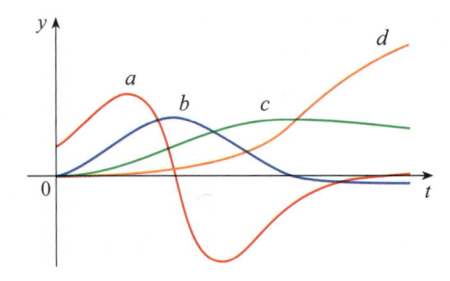

53-54 Use a definição de derivada para encontrar $f'(x)$ e $f''(x)$. A seguir, trace f, f' e f'' em uma mesma tela e verifique se suas respostas são razoáveis.

53. $f(x) = 3x^2 + 2x + 1$ **54.** $f(x) = x^3 - 3x$

55. Se $f(x) = 2x^2 - x^3$, encontre $f'(x)$, $f''(x)$, $f'''(x)$ e $f^{(4)}(x)$. Trace f, f', f'' e f''' em uma única tela. Os gráficos são consistentes com as interpretações geométricas destas derivadas?

56. (a) É mostrado o gráfico da função posição de um veículo, onde s é medido em metros e t, em segundos. Use-o para traçar a velocidade e a aceleração do veículo. Qual é aceleração em $t = 10$ segundos?

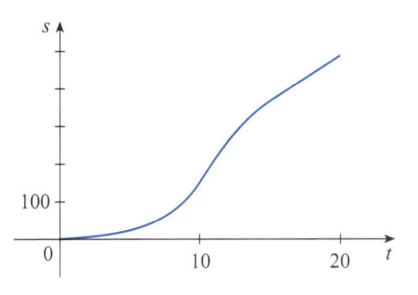

(b) Use a curva da aceleração da parte (a) para estimar o *jerk* em $t = 10$ segundos. Qual a unidade do *jerk*?

57. Seja $f(x) = \sqrt[3]{x}$.
(a) Se $a \neq 0$, use a Equação 5 da Seção 2.7 para encontrar $f'(a)$.
(b) Mostre que $f'(0)$ não existe.
(c) Mostre que $y = \sqrt[3]{x}$ tem uma reta tangente vertical em $(0, 0)$. (Relembre o formato do gráfico de f. Veja a Figura 1.2.13.)

58. (a) Se $g(x) = x^{2/3}$, mostre que $g'(0)$ não existe.
(b) Se $a \neq 0$, encontre $g'(a)$.
(c) Mostre que $y = x^{2/3}$ tem uma reta tangente vertical em $(0, 0)$.
(d) Ilustre a parte (c) fazendo o gráfico de $y = x^{2/3}$.

59. Mostre que a função $f(x) = |x - 6|$ não é diferenciável em 6. Encontre uma fórmula para f' e esboce seu gráfico.

60. Onde a função maior inteiro $f(x) = [\![x]\!]$ não é diferenciável? Encontre uma fórmula para f' e esboce seu gráfico.

61. (a) Esboce o gráfico da função $f(x) = x|x|$.
(b) Para quais valores de x é f diferenciável?
(c) Encontre uma fórmula para f'.

62. (a) Esboce o gráfico da função $g(x) = x + |x|$.
(b) Para quais valores de x g é diferenciável?
(c) Encontre uma fórmula para g'.

63. Derivadas de Funções Pares e Ímpares Lembre-se de que uma função f é chamada *par* se $f(-x) = f(x)$ para todo x em seu domínio, e *ímpar* se $f(-x) = -f(x)$ para cada um destes x. Demonstre cada uma das afirmativas a seguir.
(a) A derivada de uma função par é uma função ímpar.
(b) A derivada de uma função ímpar é uma função par.

64-65 Derivadas à Esquerda e à Direita As *derivadas à esquerda* e *à direita* de f em a são definidas por

$$f'_-(a) = \lim_{h \to 0^-} \frac{f(a+h) - f(a)}{h}$$

e

$$f'_+(a) = \lim_{h \to 0^+} \frac{f(a+h) - f(a)}{h}$$

se esses limites existirem. Então $f'(a)$ existe se, e somente se, essas derivadas unilaterais existirem e forem iguais.

64. Determine $f'_-(0)$ e $f'_+(0)$ para cada função f fornecida. Pode-se afirmar que f é diferenciável em 0?

(a) $$f(x) = \begin{cases} 0 & \text{se } x \leq 0 \\ x & \text{se } x > 0 \end{cases}$$

(b) $$f(x) = \begin{cases} 0 & \text{se } x \leq 0 \\ x^2 & \text{se } x > 0 \end{cases}$$

65. Seja

$$f(x) = \begin{cases} 0 & \text{se } x \leq 0 \\ 5 - x & \text{se } 0 < x < 4 \\ \dfrac{1}{5-x} & \text{se } x \geq 4 \end{cases}$$

(a) Determine $f'_-(4)$ e $f'_+(4)$.
(b) Esboce o gráfico de f.
(c) Em que pontos f é descontínua?
(d) Em que pontos f não é diferenciável?

66. A temperatura T da água que sai de uma torneira de água quente depende do tempo decorrido desde o início do fluxo de água. No Exemplo 1.1.4, esboçamos um possível gráfico de T como uma função do tempo t transcorrido desde o momento em que a torneira foi aberta.
(a) Descreva como a taxa de variação de T com relação a t varia à medida que t aumenta.
(b) Esboce um gráfico da derivada de T.

67. Nick começa trotando e corre cada vez mais rápido por 3 minutos, então anda por 5 minutos. Ele para em um cruzamento por 2 minutos, corre bem rápido por 5 minutos e depois anda por 4 minutos.
(a) Esboce um gráfico possível da distância s que Nick cobriu depois de t minutos.
(b) Esboce um gráfico de ds/dt.

68. Seja ℓ a reta tangente à parábola $y = x^2$ no ponto $(1, 1)$. O *ângulo de inclinação* de ℓ é o ângulo $\varnothing$ que ℓ faz com a direção positiva do eixo x. Calcule $\varnothing$ com a precisão de um grau.

2 REVISÃO

VERIFICAÇÃO DE CONCEITOS

As respostas para a seção Verificação de Conceitos podem ser encontradas na página deste livro no site da Cengage.

1. Explique o significado de cada um dos limites a seguir e ilustre com um esboço.
(a) $\lim_{x \to a} f(x) = L$ (b) $\lim_{x \to a^+} f(x) = L$ (c) $\lim_{x \to a^-} f(x) = L$
(d) $\lim_{x \to a} f(x) = \infty$ (e) $\lim_{x \to \infty} f(x) = L$

2. Descreva as várias situações nas quais um limite pode não existir. Ilustre-as com figuras.

3. Enuncie cada uma das seguintes Propriedades dos Limites.
(a) Propriedade da Soma
(b) Propriedade da Diferença
(c) Propriedade do Múltiplo Constante
(d) Propriedade do Produto

(e) Propriedade do Quociente
(f) Propriedade da Potência
(g) Propriedade da Raiz

4. O que afirma o Teorema do Confronto?

5. (a) O que significa dizer que uma reta $x = a$ é uma assíntota vertical da curva $y = f(x)$? Trace curvas que ilustrem cada uma das várias possibilidades.
(b) O que significa dizer que uma reta $y = L$ é uma assíntota horizontal da curva $y = f(x)$? Trace curvas que ilustrem cada uma das várias possibilidades.

6. Quais das curvas a seguir têm assíntotas verticais? E horizontais?
(a) $y = x^4$ (b) $y = \operatorname{sen} x$ (c) $y = \operatorname{tg} x$
(d) $y = \operatorname{tg}^{-1} x$ (e) $y = e^x$ (f) $y = \ln x$
(g) $y = 1/x$ (h) $y = \sqrt{x}$

7. (a) Qual o significado de f ser contínua em a?
(b) Qual o significado de f ser contínua no intervalo $(-\infty, \infty)$? Nesse caso, o que se pode dizer sobre o gráfico de f?

8. (a) Dê exemplos de funções que são contínuas em $[-1, 1]$.
(b) Dê um exemplo de uma função que não é contínua em $[0, 1]$.

9. O que afirma o Teorema do Valor Intermediário?

10. Escreva uma expressão para a inclinação da reta tangente à curva $y = f(x)$ no ponto $(a, f(a))$.

11. Considere um objeto movendo-se ao longo de uma reta com a posição dada por $f(t)$ no instante t. Escreva uma expressão para a velocidade instantânea do objeto em $t = a$. Como pode ser interpretada essa velocidade em termos do gráfico de f?

12. Se $y = f(x)$ e x variar de x_1 a x_2, escreva uma expressão para o seguinte:
(a) Taxa média de variação de y em relação a x no intervalo $[x_1, x_2]$.
(b) Taxa instantânea de variação de y em relação a x em $x = x_1$.

13. Defina a derivada $f'(a)$. Discuta as duas maneiras de interpretar esse número.

14. Defina a segunda derivada de f. Se $f(t)$ for a função de posição de uma partícula, como você pode interpretar a segunda derivada?

15. (a) O que significa f ser diferenciável em a?
(b) Qual a relação entre diferenciabilidade e continuidade de uma função?
(c) Esboce o gráfico de uma função que é contínua, mas não diferenciável em $a = 2$.

16. Descreva as várias situações nas quais uma função não é diferenciável. Ilustre-as com figuras.

TESTES VERDADEIRO-FALSO

Determine se a afirmação é falsa ou verdadeira. Se for verdadeira, explique por quê. Caso contrário, explique por que ou dê um exemplo que mostre que é falsa.

1. $\lim_{x \to 4} \left(\dfrac{2x}{x-4} - \dfrac{8}{x-4} \right) = \lim_{x \to 4} \dfrac{2x}{x-4} - \lim_{x \to 4} \dfrac{8}{x-4}$

2. $\lim_{x \to 1} \dfrac{x^2 + 6x - 7}{x^2 + 5x - 6} = \dfrac{\lim_{x \to 1}(x^2 + 6x - 7)}{\lim_{x \to 1}(x^2 + 5x - 6)}$

3. $\lim_{x \to 1} \dfrac{x-3}{x^2 + 2x - 4} = \dfrac{\lim_{x \to 1}(x-3)}{\lim_{x \to 1}(x^2 + 2x - 4)}$

4. $\dfrac{x^2 - 9}{x - 3} = x + 3$

5. $\lim_{x \to 3} \dfrac{x^2 - 9}{x - 3} = \lim_{x \to 3}(x + 3)$

6. Se $\lim_{x \to 5} f(x) = 2$ e $\lim_{x \to 5} g(x) = 0$, então $\lim_{x \to 5} [f(x)/g(x)]$ não existe.

7. Se $\lim_{x \to 5} f(x) = 0$ e $\lim_{x \to 5} g(x) = 0$, então $\lim_{x \to 5} [f(x)/g(x)]$ não existe.

8. Se $\lim_{x \to a} f(x)$ e $\lim_{x \to a} g(x)$ não existirem, então $\lim_{x \to a} [f(x) + g(x)]$ não existe.

9. Se $\lim_{x \to a} f(x)$ existe mas $\lim_{x \to a} g(x)$ não existe, então $\lim_{x \to a} [f(x) + g(x)]$ não existe.

10. Se p for um polinômio, então $\lim_{x \to a} p(x) = p(b)$.

11. Se $\lim_{x \to 0} f(x) = \infty$ e $\lim_{x \to 0} g(x) = \infty$, então $\lim_{x \to 0} [f(x) - g(x)] = 0$.

12. Uma função pode ter duas assíntotas horizontais distintas.

13. Se f tem domínio $[0, \infty)$ e não possui assíntota horizontal, então $\lim_{x \to \infty} f(x) = \infty$ ou $\lim_{x \to \infty} f(x) = -\infty$.

14. Se a reta $x = 1$ for uma assíntota vertical de $y = f(x)$, então f não está definida em 1.

15. Se $f(1) > 0$ e $f(3) < 0$, então existe um número c entre 1 e 3 tal que $f(c) = 0$.

16. Se f for contínua em 5 e $f(5) = 2$ e $f(4) = 3$, então $\lim_{x \to 2} f(4x^2 - 11) = 2$.

17. Se f for contínua em $[-1, 1]$ e $f(-1) = 4$ e $f(1) = 3$, então existe um número r tal que $|r| < 1$ e $f(r) = \pi$.

18. Seja f uma função tal que $\lim_{x \to 0} f(x) = 6$. Então existe um número positivo δ tal que, se $0 < |x| < \delta$, então $|f(x) 6| < 1$.

19. Se $f(x) > 1$ para todo x e $\lim_{x \to 0} f(x)$ existe, então $\lim_{x \to 0} f(x) > 1$.

20. Se f for contínua em a, então f é diferenciável em a.

21. Se $f'(r)$ existe, então $\lim_{x \to r} f(x) = f(r)$.

22. $\dfrac{d^2 y}{dx^2} = \left(\dfrac{dy}{dx} \right)^2$

23. A equação $x^{10} - 10x^2 + 5 = 0$ tem uma solução no intervalo $(0, 2)$.

24. Se f é contínua em a, então $|f|$ também o é.

25. Se $|f|$ é contínua em a, então f também o é.

26. Se f é diferencial em a, então $|f|$ também o é.

EXERCÍCIOS

1. É dado o gráfico de f.

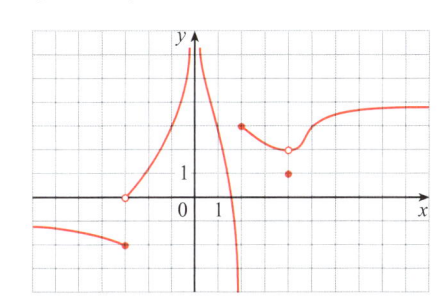

(a) Encontre cada limite ou explique por que ele não existe.

  (i) $\lim_{x \to 2^+} f(x)$ (ii) $\lim_{x \to -3^+} f(x)$ (iii) $\lim_{x \to -3} f(x)$

  (iv) $\lim_{x \to 4} f(x)$ (v) $\lim_{x \to 0} f(x)$ (vi) $\lim_{x \to 2^-} f(x)$

  (vii) $\lim_{x \to \infty} f(x)$ (viii) $\lim_{x \to -\infty} f(x)$

(b) Dê as equações das assíntotas horizontais.
(c) Dê as equações das assíntotas verticais.
(d) Em que números f é descontínua? Explique.

2. Esboce um gráfico de um exemplo de função f que satisfaça as seguintes condições:

$\lim_{x \to -\infty} f(x) = -2$, $\lim_{x \to \infty} f(x) = 0$, $\lim_{x \to -3} f(x) = \infty$,

$\lim_{x \to 3^-} f(x) = -\infty$ $\lim_{x \to 3^+} f(x) = 2$

f é contínua à direita em 3.

3-20 Encontre o limite.

3. $\lim_{x \to 0} \cos(x^3 + 3x)$

4. $\lim_{x \to 3} \dfrac{x^2 - 9}{x^2 + 2x - 3}$

5. $\lim_{x \to -3} \dfrac{x^2 - 9}{x^2 + 2x - 3}$

6. $\lim_{x \to 1^+} \dfrac{x^2 - 9}{x^2 + 2x - 3}$

7. $\lim_{h \to 0} \dfrac{(h-1)^3 + 1}{h}$

8. $\lim_{t \to 2} \dfrac{t^2 - 4}{t^3 - 8}$

9. $\lim_{r \to 9} \dfrac{\sqrt{r}}{(r-9)^4}$

10. $\lim_{v \to 4^+} \dfrac{4 - v}{|4 - v|}$

11. $\lim_{r \to -1} \dfrac{r^2 - 3r - 4}{4r^2 + r - 3}$

12. $\lim_{t \to 5} \dfrac{3 - \sqrt{t + 4}}{t - 5}$

13. $\lim_{x \to \infty} \dfrac{\sqrt{x^2 - 9}}{2x - 6}$

14. $\lim_{x \to -\infty} \dfrac{\sqrt{x^2 - 9}}{2x - 6}$

15. $\lim_{x \to \pi^-} \ln(\operatorname{sen} x)$

16. $\lim_{x \to -\infty} \dfrac{1 - 2x^2 - x^4}{5 + x - 3x^4}$

17. $\lim_{x \to \infty} \left(\sqrt{x^2 + 4x + 1} - x\right)$

18. $\lim_{x \to \infty} e^{x - x^2}$

19. $\lim_{x \to 0^+} \operatorname{tg}^{-1}(1/x)$

20. $\lim_{x \to 1} \left(\dfrac{1}{x - 1} + \dfrac{1}{x^2 - 3x + 2}\right)$

21-22 Use gráficos para descobrir as assíntotas das curvas. Depois, demonstre o que você tiver descoberto.

21. $y = \dfrac{\cos^2 x}{x^2}$

22. $y = \sqrt{x^2 + x + 1} - \sqrt{x^2 - x}$

23. Se $2x - 1 \leq f(x) \leq x^2$ para $0 < x < 3$, encontre $\lim_{x \to 1} f(x)$.

24. Demonstre que $\lim_{x \to 0} x^2 \cos(1/x^2) = 0$.

25-28 Demonstre cada afirmação usando a definição precisa de limite.

25. $\lim_{x \to 2}(14 - 5x) = 4$

26. $\lim_{x \to 0} \sqrt[3]{x} = 0$

27. $\lim_{x \to 2}(x^2 - 3x) = -2$

28. $\lim_{x \to 4^+} \dfrac{2}{\sqrt{x - 4}} = \infty$

29. Considere

$$f(x) = \begin{cases} \sqrt{-x} & \text{se } x < 0 \\ 3 - x & \text{se } 0 \leq x < 3 \\ (x-3)^2 & \text{se } x > 3 \end{cases}$$

(a) Calcule cada limite, se ele existir.

  (i) $\lim_{x \to 0^+} f(x)$ (ii) $\lim_{x \to 0^-} f(x)$ (iii) $\lim_{x \to 0} f(x)$

  (iv) $\lim_{x \to 3^-} f(x)$ (v) $\lim_{x \to 3^+} f(x)$ (vi) $\lim_{x \to 3} f(x)$

(b) Onde f é descontínua?
(c) Esboce o gráfico de f.

30. Considere

$$g(x) = \begin{cases} 2x - x^2 & \text{se } 0 \leq x \leq 2 \\ 2 - x & \text{se } 2 < x \leq 3 \\ x - 4 & \text{se } 3 < x < 4 \\ \pi & \text{se } x \geq 4 \end{cases}$$

(a) Para cada um dos números 2, 3 e 4, descubra se g é contínua à esquerda, à direita ou contínua no número.
(b) Esboce o gráfico de g.

31-32 Mostre que cada função é contínua em seu domínio. Diga qual é o domínio.

31. $h(x) = xe^{\operatorname{sen} x}$

32. $g(x) = \dfrac{\sqrt{x^2 - 9}}{x^2 - 2}$

33-34 Use o Teorema do Valor Intermediário para mostrar que existe uma solução da equação no intervalo dado.

33. $x^5 - x^3 + 3x - 5 = 0$, $(1, 2)$

34. $\cos \sqrt{x} = e^x - 2$, $(0, 1)$

35. (a) Encontre a inclinação da reta tangente à curva $y = 9 - 2x^2$ no ponto $(2, 1)$.
(b) Encontre uma equação dessa reta tangente.

36. Encontre as equações de retas tangentes à curva

$$y = \dfrac{2}{1 - 3x}$$

nos pontos com coordenadas x 0 e -1.

37. O deslocamento (em metros) de um objeto movendo-se ao longo de uma reta é dado por $s = 1 + 2t + \frac{1}{4}t^2$, onde t é medido em segundos.
(a) Encontre a velocidade média nos seguintes períodos.
  (i) $[1, 3]$ (ii) $[1, 2]$
  (iii) $[1, 1,5]$ (iv) $[1, 1,1]$
(b) Encontre a velocidade instantânea quando $t = 1$.

38. De acordo com a Lei de Boyle, se a temperatura de um gás confinado for mantida constante, então o produto da pressão P pelo volume V é uma constante. Suponha que, para certo gás, $PV = 4.000$, P é medido em pascals e V é medido em litros.
(a) Encontre a taxa de variação média de P quando V aumenta de 3 L para 4 L.
(b) Expresse V como uma função de P e mostre que a taxa de variação instantânea de V em relação a P é inversamente proporcional ao quadrado de P.

39. (a) Use a definição de derivada para encontrar $f'(2)$, onde $f(x) = x^3 - 2x$.
(b) Encontre uma equação da reta tangente à curva $y = x^3 - 2x$ no ponto $(2, 4)$.
(c) Ilustre a parte (b) fazendo o gráfico da curva e da reta tangente na mesma tela.

40. Encontre uma função f e um número a tais que
$$\lim_{h \to 0} \frac{(2+h)^6 - 64}{h} = f'(a)$$

41. O custo total de saldar uma dívida a uma taxa de juros de $r\%$ ao ano é $C = f(r)$.
(a) Qual o significado da derivada $f'(r)$? Quais são suas unidades?
(b) O que significa a afirmativa $f'(10) = 1.200$?
(c) $f'(r)$ é sempre positiva ou muda de sinal?

42-44 Trace ou copie o gráfico da função. Então, esboce o gráfico de sua derivada.

42.

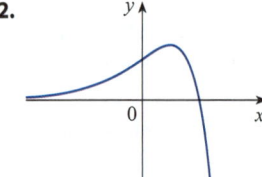

43.

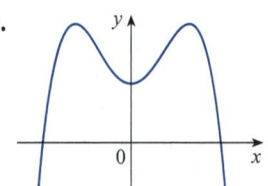

44.

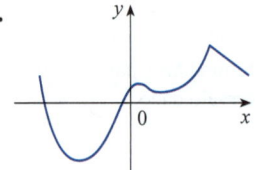

45-46 Determine a derivada de f usando a definição de derivada. Qual é o domínio de f'?

45. $f(x) = \dfrac{2}{x^2}$ **46.** $f(t) = \dfrac{1}{\sqrt{t+1}}$

47. (a) Se $f(x) = \sqrt{3 - 5x}$, use a definição de derivada para encontrar $f'(x)$.
(b) Encontre os domínios de f e f'.
(c) Faça os gráficos na mesma tela de f e f'. Compare os gráficos para ver se sua resposta da parte (a) é razoável.

48. (a) Encontre as assíntotas do gráfico de
$$f(x) = \frac{4-x}{3+x}$$
e use-as para esboçar o gráfico.
(b) Use o gráfico da parte (a) para esboçar o gráfico de f'.
(c) Use a definição de derivada para encontrar $f'(x)$.
(d) Use uma ferramenta gráfica para fazer o gráfico de f' e compare-o com o esboço da parte (b).

49. É dado o gráfico de f. Indique os números nos quais f não é diferenciável.

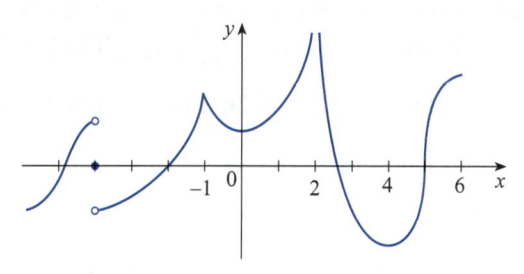

50. A figura mostra os gráficos de f, f' e f''. Identifique cada curva e explique suas escolhas.

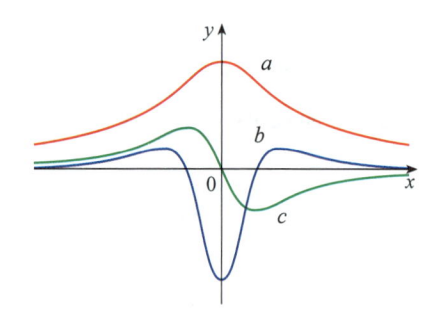

51. Esboce o gráfico de uma função f que satisfaça as seguintes condições:
O domínio de f são todos os reais exceto 0,
$\lim_{x \to 0^-} f(x) = 1$, $\lim_{x \to 0^+} f(x) = 0$,
$f'(x) > 0$ para todo x no domínio de f,
$\lim_{x \to -\infty} f'(x) = 0$, $\lim_{x \to \infty} f'(x) = 1$

52. Seja $P(t)$ a porcentagem de norte-americanos com menos de 18 anos na data t. A tabela fornece os valores dessa função nos anos entre 1950 e 2010 em que foi realizado o censo demográfico.

t	$P(t)$	t	$P(t)$
1950	31,1	1990	25,7
1960	35,7	2000	25,7
1970	34,0	2010	24,0
1980	28,0		

(a) Qual é o significado de $P'(t)$? Quais são suas unidades?
(b) Construa uma tabela com valores estimados de $P'(t)$.
(c) Trace os gráficos de P e P'.
(d) Como se poderia obter valores mais precisos para $P'(t)$?

53. Seja $B(t)$ o número de notas de 20 dólares em circulação na data t. A tabela fornece valores para essa função, em bilhões, entre 1995 e 2015, no dia 31 de dezembro. Interprete o significado e estime o valor de $B'(2010)$.

t	1995	2000	2005	2010	2015
$B(t)$	4,21	4,93	5,77	6,53	8,57

54. A *taxa de fertilidade total* no momento t, denotada por $F(t)$, é a estimativa do número médio de crianças nascidas de cada mulher (supondo que a taxa de nascimento corrente permaneça constante). O gráfico da taxa de fertilidade total dos Estados Unidos mostra as flutuações entre 1940 a 2010.
  (a) Estime os valores de $F'(1950)$, $F'(1965)$ e $F'(1987)$.
  (b) Qual o significado dessas derivadas?
  (c) Você pode sugerir as razões para os valores dessas derivadas?

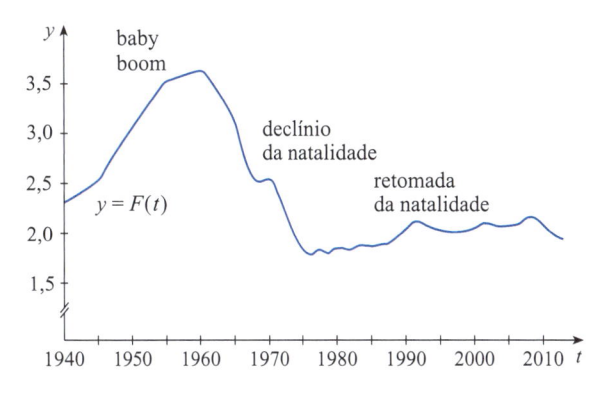

55. Suponha que $|f(x)| \leq g(x)$ para todo x, onde $\lim_{x \to a} g(x) = 0$. Encontre $\lim_{x \to a} f(x)$.

56. Seja $f(x) = [\![x]\!] + [\![-x]\!]$.
  (a) Para quais valores de a existe $\lim_{x \to a} f(x)$?
  (b) Em quais números f é descontínua?

Problemas Quentes

Na seção Princípios da Resolução de Problemas, apresentada logo após o Capítulo 1, abordamos a estratégia de resolução de problemas que consiste em *introduzir algo a mais*. No exemplo a seguir, mostramos como esse princípio pode ser útil no cálculo de limites. A ideia é trocar a variável – introduzindo uma nova variável relacionada à variável original – de modo que o problema se torne mais simples. Mais adiante, na Seção 5.5, faremos um uso mais extensivo dessa ideia geral.

EXEMPLO Calcule $\lim_{x \to 0} \dfrac{\sqrt[3]{1+cx} - 1}{x}$, onde c é uma constante.

SOLUÇÃO Colocado dessa forma, esse limite parece desafiador. Na Seção 2.3 calculamos vários limites nos quais tanto o numerador quanto o denominador tendem a zero. Lá, nossa estratégia foi realizar algum tipo de manipulação algébrica que levasse a um cancelamento simplificador, porém, aqui não está claro que tipo de álgebra será necessário

Assim, introduzimos uma nova variável t pela equação

$$t = \sqrt[3]{1+cx}$$

Também necessitamos expressar x em termos de t, e então resolvemos esta equação:

$$t^3 = 1+cx \qquad x = \frac{t^3 - 1}{c} \quad (\text{se } c \neq 0)$$

Observe que $x \to 0$ é equivalente a $t \to 1$. Isso nos permite converter o limite dado em outro, envolvendo a variável t:

$$\lim_{x \to 0} \frac{\sqrt[3]{1+cx} - 1}{x} = \lim_{t \to 1} \frac{t-1}{(t^3 - 1)/c}$$
$$= \lim_{t \to 1} \frac{c(t-1)}{t^3 - 1}$$

A mudança de variável nos permitiu substituir um limite relativamente complicado por um mais simples, de um tipo já visto antes. Fatorando o denominador como uma diferença dos cubos, obtemos

$$\lim_{t \to 1} \frac{c(t-1)}{t^3 - 1} = \lim_{t \to 1} \frac{c(t-1)}{(t-1)(t^2 + t + 1)}$$
$$= \lim_{t \to 1} \frac{c}{t^2 + t + 1} = \frac{c}{3}$$

Ao fazer a mudança da variável, tivemos de descartar o caso $c = 0$. Mas, se $c = 0$, a função é nula para todo x diferente de zero e então seu limite é 0. Assim, em todos os casos, o limite é $c/3$. ∎

As questões a seguir destinam-se a testar e desafiar suas habilidades na resolução de problemas. Algumas delas requerem uma considerável quantidade de tempo para ser resolvidas; assim, não se desencoraje se não puder resolvê-las de imediato. Se você tiver dificuldades, pode ser proveitoso rever a discussão sobre os princípios de resolução de problemas, no Capítulo 1.

PROBLEMAS

1. Calcule $\lim_{x \to 1} \dfrac{\sqrt[3]{x} - 1}{\sqrt{x} - 1}$

2. Encontre números a e b tais que $\lim_{x \to 0} \dfrac{\sqrt{ax+b} - 2}{x} = 1$

3. Calcule $\lim_{x \to 0} \dfrac{|2x-1| - |2x+1|}{x}$

4. A figura mostra um ponto P sobre a parábola $y = x^2$ e um ponto Q onde a perpendicular que bissecta OP intercepta o eixo y. À medida que P tende à origem ao longo da parábola, o que acontece com Q? Ele tem uma posição-limite? Se sim, encontre-a.

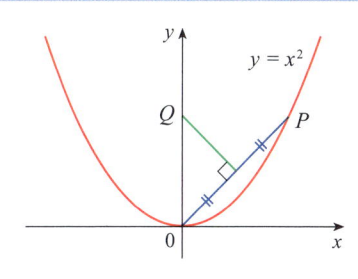

5. Calcule os limites a seguir, se existirem, onde $[\![x]\!]$ denota a maior função inteira.

(a) $\lim\limits_{x \to 0} \dfrac{[\![x]\!]}{x}$
(b) $\lim\limits_{x \to 0} x [\![1/x]\!]$

FIGURA PARA O PROBLEMA 4

6. Esboce a região do plano definida por cada uma das seguintes equações

(a) $[\![x]\!]^2 + [\![y]\!]^2 = 1$
(b) $[\![x]\!]^2 - [\![y]\!]^2 = 3$
(c) $[\![x + y]\!]^2 = 1$
(d) $[\![x]\!] + [\![y]\!] = 1$

7. Seja $f(x) = x/[\![x]\!]$.
 (a) Determine o domínio e o conjunto imagem de f.
 (b) Calcule $\lim\limits_{x \to \infty} f(x)$.

8. Um **ponto fixo** de uma função f é um número c em seu domínio tal que $f(c) = c$. (A função não movimenta c; ele fica fixo.)
 (a) Esboce o gráfico de uma função contínua com o domínio [0, 1] cuja imagem também está em [0, 1]. Localize um ponto fixo de f.
 (b) Tente fazer o gráfico de uma função contínua com o domínio [0, 1] e a imagem em [0, 1] que *não* tenha um ponto fixo. Qual é o obstáculo?
 (c) Use o Teorema do Valor Intermediário para demonstrar que toda função contínua com o domínio [0, 1] e a imagem em [0, 1] deve ter um ponto fixo.

9. Se $\lim\limits_{x \to a} [f(x) + g(x)] = 2$ e $\lim\limits_{x \to a} [f(x) - g(x)] = 1$, encontre $\lim\limits_{x \to a} [f(x) g(x)]$.

10. (a) A figura mostra um triângulo isósceles ABC com $\angle B = \angle C$. A bissetriz do ângulo B intersecta o lado AC no ponto P. Suponha que a base BC permaneça fixa, mas a altura $|AM|$ do triângulo tenda a 0, de forma que A tenda ao ponto médio M de BC. O que acontece com o ponto P durante esse processo? Ele tem uma posição-limite? Se sim, encontre-a.
 (b) Tente esboçar a trajetória descrita por P durante esse processo. Então, encontre a equação dessa curva e use-a para esboçar a curva.

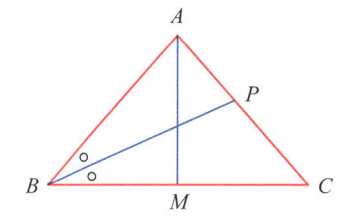

FIGURA PARA O PROBLEMA 10

11. (a) Se começarmos da latitude 0° e procedermos na direção oeste, poderemos ter $T(x)$ como a temperatura de um ponto x em dado instante. Supondo que T seja uma função contínua de x, mostre que a todo instante fixo existem pelo menos dois pontos diametralmente opostos sobre a linha do equador com exatamente a mesma temperatura.
 (b) O resultado da parte (a) é verdadeiro para os pontos sobre qualquer círculo sobre a superfície da Terra?
 (c) O resultado da parte (a) vale para a pressão barométrica e para a altitude?

12. Se f for uma função diferenciável e $g(x) = xf(x)$, use a definição de derivada para mostrar que $g'(x) = xf'(x) + f(x)$.

13. Suponha que f seja uma função que satisfaça a equação
$$f(x + y) = f(x) + f(y) + x^2 y + xy^2$$
para todos os números reais x e y. Suponha também que
$$\lim\limits_{x \to 0} \dfrac{f(x)}{x} = 1$$
(a) Encontre $f(0)$.
(b) Encontre $f'(0)$.
(c) Encontre $f'(x)$.

14. Suponha que f seja uma função com a propriedade $|f(x)| \leq x^2$ para todo x. Mostre que $f(0) = 0$. A seguir, mostre que $f'(0) = 0$.

No projeto na Seção 3.4 você calculará a que distância da pista de pouso de um aeroporto o piloto deve começar a descida para ter uma aterrissagem suave.

Who is Danny / Shutterstock.com

3 Regras de Derivação

VIMOS QUE AS DERIVADAS SÃO INTERPRETADAS como inclinações e taxas de variação. Usamos a definição de derivada para calcular as derivadas de funções definidas por fórmulas. Mas seria tedioso se sempre usássemos a definição. Neste capítulo desenvolveremos regras para encontrar as derivadas sem usar diretamente a definição. Essas regras de derivação nos permitem calcular com relativa facilidade as derivadas de polinômios, funções racionais, funções algébricas, funções exponenciais e logarítmicas, além de funções trigonométricas e trigonométricas inversas. Em seguida, usaremos essas regras para resolver problemas envolvendo taxas de variação e aproximação de funções.

3.1 Derivadas de Funções Polinomiais e Exponenciais

Nesta seção aprenderemos a derivar as funções constantes, funções potências, funções polinomiais e exponenciais.

■ Funções Constantes

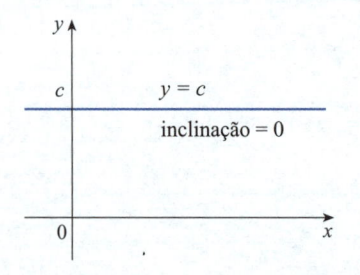

Vamos iniciar com a função mais simples, a função constante $f(x) = c$. O gráfico dessa função é a reta horizontal $y = c$, cuja inclinação é 0; logo, devemos ter $f'(x) = 0$ (veja a Figura 1). Uma demonstração formal, a partir da definição de uma derivada, é simples:

$$f'(x) = \lim_{h \to 0} \frac{f(x+h) - f(x)}{h} = \lim_{h \to 0} \frac{c - c}{h} = \lim_{h \to 0} 0 = 0$$

Essa regra, na notação de Leibniz, é escrita da seguinte forma:

Definição de uma Função Constante

$$\frac{d}{dx}(c) = 0$$

FIGURA 1
O gráfico de $f(x) = c$ é a reta $y = c$, logo $f'(x) = 0$.

■ Funções Potências

Vamos olhar as funções $f(x) = x^n$, onde n é um inteiro positivo. Se $n = 1$, o gráfico de $f(x) = x$ é a reta $y = x$, cuja inclinação é 1 (veja a Figura 2). Então

$$\boxed{1} \qquad \frac{d}{dx}(x) = 1$$

(Você também pode verificar a Equação 1 a partir da definição de derivada.) Já investigamos os casos $n = 2$ e $n = 3$. De fato, na Seção 2.8 (Exercícios 19 e 20) determinamos que

$$\boxed{2} \qquad \frac{d}{dx}(x^2) = 2x \qquad \frac{d}{dx}(x^3) = 3x^2$$

Para $n = 4$ achamos a derivada de $f(x) = x^4$ a seguir:

$$\begin{aligned}
f'(x) &= \lim_{h \to 0} \frac{f(x+h) - f(x)}{h} = \lim_{h \to 0} \frac{(x+h)^4 - x^4}{h} \\
&= \lim_{h \to 0} \frac{x^4 + 4x^3h + 6x^2h^2 + 4xh^3 + h^4 - x^4}{h} \\
&= \lim_{h \to 0} \frac{4x^3h + 6x^2h^2 + 4xh^3 + h^4}{h} \\
&= \lim_{h \to 0} (4x^3 + 6x^2h + 4xh^2 + h^3) = 4x^3
\end{aligned}$$

Logo,

$$\boxed{3} \qquad \frac{d}{dx}(x^4) = 4x^3$$

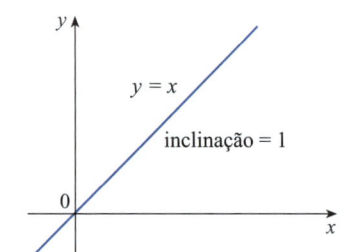

FIGURA 2
O gráfico de $f(x) = x$ é a reta $y = x$, logo $f'(x) = 1$.

Comparando as equações em (1), (2) e (3), vemos um modelo padrão. Parece ser uma conjectura plausível que, quando n é um inteiro positivo, $(d/dx)(x^n) = nx^{n-1}$. Resulta que isto é, de fato, verdade. Provamos isso de duas formas; a segunda demonstração emprega o Teorema Binomial.

A Regra da Potência Se n for um inteiro positivo, então

$$\frac{d}{dx}(x^n) = nx^{n-1}$$

PRIMEIRA DEMONSTRAÇÃO A fórmula

$$x^n - a^n = (x-a)(x^{n-1} + x^{n-2}a + \cdots + xa^{n-2} + a^{n-1})$$

pode ser verificada simplesmente multiplicando-se o lado direito (ou somando-se o segundo fator como uma série geométrica). Se $f(x) = x^n$, podemos usar a Equação 5 da Seção 2.7 para $f'(a)$ e a equação anterior para escrever

$$\begin{aligned}
f'(a) &= \lim_{x \to a} \frac{f(x) - f(a)}{x-a} = \lim_{x \to a} \frac{x^n - a^n}{x-a} \\
&= \lim_{x \to a}(x^{n-1} + x^{n-2}a + \cdots + xa^{n-2} + a^{n-1}) \\
&= a^{n-1} + a^{n-2}a + \cdots + aa^{n-2} + a^{n-1} \\
&= na^{n-1}
\end{aligned}$$

SEGUNDA DEMONSTRAÇÃO

$$f'(x) = \lim_{h \to 0} \frac{f(x+h) - f(x)}{h} = \lim_{h \to 0} \frac{(x+h)^n - x^n}{h}$$

Para acharmos a derivada de x^4, tivemos que desenvolver $(x+h)^4$. Aqui precisamos desenvolver $(x+h)^n$, e usamos o Teorema Binomial para fazê-lo:

O Teorema Binomial é dado na Página de Referência 1.

$$\begin{aligned}
f'(x) &= \lim_{h \to 0} \frac{\left[x^n + nx^{n-1}h + \frac{n(n-1)}{2}x^{n-2}h^2 + \cdots + nxh^{n-1} + h^n\right] - x^n}{h} \\
&= \lim_{h \to 0} \frac{nx^{n-1}h + \frac{n(n-1)}{2}x^{n-2}h^2 + \cdots + nxh^{n-1} + h^n}{h} \\
&= \lim_{h \to 0}\left[nx^{n-1} + \frac{n(n-1)}{2}x^{n-2}h + \cdots + nxh^{n-2} + h^{n-1}\right] \\
&= nx^{n-1}
\end{aligned}$$

porque cada termo, exceto o primeiro, tem fator h e, logo, tende a 0. ∎

Ilustramos a Regra da Potência usando várias notações no Exemplo 1.

EXEMPLO 1

(a) Se $f(x) = x^6$, então $f'(x) = 6x^5$.

(b) Se $y = x^{1.000}$, então $y' = 1.000x^{999}$.

(c) Se $y = t^4$, então $\dfrac{dy}{dt} = 4t^3$.

(d) $\dfrac{d}{dr}(r^3) = 3r^2$

O que dizer sobre as funções potências com expoentes inteiros negativos? No Exercício 69 solicitamos que você verifique, a partir da definição de uma derivada, que

$$\frac{d}{dx}\left(\frac{1}{x}\right) = \frac{1}{x^2}$$

Podemos reescrever essa equação como

$$\frac{d}{dx}(x^{-1}) = (-1)x^{-2}$$

de modo que a Regra da Potência é verdadeira quando $n = -1$. Na realidade, mostraremos na próxima seção [Exercício 3.2.66(c)] que ela é válida para todos os inteiros negativos.

E se o expoente for uma fração? No Exemplo 2.8.3 encontramos que

$$\frac{d}{dx}\sqrt{x} = \frac{1}{2\sqrt{x}}$$

que pode ser reescrito como $\quad \dfrac{d}{dx}(x^{1/2}) = \frac{1}{2}x^{-1/2}$

Isso mostra que a Regra da Potência é verdadeira, mesmo quando o expoente é $\frac{1}{2}$. Na realidade, mostraremos na Seção 3.6 que ela é verdadeira para todos os números expoentes n.

> **A Regra da Potência (Visão Geral)** Se n for um número real qualquer, então
>
> $$\frac{d}{dx}(x^n) = nx^{n-1}$$

EXEMPLO 2 Derive:

(a) $f(x) = \dfrac{1}{x^2}$ \qquad (b) $y = \sqrt[3]{x^2}$

SOLUÇÃO Em cada caso reescrevemos a função como potência de x.
(a) Uma vez que $f(x) = x^{-2}$, usamos a Regra da Potência com $n = -2$:

$$f'(x) = \frac{d}{dx}(x^{-2}) = -2x^{-2-1} = -2x^{-3} = -\frac{2}{x^3}$$

b) $\quad \dfrac{dy}{dx} = \dfrac{d}{dx}\left(\sqrt[3]{x^2}\right) = \dfrac{d}{dx}(x^{2/3}) = \tfrac{2}{3}x^{(2/3)-1} = \tfrac{2}{3}x^{-1/3}$ ∎

A Figura 3 ilustra a função y no Exemplo 2(b) e sua derivada y'. Note que y não é diferenciável em 0 (y' não está definida nesse ponto). Observe também que a função y é crescente quando y' é positiva e é decrescente quando y' é negativa. No Capítulo 4 demonstraremos que, em geral, *uma função cresce quando sua derivada é positiva e decresce quando sua derivada é negativa*.

A Regra da Potência nos permite encontrar retas tangentes sem ter de recorrer à definição de derivada. Também nos permite encontrar *retas normais*. A **reta normal** a uma curva C em um ponto P é a reta por P que é perpendicular à reta tangente em P. (No estudo de óptica, a Lei da Reflexão envolve o ângulo entre o raio de luz e a reta normal à lente.)

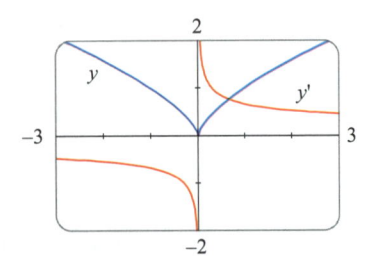

FIGURA 3
$y = \sqrt[3]{x^2}$

EXEMPLO 3 Encontre as equações da reta tangente e da reta normal à curva $y = x\sqrt{x}$ no ponto $(1, 1)$. Ilustre fazendo o gráfico da curva e destas retas.

SOLUÇÃO A derivada de $f(x) = x\sqrt{x} = xx^{1/2} = x^{3/2}$ é

$$f'(x) = \tfrac{3}{2}x^{(3/2)-1} = \tfrac{3}{2}x^{1/2} = \tfrac{3}{2}\sqrt{x}$$

Logo, a inclinação da reta tangente em $(1, 1)$ é $f'(1) = \tfrac{3}{2}$. Portanto, uma equação da reta tangente é

$$y - 1 = \tfrac{3}{2}(x - 1) \qquad \text{ou} \qquad y = \tfrac{3}{2}x - \tfrac{1}{2}$$

A reta normal é perpendicular à reta tangente, de modo que sua inclinação é o inverso negativo de $\frac{3}{2}$, ou seja, $-\frac{2}{3}$. Logo, uma equação de uma reta normal é

$$y - 1 = -\tfrac{2}{3}(x - 1) \quad \text{ou} \quad y = -\tfrac{2}{3}x + \tfrac{5}{3}$$

Traçamos o gráfico da curva, sua reta tangente e sua reta normal na Figura 4.

■ Novas Derivadas a Partir de Conhecidas

Quando novas funções são formadas a partir de outras por adição, subtração, multiplicação ou divisão, suas derivadas podem ser calculadas em termos das derivadas das funções originais. Particularmente, a fórmula a seguir nos diz que *a derivada de uma constante vezes uma função é a constante vezes a derivada da função.*

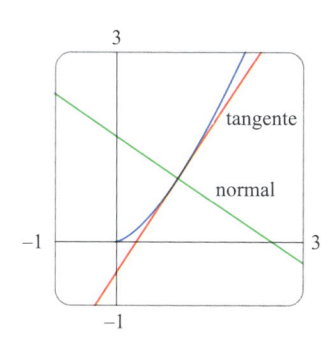

FIGURA 4
$y = x\sqrt{x}$

A Regra da Multiplicação por Constante Se c for uma constante e f, uma função derivável, então

$$\frac{d}{dx}[cf(x)] = c\frac{d}{dx}f(x)$$

Interpretação Geométrica da Regra de Multiplicação por Constante

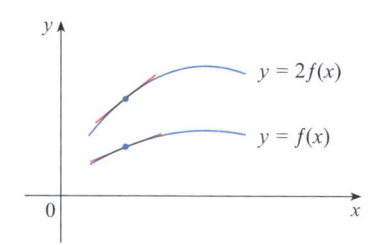

A multiplicação por $c = 2$ expande o gráfico verticalmente por um fator de 2. Todas as subidas foram dobradas, mas o deslocamento horizontal continua o mesmo. Logo, as inclinações ficam dobradas também.

DEMONSTRAÇÃO Seja $g(x) = cf(x)$. Então

$$\begin{aligned}
g'(x) &= \lim_{h \to 0} \frac{g(x+h) - g(x)}{h} = \lim_{h \to 0} \frac{cf(x+h) - cf(x)}{h} \\
&= \lim_{h \to 0} c\left[\frac{f(x+h) - f(x)}{h}\right] \\
&= c \lim_{h \to 0} \frac{f(x+h) - f(x)}{h} \quad \text{(pela Propriedade 3 de limites)} \\
&= cf'(x)
\end{aligned}$$

EXEMPLO 4

(a) $\dfrac{d}{dx}(3x^4) = 3\dfrac{d}{dx}(x^4) = 3(4x^3) = 12x^3$

(b) $\dfrac{d}{dx}(-x) = \dfrac{d}{dx}[(-1)x] = (-1)\dfrac{d}{dx}(x) = -1(1) = -1$

A regra a seguir nos diz que *a derivada de uma soma (ou diferença) de funções é a soma (ou diferença) das derivadas das funções.*

As Regras da Soma e da Diferença Se f e g forem ambas deriváveis, então

$$\frac{d}{dx}[f(x) + g(x)] = \frac{d}{dx}f(x) + \frac{d}{dx}g(x)$$

$$\frac{d}{dx}[f(x) - g(x)] = \frac{d}{dx}f(x) - \frac{d}{dx}g(x)$$

Usando a notação "linha", podemos escrever as Regras da Soma e da Diferença como
$$(f + g)' = f' + g'$$
$$(f - g)' = f' - g'$$

DEMONSTRAÇÃO Para demonstrar a Regra da Soma, tomamos $F(x) = f(x) + g(x)$. Então

$$F'(x) = \lim_{h \to 0} \frac{F(x+h) - F(x)}{h}$$

$$= \lim_{h \to 0} \frac{[f(x+h) + g(x+h)] - [f(x) + g(x)]}{h}$$

$$= \lim_{h \to 0} \left[\frac{f(x+h) - f(x)}{h} + \frac{g(x+h) - g(x)}{h} \right]$$

$$= \lim_{h \to 0} \frac{f(x+h) - f(x)}{h} + \lim_{h \to 0} \frac{g(x+h) - g(x)}{h} \quad \text{(pela Propriedade 1 de limites)}$$

$$= f'(x) + g'(x)$$

Para demonstrar a Regra da Diferença, escrevemos $f - g$ como $f + (-1)g$ e aplicamos a Regra da Soma e a Regra da Multiplicação por Constante. ∎

A Regra da Soma pode ser estendida para a soma de qualquer número de funções. Por exemplo, usando esse teorema duas vezes, obtemos

$$(f + g + h)' = [(f + g) + h]' = (f + g)' + h' = f' + g' + h'$$

Combinando-se a Regra da Multiplicação por Constante, a Regra da Soma e a Regra da Diferença com a Regra da Potência, é possível derivar qualquer polinômio, como demonstram os próximos três exemplos.

EXEMPLO 5

$$\frac{d}{dx}(x^8 + 12x^5 - 4x^4 + 10x^3 - 6x + 5)$$

$$= \frac{d}{dx}(x^8) + 12\frac{d}{dx}(x^5) - 4\frac{d}{dx}(x^4) + 10\frac{d}{dx}(x^3) - 6\frac{d}{dx}(x) + \frac{d}{dx}(5)$$

$$= 8x^7 + 12(5x^4) - 4(4x^3) + 10(3x^2) - 6(1) + 0$$

$$= 8x^7 + 60x^4 - 16x^3 + 30x^2 - 6$$
∎

EXEMPLO 6 Encontre os pontos sobre a curva $y = x^4 - 6x^2 + 4$, nos quais a reta tangente é horizontal.

SOLUÇÃO As tangentes horizontais ocorrem quando a derivada for zero. Temos

$$\frac{dy}{dx} = \frac{d}{dx}(x^4) - 6\frac{d}{dx}(x^2) + \frac{d}{dx}(4)$$

$$= 4x^3 - 12x + 0 = 4x(x^2 - 3)$$

Assim, $dy/dx = 0$ se $x = 0$ ou $x^2 - 3 = 0$, ou seja, $x = \pm\sqrt{3}$. Logo, a curva dada tem tangentes horizontais quando $x = 0$, $\sqrt{3}$ e $-\sqrt{3}$. Os pontos correspondentes são $(0, 4)$, $(\sqrt{3}, -5)$ e $(-\sqrt{3}, -5)$. (Veja a Figura 5.) ∎

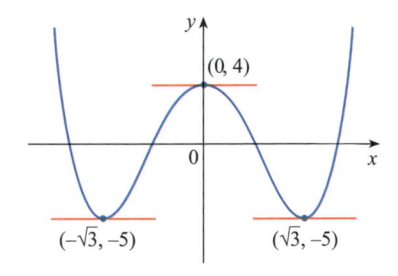

FIGURA 5
A curva $y = x^4 - 6x^2 + 4$ e suas tangentes horizontais

EXEMPLO 7 A equação de movimento de uma partícula é $s = 2t^3 - 5t^2 + 3t + 4$, onde s é medida em centímetros e t, em segundos. Encontre a aceleração como uma função do tempo. Qual é a aceleração depois de 2 segundos?

SOLUÇÃO A velocidade e a aceleração são

$$v(t) = \frac{ds}{dt} = 6t^2 - 10t + 3$$

$$a(t) = \frac{dv}{dt} = 12t - 10$$

A aceleração depois de 2 segundos é $a(2) = 14$ cm/s². ∎

Funções Exponenciais

Vamos tentar calcular a derivada da função exponencial $f(x) = b^x$ usando a definição de derivada:

$$f'(x) = \lim_{h \to 0} \frac{f(x+h) - f(x)}{h} = \lim_{h \to 0} \frac{b^{x+h} - b^x}{h}$$

$$= \lim_{h \to 0} \frac{b^x b^h - b^x}{h} = \lim_{h \to 0} \frac{b^x(b^h - 1)}{h}$$

O fator b^x não depende de h, logo podemos colocá-lo adiante do limite:

$$f'(x) = b^x \lim_{h \to 0} \frac{b^h - 1}{h}$$

Observe que o limite é o valor da derivada de f em 0, isto é,

$$\lim_{h \to 0} \frac{b^h - 1}{h} = f'(0)$$

Portanto, mostramos que se a função exponencial $f(x) = b^x$ for derivável em 0, então é derivável em toda parte e

4 $$f'(x) = f'(0) b^x$$

Essa equação diz que *a taxa de variação de qualquer função exponencial é proporcional à própria função.* (A inclinação é proporcional à altura.)

Uma evidência numérica para a existência de $f'(0)$ é dada na tabela à esquerda para os casos $b = 2$ e $b = 3$. (Os valores são dados com precisão até a quarta casa decimal.) Pode-se demonstrar que os limites existem e

para $b = 2$, $\quad f'(0) = \lim_{h \to 0} \dfrac{2^h - 1}{h} \approx 0{,}693$

para $b = 3$, $\quad f'(0) = \lim_{h \to 0} \dfrac{3^h - 1}{h} \approx 1{,}099$

h	$\dfrac{2^h - 1}{h}$	$\dfrac{3^h - 1}{h}$
0,1	0,71773	1,16123
0,01	0,69556	1,10467
0,001	0,69339	1,09922
0,0001	0,69317	1,09867
0,00001	0,69315	1,09862

Assim, da Equação 4, temos

5 $$\frac{d}{dx}(2^x) \approx (0{,}693) 2^x \qquad \frac{d}{dx}(3^x) \approx (1{,}099) 3^x$$

De todas as possíveis escolhas para a base b do Exemplo 4, a fórmula de derivação mais simples ocorre quando $f'(0) = 1$. Em vista das estimativas de $f'(0)$ para $b = 2$ e $b = 3$, parece plausível que haja um número b entre 2 e 3 para o qual $f'(0) = 1$. É tradição denotar esse valor pela letra e. (Na realidade, foi assim que introduzimos e na Seção 1.4.) Desse modo, temos a seguinte definição.

Definição do Número e

e é um número tal que $\quad \lim_{h \to 0} \dfrac{e^h - 1}{h} = 1$

No Exercício 1, veremos que e fica entre 2,7 e 2,8. Posteriormente, seremos capazes de mostrar com precisão até cinco casas decimais, que

$$e \approx 2{,}71828$$

Geometricamente, isso significa que, de todas as possíveis funções exponenciais $y = b^x$, a função $f(x) = e^x$ é aquela cuja reta tangente em $(0, 1)$ tem uma inclinação $f'(0)$, exatamente igual a 1 (veja as Figuras 6 e 7).

FIGURA 6

FIGURA 7

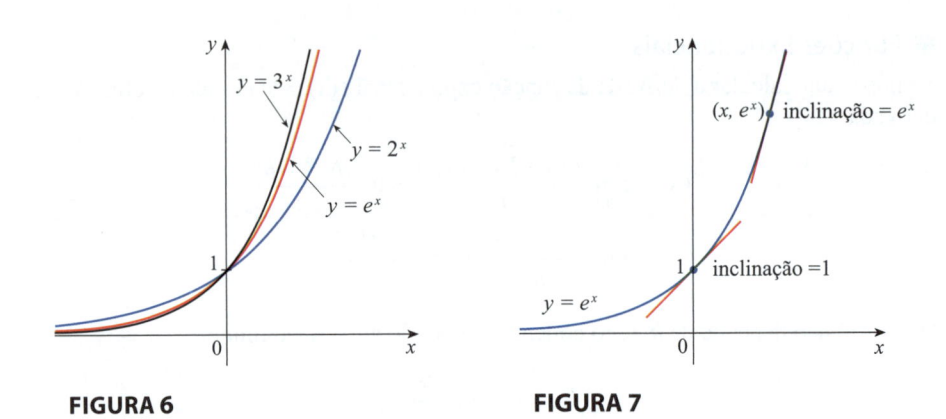

Se pusermos $b = e$, e consequentemente, $f'(0) = 1$ na Equação 4, teremos a seguinte importante fórmula de derivação.

Derivada da Função Exponencial Natural

$$\frac{d}{dx}(e^x) = e^x$$

Assim, a função exponencial $f(x) = e^x$ tem a propriedade de ser sua própria derivada. O significado geométrico desse fato é que a inclinação da reta tangente à curva $y = e^x$ em um ponto (x, e^x) é igual à coordenada y do ponto (veja a Figura 7).

EXEMPLO 8 Se $f(x) = e^x - x$, encontre f' e f''. Compare os gráficos de f e f'.

SOLUÇÃO Usando a Regra da Subtração, temos

$$f'(x) = \frac{d}{dx}(e^x - x) = \frac{d}{dx}(e^x) - \frac{d}{dx}(x) = e^x - 1$$

Na Seção 2.8 definimos a segunda derivada como a derivada de f', de modo que

$$f''(x) = \frac{d}{dx}(e^x - 1) = \frac{d}{dx}(e^x) - \frac{d}{dx}(1) = e^x$$

A Figura 8 exibe os gráficos da função f e sua derivada f'. Observe que f tem uma tangente horizontal quando $x = 0$, o que corresponde ao fato de que $f'(0) = 0$. Observe também que, para $x > 0$, $f'(x)$ é positivo e f é crescente. Quando $x < 0$, $f'(x)$ é negativo e f é decrescente.

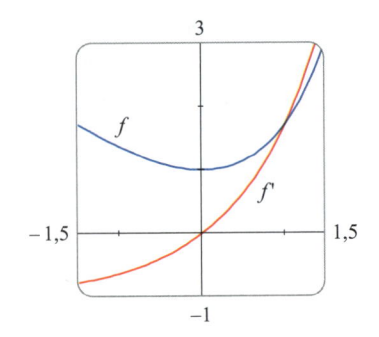

FIGURA 8

EXEMPLO 9 Em que ponto da curva $y = e^x$ sua reta tangente é paralela à reta $y = 2x$?

SOLUÇÃO Uma vez que $y = e^x$, temos $y' = e^x$. Denote a coordenada x do ponto em questão por a. Então, a inclinação da reta tangente nesse ponto é e^a. Essa reta tangente será paralela à reta $y = 2x$ se ela tiver a mesma inclinação, ou seja, 2. Igualando as inclinações, obtemos

$$e^a = 2 \qquad a = \ln 2$$

Portanto, o ponto pedido é $(a, e^a) = (\ln 2, 2)$ (veja a Figura 9).

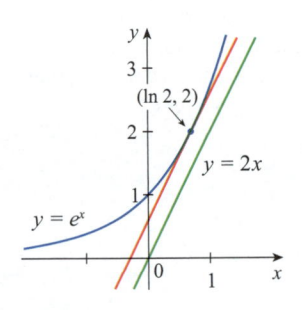

FIGURA 9

3.1 Exercícios

1. (a) Como é definido o número e?
    (b) Use uma calculadora para estimar os valores dos limites
    $$\lim_{h \to 0} \frac{2{,}7^h - 1}{h} \quad \text{e} \quad \lim_{h \to 0} \frac{2{,}8^h - 1}{h}$$
    com precisão até a segunda casa decimal. O que você pode concluir sobre o valor de e?

2. (a) Esboce, à mão, o gráfico da função $f(x) = e^x$, prestando particular atenção em como o gráfico cruza o eixo y. Qual é a inclinação da reta tangente nesse ponto?
    (b) Que tipos de funções são $f(x) = e^x$ e $g(x) = x^e$? Compare as fórmulas de derivação para f e g.
    (c) Qual das funções da parte (b) cresce mais rapidamente quando x é grande?

3-34 Derive a função.

3. $g(x) = 4x + 7$
4. $g(t) = 5t + 4t^2$
5. $f(x) = x^{75} - x + 3$
6. $g(x) = \frac{7}{4}x^2 - 3x + 12$
7. $f(t) = -2e^t$
8. $F(t) = t^3 + e^3$
9. $W(v) = 1{,}8v^{-3}$
10. $r(z) = z^{-5} - z^{1/2}$
11. $f(x) = x^{3/2} + x^{-3}$
12. $V(t) = t^{-3/5} + t^4$
13. $s(t) = \frac{1}{t} + \frac{1}{t^2}$
14. $r(t) = \frac{a}{t^2} + \frac{b}{t^4}$
15. $y = 2x + \sqrt{x}$
16. $h(w) = \sqrt{2}w - \sqrt{2}$
17. $g(x) = \frac{1}{\sqrt{x}} + \sqrt[4]{x}$
18. $W(t) = \sqrt{t} - 2e^t$
19. $f(x) = x^3(x + 3)$
20. $F(t) = (2t - 3)^2$
21. $y = 3e^x + \frac{4}{\sqrt[3]{x}}$
22. $S(R) = 4\pi R^2$
23. $f(x) = \frac{3x^2 + x^3}{x}$
24. $y = \frac{\sqrt{x} + x}{x^2}$
25. $G(r) = \frac{3e^{3/2} + r^{5/2}}{r}$
26. $G(t) = \sqrt{5t} + \frac{\sqrt{7}}{t}$
27. $j(x) = x^{2{,}4} + e^{2{,}4}$
28. $k(r) = e^r + r^e$
29. $F(z) = \frac{A + Bz + Cz^2}{z^2}$
30. $G(q) = (1 + q^{-1})^2$
31. $D(t) = \frac{1 + 16t^2}{(4t)^3}$
32. $f(v) = \frac{\sqrt[3]{v} - 2ve^v}{v}$
33. $P(w) = \frac{2w^2 - w + 4}{\sqrt{w}}$
34. $y = e^{x+1} + 1$

35-36 Determine dy/dx e dy/dt.

35. $y = tx^2 + t^3x$
36. $y = \frac{t}{x^2} + \frac{x}{t}$

37-40 Determine a equação da reta tangente à curva no ponto fornecido.

37. $y = 2x^3 - x^2 + 2$, $(1, 3)$
38. $y = 2e^x + x$, $(0, 2)$
39. $y = x + \frac{2}{x}$, $(2, 3)$
40. $y = \sqrt[4]{x} - x$, $(1, 0)$

41-42 Encontre as equações da reta tangente e da reta normal à curva no ponto fornecido.

41. $y = x^4 + 2e^x$, $(0, 2)$
42. $y = x^{3/2}$, $(1, 1)$

43-44 Determine a equação da reta tangente à curva no ponto indicado. Ilustre o resultado obtido traçando, em uma mesma janela, os gráficos da curva e da reta tangente.

43. $y = 3x^2 - x^3$, $(1, 2)$
44. $y = x - \sqrt{x}$, $(1, 0)$

45-46 Encontre $f'(x)$. Compare os gráficos de f e f' e use-os para explicar por que sua resposta é razoável.

45. $f(x) = x^4 - 2x^3 + x^2$
46. $f(x) = x^5 - 2x^3 + x - 1$

47. (a) Faça o gráfico da função
    $$f(x) = x^4 - 3x^3 - 6x^2 + 7x + 30$$
    na janela retangular $[-3, 5]$ por $[-10, 50]$.
    (b) Usando o gráfico da parte (a) para estimar as inclinações, faça um esboço, à mão, do gráfico de f'. (Veja o Exemplo 2.8.1)
    (c) Calcule $f'(x)$ e use essa expressão para fazer o gráfico de f'. Compare com seu esboço da parte (b).

48. (a) Faça o gráfico da função $g(x) = e^x - 3x^2$ na janela retangular $[-1,4]$ por $[-8, 8]$.
    (b) Usando o gráfico da parte (a) para estimar as inclinações, faça um esboço, à mão, do gráfico de g' (Veja o Exemplo 2.8.1.)
    (c) Calcule $g'(x)$ e use essa expressão para fazer o gráfico de g'. Compare com seu esboço da parte (b).

49-50 Encontre a primeira e a segunda derivadas da função.

49. $f(x) = 0{,}001x^5 - 0{,}02x^3$
50. $G(r) = \sqrt{r} + \sqrt[3]{r}$

51-52 Encontre a primeira e a segunda derivadas da função. Verifique se suas respostas são razoáveis, comparando os gráficos de f, f' e f''.

51. $f(x) = 2x - 5x^{3/4}$
52. $f(x) = e^x - x^3$

53. A equação de movimento de uma partícula é $s = t^3 - 3t$, em que s está em metros e t, em segundos. Encontre
    (a) a velocidade e a aceleração como funções de t,
    (b) a aceleração depois de 2 s, e
    (c) a aceleração quando a velocidade for 0.

54. A equação de movimento de uma partícula é $s = t^4 - 2t^3 + t^2 - t$, onde s está em metros e t, em segundos.
    (a) Encontre a velocidade e a aceleração como funções de t.
    (b) Encontre a aceleração depois de 1 s.
    (c) Trace o gráfico das funções de posição, velocidade e aceleração na mesma tela.

55. Biólogos propuseram um polinômio cúbico para modelar o comprimento L do bodião do Alasca na idade A:

$$L = 0,0390A^3 - 0,945A^2 + 10,03A + 3,07$$

onde L é medido em centímetros e A, em anos. Calcule

$$\left.\frac{dL}{dA}\right|_{A=12}$$

e interprete sua resposta.

56. O número de espécies de árvores S em dada área A em uma Reserva Florestal foi modelado pela função potência

$$S(A) = 0,882A^{0,842}$$

onde A é medida em metros quadrados. Encontre $S'(100)$ e interprete sua resposta.

57. A Lei de Boyle diz que, quando uma amostra de gás é comprimida a uma temperatura constante, a pressão P do gás é inversamente proporcional ao volume V do gás.
   (a) Suponha que a pressão de uma amostra de ar que ocupa 0,106 m³ a 25 °C seja de 50 kPa. Escreva V como uma função de P.
   (b) Calcule dV/dP quando $P = 50$ kPa. Qual o significado da derivada? Quais são suas unidades?

T 58. Os pneus de automóveis precisam ser inflados corretamente porque uma pressão interna inadequada pode causar um desgaste prematuro. Os dados na tabela mostram a vida útil do pneu L (em milhares de quilômetros) para um certo tipo de pneu em diversas pressões P (em kPa).

P	179	193	214	242	262	290	311
L	80	106	126	130	119	113	95

   (a) Use uma calculadora ou computador para modelar a vida do pneu como uma função quadrática da pressão.
   (b) Use o modelo para estimar dL/dP quando $P = 200$ e quando $P = 300$. Qual o significado da derivada? Quais são suas unidades? Qual é o significado dos sinais das derivadas?

59. Ache os pontos sobre a curva $y = x^3 + 3x^2 - 9x + 10$ onde a tangente é horizontal.

60. Que valores de x fazem com que o gráfico de $f(x) = e^x - 2x$ tenha uma reta tangente horizontal?

61. Mostre que a curva $y = 2e^x + 3x + 5x^3$ não tem reta tangente com inclinação 2.

62. Encontre uma equação para a reta tangente à curva $y = x^4 + 1$ que seja paralela à reta $32x - y = 15$.

63. Encontre equações para ambas as retas que são tangentes à curva $y = x^3 - 3x^2 + 3x - 3$ e que são paralelas à reta $3x - y = 15$.

64. Em qual ponto sobre a curva $y = 1 + 2e^x - 3x$ a reta tangente é paralela à reta $3x - y = 5$? Ilustre fazendo o gráfico da curva e de ambas as retas.

65. Encontre uma equação para a reta normal à curva $y = \sqrt{x}$ que seja paralela à reta $2x + y = 1$.

66. Onde a reta normal à parábola $y = x^2 - 1$ no ponto $(-1, 0)$ intercepta a parábola uma segunda vez? Ilustre com um esboço.

67. Trace um diagrama para mostrar que há duas retas tangentes à parábola $y = x^2$ que passam pelo ponto $(0, -4)$. Encontre as coordenadas dos pontos onde essas retas tangentes interceptam a parábola.

68. (a) Encontre as equações de ambas as retas pelo ponto $(2, -3)$ que são tangentes à parábola $y = x^2 + x$.
   (b) Mostre que não existe nenhuma reta que passe pelo ponto $(2, 7)$ e que seja tangente à parábola. A seguir, desenhe um diagrama para ver por quê.

69. Use a definição de derivada para mostrar que, se $f(x) = 1/x$, então $f'(x) = -1/x^2$. (Isso demonstra a Regra da Potência para o caso $n = -1$.)

70. Encontre a n-ésima derivada de cada função calculando algumas das primeiras derivadas e observando o padrão que ocorre.
   (a) $f(x) = x^n$ (b) $f(x) = 1/x$

71. Encontre um polinômio de segundo grau P tal que $P(2) = 5$, $P'(2) = 3$ e $P''(2) = 2$.

72. A equação $y'' + y' - 2y = x^2$ é chamada **equação diferencial**, pois envolve uma função desconhecida y e suas derivadas y' e y''. Encontre as constantes A, B e C tais que a função $y = Ax^2 + Bx + C$ satisfaça essa equação. (As equações diferenciais serão estudadas no Capítulo 9, no Volume 2.)

73. Encontre uma função cúbica $y = ax^3 + bx^2 + cx + d$ cujo gráfico tenha tangentes horizontais nos pontos $(-2, 6)$ e $(2, 0)$.

74. Encontre uma parábola com a equação $y = ax^2 + bx + c$ que tenha inclinação 4 em $x = 1$, inclinação -8 em $x = -1$, e passe pelo ponto $(2, 15)$.

75. Considere

$$f(x) = \begin{cases} x^2 + 1 & \text{se } x < 1 \\ x + 1 & \text{se } x \geq 1 \end{cases}$$

É f derivável em 1? Esboce gráficos de f e f'.

76. Em quais números a seguinte função g é derivável?

$$g(x) = \begin{cases} 2x & \text{se } x \leq 0 \\ 2x - x^2 & \text{se } 0 < x < 2 \\ 2 - x & \text{se } x \geq 2 \end{cases}$$

Dê uma fórmula para g' e esboce os gráficos de g e g'.

77. (a) Para quais valores de x a função $f(x) = |x^2 - 9|$ é derivável? Ache uma fórmula para f'.
   (b) Esboce gráficos de f e f'.

78. Onde a função $h(x) = |x - 1| + |x + 2|$ é derivável? Dê uma fórmula para h' e esboce os gráficos de h e h'.

79. Encontre a parábola com equação $y = ax^2 + bx$ cuja reta tangente em $(1, 1)$ tem equação $y = 3x - 2$.

80. Suponha que a curva $y = x^4 + ax^3 + bx^2 + cx + d$ tenha uma reta tangente quando $x = 0$ com equação $y = 2x + 1$, e uma reta tangente quando $x = 1$ com equação $y = 2 - 3x$. Encontre os valores de a, b, c e d.

81. Para quais valores de a e b a reta $2x + y = b$ é tangente à parábola $y = ax^2$ quando $x = 2$?

82. Encontre o valor de c para o qual a reta $y = \frac{3}{2}x + 6$ é tangente à curva $y = c\sqrt{x}$.

83. Qual é o valor de c tal que a reta $y = 2x + 3$ é tangente à parábola $y = cx^2$?

84. O gráfico de qualquer função quadrática $f(x) = ax^2 + bx + c$ é uma parábola. Demonstre que a média das inclinações das retas tangentes à parábola nas extremidades de qualquer intervalo [p, q] é igual à inclinação da reta tangente no ponto médio do intervalo.

85. Considere

$$f(x) = \begin{cases} x^2 & \text{se } x \leq 2 \\ mx + b & \text{se } x > 2 \end{cases}$$

Encontre os valores de m e b que tornem f derivável em toda parte.

86. Encontre números a e b que façam com que a função g seja diferenciável em 1.

$$g(x) = \begin{cases} ax^3 - 3x & \text{se } x \leq 1 \\ bx^2 + 2 & \text{se } x > 1 \end{cases}$$

87. Calcule $\lim_{x \to 1} \dfrac{x^{1.000} - 1}{x - 1}$.

88. Uma reta tangente à hipérbole $xy = c$ é traçada em um ponto P.
  (a) Mostre que o ponto médio do segmento de reta cortado dessa reta tangente pelos eixos coordenados é P.
  (b) Mostre que o triângulo formado pela reta tangente e pelos eixos coordenados sempre têm a mesma área, não importa onde P esteja localizado sobre a hipérbole.

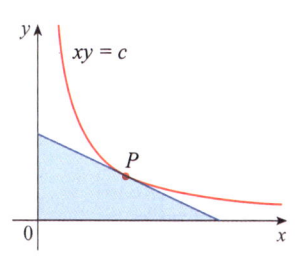

89. Trace um diagrama ilustrando duas retas perpendiculares que se interceptam sobre o eixo y, ambas tangentes à parábola $y = x^2$. Onde essas retas se interceptam?

90. Esboce as parábolas $y = x^2$ e $y = x^2 - 2x + 2$. Você acha que existe uma reta que seja tangente a ambas as curvas? Em caso afirmativo, encontre sua equação. Em caso negativo, explique por que não.

91. Se $c > \frac{1}{2}$, quantas retas pelo ponto $(0, c)$ são normais à parábola $y = x^2$? E se $c \leq \frac{1}{2}$?

PROJETO APLICADO | CONSTRUINDO UMA MONTANHA-RUSSA MELHOR

Suponha que lhe peçam para projetar a primeira subida e descida de uma montanha-russa. Estudando fotografias de suas montanhas-russas favoritas, você decide fazer a subida com inclinação 0,8, e a descida com inclinação −1,6. Você decide ligar esses dois trechos retos $y = L_1(x)$ e $y = L_2(x)$ com parte de uma parábola $y = f(x) = ax^2 + bx + c$, onde x e $f(x)$ são medidos em metros. Para o percurso ser liso, não pode haver variações bruscas na direção, de modo que você quer que os segmentos L_1 e L_2 sejam tangentes à parábola nos pontos de transição P e Q (veja a figura). Para simplificar as equações, você decide colocar a origem em P.

1. (a) Suponha que a distância horizontal entre P e Q seja 30 m. Escreva equações em a, b e c que garantam que o percurso seja liso nos pontos de transição.
  (b) Resolva as equações da parte (a) para a, b e c para encontrar uma fórmula para $f(x)$.
  (c) Trace L_1, f e L_2 para verificar graficamente que as transições são lisas.
  (d) Encontre a diferença de elevação entre P e Q.

2. A solução do Problema 1 pode *parecer* lisa, mas poderia não ocasionar sensação de suavidade, pois a função definida por partes [que consiste em $L_1(x)$ para $x < 0$, $f(x)$ para $0 \leq x \leq 30$ e $L_2(x)$ para $x > 30$] não tem uma segunda derivada contínua. Assim, você decide melhorar seu projeto, usando uma função quadrática $q(x) = ax^2 + bx + c$ apenas no intervalo $3 \leq x \leq 27$ e conectando-a às funções lineares por meio de duas funções cúbicas:

$$g(x) = kx^3 + lx^2 + mx + n, \quad 0 \leq x < 3,$$
$$h(x) = px^3 + qx^2 + rx + s, \quad 27 < x \leq 30.$$

  (a) Escreva um sistema de equações em 11 incógnitas que garanta que as funções e duas primeiras derivadas coincidam nos pontos de transição.
  (b) Resolva as equações da parte (a) com um sistema de computação algébrica para encontrar fórmulas para $q(x)$, $g(x)$ e $h(x)$.
  (c) Trace L_1, g, q, h e L_2, e compare com o gráfico do Problema 1(c).

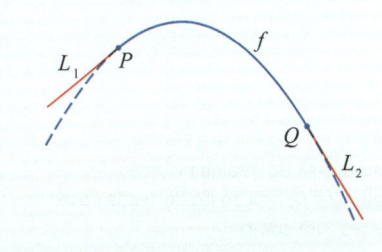

3.2 As Regras de Produto e Quociente

As fórmulas desta seção nos permitem derivar novas funções que são formadas a partir de funções conhecidas por usar multiplicação ou divisão.

■ A Regra do Produto

Por analogia com as Regras da Soma e da Subtração, nós poderíamos ficar tentados a conjecturar, como Leibniz o fez três séculos atrás, que a derivada de um produto é o produto da derivada. Contudo, podemos ver que esta conjectura está errada examinando um exemplo particular. Sejam $f(x) = x$ e $g(x) = x^2$. Então, a Regra da Potência fornece $f'(x) = 1$ e $g'(x) = 2x$. Mas $(fg)(x) = x^3$, logo, $(fg)'(x) = 3x^2$. Assim, $(fg)' \neq f'g'$. A fórmula correta foi descoberta por Leibniz (logo depois de tentar a fórmula falsa) e é chamada Regra do Produto.

Antes de enunciar a Regra do Produto, vamos ver como poderíamos descobri-la. Começamos assumindo que $u = f(x)$ e $v = g(x)$ são ambas funções positivas deriváveis. Então podemos interpretar o produto uv como a área de um retângulo (veja a Figura 1). Se x variar por uma quantidade Δx, as variações correspondentes em u e v são

$$\Delta u = f(x + \Delta x) - f(x) \qquad \Delta v = g(x + \Delta x) - g(x)$$

e o novo valor do produto, $(u + \Delta u)(v + \Delta v)$, pode ser interpretado como a área do retângulo maior da Figura 1 (desde que Δu e Δv sejam positivos).

A variação na área do retângulo é

$$\boxed{1} \qquad \Delta(uv) = (u + \Delta u)(v + \Delta v) - uv = u\,\Delta v + v\,\Delta u + \Delta u\,\Delta v$$
$$= \text{a soma das três áreas sombreadas.}$$

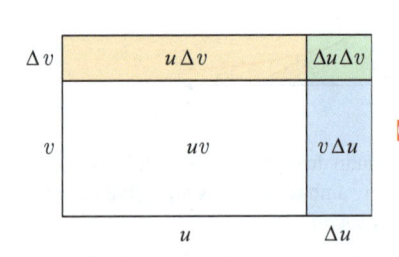

FIGURA 1
Geometria da Regra do Produto

Se dividirmos por Δx, obtemos

$$\frac{\Delta(uv)}{\Delta x} = u\frac{\Delta v}{\Delta x} + v\frac{\Delta u}{\Delta x} + \Delta u\frac{\Delta v}{\Delta x}$$

Se fizermos $\Delta x \to 0$, obtemos a derivada de uv:

$$\frac{d}{dx}(uv) = \lim_{x \to 0}\frac{\Delta(uv)}{\Delta x} = \lim_{\Delta x \to 0}\left(u\frac{\Delta v}{\Delta x} + v\frac{\Delta u}{\Delta x} + \Delta u\frac{\Delta v}{\Delta x}\right)$$
$$= u\lim_{\Delta x \to 0}\frac{\Delta v}{\Delta x} + v\lim_{\Delta x \to 0}\frac{\Delta u}{\Delta x} + \left(\lim_{\Delta x \to 0}\Delta u\right)\left(\lim_{\Delta x \to 0}\frac{\Delta v}{\Delta x}\right)$$
$$= u\frac{dv}{dx} + v\frac{du}{dx} + 0 \cdot \frac{dv}{dx}$$

$$\boxed{2} \qquad \frac{d}{dx}(uv) = u\frac{dv}{dx} + v\frac{du}{dx}$$

Lembre-se de que na notação de Leibniz a definição de derivada pode ser escrita como

$$\frac{dy}{dx} = \lim_{\Delta x \to 0}\frac{\Delta y}{\Delta x}$$

(Observe que $\Delta u \to 0$ quando $\Delta x \to 0$, uma vez que f é derivável e, portanto, contínua.)

Embora tenhamos inicialmente suposto (para a interpretação geométrica) que todas as quantidades são positivas, vemos que a Equação 1 é sempre verdadeira. (A álgebra é válida se u, v, Δu e Δv forem positivos ou negativos.) Logo, demonstramos a Equação 2, conhecida como a Regra do Produto, para todas as funções deriváveis u e v.

Na notação "linha", a Regra do Produto é escrita como
$$(fg)' = fg' + gf'$$

> **A Regra do Produto** Se f e g são ambas deriváveis, então
> $$\frac{d}{dx}[f(x)g(x)] = f(x)\frac{d}{dx}[g(x)] + g(x)\frac{d}{dx}[f(x)]$$

Em outras palavras, a Regra do Produto diz que *a derivada de um produto de duas funções é a primeira função vezes a derivada da segunda função mais a segunda função vezes a derivada da primeira função.*

EXEMPLO 1
(a) Se $f(x) = xe^x$, encontre $f'(x)$.
(b) Encontre a n-ésima derivada, $f^{(n)}(x)$.

SOLUÇÃO
(a) Pela Regra do Produto, temos

$$f'(x) = \frac{d}{dx}(xe^x)$$
$$= x\frac{d}{dx}(e^x) + e^x\frac{d}{dx}(x)$$
$$= xe^x + e^x \cdot 1 = (x+1)e^x$$

A Figura 2 ilustra os gráficos da função f do Exemplo 1 e sua derivada f'. Observe que $f'(x)$ é positiva quando f for crescente e negativa quando f for decrescente.

(b) Usando a Regra do Produto uma segunda vez, obtemos

$$f''(x) = \frac{d}{dx}[(x+1)e^x]$$
$$= (x+1)\frac{d}{dx}(e^x) + e^x\frac{d}{dx}(x+1)$$
$$= (x+1)e^x + e^x \cdot 1 = (x+2)e^x$$

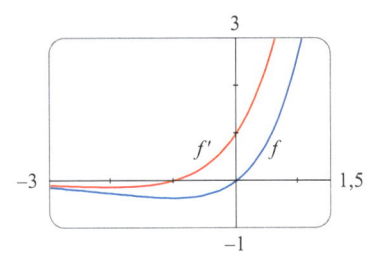

FIGURA 2

Aplicações subsequentes da Regra do Produto nos dão

$$f'''(x) = (x+3)e^x, \qquad f^{(4)}(x) = (x+4)e^x$$

Na realidade, cada derivação sucessiva adiciona outro termo e^x, logo

$$f^{(n)}(x) = (x+n)e^x$$

EXEMPLO 2
Derive a função $f(t) = \sqrt{t}(a+bt)$.

SOLUÇÃO 1 Usando a Regra do Produto, temos

$$f'(t) = \sqrt{t}\frac{d}{dt}(a+bt) + (a+bt)\frac{d}{dt}(\sqrt{t})$$
$$= \sqrt{t} \cdot b + (a+bt) \cdot \tfrac{1}{2}t^{-1/2}$$
$$= b\sqrt{t} + \frac{a+bt}{2\sqrt{t}} = \frac{a+3bt}{2\sqrt{t}}$$

No Exemplo 2, a e b são constantes. É usual em matemática usar letras perto do início do alfabeto para representar constantes e letras perto do fim do alfabeto para representar variáveis.

SOLUÇÃO 2 Se primeiro usarmos as propriedades dos expoentes para reescrever $f(t)$, então poderemos prosseguir diretamente sem usar a Regra do Produto:

$$f(t) = a\sqrt{t} + bt\sqrt{t} = at^{1/2} + bt^{3/2}$$
$$f'(t) = \tfrac{1}{2}at^{-1/2} + \tfrac{3}{2}bt^{1/2}$$

que é igual à resposta dada na Solução 1.

O Exemplo 2 mostra que algumas vezes é mais fácil simplificar um produto de funções antes da derivação do que usar a Regra do Produto. No Exemplo 1, entretanto, a Regra do Produto é o único método possível.

EXEMPLO 3 Se $f(x) = \sqrt{x}\, g(x)$, onde $g(4) = 2$ e $g'(4) = 3$, encontre $f'(4)$.

SOLUÇÃO Aplicando a Regra do Produto, obtemos

$$f'(x) = \frac{d}{dx}\left[\sqrt{x}\, g(x)\right] = \sqrt{x}\,\frac{d}{dx}[g(x)] + g(x)\frac{d}{dx}\left[\sqrt{x}\right]$$

$$= \sqrt{x}\, g'(x) + g(x) \cdot \tfrac{1}{2} x^{-1/2}$$

$$= \sqrt{x}\, g'(x) + \frac{g(x)}{2\sqrt{x}}$$

Logo
$$f'(4) = \sqrt{4}\, g'(4) + \frac{g(4)}{2\sqrt{4}} = 2 \cdot 3 + \frac{2}{2 \cdot 2} = 6,5$$

■ A Regra do Quociente

Vamos determinar uma fórmula para derivar o quociente de duas funções diferenciáveis $u = f(x)$ e $v = g(x)$ do mesmo modo que obtivemos a Regra do Produto. Se x, u e v variam em quantidades Δx, Δu e Δv, então a correspondente variação no quociente u/v será

$$\Delta\left(\frac{u}{v}\right) = \frac{u + \Delta u}{v + \Delta v} - \frac{u}{v} = \frac{(u + \Delta u)v - u(v + \Delta v)}{v(v + \Delta v)}$$

$$= \frac{v\Delta u - u\Delta v}{v(v + \Delta v)}$$

logo,
$$\frac{d}{dx}\left(\frac{u}{v}\right) = \lim_{\Delta x \to 0} \frac{\Delta(u/v)}{\Delta x} = \lim_{\Delta x \to 0} \frac{v\dfrac{\Delta u}{\Delta x} - u\dfrac{\Delta v}{\Delta x}}{v(v + \Delta v)}$$

Quando $\Delta x \to 0$, $\Delta v \to 0$ também, pois $v = g(x)$ é derivável e, portanto, contínua. Logo, usando as Propriedades dos Limites, obtemos

$$\frac{d}{dx}\left(\frac{u}{v}\right) = \frac{v \lim_{\Delta x \to 0} \dfrac{\Delta u}{\Delta x} - u \lim_{\Delta x \to 0} \dfrac{\Delta v}{\Delta x}}{v \lim_{\Delta x \to 0} (v + \Delta v)} = \frac{v\dfrac{du}{dx} - u\dfrac{dv}{dx}}{v^2}$$

Na notação "linha", a Regra do Quociente é escrita como

$$\left(\frac{f}{g}\right)' = \frac{gf' - fg'}{g^2}$$

> **A Regra do Quociente** Se f e g são deriváveis, então
>
> $$\frac{d}{dx}\left[\frac{f(x)}{g(x)}\right] = \frac{g(x)\dfrac{d}{dx}[f(x)] - f(x)\dfrac{d}{dx}[g(x)]}{[g(x)]^2}$$

Em outros termos, a Regra do Quociente diz que *a derivada de um quociente é o denominador vezes a derivada do numerador menos o numerador vezes a derivada do denominador, todos divididos pelo quadrado do denominador.*

A Regra do Quociente e as outras fórmulas de derivação nos permitem calcular a derivada de qualquer função racional, como ilustrado no exemplo a seguir.

EXEMPLO 4 Seja $y = \dfrac{x^2 + x - 2}{x^3 + 6}$. Então

$$y' = \frac{(x^3+6)\dfrac{d}{dx}(x^2+x-2) - (x^2+x-2)\dfrac{d}{dx}(x^3+6)}{(x^3+6)^2}$$

$$= \frac{(x^3+6)(2x+1) - (x^2+x-2)(3x^2)}{(x^3+6)^2}$$

$$= \frac{(2x^4 + x^3 + 12x + 6) - (3x^4 + 3x^3 - 6x^2)}{(x^3+6)^2}$$

$$= \frac{-x^4 - 2x^3 + 6x^2 + 12x + 6}{(x^3+6)^2}$$

A Figura 3 mostra os gráficos da função do Exemplo 4 e de sua derivada. Observe que, na região em que y cresce rapidamente (próximo a $-\sqrt[3]{6} \approx -1{,}8$), o valor de y' é alto. Já no trecho em que y cresce lentamente, o valor de y' permanece próximo de 0.

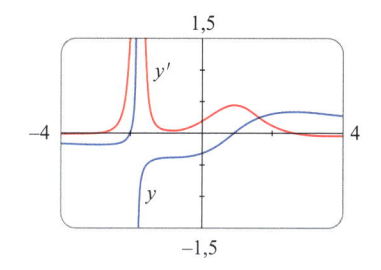

FIGURA 3

EXEMPLO 5 Encontre uma equação da reta tangente à curva $y = e^x/(1 + x^2)$ no ponto $(1, \tfrac{1}{2}e)$.

SOLUÇÃO Segundo a Regra do Quociente, temos

$$\frac{dy}{dx} = \frac{(1+x^2)\dfrac{d}{dx}(e^x) - e^x\dfrac{d}{dx}(1+x^2)}{(1+x^2)^2}$$

$$= \frac{(1+x^2)e^x - e^x(2x)}{(1+x^2)^2} = \frac{e^x(1 - 2x + x^2)}{(1+x^2)^2}$$

$$= \frac{e^x(1-x)^2}{(1+x^2)^2}$$

Logo, a inclinação da reta tangente em $(1, \tfrac{1}{2}e)$ é

$$\left.\frac{dy}{dx}\right|_{x=1} = 0$$

Isso significa que a reta tangente em $(1, \tfrac{1}{2}e)$ é horizontal, e sua equação é $y = \tfrac{1}{2}e$. (Veja a Figura 4.)

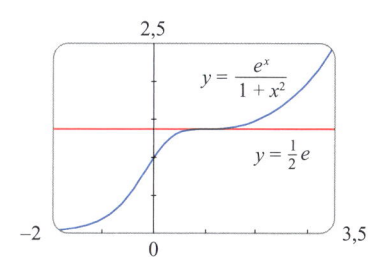

FIGURA 4

OBSERVAÇÃO Não use a Regra do Quociente *toda* vez que você vir um quociente. Algumas vezes é mais fácil reescrever um quociente primeiro, colocando-o em uma forma que seja mais simples para derivar. Por exemplo, embora seja possível derivar a função

$$F(x) = \frac{3x^2 + 2\sqrt{x}}{x}$$

usando a Regra do Quociente, é muito mais fácil efetuar primeiro a divisão e escrever a função como

$$F(x) = 3x + 2x^{-1/2}$$

antes de derivar.

A seguir está um resumo das fórmulas de derivação que aprendemos até agora:

Tabela de Fórmulas de Derivação

$$\frac{d}{dx}(c)=0 \qquad \frac{d}{dx}(x^n)=nx^{n-1} \qquad \frac{d}{dx}(e^x)=e^x$$

$$(cf)'=cf' \qquad (f+g)'=f'+g' \qquad (f-g)'=f'-g'$$

$$(fg)'=fg'+gf' \qquad \left(\frac{f}{g}\right)'=\frac{gf'-fg'}{g^2}$$

3.2 Exercícios

1. Encontre a derivada $f(x)=(1+2x^2)(x-x^2)$ de duas formas: usando a Regra do Produto e efetuando primeiro a multiplicação. As respostas são iguais?

2. Encontre a derivada da função
$$F(x)=\frac{x^4-5x^3+\sqrt{x}}{x^2}$$
de duas formas: usando a Regra do Quociente e simplificando antes. Mostre que suas respostas são equivalentes. Qual método você prefere?

3-30 Derive.

3. $y=(4x^2+3)(2x+5)$
4. $y=(10x^2+7x-2)(2-x^2)$
5. $y=x^3 e^x$
6. $y=(e^x+2)(2e^x-1)$
7. $f(x)=(3x^2-5x)e^x$
8. $g(x)=(x+2\sqrt{x})e^x$
9. $y=\dfrac{x}{e^x}$
10. $y=\dfrac{e^x}{1-e^x}$
11. $g(t)=\dfrac{3-2t}{5t+1}$
12. $G(u)=\dfrac{6u^4-5u}{u+1}$
13. $f(t)=\dfrac{5t}{t^3-t-1}$
14. $F(x)=\dfrac{1}{2x^3-6x^2+5}$
15. $y=\dfrac{s-\sqrt{s}}{s^2}$
16. $y=\dfrac{\sqrt{x}}{\sqrt{x}+1}$
17. $J(u)=\left(\dfrac{1}{u}+\dfrac{1}{u^2}\right)\left(u+\dfrac{1}{u}\right)$
18. $h(w)=(w^2+3w)(w^{-1}-w^{-4})$
19. $H(u)=(u-\sqrt{u})(u+\sqrt{u})$
20. $f(z)=(1-e^z)(z+e^z)$
21. $V(t)=(t+2e^t)\sqrt{t}$
22. $W(t)=e^t(1+te^t)$
23. $y=e^p(p+p\sqrt{p})$
24. $h(r)=\dfrac{ae^r}{b+e^r}$
25. $f(t)=\dfrac{\sqrt[3]{t}}{t-3}$
26. $y=(z^2+e^z)\sqrt{z}$
27. $f(x)=\dfrac{x^2 e^x}{x^2+e^x}$
28. $F(t)=\dfrac{At}{Bt^2+Ct^3}$
29. $f(x)=\dfrac{x}{x+\dfrac{c}{x}}$
30. $f(x)=\dfrac{ax+b}{cx+d}$

31-34 Encontre $f'(x)$ e $f''(x)$.

31. $f(x)=x^2 e^x$
32. $f(x)=\sqrt{x}\,e^x$
33. $f(x)=\dfrac{x}{x^2-1}$
34. $f(x)=\dfrac{x}{1+\sqrt{x}}$

35-36 Encontre uma equação da reta tangente à curva no ponto especificado.

35. $y=\dfrac{x^2}{1+x}$, $\left(1,\tfrac{1}{2}\right)$
36. $y=\dfrac{1+x}{1+e^x}$, $\left(0,\tfrac{1}{2}\right)$

37-38 Encontre equações para a reta tangente e para a reta normal à curva no ponto especificado.

37. $y=\dfrac{3x}{1+5x^2}$, $\left(1,\tfrac{1}{2}\right)$
38. $y=2xe^x$, $(0,0)$

39. (a) A curva $y=1/(1+x^2)$ é chamada **bruxa de Maria Agnesi**. Encontre uma equação da reta tangente a essa curva no ponto $\left(-1,\tfrac{1}{2}\right)$.
    (b) Ilustre a parte (a) fazendo o gráfico da curva e da tangente na mesma tela.

40. (a) A curva $y=x/(1+x^2)$ é denominada **serpentina**. Encontre uma equação da reta tangente a essa curva no ponto (3; 0,3).
    (b) Ilustre a parte (a) fazendo o gráfico da curva e da tangente na mesma tela.

41. (a) Se $f(x)=(x^3-x)e^x$, encontre $f'(x)$.
    (b) Verifique se sua resposta em (a) é razoável, comparando os gráficos de f e f'.

42. (a) Se $f(x)=(x^2-1)/(x^2+1)$, encontre $f'(x)$ e $f''(x)$.
    (b) Verifique se suas respostas em (a) são razoáveis, comparando os gráficos de f, f' e f''.

43. Se $f(x)=x^2/(1+x)$, encontre $f''(1)$.

44. Se $g(x)=x/e^x$, encontre $g^{(n)}(x)$.

45. Suponha que $f(5)=1$, $f'(5)=6$, $g(5)=-3$ e $g'(5)=2$. Encontre os seguintes valores.
    (a) $(fg)'(5)$ (b) $(f/g)'(5)$ (c) $(g/f)'(5)$

46. Suponha que $f(4) = 2$, $g(4) = 5$, $f'(4) = 6$ e $g'(4) = -3$. Encontre $h'(4)$.
(a) $h(x) = 3f(x) + 8g(x)$
(b) $h(x) = f(x)g(x)$
(c) $h(x) = \dfrac{f(x)}{g(x)}$
(d) $h(x) = \dfrac{g(x)}{f(x) + g(x)}$

47. Se $f(x) = e^x g(x)$, onde $g(0) = 2$ e $g'(0) = 5$, encontre $f'(0)$.

48. Se $h(2) = 4$ e $h'(2) = -3$, encontre

$$\left. \dfrac{d}{dx}\left(\dfrac{h(x)}{x}\right)\right|_{x=2}$$

49. Se $g(x) = xf(x)$, onde $f(3) = 4$ e $f'(3) = -2$, encontre uma equação da reta tangente ao gráfico de g no ponto onde $x = 3$.

50. Se $f(2) = 10$ e $f'(x) = x^2 f(x)$ para todo x, encontre $f''(2)$.

51. Se f e g são as funções cujos gráficos estão ilustrados, sejam $u(x) = f(x)g(x)$ e $v(x) = f(x)/g(x)$.
(a) Encontre $u'(1)$.
(b) Encontre $v'(4)$.

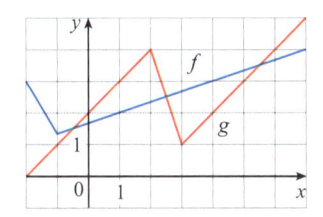

52. Sejam $P(x) = F(x)G(x)$ e $Q(x) = F(x)/G(x)$, onde F e G são as funções cujos gráficos estão representados a seguir.
(a) Encontre $P'(2)$.
(b) Encontre $Q'(7)$.

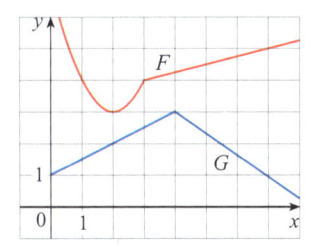

53. Se g for uma função derivável, encontre uma expressão para a derivada de cada uma das seguintes funções.
(a) $y = xg(x)$
(b) $y = \dfrac{x}{g(x)}$
(c) $y = \dfrac{g(x)}{x}$

54. Se f for uma função derivável, encontre uma expressão para a derivada de cada uma das seguintes funções.
(a) $y = x^2 f(x)$
(b) $y = \dfrac{f(x)}{x^2}$
(c) $y = \dfrac{x^2}{f(x)}$
(d) $y = \dfrac{1 + xf(x)}{\sqrt{x}}$

55. Quantas retas tangentes à curva $y = x/(x + 1)$ passam pelo ponto $(1, 2)$? Em quais pontos essas retas tangentes tocam a curva?

56. Encontre as equações de retas tangentes à curva

$$y = \dfrac{x-1}{x+1}$$

que sejam paralelas à reta $x - 2y = 2$.

57. Encontre $R'(0)$, onde

$$R(x) = \dfrac{x - 3x^3 + 5x^5}{1 + 3x^3 + 6x^6 + 9x^9}$$

Dica: Em vez de encontrar $R'(x)$ primeiro, deixe $f(x)$ ser o numerador e $g(x)$, o denominador de $R(x)$, e compute $R'(0)$ de $f(0), f'(0), g(0)$ e $g'(0)$.

58. Use o método do Exercício 57 para computar $Q'(0)$, onde

$$Q(x) = \dfrac{1 + x + x^2 + xe^x}{1 - x + x^2 - xe^x}$$

59. Nesse exercício, estimamos a taxa de crescimento da renda pessoal total em Boulder, Colorado (EUA). Em 2015, a cidade possuía 107.350 habitantes e a população estava crescendo a uma taxa de, aproximadamente, 1.960 pessoas por ano. A renda anual média *per capita* era de US$ 60.220 e essa média crescia a uma taxa de US$ 2.250 por ano (levemente superior à taxa média de crescimento nos EUA, que era de US$ 1.810 ao ano). Use a Regra do Produto e esses dados para estimar a taxa de crescimento da renda pessoal total em Boulder, em 2015. Explique o significado de cada termo empregado na Regra do Produto.

60. Um fabricante produz peças de tecido com tamanho fixo. A quantidade q de cada peça de tecido vendida (medida em metros) é uma função do preço p (em dólares por metro); logo, podemos escrever $q = f(p)$. Então, a receita total conseguida com o preço de venda p é $R(p) = pf(p)$.
(a) O que significa dizer que $f(20) = 10.000$ e $f'(20) = -350$?
(b) Tomando os valores da parte (a), encontre $R'(20)$ e interprete sua resposta.

61. A equação de Michaelis-Menten para a enzima quimotripsina é

$$v = \dfrac{0{,}14[S]}{0{,}015 + [S]}$$

onde v é a taxa de uma reação enzimática e $[S]$ é a concentração de um substrato S. Calcule $dv/d[S]$ e o interprete.

62. A biomassa $B(t)$ de uma população de peixes é a massa total dos membros da população no instante t. É o produto do número de indivíduos $N(t)$ na população e a massa média $M(t)$ de um peixe no instante t. No caso de barrigudinhos, a reprodução ocorre continuamente. Suponha que no instante $t = 4$ semanas, a população seja de 820 barrigudinhos e esteja aumentando a uma taxa de 50 barrigudinhos por semana, enquanto a massa média seja de 1,2 g e esteja crescendo a uma taxa de 0,14 g/semana. A que taxa a biomassa está crescendo quando $t = 4$?

63. Regra do Produto Estendida A Regra do Produto pode ser estendida ao produto de três funções.
(a) Use duas vezes a Regra do Produto para demonstrar que, se f, g e h forem deriváveis, então $(fgh)' = f'gh + fg'h + fgh'$.
(b) Fazendo $f = g = h$ na parte (a), mostre que

$$\dfrac{d}{dx}[f(x)]^3 = 3[f(x)]^2 f'(x)$$

(c) Use a parte (b) para derivar $y = e^{3x}$.

64. (a) Se $F(x) = f(x)g(x)$, onde f e g têm derivadas de todas as ordens, mostre que $F'' = f''g + 2f'g' + fg''$.
(b) Encontre fórmulas análogas para F''' e $F^{(4)}$.
(c) Conjecture uma fórmula para $F^{(n)}$.

65. Encontre expressões para as primeiras cinco derivadas de $f(x) = x^2 e^x$. Você percebe um padrão nestas expressões? Proponha uma fórmula para $f^{(n)}(x)$ e demonstre-a usando a indução matemática.

66. Regra do Recíproco Se g for derivável, a *Regra do Recíproco* diz que

$$\frac{d}{dx}\left[\frac{1}{g(x)}\right] = -\frac{g'(x)}{[g(x)]^2}$$

(a) Use a Regra do Quociente para demonstrar a Regra do Recíproco.
(b) Use a Regra do Recíproco para derivar a função do Exercício 14.
(c) Use a Regra do Recíproco para verificar que a Regra da Potência é válida para os inteiros negativos, isto é,

$$\frac{d}{dx}(x^{-n}) = -nx^{-n-1}$$

para todo inteiro positivo n.

3.3 | Derivadas de Funções Trigonométricas

Uma revisão das funções trigonométricas é dada no Apêndice D.

Antes de começar esta seção, talvez você precise revisar as funções trigonométricas. Em particular, é importante lembrar-se de que quando falamos sobre a função f definida para todo número real x por

$$f(x) = \operatorname{sen} x$$

entende-se que sen x significa o seno do ângulo cuja medida em *radianos* é x. Uma convenção similar é adotada para as outras funções trigonométricas cos, tg, cossec, sec e cotg. Lembre-se, da Seção 2.5, de que todas as funções trigonométricas são contínuas em todo número em seus domínios.

■ Derivadas das Funções Trigonométricas

Se esboçarmos o gráfico da função $f(x) = \operatorname{sen} x$ e usarmos a interpretação de $f'(x)$ como a inclinação da tangente à curva do seno a fim de esboçar o gráfico de f' (veja o Exercício 2.8.16), isso dará a impressão de que o gráfico de f' pode ser igual à curva do cosseno (veja a Figura 1).

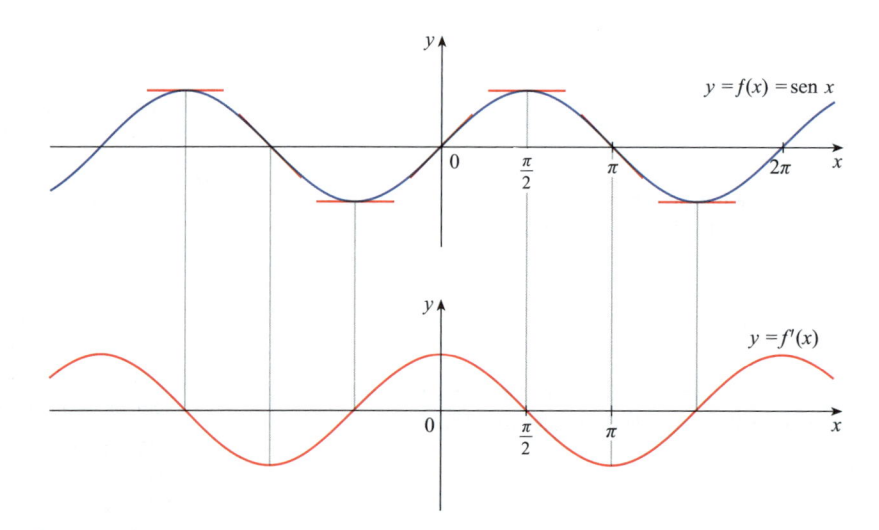

FIGURA 1

Vamos tentar confirmar nossa conjectura de que, se $f(x) = \operatorname{sen} x$, então $f'(x) = \cos x$. Da definição da derivada, temos

$$f'(x) = \lim_{h \to 0} \frac{f(x+h) - f(x)}{h}$$

$$= \lim_{h \to 0} \frac{\operatorname{sen}(x+h) - \operatorname{sen} x}{h}$$

$$= \lim_{h \to 0} \frac{\operatorname{sen} x \cos h + \cos x \operatorname{sen} h - \operatorname{sen} x}{h} \quad \text{(usamos a fórmula da adição para o seno. Veja o Apêndice D)}$$

$$= \lim_{h \to 0} \left[\frac{\operatorname{sen} x \cos h - \operatorname{sen} x}{h} + \frac{\cos x \operatorname{sen} h}{h} \right]$$

$$= \lim_{h \to 0} \left[\operatorname{sen} x \left(\frac{\cos h - 1}{h} \right) + \cos x \left(\frac{\operatorname{sen} h}{h} \right) \right]$$

$$\boxed{1} \qquad = \lim_{h \to 0} \operatorname{sen} x \cdot \lim_{h \to 0} \frac{\cos h - 1}{h} + \lim_{h \to 0} \cos x \cdot \lim_{h \to 0} \frac{\operatorname{sen} h}{h}$$

Dois desses quatro limites são fáceis de calcular. Uma vez que consideramos x uma constante quando calculamos um limite quando $h \to 0$, temos

$$\lim_{h \to 0} \operatorname{sen} x = \operatorname{sen} x \quad \text{e} \quad \lim_{h \to 0} \cos x = \cos x$$

Provaremos posteriormente nessa seção que

$$\lim_{h \to 0} \frac{\operatorname{sen} h}{h} = 1 \quad \text{e} \quad \lim_{h \to 0} \frac{\cos h - 1}{h} = 0$$

Substituindo esses limites em (1), obtemos

$$f'(x) = \lim_{h \to 0} \operatorname{sen} x \cdot \lim_{h \to 0} \frac{\cos h - 1}{h} + \lim_{h \to 0} \cos x \cdot \lim_{h \to 0} \frac{\operatorname{sen} h}{h}$$

$$= (\operatorname{sen} x) \cdot 0 + (\cos x) \cdot 1 = \cos x$$

Logo, demonstramos a fórmula para a derivada da função seno:

$$\boxed{2} \qquad \boxed{\frac{d}{dx}(\operatorname{sen} x) = \cos x}$$

EXEMPLO 1 Derive $y = x^2 \operatorname{sen} x$.

SOLUÇÃO Usando a Regra do Produto e a Fórmula 2, temos

$$\frac{dy}{dx} = x^2 \frac{d}{dx}(\operatorname{sen} x) + \operatorname{sen} x \frac{d}{dx}(x^2)$$

A Figura 2 ilustra os gráficos da função do Exemplo 1 e sua derivada. Observe que $y' = 0$ sempre que y tiver uma tangente horizontal.

Utilizando o mesmo método que na demonstração da Fórmula 2, você pode demonstrar (veja o Exercício 26) que

$$\boxed{3} \qquad \boxed{\frac{d}{dx}(\cos x) = -\operatorname{sen} x}$$

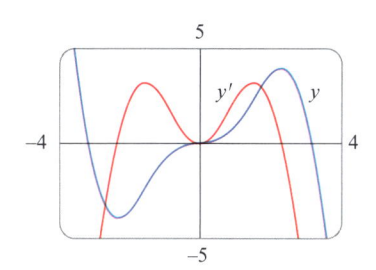

FIGURA 2

A função tangente também pode ser derivada empregando a definição de derivada, mas é mais fácil usar a Regra do Quociente com as Fórmulas 2 e 3:

$$\frac{d}{dx}(\operatorname{tg} x) = \frac{d}{dx}\left(\frac{\operatorname{sen} x}{\cos x}\right)$$

$$= \frac{\cos x \dfrac{d}{dx}(\operatorname{sen} x) - \operatorname{sen} x \dfrac{d}{dx}(\cos x)}{\cos^2 x}$$

$$= \frac{\cos x \cdot \cos x - \operatorname{sen} x(-\operatorname{sen} x)}{\cos^2 x}$$

$$= \frac{\cos x^2 + \operatorname{sen}^2 x}{\cos^2 x}$$

$$= \frac{1}{\cos^2 x} = \sec^2 x \quad (\cos^2 x + \operatorname{sen}^2 x = 1)$$

4
$$\boxed{\frac{d}{dx}(\operatorname{tg} x) = \sec^2 x}$$

As derivadas das funções trigonométricas restantes, cossec, sec e cotg, também podem ser encontradas facilmente usando a Regra do Quociente (veja os Exercícios 23-25). Reunimos todas as fórmulas de derivação para funções trigonométricas na tabela a seguir. Lembre-se de que elas são válidas apenas quando x estiver medido em radianos.

Quando você for memorizar esta tabela, é útil observar que o sinal de subtração aparece nas derivadas das funções que têm "co" no nome: cosseno, cossecante e cotangente.

Derivadas de Funções Trigonométricas

$$\frac{d}{dx}(\operatorname{sen} x) = \cos x \qquad \frac{d}{dx}(\operatorname{cossec} x) = -\operatorname{cossec} x \ \operatorname{cotg} x$$

$$\frac{d}{dx}(\cos x) = -\operatorname{sen} x \qquad \frac{d}{dx}(\sec x) = \sec x \ \operatorname{tg} x$$

$$\frac{d}{dx}(\operatorname{tg} x) = \sec^2 x \qquad \frac{d}{dx}(\operatorname{cotg} x) = -\operatorname{cossec}^2 x$$

EXEMPLO 2 Derive $f(x) = \dfrac{\sec x}{1 + \operatorname{tg} x}$. Para quais valores de x o gráfico de f tem reta tangente horizontal?

SOLUÇÃO A Regra do Quociente dá

$$f'(x) = \frac{(1 + \operatorname{tg} x)\dfrac{d}{dx}(\sec x) - \sec x \dfrac{d}{dx}(1 + \operatorname{tg} x)}{(1 + \operatorname{tg} x)^2}$$

$$= \frac{(1 + \operatorname{tg} x) \sec x \operatorname{tg} x - \sec x \cdot \sec^2 x}{(1 + \operatorname{tg} x)^2}$$

$$= \frac{\sec x (\operatorname{tg} x + \operatorname{tg}^2 x - \sec^2 x)}{(1 + \operatorname{tg} x)^2}$$

$$= \frac{\sec x (\operatorname{tg} x - 1)}{(1 + \operatorname{tg} x)^2} \quad (\sec^2 x = \operatorname{tg}^2 x + 1)$$

Porque $\sec x$ nunca é 0, vemos que $f'(x) = 0$ quando $\operatorname{tg} x = 1$, e isso ocorre quando $x = \pi/4 + n\pi$, onde n é um inteiro (veja a Figura 3). ∎

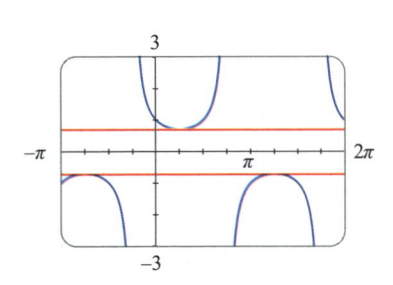

FIGURA 3
As tangentes horizontais no Exemplo 2

As funções trigonométricas muitas vezes são usadas em modelos de fenômenos do mundo real. Em particular, vibrações, ondas, movimentos elásticos e outras grandezas que variam de maneira periódica podem ser descritos utilizando-se funções trigonométricas. A seguir, analisaremos um exemplo de movimento harmônico simples.

EXEMPLO 3 Um objeto preso na extremidade de uma mola vertical é esticado 4 cm além de sua posição no repouso e solto no tempo $t = 0$. (Veja a Figura 4 e observe que o sentido positivo é para baixo.) Sua posição no tempo t é

$$s = f(t) = 4 \cos t$$

Encontre a velocidade e a aceleração no tempo t e use-as para analisar o movimento do objeto.

SOLUÇÃO A velocidade e a aceleração são

$$v = \frac{ds}{dt} = \frac{d}{dt}(4\cos t) = 4\frac{d}{dt}(\cos t) = -4\operatorname{sen} t$$

$$a = \frac{dv}{dt} = \frac{d}{dt}(-4\operatorname{sen} t) = -4\frac{d}{dt}(\operatorname{sen} t) = -4\cos t$$

O objeto oscila desde o ponto mais baixo ($s = 4$ cm) até o mais alto ($s = -4$ cm). O período de oscilação é 2π, o período de $\cos t$.

A velocidade é $|v| = 4|\operatorname{sen} t|$, que é a máxima quando $|\operatorname{sen} t| = 1$, ou seja, quando $\cos t = 0$. Assim, o objeto move-se mais rapidamente quando passa por sua posição de equilíbrio ($s = 0$). Sua velocidade escalar é 0 quando $\operatorname{sen} t = 0$, ou seja, no ponto mais alto e no mais baixo.

A aceleração $a = -4 \cos t = 0$ quando $s = 0$. Ela tem seu maior módulo nos pontos mais altos e mais baixos. Veja os gráficos na Figura 5. ■

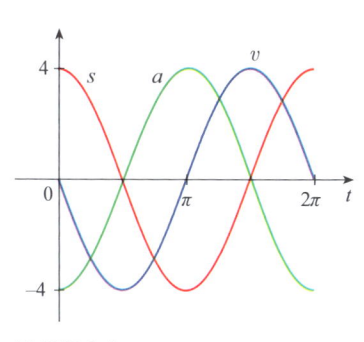

FIGURA 4

FIGURA 5

EXEMPLO 4 Encontre a 27ª derivada de $\cos x$.

SOLUÇÃO Algumas das primeiras derivadas de $f(x) = \cos x$ são as seguintes:

$$f'(x) = -\operatorname{sen} x$$
$$f''(x) = -\cos x$$
$$f'''(x) = \operatorname{sen} x$$
$$f^{(4)}(x) = \cos x$$
$$f^{(5)}(x) = -\operatorname{sen} x$$

SP Busque um padrão.

Vemos que as derivadas sucessivas ocorrem em um ciclo de comprimento 4 e, em particular, $f^{(n)}(x) = \cos x$ sempre que n for um múltiplo de 4. Portanto,

$$f^{(24)}(x) = \cos x$$

e, derivando mais três vezes, temos

$$f^{(27)}(x) = \operatorname{sen} x \quad ■$$

■ Dois Limites Trigonométricos Especiais

Na demonstração da fórmula da derivada do seno, usamos dois limites especiais, que provaremos agora.

$$\boxed{5} \quad \lim_{\theta \to 0} \frac{\operatorname{sen} \theta}{\theta} = 1$$

DEMONSTRAÇÃO Suponha, inicialmente, que θ esteja entre 0 e $\pi/2$. A Figura 6(a) mostra um setor circular com centro em O, ângulo central θ e raio 1. O segmento BC é perpendicular a OA. Pela definição de radiano, temos arc $AB = \theta$. Além disso $|BC| = |OB| \operatorname{sen} \theta = \operatorname{sen} \theta$. Notamos na figura que

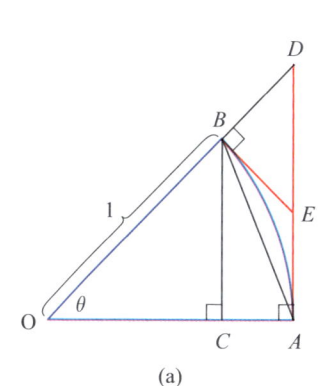

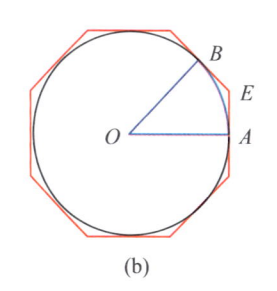

$$|BC| < |AB| < \text{arc } AB$$

FIGURA 6

Portanto, $\quad \operatorname{sen}\theta < \theta \quad$ de modo que $\quad \dfrac{\operatorname{sen}\theta}{\theta} < 1$

Seja E o ponto de intersecção das retas tangentes em A e B. Observa-se na Figura 6(b) que o comprimento de uma circunferência é menor que o perímetro de um polígono a ela circunscrito, de modo que $AB < |AE| + |EB|$. Logo,

$$\begin{aligned}\theta = \operatorname{arc} AB &< |AE| + |EB| \\ &< |AE| + |ED| \\ &= |AD| = |OA|\,\operatorname{tg}\theta \\ &= \operatorname{tg}\theta\end{aligned}$$

(No Apêndice F, provaremos a inequação $\theta \leq \operatorname{tg}\theta$ diretamente a partir da definição de comprimento de arco, sem recorrer à intuição geométrica, como fizemos aqui.) Portanto, temos

$$\theta < \frac{\operatorname{sen}\theta}{\cos\theta}$$

de modo que $\quad\cos\theta < \dfrac{\operatorname{sen}\theta}{\theta} < 1$

Sabemos que $\lim_{\theta \to 0} 1 = 1$ e que $\lim_{\theta \to 0} \cos\theta = 1$. Sendo assim, pelo Teorema do Confronto, temos

$$\lim_{\theta \to 0^+} \frac{\operatorname{sen}\theta}{\theta} = 1 \quad (0 < \theta < \pi/2)$$

Mas a função $(\operatorname{sen}\theta)/\theta$ é uma função par, de modo que seus limites à esquerda e à direita devem ser iguais. Logo, temos

$$\lim_{\theta \to 0} \frac{\operatorname{sen}\theta}{\theta} = 1$$

assim, provamos a Equação 5. ■

O primeiro limite especial que consideramos diz respeito à função seno. O limite especial apresentado a seguir envolve o cosseno.

$$\boxed{6 \qquad \lim_{\theta \to 0} \frac{\cos\theta - 1}{\theta} = 0}$$

DEMONSTRAÇÃO Multiplicando o numerador e o denominador da expressão dentro do limite por $\cos\theta + 1$, para converter a função a uma forma na qual podemos usar limites conhecidos, obtemos

$$\begin{aligned}\lim_{\theta \to 0}\frac{\cos\theta - 1}{\theta} &= \lim_{\theta \to 0}\left(\frac{\cos\theta - 1}{\theta}\cdot\frac{\cos\theta + 1}{\cos\theta + 1}\right) = \lim_{\theta \to 0}\frac{\cos^2\theta - 1}{\theta(\cos\theta + 1)} \\ &= \lim_{\theta \to 0}\frac{-\operatorname{sen}^2\theta}{\theta(\cos\theta + 1)} = \lim_{\theta \to 0}\left(\frac{\operatorname{sen}\theta}{\theta}\cdot\frac{\operatorname{sen}\theta}{\cos\theta + 1}\right) \\ &= -\lim_{\theta \to 0}\frac{\operatorname{sen}\theta}{\theta}\cdot\lim_{\theta \to 0}\frac{\operatorname{sen}\theta}{\cos\theta + 1} \\ &= -1\cdot\left(\frac{0}{1+1}\right) = 0 \quad \text{(pela Equação 5)}\end{aligned}$$

■

EXEMPLO 5 Encontre $\lim_{x \to 0} \dfrac{\operatorname{sen} 7x}{4x}$.

SOLUÇÃO Para aplicarmos a Equação 5, vamos primeiro reescrever a função multiplicando e dividindo por 7:

$$\frac{\operatorname{sen} 7x}{4x} = \frac{7}{4}\left(\frac{\operatorname{sen} 7x}{7x}\right)$$

Observe que sen $7x \neq 7$ sen x.

Se fizermos $\theta = 7x$, então $\theta \to 0$ quando $x \to 0$, de modo que pela Equação 5 temos

$$\lim_{x \to 0} \frac{\operatorname{sen} 7x}{4x} = \frac{7}{4} \lim_{x \to 0}\left(\frac{\operatorname{sen} 7x}{7x}\right)$$

$$= \frac{7}{4} \lim_{\theta \to 0} \frac{\operatorname{sen} \theta}{\theta} = \frac{7}{4} \cdot 1 = \frac{7}{4}$$

EXEMPLO 6 Calcule $\lim_{x \to 0} x \cotg x$.

SOLUÇÃO Aqui, dividimos o numerador e o denominador por x:

$$\lim_{x \to 0} x \cotg x = \lim_{x \to 0} \frac{x \cos x}{\operatorname{sen} x}$$

$$= \lim_{x \to 0} \frac{\cos x}{\dfrac{\operatorname{sen} x}{x}} = \frac{\lim\limits_{x \to 0} \cos x}{\lim\limits_{x \to 0} \dfrac{\operatorname{sen} x}{x}}$$

$$= \frac{\cos 0}{1} \quad \text{(pela continuidade do cosseno e pela Equação 5)}$$

$$= 1$$

EXEMPLO 7 Determine $\lim_{\theta \to 0} \dfrac{\cos \theta - 1}{\operatorname{sen} \theta}$.

SOLUÇÃO Para que seja possível empregar as Equações 5 e 6, dividimos o numerador e o denominador por θ:

$$\lim_{\theta \to 0} \frac{\cos \theta - 1}{\operatorname{sen} \theta} = \lim_{\theta \to 0} \frac{\dfrac{\cos \theta - 1}{\theta}}{\dfrac{\operatorname{sen} \theta}{\theta}}$$

$$= \frac{\lim\limits_{\theta \to 0} \dfrac{\cos \theta - 1}{\theta}}{\lim\limits_{\theta \to 0} \dfrac{\operatorname{sen} \theta}{\theta}} = \frac{0}{1} = 0$$

3.3 | Exercícios

1-22 Derive.

1. $f(x) = 3 \operatorname{sen} x - 2 \cos x$
2. $f(x) = \tg x - 4 \operatorname{sen} x$
3. $y = x^2 + \cotg x$
4. $y = 2 \sec x - \cossec x$
5. $h(\theta) = \theta^2 \operatorname{sen} \theta$
6. $g(x) = 3x + x^2 \cos x$
7. $y = \sec \theta \tg \theta$
8. $y = \operatorname{sen} \theta \cos \theta$
9. $f(\theta) = (\theta - \cos \theta) \operatorname{sen} \theta$
10. $g(\theta) = e^{\theta}(\tg \theta - \theta)$
11. $H(t) = \cos^2 t$
12. $f(x) = e^x \operatorname{sen} x + \cos x$
13. $f(\theta) = \dfrac{\operatorname{sen} \theta}{1 + \cos \theta}$
14. $y = \dfrac{\cos x}{1 - \operatorname{sen} x}$
15. $y = \dfrac{x}{2 - \tg x}$
16. $f(t) = \dfrac{\cotg t}{e^t}$

17. $f(w) = \dfrac{1 + \sec w}{1 - \sec w}$

18. $y = \dfrac{\operatorname{sen} t}{1 + \operatorname{tg} t}$

19. $y = \dfrac{t \operatorname{sen} t}{1 + t}$

20. $g(z) = \dfrac{z}{\sec z + \operatorname{tg} z}$

21. $f(\theta) = \theta \cos \theta \operatorname{sen} \theta$

22. $f(t) = t e^t \operatorname{cotg} t$

23. Demonstre que $\dfrac{d}{dx}(\operatorname{cossec} x) = -\operatorname{cossec} x \operatorname{cotg} x$.

24. Demonstre que $\dfrac{d}{dx}(\sec x) = -\sec x \operatorname{tg} x$.

25. Demonstre que $\dfrac{d}{dx}(\operatorname{cotg} x) = -\operatorname{cossec}^2 x$.

26. Demonstre, pela definição de derivada, que se $f(x) = \cos x$, então $f'(x) = -\operatorname{sen} x$.

27-30 Encontre uma equação da reta tangente à curva no ponto dado.

27. $y = \operatorname{sen} x + \cos x$, $(0, 1)$

28. $y = x + \operatorname{sen} x$, (π, π)

29. $y = e^x \cos x + \operatorname{sen} x$, $(0, 1)$

30. $y = \dfrac{1 + \operatorname{sen} x}{\cos x}$, $(\pi, -1)$

31. (a) Encontre uma equação da reta tangente à curva $y = 2x \operatorname{sen} x$ no ponto $(\pi/2, \pi)$.
(b) Ilustre a parte (a) fazendo o gráfico da curva e da tangente na mesma tela.

32. (a) Encontre uma equação da reta tangente à curva $y = 3x + 6 \cos x$ no ponto $(\pi/3, \pi + 3)$.
(b) Ilustre a parte (a) fazendo o gráfico da curva e da tangente na mesma tela.

33. (a) Se $f(x) = \sec x - x$, encontre $f'(x)$.
(b) Verifique se sua resposta para a parte (a) é razoável fazendo os gráficos de f e f' para $|x| < \pi/2$.

34. (a) Se $f(x) = e^x \cos x$, encontre $f'(x)$ e $f''(x)$.
(b) Verifique se suas respostas para a parte (a) são razoáveis fazendo gráficos de f, f' e f''.

35. Se $g(\theta) = \dfrac{\operatorname{sen} \theta}{\theta}$, determine $g'(\theta)$ e $g''(\theta)$.

36. Se $f(t) = \sec t$, encontre $f''(\pi/4)$.

37. (a) Use a Regra do Quociente para derivar a função
$$f(x) = \dfrac{\operatorname{tg} x - 1}{\sec x}$$
(b) Simplifique a expressão para $f(x)$ escrevendo-a em termos de $\operatorname{sen} x$ e $\cos x$ e, então, encontre $f'(x)$.
(c) Mostre que suas respostas para as partes (a) e (b) são equivalentes.

38. Suponha $f(\pi/3) = 4$ e $f'(\pi/3) = -2$, e faça $g(x) = f(x) \operatorname{sen} x$ e $h(x) = (\cos x)/f(x)$. Encontre
(a) $g'(\pi/3)$ (b) $h'(\pi/3)$

39-40 Para quais valores de x o gráfico f tem uma reta tangente horizontal?

39. $f(x) = x + 2 \operatorname{sen} x$

40. $f(x) = e^x \cos x$

41. Um corpo em uma mola vibra horizontalmente sobre uma superfície lisa (veja a figura). Sua equação de movimento é $x(t) = 8 \operatorname{sen} t$, onde t está em segundos e x, em centímetros.
(a) Encontre a velocidade e a aceleração no tempo t.
(b) Encontre a posição, velocidade e aceleração do corpo no instante $t = 2\pi/3$. Em que direção ele está se movendo nesse momento?

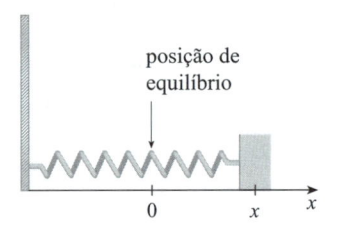

42. Uma tira elástica é presa a um gancho e uma massa é presa na ponta inferior da tira. Quando o corpo é puxado para baixo e então solto, ele vibra verticalmente. A equação do movimento é $s = 2 \cos t + 3 \operatorname{sen} t$, $t \geq 0$, onde s é medido em centímetros e t, em segundos. (Consideremos o sentido positivo como para baixo.)
(a) Encontre a velocidade e a aceleração no instante t.
(b) Faça os gráficos das funções velocidade e aceleração.
(c) Quando o corpo passa pela posição de equilíbrio pela primeira vez?
(d) A que distância da posição de equilíbrio o corpo chega?
(e) Quando a velocidade é máxima?

43. Uma escada com 6 m de comprimento está apoiada em uma parede vertical. Seja θ o ângulo entre o topo da escada e a parede e seja x a distância do pé da escada até a parede. Se o pé da escada escorregar para longe da parede, quão rápido x varia em relação a θ quando $\theta = \pi/3$?

44. Um objeto de massa m é arrastado ao longo de um plano horizontal por uma força agindo ao longo de uma corda atada ao objeto. Se a corda faz um ângulo θ com o plano, então a intensidade da força é
$$F = \dfrac{\mu m g}{\mu \operatorname{sen} \theta + \cos \theta}$$
onde μ é uma constante chamada *coeficiente de atrito*.
(a) Encontre a taxa de variação de F em relação a θ.
(b) Quando essa taxa de variação é igual a 0?
(c) Se $m = 20$ kg e $\mu = 0{,}6$, faça o gráfico de F como uma função de θ e use-o para encontrar o valor de θ para o qual $dF/d\theta = 0$. Esse valor é consistente com a resposta dada na parte (b)?

45-60 Encontre o limite.

45. $\lim\limits_{x \to 0} \dfrac{\operatorname{sen} 5x}{3x}$

46. $\lim\limits_{x \to 0} \dfrac{\operatorname{sen} x}{\operatorname{sen} \pi x}$

47. $\lim\limits_{t \to 0} \dfrac{\operatorname{sen} 3t}{\operatorname{sen} t}$

48. $\lim\limits_{x \to 0} \dfrac{\operatorname{sen}^2 3x}{x}$

49. $\lim\limits_{x \to 0} \dfrac{\operatorname{sen} x - \operatorname{sen} x \cos x}{x^2}$

50. $\lim\limits_{x \to 0} \dfrac{1 - \sec x}{2x}$

51. $\lim\limits_{x \to 0} \dfrac{\operatorname{tg} 2x}{x}$

52. $\lim\limits_{\theta \to 0} \dfrac{\operatorname{sen} x}{\operatorname{tg} 7\theta}$

53. $\lim\limits_{x \to 0} \dfrac{\operatorname{sen} 3x}{5x^3 - 4x}$

54. $\lim\limits_{x \to 0} \dfrac{\operatorname{sen} 3x \operatorname{sen} 5x}{x^2}$

55. $\lim\limits_{\theta \to 0} \dfrac{\operatorname{sen} \theta}{\theta + \operatorname{tg} \theta}$

56. $\lim\limits_{x \to 0} \operatorname{cossec} x \operatorname{sen}(\operatorname{sen} x)$

57. $\lim\limits_{\theta \to 0} \dfrac{\cos \theta - 1}{2\theta^2}$

58. $\lim\limits_{x \to 0} \dfrac{\operatorname{sen}(x^2)}{x}$

59. $\lim\limits_{x \to \pi/4} \dfrac{1 - \operatorname{tg} x}{\operatorname{sen} x - \cos x}$

60. $\lim\limits_{x \to 1} \dfrac{\operatorname{sen}(x-1)}{x^2 + x - 2}$

61-62 Encontre a derivada dada, encontrando as primeiras derivadas e observando o padrão que ocorre.

61. $\dfrac{d^{99}}{dx^{99}}(\operatorname{sen} x)$

62. $\dfrac{d^{35}}{dx^{35}}(x \operatorname{sen} x)$

---

63. Encontre constantes A e B de forma que a função $y = A \operatorname{sen} x + B \cos x$ satisfaça a equação diferencial $y'' + y' = 2y = \operatorname{sen} x$.

64. (a) Avalie $\lim\limits_{x \to \infty} x \operatorname{sen} \dfrac{1}{x}$.

(b) Avalie $\lim\limits_{x \to 0} x \operatorname{sen} \dfrac{1}{x}$.

(c) Ilustre as partes (a) e (b) fazendo o gráfico de $y = x \operatorname{sen}(1/x)$.

65. Derive cada identidade trigonométrica para obter uma nova identidade (ou uma familiar).

(a) $\operatorname{tg} x = \dfrac{\operatorname{sen} x}{\cos x}$

(b) $\sec x = \dfrac{1}{\cos x}$

(c) $\operatorname{sen} x + \cos x = \dfrac{1 + \operatorname{cotg} x}{\operatorname{cossec} x}$

66. Um semicírculo com diâmetro PQ está sobre um triângulo isósceles PQR para formar uma região com um formato de sorvete, conforme mostra a figura. Se $A(\theta)$ é a área do semicírculo e $B(\theta)$ é a área do triângulo, encontre

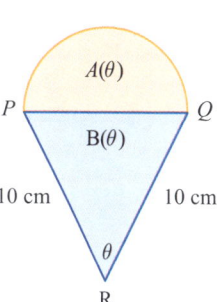

$$\lim_{\theta \to 0^+} \dfrac{A(\theta)}{B(\theta)}$$

67. A figura mostra um arco de círculo com comprimento s e uma corda com comprimento d, ambos subentendidos por um ângulo central θ. Encontre

$$\lim_{\theta \to 0^+} \dfrac{s}{d}$$

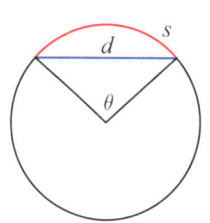

68. Seja $f(x) = \dfrac{x}{\sqrt{1 - \cos 2x}}$.

(a) Faça o gráfico de f. Que tipo de descontinuidade parece ocorrer em 0?
(b) Calcule os limites laterais de f em 0. Esses valores confirmam sua resposta para a parte (a)?

3.4 A Regra da Cadeia

Suponha que você precise derivar a função

$$F(x) = \sqrt{x^2 + 1}$$

Veja a Seção 1.3 para uma revisão das funções compostas.

As fórmulas de derivação que você aprendeu nas seções precedentes deste capítulo não lhe permitem calcular $F'(x)$.

Observe que F é uma função composta. Na realidade, se assumirmos $y = f(u) = \sqrt{u}$ e $u = g(x) = x^2 + 1$, então poderemos escrever $y = F(x) = f(g(x))$, ou seja, $F = f \circ g$. Sabemos como derivar ambas, f e g, então seria útil ter uma regra que nos dissesse como achar a derivada de $F = f \circ g$ em termos das derivadas de f e g.

A Regra da Cadeia

Resulta que a derivada da função composta $f \circ g$ é o produto das derivadas de f e g. Esse fato é um dos mais importantes das regras de derivação e é chamado *Regra da Cadeia*. Ela parece plausível se interpretarmos as derivadas como taxas de variação. Considere du/dx como a taxa de variação de u com relação a x, dy/du como a taxa de variação de y com relação a u e dy/dx como a taxa de variação de y com relação a x. Se u variar duas vezes mais rápido que x, e y variar três vezes mais rápido que u, então parece plausível que y varie seis vezes mais rápido que x e, portanto, esperamos que dy/dx seja o produto de dy/du por du/dx.

> **Teorema do Confronto** Se g for derivável em x e f for derivável em $g(x)$, então a função composta $F = f \circ g$ definida por $F(x) = f(g(x))$ é derivável em x e F' é dada pelo produto
>
> $$\boxed{1} \qquad F'(x) = f'(g(x)) \cdot g'(x)$$
>
> Na notação de Leibniz, se $y = f(u)$ e $u = g(x)$ forem funções deriváveis, então
>
> $$\boxed{2} \qquad \frac{dy}{dx} = \frac{dy}{du}\frac{du}{dx}$$

A Fórmula 2 é fácil de lembrar porque, se imaginamos que dy/du e du/dx são quocientes, podemos cancelar du; entretanto, du não foi definido e du/dx não deve ser considerado, de fato, um quociente.

COMENTÁRIOS SOBRE A DEMONSTRAÇÃO DA REGRA DA CADEIA Seja Δu a variação em u correspondente à variação de Δx em x, ou seja,

$$\Delta u = g(x + \Delta x) - g(x)$$

Então, a variação correspondente em y é

$$\Delta y = f(u + \Delta u) - f(u)$$

É tentador escrever

$$\boxed{3} \quad \begin{aligned}\frac{dy}{dx} &= \lim_{\Delta x \to 0} \frac{\Delta y}{\Delta x} \\ &= \lim_{\Delta x \to 0} \frac{\Delta y}{\Delta x} \cdot \frac{\Delta u}{\Delta x} \\ &= \lim_{\Delta x \to 0} \frac{\Delta y}{\Delta u} \cdot \lim_{\Delta x \to 0} \frac{\Delta u}{\Delta x} \\ &= \lim_{\Delta u \to 0} \frac{\Delta y}{\Delta u} \cdot \lim_{\Delta x \to 0} \frac{\Delta u}{\Delta x} \quad \text{(Observe que } \Delta u \to 0 \text{ quando } \Delta x \to 0, \text{ porque } g \text{ é contínua.)} \\ &= \frac{dy}{du}\frac{du}{dx} \end{aligned}$$

A única falha nesse raciocínio é que em (1) poderia acontecer que $\Delta u = 0$ (mesmo quando $\Delta x \neq 0$) e, obviamente, não podemos dividir por 0. Não obstante, esse raciocínio pelo menos *sugere* que a Regra da Cadeia é verdadeira. Uma demonstração completa da Regra da Cadeia será dada no fim desta seção. ∎

> **James Gregory**
> A primeira pessoa a formular a Regra da Cadeia foi o matemático escocês James Gregory (1638-1675), que também projetou o primeiro telescópio refletor para uso prático. Gregory descobriu as ideias básicas de cálculo por volta da mesma época que Newton. Tornou-se o primeiro professor de Matemática na Universidade de St. Andrews e posteriormente ocupou a mesma posição na Universidade de Edimburgo. Mas, um ano após aceitar essa posição, morreu, aos 36 anos.

EXEMPLO 1 Encontre $F'(x)$ se $F(x) = \sqrt{x^2 + 1}$.

SOLUÇÃO 1 (usando a Equação 1): No início desta seção expressamos F como $F(x) = (f \circ g)(x) = f(g(x))$, onde $f(u) = \sqrt{u}$ e $g(x) = x^2 + 1$. Uma vez que

$$f'(u) = \tfrac{1}{2}u^{-1/2} = \frac{1}{2\sqrt{u}} \quad \text{e} \quad g'(x) = 2x$$

temos

$$F'(x) = f'(g(x)) \cdot g'(x)$$
$$= \frac{1}{2\sqrt{x^2+1}} \cdot 2x = \frac{x}{\sqrt{x^2+1}}$$

SOLUÇÃO 2 (usando a Equação 2): Se fizermos $u = x^2 + 1$ e $y = \sqrt{u}$, então

$$F'(x) = \frac{dy}{du}\frac{du}{dx} = \frac{1}{2\sqrt{u}}(2x) = \frac{1}{2\sqrt{x^2+1}}(2x) = \frac{x}{\sqrt{x^2+1}}$$

Quando usarmos a Fórmula 2, deveremos ter em mente que dy/dx refere-se à derivada de y quando y for considerada uma função de x (a derivada de y em relação a x), enquanto dy/du se refere à derivada de y quando y é considerada função de u (a derivada de y com relação a u). Como ilustração, no Exemplo 1, y pode ser considerada uma função de x $\left(y = \sqrt{x^2+1}\right)$ e também uma função de u ($y = \sqrt{u}$). Observe que

$$\frac{dy}{dx} = F'(x) = \frac{x}{\sqrt{x^2+1}} \quad \text{enquanto} \quad \frac{dy}{du} = f'(u) = \frac{1}{2\sqrt{u}}$$

OBSERVAÇÃO Ao usarmos a Regra da Cadeia, trabalharemos de fora para dentro. A Fórmula 1 diz que *derivamos a função f de fora [na função de dentro g(x)] e então multiplicamos pela derivada da função de dentro.*

$$\frac{d}{dx} \underbrace{f}_{\substack{\text{função}\\\text{de fora}}} \underbrace{(g(x))}_{\substack{\text{avaliada}\\\text{na função}\\\text{de dentro}}} = \underbrace{f'}_{\substack{\text{derivada}\\\text{da função}\\\text{de fora}}} \underbrace{(g(x))}_{\substack{\text{avaliada}\\\text{na função}\\\text{de dentro}}} \cdot \underbrace{g'(x)}_{\substack{\text{derivada}\\\text{da função}\\\text{de dentro}}}$$

EXEMPLO 2 Derive (a) $y = \text{sen}(x^2)$ e (b) $y = \text{sen}^2 x$.

SOLUÇÃO

(a) Se $y = \text{sen}(x^2)$, então a função de fora é a função seno e a função de dentro é a função quadrática, de modo que, a Regra da Cadeia dá

$$\frac{dy}{dx} = \frac{d}{dx} \underbrace{\text{sen}}_{\substack{\text{função}\\\text{de fora}}} \underbrace{(x^2)}_{\substack{\text{avaliada}\\\text{na função}\\\text{de dentro}}} = \underbrace{\cos}_{\substack{\text{derivada}\\\text{da função}\\\text{de fora}}} \underbrace{(x^2)}_{\substack{\text{avaliada}\\\text{na função}\\\text{de dentro}}} \cdot \underbrace{2x}_{\substack{\text{derivada}\\\text{da função}\\\text{de dentro}}}$$

(b) Observe que $\text{sen}^2 x = (\text{sen } x)^2$. Aqui, a função de fora é a função quadrática e a função de dentro é a função seno. Logo,

$$\frac{dy}{dx} = \frac{d}{dx} \underbrace{(\text{sen } x)^2}_{\substack{\text{função}\\\text{de dentro}}} = \underbrace{2}_{\substack{\text{derivada}\\\text{da função}\\\text{de fora}}} \cdot \underbrace{(\text{sen } x)}_{\substack{\text{avaliada}\\\text{na função}\\\text{de dentro}}} \cdot \underbrace{(\cos x)}_{\substack{\text{derivada}\\\text{da função}\\\text{de dentro}}}$$

A resposta pode ser deixada como $2 \text{ sen } x \cos x$ ou escrita como sen $2x$ (pela identidade trigonométrica conhecida como fórmula do ângulo duplo).

Veja Página de Referência 2 ou Apêndice D.

No Exemplo 2(a) combinamos a Regra da Cadeia com a regra para derivar a função seno. Em geral, se $y = \text{sen } u$, onde u é uma função derivável de x, então, pela Regra da Cadeia,

$$\frac{dy}{dx} = \frac{dy}{du}\frac{du}{dx} = \cos u \frac{du}{dx}$$

Assim

$$\frac{d}{dx}(\text{sen } u) = \cos u \frac{du}{dx}$$

De modo análogo, todas as fórmulas para derivar funções trigonométricas podem ser combinadas com a Regra da Cadeia.

Vamos explicitar o caso especial da Regra da Cadeia onde a função de fora f é uma função potência. Se $y = [g(x)]^n$, então podemos escrever $y = f(u) = u^n$, onde $u = g(x)$. Usando a Regra da Cadeia e, em seguida, a Regra da Potência, obteremos

$$\frac{dy}{dx} = \frac{dy}{du}\frac{du}{dx} = nu^{n-1}\frac{du}{dx} = n[g(x)]^{n-1}\, g'(x)$$

---

4 A Regra da Potência Combinada com a Regra da Cadeia Se n for qualquer número real e $u = g(x)$ for derivável, então

$$\frac{d}{dx}(u^n) = nu^{n-1}\frac{du}{dx}$$

Alternativamente, $\qquad \dfrac{d}{dx}[g(x)]^n = n[g(x)]^{n-1} \cdot g'(x)$

Observe que a derivada que nós encontramos no Exemplo 1 poderia ser calculada usando $n = \frac{1}{2}$ na Regra 4.

EXEMPLO 3 Derive $y = (x^3 - 1)^{100}$.

SOLUÇÃO Fazendo $u = g(x) = x^3 - 1$ e $n = 100$ em (4), temos

$$\frac{dy}{dx} = \frac{d}{dx}(x^3 - 1)^{100} = 100(x^3 - 1)^{99}\frac{d}{dx}(x^3 - 1)$$
$$= 100(x^3 - 1)^{99} \cdot 3x^2 = 300x^2(x^3 - 1)^{99} \qquad \blacksquare$$

EXEMPLO 4 Encontre $f'(x)$ se $f(x) = \dfrac{1}{\sqrt[3]{x^2 + x + 1}}$.

SOLUÇÃO Primeiro reescreva f: $\qquad f(x) = (x^2 + x + 1)^{-1/3}$

Logo, $\qquad f'(x) = -\tfrac{1}{3}(x^2 + x + 1)^{-4/3}\dfrac{d}{dx}(x^2 + x + 1)$
$$= -\tfrac{1}{3}(x^2 + x + 1)^{-4/3}(2x + 1) \qquad \blacksquare$$

EXEMPLO 5 Encontre a derivada da função

$$g(t) = \left(\frac{t-2}{2t+1}\right)^9$$

SOLUÇÃO Combinando a Regra da Potência, a Regra da Cadeia e a Regra do Quociente, obtemos

$$g'(t) = 9\left(\frac{t-2}{2t+1}\right)^8 \frac{d}{dt}\left(\frac{t-2}{2t+1}\right)$$
$$= 9\left(\frac{t-2}{2t+1}\right)^8 \frac{(2t+1)\cdot 1 - 2(t-2)}{(2t+1)^2} = \frac{45(t-2)^8}{(2t+1)^{10}} \qquad \blacksquare$$

EXEMPLO 6 Derive $y = (2x+1)^5(x^3 - x + 1)^4$.

SOLUÇÃO Neste exemplo devemos usar a Regra do Produto antes de usar a Regra da Cadeia:

$$\frac{dy}{dx} = (2x+1)^5 \frac{d}{dx}(x^3 - x + 1)^4 + (x^3 - x + 1)^4 \frac{d}{dx}(2x+1)^5$$

$$= (2x+1)^5 \cdot 4(x^3 - x + 1)^3 \frac{d}{dx}(x^3 - x + 1)$$

$$+ (x^3 - x + 1)^4 \cdot 5(2x+1)^4 \frac{d}{dx}(2x+1)$$

$$= 4(2x+1)^5 (x^3 - x + 1)^3 (3x^2 - 1) + 5(x^3 - x + 1)^4 (2x+1)^4 \cdot 2$$

Observando que cada termo tem o fator comum $2(2x+1)^4(x^3 - x + 1)^3$, podemos fatorá-lo e escrever a resposta como

$$\frac{dy}{dx} = 2(2x+1)^4 (x^3 - x + 1)^3 (17x^3 + 6x^2 - 9x + 3) \quad \blacksquare$$

Os gráficos das funções y e y' do Exemplo 6 são mostrados na Figura 1. Observe que y' é grande quando y cresce rapidamente e $y' = 0$ quando y tem uma tangente horizontal. Logo, nossa resposta parece ser razoável.

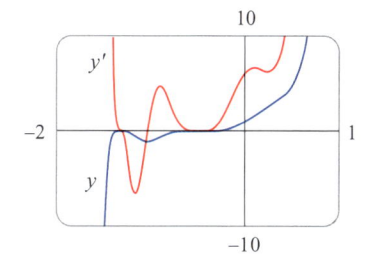

FIGURA 1

EXEMPLO 7 Derive $y = e^{\text{sen } x}$.

SOLUÇÃO Aqui a função de dentro é $g(x) = \text{sen } x$ e a função de fora é a função exponencial $f(x) = e^x$. Logo, pela Regra da Cadeia,

$$\frac{dy}{dx} = \frac{d}{dx}(e^{\text{sen } x}) = e^{\text{sen } x} \frac{d}{dx}(\text{sen } x) = e^{\text{sen } x} \cos x \quad \blacksquare$$

De forma geral, a Regra da Cadeia fornece

$$\frac{d}{dx}(e^u) = e^u \frac{du}{dx}$$

A razão para o nome "Regra da Cadeia" fica evidente se fizermos uma cadeia maior adicionando mais um elo. Suponha que $y = f(u)$, $u = g(x)$ e $x = h(t)$, onde f, g e h são funções deriváveis. Então, para calcular a derivada de y em relação a t, usamos duas vezes a Regra da Cadeia

$$\frac{dy}{dt} = \frac{dy}{dx} \frac{dx}{dt} = \frac{dy}{du} \frac{du}{dx} \frac{dx}{dt}$$

EXEMPLO 8 Se $f(x) = \text{sen}(\cos(\text{tg } x))$, então

$$f'(x) = \cos(\cos(\text{tg } x)) \frac{d}{dx} \cos(\text{tg } x)$$

$$= \cos(\cos(\text{tg } x))[-\text{sen}(\text{tg } x)] \frac{d}{dx}(\text{tg } x)$$

$$= -\cos(\cos(\text{tg } x)) \, \text{sen}(\text{tg } x) \sec^2 x$$

Observe que usamos duas vezes a Regra da Cadeia. $\quad \blacksquare$

EXEMPLO 9 Derive $y = e^{\sec 3\theta}$.

SOLUÇÃO A função de fora é uma exponencial, a do meio é uma função secante, e a de dentro é a função de multiplicação por três. Logo, temos

$$\frac{dy}{d\theta} = e^{\sec 3\theta} \frac{d}{d\theta}(\sec 3\theta)$$
$$= e^{\sec 3\theta} \sec 3\theta \ \text{tg} \ 3\theta \frac{d}{d\theta}(3\theta)$$
$$= 3e^{\sec 3\theta} \sec 3\theta \ \text{tg} \ 3\theta$$

■ Derivadas de Funções Exponenciais Gerais

Podemos usar a Regra da Cadeia para derivar uma função exponencial em uma base $b > 0$ qualquer. Lembre-se de que, segundo a Equação 1.5.10, podemos escrever

$$b^x = e^{(\ln b)x}$$

e então a Regra da Cadeia fornece

$$\frac{d}{dx}(b^x) = \frac{d}{dx}(e^{(\ln b)x}) = e^{(\ln b)x} \frac{d}{dx}[(\ln b)x]$$
$$= e^{(\ln b)x}(\ln b) = b^x \ln b$$

uma vez que $\ln b$ é uma constante. Assim, temos a fórmula

Não confunda a Fórmula 5 (na qual x é o *expoente*) com a Regra da Potência (em que x é a *base*):

$$\frac{d}{dx}(x^n) = nx^{n-1}$$

5 $\qquad \boxed{\dfrac{d}{dx}(b^x) = b^x \ln b}$

EXEMPLO 10 Determine a derivada de cada uma das funções.
(a) $g(x) = 2^x$ \qquad (b) $h(x) = 5^{x^2}$

SOLUÇÃO
(a) Nesse caso, usamos a Fórmula 5 com $b = 2$:

$$g'(x) = \frac{d}{dx}(2^x) = 2^x \ln 2$$

Isso é compatível com a estimativa

$$\frac{d}{dx}(2^x) \approx (0{,}693)2^x$$

que apresentamos na Seção 3.1, uma vez que $\ln 2 \approx 0{,}693147$.

(b) A função externa é exponencial e a função interna é quadrática, de modo que, usando a Fórmula 5 e a Regra da Cadeia, obtemos

$$h'(x) = \frac{d}{dx}\left(5^{x^2}\right) = 5^{x^2} \ln 5 \cdot \frac{d}{dx}(x^2) = 2x \cdot 5^{x^2} \ln 5$$

■ Como Demonstrar a Regra da Cadeia

Lembre-se de que, se $y = f(x)$, e x varia de a para $a + \Delta x$, definimos o incremento de y como

$$\Delta y = f(a + \Delta x) - f(a)$$

De acordo com a definição de derivada, temos

$$\lim_{\Delta x \to 0} \frac{\Delta y}{\Delta x} = f'(a)$$

Dessa forma, se denotarmos por ε a diferença entre $\Delta y/\Delta x$ e $f'(a)$, obteremos

$$\lim_{\Delta x \to 0} \varepsilon = \lim_{\Delta x \to 0} \left(\frac{\Delta y}{\Delta x} - f'(a) \right) = f'(a) - f'(a) = 0$$

Porém
$$\varepsilon = \frac{\Delta y}{\Delta x} - f'(a) \quad \Rightarrow \quad \Delta y = f'(a) \Delta x + \varepsilon \Delta x$$

Se definirmos ε como 0 quando $\Delta x = 0$, então ε se torna uma função contínua de Δx. Assim, para uma função diferenciável f, podemos escrever

$$\boxed{6} \qquad \Delta y = f'(a) \Delta x + \varepsilon \Delta x \qquad \text{onde} \qquad \varepsilon \to 0 \text{ quando } \Delta x \to 0$$

e ε é uma função contínua de Δx. Essa propriedade de funções diferenciáveis é que nos possibilita demonstrar a Regra da Cadeia.

DEMONSTRAÇÃO DA REGRA DA CADEIA Suponha que $u = g(x)$ seja derivável em a e $y = f(u)$ seja derivável em $b = g(a)$. Se Δx for um incremento em x e Δu e Δy forem os incrementos correspondentes em u e y, então podemos usar a Equação 6 para escrever

$$\boxed{7} \qquad \Delta u = g'(a) \Delta x + \varepsilon_1 \Delta x = [g'(a) + \varepsilon_1] \Delta x$$

onde $\varepsilon_1 \to 0$ quando $\Delta x \to 0$. De forma análoga

$$\boxed{8} \qquad \Delta y = f'(b) \Delta u + \varepsilon_2 \Delta u = [f'(b) + \varepsilon_2] \Delta u$$

onde $\varepsilon_2 \to 0$ quando $\Delta u \to 0$. Se substituirmos agora a expressão para Δu da Equação 7 na Equação 8, obteremos

$$\Delta y = [f'(b) + \varepsilon_2][g'(a) + \varepsilon_1] \Delta x$$

logo,
$$\frac{\Delta y}{\Delta x} = [f'(b) + \varepsilon_2][g'(a) + \varepsilon_1]$$

Quando $\Delta x \to 0$, a Equação 7 mostra que $\Delta u \to 0$. Tomando o limite quando $\Delta x \to 0$, obtemos

$$\frac{dy}{dx} = \lim_{\Delta x \to 0} \frac{\Delta y}{\Delta x} = \lim_{\Delta x \to 0} [f'(b) + \varepsilon_2][g'(a) + \varepsilon_1]$$
$$= f'(b) \, g'(a) = f'(g(a)) \, g'(a) \qquad \blacksquare$$

Isso demonstra a Regra da Cadeia.

3.4 | Exercícios

1-6 Escreva a função composta na forma $f(g(x))$. [Identifique a função de dentro $u = g(x)$ e a de fora $y = f(u)$.] Então, encontre a derivada dy/dx.

1. $y = (5 - x^4)^3$
2. $y = \sqrt{x^3 + 2}$
3. $y = \text{sen}(\cos x)$
4. $y = \text{tg}(x^2)$
5. $y = e^{\sqrt{x}}$
6. $y = \sqrt[3]{e^x + 1}$

7-52 Encontre a derivada da função.

7. $f(x) = (2x^3 - 5x^2 + 4)^5$
8. $f(x) = (x^5 + 3x^2 - x)^{50}$
9. $f(x) = \sqrt{5x + 1}$
10. $f(x) = \dfrac{1}{\sqrt[3]{x^2 - 1}}$
11. $g(t) = \dfrac{1}{(2t+1)^2}$
12. $F(t) = \left(\dfrac{1}{2t+1}\right)^4$

13. $f(\theta) = \cos(\theta)^2$

14. $g(\theta) = \cos^2\theta$

15. $g(x) = e^{x^2 - x}$

16. $y = 5^{\sqrt{x}}$

17. $y = x^2 e^{-3x}$

18. $f(t) = t\,\text{sen}\,\pi t$

19. $f(t) = e^{at}\,\text{sen}\,bt$

20. $A(r) = \sqrt{r}\cdot e^{r^2+1}$

21. $F(x) = (4x+5)^3(x^2-2x+5)^4$

22. $G(z) = (1-4z)^2\sqrt{z^2+1}$

23. $y = \sqrt{\dfrac{x}{x+1}}$

24. $y = \left(x + \dfrac{1}{x}\right)^5$

25. $y = e^{\text{tg}\,\theta}$

26. $f(t) = 2^{t^3}$

27. $g(u) = \left(\dfrac{u^3-1}{u^3+1}\right)^8$

28. $s(t) = \sqrt{\dfrac{1+\text{sen}\,t}{1+\cos t}}$

29. $r(t) = 10^{2\sqrt{t}}$

30. $f(z) = e^{z/(z-1)}$

31. $H(r) = \dfrac{(r^2-1)^3}{(2r+1)^5}$

32. $J(\theta) = \text{tg}^2(n\theta)$

33. $F(t) = e^{t\,\text{sen}\,2t}$

34. $F(t) = \dfrac{t^2}{\sqrt{t^3+1}}$

35. $G(x) = 4^{C/x}$

36. $U(y) = \left(\dfrac{y^4+1}{y^2+1}\right)^5$

37. $f(x) = \text{sen}\,x\cos(1-x^2)$

38. $g(x) = e^{-x}\cos(x^2)$

39. $F(t) = \text{tg}\sqrt{1+t^2}$

40. $G(z) = (1 + \cos^2 z)^3$

41. $y = \text{sen}^2(x^2+1)$

42. $y = e^{\text{sen}\,2x} + \text{sen}(e^{2x})$

43. $g(x) = \text{sen}\left(\dfrac{e^x}{1+e^x}\right)$

44. $f(t) = e^{1/t}\sqrt{t^2-1}$

45. $f(t) = \text{tg}(\sec(\cos t))$

46. $y = \sqrt{x + \sqrt{x + \sqrt{x}}}$

47. $f(x) = e^{\text{sen}^2(x^2)}$

48. $y = 2^{3^{4^x}}$

49. $y = (3^{\cos(x^2)} - 1)^4$

50. $y = \text{sen}(\theta + \text{tg}(\theta + \cos\theta))$

51. $y = \cos\sqrt{\text{sen}(\text{tg}\,\pi x)}$

52. $y = \text{sen}^3(\cos(x^2))$

53-56 Encontre y' e y''.

53. $y = \cos(\text{sen}\,3\theta)$

54. $y = \left(1+\sqrt{x}\right)^3$

55. $y = \sqrt{\cos x}$

56. $y = e^{e^x}$

57-60 Encontre uma equação da reta tangente à curva no ponto dado.

57. $y = 2^x$, $(0, 1)$

58. $y = \sqrt{1+x^3}$, $(2, 3)$

59. $y = \text{sen}(\text{sen}\,x)$, $(\pi, 0)$

60. $y = xe^{-x^2}$, $(0, 0)$

61. (a) Encontre uma equação da reta tangente à curva $y = 2/(1+e^{-x})$ no ponto $(0, 1)$.

(b) Ilustre a parte (a) fazendo o gráfico da curva e da tangente na mesma tela.

62. (a) A curva $y = |x|/\sqrt{2-x^2}$ é chamada *curva ponta de bala*. Encontre uma equação da reta tangente a essa curva no ponto $(1, 1)$.

(b) Ilustre a parte (a) fazendo o gráfico da curva e da tangente na mesma tela.

63. (a) Se $f(x) = x\sqrt{2-x^2}$, encontre $f'(x)$.

(b) Verifique se sua resposta na parte (a) foi razoável comparando os gráficos de f e f'.

64. A função $f(x) = \text{sen}(x + \text{sen}\,2x)$, $0 \le x \le \pi$, aparece em aplicações à síntese de modulação de frequência (FM).

(a) Use um gráfico de f, feito por uma calculadora ou computador, para fazer um esboço rústico do gráfico de f'.

(b) Calcule $f'(x)$ e use essa expressão, com uma calculadora ou computador, para fazer o gráfico de f'. Compare com o gráfico obtido no item (a).

65. Encontre todos os pontos do gráfico da função $f(x) = 2\,\text{sen}\,x + \text{sen}^2 x$ nos quais a reta tangente é horizontal.

66. Em qual ponto sobre a curva $y = \sqrt{1+2x}$ a reta tangente é perpendicular à reta $6x + 2y = 1$?

67. Se $F(x) = f(g(x))$, onde $f(-2) = 8$, $f'(-2) = 4$, $f'(5) = 3$, $g(5) = -2$ e $g'(5) = 6$, encontre $F'(5)$.

68. Se $h(x) = \sqrt{4+3f(x)}$, onde $f(1) = 7$ e $f'(1) = 4$, encontre $h'(1)$.

69. Uma tabela de valores para f, g, f' e g' é fornecida.

x	$f(x)$	$g(x)$	$f'(x)$	$g'(x)$
1	3	2	4	6
2	1	8	5	7
3	7	2	7	9

(a) Se $h(x) = f(g(x))$, encontre $h'(1)$.

(b) Se $H(x) = g(f(x))$, encontre $H'(1)$.

70. Sejam f e g as funções no Exercício 69.

(a) Se $F(x) = f(f(x))$, encontre $F'(2)$.

(b) Se $G(x) = g(g(x))$, encontre $G'(3)$.

71. Se f e g forem as funções cujos gráficos são mostrados, sejam $u(x) = f(g(x))$, $v(x) = g(f(x))$, $w(x) = g(g(x))$. Encontre cada derivada, se ela existir. Se não existir, explique por quê.

(a) $u'(1)$ (b) $v'(1)$ (c) $w'(1)$

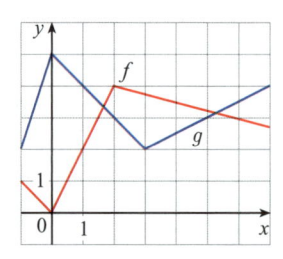

72. Se f for a função cujo gráfico é mostrado, sejam $h(x) = f(f(x))$ e $g(x) = f(x^2)$. Use o gráfico de f para estimar o valor de cada uma das derivadas.

(a) $h'(2)$ (b) $g'(2)$

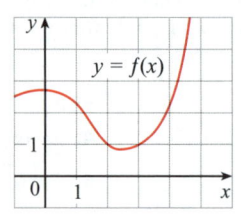

73. Se $g(x) = \sqrt{f(x)}$, onde o gráfico de f é mostrado, avalie $g'(3)$.

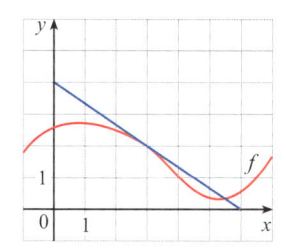

74. Suponha que f seja uma derivável em $\mathbb{R}$ e α, um número real. Sejam $F(x) = f(x^\alpha)$ e $G(x) = [f(x)]^\alpha$. Encontre expressões para (a) $F'(x)$ e (b) $G'(x)$.

75. Suponha que f seja derivável em $\mathbb{R}$. Sejam $F(x) = f(e^x)$ e $G(x) = e^{f(x)}$. Encontre expressões para (a) $F'(x)$ e (b) $G'(x)$.

76. Sejam $g(x) = e^{cx} + f(x)$ e $h(x) = e^{kx}f(x)$, onde $f(0) = 3$, $f'(0) = 5$ e $f''(0) = -2$.
 (a) Encontre $g'(0)$ e $g''(0)$ em termos de c.
 (b) Em termos de k, encontre uma equação da reta tangente para o gráfico de h no ponto onde $x = 0$.

77. Seja $r(x) = f(g(h(x)))$, onde $h(1) = 2$, $g(2) = 3$, $h'(1) = 4$, $g'(2) = 5$ e $f'(3) = 6$. Encontre $r'(1)$.

78. Se g for duas vezes derivável e $f(x) = xg(x^2)$, encontre f'' em termos de g, g' e g''.

79. Se $F(x) = f(3f(4f(x)))$, onde $f(0) = 0$ e $f'(0) = 2$, encontre $F'(0)$.

80. Se $F(x) = f(xf(xf(x)))$, onde $f(1) = 2$, $f(2) = 3$, $f'(1) = 4$, $f'(2) = 5$ e $f'(3) = 6$, encontre $F'(1)$.

81. Mostre que a função $y = e^{2x}(A \cos 3x + B \sen 3x)$ satisfaz a equação diferencial $y'' - 4y' + 13y = 0$.

82. Para quais valores de r a função $y = e^{rx}$ satisfaz a equação diferencial $y'' - 4y' + y = 0$?

83. Encontre a 50ª derivada de $y = \cos 2x$.

84. Encontre a 1000ª derivada de $f(x) = xe^{-x}$.

85. O deslocamento de uma partícula em uma corda vibrante é dado pela equação
$$s(t) = 10 + \tfrac{1}{4}\sen(10\pi t)$$
onde s é medido em centímetros e t, em segundos. Encontre a velocidade da partícula após t segundos.

86. Se a equação de movimento de uma partícula for dada por $s = A\cos(wt + \delta)$ dizemos que a partícula está em *movimento harmônico simples*.
 (a) Encontre a velocidade da partícula no tempo t.
 (b) Quando a velocidade é zero?

87. Uma estrela Cefeida é uma estrela cujo brilho aumenta e diminui de forma alternada. A estrela mais visível dessa constelação é a Delta Cefeu, para a qual o intervalo de tempo entre os brilhos máximos é de 5,4 dias. O brilho médio dessa estrela é de 4,0, com uma variação de ±0,35. Em vista desses dados, o brilho de Delta Cefeu no tempo t, onde t é medido em dias, foi modelado pela função
$$B(t) = 4,0 + 0,35 \sen\left(\frac{2\pi t}{5,4}\right)$$

 (a) Encontre a taxa de variação do brilho após t dias.
 (b) Encontre, com precisão até duas casas decimais, a taxa de crescimento após 1 dia.

88. No Exemplo 1.3.4 chegamos a um modelo para a duração da luz do dia (em horas) na Filadélfia, no t-ésimo dia do ano:
$$L(t) = 12 + 2,8 \sen\left[\frac{2\pi}{365}(t - 80)\right]$$

Use esse modelo para comparar como o número de horas de luz do dia aumenta na Filadélfia em 21 de março ($t = 80$) e em 21 de maio ($t = 141$).

89. O movimento de uma mola sujeita a uma força de atrito ou a uma força de amortecimento (tal como o amortecedor em um carro) é frequentemente modelado pelo produto de uma função exponencial e uma função seno ou cosseno. Suponha que a equação de movimento de um ponto nessa mola seja
$$s(t) = 2e^{-1,5t}\sen 2\pi t$$
onde s é medido em centímetros e t, em segundos. Encontre a velocidade após t segundos e faça o gráfico das funções posição e velocidade para $0 \leq t \leq 2$.

90. Sob certas circunstâncias, um boato se propaga de acordo com a equação
$$p(t) = \frac{1}{1 + ae^{-kt}}$$
onde $p(t)$ é a proporção da população que já ouviu o boato no tempo t e a e k são constantes positivas. [Na Seção 9.4 veremos que esta é uma equação razoável para $p(t)$.]
 (a) Encontre $\lim_{x \to \infty} p(t)$ e interprete sua resposta.
 (b) Encontre a taxa de propagação do boato.
 (c) Faça o gráfico de p para o caso $a = 10$, $k = 0,5$, onde t é medido em horas. Use o gráfico para estimar quanto tempo será necessário para o boato atingir 80% da população.

91. A concentração de álcool no sangue (CAS) média de oito indivíduos do sexo masculino foi medida após o consumo de 15 mL de etanol (que corresponde a uma dose de bebida alcoólica). Os dados resultantes foram modelados pela função concentração
$$C(t) = 0,0225te^{-0,0467t}$$
onde t é medido em minutos após o consumo e C é medido em mg/mL.
 (a) Quão rápido a CAS aumentava depois de 10 minutos?
 (b) Quão rápido diminuía após meia hora?

Fonte: Adaptado de P. Wilkinson et al. Pharmacokinetics of Ethanol after Oral Administration in the Fasting State. *Journal of Pharmacokinetics and Biopharmaceutics* 5 (1977): 207-24.

92. Ar está sendo bombeado para dentro de um balão climático esférico. Em qualquer tempo t, o volume do balão será $V(t)$ e seu raio será $r(t)$.
 (a) O que as derivadas dV/dr e dV/dt representam?
 (b) Expresse dV/dt em termos de dr/dt.

93. Uma partícula se move ao longo de uma reta com deslocamento $s(t)$, velocidade $v(t)$ e aceleração $a(t)$. Mostre que
$$a(t) = v(t)\frac{dv}{ds}$$

Explique a diferença entre os significados das derivadas dv/dt e dv/ds.

94. A tabela fornece a população dos Estados Unidos de 1790 a 1860.

Ano	População	Ano	População
1790	3.929.000	1830	12.861.000
1800	5.308.000	1840	17.063.000
1810	7.240.000	1850	23.192.000
1820	9.639.000	1860	31.443.000

[T] (a) Ajuste uma função exponencial aos dados. Trace um gráfico com os pontos dados e o seu modelo exponencial. Quão bom é o ajuste?
(b) Estime as taxas de crescimento populacional em 1800 e 1850 calculando as médias das inclinações de retas secantes.
(c) Use o modelo exponencial do item (a) para estimar as taxas de crescimento em 1800 e 1850. Compare essas estimativas com aquelas obtidas no item (b).
(d) Use o modelo exponencial para prever a população em 1870. Compare o resultado com a população real, composta por 38.558.000 habitantes. Você é capaz de justificar a discrepância encontrada?

95. Use a Regra da Cadeia para demonstrar o que segue.
(a) A derivada de uma função par é uma função ímpar.
(b) A derivada de uma função ímpar é uma função par.

96. Use a Regra da Cadeia e a Regra do Produto para dar uma demonstração alternativa da Regra do Quociente.
[*Sugestão*: Escreva $f(x)/g(x) = f(x)[g(x)]^{-1}$.]

97. Use a Regra da Cadeia para mostrar que, se θ for medido em graus, então
$$\frac{d}{d\theta}(\text{sen}\,\theta) = \frac{\pi}{180}\cos\theta$$

(Isso dá uma razão para a convenção de que a medida em radianos é sempre usada quando lidamos com funções trigonométricas em cálculo: as fórmulas de derivação não seriam tão simples se usassem a de graus.)

98. (a) Escreva $|x| = \sqrt{x^2}$ e use a Regra da Cadeia para mostrar que
$$\frac{d}{dx}|x| = \frac{x}{|x|}$$
(b) Se $f(x) = |\text{sen}\,x|$, encontre $f'(x)$ e esboce os gráficos de f e f'. Onde f não é derivável?
(c) Se $g(x) = |\text{sen}\,x|$, encontre $g'(x)$ e esboce os gráficos de g e g'. Onde g não é derivável?

99. Seja c a coordenada x do ponto de intersecção entre o eixo x e a reta tangente à curva $y = b^x$ (com $b > 0$, $b \neq 1$) no ponto (a, b^a). Mostre que a distância entre os pontos $(a, 0)$ e $(c, 0)$ é a mesma para todos os valores de a.

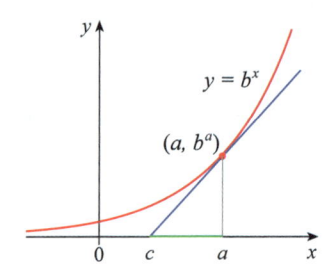

100. Em toda curva exponencial $y = b^x$ (com $b > 0$, $b \neq 1$), existe exatamente um ponto (x_0, y_0) tal que a reta tangente nesse ponto passa pela origem. Mostre que, em todos os casos, $y_0 = e$. [*Dica*: caso deseje, você pode usar a Fórmula 1.5.10.]

101. Dada $F = f \circ g \circ h$, onde f, g e h são funções diferenciáveis, use a Regra da Cadeia para provar que
$$F'(x) = f'(g(h(x))) \cdot g'(h(x)) \cdot h'(x)$$

102. Dada $F = f \circ g$, em que f e g são funções duas vezes diferenciáveis, use a Regra da Cadeia e a Regra do Produto para provar que a segunda derivada de F é dada por
$$F''(x) = f''(g(x)) \cdot [g'(x)]^2 + f'(g(x)) \cdot g''(x)$$

PROJETO APLICADO | ONDE UM PILOTO DEVE INICIAR A DESCIDA?

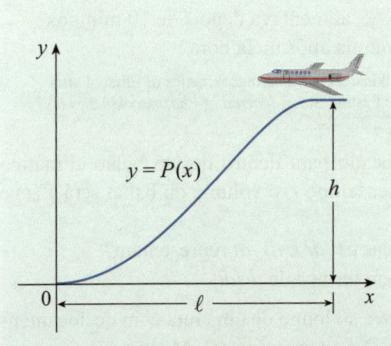

Um caminho de aproximação para uma aeronave pousando é mostrado na figura ao lado e satisfaz as seguintes condições:
(i) A altitude do voo é h, quando a descida começa a uma distância horizontal ℓ do ponto de contato na origem.
(ii) O piloto deve manter uma velocidade horizontal constante v em toda a descida.
(iii) O valor absoluto da aceleração vertical não deve exceder uma constante k (que é muito menor que a aceleração da gravidade).

1. Encontre um polinômio cúbico $P(x) = ax^3 + bx^2 + cx + d$ que satisfaça a condição (i), impondo condições adequadas a $P(x)$ e $P'(x)$ no início da descida e no ponto de contato.

2. Use as condições (ii) e (iii) para mostrar que
$$\frac{6hv^2}{\ell^2} \leq k$$

3. Suponha que uma companhia aérea decida não permitir que a aceleração vertical do avião exceda $k = 1.385$ km/h². Se a altitude de cruzeiro do avião for 11.000 m e a velocidade for 480 km/h, a que distância do aeroporto o piloto deveria começar a descer?

4. Trace o caminho de aproximação se as condições dadas no Problema 3 forem satisfeitas.

3.5 Derivação Implícita

■ Funções Definidas Implicitamente

As funções encontradas até agora podem ser descritas expressando-se uma variável explicitamente em termos de outra – por exemplo,

$$y = \sqrt{x^3 + 1} \quad \text{ou} \quad y = x\,\text{sen}\,x$$

ou, em geral, $y = f(x)$. Algumas funções, entretanto, são definidas implicitamente por uma relação entre x e y, tais como

$$\boxed{1} \qquad x^2 + y^2 = 25$$

ou

$$\boxed{2} \qquad x^3 + y^3 = 6xy$$

Em alguns casos é possível resolver tal equação isolando y como uma função explícita (ou diversas funções) de x. Por exemplo, se resolvermos a Equação 1 isolando y, obtemos $y = \pm\sqrt{25 - x^2}$; logo, duas das funções determinadas pela Equação implícita 1 são $f(x) = \sqrt{25 - x^2}$ e $g(x) = -\sqrt{25 - x^2}$. Os gráficos de f e g são os semicírculos superior e inferior do círculo $x^2 + y^2 = 25$ (veja a Figura 1).

(a) $x^2 + y^2 = 25$ (b) $f(x) = \sqrt{25 - x^2}$ (c) $g(x) = -\sqrt{25 - x^2}$

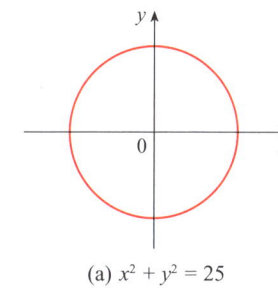

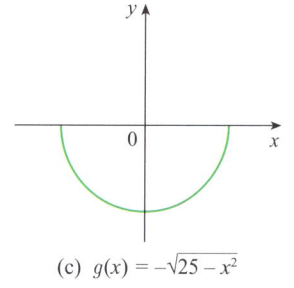

FIGURA 1

Não é fácil resolver a Equação 2 e escrever y explicitamente como uma função de x à mão. (Mesmo se usarmos tecnologia, as expressões obtidas serão muito complicadas.) Contudo, (2) é a equação de uma curva chamada **fólio de Descartes**, mostrada na Figura 2, e implicitamente define y como diversas funções de x. Os gráficos dessas três funções são mostrados na Figura 3. Quando dizemos que f é uma função implicitamente definida pela Equação 2, queremos dizer que a equação

$$x^3 + [f(x)]^3 = 6x\,f(x)$$

é verdadeira para todos os valores de x no domínio de f.

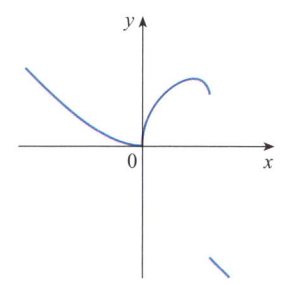

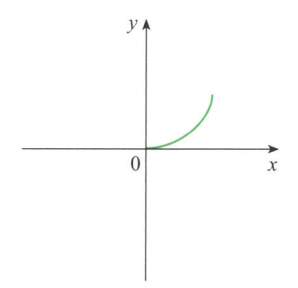

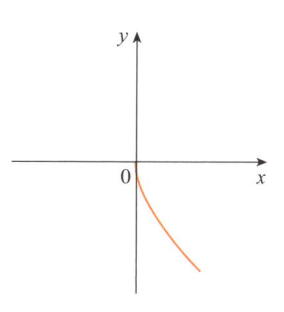

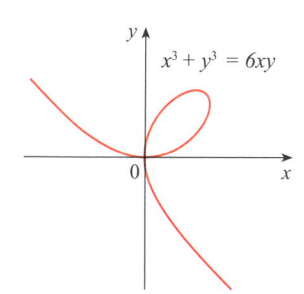

FIGURA 2
O fólio de Descartes

FIGURA 3 Gráficos de três funções definidas pelo fólio de Descartes

Derivação Implícita

Felizmente, não precisamos isolar y em termos de x para encontrar a derivada de y. Em vez disso, podemos usar o método de **derivação implícita**. Isso consiste na derivação de ambos os lados da equação em relação a x e, então, na resolução da equação para dy/dx. Nos exemplos e exercícios desta seção, suponha sempre que a equação dada determine y implicitamente como uma função derivável de x de forma que o método da derivação implícita possa ser aplicado.

EXEMPLO 1

Se $x^2 + y^2 = 25$, encontre $\dfrac{dy}{dx}$. Então, encontre uma equação da tangente ao círculo $x^2 + y^2 = 25$ no ponto $(3, 4)$.

SOLUÇÃO 1

Derive ambos os lados da equação $x^2 + y^2 = 25$:

$$\frac{d}{dx}(x^2 + y^2) = \frac{d}{dx}(25)$$

$$\frac{d}{dx}(x^2) + \frac{d}{dx}(y^2) = 0$$

Lembrando que y é uma função de x e usando a Regra da Cadeia, temos

$$\frac{d}{dx}(y^2) \frac{d}{dy}(y^2)\frac{dy}{dx} = 2y\frac{dy}{dx}$$

Logo,
$$2x + 2y\frac{dy}{dx} = 0$$

Agora isole dy/dx nessa equação:

$$\frac{dy}{dx} = -\frac{x}{y}$$

No ponto $(3, 4)$, temos $x = 3$ e $y = 4$, logo

$$\frac{dy}{dx} = -\frac{3}{4}$$

Uma equação da reta tangente ao círculo em $(3, 4)$ é, portanto,

$$y - 4 = -\tfrac{3}{4}(x - 3) \quad \text{ou} \quad 3x + 4y = 25$$

SOLUÇÃO 2

Resolvendo a equação $x^2 + y^2 = 25$, obtemos $y = \pm\sqrt{25 - x^2}$. O ponto $(3, 4)$ está sobre o semicírculo superior $y = \sqrt{25 - x^2}$, e assim vamos considerar a função $f(x) = \sqrt{25 - x^2}$. Derivando f, usando a Regra da Cadeia, temos

$$f'(x) = \tfrac{1}{2}(25 - x^2)^{-1/2}\frac{d}{dx}(25 - x^2)$$

$$= \tfrac{1}{2}(25 - x^2)^{-1/2}(-2x) = -\frac{x}{\sqrt{25 - x^2}}$$

No ponto $(3, 4)$, temos

$$f'(3) = -\frac{3}{\sqrt{25 - 3^2}} = -\frac{3}{4}$$

e, como na Solução 1, uma equação da reta tangente é $3x + 4y = 25$. ∎

O Exemplo 1 ilustra que, mesmo quando é possível resolver uma equação explicitamente e escrever y em termos de x, pode ser mais fácil usar a derivação implícita.

OBSERVAÇÃO 1 A expressão $dy/dx = -x/y$ na Solução 1 fornece a derivada em termos de x e y. É correta, não importando qual função for determinada pela equação dada. Por exemplo, para $y = f(x) = \sqrt{25 - x^2}$ temos

$$\frac{dy}{dx} = -\frac{x}{y} = -\frac{x}{\sqrt{25 - x^2}}$$

enquanto para $y = g(x) = -\sqrt{25 - x^2}$, temos

$$\frac{dy}{dx} = -\frac{x}{y} = -\frac{x}{-\sqrt{25 - x^2}} = \frac{x}{\sqrt{25 - x^2}}$$

EXEMPLO 2

(a) Encontre y' se $x^3 + y^3 = 6xy$.
(b) Encontre a reta tangente ao fólio de Descartes $x^3 + y^3 = 6xy$ no ponto $(3, 3)$.
(c) Em qual ponto do primeiro quadrante a reta tangente é horizontal?

SOLUÇÃO

(a) Derivando ambos os lados de $x^3 + y^3 = 6xy$ em relação a x, considerando y como uma função de x e usando a Regra da Cadeia no termo y^3 e a Regra do Produto no termo $6xy$, obtemos

$$3x^2 + 3y^2 y' = 6xy' + 6y$$

ou
$$x^2 + y^2 y' = 2xy' + 2y$$

Agora isolamos y':
$$y^2 y' - 2xy' = 2y - x^2$$

$$(y^2 - 2x) y' = 2y - x^2$$

$$y' = \frac{2y - x^2}{y^2 - 2x}$$

Podemos usar tanto a notação dy/dx como y' para expressar a derivada de y com relação a x.

(b) Quando $x = y = 3$,

$$y' = \frac{2 \cdot 3 - 3^2}{3^2 - 2 \cdot 3} = -1$$

e uma olhada na Figura 4 confirma que este é um valor razoável para a inclinação em $(3, 3)$. Logo, uma equação da tangente ao fólio em $(3, 3)$ é

$$y - 3 = -1(x - 3) \quad \text{ou} \quad x + y = 6$$

(c) A reta tangente é horizontal se $y' = 0$. Usando a expressão de y' da parte (a) vemos que $y' = 0$ quando $2y - x^2 = 0$ (desde que $y^2 - 2x \neq 0$). Substituindo $y = \frac{1}{2} x^2$ na equação da curva, obtemos

$$x^3 + \left(\tfrac{1}{2} x^2\right)^3 = 6x\left(\tfrac{1}{2} x^2\right)$$

que se simplifica para $x^6 = 16x^3$. Como $x \neq 0$ no primeiro quadrante, temos $x^3 = 16$. Se $x = 16^{1/3} = 2^{4/3}$, então $y = \frac{1}{2}(2^{8/3}) = 2^{5/3}$. Assim, a tangente é horizontal em $(2^{4/3}, 2^{5/3})$, que é aproximadamente $(2{,}5198;\ 3{,}1748)$. Olhando a Figura 5, vemos que nossa resposta é razoável. ∎

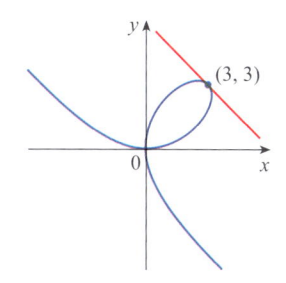

FIGURA 4

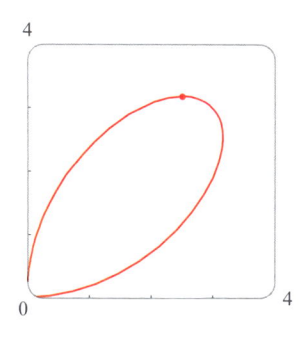

FIGURA 5

OBSERVAÇÃO 2 Há uma fórmula para as três soluções de uma equação cúbica que é semelhante à fórmula quadrática, mas muito mais complicada. Se usarmos essa fórmula (ou um computador) para resolver a equação $x^3 + y^3 = 6xy$ para escrever y em termos de x, vamos obter três funções determinadas por equações:

Abel e Galois
O matemático norueguês Niels Abel demonstrou, em 1824, que não existe uma fórmula geral, envolvendo radicais, para a solução da equação $p(x) = 0$, em que p é um polinômio de grau 5 com coeficientes inteiros. Posteriormente, o matemático francês Evariste Galois demonstrou que é impossível encontrar uma fórmula geral, envolvendo radicais, para a solução de uma equação $p(x) = 0$, em que p é um polinômio de grau $n \geq 5$.

$$y = f(x) = \sqrt[3]{-\tfrac{1}{2}x^3 + \sqrt{\tfrac{1}{4}x^6 - 8x^3}} + \sqrt[3]{-\tfrac{1}{2}x^3 - \sqrt{\tfrac{1}{4}x^6 - 8x^3}}$$

e

$$y = \tfrac{1}{2}\left[-f(x) \pm \sqrt{-3}\left(\sqrt[3]{-\tfrac{1}{2}x^3 + \sqrt{\tfrac{1}{4}x^6 - 8x^3}} - \sqrt[3]{-\tfrac{1}{2}x^3 - \sqrt{\tfrac{1}{4}x^6 - 8x^3}}\right)\right]$$

(Essas são as três funções cujos gráficos são mostrados na Figura 3.) Você pode ver que o método da derivação implícita poupa uma enorme quantidade de trabalho em casos como este.

$$y^5 + 3x^2y^2 + 5x^4 = 12$$

para as quais é *impossível* encontrar uma expressão para y em termos de x.

EXEMPLO 3 Encontre y' se $\operatorname{sen}(x + y) = y^2 \cos x$.

SOLUÇÃO Derivando implicitamente em relação a x e lembrando que y é uma função de x, obtemos

$$\cos(x + y) \cdot (1 + y') = y^2(-\operatorname{sen} x) + (\cos x)(2yy')$$

(Observe que usamos a Regra da Cadeia no lado esquerdo e as Regras da Cadeia e do Produto no lado direito.) Se reunirmos os termos que envolvem y', obtemos

$$\cos(x + y) + y^2 \operatorname{sen} x = (2y \cos x)y' - \cos(x + y) \cdot y'$$

Logo,
$$y' = \frac{y^2 \operatorname{sen} x + \cos(x + y)}{2y \cos x - \cos(x + y)}$$

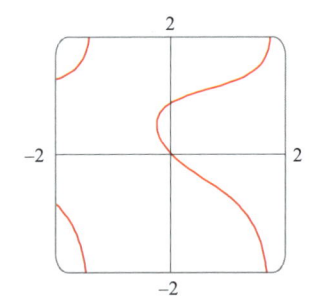

A Figura 6, feita por um computador, mostra parte da curva $\operatorname{sen}(x + y) = y^2 \cos x$. Como uma verificação de nossos cálculos, observe que $y' = -1$ quando $x = y = 0$, e no gráfico parece que a inclinação é de aproximadamente -1 na origem. ∎

As Figuras 7, 8 e 9 mostram mais três curvas produzidas por um computador. Nos Exercícios 45-46 você terá uma oportunidade de criar e examinar curvas incomuns dessa natureza.

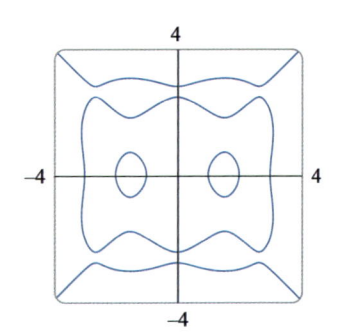

FIGURA 6

FIGURA 7
$(x^2 - 1)(x^2 - 4)(x^2 - 9)$
$\quad = y^2(y^2 - 4)(y^2 - 9)$

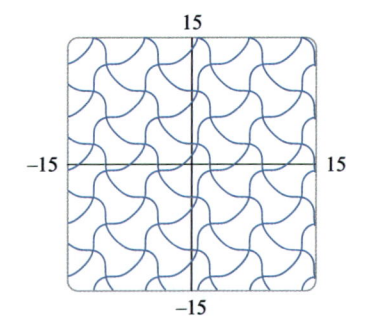

FIGURA 8
$\cos(x - \operatorname{sen} y) = \operatorname{sen}(y - \operatorname{sen} x)$

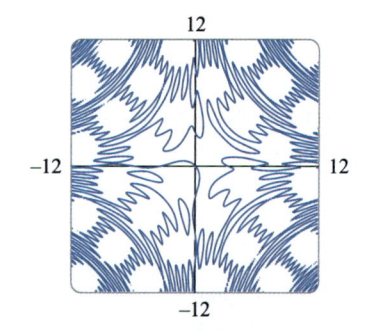

FIGURA 9
$\operatorname{sen}(xy) = \operatorname{sen} x + \operatorname{sen} y$

■ **Segundas Derivadas de Funções Implícitas**

O exemplo seguinte ilustra como descobrir a segunda derivada de uma função implicitamente definida.

EXEMPLO 4 Encontre y'' se $x^4 + y^4 = 16$.

SOLUÇÃO Derivando a equação implicitamente em relação a x, obtemos

$$4x^3 + 4y^3y' = 0$$

Isolando y', temos

$$\boxed{3} \qquad y' = -\frac{x^3}{y^3}$$

Para encontrar y'' derivamos esta expressão para y', usando a Regra do Quociente e lembrando que y é uma função de x:

$$y'' = \frac{d}{dx}\left(-\frac{x^3}{y^3}\right) = -\frac{y^3(d/dx)(x^3) - x^3(d/dx)(y^3)}{(y^3)^2}$$

$$= -\frac{y^3 \cdot 3x^2 - x^3(3y^2 y')}{y^6}$$

Se agora substituirmos a Equação 3 nesta expressão, obtemos

$$y'' = -\frac{3x^2 y^3 - 3x^3 y^2\left(-\dfrac{x^3}{y^3}\right)}{y^6}$$

$$= -\frac{3(x^2 y^4 + x^6)}{y^7} = -\frac{3x^2(y^4 + x^4)}{y^7}$$

Mas os valores de x e y devem satisfazer a equação original $x^4 + y^4 = 16$. Assim, a resposta se simplifica para

$$y'' = -\frac{3x^2(16)}{y^7} = -48\frac{x^2}{y^7}$$ ∎

A Figura 10 mostra o gráfico da curva $x^4 + y^4 = 16$ do Exemplo 4. Observe que ele é uma versão esticada e achatada do círculo $x^2 + y^2 = 4$. Por esta razão, ele é às vezes chamado *círculo gordo* (no inglês, *fat circle*). Ele começa muito íngreme à esquerda, mas rapidamente se torna muito achatado. Isto pode ser visto a partir da expressão

$$y' = -\frac{x^3}{y^3} = -\left(\frac{x}{y}\right)^3$$

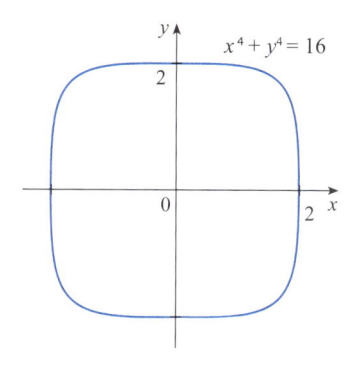

FIGURA 10

3.5 | Exercícios

1-4
(a) Encontre y' derivando implicitamente.
(b) Resolva a equação explicitamente isolando y e derive para obter y' em termos de x.
(c) Verifique se suas soluções para as partes (a) e (b) são consistentes substituindo a expressão por y na sua solução para a parte (a).

1. $5x^2 - y^3 = 7$ **2.** $6x^4 + y^5 = 2x$

3. $\sqrt{x} + \sqrt{y} = 1$ **4.** $\dfrac{2}{x} - \dfrac{1}{y} = 4$

5-22 Encontre dy/dx por derivação implícita.

5. $x^2 - 4xy + y^2 = 4$ **6.** $2x^2 + xy - y^2 = 2$

7. $x^4 + x^2 y^2 + y^3 = 5$ **8.** $x^3 - xy^2 + y^3 = 1$

9. $\dfrac{x^2}{x+y} = y^2 + 1$ **10.** $xe^y = x - y$

11. $\operatorname{sen} x + \cos y = 2x - 3y$ **12.** $e^x \operatorname{sen} y = x + y$

13. $\operatorname{sen}(x+y) = \cos x + \cos y$ **14.** $\operatorname{tg}(x-y) = 2xy^3 + 1$

15. $y \cos x = x^2 + y^2$ **16.** $\operatorname{sen}(xy) = \cos(x+y)$

17. $2xe^y + ye^x = 3$ **18.** $\operatorname{sen} x \cos y = x^2 - 5y$

19. $\sqrt{x+y} = x^4 + y^4$ **20.** $xy = \sqrt{x^2 + y^2}$

21. $e^{x/y} = x - y$ **22.** $\cos(x^2 + y^2) = xe^y$

23. Se $f(x) + x^2[f(x)]^3 = 10$ e $f(1) = 2$, encontre $f'(1)$.

24. Se $g(x) + x \operatorname{sen} g(x) = x^2$, encontre $g'(0)$.

25-26 Considere y como a variável independente e x como a variável dependente e use a derivação implícita para encontrar dx/dy.

25. $x^4 y^2 - x^3 y + 2xy^3 = 0$ **26.** $y \sec x = x \operatorname{tg} y$

27-36 Use a derivação implícita para encontrar uma equação da reta tangente à curva no ponto dado.

27. $ye^{\operatorname{sen} x} = x \cos y$, $(0, 0)$

28. $\operatorname{tg}(x+y) + \sec(x-y) = 2$, $(\pi/8, \pi/8)$

29. $x^{2/3} + y^{2/3} = 4$, $(-3\sqrt{3}, 1)$ (astroide)

30. $y^2(6-x) = x^3$, $(2\sqrt{2})$ (cissoide de Diocles)

31. $x^2 - xy - y^2 = 1$, $(2, 1)$ (hipérbole)

32. $x^2 + 2xy + 4y^2 = 12$, $(2, 1)$ (elipse)

33. $x^2 + y^2 = (2x^2 + 2y^2 - x)^2$, $\left(0, \dfrac{1}{2}\right)$ (cardioide)

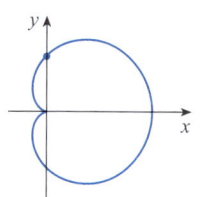

34. $x^2y^2 = (y+1)^2(4-y^2)$, $(2\sqrt{3}, 1)$ (conchoide de Nicomedes)

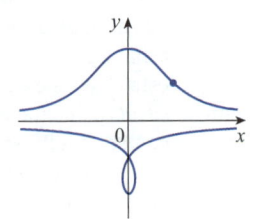

35. $2(x^2+y^2)^2 = 25(x^2-y^2)$, $(3, 1)$ (lemniscata)

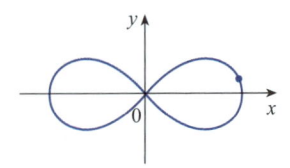

36. $y^2(y^2-4) = x^2(x^2-5)$, $(0, -2)$ (curva do diabo)

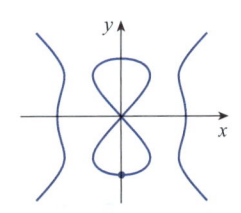

37. (a) A curva com equação $y^2 = 5x^4 - x^2$ é chamada **kampyle** (do grego, curvado) **de Eudoxo**. Encontre uma equação da reta tangente a essa curva no ponto $(1, 2)$.

(b) Ilustre a parte (a) traçando a curva e a reta tangente em uma tela comum. (Se possível, trace a curva definida implicitamente. Você também pode traçar separadamente a metade superior e a metade inferior da curva.)

38. (a) A curva com equação $y^2 = x^3 + 3x^2$ é denominada **cúbica de Tschirnhausen**. Encontre uma equação da reta tangente a essa curva no ponto $(1, -2)$.

(b) Em que pontos essa curva tem uma tangente horizontal?

(c) Ilustre as partes (a) e (b) traçando a curva e as retas tangentes sobre uma tela comum.

39-42 Encontre y'' por derivação implícita. Simplifique onde for possível.

39. $x^2 + 4y^2 = 4$ **40.** $x^2 + xy + y^2 = 3$

41. $\text{sen } y + \cos x = 1$ **42.** $x^3 - y^3 = 7$

43. Se $xy + e^y = e$, encontre o valor de y'' no ponto onde $x = 0$.

44. Se $x^2 + xy + y^3 = 1$, encontre o valor de y'' no ponto onde $x = 1$.

45. É possível criar formas extravagantes usando programas capazes de traçar curvas definidas implicitamente.

(a) Trace a curva com equação

$$y(y^2-1)(y-2) = x(x-1)(x-2)$$

Em quantos pontos essa curva tem tangentes horizontais? Obtenha valores aproximados para as coordenadas x desses pontos.

(b) Encontre as equações das retas tangentes nos pontos $(0, 1)$ e $(0, 2)$.

(c) Determine os valores exatos das coordenadas x dos pontos obtidos na parte (a).

(d) Crie curvas ainda mais extravagantes modificando a equação da parte (a).

46. (a) A curva com equação

$$2y^3 + y^2 - y^5 = x^4 - 2x^3 + x^2$$

foi comparada com um "vagão sacolejante". Trace essa curva e descubra o motivo.

(b) Em quantos pontos essa curva tem retas tangentes horizontais? Encontre as coordenadas x desses pontos.

47. Encontre os pontos sobre a lemniscata do Exercício 35 onde a tangente é horizontal.

48. Mostre, fazendo a derivação implícita, que a tangente à elipse

$$\frac{x^2}{a^2} + \frac{y^2}{b^2} = 1$$

no ponto (x_0, y_0) tem a equação

$$\frac{x_0 x}{a^2} + \frac{y_0 y}{b^2} = 1$$

49. Encontre uma equação da reta tangente à hipérbole

$$\frac{x^2}{a^2} - \frac{y^2}{b^2} = 1$$

no ponto (x_0, y_0).

50. Mostre que a soma das coordenadas das intersecções com os eixos x e y de qualquer reta tangente à curva $\sqrt{x} + \sqrt{y} = \sqrt{c}$ é igual a c.

51. Mostre, usando a derivação implícita, que qualquer reta tangente em um ponto P a um círculo com centro O é perpendicular ao raio OP.

52. A Regra da Potência pode ser demonstrada usando a derivação implícita para o caso onde n é um número racional, $n = p/q$, e $y = f(x) = x^n$ é suposta de antemão ser uma função derivável. Se $y = x^{p/q}$, então $y^q = x^p$. Use a derivação implícita para mostrar que

$$y' = \frac{p}{q} x^{(p/q)-1}$$

53-56 Trajetórias Ortogonais Duas curvas são **ortogonais** se suas retas tangentes forem perpendiculares em cada ponto de intersecção. Mostre que as famílias dadas de curvas são **trajetórias ortogonais** uma em relação a outra, ou seja, toda curva de uma família é ortogonal a toda curva da outra família. Esboce ambas as famílias de curvas no mesmo sistema de coordenadas.

53. $x^2 + y^2 = r^2$, $ax + by = 0$

54. $x^2 + y^2 = ax$, $x^2 + y^2 = by$

55. $y = cx^2$, $x^2 + 2y^2 = k$

56. $y = ax^3$, $x^2 + 3y^2 = b$

57. Mostre que a elipse $x^2/a^2 + y^2/b^2 = 1$ e a hipérbole $x^2/A^2 - y^2/B^2 = 1$ são trajetórias ortogonais se $A^2 < a^2$ e $a^2 - b^2 = A^2 + B^2$ (logo, a elipse e a hipérbole possuem os mesmos focos).

58. Encontre o valor do número a de tal modo que as famílias das curvas $y = (x + c)^{-1}$ e $y = a(x + k)^{1/3}$ sejam trajetórias ortogonais.

59. A *Equação de van der Waals* para n mols de um gás é

$$\left(P + \frac{n^2 a}{V^2}\right)(V - nb) = nRT$$

onde P é a pressão, V é o volume e T é a temperatura do gás. A constante R é a constante de gás universal e a e b são constantes positivas que são características de um gás em particular.

(a) Se T permanece constante, use a derivação implícita para encontrar dV/dP.

(b) Encontre a taxa de variação de volume em relação à pressão de 1 mol de dióxido de carbono em um volume de $V = 10$ L e uma pressão de $P = 2,5$ atm. Use $a = 3,592$ L² atm/mol² e $b = 0,04267$ L/mol.

60. (a) Use a derivação implícita para encontrar y' se
$$x^2 + xy + y^2 + 1 = 0.$$

(b) Trace a curva da parte (a). O que você observa? Demonstre que o que você observa está correto.

(c) Em vista da parte (b), o que você pode dizer sobre a expressão para y' que você encontrou na parte (a)?

61. A equação $x^2 xy + y^2 = 3$ representa uma "elipse girada", isto é, uma elipse cujos eixos não são paralelos aos eixos coordenados. Encontre os pontos nos quais essa elipse cruza o eixo x e mostre que as retas tangentes nesses pontos são paralelas.

62. (a) Onde a reta normal à elipse $x^2 - xy + y^2 = 3$ no ponto $(-1, 1)$ intersecta a elipse uma segunda vez?

(b) Ilustre a parte (a) fazendo o gráfico da elipse e da reta normal.

63. Encontre todos os pontos sobre a curva $x^2 y^2 + xy = 2$ onde a inclinação da reta tangente é -1.

64. Encontre as equações de ambas as retas tangentes à elipse $x^2 + 4y^2 = 36$ que passam pelo ponto $(12, 3)$.

65. Use derivação implícita para determinar dy/dx para a equação

$$\frac{x}{y} = y^2 + 1 \qquad y \neq 0$$

e para a equação equivalente

$$x = y^3 + y \qquad y \neq 0$$

Mostre que, embora as expressões que você obteve para dy/dx pareçam diferentes, elas são equivalentes para todos os pontos que satisfazem a equação fornecida.

66. A *Função de Bessel* de ordem 0, $y = J(x)$, satisfaz a equação diferencial $xy'' + y' + xy = 0$ para todos os valores de x e seu valor em 0 é $J(0) = 1$.

(a) Encontre $J'(0)$.

(b) Use a derivação implícita para encontrar $J''(0)$.

67. A figura mostra uma lâmpada localizada três unidades à direita do eixo y e uma sombra originada pela região elíptica $x^2 + 4y^2 \leq 5$. Se o ponto $(-5, 0)$ estiver na borda da sombra, qual a altura da lâmpada acima do eixo x?

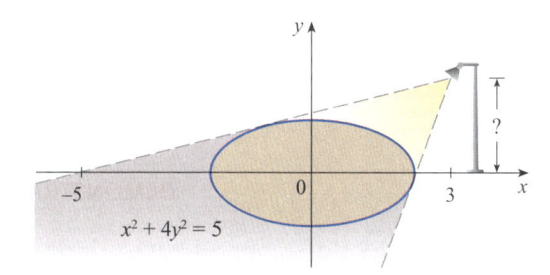

PROJETO DE DESCOBERTA | FAMÍLIAS DE CURVAS IMPLÍCITAS

Neste projeto você explorará os formatos mutantes de curvas definidas implicitamente ao variar constantes numa família e determinará que características são comuns a todos os membros da família.

1. Considere a família de curvas

$$y^2 - 2x^2(x + 8) = c[(y + 1)^2(y + 9) - x^2]$$

(a) Traçando as curvas com $c = 0$ e $c = 2$, determine quantos pontos de intersecção existem. (Você pode precisar aplicar o *zoom* para encontrar todas elas.)

(b) Agora adicione as curvas com $c = 5$ e $c = 10$ aos esboços da parte (a). O que você percebe? E quanto aos outros valores de c?

2. (a) Trace os gráficos de vários membros da família de curvas

$$x^2 + y^2 + cx^2 y^2 = 1$$

Descreva como a curva muda à medida que você altera o valor de c.

(b) O que acontece à curva quando $c = -1$? Descreva o que aparece na tela. Você pode provar isso algebricamente?

(c) Encontre y' por derivação implícita. Para o caso $c = -1$, sua expressão para y' é consistente com o que você descobriu na parte (b)?

3.6 Derivadas de Funções Logarítmicas e de Funções Trigonométricas Inversas

Nesta seção, usamos derivação implícita para determinar as derivadas de funções logarítmicas e de funções trigonométricas inversas.

■ Derivadas de Funções Logarítmicas

No Apêndice F, demonstramos que, se f é uma função injetora e diferenciável, então sua função inversa, f^{-1}, também é diferenciável, salvo nos pontos em que sua tangente é vertical. Esse resultado é plausível porque, geometricamente, podemos imaginar que uma função é diferenciável se seu gráfico não contém uma "quina" ou um "bico". Como obtemos o gráfico de f^{-1} refletindo o gráfico de f em torno da reta $y = x$, o gráfico de f^{-1} também não terá uma "quina" ou um "bico" nesse caso. (Observe que, se a tangente a f em certo ponto é horizontal, então f^{-1} tem uma tangente vertical no ponto refletido correspondente e, assim, f^{-1} não é diferenciável nesse ponto.)

Uma vez que a função logarítmica $y = \log_b x$ é a inversa da função exponencial $y = b^x$, que sabemos ser diferenciável pelo exposto na Seção 3.1, conclui-se que a função logarítmica também é diferenciável. Vamos, então, enunciar e provar a fórmula da derivada da função logarítmica.

$$\boxed{1} \quad \frac{d}{dx}(\log_b x) = \frac{1}{x \ln b}$$

DEMONSTRAÇÃO Seja $y = \log_b x$. Então

$$b^y = x.$$

A Fórmula 5 da Seção 3.4 diz que
$$\frac{d}{dx}(b^x) = b^x \ln b$$

Derivando essa equação implicitamente em relação a x e usando a Fórmula 5 da Seção 3.4, obtemos

$$(b^y \ln b)\frac{dy}{dx} = 1$$

e assim

$$\frac{dy}{dx} = \frac{1}{b^y \ln b} = \frac{1}{x \ln b} \qquad ■$$

Se pusermos $b = e$ na Fórmula 1, então o fator $\ln b$ no lado direito torna-se $\ln e = 1$, e obtemos a fórmula para a derivada da função logarítmica natural $\log_e x = \ln x$:

$$\boxed{2} \quad \frac{dy}{dx}(\ln x) = \frac{1}{x}$$

Comparando as Fórmulas 1 e 2, vemos uma das principais razões para os logaritmos naturais (logaritmos com base e) serem usados em cálculo: a fórmula de derivação é a mais simples quando $b = e$ porque $\ln e = 1$.

EXEMPLO 1 Derive $y = \ln(x^3 + 1)$.

SOLUÇÃO Para usarmos a Regra da Cadeia, vamos fazer $u = x^3 + 1$. Então, $y = \ln u$, de modo que

$$\frac{dy}{dx} = \frac{dy}{du}\frac{du}{dx} = \frac{1}{u}\frac{du}{dx} = \frac{1}{x^3+1}(3x^2) = \frac{3x^2}{x^3+1} \qquad ■$$

De forma geral, se combinarmos a Fórmula 2 com a Regra da Cadeia, como no Exemplo 1, obtemos

3   $\boxed{\dfrac{d}{dx}(\ln u) = \dfrac{1}{u}\dfrac{du}{dx}}$ ou $\boxed{\dfrac{d}{dx}[\ln g(x)] = \dfrac{g'(x)}{g(x)}}$

EXEMPLO 2 Encontre $\dfrac{d}{dx}\ln(\operatorname{sen} x)$.

SOLUÇÃO Usando (3), temos

$$\dfrac{d}{dx}\ln(\operatorname{sen} x) = \dfrac{1}{\operatorname{sen} x}\dfrac{d}{dx}(\operatorname{sen} x) = \dfrac{1}{\operatorname{sen} x}\cos x = \operatorname{cotg} x$$

EXEMPLO 3 Derive $f(x) = \sqrt{\ln x}$.

SOLUÇÃO Dessa vez o logaritmo é a função de dentro; logo, a Regra da Cadeia dá

$$f'(x) = \tfrac{1}{2}(\ln x)^{-1/2}\dfrac{d}{dx}(\ln x) = \dfrac{1}{2\sqrt{\ln x}}\cdot\dfrac{1}{x} = \dfrac{1}{2x\sqrt{\ln x}}$$

EXEMPLO 4 Derive $f(x) = \log_{10}(2 + \operatorname{sen} x)$.

SOLUÇÃO Usando a Fórmula 1 com $b = 10$, temos

$$f'(x) = \dfrac{d}{dx}\log_{10}(2+\operatorname{sen} x)$$
$$= \dfrac{1}{(2+\operatorname{sen} x)\ln 10}\dfrac{d}{dx}(2+\operatorname{sen} x)$$
$$= \dfrac{\cos x}{(2+\operatorname{sen} x)\ln 10}$$

EXEMPLO 5 Encontre $\dfrac{d}{dx}\ln\dfrac{x+1}{\sqrt{x-2}}$.

SOLUÇÃO 1

$$\dfrac{d}{dx}\ln\dfrac{x+1}{\sqrt{x-2}} = \dfrac{1}{\dfrac{x+1}{\sqrt{x-2}}}\dfrac{d}{dx}\dfrac{x+1}{\sqrt{x-2}}$$
$$= \dfrac{\sqrt{x-2}}{x+1}\dfrac{\sqrt{x-2}\cdot 1-(x+1)\left(\tfrac{1}{2}\right)(x-2)^{-1/2}}{x-2}$$
$$= \dfrac{x-2-\tfrac{1}{2}(x+1)}{(x+1)(x-2)}$$
$$= \dfrac{x-5}{2(x+1)(x-2)}$$

SOLUÇÃO 2 Se primeiro expandirmos a função dada usando as propriedades do logaritmo, então a derivação ficará mais fácil:

$$\dfrac{d}{dx}\ln\dfrac{x+1}{\sqrt{x-2}} = \dfrac{d}{dx}[\ln(x+1) - \tfrac{1}{2}\ln(x-2)]$$
$$= \dfrac{1}{x+1} = \dfrac{1}{2}\left(\dfrac{1}{x-2}\right)$$

(Essa resposta pode ser deixada assim, mas se usássemos um denominador comum obteríamos a mesma resposta da Solução 1.)

A Figura 1 mostra o gráfico da função f do Exemplo 5 junto com o gráfico de sua derivada. Ela fornece uma verificação visual de nosso cálculo. Observe que $f'(x)$ é um negativo grande quando f está decrescendo rapidamente.

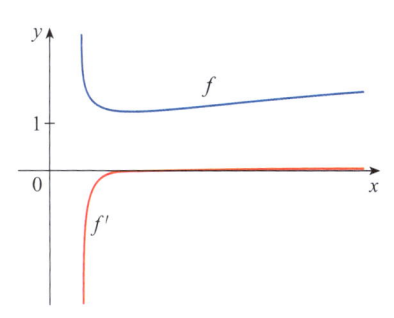

FIGURA 1

A Figura 2 ilustra o gráfico da função $f(x) = \ln|x|$ do Exemplo 6 e sua derivada $f'(x) = 1/x$. Observe que, quando x é pequeno, o gráfico de $y = \ln|x|$ é íngreme e, portanto, $f'(x)$ é grande (positivo ou negativo).

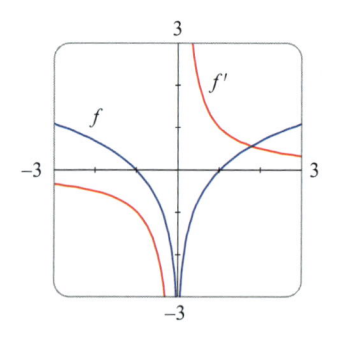

FIGURA 2

EXEMPLO 6 Encontre $f'(x)$ se $f(x) = \ln|x|$.

SOLUÇÃO Uma vez que

$$f(x) = \begin{cases} \ln x & \text{se } x > 0 \\ \ln(-x) & \text{se } x < 0 \end{cases}$$

segue-se que

$$f'(x) = \begin{cases} \dfrac{1}{x} & \text{se } x > 0 \\ \dfrac{1}{-x}(-1) = \dfrac{1}{x} & \text{se } x < 0 \end{cases}$$

Assim, $f'(x) = 1/x$ para todo $x \neq 0$.

O resultado do Exemplo 6 vale a pena ser lembrado:

$$\boxed{4} \qquad \boxed{\dfrac{d}{dx}\ln|x| = \dfrac{1}{x}}$$

■ Derivação Logarítmica

Os cálculos de derivadas de funções complicadas envolvendo produtos, quocientes ou potências podem muitas vezes ser simplificados, tomando-se logaritmos. O método usado no exemplo a seguir é chamado **derivação logarítmica**.

EXEMPLO 7 Derive $y = \dfrac{x^{3/4}\sqrt{x^2+1}}{(3x+2)^5}$.

SOLUÇÃO Tome logaritmos em ambos os lados da equação e use as Propriedades do Logaritmo para simplificar:

$$\ln y = \tfrac{3}{4}\ln x + \tfrac{1}{2}\ln(x^2+1) - 5\ln(3x+2)$$

Derivando implicitamente em relação a x, temos

$$\dfrac{1}{y}\dfrac{dy}{dx} = \dfrac{3}{4}\cdot\dfrac{1}{x} + \dfrac{1}{2}\cdot\dfrac{2x}{x^2+1} - 5\cdot\dfrac{3}{3x+2}$$

Isolando dy/dx, obtemos

$$\dfrac{dy}{dx} = y\left(\dfrac{3}{4x} + \dfrac{x}{x^2+1} - \dfrac{15}{3x+2}\right)$$

Se não usássemos a derivação logarítmica no Exemplo 7, teríamos de utilizar tanto a Regra do Quociente quanto a Regra do Produto. Os cálculos resultantes seriam horríveis.

Como temos uma expressão explícita para y, podemos substituí-lo por ela e escrever

$$\dfrac{dy}{dx} = \dfrac{x^{3/4}\sqrt{x^2+1}}{(3x+2)^5}\left(\dfrac{3}{4x} + \dfrac{x}{x^2+1} - \dfrac{15}{3x+2}\right) \qquad ■$$

Passos na Derivação Logarítmica

1. Tome o logaritmo natural em ambos os lados de uma equação $y = f(x)$ e use as Propriedades dos Logaritmos para simplificar.
2. Derive implicitamente em relação a x.
3. Isole y' na equação resultante e substitua y por $f(x)$.

Se $f(x) < 0$ para algum valor de x, então $\ln f(x)$ não está definida, mas ainda podemos usar derivação logarítmica se, primeiramente, escrevermos $|y| = |f(x)|$ e, então, aplicarmos a Equação 4. Ilustramos esse procedimento demonstrando a versão geral da Regra da Potência, como prometemos na Seção 3.1. Lembre-se de que a versão geral da Regra da Potência estabelece que, se n é um número real qualquer e $f(x) = x^n$, então $f'(x) = nx^{n-1}$.

DEMONSTRAÇÃO DA REGRA DA POTÊNCIA (VERSÃO GERAL) Seja $y = x^n$. Use a derivação logarítmica em:

$$\ln|y| = \ln|x|^n = n\ln|x| \qquad x \neq 0$$

Se $x = 0$, podemos mostrar que $f'(0) = 0$ para $n > 1$ diretamente da definição de derivada.

Logo,
$$\frac{y'}{y} = \frac{n}{x}$$

Daí
$$y' = n\frac{y}{x} = n\frac{x^n}{x} = nx^{n-1} \qquad \blacksquare$$

⊘ Você deve distinguir cuidadosamente a Regra da Potência $[(x^n)' = nx^{n-1}]$, na qual a base é variável e o expoente, constante, da regra para diferenciar as funções exponenciais $[(b^x)' = b^x \ln b]$, na qual a base é constante e o expoente, variável.

Em geral há quatro casos para os expoentes e as bases:

1. $\dfrac{d}{dx}(b^n) = 0$ (b e n são constantes)   Base constante, expoente constante

2. $\dfrac{d}{dx}[f(x)]^n = n[f(x)]^{n-1}f'(x)$ Base variável, expoente constante

3. $\dfrac{d}{dx}[b^{g(x)}] = b^{g(x)}(\ln b)g'(x)$ Base constante, expoente variável

4. Para encontrar $(d/dx)[f(x)]^{g(x)}$, a derivação logarítmica pode ser usada, como no próximo exemplo.   Base variável, expoente variável

EXEMPLO 8 Derive $y = x^{\sqrt{x}}$.

SOLUÇÃO 1 Uma vez que a base e o expoente são variáveis, usamos a derivação logarítmica:

$$\ln y = \ln x^{\sqrt{x}} = \sqrt{x}\ln x$$
$$\frac{y'}{y} = \sqrt{x} \cdot \frac{1}{x} + (\ln x)\frac{1}{2\sqrt{x}}$$
$$y' = y\left(\frac{1}{\sqrt{x}} + \frac{\ln x}{2\sqrt{x}}\right) = x^{\sqrt{x}}\left(\frac{2 + \ln x}{2\sqrt{x}}\right)$$

A Figura 3 ilustra o Exemplo 8 mostrando os gráficos de $f(x) = x^{\sqrt{x}}$ e sua derivada.

SOLUÇÃO 2 Outro método consiste em usar a Equação 1.5.10 para escrever $x^{\sqrt{x}} = e^{\sqrt{x}\ln x}$:

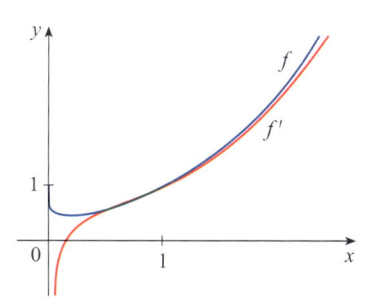

$$\frac{d}{dx}(x^{\sqrt{x}}) = \frac{d}{dx}(e^{\sqrt{x}\ln x}) = e^{\sqrt{x}\ln x}\frac{d}{dx}(\sqrt{x}\ln x)$$
$$= x^{\sqrt{x}}\left(\frac{2 + \ln x}{2\sqrt{x}}\right) \quad \text{(como na Solução 1)}$$

FIGURA 3

O Número *e* como um Limite

Já mostramos que se $f(x) = \ln x$, então $f'(x) = 1/x$. Assim, $f'(1) = 1$. Agora, usamos esse fato para expressar o número e como um limite.

Da definição de derivada como um limite, temos

$$f'(1) = \lim_{h \to 0} \frac{f(1+h) - f(1)}{h} = \lim_{x \to 0} \frac{f(1+x) - f(1)}{x}$$

$$= \lim_{x \to 0} \frac{\ln(1+x) - \ln 1}{x} = \lim_{x \to 0} \frac{1}{x} \ln(1+x)$$

$$= \lim_{x \to 0} \ln(1+x)^{1/x}$$

Por causa de $f'(1) = 1$, temos

$$\lim_{x \to 0} \ln(1+x)^{1/x} = 1$$

Assim, pelo Teorema 8 da Seção 2.5 e pela continuidade da função exponencial, temos

$$e = e^1 = e^{\lim_{x \to 0} \ln(1+x)^{1/x}} = \lim_{x \to 0} e^{\ln(1+x)^{1/x}} = \lim_{x \to 0} (1+x)^{1/x}$$

$$\boxed{5 \quad e = \lim_{x \to 0} (1+x)^{1/x}}$$

A Fórmula 5 está ilustrada pelo gráfico da função $y = (1+x)^{1/x}$ na Figura 4 e na tabela para os valores pequenos de x. Isso ilustra o fato de que, com precisão até a sétima casa decimal,

$$e = 2{,}7182818$$

Se colocarmos $n = 1/x$ na Fórmula 5, então $n \to \infty$ quando $x \to 0^+$ e uma expressão alternativa para e é

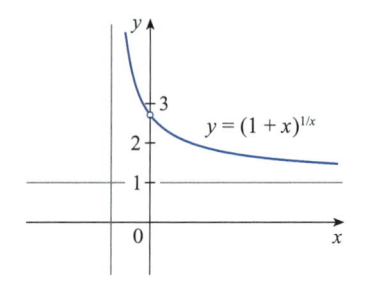

$$\boxed{6 \quad e = \lim_{x \to \infty} \left(1 + \frac{1}{n}\right)^n}$$

FIGURA 4

x	$(1+x)^{1/x}$
0,1	2,59374246
0,01	2,70481383
0,001	2,71692393
0,0001	2,71814593
0,00001	2,71826824
0,000001	2,71828047
0,0000001	2,71828169
0,00000001	2,71828181

Derivadas das Funções Trigonométricas Inversas

As funções trigonométricas inversas foram revistas na Seção 1.5. Discutimos sua continuidade na Seção 2.5 e suas assíntotas na Seção 2.6. Agora, usaremos derivação implícita para encontrar suas derivadas. No início desta seção, afirmamos que, se f é uma função injetora e diferenciável, então sua função inversa f^{-1} também é diferenciável (exceto nos pontos em que sua tangente é vertical). Uma vez que as funções trigonométricas – com as restrições de domínio que empregamos para definir suas inversas – são injetoras e diferenciáveis, conclui-se que as funções trigonométricas inversas também são diferenciáveis.

Lembre-se da definição da função arco seno:

$$y = \operatorname{sen}^{-1} x \quad \text{é equivalente a} \quad \operatorname{sen} y = x \quad \text{e} \quad -\frac{\pi}{2} \leq y \leq \frac{\pi}{2}$$

Derivando implicitamente $\operatorname{sen} y = x$ com relação a x, obtemos

$$\cos y \frac{dy}{dx} = 1 \quad \text{ou} \quad \frac{dy}{dx} = \frac{1}{\cos y}$$

Agora, observando que $\cos y \geq 0$, uma vez que $-\pi/2 \leq y \leq \pi/2$, temos

$$\cos y = \sqrt{1 - \operatorname{sen}^2 y} = \sqrt{1 - x^2} \qquad (\cos^2 y + \operatorname{sen}^2 y = 1)$$

Logo, $$\frac{dy}{dx} = \frac{1}{\cos y} = \frac{1}{\sqrt{1-x^2}}$$

$$\boxed{\frac{d}{dx}(\operatorname{sen}^{-1}x) = \frac{1}{\sqrt{1-x^2}}}$$

A Figura 5 mostra os gráficos de $f(x) = \operatorname{tg}^{-1}x$ e de sua derivada $f'(x) = 1/(1+x^2)$. Observe que f é crescente e $f'(x)$ é sempre positiva. O fato de que $\operatorname{tg}^{-1}x \to \pm\pi/2$ quando $x \to \pm\infty$ tem como consequência o fato de que $f'(x) \to 0$ quando $x \to \pm\infty$.

A fórmula da derivada da função arco tangente é deduzida de forma similar. Se $y = \operatorname{tg}^{-1}x$, então $\operatorname{tg} y = x$. Derivando implicitamente $\operatorname{tg} y = x$ com relação a x, temos

$$\sec^2 y \frac{dy}{dx} = 1$$

$$\frac{dy}{dx} = \frac{1}{\sec^2 y} = \frac{1}{1+\operatorname{tg}^2 y} = \frac{1}{1+x^2}$$

$$\boxed{\frac{d}{dx}(\operatorname{tg}^{-1}x) = \frac{1}{1+x^2}}$$

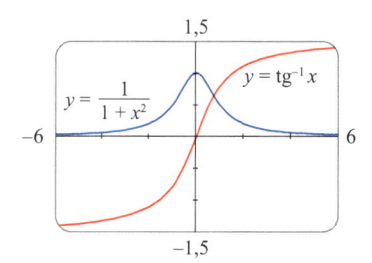

FIGURA 5

As funções trigonométricas inversas $\operatorname{sen}^{-1}x$ e $\operatorname{tg}^{-1}x$ são as mais frequentemente encontradas. As derivadas das quatro funções restantes são dadas na tabela a seguir. As demonstrações das fórmulas são deixadas como exercício.

Derivadas das Funções Trigonométricas Inversas

$$\frac{d}{dx}(\operatorname{sen}^{-1}x) = \frac{1}{\sqrt{1-x^2}} \qquad \frac{d}{dx}(\operatorname{cossec}^{-1}x) = -\frac{1}{x\sqrt{x^2-1}}$$

$$\frac{d}{dx}(\cos^{-1}x) = -\frac{1}{\sqrt{1-x^2}} \qquad \frac{d}{dx}(\sec^{-1}x) = -\frac{1}{x\sqrt{x^2-1}}$$

$$\frac{d}{dx}(\operatorname{tg}^{-1}x) = \frac{1}{1+x^2} \qquad \frac{d}{dx}(\operatorname{cotg}^{-1}x) = -\frac{1}{1+x^2}$$

As fórmulas das derivadas de $\operatorname{cossec}^{-1}x$ e $\sec^{-1}x$ dependem das definições adotadas para essas funções. Veja o Exercício 82.

EXEMPLO 9 Derive (a) $y = \dfrac{1}{\operatorname{sen}^{-1}x}$ e (b) $f(x) = x\operatorname{arctg}\sqrt{x}$.

SOLUÇÃO

(a) $$\frac{dy}{dx} = \frac{d}{dx}(\operatorname{sen}^{-1}x)^{-1} = -(\operatorname{sen}^{-1}x)^{-2}\frac{d}{dx}(\operatorname{sen}^{-1}x)$$

$$= -\frac{1}{(\operatorname{sen}^{-1}x)^2 \sqrt{1-x^2}}$$

(b) $$f'(x) = x\frac{1}{1+(\sqrt{x})^2}\left(\tfrac{1}{2}x^{-1/2}\right) + \operatorname{arctg}\sqrt{x}$$

$$= \frac{\sqrt{x}}{2(1+x)} + \operatorname{arctg}\sqrt{x}$$

Lembre-se que $\operatorname{arctg} x$ é uma notação alternativa para $\operatorname{tg}^{-1}x$.

EXEMPLO 10 Derive $g(x) = \sec^{-1}(x^2)$.

SOLUÇÃO

$$g'(x) = \frac{1}{x^2\sqrt{(x^2)^2-1}}(2x) = \frac{2}{x\sqrt{x^4-1}}$$

3.6 Exercícios

1. Explique por que a função logarítmica natural $y = \ln x$ é usada mais frequentemente no cálculo do que as outras funções logarítmicas $y = \log_b x$.

2-26 Derive a função.

2. $g(t) = \ln(3 + t^2)$
3. $f(x) = \ln(x^2 + 3x + 5)$
4. $f(x) = x \ln x - x$
5. $f(x) = \text{sen}(\ln x)$
6. $f(x) = \ln(\text{sen}^2 x)$
7. $f(x) = \ln \dfrac{1}{x}$
8. $y = \dfrac{1}{\ln x}$
9. $g(x) = \ln(xe^{-2x})$
10. $g(t) = \sqrt{1 + \ln t}$
11. $F(t) = (\ln t)^2 \text{ sen } t$
12. $p(t) = \ln\sqrt{t^2 + 1}$
13. $y = \log_8(x^2 + 3x)$
14. $y = \log_{10} \sec x$
15. $F(s) = \ln \ln s$
16. $P(v) = \dfrac{\ln v}{1 - v}$
17. $T(z) = 2^z \log_2 z$
18. $g(t) = \ln \dfrac{t(t^2 + 1)^4}{\sqrt[3]{2t - 1}}$
19. $y = \ln|3 - 2x^5|$
20. $y = \ln(\text{cossec } x - \text{cotg } x)$
21. $y = \ln(e^{-x} + xe^{-x})$
22. $g(x) = e^{x^2 \ln x}$
23. $h(x) = x^{2 + \ln x}$
24. $y = \ln\sqrt{\dfrac{1 + 2x}{1 - 2x}}$
25. $y = \ln \dfrac{x^a}{b^x}$
26. $y = \log_2(x \log_5 x)$

27. Mostre que $\dfrac{d}{dx} \ln\left(x + \sqrt{x^2 + 1}\right) = \dfrac{1}{\sqrt{x^2 + 1}}$.

28. Mostre que $\dfrac{d}{dx} \ln \sqrt{\dfrac{1 - \cos x}{1 + \cos x}} = \text{cossec } x$.

29-32 Encontre y' e y''.

29. $y = \sqrt{x} \ln x$
30. $y = \dfrac{\ln x}{1 + \ln x}$
31. $y = \ln|\sec x|$
32. $y = \ln(1 + \ln x)$

33-36 Derive f e encontre o domínio de f.

33. $f(x) = \dfrac{x}{1 - \ln(x - 1)}$
34. $f(x) = \sqrt{2 + \ln x}$
35. $f(x) = \ln(x^2 - 2x)$
36. $f(x) = \ln \ln \ln x$

37. Se $f(x) = \ln(x + \ln x)$, encontre $f'(1)$.
38. Se $f(x) = \cos(\ln x^2)$, encontre $f'(1)$.

39-40 Encontre uma equação da reta tangente à curva no ponto dado.

39. $y = \ln(x^2 - 3x + 1)$, $(3, 0)$
40. $y = x^2 \ln x$, $(1, 0)$

41. Se $f(x) = \text{sen } x + \ln x$, encontre $f'(x)$. Verifique se sua resposta é razoável comparando os gráficos de f e f'.

42. Encontre as equações das retas tangentes para a curva $y = (\ln x)/x$ nos pontos $(1, 0)$ e $(e, 1/e)$. Ilustre fazendo o gráfico da curva e de suas retas tangentes.

43. Seja $f(x) = cx + \ln(\cos x)$. Para qual valor de c ocorre $f'(\pi/4) = 6$?
44. Seja $f(x) = \log_b(3x^2 - 2)$. Para qual valor de b ocorre $f'(1) = 3$?

45-56 Use a derivação logarítmica para achar a derivada de função.

45. $y = (x^2 + 2)^2 (x^4 + 4)^4$
46. $y = \dfrac{e^{-x} \cos^2 x}{x^2 + x + 1}$
47. $y = \sqrt{\dfrac{x - 1}{x^4 + 1}}$
48. $y = \sqrt{x} e^{x^2 - x} (x + 1)^{2/3}$
49. $y = x^x$
50. $y = x^{1/x}$
51. $y = x^{\text{sen } x}$
52. $y = (\sqrt{x})^x$
53. $y = (\cos x)^x$
54. $y = (\text{sen } x)^{\ln x}$
55. $y = x^{\ln x}$
56. $y = (\ln x)^{\cos x}$

57. Encontre y' se $y = \ln(x^2 + y^2)$.
58. Encontre y' se $x^y = y^x$.
59. Encontre uma fórmula para $f^{(n)}(x)$ se $f(x) = \ln(x - 1)$.
60. Encontre $\dfrac{d^9}{dx^9}(x^8 \ln x)$.

61. Use a definição da derivada para demonstrar que
$$\lim_{x \to 0} \dfrac{\ln(1 + x)}{x} = 1$$

62. Mostre que $\lim\limits_{n \to \infty}\left(1 + \dfrac{x}{n}\right)^n = e^x$ para qualquer $x > 0$.

63-78 Encontre a derivada da função. Simplifique o resultado sempre que possível.

63. $f(x) = \text{sen}^{-1}(5x)$
64. $g(x) = \text{sec}^{-1}(e^x)$
65. $y = \text{tg}^{-1}\sqrt{x - 1}$
66. $y = \text{tg}^{-1}(x^2)$
67. $y = (\text{tg}^{-1} x)^2$
68. $g(x) = \arccos\sqrt{x}$
69. $h(x) = (\arcsin x) \ln x$
70. $g(t) = \ln(\text{arctg}(t^4))$
71. $f(z) = e^{\arcsin(z^2)}$
72. $y = \text{tg}^{-1}\left(x - \sqrt{1 + x^2}\right)$
73. $h(t) = \text{cotg}^{-1}(t) + \text{cotg}^{-1}(1/t)$
74. $R(t) = \arcsin(1/t)$
75. $y = x \text{ sen}^{-1} x + \sqrt{1 - x^2}$
76. $y = \cos^{-1}(\text{sen}^{-1} t)$
77. $y = \text{tg}^{-1}\left(\dfrac{x}{a}\right) + \ln\sqrt{\dfrac{x - a}{x + a}}$
78. $y = \text{arctg}\sqrt{\dfrac{1 - x}{1 + x}}$

79-80 Determine $f'(x)$. Confira se sua resposta é aceitável comparando os gráficos de f e f'.

79. $f(x) = \sqrt{1 - x^2} \arcsin x$
80. $f(x) = \text{arctg}(x^2 - x)$

81. Demonstre a fórmula de $(d/dx)(\cos^{-1}x)$ aplicando o mesmo método adotado para $(d/dx)(\text{sen}^{-1}x)$.

82. (a) Uma forma de definir $\sec^{-1}x$ consiste em afirmar que $y = \sec^{-1}x \Leftrightarrow \sec y = x$ e $0 \le y < \pi/2$ ou $\pi \le y < 3\pi/2$. Mostre que, com essa definição,
$$\frac{d}{dx}(\sec^{-1}x) = \frac{1}{x\sqrt{x^2 - 1}}$$

(b) Outra forma eventualmente usada para definir $\sec^{-1}x$ envolve afirmar que $y = \sec^{-1}x \Leftrightarrow \sec y = x$ e $0 \le y < \pi$, $y \ne \pi/2$. Mostre que, com essa definição,
$$\frac{d}{dx}(\sec^{-1}x) = \frac{1}{|x|\sqrt{x^2 - 1}}$$

83. Derivadas de Funções Inversas Suponha que f seja uma função injetora e diferenciável e que sua função inversa, f^{-1}, também seja diferenciável. Use derivação implícita para provar que
$$(f^{-1})'(x) = \frac{1}{f'(f^{-1}(x))}$$
desde que o denominador não seja 0.

84-86 Usando a fórmula do Exercício 83, resolva os problemas.

84. Sabendo que $f(4) = 5$ e $f'(4) = \frac{2}{3}$, determine $(f^{-1})'(5)$.

85. Sabendo que $f(x) = x + e^x$, determine $(f^{-1})'(1)$.

86. Sabendo que $f(x) = x^3 + 3\text{ sen }x + 2\cos x$, determine $(f^{-1})'(2)$.

87. Suponha que f e g sejam funções diferenciáveis e seja $h(x) = f(x)^{g(x)}$. Use derivação logarítmica para deduzir a fórmula
$$h' = g \cdot f^{g-1} \cdot f' + (\ln f) \cdot f^g \cdot g'$$

88. Use a fórmula do exercício 87 para derivar.
(a) $h(x) = x^3$ (b) $h(x) = 3^x$ (c) $h(x) = (\text{sen }x)^x$

3.7 | Taxas de Variação nas Ciências Naturais e Sociais

Sabemos que se $y = f(x)$, então a derivada dy/dx pode ser interpretada como a taxa de variação de y em relação a x. Nesta seção examinaremos algumas das aplicações dessa ideia na física, química, biologia, economia e em outras ciências.

Vamos nos recordar da Seção 2.7, que apresentou a ideia básica das taxas de variação. Se x variar de x_1 a x_2, então a variação em x será
$$\Delta x = x_2 - x_1$$
e a variação correspondente em y será
$$\Delta y = f(x_2) - f(x_1)$$
O quociente da diferença
$$\frac{\Delta y}{\Delta x} = \frac{f(x_2) - f(x_1)}{x_2 - x_1}$$
é a **taxa média de variação de y em relação a x** sobre o intervalo $[x_1, x_2]$ e pode ser interpretada como a inclinação da reta secante PQ na Figura 1. Seu limite quando $\Delta x \to 0$ é a derivada $f'(x_1)$, que pode, portanto, ser interpretada como a **taxa instantânea de variação de y em relação a x** ou a inclinação da reta tangente em $P(x_1, f(x_1))$. Usando a notação de Leibniz, escrevemos o processo na forma:
$$\frac{dy}{dx} = \lim_{\Delta x \to 0} \frac{\Delta y}{\Delta x}$$

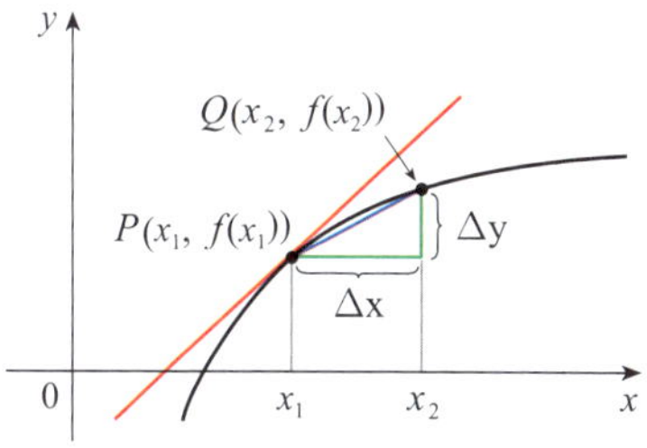

Sempre que a função $y = f(x)$ tiver uma interpretação específica em uma das ciências, sua derivada terá outra interpretação específica, como uma taxa de variação. (Como discutido na Seção 2.7, as unidades dy/dx são as unidades para y divididas pelas unidades para x.) Agora vamos examinar algumas dessas interpretações nas ciências naturais e sociais.

m_{PQ} = taxa média de variação
$m = f'(x_1)$ = taxa instantânea de variação

FIGURA 1

■ Física

Se $s = f(t)$ for a função posição de uma partícula que está se movendo em uma reta, então $\Delta s/\Delta t$ representa a velocidade média ao longo de um período de tempo Δt, e $v = ds/dt$ representa a **velocidade** instantânea (a taxa de variação do deslocamento em relação ao tempo). A taxa instantânea de variação da velocidade com relação ao tempo é a **aceleração**: $a(t) = v'(t) = s''(t)$. Isso já foi discutido nas Seções 2.7 e 2.8, mas agora que conhecemos as fórmulas de derivação, estamos habilitados a resolver mais facilmente problemas envolvendo o movimento dos objetos.

EXEMPLO 1 A posição de uma partícula é dada pela equação

$$s = f(t) = t^3 - 6t^2 + 9t$$

onde t é medido em segundos e s, em metros.
(a) Encontre a velocidade no tempo t.
(b) Qual a velocidade depois de 2 s? E depois de 4 s?
(c) Quando a partícula está em repouso?
(d) Quando a partícula está se movendo para a frente (isto é, no sentido positivo)?
(e) Faça um diagrama para representar o movimento da partícula.
(f) Encontre a distância total percorrida pela partícula durante os primeiros cinco segundos.
(g) Encontre a aceleração no tempo t e depois de 4 s.
(h) Faça os gráficos das funções posição, velocidade e aceleração para $0 \leq t \leq 5$.
(i) Quando a partícula está acelerando? Quando está freando?

SOLUÇÃO

(a) A função velocidade é a derivada da função posição:

$$s = f(t) = t^3 - 6t^2 + 9t$$

$$v(t) = \frac{ds}{dt} = 3t^2 - 12t + 9$$

(b) A velocidade depois de 2 s é a velocidade instantânea quando $t = 2$, ou seja,

$$v(2) = \frac{ds}{dt}\bigg|_{t=2} = 3(2)^2 - 12(2) + 9 = -3 \text{ m/s}$$

A velocidade depois de 4 s é

$$v(4) = 3(4)^2 - 12(4) + 9 = 9 \text{ m/s}$$

(c) A partícula está em repouso quando $v(t) = 0$, isto é,

$$3t^2 - 12t + 9 = 3(t^2 - 4t + 3) = 3(t-1)(t-3) = 0$$

e isso acontece quando $t = 1$ ou $t = 3$. Dessa forma, a partícula está em repouso após 1 s e depois de 3 s.

(d) A partícula move-se no sentido positivo quando $v(t) > 0$, ou seja

$$3t^2 - 12t + 9 = 3(t-1)(t-3) > 0.$$

Essa desigualdade é verdadeira quando ambos os fatores forem positivos ($t > 3$) ou quando ambos os fatores forem negativos ($t < 1$). Assim, a partícula move-se no sentido positivo nos intervalos de tempo $t < 1$ e $t > 3$. Move-se para trás (no sentido negativo) quando $1 < t < 3$.

(e) Usando as informações da parte (d), fazemos um esquema ilustrativo na Figura 2 do movimento da partícula, que volta e depois torna a avançar ao longo da reta (eixo s).

(f) Por causa do que aprendemos nas partes (d) e (e), precisamos calcular separadamente a distância percorrida durante os intervalos de tempo [0, 1], [1, 3] e [3, 5].

A distância percorrida no primeiro segundo é

$$|f(1) - f(0)| = |4 - 0| = 4 \text{ m}$$

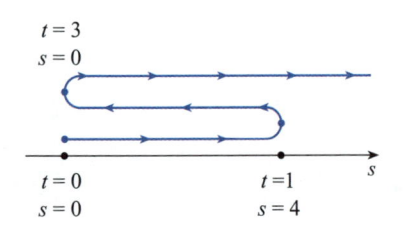

$t = 3$
$s = 0$

$t = 0$
$s = 0$

$t = 1$
$s = 4$

FIGURA 2

De $t = 1$ a $t = 3$ a distância percorrida é

$$|f(3) - f(1)| = |0 - 4| = 4 \text{ m}$$

De $t = 3$ a $t = 5$ a distância percorrida é

$$|f(5) - f(3)| = |20 - 0| = 20 \text{ m}$$

A distância total é $4 + 4 + 20 = 28$ m.

(g) A aceleração é a derivada da função velocidade:

$$a(t) = \frac{d^2s}{dt^2} = \frac{dv}{dt} = 6t - 12$$

$$a(4) = 6(4) - 12 = 12 \text{ m/s}^2$$

(h) A Figura 3 mostra os gráficos de s, v e a.

(i) A partícula acelera quando a velocidade é positiva e crescente (v e a são ambas positivas) e, também, quando a velocidade é negativa e decrescente (v e a são ambas negativas). Em outras palavras, a partícula aumenta a velocidade quando a velocidade e a aceleração têm o mesmo sinal. (A partícula é empurrada na mesma direção em que está se movendo.) Da Figura 3 vemos que isso ocorre quando $1 < t < 2$ e quando $t > 3$. A partícula está reduzindo velocidade quando v e a têm sinais opostos, ou seja, quando $0 \leq t < 1$ e quando $2 < t < 3$. A Figura 4 resume o movimento da partícula.

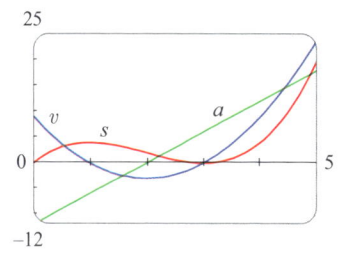

FIGURA 3

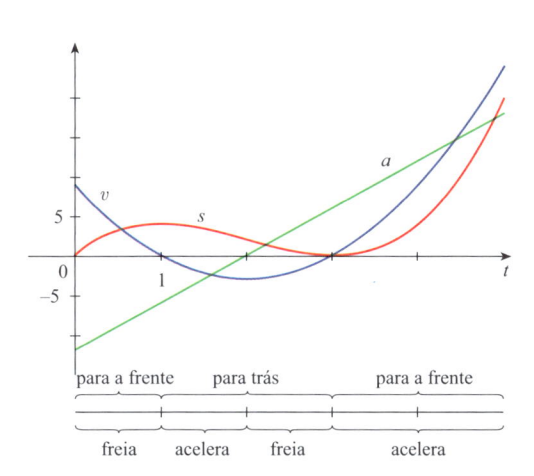

FIGURA 4

EXEMPLO 2 Se uma barra ou pedaço de fio forem homogêneos, então sua densidade linear será uniforme e estará definida como a massa por unidade de comprimento ($\rho = m/l$) medida em quilogramas por metro. Suponha, contudo, que a barra não seja homogênea, mas que sua massa, medida a partir da extremidade esquerda até um ponto x, seja $m = f(x)$, conforme mostrado na Figura 5.

FIGURA 5

A massa da parte da barra que está situada entre $x = x_1$ e $x = x_2$ é dada por $\Delta m = f(x_2) - f(x_1)$; logo, a densidade média daquela parte da barra é

$$\text{densidade média} = \frac{\Delta m}{\Delta x} = \frac{f(x_2) - f(x_1)}{x_2 - x_1}$$

Se fizermos $\Delta x \to 0$ (ou seja, $x_2 \to x_1$), estaremos computando a densidade média em intervalos cada vez menores. A **densidade linear** ρ em x_1 é o limite dessas densidades médias quando $\Delta x \to 0$; ou seja, a densidade linear é a taxa de variação da massa em relação ao comprimento. Simbolicamente,

$$\rho = \lim_{\Delta x \to 0} \frac{\Delta m}{\Delta x} = \frac{dm}{dx}$$

Assim, a densidade linear da barra é a derivada da massa em relação ao comprimento.

Por exemplo, se $m = f(x) = \sqrt{x}$, onde x é medido em metros e m, em quilogramas, então a densidade média da parte da barra dada por $1 \leq x \leq 1,2$ é

$$\frac{\Delta m}{\Delta x} = \frac{f(1,2) - f(1)}{1,2 - 1} = \frac{\sqrt{1,2} - 1}{0,2} \approx 0,48 \text{ kg/m}$$

enquanto a densidade exatamente em $x = 1$ é

$$\rho = \left.\frac{dm}{dx}\right|_{x=1} = \left.\frac{1}{2\sqrt{x}}\right|_{x=1} = 0,50 \text{ kg/m} \qquad \blacksquare$$

FIGURA 6

EXEMPLO 3 Uma corrente existe sempre que cargas elétricas se movem. A Figura 6 ilustra parte de um fio e elétrons movimentando-se através de uma superfície plana sombreada em vermelho. Se ΔQ é a quantidade de carga líquida que passa através dessa superfície durante um período de tempo Δt, então a corrente média durante esse intervalo de tempo é definida como

$$\text{corrente média} = \frac{\Delta Q}{\Delta t} = \frac{Q_2 - Q_1}{t_2 - t_1}$$

Se fizermos o limite dessa corrente média sobre intervalos de tempo cada vez menores, obteremos o que denominamos **corrente** I em dado tempo t_1:

$$I = \lim_{\Delta t \to 0} \frac{\Delta Q}{\Delta t} = \frac{dQ}{dt}$$

Assim, a corrente é a taxa na qual a carga flui através de uma superfície. É medida em unidades de carga por unidade de tempo (frequentemente coulombs por segundo, chamados ampères). $\blacksquare$

A velocidade, densidade e corrente não são as únicas taxas importantes na física. São inclusas também a potência (a taxa segundo a qual um trabalho é realizado), a taxa do fluxo de calor, o gradiente da temperatura (a taxa de variação da temperatura em relação à posição) e a taxa de decaimento radioativo de uma substância na física nuclear.

■ Química

EXEMPLO 4 Uma reação química resulta na formação de uma ou mais substâncias (conhecidas como *produtos*) a partir de um ou mais materiais iniciais (ditos *reagentes*). Por exemplo, a "equação"

$$2H_2 + O_2 \to 2H_2O$$

indica que duas moléculas de hidrogênio e uma molécula de oxigênio formam duas moléculas de água. Consideremos a reação

$$A + B \to C$$

onde A e B são reagentes e C é o produto. A **concentração** de um reagente A é o número de mols (1 mol = 6,022 × 10²³ moléculas) por litro e é denotada por [A]. A concentração varia durante a reação, logo [A], [B] e [C] são funções do tempo (t). A taxa média da reação do produto C sobre um intervalo de tempo $t_1 \leq t \leq t_2$ é

$$\frac{\Delta[C]}{\Delta t} = \frac{[C](t_2) - [C](t_1)}{t_2 - t_1}$$

Mas os químicos estão interessados na **taxa instantânea de reação**, pois ela fornece informação sobre o funcionamento da reação química. A taxa instantânea de reação é obtida fazendo-se o limite da taxa média de reação quando o intervalo de tempo Δt tende a 0:

$$\text{taxa de reação} = \lim_{\Delta t \to 0} \frac{\Delta[C]}{\Delta t} = \frac{d[C]}{dt}$$

Uma vez que a concentração do produto aumenta quando a reação avança, a derivada $d[C]/dt$ será positiva. Assim, a taxa de reação de C é positiva. A concentração de reagentes, entretanto, decresce durante a reação; logo, para tornar as taxas de reação de A e B números positivos, colocamos sinais de subtração na frente das derivadas $d[A]/dt$ e $d[B]/dt$. Uma vez que [A] e [B] decrescem na mesma taxa que [C] aumenta, temos

$$\text{taxa de reação} = \frac{d[C]}{dt} = \frac{d[A]}{dt} = -\frac{d[B]}{dt}$$

Mais geralmente, o resultado é que para uma reação da forma

$$a\text{A} + b\text{B} \to c\text{C} + d\text{D}$$

temos

$$-\frac{1}{a}\frac{d[A]}{dt} = -\frac{1}{b}\frac{d[B]}{dt} = \frac{1}{c}\frac{d[C]}{dt} = \frac{1}{d}\frac{d[D]}{dt}$$

A taxa de reação pode ser determinada a partir de dados tabelados e métodos gráficos. Em alguns casos há fórmulas explícitas para as concentrações como funções do tempo, que nos permitem calcular a taxa de reação (veja o Exercício 26). ■

EXEMPLO 5 Uma das quantidades de interesse na termodinâmica é a compressibilidade. Se dada substância é mantida a uma temperatura constante, então seu volume V depende de sua pressão P. Podemos considerar a taxa de variação de volume em relação à pressão, isto é, a derivada dV/dP. À medida que P aumenta, V diminui, logo, $dV/dP < 0$. A **compressibilidade** é definida introduzindo-se o sinal negativo e dividindo essa derivada pelo volume V:

$$\text{compressibilidade isotérmica} = \beta = -\frac{1}{V}\frac{dV}{dP}$$

Assim, β mede quão rápido, por unidade de volume, o volume de uma substância decresce quando a pressão sobre ela cresce, a uma temperatura constante.

Por exemplo, o volume V (em metros cúbicos) de uma amostra do ar a 25 °C está relacionado com a pressão P (em quilopascals) pela equação

$$V = \frac{5,3}{P}$$

A taxa de variação de V em relação a P quando $P = 50$ kPa é

$$\left.\frac{dV}{dP}\right|_{P=50} = -\left.\frac{5,3}{P^2}\right|_{P=50}$$

$$= -\frac{5,3}{2.500} = -0,00212 \text{ m}^3/\text{kPa}$$

A compressibilidade naquela pressão é

$$\beta = -\frac{1}{V}\left.\frac{dV}{dP}\right|_{P=50} = \frac{0,00212}{\frac{5,3}{50}} = 0,02 \text{ (m}^3/\text{kPa)/m}^3$$

■ Biologia

EXEMPLO 6 Seja $n = f(t)$ o número de indivíduos numa população animal ou vegetal em um instante t. A variação no tamanho da população entre os tempos $t = t_1$ e $t = t_2$ é $\Delta n = f(t_2) - f(t_1)$, e então a taxa média de crescimento durante o período de tempo $t_1 \leq t \leq t_2$ é

$$\text{taxa média de crescimento} = \frac{\Delta n}{\Delta t} = \frac{f(t_2) - f(t_1)}{t_2 - t_1}$$

A **taxa instantânea de crescimento** é obtida dessa taxa média de crescimento fazendo-se o período de tempo Δt tender a 0:

$$\text{taxa de crescimento} = \lim_{\Delta t \to 0} \frac{\Delta n}{\Delta t} = \frac{dn}{dt}$$

Estritamente falando, isso não é muito preciso, pois o gráfico real de uma função de população $n = f(t)$ seria uma função escada, que é descontínua sempre que ocorre um nascimento ou morte e, portanto, não seria derivável. Contudo, para uma grande população animal ou vegetal, podemos substituir o gráfico por uma curva aproximante lisa, como na Figura 7.

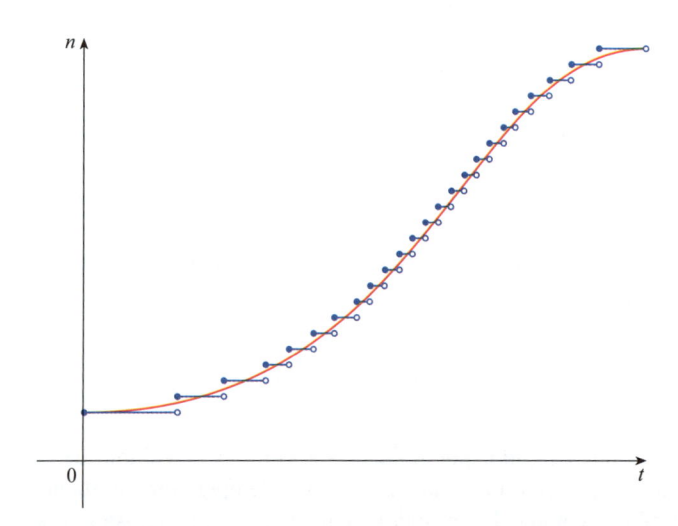

FIGURA 7
Uma curva aproximante lisa de uma função crescimento

Para ser mais específico, considere uma população de bactérias em um meio nutriente homogêneo. Suponha que, tomando amostras da população em certos intervalos, determina-se que ela duplica a cada hora. Se a população inicial for n_0 e o tempo t for medido em horas, então

$$f(1) = 2f(0) = 2n_0$$
$$f(2) = 2f(1) = 2^2 n_0$$
$$f(3) = 2f(2) = 2^3 n_0$$

e, em geral,

$$f(t) = 2^t n_0$$

A função da população é $n = n_0 2^t$.

Na Seção 3.4 mostramos que

$$\frac{d}{dx}(b^x) = b^x \ln b$$

Portanto, a taxa de crescimento da população de bactérias no tempo t é

$$\frac{dn}{dt} = \frac{d}{dt}(n_0 2^t) = n_0 2^t \ln 2$$

Por exemplo, suponha que comecemos com uma população inicial de $n_0 = 100$ bactérias. Então, a taxa de crescimento depois de 4 horas é

$$\left.\frac{dn}{dt}\right|_{t=4} = 100 \cdot 2^4 \ln 2 = 1.600 \ln 2 \approx 1.109$$

Isso quer dizer que, depois de 4 horas, a população de bactérias está crescendo a uma taxa de cerca de 1.109 bactérias por hora. ∎

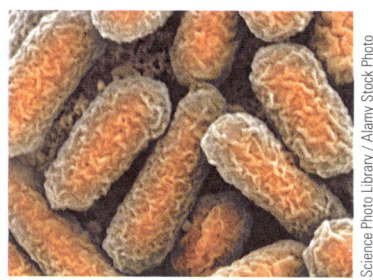

As bactérias *E. coli* medem cerca de 2 micrômetros (μm) de comprimento e 0,75 μm de largura. A imagem foi produzida com escaneamento por microscópio de elétrons.

EXEMPLO 7 Considerando o fluxo de sangue através de um vaso sanguíneo, como uma veia ou artéria, podemos modelar a forma do vaso sanguíneo por um tubo cilíndrico de raio R e comprimento l, conforme ilustrado na Figura 8.

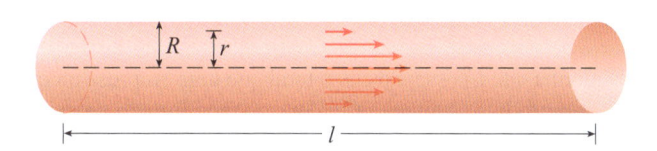

FIGURA 8
Fluxo de sangue em uma artéria

Em razão do atrito nas paredes do tubo, a velocidade v do sangue é maior ao longo do eixo central e decresce à medida que r se distancia do eixo central, até que v torna-se 0 na parede. A relação entre v e r é dada pela **lei do fluxo laminar**, que foi deduzida experimentalmente pelo físico francês Jean Leonard Marie Poiseuille, em 1838. Esta lei afirma que

$$\boxed{1} \qquad v = \frac{P}{4\eta l}(R^2 - r^2)$$

onde η é a viscosidade do sangue e P é a diferença entre as pressões nos extremos do tubo. Se P e l forem constantes, então v é uma função de r em domínio $[0, R]$.

A taxa média da variação da velocidade quando nos movemos de $r = r_1$ para $r = r_2$ é dada por

$$\frac{\Delta v}{\Delta r} = \frac{v(r_2) - v(r_1)}{r_2 - r_1}$$

Para informações mais detalhadas, veja W. Nichols, M. O'Rourke e C. Vlachopoulos (Eds). *McDonald's Blood Flow in Arteries: Theoretical, Experimental, and Clinical Principles*. 6. ed. (Boca Raton, FL, 2011).

e se fizermos $\Delta r \to 0$, obteremos o **gradiente da velocidade**, isto é, a taxa instantânea de variação da velocidade em relação a r:

$$\text{gradiente da velocidade} = \lim_{\Delta r \to 0} \frac{\Delta v}{\Delta r} = \frac{dv}{dr}$$

Usando a Equação 1, obtemos

$$\frac{dv}{dr} = \frac{P}{4\eta l}(0 - 2r) = -\frac{Pr}{2\eta l}$$

Para artérias humanas menores podemos tomar $\eta = 0{,}027$, $R = 0{,}008$ cm, $l = 2$ cm e $P = 4\,000$ dinas/cm², o que fornece

$$v = \frac{4.000}{4(0{,}027)2}(0{,}000064 - r^2)$$
$$\approx 1{,}85 \times 10^4 (6{,}4 \times 10^{-5} - r^2)$$

Em $r = 0{,}002$ cm, o sangue está fluindo a uma velocidade de

$$v(0{,}002) \approx 1{,}85 \times 10^4 (64 \times 10^{-6} - 4 \times 10^{-6}) = 1{,}11 \text{ cm/s}$$

e o gradiente da velocidade nesse ponto é

$$\left.\frac{dv}{dr}\right|_{r=0{,}002} = -\frac{4.000(0{,}002)}{2(0{,}027)2} \approx -74 \text{ (cm/s)/cm}$$

Para sentirmos o que isso significa, vamos mudar nossas unidades de centímetros para micrômetros (1 cm = 10.000 μm). Então o raio da artéria é 80 μm. A velocidade no eixo central é 11.850 μm/s, que decresce para 11.110 μm/s a uma distância de $r = 20$ μm. O fato de que $dv/dr = -74$ (μm/s)/μm quer dizer que quando $r = 20$ μm, a velocidade está decrescendo a uma taxa de cerca de 74 μm/s para cada micrômetro que afastarmos do centro. ∎

■ Economia

EXEMPLO 8 Suponha que $C(x)$ seja o custo total que uma empresa incorre na produção de x unidades de certo produto. A função C é denominada **função de custo**. Se o número de itens produzidos aumenta de x_1 para x_2, o custo adicional será $\Delta C = C(x_2) - C(x_1)$, e a taxa média de variação do custo será

$$\frac{\Delta C}{\Delta x} = \frac{C(x_2) - C(x_1)}{x_2 - x_1} = \frac{C(x_1 + \Delta x) - C(x_1)}{\Delta x}$$

O limite dessa grandeza quando $\Delta x \to 0$, ou seja, a taxa instantânea de variação do custo em relação ao número de itens produzidos, é denominado **custo marginal** pelos economistas:

$$\text{custo marginal} = \lim_{\Delta x \to 0} \frac{\Delta C}{\Delta x} = \frac{dC}{dx}$$

[Uma vez que x pode geralmente assumir somente valores inteiros, pode não ter sentido fazer Δx tender a 0, mas podemos sempre substituir $C(x)$ por uma função aproximante lisa, como no Exemplo 6.]

Fazendo $\Delta x = 1$ e n muito grande (de modo que Δx seja pequeno comparado com n), temos

$$C'(n) \approx C(n+1) - C(n).$$

Assim, o custo marginal de produção de n unidades é aproximadamente igual ao custo de produção de mais uma unidade [a $(n + 1)$-ésima unidade].

Frequentemente, é apropriado representar uma função custo por um polinômio

$$C(x) = a + bx + cx^2 + dx^3$$

onde a representa os custos gerais indiretos (aluguel, aquecimento, manutenção), e os outros termos representam o custo das matérias-primas, da mão de obra e assim por diante. (O custo das matérias-primas pode ser proporcional a x, mas o custo da mão de obra poderia depender parcialmente de potências mais altas de x, em decorrência dos custos de horas extras e ineficiências envolvidas em operações de larga escala.)

Por exemplo, suponha que uma empresa tenha estimado que o custo (em dólares) de produção de x itens seja

$$C(x) = 10.000 + 5x + 0{,}01x^2$$

Então, a função custo marginal é

$$C'(x) = 5 + 0{,}02x$$

O custo marginal no nível de produção de 500 itens é

$$C'(500) = 5 + 0{,}02(500) = \$15/\text{item}.$$

Isso dá a taxa segundo a qual os custos estão crescendo em relação ao nível de produção quando $x = 500$ e prediz o custo da 501ª unidade.

O custo real de produção da 501ª unidade é

$$\begin{aligned} C(501) - C(500) &= [10.000 + 5(501) + 0{,}01(501)2\,] \\ &\quad - [10.000 + 5(500) + 0{,}01(500)2\,] \\ &= \$\,15{,}01. \end{aligned}$$

Observe que $C'(500) \approx C(501) - C(500)$.

Os economistas também estudam a demanda marginal, a renda marginal e o lucro marginal, as derivadas das funções demanda, renda e lucro. Isso será visto no Capítulo 4, depois de desenvolvermos as técnicas para encontrar os valores máximo e mínimo de funções.

■ Outras Ciências

As taxas de variação ocorrem em todas as ciências. Um geólogo se interessa em saber a taxa na qual uma massa de rocha fundida resfria pela condução de calor para o meio rochoso que a envolve. Um engenheiro quer saber a taxa segundo a qual a água escoa para fora de um reservatório. Um geógrafo urbano tem interesse na taxa de variação da densidade da população numa cidade à medida que a distância do centro da cidade aumenta. Um meteorologista se preocupa com a taxa de variação da pressão atmosférica em relação à altura (veja o Exercício 19 da Seção 3.8).

Em psicologia, os interessados na teoria do aprendizado estudam a curva de aprendizado, que é o gráfico do desempenho $P(t)$ de alguém aprendendo alguma coisa como função do tempo de treinamento t. É de particular interesse a taxa segundo a qual o desempenho melhora à medida que o tempo passa, isto é, dP/dt. Psicólogos também estudaram o fenômeno da memória e desenvolveram modelos para a taxa de retenção de memória (veja o Exercício 42). Eles também estudam as dificuldades envolvidas na realização de certas tarefas e a taxa com que a dificuldade aumenta quando se altera um parâmetro fornecido (veja o Exercício 43).

Em sociologia, o cálculo diferencial é usado na análise da divulgação do boato (ou inovações, ou modismos, ou padrões). Se $p(t)$ denota a proporção de uma população que fica sabendo de um boato no tempo t, então a derivada dp/dt representa a taxa de divulgação do boato (veja o Exercício 90 da Seção 3.4).

Uma Única Ideia, Muitas Interpretações

A velocidade, a densidade, a corrente, a potência e o gradiente da temperatura na física; a taxa de reação e a compressibilidade na química; a taxa de crescimento e o gradiente da velocidade do sangue na biologia; o custo e o lucro marginais na economia; a taxa do fluxo do calor na geologia; a taxa de desenvolvimento do desempenho na psicologia; a taxa de divulgação de um boato na sociologia – todos esses são casos especiais de um único conceito matemático, a derivada.

Todas essas diferentes aplicações da derivada ilustram o fato de que parte do poder da matemática está em sua abstração. Um único conceito matemático abstrato (tal como a derivada) pode ter interpretações diferentes para cada ciência. Quando desenvolvemos as propriedades do conceito matemático de uma vez por todas, podemos voltar e aplicar esses resultados em todas as ciências. Isso é muito mais eficiente do que desenvolver as propriedades de conceitos especiais para cada ciência separada. O matemático Francês Joseph Fourier (1768-1830) colocou de forma sucinta: "A matemática compara os mais diversos fenômenos e descobre as analogias secretas que os unem".

3.7 | Exercícios

1-4 Uma partícula move-se segundo a lei do movimento $s = f(t)$, $t \geq 0$, em que t é medido em segundos e s, em metros.

(a) Encontre a velocidade no tempo t.

(b) Qual a velocidade depois de 1 segundo?

(c) Quando a partícula está em repouso?

(d) Quando a partícula está se movendo no sentido positivo?

(e) Encontre a distância total percorrida durante os 6 primeiros segundos.

(f) Desenhe um diagrama como na Figura 2 para ilustrar o movimento da partícula.

(g) Encontre a aceleração no tempo t e depois de 1 segundo.

(h) Faça os gráficos das funções posição, velocidade e aceleração para $0 \leq t \leq 6$.

(i) Quando a partícula está acelerando? Quando está freando?

1. $f(t) = t^3 - 8t^2 + 24t$ **2.** $f(t) = \dfrac{9t}{t^2 + 9}$

3. $f(t) = \text{sen}(\pi t/2)$ **4.** $f(t) = t^2 e^{-t}$

5. São mostrados os gráficos das funções *velocidade* de duas partículas, com t medido em segundos. Quando cada partícula está acelerando? Quando está freando? Explique.

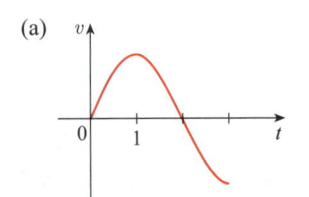

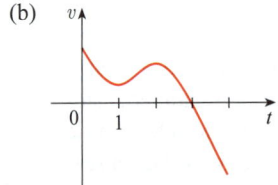

6. São mostrados os gráficos das funções *posição* de duas partículas, com t medido em segundos. Quando a velocidade de cada partícula é positiva? Quando ela é negativa? Quando cada partícula está acelerando? Quando está freando? Explique.

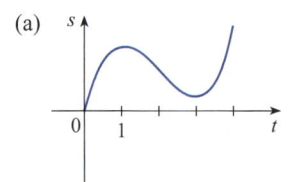

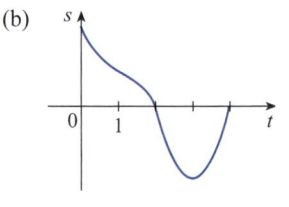

7. Suponha que o gráfico da função velocidade de uma partícula seja aquele mostrado na figura, em que t é medido em segundos. Em que intervalos a partícula se desloca para a frente (na direção positiva)? Quando ela se desloca para trás? O que ocorre quando $5 < t < 7$?

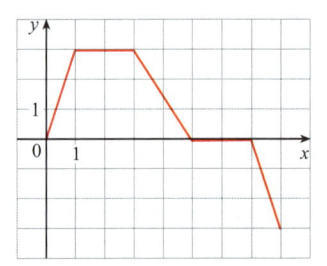

8. Para a partícula descrita no Exercício 7, esboce um gráfico da função aceleração. Em que invervalos a partícula está acelerando? Quando ela está desacelerando? Em que períodos ela se desloca a uma velocidade constante?

9. A altura (em metros) de um projétil lançado verticalmente para cima de um ponto a 2 m acima do nível do solo com velocidade inicial de 24,5 m/s é $h = 2 + 24,5t - 4,9t^2$ após t segundos.

(a) Encontre a velocidade após 2 s e após 4 s.

(b) Quando o projétil alcança sua altura máxima?

(c) Qual é a altura máxima?

(d) Quando ele atinge o solo?

(e) Com qual velocidade ele atinge o solo?

10. Se uma bola for atirada verticalmente para cima com velocidade de 24,5 m/s, então sua altura depois de t segundos será $s = 24,5t - 4,9t^2$.

(a) Qual a altura máxima atingida pela bola?
(b) Qual a velocidade da bola quando estiver 29,4 m acima do solo na subida? E na descida?

11. Se uma pedra for atirada verticalmente para cima sobre a superfície de Marte, com velocidade de 15 m/s, sua altura após t segundos será $h = 15t - 1{,}86t^2$.
    (a) Qual a velocidade da pedra após 2 s?
    (b) Qual a velocidade da pedra quando sua altura for 25 m acima do solo na subida? E na descida?

12. Um partícula se move com uma função posição
$$s = t^4 - 4t^3 - 20t^2 + 20 \qquad t \geq 0$$
    (a) Quando a partícula tem a velocidade de 20 m/s?
    (b) Quando a aceleração é 0? Qual é o significado deste valor de t?

13. (a) Uma empresa produz *chips* de computador a partir de placas quadradas de silício. Um engenheiro de processos quer manter o comprimento do lado da placa muito próximo de 15 mm e precisa saber como a área $A(x)$ da placa varia quando mudamos o comprimento x do lado. Encontre $A'(15)$ e explique seu significado nessa situação.
    (b) Mostre que a taxa de variação da área de um quadrado em relação ao comprimento de seu lado é a metade de seu perímetro. Tente explicar geometricamente por que isso é verdade, desenhando um quadrado cujo comprimento de lado x é aumentado em Δx. Como você pode aproximar a variação resultante em área ΔA se Δx for pequeno?

14. (a) Os cristais de cloreto de sódio crescem facilmente em forma de cubos ao permitir que uma solução de água e de cloreto de sódio evapore lentamente. Se V for o volume de cada cubo com comprimento de lado x, calcule dV/dx quando $x = 3$ mm e explique seu significado.
    (b) Mostre que a taxa de variação do volume de cada cubo em relação ao comprimento da aresta é igual à metade da área da superfície do cubo. Explique geometricamente por que esse resultado é verdadeiro, mostrando um argumento análogo ao do Exercício 13(b).

15. (a) Encontre a taxa média de variação da área de um círculo em relação a seu raio r quando r varia de
    (i) 2 a 3   (ii) 2 a 2,5   (iii) 2 a 2,1
    (b) Encontre a taxa instantânea de variação quando $r = 2$.
    (c) Mostre que a taxa de variação da área de um círculo em relação a seu raio (para qualquer r) é igual à circunferência do círculo. Tente explicar geometricamente por que isso é verdadeiro, desenhando um círculo cujo raio foi aumentado em Δr. Como você pode aproximar a variação resultante em área ΔA se Δr for pequeno?

16. A queda de uma pedra em um lago gera uma onda circular que cresce a uma velocidade de 60 cm/s. Encontre a taxa em que a área dentro do círculo está aumentando após (a) 1 s, (b) 3 s e (c) 5 s. O que você conclui?

17. Um balão esférico começa a ser inflado. Encontre a taxa de crescimento da área da superfície ($S = 4\pi r^2$) em relação ao raio r quando r é (a) 20 cm, (b) 40 cm e (c) 60 cm. Que conclusão você pode tirar?

18. (a) O volume de uma célula esférica de tamanho crescente é $V = \frac{4}{3}\pi r^3$, onde o raio r é medido em micrômetros ($1~\mu m = 10^{-6}$ m). Encontre a taxa de variação média de V em relação a r quando r varia de
    (i) 5 a 8 μm   (ii) 5 a 6 μm   (iii) 5 a 5,1 μm

(b) Encontre a taxa instantânea de variação V em relação a r quando $r = 5$ μm.
(c) Mostre que a taxa de variação do volume de uma esfera em relação a seu raio é igual à área de sua superfície. Explique geometricamente por que esse resultado é verdadeiro. Mostre um argumento análogo ao do Exercício 15(c).

19. A massa da parte de uma barra de metal que se encontra entre sua extremidade esquerda e um ponto a x metros à direita é $3x^2$ kg. Encontre a densidade linear (veja o Exemplo 2) quando x for (a) 1 m, (b) 2 m e (c) 3 m. Onde a densidade é maior? E menor?

20. Se um tanque tem 5.000 litros, e a água escoa pelo fundo em 40 minutos, então a Lei de Torricelli dá o volume V de água que restou no tanque depois de t minutos como
$$V = 5.000\left(1 - \tfrac{1}{40}t\right)^2 \qquad 0 \leq t \leq 40$$
Encontre a taxa segundo a qual a água está escoando do tanque depois de (a) 5 min, (b) 10 min, (c) 20 min e (d) 40 min. Em que instante o escoamento é mais rápido? E mais vagaroso? Resuma o que você encontrou.

21. A quantidade de carga Q, em coulombs (C), que passa através de um ponto em um fio até o instante t (medido em segundos) é dada por $Q(t) = t^3 - 2t^2 + 6t + 2$. Encontre a corrente quando (a) $t = 0{,}5$ s e (b) $t = 1$ s. [Veja o Exemplo 3. A unidade da corrente é um ampère 1 C/s).] Quando a corrente é mais baixa?

22. A Lei de Gravitação de Newton diz que a intensidade F da força exercida por um corpo de massa m sobre um corpo de massa M é
$$F = \frac{GmM}{r^2}$$
onde G é a constante gravitacional e r é a distância entre os corpos.
    (a) Encontre dF/dr e explique seu significado. O que o sinal de subtração indica?
    (b) Suponha que seja conhecido que a Terra atrai um objeto com uma força que decresce a uma taxa de 2 N/km quando $r = 20.000$ km. Quão rápido essa força varia quando $r = 10.000$ km?

23. A força F agindo num corpo com massa m e velocidade é a taxa de variação de *momentum*: $F = (d/dt)(mv)$. Se m for uma constante, torna-se $F = ma$, onde $a = dv/dt$ é a aceleração. Mas na teoria da relatividade a massa de uma partícula varia com v da seguinte forma: $m = m_0 / \sqrt{1 - v^2/c^2}$, onde m_0 é a massa da partícula em repouso e c é a velocidade da luz. Mostre que
$$F = \frac{m_0 a}{(1 - v^2/c^2)^{3/2}}$$

24. Algumas das maiores marés no mundo ocorrem na Bay of Fundy, na Costa Atlântica do Canadá. No Cabo Hopewell a profundidade da água em maré baixa é cerca de 2,0 m e em maré alta é cerca de 12,0 m. O período natural de oscilação é pouco mais de 12 horas e, em junho de 2009, a maré alta ocorreu às 6h45. Isso ajuda a explicar o seguinte modelo para a profundidade de água D (em metros) como uma função do tempo t (em horas após a meia-noite) naquele dia:
$$D(t) = 7 + 5\cos[0{,}503(t - 6{,}75)]$$
Em que velocidade a maré aumentava (ou diminuía) nos seguintes horários?

(a) 3 h (b) 6 h
(c) 9 h (d) Meio-dia

25. A Lei de Boyle afirma que, quando uma amostra de gás é comprimida a uma temperatura constante, o produto da pressão pelo volume permanece constante: $PV = C$.
    (a) Encontre a taxa de variação do volume em relação à pressão.
    (b) Uma amostra de gás está em um recipiente à baixa pressão e é regularmente comprimida à temperatura constante por 10 minutos. O volume decresce mais rapidamente no início ou no final dos 10 minutos? Explique.
    (c) Demonstre que a compressibilidade isotérmica (veja o Exemplo 5) é dada por $\beta = 1/P$.

26. Se, no Exemplo 4, uma molécula do produto C é produzida de uma molécula do reagente A e de uma molécula do reagente B, e as concentrações iniciais de A e B têm um mesmo valor $[A] = [B] = a$ mols/L, então
    $$[C] = a^2kt/(akt + 1)$$
    onde k é uma constante.
    (a) Encontre a taxa de reação no instante t.
    (b) Mostre que, se $x = [C]$, então
    $$\frac{dx}{dt} = k(a-x)^2$$
    (c) O que acontece com a concentração quando $t \to \infty$?
    (d) O que acontece com a taxa de reação quando $t \to \infty$?
    (e) O que os resultados das partes (c) e (d) significam em termos práticos?

27. No Exemplo 6, consideramos uma população de bactérias que dobra a cada hora. Suponha que outra população de bactérias triplique a cada hora e comece com 400 bactérias. Encontre a expressão para o número n de bactérias depois de t horas e use-a para estimar a taxa de crescimento da população de bactérias depois de 2,5 horas.

28. O número de células de levedura em uma cultura de laboratório aumenta rapidamente no início, mas eventualmente estabiliza. A população é modelada pela função
    $$n = f(t) = \frac{a}{1 + be^{-0,7t}}$$
    onde t é medido em horas. No tempo $t = 0$ a população é de 20 células e está crescendo a uma taxa de 12 células/hora. Encontre os valores de a e b. De acordo com este modelo, o que ocorre com a população de levedura depois de muito tempo?

T 29. A tabela fornece a população mundial $P(t)$, em milhões, onde t é medido em anos e $t = 0$ corresponde ao ano de 1900.

t	População (milhões)	t	População (milhões)
0	1.650	60	3.040
10	1.750	70	3.710
20	1.860	80	4.450
30	2.070	90	5.280
40	2.300	100	6.080
50	2.560	110	6.870

(a) Estime a taxa de crescimento populacional em 1920 e em 1980 fazendo a média das inclinações de duas retas secantes.
(b) Use um computador ou uma calculadora gráfica para achar uma função cúbica (um polinômio de terceiro grau) que modele os dados.
(c) Utilize o modelo da parte (b) para achar um modelo para a taxa de crescimento populacional.
(d) Use a parte (c) para estimar as taxas de crescimento em 1920 e 1980. Compare com sua estimativa da parte (a).
(e) Na Seção 1.1, modelamos $P(t)$ com a função exponencial
$$f(t) = (1{,}43653 \times 10^9) \cdot (1{,}01395)^t$$
Use esse modelo para encontrar um modelo para a taxa de crescimento populacional.
(f) Use seu modelo na parte (e) para estimar a taxa de crescimento em 1920 e 1980. Compare com suas estimativas nas partes (a) e (d).
(g) Estime a taxa de crescimento em 1985.

T 30. A tabela mostra como a média de idade das mulheres japonesas quando se casam pela primeira vez variou desde 1950.

t	$A(t)$	t	$A(t)$
1950	23,0	1985	25,5
1955	23,8	1990	25,9
1960	24,4	1995	26,3
1965	24,5	2000	27,0
1970	24,2	2005	28,0
1975	24,7	2010	28,8
1980	25,2	2015	29,4

(a) Use uma calculadora gráfica ou computador para modelar esses dados por um polinômio de quarto grau.
(b) Use a parte (a) para achar um modelo para $A'(t)$.
(c) Estime a taxa de variação da idade no primeiro casamento dessas mulheres em 1990.
(d) Faça o gráfico dos pontos dados e dos modelos para A e A'.

31. Considere a lei de fluxo laminar fornecida no Exemplo 7. Considere um vaso sanguíneo com raio 0,01 cm, comprimento 3 cm, diferença de pressão 3.000 dinas/cm² e viscosidade em $\eta = 0{,}027$.
    (a) Encontre a velocidade do sangue ao longo do eixo central no raio $r = 0{,}005$ cm e na parede $r = R = 0{,}01$ cm.
    (b) Encontre o gradiente da velocidade em $r = 0$, $r = 0{,}005$ e $r = 0{,}01$.
    (c) Onde a velocidade é máxima? Onde a velocidade varia mais?

32. A frequência da vibração de uma corda de violino é dada por
$$f = \frac{1}{2L}\sqrt{\frac{T}{\rho}}$$
onde L é o comprimento da corda, T é sua tensão e ρ é sua densidade linear. [Veja o Capítulo 11 em D. E. Hall. *Musical Acoustics*. 3. ed. (Pacific Grover, CA, 2002).]
(a) Encontre a taxa de variação da frequência em relação
    (i) ao comprimento (quando T e ρ são constantes),
    (ii) à tensão (quando L e ρ são constantes), e
    (iii) à densidade linear (quando L e T são constantes).
(b) A intensidade de uma nota (quão alta ou baixa soa a nota) é determinada pela frequência f. (Quanto maior a frequência, maior a intensidade.) Use os sinais das derivadas da parte (a) para determinar o que acontece com a intensidade de uma nota

(i) quando o comprimento efetivo de uma corda é decrescido colocando-se o dedo sobre ela, de forma que uma porção menor da corda vibre;
(ii) quando a tensão é aumentada girando-se a cravelha (pino de afinação);
(iii) quando a densidade linear é aumentada, mudando-se a corda.

33. Suponha que o custo (em dólares) para uma companhia produzir x pares de uma nova linha de jeans seja
$$C(x) = 2.000 + 3x + 0,01x^2 + 0,0002x^3$$
(a) Encontre a função custo marginal.
(b) Encontre $C'(100)$ e explique seu significado. O que este valor prevê?
(c) Compare $C'(100)$ com o custo de fabricação do 101º par de jeans.

34. A função de custo para um certo produto é
$$C(q) = 84 + 0,16q - 0,0006q^2 + 0,000003q^3$$
(a) Encontre e interprete $C'(100)$.
(b) Compare $C'(00)$ com o custo de produzir o 101º item.

35. Se $p(x)$ for o valor total da produção quando há x trabalhadores em uma fábrica, então a *produtividade média* da força de trabalho da fábrica é
$$A(x) = \frac{p(x)}{x}$$
(a) Encontre $A'(x)$. Por que a companhia precisa empregar mais trabalhadores se $A'(x) > 0$?
(b) Mostre que $A'(x) > 0$ se $p'(x)$ for maior que a produtividade média.

36. Se R denota a reação do corpo a algum estímulo de intensidade x, a *sensibilidade* S é definida como a taxa de variação da reação em relação a x. Um exemplo ocorre que quando a luminosidade x de uma fonte de luz é aumentada e o olho reage diminuindo a área R da pupila. A fórmula experimental
$$R = \frac{40 + 24x^{0,4}}{1 + 4x^{0,4}}$$
tem sido usada para modelar a dependência de R com respeito a x, quando R é medido em milímetros quadrados e x, em uma unidade apropriada de luminosidade.
(a) Encontre a sensibilidade.
(b) Ilustre a parte (a) traçando ambos R e S como funções de x. Comente sobre os valores de e em baixos níveis de luminosidade. Isso é o que você esperaria?

37. Pacientes passam por tratamento de diálise para remover a ureia de seu sangue quando seus rins não funcionam adequadamente. O sangue é desviado do paciente por uma máquina que filtra a ureia. Sob certas condições, a duração necessária da diálise, dado que a concentração inicial da ureia é $c > 1$, é dada pela equação
$$t = \ln\left(\frac{3c + \sqrt{9c^2 - 8c}}{2}\right)$$
Calcule a derivada de t com relação a c e interprete-a.

38. Espécies invasivas em geral apresentam uma onda de avanço à medida que colonizam novas áreas. Modelos matemáticos com base em dispersão e reprodução aleatórias mostraram que a velocidade na qual tais ondas se movem é dada pela função $f(r) = 2\sqrt{Dr}$, onde r é a taxa de reprodução dos indivíduos e D é um parâmetro que quantifica a dispersão. Calcule a derivada da velocidade da onda com relação à taxa de reprodução r e explique seu significado.

39. A lei dos gases para um gás ideal à temperatura absoluta T (em kelvins), pressão P (em atmosferas) e volume V (em litros) é $PV = nRT$, em que n é o número de mols de gás e $R = 0,0821$ é a constante do gás. Suponha que, em certo instante, $P = 8,0$ atm, e está crescendo a uma taxa de 0,10 atm/min, e $V = 10$ L, e está decrescendo a uma taxa de 0,15 L/min. Encontre a taxa de variação de T em relação ao tempo naquele instante, se $n = 10$ mols.

40. Em uma fazenda de piscicultura, uma população de peixes é colocada dentro de um pequeno lago e removida regularmente. Um modelo para a taxa de variação da população é dado pela equação
$$\frac{dP}{dt} = r_0\left(1 - \frac{P(t)}{P_c}\right)P(t) - \beta P(t)$$
onde r_0 é a taxa de nascimento dos peixes, P_c é a população máxima que o pequeno lago pode manter (ou seja, sua *capacidade de suporte*) e β é a porcentagem da população que é recolhida.
(a) Qual o valor de dP/dt que corresponde à população estável?
(b) Se o pequeno lago pode manter 10.000 peixes, a taxa de nascimento é 5% e a taxa de colheita, 4%, encontre o nível estável da população.
(c) O que acontece se β for aumentada para 5%?

41. No estudo de ecossistemas, o modelo *predador-presa* é muitas vezes usado para estudar a interação entre as espécies. Considere uma população de lobos da tundra, dada por $W(t)$, e caribus, dada por $C(t)$, no norte do Canadá. A interação foi modelada pelas equações:
$$\frac{dC}{dt} = aC - bCW \qquad \frac{dW}{dt} = -cW + dCW$$
(a) Que valores de dC/dt e dW/dt correspondem às populações estáveis?
(b) Como representar matematicamente a afirmação: "O caribu está extinto."?
(c) Suponha que $a = 0,05$, $b = 0,001$, $c = 0,05$ e $d = 0,0001$. Encontre todos os pares (C, W) que levam a populações estáveis. Segundo esse modelo, é possível para as espécies viverem em equilíbrio, ou uma ou as duas espécies acabarão por se extinguir?

42. Hermann Ebbinghaus (1850-1909) foi um pioneiro no estudo da memória. Um artigo publicado em 2011 no *Journal of Mathematical Psychology* apresenta o modelo matemático
$$R(t) = a + b(1 + ct)^{-\beta}$$
para a *curva de esquecimento de Ebbinghaus*, em que $R(t)$ é a fração da memória que é retida depois de passados t dias do aprendizado de uma tarefa; a, b e c são constantes entre 0 e 1 determinadas experimentalmente; β é uma constante positiva e $R(0) = 1$. As constantes dependem do tipo de tarefa a ser aprendida.
(a) Qual é a taxa de variação da retenção de memória após t dias do aprendizado de uma tarefa?
(b) Você esquece mais rapidamente como realizar uma tarefa logo após aprendê-la ou muito tempo depois de tê-la aprendido?

(c) Que fração da memória é permanente?

43. A dificuldade de "atingir um alvo" (como usar um *mouse* para clicar em um ícone em uma tela de computador) depende da razão entre a distância ao alvo, D, e a largura do alvo, W. Segundo a Lei de Fitts, o índice de dificuldade, I, é modelado por

$$I = \log_2\left(\frac{2D}{W}\right)$$

Essa lei é usada para projetar produtos que envolvem a interação entre pessoas e computadores.

(a) Mantendo-se W constante, qual é a taxa de variação de I com relação a D? Essa taxa cresce ou decresce à medida que D aumenta?

(b) Mantendo-se D constante, qual é a taxa de variação de I com relação a W? O que indica o sinal negativo em sua resposta? Essa taxa cresce ou decresce à medida que W aumenta?

(c) Suas respostas aos itens (a) e (b) confirmam sua intuição?

3.8 | Crescimento e Decaimento Exponenciais

Em muitos fenômenos naturais, quantidades crescem ou decaem a uma taxa proporcional a seu tamanho. Por exemplo, se $y = f(t)$ for o número de indivíduos numa população animal ou de bactérias no instante t, então parece plausível esperar que a taxa de crescimento $f'(t)$ seja proporcional à população $f(t)$; ou seja, $f'(t) = kf(t)$ para alguma constante k. De fato, sob as condições ideais (ambiente ilimitado, nutrição adequada, imunidade a doenças), o modelo matemático dado pela equação $f'(t) = kf(t)$ prediz o que acontece na realidade com bastante precisão. Outro exemplo ocorre na física nuclear: a massa de uma substância radioativa decai numa taxa proporcional à massa. Na química, a taxa de uma reação unimolecular de primeira ordem é proporcional à concentração da substância. Em finanças, o valor de uma conta de poupança com juros contabilizados continuamente aumenta a uma taxa proporcional a esse valor.

Em geral, se $y(t)$ for o valor de uma quantidade y no instante t, e se a taxa de variação de y com relação a t for proporcional a seu tamanho $y(t)$ em qualquer instante, então

$$\boxed{1} \qquad \frac{dy}{dt} = ky$$

onde k é uma constante. A Equação 1 é às vezes chamada **lei de crescimento natural** (se $k > 0$) ou **lei de decaimento natural** (se $k < 0$). Ela é chamada *equação diferencial*, pois envolve uma função desconhecida y e sua derivada dy/dt.

Não é difícil pensar em uma solução para a Equação 1. Essa equação nos pede para encontrar uma função cuja derivada seja uma constante multiplicada por ela própria. Já encontramos funções dessas neste capítulo. Qualquer função exponencial da forma $y(t) = Ce^{kt}$, onde C é uma constante, satisfaz

$$\frac{dy}{dt} = C(ke^{kt}) = k(Ce^{kt}) = ky$$

Veremos na Seção 9.4 que *qualquer* função que satisfaça $dy/dt = ky$ deve ser da forma $y = Ce^{kt}$. Para perceber o significado da constante C, observamos que

$$y(0) = Ce^{k \cdot 0} = C$$

Portanto, C é o valor inicial da função.

$\boxed{2}$ **Teorema** As únicas soluções da equação diferencial $dy/dt = ky$ são as exponenciais

$$y(t) = y(0) = e^{kt}$$

Crescimento Populacional

Qual é o significado da constante de proporcionalidade k? No contexto do crescimento populacional, quando $P(t)$ for o tamanho de uma população no instante t, podemos escrever

$$\boxed{3} \qquad \frac{dP}{dt} = kP \quad \text{ou} \quad \frac{dP/dt}{P} = k$$

A quantidade

$$\frac{dP/dt}{P}$$

é a taxa de crescimento dividida pelo tamanho da população; ela é chamada **taxa de crescimento relativa**. De acordo com (3), em vez de dizer "a taxa de crescimento é proporcional ao tamanho da população" poderíamos dizer "a taxa de crescimento relativa é constante". Então, o Teorema 2 diz que uma população com uma taxa de crescimento relativa constante deve crescer exponencialmente. Observe que a taxa de crescimento relativa k aparece como o coeficiente de t na função exponencial Ce^{kt}. Por exemplo, se

$$\frac{dP}{dt} = 0,02P$$

e t for medido em anos, então a taxa de crescimento relativa será $k = 0,02$ e a população estará crescendo a uma taxa relativa de 2% ao ano. Se a população no tempo 0 for P_0, então a expressão para a população será

$$P(t) = P_0 e^{0,02t}$$

EXEMPLO 1 Use o fato de que a população mundial era 2.560 milhões em 1950 e 3.040 milhões em 1960 para modelar a população do mundo na segunda metade do século XX. (Suponha que a taxa de crescimento seja proporcional ao tamanho da população.) Qual é a taxa de crescimento relativa? Use o modelo para estimar a população do mundo em 1993 e para prever a população no ano de 2025.

SOLUÇÃO Medimos o tempo t em anos e fazemos $t = 0$ no ano 1950. Medimos a população $P(t)$ em milhões de pessoas. Então $P(0) = 2.560$ e $P(10) = 3.040$. Uma vez que estamos supondo que $dP/dt = kP$, o Teorema 2 nos dá

$$P(t) = P(0)e^{kt} = 2.560 e^{kt}$$
$$P(10) = 2.560 e^{10k} = 3.040$$
$$k = \frac{1}{10} \ln \frac{3.040}{2.560} \approx 0,017185$$

A taxa de crescimento relativa é cerca de 1,7% ao ano, e o modelo é

$$P(t) = 2.560 e^{0,017185t}$$

Estimamos que a população mundial em 1993 era

$$P(43) = 2.560 e^{0,017185(43)} \approx 5.360 \text{ milhões.}$$

O modelo prevê que a população em 2025 será

$$P(75) = 2.560 e^{0,017185(75)} \approx 9.289 \text{ milhões.}$$

O gráfico na Figura 1 mostra que o modelo é bem acurado para o fim do século XX (os pontos representam a população real), de modo que a estimativa para 1993 é bem confiável. Mas a previsão para 2025 pode não ser precisa.

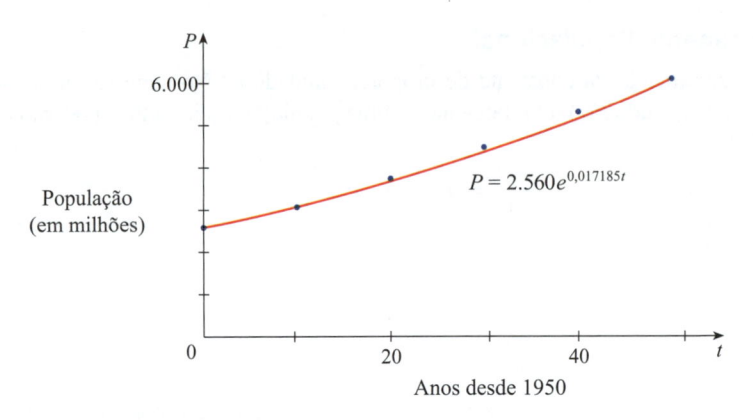

FIGURA 1
Um modelo para o crescimento da população mundial na segunda metade do século XX

População (em milhões)

$P = 2.560e^{0,017185t}$

Anos desde 1950

Decaimento Radioativo

As substâncias radioativas decaem pela emissão espontânea de radiação. Se $m(t)$ for a massa remanescente de uma massa inicial m_0 da substância após um tempo t, então a taxa de decaimento

$$-\frac{dm/dt}{m}$$

foi analisada experimentalmente como sendo constante. (Como dm/dt é negativo, a taxa de decaimento relativa é positiva.) Segue que

$$\frac{dm}{dt} = km$$

em que k é uma constante negativa. Em outras palavras, substâncias radioativas decaem a uma taxa proporcional à sua massa restante. Isso significa que podemos usar o Teorema 2 para mostrar que a massa decai exponencialmente:

$$m(t) = m_0 e^{kt}$$

Os físicos expressam a taxa de decaimento radioativo como **meia-vida**, o tempo necessário para a metade de qualquer quantidade dada decair.

EXEMPLO 2 A meia-vida do rádio-226 é de 1.590 anos.

(a) Uma amostra de rádio-226 possui massa de 100 mg. Encontre uma fórmula para a massa da amostra que resta após t anos.

(b) Encontre a massa remanescente depois de 1.000 anos, com a precisão de um miligrama.

(c) Quando a massa será reduzida para 30 gramas?

SOLUÇÃO

(a) Seja $m(t)$ a massa do rádio-226 (em miligramas) que resta depois de t anos. Então $dm/dt = km$ e $m(0) = 100$, logo o Teorema 2 nos fornece

$$m(t) = m(0)e^{kt} = 100e^{kt}$$

Para determinarmos o valor de k, usamos o fato de que $m(1.590) = \frac{1}{2}(100)$. Assim,

$$100e^{1.590k} = 50 \quad \text{logo} \quad e^{1.590k} = \tfrac{1}{2}$$

e

$$1.590k = \ln \tfrac{1}{2} = -\ln 2$$

$$k = -\frac{\ln 2}{1.590}$$

Portanto, $$m(t) = 100e^{-(\ln 2)t/1.590}$$

Poderíamos usar o fato de que $e^{\ln 2} = 2$ para escrever a expressão para $m(t)$ na forma alternativa

$$m(t) = 100 \times 2^{-t/1.590}$$

(b) A massa remanescente depois de 1.000 anos é

$$m(1.000) = 100e^{-(\ln 2)1000/1.590} \approx 65 \text{ mg}.$$

(c) Queremos encontrar o valor de t tal que $m(t) = 30$, ou seja,

$$100e^{-(\ln 2)t/1.590} = 30 \quad \text{ou} \quad e^{-(\ln 2)t/1.590} = 0,3$$

Resolvemos essa equação em t tomando o logaritmo natural em ambos os lados:

$$-\frac{\ln 2}{1.590}t = \ln 0,3$$

Logo $$t = -1.590\frac{\ln 0,3}{\ln 2} \approx 2.762 \text{ anos}$$

Como uma verificação de nosso trabalho no Exemplo 2, usamos uma calculadora ou computador para traçar o gráfico de $m(t)$ na Figura 2 junto com a reta horizontal $m = 30$. As curvas se interceptam quando $t = 2.800$, e isto coincide com a resposta da parte (c).

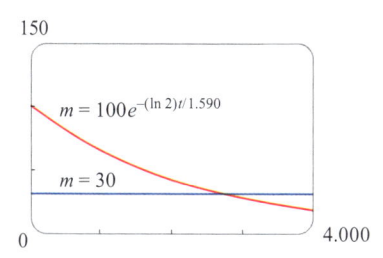

FIGURA 2

■ Lei de Resfriamento de Newton

A Lei de Resfriamento de Newton afirma que a taxa de resfriamento de um objeto é proporcional à diferença de temperaturas entre o objeto e o meio circundante, desde que esta diferença não seja muito grande. (Essa lei também se aplica ao aquecimento.) Se tomarmos $T(t)$ como a temperatura do objeto no tempo t e T_s como a temperatura do meio circundante, então podemos formular a Lei de Resfriamento de Newton como uma equação diferencial:

$$\frac{dT}{dt} = k(T - T_s)$$

onde k é uma constante. Esta equação não é exatamente a mesma que a Equação 1. Assim, fazemos a mudança de variáveis $y(t) = T(t) - T_s$. Como T_s é constante, temos $y'(t) = T'(t)$ e a equação se torna

$$\frac{dy}{dt} = ky$$

Podemos então usar o Teorema 2 para encontrar uma expressão para y, da qual podemos encontrar T.

EXEMPLO 3 Uma garrafa de chá gelado que está à temperatura ambiente (24 °C) é colocada em um refrigerador, no qual a temperatura é 7 °C. Depois de meia hora o chá esfriou para 16 °C.

(a) Qual a temperatura do chá depois de mais meia hora?
(b) Quanto tempo demora para o chá resfriar até 10 °C?

SOLUÇÃO

(a) Seja $T(t)$ a temperatura do chá depois de t minutos. A temperatura ambiente é de $T_s = 7$ °C, logo a Lei de Resfriamento de Newton afirma que

$$\frac{dT}{dt} = k(T - 7)$$

Se tomarmos $y = T - 7$, então $y(0) = T(0) - 7 = 24 - 7 = 17$, e y satisfaz

$$\frac{dy}{dt} = ky \quad y(0) = 17$$

e por (2) temos
$$y(t) = y(0)e^{kt} = 17e^{kt}$$

Foi-nos dado que $T(30) = 16$, assim $y(30) = 16 - 7 = 9$ e

$$17e^{30k} = 9 \quad e^{30k} = \tfrac{9}{17}$$

Tomando logaritmos, temos

$$k = \frac{\ln\left(\tfrac{9}{17}\right)}{30} \approx -0,02120$$

Logo,

$$y(t) = 17e^{-0,02120t},$$
$$T(t) = 7 + 17e^{-0,02120t},$$
$$T(60) = 7 + 17e^{-0,02120(60)} \approx 11,8$$

Assim, depois de mais meia hora, o chá terá resfriado para cerca de 11,8 °C.

(b) Teremos $T(t) = 10$ quando

$$7 + 17e^{-0,02120t} = 10$$
$$e^{-0,02120t} = \tfrac{3}{17}$$
$$t = \frac{\ln\left(\tfrac{3}{17}\right)}{-0,02120} \approx 81,8$$

O chá é resfriado para 10 °C depois de 1 hora e 22 minutos. ∎

Observe que, no Exemplo 3, temos

$$\lim_{t\to\infty} T(t) = \lim_{t\to\infty}(7 + 17e^{-0,02120t}) = 7 + 17\cdot 0 = 7$$

Isso significa que, conforme esperado, a temperatura do chá se aproxima da temperatura interna do refrigerador. O gráfico da função temperatura é mostrado na Figura 3.

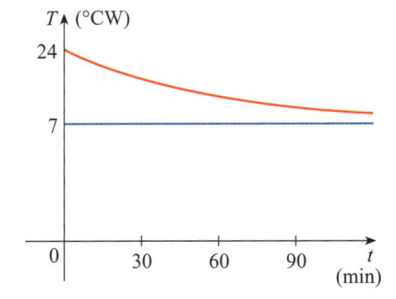

FIGURA 3

■ Juros Capitalizados Continuamente

EXEMPLO 4 Se \$ 5.000 forem investidos a 2% de juros capitalizados (ou compostos) anualmente, depois de 1 ano o investimento valerá \$ 5.000(1,02) = \$ 5.100, depois de 2 anos valerá \$ [5.000(1,02)]1,02 = \$ 5.202,00, e depois de t anos valerá \$ $5.000(1,02)^t$. Em geral, se uma quantia A_0 for investida a uma taxa de juros r ($r = 0,02$ neste exemplo), então depois de t anos, ela valerá $A_0(1 + r)^t$. Usualmente, os juros são capitalizados com mais frequência, digamos n vezes por ano. Então, em cada período de capitalização, a taxa é r/n e existem nt períodos de capitalização em t anos, de modo que o valor do investimento é

$$A = A_0\left(1 + \frac{r}{n}\right)^{nt}$$

Por exemplo, depois de três anos a 2% de juros, um investimento de \$ 5.000 valerá

$$\$\ 5.000(1,02)^3 = \$\ 5.306,04 \text{ com capitalização anual,}$$
$$\$\ 5.000(1,01)^6 = \$\ 5.307,60 \text{ com capitalização semianual,}$$

$5.000(1,005)^{12} = \$ 5.308,39$ com capitalização trimestral,

$$\$ 5.000\left(1+\frac{0,02}{12}\right)^{36} = \$ 5.308,92 \text{ com capitalização mensal,}$$

$$\$ 5.000\left(1+\frac{0,02}{12}\right)^{36} = \$ 5.309,17 \text{ com capitalização diária.}$$

Você pode ver que os juros pagos aumentam conforme o número de períodos de capitalização (n) aumenta. Se fizermos $n \to \infty$, então estaremos capitalizando os juros **continuamente** e o valor do investimento será

$$A(t) = \lim_{n \to \infty} A_0 \left(1+\frac{r}{n}\right)^{nt}$$

$$= \lim_{n \to \infty} A_0 \left[\left(1+\frac{r}{n}\right)^{nr}\right]^{rt}$$

$$= A_0 \left[\lim_{n \to \infty} \left(1+\frac{r}{n}\right)^{nr}\right]^{rt}$$

$$= A_0 \left[\lim_{m \to \infty} \left(1+\frac{1}{m}\right)^{m}\right]^{rt} \text{ (onde } m = n/r\text{)}$$

Mas o limite nesta expressão é igual ao número e (veja a Equação 6 da Seção 3.6). Assim, com capitalização contínua de juros a uma taxa de juros r, a quantia depois de t anos será

Equação 3.6.6:
$$e = \lim_{n \to \infty} \left(1+\frac{1}{n}\right)^n$$

$$A(t) = A_0 e^{rt}$$

Se derivarmos essa equação, obtemos

$$\frac{dA}{dt} = rA_0 e^{rt} = rA(t)$$

que é o mesmo que dizer que, com capitalização contínua de juros, a taxa de aumento de um investimento é proporcional a seu tamanho.

Voltando ao exemplo dos $\$ 5.000$ investidos por três anos, a 2% de juros, vemos que com a capitalização contínua dos juros, o valor do investimento será

$$A(3) = \$ 5.000 e^{(0,02)3} = \$ 5.309,18$$

Observe como é próximo da quantidade que calculamos para a capitalização diária, $\$ 5.309,18$. Mas a quantidade é mais fácil de computar se usarmos a capitalização contínua. ∎

3.8 | Exercícios

1. Uma população de células da levedura *Saccharomyces cerevisiae* (uma levedura usada para fermentação) se desenvolve a uma taxa de crescimento relativa constante de 0,4159 por hora. A população inicial era composta por 3,8 milhões de células. Determine o tamanho da população após 2 horas.

2. Um habitante comum do intestino humano é a bactéria *Escherichia coli*, cujo nome é uma homenagem ao pediatra alemão Theodor Escherich, que a identificou em 1885. Uma célula desta bactéria em um meio nutriente líquido se divide em duas células a cada 20 minutos. A população inicial de uma cultura é de 50 células.

   (a) Encontre a taxa de crescimento relativa.
   (b) Encontre uma expressão para o número de células depois de t horas.
   (c) Encontre o número de células após 6 horas.
   (d) Encontre a taxa de crescimento depois de 6 horas.
   (e) Quando a população atingirá um milhão células?

3. Uma cultura da bactéria *Salmonella enteritidis* continha, inicialmente, 50 células. Após ter sido introduzida em um caldo de nutrientes, a cultura cresce a uma taxa proporcional ao seu tamanho. Passadas 1,5 hora, a população aumentou para 975 células.

(a) Encontre uma expressão para o número de bactérias depois de t horas.
(b) Encontre o número de bactérias depois de 3 horas.
(c) Encontre a taxa de crescimento depois de 3 horas.
(d) Depois de quantas horas a população atingirá 250.000 células?

4. Uma cultura de bactérias cresce a uma taxa de crescimento relativa constante. A contagem de bactérias foi de 400 após 2 horas e 25.600 após 6 horas.
   (a) Qual é a taxa de crescimento relativa? Expresse sua resposta como uma porcentagem.
   (b) Qual foi o tamanho inicial da cultura?
   (c) Encontre uma expressão para o número de bactérias depois de t horas.
   (d) Encontre o número de bactérias após 4,5 horas.
   (e) Encontre a taxa de crescimento depois de 4,5 horas.
   (f) Quando a população atingirá 50.000?

5. A tabela dá estimativas da população mundial, em milhões, de 1750 a 2000.

Ano	População (milhões)	Ano	População (milhões)
1750	790	1900	1.650
1800	980	1950	2.560
1850	1.260	2000	6.080

   (a) Use o modelo exponencial e os valores da população para 1750 e 1800 para prever a população do mundo em 1900 e 1950. Compare com os valores reais.
   (b) Use o modelo exponencial e os valores da população para 1850 e 1900 para prever a população do mundo em 1950. Compare com a população real.
   (c) Use o modelo exponencial e os valores da população para 1900 e 1950 para prever a população do mundo em 2000. Compare com o valor da tabela e tente explicar a discrepância.

6. A tabela fornece os dados censitários da população da Indonésia, em milhões, durante a segunda metade do século XX.

Ano	População (milhões)
1950	83
1960	100
1970	122
1980	150
1990	182
2000	214

   (a) Supondo que a população cresce a uma taxa proporcional a seu tamanho, use censo para 1950 e 1960 para prever a população em 1980. Compare com os valores reais.
   (b) Use os dados do censo para 1960 e 1980 para prever a população em 2000. Compare com a população recenseada.
   (c) Use os dados dos censos de 1980 e 2000 para prever a população de 2010 e compare com a população real de 243 milhões.

   (d) Use o modelo da parte (c) para prever a população em 2025. Você acha que a previsão será muito alta ou muito baixa? Por quê?

7. Experiências mostram que se a reação química
$$N_2O_5 \to 2NO_2 + \tfrac{1}{2}O_2$$
ocorre a 45 °C, a taxa de reação do pentóxido de dinitrogênio é proporcional à sua concentração da seguinte forma:
$$-\frac{d[N_2O_5]}{dt} = 0{,}0005[N_2O_5]$$
   (a) Encontre uma expressão para a concentração $[N_2O_5]$ após t segundos se a concentração inicial for C.
   (b) Quanto tempo levará para que a reação reduza a concentração de N_2O_5 para 90% de seu valor original?

8. O estrôncio-90 tem uma meia-vida de 28 dias.
   (a) Uma amostra tem a massa inicial de 50 mg inicialmente. Encontre a fórmula para a massa restante após t dias.
   (b) Encontre a massa remanescente depois de 40 dias.
   (c) Quanto tempo a amostra leva para decair para uma massa de 2 mg?
   (d) Esboce o gráfico da função massa.

9. A meia-vida do césio-137 é 30 anos. Suponha que tenhamos uma amostra de 100 mg.
   (a) Encontre a massa remanescente após t anos.
   (b) Quanto da amostra restará depois de 100 anos?
   (c) Depois de quanto tempo restará apenas 1 mg?

10. Uma amostra de einstênio-252 decai para 64,3% de sua massa original depois de 300 dias.
    (a) Qual é a meia-vida do einstênio-252?
    (b) Quanto tempo levaria para a amostra decair um terço de sua massa original?

11-13 Datação por radiocarbono Os cientistas podem determinar a idade de objetos antigos pelo método de *datação por radiocarbono*. O bombardeamento da parte superior da atmosfera por raios cósmicos converte o nitrogênio em um isótopo radioativo do carbono, ^{14}C, com meia-vida de cerca de 5.730 anos. A vegetação absorve o dióxido de carbono através da atmosfera e a vida animal assimila ^{14}C através da cadeia alimentar. Quando uma planta ou animal morre, para de repor seu carbono e a quantidade de ^{14}C presente começa a decrescer por decaimento radioativo. Portanto, o nível de radioatividade também deve decrescer exponencialmente.

11. Uma descoberta revelou um fragmento de pergaminho que possui cerca de 74% da radioatividade de ^{14}C que se observa em tecidos vegetais existentes na Terra atualmente. Estime a idade do pergaminho.

12. Fósseis de dinossauros são muito antigos para serem datados de forma confiável usando o carbono-14. Suponha que tenhamos um fóssil de dinossauro de 68 milhões de anos. Que fração do ^{14}C presente no dinossauro vivo restaria autalmente? Suponha que a fração mínima de massa que pode ser detectada corresponda a 0,1%. Qual é a idade máxima que um fóssil poderia ter para que fosse possível datá-lo usando ^{14}C?

13. Frequentemente, os fósseis de dinossauro são datados usando um elemento diferente do carbono, tal como o potássio-40, que tem uma meia-vida maior (nesse caso, de aproximadamente 1,25 bilhão de anos). Suponha que a fração mínima de massa que pode ser detectada corresponda a 0,1% e que a datação por ^{40}K indique que um dinossauro tenha 68 milhões de anos. Esse

resultado é possível? Em outras palavras, qual é a idade máxima que um fóssil poderia ter para que fosse possível datá-la usando ^{40}K?

14. Uma curva passa pelo ponto (0, 5) e tem a propriedade de que a inclinação da curva em todo ponto P é duas vezes a coordenada y de P. Qual é a equação da curva?

15. Um peru assado é tirado de um forno quando a sua temperatura atinge 85 °C e é colocado sobre uma mesa em um cômodo em que a temperatura ambiente é 22 °C.
(a) Se a temperatura do peru for 65 °C depois de meia hora, qual será a temperatura depois de 45 minutos?
(b) Quando o peru terá esfriado para 40 °C?

16. Em uma investigação de assassinato, a temperatura do corpo era 32,5 °C às 13h30 e 30,3 °C uma hora depois. A temperatura normal do corpo é 37 °C, e a temperatura ambiente era 20 °C. Quando o assassinato aconteceu?

17. Quando uma bebida gelada é tirada da geladeira, sua temperatura é 5 °C. Depois de 25 minutos em uma sala a 20 °C, sua temperatura terá aumentado para 10 °C.
(a) Qual é a temperatura da bebida depois de 50 minutos?
(b) Quando a temperatura atingirá 15 °C?

18. Uma xícara de café recém-coado tem a temperatura de 95 °C em uma sala a 20 °C. Quando sua temperatura for 70 °C, ele estará esfriando a uma taxa de 1 °C por minuto. Quando isto ocorre?

19. A taxa de variação da pressão atmosférica P em relação à altitude h é proporcional a P, desde que a temperatura seja constante. A 15 °C a pressão é 101,3 kPa no nível do mar e 87,14 kPa em h = 1.000 m.
(a) Qual é a pressão a uma altitude de 3.000 m?
(b) Qual é a pressão no topo do Monte McKinley, a uma altitude de 6.187 m?

20. (a) Se $ 2.500 é emprestado com 4,5% de juros, encontre os valores ao fim de 3 anos se os juros forem capitalizados (i) anualmente, (ii) trimestralmente, (iii) mensalmente, (iv) semanalmente, (v) diariamente, (vi) a cada hora e (vii) continuamente.
(b) Suponha que $ 2.500 sejam emprestados e que os juros sejam capitalizados continuamente. Se $A(t)$ é o valor após t anos, onde $0 \leq t \leq 3$, esboce o gráfico $A(t)$ para cada uma das taxas de juros de 5%, 6% e 7% numa tela comum.

21. (a) Se $ 4.000 são investidos a 1,75% de juros, encontre o valor do investimento ao fim de 5 anos, para juros capitalizados (i) anualmente, (ii) semestralmente, (iii) mensalmente, (iv) semanalmente, (v) diariamente e (vi) continuamente.
(b) Se $A(t)$ for a quantia do investimento no tempo t para o caso da capitalização contínua, escreva uma equação diferencial e uma condição inicial satisfeitas por $A(t)$.

22. (a) Quanto tempo o investimento levará para dobrar o valor se a taxa de juros for de 3% capitalizada continuamente?
(b) Qual é a taxa de juros anual equivalente?

PROJETO APLICADO | **CONTROLE DE PERDA DE CÉLULAS VERMELHAS DO SANGUE DURANTE UMA CIRURGIA**

O volume típico de sangue no corpo humano é cerca de 5 L. Certa porcentagem desse volume (chamada de *hematócrito*) consiste de células vermelhas do sangue (CVS); tipicamente, o hematócrito é de cerca de 45% nos homens. Suponha que uma cirurgia leve 4 horas e que um paciente do sexo masculino perca cerca 2,5 L de sangue. Durante a cirurgia, o volume de sangue do paciente é mantido em 5 L pela injeção de uma solução salina, que se mistura rapidamente com o sangue, mas o dilui, de modo que o hematócrito diminui à medida que o tempo passa.

1. Supondo que a taxa de perda de CVS seja proporcional ao volume de CVS, determine o volume de CVS do paciente no final da operação.

2. Foi desenvolvido um procedimento chamado de *hemodiluição normovolênica aguda* (HNA) para minimizar a perda de CVS durante cirurgias. Nesse procedimento, é extraído sangue do paciente antes da operação e substituído por solução salina. Isso dilui o sangue do paciente, resultando em menos CVS perdidas pelo sangramento durante a cirurgia. O sangue extraído é então devolvido ao paciente depois da cirurgia. Entretanto, apenas certa quantidade de sangue pode ser extraída, pois nunca se pode permitir que a concentração de CVS caia abaixo de 25% durante a cirurgia. Qual a máxima quantidade de sangue que pode ser extraída no procedimento HNA na cirurgia descrita nesse projeto?

3. Qual é a perda de CVS sem o procedimento HNA? Qual é a perda se o procedimento for executado com o volume calculado no Problema 2?

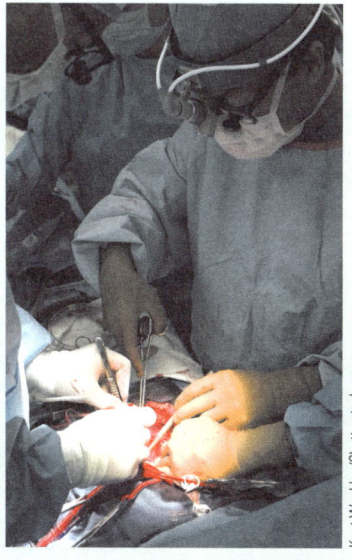

3.9 Taxas Relacionadas

Quando bombeamos ar para dentro de um balão, tanto o volume quanto o raio do balão crescem, e suas taxas de crescimento estão relacionadas. Mas é muito mais fácil medir diretamente a taxa de crescimento do volume do que a do raio.

Em um problema de taxas relacionadas, a ideia é calcular a taxa de variação de uma grandeza em termos da taxa de variação da outra (que pode ser medida mais facilmente). O procedimento é achar uma equação que relacione as duas grandezas e então usar a Regra da Cadeia para derivar ambos os lados em relação ao tempo.

> **SP** De acordo com os Princípios de Resolução de Problema discutidos no Capítulo 1, o primeiro passo é entender o problema. Isso inclui lê-lo cuidadosamente, identificando o que foi dado e as incógnitas, e introduzir uma notação adequada.

EXEMPLO 1 Ar está sendo bombeado para um balão esférico de modo que seu volume aumenta a uma taxa de 100 cm³/s. Quão rápido o raio do balão está aumentando quando o diâmetro for 50 cm?

SOLUÇÃO Vamos começar identificando duas coisas:

a *informação dada*:

a taxa de crescimento do ar é 100 cm³/s

e a *incógnita*:

a taxa de crescimento do raio quando o diâmetro é 50 cm

Para expressarmos matematicamente essas grandezas, introduzimos alguma *notação* sugestiva:

Seja V o volume do balão e seja r seu raio.

A chave está em lembrar que taxas de variação são derivadas. Neste problema, o volume e o raio são ambas funções do tempo t. A taxa de crescimento do volume em relação ao tempo é a derivada dV/dt, e a taxa de crescimento do raio é dr/dt. Podemos, portanto, reapresentar o que foi dado e a incógnita como a seguir:

$$Dada: \quad \frac{dV}{dt} = 100 \text{ cm}^3/\text{s}$$

$$Incógnita: \quad \frac{dr}{dt} \text{ quando } r = 25 \text{ cm}$$

Para conectarmos dV/dt e dr/dt, primeiro relacionamos V e r pela fórmula para o volume de uma esfera:

$$V = \tfrac{4}{3}\pi r^3$$

> **SP** O segundo estágio da resolução do problema é idealizar um esquema que vincule o que foi dado à incógnita.

Para usarmos a informação dada, derivamos cada lado dessa equação em relação a t. Para derivarmos o lado direito precisamos usar a Regra da Cadeia:

$$\frac{dV}{dt} = \frac{dV}{dr}\frac{dr}{dt} = 4\pi r^2 \frac{dr}{dt}$$

Agora, isolamos a incógnita:

$$\frac{dr}{dt} = \frac{1}{4\pi r^2}\frac{dV}{dt}$$

> Observe que, embora dV/dt seja constante, dr/dt não é constante.

Se colocarmos $r = 25$ e $dV/dt = 100$ nessa equação, obtemos

$$\frac{dr}{dt} = \frac{1}{4\pi (25)^2}\, 100 = \frac{1}{25\pi}$$

O raio do balão está crescendo a uma taxa de $1/(25\pi) \approx 0{,}0127$ cm/s quando o diâmetro é 50 centímetros. ∎

EXEMPLO 2 Uma escada com 5 m de comprimento está apoiada em uma parede vertical. Se a base da escada desliza, afastando-se da parede a uma taxa de 1 m/s, quão rápido o topo da escada está escorregando para baixo na parede quando a base da escada está a 3 m da parede?

SOLUÇÃO Primeiro desenhe um diagrama e coloque legendas, como na Figura 1. Sejam x metros a distância da base da escada à parede, e y metros a distância do topo da escada ao solo. Observe que x e y são ambas funções de t (tempo, medido em segundos).

Foi-nos dado que $dx/dt = 1$ m/s, e nos foi pedido para encontrar dy/dt quando $x = 3$ m (veja a Figura 2). Neste problema, a relação entre x e y é dada pelo Teorema de Pitágoras:

$$x^2 + y^2 = 25$$

Derivando cada lado em relação a t usando a Regra da Cadeia, temos

$$2x \frac{dx}{dt} + 2y \frac{dy}{dt} = 0$$

derivando a taxa desejada, obtemos

$$\frac{dy}{dt} = -\frac{x}{y} \frac{dx}{dt}$$

Quando $x = 3$, o Teorema de Pitágoras fornece $y = 4$ e, portanto, substituindo esses valores e $dx/dt = 1$, temos

$$\frac{dy}{dt} = -\frac{3}{4}(1) = -0,75 \text{ m/s}$$

O fato de dy/dt ser negativo indica que a distância do topo da escada ao solo está *decrescendo* a uma taxa de 0,75 m/s. Em outras palavras, o topo da escada está deslizando para baixo a uma taxa de 0,75 m/s. ∎

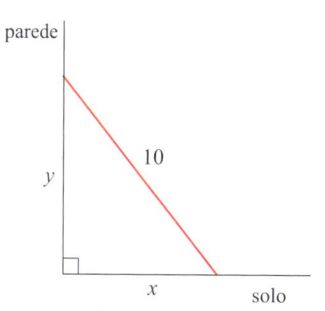

FIGURA 1

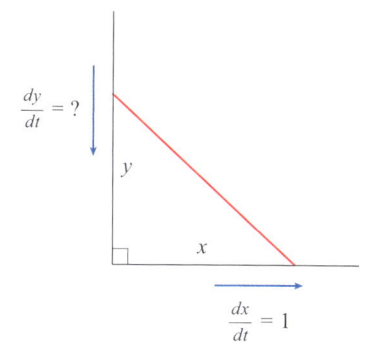

FIGURA 2

Estratégia de Resolução de Problemas

É útil recordar alguns dos princípios da resolução de problemas e adaptá-los a taxas relacionadas, levando em conta a experiência que adquirimos com os Exemplos 1 e 2:

1. Leia cuidadosamente o problema.
2. Se possível, faça um diagrama.
3. Introduza a notação. Atribua símbolos para todas as grandezas que variem em função do tempo.
4. Expresse a informação fornecida e a taxa solicitada em termos das derivadas.
5. Escreva uma equação que relacione as várias grandezas do problema. Se necessário, use a geometria do problema para eliminar uma das variáveis por substituição (veja o Exemplo 3 a seguir).
6. Use a Regra da Cadeia para derivar os dois lados da equação com relação a t.
7. Substitua na equação resultante a informação dada e resolva a equação para determinar a taxa desconhecida.

Consulte também os Princípios da Resolução de Problemas apresentados após o Capítulo 1.

SP Reexamine: Que conhecimentos adquiridos com os Exemplos 1 e 2 nos serão úteis para a resolução de problemas futuros?

ATENÇÃO É um erro comum substituir cedo demais as informações numéricas (de grandezas que variam com o tempo). Isso deve ser feito apenas *após* a derivação. (O Passo 7 deve ser executado após o Passo 6.) Como exemplo, consideramos no Exemplo 1 que r poderia assumir qualquer valor até que substituímos finalmente $r = 25$ no último passo. (Se tivéssemos atribuído $r = 25$ mais cedo, teríamos obtido $dV/dt = 0$, o que é claramente incorreto.)

Os exemplos a seguir ilustram a aplicação dessa estratégia.

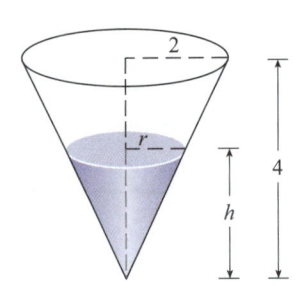

FIGURA 3

EXEMPLO 3 Um tanque de água possui o formato de um cone circular invertido, com base de raio de 2 m e altura igual a 4 m. Se a água está sendo bombeada para o tanque a uma taxa de 2 m³/min, encontre a taxa na qual o nível de água está aumentando quando a água estiver a 3 m de profundidade.

SOLUÇÃO Primeiro vamos esboçar o cone e colocar legendas, como na Figura 3. Sejam V, r e h o volume da água, o raio da superfície e a altura no instante t, onde t é medido em minutos.

Foi-nos dado que $dV/dt = 2$ m³/min e nos foi pedido para encontrar dh/dt quando h for 3 m. As quantidades V e h são relacionadas pela equação

$$V = \tfrac{1}{3}\pi r^2 h$$

mas é muito útil expressar V como uma função apenas de h. Para eliminar r, usamos os triângulos similares na Figura 3 para escrever

$$\frac{r}{h} = \frac{2}{4} \qquad r = \frac{h}{2}$$

e a expressão para V se torna

$$V = \frac{1}{3}\pi \left(\frac{h}{2}\right)^2 h = \frac{\pi}{12} h^3$$

Agora podemos derivar cada lado em relação a t:

$$\frac{dV}{dt} = \frac{\pi}{4} h^2 \frac{dh}{dt}$$

então

$$\frac{dh}{dt} = \frac{4}{\pi h^2} \frac{dV}{dt}$$

Substituindo $h = 3$ m e $dV/dt = 2$ m³/min, temos

$$\frac{dh}{dt} = \frac{4}{\pi (3)^2} \cdot 2 = \frac{8}{9\pi}$$

O nível da água estará subindo a uma taxa de $8/(9\pi) \approx 0{,}28$ m/min. ∎

EXEMPLO 4 O carro A está se movimentando para o oeste a 80 km/h e o carro B está se movimentando para o norte a 100 km/h. Ambos vão em direção à intersecção de duas estradas. A que taxa os carros se aproximam um do outro quando o carro A está a 0,3 km e o carro B está a 0,4 km da intersecção?

SOLUÇÃO Desenhamos a Figura 4, onde C é a intersecção das estradas. Em dado instante t, seja x a distância do carro A a C, seja y a distância do carro B a C, e seja z a distância entre os carros, em que x, y e z são medidos em milhas.

Foi-nos dado que $dx/dt = -80$ km/h e $dy/dt = -700$ km/h. (As derivadas são negativas porque x e y são decrescentes.) Foi-nos pedido para encontrar dz/dt. A equação que relaciona x, y e z é dada pelo Teorema de Pitágoras:

$$z^2 = x^2 + y^2$$

Derivando cada lado em relação a t, temos

$$2z\frac{dz}{dt} = 2x\frac{dx}{dt} + 2y\frac{dy}{dt}$$

$$\frac{dy}{dt} = \frac{1}{z}\left(x\frac{dx}{dt} + y\frac{dy}{dt}\right)$$

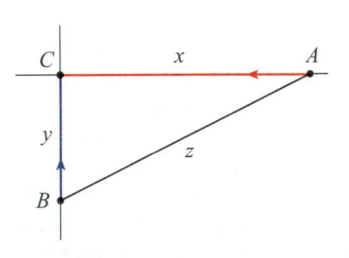

FIGURA 4

Quando $x = 0{,}3$ km e $y = 0{,}4$ km, o Teorema de Pitágoras nos dá $z = 0{,}5$ km, portanto

$$\frac{dz}{dt} = \frac{1}{0{,}5}[0{,}3(-80) + 0{,}4(-100)] = -128 \text{ km/h}$$

Os carros aproximam-se um do outro a uma taxa de 128 km/h. ■

EXEMPLO 5 Um homem anda ao longo de um caminho reto a uma velocidade de 1 m/s. Um holofote localizado no chão a 6 m do caminho é mantido focalizado no homem. A que taxa o holofote está girando quando o homem está a 4,5 m do ponto do caminho mais próximo da luz?

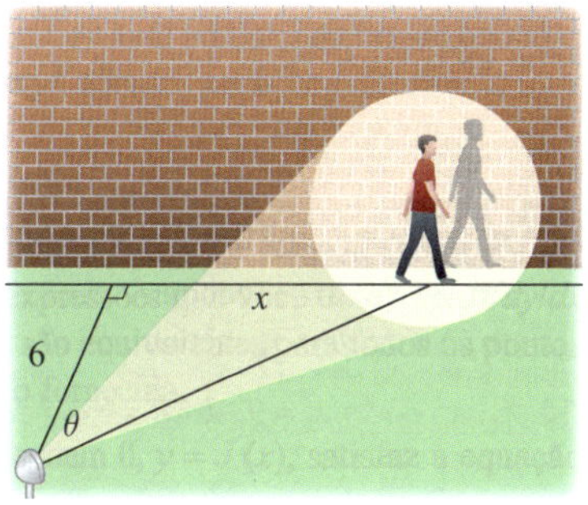

SOLUÇÃO Desenhamos a Figura 5, onde x é a distância entre o homem e o ponto do caminho mais próximo ao holofote. Seja θ o ângulo entre o feixe do holofote e a perpendicular ao caminho.

Foi-nos dado que $dx/dt = 1$ m/s e nos foi pedido para encontrar $d\theta/dt$ quando $x = 4{,}5$. A equação que relaciona x e θ pode ser escrita a partir da Figura 5:

$$\frac{x}{6} = \operatorname{tg}\theta \qquad x = 6 \operatorname{tg}\theta$$

FIGURA 5

Derivando cada lado em relação a t, obtemos

$$\frac{dx}{dt} = 6\sec^2\theta \, \frac{d\theta}{dt}$$

então

$$\frac{d\theta}{dt} = \frac{1}{6}\cos^2\theta \, \frac{dx}{dt}$$

$$= \frac{1}{6}\cos^2\theta \, (1) = \frac{1}{6}\cos^2\theta$$

Quando $x = 4{,}5$, o comprimento do feixe é 7,5, logo $\theta = \frac{20}{25} = \frac{4}{5}$ e

$$\frac{d\theta}{dt} = \frac{1}{6}\left(\frac{4}{5}\right)^2 = \frac{16}{150} = \sim 0{,}107$$

$$0{,}107 \, \frac{\text{rad}}{\text{s}} \times \frac{1 \text{ rotação}}{2\pi \text{ rad}} \times \frac{60 \text{ s}}{1 \text{ min}}$$

$$\approx 1{,}02 \text{ rotação por min}$$

O holofote está girando a uma taxa de 0,107 rad/s. ■

3.9 | Exercícios

1. (a) Se V for o volume de um cubo com aresta de comprimento x e, à medida que o tempo passa, o cubo se expandir, encontre dV/dt em termos de dx/dt.
(b) Se o comprimento da aresta de um cubo cresce a uma taxa de 4 cm/s, quão rapidamente cresce o volume do cubo no instante em que a aresta mede 15 cm?

2. (a) Se A é a área de um círculo com raio r e o círculo se expande à medida que o tempo passa, encontre dA/dt em termos de dr/dt.
(b) Suponha que vaze petróleo por uma ruptura de um petroleiro e espalhe-se em um padrão circular. Se o raio do petróleo derramado crescer a uma taxa constante de 2 m/s, quão rápido a área do vazamento está crescendo quando o raio é igual a 30 m?

3. Cada lado de um quadrado está aumentado a uma taxa de 6 cm/s. A que taxa a área do quadrado está aumentando quando a área do quadrado for 16 cm²?

4. O raio de uma esfera está aumentando a uma taxa de 4 mm/s. Quão rápido o volume está aumentando quando o diâmetro for 80 mm?

5. O raio de uma bola esférica está crescendo a uma taxa de 2 cm/min. A que taxa a área da superfície da bola está crescendo quando o raio for 8 cm?

6. O comprimento de um retângulo está aumentando a uma taxa de 8 cm/s e sua largura está aumentando numa taxa de 3 cm/s. Quando o comprimento for 20 cm e a largura for 10 cm, quão rápido a área do retângulo está aumentando?

7. Um tanque cilíndrico com raio de 5 m está sendo enchido com água a uma taxa de 3 m³/min. Quão rápido a altura da água está aumentando?

8. A área de um triângulo com lados de comprimentos a e b e ângulo interno θ é $A = \frac{1}{2}ab \operatorname{sen}\theta$. (Veja a Fórmula 6 no Apêndice D.)
(a) Se $a = 2$ cm e $b = 3$ cm, e θ aumenta a uma taxa de 0,2 rad/min, quão rápido a área está crescendo quando $\theta = \pi/3$?

(b) Se $a = 2$ cm, b cresce a uma taxa de 1,5 cm/min e θ cresce a uma taxa de 0,2 rad/min, quão rápido a área está crescendo quando $b = 3$ cm e $\theta = \pi/3$?

(c) Se a cresce a uma taxa de 2,5 cm/min, b cresce a uma taxa de 1,5 cm/min e θ cresce a uma taxa de 0,2 rad/min, quão rápido a área está crescendo quando $a = 2$ cm, $b = 3$ cm e $\theta = \pi/3$?

9. Suponha que $4x^2 + 9y^2 = 25$, onde x e y são funções de t.
   (a) Se $dy/dt = \frac{1}{3}$, encontre dx/dt quando $x = 2$ e $y = 1$.
   (b) Se $dx/dt = 3$, encontre dy/dt quando $x = -2$ e $y = 1$.

10. Se $x^2 + y^2 + z^2 = 9$, $dx/dt = 5$ e $dy/dt = 4$, encontre dz/dt quando $(x, y, z) = (2, 2, 1)$.

11. O peso de uma astronauta, w (em newtons), está associado à sua altitude relativa à superfície da Terra, h (em quilômetros), por meio da equação

$$w = w_0 \left(\frac{6.370}{6.370 + h} \right)^2$$

em que w_0 é o peso da astronauta na superfície da Terra. Supondo que a astronauta pese 580 newtons na Terra e esteja a bordo de um foguete lançado na vertical e que viaja a uma velocidade de 19 km/s, determine a taxa de variação de seu peso (em N/s) quando ela está a 60 quilômetros da superfície da Terra.

12. Uma partícula está se movimentando ao longo de uma hipérbole $xy = 8$. Quando atinge o ponto $(4, 2)$, a coordenada y está decrescendo a uma taxa de 3 cm/s. Quão rápido a coordenada x do ponto está variando nesse momento?

13-16
(a) Quais são as quantidades dadas no problema?
(b) Qual é a incógnita?
(c) Faça um desenho da situação para qualquer instante t.
(d) Escreva uma equação que relacione as quantidades.
(e) Termine a resolução do problema.

13. Um avião voa horizontalmente a uma altitude de 2 km, a 800 km/h, e passa diretamente sobre uma estação de radar. Encontre a taxa segundo a qual a distância entre o avião e a estação aumenta quando ele está a 3 km além da estação.

14. Se uma bola de neve derrete de forma que a área de sua superfície decresce a uma taxa de 1 cm²/min, encontre a taxa segundo a qual o diâmetro decresce quando o diâmetro é 10 cm.

15. Uma luz de rua é colocada no topo de um poste de 6 metros de altura. Um homem com 2 m de altura anda, afastando-se do poste com velocidade de 1,5 m/s ao longo de uma trajetória reta. Com que velocidade se move a ponta de sua sombra quando ele está a 10 m do poste?

16. Ao meio-dia, o navio A está a 150 km a oeste do navio B. O navio A está navegando para o leste a 35 km/h e o navio B está navegando para norte a 25 km/h. Quão rápido a distância entre os navios está variando às 16 horas?

17. Dois carros iniciam o movimento partindo de um mesmo ponto. Um viaja para o sul a 30 km/h e o outro viaja para o oeste a 72 km/h. A qual taxa a distância entre os carros está aumentando duas horas depois?

18. Um holofote sobre o solo ilumina uma parede a 12 m de distância. Se um homem de 2 m de altura anda do holofote em direção à parede a uma velocidade de 1,6 m/s, quão rápido o comprimento de sua sombra diminui sobre a parede quando ele está a 4 m dela?

19. Um homem começa a andar para o norte a 1,2 m/s a partir de um ponto P. Cinco minutos depois uma mulher começa a andar para o sul a 1,6 m/s de um ponto 200 m a leste de P. A que taxa as pessoas estão se distanciando 15 min. após a mulher começar a andar?

20. Uma quadra de beisebol é um quadrado com um lado de 18 metros. Um batedor atinge a bola e corre em direção à primeira base com uma velocidade de 7,5 m/s.
   (a) A que taxa decresce sua distância da segunda base quando ele está a meio caminho da primeira base?
   (b) A que taxa aumenta sua distância da terceira base no mesmo momento?

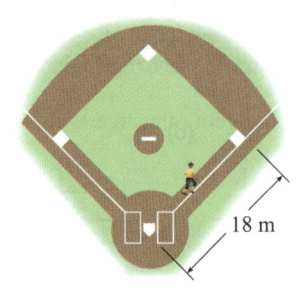

21. A altura de um triângulo está aumentando a uma taxa de 1 cm/min. enquanto a área do triângulo está aumentando a uma taxa de 2 cm²/min. A que taxa a base do triângulo está variando quando a altura for 10 cm e a área for 100 cm²?

22. Um bote é puxado em direção ao ancoradouro por uma corda que está atada na proa do bote e que passa por uma polia sobre o ancoradouro (colocada 1 m mais alto que a proa). Se a corda for puxada a uma taxa de 1 m/s, quão rápido se aproxima o bote do ancoradouro, quando ele estiver a 8 m dele?

23-24 Responda às questões usando o fato de que a distância (em metros) percorrida em t segundos por uma pedra que cai é dada por $d = 4,9t^2$.

23. Uma mulher encontra-se próximo à borda de um penhasco e derruba uma pedra da borda. Exatamente um segundo mais tarde, ela derruba outra pedra. Passado mais um segundo, quão rápido está variando a distância entre as duas pedras?

24. Dois homens encontram-se 10 m afastados em um terreno plano à beira de um penhasco. Um homem derruba uma pedra e, um segundo mais tarde, o outro homem derruba uma pedra. Passado mais um segundo, quão rápido está variando a distância entre as duas pedras?

25. Está vazando água de um tanque cônico invertido a uma taxa de 10.000 cm³/min. Ao mesmo tempo, água está sendo bombeada

para dentro do tanque a uma taxa constante. O tanque tem 6 m de altura e o diâmetro no topo é de 4 m. Se o nível da água estiver subindo a uma taxa de 20 cm/min. quando a altura da água for 2 m, encontre a taxa segundo a qual a água está sendo bombeada para dentro do tanque.

26. Uma partícula move-se ao longo da curva $y = 2\,\text{sen}(\pi x/2)$. Quando a partícula passa pelo ponto $\left(\frac{1}{3}, 1\right)$, sua coordenada x cresce a uma taxa de $\sqrt{10}$ cm/s. Quão rápido a distância da partícula à sua origem está variando nesse momento?

27. Um cocho de água tem 10 m de comprimento e uma seção transversal com a forma de um trapezoide isósceles com 30 cm de comprimento na base, 80 cm de extensão no topo e 50 cm de altura. Se o cocho for preenchido com água a uma taxa de 0,2 m³/min., quão rápido o nível da água estará subindo quando ela tiver 30 cm de profundidade?

28. Um cocho tem 6 m de comprimento, e suas extremidades têm a forma de triângulos isósceles com 1 m de base e 50 cm de altura. Se o cocho for preenchido com água a uma taxa de 1,2 m³/min., quão rápido o nível da água estará subindo quando ela tiver 30 cm de profundidade?

29. Uma esteira transportadora está descarregando cascalho a uma taxa de 3 m³/min., constituindo uma pilha na forma de cone com o diâmetro da base e altura sempre igual. Quão rápido a altura da pilha cresce quando está a 3 m de altura?

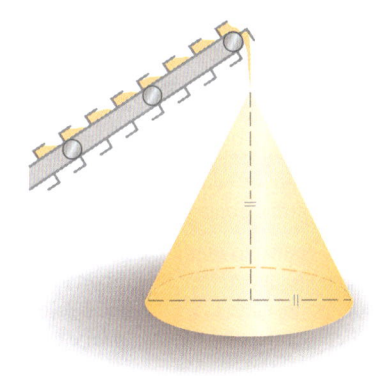

30. Uma piscina tem 5 m de largura por 10 m de comprimento, 1 m de profundidade na parte rasa e 3 m na parte mais funda. Sua seção transversal está mostrada na figura. Se a piscina for enchida a uma taxa de 0,1 m³/min, quão rápido o nível da água sobe quando sua profundidade no ponto mais profundo for de 1 m?

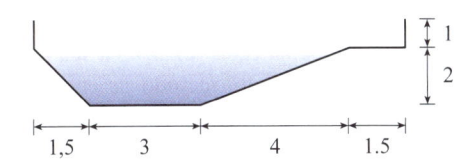

31. Os lados de um triângulo equilátero estão crescendo a uma taxa de 10 cm/min. A que taxa a área do triângulo está crescendo quando os lados têm 30 cm de comprimento?

32. Uma pipa a 50 m acima do solo move-se horizontalmente a uma velocidade de 2 m/s. A que taxa decresce o ângulo entre a linha e a horizontal depois de 100 m de linha serem soltos?

33. Um carro viaja para o norte em uma estrada reta, a 20 m/s, enquanto um drone voa para o leste a 6 m/s, a uma altitude de 25 m. Em determinado instante, o drone passa exatamente sobre o carro. Passados 5 segundos, quão rapidamente varia a distância entre o drone e o carro?

34. Se o ponteiro dos minutos de um relógio tem comprimento r (em centímetros), encontre a taxa na qual ele varre área como função de r.

35. Quão rápido o ângulo entre o solo e a escada está variando no Exemplo 2 quando a parte de baixo da escada estiver a 3 m da parede?

36. De acordo com o modelo que usamos para resolver o Exemplo 2, o que acontece quando o topo da escada se aproxima do chão? O modelo é apropriado para valores pequenos de y?

37. A Lei de Boyle afirma que quando uma amostra de gás está sendo comprimida a uma temperatura constante, a pressão P e o volume V satisfazem a equação $PV = C$, onde C é uma constante. Suponha que, em certo momento, o volume seja de 600 cm³, a pressão de 150 kPa, e a pressão cresça a uma taxa de 20 kPa/min. A que taxa está decrescendo o volume nesse instante?

38. Uma torneira está preenchendo uma pia hemisférica de 60 cm de diâmetro com água a uma taxa de 2 L/min. Encontre a taxa na qual a água está aumentando na pia quando estiver cheia até a metade. [Use os seguintes fatos: 1 L é 1.000 cm³. O volume da porção da esfera de raio r com altura h a partir da base é $V = \pi\left(rh^2 - \frac{1}{3}h^3\right)$, como será mostrado no Capítulo 6.]

39. Se dois resistores com resistências R_1 e R_2 estão conectados em paralelo, como na figura, então a resistência total R, medida em ohms (Ω), é dada por

$$\frac{1}{R} = \frac{1}{R_1} + \frac{1}{R_2}$$

Se R_1 e R_2 estão aumentando a taxas de 0,3 Ω/s e 0,2 Ω/s, respectivamente, quão rápido R está variando quando $R_1 = 80\,\Omega$ e $R_2 = 100\,\Omega$?

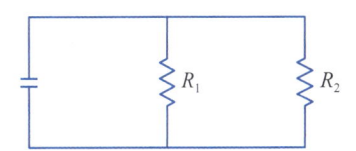

40. Quando o ar se expande adiabaticamente (sem ganhar ou perder calor), sua pressão P e volume V estão relacionados pela equação $PV^{1,4} = C$ onde C é uma constante. Suponha que em certo instante o volume seja de 400 cm³ e a pressão, 80 kPa, e esteja decrescendo a uma taxa de 10 kPa/min. A que taxa está crescendo o volume nesse momento?

41. Depois de se cruzarem, duas estradas retas distanciam-se formando um ângulo de 60°. Dois carros partem da intersecção das estradas no mesmo momento, um dos quais viajando por uma estrada a 60 km/h e o outro percorrendo a segunda estrada a 100 km/h. Quão rapidamente varia a distância entre os carros depois de passada meia hora da partida? [Dica: Use a Lei dos Cossenos (Fórmula 21 do Apêndice D).]

42. Nos peixes, o peso B do cérebro como uma função do peso corporal W foi modelado pela função potência $B = 0{,}007W^{2/3}$, onde B e W são medidos em gramas. Um modelo para o peso corporal como uma função de comprimento de corpo L (medido em centímetros) é $W = 0{,}12L^{2,53}$. Se, em 10 milhões de anos,

o comprimento médio de certa espécie de peixes evoluiu de 15 cm para 20 cm a uma taxa constante, quão rápido estava crescendo o cérebro dessa espécie quando o comprimento médio era de 18 cm?

43. Dois lados de um triângulo têm comprimento de 12 m e 15 m. O ângulo entre eles está aumentando a uma taxa de 2°/min. A que taxa o comprimento de um terceiro lado está aumentando quando o ângulo entre os lados de comprimento fixo for 60°? [Dica: Use a Lei dos Cossenos (Fórmula 21 do Apêndice D).]

44. Duas carretas, A e B, estão conectadas por uma corda de 12 m que passa por uma polia P (veja a figura). O ponto Q no chão está 4 m diretamente abaixo de P e entre as carretas. A carreta A está sendo puxada para longe de Q a uma velocidade de 0,5 m/s. A que velocidade a carreta B está se movendo em direção a Q no instante em que a carreta A estiver 3 m de Q?

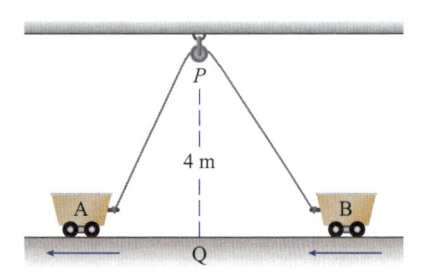

45. Uma câmera de televisão está posicionada a 1.200 m de uma base de lançamento de foguete. O ângulo de elevação da câmera deve variar a uma taxa na qual possa focalizar o foguete. O mecanismo de foco da câmera também deve levar em conta o aumento da distância entre a câmera e o foguete em subida. Vamos supor que o foguete suba verticalmente e com velocidade de 200 m/s quando já tiver subido 900 m.
   (a) Quão rápido estará variando a distância da câmera ao foguete naquele momento?
   (b) Se a câmera de televisão se mantiver sempre na direção do foguete, quão rápido estará variando seu ângulo de elevação naquele mesmo momento?

46. Um farol está localizado em uma pequena ilha, e a distância entre ele e o ponto P mais próximo em uma costa reta do continente é de 3 km. Seu feixe de luz realiza quatro revoluções por minuto. Quão rápido o feixe de luz está se movendo ao longo da costa quando ele estiver a 1 km de P?

47. Um avião voa horizontalmente a uma altitude de 5 km e passa diretamente sobre um telescópio no chão. Quando o ângulo de elevação for $\pi/3$, esse ângulo estará diminuindo a uma taxa de $\pi/6$ rad/min. A que velocidade o avião está viajando naquele instante?

48. Uma roda-gigante com raio de 10 m está girando a uma taxa de uma revolução a cada dois minutos. Quão rápido um passageiro estará subindo quando seu assento estiver 16 m acima do nível do solo?

49. Um avião voando a uma velocidade constante de 300 km/h passa sobre uma estação de radar no solo a uma altitude de 1 km e subindo em um ângulo de 30°. A que taxa está crescendo a distância do avião em relação à estação de radar 1 minuto mais tarde?

50. Duas pessoas começam a andar a partir do mesmo ponto. Uma anda para o leste a 4 km/h e a outra anda para nordeste a 2 km/h. Quão rápido a distância entre as pessoas está variando após 15 minutos?

51. Um velocista corre numa pista circular com raio de 100 m numa velocidade constante de 7 m/s. O amigo do corredor está parado a uma distância 200 m do centro da pista. Quão rápido a distância entre os amigos está variando quando a distância entre eles é de 200 m?

52. O ponteiro dos minutos de um relógio mede 8 mm, enquanto o das horas tem 4 mm de comprimento. Quão rápido está variando a distância entre a ponta dos ponteiros à 1 hora?

53. Suponha que, enquanto uma bola de neve rola, seu volume V aumente de modo que dV/dt seja proporcional à área da superfície da bola no instante t. Mostre que o raio da bola, r, cresce a uma taxa constante, ou seja, que dr/dt é constante.

3.10 | Aproximações Lineares e Diferenciais

Vimos que uma curva fica muito perto de sua reta tangente nas proximidades do ponto de tangência. Na realidade, dando um *zoom* em torno de um ponto sobre o gráfico de uma função derivável, notamos que o gráfico se assemelha cada vez mais à sua reta tangente (veja a Figura 2.7.2). Essa observação é a base para um método de encontrar valores aproximados de funções.

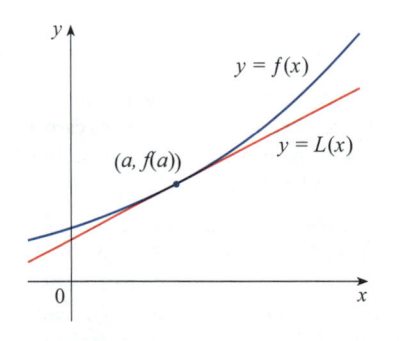

■ Linearização e Aproximação

Pode ser fácil calcular um valor $f(a)$ de uma função, mas difícil (ou mesmo impossível) calcular os valores de f em pontos próximos. Assim, nós nos contentamos com os valores facilmente calculados da função linear L, cujo gráfico é a reta tangente a f em $(a, f(a))$ (veja a Figura 1).

Em outras palavras, usamos a reta tangente em $(a, f(a))$ como uma aproximação para a curva $y = f(x)$ quando x estiver próximo de a. Uma equação dessa reta tangente é

$$y = f(a) + f'(a)(x - a)$$

FIGURA 1

A função linear cujo gráfico é a reta tangente, ou seja,

$$\boxed{1} \qquad \boxed{L(x) = f(a) + f'(a)(x-a)}$$

é denominada a **linearização** de f em a. A aproximação $f(x) \approx L(x)$ ou

$$\boxed{2} \qquad \boxed{f(x) \approx f(a) + f'(a)(x-a)}$$

é denominada a **aproximação linear** ou **aproximação pela reta tangente** de f em a.

EXEMPLO 1 Encontre a linearização da função $f(x) = \sqrt{x+3}$ em $a = 1$ e use-a para aproximar os números $\sqrt{3{,}98}$ e $\sqrt{4{,}05}$. Essas aproximações estão superestimadas ou subestimadas?

SOLUÇÃO A derivada de $f(x) = (x+3)^{1/2}$ é

$$f'(x) = \tfrac{1}{2}(x+3)^{-1/2} = \frac{1}{2\sqrt{x+3}}$$

e assim temos $f(1) = 2$ e $f'(1) = \tfrac{1}{4}$. Colocando esses valores na Equação 1, vemos que a linearização é

$$L(x) = f(1) + f'(1)(x-1) = 2 + \tfrac{1}{4}(x-1) = \frac{7}{4} + \frac{x}{4}$$

A aproximação linear correspondente (2) é

$$\sqrt{x+3} \approx \frac{7}{4} + \frac{x}{4} \quad \text{(quando } x \text{ estiver próximo a 1)}$$

Em particular, temos

$$\sqrt{3{,}98} \approx \tfrac{7}{4} + \tfrac{0{,}98}{4} = 1{,}995 \quad \text{e} \quad \sqrt{4{,}05} \approx \tfrac{7}{4} + \tfrac{1{,}05}{4} = 2{,}0125$$

A aproximação linear está ilustrada na Figura 2. Vemos que, realmente, a aproximação pela reta tangente é uma boa aproximação para a função dada quando x está próximo de 1. Vemos também que nossas aproximações são superestimadas, pois a reta tangente está acima da curva.

Naturalmente, uma calculadora nos daria aproximações para $\sqrt{3{,}98}$ e $\sqrt{4{,}05}$, mas a aproximação linear funciona *em todo um intervalo*. ∎

Na tabela a seguir comparamos as estimativas da aproximação linear do Exemplo 1 com os valores verdadeiros. Observe na tabela, e também na Figura 2, que a aproximação pela reta tangente dá boas estimativas quando x está próximo de 1, mas a precisão da aproximação deteriora à medida que x se afasta de 1.

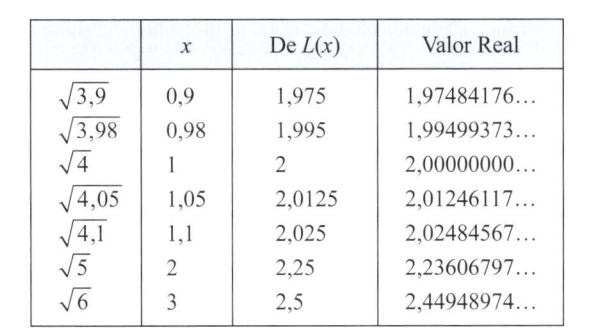

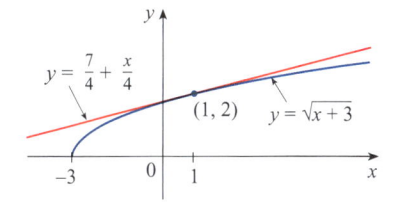

FIGURA 2

	x	De $L(x)$	Valor Real
$\sqrt{3{,}9}$	0,9	1,975	1,97484176…
$\sqrt{3{,}98}$	0,98	1,995	1,99499373…
$\sqrt{4}$	1	2	2,00000000…
$\sqrt{4{,}05}$	1,05	2,0125	2,01246117…
$\sqrt{4{,}1}$	1,1	2,025	2,02484567…
$\sqrt{5}$	2	2,25	2,23606797…
$\sqrt{6}$	3	2,5	2,44948974…

Quão boa é a aproximação obtida no Exemplo 1? O exemplo a seguir mostra que usando uma calculadora gráfica ou computador podemos determinar o intervalo dentro do qual uma aproximação linear fornece uma precisão especificada.

EXEMPLO 2 Para que valores de x a aproximação linear

$$\sqrt{x+3} \approx \frac{7}{4} + \frac{x}{4}$$

tem precisão de 0,5? O que se pode dizer sobre uma precisão de 0,1?

SOLUÇÃO Uma precisão de 0,5 significa que as funções devem diferir por menos que 0,5

$$\left| \sqrt{x+3} - \left(\frac{7}{4} + \frac{x}{4} \right) \right| < 0,5$$

Da mesma forma, podemos escrever

$$\sqrt{x+3} - 0,5 < \frac{7}{4} + \frac{x}{4} < \sqrt{x+3} + 0,5$$

O que diz que a aproximação linear deve se encontrar entre as curvas obtidas deslocando-se a curva $y = \sqrt{x+3}$ para cima e para baixo por uma distância de 0,5. A Figura 3 mostra a reta tangente $y = (7 + x)/4$ em intersecção com a curva superior $y = \sqrt{x+3} + 0,5$ em P e Q. Estimamos que a coordenada x de P seja em torno de $-2,66$ e a coordenada x de Q seja em torno de $8,66$. Assim, vemos pelo gráfico que a aproximação

$$\sqrt{x+3} \approx \frac{7}{4} + \frac{x}{4}$$

tem precisão de 0,5 quando $-2,6 < x < 8,6$. (Arredondamos para cima o menor valor e para baixo o maior valor.)

De maneira análoga, da Figura 4 vemos que a aproximação tem precisão de 0,1 quando $-1,1 < x < 3,9$.

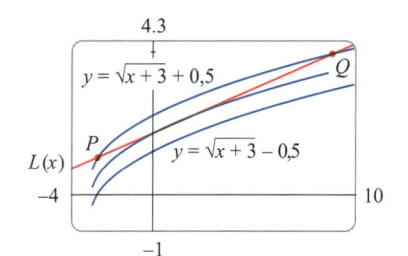

FIGURA 3

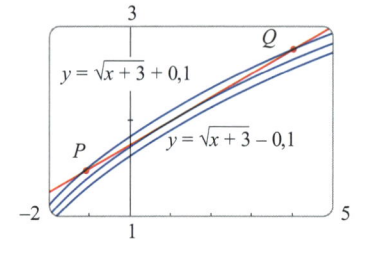

FIGURA 4

■ Aplicações à Física

As aproximações lineares são muitas vezes usadas em física. Ao analisar as consequências de uma equação, um físico às vezes precisa simplificar uma função, substituindo-a por sua aproximação linear. Por exemplo, ao deduzir uma fórmula para o período de um pêndulo, os livros de física obtêm uma expressão envolvendo sen θ e então substituem sen θ por θ com a observação de que sen θ está muito próximo de θ se θ não for grande. Você pode verificar que a linearização da função $f(x) = $ sen x em $a = 0$ é $L(x) = x$ e, assim, a aproximação linear em 0 é

$$\text{sen } x \approx x$$

(veja o Exercício 50). Assim, a dedução da fórmula para o período de um pêndulo usa a aproximação pela reta tangente para a função seno.

Outro exemplo ocorre na teoria da óptica, na qual os raios de luz que chegam em ângulos rasos em relação ao eixo óptico são chamados *raios paraxiais*. Na óptica paraxial (ou gaussiana), tanto sen θ como cos θ são substituídos por suas linearizações. Em outras palavras, as aproximações lineares

$$\text{sen } \theta \approx \theta \quad \text{e} \quad \cos \theta \approx 1$$

são usados porque θ está próximo de 0. Os resultados de cálculos feitos com essas aproximações tornam-se a ferramenta teórica básica para projetar as lentes. [Veja *Optics*. 5. ed. de Eugene Hecht (Boston, 2017), p. 164.]

Na Seção 11.11, no Volume 2, vamos apresentar outras aplicações da ideia de aproximação linear na física e na engenharia.

◼ Diferenciais

As ideias por trás das aproximações lineares são algumas vezes formuladas na terminologia e notação de *diferenciais*. Se $y = f(x)$, onde f é uma função derivável, então a **diferencial** dx é uma variável independente, ou seja, à dx pode ser dado um valor qualquer. A **diferencial** dy é então definida em termos de dx pela equação

$$\boxed{3} \qquad dy = f'(x)\, dx$$

Assim dy é uma variável dependente; depende dos valores de x e dx. Se à dx for dado um valor específico e x for algum número específico no domínio de f, então o valor numérico de dy está determinado.

O significado geométrico das diferenciais é mostrado na Figura 5. Sejam $P(x, f(x))$ e $Q(x + \Delta x, f(x + \Delta x))$ pontos sobre o gráfico de f e seja $dx = \Delta x$. A variação correspondente em y é

$$\Delta y = f(x + \Delta x) - f(x)$$

A inclinação da reta tangente PR é a derivada $f'(x)$. Assim, a distância direta de S a R é $f'(x)\, dx = dy$. Consequentemente, dy representa a distância que a reta tangente sobe ou desce (a variação na linearização), enquanto Δy representa a distância que a curva $y = f(x)$ sobe ou desce quando x varia por uma quantidade dx.

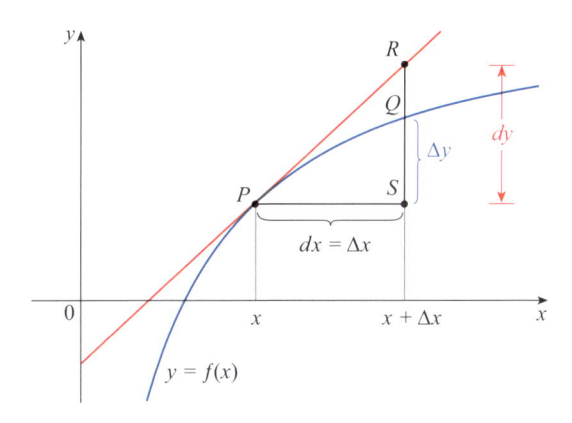

Se $dx \neq 0$, podemos dividir ambos os lados da Equação 3 por dx para obter

$$\frac{dy}{dx} = f'(x)$$

Já vimos equações similares antes, mas agora o lado esquerdo pode genuinamente ser interpretado como uma razão de diferenciais.

FIGURA 5

EXEMPLO 3 Compare os valores de Δy e dy se $y = f(x) = x^3 + x^2 - 2x + 1$ e x varia (a) de 2 para 2,05 e (b) de 2 para 2,01.

SOLUÇÃO

(a) Temos

$$f(2) = 2^3 + 2^2 - 2(2) + 1 = 9$$

$$f(2{,}05) = (2{,}05)^3 + (2{,}05)^2 - 2(2{,}05) + 1 = 9{,}717625$$

$$\Delta y = f(2{,}05) - f(2) = 0{,}717625$$

Em geral, $\qquad dy = f'(x)\, dx = (3x^2 + 2x - 2)\, dx$

Quando $x = 2$ e $dx = \Delta x = 0{,}05$, torna-se

$$dy = [3(2)^2 + 2(2) - 2]\, 0{,}05 = 0{,}7$$

(b) $\qquad f(2{,}01) = (2{,}01)^3 + (2{,}01)^2 - 2(2{,}01) + 1 = 9{,}140701$

$$\Delta y = f(2{,}01) - f(2) = 0{,}140701$$

Quando $dx = \Delta x = 0{,}01$,

$$dy = [3(2)^2 + 2(2) - 2]\, 0{,}01 = 0{,}14$$

A Figura 6 mostra a função do Exemplo 3 e uma comparação de dy e Δy quando $a = 2$. A janela retangular é [1,8; 2,5] por [6, 18].

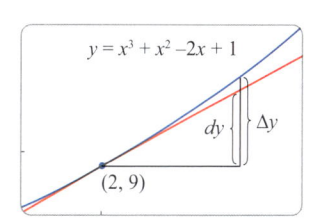

FIGURA 6

Observe que no Exemplo 3 a aproximação $\Delta y \approx dy$ torna-se melhor à medida que Δx fica menor. Observe também que é muito mais fácil calcular dy do que Δy.

Na notação de diferenciais, a aproximação linear $f(x) \approx f(a) + f'(a)(x-a)$ pode ser escrita como

$$f(a+dx) \approx f(a) + dy$$

tomando-se $dx = x - a$, de modo que $x = a + dx$. Por exemplo, para a função $f(x) = \sqrt{x+3}$ do Exemplo 1, temos

$$dy = f'(x)\,dx = \frac{dx}{2\sqrt{x+3}}$$

Se $a = 1$ e $dx = \Delta x = 0{,}05$, então

$$dy = \frac{0{,}05}{2\sqrt{1+3}} = 0{,}0125$$

e
$$\sqrt{4{,}05} = f(1{,}05) = f(1+0{,}05) \approx f(1) + dy = 2{,}0125$$

exatamente como encontramos no Exemplo 1.

Nosso exemplo final ilustra o uso de diferenciais na estimativa de erros que ocorrem em virtude de medidas aproximadas.

EXEMPLO 4 O raio de uma esfera foi medido e descobriu-se que possui 21 cm com uma possibilidade de erro na medida de no máximo 0,05 cm. Qual é o erro máximo usando esse valor de raio para computar o volume da esfera?

SOLUÇÃO Se o raio da esfera for r, então seu volume é $V = \frac{4}{3}\pi r^3$. Se o erro na medida do valor de r for denotado por $dr = \Delta r$, então o erro correspondente no cálculo do valor de V é ΔV, que pode ser aproximado pela diferencial

$$dV = 4\pi r^2\, dr$$

Quando $r = 21$ e $dr = 0{,}05$, temos

$$dV = 4\pi (21)^2\, 0{,}05 \approx 277$$

O erro máximo no volume calculado é de cerca de 277 cm³.

OBSERVAÇÃO Embora o erro possível no Exemplo 4 possa parecer muito grande, uma ideia melhor é dada pelo **erro relativo**, que é calculado dividindo-se o erro pelo volume total:

$$\frac{\Delta V}{V} \approx \frac{dV}{V} = \frac{4\pi r^2\, dr}{\frac{4}{3}\pi r^3} = 3\frac{dr}{r}$$

Assim, o erro relativo no volume é cerca de três vezes o erro relativo no raio. No Exemplo 4, o erro relativo no raio é de aproximadamente $dr/r = 0{,}05/21 \approx 0{,}0024$ e produz um erro relativo de cerca de 0,007 no volume. Os erros também poderiam ser expressos como **erros percentuais** de 0,24% no raio e 0,7% no volume.

3.10 | Exercícios

1-4 Encontre a linearização $L(x)$ da função em a.

1. $f(x) = x^3 - x^2 + 3$, $\quad a = -2$

2. $f(x) = e^{3x}$, $\quad a = 0$

3. $f(x) = \sqrt[3]{x}$, $\quad a = 8$

4. $f(x) = \cos 2x$, $\quad a = \pi/6$

5. Encontre a aproximação linear da função $f(x) = \sqrt{1-x}$ em $a = 0$ e use-a para aproximar os números $\sqrt{0{,}9}$ e $\sqrt{0{,}99}$. Ilustre fazendo os gráficos de f e da reta tangente.

6. Encontre a aproximação linear da função $g(x) = \sqrt[3]{1+x}$ em $a = 0$ e use-a para aproximar os números $\sqrt[3]{0{,}95}$ e $\sqrt[3]{1{,}1}$. Ilustre, fazendo os gráficos de g e da reta tangente.

7-10 Verifique a aproximação linear dada em $a = 0$. A seguir, determine os valores de x para os quais a aproximação linear tem precisão de 0,1.

7. $\operatorname{tg}^{-1} x \approx x$

8. $(1 + x)^{-3} \approx 1 - 3x$

9. $\sqrt[4]{1 + 2x} \approx 1 + \frac{1}{2}x$

10. $\dfrac{2}{1+e^x} \approx 1 - \frac{1}{2}x$

11-18 Encontre a diferencial da função.

11. $y = e^{5x}$

12. $y = \sqrt{1 - t^4}$

13. $y = \dfrac{1 + 2u}{1 + 3u}$

14. $y = \theta^2 \operatorname{sen} 2\theta$

15. $y = \dfrac{1}{x^2 - 3x}$

16. $y = \sqrt{1 + \cos\theta}$

17. $y = \ln(\operatorname{sen}\theta)$

18. $y = \dfrac{e^x}{1 - e^x}$

19-22 (a) Encontre a diferencial dy e (b) avalie dy para os valores dados de x e dx.

19. $y = e^{x/10}$, $x = 0$, $dx = 0{,}1$

20. $y = \cos \pi x$, $x = \frac{1}{3}$, $dx = -0{,}02$

21. $y = \sqrt{3 + x^2}$, $x = 1$, $dx = -0{,}1$

22. $y = \dfrac{x+1}{x-1}$, $x = 2$, $dx = 0{,}05$

23-26 Compute Δy e dy para os valores dados de x e $dx = \Delta x$. A seguir, esboce um diagrama como o da Figura 5, mostrando os segmentos de reta com comprimentos dx, dy e Δy.

23. $y = x^2 - 4x$, $x = 3$, $\Delta x = 0{,}5$

24. $y = x - x^3$, $x = 0$, $\Delta x = -0{,}3$

25. $y = \sqrt{x - 2}$, $x = 3$, $\Delta x = 0{,}8$

26. $y = e^x$, $x = 0$, $\Delta x = 0{,}5$

27-30 Compare os valores de Δy e dy se x mudar de 1 para 1,05. E se x mudar de 1 para 1,01? A aproximação $\Delta y \approx dy$ fica melhor conforme o Δx fica menor?

27. $f(x) = x^4 - x + 1$

28. $f(x) = e^{x-2}$

29. $f(x) = \sqrt{5 - x}$

30. $f(x) = \dfrac{1}{x^2 + 1}$

31-36 Use uma aproximação linear (ou diferencial) para estimar o número dado.

31. $(1{,}999)^4$

32. $1/4{,}002$

33. $\sqrt[3]{1{,}001}$

34. $\sqrt{100{,}5}$

35. $e^{0{,}1}$

36. $\cos 29°$

37-39 Explique, em termos de aproximações lineares ou de diferenciais, por que a aproximação é razoável.

37. $\ln 1{,}04 \approx 0{,}04$

38. $\sqrt{4{,}02} \approx 2{,}005$

39. $\dfrac{1}{9{,}98} \approx 0{,}1002$

40. Sejam $f(x) = (x - 1)^2$, $g(x) = e^{-2x}$
e $h(x) = 1 + \ln(1 - 2x)$

(a) Encontre as linearizações de f, g e h em $a = 0$. O que você percebe? Como explicar o que aconteceu?

(b) Faça os gráficos de f, g e h e de suas aproximações lineares. Para qual função a aproximação é melhor? Para qual é pior? Explique.

41. A aresta de um cubo tem 30 cm, com um possível erro de medida de 0,1 cm. Use diferenciais para estimar o erro máximo possível, o erro relativo e o erro percentual no cálculo (a) do volume do cubo e (b) da área da superfície do cubo.

42. O raio de um disco circular é 24 cm, com um erro possível de 0,2 cm.
(a) Use diferenciais para estimar o erro máximo na área calculada do disco.
(b) Qual o erro relativo? Qual o erro percentual?

43. A circunferência de uma esfera mede 84 cm, com erro possível de 0,5 cm.
(a) Use diferenciais para estimar o erro máximo na área calculada da superfície. Qual o erro relativo?
(b) Utilize as diferenciais para estimar o erro máximo no volume calculado. Qual o erro relativo?

44. Use as diferenciais para estimar a quantidade de tinta necessária para aplicar uma camada de 0,05 cm de tinta a um domo hemisférico com diâmetro de 50 m.

45. (a) Use as diferenciais para encontrar uma fórmula para o volume aproximado de uma fina camada cilíndrica com altura h, raio interno r e espessura Δr.
(b) Qual é o erro envolvido no uso da fórmula da parte (a)?

46. Sabe-se que um lado de um triângulo retângulo mede 20 cm de comprimento e o ângulo oposto foi medido como 30°, com um erro possível de ±1°.
(a) Use diferenciais para estimar o erro no cálculo da hipotenusa.
(b) Qual é o erro percentual?

47. Se uma corrente I passar por um resistor com resistência R, a Lei de Ohm afirma que a queda de voltagem é $V = RI$. Se V for constante e R for medida com um certo erro, use diferenciais para mostrar que o erro relativo no cálculo de I é aproximadamente o mesmo (em módulo) que o erro relativo em R.

48. Quando o sangue flui ao longo de um vaso sanguíneo, o fluxo F (o volume de sangue por unidade de tempo que passa por um ponto dado) é proporcional à quarta potência do raio R do vaso:

$$F = kR^4$$

(Esta equação é conhecida como a Lei de Poiseuille; mostraremos por que isso é verdadeiro na Seção 8.4.) Uma artéria parcialmente obstruída pode ser alargada por uma operação chamada angioplastia, na qual um cateter-balão é inflado dentro da artéria a fim de aumentá-la e restaurar o fluxo normal do sangue.

Mostre que uma variação relativa em F é cerca de quatro vezes a variação relativa em R. Como um aumento de 5% no raio afeta o fluxo do sangue?

49. Estabeleça as seguintes regras para trabalhar com as diferenciais (onde c denota uma constante e u e v são funções de x).
(a) $dc = 0$
(b) $d(cu) = c\,du$
(c) $d(u+v) = du + dv$
(d) $d(uv) = u\,dv + v\,du$
(e) $d\left(\dfrac{u}{v}\right) = \dfrac{v\,du - u\,dv}{v^2}$
(f) $d(x^n) = nx^{n-1}\,dx$

50. Em livros-texto de física, o período T de um pêndulo de comprimento L é frequentemente dado por $T \approx 2\pi\sqrt{L/g}$, partindo-se do pressuposto de que o pêndulo percorre um arco relativamente pequeno ao oscilar. Ao longo da dedução dessa fórmula, expressa-se a aceleração tangencial do pêndulo por meio da equação $a_T = -g\,\text{sen}\,\theta$ e, em seguida, substitui-se sen θ por θ nessa equação, considerando-se que, para ângulos pequenos, θ (em radianos) é muito próximo de sen θ.
(a) Verifique que a aproximação linear da função seno em 0 é dada por

$$\text{sen}\,\theta \approx \theta$$

(b) Qual é o erro percentual cometido se aproximamos sen θ por θ para $\theta = \pi/18$ (que é equivalente a 10°)?
(c) Use um gráfico para determinar os valores de θ para os quais a diferença entre sen θ e θ seja inferior a 2%. Quais são os valores correspondentes em graus?

51. Suponha que a única informação que temos sobre uma função f é que $f(1) = 5$ e que o gráfico de sua *derivada* é como mostrado.
(a) Use uma aproximação linear para estimar $f(0,9)$ e $f(1,1)$.
(b) Suas estimativas na parte (a) são muito grandes ou pequenas? Explique.

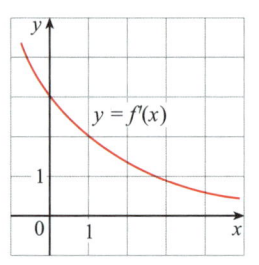

52. Suponha que não tenhamos uma fórmula para $g(x)$, mas saibamos que $g(2) = -4$ e $g'(x) = \sqrt{x^2 + 5}$ para todo x.
(a) Use uma aproximação linear para estimar $g(1,95)$ e $g(2,05)$.
(b) Suas estimativas na parte (a) são muito grandes ou pequenas? Explique.

PROJETO DE DESCOBERTA | APROXIMAÇÕES POLINOMIAIS

A aproximação pela reta tangente $L(x)$ é a melhor aproximação de primeiro grau (linear) para $f(x)$ próximo de $x = a$ porque $f(x)$ e $L(x)$ têm a mesma taxa de variação (derivada) em a. Para uma aproximação melhor que a linear, vamos tentar uma aproximação de segundo grau (quadrática) $P(x)$. Em outras palavras, aproximaremos uma curva por uma parábola em vez de uma reta. Para nos assegurarmos de que é uma boa aproximação, estipularemos o seguinte:

(i) $P(a) = f(a)$ (P e f devem ter o mesmo valor em a.)
(ii) $P'(a) = f'(a)$ (P e f devem ter a mesma taxa de mudança em a.)
(iii) $P''(a) = f''(a)$ (As inclinações de P e f devem variar na mesma taxa em a.)

1. Encontre a aproximação quadrática $P(x) = A + Bx + Cx^2$ para a função $f(x) = \cos x$ que satisfaça as condições (i), (ii) e (iii) com $a = 0$. Faça o gráfico de P, f e da aproximação linear $L(x) = 1$ em uma mesma tela. Comente a qualidade das aproximações P e L de f.

2. Determine os valores de x para os quais a aproximação quadrática $f(x) \approx P(x)$ do Problema 1 tem precisão de 0,1. [*Dica*: Faça os gráficos de $y = P(x)$, $y = \cos x - 0{,}1$ e $y = \cos x + 0{,}1$ em uma tela comum.]

3. Para aproximar uma função f por uma função quadrática P próxima a um número a, é melhor escrever P na forma

$$P(x) = A + B(x-a) + C(x-a)^2$$

Mostre que a função quadrática que satisfaz as condições (i), (ii) e (iii) é

$$P(x) = f(a) + f'(a)(x-a) + \tfrac{1}{2}f''(a)(x-a)^2$$

4. Encontre a aproximação quadrática para $f(x) = \sqrt{x+3}$ próxima a $a = 1$. Faça os gráficos de f, da aproximação quadrática e da aproximação linear do Exemplo 2 da Seção 3.10 na mesma tela. O que você conclui?

5. Em vez de ficarmos satisfeitos com aproximações lineares ou quadráticas para $f(x)$ próximo a $x = a$, vamos tentar encontrar aproximações melhores por polinômios de graus mais altos. Procuramos por um polinômio de grau n

$$T_n(x) = c_0 + c_1(x-a) + c_2(x-a)^2 + c_3(x-a)^3 + \cdots + c_n(x-a)^n$$

tal que T_n e suas primeiras n derivadas tenham os mesmos valores em $x = a$ que f e suas primeiras n derivadas. Derivando repetidamente e fazendo $x = a$, mostre que essas condições estão satisfeitas se $c_0 = f(a)$, $c_1 = f'(a)$, $c_2 = \frac{1}{2} f''(a)$ e em geral

$$c_k = \frac{f^{(k)}(a)}{k!}$$

onde $k! = 1 \cdot 2 \cdot 3 \cdot 4 \cdot \cdots \cdot k$. O polinômio resultante

$$T_n(x) = f(a) + f'(a)(x-a) + \frac{f''(a)}{2!}(x-a)^2 + \cdots + \frac{f^{(n)}(a)}{n}(x-a)^n$$

é denominado **polinômio de Taylor de grau n de f centrado em a**. (Estudaremos de forma mais detalhada os polinômios de Taylor no Capítulo 11.)

6. Encontre o polinômio de Taylor de 8° grau, centrado em $a = 0$ para a função $f(x) = \cos x$. Faça os gráficos de f junto com os polinômios de Taylor T_2, T_4, T_6, T_8 na janela retangular $[-5, 5]$ por $[-1,4; 1,4]$ e comente quão bem eles aproximam f.

3.11 | Funções Hiperbólicas

Funções Hiperbólicas e suas Derivadas

Certas combinações das funções exponenciais e^x e e^{-x} surgem frequentemente em matemática e suas aplicações e, por isso, merecem nomes especiais. Elas são análogas, de muitas maneiras, às funções trigonométricas e possuem a mesma relação com a hipérbole que as funções trigonométricas têm com o círculo. Por essa razão são chamadas coletivamente de **funções hiperbólicas**, e, individualmente, de **seno hiperbólico**, **cosseno hiperbólico** e assim por diante.

Definição das Funções Hiperbólicas

$$\operatorname{senh} x = \frac{e^x - e^{-x}}{2} \qquad \operatorname{cossech} x = \frac{1}{\operatorname{senh} x}$$

$$\cosh x = \frac{e^x + e^{-x}}{2} \qquad \operatorname{sech} x = \frac{1}{\operatorname{cossech} x}$$

$$\operatorname{tgh} x = \frac{\operatorname{senh} x}{\cosh x} \qquad \operatorname{cotgh} x = \frac{\operatorname{cossech} x}{\operatorname{senh} x}$$

Os gráficos do seno e do cosseno hiperbólicos podem ser esboçados usando uma ferramenta gráfica, como nas Figuras 1 e 2.

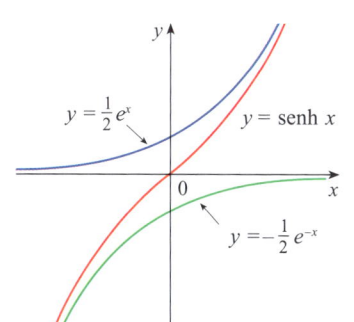

FIGURA 1
$y = \operatorname{senh} x = \frac{1}{2} e^x - \frac{1}{2} e^{-x}$

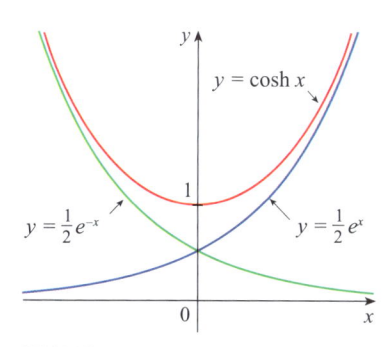

FIGURA 2
$y = \cosh x = \frac{1}{2} e^x + \frac{1}{2} e^{-x}$

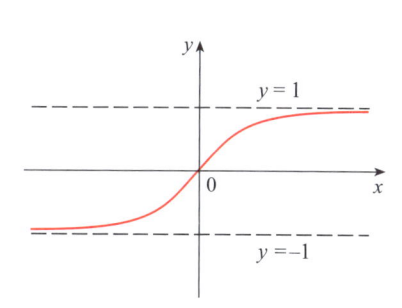

FIGURA 3
$y = \operatorname{tgh} x$

Observe que senh possui domínio e imagem iguais a $\mathbb{R}$, enquanto cosh tem domínio $\mathbb{R}$ e imagem $[1, \infty)$. O gráfico de tgh está mostrado na Figura 3. Ela tem assíntotas horizontais $y = \pm 1$ (veja o Exercício 27).

Alguns dos usos matemáticos de funções hiperbólicas serão vistos no Capítulo 7. As aplicações na ciência e na engenharia ocorrem sempre que uma entidade, como a luz, a velocidade, a eletricidade ou a radioatividade, é gradualmente absorvida ou extinguida, pois o decaimento pode ser representado por funções hiperbólicas. A aplicação mais famosa é o uso do cosseno hiperbólico para descrever a forma de um fio dependurado. Pode ser demonstrado que se um cabo flexível pesado (como uma linha de eletricidade) estiver suspenso entre dois pontos na mesma altura, então ele assume a forma de uma curva com a equação

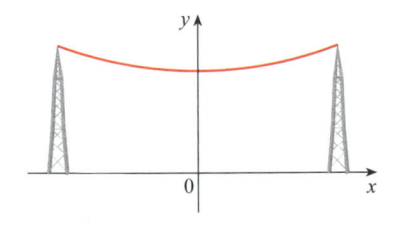

$$y = c + a\cosh(x/a)$$

chamada *catenária* (veja a Figura 4). (A palavra latina *catena* significa "cadeia".)

Outra explicação para as funções hiperbólicas ocorre na descrição das ondas do mar: a velocidade de uma onda aquática com comprimento L se movimentando por uma massa de água com profundidade d é modelada pela função

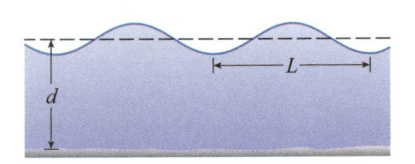

$$v = \sqrt{\frac{gL}{2\pi} \operatorname{tgh}\left(\frac{2\pi d}{L}\right)}$$

FIGURA 4
Uma catenária $y = c + a\cosh(x/a)$

FIGURA 5
Onda do mar idealizada

onde g é a aceleração da gravidade (veja a Figura 5 e o Exercício 57).

As funções hiperbólicas satisfazem diversas identidades que são análogas às bem conhecidas identidades trigonométricas. Listaremos algumas aqui, deixando a maioria das demonstrações para os exercícios.

Identidades Hiperbólicas

$$\operatorname{senh}(-x) = -\operatorname{senh} x \qquad \cosh(-x) = \cosh x$$

$$\cosh^2 x - \operatorname{senh}^2 x = 1 \qquad 1 - \operatorname{tgh}^2 x = \operatorname{sech}^2 x$$

$$\operatorname{senh}(x+y) = \operatorname{senh} x \cosh y + \cosh x \operatorname{senh} y$$

$$\cosh(x+y) = \cosh x \cosh y + \operatorname{senh} x \operatorname{senh} y$$

O Gateway Arch em St. Louis foi projetado usando-se uma função do cosseno hiperbólica (veja o Exercício 56).

EXEMPLO 1 Demonstre (a) $\cosh^2 x - \operatorname{senh}^2 x = 1$ e (b) $1 - \operatorname{tgh}^2 x = \operatorname{sech}^2 x$.

SOLUÇÃO

(a) $\cosh^2 x - \operatorname{senh}^2 x = \left(\dfrac{e^x + e^{-x}}{2}\right)^2 - \left(\dfrac{e^x - e^{-x}}{2}\right)^2$

$= \dfrac{e^{2x} + 2 + e^{-2x}}{4} - \dfrac{e^{2x} - 2 + e^{-2x}}{4}$

$= \dfrac{4}{4} = 1$

(b) Vamos começar com a identidade demonstrada na parte (a):

$$\cosh^2 x - \operatorname{senh}^2 x = 1$$

Se dividirmos ambos os lados por $\cosh^2 x$, obtemos

$$1 - \frac{\operatorname{senh}^2 x}{\cosh^2 x} = \frac{1}{\cosh^2 x}$$

ou $\qquad 1 - \operatorname{tgh}^2 x = \operatorname{sech}^2 x$

A identidade demonstrada no Exemplo 1(a) fornece um indício para a razão do nome "funções hiperbólicas".

Se t for qualquer número real, então o ponto $P(\cos t, \operatorname{sen} t)$ está sobre o círculo unitário $x^2 + y^2 = 1$, pois $\cos^2 t + \operatorname{sen}^2 t = 1$. Na realidade, t pode ser interpretado como a medida em radianos de $\angle POQ$ da Figura 6. Por essa razão, as funções trigonométricas são algumas vezes chamadas *funções circulares*.

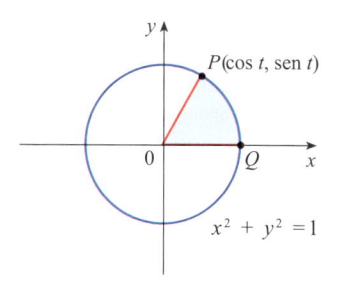

Da mesma maneira, se t for qualquer número real, então o ponto $P(\cosh t, \operatorname{senh} t)$ está sobre o ramo direito da hipérbole $x^2 - y^2 = 1$, pois $\cosh^2 t - \operatorname{senh}^2 t = 1$ e $\cosh t \geq 1$. Dessa vez, t não representa a medida de um ângulo. Entretanto, resulta que t representa o dobro da área sombreada do setor hiperbólico da Figura 7, da mesma forma que no caso trigonométrico t representa o dobro da área sombreada do setor circular na Figura 6.

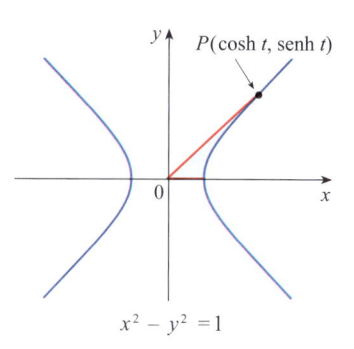

As derivadas das funções hiperbólicas são facilmente calculadas. Por exemplo,

$$\frac{d}{dx}(\operatorname{sen} x) = \frac{d}{dx}\left(\frac{e^x - e^{-x}}{2}\right) = \frac{e^x + e^{-x}}{2} = \cosh x$$

Vamos listar as fórmulas de derivação para as funções hiperbólicas na Tabela 1. As demonstrações restantes ficarão como exercícios. Observe a analogia com as fórmulas de derivação para as funções trigonométricas, mas observe que os sinais algumas vezes são diferentes.

FIGURA 6

FIGURA 7

---

1 Derivadas de Funções Hiperbólicas

$$\frac{d}{dx}(\operatorname{senh} x) = \cosh x \qquad \frac{d}{dx}(\operatorname{cossech} x) = -\operatorname{cossech} x \, \operatorname{cotgh} x$$

$$\frac{d}{dx}(\cosh x) = \operatorname{senh} x \qquad \frac{d}{dx}(\operatorname{sech} x) = -\operatorname{sech} x \, \operatorname{tgh} x$$

$$\frac{d}{dx}(\operatorname{tgh} x) = \operatorname{sech}^2 x \qquad \frac{d}{dx}(\operatorname{cotgh} x) = -\operatorname{cossech}^2 x$$

Qualquer uma dessas regras de derivação pode ser combinada com a Regra da Cadeia, no próximo exemplo.

EXEMPLO 2 Dada $y = \cosh \sqrt{x}$, determine dy/dx.

SOLUÇÃO Usando (1) e a Regra da Cadeia, temos

$$\frac{dy}{dx} = \frac{d}{dx}\left(\cosh \sqrt{x}\right) = \operatorname{senh} \sqrt{x} \cdot \frac{d}{dx} \sqrt{x} = \frac{\operatorname{senh} \sqrt{x}}{2\sqrt{x}} \qquad \blacksquare$$

■ Funções Hiperbólicas Inversas e suas Derivadas

Você pode ver pelas Figuras 1 e 3 que senh e tgh são funções injetoras; logo, elas têm funções inversas denotadas por senh^{-1} e tgh^{-1}. A Figura 2 mostra que cosh não é injetora, mas, se restringirmos seu domínio ao intervalo $[0, \infty)$, a função $y = \cosh x$ torna-se injetora, preservando seu conjunto imagem, que é $[1, \infty)$. Define-se a função arco cosseno hiperbólico como a inversa dessa função com domínio restrito.

2

$$y = \operatorname{senh}^{-1} x \quad \Leftrightarrow \quad \operatorname{senh} y = x$$

$$y = \cosh^{-1} x \quad \Leftrightarrow \quad \cosh y = x \quad \text{e} \quad y \geq 0$$

$$y = \operatorname{tgh}^{-1} x \quad \Leftrightarrow \quad \operatorname{tgh} y = x$$

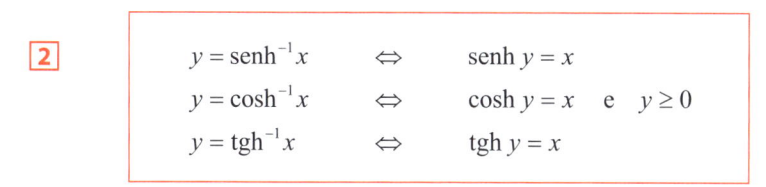

As inversas das demais funções hiperbólicas são definidas analogamente (veja o Exercício 32).

Esboçamos os gráficos de senh^{-1}, cosh^{-1} e tgh^{-1} nas Figuras 8, 9 e 10 referentes à Figuras 1, 2 e 3.

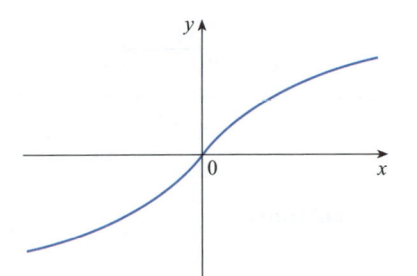

FIGURA 8 $y = \text{senh}^{-1} x$
domínio = $\mathbb{R}$ imagem = $\mathbb{R}$

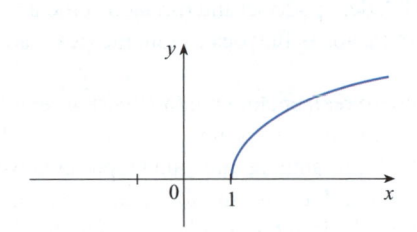

FIGURA 9 $y = \cosh^{-1} x$
domínio = $[1, \infty)$ imagem = $[0, \infty)$

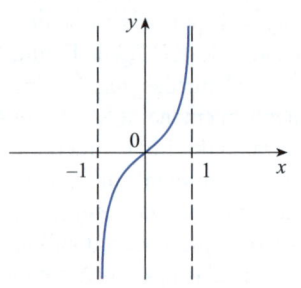

FIGURA 10 $y = \text{tgh}^{-1} x$
domínio = $[-1, 1)$ imagem = $\mathbb{R}$

Uma vez que as funções hiperbólicas estão definidas em termos das funções exponenciais, não é surpreendente descobrir que as funções hiperbólicas inversas podem ser expressas em termos de logaritmos. Especificamente, temos:

A Fórmula 3 está demonstrada no Exemplo 3. As demonstrações das Fórmulas 4 e 5 são pedidas nos Exercícios 30 e 31.

$$\boxed{3} \qquad \text{senh}^{-1} x = \ln\left(x + \sqrt{x^2 + 1}\right) \quad x \in \mathbb{R}$$

$$\boxed{4} \qquad \cosh^{-1} x = \ln\left(x + \sqrt{x^2 - 1}\right) \quad x \geq 1$$

$$\boxed{5} \qquad \text{tgh}^{-1} x = \tfrac{1}{2} \ln\left(\frac{1+x}{1-x}\right) \quad -1 < x < 1$$

EXEMPLO 3 Mostre que $\text{senh}^{-1} x = \ln\left(x + \sqrt{x^2 + 1}\right)$.

SOLUÇÃO Seja $y = \text{senh}^{-1} x$. Então

$$x = \text{senh}\, y = \frac{e^y - e^{-y}}{2}$$

logo, $\qquad e^y - 2x - e^{-y} = 0$

ou, multiplicando por e^y, $\qquad e^{2y} - 2xe^y - 1 = 0$

Isso é realmente uma equação quadrática em e^y:

$$(e^y)^2 - 2x(e^y) - 1 = 0$$

Resolvendo com a fórmula quadrática, obtemos

$$e^y = \frac{2x \pm \sqrt{4x^2 + 4}}{2} = x \pm \sqrt{x^2 + 1}$$

Observe que $e^y > 0$, mas $x - \sqrt{x^2 + 1} < 0$ (pois $x < \sqrt{x^2 + 1}$). Assim, o sinal de subtração é inadmissível e temos

$$e^y = x + \sqrt{x^2 + 1}$$

Portanto, $\qquad y = \ln(e^y) = \ln\left(x + \sqrt{x^2 + 1}\right)$

Isso mostra que $\qquad \text{senh}^{-1} x = \ln\left(x + \sqrt{x^2 + 1}\right)$

(Veja o Exercício 29 para outro método.)

> **6 Derivadas de Funções Hiperbólicas Inversas**
>
> $$\frac{d}{dx}(\operatorname{senh}^{-1} x) = \frac{1}{\sqrt{1+x^2}} \qquad \frac{d}{dx}(\operatorname{cossech}^{-1} x) = -\frac{1}{|x|\sqrt{x^2+1}}$$
>
> $$\frac{d}{dx}(\cosh^{-1} x) = \frac{1}{\sqrt{x^2-1}} \qquad \frac{d}{dx}(\operatorname{sech}^{-1} x) = -\frac{1}{x\sqrt{1-x^2}}$$
>
> $$\frac{d}{dx}(\operatorname{tgh}^{-1} x) = \frac{1}{1-x^2} \qquad \frac{d}{dx}(\operatorname{cotgh}^{-1} x) = \frac{1}{1-x^2}$$

Observe que as fórmulas para as derivadas de $\operatorname{tgh}^{-1} x$ e $\operatorname{cotgh}^{-1} x$ parecem idênticas. Mas os domínios dessas funções não possuem números em comum: $\operatorname{tgh}^{-1} x$ é definida para $|x| < 1$, enquanto $\operatorname{cotgh}^{-1} x$ é definida para $|x| > 1$.

As funções hiperbólicas inversas são todas deriváveis, pois as funções hiperbólicas são deriváveis (veja Apêndice F). As fórmulas na Tabela 6 podem ser demonstradas pelo método para as funções inversas ou derivando as Fórmulas 3, 4 e 5.

EXEMPLO 4 Demonstre que $\dfrac{d}{dx}(\operatorname{senh}^{-1} x) = \dfrac{1}{\sqrt{1+x^2}}$.

SOLUÇÃO 1 Seja $y = \operatorname{senh}^{-1} x$. Então, $\operatorname{senh} y = x$. Se derivarmos essa equação implicitamente em relação a x, obtemos

$$\cosh y \frac{dy}{dx} = 1$$

Uma vez que $\cosh^2 y - \operatorname{senh}^2 y = 1$ e $\cosh y \geq 0$, obtemos $\cosh y = \sqrt{1 + \operatorname{senh}^2 y}$, logo

$$\frac{dy}{dx} = \frac{1}{\cosh y} = \frac{1}{\sqrt{1+\operatorname{senh}^2 y}} = \frac{1}{\sqrt{1+x^2}}$$

SOLUÇÃO 2 Da Equação 3 (demonstrada no Exemplo 3), temos

$$\begin{aligned}\frac{d}{dx}(\operatorname{senh}^{-1} x) &= \frac{d}{dx}\ln\left(x + \sqrt{x^2+1}\right) \\ &= \frac{1}{x+\sqrt{x^2+1}} \frac{d}{dx}\left(x+\sqrt{x^2+1}\right) \\ &= \frac{1}{x+\sqrt{x^2+1}}\left(1 + \frac{x}{\sqrt{x^2+1}}\right) \\ &= \frac{\sqrt{x^2+1}+x}{\left(x+\sqrt{x^2+1}\right)\sqrt{x^2+1}} \\ &= \frac{1}{\sqrt{x^2+1}} \end{aligned}$$

EXEMPLO 5 Encontre $\dfrac{d}{dx}[\operatorname{tgh}^{-1}(\operatorname{sen} x)]$.

SOLUÇÃO Usando a Tabela 6 e a Regra da Cadeia, temos

$$\begin{aligned}\frac{d}{dx}[\operatorname{tgh}^{-1}(\operatorname{sen} x)] &= \frac{1}{1-(\operatorname{sen} x)^2}\frac{d}{dx}(\operatorname{sen} x) \\ &= \frac{1}{1-\operatorname{sen}^2 x}\cos x = \frac{\cos x}{\cos^2 x} = \sec x\end{aligned}$$

3.11 | Exercícios

1-6 Encontre o valor numérico de cada expressão.

1. (a) senh 0   (b) cosh 0
2. (a) tgh 0   (b) tgh 1
3. (a) cosh(ln 5)   (b) cosh 5
4. (a) senh 4   (b) senh(ln 4)
5. (a) sech 0   (b) $\cosh^{-1} 1$
6. (a) senh 1   (b) $\text{senh}^{-1} 1$

7. Escreva 8 senh x + 5 cosh x em função de e^x e e^{-x}.
8. Escreva $2e^{2x} + 3e^{-2x}$ em função de senh $2x$ e cosh $2x$.
9. Escreva senh(ln x) como uma função racional de x.
10. Escreva cosh(4 ln x) como uma função racional de x.

11-23 Demonstre a identidade.

11. senh($-x$) = $-$senh x
    (Isso mostra que senh é uma função ímpar.)
12. cosh($-x$) = cosh x
    (Isso mostra que cosh é uma função par.)
13. cosh x + senh x = e^x
14. cosh x $-$ senh x = e^{-x}
15. senh($x + y$) = senh x cosh y + cosh x senh y
16. cosh($x + y$) = cosh x cosh y + senh x senh y
17. $\text{cotgh}^2 x - 1 = \text{cossech}^2 x$
18. $\text{tgh}(x+y) = \dfrac{\text{tgh } x + \text{tgh } y}{1 + \text{tgh } x \text{ tgh } y}$
19. senh $2x$ = 2 senh x cosh x
20. cosh $2x$ = $\cosh^2 x + \text{senh}^2 x$
21. $\text{tgh}(\ln x) = \dfrac{x^2 - 1}{x^2 + 1}$
22. $\dfrac{1 + \text{tgh } x}{1 - \text{tgh } x} = e^{2x}$
23. $(\cosh x + \text{senh } x)^n = \cosh nx + \text{senh } nx$ (n qualquer número real)

24. Se tgh $x = \frac{12}{13}$, encontre os valores das outras funções hiperbólicas em x.
25. Se cosh $x = \frac{5}{3}$ e $x > 0$, encontre os valores das outras funções hiperbólicas em x.
26. (a) Use os gráficos de senh, cosh e tgh das Figuras 1-3 para fazer os gráficos de cossech, sech e cotgh.
    (b) Verifique os gráficos que você esboçou na parte (a) usando uma calculadora gráfica ou computador para produzi-los.
27. Use as definições das funções hiperbólicas para achar os seguintes limites.

    (a) $\lim\limits_{x \to \infty} \text{tgh } x$ (b) $\lim\limits_{x \to -\infty} \text{tgh } x$
    (c) $\lim\limits_{x \to \infty} \text{senh } x$ (d) $\lim\limits_{x \to -\infty} \text{senh } x$
    (e) $\lim\limits_{x \to \infty} \text{sech } x$ (f) $\lim\limits_{x \to \infty} \text{cotgh } x$
    (g) $\lim\limits_{x \to 0^+} \text{cotgh } x$ (h) $\lim\limits_{x \to 0^-} \text{cotgh } x$
    (i) $\lim\limits_{x \to -\infty} \text{cossech } x$ (j) $\lim\limits_{x \to \infty} \dfrac{\text{senh } x}{e^x}$

28. Demonstre as fórmulas dadas na Tabela 1 para as derivadas das funções (a) cosh, (b) tgh, (c) cossech, (d) sech e (e) cotgh.
29. Dê uma solução alternativa para o Exemplo 3 tomando $y = \text{senh}^{-1} x$ e então usando o Exercício 13 e o Exemplo 1(a), com x substituído por y.
30. Demonstre a Equação 4.
31. Demonstre a Equação 5 usando (a) o método do Exemplo 3 e (b) o Exercício 22, com x substituído por y.
32. Para cada uma das seguintes funções (i) dê uma definição como aquelas em (2), (ii) esboce o gráfico e (iii) encontre uma fórmula similar à Equação 3.

    (a) cossech^{-1} (b) sech^{-1} (c) cotgh^{-1}

33. Demonstre as fórmulas dadas na Tabela 6 para as derivadas das funções a seguir.

    (a) $\cosh^{-1}$ (b) tgh^{-1} (c) cotgh^{-1}

34. Demonstre as fórmulas dadas na Tabela 6 para as derivadas das funções a seguir.

    (a) sech^{-1} (b) cossech^{-1}

35-53 Encontre a derivada. Simplifique quando possível.

35. $f(x) = \cosh 3x$
36. $f(x) = e^x \cosh x$
37. $h(x) = \text{senh}(x^2)$
38. $g(x) = \text{senh}^2 x$
39. $G(t) = \text{senh}(\ln t)$
40. $F(t) = \ln(\text{senh } t)$
41. $f(x) = \text{tgh}\sqrt{x}$
42. $H(v) = e^{\text{tgh } 2v}$
43. $y = \text{sech } x \text{ tgh } x$
44. $y = \text{sech}(\text{tgh } x)$
45. $g(t) = t \text{ cotgh}\sqrt{t^2 + 1}$
46. $f(t) = \dfrac{1 + \text{senh } t}{1 - \text{senh } t}$
47. $f(x) = \text{senh}^{-1}(-2x)$
48. $g(x) = \text{tgh}^{-1}(x^3)$
49. $y = \cosh^{-1}(\sec \theta)$, $0 \le \theta < \pi/2$
50. $y = \text{sech}^{-1}(\text{sen } \theta)$, $0 < \theta < \pi/2$
51. $G(u) = \cosh^1 \sqrt{1 + u^2}$, $u > 0$
52. $y = x \text{ tgh}^{-1} x + \ln\sqrt{1 - x^2}$
53. $y = x \text{ sen } h^{-1}(x/3) - \sqrt{9 + x^2}$

54. Mostre que $\dfrac{d}{dx} \sqrt[4]{\dfrac{1 + \text{tgh } x}{1 - \text{tgh } x}} = \frac{1}{2} e^{x/2}$.

55. Mostre que $\dfrac{d}{dx} \text{arctg}(\text{tgh } x) = \text{sech } 2x$.

56. **O Gateway Arch** O Gateway Arch em St. Louis foi projetado por Eero Saarinen e construído usando a equação

    $$y = 211{,}49 - 20{,}96 \cosh 0{,}03291765x$$

    para a curva central do arco, em que x e y são medidos em metros e $|x| \le 91{,}20$.

(a) Trace a curva central.
(b) Qual é a altura do arco em seu centro?
(c) Em quais pontos a altura é 100 m?
(d) Qual é a inclinação do arco nos pontos da parte (c)?

57. Se uma onda de comprimento L se move à velocidade v em massa de água de profundidade d, então

$$v = \sqrt{\frac{gL}{2\pi} \operatorname{tgh}\left(\frac{2\pi d}{L}\right)}$$

onde g é a aceleração da gravidade. (Veja a Figura 5.) Explique por que a aproximação

$$v \approx \sqrt{\frac{gL}{2\pi}}$$

é adequada para águas profundas.

58. Um cabo flexível pendurado sempre tem a forma de uma catenária, $y = c + a\cosh(x/a)$, em que c e a são constantes e $a > 0$ (veja a Figura 4 e o Exercício 60). Faça o gráfico de vários membros da família de funções $y = a\cosh(x/a)$. Como o gráfico muda quando a varia?

59. Uma linha de telefone é pendurada entre dois postes separados a 14 m, na forma da catenária $y = 20\cosh(x/20) - 15$, em que x e y são medidos em metros.
(a) Encontre a inclinação dessa curva onde ela encontra o poste à direita.
(b) Encontre o ângulo θ entre a reta tangente e o poste.

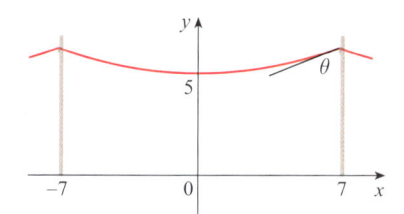

60. Usando os princípios da física, pode ser mostrado que, quando um cabo é pendurado entre dois postes, ele toma a forma de uma curva $y = f(x)$ que satisfaz a equação diferencial

$$\frac{d^2y}{dx^2} = \frac{\rho g}{T}\sqrt{1 + \left(\frac{dy}{dx}\right)^2}$$

onde ρ é a densidade linear do cabo, g é a aceleração da gravidade e T é a tensão no cabo no ponto mais baixo, e o sistema de coordenadas é apropriadamente escolhido. Verifique que a função

$$y = f(x) = \frac{T}{\rho g}\cosh\left(\frac{\rho g x}{T}\right)$$

é uma solução dessa equação diferencial.

61. Um cabo com densidade linear $\rho = 2$ kg/m é amarrado no topo de dois postes que têm 200 m de distância entre si.
(a) Use o Exercício 60 para encontrar a tensão T de forma que o cabo esteja 60 m acima do solo em seu ponto mais baixo. Qual a altura dos postes?
(b) Se a tensão é dobrada, qual o novo ponto mais baixo do cabo? Qual a altura dos postes agora?

62. Um modelo para a velocidade de um objeto em queda livre após um tempo t é

$$v(t) = \sqrt{\frac{mg}{k}}\operatorname{tgh}\left(t\sqrt{\frac{gk}{m}}\right)$$

onde m é a massa do objeto, $g = 9{,}8$ m/s² é a aceleração da gravidade, k é uma constante, t é medido em segundos e v em m/s.
(a) Calcule a velocidade terminal do objeto, ou seja, $\lim_{t\to\infty} v(t)$.
(b) Se uma pessoa salta de um avião, o valor da constante k depende da posição dela. Para uma posição de "barriga para baixo", $k = 0{,}515$ kg/s, mas para uma posição "em pé", $k = 0{,}067$ kg/s. Se uma pessoa de 60 kg cair na posição de barriga para baixo, qual é a velocidade terminal? E no caso de cair em pé?

Fonte: L. Long et al. How Terminal Is Terminal Velocity? *American Mathematical Monthly*, 113 (2006): 752-55.

63. (a) Mostre que qualquer função da forma

$$y = A\operatorname{senh} mx + B\cosh mx$$

satisfaz a equação diferencial $y'' = m^2 y$.
(b) Encontre $y = y(x)$ de forma que $y'' = 9y$, $y(0) = -4$, e $y'(0) = 6$.

64. Se $x = \ln(\sec\theta + \operatorname{tg}\theta)$, mostre que $\sec\theta = \cosh x$.

65. Em quais pontos da curva $y = \cosh x$ a tangente tem inclinação 1?

66. Investigue a família das funções

$$f_n(x) = \operatorname{tgh}(n\operatorname{sen} x)$$

onde é um inteiro positivo. Descreva o que acontece com o gráfico de f_n quando n se torna grande.

67. Mostre que, se $a \neq 0$ e $b \neq 0$, então existem números α e β tais que $ae^x + be^{-x}$ é igual a

$$\alpha\operatorname{senh}(x+\beta) \quad \text{ou} \quad \alpha\cosh(x+\beta)$$

Em outras palavras, mostre que quase todas as funções da forma $f(x) = ae^x + be^{-x}$ são funções seno ou cosseno hiperbólicas expandidas e transladadas.

3 REVISÃO

VERIFICAÇÃO DE CONCEITOS

As respostas para a seção Verificação de Conceitos podem ser encontradas na página deste livro no site da Cengage.

1. Enuncie cada regra da derivação tanto em símbolos quanto em palavras.
(a) A Regra da Potência
(b) A Regra da Multiplicação por Constante
(c) A Regra da Soma
(d) A Regra da Subtração

(e) A Regra do Produto
(f) A Regra do Quociente
(g) A Regra da Cadeia

2. Determine a derivada de cada função.
   (a) $y = x^n$
   (b) $y = e^x$
   (c) $y = b^x$
   (d) $y = \ln x$
   (e) $y = \log_b x$
   (f) $y = \sen x$
   (g) $y = \cos x$
   (h) $y = \tg x$
   (i) $y = \cossec x$
   (j) $y = \sec x$
   (k) $y = \cotg x$
   (l) $y = \sen^{-1} x$
   (m) $y = \cos^{-1} x$
   (n) $y = \tg^{-1} x$
   (o) $y = \senh x$
   (p) $y = \cosh x$
   (q) $y = \tgh x$
   (r) $y = \senh^{-1} x$
   (s) $y = \cosh^{-1} x$
   (t) $y = \tgh^{-1} x$

3. (a) Como é definido o número e?
   (b) Expresse e como um limite.
   (c) Por que a função exponencial natural $y = e^x$ é usada mais frequentemente em cálculo do que as outras funções exponenciais $y = b^x$?

   (d) Por que a função logarítmica natural $y = \ln x$ é usada mais frequentemente em cálculo do que as demais funções logarítmicas $y = \log_b x$?

4. (a) Explique como funciona a derivação implícita.
   (b) Explique como funciona a derivação logarítmica.

5. Dê diversos exemplos de como a derivada pode ser interpretada como uma taxa de variação na física, química, biologia, economia ou em outras ciências.

6. (a) Escreva a equação diferencial que expresse a lei de crescimento natural.
   (b) Sob quais circunstâncias este é um modelo apropriado para o modelo de crescimento populacional?
   (c) Quais são as soluções dessa equação?

7. (a) Escreva uma expressão para a linearização de f em a.
   (b) Se $y = f(x)$, escreva uma expressão para a diferencial dy.
   (c) Se $dx = \Delta x$, desenhe uma figura mostrando o significado geométrico de Δy e dy.

TESTES VERDADEIRO-FALSO

Determine se a afirmação é falsa ou verdadeira. Se for verdadeira, explique por quê. Caso contrário, explique por que ou dê um exemplo que mostre que é falsa.

1. Se f e g forem deriváveis, então
$$\frac{d}{dx}[f(x) + g(x)] = f'(x) + g'(x)$$

2. Se f e g forem deriváveis, então
$$\frac{d}{dx}[f(x)g(x)] = f'(x)g'(x)$$

3. Se f e g forem deriváveis, então
$$\frac{d}{dx}[f(g(x))] = f'(g(x))g'(x)$$

4. Se f for derivável, então $\dfrac{d}{dx}\sqrt{f(x)} = \dfrac{f'(x)}{2\sqrt{f(x)}}$.

5. Se f for derivável, então $\dfrac{d}{dx}f(\sqrt{(x)}) = \dfrac{f'(x)}{2\sqrt{x}}$.

6. Se $y = e^2$, então $y' = 2e$.

7. $\dfrac{d}{dx}(10^x) = x10^{x-1}$

8. $\dfrac{d}{dx}(\ln 10) = \dfrac{1}{10}$

9. $\dfrac{d}{dx}(\tg^2 x) = \dfrac{d}{dx}(\sec^2 x)$

10. $\dfrac{d}{dx}|x^2 + x| = |2x + 1|$

11. A derivada de um polinômio é um polinômio.

12. Se $f(x) = (x^6 - x^4)^5$, então $f^{(31)}(x) = 0$.

13. A derivada de uma função racional é uma função racional.

14. Uma equação de uma reta tangente à parábola $y = x^2$ em $(-2, 4)$ é $y - 4 = 2x(x + 2)$.

15. Se $g(x) = x^5$, então $\lim\limits_{x \to 2} \dfrac{g(x) - g(2)}{x - 2} = 80$.

EXERCÍCIOS

1-54 Calcule y'.

1. $y = (x^2 + x^3)^4$
2. $y = \dfrac{1}{\sqrt{x}} - \dfrac{1}{\sqrt[5]{x^3}}$
3. $y = \dfrac{x^2 - x + 2}{\sqrt{x}}$
4. $y = \dfrac{\tg x}{1 + \cos x}$
5. $y = x^2 \sen \pi x$
6. $y = x \cos^{-1} x$
7. $y = \dfrac{t^4 - 1}{t^4 + 1}$
8. $xe^y = y \sen x$
9. $y = \ln(x \ln x)$
10. $y = e^{mx} \cos nx$
11. $y = \sqrt{x} \cos \sqrt{x}$
12. $y = (\arcsen 2x)^2$
13. $y = \dfrac{e^{1/x}}{x^2}$
14. $y = \ln \sec x$
15. $y + x \cos y = x^2 y$
16. $y = \left(\dfrac{u - 1}{u^2 + u + 1}\right)^4$
17. $y = \sqrt{\arctg x}$
18. $y = \cotg(\cossec x)$
19. $y = \tg\left(\dfrac{t}{1 + t^2}\right)$
20. $y = e^{x \sec x}$
21. $y = 3^{x \ln x}$
22. $y = \sec(1 + x^2)$
23. $y = (1 - x^{-1})^{-1}$
24. $y = 1/\sqrt[3]{x + \sqrt{x}}$
25. $\sen(xy) = x^2 - y$
26. $y = \sqrt{\sen \sqrt{x}}$

27. $y = \log_5(1 + 2x)$ **28.** $y = (\cos x)^x$

29. $y = \ln \operatorname{sen} x - \frac{1}{2}\operatorname{sen}^2 x$ **30.** $y = \dfrac{(x^2+1)^4}{(2x+1)^3(3x-1)^5}$

31. $y = x\,\operatorname{tg}^{-1}(4x)$ **32.** $y = e^{\cos x} + \cos(e^x)$

33. $y = \ln|\sec 5x + \operatorname{tg} 5x|$ **34.** $y = 10^{\operatorname{tg}\pi\theta}$

35. $y = \operatorname{cotg}(3x^2 + 5)$ **36.** $y = \sqrt{t\ln(t^4)}$

37. $y = \operatorname{sen}\left(\operatorname{tg}\sqrt{1+x^3}\right)$ **38.** $y = x\sec^{-1}x$

39. $y = 5\operatorname{arctg}(1/x)$

40. $y = \operatorname{sen}^{-1}(\cos\theta),\ 0 < \theta < \pi$

41. $y = x\,\operatorname{tg}^{-1}x - \frac{1}{2}\ln(1+x^2)$

42. $y = \ln(\operatorname{arcsen} x^2)$ **43.** $y = \operatorname{tg}^2(\operatorname{sen}\theta)$

44. $y + \ln y - xy^2$ **45.** $y = \dfrac{\sqrt{x+1}\,(2-x)^5}{(x+3)^7}$

46. $y = \dfrac{(x+\lambda)^4}{x^4+\lambda^4}$ **47.** $y = x\operatorname{senh}(x^2)$

48. $y = \dfrac{\operatorname{sen} mx}{x}$ **49.** $y = \ln(\cosh 3x)$

50. $y = \ln\left|\dfrac{x^2-4}{2x+5}\right|$ **51.** $y = \cosh^{-1}(\operatorname{senh} x)$

52. $y = x\,\operatorname{tgh}^{-1}\sqrt{x}$ **53.** $y = \cos\!\left(e^{\sqrt{\operatorname{tg} 3x}}\right)$

54. $y = \operatorname{sen}^2\!\left(\cos\sqrt{\operatorname{sen}\pi x}\right)$

---

55. Se $f(t) = \sqrt{4t+1}$, encontre $f''(2)$.

56. Se $g(\theta) = \theta\operatorname{sen}\theta$, encontre $g''(\pi/6)$.

57. Encontre y'' se $x^6 + y^6 = 1$.

58. Encontre $f^{(n)}(x)$ se $f(x) = 1/(2-x)$.

59. Use a indução matemática para mostrar que se $f(x) = xe^x$, então $f^{(n)}(x) = (x+n)e^x$. (*Nota*: veja a seção Princípios da Resolução de Problemas, apresentada após o Capítulo 1.)

60. Calcule $\lim\limits_{t\to 0}\dfrac{t^3}{\operatorname{tg}^3(2t)}$.

61-63 Encontre uma equação da tangente à curva no ponto dado.

61. $y = 4\operatorname{sen}^2 x,\ (\pi/6, 1)$ **62.** $y = \dfrac{x^2-1}{x^2+1},\ (0, -1)$

63. $y = \sqrt{1+4\operatorname{sen} x},\ (0,1)$

64-65 Encontre equações para a reta tangente e para a reta normal à curva no ponto dado.

64. $x^2 + 4xy + y^2 = 13,\ (2, 1)$

65. $y = (2+x)e^{-x},\ (0, 2)$

---

66. Se $f(x) = xe^{\operatorname{sen} x}$, encontre $f'(x)$. Faça os gráficos de f e f' na mesma tela e comente.

67. (a) Se $f(x) = x\sqrt{5-x}$, encontre $f'(x)$.
(b) Encontre as equações das retas tangentes à curva $y = x\sqrt{5-x}$ nos pontos $(1, 2)$ e $(4, 4)$.

(c) Ilustre a parte (b) fazendo o gráfico da curva e das retas tangentes na mesma tela.

(d) Verifique se sua resposta na parte (a) foi razoável comparando os gráficos de f e f'.

68. (a) Se $f(x) = 4x - \operatorname{tg} x$, $-\pi/2 < x < \pi/2$, encontre f' e f''.
(b) Verifique se suas respostas para a parte (a) são razoáveis comparando os gráficos de f, f' e f''.

69. Em quais pontos da curva $y = \operatorname{sen} x + \cos x$, $0 \le x \le 2\pi$, a reta tangente é horizontal?

70. Encontre os pontos sobre a $x^2 + 2y^2 = 1$ elipse onde a reta tangente tem inclinação 1.

71. Se $f(x) = (x-a)(x-b)(x-c)$, mostre que
$$\frac{f'(x)}{f(x)} = \frac{1}{x-a} + \frac{1}{x-b} + \frac{1}{x-c}$$

72. (a) Derivando a fórmula do ângulo duplo
$$\cos 2x = \cos^2 x - \operatorname{sen}^2 x$$
obtenha a fórmula do ângulo duplo para a função seno.
(b) Derivando a fórmula de adição
$$\operatorname{sen}(x+a) = \operatorname{sen} x\cos a + \cos x\operatorname{sen} a$$
obtenha a fórmula de adição para a função cosseno.

73. Suponha que
$f(1) = 2 \quad f'(1) = 3 \quad f(2) = 1 \quad f'(2) = 2$
$g(1) = 3 \quad g'(1) = 1 \quad g(2) = 1 \quad g'(2) = 4$
(a) Se $S(x) = f(x) + g(x)$, encontre $S'(1)$.
(b) Se $P(x) = f(x)\,g(x)$, encontre $P'(2)$.
(c) Se $Q(x) = f(x) = g(x)$, encontre $Q'(1)$.
(d) Se $C(x) = f(g(x))$, encontre $C'(2)$.

74. Se f e g são as funções cujos gráficos estão ilustrados, seja $P(x) = f(x)g(x)$, $Q(x) = f(x)/g(x)$, e $C(x) = f(g(x))$. Encontre (a) $P'(2)$, (b) $Q'(2)$ e $C'(2)$.

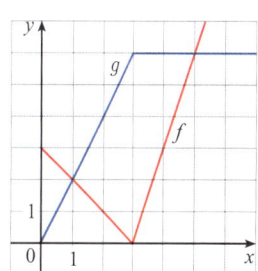

75-82 Encontre f' em termos de g'.

75. $f(x) = x^2 g(x)$ **76.** $f(x) = g(x^2)$

77. $f(x) = [g(x)]^2$ **78.** $f(x) = g(g(x))$

79. $f(x) = g(e^x)$ **80.** $f(x) = e^{g(x)}$

81. $f(x) = \ln|g(x)|$ **82.** $f(x) = g(\ln x)$

83-85 Encontre h' em termos de f' e g'.

83. $h(x) = \dfrac{f(x)g(x)}{f(x)+g(x)}$

84. $h(x) = \sqrt{\dfrac{f(x)}{g(x)}}$

85. $h(x) = f(g(\operatorname{sen} 4x))$

86. (a) Faça o gráfico da função $f(x) = x - 2\,\text{sen}\,x$ na janela retangular $[0, 8]$ por $[-2, 8]$.
(b) Em qual intervalo a taxa média de variação é maior: $[1, 2]$ ou $[2, 3]$?
(c) Em qual valor de x a taxa instantânea de variação é maior: $x = 2$ ou $x = 5$?
(d) Verifique sua estimativa visual na parte (c) calculando $f'(x)$ e comparando os valores numéricos de $f'(2)$ e $f'(5)$.

87. Em qual ponto sobre a curva
$$y = [\ln(x + 4)]^2$$
a reta tangente é horizontal?

88. (a) Encontre uma equação para a reta tangente à curva $y = e^x$ que seja paralela à reta $x - 4y = 1$.
(b) Encontre uma equação da tangente à curva $y = e^x$ que passe pela origem.

89. Encontre uma parábola $y = ax^2 + bx + c$ que passe pelo ponto $(1, 4)$ e cujas retas tangentes em $x = -1$ e $x = 5$ tenham inclinações 6 e -2, respectivamente.

90. A função $C(t) = K(e^{-at} - e^{-bt})$, onde a, b e K são constantes positivas e $b > a$, é usada para modelar a concentração no instante t de uma droga injetada na corrente sanguínea.
(a) Mostre que $\lim_{t \to \infty} C(t) = 0$.
(b) Encontre $C'(t)$, a taxa da variação de concentração da droga no sangue.
(c) Quando essa taxa é igual a 0?

91. Uma equação de movimento da forma $s = Ae^{-ct}\cos(\omega t + \delta)$ representa uma oscilação amortecida de um objeto. Encontre a velocidade e a aceleração do objeto.

92. Uma partícula move-se ao longo de uma linha horizontal de tal forma que sua coordenada no tempo t seja $x = \sqrt{b^2 + c^2 t^2}$, $t \geq 0$, onde b e c são constantes positivas.
(a) Encontre as funções velocidade e aceleração.
(b) Mostre que a partícula se move sempre no sentido positivo.

93. Uma partícula se move sobre uma reta vertical de forma que sua coordenada no tempo t seja $y = t^3 - 12t + 3$, $t \geq 0$.
(a) Encontre as funções velocidade e aceleração.
(b) Quando a partícula se move para cima? E para baixo?
(c) Encontre a distância percorrida pela partícula no intervalo de tempo $0 \leq t \leq 3$.
(d) Trace as funções posição, velocidade e aceleração para $0 \leq t \leq 3$.
(e) Quando a partícula está acelerando? Quando está freando?

94. O volume de um cone circular reto é $V = \frac{1}{3}\pi r^2 h$, onde r é o raio da base e h é a altura.
(a) Encontre a taxa de variação do volume em relação à altura se o raio for mantido constante.
(b) Encontre a taxa de variação do volume em relação ao raio se a altura for mantida constante.

95. A massa de parte de um fio é $x(1 + \sqrt{x})$ quilogramas, onde x é medido em metros a partir de uma extremidade do fio. Encontre a densidade linear do fio quando $x = 4$ m.

96. O custo, em dólares, da produção de x unidades de uma certa mercadoria é
$$C(x) = 920 + 2x - 0{,}02x^2 + 0{,}00007x^3$$
(a) Encontre a função custo marginal.
(b) Encontre $C'(100)$ e explique seu significado.
(c) Compare $C'(100)$ com o custo de produzir o 101º item.

97. Uma cultura de bactérias contém inicialmente 200 células e cresce a uma taxa proporcional a seu tamanho. Depois de meia hora a população aumentou para 360 células.
(a) Encontre o número de células depois de t horas.
(b) Encontre o número de células depois de 4 horas.
(c) Encontre a taxa de crescimento depois de 4 horas.
(d) Quando a população atingirá 10.000?

98. O cobalto-60 tem a meia-vida de 5,24 anos.
(a) Encontre a massa remanescente de uma amostra de 100 mg depois de 20 anos.
(b) Quanto tempo levaria para a massa decair para 1 mg?

99. Seja $C(t)$ a concentração de uma droga na corrente sanguínea. À medida que o corpo elimina a droga, $C(t)$ diminui a uma taxa que é proporcional à quantidade da droga presente naquele instante. Assim, $C'(t) = -kC(t)$ em que k é um número positivo denominado *constante de eliminação* da droga.
(a) Se C_0 for a concentração no instante $t = 0$, encontre a concentração no tempo t.
(b) Se o corpo eliminar a metade da droga em 30 horas, quanto tempo levará para eliminar 90% da droga?

100. Uma xícara de chocolate quente tem a temperatura de 80 °C em uma sala mantida a 20 °C. Depois de meia hora, o chocolate quente esfriou para 60 °C.
(a) Qual a temperatura do chocolate depois de mais meia hora?
(b) Quando o chocolate terá esfriado para 40 °C?

101. O volume de um cubo cresce a uma taxa de 10 cm³/min. Com que rapidez estará crescendo a área de sua superfície quando o comprimento de uma das arestas for 30 cm?

102. Um copo de papel tem a forma de um cone com 10 cm de altura e 3 cm de raio (no topo). Se for colocada água dentro do copo a uma taxa de 2 cm³/s, com que rapidez o nível da água se elevará quando ela tiver 5 cm de profundidade?

103. Um balão está subindo numa velocidade constante de 2 m/s. Um garoto está andando de bicicleta por uma estrada numa velocidade de 5 m/s. Quando ele passar por baixo do balão, o mesmo estará 15 m acima dele. Quão rápido cresce a distância entre o balão e o garoto 3 segundos mais tarde?

104. Uma esquiadora aquática sobe a rampa mostrada na figura a uma velocidade de 10 m/s. Com que velocidade ela estará subindo quando deixar a rampa?

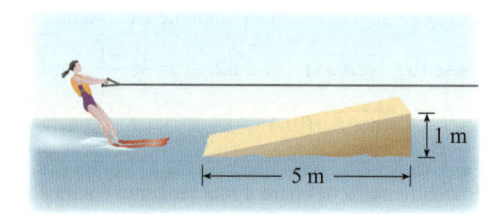

105. O ângulo de elevação do Sol está diminuindo numa taxa de 0,25 rad/h. Quão rápido a sombra é projetada por um prédio de 400 metros de altura quando o ângulo de elevação do Sol for $\pi/6$?

106. (a) Encontre a aproximação linear de $f(x) = \sqrt{25 - x^2}$ próximo a 3.
(b) Ilustre a parte (a) fazendo o gráfico de f e da aproximação linear.
(c) Para quais valores de x a aproximação linear tem precisão de 0,1?

107. (a) Encontre a linearização de $f(x) = \sqrt[3]{1+3x}$ em $a = 0$. Determine a aproximação linear correspondente e use-a para dar um valor aproximado de $\sqrt[3]{1,03}$.
(b) Determine os valores de x para os quais a aproximação linear dada na parte (a) tem precisão de 0,1.

108. Calcule dy se $y = x^3 - 2x^2 + 1$, $x = 2$ e $dx = 0,2$.

109. Uma janela tem o formato de um quadrado com um semicírculo em cima. A base da janela é medida como tendo 60 cm de largura com um possível erro de medição de 0,1 cm. Use diferenciais para estimar o erro máximo possível no cálculo da área da janela.

110-112 Expresse o limite como uma derivada e calcule-o.

110. $\lim\limits_{x \to 1} \dfrac{x^{17} - 1}{x - 1}$

111. $\lim\limits_{h \to 0} \dfrac{\sqrt[4]{16 + h} - 2}{h}$

112. $\lim\limits_{\theta \to \pi/3} \dfrac{\cos\theta - 0,5}{\theta - \pi/3}$

113. Calcule $\lim\limits_{x \to 0} \dfrac{\sqrt{1 + \operatorname{tg} x} - \sqrt{1 + \operatorname{sen} x}}{x^3}$.

114. Suponha que f seja uma função derivável tal que $f(g(x)) = x$ e $f'(x) = 1 + [f(x)]^2$. Mostre que $g'(x) = 1/(1 + x^2)$.

115. Encontre $f'(x)$ sabendo-se que

$$\frac{d}{dx}[f(2x)] = x^2$$

116. Mostre que o comprimento da parte de qualquer reta tangente à astroide $x^{2/3} + y^{2/3} = a^{2/3}$ cortada pelos eixos coordenados é constante.

Problemas Quentes

Tente resolver por conta própria os exemplos a seguir, antes de ler as soluções.

EXEMPLO 1 Quantas retas são tangentes a ambas as parábolas $y = -1 - x^2$ e $y = 1 + x^2$? Encontre as coordenadas dos pontos nos quais essas tangentes tocam as parábolas.

SOLUÇÃO É essencial fazer o diagrama para este problema. Assim, esboçamos as parábolas $y = 1 + x^2$ (que é a parábola padrão $y = x^2$ deslocada uma unidade para cima) e $y = -1 - x^2$ (obtida refletindo-se a primeira parábola em torno do eixo x). Se tentarmos traçar uma reta tangente a ambas as parábolas, logo descobriremos que existem somente duas possibilidades, conforme ilustrado na Figura 1.

Seja P um ponto no qual uma dessas tangentes toca a parábola superior, e seja a sua coordenada x. (A escolha de notação para a incógnita é importante. Naturalmente, poderíamos ter usado b, c, x_0 ou x_1 em vez de a. Contudo, não é aconselhável usar x no lugar de a porque esse x poderia ser confundido com a variável x na equação da parábola.) Então, uma vez que P se encontra na parábola $y = 1 + x^2$, sua coordenada y deve ser $1 + a^2$. Em virtude da simetria mostrada na Figura 1, as coordenadas do ponto Q, onde a tangente toca a parábola de baixo, devem ser $(-a, -(1 + a^2))$.

Para usar a informação dada de que a reta é uma tangente, equacionamos a inclinação da reta PQ como a inclinação da reta tangente em P. Temos

$$m_{PQ} = \frac{1 + a^2 - (-1 - a^2)}{a - (-a)} = \frac{1 + a^2}{a}$$

Se $f(x) = 1 + x^2$, então a inclinação da reta tangente em P é $f'(a) = 2a$. Dessa forma, a condição que precisamos usar é

$$\frac{1 + a^2}{a} = 2a$$

Resolvendo essa equação, obtemos $1 + a^2 = 2a^2$, logo, $a^2 = 1$ e $a = \pm 1$. Portanto, os pontos são $(1, 2)$ e $(-1, -2)$. Por simetria, os pontos remanescentes são $(-1, 2)$ e $(1, -2)$. ∎

EXEMPLO 2 Para que valores de c a equação $\ln x = cx^2$ tem exatamente uma solução?

SOLUÇÃO Um dos princípios mais importantes da resolução do problema é fazer um diagrama, mesmo que o problema como descrito não mencione explicitamente uma situação geométrica. Nosso presente problema pode ser reformulado geometricamente da seguinte forma: para quais valores de c a curva $y = \ln x$ intersecta a curva $y = cx^2$ em exatamente um ponto?

Vamos começar traçando o gráfico de $y = \ln x$ e de $y = cx^2$ para os vários valores de c. Sabemos que, para $c \neq 0$, $y = cx^2$ é uma parábola que se abre para cima, se $c > 0$, e para baixo, se $c < 0$. A Figura 2 mostra as parábolas $y = cx^2$ para diversos valores positivos de c. A maioria delas não intersecta $y = \ln x$ e uma intersecta duas vezes. Suspeitamos que deve haver um valor de c (em algum lugar entre 0,1 e 0,3) para o qual as curvas se interceptam exatamente uma vez, como na Figura 3.

Para encontrar aquele valor particular de c, seja a coordenada x do único ponto de intersecção. Em outras palavras, $\ln a = ca^2$, e a é a única solução para a equação dada. Vemos, a partir da Figura 3, que as curvas somente se tocam; portanto, têm uma reta tangente comum quando $x = a$. Isso significa que as curvas $y = \ln x$ e $y = cx^2$ têm a mesma inclinação quando $x = a$. Logo

$$\frac{1}{a} = 2ca$$

FIGURA 1

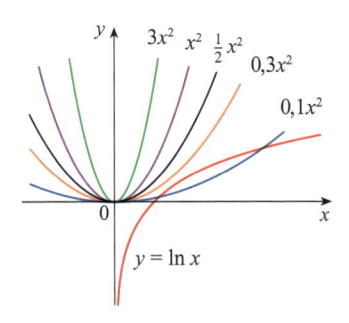

FIGURA 2

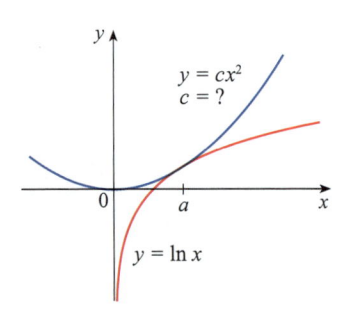

FIGURA 3

Resolvendo as equações $\ln a = ca^2$ e $1/a = 2ca$, obtemos

$$\ln a = ca^2 = c \cdot \frac{1}{2c} = \frac{1}{2}$$

Assim, $a = e^{1/2}$ e

$$c = \frac{\ln a}{a^2} = \frac{\ln e^{1/2}}{e} = \frac{1}{2e}$$

Para valores negativos de c temos a situação ilustrada na Figura 4: todas as parábolas $y = cx^2$ com valores negativos de c intersectam $y = \ln x$ exatamente uma única vez. E não esqueçamos de $c = 0$: a curva $y = 0x^2 = 0$ é apenas o eixo x, que intersecta $y = \ln x$ exatamente uma única vez.

Resumindo, os valores pedidos de c são $c = 1/(2e)$ e $c \leq 0$.

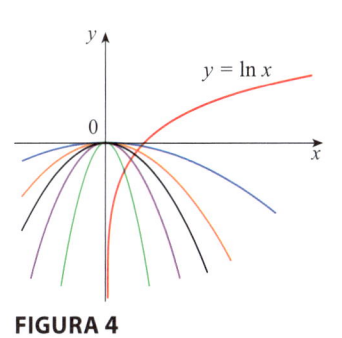

FIGURA 4

PROBLEMAS

1. Encontre os pontos P e Q sobre a parábola $y = 1 - x^2$ de forma que o triângulo ABC formado pelo eixo x e pelas retas tangentes em P e Q seja equilátero (veja a figura).

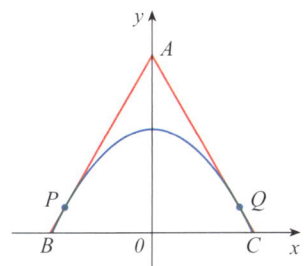

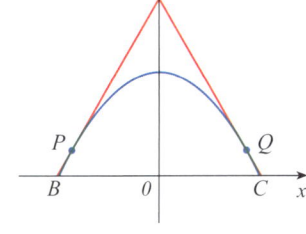

2. Encontre o ponto onde as curvas $y = x^3 - 3x + 4$ e $y = 3(x^2 - x)$ são tangentes uma à outra, isto é, têm uma reta tangente comum. Ilustre esboçando as curvas e a tangente em comum.

3. Mostre que as retas tangentes à parábola $y = ax^2 + bx + c$ em quaisquer dois pontos com coordenadas x dadas por p e q devem se interceptar em um ponto cuja coordenada x está no ponto médio de p e q.

4. Mostre que $\dfrac{d}{dx}\left(\dfrac{\text{sen}^2 x}{1 + \text{cotg } x} + \dfrac{\cos^2 x}{1 + \text{tg } x}\right) = -\cos 2x$.

5. Se $f(x) = \lim\limits_{t \to x} \dfrac{\sec t - \sec x}{t - x}$, encontre o valor de $f'(\pi/4)$.

6. Encontre os valores das constantes a e b tais que

$$\lim_{x \to 0} \frac{\sqrt[3]{ax + b} - 2}{x} = \frac{5}{12}$$

7. Mostre que $\text{sen}^{-1}(\text{tgh } x) = \text{tg}^{-1}(\text{senh } x)$.

8. Um carro viaja à noite em uma estrada com formato de uma parábola com seu vértice na origem. (Veja a figura.) O carro começa em um ponto a 100 m a oeste e 100 m ao norte da origem e viaja na direção leste. A 100 m a leste e a 50 m ao norte da origem existe uma estátua. Em que ponto da estrada os faróis do carro vão iluminar a estátua?

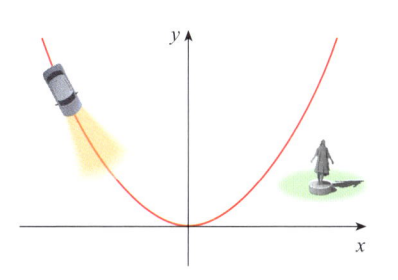

FIGURA PARA O PROBLEMA 8

9. Demonstre que $\dfrac{d^n}{dx^n}(\text{sen}^4 x + \cos^4 x) = 4^{n-1} \cos(4x + n\pi/2)$.

10. Se f for derivável em a, onde $a > 0$, calcule o seguinte limite em termos de $f'(a)$:

$$\lim_{x \to a} \frac{f(x) - f(a)}{\sqrt{x} - \sqrt{a}}$$

11. A figura mostra um círculo de raio 1 inscrito na parábola $y = x^2$. Encontre o centro do círculo.

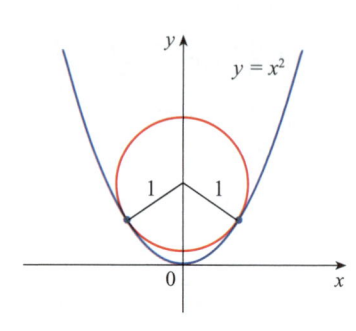

12. Encontre todos os valores de c tais que as parábolas $y = 4x^2$ e $x = c + 2y^2$ se interceptem em ângulos retos.

13. Quantas retas são tangentes a ambos os círculos $x^2 + y^2 = 4$ e $x^2 + (y-3)^2 = 1$? Em quais pontos essas retas tocam os círculos?

14. Se $f(x) = \dfrac{x^{46} + x^{45} + 2}{1 + x}$, calcule $f^{(46)}(3)$. Expresse sua resposta usando a notação fatorial:
$$n! = 1 \cdot 2 \cdot 3 \cdot \cdots \cdot (n-1) \cdot n.$$

15. A figura mostra uma roda em rotação com raio de 40 cm e uma barra de conexão AP com comprimento de 1,2 m. O pino P desliza para a frente e para trás no eixo x à medida que a roda gira em sentido anti-horário a uma taxa de 360 revoluções por minuto.
  (a) Encontre a velocidade angular da barra de conexão, $d\alpha/dt$, em radianos por segundo, quando $\theta = \pi/3$.
  (b) Expresse a distância $x = |OP|$ em termos de θ.
  (c) Encontre uma expressão para a velocidade do pino P em termos de θ.

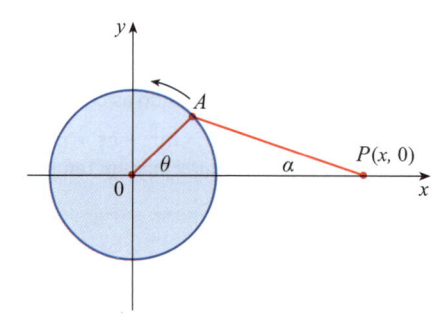

16. As retas tangentes T_1 e T_2 são traçadas em dois pontos P_1 e P_2 na parábola $y = x^2$ e se intersectam num ponto P. Outra reta tangente T é traçada num ponto entre P_1 e P_2; ela intersecta T_1 em Q_1 e T_2 em Q_2. Mostre que
$$\frac{|PQ_1|}{|PP_1|} + \frac{|PQ_2|}{|PP_2|} = 1$$

17. Mostre que
$$\frac{d^n}{dx^n}(e^{ax} \operatorname{sen} bx) = r^n e^{ax} \operatorname{sen}(bx + n\theta)$$
onde a e b são números positivos, $r^2 = a^2 + b^2$ e $\theta = \operatorname{tg}^{-1}(b/a)$.

18. Avalie $\lim\limits_{x \to \pi} \dfrac{e^{\operatorname{sen} x} - 1}{x - \pi}$.

19. Sejam T e N as retas tangente e normal à elipse $x^2/9 + y^2/4 = 1$ em um ponto qualquer P sobre a elipse no primeiro quadrante. Sejam x_T e y_T as intersecções com os eixos x e y de T e sejam x_N e y_N as intersecções de N. À medida que P se movimenta pela elipse no primeiro quadrante (mas não nos eixos), que valores x_T, y_T, x_N e y_N podem assumir? Tente primeiro conjecturar a resposta somente olhando na figura. Então, use o cálculo para resolver o problema e veja quão boa está sua intuição.

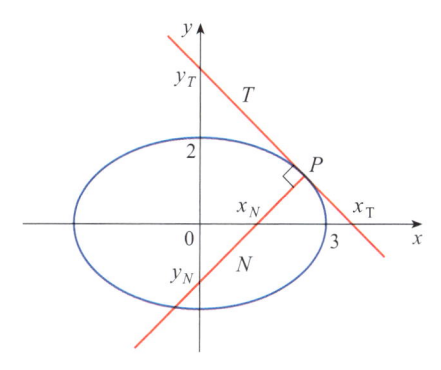

20. Calcule $\lim\limits_{x \to 0} \dfrac{\text{sen}(3+x)^2 - \text{sen } 9}{x}$.

21. (a) Use a identidade para tg$(x - y)$ (veja a Equação 15b do Apêndice D) para mostrar que, se duas retas L_1 e L_2 se intersectam com um ângulo α, então

$$\text{tg}\,\alpha = \dfrac{m_2 - m_1}{1 + m_1 m_2}$$

onde m_1 e m_2 são as inclinações de L_1 e L_2, respectivamente.

(b) O **ângulo entre as curvas** C_1 e C_2 em um ponto de intersecção P é definido como o ângulo entre as retas tangentes para C_1 e C_2 em P (se essas retas tangentes existirem). Use a parte (a) para encontrar, com precisão de um grau, o ângulo entre cada par de curvas em cada ponto de intersecção.
  (i) $y = x^2$ e $y = (x - 2)^2$
  (ii) $x^2 - y^2 = 3$ e $x^2 - 4x + y^2 + 3 = 0$

22. Seja $P(x_1, y_1)$ um ponto sobre a parábola $y^2 = 4px$ com foco $F(p, 0)$. Seja α o ângulo entre a parábola e o segmento de reta FP e seja β ângulo entre a reta horizontal $y = y_1$ e a parábola, como na figura. Demonstre que $\alpha = \beta$. (Logo, por um princípio da óptica geométrica, a luz de uma fonte colocada em F será refletida ao longo de uma reta paralela ao eixo x. Isso explica por que os *paraboloides*, superfícies obtidas por rotações de parábolas sobre seus eixos, são usados como forma de alguns faróis de automóveis e espelhos para os telescópios.)

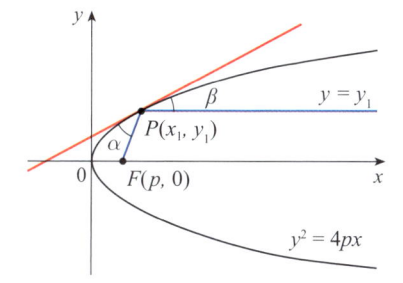

23. Suponhamos que o espelho parabólico do Problema 22 tenha sido substituído por um esférico. Embora o espelho não tenha foco, podemos mostrar a existência de um foco *aproximado*. Na figura, C é um semicírculo com o centro O. O raio de luz vindo na direção do espelho, paralelo ao eixo, ao longo da reta PQ será refletido para o ponto R sobre o eixo, de modo que $\angle PQO = \angle OQR$ (o ângulo de incidência é igual ao ângulo de reflexão). O que acontecerá ao ponto R à medida que P ficar cada vez mais próximo do eixo?

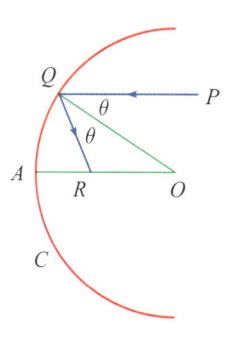

FIGURA PARA O PROBLEMA 23

24. Se f e g forem funções diferenciáveis $f(0) = g(0) = 0$ e $g'(0) \neq 0$, mostre que

$$\lim_{x \to 0} \dfrac{f(x)}{g(x)} = \dfrac{f'(0)}{g'(0)}$$

25. Calcule $\lim\limits_{x \to 0} \dfrac{\text{sen}(a + 2x) - 2\,\text{sen}(a + x) + \text{sen } a}{x^2}$.

253

26. (a) A função cúbica $f(x) = x(x-2)(x-6)$ tem três zeros distintos: 0, 2 e 6. Trace o gráfico de f e de suas retas tangentes nos pontos *médios* de cada par de zeros. O que você percebe?
    (b) Suponha que a função cúbica $f(x) = (x-a)(x-b)(x-c)$ tenha três zeros distintos: a, b e c. Demonstre, usando um sistema de computação algébrica, que a reta tangente ao gráfico de f no ponto médio dos dois zeros a e b intercepta o gráfico de f no terceiro zero.

27. Para que valor de k a equação $e^{2x} = k\sqrt{x}$ tem exatamente uma solução?

28. Para que números positivos a é verdadeiro que $a^x \geq 1 + x$ para todo x?

29. Se
$$y = \frac{x}{\sqrt{a^2-1}} - \frac{2}{\sqrt{a^2-1}} \operatorname{arctg} \frac{\operatorname{sen} x}{a + \sqrt{a^2-1} + \cos x}$$
mostre que $y' = \dfrac{1}{a + \cos x}$.

30. Dada uma elipse $x^2/a^2 + y^2/b^2 = 1$, em que $a \neq b$, encontre a equação do conjunto de todos os pontos para os quais existem duas tangentes à curva cujas inclinações são (a) recíprocas e (b) recíprocas negativas.

31. Encontre os dois pontos sobre a curva $y = x^4 - 2x^2 - x$ que têm uma reta tangente comum.

32. Suponha que três pontos sobre a parábola $y = x^2$ tenham a propriedade que suas retas normais se intersectem num ponto em comum. Mostre que a soma de suas coordenadas x é 0.

33. Um *ponto de rede* no plano é um ponto com coordenadas inteiras. Suponha que círculos com raio r sejam feitos usando-se todos os pontos de rede como centros. Encontre o menor valor de r para o qual toda reta com inclinação $\frac{2}{5}$ intercepta algum desses círculos.

34. Um cone de raio r centímetros e altura h centímetros é submerso a uma taxa de 1 cm/s, primeiro a ponta, em um cilindro alto, com raio R cm, parcialmente cheio de água. Quão rápido se elevará o nível de água no momento em que o cone fica completamente submerso?

35. Um recipiente com a forma de um cone invertido tem 16 cm de altura e 5 cm de raio no topo. Ele está parcialmente cheio com um líquido que vaza pelos lados a uma taxa proporcional à área do recipiente que está em contato com o líquido. (A área da superfície de um cone é $\pi r l$, onde r é o raio e l é o comprimento da geratriz.) Se despejarmos o líquido no recipiente numa taxa de 2 cm³/min, a altura do líquido decrescerá a uma taxa de 0,3 cm/min quando a altura for 10 cm. Se nosso objetivo é manter o líquido à altura constante de 10 cm, a que taxa devemos despejar o líquido no recipiente?

O grande matemático Leonard Euler disse "... nada ocorre no universo sem envolver alguma lei associada a um máximo ou mínimo". No exercício 4.7.53, você usará cálculo para mostrar que as abelhas constroem os alvéolos de sua colmeia com um formato que minimiza a área de sua superfície.

Kostiantyn Kravchenko / Shutterstock.com

4 Aplicações da Derivação

JÁ ESTUDAMOS ALGUMAS das aplicações das derivadas; agora, porém, com o auxílio das regras de derivação, estamos em posição de estudar as aplicações da derivação em maior profundidade. Aprenderemos o que as derivadas nos dizem a respeito do formato do gráfico de uma função e, em particular, como nos ajudam a localizar os valores máximos e mínimos de funções. Muitos problemas práticos requerem minimizar um custo ou maximizar uma área, ou, de alguma forma, encontrar a melhor saída de uma situação. Em particular, poderemos pesquisar a melhor forma de uma lata e explicar a localização de um arco-íris no céu.

4.1 Valores Máximo e Mínimo

Algumas das aplicações mais importantes do cálculo diferencial são os *problemas de otimização*, em que devemos encontrar a maneira ótima (melhor maneira) de fazer alguma coisa. A seguir, listamos alguns dos problemas de otimização que resolveremos neste capítulo:

- Qual é a forma de uma lata que minimiza o custo de manufatura?
- Qual é a aceleração máxima de um veículo espacial? (Esta é uma questão importante para os astronautas que têm de suportar os efeitos da aceleração.)
- Qual o raio de uma traqueia contraída que expele mais rapidamente o ar durante uma tosse?
- Sob que ângulo os vasos sanguíneos devem se ramificar de forma que minimizem a energia despendida pelo coração no bombeamento do sangue?

Esses problemas podem ser reduzidos a encontrar os valores máximo ou mínimo de uma função. Vamos primeiro explicar exatamente o que queremos dizer por valores máximo e mínimo.

■ Extremos locais e absolutos

Vemos que o ponto mais alto no gráfico da função f mostrado na Figura 1 é o ponto $(3, 5)$. Em outras palavras, o maior valor de f é $f(3) = 5$. Da mesma forma, o menor valor é $f(6) = 2$. Dizemos que $f(3) = 5$ é o máximo *absoluto* de f e $f(6) = 2$ é o *mínimo absoluto*. Em geral, usamos a seguinte definição.

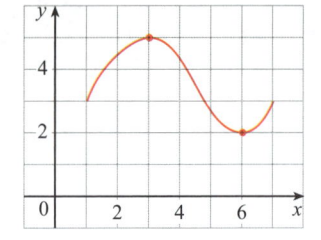

FIGURA 1

> **1 Definição** Seja c um número no domínio D de uma função f. Então $f(c)$ é o
> - valor **máximo absoluto** de f em D se $f(c) \geq f(x)$ para todo x em D.
> - valor **mínimo absoluto** de f em D se $f(c) \leq f(x)$ para todo x em D.

Um máximo ou mínimo absoluto às vezes é chamado de máximo ou mínimo **global**. Os valores máximos e mínimos de f são chamados de **valores extremos** de f.

A Figura 2 mostra um gráfico de uma função f com máximo absoluto em d e mínimo absoluto em a. Observe que $(d, f(d))$ é o ponto mais alto no gráfico e $(a, f(a))$ é o menor ponto. Na Figura 2, se considerarmos apenas os valores de x próximos b [por exemplo, se restringirmos y nossa atenção ao intervalo (a, c)], então $f(b)$ é o maior destes valores de $f(x)$ e é chamado de *valor máximo local de f*. Da mesma forma, $f(c)$ é chamado de *valor mínimo local de f*, pois $f(c) \leq f(x)$ para x próximo de c [no intervalo (b, d), por exemplo]. A função f também tem um mínimo local em e. Em geral, temos a seguinte definição.

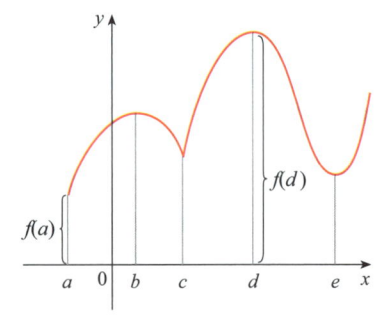

FIGURA 2
Abs mín $f(a)$, abs máx $f(d)$,
loc mín $f(c)$, $f(e)$, loc máx $f(b)$ $f(d)$

> **2 Definição** O número $f(c)$ é um
> - valor **máximo local** de f se $f(c) \geq f(x)$ quando x está próximo de c.
> - valor **mínimo local** de f se $f(c) \leq f(x)$ quando x está próximo de c.

Na Definição 2 (e em outras situações), se dissermos que algo é verdadeiro **próximo** a c, queremos dizer que é verdadeiro em algum intervalo aberto contendo c. (Assim, um máximo ou mínimo local não pode ocorrer no extremo de um intervalo.) Por exemplo, na Figura 3 vemos que $f(4) = 5$ é um valor mínimo local, pois é o menor valor de f no intervalo I. Não é o mínimo absoluto porque $f(x)$ tem valores menores quando x está próximo de 12 (no intervalo K, por exemplo). Na verdade, $f(12) = 3$ é tanto um mínimo local quanto o mínimo absoluto. De forma análoga, $f(8) = 7$ é o máximo local, mas não é o máximo absoluto porque f tem valores maiores perto de 1.

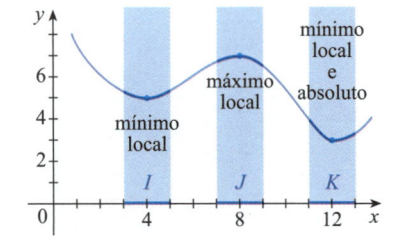

FIGURA 3

EXEMPLO 1 O gráfico da função

$$f(x) = 3x^4 - 16x^3 + 18x^2 \qquad -1 \leq x \leq 4$$

é mostrado na Figura 4. Observe que $f(1) = 5$ é um máximo local, enquanto o máximo absoluto é $f(-1) = 37$. (Esse máximo absoluto não é um máximo local porque ocorre em um extremo do intervalo.) Além disso, $f(0) = 0$ é um mínimo local e $f(3) = -27$ é, ao mesmo tempo, mínimo local e absoluto. Observe que f não tem um máximo local e tampouco um máximo absoluto em $x = 4$.

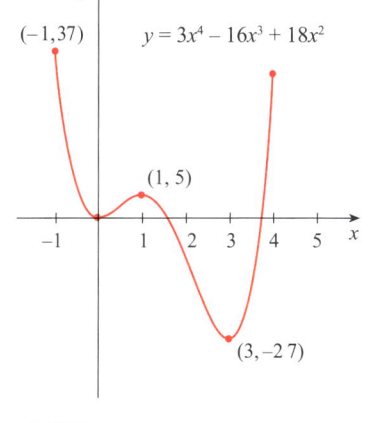

EXEMPLO 2 A função $f(x) = \cos x$ assume seu valor máximo (local e absoluto) 1 infinitas vezes, uma vez que $\cos 2n\pi = 1$ para todo inteiro n e $-1 \leq \cos x \leq 1$ para todo x. (Veja a Figura 5.) Da mesma forma, $\cos(2n + 1)\pi = -1$ é seu valor mínimo, onde n é qualquer número inteiro.

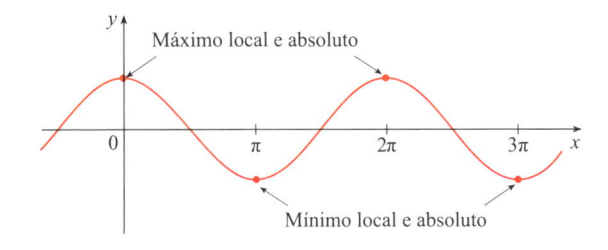

FIGURA 4

FIGURA 5
$y = \cos x$

EXEMPLO 3 Se $f(x) = x^2$, então, $f(x) \geq f(0)$, pois $x^2 \geq 0$ para todo x. Consequentemente, $f(0) = 0$ é o valor mínimo absoluto (e local) de f. Isso corresponde ao fato de que a origem é o menor ponto na parábola $y = x^2$. (Veja a Figura 6.) Porém, não há um ponto mais alto sobre a parábola e, dessa forma, a função não tem um valor máximo.

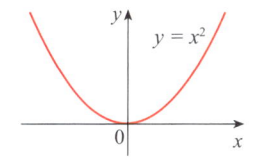

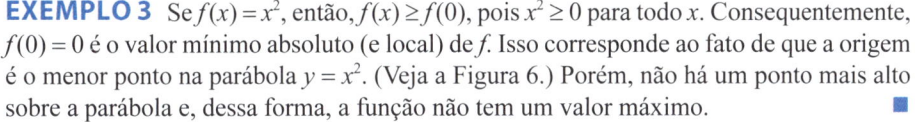

FIGURA 6
Valor mínimo 0, nenhum máximo

EXEMPLO 4 Do gráfico da função $f(x) = x^3$, mostrado na Figura 7, vemos que essa função não tem um valor máximo absoluto, nem um valor mínimo absoluto. De fato, ela também não tem nenhum valor extremo local.

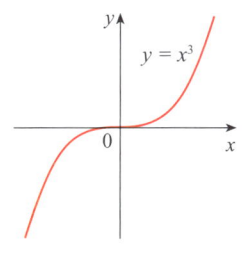

Vimos que algumas funções têm valores extremos, enquanto outras não têm. O teorema a seguir dá condições para garantir que uma função tenha valores extremos.

FIGURA 7
Nenhum mínimo, nenhum máximo

> **3 O Teorema do Valor Extremo** Se f for contínua em um intervalo fechado $[a, b]$, então f assume um valor máximo absoluto $f(c)$ e um valor mínimo absoluto $f(d)$ em certos números c e d em $[a, b]$.

O Teorema do Valor Extremo está ilustrado na Figura 8. Observe que um valor extremo pode ser assumido mais de uma vez. Embora o Teorema do Valor Extremo seja intuitivamente muito plausível, ele é difícil de ser demonstrado e, assim, omitimos sua demonstração.

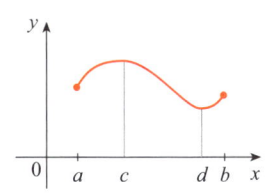

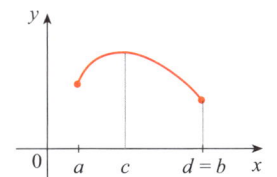

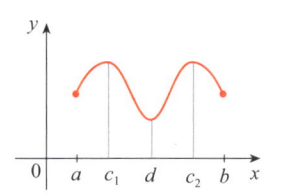

FIGURA 8
Funções contínuas em um intervalo fechado sempre atingem valores extremos.

As Figuras 9 e 10 mostram que uma função pode não possuir valores extremos se for omitida uma das duas hipóteses (continuidade ou intervalo fechado) do Teorema do Valor Extremo.

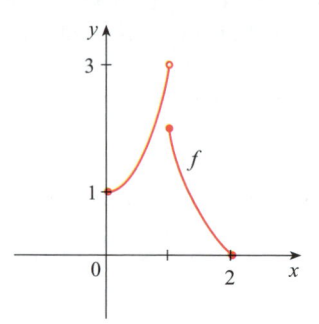

FIGURA 9
Esta função tem valor mínimo $f(2) = 0$, mas nenhum valor máximo.

FIGURA 10
Essa função contínua g não tem valor mínimo nem máximo.

A função f, cujo gráfico está mostrado na Figura 9, está definida no intervalo fechado [0, 2], mas não tem valor máximo. (Observe que a imagem de f é [0, 3). Essa função assume valores arbitrariamente próximos de 3, mas nunca atinge o valor 3. Isso não contradiz o Teorema de Valores Extremos, pois f não é contínua. [Não obstante, uma função descontínua *pode* ter valores máximo e mínimo. Veja o Exercício 13(b).]

A função g da Figura 10 é contínua no intervalo aberto (0, 2), mas não tem nem valor máximo nem mínimo. [A imagem de g é $(1, \infty)$. Essa função assume valores arbitrariamente grandes.] Isso não contradiz o Teorema de Valores Extremos, pois o intervalo (0, 2) não é fechado.

■ Números Críticos e o Método do Intervalo Fechado

O Teorema do Valor Extremo afirma que uma função contínua em um intervalo fechado tem um valor máximo e um mínimo; contudo, não diz como encontrar esses valores extremos. Observe na Figura 8 que os valores máximo e mínimo absolutos que estão *entre a* e *b* ocorrem em valores máximos e mínimos locais, de modo que começamos procurando os valores extremos locais.

A Figura 11 mostra o gráfico de uma função f com máximo local em c e mínimo local em d. Parece que nos pontos de máximo e de mínimo as retas tangentes são horizontais e, portanto, cada uma tem inclinação 0. Sabemos que a derivada é a inclinação da reta tangente; assim, parece que $f'(c) = 0$ e $f'(d) = 0$. O teorema a seguir afirma que isso é sempre verdadeiro para as funções diferenciáveis.

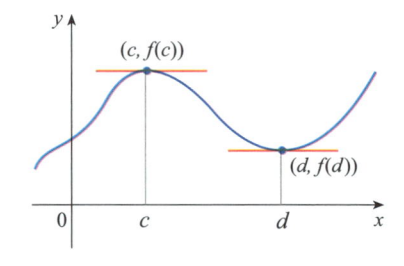

FIGURA 11

> **4 Teorema de Fermat** Se f tiver um máximo ou mínimo local em c e se $f'(c)$ existir, então $f'(c) = 0$.

DEMONSTRAÇÃO Suponha, para fixar ideias, que f tenha um máximo local em c. Então, de acordo com a Definição 2, $f(c) \geq f(x)$ se x for suficientemente próximo de c. Isso implica que, se h for suficientemente próximo de 0, com h sendo positivo ou negativo, então

$$f(c) \geq f(c + h)$$

e, portanto,

5 $$f(c + h) - f(c) \leq 0$$

Podemos dividir ambos os lados de uma desigualdade por um número positivo. Assim, se $h > 0$ e h for suficientemente pequeno, temos

$$\frac{f(c+h) - f(c)}{h} \leq 0$$

Tomando o limite à direita de ambos os lados dessa desigualdade (usando o Teorema 2.3.2), obtemos

$$\lim_{h \to 0^+} \frac{f(c+h) - f(c)}{h} \leq \lim_{h \to 0^+} 0 = 0$$

Mas, uma vez que $f'(c)$ existe, temos

$$f'(c) = \lim_{h \to 0} \frac{f(c+h) - f(c)}{h} = \lim_{h \to 0^+} \frac{f(c+h) - f(c)}{h}$$

e assim mostramos que $f'(c) \leq 0$.

Se $h < 0$, então o sentido da desigualdade (5) é invertido quando dividimos por h:

$$\frac{f(c+h) - f(c)}{h} \geq 0$$

Logo, tomando o limite à esquerda, temos

$$f'(c) = \lim_{h \to 0} \frac{f(c+h) - f(c)}{h} = \lim_{h \to 0^-} \frac{f(c+h) - f(c)}{h} \geq 0$$

Mostramos que $f'(c) \geq 0$ e também que $f'(c) \leq 0$. Uma vez que ambas as desigualdades devem ser verdadeiras, a única possibilidade é que $f'(c) = 0$.

Demonstramos o Teorema de Fermat para o caso de um máximo local. O caso de mínimo local pode ser demonstrado de forma análoga, ou veja o Exercício 81 para um método alternativo. ■

> **Fermat**
> O Teorema de Fermat é assim designado em homenagem a Pierre Fermat (1601-1665), um advogado francês que tinha por passatempo favorito a matemática. Apesar de seu amadorismo, Fermat foi, com Descartes, um dos inventores da geometria analítica. Seus métodos para encontrar as tangentes para as curvas e os valores máximo e mínimo (antes da invenção de limites e derivadas) fazem dele um precursor de Newton na criação do cálculo diferencial.

Os seguintes exemplos nos previnem sobre não esperar demais do Teorema de Fermat: não podemos esperar ter localizado os valores extremos simplesmente considerando $f'(x) = 0$ e isolando x.

EXEMPLO 5 Se $f(x) = x^3$, então $f'(x) = 3x^2$, logo, $f'(0) = 0$. Porém, f não tem máximo nem mínimo em 0, como podemos ver em seu gráfico na Figura 12. (Ou observe que $x^3 > 0$ para $x > 0$, mas $x^3 < 0$ para $x < 0$.) O fato é que $f'(0) = 0$ simplesmente significa que a curva $y = x^3$ tem uma tangente horizontal em $(0, 0)$. Em vez de ter máximo ou mínimo em $(0, 0)$, a curva cruza sua tangente horizontal aí. ■

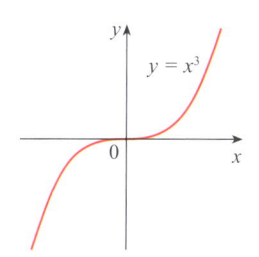

FIGURA 12
Se $f(x) = x^3$, então $f'(0) = 0$, mas f não tem mínimo ou máximo.

EXEMPLO 6 A função $f(x) = |x|$ tem seu valor mínimo (local e absoluto) em 0, mas o valor não pode ser encontrado por considerar $f'(x) = 0$ porque, como mostrado no Exemplo 2.8.5, $f'(0)$ não existe. (Veja a Figura 13.) ■

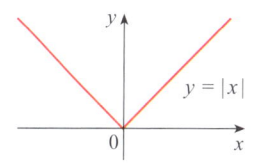

FIGURA 13
Se $f(x) = |x|$, então $f(0) = 0$ é um valor mínimo, mas $f'(0)$ não existe.

ATENÇÃO Os Exemplos 5 e 6 mostram que devemos ser muito cuidadosos ao usar o Teorema de Fermat. O Exemplo 5 demonstra que, mesmo quando $f'(c) = 0$, não é necessário existir um mínimo ou máximo c. (Em outras palavras, a recíproca do Teorema de Fermat é falsa, em geral.) Além disso, pode existir um valor extremo mesmo quando $f'(c)$ não existir (como no Exemplo 6).

O Teorema de Fermat sugere que devemos pelo menos *começar* procurando por valores extremos de f nos números c onde $f'(c) = 0$ ou onde $f'(c)$ não existe. Esses números têm um nome especial.

6 Definição Um **número crítico** de uma função f é um número c no domínio de f tal que ou $f'(c) = 0$ ou $f'(c)$ não existe.

EXEMPLO 7 Encontre os números críticos de (a) $f(x) = x^3 - 3x^2 + 1$ e (b) $f(x) = x^{3/5}(4 - x)$.

SOLUÇÃO (a) A derivada de f é $f'(x) = 3x^2 - 6x = 3x(x - 2)$. Uma vez que $f'(x)$ está definida para todo x, f só possui números críticos quando $f'(x) = 0$, ou seja, quando $x = 0$ ou $x = 2$.

(b) Em primeiro lugar, observe que o domínio de f é $\mathbb{R}$. A Regra do Produto fornece

$$f'(x) = x^{3/5}(-1) + (4-x)\left(\tfrac{3}{5}x^{-2/5}\right) = -x^{3/5} + \frac{3(4-x)}{5x^{2/5}}$$

$$= \frac{-5 + 3(4-x)}{5x^{2/5}} = \frac{12 - 8x}{5x^{2/5}}$$

[O mesmo resultado pode ser obtido, escrevendo-se primeiramente $f(x) = 4x^{3/5} - x^{8/5}$.] Portanto, $f'(x) = 0$ se $12 - 8x = 0$, ou seja, $x = \tfrac{3}{2}$, e $f'(x)$ não existe quando $x = 0$. Assim, os números críticos são $\tfrac{3}{2}$ e 0. ∎

A Figura 14 mostra um gráfico de uma função f do Exemplo 7(b). Ele confirma nossa resposta, pois há uma tangente horizontal quando $x = 1,5$ [onde $f'(x) = 0$] e uma tangente vertical quando $x = 0$ [onde $f'(x)$ não é definida].

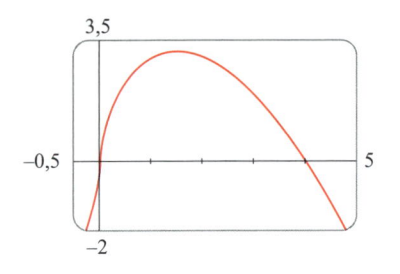

FIGURA 14

Em termos de números críticos, o Teorema de Fermat pode ser reescrito como a seguir (compare a Definição 6 com o Teorema 4):

7 Se f tiver um máximo ou mínimo local em c, então c é um número crítico de f.

Para encontrarmos um máximo ou um mínimo absoluto de uma função contínua em um intervalo fechado, observamos que ele é local [nesse caso ocorre em um número crítico, por (7)], ou acontece em uma extremidade do intervalo, como vemos dos exemplos na Figura 8. Assim, o seguinte procedimento de três etapas sempre funciona.

O Método do Intervalo Fechado Para encontrar os valores máximo e mínimo *absolutos* de uma função contínua f em um intervalo fechado $[a, b]$:

1. Encontre os valores de f nos números críticos de f em (a, b).
2. Encontre os valores de f nas extremidades do intervalo.
3. O maior valor entre as etapas 1 e 2 é o valor máximo absoluto, ao passo que o menor desses valores é o valor mínimo absoluto.

EXEMPLO 8 Encontre os valores máximo e mínimo absolutos da função

$$f(x) = x^3 - 3x^2 + 1 \qquad -\tfrac{1}{2} \leq x \leq 4$$

SOLUÇÃO Uma vez que f é contínua em $\left[-\tfrac{1}{2}, 4\right]$, podemos usar o Método do Intervalo Fechado.

No Exemplo 7(a), encontramos os números críticos $x = 0$ e $x = 2$. Observe que esses dois números críticos pertencem ao intervalo $\left(-\tfrac{1}{2}, 4\right)$. Os valores de f nesses números críticos são

$$f(0) = 1 \qquad f(2) = -3$$

Os valores de f nas extremidades do intervalo são

$$f\left(-\tfrac{1}{2}\right) = \tfrac{1}{8} \qquad f(4) = 17$$

APLICAÇÕES DA DERIVAÇÃO   261

Comparando esses quatro números, vemos que o valor máximo absoluto é $f(4) = 17$ e o valor mínimo absoluto, $f(2) = -3$.

Neste exemplo o máximo absoluto ocorre em uma extremidade, enquanto o mínimo absoluto acontece em um número crítico. O gráfico de f está esboçado na Figura 15. ∎

Se você tiver uma calculadora gráfica ou um computador com *software* gráfico, poderá estimar facilmente os valores máximo e mínimo. Mas, como mostra o próximo exemplo, o cálculo é necessário para encontrar valores *exatos*.

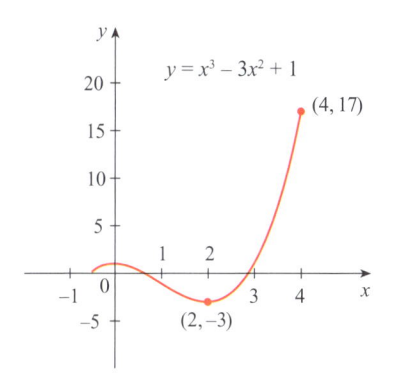

FIGURA 15

EXEMPLO 9

(a) Use uma calculadora ou um computador para estimar os valores máximo e mínimo absolutos da função $f(x) = x - 2\,\text{sen}\,x$, $0 \le x \le 2\pi$.

(b) Utilize o cálculo para encontrar os valores máximo e mínimo exatos.

SOLUÇÃO

(a) A Figura 16 mostra o gráfico de f na janela retangular $[0, 2\pi]$ por $[-1, 8]$. O valor máximo absoluto é aproximadamente igual a 6,97 e ocorre quando $x \approx 5{,}24$. De forma análoga, o valor mínimo absoluto corresponde a aproximadamente $-0{,}68$ e ocorre quando $x \approx 1{,}05$. Embora seja possível obter valores numéricos aproximados com maior precisão, a obtenção dos valores exatos exige o uso do cálculo.

(b) A função $f(x) = x - 2\,\text{sen}\,x$ é contínua em $[0, 2\pi]$. Uma vez que $f'(x) = 1 - 2\cos x$, temos $f'(x) = 0$ quando $\cos x = \frac{1}{2}$, e isso ocorre quando $x = \pi/3$ ou $5\pi/3$. Os valores de f nesses números críticos são

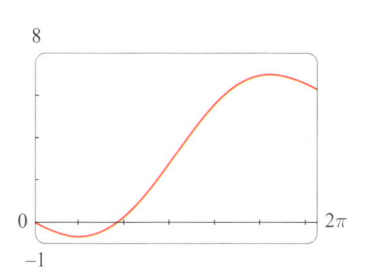

FIGURA 16

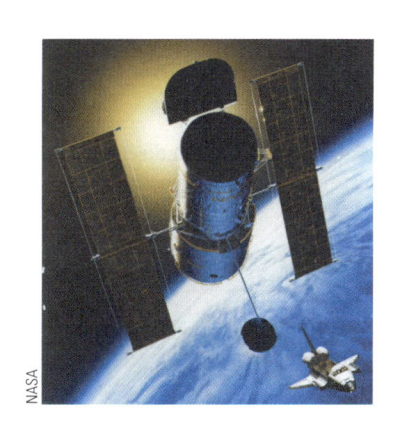

$$f(\pi/3) = \frac{\pi}{3} - 2\,\text{sen}\,\frac{\pi}{3} = \frac{\pi}{3} - \sqrt{3} \approx -0{,}684853$$

e

$$f(5\pi/3) = \frac{5\pi}{3} - 2\,\text{sen}\,\frac{5\pi}{3} = \frac{5\pi}{3} + \sqrt{3} \approx +6{,}968039$$

Os valores de f nas extremidades são

$$f(0) = 0 \qquad f(2\pi) = 2\pi \approx 6{,}28$$

Comparando esses quatro números e usando o Método do Intervalo Fechado, vemos que o valor mínimo absoluto é $f(\pi/3) = \pi/3 - \sqrt{3}$ e o valor máximo absoluto é $f(5\pi/3) = 5\pi/3 + \sqrt{3}$. Os valores da parte (a) servem como uma verificação de nosso trabalho. ∎

EXEMPLO 10 O telescópio espacial Hubble foi colocado em órbita em 24 abril de 1990 pelo ônibus espacial *Discovery*. Um modelo para a velocidade do ônibus durante essa missão, do lançamento em $t = 0$ até a ejeção do foguete auxiliar em $t = 126$ segundos, é dado por

$$v(t) = 0{,}000397 t^3 - 0{,}02752 t^2 + 7{,}196 t - 0{,}9397$$

(em metros/segundo). Usando este modelo, estime os valores máximo e mínimo absolutos da *aceleração* do ônibus entre o lançamento e a ejeção do foguete auxiliar.

SOLUÇÃO São pedidos os valores extremos não da função de velocidade dada, mas da função de aceleração. Assim, precisamos primeiro derivar para encontrar a aceleração:

$$a(t) = v'(t) = \frac{d}{dt}(0{,}000397 t^3 - 0{,}02752 t^2 + 7{,}196 t - 0{,}9397)$$

$$= 0{,}001191 t^2 - 0{,}05504 t + 7{,}196$$

Vamos aplicar agora o Método do Intervalo Fechado à função contínua a no intervalo $0 \le t \le 126$. Sua derivada é

$$a'(t) = 0{,}0023808 t - 0{,}05504$$

O único número crítico ocorre quando $a'(t) = 0$:

$$t_1 = \frac{0{,}05504}{0{,}0023808} \approx 23{,}12$$

Calculando $a(t)$ no número crítico e nas extremidades, temos

$$a(0) = 7{,}196 \qquad a(t_1) = a(23{,}12) = 6{,}56 \qquad a(126) \approx 19{,}16$$

Assim, a aceleração máxima é cerca de 19,16 m/s², e a aceleração mínima é cerca de 6,56 m/s². ■

4.1 | Exercícios

1. Explique a diferença entre mínimo local e mínimo absoluto.

2. Suponha que f seja uma função contínua definida no intervalo fechado $[a, b]$.
   (a) Que teorema garante a existência de valores máximo e mínimo absolutos para f?
   (b) Quais as etapas que você deve seguir para encontrar esses valores máximo e mínimo?

3-4 Para cada um dos números a, b, c, d, r e s, diga se a função cujo gráfico é dado tem um máximo ou mínimo absoluto, máximo ou mínimo local, ou nem máximo nem mínimo.

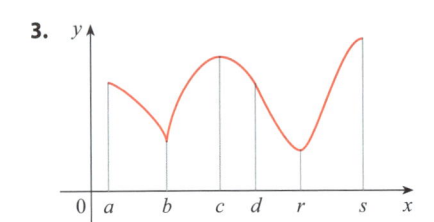

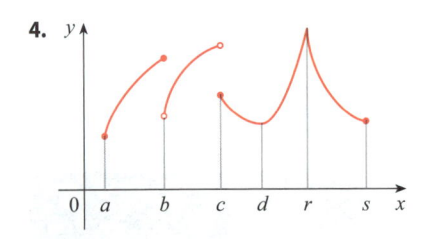

3.

4.

5-6 Use o gráfico para dizer quais os valores máximos e mínimos locais e absolutos da função.

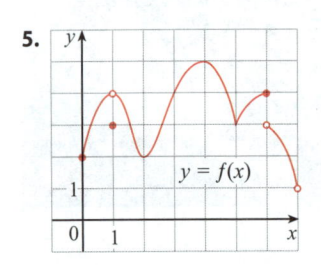

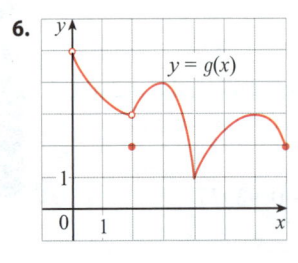

5.

6.

7-10 Esboce o gráfico de uma função f que seja contínua em $[1, 5]$ e tenha as propriedades dadas.

7. Máximo absoluto em 5, mínimo absoluto em 2, máximo local em 3, mínimos locais em 2 e 4.

8. Máximo absoluto em 4, mínimo absoluto em 5, máximo local em 2 e mínimo local em 3.

9. Mínimo absoluto em 3, máximo absoluto em 4, máximo local em 2.

10. Máximo absoluto em 2, mínimo absoluto em 5, 4 é um número crítico mas não há nem máximo nem mínimo local aí.

11. (a) Esboce o gráfico de uma função que tenha um máximo local em 2 e seja derivável em 2.
    (b) Esboce o gráfico de uma função que tenha um máximo local em 2 e seja contínua, mas não derivável em 2.
    (c) Esboce o gráfico de uma função que tenha um máximo local em 2 e não seja contínua em 2.

12. (a) Esboce o gráfico de uma função em $[-1, 2]$ que tenha máximo absoluto, mas não tenha máximo local.
    (b) Esboce o gráfico de uma função em $[-1, 2]$ que tenha um máximo local, mas não tenha máximo absoluto.

13. (a) Esboce o gráfico de uma função em $[-1, 2]$ que tenha um máximo absoluto, mas não tenha mínimo absoluto.
    (b) Esboce o gráfico de uma função em $[-1, 2]$ que seja descontínua, mas tenha tanto máximo absoluto como mínimo absoluto.

14. (a) Esboce o gráfico de uma função que tenha dois máximos locais e um mínimo local, mas nenhum mínimo absoluto.
    (b) Esboce o gráfico de uma função que tenha três mínimos locais, dois máximos locais e sete números críticos.

15-28 Esboce o gráfico de f à mão e use seu esboço para encontrar os valores máximos e mínimos locais e absolutos de f. (Use os gráficos e as transformações das Seções 1.2 e 1.3.)

15. $f(x) = 3 - 2x, \quad x \geq -1$
16. $f(x) = x^2, \quad -1 \leq x < 2$
17. $f(x) = 1/x, \quad x \geq 1$
18. $f(x) = 1/x, \quad 1 < x < 3$
19. $f(x) = \operatorname{sen} x, \quad 0 \leq x < \pi/2$
20. $f(x) = \operatorname{sen} x, \quad 0 < x \leq \pi/2$
21. $f(x) = \operatorname{sen} x, \quad -\pi/2 \leq x \leq \pi/2$
22. $f(t) = \cos t, \quad -3\pi/2 \leq t \leq 3\pi/2$
23. $f(x) = \ln x, \quad 0 < x \leq 2$
24. $f(x) = |x|$
25. $f(x) = 1 - \sqrt{x}$
26. $f(x) = e^x$

27. $f(x) = \begin{cases} x^2 & \text{se } -1 \leq x \leq 0 \\ 2 - 3x & \text{se } 0 < x \leq 1 \end{cases}$

28. $f(x) = \begin{cases} 2x + 1 & \text{se } 0 \leq x < 1 \\ 4 - 2x & \text{se } 1 \leq x \leq 3 \end{cases}$

29-48 Encontre os números críticos da função.

29. $f(x) = 3x^2 + x - 2$
30. $g(v) = v^3 - 12v + 4$
31. $f(x) = 3x^4 + 8x^3 - 48x^2$
32. $f(x) = 2x^3 + x^2 + 8x$
33. $g(t) = t^5 + 5t^3 + 50t$
34. $A(x) = |3 - 2x|$
35. $g(y) = \dfrac{y - 1}{y^2 - y + 1}$
36. $h(p) = \dfrac{p - 1}{p^2 + 4}$
37. $p(x) = \dfrac{x^2 + 2}{2x - 1}$
38. $q(t) = \dfrac{t^2 + 9}{t^2 - 9}$
39. $h(t) = t^{3/4} - 2t^{1/4}$
40. $g(x) = \sqrt[3]{4 - x^2}$
41. $F(x) = x^{4/5}(x - 4)^2$
42. $h(x) = x^{-1/3}(x - 2)$
43. $f(x) = x^{1/3}(4 - x)^{2/3}$
44. $f(\theta) = \theta + \sqrt{2} \cos \theta$
45. $f(\theta) = 2 \cos \theta + \operatorname{sen}^2 \theta$
46. $p(t) = te^{4t}$
47. $g(x) = x^2 \ln x$
48. $B(u) = 4 \operatorname{tg}^{-1} u - u$

49-50 É dada uma fórmula para a *derivada* de uma função f. Quantos números críticos f tem?

49. $f'(x) = 5e^{-0,1|x|} \operatorname{sen} x - 1$
50. $f'(x) = \dfrac{100 \cos^2 x}{10 + x^2} - 1$

51-66 Encontre os valores máximo e mínimo absolutos de f no intervalo dado.

51. $f(x) = 12 + 4x - x^2$, $[0, 5]$
52. $f(x) = 5 + 54x - 2x^3$, $[0, 4]$
53. $f(x) = 2x^3 - 3x^2 - 12x + 1$, $[-2, 3]$
54. $f(x) = x^3 - 6x^2 + 5$, $[-3, 5]$
55. $f(x) = 3x^4 - 4x^3 - 12x^2 + 1$, $[-2, 3]$
56. $f(t) = (t^2 - 4)^3$, $[-2, 3]$
57. $f(x) = x + \dfrac{1}{x}$, $[0,2,\ 4]$
58. $f(x) = \dfrac{x}{x^2 - x + 1}$, $[0, 3]$
59. $f(x) = t - \sqrt[3]{t}$, $[-1, 4]$
60. $f(x) = \dfrac{e^x}{1 + x^2}$, $[0, 3]$
61. $f(t) = 2 \cos t + \operatorname{sen} 2t$, $[0, \pi/2]$
62. $f(\theta) = 1 + \cos^2 \theta$, $[\pi/4, \pi]$
63. $f(x) = x^{-2} \ln x$, $[\tfrac{1}{2}, 4]$
64. $f(x) = xe^{x/2}$, $[-3, 1]$
65. $f(x) = \ln(x^2 + x + 1)$, $[-1, 1]$
66. $f(x) = x - 2 \operatorname{tg}^{-1} x$, $[0, 4]$

67. Se a e b são números positivos, ache o valor máximo de $f(x) = x^a(1 - x)^b$, $0 \leq x \leq 1$.

68. Use um gráfico para estimar os números críticos de $f(x) = |1 + 5x - x^3|$ com precisão de uma casa decimal.

69-72
(a) Use um gráfico para estimar os valores máximo e mínimo absolutos da função com precisão de duas casas decimais.
(b) Use o cálculo para encontrar os valores máximo e mínimo exatos.

69. $f(x) = x^5 - x^3 + 2$, $-1 \leq x \leq 1$
70. $f(x) = e^x + e^{-2x}$, $0 \leq x \leq 1$
71. $f(x) = x\sqrt{x - x^2}$
72. $f(x) = x - 2 \cos x$, $-2 \leq x \leq 0$

73. Após o consumo de uma bebida alcoólica, a concentração de álcool na corrente sanguínea (concentração de álcool no sangue, ou CAS) aumenta rapidamente à medida que o álcool é absorvido, seguida por uma diminuição gradual conforme o álcool é metabolizado. A função

$$C(t) = 0{,}135te^{-2{,}802t}$$

modela a CAS média, medida em mg/mL, de um grupo de oito indivíduos do sexo masculino t horas depois do consumo rápido de 15 mL de etanol (correspondentes a uma dose de bebida alcoólica). Qual a CAS média máxima durante as primeiras 3 horas? Quando ela ocorre?

Fonte: Adaptado de P. Wilkinson et al. Pharmacokinetics of Ethanol after Oral Administration in the Fasting State. *Journal of Pharmacokinetics and Biopharmaceutics 5* (1977): 207-24.

74. Após um comprimido de antibiótico ser ingerido, a concentração de antibiótico na corrente sanguínea é modelada pela função
$$C(t) = 8(e^{-0,4t} - e^{-0,6t})$$
onde o tempo g é medido em horas e C é medido em μg/mL. Qual é a concentração máxima de antibiótico durante as primeiras 12 horas?

75. Entre 0 °C e 30 °C, o volume V (em centímetros cúbicos) de 1 kg de água a uma temperatura T é aproximadamente dado pela fórmula

$$V = 999{,}87 - 0{,}06426T + 0{,}0085043T^2 - 0{,}0000679T^3$$

Encontre a temperatura na qual a água tem sua densidade máxima.

76. Um objeto de massa W é arrastado ao longo de um plano horizontal por uma força agindo ao longo de uma corda atada ao objeto. Se a corda faz um ângulo θ com o plano, então a intensidade da força é

$$F = \dfrac{\mu W}{\mu \operatorname{sen} \theta + \cos \theta}$$

onde μ é uma constante positiva chamada *coeficiente de atrito* e onde $0 \leq \theta \leq \pi/2$. Mostre que F é minimizada quando $\operatorname{tg} \theta = \mu$.

77. O nível d'água do Lago Lanier – na Geórgia, EUA –, medido em metros acima do nível do mar, ao longo de 2012, pode ser modelado pela função

$$L(t) = 0{,}00439t^3 - 0{,}1273t^2 + 0{,}8239t + 323{,}1$$

em que t é medido em meses, a partir de 1º de janeiro de 2012. Estime o momento em que o nível d'água atingiu seu valor máximo ao longo de 2012.

78. Em 1992, o ônibus espacial *Endeavour* foi lançado na missão STS-49, cujo objetivo era instalar um novo motor de arranque no satélite de comunicação Intelsat. A tabela dá os dados de velocidade para o ônibus espacial entre a partida e a ejeção dos foguetes auxiliares.

(a) Use uma calculadora gráfica ou computador para encontrar o polinômio cúbico que melhor modele a velocidade do ônibus para o intervalo de tempo $t \in [0, 125]$. Faça então o gráfico desse polinômio.

(b) Encontre um modelo para a aceleração do ônibus e use-o para estimar os valores máximo e mínimo da aceleração durante os primeiros 125 segundos.

Evento	Tempo (s)	Velocidade (m/s)
Lançamento	0	0
Começo da manobra de inclinação	10	56,4
Fim da manobra de inclinação	15	97,2
Regulador de combustível a 89%	20	136,2
Regulador de combustível a 67%	32	226,2
Regulador de combustível a 104%	59	403,9
Pressão dinâmica máxima	62	440,4
Separação do foguete auxiliar	125	1.265,2

79. Quando um objeto estranho se aloja na traqueia, forçando uma pessoa a tossir, o diafragma empurra-o para cima, causando um aumento na pressão dos pulmões. Isso é acompanhado por uma contração da traqueia, fazendo um canal mais estreito por onde passa o ar expelido. Para dada quantidade de ar escapar em um tempo fixo, é preciso que ele se mova mais rápido pelo tubo mais estreito que no mais largo. Quanto maior for a velocidade da corrente de ar, maior a força sobre o objeto estranho. O uso de raios X mostra que o raio do tubo circular da traqueia se contrai para cerca de 2/3 de seu raio normal durante a tosse. De acordo com um modelo matemático para a tosse, a velocidade v está relacionada ao raio r da traqueia pela equação

$$v(r) = k(r_0 - r)r^2 \qquad \tfrac{1}{2}r_0 \leq r \leq r_0$$

onde k é uma constante e r_0, o raio normal da traqueia. A restrição sobre r deve-se ao fato de que as paredes da traqueia endurecem sob pressão, evitando uma contração maior que $\tfrac{1}{2}r_0$ (de outra forma, a pessoa ficaria sufocada).

(a) Determine o valor de r no intervalo $[\tfrac{1}{2}r_0, r_0]$ no qual v tenha um máximo absoluto. Como isso se compara com a evidência experimental?

(b) Qual é o valor máximo absoluto de v no intervalo?

(c) Esboce o gráfico de v no intervalo $[0, r_0]$.

80. Demonstre que a função

$$f(x) = x^{101} + x^{51} + x + 1$$

não tem um máximo local nem um mínimo local.

81. (a) Se f tem um valor mínimo local em c, mostre que a função $g(x) = -f(x)$ tem um valor máximo em c.

(b) Utilize o item (a) para demonstrar o Teorema de Fermat para o caso em que f tem um mínimo local em c.

82. Uma função cúbica é um polinômio de grau 3, isto é, tem a forma $f(x) = ax^3 + bx^2 + cx + d$, onde $a \neq 0$.

(a) Mostre que uma função cúbica pode ter dois, um ou nenhum número(s) crítico(s). Dê exemplos e faça esboços para ilustrar as três possibilidades.

(b) Quantos valores extremos locais uma função cúbica pode ter?

PROJETO APLICADO | O CÁLCULO DO ARCO-ÍRIS

O arco-íris é o fenômeno que resulta da dispersão da luz do Sol em gotas de chuva suspensas na atmosfera. Ele tem fascinado a humanidade desde os tempos antigos e tem inspirado tentativas de explicação científica desde a época de Aristóteles. Neste projeto, usaremos as ideias de Descartes e de Newton para explicar a forma, a localização e as cores do arco-íris.

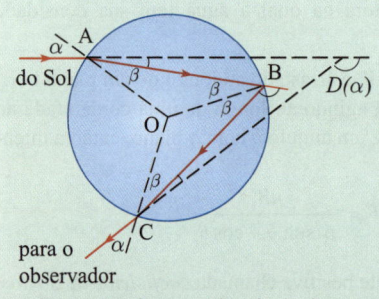

Formação do arco-íris principal

1. A figura mostra um raio de luz entrando numa gota de água esférica por A. Parte da luz é refletida, mas a reta AB mostra a trajetória da parte que entra na gota. Observe que a luz é refratada em direção à reta normal AO e, de fato, a Lei de Snell afirma que $\operatorname{sen} \alpha = k \operatorname{sen} \beta$, em que α é o ângulo de incidência, β é o ângulo de refração e $k \approx \tfrac{4}{3}$, o índice de refração para a água. Em B, uma parte da luz passa através da gota e é refratada para o ar, mas a reta BC mostra a parte que é refletida. (O ângulo de incidência é igual ao ângulo de reflexão.) Quando o raio alcança C, parte dele é refletido, mas, por ora, estamos mais interessados na parte que deixa a gota d'água em C. (Note que ele é refratado para longe da reta normal.) O *ângulo de desvio* $D(\alpha)$ é a quantidade de rotação no sentido horário sofrida pelo raio que passa por esse processo de três etapas. Logo,

$$D(\alpha) = (\alpha - \beta) + (\pi - 2\beta) + (\alpha - \beta) = \pi + 2\alpha - 4\beta$$

Mostre que o valor mínimo do desvio é $D(\alpha) \approx 138°$ e ocorre quando $\alpha \approx 59{,}4°$.

(continua)

O significado do desvio mínimo é que, quando $\alpha \approx 59{,}4°$, temos $D'(\alpha) \approx 0$; logo, $\Delta D/\Delta \alpha \approx 0$. Isso significa que muitos raios com $\alpha \approx 59{,}4°$ são desviados aproximadamente pela mesma quantidade. É essa *concentração* de raios vindos das proximidades da direção de desvio mínimo que cria a luminosidade do arco-íris primário. A figura mostra que o ângulo de elevação a partir do observador até o ponto mais alto sobre o arco-íris é $180° - 138° = 42°$. (Esse ângulo é chamado *ângulo do arco-íris*.)

2. O Problema 1 explica a localização do arco-íris principal, mas como explicar as cores? A luz do Sol é formada por um espectro de comprimentos de onda, partindo do vermelho e passando pelo laranja, amarelo, verde, azul, índigo e violeta. Como Newton havia descoberto em seus experimentos com prismas em 1666, o índice de refração é diferente para cada cor. (Este efeito é denominado *dispersão*.) Para a luz vermelha, o índice de refração é $k \approx 1{,}3318$, enquanto para a luz violeta é $k \approx 1{,}3435$. Repetindo os cálculos do Problema 1 para esses valores de k, mostre que o ângulo do arco-íris é cerca de $42{,}3°$ para o arco vermelho e $40{,}6°$ para o arco violeta. Assim, o arco-íris consiste realmente em sete arcos individuais correspondentes às sete cores.

3. Talvez você já tenha visto um arco-íris secundário mais fraco acima do primeiro. Isso resulta da parte do raio que entra em uma gota de chuva e é refratada em A, refletida duas vezes (em B e C), e refratada quando deixa a gota em D (veja a figura à esquerda). Dessa vez, o ângulo de desvio $D(\alpha)$ é o ângulo total da rotação no sentido anti-horário que o raio sofre nesse processo de quatro etapas. Mostre que

$$D(\alpha) = 2\alpha - 6\beta + 2\pi$$

e $D(\alpha)$ tem um valor mínimo quando

$$\cos \alpha = \sqrt{\frac{k^2 - 1}{8}}$$

Usando $k = \frac{4}{3}$, mostre que o desvio mínimo é cerca de $129°$, e assim o ângulo do arco-íris para o arco-íris secundário é cerca de $51°$, conforme se vê na figura à esquerda.

4. Mostre que as cores no arco-íris secundário aparecem na ordem inversa daquela do primário.

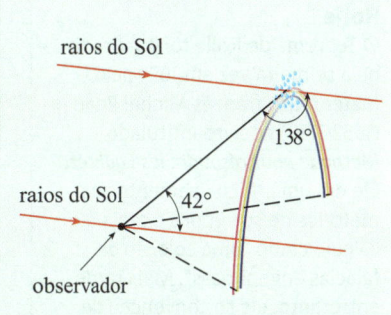

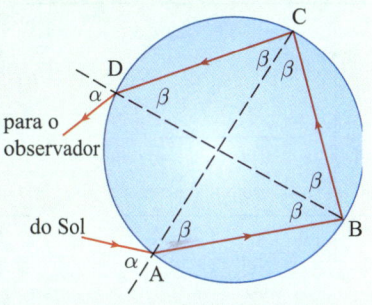

Formação do arco-íris secundário

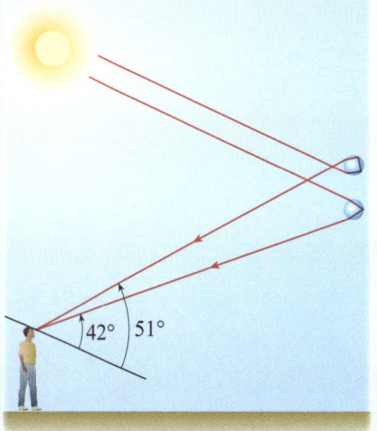

4.2 | O Teorema do Valor Médio

Veremos que muitos dos resultados deste capítulo dependem de um fato central, que é chamado Teorema do Valor Médio.

■ Teorema de Rolle

Para chegar ao Teorema do Valor Médio, precisamos primeiro do seguinte resultado.

266   CÁLCULO

> **Rolle**
> O Teorema de Rolle foi publicado pela primeira vez em 1691 pelo matemático francês Michel Rolle (1652-1719) no livro intitulado *Méthode pour résoudre les Egalitéz*. Ele era um crítico veemente dos métodos de sua época e atacou o cálculo como "uma coleção de falácias engenhosas". Mais tarde, entretanto, ele se convenceu de que os métodos do cálculo estavam essencialmente corretos.

> **Teorema de Rolle** Seja f uma função que satisfaça as seguintes hipóteses:
> 1. f é contínua no intervalo fechado $[a, b]$.
> 2. f é derivável no intervalo aberto (a, b).
> 3. $f'(a) = f(b)$
>
> Então, existe um número c em (a, b) tal que $f'(c) = 0$.

Antes de darmos a demonstração, vamos olhar os gráficos de algumas funções típicas que satisfaçam as três hipóteses. A Figura 1 mostra os gráficos de quatro dessas funções. Em cada caso, parece que há pelo menos um ponto $(c, f(c))$ onde a tangente é horizontal e, portanto, $f'(c) = 0$. Assim, o Teorema de Rolle é plausível.

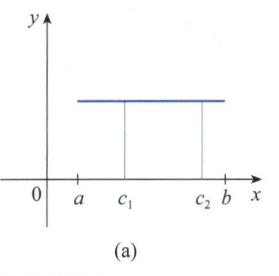

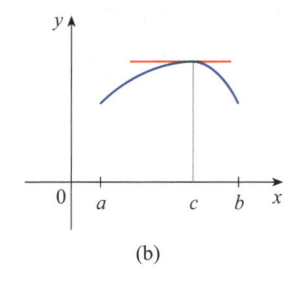

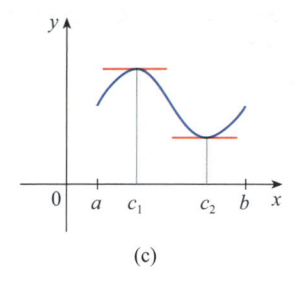

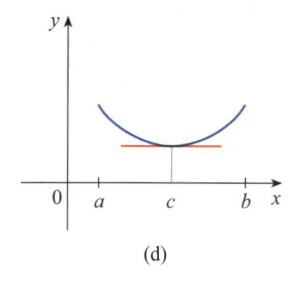

FIGURA 1

DEMONSTRAÇÃO Existem três casos:

CASO I $f'(x) = k$, **uma constante**

Então $f'(x) = 0$, assim, o número c pode ser tomado como *qualquer* número em (a, b).

CASO II $f(x) > f(a)$ **para algum** x **em** (a, b) [como na Figura 1(b) ou (c)]

Pelo Teorema dos Valores Extremos (que pode ser aplicado pela hipótese 1), f tem um valor máximo em algum lugar de $[a, b]$. Como $f(a) = f(b)$, ele deverá ter esse valor máximo em um número c do intervalo aberto (a, b). Então f tem um máximo *local* em c e, pela hipótese 2, f é derivável em c. Portanto $f'(c) = 0$ pelo Teorema de Fermat.

CASO III $f(x) < f(a)$ **para algum** x **em** (a, b) [como na Figura 1(c) ou (d)]

Pelo Teorema dos Valores Extremos, f tem um valor mínimo em $[a, b]$ e, uma vez que $f(a) = f(b)$, ela assume esse valor mínimo em um número c em (a, b). Novamente $f'(c) = 0$ pelo Teorema de Fermat. ∎

A Figura 2 mostra um gráfico da função $f(x) = x^3 + x - 1$ discutida no Exemplo 2. O Teorema de Rolle mostra que, independentemente do tamanho da janela retangular, não podemos nunca encontrar uma segunda intersecção com o eixo x.

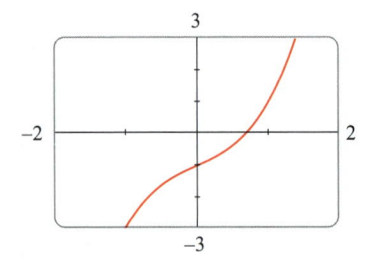

FIGURA 2

EXEMPLO 1 Vamos aplicar o Teorema de Rolle à função posição $s = f(t)$ de um objeto em movimento. Se o objeto estiver no mesmo lugar em dois instantes diferentes $t = a$ e $t = b$, então $f(a) = f(b)$. O Teorema de Rolle afirma que existe algum instante do tempo $t = c$ entre a e b no qual $f'(c) = 0$; isto é, a velocidade é 0. (Em particular, você pode ver que isto é verdadeiro quando uma bola é atirada diretamente para cima.) ∎

EXEMPLO 2 Demonstre que a equação $x^3 + x - 1 = 0$ tem exatamente uma solução real.

SOLUÇÃO Primeiro, usamos o Teorema do Valor Intermediário (da Seção 2.5.10) para mostrar que existe uma solução. Seja $f(x) = x^3 + x - 1$. Então $f(0) = -1 < 0$ e $f(1) = 1 > 0$. Como f é uma função polinomial, ela é contínua; assim, o Teorema do Valor Intermediário afirma que existe um número c entre 0 e 1 tal que $f(c) = 0$. A equação dada, portanto, tem uma solução.

Para mostrar que a equação não tem outra solução real, usamos o Teorema de Rolle e argumentamos por contradição. Suponha que ele tenha duas soluções a e b. Então

$f(a) = 0 = f(b)$ e, uma vez que f é uma função polinomial, é derivável em (a, b) e contínua em $[a, b]$. Assim, pelo Teorema de Rolle, existe um número c entre a e b tal que $f'(c) = 0$. Mas

$$f'(x) = 3x^2 + 1 \geq 1 \quad \text{para todo } x$$

(pois $x^2 \geq 0$), de modo que, $f'(x)$ nunca pode ser zero. Isso fornece uma contradição. Portanto, a equação não pode ter duas soluções reais. ■

O Teorema do Valor Médio

Nosso principal uso do Teorema de Rolle é na demonstração do seguinte importante teorema, o qual foi primeiro enunciado por outro matemático francês, Joseph-Louis Lagrange.

O Teorema do Valor Médio Seja f uma função que satisfaça as seguintes hipóteses:

1. f é contínua no intervalo fechado $[a, b]$.
2. f é derivável no intervalo aberto (a, b).

Então, existe um número c em (a, b) tal que

$$\boxed{1} \quad f'(c) = \frac{f(b) - f(a)}{b - a}$$

ou, de maneira equivalente,

$$\boxed{2} \quad f(b) - f(a) = f'(c)(b - a)$$

O Teorema do Valor Médio é um exemplo do que é chamado teorema da existência. Da mesma forma que o Teorema do Valor Intermediário, o Teorema dos Valores Extremos e o Teorema de Rolle, ele garante que existe um número com certa propriedade, mas não nos diz como encontrá-lo.

Antes de demonstrarmos esse teorema, podemos ver que ele é razoável interpretando-o geometricamente. As Figuras 3 e 4 mostram os pontos $A(a, f(a))$ e $B(b, f(b))$ sobre os gráficos de duas funções deriváveis. A inclinação da reta secante AB é

$$\boxed{3} \quad m_{AB} = \frac{f(b) - f(a)}{b - a}$$

que é a mesma expressão mostrada no lado direito da Equação 1. Uma vez que $f'(c)$ é a inclinação da reta tangente no ponto $(c, f(c))$, o Teorema do Valor Médio na forma dada pela Equação 1 diz que há, no mínimo, um ponto $P(c, f(c))$ sobre o gráfico onde a inclinação da reta tangente é igual à inclinação da reta secante AB. Em outras palavras, há um ponto P onde a reta tangente é paralela à reta secante AB. (Imagine uma reta distante que permanece paralela a AB enquanto se move em direção a AB, iniciando distante e se movendo paralelamente a ela mesma até tocar o gráfico pela primeira vez.)

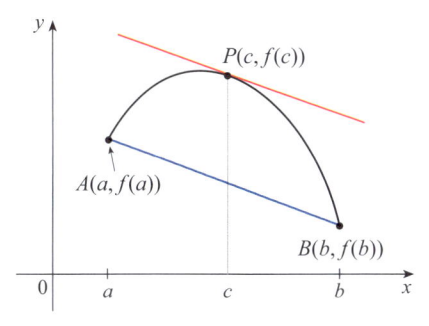

FIGURA 3

FIGURA 4

DEMONSTRAÇÃO Aplicamos o Teorema de Rolle a uma nova função h definida como a diferença entre f e a função cujo gráfico é a reta secante AB. Usando a Equação 3 e a equação ponto-inclinação da reta, vemos que a equação da reta AB pode ser escrita como

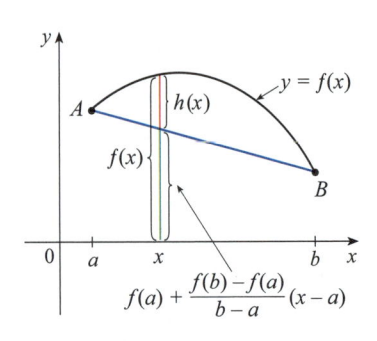

FIGURA 5

$$y - f(a) = \frac{f(b) - f(a)}{b - a}(x - a)$$

ou como

$$y = f(a) + \frac{f(b) - f(a)}{b - a}(x - a)$$

Assim, como mostrado na Figura 5,

$$\boxed{4} \qquad h(x) = f(x) - f(a) - \frac{f(b) - f(a)}{b - a}(x - a)$$

Precisamos primeiro verificar que h satisfaz as três hipóteses do Teorema de Rolle.

1. A função h é contínua em $[a, b]$, pois é soma de f e uma função polinomial de primeiro grau, ambas contínuas.

2. A função h é derivável em (a, b), pois tanto f quanto a função polinomial de primeiro grau são deriváveis. De fato, podemos calcular h' diretamente da Equação 4:

$$h'(x) = f'(x) - \frac{f(b) - f(a)}{b - a}$$

(Observe que $f(a)$ e $[f(b) - f(a)]/(b - a)$ são constantes.)

3.
$$h(c) = f(a) - f(a) - \frac{f(b) - f(a)}{b - a}(a - a) = 0$$
$$h(b) = f(b) - f(a) - \frac{f(b) - f(a)}{b - a}(b - a)$$
$$= f(b) - f(a) - [f(b) - f(a)] = 0$$

Portanto, $h(a) = h(b)$.

Uma vez que h satisfaz todas as hipóteses do Teorema de Rolle, esse teorema afirma que existe um número c em (a, b) tal que $h'(c) = 0$. Portanto,

$$0 = h'(c) = f'(c) - \frac{f(b) - f(a)}{b - a}$$

e, assim,

$$f'(c) - \frac{f(b) - f(a)}{b - a} \qquad \blacksquare$$

EXEMPLO 3 Para ilustrarmos o Teorema do Valor Médio com uma função específica, vamos considerar $f(x) = x^3 - x$, $a = 0$, $b = 2$. Uma vez que f é uma função polinomial, então ela é contínua e derivável para todo x; logo, é certamente contínua em $[0, 2]$ e derivável em $(0, 2)$. Portanto, pelo Teorema do Valor Médio, existe um número c em $(0, 2)$ tal que

$$f(2) - f(0) = f'(c)(2 - 0)$$

Agora $f(2) = 6$, $f(0) = 0$ e $f'(x) = 3x^2 - 1$, e a equação acima fica

$$6 = (3c^2 - 1)2 = 6c^2 - 2$$

o que dá $c^2 = \frac{4}{3}$, isto é, $c = \pm 2/\sqrt{3}$. Mas c deve estar em $(0, 2)$, então, $c = 2/\sqrt{3}$. A Figura 6 ilustra esse cálculo: a reta tangente neste valor de c é paralela à reta secante OB. $\blacksquare$

EXEMPLO 4 Se um objeto move-se em uma linha reta com uma função posição $s = f(t)$, então a velocidade média entre $t = a$ e $t = b$ é

$$\frac{f(b) - f(a)}{b - a}$$

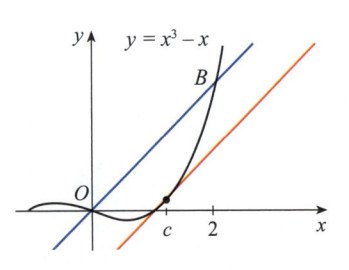

FIGURA 6

> **Lagrange e o Teorema do Valor Médio**
>
> O Teorema do Valor Médio foi formulado pela primeira vez por Joseph-Louis Lagrange (1736-1813), nascido na Itália, filho de pai francês e mãe italiana. Ele foi uma criança prodígio e se tornou professor em Turim na idade de 19 anos. Lagrange fez grandes contribuições à teoria dos números, à teoria das funções, à teoria das equações, e às mecânicas analítica e celeste. Em particular, aplicou o cálculo na análise da estabilidade do sistema solar. A convite de Frederico, o Grande, ele sucedeu Euler na Academia de Berlim e, após a morte de Frederico, Lagrange aceitou o convite do rei Luís XVI para viver em Paris, onde lhe foi dado um apartamento no Louvre. Lá, tornou-se professor da École Polytechnique. A despeito das armadilhas da fama e da luxúria, ele era um homem bondoso e quieto, que vivia somente para a ciência.

e a velocidade em $t = c$ é $f'(c)$. Assim, o Teorema do Valor Médio (na forma da Equação 1) nos diz que, em algum instante $t = c$ entre a e b, a velocidade instantânea $f'(c)$ é igual à velocidade média. Por exemplo, se um carro percorrer 180 km em duas horas, então o velocímetro deve ter passado pela marca dos 90 km/h pelo menos uma vez.

Em geral, o Teorema do Valor Médio pode ser interpretado como se dissesse que existe um número no qual a taxa de variação instantânea é igual à taxa de variação média em um intervalo. ∎

A grande importância do Teorema do Valor Médio reside no fato de ele nos possibilitar obter informações sobre uma função a partir de dados sobre sua derivada. O próximo exemplo mostra esse princípio.

EXEMPLO 5 Suponha que $f(0) = -3$ e $f'(x) \leq 5$ para todos os valores de x. Quão grande $f(2)$ pode ser?

SOLUÇÃO Foi-nos dado que f é derivável (e, portanto, contínua) em toda parte. Em particular, podemos aplicar o Teorema do Valor Médio no intervalo $[0, 2]$. Existe, então, um número c tal que

$$f(2) - f(0) = f'(c)(2 - 0)$$

logo
$$f(2) = f(0) + 2f'(c) = -3 + 2f'(c)$$

Foi-nos dado que $f'(x) \leq 5$ para todo x; assim, sabemos que $f'(c) \leq 5$. Multiplicando por 2 ambos os lados dessa desigualdade, temos $2f'(c) \leq 10$, logo

$$f(2) = -3 + 2f'(c) \leq -3 + 10 = 7$$

O maior valor possível para $f(2)$ é 7. ∎

O Teorema do Valor Médio pode ser usado para estabelecer alguns dos fatos básicos do cálculo diferencial. Um deles é o teorema a seguir. Outros serão discutidos nas seções seguintes.

5 Teorema Se $f'(x) = 0$ para todo x em um intervalo (a, b), então f é constante em (a, b).

DEMONSTRAÇÃO Sejam x_1 e x_2 dois números quaisquer em (a, b), sendo $x_1 < x_2$. Como f é derivável em (a, b), ela deve ser derivável em (x_1, x_2) e contínua em $[x_1, x_2]$. Aplicando o Teorema do Valor Médio a f no intervalo $[x_1, x_2]$, obtemos um número c tal que $x_1 < c < x_2$ e

6 $$f(x_2) - f(x_1) = f'(c)(x_2 - x_1)$$

Uma vez que $f'(x) = 0$ para todo x, temos $f'(c) = 0$, e a Equação 6 fica

$$f(x_2) - f(x_1) = 0 \quad \text{ou} \quad f(x_2) = f(x_1)$$

Portanto, f tem o mesmo valor em *quaisquer* dois números x_1 e x_2 em (a, b). Isso significa que f é constante em (a, b). ∎

7 Corolário Se $f'(x) = g'(x)$ para todo x em um intervalo (a, b), então $f - g$ é constante em (a, b); isto é, $f(x) = g(x) + c$, onde c é uma constante.

O Corolário 7 diz que se duas funções têm a mesma derivada em um intervalo, então seus gráficos devem ser translações verticais um do outro. Em outras palavras, os gráficos têm a mesma forma, mas podem ser deslocados para cima ou para baixo.

DEMONSTRAÇÃO Seja $F(x) = f(x) - g(x)$. Então

$$F'(x) = f'(x) - g'(x) = 0$$

para todo x em (a, b). Assim, pelo Teorema 5, F é constante; isto é, $f - g$ é constante. ∎

OBSERVAÇÃO É necessário cuidado ao aplicar o Teorema 5. Seja

$$f(x) = \frac{x}{|x|} = \begin{cases} 1 & \text{se } x > 0 \\ -1 & \text{se } x < 0 \end{cases}$$

O domínio de f é $D = \{x \mid x \neq 0\}$ e $f'(x) = 0$ para todo x em D. Mas f não é, obviamente, uma função constante. Isso não contradiz o Teorema 5, pois D não é um intervalo.

EXEMPLO 6 Demonstre a identidade $\text{tg}^{-1}x + \text{cotg}^{-1}x = \pi/2$.

SOLUÇÃO Embora não seja necessário o cálculo para demonstrar essa identidade, a demonstração usando cálculo é bem simples. Se $f(x) = \text{tg}^{-1}x + \text{cotg}^{-1}x$, então

$$f'(x) = \frac{1}{1+x^2} - \frac{1}{1+x^2} = 0$$

para todos os valores de x. Portanto $f(x) = C$, uma constante. Para determinar o valor de C, fazemos $x = 1$ [porque podemos calcular $f(1)$ exatamente]. Então

$$C = f(1) = \text{tg}^{-1}1 + \text{cotg}^{-1}1 = \frac{\pi}{4} + \frac{\pi}{4} = \frac{\pi}{2}$$

Assim, $\text{tg}^{-1}x + \text{cotg}^{-1}x = \pi/2$. ∎

4.2 | Exercícios

1. É mostrado o gráfico de uma função f. Verifique que f satisfaz as hipóteses do Teorema de Rolle no intervalo $[0, 8]$. A seguir, estime o(s) valor(es) de c que satisfaz(em) a conclusão do Teorema de Rolle nesse intervalo.

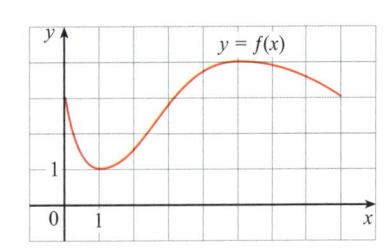

2. Trace o gráfico de uma função definida em $[0, 8]$ tal que $f(0) = f(8) = 3$ e que a função não satisfaça a conclusão do Teorema de Rolle em $[0, 8]$.

3. É mostrado o gráfico da função g.

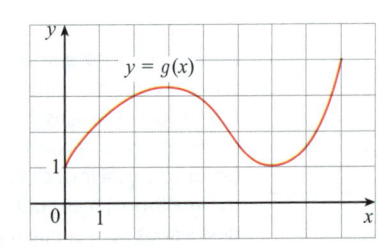

(a) Verifique que g satisfaz as hipóteses do Teorema do Valor Médio no intervalo $[0, 8]$.
(b) Estime o(s) valor(es) de c que satisfaz(em) a conclusão do Teorema de Valor Médio no intervalo $[0, 8]$.
(c) Estime o(s) valor(es) de c que satisfaz(em) a conclusão do Teorema de Valor Médio no intervalo $[2, 6]$.

4. Trace o gráfico de uma função que seja contínua em $[0, 8]$, com $f(0) = 1$ e $f(8) = 4$, e que não satisfaça a conclusão do Teorema do Valor Médio em $[0, 8]$.

5-8 Seja dado o gráfico da função f. A função f satisfaz as hipóteses do Teorema do Valor Médio no intervalo $[0, 5]$? Se isso ocorrer, determine um valor c que satisfaça a conclusão do Teorema do Valor Médio nesse intervalo.

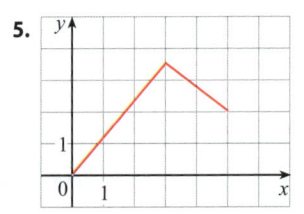

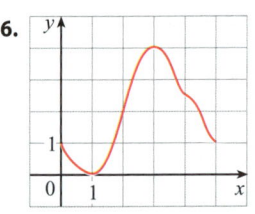

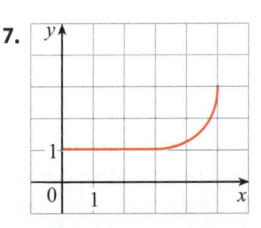

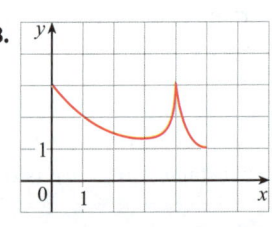

9-12 Verifique que a função satisfaz as três hipóteses do Teorema de Rolle no intervalo dado. Então, encontre todos os números c que satisfazem à conclusão do Teorema de Rolle.

9. $f(x) = 2x^2 - 4x + 5$, $[-1, 3]$

10. $f(x) = x^3 - 2x^2 - 4x + 2$, $[-2, 2]$

11. $f(x) = \text{sen}(x/2)$, $[\pi/2, 3\pi/2]$

12. $f(x) = x + 1/x$, $[\frac{1}{2}, 2]$

13. Seja $f(x) = 1 - x^{2/3}$. Mostre que $f(-1) = f(1)$, mas não existe um número c em $(-1, 1)$ tal que $f'(c) = 0$. Por que isso não contradiz o Teorema de Rolle?

14. Seja $f(x) = \text{tg } x$. Mostre que $f(0) = f(\pi)$, mas não existe um número c em $(0, \pi)$ tal que $f'(c) = 0$. Por que isso não contradiz o Teorema de Rolle?

15-18 Verifique se a função satisfaz as hipóteses do Teorema do Valor Médio no intervalo dado. Então, encontre todos os números c que satisfaçam a conclusão do Teorema do Valor Médio.

15. $f(x) = 2x^2 - 3x + 1$, $[0, 2]$

16. $f(x) = x^3 - 3x + 2$, $[-2, 2]$

17. $f(x) = \ln x$, $[1, 4]$ **18.** $f(x) = 1/x$, $[1, 3]$

19-20 Encontre o número c que satisfaça à conclusão do Teorema do Valor Médio para o intervalo dado. Desenhe o gráfico da função, a reta secante passando pelas extremidades e a reta tangente em $(c, f(c))$. A reta secante e a reta tangente são paralelas?

19. $f(x) = \sqrt{x}$, $[0, 4]$ **20.** $f(x) = e^{-x}$, $[0, 2]$

21. Seja $f(x) = (x - 3)^{-2}$. Mostre que não existe um valor c em $(1, 4)$ tal que $f(4) - f(1) = f'(c)(4 - 1)$. Por que isso não contradiz o Teorema do Valor Médio?

22. Seja $f(x) = 2 - |2x - 1|$. Mostre que não existe um valor c tal que $f(3) - f(0) = f'(c)(3 - 0)$. Por que isso não contradiz o Teorema do Valor Médio?

23-24 Mostre que a equação tem exatamente uma solução real.

23. $2x + \cos x = 0$ **24.** $x^3 + e^x = 0$

25. Mostre que a equação $x^3 - 15x + c = 0$ tem no máximo uma solução no intervalo $[-2, 2]$.

26. Mostre que a equação $x^4 + 4x + c = 0$ tem no máximo duas soluções reais.

27. (a) Mostre que um polinômio de grau 3 tem, no máximo, três soluções reais.
(b) Mostre que um polinômio de grau n tem, no máximo, n soluções reais.

28. (a) Suponha que f seja derivável em $\mathbb{R}$ e tenha duas soluções. Mostre que f' tem pelo menos uma solução.
(b) Suponha que f seja duas vezes derivável em $\mathbb{R}$ e tenha três raízes-soluções. Mostre que f'' tem pelo menos uma solução real.
(c) Você pode generalizar os itens (a) e (b)?

29. Se $f(1) = 10$ e $f'(x) \geq 2$ para $1 \leq x \leq 4$, quão pequeno $f(4)$ pode ser?

30. Suponha que $3 \leq f'(x) \leq 5$ para todos os valores de x. Mostre que $18 \leq f(8) - f(2) \leq 30$.

31. Existe uma função f tal que $f(0) = -1$, $f(2) = 4$ e $f'(x) \leq 2$ para todo x?

32. Suponha que f e g sejam contínuas em $[a, b]$ e deriváveis em (a, b). Suponha também que $f(a) = g(a)$ e $f'(x) < g'(x)$ para $a < x < b$. Prove que $f(b) < g(b)$. [*Dica*: Aplique o Teorema do Valor Médio para a função $h = f - g$.]

33. Mostre que $\text{sen } x < x$ se $0 < x < 2\pi$.

34. Suponha que f é uma função ímpar e é derivável em toda parte. Demonstre que, para todo o número positivo b, existe um número c em $(-b, b)$ tal que $f'(c) = f(b)/b$.

35. Use o Teorema do Valor Médio para demonstrar a desigualdade
$$|\text{sen } a - \text{sen } b| \leq |a - b| \text{ para todo } a \text{ e } b.$$

36. Se $f'(x) = c$ (c é uma constante) para todo x, use o Corolário 7 para mostrar que $f(x) = cx + d$ para alguma constante d.

37. Sejam $f(x) = 1/x$ e
$$g(x) = \begin{cases} \dfrac{1}{x} & \text{se } x > 0 \\ 1 + \dfrac{1}{x} & \text{se } x < 0 \end{cases}$$

Mostre que $f'(x) = g'(x)$ para todo x em seus domínios. Podemos concluir a partir do Corolário 7 que $f - g$ é constante?

38-39 Use o método do Exemplo 6 para demonstrar a identidade.

38. $\text{arctg } x + \text{arctg}\left(\dfrac{1}{x}\right) = \dfrac{\pi}{2}$, $x > 0$

39. $2 \text{ sen}^{-1} x = \cos^{-1}(1 - 2x^2)$, $x \geq 0$

40. Às 14h da tarde o velocímetro do carro mostra 50 km/h. Às 14h10, ele mostra 65 km/h. Prove que em algum momento entre 14h e 14h10 a aceleração era exatamente de 90 km/h².

41. Dois corredores iniciam uma corrida no mesmo instante e terminam empatados. Prove que em algum momento durante a corrida eles tinham a mesma velocidade. [*Dica*: Considere $f(t) = g(t) - h(t)$, onde g e h são as duas posições dos corredores.]

42. **Ponto fixo** Um número a é chamado *ponto fixo* de uma função f se $f(a) = a$. Demonstre que se $f'(x) \neq 1$ para todos os números reais x, então f tem no máximo um ponto fixo. ∎

4.3 | Como as Derivadas Afetam a Forma de um Gráfico

Muitas das aplicações do cálculo dependem de nossa habilidade para deduzir fatos sobre uma função f a partir de informações relativas a suas derivadas. Como $f'(x)$ representa a inclinação da curva $y = f(x)$ no ponto $(x, f(x))$, ela nos informa para qual direção a curva segue em cada ponto. Assim, é razoável esperar que informações sobre $f'(x)$ nos forneçam informações sobre $f(x)$.

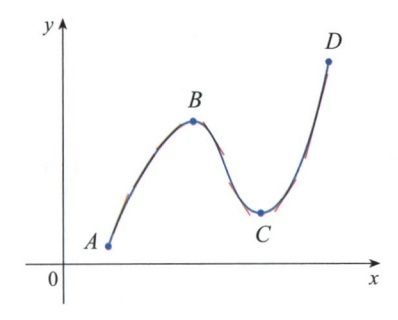

FIGURA 1

Notação
Vamos abreviar o nome deste teste para Teste C/D.

O que f' Diz sobre f?

Para ver como a derivada de f pode nos dizer onde uma função é crescente ou decrescente, observe a Figura 1. (As funções crescentes e decrescentes foram definidas na Seção 1.1.) Entre A e B e entre C e D, as retas tangentes têm inclinação positiva e, portanto, $f'(x) > 0$. Entre B e C, as retas tangentes têm inclinação negativa e, portanto, $f'(x) < 0$. Assim, parece que f cresce quando $f'(x)$ é positiva e decresce quando $f'(x)$ é negativa. Para demonstrar que isso é sempre válido, vamos usar o Teorema do Valor Médio.

Teste Crescente/Decrescente
(a) Se $f'(x) > 0$ em um intervalo, então f é crescente nele.
(b) Se $f'(x) < 0$ em um intervalo, então f é decrescente nele.

DEMONSTRAÇÃO
(a) Sejam x_1 e x_2 dois números quaisquer no intervalo com $x_1 < x_2$. De acordo com a definição de uma função crescente (Seção 1.1), temos de mostrar que $f(x_1) < f(x_2)$.

Como nos foi dado que $f'(x) > 0$, sabemos que f é derivável em $[x_1, x_2]$. Portanto, pelo Teorema do Valor Médio, existe um número c entre x_1 e x_2 tal que

$$\boxed{1} \qquad f(x_2) - f(x_1) = f'(c)(x_2 - x_1)$$

Agora $f'(c) > 0$, por hipótese, e $x_2 - x_1 > 0$, pois $x_1 < x_2$. Assim, o lado direito da Equação 1 é positivo e, portanto,

$$f(x_2) - f(x_1) > 0 \qquad \text{ou} \qquad f(x_1) < f(x_2)$$

Isso mostra que f é crescente.

A parte (b) é demonstrada de maneira semelhante. ■

EXEMPLO 1 Encontre onde a função $f(x) = 3x^4 - 4x^3 - 12x^2 + 5$ é crescente e onde ela é decrescente.

SOLUÇÃO Começamos derivando f:

$$f'(x) = 12x^3 - 12x^2 - 24x = 12x(x-2)(x+1)$$

Para usarmos o Teste C/D, devemos saber onde $f'(x) > 0$ e onde $f'(x) < 0$. Para resolver essas inequações, primeiro encontramos onde $f'(x) = 0$, ou seja, em $x = 0, 2$ e -1. Esses são os números críticos de f e eles dividem o domínio em quatro intervalos (veja a reta numérica na Figura 2). Dentro de cada intervalo, $f'(x)$ precisa ser sempre positiva ou sempre negativa. (Veja os Exemplos 3 e 4 no Apêndice A.) Podemos determinar qual é o caso em cada intervalo a partir dos sinais dos três fatores de $f'(x)$, ou seja, $12x$, $x - 2$ e $x + 1$, como mostrado na tabela a seguir. Um sinal de mais indica que a expressão dada é positiva, e um sinal de menos indica que é negativa. A última coluna da tabela mostra a conclusão baseada no Teste C/D. Por exemplo, $f'(x) < 0$ para $0 < x < 2$, de modo que f é decrescente em $(0, 2)$. (Também seria verdadeiro que f é decrescente no intervalo fechado $[0, 2]$.)

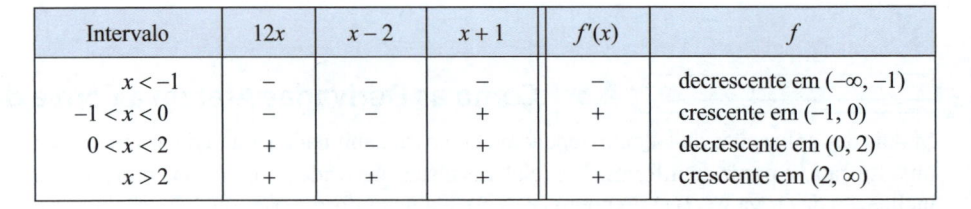

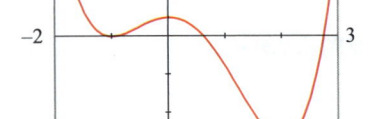

FIGURA 2

Intervalo	$12x$	$x-2$	$x+1$	$f'(x)$	f
$x < -1$	−	−	−	−	decrescente em $(-\infty, -1)$
$-1 < x < 0$	−	−	+	+	crescente em $(-1, 0)$
$0 < x < 2$	+	−	+	−	decrescente em $(0, 2)$
$x > 2$	+	+	+	+	crescente em $(2, \infty)$

O gráfico de f mostrado na Figura 3 confirma a informação dada na tabela. ■

FIGURA 3

Teste da Primeira Derivada

Da Seção 4.1, lembre-se de que se f tem máximo ou mínimo locais em c, então c deve ser um número crítico de f (pelo Teorema de Fermat), mas nem todo número crítico dá origem a um máximo ou mínimo. Consequentemente, necessitamos de um teste que nos diga se f tem ou não um máximo ou mínimo local em um número crítico.

Você pode ver a partir da Figura 3 que, para a função f no Exemplo 1, $f(0) = 5$ é um valor máximo local de f, pois f cresce em $(-1, 0)$ e decresce em $(0, 2)$. Ou, em termos de derivadas, $f'(x) > 0$ para $-1 < x < 0$ e $f'(x) < 0$ para $0 < x < 2$. Em outras palavras, o sinal de $f'(x)$ muda de positivo para negativo em 0. Essa observação é a base do teste a seguir.

Teste da Primeira Derivada Suponha que c seja um número crítico de uma função contínua f.

(a) Se o sinal de f' mudar de positivo para negativo em c, então f tem um máximo local em c.

(b) Se o sinal de f' mudar de negativo para positivo em c, então f tem um mínimo local em c.

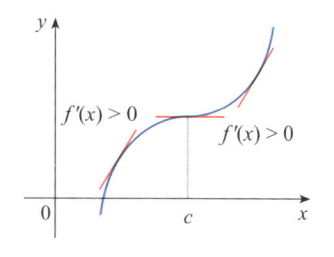

(c) Se f' é positiva à esquerda e à direita de c, ou negativa à esquerda e à direita de c, então f não tem máximo ou mínimo locais em c.

O Teste da Primeira Derivada é uma consequência do Teste C/D. Na parte (a), por exemplo, como o sinal de $f'(x)$ muda de positivo para negativo em c, f é crescente à esquerda de c e decrescente à direita de c. A consequência é que f tem um máximo local em c.

É fácil memorizar o Teste da Primeira Derivada visualizando diagramas como os da Figura 4.

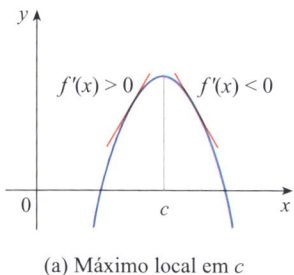

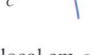

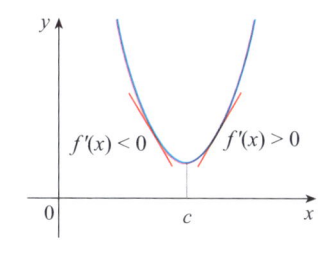

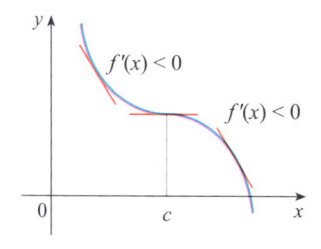

(a) Máximo local em c (b) Mínimo local em c (c) Sem máximo ou mínimo em c (d) Sem máximo ou mínimo em c

FIGURA 4

EXEMPLO 2 Encontre os valores de máximos e mínimos locais da função f do Exemplo 1.

SOLUÇÃO Da tabela na solução do Exemplo 1, vemos que o sinal de $f'(x)$ muda de negativo para positivo em -1, então $f(-1) = 0$ é um valor mínimo local pelo Teste da Primeira Derivada. Analogamente, o sinal de f' muda de negativo para positivo em 2; portanto, $f(2) = -27$ é também um valor mínimo local. Como observado anteriormente, $f(0) = 5$ é um valor máximo local, pois o sinal de $f'(x)$ muda de positivo para negativo em 0. ∎

EXEMPLO 3 Encontre os valores de máximos e mínimos locais da função

$$g(x) = x + 2\,\text{sen}\,x \qquad 0 \le x \le 2\pi$$

SOLUÇÃO Como no Exemplo 1, começamos encontrando os números críticos. A derivada é:

$$g'(x) = 1 + 2\cos x$$

logo, $g'(x) = 0$ quando $\cos x = -\frac{1}{2}$. As soluções desta equação são $2\pi/3$ e $4\pi/3$.

Como g é derivável em toda parte, os únicos números críticos são $2\pi/3$ e $4\pi/3$. Dividimos o domínio em intervalos, de acordo com os números críticos. Dentro de cada intervalo, $g'(x)$ é sempre positiva ou sempre negativa e, assim, analisamos g na seguinte tabela.

Os sinais + na tabela vêm do fato de que $g'(x) > 0$ quando $\cos x > -\frac{1}{2}$. Do gráfico de $y = \cos x$, isso é verdade nos intervalos indicados. Como alternativa, podemos escolher um ponto de teste em cada intervalo e determinar o sinal de $g'(x)$ no intervalo usando apenas esse ponto.

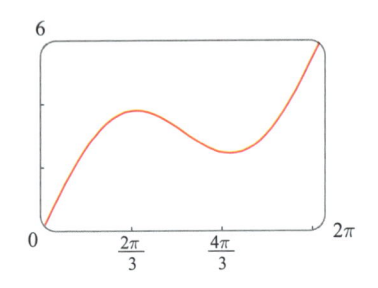

Intervalo	$g'(x) = 1 + 2\cos x$	g
$0 < x < 2\pi/3$	+	crescente em $(0, 2\pi/3)$
$2\pi/3 < x < 4\pi/3$	−	decrescente em $(2\pi/3, 4\pi/3)$
$4\pi/3 < x < 2\pi$	+	crescente em $(4\pi/3, 2\pi)$

Como o sinal de $g'(x)$ muda de positivo para negativo em $2\pi/3$, o Teste da Primeira Derivada nos diz que há um máximo local em $2\pi/3$ e o valor máximo local é

$$g(2\pi/3) = \frac{2\pi}{3} + 2\operatorname{sen}\frac{2\pi}{3} = \frac{2\pi}{3} + 2\left(\frac{\sqrt{3}}{2}\right) = \frac{2\pi}{3} + \sqrt{3} \approx 3,83$$

Da mesma forma, o sinal de $g'(x)$ muda de negativo para positivo em $4\pi/3$, então

$$g(4\pi/3) = \frac{4\pi}{3} + 2\operatorname{sen}\frac{4\pi}{3} = \frac{4\pi}{3} + 2\left(-\frac{\sqrt{3}}{2}\right) = \frac{4\pi}{3} - \sqrt{3} \approx 2,46$$

é um valor mínimo local. O gráfico g na Figura 5 confirma nossa conclusão. ■

FIGURA 5
$g(x) = x + 2\operatorname{sen} x$

■ O que f'' Diz sobre f?

A Figura 6 mostra os gráficos de duas funções crescentes em (a, b). Ambos os gráficos unem o ponto A ao B, mas eles são diferentes, pois se inclinam em direções diferentes. Como distinguir entre esses dois tipos de comportamento?

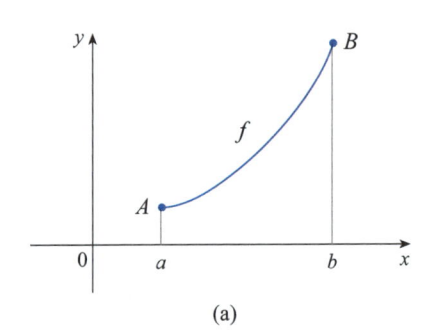

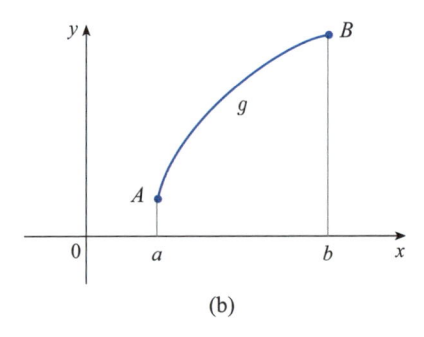

FIGURA 6 (a)   (b)

Na Figura 7, as tangentes a essas curvas foram traçadas em vários pontos. Na parte (a), a curva fica acima das tangentes e f é chamada *côncava para cima* em (a, b). Em (b), a curva está abaixo das tangentes g e é chamada *côncava para* baixo em (a, b).

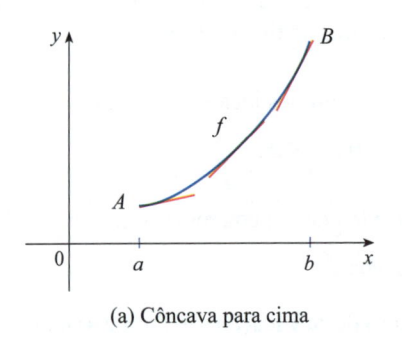

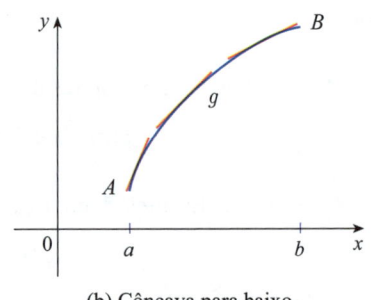

FIGURA 7   (a) Côncava para cima   (b) Côncava para baixo

> **Definição** Se o gráfico de f estiver acima de todas as suas tangentes no intervalo I, então f é chamada **côncava para cima** em I. Se o gráfico de f estiver abaixo de todas as suas tangentes em I, então f é chamada **côncava para baixo** em I.

Notação
Usamos a abreviatura CC para côncavo para cima e CB para côncavo para baixo.

A Figura 8 mostra o gráfico de uma função que é côncava para cima (CC) nos intervalos (b, c), (d, e) e (e, p), e côncava para baixo (CB) nos intervalos (a, b), (c, d) e (p, q).

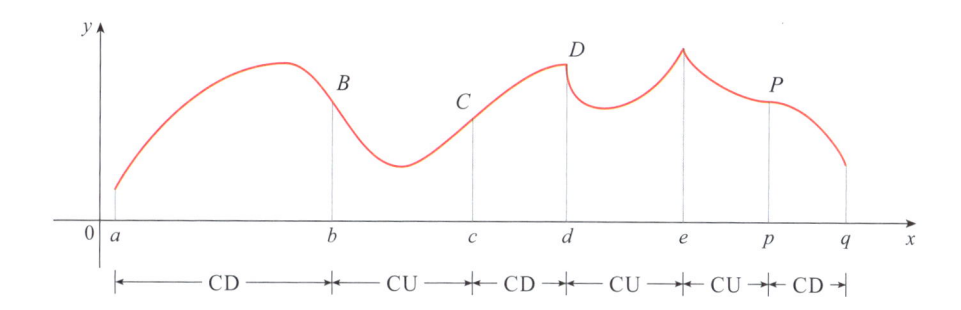

FIGURA 8

Vamos observar como a segunda derivada nos ajuda a determinar os intervalos de concavidade. Olhando para a Figura 7(a), você pode ver que, indo da esquerda para a direita, a inclinação da tangente cresce. Isso significa que a derivada f' é uma função crescente e, consequentemente, sua derivada f'' é positiva. Da mesma forma, na Figura 7(b) a inclinação da tangente decresce da esquerda para a direita; logo, f' decresce e, portanto, f'' é negativa. Esse raciocínio pode ser invertido e sugere que o teorema a seguir é verdadeiro. Uma demonstração é dada no Apêndice F, a qual usa o Teorema do Valor Médio.

> **Teste da Concavidade**
> (a) Se $f''(x) > 0$ para todo x em I, então o gráfico de f é côncavo para cima em I.
> (b) Se $f''(x) < 0$ para todo x em I, então o gráfico de f é côncavo para baixo em I.

EXEMPLO 4 A Figura 9 mostra um gráfico da população de abelhas cipriotas criadas em um apiário. Como aumenta a taxa populacional? Quando essa taxa é mais alta? Sobre quais intervalos P é côncavo para cima ou côncavo para baixo?

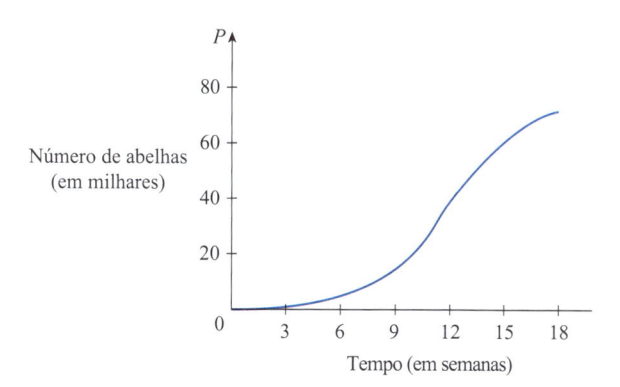

FIGURA 9

SOLUÇÃO Examinando a inclinação da curva quando t cresce, vemos que a taxa de aumento populacional é inicialmente muito pequena, então se torna maior até atingir o máximo em cerca de $t = 12$ semanas e decresce até a população se estabilizar. À medida

276   CÁLCULO

que a população tende a seu valor máximo de cerca de 75.000 (chamada *capacidade de suporte*), a taxa de aumento, $P'(t)$, tende a 0. A curva parece ser côncava para cima em $(0, 12)$ e côncava para baixo em $(12, 18)$. ∎

No Exemplo 4, a curva populacional varia de côncava para cima a côncava para baixo aproximadamente no ponto $(12, 38.000)$. Este ponto é chamado de *ponto de inflexão* da curva. O significado desse ponto é que a taxa de crescimento populacional tem ali seu valor máximo. Em geral, um ponto de inflexão é aquele em que uma curva muda a direção de sua concavidade.

> **Definição** Um ponto P na curva $y = f(x)$ é chamado **ponto de inflexão** se f é contínua no ponto e a curva mudar de côncava para cima para côncava para baixo ou vice-versa em P.

Por exemplo, na Figura 8, B, C, D e P são os pontos de inflexão. Observe que se uma curva tiver uma tangente em um ponto de inflexão, então a curva cruza sua tangente aí.

Em vista do Teste da Concavidade, há um ponto de inflexão sempre que a função é contínua e a segunda derivada mudar de sinal.

EXEMPLO 5 Esboce um gráfico possível de uma função f que satisfaça as seguintes condições:

(i) $f'(x) > 0$ em $(-\infty, 1)$, $f'(x) < 0$ em $(1, \infty)$

(ii) $f''(x) > 0$ em $(-\infty, -2)$ e $(2, \infty)$, $f''(x) < 0$ em $(-2, 2)$

(iii) $\lim_{x \to -\infty} f(x) = -2$, $\lim_{x \to \infty} f(x) = 0$

SOLUÇÃO A condição (i) nos diz que f cresce em $(-\infty, 1)$ e decresce em $(1, \infty)$. A condição (ii) diz que f é côncava para cima em $(-\infty, -2)$ e $(2, \infty)$, e côncava para baixo em $(-2, 2)$. Da condição (iii) sabemos que o gráfico de f tem duas assíntotas horizontais: $y = -2$ (à esquerda) e $y = 0$ (à direita).

Primeiro, traçamos a assíntota horizontal $y = -2$ (à esquerda) como uma linha tracejada (veja a Figura 10). Então fazemos o gráfico de f tendendo a essa assíntota no extremo esquerdo, crescente até seu máximo no ponto $x = 1$ e decrescente em direção ao eixo x na extremidade direita. Nós também nos asseguramos de que o gráfico tem pontos de inflexão quando $x = -2$ e 2. Observe que fizemos a curva encurvada para cima para $x < -2$ e $x > 2$, e para baixo quando x está entre -2 e 2. ∎

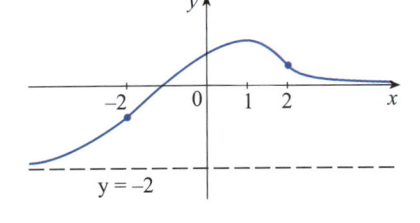

FIGURA 10

■ O Teste da Segunda Derivada

Outra aplicação da segunda derivada é o teste a seguir para identificar valores máximo e mínimo locais. Ele é uma consequência do Teste da Concavidade e serve como alternativa ao Teste da Primeira Derivada.

> **Teste da Segunda Derivada** Suponha que f'' seja contínua na proximidade de c.
> (a) Se $f'(c) = 0$ e $f''(c) > 0$, então f tem um mínimo local em c.
> (b) Se $f'(c) = 0$ e $f''(c) < 0$, então f tem um máximo local em c.

Por exemplo, a parte (a) é verdadeira, pois $f''(x) > 0$ próximo a c e, portanto, f é côncava para cima próximo de c. Isso significa que o gráfico de f se situa *acima* de sua tangente horizontal em c, de modo que f tem um mínimo local em c. (Veja a Figura 11.)

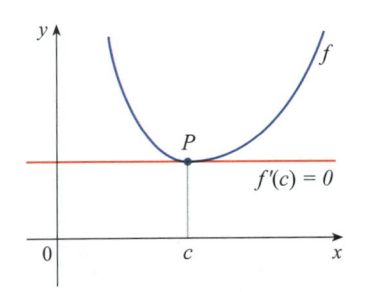

FIGURA 11
$f''(c) > 0$, f é côncavo para cima.

OBSERVAÇÃO O Teste da Segunda Derivada não é conclusivo quando $f''(c) = 0$. Em outras palavras, em um ponto no qual isso ocorra pode haver um máximo, um mínimo ou nenhum dos dois. Esse teste também falha quando $f''(c)$ não existe. Em tais casos, o

Teste da Primeira Derivada deve ser usado. De fato, mesmo quando se pode aplicar ambos os testes, o Teste da Primeira Derivada é frequentemente o mais fácil de usar.

EXEMPLO 6 Examine a curva $y = x^4 - 4x^3$ em relação à concavidade, aos pontos de inflexão e mínimos e máximos locais.

SOLUÇÃO Se $f(x) = x^4 - 4x^3$, então

$$f'(x) = 4x^3 - 12x^2 = 4x^2(x-3)$$

$$f''(x) = 12x^2 - 24x = 12x(x-2)$$

Para encontrarmos os números críticos, fazemos $f'(x) = 0$ e obtemos $x = 0$ e $x = 3$. (Observe que f' é um polinômio e, portanto, está sempre definida.) Para usar o Teste da Segunda Derivada, calculamos f'' nesses pontos críticos:

$$f''(0) = 0 \qquad f''(3) = 36 > 0$$

Uma vez que $f'(3) = 0$ e $f''(3) > 0$, $f(3) = -27$ é um mínimo local. Como $f''(0) = 0$, o Teste da Segunda Derivada não fornece informações sobre o número crítico 0. Mas, uma vez que $f'(x) < 0$ para $x < 0$ e também para $0 < x < 3$, o Teste da Primeira Derivada nos diz que f não tem um máximo ou mínimo local em 0.

Como $f''(x) = 0$ quando $x = 0$ ou 2, dividimos a reta real em intervalos com esses números como extremidades e completamos a seguinte tabela.

Intervalo	$f''(x) = 12x(x-2)$	Concavidade
$(-\infty, 0)$	+	para cima
$(0, 2)$	−	para baixo
$(2, \infty)$	+	para cima

O ponto $(0, 0)$ é um ponto de inflexão, porque a curva muda de côncava para cima para côncava para baixo aí. Também $(2, -16)$ é um ponto de inflexão, porque é ali que a curva muda de côncava para baixo para côncava para cima.

O gráfico de $y = x^4 - 4x^3$ na Figura 12 confirma nossas conclusões. ∎

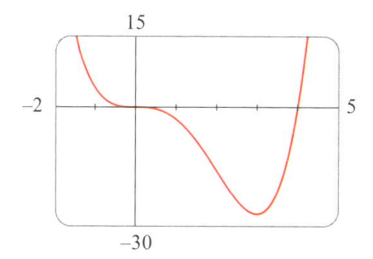

FIGURA 12
$y = x^4 - 4x^3$

■ Esboço de curvas

Usaremos agora as informações que nos são fornecidas pela primeira e pela segunda derivadas para esboçar o gráfico de uma função.

EXEMPLO 7 Esboce o gráfico da função $f(x) = x^{2/3}(6-x)^{1/3}$.

SOLUÇÃO Primeiro observe que o domínio de f é $\mathbb{R}$. O cálculo das duas primeiras derivadas dá

$$f'(x) = \frac{4-x}{x^{1/3}(6-x)^{2/3}} \qquad f''(x) = \frac{-8}{x^{4/3}(6-x)^{5/3}}$$

Use as regras de diferenciação para validar estes cálculos.

Uma vez que $f'(x) = 0$ quando $x = 4$ e $f'(x)$ não existe quando $x = 0$ ou $x = 6$, os números críticos são 0, 4 e 6.

Intervalo	$4 - x$	$x^{1/3}$	$(6-x)^{2/3}$	$f'(x)$	f
$x < 0$	+	−	+	−	decrescente em $(-\infty, 0)$
$0 < x < 4$	+	+	+	+	crescente em $(0, 4)$
$4 < x < 6$	−	+	+	−	decrescente em $(4, 6)$
$x > 6$	−	+	+	−	decrescente em $(6, \infty)$

Para encontrarmos os valores extremos locais, usamos o Teste da Primeira Derivada. Uma vez que o sinal de f' muda de negativo para positivo em 0, $f(0) = 0$ é um mínimo local. Já que o sinal de f' muda de positivo para negativo em 4, $f(4) = 2^{5/3}$ é um máximo local. O sinal de f' não muda em 6; logo, não há nem mínimo, nem máximo aí. (O Teste de Segunda Derivada poderia ser usado em 4, mas não em 0 ou 6, porque f'' não existe aí.)

Examinando a expressão para $f''(x)$ e observando que $x^{4/3} \geq 0$ para todo x, temos $f''(x) < 0$ para $x < 0$ e para $0 < x < 6$ e $f''(x) > 0$ para $x > 6$. Logo, f é côncava para baixo em $(-\infty, 0)$ e $(0, 6)$ e côncava para cima em $(6, \infty)$, e o único ponto de inflexão é $(6, 0)$. Usando todas as informações que coletamos sobre f a partir de sua primeira e de sua segunda derivadas, traçamos o gráfico da Figura 13. Observe que a curva tem tangentes verticais em $(0, 0)$ e $(6, 0)$, pois $|f'(x)| \to \infty$ quando $x \to 0$ e quando $x \to 6$.

Tente reproduzir o gráfico da Figura 13 com uma calculadora gráfica ou um computador. Alguns aplicativos mostram o gráfico completo, outros mostram apenas a porção que está à direita do eixo y e há também aqueles que mostram apenas o trecho entre $x = 0$ e $x = 6$. Para obter uma explicação sobre esse comportamento, veja o Exemplo 7 do tópico *"Graphing Calculators and Computers"* disponível em www.StewartCalculus.com.

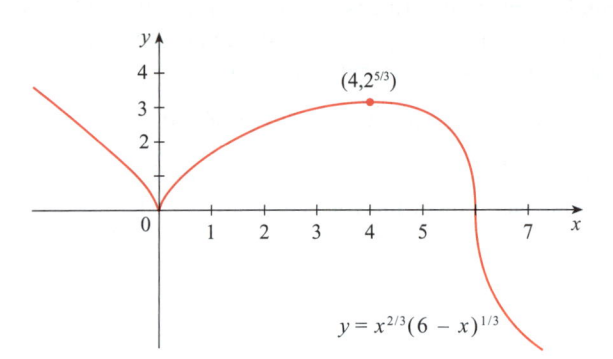

FIGURA 13

EXEMPLO 8 Use a primeira e a segunda derivadas de $f(x) = e^{1/x}$, junto com as assíntotas, para esboçar seu gráfico.

SOLUÇÃO Observe que o domínio de f é $\{x \mid x \neq 0\}$; portanto, verificamos a existência de assíntotas verticais calculando os limites à esquerda e à direita quando $x \to 0$. Quando $x \to 0^+$, sabemos que $t = 1/x \to \infty$, logo

$$\lim_{x \to 0^+} e^{1/x} = \lim_{t \to \infty} e^t = \infty$$

e isso mostra que $x = 0$ é uma assíntota vertical. Quando $x \to 0^-$, temos $t = 1/x \to -\infty$, de modo que

$$\lim_{x \to 0^-} e^{1/x} = \lim_{t \to -\infty} e^t = 0$$

Quando $x \to \pm\infty$, temos $1/x \to 0$; logo,

$$\lim_{x \to \pm\infty} e^{1/x} = e^0 = 1$$

Isso mostra que $y = 1$ é uma assíntota horizontal (tanto à esquerda quanto à direita).

Agora, vamos calcular a derivada. A Regra da Cadeia dá

$$f'(x) = -\frac{e^{1/x}}{x^2}$$

Uma vez que $e^{1/x} > 0$ e $x^2 > 0$ para todo $x \neq 0$, temos $f'(x) < 0$ para todo $x \neq 0$. Assim, f é decrescente em $(-\infty, 0)$ e em $(0, \infty)$. Não há número crítico; logo, a função não tem valores máximo e mínimo locais. A segunda derivada é

$$f''(x) = -\frac{x^2 e^{1/x}(-1/x^2) - e^{1/x}(2x)}{x^4} = \frac{e^{1/x}(2x+1)}{x^4}$$

Uma vez que $e^{1/x} > 0$ e $x^4 > 0$, temos $f''(x) > 0$ quando $x > -\frac{1}{2}$ ($x \neq 0$) e $f''(x) < 0$ quando $x < -\frac{1}{2}$. Portanto, a curva é côncava para baixo em $\left(-\infty, -\frac{1}{2}\right)$ e côncava para cima em $\left(-\frac{1}{2}, 0\right)$ e em $(0, \infty)$. Há um ponto de inflexão: $\left(-\frac{1}{2}, e^{-2}\right)$.

Para esboçarmos o gráfico de f, primeiro desenhamos a assíntota horizontal $y = 1$ (como uma linha tracejada), com as partes da curva próxima da assíntota em um esboço preliminar [Figura 14(a)]. Essas partes refletem a informação relativa aos limites e o fato de que f é decrescente tanto em $(-\infty, 0)$ como em $(0, \infty)$. Observe que indicamos que $f(x) \to 0$ quando $x \to 0^-$ mesmo que $f(0)$ não exista. Na Figura 14(b) terminamos o esboço incorporando a informação relativa à concavidade e ao ponto de inflexão. Na Figura 14(c) verificamos nosso trabalho com um computador.

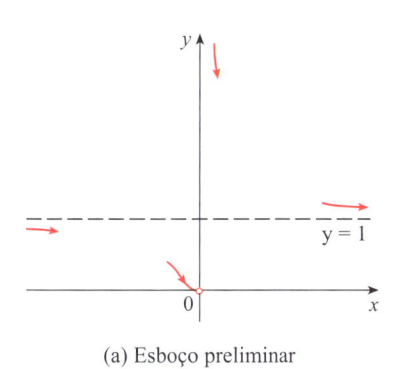

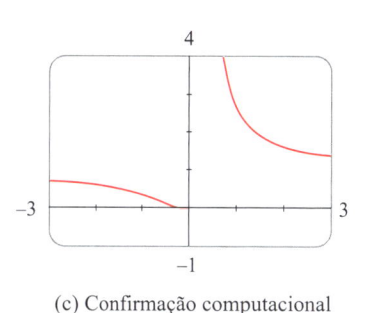

(a) Esboço preliminar (b) Esboço acabado (c) Confirmação computacional

FIGURA 14

4.3 | Exercícios

1-2 Use o gráfico dado de f para encontrar o seguinte:
(a) Os intervalos abertos nos quais f é crescente.
(b) Os intervalos abertos nos quais f é decrescente.
(c) Os intervalos abertos nos quais f é côncava para cima.
(d) Os intervalos abertos nos quais f é côncava para baixo.
(e) As coordenadas dos pontos de inflexão.

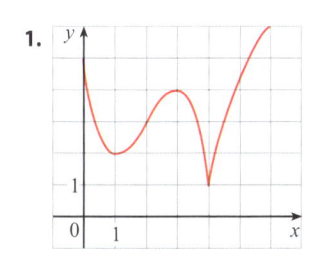

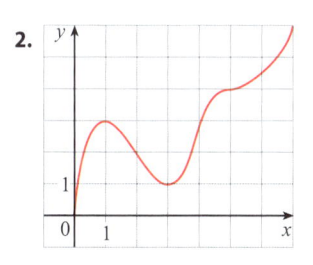

1. **2.**

3. Suponha que lhe foi dada uma fórmula para uma função f.
(a) Como você determina onde f é crescente ou decrescente?
(b) Como você determina onde o gráfico de f é côncavo para cima ou para baixo?
(c) Como você localiza os pontos de inflexão?

4. (a) Enuncie o Teste da Primeira Derivada.
(b) Enuncie o Teste da Segunda Derivada. Em que circunstância ele é inconclusivo? O que você faz se ele falha?

5-6 O gráfico da *derivada* f' de uma função f é mostrado.
(a) Em quais intervalos f é crescente ou decrescente?
(b) Em que valores de x a função f tem um mínimo ou máximo local?

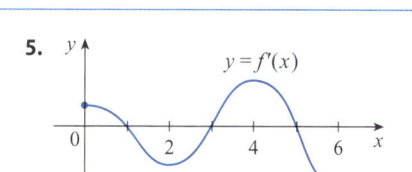

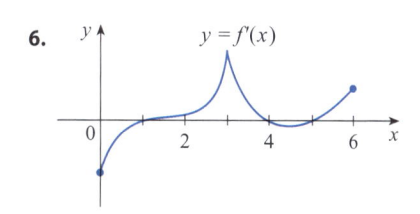

5.

6.

7. Em cada item, indique as coordenadas x dos pontos de inflexão de f. Dê razões para suas escolhas.
(a) Esta curva é o gráfico de f.
(b) Esta curva é o gráfico de f'.
(c) Esta curva é o gráfico de f''.

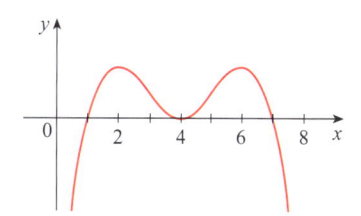

8. O gráfico da primeira derivada f' de uma função f é mostrado.
(a) Em que intervalos f está crescendo? Explique.
(b) Em que valores de x a função f tem um mínimo ou máximo local? Explique.

(c) Em que intervalos f é côncava para cima ou para baixo? Explique.
(d) Quais são as coordenadas dos pontos de inflexão de f? Por quê?

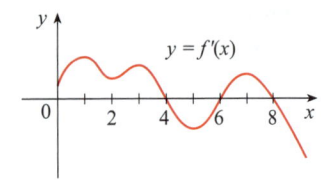

9-16 Encontre os intervalos nos quais f é crescente ou decrescente e encontre os valores máximo e mínimo locais de f.

9. $f(x) = 2x^3 - 15x^2 + 24x - 5$

10. $f(x) = x^3 - 6x^2 - 135x$

11. $f(x) = 6x^4 - 16x^3 + 1$ **12.** $f(x) = x^{2/3}(x - 3)$

13. $f(x) = \dfrac{x^2 - 24}{x - 5}$ **14.** $f(x) = x + \dfrac{4}{x^2}$

15. $f(x) = \operatorname{sen} x + \cos x, \quad 0 \le x \le 2\pi$

16. $f(x) = x^4 e^{-x}$

17-22 Determine os intervalos em que f tem concavidade voltada para cima ou para baixo e determine os pontos de inflexão de f.

17. $f(x) = x^3 - 3x^2 - 9x + 4$

18. $f(x) = 2x^3 - 9x^2 + 12x - 3$

19. $f(x) = \operatorname{sen}^2 x - \cos 2x, \quad 0 \le x \le \pi$

20. $f(x) = \ln(2 + \operatorname{sen} x), \quad 0 \le x \le 2\pi$

21. $f(x) = \ln(x^2 + 5)$ **22.** $f(x) = \dfrac{e^x}{e^x + 2}$

23-28
(a) Determine os intervalos em que f é crescente ou decrescente.
(b) Determine os valores máximos e mínimos locais de f.
(c) Determine os intervalos de concavidade e os pontos de inflexão de f.

23. $f(x) = x^4 - 2x^2 + 3$ **24.** $f(x) = \dfrac{x}{x^2 + 1}$

25. $f(x) = x^2 - x - \ln x$ **26.** $f(x) = x^2 \ln x$

27. $f(x) = xe^{2x}$

28. $f(x) = \cos^2 x - 2 \operatorname{sen} x, \quad 0 \le x \le 2\pi$

29-30 Encontre os valores máximo e mínimo locais de f usando os Testes da Primeira e da Segunda Derivadas. Qual método você prefere?

29. $f(x) = 1 + 3x^2 - 2x^3$ **30.** $f(x) = \dfrac{x^2}{x - 1}$

31. Suponha que a derivada de uma função f seja dada por
$$f'(x) = (x - 4)^2 (x + 3)^7 (x - 5)^8$$
Em que intervalo(s) f é crescente?

32. (a) Encontre os números críticos de $f(x) = x^4(x - 1)^3$.
(b) O que o Teste da Segunda Derivada mostra para você sobre o comportamento de f nesses números críticos?

(c) O que mostra o Teste da Primeira Derivada?

33. Suponha que f'' seja contínua em $(-\infty, \infty)$.
(a) Se $f'(2) = 0$ e $f''(2) = -5$, o que podemos dizer sobre f?
(b) Se $f'(6) = 0$ e $f''(6) = 0$, o que podemos dizer sobre f?

34-41 Esboce o gráfico de uma função que satisfaça a todas as condições dadas.

34. (a) $f'(x) < 0$ e $f''(x) < 0$ para todo x
(b) $f'(x) > 0$ e $f''(x) > 0$ para todo x

35. (a) $f'(x) > 0$ e $f''(x) < 0$ para todo x
(b) $f'(x) < 0$ e $f''(x) > 0$ para todo x

36. Assíntota vertical $x = 0$, $f'(x) > 0$ se $x < -2$,
$f'(x) < 0$ se $x > -2$ $(x \ne 0)$,
$f''(x) < 0$ se $x < 0$, $f''(x) > 0$ se $x > 0$

37. $f'(0) = f'(2) = f'(4) = 0$,
$f'(x) > 0$ se $x < 0$ ou $2 < x < 4$,
$f'(x) < 0$ se $0 < x < 2$ ou $x > 4$,
$f''(x) > 0$ se $1 < x < 3$, $f''(x) < 0$ se $x < 1$ ou $x > 3$

38. $f'(x) > 0$ para todo $x \ne 1$, assíntota vertical $x = 1$,
$f''(x) > 0$ se $x < 1$ ou $x > 3$, $f''(x) < 0$ se $1 < x < 3$

39. $f'(5) = 0$, $f'(x) < 0$ quando $x < 5$,
$f'(x) > 0$ quando $x > 5$, $f''(2) = 0$, $f''(8) = 0$,
$f''(x) < 0$ quando $x < 2$ ou $x > 8$,
$f''(x) > 0$ para $2 < x < 8$, $\lim\limits_{x \to \infty} f(x) = 3$, $\lim\limits_{x \to -\infty} f(x) = 3$

40. $f'(0) = f'(4) = 0$, $f'(x) = 1$ se $x < -1$,
$f'(x) > 0$ se $0 < x < 2$,
$f'(x) < 0$ se $-1 < x < 0$ ou $2 < x < 4$ ou $x > 4$,
$\lim\limits_{x \to 2^-} f'(x) = \infty$, $\lim\limits_{x \to 2^+} f'(x) = -\infty$
$f''(x) > 0$ se $-1 < x < 2$ ou $2 < x < 4$,
$f''(x) < 0$ se $x > 4$

41. $f'(x) > 0$ se $x \ne 2$, $f''(x) > 0$ se $x < 2$,
$f''(x) < 0$ se $x > 2$, f ponto de inflexão em $(2, 5)$,
$\lim\limits_{x \to \infty} f(x) = 8$, $\lim\limits_{x \to -\infty} f(x) = 0$

42. É mostrado o gráfico da função $y = f(x)$. Em qual(is) ponto(s) o seguinte é verdadeiro?
(a) $\dfrac{dy}{dx}$ e $\dfrac{d^2 y}{dx^2}$ são ambas positivas.
(b) $\dfrac{dy}{dx}$ e $\dfrac{d^2 y}{dx^2}$ são ambas negativas.
(c) $\dfrac{dy}{dx}$ é negativa, mas $\dfrac{d^2 y}{dx^2}$ é positiva.

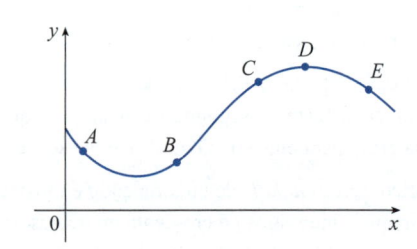

43-44 O gráfico da derivada f' de uma função contínua f está mostrado.
(a) Em que intervalos f está crescendo? E decrescendo?

(b) Em que valores de x a função f tem um máximo local? E um mínimo local?
(c) Em que intervalos f é côncava para cima? E côncava para baixo?
(d) Indique as coordenadas x dos pontos de inflexão.
(e) Supondo que $f(0) = 0$, esboce um possível gráfico de f.

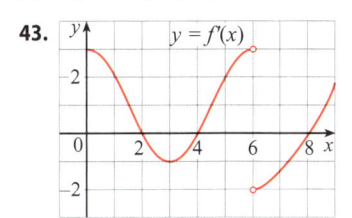

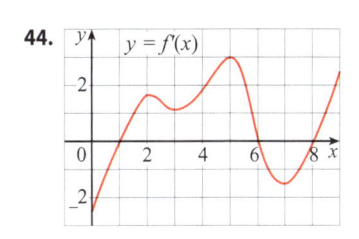

43.

44.

45-58
(a) Encontre os intervalos em que a função é crescente ou decrescente.
(b) Encontre os valores máximos ou mínimos locais.
(c) Encontre os intervalos de concavidade e os pontos de inflexão.
(d) Use as informações das partes (a)-(c) para esboçar o gráfico. Verifique seu trabalho com uma calculadora gráfica ou um computador.

45. $f(x) = x^3 - 3x^2 + 4$
46. $f(x) = 36x + 3x^2 - 2x^3$
47. $f(x) = \frac{1}{2}x^4 - 4x^2 + 3$
48. $g(x) = 200 + 8x^3 + x^4$
49. $g(t) = 3t^4 - 8t^3 + 12$
50. $h(x) = 5x^3 - 3x^5$
51. $f(z) = z^7 - 112z^2$
52. $f(x) = (x^2 - 4)^3$
53. $F(x) = x\sqrt{6 - x}$
54. $G(x) = 5x^{2/3} - 2x^{5/3}$
55. $C(x) = x^{1/3}(x + 4)$
56. $f(x) = \ln(x^2 + 9)$
57. $f(\theta) = 2\cos\theta + \cos^2\theta$, $0 \leq \theta \leq 2\pi$
58. $S(x) = x - \text{sen } x$, $0 \leq x \leq 4\pi$

59-66
(a) Encontre as assíntotas verticais e horizontais.
(b) Encontre os intervalos nos quais a função é crescente ou decrescente.
(c) Encontre os valores máximos e mínimos locais.
(d) Encontre os intervalos de concavidade e os pontos de inflexão.
(e) Use a informação das partes (a)-(d) para esboçar o gráfico de f.

59. $f(x) = 1 + \frac{1}{x} - \frac{1}{x^2}$
60. $f(x) = \frac{x^2 - 4}{x^2 + 4}$
61. $f(x) = e^{-2/x}$
62. $f(x) = \frac{e^x}{1 - e^x}$
63. $f(x) = e^{-x^2}$
64. $f(x) = x - \frac{1}{6}x^2 - \frac{2}{3}\ln x$
65. $f(x) = \ln(1 - \ln x)$
66. $f(x) = e^{\text{arctg } x}$

67-68 Use os métodos dessa seção para esboçar os gráficos de vários membros de cada família de curvas fornecida. O que os membros da família têm em comum? Em que eles diferem?

67. $f(x) = x^4 - cx$, $c > 0$
68. $f(x) = x^3 - 3c^2x + 2c^3$, $c > 0$

69-70
(a) Use um gráfico de f para estimar os valores máximo e mínimo. Então, encontre os valores exatos.
(b) Estime o valor de x em que f cresce mais rapidamente. Então, encontre o valor exato.

69. $f(x) = \dfrac{x + 1}{\sqrt{x^2 + 1}}$
70. $f(x) = x^2 e^{-x}$

71-72
(a) Use um gráfico de f para estimar aproximadamente os intervalos de concavidade e as coordenadas dos pontos de inflexão.
(b) Use um gráfico de f'' para dar uma estimativa melhor.

71. $f(x) = \text{sen } 2x + \text{sen } 4x$, $0 \leq x \leq \pi$
72. $f(x) = (x - 1)^2(x + 1)^3$

T 73-74 Estime os intervalos de concavidade com precisão de uma casa decimal usando um sistema de computação algébrica para calcular e fazer o gráfico de f''.

73. $f(x) = \dfrac{x^4 + x^3 + 1}{\sqrt{x^2 + x + 1}}$
74. $f(x) = \dfrac{x^2 \text{tg}^{-1} x}{1 + x^3}$

75. É dado o seguinte gráfico de uma população de células de levedura em uma nova cultura de laboratório em função do tempo.

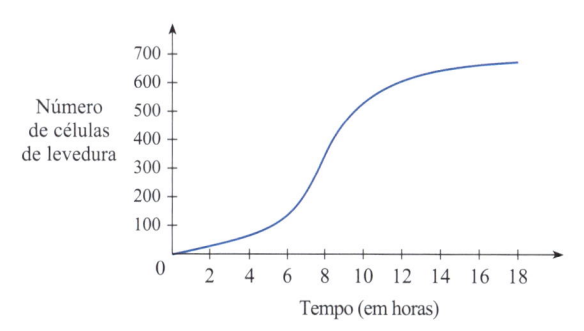

(a) Descreva como varia a taxa de crescimento populacional.
(b) Quando a taxa é mais alta?
(c) Em quais intervalos a função população é côncava para cima ou para baixo?
(d) Estime as coordenadas do ponto de inflexão.

76. Em um episódio da série de TV *Os Simpsons*, Homer lê em um jornal e anuncia: "Tenho boas notícias! De acordo com esse artigo muito interessante, as notas do ENEM estão caindo em um ritmo mais lento". Interprete a observação de Homer em termos de uma função e de sua primeira e sua segunda derivadas.

77. O presidente anuncia que o déficit do país está crescendo, mas a uma taxa declinante. Interprete essa afirmação em termos de uma função e de sua primeira e sua segunda derivadas.

78. Seja $f(t)$ a temperatura no instante t onde você mora e suponha que no instante $t = 3$ você se sinta desconfortavelmente quente. Como você se sente em relação às informações dadas em cada caso?

(a) $f'(3) = 2$, $f''(3) = 4$
(b) $f'(3) = 2$, $f''(3) = -4$
(c) $f'(3) = -2$, $f''(3) = 4$
(d) $f'(3) = -2$, $f''(3) = -4$

79. Seja $K(t)$ uma medida do conhecimento adquirido por você ao estudar t horas para um teste. Qual será maior: $K(8) - K(7)$ ou $K(3) - K(2)$? O gráfico de K é côncavo para cima ou para baixo? Por quê?

80. A caneca mostrada na figura está sendo enchida com café a uma taxa constante (medida em volume por unidade de tempo). Esboce um gráfico da profundidade do café na caneca como uma função do tempo. Forneça uma explicação para o formato do gráfico em termos de concavidade. Qual o significado do ponto de inflexão?

81. Uma *curva dose-resposta* descreve o nível de medicamento na corrente sanguínea depois de uma droga ser administrada. Uma função onda $S(t) = At^p e^{-kt}$ é usada frequentemente para modelar a curva de resposta, refletindo uma oscilação inicial acentuada no nível da droga e então um declínio gradual. Se, para uma droga específica, $A = 0{,}01$, $p = 4$, $k = 0{,}07$ e t for medido em minutos, estime o tempo correspondente aos pontos de inflexão e explique seu significado. Em seguida, trace a curva de resposta à droga.

82. Função Densidade de Probabilidade Normal A família das curvas em forma de sino

$$y = \frac{1}{\sigma\sqrt{2\pi}} e^{-(x-\mu)^2/(2\sigma^2)}$$

ocorre em probabilidade e estatística, nas quais ela é chamada *função densidade normal*. A constante μ é denominada *média*, e a constante positiva σ é conhecida como *desvio padrão*. Por simplicidade, mudamos a escala da função de forma a remover o fator $1/(\sigma\sqrt{2\pi})$ e vamos analisar o caso especial onde $\mu = 0$. Logo, estudamos a função

$$f(x) = e^{-x^2/(2\sigma^2)}$$

(a) Encontre a assíntota, o valor máximo e os pontos de inflexão de f.
(b) Que papel desempenha σ no formato da curva?
(c) Ilustre, fazendo o gráfico de quatro membros dessa família sobre a mesma tela.

83. Encontre uma função cúbica $f(x) = ax^3 + bx^2 + cx + d$ que tenha um valor máximo local 3 em $x = -2$ e um valor mínimo local 0 em $x = 1$.

84. Para quais valores dos números a e b a função

$$f(x) = axe^{bx^2}$$

tem como valor máximo $f(2) = 1$?

85. Mostre que a curva $y = (1 + x)/(1 + x^2)$ tem três pontos de inflexão e todos ficam sobre uma mesma reta.

86. Mostre que as curvas $y = e^{-x}$ e $y = -e^{-x}$ tocam a curva $y = e^{-x} \operatorname{sen} x$ em seu ponto de inflexão.

87. Mostre que os pontos de inflexão da curva $y = x \operatorname{sen} x$ estão sobre a curva $y^2(x^2 + 4) = 4x^2$.

88-90 Suponha que todas as funções sejam duas vezes deriváveis e que as segundas derivadas nunca sejam nulas.

88. (a) Se f e g forem côncavas para cima em um intervalo I, mostre que $f + g$ é côncavo para cima em I.
(b) Se f for positiva e côncava para cima em I, mostre que a função $g(x) = [f(x)]^2$ é côncava para cima em I.

89. (a) Se f e g forem funções positivas, crescentes e côncavas para cima em um intervalo I, mostre que a função produto fg é côncava para cima em I.
(b) Mostre que a parte (a) permanece verdadeira mesmo que f e g sejam ambas decrescentes.
(c) Suponha que f seja crescente e g, decrescente. Mostre, dando três exemplos, que fg pode ser côncava para cima, côncava para baixo ou linear. Por que os argumentos empregados nas partes (a) e (b) não podem ser usados neste caso?

90. Suponha que f e g sejam ambas côncavas para cima em $(-\infty, \infty)$. Sob que condições em f a função composta $h(x) = f(g(x))$ será côncava para cima?

91. Mostre que uma função cúbica (um polinômio de terceiro grau) sempre tem exatamente um ponto de inflexão. Se seu gráfico tem três intersecções com o eixo x, x_1, x_2 e x_3, mostre que a coordenada x do ponto de inflexão é $(x_1 + x_2 + x_3)/3$.

92. Para quais valores de c o polinômio $P(x) = x^4 + cx^3 + x^2$ tem dois pontos de inflexão? E um ponto de inflexão? E nenhum? Ilustre traçando o gráfico de P para vários valores de c. Como o gráfico muda quando c decresce?

93. Demonstre que se $(c, f(c))$ for um ponto de inflexão do gráfico de f se f'' existir em um intervalo aberto contendo c, então $f''(c) = 0$. [*Dica*: Aplique o Teste da Primeira Derivada e o Teorema de Fermat à função $g = f'$.]

94. Mostre que se $f(x) = x^4$, então $f''(0) = 0$, mas $(0, 0)$ não é um ponto de inflexão do gráfico de f.

95. Mostre que a função $g(x) = x|x|$ tem um ponto de inflexão em $(0, 0)$, mas $g''(0)$ não existe.

96. Suponha que f''' seja contínua e $f'(c) = f''(c) = 0$, mas $f'''(c) > 0$. A função f tem um mínimo ou máximo local em c? A função f apresenta um ponto de inflexão em c?

97. Suponha que f seja derivável em um intervalo I e $f'(x) > 0$ para todos os números x em σ, exceto para um único número c. Prove que f é crescente em todo o intervalo I.

98. Para quais valores de c a função

$$f(x) = cx + \frac{1}{x^2 + 3}$$

é crescente $(-\infty, \infty)$?

99. Os três casos no Teste da Primeira Derivada cobrem as situações encontradas usualmente, mas não esgotam todas as possibilidades. Considere as funções f, g e h cujos valores em 0 são todos 0 e, para $x \neq 0$,

$$f(x) = x^4 \operatorname{sen}\frac{1}{x} \quad g(x) = x^4\left(2 + \operatorname{sen}\frac{1}{x}\right)$$
$$h(x) = x^4\left(-2 + \operatorname{sen}\frac{1}{x}\right)$$

(a) Mostre que 0 é um número crítico de todas as três funções, mas suas derivadas mudam de sinal infinitas vezes em ambos os lados de 0.
(b) Mostre que f não tem um máximo nem um mínimo local em 0, que g tem um mínimo local e que h tem um máximo local.

4.4 | Formas Indeterminadas e Regra de l'Hôspital

Suponha que estejamos tentando analisar o comportamento da função

$$F(x) = \frac{\ln x}{x-1}$$

Apesar de F não estar definida em $x = 1$, precisamos saber como F se comporta próximo a 1. Em particular, gostaríamos de saber o valor do limite

[1]
$$\lim_{x \to 1} = \frac{\ln x}{x-1}$$

No cálculo desse limite não podemos aplicar a Propriedade 5 dos Limites (o limite de um quociente é o quociente dos limites; veja a Seção 2.3), pois o limite do denominador é 0. De fato, embora o limite em (1) exista, seu valor não é óbvio, porque tanto o numerador como o denominador tendem a 0 e $\frac{0}{0}$ não está definido.

■ Formas indeterminadas (dos Tipos $\frac{0}{0}$ e $\frac{\infty}{\infty}$)

Em geral, se tivermos um limite da forma

$$\lim_{x \to a} = \frac{f(x)}{g(x)}$$

em que $f(x) \to 0$ e $g(x) \to 0$ quando $x \to a$, então o limite pode ou não existir, e é chamado **forma indeterminada do tipo** $\frac{0}{0}$. Encontramos alguns limites desse tipo no Capítulo 2. Para funções racionais, podemos cancelar os fatores comuns:

$$\lim_{x \to 1} \frac{x^2 - x}{x^2 - 1} = \lim_{x \to 1} \frac{x(x-1)}{(x+1)(x-1)} = \lim_{x \to 1} \frac{x}{x+1} = \frac{1}{2}$$

Na Seção 3.3, usamos um argumento geométrico para mostrar que

$$\lim_{x \to 0} \frac{\operatorname{sen} x}{x} = 1$$

Mas esses métodos não funcionam para limites tais como (1).

Outra situação na qual um limite não é óbvio ocorre quando procuramos uma assíntota horizontal de F e precisamos calcular o limite

[2]
$$\lim_{x \to \infty} \frac{\ln x}{x-1}$$

Não é óbvio como calcular esse limite, pois tanto o numerador como o denominador tornam-se muito grandes quando $x \to \infty$. Há uma disputa entre o numerador e o denominador. Se o numerador ganhar, o limite será ∞ (o numerador estava crescendo significativamente mais rápido que o denominador); se o denominador ganhar, a resposta será 0. Ou pode haver algum equilíbrio e, nesse caso, a resposta será algum número positivo finito.

Em geral, se tivermos um limite da forma

$$\lim_{x \to a} \frac{f(x)}{g(x)}$$

em que $f(x) \to \infty$ (ou $-\infty$) e $g(x) \to \infty$ (ou $-\infty$), então o limite pode ou não existir, e é chamado **forma indeterminada do tipo** $\frac{\infty}{\infty}$. Vimos na Seção 2.6 que esse tipo de limite pode ser calculado para certas funções – incluindo as racionais – dividindo o numerador e o denominador pela potência mais alta de x que ocorre no denominador. Por exemplo,

$$\lim_{x \to \infty} \frac{x^2 - 1}{2x^2 + 1} = \lim_{x \to \infty} \frac{1 - \frac{1}{x^2}}{2 + \frac{1}{x^2}} = \frac{1 - 0}{2 + 0} = \frac{1}{2}$$

Esse método não funciona para um limite como (2).

■ Regra de l'Hôspital

Introduziremos agora um método sistemático, conhecido como Regra de l'Hôspital, para o cálculo de formas indeterminadas do tipo $\frac{0}{0}$ ou $\frac{\infty}{\infty}$.

> **Regra de l'Hôspital** Suponha que f e g sejam deriváveis e $g'(x) \neq 0$ em um intervalo aberto I que contém a (exceto possivelmente em a). Suponha que
>
> $$\lim_{x \to a} f(x) = 0 \quad \text{e} \quad \lim_{x \to a} g(x) = 0$$
>
> ou que
>
> $$\lim_{x \to a} f(x) = \pm \infty \quad \text{e} \quad \lim_{x \to a} g(x) = \pm \infty$$
>
> (Em outras palavras, temos uma forma indeterminada do tipo $\frac{0}{0}$ ou $\frac{\infty}{\infty}$.) Então
>
> $$\lim_{x \to a} \frac{f(x)}{g(x)} = \lim_{x \to a} \frac{f'(x)}{g'(x)}$$
>
> se o limite do lado direito existir (ou for ∞ ou $-\infty$).

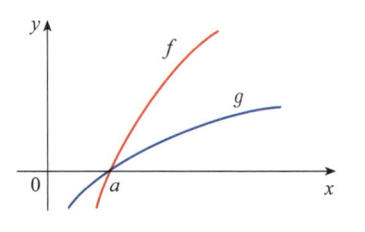

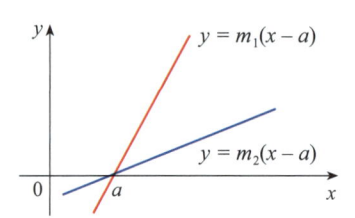

FIGURA 1

A Figura 1 sugere visualmente por que a Regra de l'Hôspital pode ser verdadeira. O primeiro gráfico mostra duas funções deriváveis f e g, que tendem a 0 quando $x \to a$. Se dermos um *zoom* em direção ao ponto $(a, 0)$, o gráfico começaria a parecer quase linear. Mas se as funções forem realmente lineares, como no segundo gráfico, então sua razão será

$$\frac{m_1(x-a)}{m_2(x-a)} = \frac{m_1}{m_2}$$

que é a razão de suas derivadas. Isso sugere que

$$\lim_{x \to a} \frac{f(x)}{g(x)} = \lim_{x \to a} \frac{f'(x)}{g'(x)}$$

OBSERVAÇÃO 1 A Regra de l'Hôspital diz que o limite de um quociente de funções é igual ao limite do quociente de suas derivadas, desde que as condições dadas estejam satisfeitas. É especialmente importante verificar as condições relativas aos limites de f e g antes de usar a Regra de l'Hôspital.

OBSERVAÇÃO 2 A Regra de l'Hôspital é válida também para os limites laterais e para os limites no infinito ou no infinito negativo; isto é, "$x \to a$" pode ser substituído por quaisquer dos símbolos a seguir: $x \to a^+$, $x \to a^-$, $x \to \infty$ ou $x \to -\infty$.

OBSERVAÇÃO 3 Para o caso especial no qual $f(a) = g(a) = 0$, f' e g' são contínuas, e $g'(a) \neq 0$, é fácil ver por que a Regra de l'Hôspital é verdadeira. De fato, usando a forma alternativa da definição de derivada (2.7.5), temos

L'Hôspital

A Regra de l'Hôspital é assim chamada em homenagem ao nobre francês Marquês de l'Hôspital (1661-1704), mas foi descoberta pelo matemático suíço John Bernoulli (1667-1748). Você pode encontrar algumas vezes l'Hôspital escrito como l'Hôpital, mas ele soletrava seu próprio nome como l'Hôspital, como era comum no século XVII. Veja o Exercício 85, que mostra o exemplo em que o marquês usou para ilustrar sua regra. Veja o projeto apresentado logo após esta seção para mais detalhes históricos.

$$\lim_{x \to a} \frac{f'(x)}{g'(x)} = \frac{f'(a)}{g'(a)} = \frac{\displaystyle\lim_{x \to a} \frac{f(x) - f(a)}{x - a}}{\displaystyle\lim_{x \to a} \frac{g(x) - g(a)}{x - a}} = \lim_{x \to a} \frac{\dfrac{f(x) - f(a)}{x - a}}{\dfrac{g(x) - g(a)}{x - a}}$$

$$= \lim_{x \to a} \frac{f(x) - f(a)}{g(x) - g(a)} = \lim_{x \to a} \frac{f(x)}{g(x)} \quad \text{[já que } f(a) = g(a) = 0\text{]}$$

É mais difícil demonstrar a versão geral da Regra de l'Hôspital. Veja o Apêndice F.

EXEMPLO 1 Encontre $\lim\limits_{x \to 1} \dfrac{\ln x}{x-1}$.

SOLUÇÃO Uma vez que

$$\lim_{x \to 1} \ln x = \ln 1 = 0 \quad \text{e} \quad \lim_{x \to 1} (x-1) = 0$$

o limite é uma forma indeterminada do tipo $\frac{0}{0}$, de modo que podemos aplicar a Regra de l'Hôspital:

$$\lim_{x \to 1} \frac{\ln x}{x-1} = \lim_{x \to 1} \frac{\dfrac{d}{dx}(\ln x)}{\dfrac{d}{dx}(x-1)} = \lim_{x \to 1} \frac{1/x}{1}$$

$$= \lim_{x \to 1} \frac{1}{x} = 1$$

> Lembre-se de que quando usamos a Regra de l'Hôspital, derivamos o numerador e o denominador *separadamente*. Nós *não* usamos a Regra do Quociente.

EXEMPLO 2 Calcule $\lim\limits_{x \to \infty} \dfrac{e^x}{x^2}$.

SOLUÇÃO Temos $\lim_{x \to \infty} e^x = \infty$ e $\lim_{x \to \infty} x^2 = \infty$; logo o limite é uma fórmula indeterminada do tipo $\frac{\infty}{\infty}$ e, a Regra de l'Hôspital fornece

$$\lim_{x \to \infty} \frac{e^x}{x^2} = \lim_{x \to \infty} \frac{\dfrac{d}{dx}(e^x)}{\dfrac{d}{dx}(x^2)} = \lim_{x \to \infty} \frac{e^x}{2x}$$

Uma vez que $e^x \to \infty$ e $2x \to \infty$ quando $x \to \infty$, o limite do lado direito também é indeterminado, mas uma segunda aplicação da Regra de l'Hôspital fornece

$$\lim_{x \to \infty} \frac{e^x}{x^2} = \lim_{x \to \infty} \frac{e^x}{2x} = \lim_{x \to \infty} \frac{e^x}{2} = \infty$$

O gráfico da função do Exemplo 2 está na Figura 2. Observamos anteriormente que a função exponencial cresce muito mais rapidamente que a função potência; assim, o resultado do Exemplo 2 é esperado. Veja também o Exercício 75.

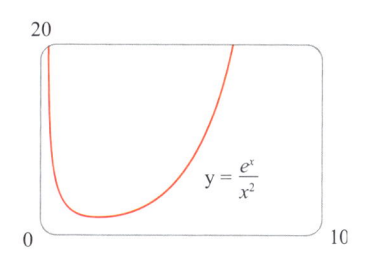

FIGURA 2

EXEMPLO 3 Calcule $\lim\limits_{x \to \infty} \dfrac{\ln x}{\sqrt{x}}$.

SOLUÇÃO Uma vez que $\ln x \to \infty$ e $\sqrt{x} \to \infty$ quando $x \to \infty$, a Regra de l'Hôspital pode ser aplicada:

$$\lim_{x \to \infty} \frac{\ln x}{\sqrt{x}} = \lim_{x \to \infty} \frac{1/x}{\frac{1}{2} x^{-1/2}} = \lim_{x \to \infty} \frac{1/x}{1/(2\sqrt{x})}$$

Observe que o limite no lado direito agora é do tipo indeterminado $\frac{0}{0}$. Mas em vez de aplicarmos a Regra de l'Hôspital uma segunda vez, como fizemos no Exemplo 2, simplificamos a expressão e vemos que é desnecessária uma segunda aplicação da regra:

$$\lim_{x \to \infty} \frac{\ln x}{\sqrt{x}} = \lim_{x \to \infty} \frac{1/x}{1/(2\sqrt{x})} = \lim_{x \to \infty} \frac{2}{\sqrt{x}} = 0$$

O gráfico da função do Exemplo 3 está na Figura 3. Já havíamos discutido anteriormente o lento crescimento dos logaritmos, então não é surpresa que essa razão tenda a zero quando $x \to \infty$. Veja também o Exercício 76.

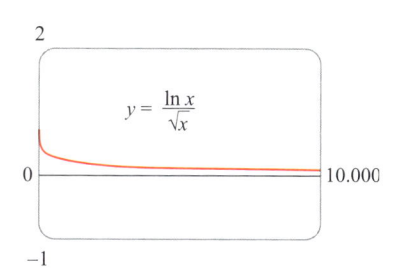

FIGURA 3

Tanto no Exemplo 2 quanto no 3, calculamos limites do tipo $\frac{\infty}{\infty}$, mas obtivemos dois resultados diferentes. No exemplo 2, o limite infinito nos diz que o numerador e^x cresce significativamente mais rápido que o denominador x^2, resultando em razões cada vez maiores. De fato, $y = e^x$ cresce mais rápido que qualquer função potência $y = x^n$ (veja o Exercício 75). No Exemplo 3 tivemos a situação oposta; o limite 0 significa que o denominador ultrapassa o numerador e a razão eventualmente se aproxima de 0.

O gráfico na Figura 4 dá confirmação visual do resultado do Exemplo 4. Se déssemos um *zoom*, porém, obteríamos um gráfico impreciso, pois tg x estaria próximo de x para x pequeno. Veja o Exercício 2.2.48(d).

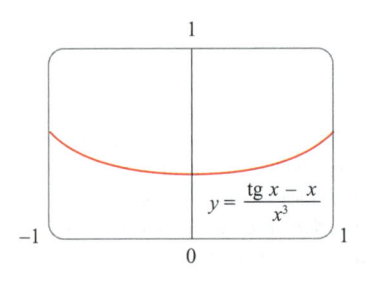

FIGURA 4

$y = \dfrac{\text{tg } x - x}{x^3}$

EXEMPLO 4 Encontre $\lim\limits_{x \to 0} \dfrac{\text{tg } x - x}{x^3}$. (Veja o Exercício 2.2.48.)

SOLUÇÃO Observando que tg $x - x \to 0$ e $x^3 \to 0$ quando $x \to 0$, usamos então a Regra de l'Hôspital:

$$\lim_{x \to 0} \frac{\text{tg } x - x}{x^3} = \lim_{x \to 0} \frac{\sec^2 x - 1}{3x^2}$$

Uma vez que o limite do lado direito é ainda indeterminado do tipo $\frac{0}{0}$, aplicamos novamente a Regra de l'Hôspital:

$$\lim_{x \to 0} \frac{\sec^2 x - 1}{3x^2} = \lim_{x \to 0} \frac{2\sec^2 x \, \text{tg } x}{6x}$$

Pelo fato de $\lim_{x \to 0} \sec^2 x = 1$, simplificamos os cálculos anteriores da seguinte forma:

$$\lim_{x \to 0} \frac{2\sec^2 x \, \text{tg } x}{6x} = \frac{1}{3} \lim_{x \to 0} \sec^2 x \cdot \lim_{x \to 0} \frac{\text{tg } x}{x} = \frac{1}{3} \lim_{x \to 0} \frac{\text{tg } x}{x}$$

Podemos calcular este último limite ou usando a Regra de l'Hôspital mais uma vez ou escrevendo tg x como (sen x)/(cos x) e usando nosso conhecimento de limites trigonométricos. Juntando todos estes passos, obtemos

$$\lim_{x \to 0} \frac{\text{tg } x - x}{x^3} = \lim_{x \to 0} \frac{\sec^2 x - 1}{3x^2} = \lim_{x \to 0} \frac{2\sec^2 x \, \text{tg } x}{6x}$$

$$= \frac{1}{3} \lim_{x \to 0} \frac{\text{tg } x}{x} = \frac{1}{3} \lim_{x \to 0} \frac{\sec^2 x}{1} = \frac{1}{3}$$

EXEMPLO 5 Encontre $\lim\limits_{x \to \pi^-} \dfrac{\text{sen } x}{1 - \cos x}$.

SOLUÇÃO Se tivéssemos tentado usar cegamente a Regra de l'Hôspital, talvez imaginássemos que um limite equivalente seria

$$\lim_{x \to \pi^-} \frac{\cos x}{\text{sen } x} = -\infty$$

Isso está **errado!** Embora o numerador sen $x \to 0$ quando $x \to \pi^-$, perceba que o denominador $(1 - \cos x)$ não tende a zero; logo, não podemos aplicar aqui a Regra de l'Hôspital.

O limite pedido pode, na verdade, ser encontrado por substituição direta, pois a função é contínua em π e o denominador é diferente de zero:

$$\lim_{x \to \pi^-} \frac{\text{sen } x}{1 - \cos x} = \frac{\text{sen } \pi}{1 - \cos \pi} = \frac{0}{1 - (-1)} = 0$$

O Exemplo 5 mostra o que pode acontecer de errado ao usar impensadamente a Regra de l'Hôspital. Alguns limites *podem* ser encontrados pela Regra de l'Hôspital, mas são mais facilmente calculados por outros métodos. (Veja os Exemplos 2.3.3, 2.3.5 e 2.6.3, e a discussão no começo desta seção.) Assim, quando calcular qualquer limite, você deve considerar outros métodos antes de usar a Regra de l'Hôspital.

■ **Produtos Indeterminados (do Tipo $0 \cdot \infty$)**

Se $\lim_{x \to a} f(x) = 0$ e $\lim_{x \to a} g(x) = \infty$ (ou $-\infty$), então não está claro qual o valor de $\lim_{x \to a} [f(x)g(x)]$, se houver algum. Há uma disputa entre f e g. Se f ganhar a resposta é 0; se g

vencer, a resposta será ∞ (ou –∞). Ou pode haver um equilíbrio, e então a resposta é um número finito diferente de zero. Por exemplo,

$$\lim_{x \to 0^+} x^2 = 0, \quad \lim_{x \to 0^+} \frac{1}{x} = \infty \quad \text{e} \quad \lim_{x \to 0^+} x^2 \cdot \frac{1}{x} = \lim_{x \to 0^+} x = 0$$

$$\lim_{x \to 0^+} x = 0, \quad \lim_{x \to 0^+} \frac{1}{x^2} = \infty \quad \text{e} \quad \lim_{x \to 0^+} x \cdot \frac{1}{x^2} = \lim_{x \to 0^+} \frac{1}{x} = \infty$$

$$\lim_{x \to 0^+} x = 0, \quad \lim_{x \to 0^+} \frac{1}{x} = \infty \quad \text{e} \quad \lim_{x \to 0^+} x \cdot \frac{1}{x} = \lim_{x \to 0^+} 1 = 1$$

Esse tipo de limite é denominado **forma indeterminada do tipo 0 · ∞**. Podemos tratá-lo escrevendo o produto fg como um quociente:

$$fg = \frac{f}{1/g} \quad \text{ou} \quad fg = \frac{g}{1/f}$$

Isso converte o limite dado na forma indeterminada do tipo $\frac{0}{0}$ ou $\frac{\infty}{\infty}$, de modo que podemos usar a Regra de l'Hôspital.

EXEMPLO 6 Calcule $\lim\limits_{x \to 0^+} x \ln x$.

SOLUÇÃO O limite dado é indeterminado, pois, como $x \to 0^+$, o primeiro fator (x) tende a 0, enquanto o segundo fator ($\ln x$) tende a $-\infty$. Escrevendo $x = 1/(1/x)$ temos $1/x \to \infty$ quando $x \to 0^+$; logo, a Regra de l'Hôspital fornece

$$\lim_{x \to 0^+} x \ln x = \lim_{x \to 0^+} \frac{\ln x}{1/x} = \lim_{x \to 0^+} \frac{1/x}{-1/x^2} = \lim_{x \to 0^+} (-x) = 0$$

OBSERVAÇÃO Ao resolver o Exemplo 6, outra opção possível seria escrever

$$\lim_{x \to 0^+} x \ln x = \lim_{x \to 0^+} \frac{x}{1/\ln x}$$

Isso dá uma forma indeterminada do tipo $\frac{0}{0}$, mas, se aplicarmos a Regra de l'Hôspital, obteremos uma expressão mais complicada do que a que começamos. Em geral, quando reescrevemos o produto indeterminado, tentamos escolher a opção que leva a um limite mais simples.

A Figura 5 mostra o gráfico da função do Exemplo 6. Observe que a função não está definida em $x = 0$; o gráfico tende à origem, mas nunca realmente a atinge.

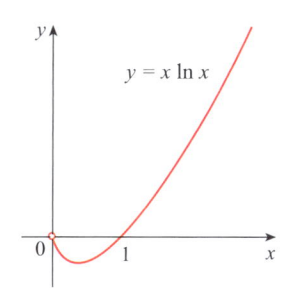

FIGURA 5

■ Diferenças Indeterminadas (do Tipo ∞ – ∞)

Se $\lim_{x \to a} f(x) = \infty$ e $\lim_{x \to a} g(x) = \infty$, então o limite

$$\lim_{x \to a} [f(x) - g(x)]$$

é chamado **forma indeterminada do tipo ∞ – ∞**. De novo, há uma disputa entre f e g. A resposta será ∞ (se f ganhar) ou será $-\infty$ (se g ganhar), ou haverá entre eles um equilíbrio, resultando um número finito? Para descobrirmos, tentamos converter a diferença em um quociente (usando um denominador comum ou racionalização, ou pondo em evidência um fator em comum, por exemplo), de maneira a termos uma forma indeterminada do tipo $\frac{0}{0}$ ou $\frac{\infty}{\infty}$.

EXEMPLO 7 Calcule $\lim\limits_{x \to 1^+} \left(\frac{1}{\ln x} - \frac{1}{x-1} \right)$.

SOLUÇÃO Observe primeiro que $1/(\ln x) \to \infty$ e $1/(x-1) \to \infty$ quando $x \to 1^+$; logo, o limite é indeterminado do tipo ∞ – ∞. Aqui podemos começar com um denominador comum:

$$\lim_{x\to 1^+}\left(\frac{1}{\ln x}-\frac{1}{x-1}\right)=\lim_{x\to 1^+}\frac{x-1-\ln x}{(x-1)\ln x}$$

Tanto o numerador quanto o denominador têm limite 0, de modo que a Regra de l'Hôspital se aplica, fornecendo

$$\lim_{x\to 1^+}\frac{x-1-\ln x}{(x-1)\ln x}=\lim_{x\to 1^+}\frac{1-\dfrac{1}{x}}{(x-1)\cdot\dfrac{1}{x}+\ln x}=\lim_{x\to 1^+}\frac{x-1}{x-1+x\ln x}$$

Novamente, temos um limite indeterminado do tipo 0, de modo que aplicamos a Regra de l'Hôspital uma segunda vez:

$$\lim_{x\to 1^+}\frac{x-1}{x-1+x\ln x}=\lim_{x\to 1^+}\frac{1}{1+x\cdot\dfrac{1}{x}+\ln x}$$

$$=\lim_{x\to 1^+}\frac{1}{2+\ln x}=\frac{1}{2}\qquad\blacksquare$$

EXEMPLO 8 Calcule $\lim_{x\to\infty}(e^x-x)$.

SOLUÇÃO Essa é uma diferença indeterminada porque tanto e^x quanto x tendem a infinito. Esperaríamos que o limite fosse infinito, pois $e^x\to\infty$ é muito mais rápido que x. Mas podemos verificar isso fatorando x:

$$e^x-x=x\left(\frac{e^x}{x}-1\right)$$

O termo $e^x/x\to\infty$ quando $x\to\infty$ pela Regra de l'Hôspital e, assim, agora temos um produto no qual ambos os fatores se tornam grandes:

$$\lim_{x\to\infty}(e^x-x)=\lim_{x\to\infty}\left[x\left(\frac{e^x}{x}-1\right)\right]=\infty\qquad\blacksquare$$

■ Potências Indeterminadas (dos Tipos 0^0, ∞^0, 1^∞)

Várias formas indeterminadas surgem do limite

$$\lim_{x\to a}[f(x)]^{g(x)}$$

Apesar de as formas do tipo 0^0, ∞^0, e 1^∞ serem indeterminadas, a forma 0^∞ não é indeterminada. (Veja o Exercício 88.)

1. $\lim_{x\to a}f(x)=0$ e $\lim_{x\to a}g(x)=0$ tipo 0^0

2. $\lim_{x\to a}f(x)=\infty$ e $\lim_{x\to a}g(x)=0$ tipo ∞^0

3. $\lim_{x\to a}f(x)=1$ e $\lim_{x\to a}g(x)=\pm\infty$ tipo 1^∞

Cada um dos três casos pode ser tratado tanto tomando o logaritmo natural:

$$\text{seja }y=[f(x)]^{g(x)},\text{ então }\ln y=g(x)\ln f(x)$$

ou usando a Fórmula 1.5.10 para escrever a função como uma exponencial:

$$[f(x)]^{g(x)}=e^{g(x)\ln f(x)}$$

(Relembre que ambos os métodos foram utilizados na derivação dessas funções.) Em qualquer método, somos levados a um produto indeterminado $g(x)\ln f(x)$, que é do tipo $0\cdot\infty$.

EXEMPLO 9 Calcule $\lim_{x \to 0^+} (1+\operatorname{sen} 4x)^{\operatorname{cotg} x}$.

SOLUÇÃO Observe primeiro que, quando $x \to 0^+$, temos $1 + \operatorname{sen} 4x \to 1$ e $\operatorname{cotg} x \to \infty$, assim, o limite dado é indeterminado (tipo 1^∞). Considere

$$y = (1 + \operatorname{sen} 4x)^{\operatorname{cotg} x}$$

Então $\quad \ln y = \ln[(1+\operatorname{sen} 4x)^{\operatorname{cotg} x}] = \operatorname{cotg} x \ln(1+\operatorname{sen} 4x) = \dfrac{\ln(1+\operatorname{sen} 4x)}{\operatorname{tg} x}$

e logo, a Regra de l'Hôspital fornece

$$\lim_{x \to 0^+} \ln y = \lim_{x \to 0^+} \frac{\ln(1+\operatorname{sen} 4x)}{\operatorname{tg} x} = \lim_{x \to 0^+} \frac{\dfrac{4\cos 4x}{1+\operatorname{sen} 4x}}{\sec^2 x} = 4$$

Até agora calculamos o limite de $\ln y$, mas o que realmente queremos é o limite de y. Para achá-lo usamos o fato de que $y = e^{\ln y}$:

$$\lim_{x \to 0^+} (1+\operatorname{sen} 4x)^{\operatorname{cotg} x} = \lim_{x \to 0^+} y = \lim_{x \to 0^+} e^{\ln y} = e^4$$

EXEMPLO 10 Encontre $\lim_{x \to 0^+} x^x$.

SOLUÇÃO Observe que esse limite é indeterminado, pois $0^x = 0$ para todo $x > 0$, mas $x^0 = 1$ para todo $x \neq 0$. (Lembre-se que 0^0 não é definido.) Podemos proceder como no Exemplo 9 ou escrever a função como uma exponencial:

$$x^x = (e^{\ln x})^x = e^{x \ln x}$$

No Exemplo 6 usamos a Regra de l'Hôspital para mostrar que

$$\lim_{x \to 0^+} x \ln x = 0$$

Logo $\qquad \lim_{x \to 0^+} x^x = \lim_{x \to 0^+} e^{x \ln x} = e^0 = 1$

O gráfico da função $y = x^x$, $x > 0$ é mostrado na Figura 6. Observe que embora 0^0 não esteja definido, os valores da função tendem a 1 quando $x \to 0^+$. Isso confirma o resultado do Exemplo 10.

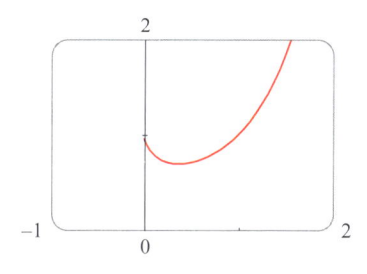

FIGURA 6

4.4 Exercícios

1-4 Dado que

$$\lim_{x \to a} f(x) = 0 \quad \lim_{x \to a} g(x) = 0 \quad \lim_{x \to a} h(x) = 1$$
$$\lim_{x \to a} p(x) = \infty \quad \lim_{x \to a} q(x) = \infty$$

quais dos limites a seguir são formas indeterminadas? Para aqueles que não são formas indeterminadas, calcule o limite quando possível.

1. (a) $\lim_{x \to a} \dfrac{f(x)}{g(x)}$ (b) $\lim_{x \to a} \dfrac{f(x)}{p(x)}$

(c) $\lim_{x \to a} \dfrac{h(x)}{p(x)}$ (d) $\lim_{x \to a} \dfrac{p(x)}{f(x)}$

(e) $\lim_{x \to a} \dfrac{p(x)}{q(x)}$

2. (a) $\lim_{x \to a} [f(x) p(x)]$ (b) $\lim_{x \to a} [h(x) p(x)]$

(c) $\lim_{x \to a} [p(x) q(x)]$

3. (a) $\lim_{x \to a} [f(x) - p(x)]$ (b) $\lim_{x \to a} [p(x) - q(x)]$

(c) $\lim_{x \to a} [p(x) + q(x)]$

4. (a) $\lim_{x \to a} [f(x)]^{g(x)}$ (b) $\lim_{x \to a} [f(x)]^{p(x)}$

(c) $\lim_{x \to a} [h(x)]^{p(x)}$ (d) $\lim_{x \to a} [p(x)]^{f(x)}$

(e) $\lim_{x \to a} [p(x)]^{q(x)}$ (f) $\lim_{x \to a} \sqrt[q(x)]{p(x)}$

5-6 Use os gráficos de f e g e suas retas tangentes em $(2, 0)$ para encontrar $\lim\limits_{x \to 2} \dfrac{f(x)}{g(x)}$.

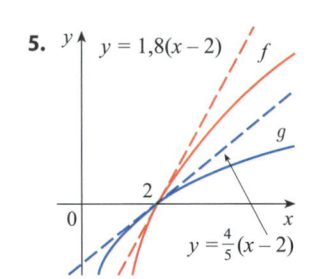

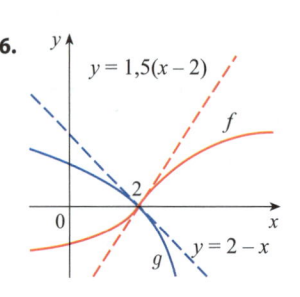

5. [graph: $y = 1{,}8(x-2)$, f, g, $y = \frac{4}{5}(x-2)$]

6. [graph: $y = 1{,}5(x-2)$, f, g, $y = 2 - x$]

7. São mostrados o gráfico de uma função f e de sua reta tangente em 0. Qual é o valor de $\lim\limits_{x \to 0} \dfrac{f(x)}{e^x - 1}$?

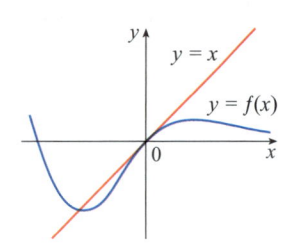

[graph: $y = x$, $y = f(x)$]

8-70 Encontre o limite. Use a Regra de l'Hôspital quando for apropriado. Se houver um método mais elementar, considere utilizá-lo. Se a Regra de l'Hôspital não se aplicar, explique o porquê.

8. $\lim\limits_{x \to 3} \dfrac{x-3}{x^2-9}$

9. $\lim\limits_{x \to 4} \dfrac{x^2-2x-8}{x-4}$

10. $\lim\limits_{x \to -2} \dfrac{x^3+8}{x+2}$

11. $\lim\limits_{x \to 1} \dfrac{x^7-1}{x^3-1}$

12. $\lim\limits_{x \to 4} \dfrac{\sqrt{x}-2}{x-4}$

13. $\lim\limits_{x \to \pi/4} \dfrac{\operatorname{sen} x - \cos x}{\operatorname{tg} x - 1}$

14. $\lim\limits_{x \to 0} \dfrac{\operatorname{tg} 3x}{\operatorname{sen} 2x}$

15. $\lim\limits_{t \to 0} \dfrac{e^{2t}-1}{\operatorname{sen} t}$

16. $\lim\limits_{x \to 0} \dfrac{x^2}{1-\cos x}$

17. $\lim\limits_{x \to 1} \dfrac{\operatorname{sen}(x-1)}{x^3+x-2}$

18. $\lim\limits_{\theta \to \pi} \dfrac{1+\cos\theta}{1-\cos\theta}$

19. $\lim\limits_{x \to \infty} \dfrac{\sqrt{x}}{1+e^x}$

20. $\lim\limits_{x \to \infty} \dfrac{x+x^2}{1-2x^2}$

21. $\lim\limits_{x \to 0^+} \dfrac{\ln x}{x}$

22. $\lim\limits_{x \to \infty} \dfrac{\ln \sqrt{x}}{x^2}$

23. $\lim\limits_{x \to 3} \dfrac{\ln(x/3)}{3-x}$

24. $\lim\limits_{t \to 0} \dfrac{8^t - 5^t}{t}$

25. $\lim\limits_{x \to 0} \dfrac{\sqrt{1+2x} - \sqrt{1-4x}}{x}$

26. $\lim\limits_{u \to \infty} \dfrac{e^{u/10}}{u^3}$

27. $\lim\limits_{x \to 0} \dfrac{e^x + e^{-x} - 2}{e^x - x - 1}$

28. $\lim\limits_{x \to 0} \dfrac{\operatorname{senh} x - x}{x^3}$

29. $\lim\limits_{x \to 0} \dfrac{\operatorname{tgh} x}{\operatorname{tg} x}$

30. $\lim\limits_{x \to 0} \dfrac{x - \operatorname{sen} x}{x - \operatorname{tg} x}$

31. $\lim\limits_{x \to 0} \dfrac{\operatorname{sen}^{-1} x}{x}$

32. $\lim\limits_{x \to \infty} \dfrac{(\ln x)^2}{x}$

33. $\lim\limits_{x \to 0} \dfrac{x 3^x}{3^x - 1}$

34. $\lim\limits_{x \to 0} \dfrac{e^x + e^{-x} - 2\cos x}{x \operatorname{sen} x}$

35. $\lim\limits_{x \to 0} \dfrac{\ln(1+x)}{\cos x + e^x - 1}$

36. $\lim\limits_{x \to 1} \dfrac{x \operatorname{sen}(x-1)}{2x^2 - x - 1}$

37. $\lim\limits_{x \to 0^+} \dfrac{\operatorname{arctg} 2x}{\ln x}$

38. $\lim\limits_{x \to 0} \dfrac{x^2 \operatorname{sen} x}{\operatorname{sen} x - x}$

39. $\lim\limits_{x \to 1} \dfrac{x^a - 1}{x^b - 1}, \ b \neq 0$

40. $\lim\limits_{x \to \infty} \dfrac{e^{-x}}{(\pi/2) - \operatorname{tg}^{-1} x}$

41. $\lim\limits_{x \to 0} \dfrac{\cos x - 1 + \frac{1}{2}x^2}{x^4}$

42. $\lim\limits_{x \to 0} \dfrac{x - \operatorname{sen} x}{x \operatorname{sen}(x^2)}$

43. $\lim\limits_{x \to \infty} x \operatorname{sen}(\pi/x)$

44. $\lim\limits_{x \to \infty} \sqrt{x} e^{-x/2}$

45. $\lim\limits_{x \to 0} \operatorname{sen} 5x \operatorname{cossec} 3x$

46. $\lim\limits_{x \to -\infty} x \ln\left(1 - \dfrac{1}{x}\right)$

47. $\lim\limits_{x \to \infty} x^3 e^{-x^2}$

48. $\lim\limits_{x \to \infty} x^{3/2} \operatorname{sen}(1/x)$

49. $\lim\limits_{x \to 1^+} \ln x \operatorname{tg}(\pi x/2)$

50. $\lim\limits_{x \to (\pi/2)^-} \cos x \sec 5x$

51. $\lim\limits_{x \to 1}\left(\dfrac{x}{x-1} - \dfrac{1}{\ln x}\right)$

52. $\lim\limits_{x \to 0}(\operatorname{cossec} x - \operatorname{cotg} x)$

53. $\lim\limits_{x \to 0^+}\left(\dfrac{1}{x} - \dfrac{1}{e^x - 1}\right)$

54. $\lim\limits_{x \to 0^+}\left(\dfrac{1}{x} - \dfrac{1}{\operatorname{tg}^{-1} x}\right)$

55. $\lim\limits_{x \to 0^+} \dfrac{1}{x} - \dfrac{1}{\operatorname{tg} x}$

56. $\lim\limits_{x \to \infty}(x - \ln x)$

57. $\lim\limits_{x \to 0^+} x^{\sqrt{x}}$

58. $\lim\limits_{x \to 0^+}(\operatorname{tg} 2x)^x$

59. $\lim\limits_{x \to 0}(1 - 2x)^{1/x}$

60. $\lim\limits_{x \to \infty}\left(1 + \dfrac{a}{x}\right)^{bx}$

61. $\lim\limits_{x \to 1^+} x^{1/(1-x)}$

62. $\lim\limits_{x \to \infty}(e^x + 10x)^{1/x}$

63. $\lim\limits_{x \to \infty} x^{1/x}$

64. $\lim\limits_{x \to \infty} x^{e^{-x}}$

65. $\lim\limits_{x \to 0^+}(4x+1)^{\operatorname{cotg} x}$

66. $\lim\limits_{x \to 0^+}(1 - \cos x)^{\operatorname{sen} x}$

67. $\lim\limits_{x \to 0^+}(1 + \operatorname{sen} 3x)^{1/x}$

68. $\lim\limits_{x \to 0}(\cos x)^{1/x^2}$

69. $\lim\limits_{x \to 0^+} \dfrac{x^x - 1}{\ln x + x - 1}$

70. $\lim\limits_{x \to \infty}\left(\dfrac{2x-3}{2x+5}\right)^{2x+1}$

71-72 Use gráficos para estimar o valor do limite. A seguir, use a Regra de l'Hôspital para encontrar o valor exato.

71. $\lim\limits_{x \to \infty}\left(1 + \dfrac{2}{x}\right)^x$

72. $\lim\limits_{x \to 0} \dfrac{5^x - 4^x}{3^x - 2^x}$

73-74 Ilustre a Regra de l'Hôspital fazendo os gráficos de $f(x)/g(x)$ e $f'(x)/g'(x)$ próximo de $x = 0$, para ver que essas razões têm o mesmo limite quando $x \to 0$. Calcule também o valor exato do limite.

73. $f(x) = e^x - 1$, $\quad g(x) = x^3 + 4x$

74. $f(x) = 2x \operatorname{sen} x$, $\quad g(x) = \sec x - 1$

75. Demonstre que
$$\lim_{x \to \infty} \frac{e^x}{x^n} = \infty$$
para qualquer inteiro positivo n. Isso mostra que a função exponencial tende mais rapidamente a infinito que qualquer potência de x.

76. Demonstre que
$$\lim_{x \to \infty} \frac{\ln x}{x^p} = 0$$
para todo número $p > 0$. Isso mostra que a função logaritmo tende a infinito mais vagarosamente que qualquer potência de x.

77-78 O que acontece se você tentar usar a Regra de l'Hôspital para encontrar o limite? Calcule o limite usando outro método.

77. $\displaystyle\lim_{x \to \infty} \frac{x}{\sqrt{x^2 + 1}}$
78. $\displaystyle\lim_{x \to (\pi/2)^-} \frac{\sec x}{\operatorname{tg} x}$

79. Investigue a família de curvas dada por $f(x) = e^x - cx$. Em particular, encontre os limites quando $x \to \pm \infty$ e determine os valores de c para os quais f tem um mínimo absoluto. O que acontece aos pontos de mínimo quando c cresce?

80. Se um objeto de massa m é solto a partir do repouso, um modelo para sua velocidade v após t segundos, levando-se em conta a resistência do ar, é
$$v = \frac{mg}{c}(1 - e^{-ct/m})$$
onde g é a aceleração da gravidade e c é uma constante positiva. (No Capítulo 9 deduziremos essa equação a partir da hipótese de que a resistência do ar é proporcional à velocidade do objeto; c é a constante proporcionalidade.)
(a) Calcule $\lim_{t \to \infty} v$. Qual o significado desse limite?
(b) Para um valor fixo de t, use a Regra de l'Hôspital para calcular $\lim_{c \to 0^+} v$. O que você pode concluir sobre a velocidade de um objeto caindo no vácuo?

81. Se um montante inicial de dinheiro A_0 for investido a uma taxa de juros r capitalizada n vezes ao ano, o valor do investimento após t anos será
$$A = A_0 \left(1 + \frac{r}{n}\right)^{nt}$$
Se $n \to \infty$, nos referimos à *capitalização contínua* de juros. Use a Regra de l'Hôspital para mostrar que se os juros forem capitalizados continuamente, então o montante após t anos será
$$A = A_0 e^{rt}$$

82. A luz entra no olho pela pupila e atinge a retina, onde células receptoras sentem luz e cor. W. Stanley Stiles e B. H. Crawford estudaram o fenômeno no qual a medida do brilho decresce a medida que a luz entra cada vez mais longe do centro da pupila (veja a figura).

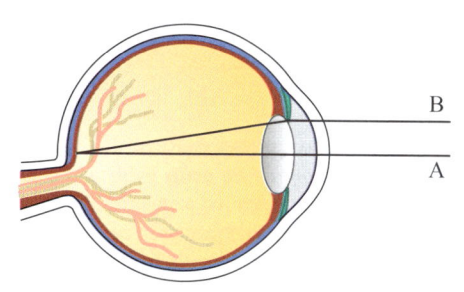

Um feixe de luz A que entra pelo centro da pupila é mais brilhante do que um feixe B que entra perto da borda da pupila.

Eles detalharam suas descobertas relativas a esse fenômeno, conhecido como *efeito de Stiles-Crawford de primeiro tipo*, em um importante artigo de 1933. Em particular, observaram que a quantidade de luminescência sentida *não* era proporcional à área da pupila, como esperavam. A porcentagem P da luminescência total entrando na pupila de raio r mm que é sentida na retina pode ser descrita por
$$P = \frac{1 - 10^{-\rho r^2}}{\rho r^2 \ln 10}$$
onde ρ é uma constante determinada experimentalmente, tipicamente cerca de 0,05.
(a) Qual é a porcentagem de luminescência sentida por uma pupila de raio 3 mm? Use $\rho = 0,05$.
(b) Calcule a porcentagem de luminescência sentida por uma pupila de raio 2 mm. Faz sentido ela ser maior que a resposta da parte (a)?
(c) Calcule $\lim_{r \to 0^+} P$. Esse é o resultado que você esperava? Esse resultado é fisicamente possível?

Fonte: Adaptado de W. Stiles; B. Crawford. The Luminous Efficiency of Rays Entering the Eye Pupil at Different Points. *Proceedings of the Royal Society of London, Series B: Biological Sciences* 112 (1933): 428-50.

83. Equações Logísticas Algumas populações inicialmente crescem exponencialmente, mas acabam por se estabilizar. Equações da forma
$$P(t) = \frac{M}{1 + Ae^{-kt}}$$
onde M, A e k são constantes positivas, são chamadas *equações logísticas* e são usadas com frequências para modelar tais populações. (Vamos investigar isso em detalhe no Capítulo 9.) Aqui, M é chamada de capacidade de carga e representa o tamanho da população máxima sustentável e
$$A = \frac{M - P_0}{P_0}$$
onde P_0 é a população inicial.
(a) Calcule $\lim_{t \to \infty} P(t)$. Explique por que sua resposta deveria ser esperada.
(b) Calcule $\lim_{M \to \infty} P(t)$. (Observe que A é definida em termos de M.) Que tipo de função é o seu resultado?

84. Um cabo de metal tem raio r e é coberto por isolante, de modo que a distância do centro do cabo ao exterior do isolante é R. A velocidade v de um impulso elétrico do cabo é
$$v = -c\left(\frac{r}{R}\right)^2 \ln\left(\frac{r}{R}\right)$$

onde c é uma constante positiva. Encontre os seguintes limites e interprete suas respostas.

(a) $\lim_{R \to r^+} v$ (b) $\lim_{r \to 0^+} v$

85. A primeira aparição impressa da Regra de l'Hôspital foi em um livro *Analyse des infiniment petits* publicado pelo marquês de l'Hôspital em 1696. Esse foi o primeiro *livro* de cálculo publicado e o exemplo que o marquês usou em seu livro para ilustrar sua regra foi encontrar o limite da função

$$y = \frac{\sqrt{2a^3x - x^4} - a\sqrt[3]{aax}}{a - \sqrt[4]{ax^3}}$$

quando x tende a a, onde $a > 0$. (Naquela época era comum escrever *aa* no lugar de a^2.) Resolva esse problema.

86. A figura mostra um setor de um círculo com ângulo central θ. Seja $A(\theta)$ a área do segmento entre a corda PR e o arco PR. Seja $B(\theta)$ a área do triângulo PQR. Encontre $\lim_{\theta \to 0^+} A(\theta)/B(\theta)$.

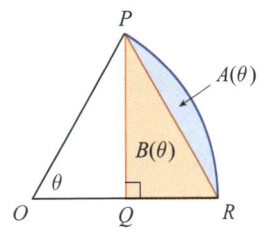

87. Calcule

$$\lim_{x \to \infty}\left[x - x^2 \ln\left(\frac{1+x}{x}\right)\right]$$

88. Suponha que f seja uma função positiva. Se $\lim_{x \to a} f(x) = 0$ e $\lim_{x \to a} g(x) = \infty$, mostre que

$$\lim_{x \to a}[f(x)]^{g(x)} = 0$$

Isso mostra que 0^∞ não é uma forma indeterminada.

89. Defina funções f e g que satisfaçam $\lim_{x \to 0} f(x) = \lim_{x \to 0} g(x) = \infty$ e

(a) $\lim_{x \to 0}\dfrac{f(x)}{g(x)} = 7$ (b) $\lim_{x \to 0}[f(x) - g(x)] = 7$

90. Para quais valores de a e b a equação a seguir é válida?

$$\lim_{x \to 0}\left(\frac{\operatorname{sen} 2x}{x^3} + a + \frac{b}{x^2}\right) = 0$$

91. Considere

$$f(x) = \begin{cases} e^{-1/x^2} & \text{se } x \neq 0 \\ 0 & \text{se } x = 0 \end{cases}$$

(a) Use a definição de derivada para calcular $f'(0)$.
(b) Mostre que f tem derivadas de todas as ordens que são definidas em $\mathbb{R}$. [*Dica*: Primeiro mostre por indução que há um polinômio $p_n(x)$ e um número inteiro não negativo k_n tais que $f^{(n)}(x) = p_n(x)f(x)/x^{k_n}$ para $x \neq 0$.]

92. Considere

$$f(x) = \begin{cases} |x|^x & \text{se } x \neq 0 \\ 1 & \text{se } x = 0 \end{cases}$$

(a) Mostre que f é contínua em 0.
(b) Pesquise graficamente se f é derivável em 0 por meio de sucessivos *zooms* em direção ao ponto $(0, 1)$ sobre o gráfico de f.
(c) Mostre que f não é derivável em 0. Como reconciliar esse fato com a aparência do gráfico na parte (b)?

PROJETO ESCRITO | AS ORIGENS DA REGRA DE L'HÔSPITAL

A Regra de l'Hôspital foi publicada pela primeira vez em 1696, no livro *Analyse des infiniment petits*, do marquês de l'Hôspital, mas na verdade ela foi descoberta em 1694 pelo matemático suíço John (Johann) Bernoulli. A explicação para esse fato é que esses dois matemáticos fizeram um curioso acordo, que dava ao marquês de l'Hôspital os direitos das descobertas de Bernoulli. Os detalhes desse acordo, inclusive a tradução da carta de l'Hôspital para Bernoulli propondo o arranjo, podem ser encontrados no livro de Eves [1].

Escreva um ensaio sobre as origens histórica e matemática da Regra de l'Hôspital. Comece fornecendo uma breve biografia de ambos (o dicionário editado por Gillispie [2] é uma boa fonte), e resuma o arranjo feito por eles. A seguir, dê o enunciado da Regra de l'Hôspital, encontrada no livro de Struik [4] e mais resumidamente no livro de Katz [3]. Observe que l'Hôspital e Bernoulli formularam geometricamente a regra e deram a resposta em termos de diferenciais. Compare seus enunciados com a versão da regra de Bernoulli dada na Seção 4.4 e mostre que os dois enunciados são essencialmente iguais.

1. Eves, H. W. *Mathematical Circles: Volume 1* (Washington, D.C.: Mathematical Association of America, 2003). Publicado pela primeira vez em 1969 como *In Mathematical Circles* (*Volume 2: Quadrants III e IV*). Boston: Prindle, Weber and Schmidt, 1969. pp. 20-22.

2. Gillispie, C. C. *Dictionary of Scientific Biography.* Nova York: Scribner, 1981 8 v. Veja o artigo em Johann Bernoulli em E. A. Fellmann e J. O. Fleckenstein no Volume II e o artigo Marquês de l'Hôspital por Abraham Robinson no Volume VIII.

3. Katz, V. *A History of Mathematics: An Introduction.* Nova York: Pearson, 2018.

4. Stuik, D. J. (ed.) *A Sourcebook in Mathematics,* 1200-1800. (1969; reimp. Princeton, NJ: Princeton University Press, 2016).

www.stewartcalculus.com
A internet é outra fonte de informação para este projeto. Clique em *History of Mathematics*, em www.stewartcalculus.com, para uma lista de websites confiáveis.

4.5 Resumo do Esboço de Curvas

Até o momento, estivemos preocupados com alguns aspectos particulares de esboço de curvas: domínio, imagem e simetria no Capítulo 1; limites, continuidade e assíntotas no Capítulo 2; derivadas e tangentes nos Capítulos 2 e 3; e valores extremos, intervalos de crescimento e decrescimento, concavidade, pontos de inflexão e Regra de l'Hôspital neste capítulo. Chegou a hora de agruparmos todas essas informações para esboçar gráficos que revelem os aspectos importantes das funções.

Você pode se perguntar: por que não usar simplesmente uma calculadora gráfica ou computador para traçar uma curva? Por que precisamos usar o cálculo?

É verdade que a tecnologia moderna é capaz de produzir gráficos bem precisos. Contudo, mesmo a melhor ferramenta gráfica deve ser usada inteligentemente. É fácil chegar a um gráfico enganoso ou perder detalhes importantes de uma curva, ao se basear apenas na tecnologia. (Veja o tópico "Graphing Calculators and Computers" disponível em www.StewartCalculus.com, com especial atenção aos Exemplos 1, 3, 4 e 5. Veja também a Seção 4.6.) O uso do cálculo nos possibilita descobrir os aspectos mais interessantes dos gráficos e, em muitos casos, calcular *exatamente* os pontos de máximo, de mínimo e de inflexão.

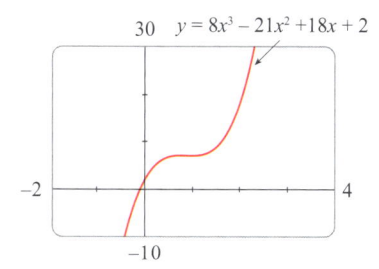

Por exemplo, a Figura 1 mostra o gráfico de $f(x) = 8x^3 - 21x^2 + 18x + 2$. À primeira vista ele parece razoável; ele tem a mesma forma de curvas cúbicas como $y = x^3$, e não aparenta ter ponto de máximo ou de mínimo. Mas, se você calcular a derivada, verá que existe um máximo quando $x = 0,75$ e um mínimo quando $x = 1$. Realmente, se dermos um *zoom* nessa parte do gráfico, veremos o comportamento exibido na Figura 2. Sem o cálculo, poderíamos facilmente não ter reparado nisso.

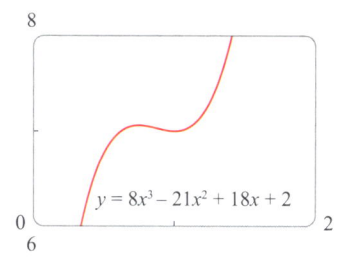

Na próxima seção desenharemos os gráficos de funções usando a interação entre o cálculo e a tecnologia. Nesta seção faremos gráficos considerando primeiro a informação do roteiro a seguir. O gráfico produzido por uma calculadora ou computador pode ser empregado para conferir o seu trabalho.

FIGURA 1

FIGURA 2

■ Roteiro para Esboçar uma Curva

A lista a seguir pretende servir como um guia para esboçar uma curva $y = f(x)$ à mão. Nem todos os itens são relevantes para cada função. (Por exemplo, uma curva pode não ter uma assíntota ou possuir simetria.) No entanto, o roteiro fornece todas as informações necessárias para fazer um esboço que mostre os aspectos mais importantes da função.

A. Domínio É frequentemente útil começar determinando o domínio D de f, isto é, o conjunto dos valores de x para os quais $f(x)$ está definida.

B. Intersecções com os Eixos A intersecção com o eixo y é $f(0)$. Para encontrarmos as intersecções com o eixo x, fazemos $y = 0$ e isolamos x. (Você pode omitir esse passo se a equação for difícil de resolver.)

C. Simetria

(i) Se $f(-x) = f(x)$ para todo x em D, isto é, a equação da curva não muda se x for substituído por $-x$, então f é uma *função par*, e a curva é simétrica em relação ao eixo y (veja a Seção 1.1). Isso significa que nosso trabalho é reduzido pela metade. Se soubermos como é a curva para $x \geq 0$, então precisaremos somente refletir em torno do eixo y para obter a curva completa [veja a Figura 3(a)]. Alguns exemplos são: $y = x^2$, $y = x^4$, $y = |x|$ e $y = \cos x$.

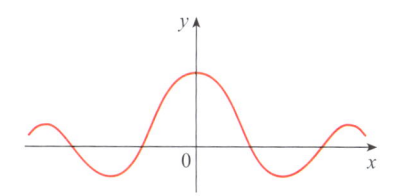

(ii) Se $f(-x) = -f(x)$ para todo x em D, então f é uma *função ímpar* e a curva é simétrica em relação à origem. Novamente, podemos obter a curva completa se soubermos como ela é para $x \geq 0$. [Gire 180° em torno da origem; veja a Figura 3(b).] Alguns exemplos simples de funções ímpares são $y = x$, $y = x^3$, $y = 1/x$ e $y = \text{sen } x$.

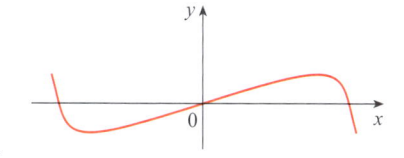

(iii) Se $f(x + p) = f(x)$ para todo x em D, onde p é uma constante positiva, então f é uma **função periódica**, e o menor desses números p é chamado **período**. Por exemplo, $y = \text{sen } x$ tem o período 2π e $y = \text{tg } x$ tem período π. Se soubermos como é o gráfico em um intervalo de comprimento p, então poderemos usar a translação para visualizar o gráfico inteiro (veja a Figura 4).

(a) Função par: simetria reflexional

(b) Função ímpar: simetria rotacional

FIGURA 3

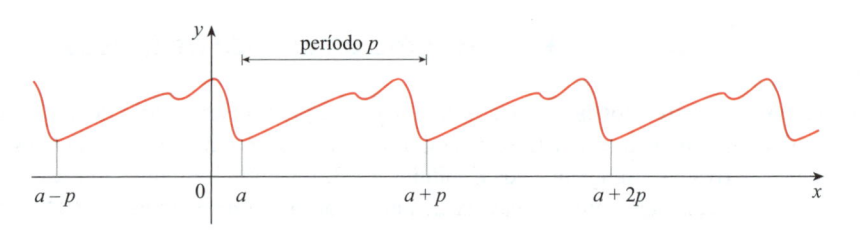

FIGURA 4
Função periódica: simetria translacional

D. Assíntotas

(i) *Assíntotas horizontais*. Lembre-se, da Seção 2.6, de que se $\lim_{x \to \infty} f(x) = L$ ou $\lim_{x \to -\infty} f(x) = L$, então a reta $y = L$ é uma assíntota horizontal da curva $y = f(x)$. Se resultar que $\lim_{x \to \infty} f(x) = \infty$ (ou $-\infty$), então não temos uma assíntota à direita, e esse fato também é uma informação, útil para o esboço da curva.

(ii) *Assíntotas verticais*. Lembre-se, da Seção 2.2, de que a reta $x = a$ é uma assíntota vertical se pelo menos uma das seguintes afirmativas for verdadeira:

$$\boxed{1} \quad \lim_{x \to a^+} f(x) = \infty \qquad \lim_{x \to a^-} f(x) = \infty$$

$$\lim_{x \to a^+} f(x) = -\infty \qquad \lim_{x \to a^-} f(x) = -\infty$$

(Para as funções racionais, você pode localizar as assíntotas verticais igualando a zero o denominador, após ter cancelado qualquer fator comum. Mas para outras funções esse método não se aplica.) Além disso, ao esboçar a curva é muito útil saber exatamente qual das afirmativas em (1) é verdadeira. Se $f(a)$ não estiver definida, mas a for uma extremidade do domínio de f, então você deve calcular $\lim_{x \to a^-} f(x)$ ou $\lim_{x \to a^+} f(x)$, seja esse limite infinito ou não.

(iii) *Assíntotas oblíquas*. Elas serão discutidas no fim desta seção.

E. Intervalos de Crescimento e Decrescimento Use o Teste C/D. Calcule $f'(x)$ e encontre os intervalos nos quais $f'(x)$ é positiva (f é crescente) e os intervalos nos quais $f'(x)$ é negativa (f é decrescente).

F. Valores Máximos e Mínimos Locais Encontre os números críticos de f [os números c nos quais $f'(c) = 0$ ou $f'(c)$ não existe]. Use então o Teste da Primeira Derivada. Se f' muda de positiva para negativa em um número crítico c, então $f(c)$ é um máximo local. Se f' muda de negativa para positiva em c, então $f(c)$ é um mínimo local. Apesar de ser usualmente preferível usar o Teste da Primeira Derivada, você pode usar o Teste da Segunda Derivada se $f'(c) = 0$ e $f''(c) \neq 0$. Então $f''(c) > 0$ implica que $f(c)$ é um mínimo local, enquanto $f''(c) < 0$ implica que $f(c)$ é um máximo local.

G. Concavidade e Pontos de Inflexão Calcule $f''(x)$ e use o Teste da Concavidade. A curva é côncava para cima se $f''(x) > 0$, e côncava para baixo se $f''(x) < 0$. Os pontos de inflexão ocorrem quando muda a direção da concavidade.

H. Esboço da Curva Usando as informações nos itens A-G, faça o gráfico. Coloque as assíntotas como linhas tracejadas. Marque as intersecções com os eixos, os pontos de máximo e de mínimo e os pontos de inflexão. Então, faça a curva passar por esses pontos, subindo ou descendo de acordo com E, com a concavidade de acordo com G e tendendo às assíntotas. Se precisão adicional for desejada próxima de algum ponto, você poderá calcular o valor da derivada aí. A tangente indica a direção na qual a curva segue.

EXEMPLO 1 Use o roteiro para esboçar a curva $y = \dfrac{2x^2}{x^2 - 1}$.

A. Domínio O domínio é

$$\{x \mid x^2 - 1 \neq 0\} = \{x \mid x \neq \pm 1\} = (-\infty, -1) \cup (-1, 1) \cup (1, \infty)$$

B. Intersecções As intersecções com os eixos x e y são ambas 0.

C. **Simetria** Uma vez que $f(-x) = f(x)$, a função f é par. A curva é simétrica em relação ao eixo y.

D. **Assíntotas** $\quad \lim\limits_{x \to \pm\infty} = \dfrac{2x^2}{x^2-1} = \lim\limits_{x \to \pm\infty} \dfrac{2}{1-1/x^2} = 2$

Portanto, a reta $y = 2$ é uma assíntota horizontal (à esquerda e à direita).
Uma vez que o denominador é zero quando $x = \pm 1$, calculamos os seguintes limites:

$$\lim_{x \to 1^+} = \frac{2x^2}{x^2-1} = \infty \qquad \lim_{x \to 1^-} = \frac{2x^2}{x^2-1} = -\infty$$

$$\lim_{x \to -1^+} = \frac{2x^2}{x^2-1} = -\infty \qquad \lim_{x \to -1^-} = \frac{2x^2}{x^2-1} = \infty$$

Consequentemente, as retas $x = 1$ e $x = -1$ são assíntotas verticais. Essa informação sobre os limites e as assíntotas permite-nos traçar um esboço preliminar na Figura 5 mostrando as partes da curva próximas das assíntotas.

E. **Intervalos de Crescimento e Decrescimento**

$$f'(x) = \frac{(x^2-1)(4x) - 2x^2 \cdot 2x}{(x^2-1)^2} = \frac{-4x}{(x^2-1)^2}$$

Como $f'(x) > 0$ quando $x < 0$ ($x \neq -1$) e $f'(x) < 0$ quando $x > 0$ ($x \neq 1$), f é crescente em $(-\infty, -1)$ e $(-1, 0)$ e decrescente em $(0, 1)$ e $(1, \infty)$.

F. **Valores Máximos e Mínimos Locais** O único número crítico é $x = 0$. Uma vez que f' muda de positiva para negativa em 0, $f(0) = 0$ é um máximo local pelo Teste da Primeira Derivada.

G. **Concavidade e Pontos de Inflexão**

$$f''(x) = \frac{(x^2-1)^2(-4) + 4x \cdot 2(x^2-1)2x}{(x^2-1)^4} = \frac{12x^2+4}{(x^2-1)^3}$$

Uma vez que $12x^2 + 4 > 0$ para todo x, temos

$$f''(x) > 0 \Leftrightarrow x^2 - 1 > 0 \Leftrightarrow |x| > 1$$

e $f''(x) < 0 \Leftrightarrow |x| < 1$. Assim, a curva é côncava para cima nos intervalos $(-\infty, -1)$ e $(1, \infty)$ e côncava para baixo em $(-1, 1)$. Não há ponto de inflexão, porque 1 e -1 não estão no domínio de f.

H. **Esboço da Curva** Usando a informação em E-G, finalizamos o esboço na Figura 6.

■

EXEMPLO 2 Esboce o gráfico de $f(x) = \dfrac{x^2}{\sqrt{x+1}}$.

A. **Domínio** O domínio é $\{x \mid x + 1 > 0\} = \{x \mid x > -1\} = (-1, \infty)$.

B. **Intersecções** As intersecções com os eixos x e y são ambas 0.

C. **Simetria** Nenhuma.

D. **Assíntotas** Uma vez que

$$\lim_{x \to \infty} \frac{x^2}{\sqrt{x+1}} = \infty$$

não há assíntota horizontal. Como $\sqrt{x+1} \to 0$ quando $x \to -1^+$ e $f(x)$ é sempre positiva, temos

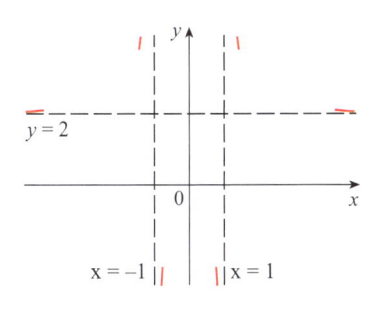

FIGURA 5
Esboço preliminar

Mostramos que a curva se aproxima de sua assíntota horizontal por cima na Figura 5; isso está confirmado pelos intervalos de crescimento e decrescimento.

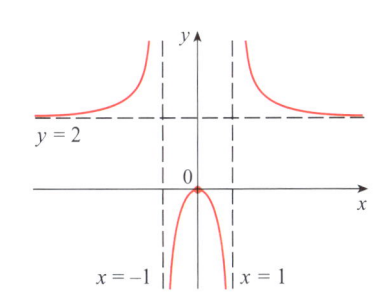

FIGURA 6
Esboço final de $y = \dfrac{2x^2}{x^2-1}$

$$\lim_{x\to -1^+}\frac{x^2}{\sqrt{x+1}}=\infty$$

então a reta $x=-1$ é uma assíntota vertical.

E. **Intervalos de Crescimento e Decrescimento**

$$f'(x)=\frac{\sqrt{x+1}\,(2x)-x^2\cdot 1/(2\sqrt{x+1})}{x+1}=\frac{3x^2+4x}{2(x+1)^{3/2}}=\frac{x(3x+4)}{2(x+1)^{3/2}}$$

Vemos que $f'(x)=0$ quando $x=0$ (note que $-\frac{4}{3}$ não está no domínio de f), então o único número crítico é 0. Como $f'(x)<0$ quando $-1<x<0$ e $f'(x)>0$ quando $x>0$, f é decrescente em $(-1,0)$ e crescente em $(0,\infty)$.

F. **Valores Máximos e Mínimos Locais** Uma vez que $f'(0)=0$ e f' muda de negativa para positiva em 0, $f(0)=0$ é um mínimo local (e absoluto) pelo Teste da Primeira Derivada.

G. **Concavidade e Pontos de Inflexão**

$$f''(x)=\frac{2(x+1)^{3/2}(6x+4)-(3x^2+4x)3(x+1)^{1/2}}{4(x+1)^3}=\frac{3x^2+8x+8}{4(x+1)^{5/2}}$$

Observe que o denominador é sempre positivo. O numerador é o polinômio quadrático $3x^2+8x+8$, que é sempre positivo, pois seu discriminante é $b^2-4ac=-32$, que é negativo, e o coeficiente de x^2 é positivo. Assim, $f''(x)>0$ para todo x no domínio de f, o que significa que f é côncava para cima em $(-1,\infty)$ e não há ponto de inflexão.

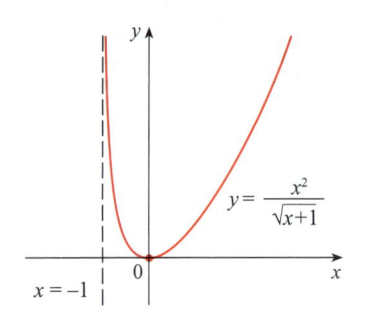

H. **Esboço da Curva** A curva está esboçada na Figura 7.

FIGURA 7

EXEMPLO 3 Esboce o gráfico de $f(x)=xe^x$.

A. **Domínio** O domínio é $\mathbb{R}$.

B. **Intersecções** As intersecções com os eixos x e y são ambas 0.

C. **Simetria** Nenhuma.

D. **Assíntotas** Como ambos x e e^x tornam-se grandes quando $x\to\infty$, temos que $\lim_{x\to\infty} xe^x=\infty$. Quando $x\to-\infty$, contudo, $e^x\to 0$ e temos um produto indeterminado que requer o uso da Regra de l'Hôspital:

$$\lim_{x\to-\infty} xe^x=\lim_{x\to-\infty}\frac{x}{e^{-x}}=\lim_{x\to-\infty}\frac{1}{-e^{-x}}=\lim_{x\to-\infty}(-e^x)=0$$

Assim, o eixo x é uma assíntota horizontal.

E. **Intervalos de Crescimento e Decrescimento**

$$f'(x)=xe^x+e^x=(x+1)e^x$$

Uma vez que e^x é sempre positiva, vemos que $f'(x)>0$ quando $x+1>0$ e $f'(x)<0$ quando $x+1<0$. Logo, f é crescente em $(-1,\infty)$ e decrescente em $(-\infty,-1)$.

F. **Valores Máximos e Mínimos Locais** Como $f'(-1)=0$ e f' muda de negativa para positiva em $x=-1$, $f(-1)=-e^{-1}\approx -0{,}37$ é um mínimo local (e absoluto).

G. **Concavidade e Pontos de Inflexão**

$$f''(x)=(x+1)e^x+e^x=(x+2)e^x$$

Visto que $f''(x)>0$ se $x>-2$ e $f''(x)<0$ se $x<-2$, f é côncava para cima em $(-2,\infty)$ e côncava para baixo em $(-\infty,-2)$. O ponto de inflexão é $(-2,-2e^{-2})\approx(-2;\,-0{,}27)$.

H. **Esboço da Curva** Usamos essa informação para traçar a curva na Figura 8.

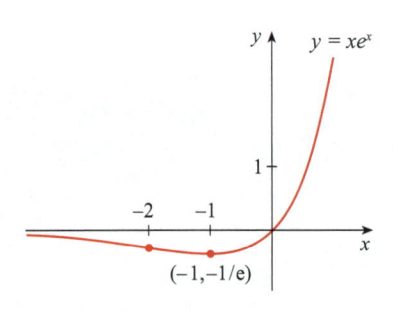

FIGURA 8

EXEMPLO 4 Esboce o gráfico de $f(x) = \dfrac{\cos x}{2 + \operatorname{sen} x}$.

A. Domínio O domínio é $\mathbb{R}$.

B. Intersecções A intersecção com o eixo y é $f(0) = \tfrac{1}{2}$. As intersecções com o eixo x ocorrem quando $\cos x = 0$, ou seja, $x = (\pi/2) + n\pi$, onde n é um número inteiro.

C. Simetria f não é nem par nem ímpar, mas $f(x + 2\pi) = f(x)$ para todo x; logo, f é periódica e tem um período 2π. Dessa forma, precisamos considerar somente $0 \le x \le 2\pi$ e então estender a curva por translação na parte H.

D. Assíntotas Nenhuma.

E. Intervalos de Crescimento e Decrescimento

$$f'(x) = \frac{(2 + \operatorname{sen} x)(-\operatorname{sen} x) - \cos x(\cos x)}{(2 + \operatorname{sen} x)^2} = -\frac{2\operatorname{sen} x + 1}{(2 + \operatorname{sen} x)^2}$$

O denominador é sempre positivo, de modo que $f'(x) > 0$ quando $2 \operatorname{sen} x + 1 < 0 \Leftrightarrow \operatorname{sen} x < -\tfrac{1}{2} \Leftrightarrow 7\pi/6 < x < 11\pi/6$. Assim, f é crescente em $(7\pi/6, 11\pi/6)$ e decrescente em $(0, 7\pi/6)$ e $(11\pi/6, 2\pi)$.

F. Valores Máximos e Mínimos Locais A partir da parte E e do Teste da Primeira Derivada, vemos que o valor mínimo local é $f(7\pi/6) = -1/\sqrt{3}$ e o valor máximo local é $f(11\pi/6) = 1/\sqrt{3}$.

G. Concavidade e Pontos de Inflexão Se usarmos a Regra do Quociente novamente, obtemos

$$f''(x) = \frac{2\cos x(1 - \operatorname{sen} x)}{(2 + \operatorname{sen} x)^3}$$

Como $(2 + \operatorname{sen} x)^3 > 0$ e $1 - \operatorname{sen} x \ge 0$ para todo x, sabemos que $f''(x) > 0$ quando $\cos x < 0$, ou seja, $\pi/2 < x < 3\pi/2$. Assim, f é côncava para cima em $(\pi/2, 3\pi/2)$ e côncava para baixo em $(0, \pi/2)$ e $(3\pi/2, 2\pi)$. Os pontos de inflexão são $(\pi/2, 0)$ e $(3\pi/2, 0)$.

H. Esboço da Curva O gráfico da função restrita a $0 \le x \le 2\pi$ é mostrado na Figura 9. Então, nós o estendemos, usando a periodicidade, para chegar ao gráfico na Figura 10.

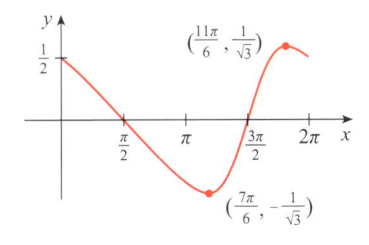

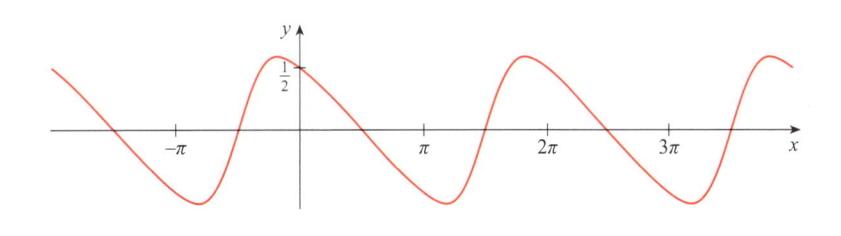

FIGURA 9   **FIGURA 10**

EXEMPLO 5 Esboce o gráfico de $y = \ln(4 - x^2)$.

A. Domínio O domínio é

$$\{x \mid 4 - x^2 > 0\} = \{x \mid x^2 < 4\} = \{x \mid |x| < 2\} = (-2, 2)$$

B. Intersecções A intersecção com o eixo y é $f(0) = \ln 4$. Para encontrarmos a intersecção com o eixo x, fazemos

$$y = \ln(4 - x^2) = 0$$

Sabemos que $\ln 1 = 0$, de modo que temos $4 - x^2 = 1 \;\Rightarrow\; x^2 = 3$ e, portanto, as intersecções com o eixo x são $\pm\sqrt{3}$.

C. Simetria Visto que $f(-x) = f(x)$, f é par e a curva é simétrica em relação ao eixo y.

D. Assíntotas Procuramos as assíntotas verticais nas extremidades do domínio. Já que $4 - x^2 \to 0^+$ quando $x \to 2^-$ e também quando $x \to -2^+$, temos

$$\lim_{x \to 2^-} \ln(4 - x^2) = -\infty \qquad \lim_{x \to -2^+} \ln(4 - x^2) = -\infty$$

Assim, as retas $x = 2$ e $x = -2$ são assíntotas verticais.

E. Intervalos de Crescimento e Decrescimento

$$f'(x) = \frac{-2x}{4 - x^2}$$

Como $f'(x) > 0$ quando $-2 < x < 0$ e $f'(x) < 0$ quando $0 < x < 2$, f é crescente em $(-2, 0)$ e decrescente em $(0, 2)$.

F. Valores Máximos e Mínimos Locais O único número crítico é $x = 0$. Uma vez que f' muda de positiva para negativa em 0, $f(0) = \ln 4$ é um máximo local pelo Teste da Primeira Derivada.

G. Concavidade e Pontos de Inflexão

$$f''(x) = \frac{(4 - x^2)(-2) + 2x(-2x)}{(4 - x^2)^2} = \frac{-8 - 2x^2}{(4 - x^2)^2}$$

Uma vez que $f''(x) < 0$ para todo x, a curva é côncava para baixo em $(-2, 2)$ e não tem ponto de inflexão.

H. Esboço da Curva Usando essa informação, esboçamos a curva na Figura 11.

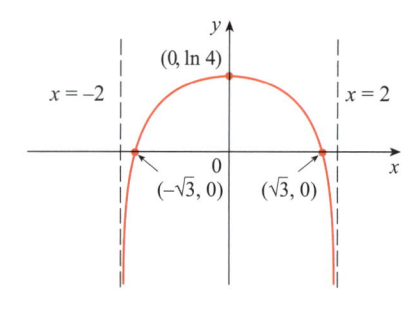

FIGURA 11
$y = \ln(4 - x^2)$

■ Assíntotas Oblíquas

Algumas curvas têm assíntotas que são *oblíquas*, isto é, não são horizontais nem verticais. Se

$$\lim_{x \to \infty} [f(x) - (mx + b)] = 0$$

onde $m \neq 0$, então a reta $y = mx + b$ é chamada **assíntota oblíqua**, pois a distância vertical entre a curva $y = f(x)$ e a reta $y = mx + b$ tende a 0, como na Figura 12. (Uma situação similar existe se $x \to -\infty$.) No caso de funções racionais, assíntotas oblíquas acorrem quando a diferença entre os graus do numerador e do denominador é igual a 1. Neste caso, a equação de uma assíntota oblíqua pode ser encontrada por divisão de polinômios, como no exemplo a seguir.

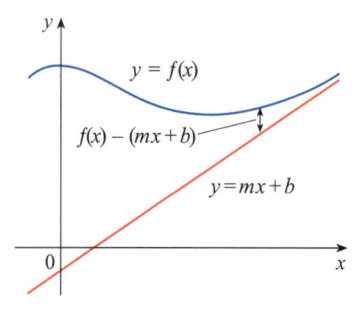

FIGURA 12

EXEMPLO 6 Esboce o gráfico de $f(x) = \dfrac{x^3}{x^2 + 1}$.

A. Domínio O domínio é $\mathbb{R}$.

B. Intersecções As intersecções com os eixos x e y são ambas 0.

C. Simetria Visto que $f(-x) = -f(x)$, f é ímpar, e seu gráfico, simétrico em relação à origem.

D. Assíntotas Como $x^2 + 1$ nunca é 0, não há assíntota vertical. Uma vez que $f(x) \to \infty$ quando $x \to \infty$ e $f(x) \to -\infty$ quando $x \to -\infty$, não há assíntotas horizontais. Mas a divisão de polinômios fornece

$$f(x) = \frac{x^3}{x^2 + 1} = x - \frac{x}{x^2 + 1}$$

Essa equação sugere que $y = x$ é uma candidata a assíntota oblíqua. De fato,

$$f(x) - x = -\frac{x}{x^2 + 1} = -\frac{\frac{1}{x}}{1 + \frac{1}{x^2}} \to 0 \quad \text{quando} \quad x \to \pm\infty$$

Logo, a reta $y = x$ é de fato uma assíntota oblíqua.

E. Intervalos de Crescimento e Decrescimento

$$f'(x) = \frac{(x^2+1)(3x^2) - x^3 \cdot 2x}{(x^2+1)^2} = \frac{x^2(x^2+3)}{(x^2+1)^2}$$

Uma vez que $f'(x) > 0$ para todo x (exceto 0), f é crescente em $(-\infty, \infty)$.

F. Valores Máximos e Mínimos Locais Embora $f'(0) = 0$, f' não muda o sinal em 0, logo não há máximo ou mínimo locais.

G. Concavidade e Pontos de Inflexão

$$f''(x) = \frac{(x^2+1)^2(4x^3+6x) - (x^4+3x^2) \cdot 2(x^2+1)2x}{(x^2+1)^4} = \frac{2x(3-x^2)}{(x^2+1)^3}$$

Visto que $f''(x) = 0$ quando $x = 0$ ou $x = \pm\sqrt{3}$, montamos a seguinte tabela:

Intervalo	x	$3-x^2$	$(x^2+1)^3$	$f''(x)$	f
$x < -\sqrt{3}$	$-$	$-$	$+$	$+$	CC em $(-\infty, -\sqrt{3})$
$-\sqrt{3} < x < 0$	$-$	$+$	$+$	$-$	CB em $(-\sqrt{3}, 0)$
$0 < x < \sqrt{3}$	$+$	$+$	$+$	$+$	CC em $(0, \sqrt{3})$
$x > \sqrt{3}$	$+$	$-$	$+$	$-$	CB em $(\sqrt{3}, \infty)$

Os pontos de inflexão são $\left(-\sqrt{3}, -\frac{3}{4}\sqrt{3}\right)$, $(0, 0)$ e $\left(\sqrt{3}, \frac{3}{4}\sqrt{3}\right)$.

H. Esboço da Curva O gráfico de f está esboçado na Figura 13.

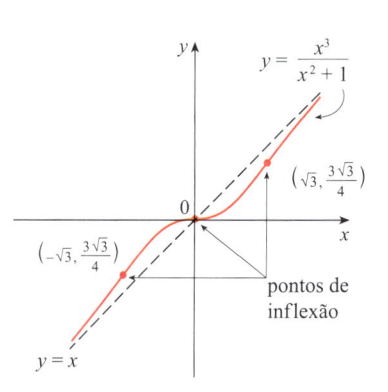

FIGURA 13

4.5 | Exercícios

1-54 Use o roteiro desta seção para esboçar a curva.

1. $y = x^3 + 3x^2$
2. $y = 2x^3 - 12x^2 + 18x$
3. $y = x^4 - 4x$
4. $y = x^4 - 8x^2 + 8$
5. $y = x(x-4)^3$
6. $y = x^5 - 5x$
7. $y = \frac{1}{5}x^5 - \frac{8}{3}x^3 + 16x$
8. $y = (4-x^2)^5$
9. $y = \frac{2x+3}{x+2}$
10. $y = \frac{x^2+5x}{25-x^2}$
11. $y = \frac{x-x^2}{2-3x+x^2}$
12. $y = 1 + \frac{1}{x} + \frac{1}{x^2}$
13. $y = \frac{x}{x^2-4}$
14. $y = \frac{1}{x^2-4}$
15. $y = \frac{x^2}{x^2+3}$
16. $y = \frac{(x-1)^2}{x^2+1}$
17. $y = \frac{x-1}{x^2}$
18. $y = \frac{x}{x^3-1}$
19. $y = \frac{x^3}{x^3+1}$
20. $y = \frac{x^3}{x-2}$
21. $y = (x-3)\sqrt{x}$
22. $y = (x-4)\sqrt[3]{x}$
23. $y = \sqrt{x^2+x-2}$
24. $y = \sqrt{x^2+x} - x$
25. $y = \frac{x}{\sqrt{x^2+1}}$
26. $y = x\sqrt{2-x^2}$
27. $y = \frac{\sqrt{1-x^2}}{x}$
28. $y = \frac{x}{\sqrt{x^2-1}}$
29. $y = x - 3x^{1/3}$
30. $y = x^{5/3} - 5x^{2/3}$
31. $y = \sqrt[3]{x^2-1}$
32. $y = \sqrt[3]{x^3+1}$

33. $y = \operatorname{sen}^3 x$ **34.** $y = x + \cos x$

35. $y = x \operatorname{tg} x$, $-\pi/2 < x < \pi/2$

36. $y = 2x - \operatorname{tg} x$, $-\pi/2 < x < \pi/2$

37. $y = \operatorname{sen} x + \sqrt{3} \cos x$, $-2\pi \le x \le 2\pi$

38. $y = \operatorname{cossec} x - 2\operatorname{sen} x$, $0 < x < \pi$

39. $y = \dfrac{\operatorname{sen} x}{1 + \cos x}$ **40.** $y = \dfrac{\operatorname{sen} x}{2 + \cos x}$

41. $y = \operatorname{arctg}(e^x)$ **42.** $y = (1-x)e^x$

43. $y = 1/(1 + e^{-x})$

44. $y = e^{-x} \operatorname{sen} x$, $0 \le x \le 2\pi$

45. $y = \dfrac{1}{x} + \ln x$ **46.** $y = x(\ln x)^2$

47. $y = (1 + e^x)^{-2}$ **48.** $y = e^x/x^2$

49. $y = \ln(\operatorname{sen} x)$ **50.** $y = \ln(1 + x^3)$

51. $y = xe^{-1/x}$ **52.** $y = \dfrac{\ln x}{x^2}$

53. $y = e^{\operatorname{arctg} x}$ **54.** $y = \operatorname{tg}^{-1}\!\left(\dfrac{x-1}{x+1}\right)$

55-58 A figura mostra o gráfico de f. (As linhas tracejadas indicam suas assíntotas horizontais.) Para cada uma das funções g fornecidas, determine
(a) Os domínios de g e g'
(b) Os números críticos de g
(c) O valor aproximado de $g'(6)$
(d) Todas as assíntotas verticais e horizontais de g

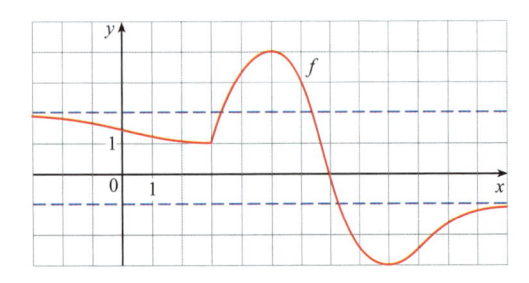

55. $g(x) = \sqrt{f(x)}$ **56.** $g(x) = \sqrt[3]{f(x)}$

57. $g(x) = |f(x)|$ **58.** $g(x) = 1/f(x)$

59. Na teoria da relatividade, a massa de uma partícula é

$$m = \dfrac{m_0}{\sqrt{1 - v^2/c^2}}$$

onde m_0 é a massa de repouso da partícula, m é a massa quando a partícula se move com velocidade v em relação ao observador e c é a velocidade da luz. Esboce o gráfico de m como uma função de v.

60. Na teoria da relatividade, a energia de uma partícula é

$$E = \sqrt{m_0^2 c^4 + h^2 c^2/\lambda^2}$$

onde m_0 é a massa de repouso da partícula, λ é seu comprimento de onda e h é a constante de Planck. Esboce o gráfico de E como uma função de λ. O que o gráfico mostra sobre a energia?

61. Um modelo para dispersão de um rumor é dado pela equação

$$p(t) = \dfrac{1}{1 + ae^{-kt}}$$

onde $p(t)$ é a proporção da população que já ouviu o boato no tempo t e a e k são constantes positivas.
(a) Quando a metade da população terá ouvido um rumor?
(b) Quando ocorre a maior taxa de dispersão do boato?
(c) Esboce o gráfico de p.

62. Um modelo para a concentração no instante g de uma droga injetada na corrente sanguínea é

$$C(t) = K(e^{-at} - e^{-bt})$$

onde a, b e K são constantes positivas e $b > a$. Esboce o gráfico da função concentração. O que o gráfico nos diz sobre como a concentração varia conforme o tempo passa?

63. A figura mostra uma viga de comprimento L embutida entre paredes de concreto. Se uma carga constante W for distribuída uniformemente ao longo de seu comprimento, a viga assumirá a forma da curva de deflexão

$$y = -\dfrac{W}{24EI}x^4 + \dfrac{WL}{12EI}x^3 - \dfrac{WL^2}{24EI}x^2$$

onde E e I são constantes positivas. (E é o módulo de elasticidade de Young, e I é o momento de inércia de uma seção transversal da viga.) Esboce o gráfico da curva de deflexão.

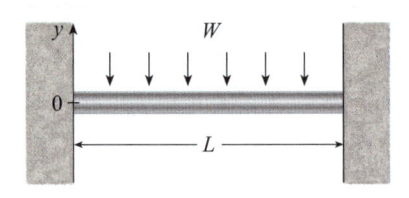

64. A Lei de Coulomb afirma que a força de atração entre duas partículas carregadas é diretamente proporcional ao produto das cargas e inversamente proporcional ao quadrado da distância entre elas. A figura mostra partículas com carga 1 localizadas nas posições 0 e 2 sobre o eixo das coordenadas, e uma partícula com a carga -1 em uma posição x entre elas. Segue da Lei de Coulomb que a força resultante agindo sobre a partícula do meio é

$$F(x) = -\dfrac{k}{x^2} + \dfrac{k}{(x-2)^2} \qquad 0 < x < 2$$

onde k é uma constante positiva. Esboce o gráfico da função força resultante. O que o gráfico mostra sobre a força?

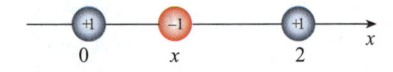

65-68 Ache a equação da assíntota oblíqua. Não desenhe a curva.

65. $y = \dfrac{x^2 + 1}{x + 1}$ **66.** $y = \dfrac{4x^3 - 10x^2 - 11x + 1}{x^2 - 3x}$

67. $y = \dfrac{2x^3 - 5x^2 - 3x}{x^2 - x - 2}$ **68.** $y = \dfrac{-6x^4 + 2x^3 + 3}{2x^3 - x}$

69-74 Use o roteiro desta seção para esboçar o gráfico da curva. No passo D, ache uma equação para a assíntota oblíqua.

69. $y = \dfrac{x^2}{x-1}$

70. $y = \dfrac{1+5x-2x^2}{x-2}$

71. $y = \dfrac{x^3+4}{x^2}$

72. $y = \dfrac{x^3}{(x+1)^2}$

73. $y = 1 + \tfrac{1}{2}x + e^{-x}$

74. $y = 1 - x + e^{1+x/3}$

75. Mostre que a curva $y = x - \operatorname{tg}^{-1}x$ tem duas assíntotas oblíquas: $y = x + \pi/2$ e $y = x - \pi/2$. Use esse fato para esboçar a curva.

76. Mostre que a curva $y = \sqrt{x^2 + 4x}$ tem duas assíntotas oblíquas: $y = x + 2$ e $y = -x - 2$. Use esse fato para esboçar a curva.

77. Mostre que as retas $y = (b/a)x$ e $y = -(b/a)x$ são assíntotas oblíquas da hipérbole $(x^2/a^2) - (y^2/b^2) = 1$.

78. Seja $f(x) = (x^3 + 1)/x$. Mostre que

$$\lim_{x \to \pm\infty}[\,f(x) - x^2\,] = 0$$

Isso mostra que o gráfico de f tende ao gráfico de $y = x^2$, e dizemos que a curva $y = f(x)$ é *assintótica* à parábola $y = x^2$. Use esse fato para ajudá-lo no esboço do gráfico de f.

79. Discuta o comportamento assintótico de $f(x) = (x^4 + 1)/x$ da mesma forma que no Exercício 78. Use então seus resultados para auxiliá-lo no esboço do gráfico de f.

80. Use o comportamento assintótico de $f(x) = \operatorname{sen} x + e^{-x}$ para esboçar seu gráfico sem seguir o roteiro de esboço de curvas desta seção.

4.6 Representação Gráfica com Cálculo e a Tecnologia

O método usado para esboçar as curvas na seção precedente foi um auge dentro de nosso estudo de cálculo diferencial. O gráfico foi o objetivo final obtido por nós. Nesta seção, nosso ponto de vista é completamente diferente. *Começamos* aqui com um gráfico produzido por uma calculadora gráfica ou computador e então o refinamos. Usamos o cálculo para nos assegurar de que estão aparentes todos os aspectos importantes da curva. E com o uso de ferramentas gráficas podemos nos dedicar a curvas complicadas demais para tratar sem essa tecnologia. O objetivo aqui é a *interação* entre o cálculo e a tecnologia.

A leitura do tópico *"Graphing Calculators and Computers"*, disponível em www.StewartCalculus.com, pode-lhe ser útil, caso você ainda não o tenha lido. Em particular, o texto explica como algumas das armadilhas dos aplicativos gráficos podem ser evitadas escolhendo-se janelas de visualização apropriadas.

EXEMPLO 1 Faça o gráfico do polinômio $f(x) = 2x^6 + 3x^5 + 3x^3 - 2x^2$. Use os gráficos de f' e f'' para estimar todos os pontos de máximo e de mínimo e os intervalos de concavidade.

SOLUÇÃO Se especificarmos um domínio, mas não uma imagem, muitos *softwares* gráficos deduzirão uma imagem adequada a partir dos valores calculados. A Figura 1 mostra um gráfico que pode ser obtido se especificarmos que $-5 \leq x \leq 5$. Embora essa janela retangular seja útil para mostrar que o comportamento assintótico (o comportamento nas extremidades) é o mesmo que o de $y = 2x^6$, é óbvio que estão omitidos os detalhes mais refinados. Assim, mudamos para a janela retangular $[-3, 2]$ por $[-50, 100]$ conforme mostrado na Figura 2.

A maioria das calculadoras gráficas e dos programas de traçado de gráficos permite que você "rastreie" uma curva e veja as coordenadas aproximadas dos pontos. (Alguns também possuem recursos para a localização aproximada dos pontos de máximo e mínimo local.) A partir desse gráfico, parece que existe um valor mínimo absoluto de cerca de $-15,33$ quando $x \approx -1,62$ (através do cursor) e f é decrescente em $(-\infty; -1,62)$ e crescente em $(-1,62; \infty)$. Aparentemente também existe uma tangente horizontal na origem e pontos de inflexão quando $x = 0$ e quando x está em algum lugar entre -2 e -1.

Vamos tentar confirmar essas impressões usando o cálculo. Derivando, obtemos

$$f'(x) = 12x^5 + 15x^4 + 9x^2 - 4x$$

$$f''(x) = 60x^4 + 60x^3 + 18x - 4$$

Quando fazemos o gráfico de f' na Figura 3, vemos que $f'(x)$ muda de negativa para positiva quando $x \approx -1,62$; isso confirma (pelo Teste da Primeira Derivada) o valor mínimo encontrado anteriormente. Mas, talvez para nossa surpresa, observamos também que $f'(x)$ muda de positiva para negativa quando $x = 0$, e de negativa para positiva quando $x \approx 0,35$. Isso significa que f tem um máximo local em 0 e um mínimo local quando $x \approx 0,35$, mas esses valores estavam escondidos na Figura 2. Realmente, se dermos um *zoom* em direção à origem, como na Figura 4, veremos o que havíamos perdido antes: o valor máximo local de 0 quando $x = 0$ e um valor mínimo local de aproximadamente $-0,1$ quando $x \approx 0,35$.

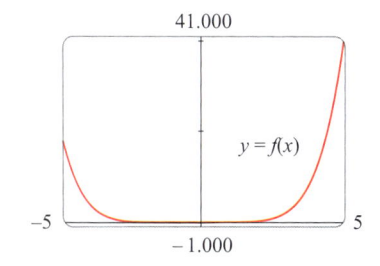

FIGURA 1

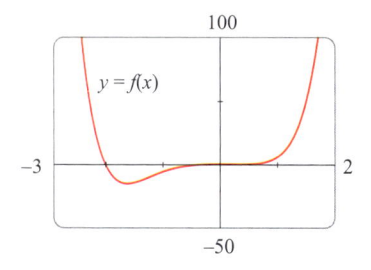

FIGURA 2

FIGURA 3

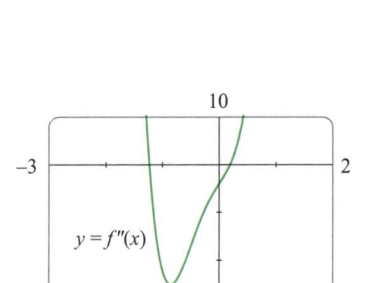

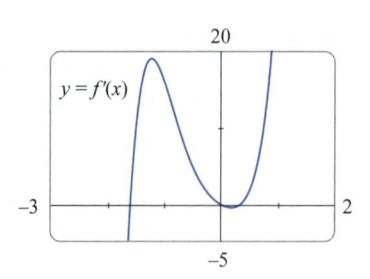

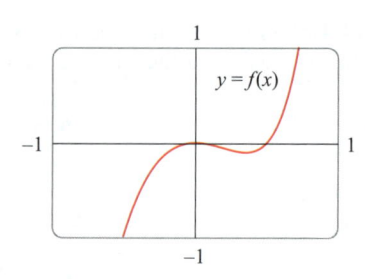

FIGURA 4

FIGURA 5

E o que dizer sobre a concavidade e os pontos de inflexão? Das Figuras 2 e 4, parece haver pontos de inflexão quando x está um pouco à esquerda de -1 e quando x está um pouco à direita de 0. Mas é difícil determinar os pontos de inflexão a partir do gráfico de f; assim, fazemos o gráfico da segunda derivada f'' na Figura 5. Vemos que f'' muda de positivo para negativo quando $x \approx -1{,}23$, e de negativa para positiva quando $x \approx 0{,}19$. Logo, com precisão de duas casas decimais, f é côncava para cima em $(-\infty;\ -1{,}23)$ e $(0{,}19;\ \infty)$ e côncava para baixo em $(-1{,}23;\ 0{,}19)$. Os pontos de inflexão são $(-1{,}23;\ -10{,}18)$ e $(0{,}19;\ -0{,}05)$.

Descobrimos que um único gráfico não revela todos os aspectos importantes desse polinômio. Porém, as Figuras 2 e 4, quando olhadas em conjunto, fornecem uma visualização precisa. ∎

EXEMPLO 2 Faça o gráfico da função

$$f(x) = \frac{x^2 + 7x + 3}{x^2}$$

em uma janela retangular que mostre todos os aspectos importantes da função. Estime os valores locais máximo e mínimo e os intervalos de concavidade. Então, use o cálculo para verificar o valor exato dessas quantidades.

SOLUÇÃO A Figura 6, feita por um computador com escolha automática de escala, é um desastre. Algumas calculadoras gráficas usam como janela retangular padrão $[-10,\ 10]$ por $[-10,\ 10]$; assim, vamos tentar fazer isso. Obtemos o gráfico mostrado na Figura 7, e ele é de grande melhoria.

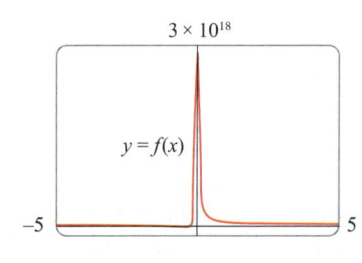

FIGURA 6

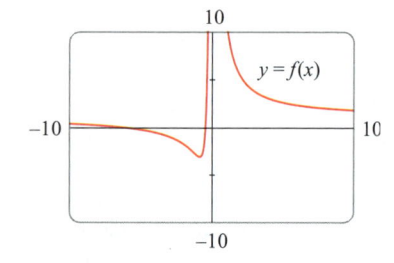

FIGURA 7

O eixo y parece ser uma assíntota vertical e realmente o é, pois

$$\lim_{x \to 0} \frac{x^2 + 7x + 3}{x^2} = \infty$$

A Figura 7 também nos permite estimar as intersecções com o eixo de x em cerca de $-0{,}5$ e de $-6{,}5$. Os valores exatos são obtidos usando a fórmula quadrática para resolver a equação $x^2 + 7x + 3 = 0$; obtemos $x = \left(-7 \pm \sqrt{37}\right)/2$.

Para obter uma visão melhor das assíntotas horizontais, mudamos para a janela retangular [–20, 20] por [–5, 10] na Figura 8. Aparentemente, $y = 1$ é a assíntota horizontal, e isso é facilmente confirmado:

$$\lim_{x \to \pm\infty} \frac{x^2 + 7x + 3}{x^2} = \lim_{x \to \pm\infty} \left(1 + \frac{7}{x} + \frac{3}{x^2}\right) = 1$$

Para estimarmos o valor mínimo, damos um *zoom* para a janela de inspeção [–3, 0] por [–4, 2] da Figura 9. Encontramos que o valor mínimo absoluto é de cerca de –3,1 quando $x \approx -0,9$, e vemos que a função decresce em $(-\infty; -0,9)$ e $(0, \infty)$ e cresce em $(-0,9; 0)$. Os valores exatos são obtidos por derivação:

$$f'(x) = -\frac{7}{x^2} - \frac{6}{x^3} = -\frac{7x + 6}{x^3}$$

Isso mostra que $f'(x) > 0$ quando $-\frac{6}{7} < x < 0$ e $f'(x) < 0$ quando $x < -\frac{6}{7}$ e $x > 0$. O valor mínimo exato é $f\left(-\frac{6}{7}\right) = -\frac{37}{12} \approx -3,08$.

A Figura 9 também mostra que ocorre um ponto de inflexão em algum lugar entre $x = -1$ e $x = -2$. Podemos estimá-lo mais precisamente usando o gráfico da segunda derivada, o que nesse caso é tão fácil quanto achar os valores exatos. Uma vez que

$$f''(x) = \frac{14}{x^3} + \frac{18}{x^4} = \frac{2(7x + 9)}{x^4}$$

vemos que $f''(x) > 0$ quando $x > -\frac{9}{7}$ ($x \neq 0$) e $f''(x) < 0$ quando $x < -\frac{9}{7}$. Logo, f é côncava para cima em $\left(-\frac{9}{7}, 0\right)$ e $(0, \infty)$ e côncava para baixo em $\left(-\infty, -\frac{9}{7}\right)$. O ponto de inflexão é $\left(-\frac{9}{7}, -\frac{71}{27}\right)$.

A análise usando as duas primeiras derivadas mostra que a Figura 8 exibe todos os aspectos mais importantes da curva. ∎

EXEMPLO 3 Faça o gráfico da função $f(x) = \dfrac{x^2(x+1)^3}{(x-2)^2(x-4)^4}$.

SOLUÇÃO Com base em nossa experiência com a função racional no Exemplo 2, vamos começar fazendo o gráfico de f na janela retangular [–10, 10] por [–10, 10]. Da Figura 10 temos a sensação de que vamos precisar dar um *zoom* para ver mais detalhadamente, e também nos afastar para ter uma visão geral melhor. Mas, como regra para dar um *zoom* inteligente, vamos primeiro analisar mais de perto a expressão de $f(x)$. Em razão dos fatores $(x - 2)^2$ e $(x - 4)^4$ no denominador, esperamos que $x = 2$ e $x = 4$ sejam assíntotas verticais. De fato,

$$\lim_{x \to 2} \frac{x^2(x+1)^3}{(x-2)^2(x-4)^4} = \infty \quad \text{e} \quad \lim_{x \to 4} \frac{x^2(x+1)^3}{(x-2)^2(x-4)^4} = \infty$$

Para encontrarmos as assíntotas horizontais, dividimos numerador e denominador por x^6:

$$\frac{x^2(x+1)^3}{(x-2)^2(x-4)^4} = \frac{\dfrac{x^2}{x^3} \cdot \dfrac{(x+1)^3}{x^3}}{\dfrac{(x-2)^2}{x^2} \cdot \dfrac{(x-4)^4}{x^4}} = \frac{\dfrac{1}{x}\left(1 + \dfrac{1}{x}\right)^3}{\left(1 - \dfrac{2}{x}\right)^2 \left(1 - \dfrac{4}{x}\right)^4}$$

Isto mostra que $f(x) \to 0$ quando $x \to \pm\infty$, de modo que o eixo x é uma assíntota horizontal.

É também muito útil considerar o comportamento do gráfico nas proximidades da intersecção com o eixo x, usando uma análise igual à do Exemplo 2.6.12. Uma vez que x^2 é positivo, $f(x)$ não muda de sinal em 0 e, portanto, seu gráfico não cruza o eixo x em 0. No entanto, em virtude do fator $(x + 1)^3$, o gráfico cruza o eixo x em –1 e tem uma tangente horizontal aí. Juntando todas essas informações, mas sem usar as derivadas, vemos que a curva deve se parecer com algo semelhante ao mostrado na Figura 11.

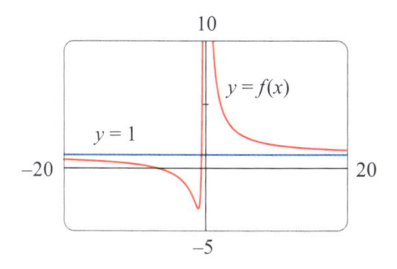

FIGURA 8

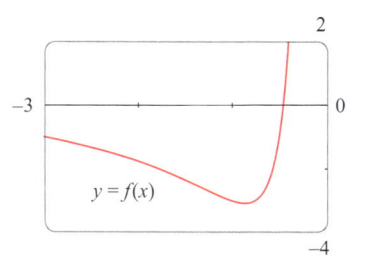

FIGURA 9

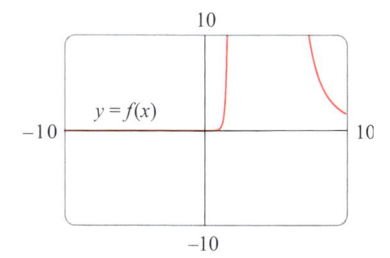

FIGURA 10

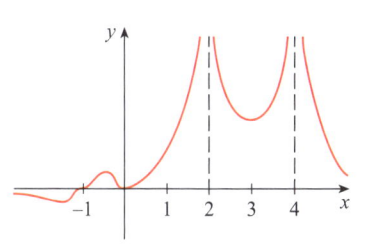

FIGURA 11

304 CÁLCULO

Agora que sabemos o que procurar, damos vários *zooms* para obter os gráficos nas Figuras 12 e 13 e afastamos várias vezes para obter a Figura 14.

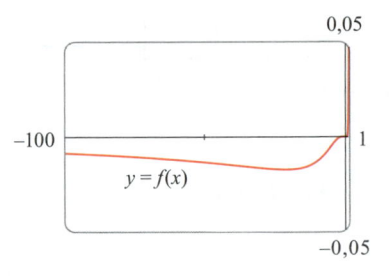

FIGURA 12

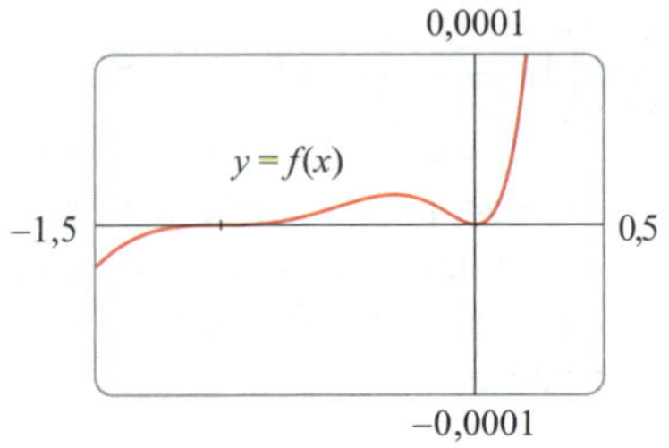

FIGURA 13

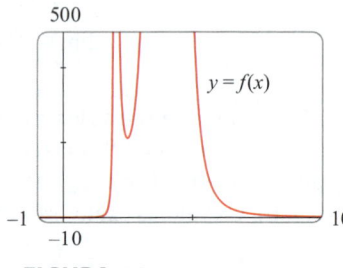

FIGURA 14

Podemos ver nesses gráficos que o mínimo absoluto está em torno de −0,02 e ocorre quando $x \approx -20$. Há também um máximo local $\approx 0,00002$ quando $x \approx -0,3$ e um mínimo local ≈ 211 quando $x \approx 2,5$. Esses gráficos também mostram três pontos de inflexão próximos a −35, −5 e −1, e dois entre −1 e 0. Para estimarmos os pontos de inflexão mais precisamente, necessitaremos do gráfico de f'', mas calcular à mão f'' é uma tarefa não razoável. Se você tiver um sistema de computação algébrica, então não encontrará maiores problemas (veja o Exercício 15).

Vimos que para essa função particular são necessários *três* gráficos (Figuras 12, 13 e 14) para juntar todas as informações úteis. A única maneira de dispor todos esses aspectos da função em um único gráfico é fazê-lo à mão. A despeito dos exageros e distorções, a Figura 11 consegue resumir a natureza essencial da função. ■

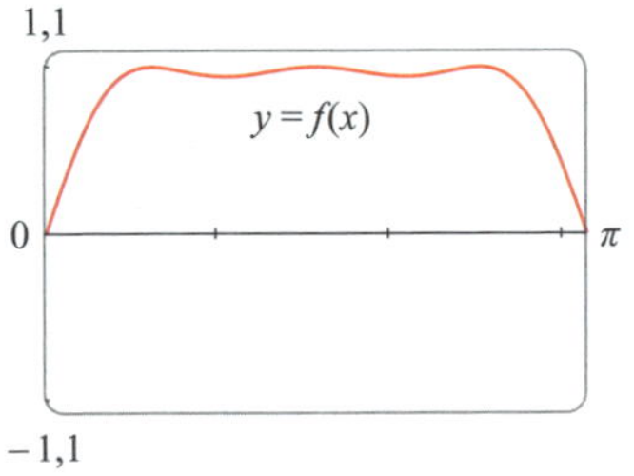

FIGURA 15

EXEMPLO 4 Faça o gráfico da função $f(x) = \text{sen}(x + \text{sen } 2x)$. Para $0 \le x \le \pi$, estime todos os valores máximo e mínimo, intervalos de crescimento e de decrescimento, e pontos de inflexão.

SOLUÇÃO Observamos primeiro que f é periódica com período de 2π. Também, f é ímpar e $|f(x)| \le 1$ para todo x. Então, a escolha de visualizar um retângulo não é um problema para esta função: começamos com $[0, \pi]$ por $[-1,1, 1,1]$. (Veja a Figura 15.) Parece que existem três valores máximos locais e dois mínimos locais nessa janela. Para confirmarmos esses valores e localizá-los mais precisamente, calculamos que

$$f'(x) = \cos(x + \text{sen } 2x) \cdot (1 + 2\cos 2x)$$

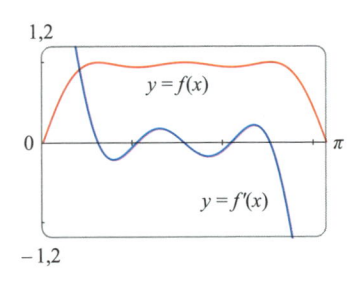

e fazemos os gráficos de f e f' na Figura 16.

Dando um *zoom* e usando o Teste da Primeira Derivada, encontramos os seguintes valores aproximados.

Intervalos de crescimento:	(0; 0,6), (1,0; 1,6), (2,1; 2,5)
Intervalos de decrescimento:	(0,6; 1,0), (1,6; 2,1), (2,5; π)
Valores máximos locais:	$f(0,6) \approx 1, f(1,6) \approx 1, f(2,5) \approx 1$
Valores mínimos locais:	$f(1,0) \approx 0,94, f(2,1) \approx 0,94$

FIGURA 16

A segunda derivada é

$$f''(x) = -(1 + 2\cos 2x)^2 \text{sen}(x + \text{sen } 2x) - 4 \text{sen } 2x \cos(x + \text{sen } 2x)$$

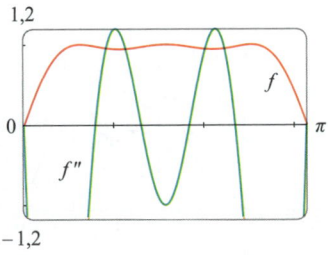

Fazendo o gráfico de f e f'' na Figura 17, obtemos os seguintes valores aproximados:

Côncava para cima:	(0,8; 1,3), (1,8; 2,3)
Côncava para baixo:	(0; 0,8), (1,3; 1,8), (2,3; π)
Pontos de inflexão:	(0; 0), (0,8; 0,97), (1,3; 0,97), (1,8; 0,97), (2,3; 0,97)

FIGURA 17

A Figura 15 realmente representa precisamente f para $0 \leq x \leq \pi$, e assim podemos afirmar que o gráfico estendido na Figura 18 representa f precisamente para $-2\pi \leq x \leq 2\pi$.

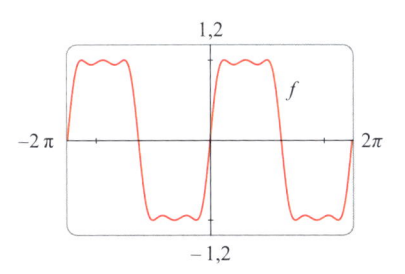

FIGURA 18

A família de funções
$$f(x) = \operatorname{sen}(x + \operatorname{sen} cx)$$
onde c é uma constante, ocorre em aplicações de síntese de frequência modulada (FM). Uma onda senoidal é modulada por uma onda de frequência diferente ($\operatorname{sen} cx$). O caso em que $c = 2$ é estudado no Exemplo 4. O Exercício 27 lida com outro caso especial.

Nosso último exemplo trata de *famílias* de funções. Isto significa que as funções na família estão relacionadas umas às outras por uma fórmula que contém uma ou mais constantes arbitrárias. Cada um dos valores da constante dá origem a um membro da família, e a ideia é ver como varia o gráfico da função à medida que mudamos a constante.

EXEMPLO 5 Como o gráfico de $f(x) = 1/(x^2 + 2x + c)$ varia conforme c varia?

SOLUÇÃO Os gráficos nas Figuras 19 e 20 (os casos especiais $c = 2$ e $c = -2$) mostram duas curvas com aspectos bem diferentes.

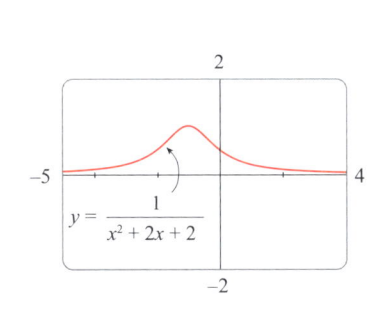

FIGURA 19
$c = 2$

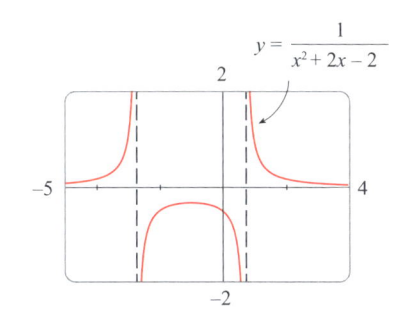

FIGURA 20
$c = -2$

Antes de fazermos qualquer outro gráfico, vamos ver o que os membros dessa família têm em comum. Uma vez que

$$\lim_{x \to \pm\infty} \frac{1}{x^2 + 2x + c} = 0$$

para todo valor de c, todos têm como assíntota horizontal o eixo x. Uma assíntota vertical ocorrerá quando $x^2 + 2x + c = 0$. Resolvendo essa equação quadrática, obtemos $x = -1 \pm \sqrt{1-c}$. Quando $c > 1$, não há assíntotas verticais (como na Figura 19). Quando $c = 1$, o gráfico tem uma única assíntota vertical $x = -1$, pois

$$\lim_{x \to -1} \frac{1}{x^2 + 2x + 1} = \lim_{x \to -1} \frac{1}{(x+1)^2} = \infty$$

Quando $c < 1$, há duas assíntotas verticais: $x = -1 \pm \sqrt{1-c}$ (como na Figura 20).

Calculamos agora a derivada:

$$f'(x) = -\frac{2x+2}{(x^2+2x+c)^2}$$

Isso mostra que $f'(x) = 0$ quando $x = -1$ (se $c \neq 1$), $f'(x) > 0$ quando $x < -1$, e $f'(x) < 0$ quando $x > -1$. Para $c \geq 1$ isso significa que f é crescente em $(-\infty, -1)$ e decrescente em $(-1, \infty)$. Para $c > 1$, existe um valor máximo absoluto $f(-1) = 1/(c - 1)$. Para $c < 1$, $f(-1) = 1/(c - 1)$ é um valor máximo local, e os intervalos de crescimento e decrescimento são interrompidos nas assíntotas verticais.

A Figura 21 mostra cinco membros da família, feitos na janela retangular $[-5, 4]$ por $[-2, 2]$. Conforme previsto, ocorre uma transição de duas assíntotas verticais para uma em $c = 1$ e então para nenhuma em $c > 1$. À medida que aumentamos c a partir de 1, vemos que o ponto de máximo fica cada vez mais baixo; isso é explicado pelo fato de que $1/(c - 1) \to 0$ quando $c \to \infty$. À medida que c decresce a partir de 1, as assíntotas verticais ficam cada vez mais separadas, pois a distância entre elas é $2\sqrt{1-c}$, que fica maior à medida que $c \to -\infty$. Novamente, o ponto de máximo tende ao eixo x, pois $1/(c - 1) \to 0$ quando $c \to -\infty$.

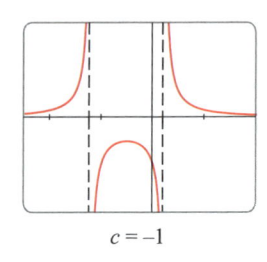

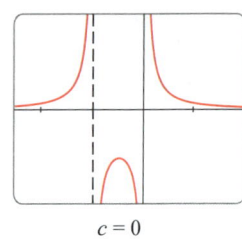

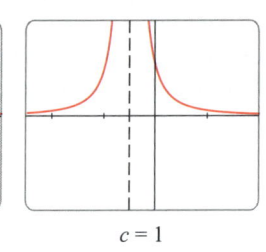

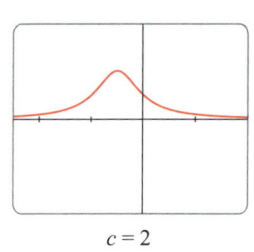

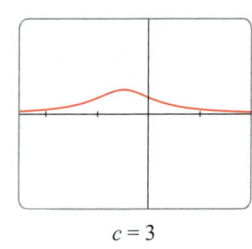

FIGURA 21
A família das funções $f(x) = 1/(x^2 + 2x + c)$

Claramente não há pontos de inflexão quando $c \leq 1$. Para $c > 1$ calculamos que

$$f''(x) = \frac{2(3x^2 + 6x + 4 - c)}{(x^2 + 2x + c)^3}$$

e deduzimos que os pontos de inflexão ocorrem quando $x = -1 \pm \sqrt{3(c-1)}/3$. Portanto, os pontos de inflexão tornam-se mais afastados à medida que c cresce, e isso parece plausível a partir dos dois últimos gráficos da Figura 21. ∎

4.6 Exercícios

1-8 Faça gráficos de f que revelem todos os aspectos importantes da curva. Em particular, você deve usar os gráficos de f' e f'' para estimar os intervalos de crescimento e decrescimento, valores extremos, intervalos de concavidade e pontos de inflexão.

1. $f(x) = x^5 - 5x^4 - x^3 + 28x^2 - 2x$

2. $f(x) = -2x^6 + 5x^5 + 140x^3 - 110x^2$

3. $f(x) = x^6 - 5x^5 + 25x^3 - 6x^2 - 48x$

4. $f(x) = \dfrac{x^4 - x^3 - 8}{x^2 - x - 6}$

5. $f(x) = \dfrac{x}{x^3 + x^2 + 1}$

6. $f(x) = 6 \operatorname{sen} x - x^2$, $\quad -5 \leq x \leq 3$

7. $f(x) = 6 \operatorname{sen} x + \cotg x$, $\quad -\pi \leq x \leq \pi$

8. $f(x) = e^x - 0{,}186x^4$

9-10 Faça gráficos de f que revelem todos os aspectos importantes da curva. Estime os intervalos de crescimento e decrescimento e os intervalos de concavidade, e use o cálculo para achar esses intervalos exatamente.

9. $f(x) = 1 + \dfrac{1}{x} + \dfrac{8}{x^2} + \dfrac{1}{x^3}$

10. $f(x) = \dfrac{1}{x^8} - \dfrac{2 \times 10^8}{x^4}$

11-12

(a) Faça o gráfico da função.
(b) Use a Regra de l'Hôspital para explicar o comportamento quando $x \to 0$.
(c) Estime o valor mínimo e os intervalos de concavidade. Então, use o cálculo para achar os valores exatos.

11. $f(x) = x^2 \ln x$ **12.** $f(x) = xe^{1/x}$

13-14 Esboce o gráfico à mão, usando as assíntotas e as intersecções com os eixos, mas não as derivadas. Então, use seu esboço como um roteiro na obtenção de gráficos usando uma calculadora ou computador que mostrem os aspectos mais importantes da curva. Use esses gráficos para estimar os valores máximo e mínimo.

13. $f(x) = \dfrac{(x+4)(x-3)^2}{x^4(x-1)}$ **14.** $f(x) = \dfrac{(2x+3)^2(x-2)^5}{x^3(x-5)^2}$

T 15. Se f for a função considerada no Exemplo 3, use um sistema de computação algébrica para calcular f' e então faça seu gráfico para confirmar que todos os valores máximos e mínimos são como dados no exemplo. Calcule f'' e use-a para estimar os intervalos de concavidade e pontos de inflexão.

T 16. Se f for a função do Exercício 14, use um sistema de computação algébrico para encontrar f' e f'' e use seus gráficos para estimar os intervalos de crescimento e decrescimento e de concavidade de f.

T 17-22 Use um sistema de computação algébrica para fazer o gráfico de f e encontrar f' e f''. Utilize os gráficos dessas derivadas para estimar os intervalos de crescimento e decrescimento, valores extremos, intervalos de concavidade e pontos de inflexão de f.

17. $f(x) = \dfrac{x^3 + 5x^2 + 1}{x^4 + x^3 - x^2 + 2}$

18. $f(x) = \dfrac{x^{2/3}}{1 + x + x^4}$

19. $f(x) = \sqrt{x + 5\,\text{sen}\,x}$, $x \leq 20$

20. $f(x) = x - \text{tg}^{-1}(x^2)$

21. $f(x) = \dfrac{1 - e^{1/x}}{1 + e^{1/x}}$

22. $f(x) = \dfrac{3}{3 + 2\,\text{sen}\,x}$

23-24 Faça o gráfico da função usando quantas visualizações retangulares você precisar para descrever a verdadeira natureza da função.

23. $f(x) = \dfrac{1 - \cos(x^4)}{x^8}$ **24.** $f(x) = e^x + \ln|x - 4|$

25-26
(a) Faça o gráfico da função.
(b) Explique a forma do gráfico calculando o limite quando $x \to 0^+$ ou quando $x \to \infty$.
(c) Estime os valores máximo e mínimo e então use o cálculo para achar os valores exatos.
T (d) Use um sistema de computação algébrico para calcular f''. Use um gráfico de f'' para estimar a coordenada x dos pontos de inflexão.

25. $f(x) = x^{1/x}$ **26.** $f(x) = (\text{sen}\,x)^{\text{sen}\,x}$

27. No Exemplo 4 consideramos um membro da família de funções $f(x) = \text{sen}(x + \text{sen}\,cx)$ que ocorre na síntese de FM. Aqui investigamos a função com $c = 3$. Comece o gráfico f com a janela retangular $[0, \pi]$ por $[-1,2; 1,2]$. Quantos pontos de máximo locais você pode ver? O gráfico tem mais informações do que podemos perceber a olho nu. Para descobrir os pontos de máximo e mínimo escondidos será necessário examinar muito cuidadosamente o gráfico de f'. De fato, ajuda examinar ao mesmo tempo o gráfico de f''. Encontre todos os valores máximos e mínimos e os pontos de inflexão. Então faça o gráfico de f na janela retangular $[-2\pi, 2\pi]$ por $[-1,2; 1,2]$ e comente sobre a simetria.

28-35 Descreva a mudança no gráfico de f à medida que c varia. Faça o gráfico de vários membros da família para ilustrar as tendências que você descobriu. Em particular, você deve investigar como os pontos de máximo e mínimo e os pontos de inflexão movem-se quando c varia. Você deve também identificar qualquer valor intermediário de c no qual o aspecto básico da curva mude.

28. $f(x) = x^3 + cx$

29. $f(x) = x^2 + 6x + c/x$ (Tridente de Newton)

30. $f(x) = x\sqrt{c^2 - x^2}$ **31.** $f(x) = e^x + ce^{-x}$

32. $f(x) = \ln(x^2 + c)$ **33.** $f(x) = \dfrac{cx}{1 + c^2 x^2}$

34. $f(x) = \dfrac{\text{sen}\,x}{c + \cos x}$ **35.** $f(x) = cx + \text{sen}\,x$

36. A família de funções $f(t) = C(e^{-at} - e^{-bt})$, onde a, b e c são números positivos e $b > a$, tem sido usada para modelar a concentração de uma droga injetada na corrente sanguínea no instante $t = 0$. Faça o gráfico de vários membros dessa família. O que eles têm em comum? Para valores fixos de C e a, descubra graficamente o que acontece à medida que b cresce. Use então o cálculo para demonstrar o que você descobriu.

37. Investigue a família de curvas dadas por $f(x) = xe^{-cx}$, onde c é um número real. Comece calculando os limites quando $x \to \pm\infty$. Identifique qualquer valor intermediário de c onde mude a forma básica. O que acontece aos pontos de máximo, de mínimo e de inflexão quando c varia? Ilustre fazendo o gráfico de vários membros da família.

38. A Figura mostra (em azul) os gráficos de vários membros da família de polinômios na forma $f(x) = cx^4 - 4x^2 + 1$.
(a) Para quais valores de c a curva possui pontos de mínimo?
(b) Mostre que os pontos de mínimo e de máximo de todas as curvas dessa família estão sobre a parábola $y = -2x^2 + 1$ (mostrada em vermelho).

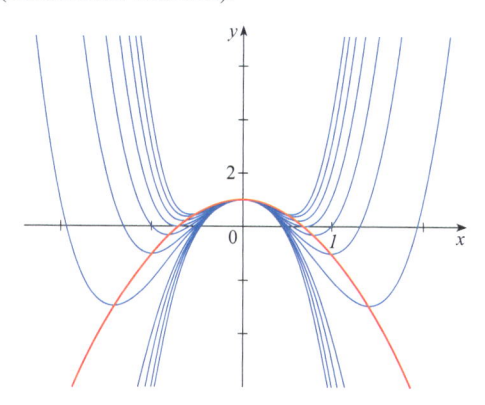

39. Investigue a família de curvas dadas pela equação
$$f(x) = x^4 + cx^2 + x.$$
Comece determinando o valor de transição de c em que o número de pontos de inflexão muda. Faça então o gráfico de vários membros da família para ver quais formas são possíveis. Existe outro valor de transição no qual a quantidade de números críticos muda. Tente descobrir isso graficamente. Demonstre então o que você descobriu.

40. (a) Investigue a família de funções polinomiais dada pela equação
$$f(x) = 2x^3 + cx^2 + 2x$$
Para que valores de c a curva tem pontos de máximo e de mínimo?

(b) Mostre que os pontos de máximo e de mínimo de cada curva da família estão sobre a curva $y = x - x^3$. Ilustre fazendo o gráfico dessa curva e de vários membros da família.

4.7 | Problemas de Otimização

Os métodos estudados neste capítulo para encontrar os valores extremos têm aplicações práticas em muitas situações do dia a dia. Um homem de negócios quer minimizar os custos e maximizar os lucros. Um viajante quer minimizar o tempo de transporte. O Princípio de Fermat na óptica estabelece que a luz segue o caminho que toma o menor tempo. Nesta seção vamos resolver problemas tais como maximizar áreas, volumes e lucros e minimizar distâncias, tempo e custos.

Na solução destes problemas práticos, o maior desafio está frequentemente em converter o problema em um problema de otimização matemática, determinando a função que deve ser maximizada ou minimizada. Vamos nos lembrar dos princípios da resolução de problemas discutidos anteriormente no final do Capítulo 1 e adaptá-los para estas situações:

Passos na Resolução dos Problemas de Otimização

1. **Compreendendo o Problema** A primeira etapa consiste em ler cuidadosamente o problema até que ele seja entendido claramente. Pergunte-se: O que é desconhecido? Quais são as quantidades dadas? Quais são as condições dadas?

2. **Faça um Diagrama** Na maioria dos problemas, é útil fazer um diagrama e marcar as quantidades dadas e pedidas no diagrama.

3. **Introduzindo uma Notação** Atribua um símbolo para a quantidade que deve ser maximizada ou minimizada (por ora vamos chamá-la Q). Selecione também símbolos ($a, b, c, \ldots, x, y$) para outras quantidades desconhecidas e coloque esses símbolos no diagrama. O uso de iniciais como símbolos poderá ajudá-lo – por exemplo, A para área, h para altura e t para tempo.

4. Expresse Q em termos de alguns dos outros símbolos da Etapa 3.

5. Se Q for expresso como uma função de mais de uma variável na Etapa 4, use a informação dada para encontrar relações (na forma de equações) entre essas variáveis. Use então essas equações para eliminar todas menos uma das variáveis na expressão de Q. Assim, Q será expresso como uma função de *uma* variável x, digamos, $Q = f(x)$. Escreva o domínio dessa função no contexto dado.

6. Use os métodos das Seções 4.1 e 4.3 para encontrar os valores máximo ou mínimo *absolutos* de f. Em particular, se o domínio de f é um intervalo fechado, então o Método de Intervalo Fechado da Seção 4.1 pode ser usado.

EXEMPLO 1 Um fazendeiro tem 1.200 m de cerca e quer cercar um campo retangular que está na margem de um rio reto. Ele não precisa de cerca ao longo do rio. Quais são as dimensões do campo com maior área?

SOLUÇÃO A fim de percebermos o que está acontecendo neste problema, vamos fazer uma experiência com alguns casos especiais. A Figura 1, fora de escala, mostra três maneiras possíveis de estender os 1.200 m de cerca.

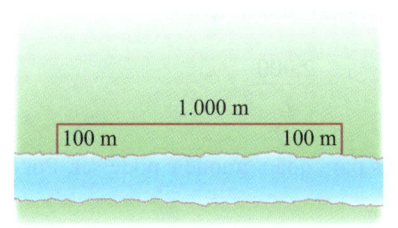

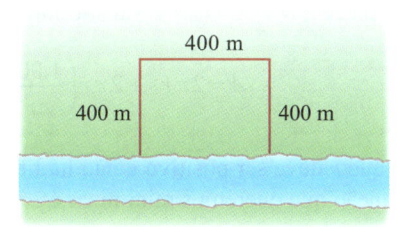

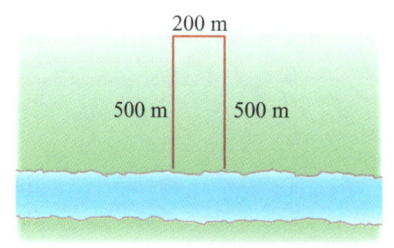

APLICAÇÕES DA DERIVAÇÃO

Área = 100 · 1.000 = 100.000 m²

Área = 400 · 400 = 160.000 m²

Área = 500 · 200 = 100.000 m²

FIGURA 1

Vemos que, ao tentarmos os campos rasos e extensos ou profundos e estreitos, obtemos áreas relativamente pequenas. Parece plausível que exista alguma configuração intermediária que produza a maior área.

A Figura 2 ilustra o caso geral. Desejamos maximizar a área A do retângulo. Sejam x e y a profundidade e a largura do retângulo (em metros). Então, expressamos A em termos de x e y:

$$A = xy$$

Queremos expressar A como uma função de apenas uma variável; assim, eliminamos y expressando-o em termos de x. Para fazermos isso, usamos a informação dada de que o comprimento total da cerca é de 1.200 m. Logo,

$$2x + y = 1.200$$

Dessa equação, temos $y = 1.200 - 2x$, resultando assim

$$A = xy = x(1\,200 - 2x) = 1.200x - 2x^2$$

Observe que o maior valor que x pode assumir é 600 (o que corresponde a estender toda a cerca ao longo da profundidade do terreno, sem usá-la para cobrir a largura do terreno) e x não pode ser negativo, de modo que a função que desejamos maximizar é

$$A(x) = 1.200x - 2x^2, \qquad 0 \le x \le 600$$

A derivada é $A'(x) = 1.200 - 4x$; logo, para encontrarmos os números críticos, resolvemos a equação

$$1.200 - 4x = 0$$

que nos fornece $x = 300$. O valor máximo de A deve ocorrer ou nesse número crítico ou em uma extremidade do intervalo. Uma vez que $A(0) = 0$, $A(300) = 180.000$ e $A(600) = 0$, o Método do Intervalo Fechado nos fornece o valor máximo como $A(300) = 180.000$.

[Alternativamente poderíamos ter observado que $A''(x) = -4 < 0$ para todo x; logo, A é sempre côncava para baixo, e o máximo local em $x = 300$ deve ser um máximo absoluto.]

O valor correspondente de y é $y = 1.200 - 2(300) = 600$, de modo que, o campo retangular deve ter 300 m de profundidade e 600 m de extensão. ∎

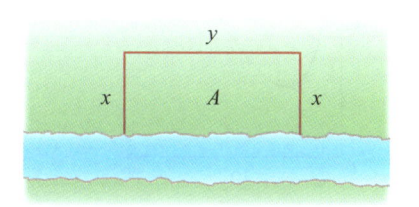

SP Introduza uma notação.

FIGURA 2

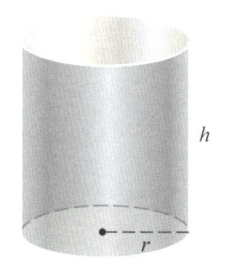

FIGURA 3

EXEMPLO 2 Uma lata cilíndrica é feita para receber um 1 litro de óleo. Encontre as dimensões que minimizarão o custo do metal para produzir a lata.

SOLUÇÃO Fazemos um diagrama como na Figura 3, onde r é o raio e h é a altura (ambos em centímetros). A fim de minimizar o custo do metal, minimizamos a área da superfície total do cilindro (tampa, base e lado). Da Figura 4, vemos que o lado é feito de uma folha retangular com dimensões $2\pi r$ e h. Logo a área da superfície é

$$A = 2\pi r^2 + 2\pi rh$$

Gostaríamos de expressar A em termos de uma variável, r. Para eliminarmos h, usamos o fato de que o volume é dado como 1 L, que é equivalente a 1.000 cm³. Logo,

$$\pi r^2 h = 1.000$$

Área $2(2\pi r^2)$ Área $(2\pi r)h$

FIGURA 4

que nos fornece $h = 1.000/(\pi r^2)$. Substituindo na expressão para A, temos

$$A = 2\pi r^2 + 2\pi r\left(\frac{1.000}{\pi r^2}\right) = 2\pi r^2 + \frac{2.000}{r}$$

Sabemos que r deve ser positivo e não há limitações para quão grande r pode ser. Portanto, a função que queremos minimizar é

$$A(r) = 2\pi r^2 + \frac{2.000}{r} \qquad r > 0$$

Para acharmos os números críticos, derivamos:

$$A'(r) = 4\pi r - \frac{2.000}{r^2} = \frac{4(\pi r^3 - 500)}{r^2}$$

Então $A'(r) = 0$ quando $\pi r^3 = 500$; logo, o número crítico é $r = \sqrt[3]{500/\pi}$.

Uma vez que o domínio de A é $(0, \infty)$, não podemos usar o argumento do Exemplo 1 relativo às extremidades. Mas podemos observar que $A'(r) < 0$ para $r < \sqrt[3]{500/\pi}$ e $A'(r) > 0$ para $r > \sqrt[3]{500/\pi}$, portanto, A está decrescendo para *todo* r à esquerda do número crítico e crescendo para *todo* r à direita. Assim, $r = \sqrt[3]{500/\pi}$ deve originar um *mínimo absoluto*.

[Alternativamente, poderíamos argumentar que $A(r) \to \infty$ quando $r \to 0^+$ e $A(r) \to \infty$ quando $r \to \infty$; portanto, deve existir um valor mínimo de $A(r)$, que deve ocorrer no número crítico. Veja a Figura 5.]

O valor de h correspondente a $r = \sqrt[3]{500/\pi}$ é

$$h = \frac{1.000}{\pi r^2} = \frac{1.000}{\pi (500/\pi)^{2/3}} = 2\sqrt[3]{\frac{500}{\pi}} = 2r$$

Dessa forma, para minimizar o custo da lata, o raio deve ser $\sqrt[3]{500/\pi}$ cm e a altura, igual a duas vezes o raio, isto é, o diâmetro. ∎

FIGURA 5

Ainda neste capítulo, no Projeto Aplicado, em seguida a esta seção, examinaremos a forma mais econômica para uma lata levando em conta outros custos de produção.

OBSERVAÇÃO 1 O argumento usado no Exemplo 2 para justificar o mínimo absoluto é uma variação do Teste da Primeira Derivada (que se aplica somente para valores máximo e mínimo *locais*) e será enunciado aqui para futuras referências.

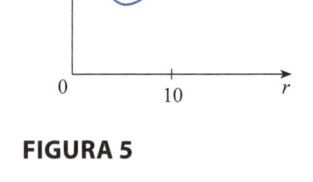

> **Teste da Primeira Derivada para Valores Extremos Absolutos** Suponha que c seja um número crítico de uma função contínua f definida em um certo intervalo.
> (a) Se $f'(x) > 0$ para todo $x < c$ e $f'(x) < 0$ para todo $x > c$, então $f(c)$ é o valor máximo absoluto de f.
> (b) Se $f'(x) < 0$ para todo $x < c$ e $f'(x) > 0$ para todo $x > c$, então $f(c)$ é o valor mínimo absoluto de f.

OBSERVAÇÃO 2 Um método alternativo para resolver os problemas de otimização é usar a derivação implícita. Para ilustrarmos esse método, examinaremos novamente o Exemplo 2. Vamos nos utilizar das mesmas equações

$$A = 2\pi r^2 + 2\pi rh \qquad \pi r^2 h = 1.000$$

mas, em vez de eliminarmos h, derivamos implicitamente ambas as equações em relação a r (tratando tanto A quanto h como funções de r):

$$A' = 4\pi r + 2\pi rh' + 2\pi h \qquad \pi r^2 h' + 2\pi rh = 0$$

O mínimo ocorre em um número crítico; assim, fazemos $A' = 0$, simplificamos e chegamos até as equações

$$2r + rh' + h = 0 \qquad rh' + 2h = 0$$

e uma subtração nos fornece $2r - h = 0$ ou $h = 2r$.

EXEMPLO 3 Encontre o ponto sobre a parábola $y^2 = 2x$ mais próximo de $(1, 4)$.

SOLUÇÃO A distância entre os pontos $(1, 4)$ e (x, y) é

$$d = \sqrt{(x-1)^2 + (y-4)^2}$$

(Veja a Figura 6.) Mas, como o ponto (x, y) está sobre a parábola, então $x = \frac{1}{2}y^2$; logo, a expressão para d fica

$$d = \sqrt{\left(\tfrac{1}{2}y^2 - 1\right)^2 + (y-4)^2}$$

(Uma forma alternativa seria substituir $y = \sqrt{2x}$ para obter d em termos só de x.) Em vez de d, minimizamos seu quadrado:

$$d^2 = f(y) = \left(\tfrac{1}{2}y^2 - 1\right)^2 + (y-4)^2$$

(Você deve se convencer de que o mínimo de d ocorre no mesmo ponto que o mínimo de d^2, porém é mais fácil de lidar com d^2.) Observe que não há restrições em y, de modo que o domínio é formado por todos os números reais. Derivando, obtemos

$$f'(y) = 2\left(\tfrac{1}{2}y^2 - 1\right)y + 2(y-4) = y^3 - 8$$

portanto, $f'(y) = 0$ quando $y = 2$. Observe que $f'(y) < 0$ quando $y < 2$ e $f'(y) > 0$ quando $y > 2$; logo, pelo Teste da Primeira Derivada para Valores Extremos Absolutos, o mínimo absoluto ocorre quando $y = 2$. (Ou, ainda, poderíamos simplesmente dizer que, dada a natureza geométrica do problema, é óbvio que existe um ponto mais próximo, mas não existe um ponto mais distante.) O valor correspondente de x é $x = \frac{1}{2}y^2 = 2$. Assim, o ponto sobre $y^2 = 2x$ mais próximo de $(1, 4)$ é $(2, 2)$. [A distância entre os pontos é $d = \sqrt{f(2)} = \sqrt{5}$.] ∎

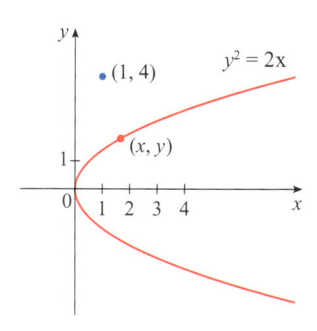

FIGURA 6

EXEMPLO 4 Uma mulher lança seu bote em um ponto A na margem de um rio reto, com uma largura de 3 km, e deseja atingir tão rápido quanto possível um ponto B na outra margem, 8 km rio abaixo (veja a Figura 7). Ela pode dirigir seu barco diretamente para o ponto C e então seguir andando para B, ou rumar diretamente para B, ou remar para algum ponto D entre C e B e então andar até B. Se ela pode remar a 6 km/h e andar a 8 km/h, onde ela deveria aportar para atingir B o mais rápido possível? (Estamos supondo que a velocidade da água seja desprezível comparada com a velocidade na qual a mulher rema.)

SOLUÇÃO Se chamarmos de x a distância de C a D, então a distância a ser percorrida a pé será $|DB| = 8 - x$, e o Teorema de Pitágoras dará a distância remada como $|AD| = \sqrt{x^2 + 9}$. Usamos a equação

$$\text{tempo} = \frac{\text{distância}}{\text{taxa}}$$

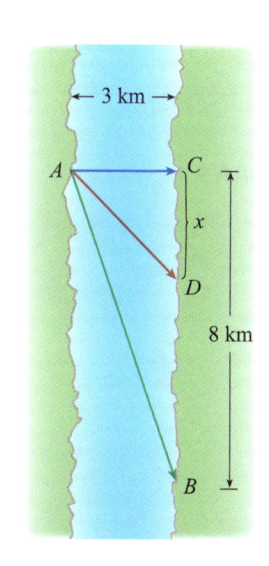

FIGURA 7

Então o tempo gasto remando é $\sqrt{x^2 + 9}/6$, enquanto o tempo gasto andando é $(8-x)/8$. Assim, o tempo total T como uma função de x é

$$T(x) = \frac{\sqrt{x^2 + 9}}{6} + \frac{8 - x}{8}$$

O domínio dessa função T é $[0, 8]$. Observe que, se $x = 0$, ela rema para C, e se $x = 8$, rema diretamente para B. A derivada de T é

$$T'(x) = \frac{x}{6\sqrt{x^2+9}} - \frac{1}{8}$$

Assim, usando o fato de que $x \geq 0$, temos

$$T'(x) = 0 \Leftrightarrow \frac{x}{6\sqrt{x^2+9}} = \frac{1}{8} \Leftrightarrow 4x = 3\sqrt{x^2+9}$$

$$\Leftrightarrow 16x^2 = 9(x^2+9) \Leftrightarrow 7x^2 = 81 \Leftrightarrow x = \frac{9}{\sqrt{7}}$$

O único número crítico é $x = 9/\sqrt{7}$. Para verificarmos se o mínimo ocorre nesse número crítico ou nas extremidades do domínio $[0, 8]$, utilizamos o Método do Intervalo Fechado, calculando g em todos os três pontos:

$$T(0) = 1{,}5 \qquad T\left(\frac{9}{\sqrt{7}}\right) = 1 + \frac{\sqrt{7}}{8} \approx 1{,}33 \qquad T(8) = \frac{\sqrt{73}}{6} \approx 1{,}42$$

Uma vez que o menor desses valores g ocorre quando $x = 9/\sqrt{7}$, o valor mínimo absoluto de T deve ocorrer lá. A Figura 8 ilustra o cálculo ao exibir o gráfico de T.

Dessa forma, a mulher deve aportar o bote no ponto $9/\sqrt{7}$ km ($\approx 3{,}4$ km) rio abaixo a partir do ponto inicial. ∎

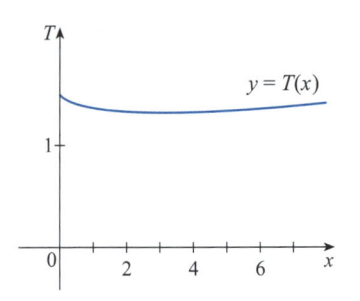

FIGURA 8

EXEMPLO 5 Encontre a área do maior retângulo que pode ser inscrito em um semicírculo de raio r.

SOLUÇÃO 1 Vamos considerar o semicírculo como a metade superior do círculo $x^2 + y^2 = r^2$ com o centro na origem. Então a palavra *inscrito* significa que o retângulo tem dois vértices sobre o semicírculo e dois vértices sobre o eixo x, conforme mostra a Figura 9.

Seja (x, y) o vértice que está no primeiro quadrante. E então o retângulo tem lados de comprimento $2x$ e y, e sua área é

$$A = 2xy$$

Para eliminarmos y, usamos o fato de que (x, y) está sobre o círculo $x^2 + y^2 = r^2$ e, portanto, $y = \sqrt{r^2 - x^2}$. Logo,

$$A = 2x\sqrt{r^2 - x^2}$$

O domínio dessa função é $0 \leq x \leq r$. Sua derivada é

$$A' = 2\sqrt{r^2 - x^2} - \frac{2x^2}{\sqrt{r^2 - x^2}} = \frac{2(r^2 - 2x^2)}{\sqrt{r^2 - x^2}}$$

que é zero quando $2x^2 = r^2$, isto é, $x = r/\sqrt{2}$ (uma vez que $x \geq 0$). Esse valor de x dá um valor máximo de A, visto que $A(0) = 0$ e $A(r) = 0$. Portanto, a área do maior retângulo inscrito é

$$A\left(\frac{r}{\sqrt{2}}\right) = 2\frac{r}{\sqrt{2}}\sqrt{r^2 - \frac{r^2}{2}} = r^2$$

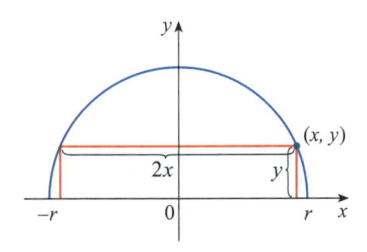

FIGURA 9

SOLUÇÃO 2 Uma solução mais simples é possível quando usamos um ângulo como uma variável. Seja θ o ângulo mostrado na Figura 10. Então, a variação na área do retângulo é

$$A(\theta) = (2r\cos\theta)(r\sin\theta) = r^2(2\sin\theta\cos\theta) = r^2\sin 2\theta$$

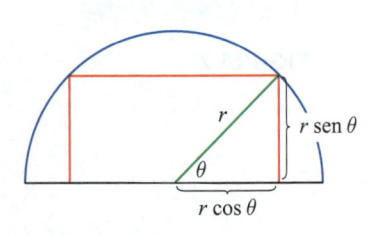

FIGURA 10

Sabemos que sen 2θ tem um valor máximo de 1 e ele ocorre quando $2\theta = \pi/2$. Logo, $A(\theta)$ tem um valor máximo de r^2 e ele ocorre quando $\theta = \pi/4$.

Observe que essa solução trigonométrica não envolve derivação. De fato, não necessitamos usar nada do cálculo aqui.

Aplicações à Administração e à Economia

Na Seção 3.7 introduzimos a ideia de custo marginal. Lembre que se $C(x)$, a **função custo**, é o custo da produção de x unidades de certo produto, então o **custo marginal** é a taxa de variação de C em relação a x. Em outras palavras, a função de custo marginal é a derivada, $C'(x)$, da função custo.

Vamos considerar agora o marketing. Seja $p(x)$ o preço por unidade que a companhia pode cobrar se ela vender x unidades. Então, p é chamada **função demanda** (ou **função preço**) e esperaríamos que ela fosse uma função decrescente de x. (Mais unidades vendidas correspondem a um preço mais baixo.) Se x unidades forem vendidas e o preço por unidade for $p(x)$, então a receita total será

$$R(x) = \text{quantidade} \times \text{preço} = xp(x)$$

e R é chamada **função receita**. A derivada R' da função receita é chamada **função receita marginal** e é a taxa de variação da receita com relação ao número de unidades vendidas.

Se x unidades forem vendidas, então o lucro total será

$$P(x) = R(x) - C(x)$$

e P é chamada **função lucro**. A **função lucro marginal** é P', a derivada da função lucro. Nos Exercícios 65-69, será pedido para usar as funções custo, receita e lucro marginais para minimizar custos e maximizar receitas e lucros.

EXEMPLO 6 Uma loja tem vendido 200 monitores de TV de tela plana por semana a $ 350 cada. Uma pesquisa de mercado indicou que para cada $ 10 de desconto oferecido aos compradores, o número de monitores vendidos aumenta 20 por semana. Encontre a função demanda e a função receita. Qual o desconto que a loja deveria oferecer para maximizar sua receita?

SOLUÇÃO Se x for o número de monitores vendidos por semana, então o aumento semanal nas vendas será $x - 200$. Para cada aumento de 20 unidades vendidas, o preço cai em $ 10. Portanto, para cada unidade adicional vendida, o decréscimo no preço será $\frac{1}{20} \times 10$ e a função demanda será

$$p(x) = 350 - \tfrac{10}{20}(x - 200) = 450 - \tfrac{1}{2}x$$

A função receita é

$$R(x) = xp(x) = 450x - \tfrac{1}{2}x^2$$

Como $R'(x) = 450 - x$, vemos que $R'(x) = 0$ quando $x = 450$. Este valor de x dá um máximo absoluto pelo Teste da Primeira Derivada (ou simplesmente observando que o gráfico de R é uma parábola com concavidade para baixo). O preço correspondente é

$$p(450) = 450 - \tfrac{1}{2}(450) = 225$$

e o desconto é $350 - 225 = 125$. Portanto, para maximizar a receita, a loja deveria oferecer um desconto de $ 125.

4.7 Exercícios

1. Considere o seguinte problema: encontre dois números cuja soma seja 23 e cujo produto seja máximo.
   (a) Faça uma tabela de valores, como a mostrada abaixo, tal que a soma dos números nas duas primeiras colunas seja sempre 23. Com base na evidência mostrada em sua tabela, estime a resposta para o problema.
   (b) Use o cálculo para resolver o problema e compare com sua resposta da parte (a).

Primeiro número	Segundo número	Produto
1	22	22
2	21	42
3	20	60
⋮	⋮	⋮

2. Encontre dois números cuja diferença seja 100 e cujo produto seja mínimo.

3. Encontre dois números positivos cujo produto seja 100 e cuja soma seja mínima.

4. A soma de dois números positivos é 16. Qual é o menor valor possível para a soma de seus quadrados?

5. Qual é a distância vertical máxima entre a reta $y = x + 2$ e a parábola $y = x^2$ para $-1 \leq x \leq 2$?

6. Qual é a distância vertical mínima entre as parábolas $y = x^2 + 1$ e $y = x - x^2$?

7. Encontre as dimensões de um retângulo com perímetro de 100 m cuja área seja a maior possível.

8. Encontre as dimensões de um retângulo com área de 1.000 m² cujo perímetro seja o menor possível.

9. Um modelo usado para a produção Y de uma colheita agrícola como função do nível de nitrogênio N no solo (medido em unidades apropriadas) é

   $$Y = \frac{kN}{1 + N^2}$$

   onde k é uma constante positiva. Que nível de nitrogênio dá a melhor produção?

10. A taxa (em mg de carbono/m³/h) na qual a fotossíntese ocorre para uma espécie de fitoplâncton é modelada pela função

    $$P = \frac{100I}{I^2 + I + 4}$$

    em que I é a intensidade da luz (medida em milhares de velas). Para qual intensidade de luz P é máximo?

11. Considere o seguinte problema: um fazendeiro com 300 m de cerca quer cercar uma área retangular e então dividi-la em quatro partes com cercas paralelas a um lado do retângulo. Qual é a maior área total possível das quatro partes?
    (a) Faça vários diagramas ilustrando a situação, alguns com divisões rasas e largas e alguns com divisões profundas e estreitas. Encontre as áreas totais dessas configurações. Parece que existe uma área máxima? Se a resposta for sim, estime-a.
    (b) Faça um diagrama ilustrando a situação geral. Introduza uma notação e marque no diagrama seus símbolos.
    (c) Escreva uma expressão para a área total.
    (d) Use a informação dada para escrever uma equação que relacione as variáveis.
    (e) Use a parte (d) para escrever a área total como uma função de uma variável.
    (f) Acabe de resolver o problema e compare sua resposta com sua estimativa da parte (a).

12. Considere o seguinte problema: uma caixa sem tampa deve ser construída a partir de um pedaço quadrado de papelão, com 3 metros de largura, cortando fora um quadrado de cada um dos quatro cantos e dobrando para cima os lados. Encontre o maior volume que essa caixa poderá ter.
    (a) Faça vários diagramas para ilustrar a situação, algumas caixas baixas com bases grandes e outras altas com bases pequenas. Encontre os volumes de várias dessas caixas. Parece existir um volume máximo? Se a resposta for sim, estime-o.
    (b) Faça um diagrama ilustrando a situação geral. Introduza uma notação e marque no diagrama seus símbolos.
    (c) Escreva uma expressão para o volume.
    (d) Use a informação dada para escrever uma equação que relacione as variáveis.
    (e) Use a parte (d) para escrever o volume como uma função de uma só variável.
    (f) Acabe de resolver o problema e compare sua resposta com sua estimativa da parte (a).

13. Um fazendeiro quer cercar uma área de 15.000 m² em um campo retangular e então dividi-lo ao meio com uma cerca paralela a um dos lados do retângulo. Como fazer isso de forma que minimize o custo da cerca?

14. Um fazendeiro dispõe de 400 m de cerca para cercar um terreno trapezoidal às margens de um rio, como mostrado na figura. Dos lados paralelos do trapézio, um é três vezes mais comprido que o outro. Não há necessidade de instalar a cerca ao longo do rio. Determine a maior área que o fazendeiro consegue cercar.

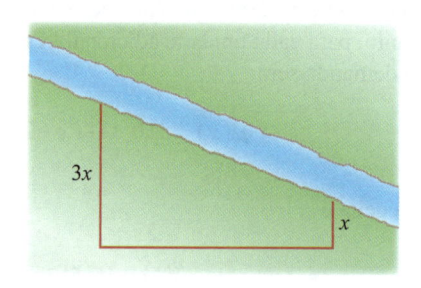

15. Um fazendeiro quer cercar um terreno retangular adjacente à parede norte de seu celeiro. Nenhuma cerca é necessária ao longo do celeiro e a cerca a ser instalada no lado oeste do terreno será compartilhada com um vizinho que vai dividir o custo daquele trecho. Supondo que a instalação da cerca custe $ 30 por metro e que o fazendeiro não esteja disposto a gastar mais do que $ 1.800, determine as dimensões do terreno que fazem com que a área cercada seja máxima.

16. Se o fazendeiro do Exercício 15 quiser cercar 750 metros quadrados de terra, que dimensões minimizarão o custo da cerca?

17. (a) Mostre que, dentre todos os retângulos que têm dada área, aquele com o menor perímetro é um quadrado.

(b) Mostre que, dentre todos os retângulos com dado perímetro, aquele que tem a maior área é um quadrado.

18. Uma caixa com uma base quadrada e sem tampa tem volume de 32.000 cm³. Encontre as dimensões da caixa que minimizam a quantidade de material usado.

19. Se 1.200 cm² de material estiverem disponíveis para fazer uma caixa com uma base quadrada e sem tampa, encontre o maior volume possível da caixa.

20. É preciso fabricar uma caixa sem tampa a partir de uma folha retangular de papelão, com 2 m por 1 m, cortando-se quadrados ou retângulos de seus quatro cantos e dobrando os lados para cima, como mostrado na figura. Um dos lados mais compridos da caixa deve ter uma camada dupla de papelão, a qual é obtida dobrando-se o lado duas vezes. Determine o maior volume que tal caixa pode conter.

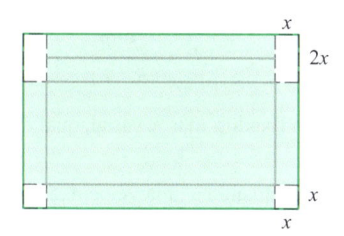

21. Um contêiner retangular sem tampa deve ter um volume de 10 m³. O comprimento de sua base deve ser igual ao dobro da largura. O material da base custa $ 10 por metro quadrado, enquanto o material dos lados custa $ 6 por metro quadrado. Determine o gasto com material do contêiner mais barato que possui essas especificações.

22. Refaça o Exercício 21 supondo que o contêiner tenha uma tampa feita do mesmo material usado em seus lados.

23. Para ser enviado pelos correios dos EUA, um pacote não pode medir mais que 274 cm, considerando-se a soma de seu comprimento com seu contorno. (O comprimento é a maior dimensão do pacote e o contorno é a maior medida de uma linha que circunda o pacote em um plano perpendicular ao comprimento.) Determine as dimensões da caixa retangular com base quadrada que possui o maior volume que pode ser postado.

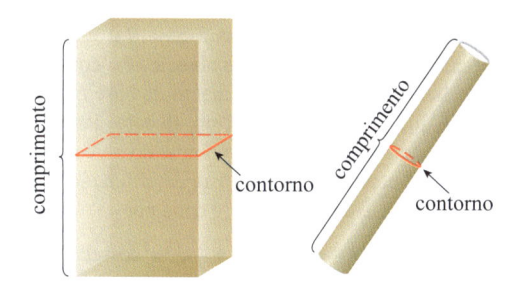

24. Considerando o exposto no Exercício 23, determine as dimensões do tubo cilíndrico com maior volume que pode ser enviado por meio dos correios dos EUA.

25. Encontre o ponto sobre a reta $y = 2x + 3$ que está mais próximo da origem.

26. Encontre o ponto sobre a curva $y = \sqrt{x}$ que está mais próximo do ponto (3, 0).

27. Encontre os pontos sobre a elipse $4x^2 + y^2 = 4$ que estão mais distantes do ponto (1, 0).

28. Encontre, com precisão de duas casas decimais, as coordenadas do ponto na curva $y = \operatorname{sen} x$ que está mais próximo do ponto (4, 2).

29. Encontre as dimensões do retângulo com a maior área que pode ser inscrito em um círculo de raio r.

30. Encontre a área do maior retângulo que pode ser inscrito na elipse $x^2/a^2 + y^2/b^2 = 1$.

31. Encontre as dimensões do retângulo com a maior área que pode ser inscrito em um triângulo equilátero com lado L se um dos lados do retângulo estiver sobre a base do triângulo.

32. Encontre a área do maior trapézio que pode ser inscrito num círculo com raio 1 e cuja base é o diâmetro do círculo.

33. Encontre as dimensões do triângulo isósceles de maior área que pode ser inscrito em um círculo de raio r.

34. Se os dois lados iguais de um triângulo isósceles têm comprimento a, encontre o comprimento do terceiro lado que maximize a área do triângulo.

35. Supondo que um triângulo tenha uma aresta de comprimento a e outra aresta de comprimento $2a$, mostre que a maior área que o triângulo pode ter é igual a a^2.

36. A base de um retângulo está sobre o eixo x e seus dois vértices superiores pertencem à parábola $y = 4 - x^2$. Qual é a maior área que o retângulo pode ter?

37. Um cilindro circular reto é inscrito em uma esfera de raio 7. Encontre o maior volume possível para este cilindro.

38. Um cilindro circular reto é inscrito em um cone com altura h e raio da base r. Encontre o maior volume possível para este cilindro.

39. Um cilindro circular reto é inscrito em uma esfera de raio r. Encontre a maior área de superfície possível para este cilindro.

40. Uma janela normanda tem a forma de um retângulo tendo em cima um semicírculo. (O diâmetro do semicírculo é igual à largura do retângulo. Veja o Exercício 1.1.72.) Se o perímetro da janela for 10 m, encontre as dimensões da janela que deixam passar a maior quantidade possível de luz.

41. A margem superior e a margem inferior de um pôster têm 6 cm cada e as margens laterais têm 4 cm cada. Supondo que a área impressa do pôster tenha exatos 384 cm², determine as dimensões do pôster que fazem que sua área seja mínima.

42. Um pôster deve ter uma área de 900 cm² com uma margem de 2,5 cm na base e nos lados, e uma margem de 5 cm em cima. Que dimensões darão a maior área impressa?

43. Um pedaço de fio com 10 m de comprimento é cortado em duas partes. Uma parte é dobrada no formato de um quadrado, ao passo que a outra é dobrada na forma de um triângulo equilátero. Como deve ser cortado o fio de forma que a área total englobada seja: (a) máxima? (b) mínima?

44. Responda o Exercício 43 se um pedaço estiver dobrado no formato de um quadrado e o outro no formato de um círculo.

45. Se lhe for oferecida uma fatia de uma pizza redonda (em outras palavras, um setor de um círculo) e a fatia precisar ter um perímetro de 60 cm, qual diâmetro da pizza vai recompensá-lo com a maior fatia?

46. Uma cerca de 2 m de altura corre paralela a um edifício alto, a uma distância de 1 m do edifício. Qual o comprimento da menor escada que se apoie no chão e na parede do prédio, por cima da cerca?

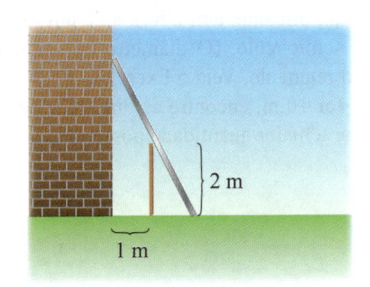

47. Um copo com formato cônico é feito de um pedaço circular de papel de raio R cortando fora um setor e juntando os lados CA e CB. Encontre a capacidade máxima de tal copo.

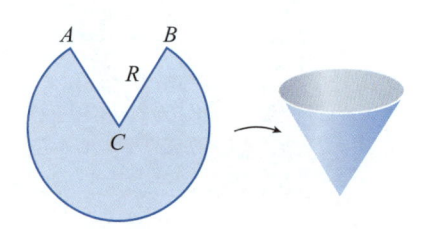

48. Um copo de papel em forma de cone é feito de maneira a conter 27 cm³ de água. Ache a altura e o raio do copo que usa a menor quantidade possível de papel.

49. Um cone com altura h está inscrito em outro cone maior com altura H, de forma que seu vértice esteja no centro da base do cone maior. Mostre que o cone interno tem seu volume máximo quando $h = \frac{1}{3}H$.

50. Um objeto de massa W é arrastado ao longo de um plano horizontal por uma força agindo ao longo de uma corda atada ao objeto. Se a corda faz um ângulo θ com o plano, então a intensidade da força é

$$F = \frac{\mu W}{\mu \operatorname{sen}\theta + \cos\theta}$$

onde μ é uma constante chamada coeficiente de atrito. Para qual valor de θ é F mínima?

51. Se um resistor de R ohms estiver ligado a uma pilha de E volts com resistência interna de r ohms, então a potência (em watts) no resistor externo é

$$P = \frac{E^2 R}{(R+r)^2}$$

Se E e r forem fixados, mas R variar, qual é o valor máximo da potência?

52. Para um peixe nadando a uma velocidade v em relação à água, a energia gasta por unidade de tempo é proporcional a v^3. Acredita-se que os peixes migratórios tentam minimizar a energia total necessária para nadar uma distância fixa. Se o peixe estiver nadando contra uma corrente u ($u < v$), então o tempo necessário para nadar uma distância L é $L/(v-u)$ e a energia total E requerida para nadar a distância é dada por

$$E(v) = av^3 \cdot \frac{L}{v-u}$$

onde a é uma constante de proporcionalidade.
(a) Determine o valor de v que minimiza E.
(b) Esboce o gráfico de E.

Observação: Esse resultado foi verificado experimentalmente; peixes migratórios nadam contra a corrente a uma velocidade 50% maior que a velocidade da corrente.

53. Em uma colmeia, cada alvéolo é um prisma hexagonal regular, aberto em uma extremidade; a outra extremidade é fechada por três losangos congruentes que formam um ângulo triédrico no vértice, como mostrado na figura. Seja θ o ângulo formado entre cada losango e a altura do alvéolo, s o comprimento do lado do hexágono e h o comprimento da base mais longa dos trapézios que formam a lateral do alvéolo. Pode-se mostrar que, mantendo-se fixos s e h, o volume do alvéolo é constante (ou seja, independente de θ) e, para determinado valor de θ, a área da superfície do alvéolo, S, é dada por

$$S = 6sh - \tfrac{3}{2}s^2 \cot\theta + \tfrac{3}{2}\sqrt{3}\,s^2 \operatorname{cossec}\theta$$

Acredita-se que as abelhas formem seus alvéolos de modo a minimizar a área da superfície, usando assim a menor quantidade possível de cera na construção do alvéolo.
(a) Calcule $dS/d\theta$.
(b) Que ângulo as abelhas deveriam escolher?
(c) Determine a área mínima da superfície do alvéolo em função dos valores de s e h).

Observação: Medidas reais do ângulo θ em colmeias foram feitas, e as medidas desses ângulos raramente diferem do valor calculado em mais que 2°.

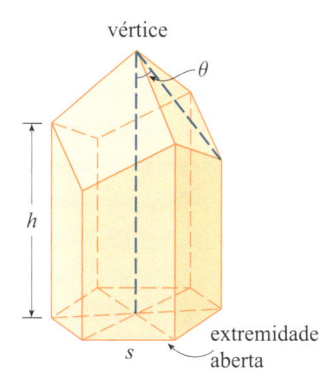

54. Um barco deixa as docas às 14 h e viaja para o sul com velocidade de 20 km/h. Outro barco estava rumando leste a 15 km/h e alcança a mesma doca às 15 h. Em que momento os dois botes estavam mais próximos um do outro?

55. Resolva o problema no Exemplo 4 se o rio tiver 5 km de largura e o ponto B estiver somente a 5 km de A rio abaixo.

56. Uma mulher em um ponto A na praia de um lago circular com raio de 3 km quer chegar no ponto C diametralmente oposto a A do outro lado do lago no menor tempo possível (veja a figura). Ela pode andar a uma taxa de 6 km/h e remar um bote a 3 km/h. Como ela deve proceder?

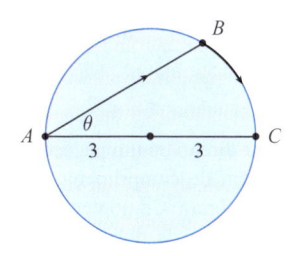

57. Uma refinaria de petróleo está localizada na margem norte de um rio reto que tem 2 km de largura. Um oleoduto deve ser construído da refinaria até um tanque de armazenamento localizado na margem sul do rio, 6 km a leste da refinaria. O custo de construção do oleoduto é $ 400.000/km sobre a terra, até um ponto P na margem norte e $ 800.000/km sob o rio até o tanque. Onde P deveria estar localizado para minimizar o custo do oleoduto?

T 58. Suponha que a refinaria do Exercício 57 esteja localizada 1 km ao norte do rio. Onde P deveria estar situado?

59. A iluminação de um objeto por uma fonte de luz é diretamente proporcional à potência da fonte e inversamente proporcional ao quadrado da distância da fonte. Se duas fontes de luz, uma três vezes mais forte que a outra, são colocadas a 4 m de distância, onde deve ser colocado o objeto sobre a reta entre as fontes de forma a receber o mínimo de iluminação?

60. Encontre uma equação da reta que passa pelo ponto (3, 5) e que delimita a menor área no primeiro quadrante.

61. Sejam a e b números positivos. Ache o comprimento do menor segmento de reta que é cortado pelo primeiro quadrante e passa pelo ponto (a, b).

62. Em quais pontos da curva $y = 1 + 40x^3 - 3x^5$ a reta tangente tem a sua maior inclinação?

63. Qual é o menor comprimento de um segmento de reta que é cortado pelo primeiro quadrante e é tangente à curva $y = 3/x$ em algum ponto?

64. Qual é a menor área de um triângulo que é cortado pelo primeiro quadrante e cuja hipotenusa é tangente à parábola $y = 4 - x^2$ em algum ponto?

65. (a) Se $C(x)$ for o custo para produzir x unidades de uma mercadoria, então o **custo médio** por unidade é $c(x) = C(x)/x$. Mostre que se o custo médio for mínimo, então o custo marginal é igual ao custo médio.
(b) Se $C(x) = 16.000 + 200x + 4x^{3/2}$, em dólares, encontre (i) o custo, o custo médio e o custo marginal no nível de produção de 1.000 unidades; (ii) o nível de produção que minimizará o custo médio; e (iii) o custo médio mínimo.

66. (a) Mostre que se o lucro $P(x)$ for máximo, então a receita marginal é igual ao custo marginal.
(b) Se $C(x) = 16.000 + 500x - 1,6x^2 + 0,004x^3$ for a função custo e $p(x) = 1.700 - 7x$ a função demanda, encontre o nível de produção que maximiza o lucro.

67. Um time de beisebol joga em um estádio com capacidade para 55.000 espectadores. Com o preço do ingresso a $ 10, a média de público tem sido de 27.000. Quando os ingressos abaixaram para $ 8, a média de público subiu para 33.000.
(a) Encontre a função demanda, supondo que ela seja linear.
(b) Qual deveria ser o preço dos ingressos para maximizar a receita?

68. Durante os meses de verão, Terry faz e vende colares na praia. No verão passado, ela vendeu os colares por $ 10 cada e suas vendas eram em média de 20 por dia. Quando ela aumentou o preço $ 1, descobriu que a média diminuiu em duas vendas por dia.
(a) Encontre a função de demanda, supondo que ela seja linear.
(b) Se o material de cada colar custa a Terry $ 6, qual deveria ser o preço de venda para maximizar seu lucro?

69. Um varejista tem vendido 1.200 tablets por semana a $ 350 cada. O departamento de marketing estima que seriam vendidos 80 tablets adicionais por semana para cada $ 10 reduzidos no preço.
(a) Encontre a função demanda.
(b) Qual deveria ser o preço fixado para maximizar a receita?
(c) Se a função custo semanal do varejista for
$$C(x) = 35.000 + 120x$$
qual preço deveria ser escolhido para maximizar seu lucro?

70. Uma companhia opera 16 poços de petróleo em uma área designada. Cada bomba, em média, extrai 240 barris de petróleo por dia. A companhia pode adicionar mais poços, mas cada poço adicional reduz a saída diária média de cada um dos poços de 8 barris. Quantos poços a companhia deveria adicionar para maximizar a produção diária?

71. Mostre que, de todos os triângulos isósceles com dado perímetro, aquele que tem a maior área é o equilátero.

72. Considere a situação do Exercício 57, quando o custo de colocar tubos sob o rio for consideravelmente maior que o custo de colocar tubos sobre a terra ($ 400.000/km). Você pode suspeitar que, em alguns casos, a distância mínima sob o rio deveria ser usada e P deveria estar localizada a 6 km da refinaria, diretamente na margem oposta aos tanques de armazenamento. Mostre que esse *nunca* é o caso, não importando quanto é o custo "sob o rio".

73. Considere a reta tangente à elipse $\dfrac{x^2}{a^2} + \dfrac{y^2}{b^2} = 1$ no ponto (p, q) do primeiro quadrante.

(a) Mostre que a reta tangente tem a intersecção com o eixo x em a^2/p e a intersecção com o eixo y em b^2/q.
(b) Mostre que a parte da reta tangente cortada pelos eixos coordenados tem comprimento mínimo $a + b$.
(c) Mostre que o triângulo formado pela reta tangente e pelos eixos coordenados tem área mínima ab.

74. A moldura para uma pipa é feita com seis pedaços de madeira. Os quatro pedaços externos foram cortados com os comprimentos indicados na figura. Para maximizar a área da pipa, de que tamanho devem ser os pedaços diagonais?

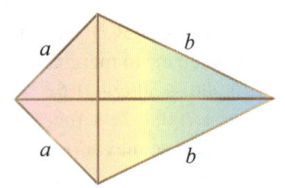

75. Um ponto P precisa ser localizado em algum ponto sobre a reta AD de forma que o comprimento total L de fios ligando P aos pontos A, B e C seja minimizado (veja a figura). Expresse L como uma função de $x = |AP|$ e use os gráficos de L e dL/dx para estimar o valor mínimo de L.

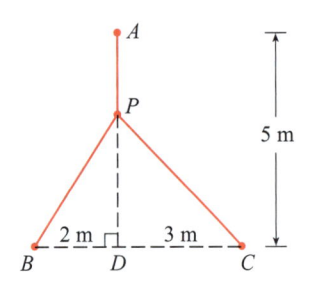

76. O gráfico mostra o consumo de combustível c de um carro (medido em litros/hora) como uma função da velocidade v do carro. Em velocidade muito baixa, o motor não rende bem; assim, inicialmente c decresce à medida que a velocidade cresce. Mas em alta velocidade o consumo cresce. Você pode ver que $c(v)$ é minimizado para esse carro quando $v \approx 48$ km/h. Porém, para a eficiência do combustível, o que deve ser minimizado não é o consumo em litros/hora, mas, em vez disso, o consumo de combustível em litros *por quilômetro*. Vamos chamar esse consumo de G. Usando o gráfico, estime a velocidade na qual G tem seu valor mínimo.

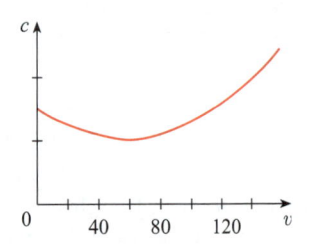

77. Seja v_1 a velocidade da luz no ar e v_2 a velocidade da luz na água. De acordo com o Princípio de Fermat, um raio de luz viajará de um ponto A no ar para um ponto B na água por um caminho ACB que minimiza o tempo gasto. Mostre que

$$\frac{\operatorname{sen} \theta_1}{\operatorname{sen} \theta_2} = \frac{v_1}{v_2}$$

onde θ_1 (o ângulo de incidência) e θ_2 (o ângulo de refração) são conforme mostrados. Essa equação é conhecida como a Lei de Snell.

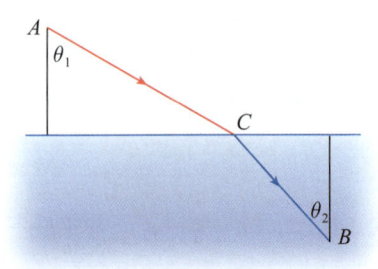

78. Dois postes verticais PQ e ST são amarrados por uma corda PRS que vai do topo do primeiro poste para um ponto R no chão entre os postes e então até o topo do segundo poste, como na figura. Mostre que o menor comprimento de tal corda ocorre quando $\theta_1 = \theta_2$

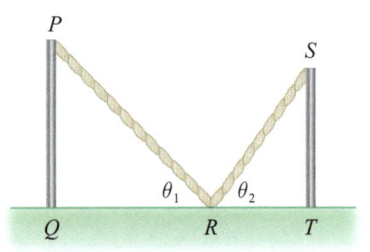

79. O canto superior direito de um pedaço de papel com 30 cm de largura por 20 cm de comprimento é dobrado sobre o lado inferior, como na figura. Como você dobraria de forma a minimizar o comprimento da dobra? Em outras palavras, como você escolheria x para minimizar y?

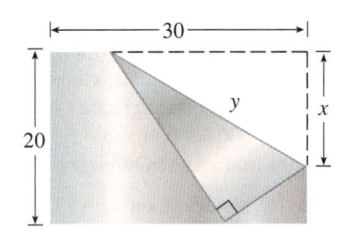

80. Um cano de metal está sendo carregado através de um corredor com 3 m de largura. No fim do corredor há uma curva em ângulo reto, passando-se para um corredor com 2 m de largura. Qual é o comprimento do cano mais longo que pode ser carregado horizontalmente em torno do canto?

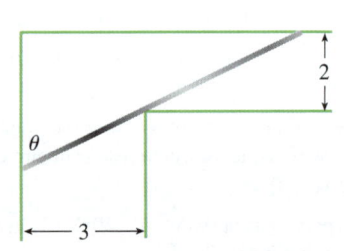

81. Um observador permanece em um ponto P, distante uma unidade de uma pista. Dois corredores iniciam no ponto S da figura e correm ao longo da pista. Um corredor corre três vezes mais rápido que o outro. Encontre o valor máximo do ângulo θ de visão do observador entre os corredores.

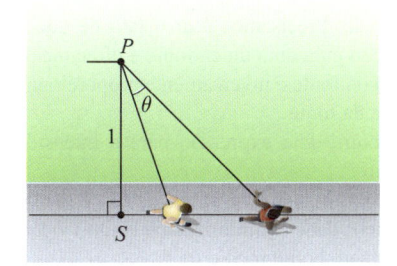

82. Uma calha deve ser construída com uma folha de metal de largura 30 cm dobrando-se para cima 1/3 da folha de cada lado, fazendo um ângulo θ com a horizontal. Como θ deve ser escolhido para que a calha carregue a maior quantidade de água possível?

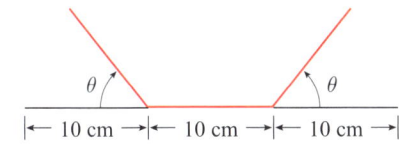

83. Como deve ser escolhido o ponto P sobre o segmento AB de forma a maximizar o ângulo θ?

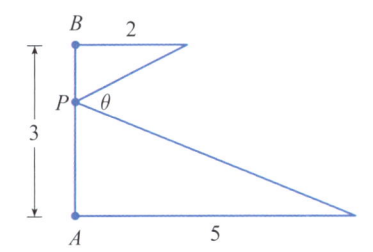

84. Uma pintura em uma galeria de arte tem altura h e está pendurada de forma que o lado de baixo está a uma distância d acima do olho de um observador (como na figura). A que distância da parede deve ficar o observador para obter a melhor visão? (Em outras palavras, onde deve ficar o observador de forma a maximizar o ângulo θ subentendido em seu olho pela pintura?)

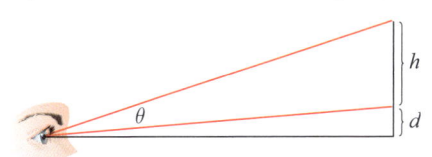

85. Encontre a área máxima do retângulo que pode ser circunscrito em torno de dado retângulo com comprimento L e largura W. [*Dica*: Expresse a área como uma função do ângulo θ.]

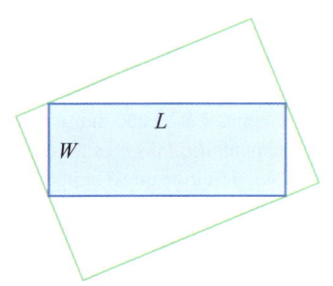

86. O sistema vascular sanguíneo consiste em vasos sanguíneos (artérias, arteríolas, capilares e veias) que transportam o sangue do coração para os órgãos e de volta para o coração. Esse sistema deve trabalhar de forma a minimizar a energia despendida pelo coração no bombeamento do sangue. Em particular, essa energia é reduzida quando a resistência do sangue diminui. Uma das Leis de Poiseuille dá a resistência R do sangue como

$$R = C \frac{L}{r^4}$$

onde L é o comprimento do vaso sanguíneo; r, o raio; e C é uma constante positiva determinada pela viscosidade do sangue. (Poiseuille estabeleceu essa lei experimentalmente, mas essa também segue a Equação 8.4.2.) A figura mostra um vaso sanguíneo principal de raio r_1 ramificado em um ângulo θ em um vaso menor de raio r_2.

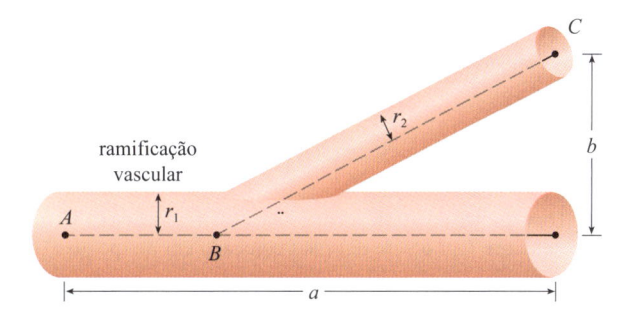

(a) Use a Lei de Poiseuille para mostrar que a resistência total do sangue ao longo do caminho ABC é

$$R = C\left(\frac{a - b\,\cotg\theta}{r_1^4} + \frac{b\,\cossec\theta}{r_2^4}\right)$$

onde a e b são as distâncias mostradas na figura.
(b) Demonstre que essa resistência é minimizada quando

$$\cos\theta = \frac{r_2^4}{r_1^4}$$

(c) Encontre o ângulo ótimo de ramificação (com precisão de um grau) quando o raio do vaso sanguíneo menor é 2/3 do raio do vaso maior.

87. Ornitologistas determinaram que algumas espécies de pássaros tendem a evitar voos sobre largas extensões de água durante o dia. Acredita-se que é necessária mais energia para voar sobre a água que sobre a terra, pois o ar em geral sobe sobre a terra e desce sobre a água durante o dia. Um pássaro com essas tendências é solto de uma ilha que está a 5 km do ponto mais próximo B sobre uma praia reta, voa para um ponto C na praia e então voa ao longo da praia para a área de seu ninho em D. Suponha que o pássaro instintivamente escolha um caminho que vai minimizar seu gasto de energia. Os pontos B e D distam 13 km um do outro.
(a) Em geral, se é preciso 1,4 vez mais energia para voar sobre a água do que sobre a terra, para que ponto C o pássaro precisa voar para minimizar a energia total gasta no retorno ao ninho?
(b) Sejam W e L a energia (em joules) por quilômetro voado sobre a água e sobre a terra, respectivamente. Qual o significado, em termos do voo do pássaro, de grandes valores da razão W/L? O que significaria um valor pequeno? De-

termine a razão *W/L* correspondente ao mínimo dispêndio de energia.

(c) Qual deveria ser o valor de *W/L* a fim de que o pássaro voasse diretamente para seu ninho em *D*? Qual deveria ser o valor de *W/L* para o pássaro voar para *B* e então seguir ao longo da praia para *D*?

(d) Se os ornitologistas observarem que pássaros de certa espécie atingem a praia em um ponto a 4 km de *B*, quantas vezes mais energia será despendida por um pássaro para voar sobre a água que sobre a terra?

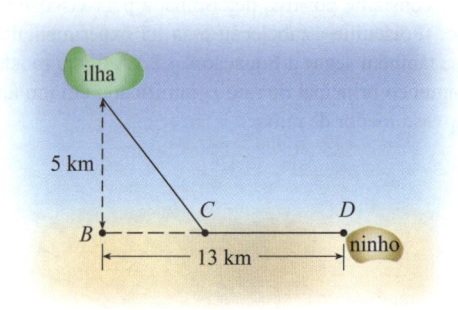

88. Duas fontes de luz de igual potência são colocadas a 10 m uma da outra. Um objeto deve ser colocado em um ponto *P* sobre uma reta ℓ paralela à reta que une as fontes de luz, situadas a uma distância de *d* metros desta (veja a figura). Queremos localizar *P* em L de forma que a intensidade de iluminação seja minimizada. Precisamos usar o fato de que a intensidade de iluminação para uma única fonte é diretamente proporcional à potência da fonte e inversamente proporcional ao quadrado da distância da fonte.

(a) Encontre uma expressão para a intensidade *I*(*x*) em um ponto *P*.
(b) Se *d* = 5 m, use os gráficos de *I*(*x*) e *I*'(*x*) para mostrar que a intensidade é minimizada quando *x* = 5 m, isto é, quando *P* está no ponto médio de ℓ.
(c) Se *d* = 10 m, mostre que a intensidade (talvez surpreendentemente) *não* é minimizada no ponto médio.
(c) Entre *d* = 5 m e *d* = 10 m existe um valor de *d* no qual o ponto de iluminação mínima muda abruptamente. Estime esse valor de *d* por métodos gráficos. Encontre então o valor exato de *d*.

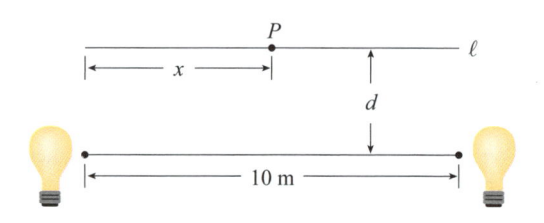

PROJETO APLICADO | A FORMA DE UMA LATA

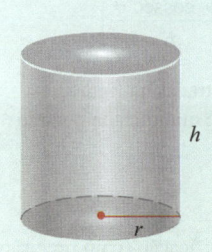

Neste projeto examinaremos a forma mais econômica para uma lata. Primeiro interpretamos isso como se o volume *V* de uma lata cilíndrica fosse dado e precisássemos achar a altura *h* e o raio *r* que minimizasse o custo do metal para construir a lata (veja a figura). Se desprezarmos qualquer perda de metal no processo de manufatura, então o problema seria minimizar a área da superfície do cilindro. Resolvendo esse problema no Exemplo 4.7.2, descobrimos que *h* = 2*r*, isto é, a altura deve ser igual ao diâmetro. Porém, se você olhar seu armário ou um supermercado com uma régua, descobrirá que a altura é geralmente maior que o diâmetro, e a razão *h/r* varia de 2 até cerca 3,8. Vamos ver se conseguimos explicar este fenômeno.

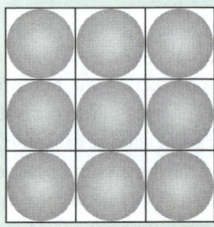

1. O material para fazer as latas é cortado de folhas de metal. Os lados cilíndricos são formados dobrando-se retângulos; esses retângulos são cortados da folha com uma pequena ou nenhuma perda. Mas se os discos do topo e da base forem cortados de quadrados de lado 2*r* (como na figura), isso leva a uma considerável perda de metal, que pode ser reciclado, mas que tem um pequeno ou nenhum valor para quem fabrica as latas. Se for esse o caso, mostre que a quantidade de metal usada é minimizada quando

$$\frac{h}{r} = \frac{8}{\theta} \approx 2{,}55$$

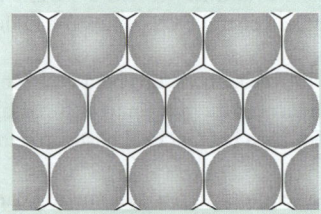

Discos cortados a partir de quadrados

2. Uma maneira mais eficiente de obter os discos é dividir a folha de metal em hexágonos e cortar as tampas e bases circulares dos hexágonos (veja a figura). Mostre que se for adotada essa estratégia, então

$$\frac{h}{r} = \frac{4\sqrt{3}}{\pi} \approx 2{,}21$$

Discos cortados a partir de hexágonos

3. Os valores de *h/r* que encontramos nos Problemas 1 e 2 estão muito próximos daqueles que realmente ocorrem nas prateleiras do supermercado, mas eles ainda não levam em conta tudo. Se examinarmos mais de perto uma lata, veremos que a tampa e a base são formadas de discos com raio maior que *r*, os quais são dobrados sobre as extremidades da lata. Se

(continua)

permitíssemos isso, aumentaríamos h/r. Mais significativamente, além do custo do metal, devemos incorporar o custo de manufatura da lata. Vamos supor que a maior parte da despesa esteja em ligar os lados às bordas para formar as latas. Se cortássemos os discos dos hexágonos como no Problema 2, então o custo total seria proporcional a

$$4\sqrt{3}r^2 + 2\pi rh + k(4\pi r + h)$$

onde k é o inverso do comprimento que pode ser ligado ao custo de uma unidade de área de metal. Mostre que essa expressão é minimizada quando

$$\frac{\sqrt[3]{V}}{k} = \sqrt[3]{\frac{\pi h}{r} \cdot \frac{2\pi - h/r}{\pi h/r - 4\sqrt{3}}}$$

4. Desenhe $\sqrt[3]{V}/k$ como uma função de $x = h/r$ e use seu gráfico para argumentar que quando uma lata é grande ou a junção é barata, deveríamos fazer h/r aproximadamente 2,21 (como no Problema 2). Mas quando a lata é pequena ou a junção é cara, h/r deve ser substancialmente maior.

5. Nossa análise mostra que as latas grandes devem ser quase quadradas, mas as latas pequenas devem ser altas e estreitas. Examine as formas relativas das latas em um supermercado. Nossa conclusão é de forma geral verdadeira na prática? Há exceções? Você pode apontar as razões de latas pequenas não serem sempre altas e estreitas?

PROJETO APLICADO | AVIÕES E PÁSSAROS: MINIMIZANDO A ENERGIA

Pequenos pássaros, como os tentilhões, alternam entre bater suas asas e mantê-las dobradas enquanto planam (veja a Figura 1). Nesse projeto, analisamos esse fenômeno e tentamos determinar quão frequentemente um pássaro deveria bater suas asas. Alguns dos princípios são os mesmos que para aeronaves de asa fixa e assim começaremos considerando como a potência e energia necessárias dependem da velocidade dos aviões.[1]

FIGURA 1

1. A potência necessária para impulsionar um avião para a frente a uma velocidade v é

$$P = Av^3 + \frac{BL^2}{v}$$

onde A e B são constantes positivas específicas da aeronave particular e L é a sustentação, a força para cima que suporta o peso do avião. Encontre a velocidade que minimiza a potência necessária.

2. A velocidade do Problema 1 minimiza a potência, mas uma velocidade maior poderia usar menos combustível. A energia necessária para impulsionar um avião a uma distância unitária é $E = P/v$. Em que velocidade essa energia é minimizada?

3. Quão mais rápida é a velocidade para minimizar a energia do que a velocidade para minimizar a potência?

4. Ao aplicarmos a equação do problema 1 ao voo do pássaro, dividimos o termo Av^3 em duas partes: $A_b v^3$ para o corpo da ave e $A_w v^3$ para suas asas. Seja x a fração do tempo de voo gasto

---
[1] Adaptado de R. McNeill Alexander, *Optima for Animals* (Princeton, NJ: Princeton University Press, 1996.)

(continua)

batendo as asas. Se m é a massa do pássaro e toda a sustentação ocorre durante o bater das asas, então a sustentação é mg/x e, assim, a potência necessária durante o bater das asas é

$$P_{\text{bat.}} = (A_b + A_w)v^3 + \frac{B(mg/x)^2}{v}$$

A potência enquanto as asas estão dobradas é $P_{\text{dob.}} = A_b v^3$. Mostre que a potência média sobre um ciclo completo do voo é

$$\overline{P} = xP_{\text{bat.}} + (1-x)P_{\text{dob.}} = A_b v^3 + xA_w v^3 + \frac{Bm^2 g^2}{xv}$$

5. Para que valor de x essa potência média é mínima? O que você pode concluir se os pássaros voarem lentamente? O que você pode concluir se os pássaros voarem cada vez mais rápido?

6. A energia média sobre um ciclo é $\overline{E} = \overline{P}/v$. Que valor de x minimiza $\overline{E}$?

4.8 | Método de Newton

Suponha que um vendedor de carro ponha um carro à venda por $ 18.000, ou em pagamentos de $ 375 mensais durante cinco anos. Você gostaria de saber qual a taxa de juros mensal que o vendedor de fato está cobrando. Para encontrar a resposta você deve resolver a equação

$$\boxed{1} \qquad 48x(1+x)^{60} - (1+x)^{60} + 1 = 0$$

(Os detalhes são explicados no Exercício 41.) Como você deve resolver a equação?

Para uma equação quadrática $ax^2 + bx + c = 0$ existe uma fórmula bem conhecida para as soluções. Para as equações de terceiro e quarto graus também existem fórmulas para as soluções, mas elas são extremamente complicadas. Se f for um polinômio de grau 5 ou maior, não existe nenhuma fórmula. Do mesmo modo, não existe uma fórmula que nos possibilite encontrar as soluções exatas de uma equação transcendental como $\cos x = x$.

Podemos encontrar uma solução *aproximada* para a Equação 1 traçando o lado esquerdo da equação e encontrando os pontos de intersecção com o eixo x. Usando uma calculadora gráfica (ou um computador), e após experimentar diferentes janelas retangulares, obtemos o gráfico na Figura 1.

Vemos também que além da solução $x = 0$, que não nos interessa, há uma solução entre 0,007 e 0,008. Aproximando, vemos que o gráfico cruza o eixo x aproximadamente em 0,0076. Se precisarmos de maior precisão que aquela fornecida por um gráfico, podemos usar uma calculadora ou um sistema de computação algébrica para resolver numericamente a equação. Se fizermos isso, encontraremos que a solução correta até a nona casa decimal é 0,007628603.

Como esses dispositivos resolvem a equação? É usada uma variedade de métodos, mas a maior parte usa o **método de Newton**, também denominado **método de Newton-Raphson**. Explicaremos como esse método funciona, em parte para mostrar o que acontece dentro de uma calculadora ou computador, em parte, como uma aplicação da ideia de aproximação linear.

A geometria por trás do método de Newton é mostrada na Figura 2. Queremos resolver uma equação da forma $f(x) = 0$, de modo que as soluções da equação correspondem às intersecções com o eixo x do gráfico de f. A solução que queremos determinar está denotada por r na figura. Começamos com uma primeira aproximação x_1, que é obtida por conjectura, ou de um esboço rápido do gráfico de f, ou de um gráfico gerado por computador de f. Considere a reta tangente L à curva $y = f(x)$ no ponto $(x_1, f(x_1))$ e veja a intersecção de L com o eixo x, denominada x_2. A ideia por trás do método de Newton é que a reta tangente fica próxima da curva; assim, a intersecção com o eixo x, x_2 está próxima da

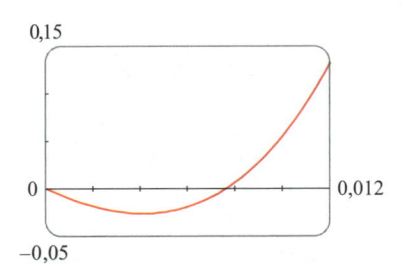

FIGURA 1

Tente resolver a Equação 1 numericamente usando sua calculadora ou computador. Algumas máquinas não são capazes de resolvê-la. Outras têm sucesso, mas requerem que você especifique um ponto inicial para a busca.

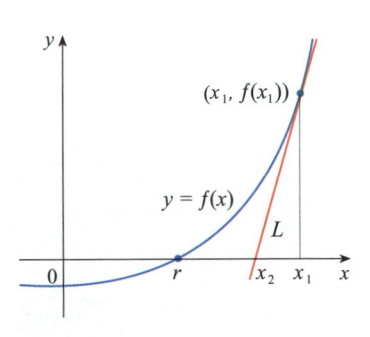

FIGURA 2

intersecção com o eixo x da curva (isto é, a raiz-solução r que estamos procurando). Como a tangente é uma reta, podemos facilmente encontrar sua intersecção com o eixo x.

Para encontrarmos uma fórmula para x_2 em termos de x_1, usamos o fato de que a inclinação de L é $f'(x_1)$; assim, sua equação é

$$y - f(x_1) = f'(x_1)(x - x_1)$$

Uma vez que a intersecção com o eixo x de L é x_2, sabemos que o ponto $(x_2, 0)$ está na reta e, assim,

$$0 - f(x_1) = f'(x_1)(x_2 - x_1)$$

Se $f'(x_1) \neq 0$, podemos isolar x_2 nessa equação:

$$x_2 = x_1 - \frac{f(x_1)}{f'(x_1)}$$

Usamos x_2 como uma segunda aproximação a r.

A seguir repetimos o procedimento com x_1 substituído por x_2, usando a reta tangente em $(x_2, f(x_2))$. Isso dá uma terceira aproximação:

$$x_3 = x_2 - \frac{f(x_2)}{f'(x_2)}$$

Se ficarmos repetindo esse processo, obteremos uma sequência de aproximações x_1, x_2, x_3, x_4, …, conforme mostra a Figura 3. Em geral, se a n-ésima aproximação é x_n e $f'(x_n) \neq 0$, então a aproximação seguinte é dada por

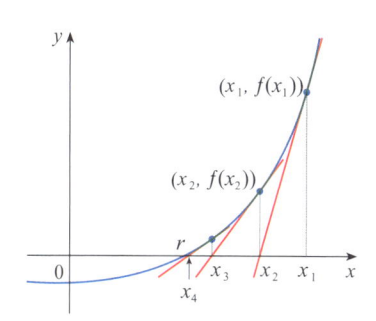

$$\boxed{2} \qquad x_{n+1} = x_n - \frac{f(x_n)}{f'(x_n)}$$

FIGURA 3

Se os números x_n ficarem cada vez mais próximos de r à medida que n cresce, dizemos que a sequência *converge* para r e escrevemos

$$\lim_{n \to \infty} x_n = r$$

Sequências serão discutidas com mais detalhes na Seção 11.1, no segundo volume desta obra.

Embora a sequência de aproximações sucessivas convirja para a raiz-solução desejada no caso das funções do tipo ilustrado na Figura 3, em certas circunstâncias a sequência pode não convergir. Por exemplo, considere a situação mostrada na Figura 4. Você pode ver que x_2 é uma aproximação pior que x_1. Esse é provavelmente o caso quando $f'(x_1)$ está próximo de 0. Pode até acontecer de uma aproximação (tal como x_3 na Figura 4) cair fora do domínio de f. Então o método de Newton falha e uma melhor aproximação inicial x_1 deve ser escolhida. Veja os Exercícios 31-34 para exemplos específicos nos quais o método de Newton funciona muito lentamente ou não funciona.

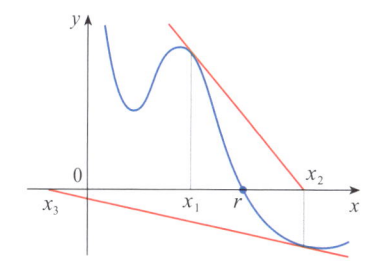

FIGURA 4

EXEMPLO 1 Começando com $x_1 = 2$, encontre a terceira aproximação x_3 para a raiz-solução da equação $x^3 - 2x - 5 = 0$.

SOLUÇÃO Vamos aplicar o método de Newton com

$$f(x) = x^3 - 2x - 5 \quad \text{e} \quad f'(x) = 3x^2 - 2$$

O próprio Newton usou essa equação para ilustrar seu método e escolheu $x_1 = 2$ após algumas experiências, pois $f(1) = -6$, $f(2) = -1$ e $f(3) = 16$. A Equação 2 fica

$$x_{n+1} = x_n - \frac{f(x_n)}{f'(x_n)} = x_n - \frac{x_n^3 - 2x_n - 5}{3x_n^2 - 2}$$

A Figura 5 mostra a geometria atrás do primeiro passo do método de Newton para o Exemplo 1. Como $f'(2) = 10$, a reta tangente a $y = x^3 - 2x - 5$ em $(2, -1)$ tem equação igual a $y = 10x - 21$ de modo que sua intersecção com o eixo x é $x_2 = 2{,}1$.

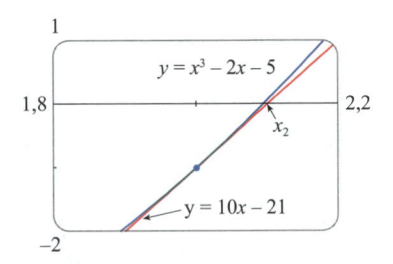

FIGURA 5

Com $n = 1$, temos

$$x_2 = x_1 - \frac{f(x_1)}{f'(x_1)} = x_1 - \frac{x_1^3 - 2x_1 - 5}{3x_1^2 - 2}$$

$$= 2 - \frac{2^3 - 2(2) - 5}{3(2)^2 - 2} = 2{,}1$$

Então com $n = 2$, obtemos

$$x_3 = x_2 - \frac{x_2^3 - 2x_2 - 5}{3x_2^2 - 2} = 2{,}1 - \frac{(2{,}1)^3 - 2(2{,}1) - 5}{3(2{,}1)^2 - 2} \approx 2{,}0946$$

Resulta que essa terceira aproximação $x_3 \approx 2{,}0946$ é precisa até quatro casas decimais. ∎

Suponha que queiramos obter dada precisão, digamos de oito casas decimais, empregando o método de Newton. Como saber quando devemos parar? O procedimento experimental geralmente usado é: parar quando duas aproximações sucessivas x_n e x_{n+1} são iguais até a oitava casa decimal. (Um enunciado preciso a respeito da precisão do método de Newton será dado no Exercício 11.11.39)

Observe que o procedimento para ir de n para $n + 1$ é o mesmo para todos os valores de n. (Isso é chamado *processo iterativo*.) Isso significa que o método de Newton é particularmente adequado ao uso de calculadoras programáveis ou de um computador.

EXEMPLO 2 Use o método de Newton para encontrar $\sqrt[6]{2}$ com precisão de oito casas decimais.

SOLUÇÃO Observamos primeiro que encontrar $\sqrt[6]{2}$ equivale a determinar a solução positiva da equação

$$x^6 - 2 = 0$$

dessa forma, tomamos $f(x) = x^6 - 2$. Então $f'(x) = 6x^5$, e a Fórmula 2 (método de Newton) fica

$$x_{n+1} = x_n - \frac{f(x_n)}{f'(x_n)} = x_n - \frac{x_n^6 - 2}{6x_n^5}$$

Se escolhermos $x_1 = 1$ como a aproximação inicial, obtemos

$$x_2 \approx 1{,}16666667$$
$$x_3 \approx 1{,}12644368$$
$$x_4 \approx 1{,}12249707$$
$$x_5 \approx 1{,}12246205$$
$$x_6 \approx 1{,}12246205$$

Uma vez que x_5 e x_6 são iguais até a oitava casa decimal, concluímos que

$$\sqrt[6]{2} \approx 1{,}12246205$$

até a oitava casa decimal. ∎

EXEMPLO 3 Determine a solução da equação $\cos x = x$, com precisão de seis casas decimais.

SOLUÇÃO Primeiramente, reescrevemos a equação na forma padrão: $\cos x - x = 0$. Sendo assim, definimos $f(x) = \cos x - x$. Logo, $f'(x) = -\sin x - 1$, de modo que a Fórmula 2 vem a ser

$$x_{n+1} = x_n - \frac{\cos x_n - x_n}{-\sen x_n - 1} = x_n + \frac{\cos x_n - x_n}{\sen x_n + 1}$$

A fim de determinarmos um valor adequado para x_1, esboçamos o gráfico de $y = \cos x$ e $y = x$ na Figura 6. É evidente que elas se interceptam em um ponto cuja coordenada x é um pouco menor que 1; dessa forma, vamos tomar $x_1 = 1$ como uma primeira aproximação conveniente. Logo, lembrando de colocar nossa calculadora no modo radiano, obtemos

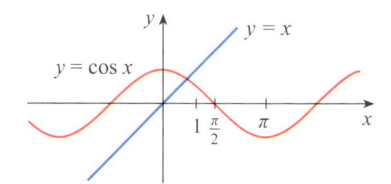

$$x_2 \approx 0{,}75036387$$
$$x_3 \approx 0{,}73911289$$
$$x_4 \approx 0{,}73908513$$
$$x_5 \approx 0{,}73908513$$

FIGURA 6

Como x_4 e x_5 são iguais até a sexta casa decimal (na realidade, oitava), concluímos que a solução da equação, correta até a sexta casa decimal, é 0,739085. ∎

Em vez de usarmos o esboço da Figura 6 para obter a aproximação inicial para o método de Newton no Exemplo 3, poderíamos ter usado um gráfico mais apurado fornecido por calculadora ou computador. A Figura 7 sugere o uso de $x_1 = 0{,}75$ como a aproximação inicial. Então o método de Newton dá

$$x_2 \approx 0{,}73911114$$
$$x_3 \approx 0{,}73908513$$
$$x_4 \approx 0{,}73908513$$

FIGURA 7

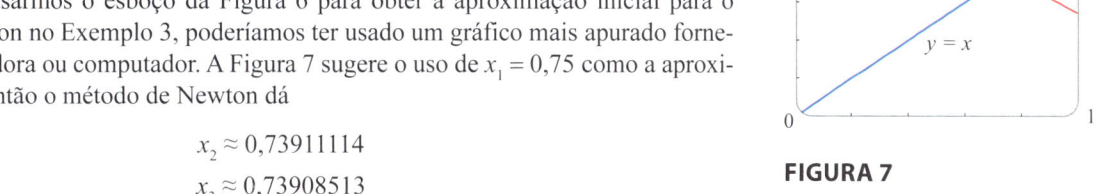

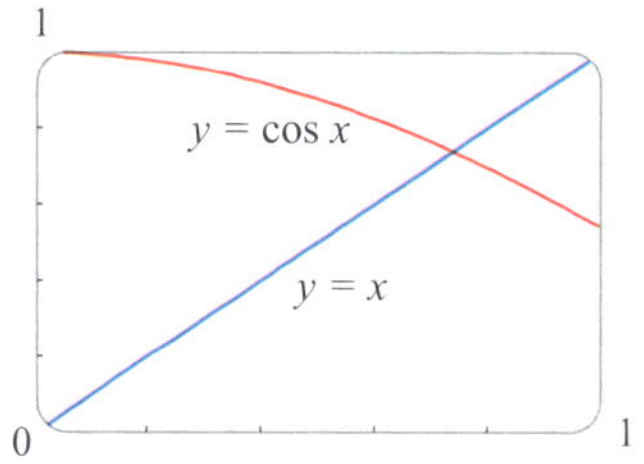

e assim obtemos a mesma resposta anterior, mas com um número menor de passos.

4.8 | Exercícios

1. A figura mostra o gráfico da função f. Suponha que seja usado o método de Newton para aproximar a solução s da equação $f(x) = 0$ com $x_1 = 6$ como aproximação inicial.
 (a) Desenhe as tangentes que são usadas para encontrar x_2 e x_3, e estime os valores numéricos de x_2 e x_3.
 (b) Uma melhor aproximação inicial seria $x_1 = 8$? Explique.

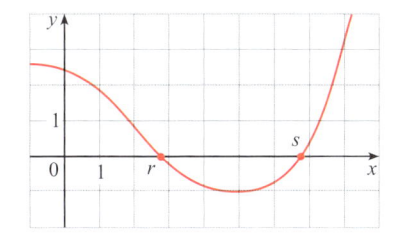

2. Siga as instruções do Exercício 1(a), mas use $x_1 = 1$ como a aproximação inicial para encontrar a solução r.

3. Suponha que a reta tangente à curva $y = f(x)$ no ponto $(2, 5)$ tenha a equação $y = 9 - 2x$. Se for usado o método de Newton para localizar uma raiz-solução da equação $f(x) = 0$ com a aproximação inicial $x_1 = 2$, encontre a segunda aproximação x_2.

4. Para as aproximações iniciais, determine graficamente o que acontecerá se for usado o método de Newton para a função cujo gráfico é dado.
 (a) $x_1 = 0$ (b) $x_1 = 1$ (c) $x_1 = 3$
 (d) $x_1 = 4$ (e) $x_1 = 5$

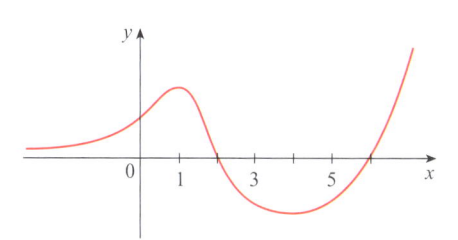

5. Para qual(is) aproximação(ões) inicial(ais) $x_1 = a, b, c$ e d você acha que o método de Newton funcionará e fornecerá a solução da equação $f(x) = 0$?

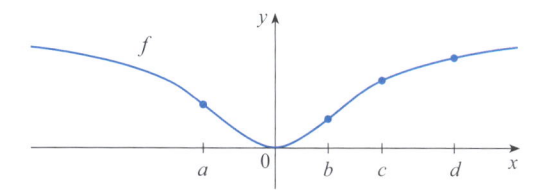

6-8 Use o método de Newton com a aproximação inicial especificada x_1 para encontrar x_3, a terceira aproximação da solução da equação dada. (Dê sua resposta com quatro casas decimais.)

6. $2x^3 - 3x^2 + 2 = 0$, $x_1 = -1$

7. $\dfrac{2}{x} - x^2 + 1 = 0$, $x_1 = 2$ **8.** $x^5 = x^2 + 1$, $x_1 = 1$

9. Use o método de Newton com a aproximação inicial $x_1 = -1$ para achar x_2, a segunda aproximação da solução da equação $x^3 + x + 3 = 0$. Faça o gráfico da função e da reta tangente no ponto $(-1, 1)$. Usando este gráfico, explique como o método funciona neste caso.

10. Use o método de Newton com a aproximação inicial $x_1 = 1$ para achar x_2, a segunda aproximação da solução da equação $x^4 - x - 1 = 0$. Faça o gráfico da função e da reta tangente no ponto $(1, -1)$.

11-12 Use o método de Newton para aproximar o número dado com precisão de oito casas decimais.

11. $\sqrt[4]{75}$ **12.** $\sqrt[8]{500}$

13-14 (a) Explique como sabemos que dada equação deve ter uma solução em dado intervalo. (b) Use o método de Newton para aproximar a solução com precisão de seis casas decimais.

13. $3x^4 - 8x^3 + 2 = 0$, $[2, 3]$

14. $-2x^5 + 9x^4 - 7x^3 - 11x = 0$, $[3, 4]$

15-16 Use o método de Newton para aproximar a solução indicada da equação com precisão de seis casas decimais.

15. A solução negativa de $\cos x = x^2 - 4$

16. A solução positiva de $e^{2x} = x + 3$

17-22 Use o método de Newton para encontrar todas as soluções da equação com precisão de seis casas decimais.

17. $\operatorname{sen} x = x - 1$ **18.** $\cos 2x = x^3$

19. $2^x = 2 - x^2$ **20.** $\ln x = \dfrac{1}{x-3}$

21. $\operatorname{arctg} x = x^2 - 3$ **22.** $x^3 = 5x - 3$

23-28 Use o método de Newton para encontrar todas as soluções da equação com precisão de oito casas decimais. Comece fazendo um gráfico para encontrar as aproximações iniciais.

23. $-2x^7 - 5x^4 + 9x^3 + 5 = 0$

24. $x^5 - 3x^4 + x^3 - x^2 - x + 6 = 0$

25. $\dfrac{x}{x^2+1} = \sqrt{1-x}$

26. $\cos(x^2 - x) = x^4$

27. $\sqrt{4-x^3} = e^{x^2}$

28. $\ln(x^2 + 2) = \dfrac{3x}{\sqrt{x^2+1}}$

29. (a) Aplique o método de Newton à equação $x^2 - a = 0$ para deduzir o seguinte algoritmo para a raiz quadrada (usada pelos antigos babilônios para calcular $\sqrt{a}$):

$$x_{n+1} = \frac{1}{2}\left(x_n + \frac{a}{x_n}\right)$$

(b) Use a parte (a) para calcular $\sqrt{1.000}$ com precisão de seis casas decimais.

30. (a) Aplique o método de Newton à equação $1/x - a = 0$ para deduzir o seguinte algoritmo para os inversos:

$$x_{n+1} = 2x_n - ax_n^2$$

(Esse algoritmo possibilita a um computador achar os inversos sem realmente dividir.)

(b) Use a parte (a) para calcular $1/1{,}6984$ com precisão de seis casas decimais.

31. Explique por que o método de Newton não funciona para encontrar as raízes-solução da equação $x^3 - 3x + 6 = 0$ se o valor inicial escolhido for $x_1 = 1$.

32. (a) Use o método de Newton com $x_1 = 1$ para encontrar a solução da equação $x^3 - x = 1$ com precisão de seis casas decimais.
(b) Resolva a equação da parte (a) usando como aproximação inicial $x_1 = 0{,}6$.
(c) Resolva a equação da parte (a) utilizando $x_1 = 0{,}57$. (Você definitivamente precisa de uma calculadora programável para esta parte.)
(d) Faça o gráfico de $f(x) = x^3 - x - 1$ e suas tangentes em $x_1 = 1, 0{,}6$ e $0{,}57$ para explicar por que o método de Newton é tão sensível ao valor da aproximação inicial.

33. Explique por que o método de Newton falha quando aplicado à equação $\sqrt[3]{x} = 0$ com qualquer valor inicial $x_1 \neq 0$. Ilustre sua explicação com um esboço.

34. Se

$$f(x) = \begin{cases} \sqrt{x} & \text{se } x \geq 0 \\ -\sqrt{-x} & \text{se } x < 0 \end{cases}$$

então a raiz-solução da equação $f(x) = 0$ é $x = 0$. Explique por que o método de Newton falha para encontrar a solução, não importando que aproximação inicial $x_1 \neq 0$ é usada. Ilustre sua explicação com um esboço.

35. (a) Use o método de Newton para encontrar os números críticos da função $f(x) = x^6 - x^4 + 3x^3 - 2x$ com precisão de três casas decimais.
(b) Encontre o valor mínimo absoluto de f com precisão de quatro casas decimais.

36. Use o método de Newton para encontrar o valor máximo absoluto da função $f(x) = x \cos x$, $0 \leq x \leq \pi$, com precisão de seis casas decimais.

37. Use o método de Newton para encontrar as coordenadas do ponto de inflexão da curva $y = x^2 \operatorname{sen} x$, $0 \leq x \leq \pi$ com precisão de seis casas decimais.

38. Dentre as infinitas retas tangentes à curva $y = -\operatorname{sen} x$ que passam pela origem, existe uma que tem a maior inclinação. Use o método de Newton para encontrar a inclinação desta reta com precisão de seis casas decimais.

39. Use o método de Newton para encontrar as coordenadas, com precisão de seis casas decimais, do ponto na parábola $y = (x - 1)^2$ que esteja mais próximo da origem.

40. Nesta figura, o comprimento da corda AB é 4 cm e o comprimento do arco AB é 5 cm. Encontre o ângulo central θ, em radianos, correto até a quarta casa decimal. Dê então a resposta com precisão de um grau.

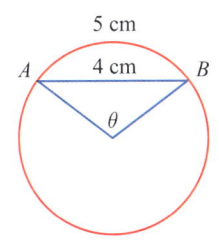

41. Um agente vende um carro novo por $ 18.000. Ele também oferece para vender o mesmo carro em pagamentos de $ 375 por mês durante 5 anos. Qual a taxa de juro mensal cobrada pelo vendedor?

Para resolver esse problema você necessitará da fórmula para o valor presente A de uma anuidade formada por n pagamentos iguais de tamanho R com uma taxa de juros i por período de tempo:
$$A = \frac{R}{i}[1 - (1+i)^{-n}]$$

Substituindo i por x, mostre que
$$48x(1+x)^{60} - (1+x)^{60} + 1 = 0$$

Use o método de Newton para resolver essa equação.

42. A figura mostra o Sol na origem e a Terra no ponto (1, 0). (A unidade aqui é a distância entre os centros da Terra e do Sol, chamada *unidade astronômica*: 1 UA $\approx$ 1,496 × 10^8 km). Existem cinco localizações L_1, L_2, L_3, L_4 e L_5 nesse plano de rotação da Terra em torno do Sol onde um satélite permanece imóvel em relação à Terra, em razão das forças que agem sobre o satélite (inclusive a atração gravitacional da Terra e do Sol) se contrabalancearem. Essas localizações são denominadas *pontos de libração*. (Um satélite de pesquisa solar foi colocado em um desses pontos de libração.) Se m_1 é a massa do Sol, m_2 é a massa da Terra, e $r = m_2/(m_1 + m_2)$, então a coordenada x de L_1 é a única solução da equação de quinto grau
$$p(x) = x^5 - (2+r)x^4 + (1+2r)x^3 - (1-r)x^2$$
$$+ 2(1-r)x + r - 1 = 0$$

e a coordenada x de L_2 é a solução da equação
$$p(x) - 2rx^2 = 0$$

Usando o valor $r \approx 3{,}04042 \times 10^{-6}$, encontre a localização dos pontos de libração (a) L_1 e (b) L_2.

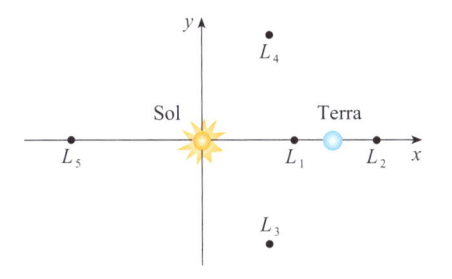

4.9 | Primitivas

Um físico que conhece a velocidade de uma partícula pode desejar saber sua posição em dado instante. Um engenheiro que pode medir a taxa de variação segundo a qual a água está escoando de um tanque quer saber a quantidade escoada durante certo período. Um biólogo que conhece a taxa segundo a qual uma população de bactérias está crescendo pode querer deduzir qual o tamanho da população em certo momento futuro. Em cada caso, o problema é encontrar uma função cuja derivada é uma função conhecida.

■ **A Primitiva de uma Função**

Se a função F existir, ela é chamada *primitiva* de f.

> **Definição** Uma função F é denominada **primitiva** de f num intervalo I se $F'(x) = f(x)$ para todo x em I.

Por exemplo, seja $f(x) = x^2$. Não é difícil descobrir uma primitiva de f se tivermos em mente a Regra da Potência. De fato, se $F(x) = \frac{1}{3}x^3$, logo $F'(x) = x^2 = f(x)$. Mas a função $G(x) = \frac{1}{3}x^3 + 100$ também satisfaz $G'(x) = x^2$. Portanto, F e G são primitivas de f. De fato, qualquer função da forma $H(x) = \frac{1}{3}x^3 + C$, onde C é uma constante, é uma primitiva de f. A questão surge: há outras?

Para responder a essa questão, lembre-se de que na Seção 4.2 usamos o Teorema do Valor Médio para demonstrar que se duas funções têm derivadas idênticas em um intervalo, então elas devem diferir por uma constante (Corolário 4.2.7). Assim, se F e G são duas primitivas quaisquer de f, então
$$F'(x) = f(x) = G'(x)$$

logo, $G(x) - F(x) = C$, onde C é uma constante. Podemos escrever isso como $G(x) = F(x) + C$. Temos então o seguinte resultado.

> **1 Teorema** Se F é uma primitiva de f em um intervalo I, então a primitiva mais geral de f em I é
>
> $$F(x) + C$$
>
> onde C é uma constante arbitrária.

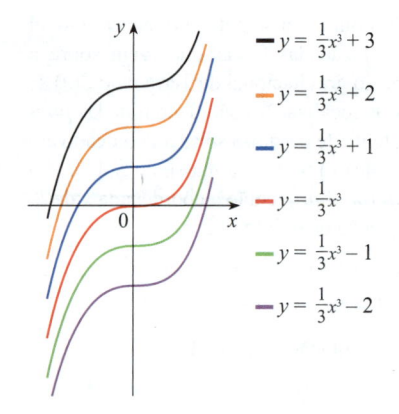

FIGURA 1
Membros da família das primitivas de $f(x) = x^2$

Voltando à função $f(x) = x^2$, vemos que a primitiva geral de f é $\frac{1}{3}x^3 + C$. Atribuindo valores específicos para a constante C, obtemos uma família de funções cujos gráficos são translações verticais uns dos outros (veja a Figura 1). Isso faz sentido, pois cada curva deve ter a mesma inclinação em qualquer valor dado de x.

EXEMPLO 1 Encontre a primitiva mais geral de cada uma das seguintes funções.
(a) $f(x) = \operatorname{sen} x$ (b) $f(x) = 1/x$ (c) $f(x) = x^n$, $n \neq -1$

SOLUÇÃO
(a) Se $F(x) = -\cos x$, então $F'(x) = \operatorname{sen} x$, logo uma primitiva de sen x é $-\cos x$. Pelo Teorema 1, a primitiva mais geral é $G(x) = -\cos x + C$.

(b) Lembre-se, da Seção 3.6, de que

$$\frac{d}{dx}(\ln x) = \frac{1}{x}$$

Logo, no intervalo $(0, \infty)$, a primitiva geral de $1/x$ é $\ln x + C$. Também sabemos que

$$\frac{d}{dx}(\ln|x|) = \frac{1}{x}$$

para todo $x \neq 0$. O Teorema 1 então nos diz que a primitiva geral de $f(x) = 1/x$ é $\ln|x| + C$ em qualquer intervalo que não contenha 0. Em particular, isso é verdadeiro em cada um dos intervalos $(-\infty, 0)$ e $(0, \infty)$. Logo, a primitiva geral de f é

$$F(x) = \begin{cases} \ln x + C_1 & \text{se } x > 0 \\ \ln(-x) + C_2 & \text{se } x < 0 \end{cases}$$

(c) Usamos a Regra da Potência para descobrir uma primitiva de x^n. De fato, se $n \neq -1$, então

$$\frac{d}{dx}\left(\frac{x^{n+1}}{n+1}\right) = \frac{(n+1)x^n}{n+1} = x^n$$

Portanto, a primitiva geral de $f(x) = x^n$ é

$$F(x) = \frac{x^{n+1}}{n+1} + C$$

Isso é válido para todo $n \geq 0$, uma vez que $f(x) = x^n$ está definida em um intervalo. Se n for negativo (mas $n \neq -1$), é válido em qualquer intervalo que não contenha 0. ∎

■ Fórmulas de Primitivação

Como no Exemplo 1, toda fórmula de derivação, quando lida da direita para a esquerda, dá origem a uma fórmula de primitivação. Na Tabela 2 listamos algumas primitivas particulares. Cada fórmula na tabela é verdadeira, pois a derivada da função na coluna direita aparece na coluna esquerda. Em particular, a primeira fórmula diz que a primitiva de uma constante vezes uma função é a constante vezes a primitiva da função. A segunda fórmula afirma que a primitiva de uma soma é a soma das primitivas. (Usamos a notação $F' = f$, $G' = g$.)

2 Tabela de Fórmulas de Primitivação

Função	Primitiva particular	Função	Primitiva particular
$cf(x)$	$cF(x)$	$\operatorname{sen} x$	$-\cos x$
$f(x) + g(x)$	$F(x) + G(x)$	$\sec^2 x$	$\operatorname{tg} x$
$x^n \ (n \neq -1)$	$\dfrac{x^{n+1}}{n+1}$	$\sec x \operatorname{tg} x$	$\sec x$
$\dfrac{1}{x}$	$\ln|x|$	$\dfrac{1}{\sqrt{1-x^2}}$	$\operatorname{sen}^{-1} x$
e^x	e^x	$\dfrac{1}{1+x^2}$	$\operatorname{tg}^{-1} x$
b^x	$\dfrac{b^x}{\ln b}$	$\cosh x$	$\operatorname{senh} x$
$\cos x$	$\operatorname{sen} x$	$\operatorname{senh} x$	$\cosh x$

Para obtermos a primitiva mais geral a partir daquelas da Tabela 2, devemos adicionar uma constante (ou constantes), como no Exemplo 1.

EXEMPLO 2 Encontre todas as funções g tais que

$$g'(x) = 4 \operatorname{sen} x + \frac{2x^5 - \sqrt{x}}{x}$$

SOLUÇÃO Primeiro reescrevemos a função dada da seguinte maneira:

$$g'(x) = 4 \operatorname{sen} x + \frac{2x^5}{x} - \frac{\sqrt{x}}{x} = 4 \operatorname{sen} x + 2x^4 - \frac{1}{\sqrt{x}}$$

Assim, queremos descobrir a primitiva de

$$g'(x) = 4 \operatorname{sen} x + 2x^4 - x^{-1/2}$$

Usando as fórmulas da Tabela 2 com o Teorema 1, obtemos

$$g(x) = 4(-\cos x) + 2\frac{x^5}{5} - \frac{x^{1/2}}{\frac{1}{2}} + C$$

$$= -4\cos x + \tfrac{2}{5}x^5 - 2\sqrt{x} + C$$

Em geral, usamos a letra maiúscula F para representar uma primitiva da função f. Se começarmos com a notação de derivada, f', é claro que uma primitiva é f.

Nas aplicações do cálculo são muito comuns situações como a do Exemplo 2, em que é pedido para encontrar uma função sendo fornecidos dados sobre suas derivadas. Uma equação que envolva as derivadas de uma função é chamada **equação diferencial**. As equações diferenciais serão estudadas com mais detalhes no Capítulo 9, no Volume 2, mas no momento podemos resolver algumas equações diferenciais elementares. A solução geral de uma equação diferencial envolve uma constante arbitrária (ou constantes), como no Exemplo 2. Contudo, podem ser dadas condições extras que vão determinar as constantes e assim especificar univocamente a solução.

EXEMPLO 3 Encontre f se $f'(x) = e^x + 20(1 + x^2)^{-1}$ e $f(0) = -2$.

SOLUÇÃO A primitiva geral de

$$f'(x) = e^x + \frac{20}{1+x^2}$$

é

$$f(x) = e^x + 20\operatorname{tg}^{-1} x + C$$

A Figura 2 ilustra os gráficos da função f' do Exemplo 3 e sua primitiva f. Note que $f'(x) > 0$, de modo que f é sempre crescente. Observe também que quando f' tem um máximo ou mínimo, f parece ter um ponto de inflexão. Logo, o gráfico serve como verificação de nossos cálculos.

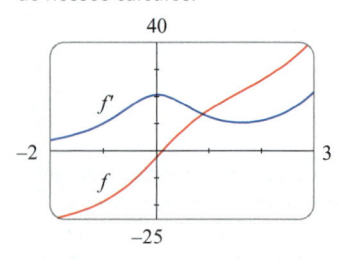

FIGURA 2

Para determinarmos C, usamos o fato de que $f(0) = -2$:

$$f(0) = e^0 + 20 \operatorname{tg}^{-1} 0 + C = -2$$

Assim, temos $C = -2 - 1 = -3$; logo, a solução particular é

$$f(x) = e^x + 20\operatorname{tg}^{-1} x - 3$$

EXEMPLO 4 Encontre f se $f''(x) = 12x^2 + 6x - 4$, $f(0) = 4$ e $f(1) = 1$.

SOLUÇÃO A primitiva geral de $f''(x) = 12x^2 + 6x - 4$ é

$$f'(x) = 12\frac{x^3}{3} + 6\frac{x^2}{2} - 4x + C = 4x^3 + 3x^2 - 4x + C$$

Usando as regras de primitivação mais uma vez, encontramos que

$$f(x) = 4\frac{x^4}{4} + 3\frac{x^3}{3} - 4\frac{x^2}{2} + Cx + D = x^4 + x^3 - 2x^2 + Cx + D$$

Para determinarmos C e D, usamos as condições dadas $f(0) = 4$ e $f(1) = 1$. Visto que $f(0) = 0 + D = 4$, temos $D = 4$. Uma vez que

$$f(1) = 1 + 1 - 2 + C + 4 = 1$$

temos $C = -3$. Consequentemente, a função pedida é

$$f(x) = x^4 + x^3 - 2x^2 - 3x + 4$$

Traçando Gráficos de Primitivas

Se nos for dado o gráfico de uma função f, parece razoável que possamos esboçar o gráfico de uma primitiva F. Suponha, por exemplo, que nos seja dado que $F(0) = 1$. Então temos um ponto de partida $(0, 1)$, e a direção segundo a qual movemos nosso lápis é dada em cada estágio pela derivada $F'(x) = f(x)$. No próximo exemplo, usamos os princípios deste capítulo para mostrar como fazer o gráfico de F mesmo quando não temos uma fórmula para f. Esse seria o caso, por exemplo, quando $f(x)$ é determinada por dados experimentais.

EXEMPLO 5 O gráfico de uma função f é dado na Figura 3. Faça um esboço de uma primitiva F, dado que $F(0) = 2$.

SOLUÇÃO Estamos orientados pelo fato de que a inclinação de $y = F(x)$ é $f(x)$. Vamos começar no ponto $(0, 2)$, traçando F como uma função inicialmente decrescente, uma vez que $f(x)$ é negativa quando $0 < x < 1$. Observe que $f(1) = f(3) = 0$, logo, F tem tangentes horizontais quando $x = 1$ e $x = 3$. Para $1 < x < 3$, $f(x)$ é positiva e F é crescente. Vemos que F tem mínimo local quando $x = 1$ e máximo local quando $x = 3$. Para $x > 3$, $f(x)$ é negativa e F é decrescente em $(3, \infty)$. Uma vez que $f(x) \to 0$ quando $x \to \infty$, o gráfico de F torna-se mais achatado quando $x \to \infty$. Observe também que $F''(x) = f'(x)$ muda de positiva para negativa em $x = 2$ e de negativa para positiva em $x = 4$, logo F tem pontos de inflexão quando $x = 2$ e $x = 4$. Usamos essa informação para esboçar o gráfico para a primitiva na Figura 4.

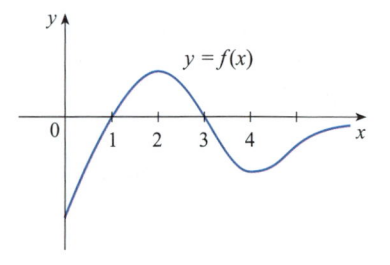

FIGURA 3

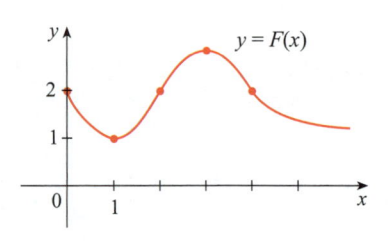

FIGURA 4

Movimento Retilíneo

A primitivação é particularmente útil na análise do movimento de um objeto que se move em uma reta. Lembre-se de que se o objeto tem função posição $s = f(t)$, então a função velocidade é $v(t) = s'(t)$. Isso significa que a função posição é uma primitiva da função velocidade. Da mesma maneira, a função aceleração é $a(t) = v'(t)$; logo, a função velocidade é uma primitiva da aceleração. Se a aceleração e os valores iniciais $s(0)$ e $v(0)$ forem conhecidos, então a função posição pode ser determinada encontrando primitivas duas vezes.

EXEMPLO 6 Uma partícula move-se em uma reta e tem aceleração dada por $a(t) = 6t + 4$. Sua velocidade inicial é $v(0) = -6$ cm/s, e seu deslocamento inicial é $s(0) = 9$ cm. Encontre sua função posição $s(t)$.

SOLUÇÃO Como $v'(t) = a(t) = 6t + 4$, a primitivação dá

$$v(t) = 6\frac{t^2}{2} + 4t + C = 3t^2 + 4t + C$$

Observe que $v(0) = C$. Mas nos é dado que $v(0) = -6$, assim $C = -6$ e

$$v(t) = 3t^2 + 4t - 6$$

Uma vez que $v(t) = s'(t)$, s é a primitiva de v:

$$s(t) = 3\frac{t^3}{3} + 4\frac{t^2}{2} - 6t + D = t^3 + 2t^2 - 6t + D$$

Isso dá $s(0) = D$. Temos $s(0) = 9$, logo $D = 9$ e a função posição pedida é

$$s(t) = t^3 + 2t^2 - 6t + 9$$

Um objeto próximo da superfície da Terra é sujeito à força gravitacional, que produz uma aceleração para baixo denotada por g. Para movimentos próximos ao solo, podemos assumir que g é uma constante, e seu valor é cerca de 9,8 m/s² (ou 32 pés/s²). É notável que, simplesmente pelo fato de a aceleração da gravidade ser constante, possamos usar o cálculo para determinar a posição e a velocidade de qualquer objeto que se mova sob a força da gravidade, como ilustrado no exemplo a seguir.

EXEMPLO 7 Uma bola é lançada para cima com uma velocidade de 15 m/s, à beira de um penhasco que está 130 m acima do solo. Encontre sua altura acima do solo t segundos mais tarde. Quando ela atinge sua altura máxima? Quando atinge o solo?

SOLUÇÃO O movimento é vertical, e escolhemos o sentido positivo para cima. No instante t, a distância acima do solo é $s(t)$ e a velocidade $v(t)$ está decrescendo. Portanto, a aceleração deve ser negativa, e temos

$$a(t) = \frac{dv}{dt} = -9,8$$

Tomando a primitiva, temos

$$v(t) = -9,8t + C$$

Para determinarmos C, usamos a informação dada que $v(0) = 15$. Isso dá $15 = 0 + C$, logo

$$v(t) = -9,8t + 15$$

A altura máxima é atingida quando $v(t) = 0$, isto é, depois de 1,5 segundo. Uma vez que $s'(t) = v(t)$, determinamos a primitiva outra vez e obtemos

$$s(t) = -4,9t^2 + 15t + D$$

Usando o fato de que $s(0) = 130$, temos $130 = 0 + D$ e então

$$s(t) = -4,9t^2 + 15t + 130$$

A expressão para $s(t)$ é válida até que a bola atinja o solo. Isso acontece quando $s(t) = 0$, isto é, quando

A Figura 5 mostra a posição da bola no Exemplo 7. O gráfico confirma nossas conclusões: a bola atinge a altura máxima depois 1,5 s e atinge o solo depois de 6,9 s.

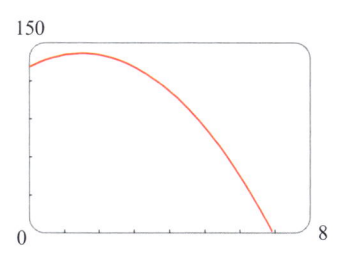

FIGURA 5

$$-4{,}9t^2 + 15t + 130 = 0$$

ou, equivalentemente,

$$4{,}9t^2 - 15t - 130 = 0$$

Usando a fórmula quadrática para resolver essa equação, obtemos

$$t = \frac{15 \pm \sqrt{2.773}}{9{,}8}$$

Rejeitamos a solução com o sinal de menos, porque ela fornece um valor negativo para t. Portanto, a bola atinge o solo após $15 + \sqrt{2.773}\,/\,9{,}8 \approx 6{,}9$ segundos. ∎

4.9 Exercícios

1-4 Determine uma primitiva da função.

1. (a) $f(x) = 6$ (b) $g(t) = 3t^2$
2. (a) $f(x) = 2x$ (b) $g(x) = -1/x^2$
3. (a) $h(q) = \cos q$ (b) $f(x) = e^x$
4. (a) $g(t) = 1/t$ (b) $r(\theta) = \sec^2\theta$

5-26 Determine a primitiva mais geral da função. (Confira sua resposta derivando-a.)

5. $f(x) = 4x + 7$
6. $f(x) = x^2 - 3x + 2$
7. $f(x) = 2x^3 - \frac{2}{3}x^2 + 5x$
8. $f(x) = 6x^5 - 8x^4 - 9x^2$
9. $f(x) = x(12x + 8)$
10. $f(x) = (x-5)^2$
11. $g(x) = 4x^{-2/3} - 2x^{5/3}$
12. $h(z) = 3z^{0,8} + z^{-2,5}$
13. $f(x) = 3\sqrt{x} - 2\sqrt[3]{x}$
14. $g(x) = \sqrt{x}\,(2 - x + 6x^2)$
15. $f(t) = \dfrac{2t - 4 + 3\sqrt{t}}{\sqrt{t}}$
16. $f(x) = \sqrt[4]{5} + \sqrt[4]{x}$
17. $f(x) = \dfrac{2}{5x} - \dfrac{3}{x^2}$
18. $f(x) = \dfrac{5x^2 - 6x + 4}{x^2},\quad x > 0$
19. $g(t) = 7e^t - e^3$
20. $f(x) = \dfrac{10}{x^6} - 2e^x + 3$
21. $f(\theta) = 2\,\mathrm{sen}\,\theta - 3\sec\theta\,\mathrm{tg}\,\theta$
22. $h(x) = \sec^2 x + \pi\cos x$
23. $f(r) = \dfrac{4}{1 + r^2} - \sqrt[5]{r^4}$
24. $g(v) = 2\cos v - \dfrac{3}{\sqrt{1-v^2}}$
25. $f(x) = 2^x + 4\,\mathrm{senh}\,x$
26. $f(x) = \dfrac{2x^2 + 5}{x^2 + 1}$

27-28 Determine a função F que seja primitiva de f e satisfaça a condição indicada. Confira sua resposta comparando os gráficos de f e F.

27. $f(x) = 2e^x - 6x,\quad F(0) = 1$
28. $f(x) = 4 - 3(1 + x^2)^{-1},\quad F(1) = 0$

29-54 Determine f.

29. $f''(x) = 24x$
30. $f''(x) = t^2 - 4$
31. $f''(x) = 4x^3 + 24x - 1$
32. $f''(x) = 6x - x^4 + 3x^5$
33. $f''(x) = 2x + 3e^x$
34. $f''(x) = 1/x^2,\quad x > 0$
35. $f'''(t) = 12 + \mathrm{sen}\,t$
36. $f'''(t) = \sqrt{t} - 2\cos t$
37. $f'(x) = 8x^3 + \dfrac{1}{x},\quad x > 0,\quad f(1) = -3$
38. $f'(x) = \sqrt{x} - 2,\quad f(9) = 4$
39. $f'(t) = 4/(1 + t^2),\quad f(1) = 0$
40. $f'(t) = t + 1/t^3,\quad t > 0,\quad f(1) = 6$
41. $f'(t) = 5x^{2/3},\quad f(8) = 21$
42. $f'(x) = (x + 1)/\sqrt{x},\quad f(1) = 5$
43. $f'(t) = \sec t\,(\sec t + \mathrm{tg}\,t),\quad -\pi/2 < t < \pi/2,\quad f(\pi/4) = -1$
44. $f'(t) = 3^t - 3/t,\quad f(1) = 2,\quad f(-1) = 1$
45. $f''(x) = -2 + 12x - 12x^2,\quad f(0) = 4,\quad f'(0) = 12$
46. $f''(x) = 8x^3 + 5,\quad f(1) = 0,\quad f'(1) = 8$
47. $f''(\theta) = \mathrm{sen}\,\theta + \cos\theta,\quad f(0) = 3,\quad f'(0) = 4$
48. $f''(t) = t^2 + 1/t^2,\quad t > 0,\quad f(2) = 3,\quad f'(1) = 2$
49. $f''(x) = 4 + 6x + 24x^2,\quad f(0) = 3,\quad f(1) = 10$
50. $f''(x) = x^3 + \mathrm{senh}\,x,\quad f(0) = 1,\quad f(2) = 2{,}6$
51. $f''(x) = e^x - 2\,\mathrm{sen}\,x,\quad f(0) = 3,\quad f(\pi/2) = 0$
52. $f''(t) = \sqrt[3]{t} - \cos t,\quad f(0) = 2,\quad f(1) = 2$
53. $f''(x) = x^{-2},\quad x > 0,\quad f(1) = 0,\quad f(2) = 0$
54. $f'''(x) = \cos x,\quad f(0) = 1,\quad f'(0) = 2,\quad f''(0) = 3$

55. Dado que o gráfico de f passa pelo ponto $(2, 5)$ e que a inclinação de sua reta tangente em $(x, f(x))$ é $3 - 4x$, encontre $f(1)$.

56. Encontre uma função f tal que $f'(x) = x^3$ e tal que a reta $x + y = 0$ seja tangente ao gráfico de f.

57-58 O gráfico de uma função f é dado. Qual gráfico é uma primitiva de f e por quê?

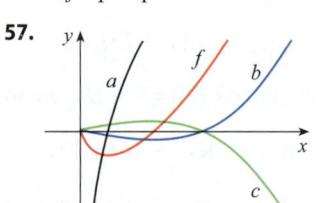

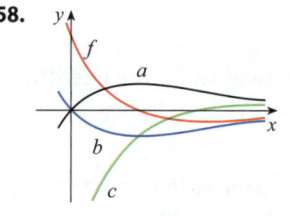

57.

58.

59. O gráfico de uma função está mostrado na figura. Faça um esboço de uma primitiva de F, dado que $F(0) = 1$.

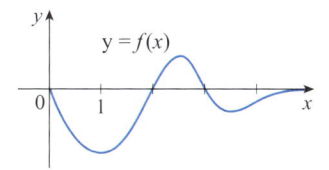

60. O gráfico da função velocidade de um carro está mostrado na figura. Esboce o gráfico da função posição.

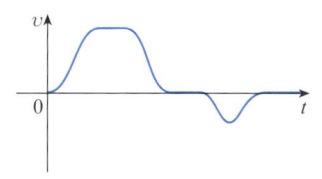

61. O gráfico de uma função f' está mostrado na figura. Esboce um gráfico de f se f for contínua em $[0, 3]$ e $f(0) = -1$.

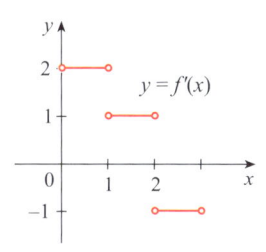

62. (a) Faça o gráfico de $f(x) = 2x - 3\sqrt{x}$.
(b) Começando com o gráfico da parte (a), esboce um gráfico da primitiva F que satisfaça $F(0) = 1$.
(c) Use as regras desta seção para achar uma expressão para $F(x)$.
(d) Faça o gráfico de F usando a expressão da parte (c). Compare com seu esboço da parte (b).

63-64 Trace um gráfico de f e use-o para fazer um esboço da primitiva que passe pela origem.

63. $f(x) = \dfrac{\operatorname{sen} x}{1 + x^2}$, $\quad -2\pi \leq x \leq 2\pi$

64. $f(x) = \sqrt{x^4 - 2x^2 + 2} - 2$, $\quad -3 \leq x \leq 3$

65-70 Uma partícula move-se de acordo com os dados a seguir. Encontre a posição da partícula.

65. $v(t) = 2 \cos t + 4 \operatorname{sen} t$, $\quad s(0) = 3$

66. $v(t) = t^2 - 3\sqrt{t}$, $\quad s(4) = 8$

67. $a(t) = 2t + 1$, $\quad s(0) = 3$, $\quad v(0) = -2$

68. $a(t) = 3 \cos t - 2 \operatorname{sen} t$, $\quad s(0) = 0$, $\quad v(0) = 4$

69. $a(t) = \operatorname{sen} t - \cos t$, $\quad s(0) = 0$, $\quad s(\pi) = 6$

70. $a(t) = t^2 - 4t + 6$, $\quad s(0) = 0$, $\quad s(1) = 20$

71. Uma pedra é largada de um posto de observação da Torre CN, 450 m acima do solo.
(a) Determine a distância da pedra acima do nível do solo no instante t.
(b) Quanto tempo leva para a pedra atingir o solo?
(c) Com que velocidade ela atinge o solo?
(d) Se a pedra for atirada para baixo com uma velocidade de 5 m/s, quanto tempo levará para que atinja o solo?

72. Mostre que, para um movimento em uma reta com aceleração constante a, velocidade inicial v_0 e deslocamento inicial s_0, o deslocamento depois de um tempo t é $s = \frac{1}{2}at^2 + v_0 t + s_0$.

73. Um objeto é lançado para cima com velocidade inicial v_0 metros por segundo a partir de um ponto s_0 metros acima do solo. Mostre que

$$[v(t)]^2 = v_0^2 - 19{,}6[s(t) - s_0]$$

74. Duas bolas são arremessadas para cima à margem do penhasco no Exemplo 7. A primeira é arremessada com uma velocidade de 15 m/s, e a outra é arremessada 1 segundo depois, com uma velocidade de 8 m/s. As bolas passam uma pela outra alguma vez?

75. Uma pedra é largada de um penhasco e atinge o solo com uma velocidade de 40 m/s. Qual a altura do penhasco?

76. Se um mergulhador de massa m permanece na ponta de um trampolim de comprimento L e densidade linear ρ, o trampolim toma a forma da curva $y = f(x)$, em que

$$EIy'' = mg(L - x) + \tfrac{1}{2}\rho g(L - x)^2$$

E e I são constantes positivas que dependem do material do trampolim e $g(< 0)$ é a aceleração da gravidade.
(a) Encontre uma expressão para a forma da curva.
(b) Use $f(L)$ para estimar a distância abaixo da horizontal na ponta do trampolim.

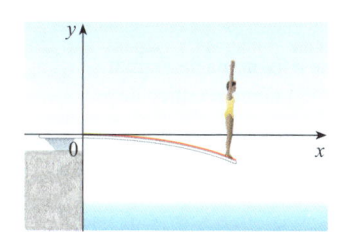

77. Uma companhia estima que o custo marginal (em dólares por item) de produzir x itens é $1{,}92 - 0{,}002x$. Se o custo de produzir um item for $\$562$, encontre o custo de produzir 100 itens.

78. A densidade linear de um cabo de comprimento de 1 m é dado por $\rho(x) = 1/\sqrt{x}$, em gramas por centímetro, onde x é medido em centímetros a partir da extremidade do cabo. Encontre a massa do cabo.

79. Uma vez que pingos de chuva crescem à medida que caem, sua área superficial cresce e, portanto, a resistência à sua queda aumenta. Um pingo de chuva tem uma velocidade inicial de queda de 10 m/s e sua aceleração para baixo é

$$a = \begin{cases} 9 - 0{,}9t & \text{se } 0 \leq t \leq 10 \\ 0 & \text{se } t > 10 \end{cases}$$

Se o pingo de chuva estiver inicialmente a 500 m acima do solo, quanto tempo ele levará para cair?

80. Um carro está viajando a 80 km/h quando seu condutor freia completamente, produzindo uma desaceleração constante de 7 m/s². Qual a distância percorrida antes de o carro parar?

81. Qual aceleração constante é necessária para aumentar a velocidade de um carro a 50 km/h para 80 km/h em 5 segundos?

82. Um carro é freado com uma desaceleração constante de 5 m/s², produzindo marcas de frenagem medindo 60 m antes de parar completamente. Quão rápido estava o carro viajando quando o freio foi acionado pela primeira vez?

83. Um carro está viajando a 100 km/h quando o motorista vê um acidente 80 m adiante e pisa no freio. Qual desaceleração constante é necessária para parar o carro em tempo de evitar a batida?

84. Um modelo de foguete é lançado para cima a partir do repouso. Sua aceleração para os três primeiros segundos é $a(t) = 18t$, e nesse ínterim o combustível acaba e o foguete se transforma em um corpo em queda livre. Após 14 segundos o paraquedas do foguete se abre, e a velocidade (para baixo) diminui linearmente para −5,5 m/s em 5 segundos. O foguete então cai até o solo naquela taxa.
(a) Determine a função posição s e a função velocidade v (para todo instante t). Esboce os gráficos de s e v.
(b) Em que instante o foguete atingiu sua altura máxima e qual é essa altura?
(c) Em que instante o foguete atinge a terra?

85. Determinado trem-bala acelera e desacelera a uma taxa de 1,2 m/s². Sua velocidade de cruzeiro máxima é de 145 km/h.
(a) Qual será a distância máxima percorrida pelo trem se ele acelerar a partir do repouso até atingir a velocidade de cruzeiro máxima e permanecer nessa velocidade por 20 minutos?
(b) Suponha que o trem comece a partir do repouso e então pare completamente em 20 minutos. Que distância máxima ele poderá percorrer nessas condições?
(c) Encontre o tempo mínimo para o trem viajar entre duas estações consecutivas, distantes 72 km uma da outra.
(d) A viagem de uma estação para outra leva 37,5 minutos. Qual a distância entre as estações?

4 REVISÃO

VERIFICAÇÃO DE CONCEITOS

As respostas para a seção Verificação de Conceitos estão disponíveis na página deste livro no site da Cengage.

1. Explique a diferença entre um máximo absoluto e um máximo local. Ilustre com um esboço.

2. (a) O que diz o Teorema dos Valores Extremos?
(b) Explique o funcionamento do Método do Intervalo Fechado.

3. (a) Enuncie o Teorema de Fermat.
(b) Defina um número crítico de f.

4. (a) Enuncie o Teorema de Rolle.
(b) Enuncie o Teorema do Valor Médio e dê uma interpretação geométrica.

5. (a) Enuncie o Teste Crescente/Decrescente.
(b) O que significa dizer que f é côncava para cima em um intervalo I?
(c) Enuncie o Teste da Concavidade.
(d) O que são pontos de inflexão? Como são encontrados?

6. (a) Enuncie o Teste da Primeira Derivada.
(b) Enuncie o Teste da Segunda Derivada.
(c) Quais as vantagens e desvantagens relativas desses testes?

7. (a) O que nos diz a Regra de l'Hôspital?
(b) Como você pode usar a Regra de l'Hôspital se tiver um produto $f(x)g(x)$ onde $f(x) \to 0$ e $g(x) \to \infty$ quando $x \to a$?
(c) Como você pode usar a Regra de l'Hôspital se tiver uma diferença $f(x) - g(x)$ onde $f(x) \to \infty$ e $g(x) \to \infty$ quando $x \to a$?
(d) Como você pode usar a Regra de l'Hôspital se tiver uma potência $[f(x)]^{g(x)}$ onde $f(x) \to 0$ e $g(x) \to 0$ quando $x \to a$?

8. Diga se cada uma das formas de limite é indeterminada. Quando possível, diga o limite.
(a) $\dfrac{0}{0}$ (b) $\dfrac{\infty}{\infty}$ (c) $\dfrac{0}{\infty}$ (d) $\dfrac{\infty}{0}$
(e) $\infty + \infty$ (f) $\infty - \infty$ (g) $\infty \cdot \infty$ (h) $\infty \cdot 0$
(i) 0^0 (j) 0^∞ (k) ∞^0 (l) 1^∞

9. Se você pode usar uma calculadora gráfica ou computador, para que precisa do cálculo para fazer o gráfico da função?

10. (a) Dada uma aproximação inicial x_1 para uma solução da equação $f(x) = 0$, explique geometricamente, com um diagrama, como a segunda aproximação x_2 no método de Newton é obtida.
(b) Escreva uma expressão para x_2 em termos de x_1, $f(x_1)$ e $f'(x_1)$.
(c) Escreva uma expressão para x_{n+1} em termos de x_n, $f(x_n)$ e $f'(x_n)$.
(d) Sob que circunstâncias o método de Newton provavelmente falhará ou funcionará muito vagarosamente?

11. (a) O que é uma primitiva de uma função f?
(b) Suponha que F_1 e F_2 sejam ambas primitivas de f em um intervalo I. Como estão relacionadas F_1 e F_2?

TESTES VERDADEIRO-FALSO

Determine se a afirmação é falsa ou verdadeira. Se for verdadeira, explique por quê. Caso contrário, explique por que ou dê um exemplo que mostre que é falsa.

1. Se $f'(c) = 0$, então f tem um máximo ou um mínimo local em c.

2. Se f tiver um valor mínimo absoluto em c, então $f'(c) = 0$.

3. Se f for contínua em (a, b), então f atinge um valor máximo absoluto $f(c)$ e um valor mínimo absoluto $f(d)$ em determinados números c e d em (a, b).

4. Se f for derivável e $f(-1) = f(1)$, então há um número c tal que $|c| < 1$ e $f'(c) = 0$.

5. Se $f'(x) < 0$ para $1 < x < 6$, então f é decrescente em $(1, 6)$.
6. Se $f''(2) = 0$, então $(2, f(2))$ é um ponto de inflexão da curva $y = f(x)$.
7. Se $f'(x) = g'(x)$ para $0 < x < 1$, então $f(x) = g(x)$ para $0 < x < 1$.
8. Existe uma função f tal que $f(1) = -2$, $f(3) = 0$ e $f'(x) > 1$ para todo x.
9. Existe uma função f tal que $f(x) > 0$, $f'(x) < 0$ e $f''(x) > 0$ para todo x.
10. Existe uma função f tal que $f(x) < 0$, $f'(x) < 0$ e $f''(x) > 0$ para todo x.
11. Se f e g forem crescentes em um intervalo I, então $f + g$ é crescente em I.
12. Se f e g forem crescentes em um intervalo I, então $f - g$ é crescente em I.
13. Se f e g forem crescentes em um intervalo I, então fg é crescente em I.
14. Se f e g forem positivas em um intervalo I, então fg é crescente em I.
15. Se f for crescente e $f(x) > 0$ em I, então $g(x) = 1/f(x)$ é decrescente em I.
16. Se f é par, então f' é par.
17. Se f for periódica, então f' será periódica.
18. A primitiva mais geral de $f(x) = x^{-2}$ é
$$F(x) = -\frac{1}{x} + C$$
19. Se $f'(x)$ existe e não é nula para nenhum x, então $f(1) \neq f(0)$.
20. Se $\lim_{x \to \infty} f(x) = 1$ e $\lim_{x \to \infty} g(x) = \infty$, então
$$\lim_{x \to \infty} [f(x)]^{g(x)} = 1$$
21. $\lim_{x \to 0} \dfrac{x}{e^x} = 1$

Exercícios

1-6 Encontre os valores extremos absolutos e locais da função no intervalo dado.

1. $f(x) = x^3 - 9x^2 + 24x - 2$, $[0, 5]$
2. $f(x) = x\sqrt{1 - x}$, $[-1, 1]$
3. $f(x) = \dfrac{3x - 4}{x^2 + 1}$, $[-2, 2]$
4. $f(x) = \sqrt{x^2 + x + 1}$, $[-2, 1]$
5. $f(x) = x + 2\cos x$, $[-\pi, \pi]$
6. $f(x) = x^2 e^{-x}$, $[-1, 3]$

7-14 Calcule o limite.

7. $\lim_{x \to 0} \dfrac{e^x - 1}{\operatorname{tg} x}$
8. $\lim_{x \to 0} \dfrac{\operatorname{tg} 4x}{x + \operatorname{sen} 2x}$
9. $\lim_{x \to 0} \dfrac{e^{2x} - e^{-2x}}{\ln(x + 1)}$
10. $\lim_{x \to \infty} \dfrac{e^{2x} - e^{-2x}}{\ln(x + 1)}$
11. $\lim_{x \to -\infty} (x^2 - x^3) e^{2x}$
12. $\lim_{x \to \pi^-} (x - \pi)\operatorname{cossec} x$
13. $\lim_{x \to 1^+} \left(\dfrac{x}{x - 1} - \dfrac{1}{\ln x} \right)$
14. $\lim_{x \to (\pi/2)^-} (\operatorname{tg} x)^{\cos x}$

15-17 Esboce o gráfico de uma função que satisfaça a todas as condições dadas.

15. $f(0) = 0$, $f'(-2) = f'(1) = f'(9) = 0$,
$\lim_{x \to \infty} f(x) = 0$, $\lim_{x \to 6} f(x) = -\infty$,
$f'(x) < 0$ em $(-\infty, -2)$, $(1, 6)$ e $(9, \infty)$,
$f'(x) > 0$ em $(-2, 1)$ e $(6, 9)$,
$f''(x) > 0$ em $(-\infty, 0)$ e $(12, \infty)$,
$f''(x) < 0$ em $(0, 6)$ e $(6, 12)$

16. $f(0) = 0$, f é contínua e par,
$f'(x) = 2x$ se $0 < x < 1$, $f'(x) = -1$ se $1 < x < 3$,
$f'(x) = 1$ se $x > 3$

17. f é ímpar, $f'(x) < 0$ para $0 < x < 2$,
$f'(x) > 0$ para $x > 2$, $f''(x) > 0$ para $0 < x < 3$,
$f''(x) < 0$ para $x > 3$, $\lim_{x \to \infty} f(x) = -2$

18. A figura mostra o gráfico da *derivada* f' de uma função f.
  (a) Em quais intervalos f é crescente ou decrescente?
  (b) Para que valores de x a função f tem um máximo ou mínimo local?
  (c) Esboce o gráfico de f''.
  (d) Esboce um possível gráfico de f.

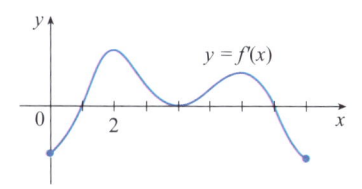

19-34 Use o roteiro da Seção 4.5 para esboçar a curva.

19. $y = 2 - 2x - x^3$
20. $y = -2x^3 - 3x^2 + 12x + 5$
21. $y = 3x^4 - 4x^3 + 2$
22. $y = \dfrac{x}{1 - x^2}$
23. $y = \dfrac{1}{x(x - 3)^2}$
24. $y = \dfrac{1}{x^2} - \dfrac{1}{(x - 2)^2}$
25. $y = \dfrac{(x - 1)^3}{x^2}$
26. $y = \sqrt{1 - x} + \sqrt{1 + x}$
27. $y = x\sqrt{2 + x}$
28. $y = x^{2/3}(x - 3)^2$
29. $y = e^x \operatorname{sen} x$, $-\pi \leq x \leq \pi$
30. $y = 4x - \operatorname{tg} x$, $-\pi/2 < x < \pi/2$
31. $y = \operatorname{sen}^{-1}(1/x)$
32. $y = e^{2x - x^2}$
33. $y = (x - 2)e^{-x}$
34. $y = x + \ln(x^2 + 1)$

35-38 Faça gráficos de f que revelem todos os aspectos relevantes da curva. Use os gráficos de f' e f'' para estimar os intervalos de crescimento e de decrescimento, valores extremos, intervalos de concavidade e pontos de inflexão. No Exercício 35, use o cálculo para achar exatamente essas quantidades.

35. $f(x) = \dfrac{x^2 - 1}{x^3}$ **36.** $f(x) = \dfrac{x^3 + 1}{x^6 + 1}$

37. $f(x) = 3x^6 - 5x^5 + x^4 - 5x^3 - 2x^2 + 2$

38. $f(x) = x^2 + 6{,}5 \operatorname{sen} x, \quad -5 \leq x \leq 5$

39. Faça o gráfico de $f(x) = e^{-1/x^2}$ em uma janela retangular que mostre todos os principais aspectos dessa função. Estime os pontos de inflexão. A seguir, use o cálculo para achá-los exatamente.

40. (a) Faça o gráfico da função $f(x) = 1/(1 + e^{1/x})$.
(b) Explique o formato do gráfico calculando os limites de $f(x)$ quando x tende a ∞, $-\infty$, 0^+ e 0^-.
(c) Use o gráfico de f para estimar as coordenadas dos pontos de inflexão.
(d) Use seu SCA para calcular e traçar o gráfico de f''.
(e) Use o gráfico da parte (d) para estimar os pontos de inflexão de forma mais precisa.

41-42 Use os gráficos de f, f' e f'' para estimar a coordenada x dos pontos de máximo, de mínimo e de inflexão de f.

41. $f(x) = \dfrac{\cos^2 x}{\sqrt{x^2 + x + 1}}, \quad -\pi \leq x \leq \pi$

42. $f(x) = e^{-0{,}1x} \ln(x^2 - 1)$

43. Investigue a família de funções $f(x) = \ln(\operatorname{sen} x + c)$. Que aspectos os membros dessa família têm em comum? Como eles diferem? Para quais valores de c a função f é contínua em $(-\infty, \infty)$? Para quais valores de c a função f não tem gráfico? O que acontece se $c \to \infty$?

44. Investigue a família de funções $f(x) = cxe^{-cx^2}$. O que acontece com os pontos de máximo e mínimo e os pontos de inflexão quando c varia? Ilustre suas conclusões fazendo o gráfico de vários membros da família.

45. Mostre que a equação $3x + 2\cos x + 5 = 0$ tem exatamente uma solução real.

46. Suponha que f seja contínua em $[0, 4]$, $f(0) = 1$ e $2 \leq f'(x) \leq 5$ para todo x em $(0, 4)$. Mostre que $9 \leq f(4) \leq 21$.

47. Aplicando o Teorema do Valor Médio para a função $f(x) = x^{1/5}$ no intervalo $[32, 33]$, mostre que

$$2 < \sqrt[5]{33} < 2{,}0125$$

48. Para que valores das constantes a e b, $(1, 3)$ é um ponto de inflexão da curva $y = ax^3 + bx^2$?

49. Seja $g(x) = f(x^2)$, onde f é duas vezes derivável para todo x, $f'(x) > 0$ para todo $x \neq 0$ e f é côncava para baixo em $(-\infty, 0)$ e côncava para cima em $(0, \infty)$.
(a) Em que números g tem um valor extremo?
(b) Discuta a concavidade de g.

50. Encontre dois inteiros positivos tal que a soma do primeiro número com quatro vezes o segundo número é 1.000, e o produto dos números é o maior possível.

51. Mostre que a menor distância do ponto (x_1, y_1) a uma reta $Ax + By + C = 0$ é

$$\dfrac{|Ax_1 + By_1 + C|}{\sqrt{A^2 + B^2}}$$

52. Encontre o ponto sobre a hipérbole $xy = 8$ que está mais próximo ao ponto $(3, 0)$.

53. Encontre a menor área possível de um triângulo isósceles que está circunscrito em um círculo de raio r.

54. Encontre o volume do maior cone circular que pode ser inscrito em uma esfera de raio r.

55. Em $\triangle ABC$, D está em AB, $CD \perp AB$, $|AD| = |BD| = 4$ cm e $|CD| = 5$ cm. Onde o ponto P deve ser escolhido em CD para a soma $|PA| + |PB| + |PC|$ ser mínima?

56. Faça o Exercício 55 quando $|CD| = 2$ cm.

57. A velocidade de uma onda de comprimento L em água profunda é

$$v = K\sqrt{\dfrac{L}{C} + \dfrac{C}{L}}$$

onde K e C são constantes positivas conhecidas. Qual é o comprimento da onda que dá a velocidade mínima?

58. Um tanque de armazenamento de metal com volume V deve ser construído com a forma de um cilindro circular reto com um hemisfério em cima. Quais as dimensões que vão exigir a menor quantidade de metal?

59. Uma arena de esportes tem capacidade para 15 mil espectadores sentados. Com o preço do ingresso a \$ 12, a média de público tem sido de 11 mil espectadores. Uma pesquisa de mercado indica que, para cada dólar que o preço do ingresso é diminuído, a média de público aumenta em 1.000. Como os donos do time devem definir o preço dos ingressos para maximizar sua receita de vendas de ingressos?

60. Um fabricante determinou que o custo de fazer x unidades de uma mercadoria é

$$C(x) = 1.800 + 25x - 0{,}2x^2 + 0{,}001x^3$$

e a função demanda é $p(x) = 48{,}2 - 0{,}03x$.
(a) Faça o gráfico das funções custo e receita e use os gráficos para estimar o nível de produção para o lucro máximo.
(b) Use o cálculo para achar o nível de produção para o lucro máximo.
(c) Estime o nível de produção que minimize o custo médio.

61. Use o método de Newton para achar a solução da equação

$$x^5 - x^4 + 3x^2 - 3x - 2 = 0$$

no intervalo $[1, 2]$ com precisão de seis casas decimais.

62. Use o método de Newton para achar todas as soluções da equação $\operatorname{sen} x = x^2 - 3x + 1$ com precisão de seis casas decimais.

63. Use o método de Newton para achar o valor máximo absoluto da função $f(t) = \cos t + t - t^2$ com precisão de oito casas decimais.

64. Use o roteiro na Seção 4.5 para esboçar o gráfico da curva $y = x \operatorname{sen} x$, $0 \leq x \leq 2\pi$. Use o método de Newton quando for necessário.

65-68 Encontre a primitiva mais geral da função.

65. $f(x) = 4\sqrt{x} - 6x^2 + 3$ **66.** $g(x) = \dfrac{1}{x} + \dfrac{1}{x^2 + 1}$

67. $f(t) = 2\,\text{sen}\,t - 3e^t$ **68.** $f(x) = x^{-3} + \cosh x$

69-72 Encontre f.

69. $f'(t) = 2t - 3\,\text{sen}\,t$, $f(0) = 5$

70. $f'(u) = \dfrac{u^2 + \sqrt{u}}{u}$, $f(1) = 3$

71. $f''(x) = 1 - 6x + 48x^2$, $f(0) = 1$, $f'(0) = 2$

72. $f''(x) = 5x^3 + 6x^2 + 2$, $f(0) = 3$, $f(1) = -2$

73-74 Uma partícula move-se de acordo com os dados a seguir. Encontre a posição da partícula.

73. $v(t) = 2t - 1/(1 + t^2)$, $s(0) = 1$

74. $a(t) = \text{sen}\,t + 3\cos t$, $s(0) = 0$, $v(0) = 2$

75. (a) Se $f(x) = 0{,}1e^x + \text{sen}\,x$, $-4 \leq x \leq 4$, use um gráfico de f para esboçar um gráfico da primitiva F de f que satisfaça $F(0) = 0$.
(b) Encontre uma expressão para $F(x)$.
(c) Faça o gráfico de F usando a expressão da parte (b). Compare com seu esboço da parte (a).

76. Investigue a família de curvas dada por

$$f(x) = x^4 + x^3 + cx^2$$

Em particular, você deve determinar o valor de transição de c no qual a quantidade de números críticos varia e o valor de transição no qual o número de pontos de inflexão varia. Ilustre as várias possíveis formas com gráficos.

77. Uma caixa é lançada de um helicóptero pairando a 500 m acima do chão. Seu paraquedas não abre, mas ela foi planejada para suportar uma velocidade de impacto de 100 m/s. Ela suportará o impacto ou não?

78. Em uma corrida automobilística ao longo de uma estrada reta, o carro A passou o carro B duas vezes. Demonstre que em algum instante durante a corrida suas acelerações eram iguais. Diga quais são as suas hipóteses.

79. Uma viga retangular será cortada de uma tora de madeira com raio de 30 cm.
(a) Mostre que a viga com área da seção transversal máxima é quadrada.
(b) Quatro pranchas retangulares serão cortadas de cada uma das quatro seções da tora que restarão após o corte da viga quadrada. Determine as dimensões das pranchas que terão área da seção transversal máxima.
(c) Suponha que a resistência de uma viga retangular seja proporcional ao produto de sua largura e o quadrado de sua profundidade. Encontre as dimensões da viga mais resistente que pode ser cortada de uma tora cilíndrica.

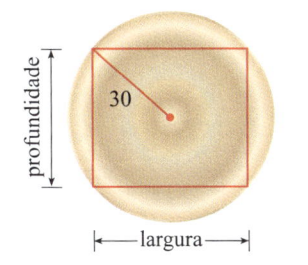

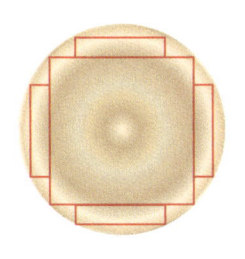

80. Se um projétil for disparado com uma velocidade inicial v em um ângulo de inclinação θ a partir da horizontal, então sua trajetória, desprezando a resistência do ar, é uma parábola

$$y = (\text{tg}\,\theta)x - \frac{g}{2v^2\cos^2\theta}x^2 \qquad 0 < \theta < \frac{\pi}{2}$$

(a) Suponha que o projétil seja disparado da base de um plano que está inclinado em um ângulo a partir da horizontal, como mostrado na figura. Mostre que o alcance do projétil, medido no plano inclinado, é dado por

$$R(\theta) = \frac{2v^2\cos\theta\,\text{sen}(\theta - \alpha)}{g\cos^2\alpha}$$

(b) Determine θ tal que R seja máximo.
(c) Suponha que o plano esteja em um ângulo baixo da horizontal. Determine o alcance R neste caso e o ângulo segundo o qual o projétil deve ser disparado para maximizar R.

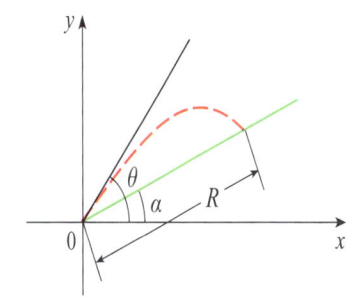

81. Se um campo eletrostático E age em um dielétrico polar líquido ou gasoso, o momento de dipolo total P por unidade de volume é

$$P(E) = \frac{e^E + e^{-E}}{e^E - e^{-E}} - \frac{1}{E}$$

Mostre que $\lim_{E \to 0^+} P(E) = 0$.

82. Se uma bola de metal com massa m é jogada na água e a força de resistência é proporcional ao quadrado da velocidade, então a distância que a bola percorre no tempo t é

$$s(t) = \frac{m}{c}\ln\cosh\sqrt{\frac{gc}{mt}}$$

onde c é uma constante positiva. Encontre $\lim_{c \to 0^+} s(t)$.

83. Mostre que para $x > 0$, temos

$$\frac{x}{1 + x^2} < \text{tg}^{-1}x < x$$

84. Esboce o gráfico de uma função f tal que $f'(x) < 0$ para todo x, $f''(x) > 0$ para $|x| > 1$, $f''(x) < 0$ para $|x| < 1$ e $\lim_{x \to \pm\infty}[f(x) + x] = 0$.

85. A figura mostra um triângulo isósceles cujos lados iguais têm comprimento a, sobre o qual se acrescentou um semicírculo. Qual deve ser a medida do ângulo θ para que a área total seja máxima?

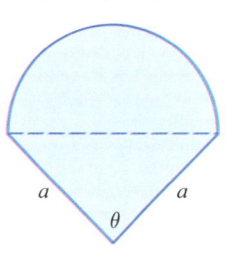

86. Água está fluindo a uma taxa constante num tanque esférico. Sejam $V(t)$ o volume de água no tanque e $H(t)$ a altura da água no tanque num dado momento t.
   (a) Quais são os valores de $V'(t)$ e $H'(t)$? Essas derivadas são positivas, negativas ou nulas?
   (b) $V''(t)$ é positiva, negativa ou nula? Explique.
   (c) Seja t_1, t_2 e t_3 os instantes nos quais o tanque ficou um quarto cheio, metade cheio e três quartos cheio, respectivamente. Cada um dos valores $H''(t_1)$, $H''(t_2)$ e $H''(t_3)$ é positivo, negativo ou nulo? Por quê?

87. Uma lâmpada será colocada no topo de um poste de altura h metros para iluminar um círculo de tráfego intenso com raio de 20 m. A intensidade de iluminação I para qualquer ponto P no círculo é diretamente proporcional ao cosseno do ângulo θ (veja a figura) e inversamente proporcional ao quadrado da distância d da fonte.

(a) Qual a altura do poste para maximizar I?
(b) Suponha que o poste de luz tenha h metros e que uma mulher esteja se afastando da base do poste com velocidade de 1 m/s. A que taxa a intensidade da luz no ponto nas costas dela a 1 m acima do solo diminui quando ela alcança a borda externa do círculo?

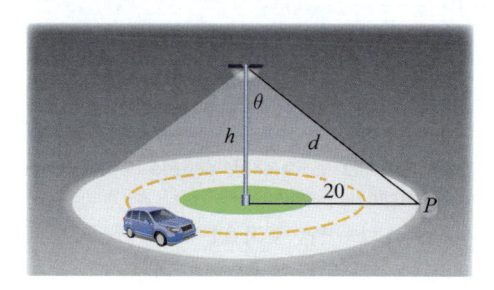

Problemas Quentes

1. Se um retângulo tiver sua base no eixo x e dois vértices sobre a curva $y = e^{-x^2}$, mostre que o retângulo tem a maior área possível quando os dois vértices estiverem nos pontos de inflexão da curva.

2. Mostre que $|\operatorname{sen} x - \cos x| \leq \sqrt{2}$ para todo x.

3. A função $f(x) = e^{10|x-2|-x^2}$ tem um máximo absoluto? Se sim, encontre-o. E um mínimo absoluto?

4. Mostre que $x^2 y^2 (4 - x^2)(4 - y^2) \leq 16$ para todos os valores positivos de x e y tais que $|x| \leq 2$ e $|y| \leq 2$.

5. Mostre que os pontos de inflexão da curva $y = (\operatorname{sen} x)/x$ estão sobre a curva $y^2(x^4 + 4) = 4$.

6. Encontre o ponto sobre a parábola $y = 1 - x^2$ no qual a reta tangente corta do primeiro quadrante o triângulo com a menor área.

7. Se a, b, c e d são constantes, tais que $\displaystyle\lim_{x \to 0} \frac{ax^2 + \operatorname{sen} bx + \operatorname{sen} cx + \operatorname{sen} dx}{3x^2 + 5x^4 + 7x^6} = 8$, encontre o valor da soma $a + b + c + d$.

8. Calcule $\displaystyle\lim_{x \to \infty} \frac{(x+2)^{1/x} - x^{1/x}}{(x+3)^{1/x} - x^{1/x}}$.

9. Encontre o ponto mais alto e o mais baixo sobre a curva $x^2 + xy + y^2 = 12$.

10. Mostre que, se f é uma função diferenciável que satisfaz
$$\frac{f(x+n) - f(x)}{n} = f'(x)$$
para todos os números reais x e todos os números inteiros positivos n, então f é uma função linear.

11. Se $P(a, a^2)$ for qualquer ponto na parábola $y = x^2$, exceto a origem, seja Q o ponto em que a reta normal em P intercepta a parábola novamente (veja a figura).
    (a) Mostre que a coordenada y de Q é menor quando $a = 1/\sqrt{2}$.
    (b) Mostre que o segmento de reta PQ tem o comprimento mais curto possível quando $a = 1/\sqrt{2}$.

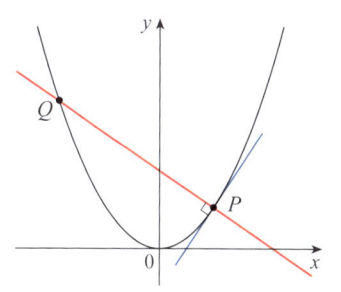

FIGURA PARA O PROBLEMA 11

12. Para quais valores de c a curva $y = cx^3 + e^x$ tem pontos de inflexão?

13. Um triângulo isósceles é circunscrito em uma circunferência unitária de modo que seus lados iguais se encontram no ponto $(0, a)$ sobre o eixo y (veja a figura). Encontre o valor de a que minimiza o comprimento dos lados iguais. (Você pode se surpreender com o fato de que o resultado não dá um triângulo equilátero.)

14. Esboce a região do plano que consiste em todos os pontos (x, y) tais que
$$2xy \leq |x - y| \leq x^2 + y^2$$

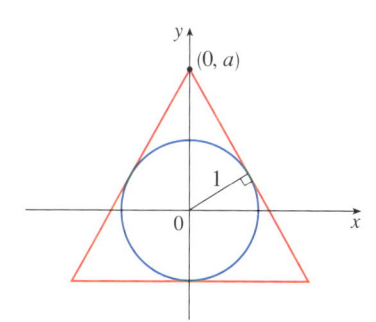

FIGURA PARA O PROBLEMA 13

15. A reta $y = mx + b$ intercepta a parábola $y = x^2$ nos pontos A e B (veja a figura). Encontre o ponto P sobre o arco AOB da parábola que maximize a área do triângulo PAB.

16. $ABCD$ é um pedaço de papel quadrado de lado 1 m. Um quarto de círculo é traçado de B a D com centro em A. O papel é dobrado ao longo de EF, com E em AB e F em AD, de modo que A caia sobre o quarto de círculo. Determine a área máxima e a mínima que o triângulo AEF pode ter.

17. Para quais números positivos a a curva $y = a^x$ intercepta a reta $y = x$?

18. Para quais valores de a a equação a seguir é válida?
$$\lim_{x \to \infty} \left(\frac{x+a}{x-a} \right)^x = e$$

19. Seja $f(x) = a_1 \operatorname{sen} x + a_2 \operatorname{sen} 2x + \cdots + a_n \operatorname{sen} nx$, onde $a_1, a_2, \ldots, a_n$ são números reais e n é um inteiro positivo. Se for dado que $|f(x)| \leq |\operatorname{sen} x|$ para todo x, mostre que
$$|a_1 + 2a_2 + \cdots + na_n| \leq 1$$

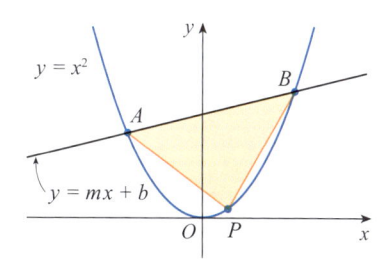

FIGURA PARA O PROBLEMA 15

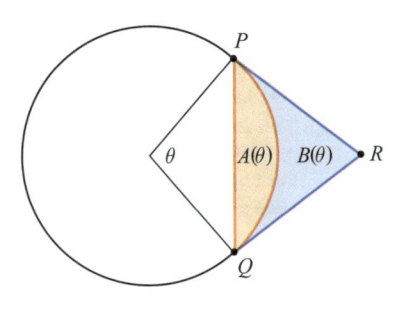

FIGURA PARA O PROBLEMA 20

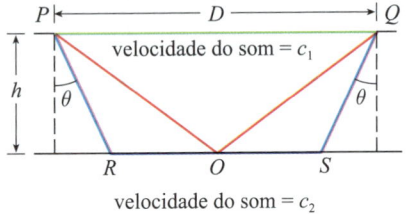

FIGURA PARA O PROBLEMA 21

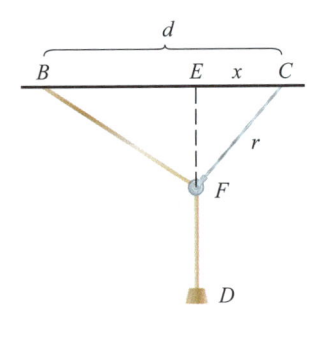

FIGURA PARA O PROBLEMA 23

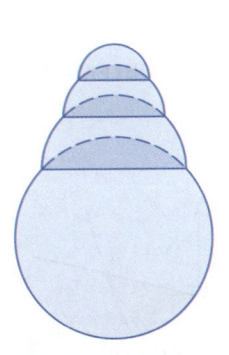

FIGURA PARA O PROBLEMA 26

20. Um arco de círculo PQ subtende um ângulo central θ como na figura. Seja $A(\theta)$ a área entre a corda PQ e o arco PQ. Seja $B(\theta)$ a área entre as retas tangentes PR, QR e o arco. Encontre

$$\lim_{\theta \to 0^+} \frac{A(\theta)}{B(\theta)}$$

21. As velocidades do som c_1 em uma camada superior e c_2 em uma camada inferior de rocha e a espessura h da camada superior podem ser determinadas pela exploração sísmica se a velocidade do som na camada inferior for maior que a velocidade do som na camada superior. Uma carga de dinamite é detonada em um ponto P e os sinais transmitidos são registrados em um ponto Q, o qual está a uma distância D de P. O primeiro sinal a chegar a Q viaja ao longo da superfície e leva T_1 segundos. O próximo sinal viaja do ponto P ao ponto R, do ponto R para o ponto S na camada inferior e daí para o ponto Q e leva T_2 segundos para fazer este percurso todo. O terceiro sinal é refletido na camada inferior no ponto médio O de RS e leva T_3 segundos para chegar em Q. (Veja a Figura.)
    (a) Expresse T_1, T_2 e T_3 em termos de D, h, c_1, c_2 e θ.
    (b) Mostre que T_2 assume o seu valor mínimo em sen $\theta = c_1/c_2$.
    (c) Suponha que $D = 1$ km, $T_1 = 0{,}26$ s, $T_2 = 0{,}32$ s e $T_3 = 0{,}34$ s. Encontre c_1, c_2 e h.

    Observação: Os geofísicos usam essa técnica para estudar a estrutura da crosta terrestre, quando fazem prospecção de petróleo ou examinam falhas na estrutura do terreno.

22. Para quais valores de c existe uma reta que intercepta a curva
$$y = x^4 + cx^3 + 12x^2 - 5x + 2$$
em quatro pontos distintos?

23. Um dos problemas propostos pelo marquês de l'Hôpital em seu livro de cálculo *Analyse des infiniment petits* está relacionado a uma polia presa ao teto de um quarto no ponto C por uma corda de comprimento r. Em outro ponto B no teto, a uma distância d de C (onde $d > r$), a corda de comprimento ℓ é amarrada passando pela polia em um ponto F e tendo preso a si um peso W. O peso é solto e encontra sua posição de equilíbrio em D. (Veja a figura.) Como l'Hôpital argumentou, isso ocorre quando a distância $|ED|$ é maximizada. Mostre que, quando o sistema alcança o equilíbrio, o valor de x é

$$\frac{r}{4d}\left(r + \sqrt{r^2 + 8d^2}\right)$$

Observe que essa expressão independe de W e ℓ.

24. Dada uma esfera de raio r, encontre a altura da pirâmide de menor volume cuja base é quadrada e cuja base e faces triangulares são todas tangentes à esfera. E se a base da pirâmide fosse um polígono com n lados e ângulos iguais? (Use o fato de que o volume da pirâmide é $\frac{1}{3}Ah$, onde A é a área da sua base.)

25. Suponha que uma bola de neve derreta de maneira que seu volume decresce a uma taxa proporcional à área de sua superfície. Se levar três horas para a bola de neve derreter para a metade de seu volume original, quanto demorará para a bola de neve derreter completamente?

26. Uma bolha hemisférica é colocada sobre uma bolha esférica de raio 1. Uma bolha hemisférica menor é então colocada sobre a primeira bolha. O processo continua até que sejam formados n compartimentos, incluindo a esfera. (A figura mostra o caso para $n = 4$.) Use a indução matemática para demonstrar que a altura máxima de qualquer torre de bolhas com n compartimentos é dada pela expressão $1 + \sqrt{n}$.

No Exercício 5.4.83, veremos como combinar dados de consumo de potência elétrica com uma integral para calcular a quantidade total de energia elétrica consumida em um dia típico, nos estados da região da Nova Inglaterra, nos EUA.

ixpert / Shutterstock.com

5 | Integrais

NO CAPÍTULO 2 USAMOS os problemas de tangente e de velocidade para introduzir a derivada. Neste capítulo, usamos os problemas de área e de distância para introduzir a outra ideia central do cálculo – a integral. A importantíssima relação entre a derivada e a integral é expressa pelo Teorema Fundamental do Cálculo, que diz que a diferenciação e a integração são, de certo modo, processos inversos. Aprenderemos neste capítulo, bem como nos Capítulos 6 e 8, como a integração pode ser usada para resolver problemas que envolvam volumes, comprimento de curvas, previsões populacionais, débito cardíaco, forças em uma barragem, trabalho, excedente do consumidor e beisebol, entre várias outras aplicações.

5.1 Os Problemas de Áreas e Distâncias

Agora é um bom momento para ler (ou reler) *Uma Apresentação do Cálculo*, em que são discutidas as ideias unificadoras do cálculo, e a seção ajuda a colocar em perspectiva de onde saímos e para onde iremos.

Nesta seção vamos descobrir que, na tentativa de encontrar a área sob uma curva ou a distância percorrida por um carro, encontramos o mesmo tipo especial de limite.

■ O Problema da Área

Nós começamos tentando resolver o *problema da área*: encontre a área da região S que está sob a curva $y = f(x)$ de a até b. Isso significa que S, ilustrada na Figura 1, está limitada pelo gráfico de uma função contínua f [onde $f(x) \geq 0$], pelas retas verticais $x = a$ e $x = b$ e pelo eixo x.

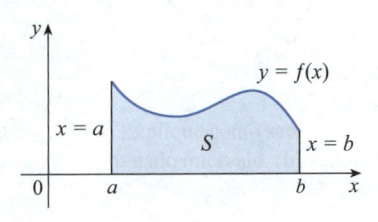

Ao tentarmos resolver o problema da área, devemos nos perguntar: qual é o significado da palavra *área*? Essa questão é fácil de ser respondida para regiões com lados retos. Para um retângulo, a área é definida como o produto do comprimento e da largura. A área de um triângulo é a metade da base vezes a altura. A área de um polígono pode ser encontrada dividindo-o em triângulos (como na Figura 2) e a seguir somando-se as áreas dos triângulos.

FIGURA 1
$S = \{(x, y) \mid a \leq x \leq b, 0 \leq y \leq f(x)\}$

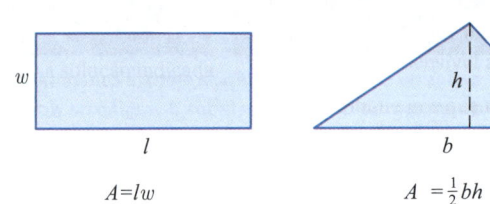

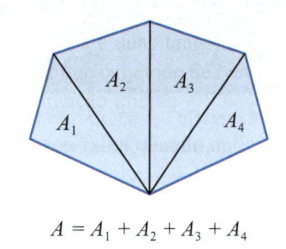

FIGURA 2

$A = lw$ $\quad A = \frac{1}{2}bh \quad$ $A = A_1 + A_2 + A_3 + A_4$

Não é tão fácil, no entanto, encontrar a área de uma região com lados curvos. Temos uma ideia intuitiva de qual é a área de uma região. Mas parte do problema da área é tornar precisa essa ideia intuitiva, dando uma definição exata de área.

Lembre-se de que, ao definir uma tangente, primeiro aproximamos a inclinação da reta tangente por inclinações de retas secantes e, então, tomamos o limite dessas aproximações. Uma ideia similar será usada aqui para as áreas. Em primeiro lugar, aproximamos a região S utilizando retângulos e depois tomamos o limite das soma das áreas dos retângulos aproximantes à medida que aumentamos o número de retângulos. Os exemplos a seguir ilustram esse procedimento.

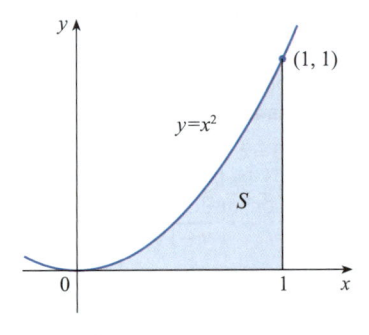

EXEMPLO 1 Use retângulos para estimar a área sob a parábola $y = x^2$ de 0 até 1 (a região parabólica S ilustrada na Figura 3).

SOLUÇÃO Observamos primeiro que a área de S deve estar em algum lugar entre 0 e 1, pois S está contida em um quadrado com lados de comprimento 1, mas certamente podemos fazer melhor que isso. Suponha que S seja dividida em quatro faixas S_1, S_2, S_3 e S_4, traçando as retas verticais $x = \frac{1}{4}$, $x = \frac{1}{2}$ e $x = \frac{3}{4}$, como na Figura 4(a).

FIGURA 3

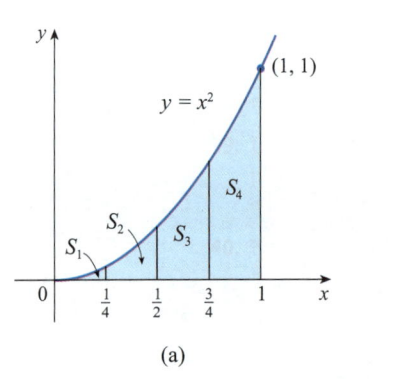

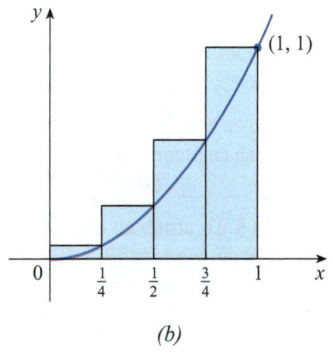

FIGURA 4

(a) $\qquad\qquad$ (b)

Podemos aproximar cada faixa por um retângulo com base igual à largura da faixa e altura igual ao lado direito da faixa [veja a Figura 4(b)]. Em outras palavras, as alturas desses retângulos são os valores da função $f(x) = x^2$ nas extremidades *direitas* dos subintervalos $\left[0, \frac{1}{4}\right]$, $\left[\frac{1}{4}, \frac{1}{2}\right]$, $\left[\frac{1}{2}, \frac{3}{4}\right]$ e $\left[\frac{3}{4}, 1\right]$.

Cada retângulo tem largura de $\frac{1}{4}$ e altura de $\left(\frac{1}{4}\right)^2$, $\left(\frac{1}{2}\right)^2$, $\left(\frac{3}{4}\right)^2$ e 1^2. Se R_4 for a soma das áreas desses retângulos aproximantes, teremos

$$R_4 = \tfrac{1}{4} \cdot \left(\tfrac{1}{4}\right)^2 + \tfrac{1}{4} \cdot \left(\tfrac{1}{2}\right)^2 + \tfrac{1}{4} \cdot \left(\tfrac{3}{4}\right)^2 + \tfrac{1}{4} \cdot 1^2 = \tfrac{15}{32} = 0,46875$$

Da Figura 4(b) vemos que a área A de S é menor que R_4, logo

$$A < 0,46875$$

Em vez de usarmos os retângulos na Figura 4(b), poderíamos usar os retângulos menores na Figura 5, cujas alturas seguem os valores de f nas extremidades *esquerdas* dos subintervalos. (O retângulo mais à esquerda desapareceu, pois sua altura é 0.) A soma das áreas desses retângulos aproximantes é

$$L_4 = \tfrac{1}{4} \cdot 0^2 + \tfrac{1}{4} \cdot \left(\tfrac{1}{4}\right)^2 + \tfrac{1}{4} \cdot \left(\tfrac{1}{2}\right)^2 + \tfrac{1}{4} \cdot \left(\tfrac{3}{4}\right)^2 = \tfrac{7}{32} = 0,21875$$

Vemos que a área de S é maior que L_4 e, então, temos estimativas inferior e superior para A:

$$0,21875 < A < 0,46875$$

Podemos repetir esse procedimento com um número maior de faixas. A Figura 6 mostra o que acontece quando dividimos a região S em oito faixas com a mesma largura.

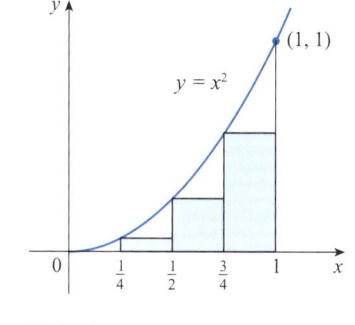

FIGURA 5

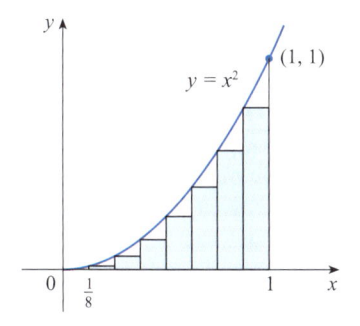

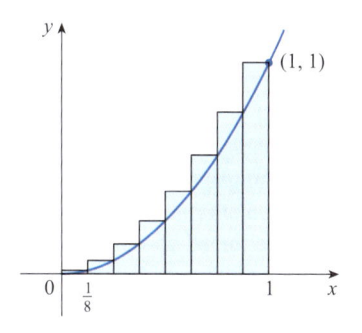

(a) Usando as extremidades esquerdas (b) Usando as extremidades direitas

FIGURA 6
Aproximando S por 8 retângulos

Calculando a soma das áreas dos retângulos menores (L_8) e a soma das áreas dos retângulos maiores (R_8), obtemos estimativas inferior e superior melhores para A:

$$0,2734375 < A < 0,3984375.$$

Assim, uma resposta possível para a questão é dizer que a verdadeira área de S está em algum lugar entre 0,2734375 e 0,3984375.

Podemos obter melhores estimativas aumentando o número de faixas. A tabela na lateral mostra os resultados de cálculos similares (com um computador) usando n retângulos cujas alturas são encontradas com as extremidades esquerdas (L_n) ou com as extremidades direitas (R_n). Em particular, vemos que usando 50 faixas a área está entre 0,3234 e 0,3434. Com 1.000 faixas conseguimos estreitar a desigualdade ainda mais: A está entre 0,3328335 e 0,3338335. Uma boa estimativa é obtida fazendo-se a média aritmética desses números: $A \approx 0,3333335$.

n	L_n	R_n
10	0,2850000	0,3850000
20	0,3087500	0,3587500
30	0,3168519	0,3501852
50	0,3234000	0,3434000
100	0,3283500	0,3383500
1.000	0,3328335	0,3338335

Dos valores listados na tabela, parece que R_n aproxima-se de $\frac{1}{3}$ à medida que aumentamos n. Confirmamos isso no próximo exemplo.

EXEMPLO 2 Para a região S do Exemplo 1, mostre que as somas aproximantes, R_n tendem a $\frac{1}{3}$, isto é,

$$\lim_{n \to \infty} R_n = \tfrac{1}{3}$$

SOLUÇÃO R_n é a soma das áreas dos n retângulos na Figura 7. Cada retângulo tem uma largura $1/n$, e as alturas são os valores da função $f(x) = x^2$ nos pontos $1/n, 2/n, 3/n, \ldots, n/n$; isto é, as alturas são $(1/n)^2, (2/n)^2, (3/n)^2, \ldots, (n/n)^2$. Logo,

$$R_n = \frac{1}{n} f\left(\frac{1}{n}\right) + \frac{1}{n} f\left(\frac{2}{n}\right) + \frac{1}{n} f\left(\frac{3}{n}\right) + \cdots + \frac{1}{n} f\left(\frac{n}{n}\right)$$

$$= \frac{1}{n}\left(\frac{1}{n}\right)^2 + \frac{1}{n}\left(\frac{2}{n}\right)^2 + \frac{1}{n}\left(\frac{3}{n}\right)^2 + \cdots + \frac{1}{n}\left(\frac{n}{n}\right)^2$$

$$= \frac{1}{n} \cdot \frac{1}{n^2}(1^2 + 2^2 + 3^2 + \cdots + n^2)$$

$$= \frac{1}{n^3}(1^2 + 2^2 + 3^2 + \cdots + n^2)$$

Utilizamos aqui a fórmula para a soma dos quadrados dos n primeiros inteiros positivos:

$$\boxed{1} \qquad 1^2 + 2^2 + 3^2 + \cdots + n^2 = \frac{n(n+1)(2n+1)}{6}$$

Talvez você já tenha visto essa fórmula antes. Ela está demonstrada no Exemplo 5 no Apêndice E.

Colocando a Fórmula 1 na nossa expressão para R_n, temos

$$R_n = \frac{1}{n^3} \cdot \frac{n(n+1)(2n+1)}{6} = \frac{(n+1)(2n+1)}{6n^2}$$

Então, temos

$$\lim_{n \to \infty} R_n = \lim_{n \to \infty} \frac{(n+1)(2n+1)}{6n^2}$$

$$= \lim_{n \to \infty} \frac{1}{6}\left(\frac{n+1}{n}\right)\left(\frac{2n+1}{n}\right)$$

$$= \lim_{n \to \infty} \frac{1}{6}\left(1 + \frac{1}{n}\right)\left(2 + \frac{1}{n}\right)$$

$$= \frac{1}{6} \cdot 1 \cdot 2 = \frac{1}{3}$$

∎

Pode ser mostrado que as somas aproximantes L_n no Exemplo 2 também tendem a $\frac{1}{3}$, isto é,

$$\lim_{n \to \infty} L_n = \tfrac{1}{3}$$

Das Figuras 8 e 9, parece que, conforme n aumenta, ambos, L_n e R_n, tornam-se aproximações cada vez melhores da área de S. Portanto, *definimos* a área A como o limite das somas das áreas desses retângulos aproximantes, isto é,

$$A = \lim_{n \to \infty} R_n = \lim_{n \to \infty} L_n = \tfrac{1}{3}$$

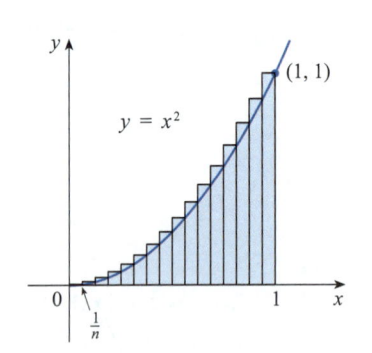

FIGURA 7

Estamos calculando aqui o limite da sequência $\{R_n\}$. Sequências e seus limites serão estudados em detalhes na Seção 11.1. A ideia é bastante similar ao limite no infinito (Seção 2.6), exceto que ao escrever $\lim_{n \to \infty}$ nós restringimos n a ser um número inteiro positivo. Em particular, sabemos que

$$\lim_{n \to \infty} \frac{1}{n} = 0$$

Quando escrevemos $\lim_{n \to \infty} R_n = \frac{1}{3}$, queremos dizer que podemos fazer que R_n seja o mais próximo de $\frac{1}{3}$ que desejamos ao tornar n suficientemente grande.

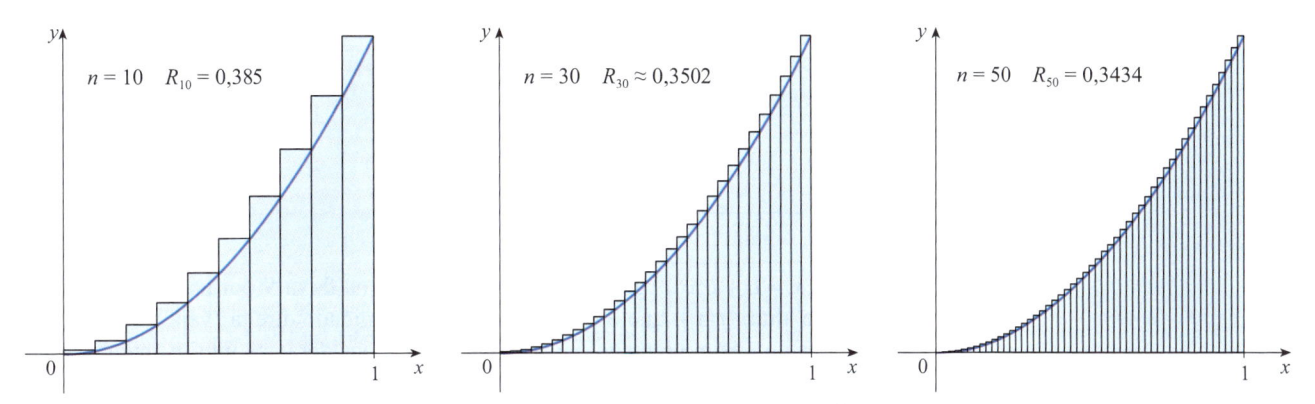

FIGURA 8 As extremidades da direita produzem estimativas superiores porque $f(x) = x^2$ é crescente

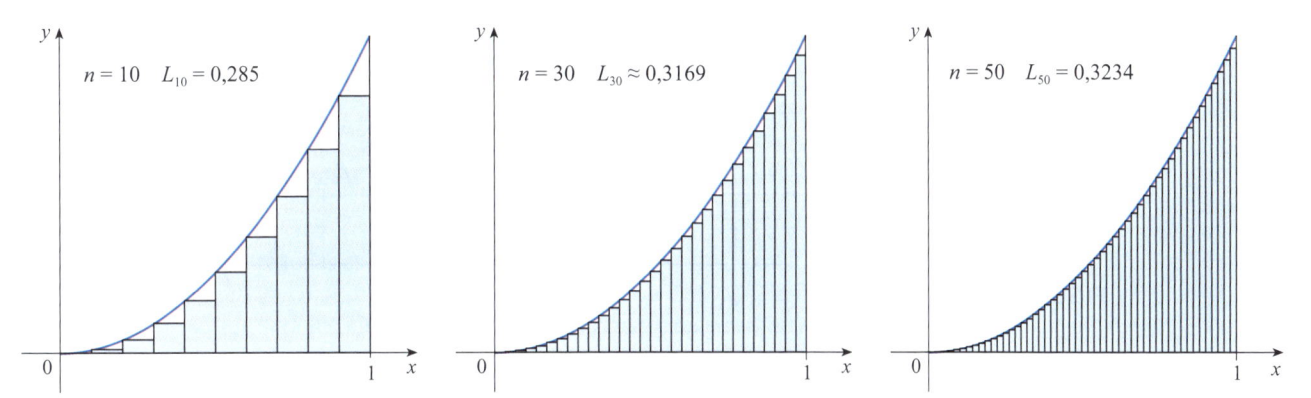

FIGURA 9 As extremidades da esquerda produzem estimativas inferiores porque $f(x) = x^2$ é crescente

Vamos aplicar a ideia dos Exemplos 1 e 2 na região mais geral S da Figura 1. Começamos por subdividir S em n faixas $S_1, S_2, \ldots, S_n$ de igual largura, como na Figura 10.

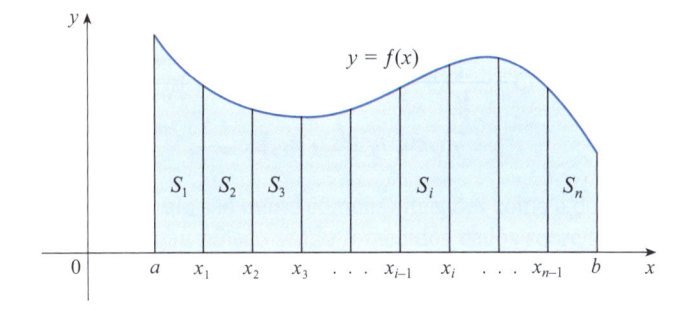

FIGURA 10

A largura do intervalo $[a, b]$ é $b - a$; assim, a largura de cada uma das n faixas é

$$\Delta x = \frac{b-a}{n}$$

Essas faixas dividem o intervalo $[a, b]$ em n subintervalos

$$[x_0, x_1], \quad [x_1, x_2], \quad [x_2, x_3], \quad \ldots, \quad [x_{n-1}, x_n]$$

onde $x_0 = a$ e $x_n = b$. As extremidades direitas dos subintervalos são

$$x_1 = a + \Delta x,$$
$$x_2 = a + 2\Delta x,$$
$$x_3 = a + 3\Delta x,$$
$$\vdots$$

e, em geral, $x_i = a + i\,\Delta x$. Agora, aproximemos a i-ésima faixa S_i por um retângulo com largura Δx e altura $f(x_i)$, que é o valor de f na extremidade direita (veja a Figura 11). Então, a área do i-ésimo retângulo é $f(x_i)\,\Delta x$. O que consideramos intuitivamente como a área de S é aproximado pela soma das áreas desses retângulos, que é

$$R_n = f(x_1)\,\Delta x + f(x_2)\,\Delta x + \cdots + f(x_n)\,\Delta x$$

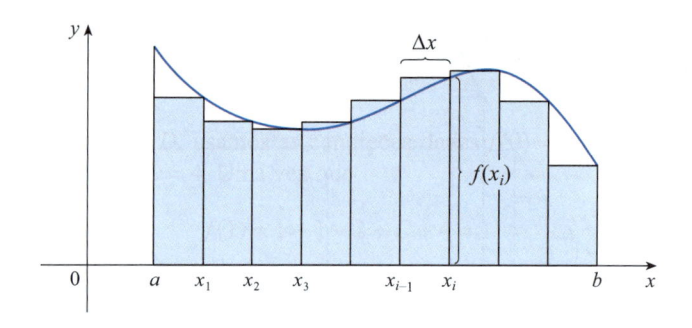

FIGURA 11

A Figura 12 mostra a aproximação para $n = 2, 4, 8$ e 12. Observe que essa aproximação parece tornar-se cada vez melhor à medida que aumentamos o número de faixas, isto é, quando $n \to \infty$. Portanto, vamos definir a área A da região S da seguinte forma.

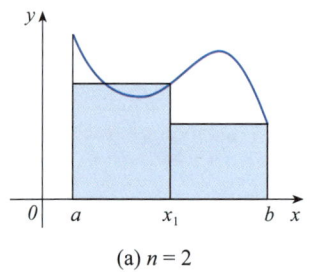

(a) $n = 2$ (b) $n = 4$ (c) $n = 8$ (d) $n = 12$

FIGURA 12

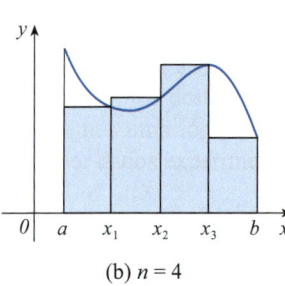

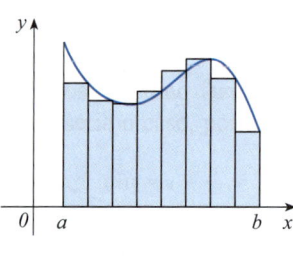

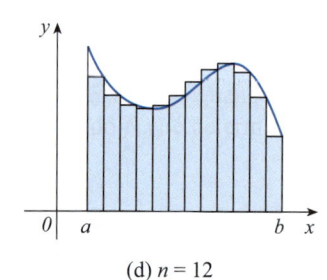

> **2 Definição** A **área** A da região S que está sob o gráfico de uma função contínua é o limite da soma das áreas dos retângulos aproximantes:
>
> $$A = \lim_{n \to \infty} R_n = \lim_{n \to \infty} \left[f(x_1)\,\Delta x + f(x_2)\,\Delta x + \cdots + f(x_n)\,\Delta x \right]$$

Pode ser demonstrado que o limite na Definição 2 sempre existe, uma vez que estamos supondo que f seja contínua. Pode também ser demonstrado que obteremos o mesmo valor se usarmos extremidades esquerdas:

3
$$A = \lim_{n \to \infty} L_n = \lim_{n \to \infty} \left[f(x_0)\,\Delta x + f(x_1)\,\Delta x + \cdots + f(x_{n-1})\,\Delta x \right]$$

De fato, em vez de usarmos as extremidades da esquerda ou da direita, podemos tomar a altura do i-ésimo retângulo como o valor de f em *qualquer* número x_i^* no i-ésimo subintervalo $[x_{i-1}, x_i]$. Chamamos os números $x_1^*, x_2^*, \ldots, x_n^*$ de **pontos amostrais**. A Figura 13 mostra os retângulos aproximantes quando os pontos amostrais não foram escolhidos como as extremidades. Logo, uma expressão mais geral para a área S é

$$\boxed{4} \quad A = \lim_{n \to \infty} [f(x_1^*)\Delta x + f(x_2^*)\Delta x + \cdots + f(x_n^*)\Delta x]$$

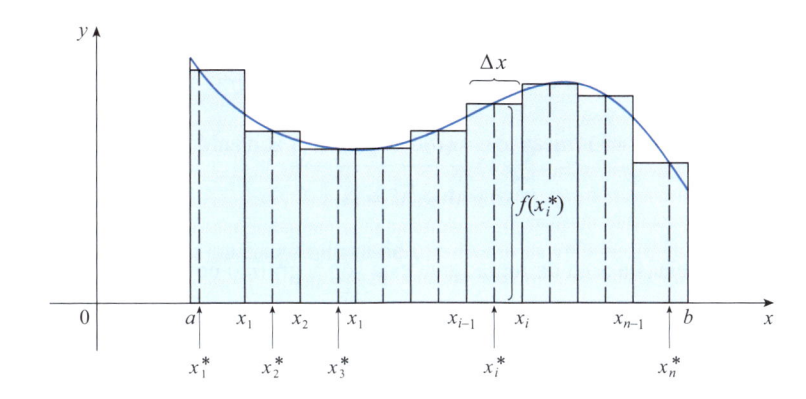

FIGURA 13

OBSERVAÇÃO Para aproximar a área sob o gráfico de f, podemos formar as **somas inferiores** (ou as **somas superiores**) escolhendo pontos amostrais x_i^* de modo que $f(x_i^*)$ seja o valor mínimo (ou máximo) de f no i-ésimo subintervalo (veja a Figura 14). [Uma vez que f é contínua, sabemos, pelo Teorema do Valor Extremo, que existe um valor mínimo e um valor máximo de f em cada subintervalo.] Pode-se demonstrar que uma definição equivalente para a área seria: *A é o único número que é menor que todas as somas superiores e maior que todas as somas inferiores.*

(a) Somas inferiores   (b) Somas superiores   (c) Somas superiores e inferiores

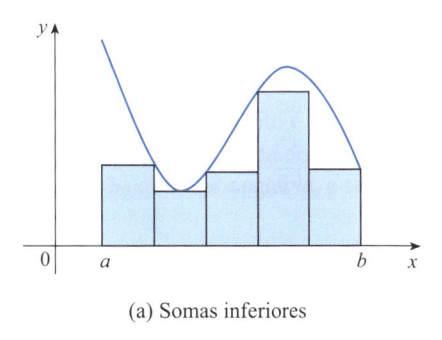

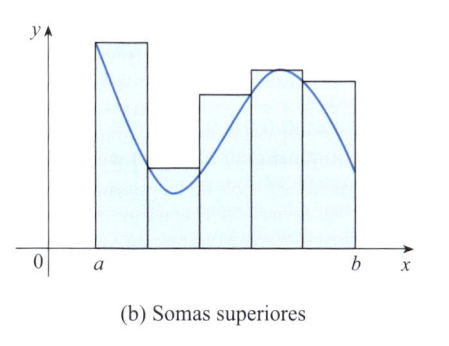

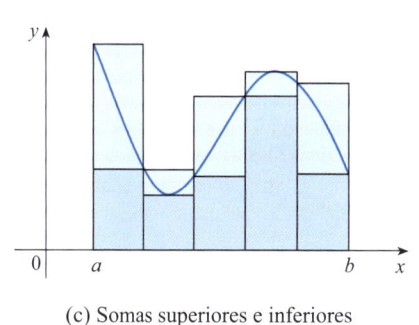

FIGURA 14

Como vimos nos Exemplos 1 e 2, a área $\left(A = \frac{1}{3}\right)$ está confinada entre as somas aproximantes pela esquerda, L_n, e as somas aproximantes pela direita, R_n. Nesses exemplos, a função $f(x) = x^2$ coincidiu de ser crescente em $[0, 1]$, de modo que as somas inferiores foram calculadas com base nas extremidades esquerdas e as somas superiores com base nas extremidades direitas dos intervalos. (Veja as Figuras 8 e 9.)

Frequentemente usamos a **notação de somatório** (notação sigma) para escrever somas de muitos termos de maneira mais compacta. Por exemplo,

$$\sum_{i=1}^{n} f(x_i)\Delta x = f(x_1)\Delta x + f(x_2)\Delta x + \cdots + f(x_n)\Delta x$$

Isso nos diz para parar quando $i = n$.
Isso nos diz para somar. $\sum_{i=m}^{n} f(x_i)\Delta x$
Isso nos diz para começar com $i = m$.

Se você precisar de prática com a notação de n somatório, olhe os exemplos e tente alguns dos exercícios do Apêndice E.

Assim, as expressões para a área nas Equações 2, 3 e 4 podem ser escritas da seguinte forma:

$$A = \lim_{n\to\infty} \sum_{i=1}^{n} f(x_i)\Delta x$$

$$A = \lim_{n\to\infty} \sum_{i=1}^{n} f(x_{i-1})\Delta x$$

$$A = \lim_{n\to\infty} \sum_{i=1}^{n} f(x_{i-1}^*)\Delta x$$

Também podemos reescrever a Fórmula 1 da seguinte maneira:

$$\sum_{i=1}^{n} i^2 = \frac{n(n+1)(2n+1)}{6}$$

EXEMPLO 3 Seja A a área da região que está sob o gráfico de $f(x) = e^{-x}$ entre $x = 0$ e $x = 2$.

(a) Usando as extremidades direitas, encontre uma expressão para A como um limite. Não calcule o limite.

(b) Estime a área tomando como pontos amostrais os pontos médios e usando quatro e depois dez subintervalos.

SOLUÇÃO

(a) Uma vez que $a = 0$ e $b = 2$, a largura de um subintervalo é

$$\Delta x = \frac{2-0}{n} = \frac{2}{n}$$

Portanto, $x_1 = 2/n$, $x_2 = 4/n$, $x_3 = 6/n$, $x_i = 2i/n$ e $x_n = 2n/n$. A soma das áreas dos retângulos aproximantes é

$$\begin{aligned} R_n &= f(x_1)\Delta x + f(x_2)\Delta x + \cdots + f(x_n)\Delta x \\ &= e^{-x_1}\Delta x + e^{-x_2}\Delta x + \cdots + e^{-x_n}\Delta x \\ &= e^{-2/n}\left(\frac{2}{n}\right) + e^{-4/n}\left(\frac{2}{n}\right) + \cdots + e^{-2n/n}\left(\frac{2}{n}\right) \end{aligned}$$

De acordo com a Definição 2, a área é

$$A = \lim_{n\to\infty} R_n = \lim_{n\to\infty} \frac{2}{n}(e^{-2/n} + e^{-4/n} + e^{-6/n} + \cdots + e^{-2n/n})$$

Usando a notação de somatório podemos escrever

$$A = \lim_{n\to\infty} \frac{2}{n} \sum_{i=1}^{n} e^{-2i/n}$$

É difícil calcular esse limite diretamente à mão, mas com a ajuda de um SCA isso não é tão complicado (veja o Exercício 32). Na Seção 5.3 seremos capazes de encontrar A mais facilmente usando um método diferente.

(b) Com $n = 4$, os subintervalos com mesma largura $\Delta x = 0{,}5$ são [0; 0,5], [0,5; 1], [1; 1,5] e [1,5; 2]. Os pontos médios desses intervalos são $x_1^* = 0{,}25$, $x_2^* = 0{,}75$, $x_3^* = 1{,}25$ e $x_4^* = 1{,}75$, e a soma M_4 das áreas dos quatro retângulos aproximantes (veja a Figura 15) é

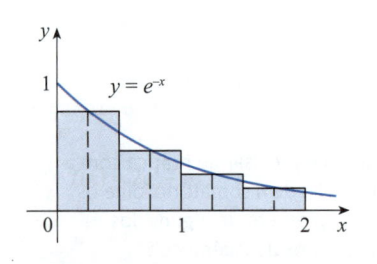

FIGURA 15

$$M_4 = \sum_{i=1}^{4} f(x_i^*)\Delta x$$
$$= f(0,25)\Delta x + f(0,75)\Delta x + f(1,25)\Delta x + f(1,75)\Delta x$$
$$= e^{-0,25}(0,5) + e^{-0,75}(0,5) + e^{-1,25}(0,5) + e^{-1,75}(0,5)$$
$$= 0,5(e^{-0,25} + e^{-0,75} + e^{-1,25} + e^{-1,75}) \approx 0,8557$$

Logo, uma estimativa para a área é

$$A \approx 0,8557$$

Com $n = 10$, os subintervalos são [0; 0,2], [0,2; 0,4], ... [1,8; 2] e os pontos médios são $x_1^* = 0,1$, $x_2^* = 0,3$, $x_3^* = 0,5$, ..., $x_{10}^* = 1,9$. Assim,

$$A \approx M_{10} = f(0,1)\Delta x + f(0,3)\Delta x + f(0,5)\Delta x + \cdots + f(1,9)\Delta x$$
$$= 0,2(e^{-0,1} + e^{-0,3} + e^{-0,5} + \cdots + e^{-1,9}) \approx 0,8632$$

Da Figura 16 parece que essa estimativa é melhor que a estimativa com $n = 4$. ■

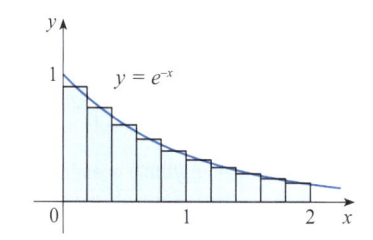

FIGURA 16

■ O Problema da Distância

Na Seção 2.1, abordamos o *problema da velocidade*: determinar a velocidade com que um objeto se move, em determinado instante, supondo que a distância percorrida pelo objeto (a partir de um ponto inicial) é conhecida o tempo todo. Consideremos agora o *problema da distância*: determinar a distância percorrida por um objeto durante determinado intervalo de tempo, supondo que sua velocidade é conhecida o tempo todo. (De certa forma esse é o problema inverso ao problema da velocidade.) Se a velocidade permanece constante, então o problema de distância é fácil de resolver por meio da fórmula

$$\text{distância} = \text{velocidade} \times \text{tempo}$$

Mas se a velocidade variar, não é tão fácil determinar a distância percorrida. Vamos investigar o problema no exemplo a seguir.

EXEMPLO 4 Suponha que queiramos estimar a distância percorrida por um carro durante um intervalo de tempo de 30 segundos. A cada 5 segundos registramos a leitura do velocímetro na seguinte tabela:

Tempo (s)	0	5	10	15	20	25	30
Velocidade (km/h)	27	34	39	47	51	50	45

Para termos o tempo e a velocidade em unidades consistentes, vamos converter a velocidade em metros por segundo (1 km/h = 1.000/3.600 m/s):

Tempo (s)	0	5	10	15	20	25	30
Velocidade (m/s)	7,5	9,4	10,8	13,1	14,2	13,9	12,5

Durante os cinco primeiros segundos a velocidade não varia muito, logo, podemos estimar a distância percorrida durante esse tempo supondo que a velocidade seja constante. Se tomarmos a velocidade durante aquele intervalo de tempo como a velocidade inicial (7,5 m/s), então obteremos aproximadamente a distância percorrida durante os cinco primeiros segundos:

$$7,5 \text{ m/s} \times 5 \text{ s} = 37,5 \text{ m}$$

Analogamente, durante o segundo intervalo de tempo a velocidade é aproximadamente constante, e vamos considerá-la como sendo registrada quando $t = 5$ s. Assim, nossa estimativa para a distância percorrida de $t = 5$ s até $t = 10$ s é

$$9,4 \text{ m/s} \times 5 \text{ s} = 47 \text{ m}$$

Adicionando estimativas similares para os outros intervalos de tempo, obtemos uma estimativa para a distância total percorrida:

$$(7,5 \times 5) + (9,4 \times 5) + (10,8 \times 5) + (13,1 \times 5) + (14,2 \times 5) + (13,9 \times 5) = 344,5 \text{ m}$$

Podemos, da mesma forma, usar a velocidade no *fim* de cada intervalo de tempo em vez de no começo como a suposta velocidade constante. Então, nossa estimativa se torna

$$(9,4 \times 5) + (10,8 \times 5) + (13,1 \times 5) + (14,2 \times 5) + (13,9 \times 5) + (12,5 \times 5) = 369,5 \text{ m}$$

Tracemos, agora, um gráfico aproximado da função velocidade do carro, juntamente com retângulos cujas alturas são as velocidades iniciais de cada intervalo de tempo [veja a Figura 17(a)]. A área do primeiro retângulo é $7,5 \times 5 = 37,5$, que é também a nossa estimativa para a distância percorrida nos primeiros cinco segundos. De fato, a área de cada retângulo pode ser interpretada como uma distância, pois a altura representa a velocidade e a largura representa o tempo. A soma das áreas dos retângulos na Figura 17(a) é $L_6 = 344,5$, que é nossa estimativa inicial para a distância total percorrida.

Se desejamos obter uma estimativa mais precisa, devemos medir as velocidades com uma frequência maior, como ilustrado na Figura 17(b). Observe que, quanto mais frequentemente medimos a velocidade, mais a soma das áreas dos retângulos se aproxima da área exata sob a curva da velocidade [veja a Figura 17(c)]. Isso sugere que a distância total percorrida é igual à área sob o gráfico da velocidade. ∎

Em geral, suponha que o objeto se mova com velocidade $v = f(t)$, em que $a \leq t \leq b$ e $f(t) \geq 0$ (logo, o objeto move-se sempre no sentido positivo). Vamos registrar as velocidades nos instantes $t_0 (= a), t_1, t_2, \ldots, t_n (= b)$, de forma que a velocidade seja aproximadamente constante em cada subintervalo. Se esses tempos forem igualmente espaçados, então entre duas leituras consecutivas temos o período de tempo $\Delta t = (b - a)/n$. Durante o primeiro intervalo de tempo a velocidade é aproximadamente $f(t_0)$ e, portanto, a distância percorrida é de aproximadamente $f(t_0) \Delta t$. Analogamente, a distância percorrida durante o segundo intervalo de tempo é de cerca de $f(t_1) \Delta t$ e a distância total percorrida durante o intervalo de tempo $[a, b]$ é de aproximadamente

$$f(t_0)\Delta t + f(t_1)\Delta t + \cdots + f(t_{n-1})\Delta t = \sum_{i=1}^{n} f(t_{i-1})\Delta t$$

Se usarmos as velocidades nas extremidades direitas em vez de nas extremidades esquerdas, nossa estimativa para a distância total ficará

$$f(t_1)\Delta t + f(t_2)\Delta t + \cdots + f(t_n)\Delta t = \sum_{i=1}^{n} f(t_i)\Delta t$$

Quanto mais frequentemente medirmos a velocidade, mais precisa será nossa estimativa, então parece plausível que a distância *exata d* percorrida seja o *limite* de tais expressões:

[5]
$$d = \lim_{n \to \infty} \sum_{i=1}^{n} f(t_{i-1})\Delta t = \lim_{n \to \infty} \sum_{i=1}^{n} f(t_i)\Delta t$$

Veremos na Seção 5.4 que isso é realmente verdadeiro.

Como a Equação 5 tem a mesma forma que nossas expressões para a área nas Equações 2 e 3, segue que a distância percorrida é igual à área sob o gráfico da função velo-

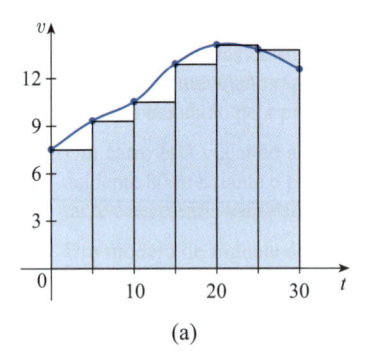

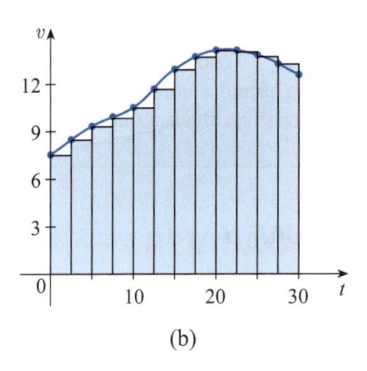

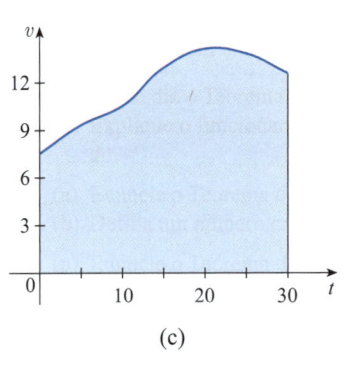

FIGURA 17

cidade. Nos Capítulos 6 e 8 veremos que outras quantidades de interesse nas ciências naturais e sociais – tais como o trabalho realizado por uma força variável ou a saída de sangue do coração – podem também ser interpretadas como a área sob uma curva. Logo, ao calcular áreas neste capítulo, tenha em mente que elas podem ser interpretadas de várias formas práticas.

5.1 | Exercícios

1. (a) Lendo os valores do gráfico dado de f, utilize cinco retângulos para encontrar as estimativas inferior e superior para a área sob o gráfico dado f de $x = 0$ até $x = 10$. Em cada caso, esboce os retângulos que você usar.
   (b) Encontre novas estimativas, usando dez retângulos em cada caso.

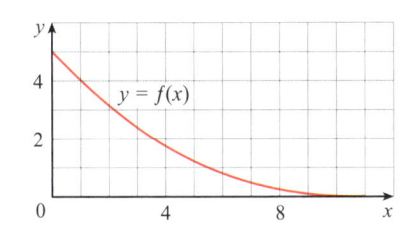

2. (a) Use seis retângulos para achar estimativas de cada tipo para a área sob o gráfico dado de f de $x = 0$ até $x = 12$.
      (i) L_6 (pontos amostrais são extremidades esquerdas)
      (ii) R_6 (pontos amostrais são extremidades direitas)
      (iii) M_6 (pontos amostrais são pontos médios)
   (b) L_6 é uma subestimativa ou superestimativa em relação à área verdadeira?
   (c) R_6 é uma subestimativa ou superestimativa em relação à área verdadeira?
   (d) Entre os números L_6, R_6 ou M_6, qual fornece a melhor estimativa? Explique.

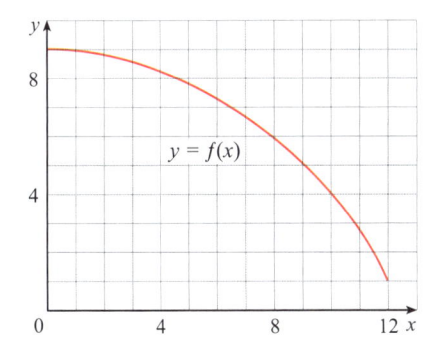

3. (a) Estime a área sob o gráfico $f(x) = 1/x$ de $x = 1$ até $x = 2$ usando quatro retângulos aproximantes e extremidades direitas. Esboce o gráfico e os retângulos. Sua estimativa é uma subestimativa ou uma superestimativa?
   (b) Repita a parte (a) usando extremidades esquerdas.

4. (a) Estime a área sob o gráfico de $f(x) = \operatorname{sen} x$ de $x = 0$ até $x = \pi/2$ usando quatro retângulos aproximantes e extremidades direitas. Esboce o gráfico e os retângulos. Sua estimativa é uma subestimativa ou uma superestimativa?
   (b) Repita a parte (a) usando extremidades esquerdas.

5. (a) Estime a área sob o gráfico $f(x) = 1 + x^2$ de $x = -1$ até $x = 2$ usando três retângulos aproximantes e extremidades direitas. Então, aperfeiçoe sua estimativa utilizando seis retângulos aproximantes. Esboce a curva e os retângulos aproximantes.
   (b) Repita a parte (a) usando extremidades esquerdas.
   (c) Repita a parte (a) empregando pontos médios.
   (d) A partir de seus esboços das partes (a), (b) e (c), qual parece ser a estimativa mais precisa?

6. (a) Faça o gráfico da função
   $$f(x) = e^{x-x^2} \qquad 0 \leq x \leq 2$$
   (b) Estime a área sob o gráfico de f usando quatro retângulos aproximantes e tomando como pontos amostrais (i) as extremidades direitas e (ii) os pontos médios. Em cada caso, esboce a curva e os retângulos.
   (c) Aperfeiçoe suas estimativas da parte (b) usando oito retângulos.

7. Avalie as somas superiores e inferiores para
   $$f(x) = 6 - x^2, \qquad -2 \leq x \leq 2,$$
   com $n = 2, 4$ e 8. Ilustre com diagramas como na Figura 14.

8. Avalie as somas superiores e inferiores para
   $$f(x) = 1 + \cos(x/2) \qquad -\pi \leq x \leq \pi$$
   com $n = 3, 4$ e 6. Ilustre com diagramas como na Figura 14.

9. A velocidade de um corredor aumenta regularmente durante os três primeiros segundos de uma corrida. Sua velocidade em intervalos de meio segundo é dada em uma tabela. Encontre as estimativas superior e inferior para a distância que ele percorreu durante esses três segundos.

t (s)	0	0,5	1,0	1,5	2,0	2,5	3,0
v (m/s)	0	1,9	3,3	4,5	5,5	5,9	6,2

10. A tabela mostra as velocidades registradas a cada 10 segundos, ao longo de um minuto, pelo velocímetro de um carro que participou de uma corrida no Autódromo Internacional de Daytona, na Flórida (EUA).
    (a) Usando a velocidade no início de cada intervalo, estime a distância percorrida pelo carro de corrida nesse período.
    (b) Faça nova estimativa da distância usando a velocidade ao final de cada intervalo.
    (c) Pode-se considerar que uma das estimativas feitas nos itens (a) e (b) seja uma estimativa superior e a outra uma estimativa inferior para a distância? Explique.

Tempo (s)	Velocidade (mi/h)
0	182,9
10	168,0
20	106,6
30	99,8
40	124,5
50	176,1
60	175,6

11. Óleo vaza de um tanque a uma taxa de $r(t)$ litros por hora. A taxa decresce à medida que o tempo passa e os valores da taxa em intervalos de duas horas são mostrados na tabela a seguir. Encontre estimativas superior e inferior para a quantidade total de óleo que vazou.

t (h)	0	2	4	6	8	10
$r(t)$ (L/h)	8,7	7,6	6,8	6,2	5,7	5,3

12. Quando estimamos distâncias a partir dos dados da velocidade, algumas vezes é necessário usar tempos $t_0, t_1, t_2, t_3, \ldots$ que não estão igualmente espaçados. Podemos ainda estimar as distâncias usando os períodos de tempo $\Delta t_i = t_i - t_{i-1}$. Por exemplo, em 1992, o ônibus espacial *Endeavour* foi lançado na missão STS-49, cujo propósito era instalar um novo motor de arranque no satélite de comunicação Intelsat. A tabela, fornecida pela Nasa, mostra os dados da velocidade do ônibus entre o lançamento e a entrada em funcionamento dos foguetes auxiliares. Use esses dados para estimar a altura acima da superfície da Terra do *Endeavour* 62 segundos depois do lançamento.

Evento	Tempo (s)	Velocidade (m/s)
Lançamento	0	0
Começo da manobra de inclinação	10	56
Fim da manobra de inclinação	15	97
Regulador de combustível a 89%	20	136
Regulador de combustível a 67%	32	226
Regulador de combustível a 104%	59	404
Pressão dinâmica máxima	62	440
Separação dos foguetes auxiliares	125	1.265

13. O gráfico da velocidade de um carro freando é mostrado. Use-o para estimar a distância percorrida pelo carro enquanto os freios estão sendo aplicados.

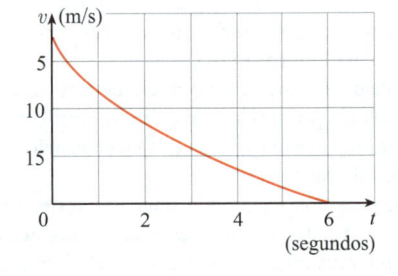

14. O gráfico da velocidade de um carro em aceleração a partir do repouso até uma velocidade de 120 km/h em um período de 30 segundos é mostrado. Estime a distância percorrida durante esse período.

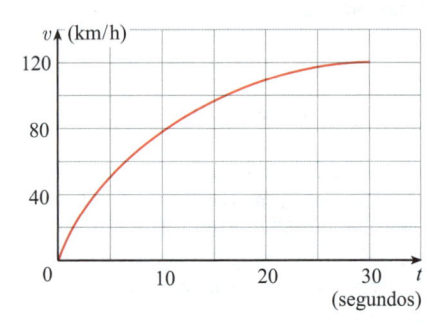

15. Em uma pessoa contaminada com sarampo, o nível de vírus N (medido em número de células infectadas por mL de plasma de sangue) atinge um pico em cerca de $t = 12$ dias (quando aparecem erupções cutâneas) e, então, diminui bem rápido como resultado da resposta imunológica. A área sob o gráfico de $N(t)$ de $t = 0$ a $t = 12$ (como mostrado na figura) é igual à quantidade total de infecção necessária para desenvolver sintomas (medida em densidade de células infectadas × tempo). A função N tem sido modelada pela função

$$f(t) = -t(t-21)(t+1)$$

Use esse modelo com seis subintervalos e seus pontos médios para estimar a quantidade total de infecção necessária para desenvolver os sintomas de sarampo.

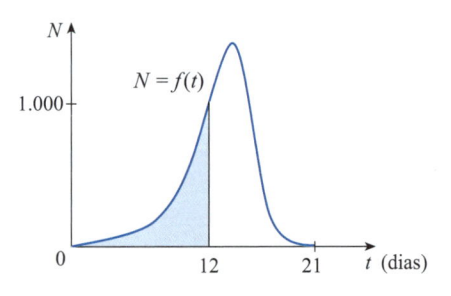

Fonte: J. M. Heffernan et al. An In-Host Model of Acute Infection: Measles as a Case Study *Theoretical Population Biology* 73 (2006): 134-47.

16-19 Use a Definição 2 para achar uma expressão para a área sob o gráfico de f como um limite. Não calcule o limite.

16. $f(x) = x^2 e^x$, $0 \leq x \leq 4$

17. $f(x) = 2 + \text{sen}^2 x$, $0 \leq x \leq \pi$

18. $f(x) = x + \ln x$, $3 \leq x \leq 8$

19. $f(x) = x\sqrt{x^3 + 8}$, $1 \leq x \leq 5$

20-23 Determine uma região cuja área seja igual ao limite dado. Não calcule o limite.

20. $\lim_{n \to \infty} \sum_{i=1}^{n} \frac{1}{n} \left(\frac{i}{n} \right)^3$

21. $\lim_{n \to \infty} \sum_{i=1}^{n} \frac{2}{n} \frac{1}{1+(2i/n)}$

22. $\lim_{n \to \infty} \sum_{i=1}^{n} \frac{3}{n} \sqrt{1 + \frac{3i}{n}}$

23. $\lim_{n\to\infty} \sum_{i=1}^{n} \frac{\pi}{4n} \operatorname{tg} \frac{i\pi}{4n}$

24. (a) Utilize a Definição 2 para encontrar uma expressão para a área sob a curva de $y = x^3$ de 0 a 1 como um limite.
(b) A fórmula a seguir para a soma dos cubos dos primeiros n inteiros está demonstrada no Apêndice E. Use-a para calcular o limite da parte (a).

$$1^3 + 2^3 + 3^3 + \cdots + n^3 = \left[\frac{n(n+1)}{2}\right]^2$$

25. Seja A a área sob o gráfico de uma função contínua crescente f de a até b, e sejam L_n e R_n as aproximações para A com n subintervalos usando extremidades esquerdas e direitas, respectivamente.
(a) Como A, L_n e R_n estão relacionados?
(b) Mostre que

$$R_n - L_n = \frac{b-a}{n}[f(b) - f(a)]$$

Então, desenhe um diagrama para ilustrar essa equação, mostrando que n retângulos representando $R_n - L_n$ podem ser reunidos num único retângulo cuja área é o lado direito da equação.
(c) Deduza que

$$R_n - A < \frac{b-a}{n}[f(b) - f(a)]$$

26. Se A é a área sob a curva $y = e^x$ de 1 a 3, use o Exercício 25 para encontrar um valor de n tal que $R_n - A < 0{,}0001$.

T 27-28 Com uma calculadora programável (ou um computador), é possível calcular as expressões para a soma das áreas de retângulos aproximantes, mesmo para valores grandes de n, usando *laços*. (Numa TI use o comando Is > ou um laço For-EndFor, numa Casio use Isz, numa HP ou no BASIC use um laço FOR-NEXT.) Calcule a soma das áreas dos retângulos aproximantes usando subintervalos iguais e extremidades direitas para $n = 10$, 30, 50 e 100. Então, conjecture o valor exato da área.

27. A região sob $y = x^4$ de 0 até 1.

28. A região sob $y = \cos x$ de 0 até $\pi/2$.

T 29-30 Alguns sistemas de computação algébrica têm comandos que traçam retângulos aproximantes e calculam as somas de suas áreas, pelo menos se x_i^* for uma extremidade esquerda ou direita. (Por exemplo, no Maple use *leftbox*, *rightbox*, *leftsum* e *rightsum*.)

29. Se $f(x) = 1/(x^2 + 1)$, $0 \leq x \leq 1$
(a) Encontre as somas com extremidades esquerdas e com extremidades direitas para $n = 10$, 30 e 50.
(b) Ilustre fazendo o gráfico dos retângulos da parte (a).
(c) Mostre que a área exata sob f está entre 0,780 e 0,791.

30. Se $f(x) = \ln x$, $1 \leq x \leq 4$.
(a) Encontre as somas com extremidades esquerdas e com extremidades direitas para $n = 10$, 30 e 50.
(b) Ilustre fazendo o gráfico dos retângulos da parte (a).
(c) Mostre que a área exata sob f está entre 2,50 e 2,59.

T 31. (a) Expresse a área sob a curva $y = x^5$ de 0 até 2 como um limite.
(b) Use um sistema de computação algébrica para encontrar a soma em sua expressão da parte (a).
(c) Calcule o limite da parte (a).

T 32. Encontre a área exata da região sob o gráfico de $y = e^{-x}$ de 0 até 2 usando um sistema de computação algébrica para calcular a soma e então o limite no Exemplo 3(a). Compare sua resposta com a estimativa obtida no Exemplo 3(b).

T 33. Encontre a área exata sob a curva cosseno $y = \cos x$ de $x = 0$ até $x = b$, onde $0 \leq b \leq \pi/2$. (Use um sistema de computação algébrica para calcular a soma e o limite.) Em particular, qual é a área, se $b = \pi/2$?

34. (a) Seja A_n a área de um polígono com n lados iguais inscrito num círculo com raio r. Dividindo o polígono em n triângulos congruentes com ângulo central de $2\pi/n$, mostre que

$$A_n = \tfrac{1}{2} n r^2 \operatorname{sen} \frac{2\pi}{n}$$

(b) Mostre que $\lim_{n \to \infty} A_n = \pi r^2$. [*Dica*: Use a Equação 3.3.5.]

5.2 A Integral Definida

Vimos na Seção 5.1 que um limite da forma

$$\boxed{1} \quad \lim_{n\to\infty} \sum_{i=1}^{n} f(x_i^*) \Delta x = \lim_{n\to\infty} [f(x_1^*) \Delta x + f(x_2^*) \Delta x + \cdots + f(x_n^*) \Delta x]$$

aparece quando calculamos uma área. Vimos também que ele aparece quando tentamos encontrar a distância percorrida por um objeto. Resulta que esse mesmo tipo de limite ocorre em uma grande variedade de situações, mesmo quando não é necessariamente uma função positiva. Nos Capítulos 6 e 8 veremos que os limites desse tipo também surgem no processo de encontrar os comprimentos de curvas, volumes de sólidos, centros de massas, forças por causa da pressão da água e trabalho, assim como outras quantidades. Daremos, portanto, a esse tipo de limite nome e notação especiais.

A Integral Definida

Atribuímos um nome e uma notação especial aos limites na forma (1).

> **2 Definição de Integral Definida** Se f é uma função contínua definida para $a \leq x \leq b$, dividimos o intervalo $[a, b]$ em n subintervalos de comprimentos iguais $\Delta x = (b - a)/n$. Sejam $x_0 (= a), x_1, x_2, ..., x_n (= b)$ as extremidades desses subintervalos, e sejam $x_1^*, x_2^*, ..., x_n^*$ **pontos amostrais arbitrários** nesses subintervalos, de forma que x_i^* esteja no i-ésimo subintervalo $[x_{i-1}, x_i]$. Então a **integral definida de f de a a b** é
>
> $$\int_a^b f(x)\, dx = \lim_{n \to \infty} \sum_{i=1}^n f(x_i^*) \Delta x$$
>
> desde que o limite exista e dê o mesmo valor para todas as possíveis escolhas de pontos amostrais. Se ele existir, dizemos que f é **integrável** em $[a, b]$.

O significado exato do limite que define a integral é o seguinte:

Para todo número $\varepsilon > 0$ existe um inteiro N tal que

$$\left| \int_a^b f(x)\, dx - \sum_{i=1}^n f(x_i^*) \Delta x \right| < \varepsilon$$

para todo inteiro $n > N$ e toda escolha de x_i^* em $[x_{i-1}, x_i]$.

OBSERVAÇÃO 1 O símbolo $\int$ foi introduzido por Leibniz e é denominado **sinal de integral**. Ele é um S alongado e foi assim escolhido porque uma integral é um limite de somas. Na notação $\int_a^b f(x)\, dx$, $f(x)$ é chamado **integrando**, a e b são ditos **limites de integração**, a é o **limite inferior**, b, o **limite superior**. Por enquanto, o símbolo dx não tem significado sozinho; $\int_a^b f(x)\, dx$ é apenas um símbolo. O dx simplesmente indica que a variável dependente é x. O procedimento de calcular a integral é chamado **integração**.

OBSERVAÇÃO 2 A integral definitiva $\int_a^b f(x)\, dx$ é um número; ela não depende de x. Na verdade, podemos usar qualquer letra para substituir x sem alterar o valor da integral:

$$\int_a^b f(x)\, dx = \int_a^b f(t)\, dt = \int_a^b f(r)\, dr$$

OBSERVAÇÃO 3 A soma

$$\sum_{i=1}^n f(x_i^*) \Delta x$$

que ocorre na Definição 2 é chamada **soma de Riemann**, em homenagem ao matemático Bernhard Riemann (1826-1866). Assim, a Definição 2 diz que a integral definida de uma função integrável pode ser aproximada com qualquer grau de precisão desejado por uma soma de Riemann.

Sabemos que se f for positiva, então a soma de Riemann pode ser interpretada como uma soma de áreas de retângulos aproximantes (veja a Figura 1). Comparando a Definição 2 com a definição de área da Seção 5.1, vemos que a integral definida $\int_a^b f(x)\, dx$ pode ser interpretada como a área sob a curva $y = f(x)$ de a até b (veja a Figura 2).

Riemann
Bernhard Riemann realizou seu doutorado sob orientação do legendário Gauss na Universidade de Göttingen e lá permaneceu para ensinar. Gauss, que não tinha o hábito de elogiar outros matemáticos, referiu-se a Riemann como "uma mente criativa, ativa e verdadeiramente matemática, e de uma originalidade gloriosamente fértil". A Definição (2) de integral que usamos se deve a Riemann. Ele também fez grandes contribuições para a teoria de funções de variável complexa, física-matemática, teoria dos números e fundamentos da geometria. Os conceitos mais amplos de espaço e geometria de Riemann favoreceriam, 50 anos mais tarde, o desenvolvimento da teoria geral da relatividade de Einstein. Riemann, que nunca teve boa saúde, morreu de tuberculose aos 39 anos.

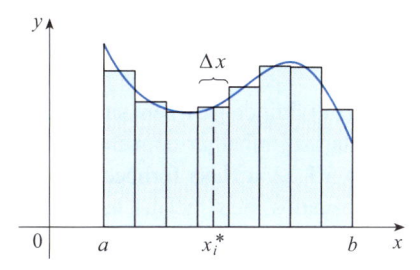

FIGURA 1
Se $f(x) \geq 0$, a soma de Riemann $\Sigma f(x_i^*) \Delta x$ é a soma de áreas de retângulos.

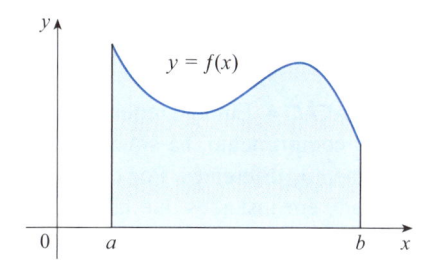

FIGURA 2
Se $f(x) \geq 0$, a integral $\int_a^b f(x)\,dx$ é a área sob a curva $y = f(x)$ de a até b.

Se f assumir valores positivos e negativos, como na Figura 3, então a soma de Riemann é a soma das áreas dos retângulos que estão acima do eixo x e do *oposto* das áreas dos retângulos que estão abaixo do eixo x (as áreas dos retângulos azuis *menos* as áreas dos retângulos amarelos). Quando tomamos o limite dessas somas de Riemann, obtemos a situação ilustrada na Figura 4. Uma integral definida pode ser interpretada como uma **área resultante**, isto é, uma diferença de áreas:

$$\int_a^b f(x)\,dx = A_1 - A_2$$

onde A_1 é a área da região acima do eixo x e abaixo do gráfico de f, e A_2 é a área da região abaixo do eixo x e acima do gráfico de f.

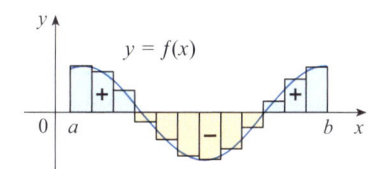

FIGURA 3
$\Sigma f(x_i^*) \Delta x$ é uma aproximação para a área resultante.

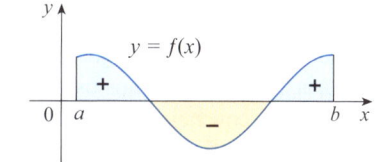

FIGURA 4
$\int_a^b f(x)\,dx$ é a área resultante.

EXEMPLO 1 Calcule a soma de Riemann para $f(x) = x^3 - 6x$, $0 \leq x \leq 3$, usando $n = 6$ subintervalos e empregando as extremidades direitas dos subintervalos como pontos amostrais.

SOLUÇÃO

Tomando-se $n = 6$ subintervalos, o comprimento do intervalo é $\Delta x = (3 - 0)/6 = \tfrac{1}{2}$ e as extremidades direitas dos subintervalos são

$$x_1 = 0,5 \quad x_2 = 1,0 \quad x_3 = 1,5 \quad x_4 = 2,0 \quad x_5 = 2,5 \quad x_6 = 3,0$$

Logo, a soma de Riemann é

$$R_6 = \sum_{i=1}^{6} f(x_i)\Delta x$$
$$= f(0,5)\Delta x + f(1,0)\Delta x + f(1,5)\Delta x + f(2,0)\Delta x + f(2,5)\Delta x + f(3,0)\Delta x$$
$$= \tfrac{1}{2}(-2,875 - 5 - 5,625 - 4 + 0,625 + 9)$$
$$= -3,9375$$

Observe que f não é uma função positiva e, portanto, a soma de Riemann não representa uma soma de áreas de retângulos. Contudo, ela representa a diferença entre a soma das

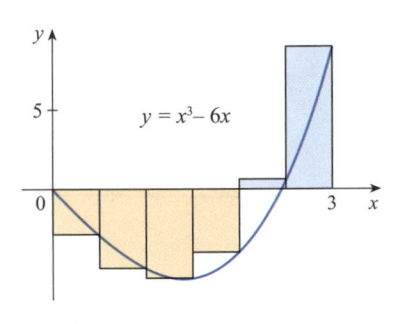

FIGURA 5

$y = x^3 - 6x$

áreas dos retângulos azuis (que estão acima do eixo x) e a soma das áreas dos retângulos amarelos (que estão abaixo do eixo x) mostrados na Figura 5. ∎

OBSERVAÇÃO 4 Embora tenhamos definido $\int_a^b f(x)\,dx$ dividindo $[a, b]$ em subintervalos de igual comprimento, há situações nas quais é vantajoso trabalhar com intervalos de comprimentos diferentes. Por exemplo, no Exercício 5.1.12, a Nasa forneceu dados de velocidade em instantes que não são igualmente espaçados, mas mesmo assim fomos capazes de estimar a distância percorrida. E existem métodos para a integração numérica que aproveitam os subintervalos desiguais. Se os comprimentos dos subintervalos forem $\Delta x_1, \Delta x_2, \ldots, \Delta x_n$, teremos de garantir que todos esses comprimentos tendem a 0 no processo de limite. Isso acontece se o maior comprimento, max Δx_i, tender a 0. Portanto, nesse caso a definição de integral definida fica

$$\int_a^b f(x)\,dx = \lim_{\max \Delta x_i \to 0} \sum_{i=1}^n f(x_i^*)\,\Delta x_i$$

Definimos assim a integral definida de uma função integrável. Entretanto, nem todas as funções são integráveis (veja os Exercícios 81-82). O próximo teorema mostra que as funções mais frequentemente encontradas são, de fato, integráveis. Esse teorema é demonstrado em disciplinas mais avançadas.

3 Teorema Se f for contínua em $[a, b]$, ou tiver apenas um número finito de descontinuidades de saltos, então f é integrável em $[a, b]$; ou seja, a integral definida $\int_a^b f(x)\,dx$ existe.

Se f for integrável em $[a, b]$, então o limite na Definição 2 existe e dá o mesmo valor, não importa como escolhamos os pontos amostrais x_i^*. Para simplificarmos o cálculo da integral, com frequência tomamos como pontos amostrais as extremidades direitas. Então, $x_i^* = x_i$ e a definição de integral se simplifica como a seguir.

4 Teorema Se f for integrável em $[a, b]$, então

$$\int_a^b f(x)\,dx = \lim_{n \to \infty} \sum_{i=1}^n f(x_i)\,\Delta x$$

onde $\quad \Delta x = \dfrac{b-a}{n} \quad$ e $\quad x_i = a + i\,\Delta x$

EXEMPLO 2 Expresse

$$\lim_{n \to \infty} \sum_{i=1}^n (x_i^3 + x_i \operatorname{sen} x_i)\,\Delta x$$

como uma integral no intervalo $[0, \pi]$.

SOLUÇÃO Comparando o limite dado com o limite do Teorema 4, vemos que eles são idênticos se escolhermos $f(x) = x^3 + x \operatorname{sen} x$. São dados $a = 0$ e $b = \pi$. Temos, portanto, pelo Teorema 4,

$$\lim_{n \to \infty} \sum_{i=1}^n (x_i^3 + x_i \operatorname{sen} x_i)\,\Delta x = \int_0^\pi (x^3 + x \operatorname{sen} x)\,dx$$

∎

Mais tarde, quando aplicarmos a integral definida a situações físicas, será importante reconhecer os limites de somas como integrais, como fizemos no Exemplo 2. Quando

Leibniz escolheu a notação para a integral, ele optou por ingredientes que lembrassem o processo de limite. Em geral, quando escrevemos

$$\lim_{n\to\infty}\sum_{i=1}^{n} f(x_i^*)\Delta x = \int_a^b f(x)\,dx$$

substituímos lim Σ por ∫, x_i^* por x e Δx por dx.

■ Cálculo de Integrais Definidas

Para que possamos usar limites para calcular uma integral definida, precisamos saber como trabalhar com somas. As quatro equações a seguir dão fórmulas para as somas de potências de inteiros positivos. A Equação 6 talvez lhe seja familiar de um curso de álgebra. As Equações 7 e 8 foram discutidas na Seção 5.1 e estão demonstradas no Apêndice E.

Soma de Potências

$$\boxed{5} \quad \sum_{i=1}^{n} 1 = n$$

$$\boxed{6} \quad \sum_{i=1}^{n} i = \frac{n(n+1)}{2}$$

$$\boxed{7} \quad \sum_{i=1}^{n} i^2 = \frac{n(n+1)(2n+1)}{6}$$

$$\boxed{8} \quad \sum_{i=1}^{n} i^3 = \left[\frac{n(n+1)}{2}\right]^2$$

As fórmulas remanescentes são regras simples para trabalhar com a notação de somatório:

Propriedades das Potências

$$\boxed{9} \quad \sum_{i=1}^{n} ca_i = c\sum_{i=1}^{n} a_i$$

$$\boxed{10} \quad \sum_{i=1}^{n} (a_i + b_i) = \sum_{i=1}^{n} a_i + \sum_{i=1}^{n} b_i$$

$$\boxed{11} \quad \sum_{i=1}^{n} (a_i - b_i) = \sum_{i=1}^{n} a_i - \sum_{i=1}^{n} b_i$$

As Fórmulas 9-11 são demonstradas escrevendo cada lado na forma expandida.
O lado esquerdo da Equação 9 é
$$ca_1 + ca_2 + \cdots + ca_n.$$
O lado direito é
$$c(a_1 + a_2 + \cdots + a_n).$$
Eles são iguais pela propriedade distributiva. As outras fórmulas estão discutidas no Apêndice E.

No próximo exemplo, calculamos uma integral definida da função f do Exemplo 1.

EXEMPLO 3 Calcule $\int_0^3 (x^3 - 6x)\,dx$.

SOLUÇÃO Usaremos o Teorema 4, adotando $f(x) = x^3 - 6x$, $a = 0$, $b = 3$ e

$$\Delta x = \frac{b-a}{n} = \frac{3-0}{n} = \frac{3}{n}$$

Com isso, as extremidades dos subintervalos são $x_0 = 0$, $x_1 = 0 + 1(3/n) = 3/n$, $x_2 = 0 + 2(3/n) = 6/n$, $x_3 = 0 + 3(3/n) = 9/n$ e, de forma geral,

Na soma, n é uma constante (ao contrário de i), de modo que podemos mover $3/n$ para a frente do sinal de Σ.

$$x_i = 0 + i\left(\frac{3}{n}\right) = \frac{3i}{n}$$

Assim,

$$\int_0^3 (x^3 - 6x)\,dx = \lim_{n\to\infty} \sum_{i=1}^n f(x_i)\,\Delta x = \lim_{n\to\infty} \sum_{i=1}^n f\left(\frac{3i}{n}\right)\frac{3}{n}$$

$$= \lim_{n\to\infty} \frac{3}{n}\sum_{i=1}^n \left[\left(\frac{3i}{n}\right)^3 - 6\left(\frac{3i}{n}\right)\right] \quad \text{(Equação 9 com } c = 3/n\text{)}$$

$$= \lim_{n\to\infty} \frac{3}{n}\sum_{i=1}^n \left[\frac{27}{n^3}i^3 - \frac{18}{n}i\right]$$

$$= \lim_{n\to\infty} \left[\frac{81}{n^4}\sum_{i=1}^n i^3 - \frac{54}{n^2}\sum_{i=1}^n i\right] \quad \text{(Equações 11 e 9)}$$

$$= \lim_{n\to\infty} \left\{\frac{81}{n^4}\left[\frac{n(n+1)}{2}\right]^2 - \frac{54}{n^2}\frac{n(n+1)}{2}\right\} \quad \text{(Equações 8 e 6)}$$

$$= \lim_{n\to\infty} \left[\frac{81}{4}\left(1+\frac{1}{n}\right)^2 - 27\left(1+\frac{1}{n}\right)\right]$$

$$= \frac{81}{4} - 27 = -\frac{27}{4} = -6{,}75$$

Essa integral não pode ser interpretada como uma área, pois f assume valores positivos e negativos. Porém, ela pode ser interpretada como a diferença de áreas $A_1 - A_2$, em que A_1 e A_2 estão na Figura 6. ∎

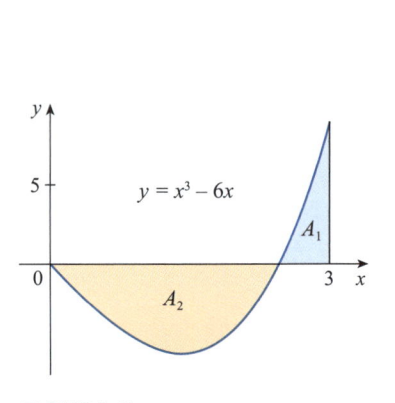

FIGURA 6

A Figura 7 ilustra o cálculo no Exemplo 3 mostrando os termos positivos e negativos na soma de Riemann direita R_n para $n = 40$. Os valores na tabela mostram as somas de Riemann tendendo ao valor exato da integral, –6,75, quando $n \to \infty$.

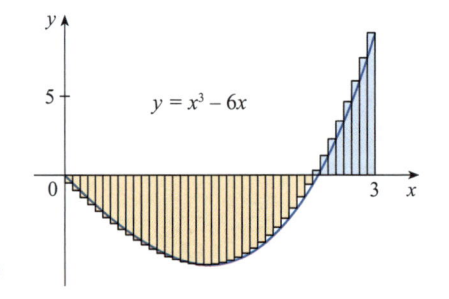

FIGURA 7
$R_{40} \approx -6{,}3998$

n	R_n
40	–6,3998
100	–6,6130
500	–6,7229
1.000	–6,7365
5.000	–6,7473

Um método muito mais simples (tornado possível pelo Teorema Fundamental de Cálculo) para o cálculo da integral do Exemplo 3 será dado na Seção 5.3.

EXEMPLO 4

(a) Escreva uma expressão para $\int_1^3 e^x\,dx$ como um limite de somas.
(b) Use um SCA para calcular a expressão.

SOLUÇÃO

(a) Temos aqui $f(x) = e^x$, $a = 1$, $b = 3$ e

$$\Delta x = \frac{b-a}{n} = \frac{2}{n}$$

Como $f(x) = e^x$ é positiva, a integral no Exemplo 4 representa a área mostrada na Figura 8.

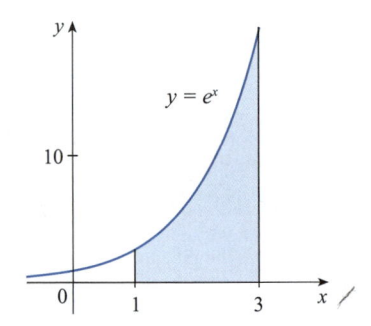

FIGURA 8

Logo, $x_0 = 1$, $x_1 = 1 + 2/n$, $x_2 = 1 + 4/n$, $x_3 = 1 + 6/n$ e

$$x_i = 1 + \frac{2i}{n}$$

Do Teorema 4, obtemos

$$\int_1^3 e^x\,dx = \lim_{n\to\infty} \sum_{i=1}^n f(x_i)\,\Delta x$$

$$= \lim_{n\to\infty} \sum_{i=1}^n f\left(1 + \frac{2i}{n}\right)\frac{2}{n}$$

$$= \lim_{n\to\infty} \frac{2}{n} \sum_{i=1}^n e^{1+2i/n}$$

(b) Se utilizarmos um SCA para calcular a soma e simplificar, obteremos

$$\sum_{i=1}^n e^{1+2i/n} = \frac{e^{(3n+2)/n} - e^{(n+2)/n}}{e^{2/n} - 1}$$

Um SCA é capaz de encontrar uma expressão explícita para essa soma, pois ela é uma série geométrica. O limite pode ser encontrado usando a Regra de l'Hôspital.

Agora usamos o SCA para calcular o limite:

$$\int_1^3 e^x\,dx = \lim_{n\to\infty} \frac{2}{n} \cdot \frac{e^{(3n+2)/n} - e^{(n+2)/n}}{e^{2/n} - 1} = e^3 - e$$

EXEMPLO 5 Calcule as integrais a seguir interpretando cada uma em termos de áreas.

(a) $\int_0^1 \sqrt{1-x^2}\,dx$

(b) $\int_0^3 (x-1)\,dx$

SOLUÇÃO

(a) Uma vez que $f(x) = \sqrt{1-x^2} \geq 0$, podemos interpretar essa integral como a área sob a curva $y = \sqrt{1-x^2}$ de 0 até 1. Mas, uma vez que $y^2 = 1 - x^2$, temos $x^2 + y^2 = 1$, o que mostra que o gráfico de f é o quarto de círculo de raio 1 na Figura 9. Portanto

$$\int_0^1 \sqrt{1-x^2}\,dx = \tfrac{1}{4}\pi(1)^2 = \frac{\pi}{4}$$

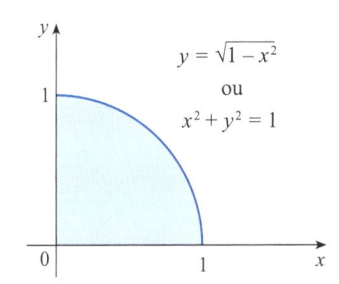

FIGURA 9

(Na Seção 7.3 seremos capazes de *demonstrar* que a área de um círculo de raio r é πr^2.)

(b) O gráfico de $y = x - 1$ é uma reta com inclinação 1 mostrada na Figura 10. Calculamos a integral como a diferença entre as áreas de dois triângulos:

$$\int_0^3 (x-1)\,dx = A_1 - A_2 = \tfrac{1}{2}(2\cdot 2) - \tfrac{1}{2}(1\cdot 1) = 1{,}5$$

A Regra do Ponto Médio

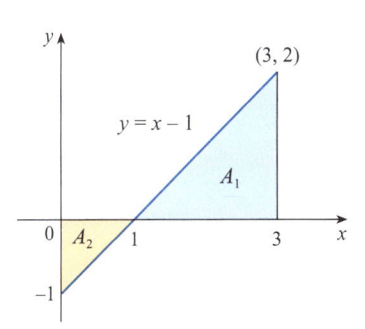

FIGURA 10

Frequentemente escolhemos o ponto amostral x_i^* como a extremidade direita do i-ésimo intervalo, pois isso é conveniente para o cálculo do limite. Porém, se o propósito for encontrar uma *aproximação* para uma integral, é geralmente melhor escolher x_i^* como o ponto médio do intervalo, o qual denotamos por $\bar{x}_i$. Qualquer soma de Riemann é uma aproximação para uma integral, mas se usarmos os pontos médios obteremos a seguinte aproximação.

Regra do Ponto Médio

$$\int_a^b f(x)\,dx \approx \sum_{i=1}^n f(\overline{x}_i)\Delta x = \Delta x[f(\overline{x}_1) + \cdots + f(\overline{x}_n)]$$

onde $\quad \Delta x = \dfrac{b-a}{n}$

e $\quad \overline{x}_i = \tfrac{1}{2}(x_{i-1} + x_i) = $ ponto médio de $[x_{i-1}, x_i]$

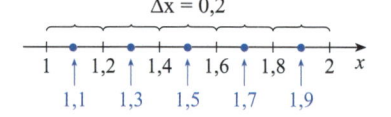

FIGURA 11
As extremidades e os pontos médios dos subintervalos usados no Exemplo 6.

EXEMPLO 6 Use a Regra do Ponto Médio com $n = 5$ para aproximar $\int_1^2 \dfrac{1}{x}\,dx$.

SOLUÇÃO As extremidades dos cinco subintervalos são 1, 1,2, 1,4, 1,6, 1,8 e 2,0, portanto, os pontos médios são 1,1, 1,3, 1,5, 1,7 e 1,9 (Veja Figura 11.). O comprimento dos subintervalos é $\Delta x = (2-1)/5 = \tfrac{1}{5}$, de modo que a Regra do Ponto Médio fornece

$$\int_1^2 \frac{1}{x}\,dx \approx \Delta x[f(1,1) + f(1,3) + f(1,5) + f(1,7) + f(1,9)]$$

$$= \frac{1}{5}\left(\frac{1}{1,1} + \frac{1}{1,3} + \frac{1}{1,5} + \frac{1}{1,7} + \frac{1}{1,9}\right)$$

$$\approx 0{,}691908$$

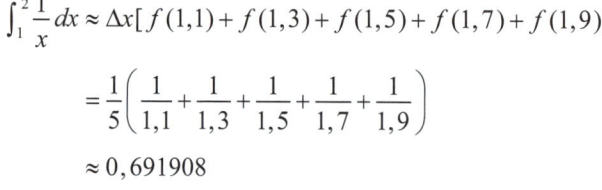

Uma vez que $f(x) = 1/x > 0$ para $1 \leq x \leq 2$, a integral representa uma área, e a aproximação dada pela Regra do Ponto Médio é a soma das áreas dos retângulos mostrados na Figura 12.

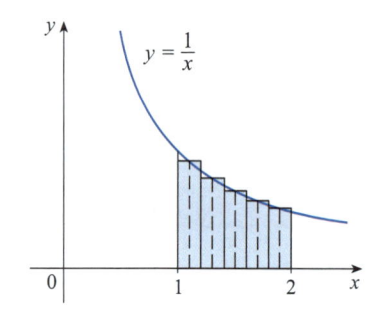

FIGURA 12

Por ora, não sabemos quão precisa é a aproximação do Exemplo 6, mas na Seção 7.7 vamos aprender um método para estimar o erro envolvido no uso da Regra do Ponto Médio. Nesta parte, discutiremos outros métodos de aproximação de integrais definidas.

Se aplicarmos a Regra do Ponto Médio para a integral no Exemplo 3, teremos a imagem na Figura 13. A aproximação $M_{40} \approx -6{,}7563$ é bem mais próxima ao valor real de $-6{,}75$ que a aproximação da extremidade direita $R_{40} \approx -6{,}3998$, mostrada na Figura 7.

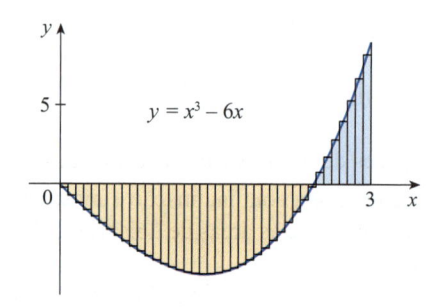

FIGURA 13
$M_{40} \approx -6{,}7563$

■ **Propriedades da Integral Definida**

Quando definimos a integral definida $\int_a^b f(x)\,dx$, implicitamente assumimos que $a < b$. Mas a definição como o limite de somas de Riemann faz sentido mesmo que $a > b$. Observe que se trocarmos a e b, então Δx mudará de $(b-a)/n$ para $(a-b)/n$. Portanto,

$$\int_b^a f(x)\,dx = -\int_a^b f(x)\,dx$$

Se $a = b$, então $\Delta x = 0$, de modo que

$$\int_a^a f(x)\,dx = 0$$

Vamos desenvolver agora algumas propriedades básicas das integrais que nos ajudarão a calcular as integrais de forma mais simples. Vamos supor que f e g sejam funções contínuas.

Propriedades da Integral

1. $\int_a^b c\,dx = c(b-a)$, onde c é qualquer constante
2. $\int_a^b [f(x) + g(x)]\,dx = \int_a^b f(x)\,dx + \int_a^b g(x)\,dx$
3. $\int_a^b cf(x)\,dx = c\int_a^b f(x)\,dx$, onde c é qualquer constante
4. $\int_a^b [f(x) - g(x)]\,dx = \int_a^b f(x)\,dx - \int_a^b g(x)\,dx$

A Propriedade 1 diz que a integral de uma função constante, $f(x) = c$, é a constante vezes o comprimento do intervalo. Se $c > 0$ e $a < b$, isto é esperado, pois $c(b-a)$ é a área do retângulo sombreado na Figura 14.

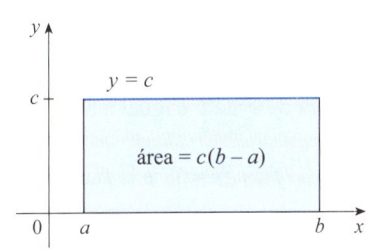

FIGURA 14
$\int_a^b c\,dx = c(b-a)$

A Propriedade 2 diz que a integral de uma soma é a soma das integrais. Para as funções positivas, isso diz que a área sob $f + g$ é a área sob f mais a área sob g. A Figura 15 nos ajuda a entender por que isto é verdadeiro: em vista de como funciona a adição gráfica, os segmentos de reta vertical correspondentes têm a mesma altura.

Em geral, a Propriedade 2 decorre do Teorema 4 e do fato de que o limite de uma soma é a soma dos limites:

$$\int_a^b [f(x) + g(x)]\,dx = \lim_{n \to \infty} \sum_{i=1}^n [f(x_i) + g(x_i)]\Delta x$$

$$= \lim_{n \to \infty} \left[\sum_{i=1}^n f(x_i)\Delta x + \sum_{i=1}^n g(x_i)\Delta x \right]$$

$$= \lim_{n \to \infty} \sum_{i=1}^n f(x_i)\Delta x + \lim_{n \to \infty} \sum_{i=1}^n g(x_i)\Delta x$$

$$= \int_a^b f(x)\,dx + \int_a^b g(x)\,dx$$

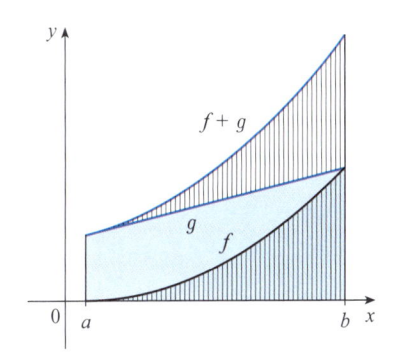

FIGURA 15
$\int_a^b [f(x) + g(x)]\,dx = \int_a^b f(x)\,dx + \int_a^b g(x)\,dx$

A Propriedade 3 pode ser demonstrada de forma análoga e diz que a integral de uma constante vezes uma função é a constante vezes a integral da função. Em outras palavras, uma constante (mas *somente* uma constante) pode ser movida para a frente do sinal de integração. A Propriedade 4 é demonstrada escrevendo $f - g = f + (-g)$ e usando as Propriedades 2 e 3 com $c = -1$.

A Propriedade 3 parece intuitivamente razoável porque sabemos que, multiplicando uma função por um número positivo c, o gráfico expande ou comprime verticalmente por um fator de c. Logo, expande ou comprime cada retângulo aproximante por um fator c e, portanto, tem efeito de multiplicar a área por c.

EXEMPLO 7 Use as propriedades das integrais para calcular $\int_0^1 (4+3x^2)\,dx$.

SOLUÇÃO Usando as Propriedades 2 e 3 das integrais, temos

$$\int_0^1 (4+3x^2)\,dx = \int_0^1 4\,dx + \int_0^1 3x^2\,dx = \int_0^1 4\,dx + 3\int_0^1 x^2\,dx$$

Sabemos da Propriedade 1 que

$$\int_0^1 4\,dx = 4(1-0) = 4$$

e encontramos no Exemplo 2 da Seção 5.1 que $\int_0^1 x^2\,dx = \tfrac{1}{3}$. Logo,

$$\int_0^1 (4+3x^2)\,dx = \int_0^1 4\,dx + 3\int_0^1 x^2\,dx$$
$$= 4 + 3 \cdot \tfrac{1}{3} = 5$$

A propriedade a seguir nos diz como combinar integrais da mesma função em intervalos adjacentes:

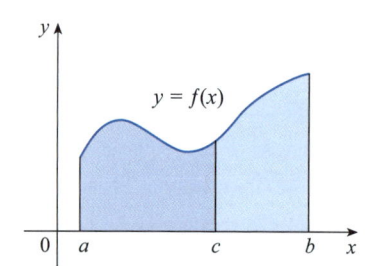

FIGURA 16

5. $\quad \int_a^c f(x)\,dx + \int_c^b f(x)\,dx = \int_a^b f(x)\,dx$

Isso não é fácil de ser demonstrado em geral, mas para o caso onde $f(x) \geq 0$ e $a < c < b$, a Propriedade 5 pode ser vista a partir da interpretação geométrica na Figura 16: a área sob $y = f(x)$ de a até c mais a área de c até b é igual à área total de a até b.

EXEMPLO 8 Se é sabido que $\int_0^{10} f(x)\,dx = 17$ e $\int_0^8 f(x)\,dx = 12$, encontre $\int_8^{10} f(x)\,dx$.

SOLUÇÃO Pela Propriedade 5 temos

$$\int_0^8 f(x)\,dx + \int_8^{10} f(x)\,dx \int_0^{10} f(x)\,dx$$

logo, $\quad \int_8^{10} f(x)\,dx = \int_0^{10} f(x)\,dx - \int_0^8 f(x)\,dx = 17 - 12 = 5$

As Propriedades 1-5 são verdadeiras se $a < b$, $a = b$ ou $a > b$. As propriedades a seguir, nas quais comparamos os tamanhos de funções e os de integrais, são verdadeiras somente se $a \leq b$.

Propriedades Comparativas da Integral

6. Se $f(x) \geq 0$ para $a \leq x \leq b$, então $\int_a^b f(x)\,dx \geq 0$.

7. Se $f(x) \geq g(x)$ para $a \leq x \leq b$, então $\int_a^b f(x)\,dx \geq \int_a^b g(x)\,dx$.

8. Se $\leq m f(x) \leq M$ para $a \leq x \leq b$, então

$$m(b-a) \leq \int_a^b f(x)\,dx \leq M(b-a)$$

Se $f(x) \geq 0$, então $\int_a^b f(x)\,dx$ representa a área sob o gráfico de f, logo, a interpretação geométrica da Propriedade 6 é simplesmente que as áreas são positivas. (Isso também segue diretamente da definição porque todas as quantidades envolvidas são positivas.) A Propriedade 7 diz que uma função maior tem uma integral maior. Ela segue das Propriedades 6 e 4, pois $f - g \geq 0$.

A Propriedade 8 está ilustrada na Figura 17 para o caso onde $f(x) \geq 0$. Se f for contínua, poderemos tomar m e M como o máximo e o mínimo absolutos de f no intervalo $[a, b]$. Nesse caso, a Propriedade 8 diz que a área sob o gráfico de f é maior que a área do retângulo com altura m e menor que a área do retângulo com altura M.

DEMONSTRAÇÃO DA PROPRIEDADE 8 Uma vez que $m \leq f(x) \leq M$, a Propriedade 7 nos dá

$$\int_a^b m\,dx \leq \int_a^b f(x)\,dx \leq \int_a^b M\,dx$$

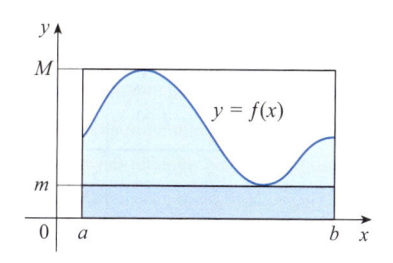

FIGURA 17

Usando a Propriedade 1 para calcular a integral do lado esquerdo e do lado direito, obtemos

$$m(b-a) \leq \int_a^b f(x)\,dx \leq M(b-a)$$

A Propriedade 8 é útil quando tudo o que queremos é uma estimativa grosseira do tamanho de uma integral sem nos preocupar com o uso da Regra do Ponto Médio.

EXEMPLO 9 Use a Propriedade 8 para estimar o valor de $\int_0^1 e^{-x^2}\,dx$.

SOLUÇÃO Uma vez que $f(x) = e^{-x^2}$ é uma função decrescente no intervalo $[0, 1]$, seu máximo absoluto é $M = f(0) = 1$ e seu mínimo absoluto é $m = f(1) = e^{-1}$. Assim, utilizando a Propriedade 8,

$$e^{-1}(1-0) \leq \int_0^1 e^{-x^2}\,dx \leq 1(1-0)$$

ou

$$e^{-1} \leq \int_0^1 e^{-x^2}\,dx \leq 1$$

Como $e^{-1} \approx 0{,}3679$, podemos escrever

$$0{,}367 \leq \int_0^1 e^{-x^2}\,dx \leq 1$$

O resultado do Exemplo 9 está ilustrado na Figura 18. A integral é maior que a área do retângulo inferior e menor que a área do quadrado.

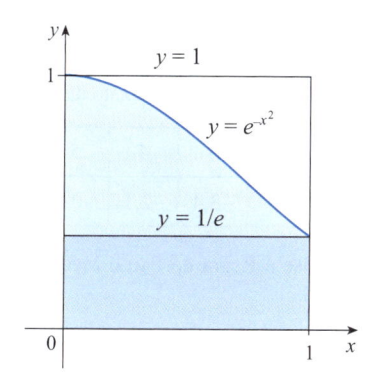

FIGURA 18

5.2 | Exercícios

1. Calcule a soma de Riemann para $f(x) = x - 1$, $-6 \leq x \leq 4$, com cinco subintervalos, tomando os pontos amostrais como as extremidades à direita. Explique, com a ajuda de um diagrama, o que representa a soma de Riemann.

2. Se
$$f(x) = \cos x, \qquad 0 \leq x \leq 3\pi/4$$
calcule a soma de Riemann com $n = 6$, tomando como pontos amostrais as extremidades à esquerda. (Forneça sua resposta com precisão de seis casas decimais.) O que representa a soma de Riemann? Ilustre com um diagrama.

3. Se $f(x) = x^2 - 4$, $0 \leq x \leq 3$, calcule a soma de Riemann com $n = 6$, tomando como pontos amostrais os pontos médios. O que representa a soma de Riemann? Ilustre com um diagrama.

4. (a) Calcule a soma de Riemann para $f(x) = 1/x$, $1 \leq x \leq 2$ e com quatro termos, tomando os pontos amostrais como as extremidades direitas. (Dê a resposta correta até a sexta casa decimal.) Explique o que a soma de Riemann representa com a ajuda de um esboço.

(b) Repita a parte (a) tomando como pontos amostrais os pontos médios.

5. É dado o gráfico de uma função f. Estime $\int_0^{10} f(x)\,dx$ usando cinco subintervalos com (a) extremidades direitas, (b) extremidades esquerdas e (c) pontos médios.

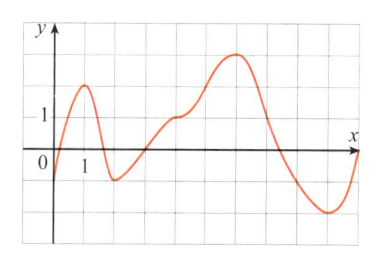

6. O gráfico de g é apresentado. Estime $\int_{-2}^{4} g(x)\,dx$ com seis subintervalos usando (a) extremidades direitas, (b) extremidades esquerdas e (c) pontos médios.

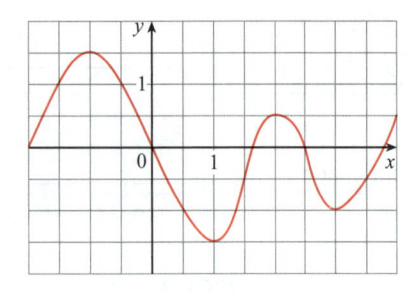

7. Uma tabela de valores de uma função crescente f é dada. Use a tabela para encontrar estimativas inferior e superior para $\int_{10}^{30} f(x)\,dx$.

x	10	14	18	22	26	30
$f(x)$	−12	−6	−2	1	3	8

8. A tabela fornece os valores de uma função obtidos experimentalmente. Use-os para estimar $\int_3^9 f(x)\,dx$ utilizando três subintervalos iguais com (a) extremidades direitas, (b) extremidades esquerdas e (c) pontos médios. Se for sabido que a função é crescente, você pode dizer se suas estimativas são menores ou maiores que o valor exato da integral?

x	3	4	5	6	7	8	9
$f(x)$	−3,4	−2,1	−0,6	0,3	0,9	1,4	1,8

9-10 Use a Regra do Ponto Médio, com $n = 4$, para aproximar a integral.

9. $\int_0^8 x^2\,dx$
10. $\int_0^2 (8x+3)\,dx$

11-14 Use a Regra do Ponto Médio com o valor dado n para aproximar a integral. Arredonde cada resposta para quatro casas decimais.

11. $\int_0^3 e^{\sqrt{x}}\,dx$, $n=6$
12. $\int_0^1 \sqrt{x^3+1}\,dx$, $n=5$
13. $\int_1^3 \dfrac{x}{x^2+8}\,dx$, $n=5$
14. $\int_0^\pi x\,\text{sen}^2 x\,dx$, $n=4$

T 15. Use um sistema de computação algébrica que seja capaz de calcular aproximações usando pontos médios e esboçar os retângulos correspondentes (use os comandos `RiemannSum` ou `middlesum` e `middlebox` no Maple) para verificar a resposta do Exercício 13 e ilustrá-la com um gráfico. Repita então com $n = 10$ e $n = 20$.

T 16. Use um sistema de computação algébrica para calcular as somas de Riemann esquerda e direita para a função $f(x) = x/(x + 1)$ no intervalo $[0, 2]$ com $n = 100$. Explique por que essas estimativas mostram que

$$0{,}8946 < \int_0^2 \dfrac{x}{x+1}\,dx < 0{,}9081$$

T 17. Use uma calculadora ou um computador para fazer uma tabela dos valores R_n das somas de Riemann à direita para a integral $\int_0^\pi \text{sen}\,x\,dx$ com $n = 5, 10, 50$ e 100. De qual valor esses números parecem estar se aproximando?

T 18. Use uma calculadora ou um computador para fazer uma tabela dos valores L_n e R_n das somas de Riemann à esquerda e à direita para a integral $\int_0^2 e^{-x^2}\,dx$ com $n = 5, 10, 50$ e 100. Entre quais dois números o valor da integral deve ficar? Você pode fazer uma afirmação análoga para a integral $\int_{-1}^2 e^{-x^2}\,dx$? Explique.

19-22 Expresse o limite como uma integral definida no intervalo dado.

19. $\lim\limits_{n\to\infty} \sum\limits_{i=1}^n \dfrac{e^{x_i}}{1+x_i}\,\Delta x$, $[0, 1]$

20. $\lim\limits_{n\to\infty} \sum\limits_{i=1}^n x_i\sqrt{1+x_i^3}\,\Delta x$, $[2, 5]$

21. $\lim\limits_{n\to\infty} \sum\limits_{i=1}^n [5(x_i^*)^3 - 4x_i^*]\,\Delta x$, $[2, 7]$

22. $\lim\limits_{n\to\infty} \sum\limits_{i=1}^n \dfrac{x_i^*}{(x_i^*)^2+4}\,\Delta x$, $[1, 3]$

23-24 Mostre que a integral definida é igual a $\lim_{n\to\infty} R_n$ e então calcule o limite.

23. $\int_0^4 (x-x^2)\,dx$, $R_n = \dfrac{4}{n}\sum\limits_{i=1}^n \left[\dfrac{4i}{n} - \dfrac{16i^2}{n^2}\right]$

24. $\int_1^3 (x^3+5x^2)\,dx$, $R_n = \dfrac{2}{n}\sum\limits_{i=1}^n \left[6 + \dfrac{26i}{n} + \dfrac{32i^2}{n^2} + \dfrac{8i^3}{n^3}\right]$

25-26 Expresse a integral como o limite de uma soma de Riemann, usando as extremidades direitas dos subintervalos. Não calcule o limite.

25. $\int_1^3 \sqrt{4+x^2}\,dx$

26. $\int_2^5 \left(x^2 + \dfrac{1}{x}\right)dx$

27-34 Use a forma da definição de integral dada no Teorema 4 para calcular a integral.

27. $\int_0^2 3x\,dx$
28. $\int_0^3 x^2\,dx$
29. $\int_0^3 (5x+2)\,dx$
30. $\int_0^4 (6-x^2)\,dx$
31. $\int_1^5 (3x^2+7x)\,dx$
32. $\int_{-1}^2 (4x^2+x+2)\,dx$
33. $\int_0^1 (x^3-3x^2)\,dx$
34. $\int_0^2 (2x-x^3)\,dx$

35. É dado o gráfico de f. Calcule cada integral interpretando-a em termos de áreas.

(a) $\int_0^2 f(x)\,dx$ (b) $\int_0^5 f(x)\,dx$
(c) $\int_5^7 f(x)\,dx$ (d) $\int_3^7 f(x)\,dx$
(e) $\int_3^7 |f(x)|\,dx$ (f) $\int_2^0 f(x)\,dx$

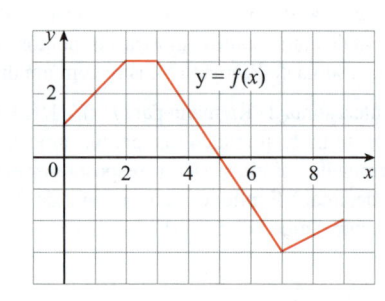

36. O gráfico de g consiste em duas retas e um semicírculo. Use-o para calcular cada integral. Calcule cada integral interpretando-a em termos de áreas.

(a) $\int_0^2 g(x)\,dx$ (b) $\int_2^6 g(x)\,dx$ (c) $\int_0^7 g(x)\,dx$

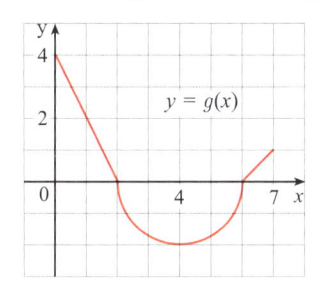

37-38
(a) Use a forma da definição da integral dada no Teorema 4 para calcular a integral dada.
(b) Confirme sua resposta da parte (a) graficamente interpretando a integral em termos de áreas.

37. $\int_0^3 4x\,dx$ **38.** $\int_{-1}^4 (2 - \tfrac{1}{2}x)\,dx$

39-40
(a) Encontre uma aproximação para a integral usando uma soma de Riemann com as extremidades direitas e $n = 8$.
(b) Faça um diagrama como o da Figura 3 para ilustrar a aproximação da parte (a).
(c) Use o Teorema 4 para calcular a integral.
(d) Interprete a integral da parte (c) como uma diferença de áreas e ilustre com diagramas como o da Figura 4.

39. $\int_0^8 (3 - 2x)\,dx$ **40.** $\int_0^4 (x^2 - 3x)\,dx$

41-46 Calcule a integral, interpretando-a em termos de áreas.

41. $\int_{-2}^5 (10 - 5x)\,dx$ **42.** $\int_{-1}^3 (2x - 1)\,dx$

43. $\int_{-4}^3 |\tfrac{1}{2}x|\,dx$ **44.** $\int_0^1 |2x - 1|\,dx$

45. $\int_{-3}^1 \left(1 + \sqrt{9 - x^2}\right) dx$ **46.** $\int_{-4}^4 \left(2x - \sqrt{16 - x^2}\right) dx$

47. Demonstre que $\int_a^b x\,dx = \dfrac{b^2 - a^2}{2}$.

48. Demonstre que $\int_a^b x^2\,dx = \dfrac{b^3 - a^3}{3}$.

T 49-50 Expresse a integral como um limite de somas. Depois, calcule, usando um sistema de computação algébrica para encontrar a soma e o limite.

49. $\int_0^\pi \sen 5x\,dx$ **50.** $\int_2^{10} x^6\,dx$

51. Calcule $\int_1^1 \sqrt{1 + x^4}\,dx$.

52. Dado que $\int_0^\pi \sen^4 x\,dx = \tfrac{3}{8}\pi$, o que é $\int_\pi^0 \sen^4 \theta\,d\theta$?

53. No Exemplo 5.2.1 mostramos que $\int_0^1 x^2\,dx = \tfrac{1}{3}$. Use esse fato e as propriedades das integrais para calcular $\int_0^1 (5 - 6x^2)\,dx$.

54. Use as propriedades das integrais e o resultado do Exemplo 4 para calcular $\int_1^3 (2e^x - 1)\,dx$.

55. Use o resultado do Exemplo 4 para calcular $\int_1^3 e^{x+2}\,dx$.

56. Use o resultado do Exercício 47 e o fato de que $\int_0^{\pi/2} \cos x\,dx = 1$ (do Exercício 5.1.33), junto com as propriedades das integrais, para calcular $\int_0^{\pi/2} (2\cos x - 5x)\,dx$.

57. Escreva como uma integral única na forma $\int_a^b f(x)\,dx$:
$$\int_{-2}^2 f(x)\,dx + \int_2^5 f(x)\,dx - \int_{-2}^{-1} f(x)\,dx$$

58. Se $\int_2^8 f(x)\,dx = 7{,}3$ e $\int_2^4 f(x)\,dx = 5{,}9$, encontre $\int_4^8 f(x)\,dx$.

59. Se $\int_0^9 f(x)\,dx = 37$ e $\int_0^9 g(x)\,dx = 16$, encontre
$$\int_0^9 [2f(x) + 3g(x)]\,dx$$

60. Encontre $\int_0^5 f(x)\,dx$ se
$$f(x) = \begin{cases} 3 & \text{para } x < 3 \\ x & \text{para } x \geq 3 \end{cases}$$

61. Para a função f cujo gráfico é apresentado, enumere as expressões abaixo em ordem crescente de valor e explique o seu raciocínio.

(A) $\int_0^8 f(x)\,dx$ (B) $\int_0^3 f(x)\,dx$ (C) $\int_3^8 f(x)\,dx$
(D) $\int_4^8 f(x)\,dx$ (E) $f'(1)$

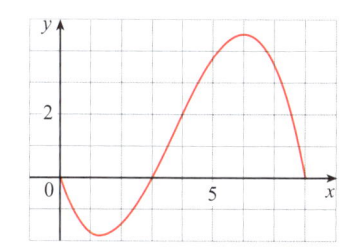

62. Se $F(x) = \int_2^x f(t)\,dt$, onde f é a função cujo gráfico é dado, qual dos valores seguintes é o maior?

(A) $F(0)$ (B) $F(1)$ (C) $F(2)$
(D) $F(3)$ (E) $F(4)$

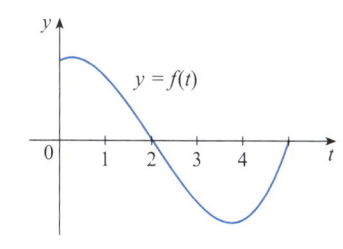

63. Cada uma das regiões A, B e C delimitadas pelo gráfico de f e pelo eixo x tem área 3. Encontre o valor de
$$\int_{-4}^2 [f(x) + 2x + 5]\,dx$$

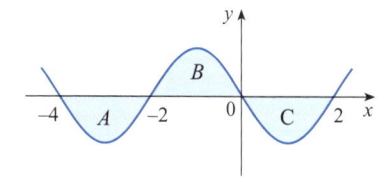

64. Suponha que f tenha um valor mínimo absoluto m e um valor máximo absoluto M. Entre quais dois valores $\int_0^2 f(x)\,dx$ deve ficar? Que propriedade das integrais lhe permite tirar esta conclusão?

65-68 Use as propriedades das integrais para verificar a desigualdade sem calcular as integrais.

65. $\int_0^4 (x^2 - 4x + 4)\, dx \geq 0$

66. $\int_0^1 \sqrt{1+x^2}\, dx \leq \int_0^1 \sqrt{1+x}\, dx$

67. $2 \leq \int_{-1}^1 \sqrt{1+x^2}\, dx \leq 2\sqrt{2}$

68. $\dfrac{\pi}{12} \leq \int_{\pi/6}^{\pi/3} \operatorname{sen} x\, dx \leq \dfrac{\sqrt{3}\,\pi}{12}$

69-74 Use a Propriedade 8 para estimar o valor da integral.

69. $\int_0^1 x^3\, dx$ **70.** $\int_0^3 \dfrac{1}{x+4}\, dx$

71. $\int_{-\pi/3}^{\pi/3} \operatorname{tg} x\, dx$ **72.** $\int_0^2 (x^3 - 3x + 3)\, dx$

73. $\int_0^2 xe^{-x}\, dx$ **74.** $\int_\pi^{2\pi} (x - 2\operatorname{sen} x)\, dx$

75-76 Use as propriedades das integrais, junto com os Exercícios 47 e 48, para demonstrar a desigualdade.

75. $\int_1^3 \sqrt{x^4+1}\, dx \geq \dfrac{26}{3}$ **76.** $\int_0^{\pi/2} x \operatorname{sen} x\, dx \leq \dfrac{\pi^2}{8}$

77. Qual das integrais $\int_1^2 \operatorname{arctg} x\, dx$, $\int_1^2 \operatorname{arctg}\sqrt{x}\, dx$ e $\int_1^2 \operatorname{arctg}(\operatorname{sen} x)\, dx$ tem o maior valor? Por quê?

78. Qual das integrais $\int_0^{0,5} \cos(x^2)\, dx$, $\int_0^{0,5} \cos\sqrt{x}\, dx$ é maior? Por quê?

79. Demonstre a Propriedade 3 das integrais.

80. (a) Para a função f cujo gráfico é apresentado, comprove graficamente que a desigualdade a seguir é válida.

$$\left|\int_a^b f(x)\, dx\right| \leq \int_a^b |f(x)|\, dx$$

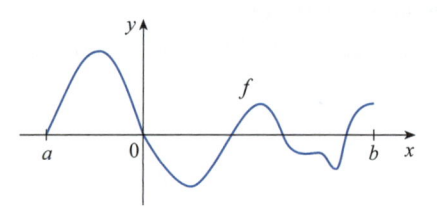

(b) Mostre que a desigualdade da parte (a) é válida para qualquer função que seja contínua em $[a, b]$.

(c) Mostre que

$$\left|\int_a^b f(x) \operatorname{sen} 2x\, dx\right| \leq \int_a^b |f(x)|\, dx$$

81. Seja $f(x) = 0$ se x for um número racional qualquer e $f(x) = 1$ se x for um número irracional qualquer. Mostre que f não é integrável em $[0, 1]$.

82. Sejam $f(0) = 0$ e $f(x) = 1/x$ se $0 < x \leq 1$. Mostre que f não é integrável em $[0, 1]$. [*Dica*: mostre que o primeiro termo na soma de Riemann, $f(x_i^*)\, \Delta x$, pode ser tornado arbitrariamente grande.]

83-84 Expresse o limite como uma integral definida.

83. $\lim\limits_{n\to\infty} \sum\limits_{i=1}^n \dfrac{i^4}{n^5}$ [*Dica*: Considere $f(x) = x^4$.]

84. $\lim\limits_{n\to\infty} \dfrac{1}{n} \sum\limits_{i=1}^n \dfrac{1}{1+(i/n)^2}$

85. Encontre $\int_1^2 x^{-2}\, dx$. *Dica*: Escolha x_i^* como a média geométrica de x_{i-1} e x_i (isto é, $x_i^* = \sqrt{x_{i-1} x_i}$) e use a identidade

$$\dfrac{1}{m(m+1)} = \dfrac{1}{m} - \dfrac{1}{m+1}$$

PROJETO DE DESCOBERTA | FUNÇÕES ÁREA

1. (a) Trace a reta $y = 2t + 1$ e use a geometria para achar a área sob essa reta, acima do eixo t e entre as linhas verticais $t = 1$ e $t = 3$.

(b) Se $x > 1$, seja $A(x)$ a área da região que está sob a reta $y = 2t + 1$ entre $t = 1$ e $t = x$. Esboce essa região e use a geometria para achar uma expressão para $A(x)$.

(c) Derive a função área $A(x)$. O que você observa?

2. (a) Se $x \geq -1$ seja

$$A(x) = \int_{-1}^x (1+t^2)\, dt$$

$A(x)$ representa a área de uma região. Esboce essa região.

(b) Use o resultado do Exercício 5.2.48 para encontrar uma expressão para $A(x)$.

(c) Encontre $A'(x)$. O que você observa?

(d) Se e $x \geq -1$ e h é um número positivo pequeno, então $A(x+h) - A(x)$ representa a área de uma região. Descreva e esboce a região.

(e) Trace um retângulo que aproxime a região da parte (d). Comparando as áreas dessas duas regiões, mostre que

$$\dfrac{A(x+h) - A(x)}{h} \approx 1 + x^2$$

(f) Use a parte (e) para dar uma explicação intuitiva para o resultado da parte (c).

3. (a) Trace o gráfico da função $f(x) = \cos(x^2)$ na janela retangular $[0, 2]$ por $[-1,25; 1,25]$.
(b) Se definirmos uma nova função g por

$$g(x) = \int_0^x \cos(t^2)\, dt$$

então $g(x)$ é a área sob o gráfico de f de 0 até x [até $f(x)$ torna-se negativa, onde $g(x)$ torna-se uma diferença de áreas]. Use a parte (a) para determinar o valor de x no qual $g(x)$ começa a decrescer. [Diferente da integral do Problema 2, é impossível calcular a integral que define g para obter uma expressão explícita para $g(x)$.]
(c) Use o comando de integração em sua calculadora ou computador para estimar $g(0,2)$, $g(0,4), g(0,6), \ldots, g(1,8), g(2)$. A seguir, use esses valores para esboçar um gráfico de g.
(d) Use seu gráfico de g da parte (c) para esboçar o gráfico de g' usando a interpretação de $g'(x)$ como a inclinação de uma reta tangente. Como se comparam os gráficos de g' e de f?

4. Suponha que f seja uma função contínua em um intervalo $[a, b]$ e definimos uma nova função g pela equação

$$g(x) = \int_a^x f(t)\, dt$$

Com base nos seus resultados dos Problemas 1-3, conjecture uma expressão para $g'(x)$.

5.3 O Teorema Fundamental do Cálculo

O nome Teorema Fundamental do Cálculo é apropriado, pois ele estabelece uma conexão entre os dois ramos do cálculo: o cálculo diferencial e o cálculo integral. O cálculo diferencial surgiu do problema da tangente, enquanto o cálculo integral surgiu de um problema aparentemente não relacionado, o problema da área. O mentor de Newton em Cambridge, Isaac Barrow (1630-1677), descobriu que esses dois problemas estão, na verdade, estreitamente relacionados. Ele percebeu que a derivação e a integração são processos inversos. O Teorema Fundamental do Cálculo dá a relação inversa precisa entre a derivada e a integral. Foram Newton e Leibniz que exploraram essa relação e usaram-na para desenvolver o cálculo como um método matemático sistemático. Em particular, eles viram que o Teorema Fundamental os capacitava a calcular áreas e integrais muito mais facilmente, sem que fosse necessário calculá-las como limites de somas, como fizemos nas Seções 5.1 e 5.2.

■ O Teorema Fundamental do Cálculo, Parte 1

A primeira parte do Teorema Fundamental lida com funções definidas por uma equação da forma

$$\boxed{1} \qquad g(x) = \int_a^x f(t)\, dt$$

onde f é uma função contínua de $[a, b]$ e x varia entre a e b. Observe que g depende somente de x, que aparece como o limite superior variável da integral. Se x for um número fixado, então a integral $\int_a^x f(t)\, dt$ é um número definido. Se variarmos x, o número $\int_a^x f(t)\, dt$ também varia e define uma função de x denotada por $g(x)$.

Se f for uma função positiva, então $g(x)$ pode ser interpretada como a área sob o gráfico de f de a até x, onde x pode variar de a até b. (Imagine g como a função "área até aqui"; veja a Figura 1.)

EXEMPLO 1 Se f é a função cujo gráfico é mostrado na Figura 2 e $g(x) = \int_0^x f(t)dt$, encontre os valores de $g(0)$, $g(1)$, $g(2)$, $g(3)$, $g(4)$ e $g(5)$. A seguir, faça um esboço do gráfico de g.

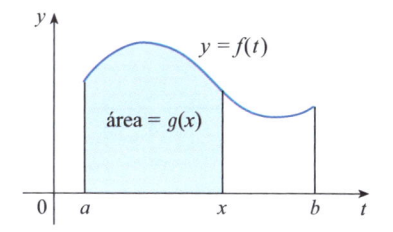

FIGURA 1

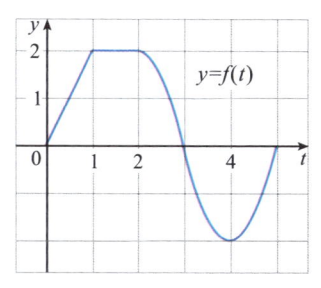

FIGURA 2

SOLUÇÃO Primeiro, observe que $g(0) = \int_0^0 f(t)dt = 0$. A partir da Figura 3, sabemos que $g(1)$ é a área de um triângulo:

$$g(1) = \int_0^1 f(t)dt = \tfrac{1}{2}(1 \cdot 2) = 1$$

Para achar $g(2)$, somamos $g(1)$ à área de um retângulo:

$$g(2) = \int_0^2 f(t)dt = \int_0^1 f(t)dt + \int_1^2 f(t)dt = 1 + (1 \cdot 2) = 3$$

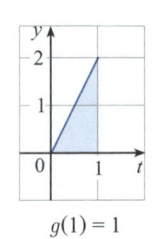

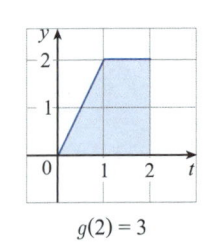

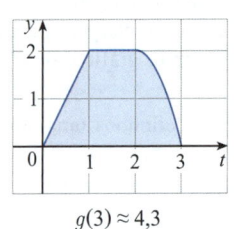

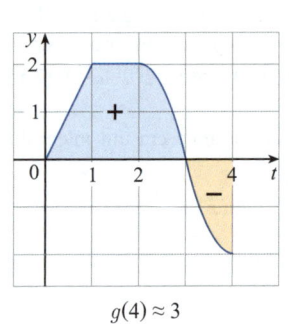

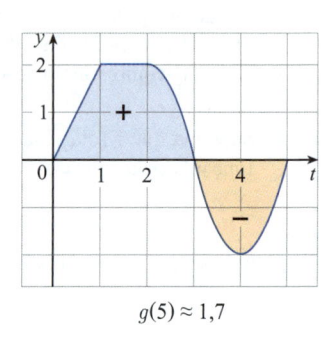

$g(1) = 1$ $g(2) = 3$ $g(3) \approx 4,3$ $g(4) \approx 3$ $g(5) \approx 1,7$

FIGURA 3

Estimamos que a área abaixo da curva definida por f no intervalo de 2 a 3 é aproximadamente 1,3, assim

$$g(3) = g(2) + \int_2^3 f(t)dt \approx 3 + 1,3 = 4,3$$

Para $t > 3$, $f(t)$ é negativa e, dessa forma, começamos a subtrair as áreas:

$$g(4) = g(3) + \int_3^4 f(t)dt \approx 4,3 + (-1,3) = 3,0$$

$$g(5) = g(4) + \int_4^5 f(t)dt \approx 3 + (-1,3) = 1,7$$

Usamos esses valores para fazer o esboço do gráfico de g apresentado na Figura 4. Observe que, pelo fato de $f(t)$ ser positiva para $t < 3$, continuamos adicionando área para $t < 3$ e assim g é crescente até $x = 3$, onde atinge o seu valor máximo. Para $x > 3$, g decresce porque $f(t)$ é negativa. ∎

Se tomarmos $f(t) = t$ e $a = 0$, então, usando o Exercício 47 da Seção 5.2, temos

$$g(x) + \int_0^x t\,dt \approx \frac{x^2}{2}$$

Observe que $g'(x) = x$, isto é, $g' = f$. Em outras palavras, se g for definida como a integral de f pela Equação 1, então g é uma primitiva de f, pelo menos nesse caso. E se esboçarmos a derivada da função g mostrada na Figura 4 pelas inclinações estimadas das tangentes, teremos um gráfico semelhante ao de f na Figura 2. Portanto, suspeitamos que $g' = f$ também no Exemplo 1.

Para ver por que isso pode ser verdadeiro em geral, consideramos qualquer função contínua f com $f(x) \geq 0$. Então, $g(x) = \int_a^x f(t)\,dt$ pode ser interpretada como a área sob o gráfico de f de a até x, como na Figura 1.

A fim de calcular $g'(x)$ a partir da definição de derivada, primeiro observamos que, para $h > 0$, $g(x+h) - g(x)$ é obtida subtraindo áreas, de forma que reste a área sob o gráfico de f de x até $x + h$ (a área em destaque na Figura 5). Para h pequeno, pode-se ver pela figura que essa área é aproximadamente igual à área do retângulo com altura $f(x)$ e largura h:

$$g(x+h) - g(x) \approx hf(x)$$

logo,

$$\frac{g(x+h) - g(x)}{h} \approx f(x)$$

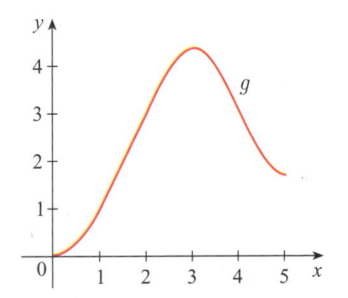

FIGURA 4

$g(x) = \int_0^x f(t)\,dt$

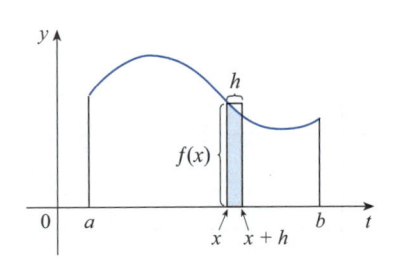

FIGURA 5

Intuitivamente, portanto, esperamos que

$$g'(x) = \lim_{h \to 0} \frac{g(x+h) - g(x)}{h} = f(x)$$

O fato de isso ser verdadeiro, mesmo quando f não é necessariamente positiva, é a primeira parte do Teorema Fundamental do Cálculo.

> **O Teorema Fundamental do Cálculo, Parte 1** Se f for contínua em $[a, b]$, então a função g definida por
>
> $$g'(x) = \int_a^x f(t)\,dt \qquad a \leq x \leq b$$
>
> é contínua em $[a, b]$ e derivável em (a, b) e $g'(x) = f(x)$.

Abreviamos o nome deste teorema por TFC1. Em palavras, ele afirma que a derivada de uma integral definida com relação a seu limite superior é seu integrando calculado no limite superior.

DEMONSTRAÇÃO Se x e $x + h$ estão em (a, b), então

$$g(x+h) - g(x) = \int_a^{x+h} f(t)\,dt - \int_a^x f(t)\,dt$$

$$= \left(\int_a^x f(t)\,dt + \int_x^{x+h} f(t)\,dt \right) - \int_a^x f(t)\,dt \qquad \text{(pela Propriedade 5 das integrais)}$$

$$= \int_x^{x+h} f(t)\,dt$$

logo, para $h \neq 0$,

$$\boxed{2} \qquad \frac{g(x+h) - g(x)}{h} = \frac{1}{h} \int_x^{x+h} f(t)\,dt$$

Por ora, vamos assumir que $h > 0$. Uma vez que f é contínua em $[x, x + h]$, o Teorema dos Valores Extremos afirma que há números u e v em $[x, x + h]$ tais que $f(u) = m$ e $f(v) = M$, onde m e M são valores mínimo e máximo absolutos de f em $[x, x + h]$. (Veja a Figura 6.)

Pela Propriedade 8 das integrais, temos

$$mh \leq \int_x^{x+h} f(t)\,dt \leq Mh$$

isto é, $$f(u)h \leq \int_x^{x+h} f(t)\,dt \leq f(v)h$$

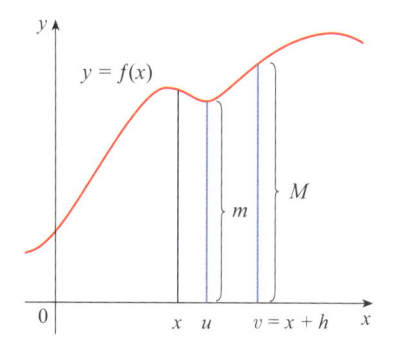

FIGURA 6

Uma vez que $h > 0$, podemos dividir essa desigualdade por h:

$$f(u) \leq \frac{1}{h} \int_x^{x+h} f(t)\,dt \leq f(v)$$

Agora, usamos a Equação 2 para substituir a parte do meio dessa desigualdade:

$$\boxed{3} \qquad f(u) \leq \frac{g(x+h) - g(x)}{h} \leq f(v)$$

A desigualdade 3 pode ser demonstrada de maneira similar para o caso $h < 0$. (Veja o Exercício 87.)

Agora, fazemos $h \to 0$. Então $u \to x$ e $v \to x$, uma vez que u e v estão entre x e $x + h$. Portanto,

$$\lim_{h \to 0} f(u) = \lim_{u \to x} f(u) = f(x) \qquad \text{e} \qquad \lim_{h \to 0} f(v) = \lim_{v \to x} f(v) = f(x)$$

porque f é contínua em x. Concluímos, de (3) e do Teorema do Confronto, que

$$\boxed{4} \qquad g'(x) = \lim_{h \to 0} \frac{g(x+h) - g(x)}{h} = f(x)$$

Se $x = a$ ou b, então a Equação 4 pode ser interpretada como um limite lateral. Então, o Teorema 2.8.4 (modificado para limites laterais) mostra que g é contínua em $[a, b]$. ∎

Usando a notação de Leibniz para as derivadas, podemos escrever o TFC1 como

$$\boxed{5} \qquad \frac{d}{dx}\int_a^x f(t)\,dt = f(x)$$

quando f for contínua. Grosseiramente falando, a Equação 5 nos diz que se primeiro integramos f e então derivamos o resultado, retornamos à função original f.

EXEMPLO 2 Encontre a derivada da função $g(x) = \int_0^x \sqrt{1+t^2}\,dt$.

SOLUÇÃO Uma vez que $f(t) = \sqrt{1+t^2}$ é contínua, a Parte 1 do Teorema Fundamental do Cálculo fornece

$$g'(x) = \sqrt{1+x^2}$$ ∎

EXEMPLO 3 Embora uma fórmula da forma $g(x) = \int_a^x f(t)\,dt$ possa parecer uma maneira estranha de definir uma função, livros de física, química e estatística estão repletos dessas funções. Por exemplo, a **função de Fresnel**

$$S(x) = \int_0^x \text{sen}(\pi x^2/2)\,dt$$

é assim chamada em homenagem ao físico francês Augustin Fresnel (1788-1827), famoso por seus estudos em óptica. Essa função apareceu pela primeira vez na teoria de difração das ondas de luz de Fresnel, porém mais recentemente foi aplicada no planejamento de autoestradas.

A Parte 1 do Teorema Fundamental nos diz como derivar a função de Fresnel:

$$S'(x) = \text{sen}(\pi x^2/2)$$

Isso significa que podemos aplicar todos os métodos do cálculo diferencial para analisar S (veja o Exercício 81).

A Figura 7 mostra os gráficos de $f(x) = \text{sen}(\pi x^2/2)$ e da função de Fresnel $S(x) = \int_0^x f(t)\,dt$. Um computador foi usado para construir um gráfico de S, calculando o valor dessa integral para vários valores de x. De fato, parece que $S(x)$ é a área sob o gráfico de f de 0 até x [até $x \approx 1{,}4$, quando $S(x)$ se torna uma diferença de áreas]. A Figura 8 mostra uma parte maior do gráfico de S.

Se começarmos agora com o gráfico de S da Figura 7 e pensarmos sobre como deve ser sua derivada, parece razoável que $S'(x) = f(x)$. [Por exemplo, S é crescente quando $f(x) > 0$ e decrescente quando $f(x) < 0$.] Logo, isso nos dá uma confirmação visual da Parte 1 do Teorema Fundamental do Cálculo. ∎

FIGURA 7
$f(x) = \text{sen}(\pi x^2/2)$
$S(x) = \int_0^x \text{sen}(\pi t^2/2)\,dt$

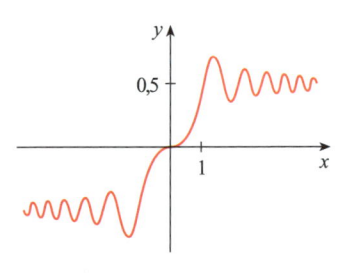

FIGURA 8
A função de Fresnel
$S(x) = \int_0^x \text{sen}(\pi t^2/2)\,dt$

EXEMPLO 4 Encontre $\dfrac{d}{dx}\int_1^{x^4} \sec t\,dt$.

SOLUÇÃO Aqui, devemos ser cuidadosos ao usar a Regra da Cadeia com o TFC1. Seja $u = x^4$. Então

$$\begin{aligned}
\frac{d}{dx}\int_1^{x^4}\sec t\,dt &= \frac{d}{dx}\int_1^u \sec t\,dt \\
&= \frac{d}{du}\left[\int_1^u \sec t\,dt\right]\frac{du}{dx} \quad \text{(pela Regra da Cadeia)} \\
&= \sec u\,\frac{du}{dx} \quad \text{(por TFC1)} \\
&= \sec(x^4)\cdot 4x^3
\end{aligned}$$ ∎

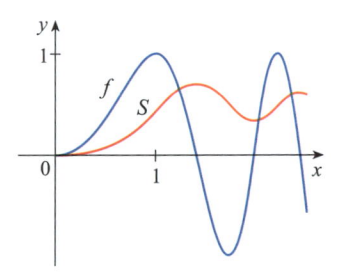

■ O Teorema Fundamental do Cálculo, Parte 2

Na Seção 5.2 calculamos as integrais, a partir da definição, como um limite de somas de Riemann e vimos que esse procedimento é às vezes longo e difícil. A segunda parte do Teorema Fundamental do Cálculo, que segue facilmente da primeira parte, nos fornece um método muito mais simples para o cálculo de integrais.

> **O Teorema Fundamental do Cálculo, Parte 2** Se f for contínua em $[a, b]$, então
> $$\int_a^b f(x)\,dx = F(b) - F(a)$$
> onde F é qualquer primitiva de f, isto é, uma função tal que $F' = f$.

Abreviamos este teorema por TFC2.

DEMONSTRAÇÃO Seja $g(x) = \int_a^x f(t)\,dt$. Sabemos da Parte 1 que $g'(x) = f(x)$; isto é, g é uma primitiva de f. Se F for qualquer outra primitiva de f em $[a, b]$, então sabemos, do Corolário 4.2.7, que F e g diferem por uma constante:

$$\boxed{6} \qquad F(x) = g(x) + C$$

para $a < x < b$. No entanto, tanto F quanto g são contínuas em $[a, b]$ e, portanto, tomando limites em ambos os lados da Equação 6 (quando $x \to a^+$ e $x \to b^-$), vemos que isso também é válido quando $x = a$ e $x = b$. Assim, $F(x) = g(x) + C$ para todo x em $[a, b]$.

Se fizermos $x = a$ na fórmula de $g(x)$, obteremos

$$g(a) = \int_a^a f(t)\,dt = 0$$

Portanto, usando a Equação 6 com $x = b$ e $x = a$, temos

$$F(b) - F(a) = [g(b) + C] - [g(a) + C]$$
$$= g(b) - g(a) = g(b) = \int_a^b f(t)\,dt \qquad \blacksquare$$

A Parte 2 do Teorema Fundamental afirma que se conhecermos uma primitiva F de f, então poderemos calcular $\int_a^b f(x)\,dx$ simplesmente subtraindo os valores de F nas extremidades do intervalo $[a, b]$. É surpreendente que $\int_a^b f(x)\,dx$, definida por um procedimento complicado envolvendo todos os valores de $f(x)$ para $a \leq x \leq b$, possa ser encontrada sabendo-se os valores de $F(x)$ em somente dois pontos, a e b.

Embora o Teorema possa ser surpreendente à primeira vista, ele fica plausível se o interpretamos em termos físicos. Se $v(t)$ é a velocidade de um objeto e $s(t)$ é sua posição no instante t, então $v(t) = s'(t)$, de forma que s é uma primitiva de v. Na Seção 5.1 consideramos um objeto que se move sempre no sentido positivo e fizemos a observação de que a área sob a curva da velocidade é igual à distância percorrida. Em símbolos:

$$\int_a^b v(t)\,dt = s(b) - s(a)$$

Isso é exatamente o que o TFC2 diz nesse contexto.

EXEMPLO 5 Calcule a integral $\int_1^3 e^x\,dx$.

SOLUÇÃO A função $f(x) = e^x$ é contínua em toda parte e sabemos que uma primitiva é $F(x) = e^x$, logo, pela Parte 2 do Teorema Fundamental, temos

$$\int_1^3 e^x\,dx = F(3) - F(1) = e^3 - e$$

Compare os cálculos no Exemplo 5 com os muito mais difíceis no Exemplo 5.2.4.

Observe que TFC2 diz que podemos usar *qualquer* primitiva F de f. Então, podemos usar a mais simples, isto é, $F(x) = e^x$, no lugar de $e^x + 7$ ou $e^x + C$. ∎

Notação Frequentemente usamos a notação

$$F(x)\Big]_a^b = F(b) - F(a)$$

Logo, a equação do TFC2 pode ser escrita como

$$\int_a^b f(x)\,dx = F(x)\Big]_a^b \qquad \text{onde} \qquad F' = f$$

Outras notações comuns são $F(x)\big|_a^b$ e $[F(x)]_a^b$.

EXEMPLO 6 Encontre a área sob a parábola $y = x^2$ de 0 até 1.

SOLUÇÃO Uma primitiva de $f(x) = x^2$ é $F(x) = \frac{1}{3}x^3$. A área A pedida é encontrada usando-se a Parte 2 do Teorema Fundamental:

$$A = \int_0^1 x^2\,dx = \frac{x^3}{3}\Big]_0^1 = \frac{1^3}{3} - \frac{0^3}{3} = \frac{1}{3}$$

Ao aplicarmos o Teorema Fundamental, usamos uma primitiva específica F de f. Não é necessário usar a primitiva mais geral.

Se você comparar o cálculo do Exemplo 6 com o do Exemplo 5.1.2, verá que o Teorema Fundamental fornece um método *muito* mais curto.

EXEMPLO 7 Calcule $\int_3^6 \frac{dx}{x}$.

SOLUÇÃO A integral dada é outra forma de escrever

$$\int_3^6 \frac{1}{x}\,dx$$

Uma primitiva de $f(x) = 1/x$ é $F(x) = \ln|x|$ e, como $3 \leq x \leq 6$, podemos escrever $F(x) = \ln x$. Logo,

$$\int_3^6 \frac{1}{x}\,dx = \ln x \Big]_3^6 = \ln 6 - \ln 3 = \ln \frac{6}{3} = \ln 2$$

EXEMPLO 8 Encontre a área sob a curva cosseno de 0 até b, onde $0 \leq b \leq \pi/2$.

SOLUÇÃO Uma vez que uma primitiva de $f(x) = \cos x$ é $F(x) = \operatorname{sen} x$, temos

$$A = \int_0^b \cos x\,dx = \operatorname{sen} x \Big]_0^b = \operatorname{sen} b - \operatorname{sen} 0 = \operatorname{sen} b$$

Em particular, tomando $b = \pi/2$, teremos demonstrado que a área sob a curva cosseno de 0 até $\pi/2$ é $\operatorname{sen}(\pi/2) = 1$. (Veja a Figura 9.)

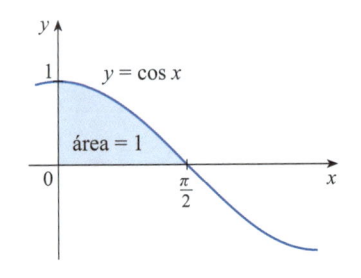

FIGURA 9

Quando o matemático francês Gilles de Roberval encontrou a área sob as curvas seno e cosseno, em 1635, isso era um problema muito desafiador que requeria grande dose de engenhosidade. Se não tivéssemos a vantagem do Teorema Fundamental, teríamos de calcular um limite de somas difícil usando obscuras identidades trigonométricas (ou um SCA, como no Exercício 5.1.33). Foi mais difícil para Roberval, porque o aparato dos limites não havia sido inventado em 1635. Mas nas décadas de 1660 e 1670, quando o Teorema Fundamental foi descoberto por Barrow e explorado por Newton e Leibniz, esses problemas ficaram muito fáceis, como você pode ver no Exemplo 8.

EXEMPLO 9 O que está errado no seguinte cálculo?

$$\int_{-1}^3 \frac{1}{x^2}\,dx = \frac{x^{-1}}{-1}\Big]_{-1}^3 = -\frac{1}{3} - 1 = -\frac{4}{3}$$

SOLUÇÃO Para começarmos, observamos que esse cálculo deve estar errado, pois a resposta é negativa, mas $f(x) = 1/x^2 \geq 0$ e a Propriedade 6 de integrais afirma que $\int_a^b f(x)\,dx \geq 0$ quando $f \geq 0$. O Teorema Fundamental do Cálculo aplica-se a funções contínuas. Ele não pode ser aplicado aqui, pois $f(x) = 1/x^2$ não é contínua em $[-1, 3]$. De fato, f tem uma descontinuidade infinita em $x = 0$, e veremos na Seção 7.8 que

$$\int_{-1}^{3} \frac{1}{x^2}\,dx \qquad \text{não existe} \qquad \blacksquare$$

■ Diferenciação e Integração como Processos Inversos

Vamos finalizar esta seção justapondo as duas partes do Teorema Fundamental.

Teorema Fundamental do Cálculo Suponha que f seja contínua em $[a, b]$.

1. Se $g(x) = \int_a^x f(t)\,dt$, então $g'(x) = f(x)$.
2. $\int_a^b f(x)\,dx = F(b) - F(a)$, onde F é qualquer primitiva de f, isto é, uma função tal que $F' = f$.

Observamos que a Parte 1 pode ser reescrita como

$$\frac{d}{dx}\int_a^x f(t)\,dt = f(x)$$

Isso indica que, se integrarmos uma função contínua f e, em seguida, derivarmos o resultado, obteremos novamente a função original f. Além disso, podemos usar a Parte 2 do teorema para escrever

$$\int_a^x F'(t)\,dt = F(x) - F(a)$$

que indica que, se derivarmos uma função F e, em seguida, integrarmos o resultado, voltaremos a obter a função F, salvo pela constante $F(a)$. Assim, consideradas em conjunto, as duas partes do Teorema Fundamental do Cálculo indicam que a integração e a diferenciação são processos inversos.

O Teorema Fundamental do Cálculo é inquestionavelmente o mais importante do cálculo e realmente é um dos grandes feitos da mente humana. Antes de sua descoberta, desde os tempos de Eudóxio e Arquimedes até os de Galileu e Fermat, os problemas de encontrar áreas, volumes e comprimentos de curva eram tão difíceis que somente um gênio poderia fazer frente ao desafio e, mesmo assim, apenas em casos muito particulares. Agora, porém, armados com o método sistemático que Leibniz e Newton configuraram a partir do Teorema Fundamental, veremos nos capítulos a seguir que esses problemas desafiadores são acessíveis a todos nós.

5.3 | Exercícios

1. Explique exatamente o significado da afirmação "derivação e integração são processos inversos".

2. Seja $g(x) = \int_0^x f(t)\,dt$, onde f é a função cujo gráfico é mostrado.
   (a) Calcule $g(x)$ para $x = 0, 1, 2, 3, 4, 5$ e 6.
   (b) Estime $g(7)$.
   (c) Onde g tem um valor máximo? Onde possui um valor mínimo?
   (d) Faça um esboço do gráfico de g.

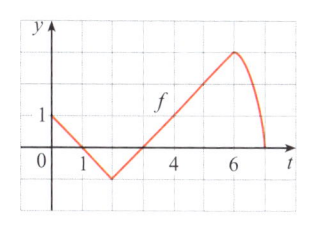

3. Seja $g(x) = \int_0^x f(t)\, dt$, onde f é a função cujo gráfico é mostrado.
  (a) Calcule $g(0)$, $g(1)$, $g(2)$, $g(3)$ e $g(6)$.
  (b) Em que intervalos g está crescendo?
  (c) Onde g tem um valor máximo?
  (d) Faça um esboço do gráfico de g.

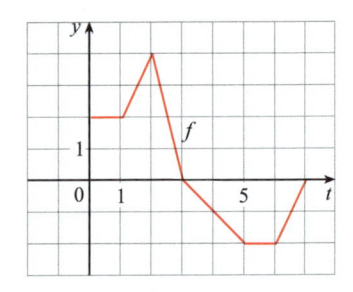

4. Seja $g(x) = \int_0^x f(t)\, dt$, em que f é a função cujo gráfico é mostrado.
  (a) Use a Parte 1 do Teorema Fundamental do Cálculo para traçar o gráfico de g'.
  (b) Determine $g(3)$, $g'(3)$ e $g''(3)$.
  (c) Em $x = 6$, a função g possui um máximo local, um mínimo local ou nenhum dos dois?
  (d) Em $x = 9$, a função g possui um máximo local, um mínimo local ou nenhum dos dois?

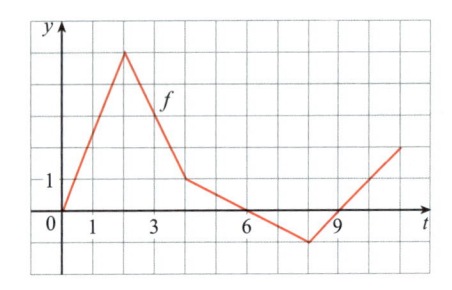

5-6 A figura mostra o gráfico da função f. Seja g a função que representa a área sob o gráfico de f no intervalo de 0 a x.
  (a) Use seus conhecimentos de geometria para encontrar uma fórmula para $g(x)$.
  (b) Comprove que g é uma primitiva de f e explique como isso confirma a Parte 1 do Teorema Fundamental do Cálculo, para a função f.

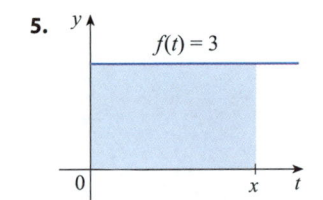

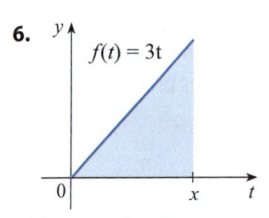

5. $f(t) = 3$

6. $f(t) = 3t$

7-8 Esboce a área representada por $g(x)$. A seguir, encontre $g'(x)$ de duas formas: (a) utilizando a Parte 1 do Teorema Fundamental e (b) calculando a integral usando a Parte 2 e, então, derivando.

7. $g(x) = \int_1^x t^2\, dt$

8. $g(x) = \int_0^x (2 + \operatorname{sen} t)\, dt$

9-20 Use a Parte 1 do Teorema Fundamental do Cálculo para encontrar a derivada da função.

9. $g(x) = \int_0^x \sqrt{t + t^3}\, dt$

10. $g(x) = \int_1^x \ln(1 + t^2)\, dt$

11. $g(w) = \int_0^w \operatorname{sen}(1 + t^3)\, dt$

12. $h(u) = \int_0^u \dfrac{\sqrt{t}}{t+1}\, dt$

13. $F(x) = \int_x^0 \sqrt{1 + \sec t}\, dt$
  $\left[Dica : \int_x^0 \sqrt{1 + \sec t}\, dt = -\int_0^x \sqrt{1 + \sec t}\, dt\right]$

14. $A(w) = \int_w^{-1} e^{t + t^2}\, dt$

15. $h(x) = \int_1^{e^x} \ln t\, dt$

16. $h(x) = \int_1^{\sqrt{x}} \dfrac{z^2}{z^4 + 1}\, dz$

17. $y = \int_1^{3x+2} \dfrac{t}{1+t^3}\, dt$

18. $y = \int_0^{\operatorname{tg} x} e^{-t^2}\, dt$

19. $y = \int_{\sqrt{x}}^{\pi/4} \theta\, \operatorname{tg} \theta\, d\theta$

20. $y = \int_{1/x}^4 \sqrt{1 + \dfrac{1}{t}}\, dt$

21-24 Use a Parte 2 do Teorema Fundamental do Cálculo para calcular a integral e interprete o resultado como uma área ou uma diferença entre áreas, ilustrando-o com um esboço.

21. $\int_{-1}^2 x^3\, dx$

22. $\int_0^4 (x^2 - 4x)\, dx$

23. $\int_{\pi/2}^{2\pi} (2 \operatorname{sen} x)\, dx$

24. $\int_{-1}^2 (e^x + 2)\, dx$

25-54 Calcule a integral.

25. $\int_1^3 (x^x + 2x - 4)\, dx$

26. $\int_{-1}^1 x^{100}\, dx$

27. $\int_0^2 \left(\tfrac{4}{5}t^3 - \tfrac{3}{4}t^2 + \tfrac{2}{5}t\right) dt$

28. $\int_0^1 (1 - 8v^3 + 16v^7)\, dv$

29. $\int_1^9 \sqrt{x}\, dx$

30. $\int_1^8 x^{-2/3}\, dx$

31. $\int_0^4 (t^2 + t^{3/2})\, dt$

32. $\int_1^3 \left(\dfrac{1}{z^2} + \dfrac{1}{z^3}\right) dz$

33. $\int_{\pi/2}^0 \cos \theta\, d\theta$

34. $\int_{-5}^5 e\, dx$

35. $\int_0^1 (u+2)(u-3)\, du$

36. $\int_0^4 (4-t)\sqrt{t}\, dt$

37. $\int_1^4 \dfrac{2 + x^2}{\sqrt{x}}\, dx$

38. $\int_{-1}^2 (3u - 2)(u + 1)\, du$

39. $\int_1^3 \left(2x + \dfrac{1}{x}\right) dx$

40. $\int_5^5 \sqrt{t^2 + \operatorname{sen} t}\, dt$

41. $\int_0^{\pi/3} \sec \theta\, \operatorname{tg} \theta\, d\theta$

42. $\int_1^3 \dfrac{y^3 - 2y^2 - y}{y^2}\, dy$

43. $\int_0^1 (1+r)^3\, dr$

44. $\int_0^3 (2\operatorname{sen} x - e^x)\, dx$

45. $\int_1^2 \dfrac{v^3 + 3v^6}{v^4}\, dv$

46. $\int_1^{18} \sqrt{\dfrac{3}{z}}\, dz$

47. $\int_0^1 (x^e + e^x)\, dx$

48. $\int_0^1 \cosh t\, dt$

49. $\int_{1/\sqrt{3}}^{\sqrt{3}} \dfrac{8}{1 + x^2}\, dx$

50. $\int_1^3 \dfrac{(3x+1)^2}{x^3}\, dx$

51. $\int_0^4 2^s\, ds$

52. $\int_{1/2}^{1/\sqrt{2}} \dfrac{4}{\sqrt{1 - x^2}}\, dx$

53. $\int_0^\pi f(x)\,dx$ onde $f(x) = \begin{cases} \text{sen } x & \text{se } 0 \leq x < \pi/2 \\ \cos x & \text{se } \pi/2 \leq x \leq \pi \end{cases}$

54. $\int_{-2}^2 f(x)\,dx$ onde $f(x) = \begin{cases} 2 & \text{se } -2 \leq x \leq 0 \\ 4 - x^2 & \text{se } 0 < x \leq 2 \end{cases}$

55-58 Esboce a região delimitada pelas curvas dadas e calcule sua área.

55. $y = \sqrt{x}$, $y = 0$, $x = 4$
56. $y = x^3$, $y = 0$, $x = 1$
57. $y = 4 - x^2$, $y = 0$
58. $y = 2x - x^2$, $y = 0$

59-62 Use um gráfico para dar uma estimativa grosseira da área da região que fica abaixo da curva dada. Encontre a seguir a área exata.

59. $y = \sqrt[3]{x}$, $0 \leq x \leq 27$
60. $y = x^{-4}$, $1 \leq x \leq 6$
61. $y = \text{sen } x$, $0 \leq x \leq \pi$
62. $y = \sec^2 x$, $0 \leq x \leq \pi/3$

63-66 O que está errado com as equações?

63. $\int_{-2}^1 x^{-4}\,dx = \left.\dfrac{x^{-3}}{-3}\right]_{-2}^1 = -\dfrac{3}{8}$

64. $\int_{-1}^2 \dfrac{4}{x^3}\,dx = \left.-\dfrac{2}{x^2}\right]_{-1}^2 = \dfrac{3}{2}$

65. $\int_{\pi/3}^\pi \sec\theta\,\text{tg}\,\theta\,d\theta = \left.\sec\theta\right]_{\pi/3}^\pi = -3$

66. $\int_0^\pi \sec^2 x\,dx = \left.\text{tg } x\right]_0^\pi = 0$

67-71 Encontre a derivada da função.

67. $g(x) = \int_{2x}^{3x} \dfrac{u^2 - 1}{u^2 + 1}\,du$

$\left[\text{Dica: } \int_{2x}^{3x} f(u)\,du = \int_{2x}^0 f(u)\,du + \int_0^{3x} f(u)\,du\right]$

68. $g(x) = \int_{1-2x}^{1+2x} t\,\text{sen } t\,dt$

69. $F(x) = \int_x^{x^2} e^{t^2}\,dt$

70. $F(x) = \int_{\sqrt{x}}^{2x} \text{arctg } t\,dt$

71. $y = \int_{\cos x}^{\text{sen } x} \ln(1 + 2v)\,dv$

72. Se $f(x) = \int_0^x (1 - t^2)\,e^{t^2}\,dt$, em qual intervalo f é crescente?

73. Em qual intervalo a curva

$$y = \int_0^x \dfrac{t^2}{t^2 + t + 2}\,dt$$

é côncava para baixo?

74. Seja $F(x) = \int_1^x f(t)\,dt$, onde f é a função cujo gráfico é mostrado. Onde F é côncava para baixo?

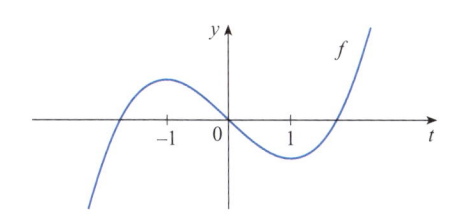

75. Seja $F(x) = \int_2^x e^{t^2}\,dt$. Encontre uma equação da reta tangente à curva $y = F(x)$ no ponto com coordenada x igual a 2.

76. Se $f(x) = \int_0^{\text{sen } x} \sqrt{1 + t^2}\,dt$, e $g(y) = \int_3^y f(x)\,dx$, encontre $g''(\pi/6)$.

77-78 Use a Regra de l'Hôspital para calcular o limite.

77. $\displaystyle\lim_{x \to 0} \dfrac{1}{x^2} \int_0^x \dfrac{2t}{\sqrt{t^3 + 1}}\,dt$

78. $\displaystyle\lim_{x \to \infty} \dfrac{1}{x^2} \int_0^x \ln(1 + e^t)\,dt$

79. Se $f(1) = 12$, f' é contínua e $\int_1^4 f'(x)\,dx = 17$, qual é o valor de $f(4)$?

80. A Função Erro A função erro dada por

$$\text{erf}(x) = \dfrac{2}{\sqrt{\pi}} \int_0^x e^{-t^2}\,dt$$

é muito usada em probabilidade, estatística e engenharia.
(a) Mostre que $\int_a^b e^{-t^2}\,dt = \dfrac{1}{2}\sqrt{\pi}\,[\text{erf}(b) - \text{erf}(a)]$.
(b) Mostre que a função $y = e^{x^2}\text{erf}(x)$ satisfaz a equação diferencial $y' = 2xy + 2/\sqrt{\pi}$.

81. A Função Fresnel A função de Fresnel S foi definida no Exemplo 3, e seu gráfico é representado nas Figuras 7 e 8.
(a) Em que valores de x essa função tem valores máximos locais?
(b) Em que intervalos a função é côncava para cima?
(c) Use um gráfico para resolver a seguinte equação, com precisão de duas casas decimais:

$$\int_0^x \text{sen}(\pi t^2 / 2)\,dt = 0,2$$

82. A Função Seno Integral A *função seno integral*

$$\text{Si}(x) = \int_0^x \dfrac{\text{sen } t}{t}\,dt$$

é importante em engenharia elétrica. [O integrando $f(t) = (\text{sen } t)/t$ não está definido quando $t = 0$, mas sabemos que seu limite é 1 quando $t \to 0$. Logo, definimos $f(0) = 1$ e isso faz de f uma função contínua em toda parte.]
(a) Trace o gráfico de Si.
(b) Em que valores de x essa função tem valores máximos locais?
(c) Encontre as coordenadas do primeiro ponto de inflexão à direita da origem.
(d) Essa função tem assíntotas horizontais?
(e) Resolva a seguinte equação com precisão de uma casa decimal:

$$\int_0^x \dfrac{\text{sen } t}{t}\,dt = 1$$

83-84 Seja $g(x) = \int_0^x f(t)\,dt$, onde f é a função cujo gráfico é mostrado.
(a) Em que valores de x ocorrem os valores máximos e mínimos locais de g?
(b) Onde g atinge seu valor máximo absoluto?
(c) Em que intervalos g é côncavo para baixo?
(d) Esboce o gráfico de g.

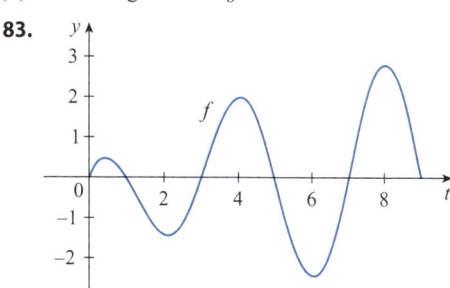

83.

84.

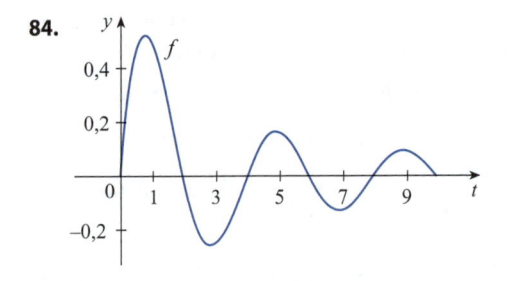

[Gráfico de função oscilante amortecida com valores em t = 1, 3, 5, 7, 9]

85-86 Calcule o limite, reconhecendo primeiro a soma como uma soma de Riemann para uma função definida em [0, 1].

85. $\lim_{n\to\infty} \sum_{i=1}^{n} \left(\frac{i^4}{n^5} + \frac{i}{n^2} \right)$

86. $\lim_{n\to\infty} \frac{1}{n} \left(\sqrt{\frac{1}{n}} + \sqrt{\frac{2}{n}} + \sqrt{\frac{3}{n}} + \cdots + \sqrt{\frac{n}{n}} \right)$

87. Justifique (3) para o caso $h < 0$.

88. Se f é contínua e g e h são funções deriváveis, encontre uma fórmula para

$$\frac{d}{dx} \int_{g(x)}^{h(x)} f(t)\,dt = f(h(x))h'(x) - f(g(x))g'(x)$$

89. (a) Mostre que $1 \le \sqrt{1+x^3} \le 1 + x^3$ para $x \ge 0$.

(b) Mostre que $1 \le \int_0^1 \sqrt{1+x^3}\,dx \le 1{,}25$.

90. (a) Mostre que $\cos(x^2) \ge \cos x$ para $0 \le x \le 1$.

(b) Deduza que $\int_0^{\pi/6} \cos(x^2)\,dx \ge \frac{1}{2}$.

91. Mostre que

$$0 \le \int_5^{10} \frac{x^2}{x^4+x^2+1}\,dx \le 0{,}1$$

comparando o integrando a uma função mais simples.

92. Considere

$$f(x) = \begin{cases} 0 & \text{se } x < 0 \\ x & \text{se } 0 \le x \le 1 \\ 2-x & \text{se } 1 < x \le 2 \\ 0 & \text{se } x > 2 \end{cases}$$

e $$g(x) = \int_0^x f(t)\,dt$$

(a) Ache uma expressão para $g(x)$ similar àquela para $f(x)$.
(b) Esboce os gráficos de f e g.
(c) Onde f é derivável? Onde g é derivável?

93. Encontre uma função f e um número a tais que

$$6 + \int_a^x \frac{f(t)}{t^2}\,dt = 2\sqrt{x} \qquad \text{para todo } x > 0$$

94. A área marcada B é três vezes a área marcada A. Expresse b em termos de a.

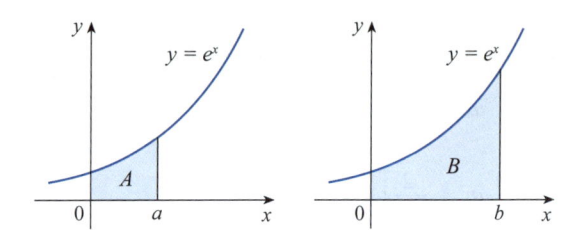

[Gráficos de $y = e^x$ com áreas A (de 0 a a) e B (de a a b)]

95. Uma empresa possui uma máquina que se deprecia a uma taxa contínua $f(t)$, onde t é o tempo medido em meses desde seu último recondicionamento. Como a cada vez em que a máquina é recondicionada incorre-se em um custo fixo A, a empresa deseja determinar o tempo ideal T (em meses) entre os recondicionamentos.

(a) Explique por que $\int_0^t f(s)\,ds$ representa a perda do valor da máquina sobre o período de tempo t desde o último recondicionamento.

(b) Seja $C = C(t)$ dado por

$$C(t) = \frac{1}{t}\left[A + \int_0^t f(s)\,ds\right]$$

O que representa C e por que a empresa quer minimizar C?

(c) Mostre que C tem um valor mínimo nos números $t = T$ onde $C(T) = f(T)$.

5.4 | Integrais Indefinidas e o Teorema da Variação Total

Vimos na Seção 5.3 que a segunda parte do Teorema Fundamental do Cálculo fornece um método muito poderoso para calcular a integral definida de uma função, desde que possamos encontrar uma primitiva dessa função. Nesta seção, vamos introduzir uma notação para primitivas, rever as fórmulas para as primitivas e então usá-las para calcular integrais definidas. Também reformularemos o TFC2, para torná-lo mais facilmente aplicável a problemas da ciência e engenharia.

■ Integrais Indefinidas

Ambas as partes do Teorema Fundamental estabelecem conexões entre as primitivas e as integrais definidas. A Parte 1 diz que se f é contínua, então $\int_a^x f(t)\,dt$ é uma primitiva de f. A Parte 2 diz que $\int_a^b f(x)\,dx$ pode ser encontrado calculando-se $F(b) - F(a)$, onde F é uma primitiva de f.

Precisamos de uma notação conveniente para primitivas que torne fácil trabalhar com elas. Em virtude da relação entre primitivas e integrais dada pelo Teorema Fundamental, a notação $\int f(x)\,dx$ é tradicionalmente usada para a primitiva de f e é chamada **integral indefinida**. Logo,

$$\int f(x)\,dx = F(x) \quad \text{significa} \quad F'(x) = f(x)$$

Por exemplo, podemos escrever

$$\int x^2\,dx = \frac{x^3}{3} + C \quad \text{pois} \quad \frac{d}{dx}\left(\frac{x^3}{3} + C\right) = x^2$$

Portanto, podemos olhar uma integral indefinida como representando toda uma *família* de funções (uma primitiva para cada valor da constante C).

Você deve fazer uma distinção cuidadosa entre integral definida e indefinida. Uma integral definida $\int_a^b f(x)\,dx$ é um *número*, enquanto uma integral indefinida $\int f(x)\,dx$ é uma *função* (ou uma família de funções). A conexão entre elas é dada pela Parte 2 do Teorema Fundamental: se f é contínua em $[a, b]$, então

$$\int_a^b f(x)\,dx = \int f(x)\,dx \Big]_a^b$$

A eficiência do Teorema Fundamental depende de termos um suprimento de primitivas de funções. Portanto, vamos apresentar de novo a Tabela de Fórmulas de Primitivação da Seção 4.9, com algumas outras, na notação de integrais indefinidas. Cada fórmula pode ser verificada derivando-se a função do lado direito e obtendo-se o integrando. Por exemplo,

$$\int \sec^2 x\,dx = \operatorname{tg} x + C \quad \text{pois} \quad \frac{d}{dx}(\operatorname{tg} x + C) = \sec^2 x$$

---

1 Tabela de Integrais Indefinidas

$$\int cf(x)\,dx = c\int f(x)\,dx \qquad \int [f(x) + g(x)]\,dx = \int f(x)\,dx + \int g(x)\,dx$$

$$\int k\,dx = kx + C$$

$$\int x^n\,dx = \frac{x^{n+1}}{n+1} + C \quad (n \neq -1) \qquad \int \frac{1}{x}\,dx = \ln|x| + C$$

$$\int e^x\,dx = e^x + C \qquad \int b^x\,dx = \frac{b^x}{\ln b} + C$$

$$\int \operatorname{sen} x\,dx = -\cos x + C \qquad \int \cos x\,dx = \operatorname{sen} x + C$$

$$\int \sec^2 x\,dx = \operatorname{tg} x + C \qquad \int \operatorname{cossec}^2 x\,dx = -\operatorname{cotg} x + C$$

$$\int \sec x\,\operatorname{tg} x\,dx = \sec x + C \qquad \int \operatorname{cossec} x\,\operatorname{cotg} x\,dx = -\operatorname{cossec} x + C$$

$$\int \frac{1}{x^2 + 1}\,dx = \operatorname{tg}^{-1} x + C \qquad \int \frac{1}{\sqrt{1 - x^2}}\,dx = \operatorname{sen}^{-1} x + C$$

$$\int \operatorname{senh} x\,dx = \cosh x + C \qquad \int \cosh x\,dx = \operatorname{senh} x + C$$

Lembre-se de que, pelo Teorema 4.9.1, a primitiva mais geral *sobre um dado intervalo* é obtida adicionando-se uma constante a uma dada primitiva. **Adotamos a convenção de que quando uma fórmula para uma integral indefinida geral é dada, ela é válida somente em um intervalo**. Assim, escrevemos

$$\int \frac{1}{x^2}\,dx = -\frac{1}{x} + C$$

subentendendo que isso é válido no intervalo $(0, \infty)$ ou no intervalo $(-\infty, 0)$. Isso é verdadeiro apesar do fato de que a primitiva geral da função $f(x) = 1/x^2$, $x \neq 0$, é

$$F(x) = \begin{cases} -\dfrac{1}{x} + C_1 & \text{se } x < 0 \\ -\dfrac{1}{x} + C_2 & \text{se } x > 0 \end{cases}$$

A integral indefinida no Exemplo 1 tem seu gráfico traçado na Figura 1 para vários valores de C. Aqui o valor de C é a intersecção com o eixo y.

FIGURA 1

EXEMPLO 1 Encontre a integral indefinida geral

$$\int (10x^4 - 2\sec^2 x)\,dx$$

SOLUÇÃO Usando nossa convenção e a Tabela 1, temos

$$\int (10x^4 - 2\sec^2 x)\,dx = 10\int x^4\,dx - 2\int \sec^2 x\,dx$$

$$= 10\frac{x^5}{5} - 2\,\text{tg}\,x + C$$

$$= 2x^5 - 2\,\text{tg}\,x + C$$

Você pode verificar essa resposta derivando-a. ∎

EXEMPLO 2 Calcule $\displaystyle\int \frac{\cos\theta}{\text{sen}^2\theta}\,d\theta$.

SOLUÇÃO Essa integral indefinida não é imediatamente reconhecível na Tabela 1, logo, usamos identidades trigonométricas para reescrever a função antes de integrá-la:

$$\int \frac{\cos\theta}{\text{sen}^2\theta}\,d\theta = \int \left(\frac{1}{\text{sen}\,\theta}\right)\left(\frac{\cos\theta}{\text{sen}\,\theta}\right) d\theta$$

$$= \int \text{cossec}\,\theta\,\text{cotg}\,\theta\,d\theta = -\text{cossec}\,\theta + C \quad \blacksquare$$

EXEMPLO 3 Calcule $\displaystyle\int_0^3 (x^3 - 6x)\,dx$.

SOLUÇÃO Usando o TFC2 e a Tabela 1, temos

$$\int_0^3 (x^3 - 6x)\,dx = \frac{x^4}{4} - 6\frac{x^2}{2}\Bigg]_0^3$$

$$= \left(\tfrac{1}{4}\cdot 3^4 - 3\cdot 3^2\right) - \left(\tfrac{1}{4}\cdot 0^4 - 3\cdot 0^2\right)$$

$$= \tfrac{81}{4} - 27 - 0 + 0 = -6{,}75$$

Compare esse cálculo com o Exemplo 5.2.3. ∎

A Figura 2 mostra o gráfico do integrando no Exemplo 4. Sabemos da Seção 5.2 que o valor da integral pode ser interpretado como a área resultante: soma de áreas com o sinal de mais menos a área com o sinal de menos.

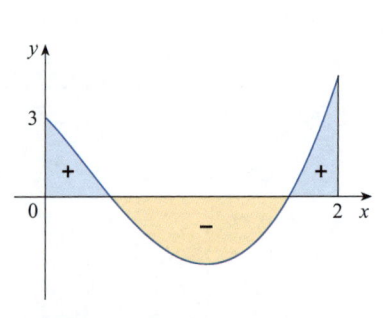

FIGURA 2

EXEMPLO 4 Encontre $\displaystyle\int_0^2 \left(2x^3 - 6x + \frac{3}{x^2+1}\right)dx$ e interprete o resultado em termos de áreas.

SOLUÇÃO O Teorema Fundamental fornece

$$\int_0^2 \left(2x^3 - 6x + \frac{3}{x^2+1}\right)dx = 2\frac{x^4}{4} - 6\frac{x^2}{2} + 3\,\text{tg}^{-1} x\,\Bigg]_0^2$$

$$= \tfrac{1}{2}x^4 - 3x^2 + 3\,\text{tg}^{-1} x\,\Big]_0^2$$

$$= \tfrac{1}{2}(2^4) - 3(2^2) + 3\,\text{tg}^{-1} 2 - 0$$

$$= -4 + 3\,\text{tg}^{-1} 2$$

Esse é o valor exato da integral. Se uma aproximação decimal for desejada, poderemos usar uma calculadora para aproximar $\text{tg}^{-1} 2$. Fazendo isso, obtemos

$$\int_0^2 \left(2x^3 - 6x + \frac{3}{x^2+1}\right) dx \approx -0{,}67855$$

EXEMPLO 5 Calcule $\int_1^9 \frac{2t^2 + t^2\sqrt{t} - 1}{t^2} dt$.

SOLUÇÃO Precisamos primeiro escrever o integrando em uma forma mais simples, efetuando a divisão:

$$\int_1^9 \frac{2t^2 + t^2\sqrt{t} - 1}{t^2} dt = \int_1^9 (2 + t^{1/2} - t^{-2}) dt$$

$$= 2t + \frac{t^{3/2}}{\frac{3}{2}} - \frac{t^{-1}}{-1} \Big]_1^9 = 2t + \tfrac{2}{3} t^{3/2} + \frac{1}{t} \Big]_1^9$$

$$= \left(2 \cdot 9 + \tfrac{2}{3} \cdot 9^{3/2} + \tfrac{1}{9}\right) - \left(2 \cdot 1 + \tfrac{2}{3} \cdot 1^{3/2} + \tfrac{1}{1}\right)$$

$$= 18 + 18 + \tfrac{1}{9} - 2 - \tfrac{2}{3} - 1 = 32\tfrac{4}{9}$$

■ O Teorema da Variação Total

A Parte 2 do Teorema Fundamental diz que se f for contínua em $[a, b]$, então

$$\int_a^b f(x) dx = F(b) - F(a)$$

onde F é qualquer primitiva de f. Isso significa que $F' = f$, de modo que a equação pode ser reescrita como

$$\int_a^b F'(x) dx = F(b) - F(a)$$

Sabemos que $F'(x)$ representa a taxa de variação de $y = F(x)$ em relação a x e $F(b) - F(a)$ é a variação em y quando x muda de a para b. [Observe que y pode, por exemplo, crescer, decrescer e, então, crescer novamente. Embora y possa variar nas duas direções, $F(b) - F(a)$ representa a *variação total* em y.] Logo, podemos reformular o TFC2 em palavras da forma a seguir.

> **Teorema da Variação Total** A integral de uma taxa de variação é a variação total:
>
> $$\int_a^b F'(x) dx = F(b) - F(a)$$

O princípio expresso pelo Teorema da Variação Total aplica-se a todas as taxas de variação nas ciências naturais e sociais que discutimos na Seção 3.7. Essas aplicações comprovam que, em parte, o poder da matemática está na sua utilidade para a definição de conceitos abstratos. Uma única ideia abstrata (nesse caso, a integral) pode ter diversas interpretações diferentes. Aqui estão alguns exemplos de aplicação do Teorema da Variação Total.

- Se $V(t)$ for o volume de água em um reservatório no instante t, então sua derivada $V'(t)$ é a taxa segundo a qual a água flui para dentro do reservatório no instante t. Logo,

$$\int_{t_1}^{t_2} V'(t) dt = V(t_2) - V(t_1)$$

é a variação na quantidade de água no reservatório entre os instantes de tempo t_1 e t_2.

- Se [C](t) for a concentração do produto de uma reação química no instante t, então a taxa de reação é a derivada $d[C]/dt$. Logo,

$$\int_{t_1}^{t_2} \frac{d[C]}{dt} dt = [C](t_2) - [C](t_1)$$

é a variação na concentração de C entre os instantes t_1 e t_2.

- Se a massa de uma barra medida a partir da extremidade esquerda até um ponto x for $m(x)$, então a densidade linear é $\rho(x) = m'(x)$. Logo,

$$\int_a^b \rho(x)\, dx = m(b) - m(a)$$

é a massa do segmento da barra que está entre $x = a$ e $x = b$.

- Se a taxa de crescimento populacional for dn/dt, então

$$\int_{t_1}^{t_2} \frac{dn}{dt} dt = n(t_2) - n(t_1)$$

é a alteração total da população no período de tempo de t_1 a t_2. (A população cresce quando ocorrem nascimentos e decresce quando ocorrem óbitos. A variação total leva em conta tanto nascimentos quanto mortes.)

- Se $C(x)$ é o custo de produzir x unidades de uma mercadoria, então o custo marginal é a derivada de $C'(x)$. Logo,

$$\int_{x_1}^{x_2} C'(x)\, dx = C(x_2) - C(x_1)$$

é o crescimento do custo quando a produção é aumentada de x_1 a x_2 unidades.

- Se um objeto se move ao longo de uma reta com a função de posição $s(t)$, então sua velocidade é $v(t) = s'(t)$, logo

$$\boxed{2} \qquad \int_{t_1}^{t_2} v(t)\, dt = s(t_2) - s(t_1)$$

é a mudança de posição, ou *deslocamento*, do objeto durante o período de tempo de t_1 a t_2. Na Seção 5.1 conjecturamos que isso era verdadeiro para o caso onde o objeto se move no sentido positivo, mas agora demonstramos que é sempre verdade.

- Se quisermos calcular a distância percorrida durante um intervalo de tempo, teremos de considerar os intervalos quando $v(t) \geq 0$ (o objeto move-se para a direita) e também os intervalos quando $v(t) \leq 0$ (o objeto move-se para a esquerda). Em ambos os casos a distância é calculada integrando-se $|v(t)|$, a velocidade escalar. Portanto,

$$\boxed{3} \qquad \int_{t_1}^{t_2} |v(t)|\, dt = \text{distância total percorrida}$$

A Figura 3 mostra como o deslocamento e a distância percorrida podem ser interpretados em termos de áreas sob uma curva de velocidade.

$$\text{Deslocamento} = \int_{t_1}^{t_2} v(t)\, dt = A_1 - A_2 + A_3$$

$$\text{Distância} = \int_{t_1}^{t_2} |v(t)|\, dt = A_1 + A_2 + A_3$$

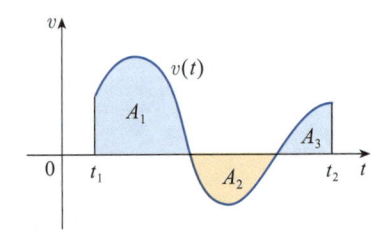

FIGURA 3

- A aceleração do objeto é $a(t) = v'(t)$, logo

$$\int_{t_1}^{t_2} a(t)\, dt = v(t_2) - v(t_1)$$

é a mudança na velocidade do instante t_1 até t_2.

EXEMPLO 6 Uma partícula move-se ao longo de uma reta de tal forma que sua velocidade no instante t é $v(t) = t^2 - t - 6$ (medida em metros por segundo).
(a) Encontre o deslocamento da partícula durante o período de tempo $1 \leq t \leq 4$.
(b) Encontre a distância percorrida durante esse período de tempo.

SOLUÇÃO
(a) Pela Equação 2, o deslocamento é

$$s(4) - s(1) = \int_1^4 v(t)\,dt = \int_1^4 (t^2 - t - 6)\,dt$$

$$= \left[\frac{t^3}{3} - \frac{t^2}{2} - 6t\right]_1^4 = -\frac{9}{2}$$

Isso significa que a partícula moveu-se 4,5 m para a esquerda.

(b) Observe que $v(t) = t^2 - t - 6 = (t-3)(t+2)$, logo, $v(t) \leq 0$ no intervalo $[1, 3]$ e $v(t) \geq 0$ em $[3, 4]$. Assim, da Equação 3, a distância percorrida é

$$\int_1^4 |v(t)|\,dt = \int_1^3 [-v(t)]\,dt + \int_3^4 v(t)\,dt$$

$$= \int_1^3 (-t^2 + t + 6)\,dt + \int_3^4 (t^2 - t - 6)\,dt$$

$$= \left[-\frac{t^3}{3} + \frac{t^2}{2} + 6t\right]_1^3 + \left[\frac{t^3}{3} - \frac{t^2}{2} - 6t\right]_3^4$$

$$= \frac{61}{6} \approx 10,17 \text{ m}$$

Para integrarmos o valor absoluto de $v(t)$, usamos a Propriedade 5 das integrais da Seção 5.2 para dividir a integral em duas partes, uma onde $v(t) \leq 0$ e outra onde $v(t) \geq 0$.

EXEMPLO 7 A Figura 4 mostra o consumo de energia por um dia em setembro em São Francisco (P é medido em megawatts; t é medido em horas a partir da meia-noite). Estime a energia consumida naquele dia.

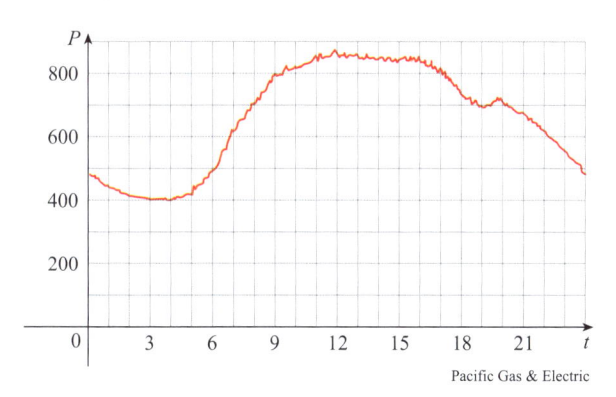

FIGURA 4

SOLUÇÃO A potência é a taxa de variação da energia: $P(t) = E'(t)$. Logo, pelo Teorema da Variação Total,

$$\int_0^{24} P(t)\,dt = \int_0^{24} E'(t)\,dt = E(24) - E(0)$$

é a quantidade total de energia consumida naquele dia. Aproximamos o valor da integral utilizando a Regra do Ponto Médio com 12 subintervalos e $\Delta t = 2$:

$$\int_0^{24} P(t)\,dt \approx [P(1) + P(3) + P(5) + \cdots + P(21) + P(23)]\Delta t$$

$$\approx (440 + 400 + 420 + 620 + 790 + 840 + 850$$

$$+ 840 + 810 + 690 + 670 + 550)(2)$$

$$= 15.840$$

A energia usada foi aproximadamente 15.840 megawatts-hora.

Uma observação sobre unidades

Como saber que unidades usar para a energia no Exemplo 7? A integral $\int_0^{24} P(t)\,dt$ é definida como o limite das somas dos termos da forma $P(t_i^*)\,\Delta t$. Como $P(t_i^*)$ é medida em megawatts e Δt, em horas, seu produto é medido em megawatts-hora. O mesmo é verdadeiro para o limite. Em geral, a unidade de medida $\int_a^b f(x)\,dx$ é o produto da unidade para $f(x)$ com a unidade para x.

5.4 | Exercícios

1-4 Verifique, por derivação, que a fórmula está correta.

1. $\int \ln x\, dx = x \ln x - x + C$

2. $\int \operatorname{tg}^2 x\, dx = \operatorname{tg} x - x + C$

3. $\int \dfrac{1}{x^2\sqrt{1+x^2}}\, dx = -\dfrac{\sqrt{1+x^2}}{x} + C$

4. $\int x\sqrt{a+bx}\, dx = \dfrac{2}{15b^2}(3bx - 2a)(a+bx)^{3/2} + C$

5-24 Encontre a integral indefinida geral.

5. $\int (3x^2 + 4x + 1)\,dx$

6. $\int (5 + 2\sqrt{x})\,dx$

7. $\int (x + \cos x)\,dx$

8. $\int \left(\sqrt[3]{x} + \dfrac{1}{\sqrt[3]{x}}\right) dx$

9. $\int (x^{1.3} + 7x^{2.5})\,dx$

10. $\int \sqrt[4]{x^5}\,dx$

11. $\int \left(5 + \tfrac{2}{3}x^2 + \tfrac{3}{4}x^3\right) dx$

12. $\int \left(u^6 - 2u^5 - u^3 + \tfrac{2}{7}\right) du$

13. $\int (u+4)(2u+1)\,du$

14. $\int \sqrt{t}\,(t^2 + 3t + 2)\,dt$

15. $\int \dfrac{1 + \sqrt{x} + x}{x}\,dx$

16. $\int \left(x^2 + 1 = \dfrac{1}{x^2 + 1}\right) dx$

17. $\int \left(e^x + \dfrac{1}{x}\right) dx$

18. $\int (2 + 3^x)\,dx$

19. $\int (\operatorname{sen} x + \operatorname{senh} x)\,dx$

20. $\int \left(\dfrac{1+r}{r}\right)^2 dr$

21. $\int (2 + \operatorname{tg}^2\theta)\,d\theta$

22. $\int \sec t(\sec t + \operatorname{tg} t)\,dt$

23. $\int 3\operatorname{cossec}^2 t\, dt$

24. $\int \dfrac{\operatorname{sen} 2x}{\operatorname{sen} x}\,dx$

25-26 Encontre a integral indefinida geral. Ilustre fazendo o gráfico de vários membros da família na mesma tela.

25. $\int \left(\cos x + \tfrac{1}{2}x\right) dx$

26. $\int (e^x - 2x^2)\,dx$

27-54 Calcule a integral.

27. $\int_{-2}^{3} (x^2 - 3)\,dx$

28. $\int_{1}^{2} (4x^3 - 3x^2 - 2x)\,dx$

29. $\int_{1}^{4} (8t^3 - 6t^{-2})\,dt$

30. $\int_{0}^{8} \left(\tfrac{1}{8} + \tfrac{1}{2}w + \tfrac{1}{3}w^{1/3}\right) dw$

31. $\int_{0}^{2} (2x-3)(4x^2+1)\,dx$

32. $\int_{1}^{2} \left(\dfrac{1}{x^2} - \dfrac{4}{x^3}\right) dx$

33. $\int_{1}^{3} \left(\dfrac{3x^2 + 4x + 1}{x}\right) dx$

34. $\int_{-1}^{1} t(1-t)^2\,dt$

35. $\int_{1}^{4} \left(\dfrac{4 + 6u}{\sqrt{u}}\right) du$

36. $\int_{0}^{1} \dfrac{4}{1+p^2}\,dp$

37. $\int_{\pi/6}^{\pi/3} (4\sec^2 y)\,dy$

38. $\int_{0}^{\pi/2} (\sqrt{t} - 3\cos t)\,dt$

39. $\int_{0}^{1} x(\sqrt[3]{x} + \sqrt[4]{x})\,dx$

40. $\int_{1}^{4} \dfrac{\sqrt{y} - y}{y^2}\,dy$

41. $\int_{1}^{2} \left(\dfrac{x}{2} - \dfrac{2}{x}\right) dx$

42. $\int_{0}^{1} (5x - 5^x)\,dx$

43. $\int_{-2}^{2} (\operatorname{senh} x + \cosh x)\,dx$

44. $\int_{0}^{\pi/4} (3e^x - 4\sec x\,\operatorname{tg} x)\,dx$

45. $\int_{0}^{\pi/4} \dfrac{1 + \cos^2\theta}{\cos^2\theta}\,d\theta$

46. $\int_{0}^{\pi/3} \dfrac{\operatorname{sen}\theta + \operatorname{sen}\theta\,\operatorname{tg}^2\theta}{\sec^2\theta}\,d\theta$

47. $\int_{3}^{4} \sqrt{\dfrac{3}{x}}\,dx$

48. $\int_{-10}^{10} \dfrac{2e^x}{\operatorname{senh} x + \cosh x}\,dx$

49. $\int_{0}^{\sqrt{3}/2} \dfrac{dr}{\sqrt{1-r^2}}$

50. $\int_{\pi/6}^{\pi/2} \operatorname{cossec} t\,\operatorname{cotg} t\,dt$

51. $\int_{0}^{1/\sqrt{3}} \dfrac{t^2 - 1}{t^4 - 1}\,dt$

52. $\int_{0}^{2} |2x - 1|\,dx$

53. $\int_{-1}^{2} (x - 2|x|)\,dx$

54. $\int_{0}^{3\pi/2} |\operatorname{sen} x|\,dx$

55. Use um gráfico para estimar a intersecção com o eixo x da curva $y = 1 - 2x - 5x^4$. A seguir, use essa informação para estimar a área da região que se situa sob a curva e acima do eixo x.

56. Repita o Exercício 55 para a curva $y = (x^2 + 1)^{-1} - x^4$.

57. A área da região que está à direita do eixo y e à esquerda da parábola $x = 2y - y^2$ (a região sombreada na figura) é dada pela integral $\int_0^2 (2y - y^2)\,dy$. (Gire sua cabeça no sentido horário e imagine a região como estando abaixo da curva $x = 2y - y^2$ de $y = 0$ até $y = 2$.) Encontre a área da região.

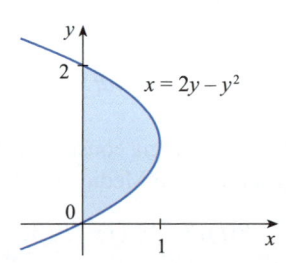

58. As fronteiras da região sombreada são o eixo y, a reta $y = 1$ e a curva $y = \sqrt[4]{x}$. Encontre a área dessa região escrevendo x como uma função de y e integrando em relação a y (como no Exercício 57).

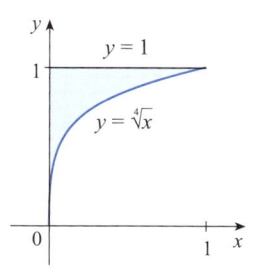

59. Se $w'(t)$ for a taxa de crescimento de uma criança em quilogramas por ano, o que $\int_5^{10} w'(t)\, dt$ representa?

60. A corrente em um fio elétrico é definida como a derivada da carga: $I(t) = Q'(t)$. (Veja o Exemplo 3.7.3.) O que $\int_a^b I(t)\, dt$ representa?

61. Se vazar óleo de um tanque a uma taxa de $r(t)$ galões por minuto em um instante t, o que $\int_0^{120} r(t)\, dt$ representa?

62. Uma colmeia com uma população inicial de 100 abelhas cresce a uma taxa de $n'(t)$ abelhas por semana. O que representa $100 + \int_0^{15} n'(t)\, dt$?

63. Na Seção 4.7 definimos a função rendimento marginal $R'(x)$ como a derivada da função rendimento $R(x)$, onde x é o número de unidades vendidas. O que representa $\int_{1.000}^{5.000} R'(x)\, dx$?

64. Se $f(x)$ for a inclinação de uma trilha a uma distância de x quilômetros do começo dela, o que $\int_3^5 f(x)\,dx$ representa?

65. Se $h(t)$ representa a frequência cardíaca de uma pessoa, em batimentos por minuto, depois de transcorridos t minutos de uma seção de exercícios, o que $\int_0^{30} h(t)\, dt$ representa?

66. Se as unidades para x são metros e as unidades para $a(x)$ são quilogramas, quais são as unidades para da/dx? Quais são as unidades para $\int_2^8 a(x)\, dx$?

67. Se x é medido em metros e $f(x)$, em newtons, quais são as unidades de $\int_0^{100} f(x)\, dx$?

68. O gráfico mostra a velocidade (em m/s) de um veículo elétrico autônomo que se move em uma trilha reta. No instante $t = 0$, o veículo está na estação de carregamento.
(a) A que distância da estação de carregamento está o veículo quando $t = 2, 4, 6, 8, 10$ e 12?
(b) Em quais instantes o veículo está mais distante da estação de carregamento?
(c) Qual é a distância total percorrida pelo veículo?

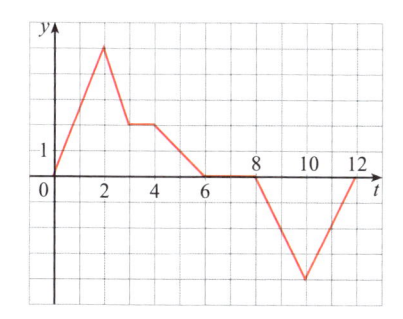

69-70 A função velocidade (em metros por segundo) é dada para uma partícula que se move ao longo de uma reta. Encontre (a) o deslocamento e (b) a distância percorrida pela partícula durante o intervalo de tempo dado.

69. $v(t) = 3t - 5, \quad 0 \le t \le 3$

70. $v(t) = t^2 - 2t - 3, \quad 2 \le t \le 4$

71-72 A função aceleração (em m/s^2) e a velocidade inicial são dadas para uma partícula que se move ao longo de uma reta. Encontre (a) a velocidade no instante t e (b) a distância percorrida durante o intervalo de tempo dado.

71. $a(t) = t + 4, \quad v(0) = 5, \quad 0 \le t \le 10$

72. $a(t) = 2t + 3, \quad v(0) = -4, \quad 0 \le t \le 3$

73. A densidade linear de uma barra de comprimento 4 m é dada por $\rho(x) = 9 + 2\sqrt{x}$, medida em quilogramas por metro, onde x é medido em metros a partir de uma extremidade da barra. Encontre a massa total da barra.

74. A água escoa pelo fundo de um tanque de armazenamento a uma taxa de $r(t) = 200 - 4t$ litros por minuto, onde $0 \le t \le 50$. Encontre a quantidade de água que escoa do tanque durante os primeiros dez minutos.

75. A velocidade de um carro foi lida de seu velocímetro em intervalos de 10 segundos e registrada na tabela. Use a Regra do Ponto Médio para estimar a distância percorrida pelo carro.

$t\,(s)$	$v\,(km/h)$	$t\,(s)$	$v\,(km/h)$
0	0	60	90
10	61	70	85
20	84	80	80
30	93	90	76
40	89	100	72
50	82		

76. Suponha que um vulcão esteja em erupção e que as leituras da taxa $r(t)$, na qual materiais sólidos são lançados na atmosfera, sejam as dadas na tabela. O tempo t é medido em segundos e a unidade para $r(t)$ é toneladas (1.000 kg) por segundo.

t	0	1	2	3	4	5	6
$r(t)$	2	10	24	36	46	54	60

(a) Dê estimativas superior e inferior para a quantidade $Q(6)$ do material proveniente da erupção após 6 segundos.
(b) Use a Regra do Ponto Médio para estimar $Q(6)$.

77. O custo marginal de fabricação de x metros de certo tecido é
$$C'(x) = 3 - 0{,}01x + 0{,}000006x^2$$
(em dólares por metro). Ache o aumento do custo se o nível de produção for elevado de 2.000 para 4.000 metros.

78. Há um fluxo de água para dentro e para fora de um tanque de armazenamento. A seguir, temos um gráfico que mostra a taxa de variação $r(t)$ do volume de água no tanque, em litros por dia. Se a quantidade de água no tanque no instante de tempo $t = 0$ é 25.000 litros, use a Regra do Ponto Médio para estimar a quantidade de água no tanque depois de quatro dias.

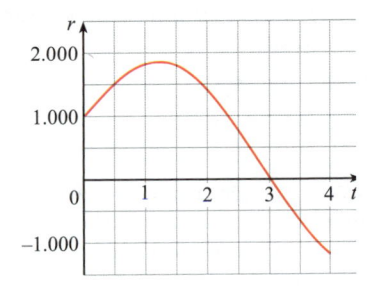

79. É mostrado o gráfico da aceleração $a(t)$ de um carro, medida em m/s². Use a Regra do Ponto Médio para estimar o aumento na velocidade do carro durante o intervalo de tempo de 6 segundos.

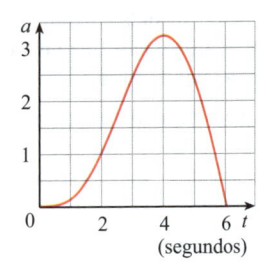

80. O lago Lanier, na Geórgia, Estados Unidos, é um reservatório criado pela represa Buford Dam no rio Chattahoochee. A tabela mostra a taxa de influxo de água, em metros cúbicos por segundo, medido toda manhã, às 7h30, pelo corpo de engenheiros do exército norte-americano. Use a Regra do Ponto Médio para estimar a quantidade de água que escoou para dentro do lago Lanier de 18 de julho de 2013, às 7h30 da manhã, a 26 de julho, às 7h30 da manhã.

Dia	Taxa de influxo (m³/s)
Julho 18	149
Julho 19	181
Julho 20	72
Julho 21	120
Julho 22	85
Julho 23	108
Julho 24	70
Julho 25	74
Julho 26	85

81. Uma população de bactérias é de 4.000 no tempo $t = 0$ e sua taxa de crescimento é de $1000 \cdot 2^t$ bactérias por hora depois de t horas. Qual é a população depois de uma hora?

82. O gráfico a seguir mostra o tráfego de dados em um provedor de serviços na internet entre meia-noite e 8 horas da manhã. D denota os dados em processamento, medidos em megabits por segundo. Use a Regra do Ponto Médio para estimar a quantidade total de dados transmitidos durante esse período de tempo.

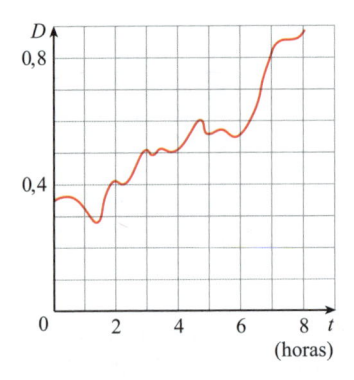

83. A figura mostra o gráfico da potência elétrica consumida nos estados da Nova Inglaterra (região dos EUA que abrange Connecticut, Maine, Massachussetts, New Hampshire, Rhode Island e Vermont) no dia 22 de outubro de 2010 (P é medida em gigawatts e t é dado em horas a partir da meia-noite). Levando em conta o fato de que a potência elétrica é a taxa de variação da energia, estime o consumo de energia elétrica naquele dia.

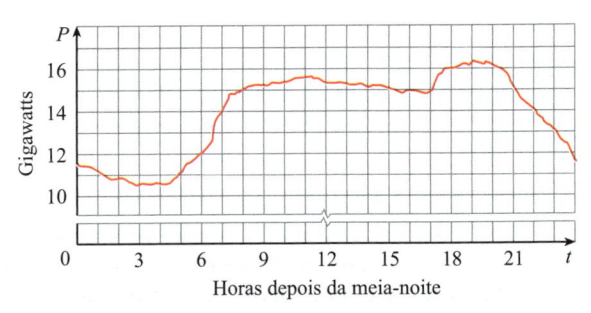

Fonte: US Energy Information Administration

T 84. Em 1992, o ônibus espacial *Endeavour* foi lançado na missão STS-49, cujo objetivo era instalar um novo motor de arranque no satélite de comunicação Intelsat. A tabela dá os dados de velocidade para o ônibus espacial entre o lançamento e a entrada em ação dos foguetes auxiliares.
(a) Use uma calculadora gráfica ou computador para modelar esses dados por um polinômio de terceiro grau.
(b) Use o modelo da parte (a) para estimar a altura atingida pelo *Endeavour* 125 segundos depois do lançamento.

Evento	Tempo (s)	Velocidade (m/s)
Lançamento	0	0
Começo da manobra de inclinação	10	56
Fim da manobra de inclinação	15	97
Regulador de combustível a 89%	20	136
Regulador de combustível a 67%	32	226
Regulador de combustível a 104%	59	404
Pressão dinâmica máxima	62	440
Separação dos foguetes auxiliares	125	1.265

PROJETO ESCRITO | NEWTON, LEIBNIZ E A INVENÇÃO DO CÁLCULO

Algumas vezes lemos que os inventores do cálculo foram Sir Isaac Newton (1642-1727) e Gottfried Wilhelm Leibniz (1646-1716). Mas sabemos que as ideias básicas por trás da integração foram investigadas há 2.500 anos pelos antigos gregos, tais como Eudóxio e Arquimedes, e que os métodos para encontrar as tangentes foram inventados por Pierre Fermat (1601-1665) e Isaac Barrow (1630-1677), entre outros. Barrow, professor em Cambridge que teve grande influência sobre Newton, foi o primeiro a entender a relação inversa existente entre a derivação e a integração. O que Newton e Leibniz fizeram foi usar essa relação, na forma do Teorema Fundamental do Cálculo, para desenvolver o cálculo em uma disciplina matemática sistemática. É nesse sentido que é atribuída a Newton e a Leibniz a invenção do cálculo.

Faça uma busca na internet para obter mais informações sobre as contribuições desses homens e consulte uma ou mais das referências sugeridas. Escreva sobre um dentre os três tópicos listados a seguir. Você pode incluir detalhes biográficos, mas o propósito principal de seu relatório deve ser a descrição, em detalhes, de seus métodos e notações. Em particular, você deve consultar os livros que trazem trechos das publicações originais de Newton e Leibniz, traduzidas do latim para o inglês.

- O Papel de Newton no Desenvolvimento do Cálculo.
- O Papel de Leibniz no Desenvolvimento do Cálculo.
- A Controvérsia entre os Seguidores de Newton e de Leibniz sobre a Primazia na Invenção do Cálculo.

Referências

1. Boyer, C.; Merzbach, U. *A History of Mathematics*. Nova York: Wiley, 1987. Capítulo 19.
2. Boyer, C. *The History of the Calculus and Its Conceptual Development*. Nova York: Dover, 1959, Capítulo V.
3. Edwards, C. H. *The Historical Development of the Calculus*. Nova York: Springer-Verlag, 1979. Capítulos 8 e 9.
4. Eves, H. *An Introduction to the History of Mathematics*. 6. ed. Nova York: Saunders, 1990. Capítulo 11.
5. Gillispie, C. C. (ed.). *Dictionary of Scientific Biography*. Nova York: Scribner's, 1974. Veja o artigo sobre Leibniz de Joseph Hofmann no Volume VIII e o artigo sobre Newton de I. B. Cohen no Volume X.
6. Katz, V. *A History of Mathematics*: An Introduction. Nova York: HarperCollins, 1993. Capítulo 12.
7. Kline, M. *Mathematical Thought from Ancient to Modern Times*. Nova York: Oxford University Press, 1972. Capítulo 17.

Livros fontes

1. Fauvel, J.; Gray, J. *The History of Mathematics*: A Reader. Londres: MacMillan Press, 1987. Capítulos 12 e 13.
2. Smith, D. E. (ed.) *A Sourcebook in Mathematics*. Nova York: Dover, 1959. Capítulo V.
3. Struik, D. J. (ed.) *A Sourcebook in Mathematics, 1200-1800*. Princeton, NJ: Princeton University Press, 1969. Capítulo V.

5.5 | A Regra da Substituição

Por causa do Teorema Fundamental, é importante sermos capazes de encontrar primitivas. Porém, nossas fórmulas de primitivação não mostram como calcular as integrais tipo

[1] $$\int 2x\sqrt{1+x^2}\,dx$$

Para encontrarmos essa integral usamos a estratégia de resolução de problemas de *introduzir alguma coisa extra*. Aqui o "alguma coisa extra" é uma nova variável; mudamos da variável x para uma nova variável u.

■ Regra da Substituição: Integrais Indefinidas

Suponha que façamos u igual à quantidade sob o sinal de raiz em (1), $u = 1 + x^2$. Então a diferencial de u é $du = 2x\,dx$. Observe que se dx na notação de integral for interpretada como uma diferencial, então a diferencial $2x\,dx$ ocorrerá em (1); portanto, formalmente, sem justificar nossos cálculos, podemos escrever

> Diferenciais foram definidas na Seção 3.10. Se $u = f(x)$, então
> $$du = f'(x)dx.$$

$$\boxed{2} \qquad \int 2x\sqrt{1+x^2}\,dx = \int \sqrt{1+x^2}\,2x\,dx = \int \sqrt{u}\,du$$
$$= \tfrac{2}{3}u^{3/2} + C = \tfrac{2}{3}(1+x^2)^{3/2} + C$$

Mas agora podemos verificar que temos a resposta correta usando a Regra da Cadeia para derivar a função final da Equação 2:

$$\frac{d}{dx}\left[\tfrac{2}{3}(1+x^2)^{3/2} + C\right] = \tfrac{2}{3}\cdot\tfrac{3}{2}(1+x^2)^{1/2}\cdot 2x = 2x\sqrt{1+x^2}$$

Em geral, esse método funciona sempre que temos uma integral que possa ser escrita na forma $\int f(g(x))\,g'(x)dx$. Observe que se $F' = f$, então

$$\boxed{3} \qquad \int F'(g(x)g'(x))\,dx = F(g(x)) + C$$

pois, pela Regra da Cadeia,

$$\frac{d}{dx}[F(g(x))] = F'(g(x))\,g'(x)$$

Se fizermos a "mudança de variável" ou "substituição" $u = g(x)$, então da Equação 3 temos

$$\int F'(g(x))\,g'(x)\,dx = F(g(x)) + C = F(u) + C = \int F'(u)\,du$$

ou, escrevendo $F' = f$, obtemos

$$\int f(g(x))\,g'(x)\,dx = \int f(u)\,du$$

Assim, demonstramos a regra a seguir.

$\boxed{4}$ Regra da Substituição Se $u = g(x)$ for uma função derivável cuja imagem é um intervalo I e f for contínua em I, então

$$\int f(g(x))\,g'(x)\,dx = \int f(u)\,du$$

Observe que a Regra da Substituição para a integração foi demonstrada usando a Regra da Cadeia para a derivação. Note também que se $u = g(x)$, então $du = g'(x)\,dx$, portanto uma forma de recordar a Regra da Substituição é imaginar dx e du em (4) como diferenciais.

Assim, a Regra de Substituição diz que: **é permitido operar com dx e du após sinais de integração como se fossem diferenciais.**

EXEMPLO 1 Encontre $\int x^3 \cos(x^4 + 2)\,dx$.

SOLUÇÃO Fazemos a substituição $u = x^4 + 2$ porque a diferencial é $du = 4x^3\,dx$, que, à parte do fator constante 4, ocorre na integral. Assim, usando $x^3\,dx = \tfrac{1}{4}du$ e a Regra da Substituição, temos

$$\int x^3 \cos(x^4+2)\,dx = \int \cos u \cdot \tfrac{1}{4}\,du = \tfrac{1}{4}\int \cos u\,du$$
$$= \tfrac{1}{4}\operatorname{sen} u + C$$
$$= \tfrac{1}{4}\operatorname{sen}(x^4+2) + C$$

Verifique a resposta derivando-a.

Observe que no estágio final retornamos para a variável original x. ■

A ideia por trás da Regra da Substituição é substituir uma integral relativamente complicada por uma mais simples. Isso é obtido mudando-se da variável original x para uma nova variável u que é uma função de x. Dessa forma, no Exemplo 1 substituímos a integral $\int x^3 \cos(x^4+2)\,dx$ pela mais simples $\tfrac{1}{4}\int \cos u\,du$.

O desafio principal no uso da Regra da Substituição é descobrir uma substituição apropriada. Você deve tentar escolher u como uma função no integrando cuja diferencial também ocorra (exceto por um fator constante). Foi isso que aconteceu no Exemplo 1. Se isso não for possível, tente escolher u como alguma parte complicada do integrando (talvez a função interna em uma função composta). Achar a substituição correta tem algo de artístico. É normal errar na escolha da substituição; se sua primeira tentativa não funcionar, tente outra substituição.

EXEMPLO 2 Calcule $\int \sqrt{2x+1}\,dx$.

SOLUÇÃO 1 Seja $u = 2x + 1$. Então, $du = 2\,dx$, de modo que $dx = \tfrac{1}{2}\,du$. Nesse caso, a Regra da Substituição nos dá

$$\int \sqrt{2x+1}\,dx = \int \sqrt{u}\cdot\tfrac{1}{2}\,du = \tfrac{1}{2}\int u^{1/2}\,du$$
$$= \frac{1}{2}\cdot\frac{u^{3/2}}{3/2} + C = \tfrac{1}{3}u^{3/2} + C$$
$$= \tfrac{1}{3}(2x+1)^{3/2} + C$$

SOLUÇÃO 2 Outra substituição possível é $u = \sqrt{2x+1}$. Então

$$du = \frac{dx}{\sqrt{2x+1}} \qquad \text{logo} \qquad dx = \sqrt{2x+1}\,du = u\,du$$

(Ou observe que $u^2 = 2x+1$, de modo que $2u\,du = 2\,dx$.) Portanto,

$$\int \sqrt{2x+1}\,dx = \int u\cdot u\,du = \int u^2\,du$$
$$= \frac{u^3}{3} + C = \tfrac{1}{3}(2x+1)^{3/2} + C \qquad ■$$

EXEMPLO 3 Encontre $\int \dfrac{x}{\sqrt{1-4x^2}}\,dx$.

SOLUÇÃO Seja $u = 1 - 4x^2$. Então $du = -8x\,dx$, de modo que $x\,dx = -\tfrac{1}{8}\,du$ e

$$\int \frac{x}{\sqrt{1-4x^2}}\,dx = -\tfrac{1}{8}\int \frac{1}{\sqrt{u}}\,du = -\tfrac{1}{8}\int u^{-1/2}\,du$$
$$= -\tfrac{1}{8}\left(2\sqrt{u}\right) + C = -\tfrac{1}{4}\sqrt{1-4x^2} + C \qquad ■$$

A resposta do Exemplo 3 pode ser verificada por derivação, mas em vez disso vamos verificá-la graficamente. Na Figura 1 usamos um computador para fazer o gráfico do integrando $f(x) = x/\sqrt{1-4x^2}$ e de sua integral indefinida $g(x) = -\tfrac{1}{4}\sqrt{1-4x^2}$ (escolhemos o caso $C = 0$). Observe que $g(x)$ decresce quando $f(x)$ é negativa, cresce quando $f(x)$ é positiva e tem seu valor mínimo quando $f(x) = 0$. Portanto, parece razoável, pela evidência gráfica, que g seja uma primitiva de f.

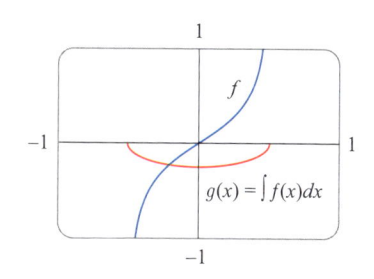

FIGURA 1

$f(x) = \dfrac{x}{\sqrt{1-4x^2}}$

$g(x) = \int f(x)\,dx = -\tfrac{1}{4}\sqrt{1-4x^2}$

EXEMPLO 4 Calcule $\int e^{5x}\,dx$.

SOLUÇÃO Se fizermos $u = 5x$, então $du = 5\,dx$, portanto $dx = \tfrac{1}{5}\,du$. Assim,

$$\int e^{5x}\,dx = \tfrac{1}{5}\int e^u\,du = \tfrac{1}{5}e^u + C = \tfrac{1}{5}e^{5x} + C$$

OBSERVAÇÃO Com mais experiência, você será capaz de avaliar integrais como aquelas nos Exemplos 1-4 sem precisar fazer uma substituição explícita. Ao reconhecermos o padrão na Equação 3, na qual o integrando no lado esquerdo é o produto da derivada de uma função externa pela derivada de uma função interna, podemos trabalhar com o Exemplo 1 como segue:

$$\int x^3 \cos(x^4+2)\,dx = \int \cos(x^4+2)\cdot x^3\,dx = \tfrac{1}{4}\int \cos(x^4+2)\cdot(4x^3)\,dx$$
$$= \tfrac{1}{4}\int \cos(x^4+2)\cdot\frac{d}{dx}(x^4+2)\,dx = \tfrac{1}{4}\operatorname{sen}(x^4+2) + C$$

Similarmente, a solução no Exemplo 4 pode ser escrita como:

$$\int e^{5x}\,dx = \tfrac{1}{5}\int 5e^{5x}\,dx = \tfrac{1}{5}\int \frac{d}{dx}(e^{5x})\,dx = \tfrac{1}{5}e^{5x} + C$$

O exemplo a seguir, entretanto, é mais complicado e, portanto, uma substituição explícita é recomendada.

EXEMPLO 5 Encontre $\int \sqrt{1+x^2}\,x^5\,dx$.

SOLUÇÃO Uma substituição apropriada fica mais aparente se fatorarmos x^5 como $x^4 \cdot x$. Seja $u = 1 + x^2$. Então $du = 2x\,dx$, de modo que $x\,dx = \tfrac{1}{2}\,du$. Também temos $x^2 = u - 1$, portanto $x^4 = (u-1)^2$:

$$\int \sqrt{1+x^2}\,x^5\,dx = \int \sqrt{1+x^2}\,x^4 \cdot x\,dx$$
$$= \int \sqrt{u}\,(u-1)^2 \cdot \tfrac{1}{2}\,du = \tfrac{1}{2}\int \sqrt{u}\,(u^2 - 2u + 1)\,du$$
$$= \tfrac{1}{2}\int (u^{5/2} - 2u^{3/2} + u^{1/2})\,du$$
$$= \tfrac{1}{2}\left(\tfrac{2}{7}u^{7/2} - 2\cdot\tfrac{2}{5}u^{5/2} + \tfrac{2}{3}u^{3/2}\right) + C$$
$$= \tfrac{1}{7}(1+x^2)^{7/2} - \tfrac{2}{5}(1+x^2)^{5/2} + \tfrac{1}{3}(1+x^2)^{3/2} + C$$

EXEMPLO 6 Calcule $\int \operatorname{tg} x\,dx$.

SOLUÇÃO Vamos escrever primeiro a tangente em termos de seno e cosseno:

$$\int \operatorname{tg} x\,dx = \int \frac{\operatorname{sen} x}{\cos x}\,dx$$

Isso sugere que devemos substituir $u = \cos x$, visto que $du = -\operatorname{sen} x\,dx$, e, portanto, $\operatorname{sen} x\,dx = -du$:

$$\int \operatorname{tg} x\,dx = \int \frac{\operatorname{sen} x}{\cos x}\,dx = -\int \frac{1}{u}\,du$$
$$= -\ln|u| + C = -\ln|\cos x| + C$$

Observe que $-\ln|\cos x| = \ln(|\cos x|^{-1}) = \ln(1/|\cos x|) = \ln|\sec x|$, então o resultado do Exemplo 6 também pode ser escrito como

5
$$\int \operatorname{tg} x\,dx = \ln|\sec x| + C$$

Substituição: Integrais Definidas

Existem dois métodos para calcular uma integral *definida* por substituição. Um deles consiste em calcular primeiro a integral indefinida e então usar o Teorema Fundamental. Por exemplo, usando o resultado do Exemplo 2, temos

$$\int_0^4 \sqrt{2x+1}\, dx = \int \sqrt{2x+1}\, dx\bigg]_0^4$$

$$= \tfrac{1}{3}(2x+1)^{3/2}\bigg]_0^4 = \tfrac{1}{3}(9)^{3/2} - \tfrac{1}{3}(1)^{3/2}$$

$$= \tfrac{1}{3}(27-1) = \tfrac{26}{3}$$

Outro método, geralmente preferível, consiste em alterar os limites de integração ao mudar a variável.

> **6 Regra da Substituição para as Integrais Definidas** Se g' for contínua em $[a, b]$ e f for contínua na imagem de $u = g(x)$, então
>
> $$\int_a^b f(g(x))g'(x)\, dx = \int_{g(a)}^{g(b)} f(u)\, du$$

Essa regra diz que quando usamos uma substituição em uma integral definida, devemos colocar tudo em termos da nova variável u, não somente x e dx, mas também os limites de integração. Os novos limites da integração são os valores de u que correspondem a $x = a$ e $x = b$.

DEMONSTRAÇÃO Seja F uma primitiva de f. Então, por (3), $F(g(x))$ é uma primitiva de $f(g(x))\, g'(x)$, logo, pela Parte 2 do Teorema Fundamental, temos

$$\int_a^b f(g(x))g'(x)\, dx = F(g(x))\bigg]_a^b = F(g(b)) - F(g(a))$$

Mas, aplicando uma segunda vez o TFC2, também temos

$$\int_{g(a)}^{g(b)} f(u)\, du = F(u)\bigg]_{g(a)}^{g(b)} = F(g(b)) - F(g(a))$$ ∎

EXEMPLO 7 Calcule $\int_0^4 \sqrt{2x+1}\, dx$ usando (6).

SOLUÇÃO Usando a substituição da Solução 1 do Exemplo 2, temos $u = 2x + 1$ e $dx = \tfrac{1}{2} du$. Para encontrarmos os novos limites de integração, observamos que

quando $x = 0$, $u = 2(0) + 1 = 1$ e   quando $x = 4$, $u = 2(4) + 1 = 9$

Portanto,

$$\int_0^4 \sqrt{2x+1}\, dx = \int_1^9 \tfrac{1}{2}\sqrt{u}\, du$$

$$= \tfrac{1}{2} \cdot \tfrac{2}{3} u^{3/2}\bigg]_1^9$$

$$= \tfrac{1}{3}(9^{3/2} - 1^{3/2}) = \tfrac{26}{3}$$ ∎

Observe que quando usamos (6), *não* retornamos à variável x após a integração. Simplesmente calculamos a expressão em u entre os valores apropriados de u.

EXEMPLO 8 Calcule $\int_1^2 \dfrac{dx}{(3-5x)^2}$.

SOLUÇÃO Seja $u = 3 - 5x$. Então $du = -5\, dx$, de modo que $dx = -\tfrac{1}{5} du$. Quando $x = 1$, $u = -2$, e quando $x = 2$, $u = -7$. Logo,

$$\int_1^2 \frac{dx}{(3-5x)^2} = -\frac{1}{5}\int_{-2}^{-7} \frac{du}{u^2} = -\frac{1}{5}\left[-\frac{1}{u}\right]_{-2}^{-7} = \frac{1}{5u}\bigg]_{-2}^{-7}$$

$$= \frac{1}{5}\left(-\frac{1}{7} + \frac{1}{2}\right) = \frac{1}{14}$$ ∎

Outra forma de escrever a integral no Exemplo 8 é uma abreviação para

$$\int_1^2 \frac{1}{(3-5x)^2}\, dx$$

Porque a função $f(x) = (\ln x)/x$ no Exemplo 9 é positiva para $x > 1$, a integral representa a área da região sombreada na Figura 2.

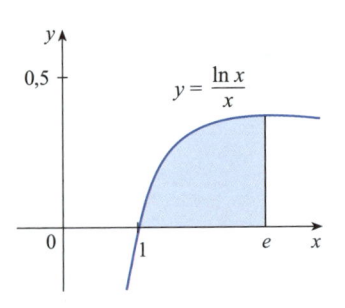

FIGURA 2

EXEMPLO 9 Calcule $\int_1^e \dfrac{\ln x}{x}\, dx$.

SOLUÇÃO Vamos fazer $u = \ln x$, pois sua diferencial $du = (1/x)\, dx$ ocorre na integral. Quando $x = 1$, $u = \ln 1 = 0$; quando $x = e$, $u = \ln e = 1$. Logo,

$$\int_1^e \dfrac{\ln x}{x}\, dx = \int_0^1 u\, du = \dfrac{u^2}{2}\bigg]_0^1 = \dfrac{1}{2}$$

■ Simetria

O próximo teorema usa a Regra da Substituição para Integrais Definidas (6) para simplificar o cálculo de integrais de funções que possuam propriedades de simetria.

---

7 Integrais de Funções Simétricas Suponha que f seja contínua em $[-a, a]$.

(a) Se f é par $[f(-x) = f(x)]$, então $\int_{-a}^{a} f(x)\, dx = 2\int_0^a f(x)\, dx$.

(b) Se f é ímpar $[f(-x) = -f(x)]$, então $\int_{-a}^{a} f(x)\, dx = 0$.

DEMONSTRAÇÃO Dividimos a integral em duas:

$$\boxed{8}\quad \int_{-a}^{a} f(x)\, dx = \int_{-a}^{0} f(x)\, dx + \int_0^a f(x)\, dx = -\int_0^{-a} f(x)\, dx + \int_0^a f(x)\, dx$$

Na primeira integral da última igualdade fazemos a substituição $u = -x$. Então, $du = -dx$ e quando $x = -a$, $u = a$. Portanto

$$-\int_0^{-a} f(x)\, dx = \int_0^a f(-u)(-du) = \int_0^a f(-u)\, du$$

e, assim, a Equação 8 fica

$$\boxed{9}\quad \int_{-a}^{a} f(x)\, dx = \int_0^a f(-u)\, du + \int_0^a f(x)\, dx$$

(a) Se f for par, então $f(-u) = f(u)$, logo, da Equação 9 segue que

$$\int_{-a}^{a} f(x)\, dx = \int_0^a f(u)\, du + \int_0^a f(x)\, dx = 2\int_0^a f(x)\, dx$$

(b) Se f for ímpar, então $f(-u) = -f(u)$, e a Equação 9 nos dá

$$\int_{-a}^{a} f(x)\, dx = -\int_0^a f(u)\, du + \int_0^a f(x)\, dx = 0$$

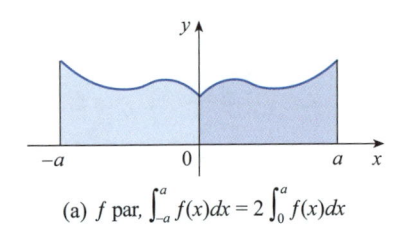

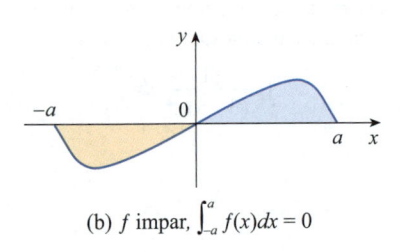

O Teorema 7 está ilustrado na Figura 3. Quando f é positiva e par, a parte (a) diz que a área sob $y = f(x)$ de $-a$ até a é o dobro da área de 0 até a em virtude da simetria. Lembre-se de que uma integral $\int_a^b f(x)\, dx$ pode ser expressa como a área acima do eixo x e abaixo de $y = f(x)$ menos a área abaixo do eixo x e acima da curva. Então, a parte (b) diz que a integral é 0, pois as áreas se cancelam.

(a) f par, $\int_{-a}^{a} f(x)dx = 2\int_0^a f(x)dx$

(b) f ímpar, $\int_{-a}^{a} f(x)dx = 0$

FIGURA 3

EXEMPLO 10 Uma vez que $f(x) = x^6 + 1$ satisfaz $f(-x) = f(x)$, ela é par, e, portanto,

$$\int_{-2}^{2} (x^6 + 1)\, dx = 2\int_0^2 (x^6 + 1)\, dx$$

$$= 2\left[\tfrac{1}{7}x^7 + x\right]_0^2 = 2\left(\tfrac{128}{7} + 2\right) = \tfrac{284}{7}$$

EXEMPLO 11 Já que $f(x) = (\text{tg } x)/(1 + x^2 + x^4)$ satisfaz $f(-x) = -f(x)$, ela é ímpar, e, por conseguinte,

$$\int_{-1}^{1} \frac{\text{tg } x}{1 + x^2 + x^4} dx = 0$$

5.5 Exercícios

1-8 Calcule a integral fazendo a substituição dada.

1. $\int \cos 2x \, dx$, $u = 2x$
2. $\int x e^{-x^2} dx$, $u = -x^2$
3. $\int x^2 \sqrt{x^3 + 1} \, dx$, $u = x^3 + 1$
4. $\int \text{sen}^2 \theta \cos \theta \, d\theta$, $u = \text{sen} \, \theta$
5. $\int \frac{x^3}{x^4 - 5} dx$, $u = x^4 - 5$
6. $\int \frac{1}{x^2} \sqrt{1 + \frac{1}{x}} \, dx$, $u = 1 + \frac{1}{x}$
7. $\int \frac{\cos \sqrt{t}}{\sqrt{t}} dt$, $u = \sqrt{t}$
8. $\int z \sqrt{z-1} \, dz$, $u = z - 1$

9-54 Calcule a integral indefinida.

9. $\int x \sqrt{1 - x^2} \, dx$
10. $\int (5 - 3x)^{10} dx$
11. $\int t^3 e^{-t^4} dt$
12. $\int \text{sen} \, t \sqrt{1 + \cos t} \, dt$
13. $\int \text{sen}(\pi t/3) dt$
14. $\int \sec^2 2\theta \, d\theta$
15. $\int \frac{dx}{4x + 7}$
16. $\int y^2 (4 - y^3)^{2/3} dy$
17. $\int \frac{\cos \theta}{1 + \text{sen} \, \theta} d\theta$
18. $\int \frac{z^2}{z^3 + 1} dz$
19. $\int \cos^3 \theta \, \text{sen} \, \theta \, d\theta$
20. $\int e^{-5r} dr$
21. $\int \frac{e^u}{(1 - e^u)^2} du$
22. $\int \frac{\text{sen}(1/x)}{x^2} dx$
23. $\int \frac{a + bx^2}{\sqrt{3ax + bx^3}} dx$
24. $\int \frac{t+1}{3t^2 + 6t - 5} dt$
25. $\int \frac{(\ln x)^2}{x} dx$
26. $\int \text{sen} \, x \, \text{sen}(\cos x) dx$
27. $\int \sec^2 \theta \, \text{tg}^3 \theta \, d\theta$
28. $\int x \sqrt{x+2} \, dx$
29. $\int \left(x - \frac{1}{x^2} \right) \left(x^2 + \frac{2}{x} \right)^5 dx$
30. $\int \frac{dx}{ax + b} (a \neq 0)$
31. $\int e^r (2 + 3e^r)^{3/2} dr$
32. $\int \frac{e^{\arcsin x}}{\sqrt{1 - x^2}} dx$
33. $\int \frac{\sec^2 \theta}{\text{tg } \theta} d\theta$
34. $\int \frac{\sec^2 x}{\text{tg}^2 x} dx$
35. $\int \frac{(\text{arctg } x)^2}{x^2 + 1} dx$
36. $\int \frac{1}{(x^2 + 1) \text{arctg } x} dx$
37. $\int 5^t \text{sen}(5^t) dt$
38. $\int \frac{\text{sen} \, \theta \, \cos \theta}{1 + \text{sen}^2 \theta} d\theta$
39. $\int \cos(1 + 5t) dt$
40. $\int \frac{\cos(\pi/x)}{x^2} dx$
41. $\int \sqrt{\text{cotg } x} \, \text{cossec}^2 x \, dx$
42. $\int \frac{2^t}{2^t + 3} dt$
43. $\int \text{senh}^2 x \, \cosh x \, dx$
44. $\int \frac{dt}{\cos^2 t \sqrt{1 + \text{tg } t}}$
45. $\int \frac{\text{sen} \, 2x}{1 + \cos^2 x} dx$
46. $\int \frac{\text{sen} \, x}{1 + \cos^2 x} dx$
47. $\int \text{cotg } x \, dx$
48. $\int \frac{\cos(\ln t)}{t} dt$
49. $\int \frac{dx}{\sqrt{1 - x^2} \, \text{sen}^{-1} x}$
50. $\int \frac{x}{1 + x^4} dx$
51. $\int \frac{1 + x}{1 + x^2} dx$
52. $\int x^2 \sqrt{2 + x} \, dx$
53. $\int x(2x + 5)^8 dx$
54. $\int x^3 \sqrt{x^2 + 1} \, dx$

55-58 Calcule a integral indefinida. Ilustre e verifique que sua resposta é razoável fazendo o gráfico da função e de sua primitiva (tome $C = 0$).

55. $\int x(x^2 - 1)^3 dx$
56. $\int \text{tg}^2 \theta \sec^2 \theta \, d\theta$
57. $\int e^{\cos x} \text{sen } x \, dx$
58. $\int \text{sen} x \cos^4 x \, dx$

59-80 Avalie a integral definida.

59. $\int_0^1 \cos(\pi t/2) dt$
60. $\int_0^1 (3t - 1)^{50} dt$
61. $\int_0^1 \sqrt[3]{1 + 7x} \, dx$
62. $\int_{\pi/3}^{2\pi/3} \text{cossec}^2 \left(\frac{1}{2} t \right) dt$
63. $\int_0^{\pi/6} \frac{\text{sen } t}{\cos^2 t} dt$
64. $\int_1^4 \frac{\sqrt{2 + \sqrt{x}}}{\sqrt{x}} dx$
65. $\int_1^2 \frac{e^{1/x}}{x^2} dx$
66. $\int_0^1 \frac{e^x}{1 + e^{2x}} dx$
67. $\int_{-\pi/4}^{\pi/4} (x^3 + x^4 \text{tg } x) dx$
68. $\int_0^{\pi/2} \cos x \, \text{sen}(\text{sen } x) dx$
69. $\int_0^{13} \frac{dx}{\sqrt[3]{(1 + 2x)^2}}$
70. $\int_0^a x \sqrt{a^2 - x^2} \, dx$
71. $\int_0^a x \sqrt{x^2 + a^2} \, dx$ $(a > 0)$

72. $\int_{-\pi/3}^{\pi/3} x^4 \operatorname{sen} x \, dx$

73. $\int_1^2 x\sqrt{x-1}\,dx$

74. $\int_0^4 \dfrac{x}{\sqrt{1+2x}}\,dx$

75. $\int_e^{e^4} \dfrac{dx}{x\sqrt{\ln x}}$

76. $\int_0^2 (x-1)e^{(x-1)^2}\,dx$

77. $\int_0^1 \dfrac{e^z+1}{e^z+z}\,dz$

78. $\int_1^4 \dfrac{1}{(x+1)\sqrt{x}}\,dx$

79. $\int_0^1 \dfrac{dx}{(1+\sqrt{x})^4}$

80. $\int_1^{16} \dfrac{x^{1/2}}{1+x^{3/4}}\,dx$

81-82 Use um gráfico para dar uma estimativa grosseira da área da região que está sob a curva dada. Encontre a seguir a área exata.

81. $y = \sqrt{2x+1}, \quad 0 \le x \le 1$

82. $y = 2\operatorname{sen} x - \operatorname{sen} 2x, \quad 0 \le x \le \pi$

83. Calcule $\int_{-2}^2 (x+3)\sqrt{4-x^2}\,dx$ escrevendo-a como uma soma de duas integrais e interpretando uma dessas integrais em termos de uma área.

84. Calcule $\int_0^1 x\sqrt{1-x^4}\,dx$ fazendo uma substituição e interpretando a integral resultante em termos de uma área.

85. Quais das seguintes áreas são iguais? Por quê?

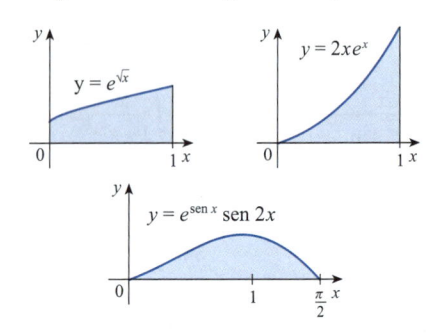

86. Um modelo para a taxa de metabolismo basal, em kcal/h, de um homem jovem é $R(t) = 85 - 0{,}18\cos(\pi t/12)$, em que t é o tempo em horas medido a partir de 5 horas da manhã. Qual é o metabolismo basal total desse homem, $\int_0^{24} R(t)\,dt$, em um período de 24 horas?

87. Um tanque de armazenamento de petróleo sofre uma ruptura em $t = 0$ e o petróleo vaza do tanque a uma taxa de $r(t) = 100e^{-0{,}01t}$ litros por minuto. Quanto petróleo vazou na primeira hora?

88. Uma população de bactérias tem inicialmente 400 bactérias e cresce a uma taxa de $r(t) = (450{,}268)e^{1{,}12567t}$ bactérias por hora. Quantas bactérias existirão após 3 horas?

89. A respiração é cíclica e o ciclo completo respiratório desde o início da inalação até o fim da expiração demora cerca de 5 segundos. A taxa máxima de fluxo de ar nos pulmões é de cerca de 0,5 L/s. Isso explica, em parte, porque a função $f(t) = \tfrac{1}{2}\operatorname{sen}(2\pi t/5)$ tem sido frequentemente utilizada para modelar a taxa de fluxo de ar nos pulmões. Use esse modelo para encontrar o volume de ar inalado nos pulmões no instante t.

90. A taxa de crescimento de uma população de peixes foi modelada pela equação

$$G(t) = \dfrac{60.000\,e^{-0{,}6t}}{(1+5e^{-0{,}6t})^2}$$

onde t é o número de anos desde 2000 e G é medido em quilogramas por ano. Se a biomassa era 25.000 kg no ano 2000, qual é a biomassa prevista para o ano 2020?

91. O tratamento por diálise remove a ureia e outros produtos residuais do sangue de um paciente, desviando parte do fluxo sanguíneo externamente por uma máquina chamada dialisador. A taxa na qual a ureia é removida do sangue (em mg/min) é em geral descrita pela equação

$$u(t) = \dfrac{r}{V}C_0 e^{-rt/V}$$

onde r é a taxa de fluxo de sangue pelo dialisador (em mL/min), V é o volume de sangue do paciente (em mL) e C_0 é a quantidade de ureia no sangue (em mg) no instante $t = 0$. Calcule a integral $\int_0^{30} u(t)\,dt$ e a interprete.

92. A Alabama Instruments Company preparou uma linha de montagem para fabricar uma nova calculadora. A taxa de produção dessas calculadoras após t semanas é

$$\dfrac{dx}{dt} = 5.000\left(1 - \dfrac{100}{(t+10)^2}\right) \text{ calculadoras/semana}$$

(Observe que a produção tende a 5.000 por semana à medida que passa o tempo, mas a produção inicial é baixa, pois os trabalhadores não estão familiarizados com as novas técnicas.) Encontre o número de calculadoras produzidas no começo da terceira semana até o fim da quarta semana.

93. Se f for contínua e $\int_0^4 f(x)\,dx = 10$, calcule $\int_0^2 f(2x)\,dx$.

94. Se f for contínua e $\int_0^9 f(x)\,dx = 4$, calcule $\int_0^3 x f(x^2)\,dx$.

95. Se f for contínua em $\mathbb{R}$, demonstre que

$$\int_a^b f(-x)\,dx = \int_{-b}^{-a} f(x)\,dx$$

Para o caso onde $f(x) \ge 0$ e $0 < a < b$, faça um diagrama para interpretar geometricamente essa equação como uma igualdade de áreas.

96. Se f for contínua em $\mathbb{R}$, demonstre que

$$\int_a^b f(x+c)\,dx = \int_{a+c}^{b+c} f(x)\,dx$$

Para o caso onde $f(x) \ge 0$ faça um diagrama para interpretar geometricamente essa equação como uma igualdade de áreas.

97. Se a e b forem números positivos, mostre que

$$\int_0^1 x^a(1-x)^b\,dx = \int_0^1 x^b(1-x)^a\,dx$$

98. Se f é contínua em $[0, \pi]$, use a substituição $u = \pi - x$ para demonstrar que

$$\int_0^\pi x f(\operatorname{sen} x)\,dx = \dfrac{\pi}{2}\int_0^\pi f(\operatorname{sen} x)\,dx$$

99. Use o Exercício 98 para calcular a integral

$$\int_0^\pi \dfrac{x \operatorname{sen} x}{1+\cos^2 x}\,dx$$

100. (a) Se f é contínua, mostre que

$$\int_0^{\pi/2} f(\cos x)\,dx = \int_0^{\pi/2} f(\operatorname{sen} x)\,dx$$

(b) Use a parte (a) para calcular
$$\int_0^{\pi/2} \cos^2 x\, dx \quad \text{e} \quad \int_0^{\pi/2} \text{sen}^2 x\, dx$$

5 REVISÃO

VERIFICAÇÃO DE CONCEITOS

As respostas para a seção Verificação de Conceitos podem ser encontradas na página deste livro no site da Cengage.

1. (a) Escreva uma expressão para uma soma de Riemann de uma função f. Explique o significado da notação que você usar.
   (b) Se $f(x) \geq 0$, qual a interpretação geométrica de uma soma de Riemann? Ilustre com um diagrama.
   (c) Se $f(x)$ assumir valores positivos e negativos, qual a interpretação geométrica de uma soma de Riemann? Ilustre com um diagrama.

2. (a) Escreva a definição de integral definida de uma função contínua de a até b.
   (b) Qual a interpretação geométrica de $\int_a^b f(x)\, dx$ se $f(x) \geq 0$?
   (c) Qual a interpretação geométrica de $\int_a^b f(x)\, dx$ se $f(x)$ assumir valores positivos e negativos? Ilustre com um diagrama.

3. Enuncie a Regra do Ponto Médio.

4. Enuncie ambas as partes do Teorema Fundamental do Cálculo.

5. (a) Enuncie o Teorema da Variação Total.
   (b) Se $r(t)$ for a taxa segundo a qual a água escoa para dentro de um reservatório, o que representa $\int_{t_1}^{t_2} r(t)\, dt$?

6. Suponha que uma partícula se mova para a frente e para trás ao longo de uma linha reta com velocidade $v(t)$, medida em metros por segundo, e com aceleração $a(t)$.
   (a) Qual o significado de $\int_{60}^{120} v(t)\, dt$?
   (b) Qual o significado de $\int_{60}^{120} |v(t)|\, dt$?
   (c) Qual o significado de $\int_{60}^{120} a(t)\, dt$?

7. (a) Explique o significado da integral indefinida $\int f(x)\, dx$.
   (b) Qual a conexão entre a integral definida $\int_a^b f(x)\, dx$ e a integral indefinida $\int f(x)\, dx$?

8. Explique exatamente o significado da afirmação "derivação e integração são processos inversos".

9. Enuncie a Regra da Substituição. Na prática, como fazer uso dela?

TESTES VERDADEIRO-FALSO

Determine se a afirmação é falsa ou verdadeira. Se for verdadeira, explique por quê. Caso contrário, explique por que ou dê um exemplo que mostre que é falsa.

1. Se f e g forem contínuas em $[a, b]$, então
$$\int_a^b [f(x) + g(x)]\, dx = \int_a^b f(x)\, dx + \int_a^b g(x)\, dx$$

2. Se f e g forem contínuas em $[a, b]$, então
$$\int_a^b [f(x)\, g(x)]\, dx = \left(\int_a^b f(x)\, dx\right)\left(\int_a^b g(x)\, dx\right)$$

3. Se f for contínua em $[a, b]$, então
$$\int_a^b 5f(x)\, dx = 5\int_a^b f(x)\, dx$$

4. Se f for contínua em $[a, b]$, então
$$\int_a^b xf(x)\, dx = x\int_a^b f(x)\, dx$$

5. Se f for contínua em $[a, b]$ e $f(x) \geq 0$, então
$$\int_a^b \sqrt{f(x)}\, dx = \sqrt{\int_a^b f(x)\, dx}$$

6. $\int_a^b f(x)\, dx = \int_a^b f(z)\, dz$

7. Se f' for contínua em $[1, 3]$, então $\int_1^3 f'(v)\, dv = f(3) - f(1)$.

8. Se $v(t)$ é a velocidade, no instante t, de uma partícula que se move ao longo de uma reta, então $\int_a^b v(t)\, dt$ é a distância percorrida pela partícula no intervalo $a \leq t \leq b$.

9. $\int_a^b f'(x)\, [f(x)]^4\, dx = \tfrac{1}{5}[f(x)]^5 + C$

10. Se f e g forem deriváveis e $f(x) \geq g(x)$ para $a < x < b$, então $f'(x) \geq g'(x)$ para $a < x < b$.

11. Se f e g forem contínuas em $f(x) \geq g(x)$ para $a \leq x \leq b$, então
$$\int_a^b f(x)\, dx \geq \int_a^b g(x)\, dx$$

12. $\int_{-5}^{5}(ax^2 + bx + c)\, dx = 2\int_0^5 (ax^2 + c)\, dx$

13. Todas as funções contínuas têm derivadas.

14. Todas as funções contínuas têm primitivas.

15. $\int_0^3 e^{x^2}\, dx = \int_0^5 e^{x^2}\, dx + \int_5^3 e^{x^2}\, dx$

16. Se $\int_0^1 f(x)\, dx = 0$, então $f(x) = 0$ para $0 \leq x \leq 1$.

17. Se f for contínua em $[a, b]$, então
$$\frac{d}{dx}\left(\int_a^b f(x)\, dx\right) = f(x)$$

18. $\int_0^2 (x - x^3)\, dx$ representa a área sob a curva $y = x - x^3$ de 0 até 2.

19. $\int_{-2}^{1} \dfrac{1}{x^4}\, dx = -\dfrac{3}{8}$

20. Se f tem uma descontinuidade em 0, então $\int_{-1}^{1} f(x)\, dx$ não existe.

EXERCÍCIOS

1. Use o gráfico dado de f para encontrar a soma de Riemann com seis subintervalos. Tome como pontos amostrais (a) as extremidades esquerdas e (b) os pontos médios. Em cada caso faça um diagrama e explique o que representa a soma de Riemann.

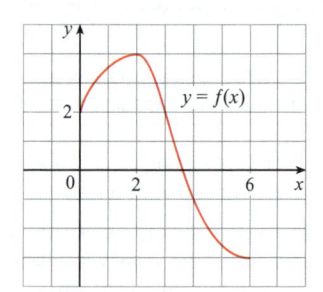

2. (a) Calcule a soma de Riemann para
$$f(x) = x^2 - x, \quad 0 \le x \le 2,$$
com quatro subintervalos, tomando como pontos amostrais as extremidades direitas. Explique, com a ajuda de um diagrama, o que representa a soma de Riemann.
(b) Use a definição de integral definida (com as extremidades direitas) para calcular o valor da integral
$$\int_0^2 (x^2 - x) \, dx$$
(c) Use o Teorema Fundamental para verificar sua resposta da parte (b).
(d) Faça um diagrama para explicar o significado geométrico da integral na parte (b).

3. Calcule
$$\int_0^1 \left(x + \sqrt{1 - x^2} \right) dx$$
interpretando-a em termos de áreas.

4. Expresse
$$\lim_{n \to \infty} \sum_{i=1}^n \operatorname{sen} x_i \, \Delta x$$
como uma integral definida no intervalo $[0, \pi]$ e então calcule a integral.

5. Se $\int_0^6 f(x) \, dx = 10$ e $\int_0^4 f(x) \, dx = 7$, encontre $\int_4^6 f(x) \, dx$.

6. (a) Escreva $\int_1^5 (x + 2x^5) \, dx$ como um limite das somas de Riemann, tomando como pontos amostrais as extremidades direitas. Use um SCA para calcular a soma e o limite.
(b) Use o Teorema Fundamental para verificar sua resposta da parte (a).

7. A figura a seguir mostra os gráficos de f, f' e $\int_0^x f(t) \, dt$. Identifique cada gráfico e explique suas escolhas.

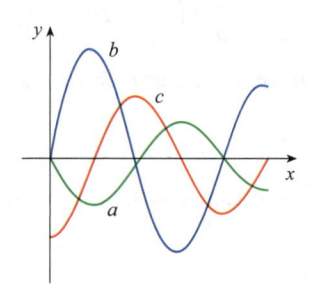

8. Calcule:
(a) $\int_0^1 \dfrac{d}{dx} (e^{\operatorname{arctg} x}) \, dx$
(b) $\dfrac{d}{dx} \int_0^1 e^{\operatorname{arctg} x} \, dx$
(c) $\dfrac{d}{dx} \int_0^x e^{\operatorname{arctg} t} \, dt$

9. O gráfico de f consiste dos três segmentos de reta mostrados. Se $g(x) = \int_0^x f(t) \, dt$, encontre $g(4)$ e $g'(4)$.

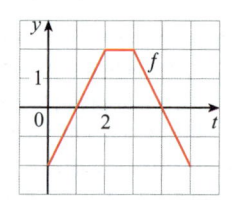

10. Se f é a função no Exercício 9, encontre $g''(4)$.

11-42 Calcule a integral, se existir.

11. $\int_{-1}^0 (x^2 + 5x) \, dx$
12. $\int_0^T (x^4 - 8x + 7) \, dx$

13. $\int_0^1 (1 - x^9) \, dx$
14. $\int_0^1 (1 - x)^9 \, dx$

15. $\int_1^9 \dfrac{\sqrt{u} - 2u^2}{u} \, du$
16. $\int_0^1 (\sqrt[4]{u} + 1)^2 \, du$

17. $\int_0^1 y(y^2 + 1)^5 \, dy$
18. $\int_0^2 y^2 \sqrt{1 + y^3} \, dy$

19. $\int_1^5 \dfrac{dt}{(t-4)^2}$
20. $\int_0^1 \operatorname{sen}(3\pi t) \, dt$

21. $\int_0^1 v^2 \cos(v^3) \, dv$
22. $\int_{-1}^1 \dfrac{\operatorname{sen} x}{1 + x^2} \, dx$

23. $\int_{-\pi/4}^{\pi/4} \dfrac{t^4 \operatorname{tg} t}{2 + \cos t} \, dt$
24. $\int_{-2}^{-1} \dfrac{z^2 + 1}{z} \, dz$

25. $\int \dfrac{x}{x^2 + 1} \, dx$
26. $\int \dfrac{dx}{x^2 + 1}$

27. $\int \dfrac{x + 2}{\sqrt{x^2 + 4}} \, dx$
28. $\int \dfrac{\operatorname{cossec}^2 x}{1 + \operatorname{cotg} x} \, dx$

29. $\int \operatorname{sen} \pi t \cos \pi t \, dt$
30. $\int \operatorname{sen} x \cos(\cos x) \, dx$

31. $\int \dfrac{e^{\sqrt{x}}}{\sqrt{x}} \, dx$
32. $\int \dfrac{\operatorname{sen}(\ln x)}{x} \, dx$

33. $\int \operatorname{tg} x \ln(\cos x) \, dx$
34. $\int \dfrac{x}{\sqrt{1 - x^4}} \, dx$

35. $\int \dfrac{x^3}{1 + x^4} \, dx$
36. $\int \operatorname{senh}(1 + 4x) \, dx$

37. $\int \dfrac{\sec \theta \operatorname{tg} \theta}{1 + \sec \theta} \, d\theta$
38. $\int_0^{\pi/4} (1 + \operatorname{tg} t)^3 \sec^2 t \, dt$

39. $\int x(1 - x)^{2/3} \, dx$
40. $\int \dfrac{x}{x - 3} \, dx$

41. $\int_0^3 |x^2 - 4| \, dx$
42. $\int_0^4 |\sqrt{x} - 1| \, dx$

43-44 Calcule a integral indefinida. Ilustre e verifique se sua resposta é razoável fazendo o gráfico da função e de sua primitiva (tome $C = 0$).

43. $\int \dfrac{\cos x}{\sqrt{1+\operatorname{sen} x}}\,dx$ **44.** $\int \dfrac{x^3}{\sqrt{x^2+1}}\,dx$

45. Use um gráfico para dar uma estimativa da área da região que está sob a curva $y = x\sqrt{x}$, $0 \le x \le 4$. Encontre a seguir a área exata.

46. Faça o gráfico da função $f(x) = \cos^2 x\,\operatorname{sen} x$ e use-o para conjecturar o valor da integral $\int_0^{2\pi} f(x)\,dx$. Calcule então a integral para confirmar sua conjectura.

47. Determine a área entre o gráfico de $y = x^2 + 5$ e o eixo x, entre $x = 0$ e $x = 4$.

48. Determine a área entre o gráfico de $y = \operatorname{sen} x$ e o eixo x, entre $x = 0$ e $x = \pi/2$.

49-50 Na figura, as regiões A, B e C, limitadas pelo gráfico de f e pelo eixo x, têm áreas iguais a 3, 2 e 1, respectivamente. Calcule a integral indicada.

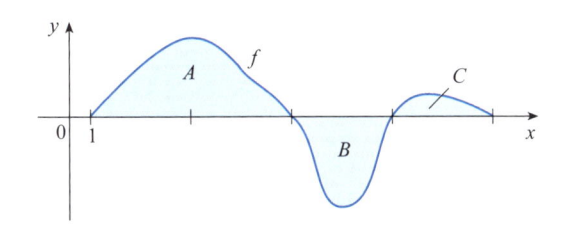

49. (a) $\int_1^5 f(x)\,dx$ (b) $\int_1^5 |f(x)|\,dx$

50. (a) $\int_1^4 f(x)\,dx + \int_3^5 f(x)\,dx$ (b) $\int_1^3 2f(x)\,dx + \int_3^5 6f(x)\,dx$

51-56 Encontre a derivada da função.

51. $F(x) = \int_0^x \dfrac{t^2}{1+t^3}\,dt$ **52.** $F(x) = \int_x^1 \sqrt{t+\operatorname{sen} t}\,dt$

53. $g(x) = \int_0^{x^4} \cos(t^2)\,dt$ **54.** $g(x) = \int_1^{\operatorname{sen} x} \dfrac{1-t^2}{1+t^4}\,dt$

55. $y = \int_{\sqrt{x}}^x \dfrac{e^t}{t}\,dt$ **56.** $y = \int_{2x}^{3x+1} \operatorname{sen}(t^4)\,dt$

57-58 Use a Propriedade 8 das integrais para estimar o valor da integral.

57. $\int_1^3 \sqrt{x^2+3}\,dx$ **58.** $\int_2^4 \dfrac{1}{x^3+2}\,dx$

59-62 Use as propriedades das integrais para verificar a desigualdade.

59. $\int_0^1 x^2 \cos x\,dx \le \dfrac{1}{3}$ **60.** $\int_{\pi/4}^{\pi/2} \dfrac{\operatorname{sen} x}{x}\,dx \le \dfrac{\sqrt{2}}{2}$

61. $\int_0^1 e^x \cos x\,dx \le e-1$ **62.** $\int_0^1 x\,\operatorname{sen}^{-1} x\,dx \le \pi/4$

63. Use a Regra do Ponto Médio com $n = 6$ para aproximar $\int_0^3 \operatorname{sen}(x^3)\,dx$. Forneça uma resposta com precisão de quatro casas decimais.

64. Uma partícula move-se ao longo de uma reta com uma função velocidade $v(t) = t^2 - t$, onde v é medida em metros por segundo. Ache (a) o deslocamento e (b) a distância percorrida pela partícula durante o intervalo de tempo $[0, 5]$.

65. Seja $r(t)$ a taxa do consumo mundial de petróleo, onde t é medido em anos começando em $t = 0$ em 1º de janeiro de 2000 e $r(t)$ é medida em barris por ano. O que representa $\int_{15}^{20} r(t)\,dt$?

66. Um radar foi usado para registrar a velocidade de um corredor nos instantes dados na tabela. Use a Regra do Ponto Médio para estimar a distância percorrida pelo corredor durante aqueles 5 segundos.

t (s)	v (m/s)	t (s)	v (m/s)
0	0	3,0	10,51
0,5	4,67	3,5	10,67
1,0	7,34	4,0	10,76
1,5	8,86	4,5	10,81
2,0	9,73	5,0	10,81
2,5	10,22		

67. Uma população de abelhas cresce a uma taxa de $r(t)$ abelhas por semana e o gráfico de r é mostrado a seguir. Use a Regra do Ponto Médio com seis subintervalos para estimar o crescimento na população de abelhas durante as primeiras 24 semanas.

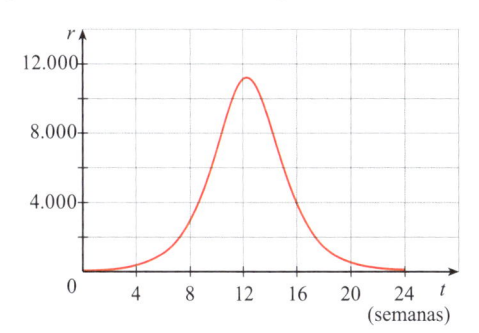

68. Considere

$$f(x) = \begin{cases} -x-1 & \text{se } -3 \le x \le 0 \\ -\sqrt{1-x^2} & \text{se } 0 \le x \le 1 \end{cases}$$

Calcule $\int_{-3}^1 f(x)\,dx$ interpretando a integral como uma diferença de áreas.

69. Se f for contínua e $\int_0^2 f(x)\,dx = 6$, calcule

$$\int_0^{\pi/2} f(2\operatorname{sen}\theta)\cos\theta\,d\theta$$

70. A função de Fresnel $S(x) = \int_0^x \operatorname{sen}\left(\tfrac{1}{2}\pi t^2\right)dt$ foi introduzida na Seção 5.3. Fresnel também usou a função

$$C(x) = \int_0^x \cos\left(\tfrac{1}{2}\pi t^2\right)dt$$

em sua teoria da difração das ondas de luz.
(a) Em quais intervalos C é crescente?
(b) Em quais intervalos C é côncava para cima?
(c) Use um gráfico para resolver a seguinte equação, com precisão de duas casas decimais:

$$\int_0^x \cos\left(\tfrac{1}{2}\pi t^2\right)dt = 0{,}7$$

(d) Desenhe os gráficos de C e S na mesma tela. Como estão relacionados esses gráficos?

71. Determine aproximadamente o valor do número c que faz que a área sob a curva $y = \operatorname{senh} cx$ entre $x = 0$ e $x = 1$ seja igual a 1.

72. Suponha que a temperatura inicial em um ponto x de uma barra longa e delgada, disposta sobre o eixo x, seja dada por $C/(2a)$ se $|x| \leq a$ e 0 se $|x| > a$. Demonstra-se que, se a difusividade térmica da barra for igual a k, a temperatura no ponto x da barra, no instante t, será dada por

$$T(x,t) = \frac{C}{a\sqrt{4\pi kt}} \int_0^a e^{-(x-u)^2/(4kt)}\, du$$

Para determinar a distribuição de temperatura provocada por uma fonte inicial de calor concentrada na origem, precisamos calcular $\lim_{a \to 0} T(x, t)$. Determine esse limite usando a Regra de l'Hôspital.

73. Supondo que f seja uma função contínua tal que

$$\int_1^x f(t)\, dt = (x-1)e^{2x} + \int_1^x e^{-t} f(t)\, dt$$

para todo x, encontre uma fórmula explícita para $f(x)$.

74. Suponha que h seja uma função tal que $h(1) = -2$, $h'(1) = 2$, $h''(1) = 3$, $h(2) = 6$, $h'(2) = 5$, $h''(2) = 13$ e h'' seja contínua em toda a parte. Calcule $\int_1^2 h''(u)\, du$.

75. Se f' for contínua em $[a, b]$, mostre que

$$2\int_a^b f(x) f'(x)\, dx = [f(b)]^2 - [f(a)]^2$$

76. Encontre

$$\lim_{h \to 0} \frac{1}{h} \int_2^{2+h} \sqrt{1+t^3}\, dt$$

77. Se f for contínua em $[0, 1]$, demonstre que

$$\int_0^1 f(x)\, dx = \int_0^1 f(1-x)\, dx$$

78. Calcule

$$\lim_{n \to \infty} \frac{1}{n}\left[\left(\frac{1}{n}\right)^9 + \left(\frac{2}{n}\right)^9 + \left(\frac{3}{n}\right)^9 + \cdots + \left(\frac{n}{n}\right)^9\right]$$

Problemas Quentes

Antes de olhar a solução do próximo exemplo, cubra-a e tente resolvê-lo você mesmo.

EXEMPLO 1 Calcule $\lim_{x \to 3} \left(\dfrac{x}{x-3} \displaystyle\int_3^x \dfrac{\operatorname{sen} t}{t} dt \right)$.

SOLUÇÃO Vamos começar por uma análise preliminar dos ingredientes da função. O que acontece com o primeiro fator, $x/(x-3)$, quando x tende a 3? O numerador tende a 3 e o denominador a 0, portanto, temos

$$\dfrac{x}{x-3} \to \infty \quad \text{quando} \quad x \to 3^+ \quad \text{e} \quad \dfrac{x}{x-3} \to -\infty \quad \text{quando} \quad x \to 3^-$$

O segundo fator tende a $\int_3^3 (\operatorname{sen} t)/t \, dt$, que é 0. Não está claro o que acontece com a função como um todo (Um fator torna-se grande enquanto o outro torna-se pequeno.) Então, como procedemos?

Um dos princípios da resolução de problemas é *reconhecer alguma coisa familiar*. Haverá uma parte da função que nos lembre de alguma coisa vista antes? Bem, a integral

$$\int_3^x \dfrac{\operatorname{sen} t}{t} \, dt$$

tem x como seu limite superior de integração, e esse tipo de integral ocorre na Parte 1 do Teorema Fundamental do Cálculo:

$$\dfrac{d}{dx} \int_a^x f(t) \, dt = f(x)$$

> **SP** Revise os Princípios da Resolução de Problemas apresentados após o Capítulo 1.

Isso sugere que uma derivação pode estar envolvida.

Uma vez que começamos a pensar sobre a derivação, o denominador $(x-3)$ lembra-nos de alguma coisa que pode ser familiar: uma das formas de definição da derivada no Capítulo 2 é

$$F'(a) = \lim_{x \to a} \dfrac{F(x) - F(a)}{x - a}$$

e com $a = 3$ isso fica

$$F'(3) = \lim_{x \to 3} \dfrac{F(x) - F(3)}{x - 3}$$

Logo, qual é a função F em nossa situação? Observe que se definirmos

$$F(x) = \int_3^x \dfrac{\operatorname{sen} t}{t} \, dt$$

então $F(3) = 0$. O que acontece com o fator x no numerador? Ele é somente uma pista falsa, portanto vamos fatorá-lo e fazer o cálculo:

$$\lim_{x \to 3} \left(\dfrac{x}{x-3} \int_3^x \dfrac{\operatorname{sen} t}{t} dt \right) = \lim_{x \to 3} x \cdot \lim_{x \to 3} \dfrac{\int_3^x \dfrac{\operatorname{sen} t}{t} dt}{x-3} = 3 \lim_{x \to 3} \dfrac{F(x) - F(3)}{x-3}$$

$$= 3 F'(3) = 3 \dfrac{\operatorname{sen} 3}{3} = \operatorname{sen} 3 \quad \text{(TFC1)}$$

Outra estratégia é usar a Regra de l'Hôspital.

PROBLEMAS

1. Se $x \operatorname{sen} \pi x = \int_0^{x^2} f(t)\,dt$, onde f é uma função contínua, encontre $f(4)$.

2. Suponha que f seja contínua, $f(0) = (0)$, $f(1) = 1$, $f'(x) > 0$ e $\int_0^1 f(x)\,dx = \frac{1}{3}$. Determine o valor da integral $\int_0^1 f^{-1}(y)\,dy$.

3. Se $\int_0^4 e^{(x-2)^4}\,dx = k$, encontre o valor de $\int_0^4 x e^{(x-2)^4}\,dx$.

4. (a) Faça os gráficos de vários membros da família de funções $f(x) = (2cx - x^2)/c^3$ para $c > 0$ e analise as regiões entre essas curvas e o eixo x. Como estão relacionadas as áreas dessas regiões?
   (b) Demonstre sua conjectura em (a).
   (c) Examine novamente os gráficos da parte (a) e use-os para esboçar a curva traçada pelos vértices (pontos mais altos) da família de funções. Você pode imaginar que tipo de curva ela é?
   (d) Ache a equação da curva que você esboçou na parte (c).

5. Se $f(x) = \int_0^{g(x)} \dfrac{1}{\sqrt{1+t^3}}\,dt$, em que $g(x) = \int_0^{\cos x} [1 + \operatorname{sen}(t^2)]\,dt$, encontre $f'(\pi/2)$.

6. Se $f(x) = \int_0^x x^2 \operatorname{sen}(t^2)\,dt$, encontre $f'(x)$.

7. Calcule $\lim_{x \to 0} (1/x) \int_0^x (1 - \operatorname{tg} 2t)^{1/t}\,dt$. [Suponha que a integral é definida e contínua em $t = 0$; veja o Exercício 5.3.82.]

8. A figura mostra duas regiões no primeiro quadrante: $A(t)$ é a área sob a curva $y = \operatorname{sen}(x^2)$ de 0 a t, e $B(t)$ é a área do triângulo com vértices O, P e $(t, 0)$. Encontre $\lim_{t \to 0^+} [A(t)/B(t)]$.

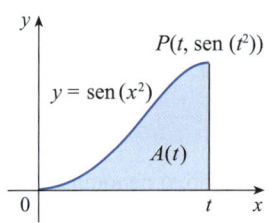

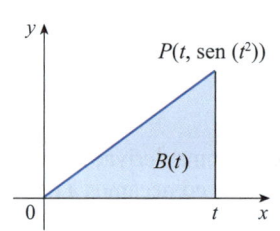

9. Encontre o intervalo $[a, b]$ para o qual o valor da integral $\int_a^b (2 + x - x^2)\,dx$ é um máximo.

10. Use uma integral para estimar a soma $\sum_{i=1}^{10.000} \sqrt{i}$.

11. (a) Calcule $\int_0^n [\![x]\!]\,dx$, onde n é um inteiro positivo.
    (b) Calcule $\int_a^b [\![x]\!]\,dx$, onde a e b são números reais com $0 \le a < b$.

12. Encontre $\dfrac{d^2}{dx^2} \int_0^x \left(\int_1^{\operatorname{sen} t} \sqrt{1 + u^4}\,du \right) dt$.

13. Suponha que os coeficientes do polinômio cúbico $P(x) = a + bx + cx^2 + dx^3$ satisfaçam a equação
$$a + \frac{b}{2} + \frac{c}{3} + \frac{d}{4} = 0$$

Mostre que a equação $P(x) = 0$ tem uma solução entre 0 e 1. Você consegue generalizar esse resultado para um polinômio de grau n?

14. Um disco circular de raio r é usado em um evaporador e deve girar em um plano vertical. Ele deve ficar parcialmente submerso no líquido de tal forma que maximize a área molhada exposta do disco. Mostre que o centro do disco deve estar posicionado a uma altura $r/\sqrt{1 + \pi^2}$ acima da superfície do líquido.

15. Demonstre que se f for contínua, então $\int_0^x f(u)(x - u)\,du = \int_0^x \left(\int_0^u f(t)\,dt \right) du$.

16. A figura mostra um segmento de parábola, ou seja, uma parte de uma parábola cortada por uma corda AB. Ela também mostra um ponto C na parábola com a propriedade que a reta

tangente em C é paralela à corda AB. Arquimedes mostrou que a área do segmento parabólico é $\frac{4}{3}$ vezes a área do triângulo inscrito ABC. Verifique o resultado de Arquimedes para a parábola $y = 4 - x^2$ e a reta $y = x + 2$.

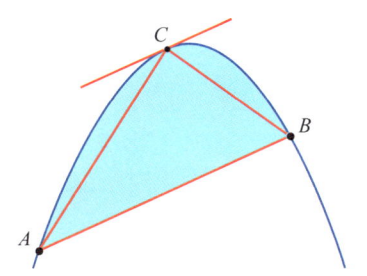

17. Dado o ponto (a, b) no primeiro quadrante, encontre a parábola com abertura para baixo que passa pelo ponto (a, b) e pela origem tal que a área sob a parábola seja mínima.

18. A figura mostra uma região formada por todos os pontos dentro de um quadrado que estão mais próximos de seu centro que de seus lados. Ache a área da região.

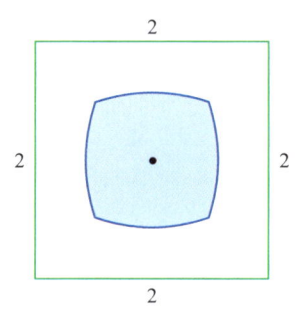

19. Calcule
$$\lim_{n \to \infty} \left(\frac{1}{\sqrt{n}\sqrt{n+1}} + \frac{1}{\sqrt{n}\sqrt{n+2}} + \cdots + \frac{1}{\sqrt{n}\sqrt{n+n}} \right)$$

20. Para um número c qualquer, seja $f_c(x)$ o menor dentre os dois números $(x - c)^2$ e $(x - c - 2)^2$. Definimos então $g(c) = \int_0^1 f_c(x)\, dx$. Encontre os valores máximo e mínimo de $g(c)$ se $-2 \leq c \leq 2$.

A rotação é usada em vários processos de manufatura. A foto mostra uma artista modelando um vaso de argila em um torno elétrico de cerâmica. No Exercício 6.2.87, exploraremos a matemática associada ao projeto de um vaso de cerâmica.

Rock and Wasp/Shutterstock.com

6 Aplicações de Integração

NESTE CAPÍTULO EXPLORAREMOS algumas das aplicações da integral definida, utilizando-a para calcular áreas entre curvas, volumes de sólidos e o trabalho realizado por uma força variável. O tema comum é o método geral a seguir, semelhante ao que foi utilizado para determinar áreas sob curvas. Dividimos primeiro uma quantidade Q em um grande número de pequenas partes. Em seguida, aproximamos cada pequena parte por uma quantidade do tipo $f(x_i^*)\Delta x$ e, portanto, aproximamos Q por uma soma de Riemann. Então, tomamos o limite e expressamos Q como uma integral. Finalmente calculamos a integral utilizando o Teorema Fundamental do Cálculo ou a Regra do Ponto Médio.

6.1 Áreas entre Curvas

No Capítulo 5 definimos e calculamos áreas de regiões sob gráficos de funções. Aqui, usaremos integrais para encontrar áreas de regiões entre gráficos de duas funções.

■ Área entre Curvas: Integrando em Relação a *x*

Considere a região S mostrada na Figura 1 que se encontra entre duas curvas $y = f(x)$ e $y = g(x)$ e entre as retas verticais $x = a$ e $x = b$, onde f e g são funções contínuas e $f(x) \geq g(x)$ para todo x em $[a, b]$.

Assim como fizemos para áreas sob curvas na Seção 5.1, dividimos S em n faixas de larguras iguais e então aproximamos a i-ésima faixa por um retângulo com base Δx e altura $f(x_i^*) - g(x_i^*)$. (Veja a Figura 2. Se quiséssemos, poderíamos tomar todos os pontos amostrais como as extremidades direitas, de modo que $x_i^* = x_i$.) A soma de Riemann

$$\sum_{i=1}^{n} [f(x_i^*) - g(x_i^*)]\Delta x$$

é, portanto, uma aproximação do que intuitivamente pensamos como a área de S.

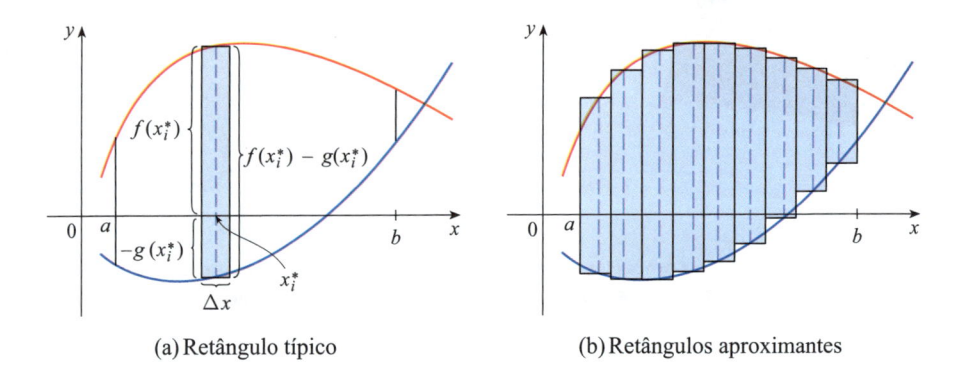

FIGURA 1
$S = \{(x, y) \mid a \leq x \leq b, g(x) \leq y \leq f(x)\}$

FIGURA 2
(a) Retângulo típico
(b) Retângulos aproximantes

Esta aproximação parece tornar-se cada vez melhor quando $n \to \infty$. Portanto, definimos a **área** A da região S como o valor do limite da soma das áreas desses retângulos aproximantes.

$$\boxed{1} \qquad A = \lim_{n \to \infty} \sum_{i=1}^{n} [f(x_i^*) - g(x_i^*)]\Delta x$$

Reconhecemos o limite em (1) como a integral definida de $f - g$. Portanto, temos a seguinte fórmula para a área.

$\boxed{2}$ A área A da região limitada pelas curvas $y = f(x)$, $y = g(x)$ e pelas retas $x = a$, $x = b$, onde f e g são contínuas e $f(x) \geq g(x)$ para todo x em $[a, b]$, é

$$A = \int_a^b [f(x) - g(x)]dx$$

Observe que, no caso especial onde $g(x) = 0$, S é a região sob o gráfico de f e a nossa definição geral de área (1) se reduz à nossa definição anterior (Definição 5.1.2).

No caso em que f e g forem ambas positivas, você pode ver na Figura 3 por que (2) é verdadeira:

$$A = [\text{área sob } y = f(x)] - [\text{área sob } y = g(x)]$$
$$= \int_a^b f(x)dx - \int_a^b g(x)dx = \int_a^b [f(x) - g(x)]dx$$

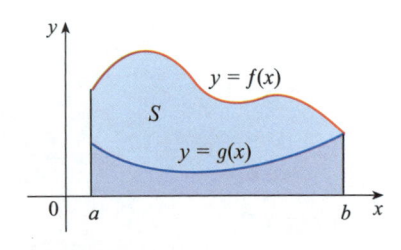

FIGURA 3
$A = \int_a^b f(x)dx - \int_a^b g(x)dx$

EXEMPLO 1 Encontre a área da região limitada acima por $y = e^x$, limitada abaixo por $y = x$, e limitada nos lados por $x = 0$ e $x = 1$.

SOLUÇÃO A região é mostrada na Figura 4. A curva limitante superior é $y = e^x$ e a curva limitante inferior é $y = x$. Então, usamos a fórmula da área (2) com $f(x) = e^x$, $g(x) = x$, $a = 0$ e $b = 1$:

$$A = \int_0^1 (e^x - x)\,dx = e^x - \tfrac{1}{2}x^2 \Big]_0^1$$
$$= e - \tfrac{1}{2} - 1 = e - 1,5$$

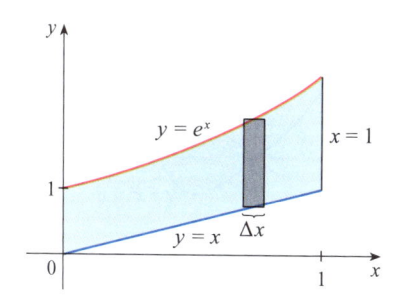

FIGURA 4

Na Figura 4 desenhamos um retângulo aproximante típico com largura Δx que nos lembra o procedimento pelo qual a área é definida em (1). Em geral, quando determinamos uma integral para uma área, é útil esboçar a região para identificar a curva superior y_T, a curva inferior y_B e um retângulo aproximante típico, como na Figura 5. Então, a área de um retângulo típico é $(y_T - y_B)\Delta x$ e a equação

$$A = \lim_{n \to \infty} \sum_{i=1}^{n} (y_T - y_B)\,\Delta x = \int_a^b (y_T - y_B)\,dx$$

resume o procedimento de adição (no sentido de limite) das áreas de todos os retângulos típicos.

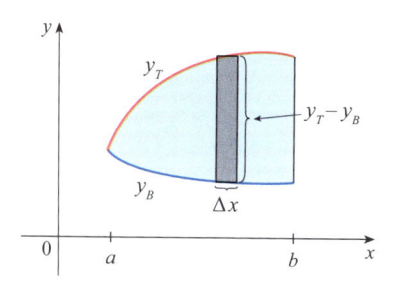

FIGURA 5

Observe que na Figura 5 a lateral esquerda da região se reduz a um ponto, enquanto na Figura 3 a lateral direita da região se reduz a um ponto. No próximo exemplo, ambas as laterais se reduzem a um ponto, de modo que a primeira etapa é encontrar a e b.

EXEMPLO 2 Encontre a área da região delimitada pelas parábolas $y = x^2$ e $y = 2x - x^2$.

SOLUÇÃO Primeiro encontramos os pontos de intersecção das parábolas, resolvendo suas equações simultaneamente. Isso resulta em $x^2 = 2x - x^2$ ou $2x^2 - 2x = 0$. Portanto, $2x(x - 1) = 0$, então $x = 0$ ou 1. Os pontos de intersecção são $(0, 0)$ e $(1, 1)$.

Vemos na Figura 6 que os limites superior e inferior são

$$y_T = 2x - x^2 \qquad \text{e} \qquad y_B = x^2$$

A área de um retângulo típico é

$$(y_T - y_B)\,\Delta x = (2x - x^2 - x^2)\,\Delta x = (2x - 2x^2)\,\Delta x$$

e a região encontra-se entre $x = 0$ e $x = 1$. Então, a área total é

$$A = \int_0^1 (2x - 2x^2)\,dx = 2\int_0^1 (x - x^2)\,dx$$
$$= 2\left[\frac{x^2}{2} - \frac{x^3}{3}\right]_0^1 = 2\left(\frac{1}{2} - \frac{1}{3}\right) = \frac{1}{3}$$

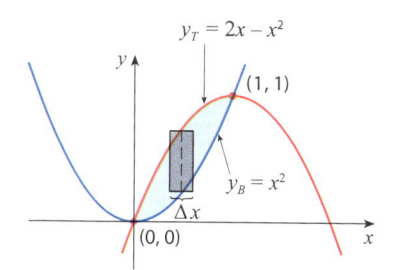

FIGURA 6

Às vezes é difícil, ou mesmo impossível, encontrar os pontos exatos de intersecção de duas curvas. Como mostramos no exemplo a seguir, podemos usar uma calculadora gráfica ou um computador para encontrar valores aproximados para os pontos de intersecção e então prosseguir como anteriormente.

EXEMPLO 3 Encontre a área aproximada da região limitada pelas curvas $y = x/\sqrt{x^2 + 1}$ e $y = x^4 - x$.

SOLUÇÃO Se fôssemos tentar encontrar os pontos de intersecção exatos, teríamos de resolver a equação

$$\frac{x}{\sqrt{x^2 + 1}} = x^4 - x$$

404 CÁLCULO

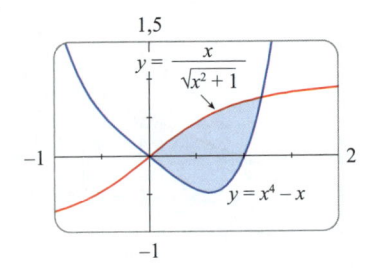

FIGURA 7

Essa parece ser uma equação muito difícil de resolver exatamente (de fato, é impossível), sendo assim, em lugar disso, traçamos o gráfico das duas curvas usando um computador (veja a Figura 7). Além da origem, descobrimos que há um ponto de intersecção quando $x \approx 1{,}18$. Portanto, um valor aproximado da área entre as curvas é dado por

$$A \approx \int_0^{1,18} \left[\frac{x}{\sqrt{x^2+1}} - (x^4 - x) \right] dx$$

Para integrar o primeiro termo, usamos a substituição $u = x^2 + 1$. Então, $du = 2x\,dx$, e quando $x = 1{,}18$, temos $u \approx 2{,}39$; quando $x = 0$, $u = 1$. Assim,

$$A \approx \tfrac{1}{2} \int_1^{2,39} \frac{du}{\sqrt{u}} - \int_0^{1,18} (x^4 - x)\,dx$$

$$= \sqrt{u}\,\Big]_1^{2,39} - \left[\frac{x^5}{5} - \frac{x^2}{2} \right]_0^{1,18}$$

$$= \sqrt{2{,}39} - 1 - \frac{(1{,}18)^5}{5} + \frac{(1{,}18)^2}{2}$$

$$\approx 0{,}785 \qquad \blacksquare$$

Se precisarmos encontrar a área entre as curvas $y = f(x)$ e $y = g(x)$, em que $f(x) \geq g(x)$ para alguns valores de x e $g(x) \geq f(x)$, para outros valores de x, devemos dividir a região S fornecida em várias regiões $S_1, S_2, \ldots$, com áreas $A_1, A_2, \ldots$, como mostrado na Figura 8. Definimos então a área da região S como a soma das áreas das subregiões $S_1, S_2, \ldots$, ou seja, $A = A_1 + A_2 + \cdots$. Uma vez que

$$|f(x) - g(x)| = \begin{cases} f(x) - g(x) & \text{se } f(x) \geq g(x) \\ g(x) - f(x) & \text{se } g(x) \geq f(x) \end{cases}$$

obtemos a seguinte expressão para A.

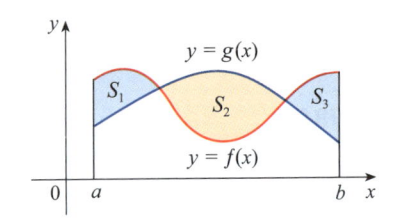

FIGURA 8

3 A área entre as curvas $y = f(x)$ e $y = g(x)$, entre $x = a$ e $x = b$, é dada por

$$A = \int_a^b |f(x) - g(x)|\,dx$$

Entretanto, para calcular a integral em (3), ainda precisamos dividi-la nas integrais correspondentes a $A_1, A_2, \ldots$.

EXEMPLO 4 Determine a área da região limitada pelas curvas $y = \operatorname{sen} x$, $y = \cos x$, $x = 0$ e $x = \pi/2$.

SOLUÇÃO As duas primeiras curvas se interceptam nos pontos em que $\operatorname{sen} x = \cos x$, ou seja, quando $x = \pi/4$ (uma vez que $0 \leq x \leq \pi/2$). A região é esboçada na Figura 9.

Observe que $\cos x \geq \operatorname{sen} x$ para $0 \leq x \leq \pi/4$, enquanto $\operatorname{sen} x \geq \cos x$ para $\pi/4 \leq x \leq \pi/2$. Desta forma, a área solicitada é

$$A = \int_0^{\pi/2} |\cos x - \operatorname{sen} x|\,dx = A_1 + A_2$$

$$= \int_0^{\pi/4} (\cos x - \operatorname{sen} x)\,dx + \int_{\pi/4}^{\pi/2} (\operatorname{sen} x - \cos x)\,dx$$

$$= \big[\operatorname{sen} x + \cos x\big]_0^{\pi/4} + \big[-\cos x - \operatorname{sen} x\big]_{\pi/4}^{\pi/2}$$

$$= \left(\frac{1}{\sqrt{2}} + \frac{1}{\sqrt{2}} - 0 - 1 \right) + \left(-0 - 1 + \frac{1}{\sqrt{2}} + \frac{1}{\sqrt{2}} \right)$$

$$= 2\sqrt{2} - 2$$

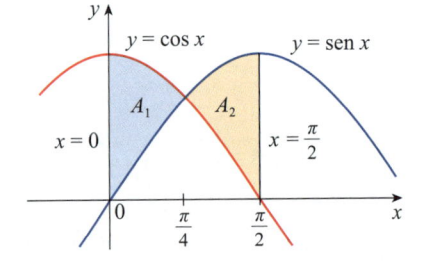

FIGURA 9

Nesse exemplo particular, poderíamos ter economizado algum trabalho se notássemos que a região é simétrica com relação a $x = \pi/4$ e, portanto,

$$A = 2A_1 = 2\int_0^{\pi/4} (\cos x - \sen x)\, dx$$

■ Área entre Curvas: Integrando em Relação a y

Algumas regiões podem ser tratadas de forma mais adequada se considerarmos que x é uma função de y. Se uma região é limitada por curvas definidas pelas equações $x = f(y)$, $x = g(y)$, $y = c$ e $y = d$, em que f e g são contínuas e $f(y) \geq g(y)$ para $c \leq y \leq d$ (veja a Figura 10), então sua área é dada por

$$A = \int_c^d [f(y) - g(y)]\, dy$$

Se denotarmos a fronteira direita por x_R e a fronteira esquerda por x_L, então, como ilustrado na Figura 11, teremos

$$A = \int_c^d (x_R - x_L)\, dy$$

Nesse caso, um retângulo aproximante típico tem dimensões $x_R - x_L$ e Δy.

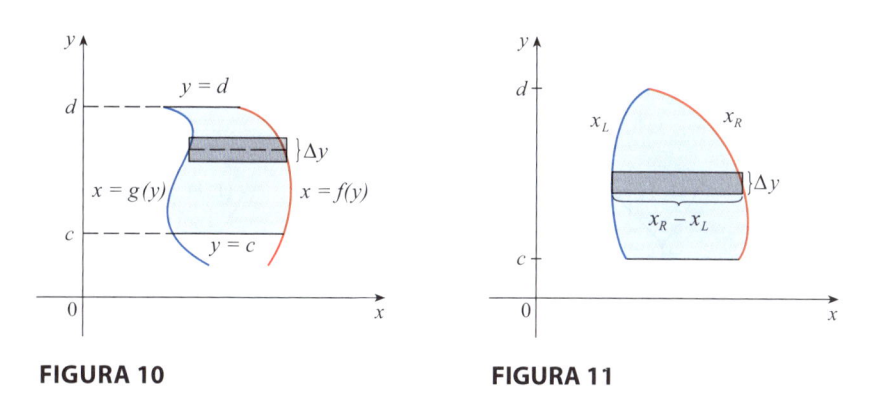

FIGURA 10

FIGURA 11

EXEMPLO 5 Determine a área compreendida entre a reta $y = x - 1$ e a parábola $y^2 = 2x + 6$.

SOLUÇÃO Resolvendo o sistema de duas equações, descobrimos que os pontos de intersecção são $(-1, -2)$ e $(5, 4)$. Isolando x na equação da parábola e considerando a Figura 12, notamos que as curvas que definem as fronteiras esquerda e direita são

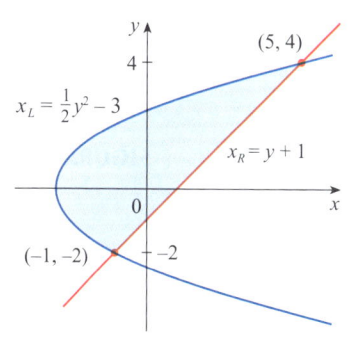

$$x_L = \tfrac{1}{2}y^2 - 3 \quad \text{e} \quad x_R = y + 1$$

FIGURA 12

Assim, devemos integrar entre os valores apropriados de y, que são $y = -2$ e $y = 4$. Logo,

$$\begin{aligned}
A &= \int_{-2}^{4} (x_R - x_L)\, dy = \int_{-2}^{4} \left[(y+1) - \left(\tfrac{1}{2}y^2 - 3\right)\right] dy \\
&= \int_{-2}^{4} \left(-\tfrac{1}{2}y^2 + y + 4\right) dy \\
&= -\frac{1}{2}\left(\frac{y^3}{3}\right) + \frac{y^2}{2} + 4y \Big]_{-2}^{4} \\
&= -\tfrac{1}{6}(64) + 8 + 16 - \left(\tfrac{4}{3} + 2 - 8\right) = 18
\end{aligned}$$

OBSERVAÇÃO No Exemplo 5, poderíamos ter determinado a área integrando em relação a x, em lugar de y, embora essa opção torne o cálculo muito mais complicado. Uma vez que a fronteira inferior é composta por duas curvas diferentes, isso significaria dividir a região em duas e calcular as áreas denominadas A_1 e A_2 na Figura 13. O método que usamos no Exemplo 5 é muito mais fácil.

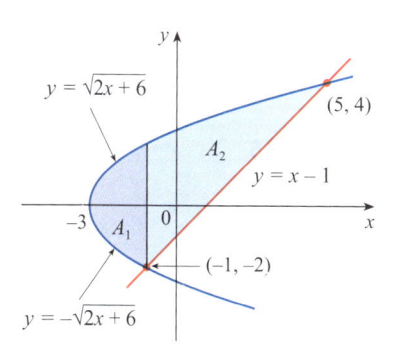

FIGURA 13

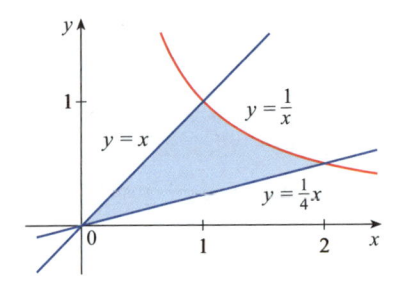

FIGURA 14

EXEMPLO 6 Determine a área da região delimitada pelas curvas $y = 1/x$, $y = x$ e $y = \frac{1}{4}x$, empregando (a) x como variável de integração; e (b) y como variável de integração.

SOLUÇÃO A região é mostrada na Figura 14.

(a) Para integrar em relação a x, devemos dividir a região em duas partes, já que a fronteira superior é composta por duas curvas diferentes, como mostrado na Figura 15(a). Nesse caso, calculamos a área da seguinte forma

$$A = A_1 + A_2 = \int_0^1 (x - \tfrac{1}{4}x)\,dx + \int_1^2 \left(\frac{1}{x} - \frac{1}{4}x\right)dx$$

$$= \left[\tfrac{3}{8}x^2\right]_0^1 + \left[\ln x - \tfrac{1}{8}x^2\right]_1^2 = \ln 2$$

(b) Para integrar em relação a y, também precisamos dividir a região em duas partes, uma vez que a fronteira direita é composta por duas curvas diferentes, como mostrado na Figura 15(b). Nesse caso, calculamos a área do seguinte modo

$$A = A_1 + A_2 = \int_0^{1/2} (4y - y)\,dy + \int_{1/2}^1 \left(\frac{1}{y} - y\right)dy$$

$$= \left[\tfrac{3}{2}y^2\right]_0^{1/2} + \left[\ln y - \tfrac{1}{2}y^2\right]_{1/2}^1 = \ln 2$$

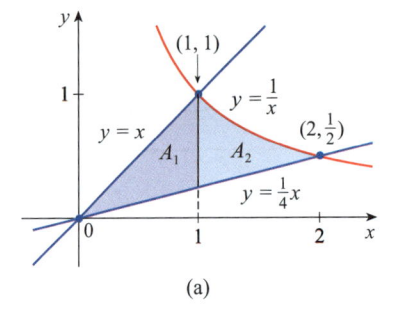

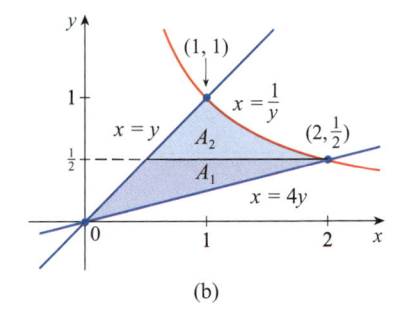

FIGURA 15 (a)   (b)

Aplicações

EXEMPLO 7 A Figura 16 mostra curvas de velocidade para dois carros, A e B, que partem lado a lado e se movem ao longo da mesma estrada. O que a área entre as curvas representa? Use a Regra do Ponto Médio para estimá-la.

SOLUÇÃO Nós sabemos da Seção 5.4 que a área sob a curva de velocidade A representa a distância percorrida pelo carro A durante os primeiros 16 segundos. Da mesma forma, a área sob a curva B é a distância percorrida pelo carro B durante esse período de tempo. Assim, a área entre essas curvas, que é a diferença entre as áreas sob as curvas, é a distância entre os carros após 16 segundos. Obtemos as velocidades a partir do gráfico e as convertemos em metros por segundo $(1\text{ km/h} = \frac{1.000}{3.600}\text{ m/s})$.

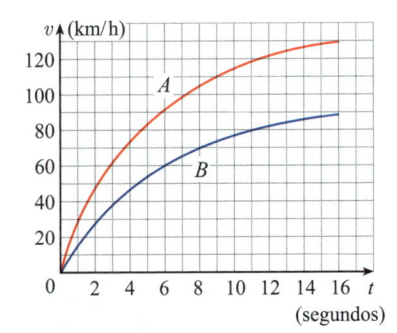

FIGURA 16

t	0	2	4	6	8	10	12	14	16
v_A	0	10,4	16,5	20,4	23,2	25,6	27,1	28,0	29,0
v_B	0	6,4	10,4	13,4	15,5	17,1	18,3	19,2	19,8
$v_A - v_B$	0	4,0	6,1	7,0	7,7	8,5	8,8	8,8	9,2

Aplicamos a Regra do Ponto Médio com $n = 4$ intervalos, de modo que $\Delta t = 4$. Os pontos médios dos intervalos são $\bar{t}_1 = 2$, $\bar{t}_2 = 6$, $\bar{t}_3 = 10$ e $\bar{t}_4 = 14$. Estimamos a distância entre os carros após 16 segundos da seguinte forma:

$$\int_0^{16}(v_A - v_B)\,dt \approx \Delta t[4{,}0 + 7{,}0 + 8{,}5 + 8{,}8]$$
$$= 4(28{,}3) = 113{,}2 \text{ m} \qquad \blacksquare$$

EXEMPLO 8 Na Figura 17 está um exemplo de *curva patogênese* para a infecção de sarampo. Ela mostra como a doença se desenvolve em um indivíduo sem imunidade após o vírus do sarampo se propagar do sistema respiratório para a corrente sanguínea.

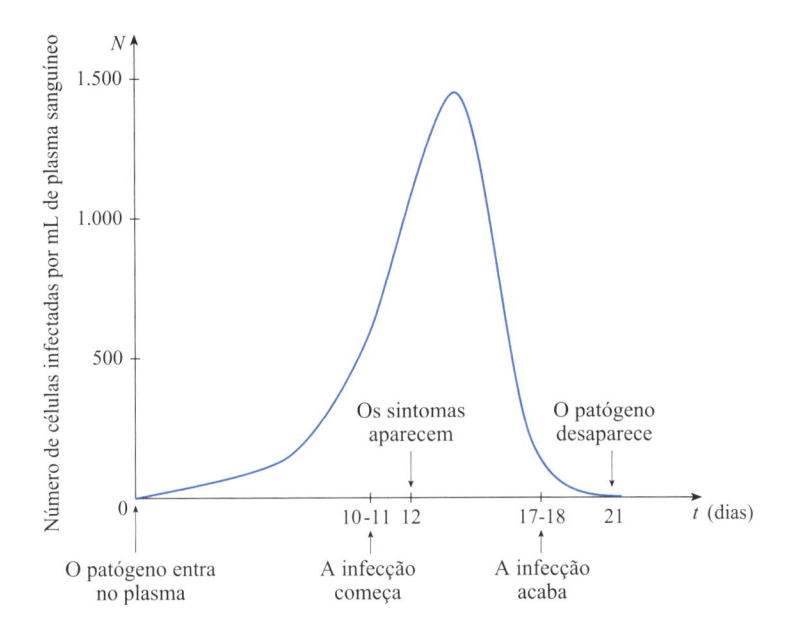

FIGURA 17
Curva patogênese do sarampo
Fonte: J. M. Heffernan et al. An In-Host Model of Acute Infection: Measles as a Case Study. *Theoretical Population Biology* 73 (2008): 134-47.

O paciente torna-se contagioso quando a concentração de células infectadas fica suficientemente alta e ele permanece infeccioso até que o sistema imunológico consiga impedir mais transmissões. Entretanto, os sintomas não se desenvolvem até que a "quantidade de infecção" atinja um patamar específico. A quantidade de infecção necessária para desenvolver os sintomas depende tanto da concentração de células infectadas quanto do tempo, e corresponde à área sob a curva patogênese até os sintomas aparecerem. (Veja o Exercício 5.1.15.)

(a) A curva patogênese na Figura 17 tem sido modelada por $f(t) = -t(t-21)(t+1)$. Se a fase contagiosa começa no dia $t_1 = 10$ e acaba no dia $t_2 = 18$, quais são os níveis de concentração de células infectadas correspondentes?

(b) O *nível de contágio* de uma pessoa infectada é a área entre $N = f(t)$ e a reta que passa pelos pontos $P_1(t_1, f(t_1))$ e $P_2(t_2, f(t_2))$, medida em (células/mL) · dias. (Veja a Figura 18.) Calcule o nível de contágio desse paciente específico.

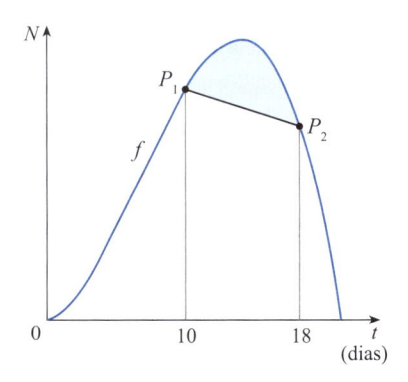

FIGURA 18

SOLUÇÃO

(a) O contágio começa quando a concentração atinge $f(10) = 1.210$ células/mL e acaba quando a concentração se reduz para $f(18) = 1.026$ células/mL.

(b) A reta por P_1 e P_2 tem inclinação $\frac{1.026 - 1.210}{18 - 10} = -\frac{184}{8} = -23$ e equação

$$N - 1.210 = -23(t - 10) \Leftrightarrow N - 23t + 1.440$$

A área entre f e essa reta é

$$\int_{10}^{18}[f(t) - (-23t + 1.440)]\,dt = \int_{10}^{18}(-t^3 + 20t^2 + 21t + 23t - 1.440)\,dt$$
$$= \int_{10}^{18}(-t^3 + 20t^2 + 44t - 1.440)\,dt$$

$$= \left[-\frac{t^4}{4} + 20\frac{t^3}{3} + 44\frac{t^2}{2} - 1.440t\right]_{10}^{18}$$

$$= -6.156 - \left(-8.033\tfrac{1}{3}\right) \approx 1.877$$

Assim, o nível de contágio desse paciente é cerca de 1.877 (células/mL) · dias.

6.1 Exercícios

1-4
(a) Defina a integral que fornece a área da região sombreada.
(b) Encontre a área calculando a integral.

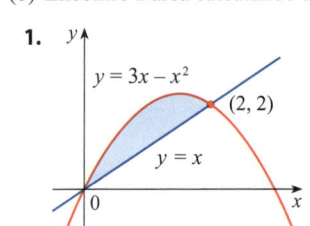

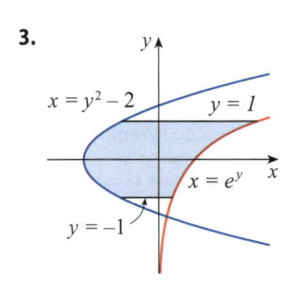

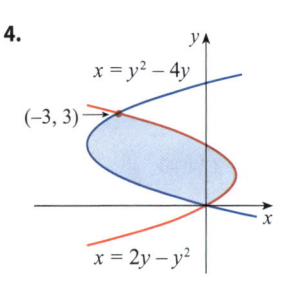

1. $y = 3x - x^2$, $y = x$, (2, 2)

2. $y = e^x$, $y = x^2$, (1, e), (1, 1)

3. $x = y^2 - 2$, $x = e^y$, $y = 1$, $y = -1$

4. $x = y^2 - 4y$, $x = 2y - y^2$, (-3, 3)

5-6 Determine a área da região sombreada.

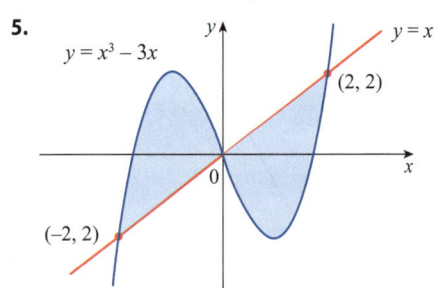

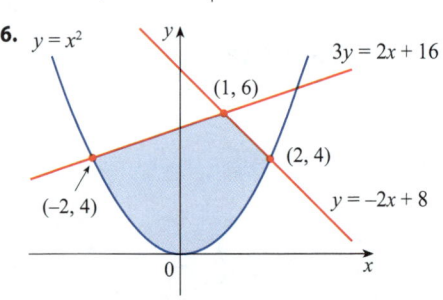

5. $y = x^3 - 3x$, $y = x$, (2, 2), (-2, 2)

6. $y = x^2$, $3y = 2x + 16$, $y = -2x + 8$, (1, 6), (2, 4), (-2, 4)

7-10 Defina, mas não calcule, uma integral que represente a área da região compreendida entre as curvas fornecidas.

7. $y = 2^x$, $y = 3^x$, $x = 1$

8. $y = \ln x$, $y = \ln(x^2)$, $x = 2$

9. $y = 2 - x$, $y = 2x - x^2$

10. $x = y^4$, $x = 2 - y^2$

11-18 Esboce a região delimitada pelas curvas fornecidas. Decida se é preferível integrar em relação a x ou a y. Desenhe um retângulo aproximante típico, indicando sua altura e largura. Em seguida, determine a área da região.

11. $y = x^2 + 2$, $y = -x - 1$, $x = 0$, $x = 1$

12. $y = 1 + x^3$, $y = 2 - x$, $x = -1$, $x = 0$

13. $y = 1/x$, $y = 1/x^2$, $x = 2$

14. $y = \cos x$, $y = e^x$, $x = \pi/2$

15. $y = (x - 2)^2$, $y = x$

16. $y = x^2 - 4x$, $y = 2x$

17. $x = 1 - y^2$, $x = y^2 - 1$

18. $4x + y^2 = 12$, $x = y$

19-36 Esboce a região delimitada pelas curvas indicadas e encontre sua área.

19. $y = 12 - x^2$, $y = x^2 - 6$

20. $y = x^2$, $y = 4x - x^2$

21. $x = 2y^2$, $x = 4 + y^2$

22. $y = \sqrt{x-1}$, $x - y = 1$

23. $y = \sqrt[3]{2x}$, $y = \tfrac{1}{8}x$

24. $y = x^3$, $y = x$

25. $y = \sqrt{x}$, $y = \tfrac{1}{3}x$, $0 \leq x \leq 16$

26. $y = \cos x$, $y = 2 - \cos x$, $0 \leq x \leq 2\pi$

27. $y = \cos x$, $y = \operatorname{sen} 2x$, $0 \leq x \leq \pi/2$

28. $y = \cos x$, $y = 1 - \cos x$, $0 \leq x \leq \pi$

29. $y = \sec^2 x$, $y = 8 \cos x$, $-\pi/3 \leq x \leq \pi/3$

30. $y = x^4 - 3x^2$, $y = x^2$

31. $y = x^4$, $y = 2 - |x|$

32. $y = x^2$, $y = \dfrac{32}{x^2 + 4}$

33. $y = \operatorname{sen} \dfrac{\pi x}{2}$, $y = x^3$

34. $y = 4 - 2\cosh x$, $y = \tfrac{1}{2}\operatorname{senh} x$

35. $y = 1/x$, $y = x$, $y = \tfrac{1}{4}x$, $x > 0$

36. $y = \tfrac{1}{4}x^2$, $y = 2x^2$, $x + y = 3$, $x \geq 0$

37. São mostrados os gráficos de duas funções com as áreas das regiões entre as curvas indicadas.
(a) Qual é a área total entre as curvas para $0 \leq x \leq 5$?

(b) Qual o valor de $\int_0^5 [f(x) - g(x)]\, dx$?

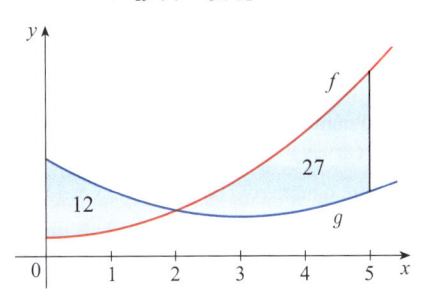

38-40 Esboce a região delimitada pelas curvas dadas e encontre sua área.

38. $y = \dfrac{x}{\sqrt{1+x^2}}, \quad y = \dfrac{x}{\sqrt{9-x^2}}, \quad x \geq 0$

39. $y = \dfrac{x}{1+x^2}, \quad y = \dfrac{x^2}{1+x^3}$

40. $y = \dfrac{\ln x}{x}, \quad y = \dfrac{(\ln x)^2}{x}$

41-42 Use o cálculo para encontrar a área do triângulo com os vértices dados.

41. $(0, 0)$ $(3, 1)$ $(1, 2)$

42. $(2, 0)$ $(0, 2)$ $(-1, 1)$

43-44 Calcule a integral e interprete-a como a área de uma região. Esboce a região.

43. $\int_0^{\pi/2} |\operatorname{sen} x - \cos 2x|\, dx$ **44.** $\int_{-1}^{1} |3^x - 2^x|\, dx$

45-48 Use um gráfico para encontrar os valores aproximados das coordenadas x dos pontos de intersecção das curvas indicadas. A seguir, encontre a área aproximada da região delimitada pelas curvas.

45. $y = x\,\operatorname{sen}(x^2), \quad y = x^4, \quad x \geq 0$

46. $y = \dfrac{x}{(x^2+1)^2}, \quad y = x^5 - x, \quad x \geq 0$

47. $y = 3x^2 - 2x, \quad y = x^3 - 3x + 4$

48. $y = 1{,}3^x, \quad y = 2\sqrt{x}$

T 49-52 Represente graficamente a região entre as curvas e use a calculadora para encontrar a área com precisão até a quinta casa decimal.

49. $y = \dfrac{2}{1+x^4}, \quad y = x^2$ **50.** $y = e^{1-x^2}, \quad y = x^4$

51. $y = \operatorname{tg}^2 x, \quad y = \sqrt{x}$

52. $y = \cos x, \quad y = x + 2\operatorname{sen}^4 x$

T 53. Use um sistema de computação algébrica para encontrar a área exata da região delimitada pelas curvas $y = x^5 - 6x^3 + 4x$ e $y = x$.

54. Esboce a região no xy definida pelas inequações $x - 2y^2 \geq 0, 1 - x - |y| \geq 0$ e encontre sua área.

55. Os carros de corrida dirigidos por Chris e Kelly estão lado a lado na largada de uma corrida. A tabela mostra as velocidades de cada carro (em quilômetros por hora) durante os primeiros dez segundos da corrida. Use a Regra do Ponto Médio para estimar quão mais longe Kelly vai do que Chris durante os primeiros 10 segundos.

t	v_C	v_K	t	v_C	v_K
0	0	0	6	110	128
1	32	35	7	120	138
2	51	59	8	130	150
3	74	83	9	138	157
4	86	98	10	144	163
5	99	114			

56. As larguras (em metros) de uma piscina com o formato de rim foram medidas a intervalos de 2 metros, como indicado na figura. Use a Regra do Ponto Médio para estimar a área da piscina.

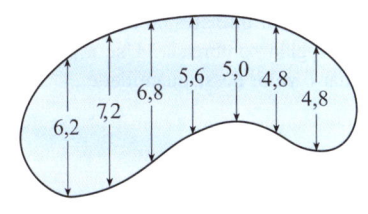

57. É mostrada a seção transversal da asa de um avião. As medidas em centímetros da espessura da asa, em intervalos de 20 centímetros, são 5,8, 20,3, 26,7, 29,0, 27,6, 27,3, 23,8, 20,5, 15,1, 8,7 e 2,8. Utilize a Regra do Ponto Médio para estimar a área da seção transversal da asa.

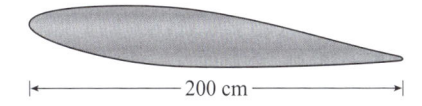

58. Se a taxa de natalidade da população é $b(t) = 2.200 e^{0{,}024t}$ pessoas por ano e a taxa de mortalidade é $d(t) = 1.460 e^{0{,}018t}$ pessoas por ano, encontre a área entre essas curvas para $0 \leq t \leq 10$. O que esta área representa?

59. No Exemplo 8, modelamos a curva patogênese do sarampo por uma função f. Um paciente infectado pelo vírus do sarampo que tenha alguma imunidade ao vírus tem uma curva patogênese que pode ser modelada, por exemplo, por $g(t) = 0{,}9 f(t)$.
(a) Se for necessário o mesmo patamar de concentração do vírus que no Exemplo 8 para que o contágio comece, em que dia isso ocorre?
(b) Seja P_3 o ponto do gráfico de g onde o contágio começa. Foi mostrado que o contágio acaba em um ponto P_4 do gráfico de g tal que a reta por P_3, P_4 tem a mesma inclinação que a reta por P_1, P_2 no Exemplo 8(b). Em que dia o contágio acaba?
(c) Calcule o nível de contágio desse paciente.

60. As taxas nas quais a chuva cai, em centímetros por hora, em dois locais diferentes, t horas após o começo da tempestade são dadas por $f(t) = 0{,}73 t^3 - 2t^2 + t + 0{,}6$ e $g(t) = 0{,}17 t^2 - 0{,}5 t + 1{,}1$. Calcule a área entre os gráficos para $0 \leq t \leq 2$ e interprete seu resultado nesse contexto.

61. Dois carros, A e B, largam lado a lado e aceleram a partir do repouso. A figura mostra os gráficos de suas funções velocidade.
(a) Qual carro estará na frente após 1 minuto? Explique.

(b) Qual o significado da área da região sombreada?
(c) Qual carro estará na frente após 2 minutos? Explique.
(d) Estime quando os carros estarão novamente lado a lado.

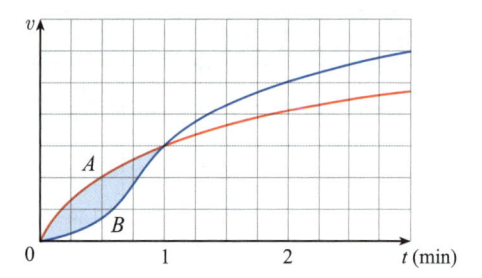

62. A figura mostra os gráficos da função receita marginal R' e da função custo marginal C' para um fabricante. [Lembre-se, da Seção 4.7, de que $R(x)$ e $C(x)$ representam a receita e o custo quando x unidades são manufaturadas. Suponha que R e C sejam medidas em milhares de dólares.] Qual é o significado da área da região sombreada? Use a Regra do Ponto Médio para estimar o valor dessa quantidade.

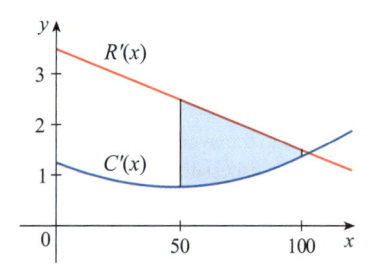

63. A curva com equação $y^2 = x^2(x + 3)$ é chamada **cúbica de Tschirnhausen**. Se você traçar essa curva verá que parte dela forma um laço. Encontre a área da região delimitada por esse laço.

64. Encontre a área da região delimitada pela parábola $y = x^2$, pela reta tangente a esta parábola em $(1, 1)$ e pelo eixo x.

65. Encontre o número b tal que a reta $y = b$ divida a região delimitada pelas curvas $y = x^2$ e $y = 4$ em duas regiões com área igual.

66. (a) Encontre o número a tal que a reta $x = a$ bissecte a área sob a curva $y = 1/x^2$, $1 \leq x \leq 4$.
(b) Encontre o número b tal que a reta $y = b$ bissecte a área da parte (a).

67. Encontre os valores de c tais que a área da região delimitada pelas parábolas $y = x^2 - c^2$ e $y = c^2 - x^2$ seja 576.

68. Suponha que $0 < c < \pi/2$. Para qual valor de c a área da região delimitada pelas curvas $y = \cos x$, $y = \cos(x - c)$ e $x = 0$ é igual à área da região delimitada pelas curvas $y = \cos(x - c)$, $x = \pi$ e $y = 0$?

69. A figura mostra uma reta horizontal $y = c$, que intercepta a curva $y = 8x - 27x^3$. Determine o valor de c que faz que as áreas das regiões sombreadas sejam iguais.

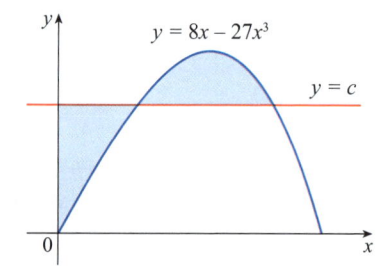

70. Para quais valores de m a reta $y = mx$ e a curva $y = x/(x^2 + 1)$ delimitam uma região? Encontre a área da região.

PROJETO APLICADO | O ÍNDICE DE GINI

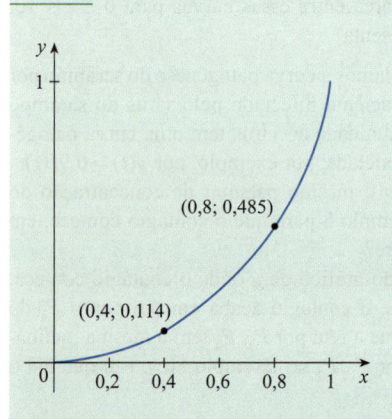

FIGURA 1
Curva de Lorenz para os EUA em 2010

Como é possível medir a distribuição de renda entre os habitantes de determinado país? Uma dessas medidas é o *índice de Gini*, que leva o nome do economista italiano Corrado Gini, o qual foi o primeiro a idealizá-lo em 1912.

Nós primeiro classificamos todas as famílias em um país por meio da renda e, então, calculamos a porcentagem de famílias cuja renda é de no máximo um percentual determinado da renda total do país. Definimos a **curva de Lorenz** $y = L(x)$ no intervalo $[0, 1]$ marcando o ponto $(a/100, b/100)$ sobre a curva se $a\%$ das famílias mais pobres recebe no máximo $b\%$ da renda total. Por exemplo, na Figura 1, o ponto de $(0,4, 0,114)$ está na curva de Lorenz para os Estados Unidos em 2016, pois os 40% mais pobres da população recebiam apenas 11,4% do total da renda. Da mesma forma, os 80% mais pobres da população receberam 48,5% do total da renda, então o ponto $(0,8, 0,485)$ está na curva de Lorenz. (A curva de Lorenz é assim denominada em homenagem ao economista norte-americano Max Lorenz.)

A Figura 2 mostra algumas curvas típicas de Lorenz. Todas elas passam pelos pontos $(0, 0)$ e $(1, 1)$ e são côncavas para cima. No caso extremo $L(x) = x$, a sociedade é perfeitamente igualitária: os $a\%$ mais pobres da população recebem $a\%$ do total da renda e assim todos recebem o mesmo rendimento. A área entre a curva de Lorenz $y = L(x)$ e a reta $y = x$ mede o quanto a distribuição de renda difere da igualdade absoluta. O **índice de Gini** (algumas vezes chamado de **coeficiente Gini** ou de **coeficiente de desigualdade**) é a área entre a curva de Lorenz e a reta $y = x$ (sombreada na Figura 3) dividida pela área sob $y = x$.

(continua)

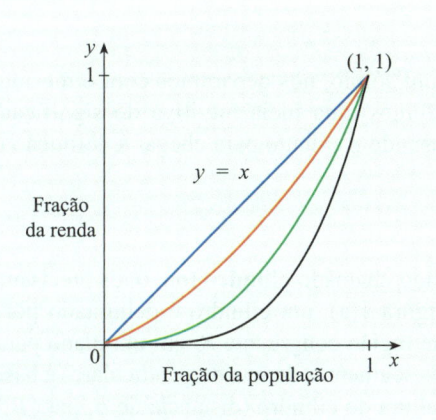

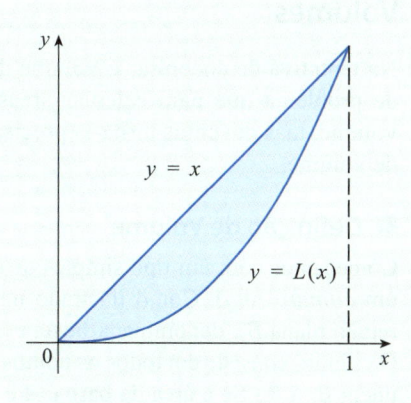

FIGURA 2

FIGURA 3

1. (a) Mostre que o índice de Gini G é o dobro da área entre a curva de Lorenz e a reta $y = x$, ou seja,

    $$G = 2\int_0^1 [x - L(x)]\,dx$$

    (b) Qual é o valor de G para uma sociedade perfeitamente igualitária (todos têm a mesma renda)? Qual é o valor de G para uma sociedade perfeitamente totalitária (uma única pessoa recebe todos os rendimentos)?

2. A tabela a seguir (derivada de dados fornecidos pelo Censo dos EUA) mostra valores da função de Lorenz para a distribuição de renda nos Estados Unidos para o ano de 2016.

x	0,0	0,2	0,4	0,6	0,8	1,0
$L(x)$	0,000	0,031	0,114	0,256	0,485	1,000

    (a) Qual porcentagem da renda total dos EUA foi recebida pelos 20% mais ricos da população em 2016?

    (b) Use uma calculadora ou um computador para ajustar uma função quadrática para os dados na tabela. Represente no plano xy os pontos dos dados e o gráfico da função quadrática. O modelo quadrático se ajusta razoavelmente aos dados?

    (c) Use o modelo quadrático para a função de Lorenz para estimar o índice de Gini nos Estados Unidos em 2016.

3. A tabela a seguir indica os valores da função de Lorenz nos anos 1980, 1990, 2000 e 2010. Use o método do Problema 2 para estimar o índice de Gini nos Estados Unidos nesses anos e compare com a sua resposta no Problema 2 (c). Você percebe uma tendência?

x	0,0	0,2	0,4	0,6	0,8	1,0
1980	0,000	0,042	0,144	0,312	0,559	1,000
1990	0,000	0,038	0,134	0,293	0,533	1,000
2000	0,000	0,036	0,125	0,273	0,503	1,000
2010	0,000	0,033	0,118	0,264	0,498	1,000

4. Um modelo potência muitas vezes oferece um ajuste mais preciso que um modelo quadrático para uma função de Lorenz. Use uma calculadora ou computador para ajustar uma função potência ($y = ax^k$) com os dados do Problema 2 e a utilize para estimar o índice de Gini para os Estados Unidos em 2016. Compare com a sua resposta para as partes (b) e (c) do Problema 2.

6.2 | Volumes

Na tentativa de encontrar o volume de um sólido, nos deparamos com o mesmo tipo de problema que para calcular áreas. Temos uma ideia intuitiva do significado de volume, mas devemos torná-la precisa usando o cálculo para chegar à definição exata de volume.

■ Definição de Volume

Começamos com um tipo simples de sólido chamado **cilindro** (ou, mais precisamente, um *cilindro reto*). Como ilustrado na Figura 1(a), um cilindro é delimitado por uma região plana B_1, denominada **base**, e uma região congruente B_2 em um plano paralelo. O cilindro consiste em todos os pontos nos segmentos de reta perpendiculares à base que unem B_1 a B_2. Se a área da base é A e a altura do cilindro (distância de B_1 para B_2) é h, então o volume V do cilindro é definido como

$$V = Ah$$

Em particular, se a base é um círculo com raio r, então o cilindro é um cilindro circular com o volume $V = \pi r^2 h$ [veja a Figura 1(b)], e se a base é um retângulo com comprimento l e largura w, então o cilindro é uma caixa retangular (também chamado *paralelepípedo retangular*) com o volume $V = lwh$ [veja a Figura 1(c)].

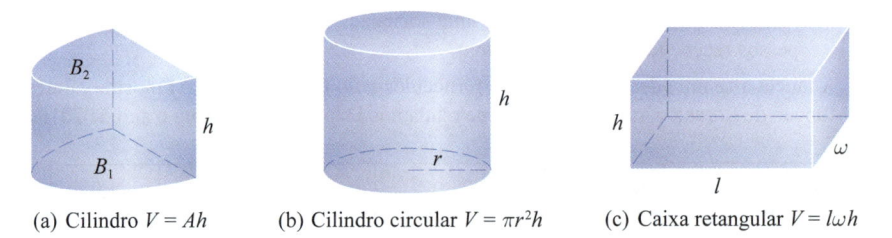

FIGURA 1
(a) Cilindro $V = Ah$
(b) Cilindro circular $V = \pi r^2 h$
(c) Caixa retangular $V = l\omega h$

Para um sólido S que não é um cilindro, primeiro "cortamos" S em pedaços e aproximamos cada parte por um cilindro. Estimamos o volume de S adicionando os volumes dos cilindros. Chegamos ao volume exato de S por meio de um processo de limite em que o número de partes torna-se grande.

Começamos interceptando S com um plano e obtendo uma região plana que é chamada **seção transversal** de S. Seja $A(x)$ a área da seção transversal de S no plano P_x perpendicular ao eixo x e passando pelo ponto x, onde $a \leq x \leq b$. (Veja a Figura 2. Pense em fatiar S com uma faca passando por x e calcule a área da fatia.) A área da seção transversal $A(x)$ irá variar quando x aumenta de a para b.

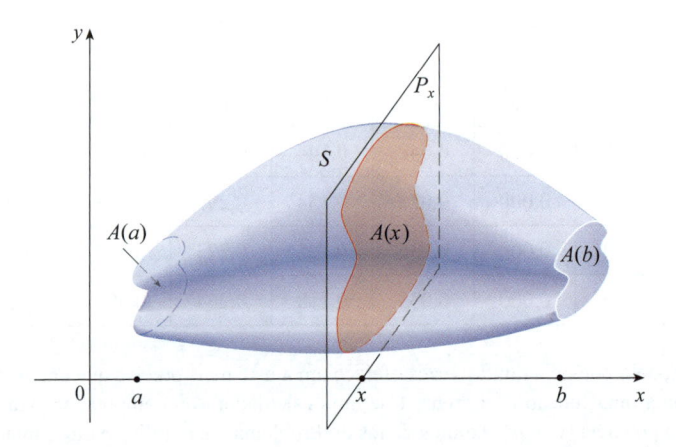

FIGURA 2

Vamos dividir S em n "fatias" de larguras iguais a Δx usando os planos $P_{x_1}, P_{x_2}, \ldots$ para fatiar o sólido. (Pense em fatiar um pedaço de pão.) Se escolhermos pontos amostrais x_i^*

APLICAÇÕES DE INTEGRAÇÃO 413

em $[x_{i-1}, x_i]$, poderemos aproximar a i-ésima fatia S_i (a parte de S que está entre os planos $P_{x_{i-1}}$ e P_{x_i}) por um cilindro com área da base $A(x_i^*)$ e "altura" Δx. (Veja a Figura 3.)

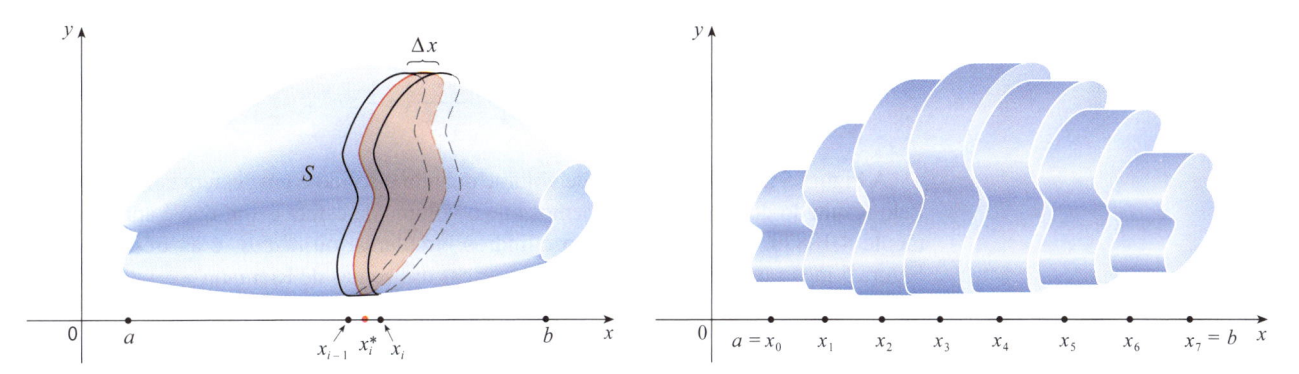

FIGURA 3

O volume desse cilindro é $A(x_i^*) \Delta x$, assim, uma aproximação para a nossa concepção intuitiva do volume da i-ésima fatia S_i é

$$V(S_i) \approx A(x_i^*) \Delta x$$

Adicionando os volumes dessas fatias, obtemos uma aproximação para o volume total (isto é, o que pensamos intuitivamente como volume):

$$V \approx \sum_{i=1}^{n} A(x_i^*) \Delta x$$

Esta aproximação parece melhorar quando $n \to \infty$. (Pense nas fatias tornando-se cada vez mais finas.) Portanto, *definimos* o volume como o limite dessas somas quando $n \to \infty$. Mas reconhecemos o limite de somas de Riemann como uma integral definida, e dessa forma temos a seguinte definição.

> **Definição de Volume** Seja S um sólido que está entre $x = a$ e $x = b$. Se a área da seção transversal de S no plano Px, passando por x e perpendicular ao eixo x, é $A(x)$, onde A é uma função contínua, então o **volume** de S é
>
> $$V = \lim_{n \to \infty} \sum_{i=1}^{n} A(x_i^*) \Delta x = \int_a^b A(x)\, dx$$

Pode-se provar que esta definição é independente de como S está situado em relação ao eixo x. Em outras palavras, não importa como fatiamos S com planos paralelos; sempre teremos o mesmo resultado para V.

Quando usamos a fórmula de volume $V = \int_a^b A(x)\, dx$, é importante lembrar que $A(x)$ é a área de uma seção transversal móvel, obtida fatiando em x perpendicularmente ao eixo x.

Observe que, para um cilindro, a área da seção transversal é constante: $A(x) = A$ para todo x. Então, nossa definição de volume resulta em $V = \int_a^b A\, dx = A(b - a)$; isso coincide com a fórmula $V = Ah$.

EXEMPLO 1 Mostre que o volume de uma esfera de raio r é $V = \frac{4}{3} \pi r^3$.

SOLUÇÃO Se colocarmos a esfera de modo que o seu centro se encontre na origem, então o plano P_x intercepta a esfera em um círculo cujo raio (pelo Teorema de Pitágoras) é $y = \sqrt{r^2 - x^2}$. (Veja a Figura 4.) Portanto, a área da seção transversal é

$$A(x) = \pi y^2 = \pi (r^2 - x^2)$$

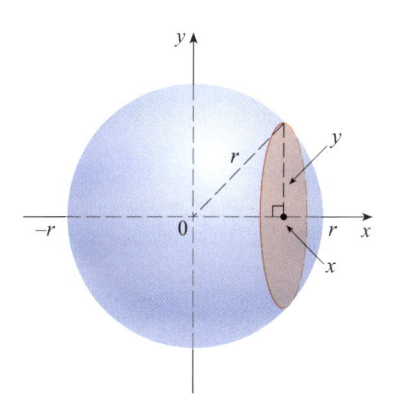

FIGURA 4

Usando a definição de volume com $a = -r$ e $b = r$, temos

$$V = \int_{-r}^{r} A(x)\,dx = \int_{-r}^{r} \pi(r^2 - x^2)\,dx$$

$$= 2\pi \int_{0}^{r} (r^2 - x^2)\,dx \qquad \text{(O integrando é par.)}$$

$$= 2\pi \left[r^2 x - \frac{x^3}{3} \right]_{0}^{r} = 2\pi \left(r^3 - \frac{r^3}{3} \right) = \tfrac{4}{3}\pi r^3 \qquad \blacksquare$$

A Figura 5 ilustra a definição de volume quando o sólido é uma esfera com raio $r = 1$. Pelo resultado do Exemplo 1, sabemos que o volume da esfera é $\tfrac{4}{3}\pi$, que é aproximadamente 4,18879. Aqui as fatias são cilindros circulares, ou *discos*, e as três partes da Figura 5 mostram as interpretações geométricas das somas de Riemann

$$\sum_{i=1}^{n} A(\overline{x}_i)\,\Delta x = \sum_{i=1}^{n} \pi(1^2 - \overline{x}_i^{\,2})\,\Delta x$$

quando $n = 5$, 10 e 20 se escolhermos os pontos amostrais x_i^* como os pontos médios $\overline{x}_i$. Observe que, à medida que aumentamos o número de cilindros aproximantes, a soma de Riemann correspondente se torna mais próxima do volume verdadeiro.

(a) Usando 5 discos, $V \approx 4{,}2726$ (b) Usando 10 discos, $V \approx 4{,}2097$ (c) Usando 20 discos, $V \approx 4{,}1940$

FIGURA 5 Aproximando o volume de uma esfera com raio 1

■ Volumes de Sólidos de Revolução

Se giramos uma região em torno de uma reta, obtemos um **sólido de revolução**. Nos próximos exemplos, veremos que, para esse tipo de sólido, as seções transversais perpendiculares ao eixo de rotação são circulares.

EXEMPLO 2 Encontre o volume do sólido obtido pela rotação em torno do eixo x da região sob a curva $y = \sqrt{x}$ de 0 a 1. Ilustre a definição de volume esboçando um cilindro aproximante típico.

SOLUÇÃO A região é mostrada na Figura 6(a), na página seguinte. Se fizermos a rotação em torno do eixo x, obteremos o sólido mostrado na Figura 6(b). Quando fatiamos pelo ponto x, obtemos um disco com raio $\sqrt{x}$. A área dessa seção transversal é

$$A(x) = \pi \underbrace{\left(\sqrt{x}\right)^2}_{\text{raio}} = \pi x$$

e o volume do cilindro aproximante (um disco com espessura Δx) é

$$A(x)\,\Delta x = \pi x\,\Delta x$$

O sólido encontra-se entre $x = 0$ e $x = 1$, assim o seu volume é

$$V = \int_{0}^{1} A(x)\,dx = \int_{0}^{1} \pi x\,dx = \pi \frac{x^2}{2}\bigg]_{0}^{1} = \frac{\pi}{2}$$

FIGURA 6 (a) (b)

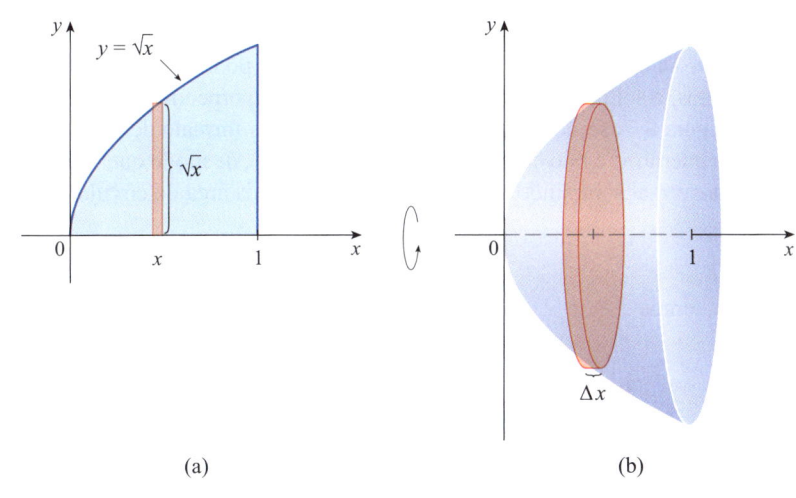

Obtivemos uma resposta razoável no Exemplo 2? Para verificar o nosso trabalho, vamos substituir a região dada por um quadrado com base [0, 1] e altura 1. Se fizermos a rotação desse quadrado, obteremos um cilindro com raio 1, altura 1 e volume $\pi \cdot 1^2 \cdot 1 = \pi$. Calculamos que o sólido dado tem metade desse volume. Isso parece estar certo.

EXEMPLO 3 Encontre o volume do sólido obtido pela rotação da região delimitada por $y = x^3$, $y = 8$ e $x = 0$ em torno do eixo y.

SOLUÇÃO A região é mostrada na Figura 7(a) e o sólido resultante é mostrado na Figura 7(b). Como a região é girada em torno do eixo y, faz sentido fatiar o sólido perpendicularmente ao eixo y (obtendo uma seção transversal circular) e, portanto, integrar em relação a y. Se fatiarmos a uma altura y, obteremos um disco circular com raio x, onde $x = \sqrt[3]{y}$. Então, a área da seção transversal em y é

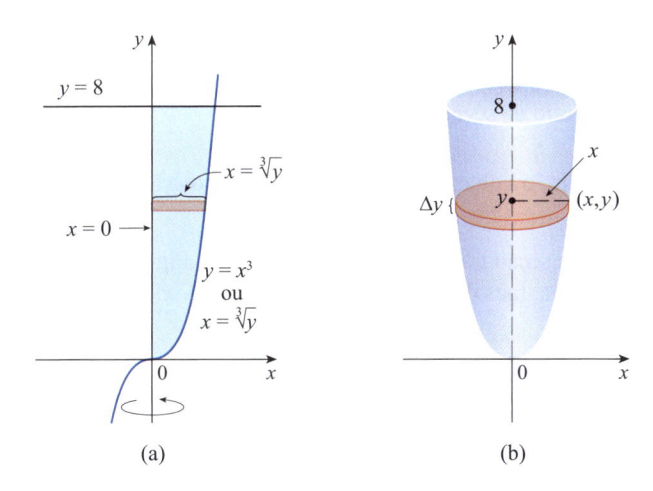

$$A(y) = \pi \underbrace{(x)^2}_{\text{raio}} = \pi \underbrace{\left(\sqrt[3]{y}\right)^2}_{\text{raio}} = \pi y^{2/3}$$

(a) (b) **FIGURA 7**

e o volume do cilindro aproximante mostrado na Figura 7(b) será

$$A(y)\,\Delta y = \pi y^{2/3}\,\Delta y$$

Como o sólido encontra-se entre $y = 0$ e $y = 8$, seu volume é

$$V = \int_0^8 A(y)\,dy = \int_0^8 \pi y^{2/3}\,dy = \pi\left[\tfrac{3}{5} y^{5/3}\right]_0^8 = \frac{96\pi}{5}$$

Nos próximos exemplos, veremos que alguns sólidos de revolução possuem um interior oco em torno do eixo de revolução.

EXEMPLO 4 A região $\mathcal{R}$, delimitada pelas curvas $y = x$ e $y = x^2$, é girada ao redor do eixo x. Encontre o volume do sólido resultante.

SOLUÇÃO As curvas $y = x$ e $y = x^2$ se interceptam nos pontos $(0, 0)$ e $(1, 1)$. A região entre esses pontos, o sólido de rotação e a seção transversal perpendicular ao eixo x são mostrados na Figura 8. A seção transversal no plano P_x tem o formato de uma *arruela* (um anel) com raio interno x^2 e raio externo x (veja a Figura 8(c)), de modo que calculamos a área da seção transversal subtraindo a área do círculo interno da área do círculo externo:

$$A(x) = \underbrace{\pi(x)^2}_{\text{raio externo}} - \underbrace{\pi(x^2)^2}_{\text{raio interno}} = \pi(x^2 - x^4)$$

Portanto, temos

$$V = \int_0^1 A(x)\,dx = \int_0^1 \pi(x^2 - x^4)\,dx$$

$$= \pi\left[\frac{x^3}{3} - \frac{x^5}{5}\right]_0^1 = \frac{2\pi}{15}$$

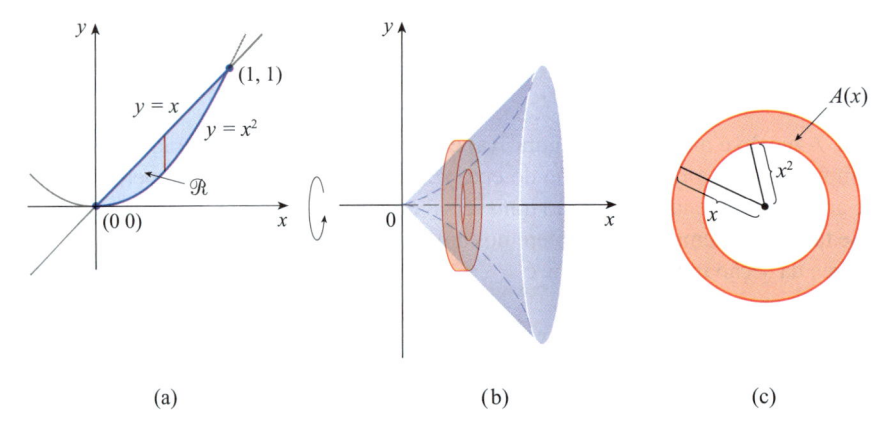

FIGURA 8 (a) (b) (c)

O próximo exemplo mostra que, quando um sólido de revolução é gerado a partir da rotação em torno de *outro* eixo que não um dos eixos coordenados, devemos tomar cuidado ao determinar o raio da seção transversal.

EXEMPLO 5 Encontre o volume do sólido obtido pela rotação da região no Exemplo 4 em torno da reta $y = 2$.

SOLUÇÃO O sólido e a seção transversal são mostrados na Figura 9. Novamente, a seção transversal é uma arruela, mas dessa vez o raio interno é $2 - x$ e o raio externo é $2 - x^2$.

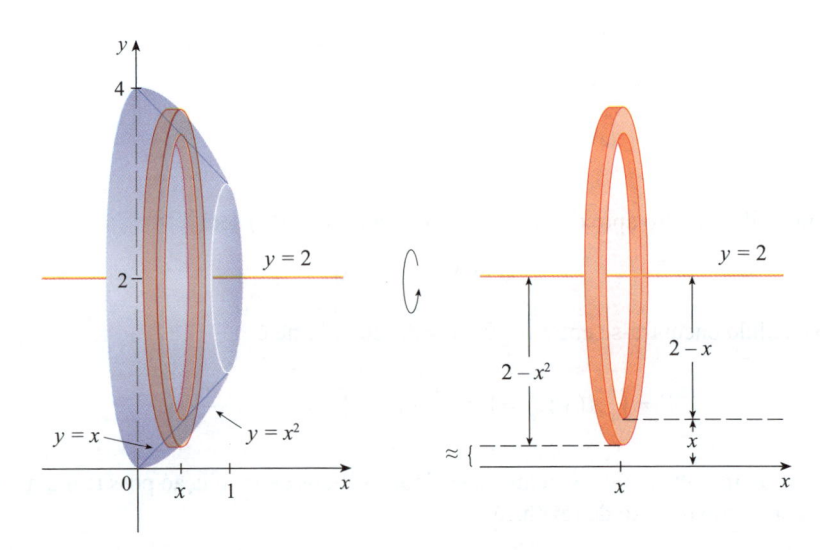

FIGURA 9

A área de seção transversal é

$$A(x) = \pi\underbrace{(2-x^2)^2}_{\text{raio externo}} - \pi\underbrace{(2-x)^2}_{\text{raio interno}}$$

de modo que o volume de S é

$$\begin{aligned}V &= \int_0^1 A(x)\,dx \\ &= \pi\int_0^1 [(2-x^2)^2 - (2-x)^2]\,dx \\ &= \pi\int_0^1 (x^4 - 5x^2 + 4x)\,dx \\ &= \pi\left[\frac{x^5}{5} - 5\frac{x^3}{3} + 4\frac{x^2}{2}\right]_0^1 = \frac{8\pi}{15}\end{aligned}$$

■

OBSERVAÇÃO Em geral, calculamos o volume de um sólido de revolução usando a fórmula básica

$$V = \int_a^b A(x)\,dx \quad \text{ou} \quad V = \int_c^d A(y)\,dy$$

e encontramos a área da seção transversal $A(x)$ ou $A(y)$ por uma das seguintes maneiras:

- Se a seção transversal é um disco (como nos Exemplos 1 a 3), encontramos o raio do disco (em termos de x ou y) e usamos

$$A = \pi(\text{raio})^2$$

- Se a seção transversal é uma arruela (como nos Exemplos 4 e 5), encontramos o raio interno r_{int} e o raio externo r_{ext} a partir de um esboço (como nas Figuras 8, 9 e 10), e calculamos a área da arruela subtraindo a área do disco interno da área do disco externo:

$$A = \pi(\text{raio externo})^2 - \pi(\text{raio interno})^2$$

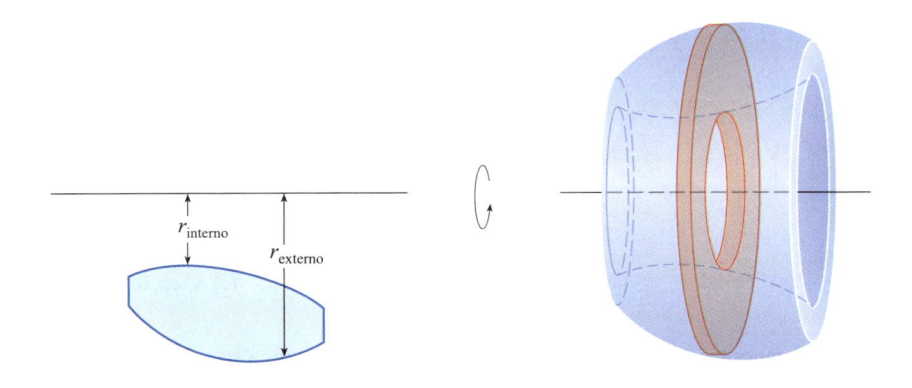

FIGURA 10

O próximo exemplo fornece uma ilustração adicional do procedimento.

EXEMPLO 6 Encontre o volume do sólido obtido pela rotação da região no Exemplo 4 em torno da reta $x = -1$.

SOLUÇÃO A Figura 11 mostra uma seção transversal horizontal. É uma arruela com raio interno $1 + y$ e raio externo $1 + \sqrt{y}$; assim, a área de seção transversal é

$$\begin{aligned}A(y) &= \pi\,(\text{raio externo})^2 - \pi\,(\text{raio interno})^2 \\ &= \pi\,(1+\sqrt{y})^2 - \pi\,(1+y)^2\end{aligned}$$

O volume é

$$V = \int_0^1 A(y)\,dy = \pi \int_0^1 \left[(1+\sqrt{y})^2 - (1+y)^2\right]dy$$

$$= \pi \int_0^1 (2\sqrt{y} - y - y^2)\,dy = \pi \left[\frac{4y^{3/2}}{3} - \frac{y^2}{2} - \frac{y^3}{3}\right]_0^1 = \frac{\pi}{2}$$

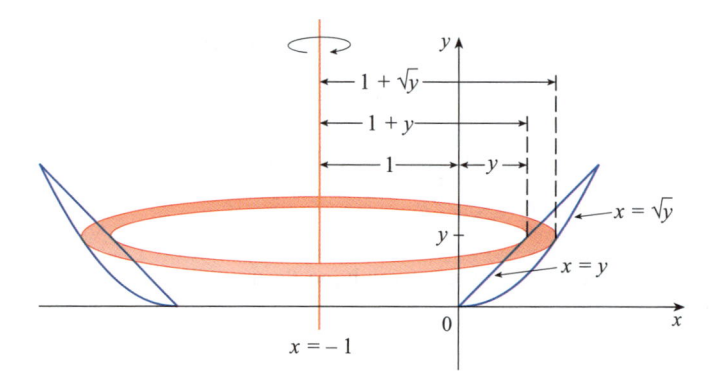

FIGURA 11

Determinando o Volume Usando a Área da Seção Transversal

Agora, determinaremos os volumes de sólidos que não são sólidos de revolução, mas cujas seções transversais têm áreas fáceis de calcular.

EXEMPLO 7 A Figura 12 mostra a forma de um sólido com base circular de raio 1. Seções transversais paralelas perpendiculares à base são triângulos equiláteros. Ache o volume do sólido.

SOLUÇÃO Vamos considerar o círculo $x^2 + y^2 = 1$. O sólido, a sua base e uma seção transversal típica a uma distância x da origem são mostrados na Figura 13.

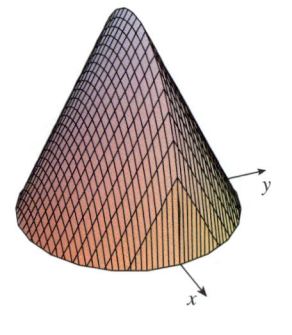

FIGURA 12
Gráfico gerado por computador do sólido descrito no Exemplo 7

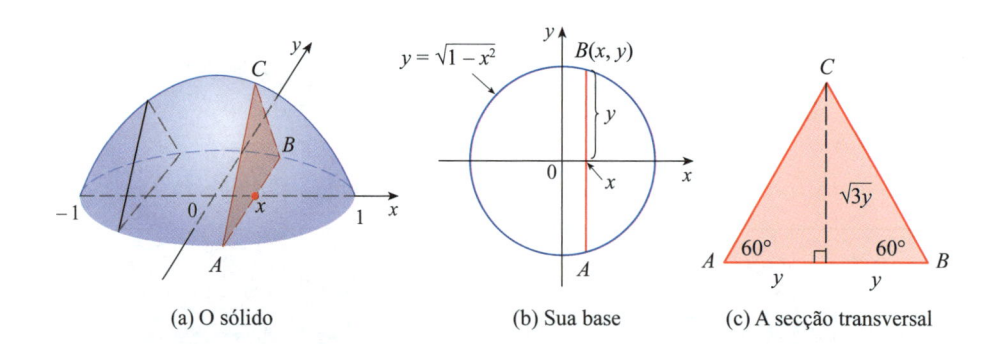

FIGURA 13

(a) O sólido   (b) Sua base   (c) A secção transversal

Como B encontra-se no círculo, temos $y = \sqrt{1-x^2}$ e, assim, a base do triângulo ABC será $|AB| = 2y = 2\sqrt{1-x^2}$. Como o triângulo é equilátero, vemos a partir da Figura 13(c) que sua altura é $\sqrt{3}\,y = \sqrt{3}\sqrt{1-x^2}$. A área da seção transversal é, portanto,

$$A(x) = \tfrac{1}{2} \cdot 2\sqrt{1-x^2} \cdot \sqrt{3}\sqrt{1-x^2} = \sqrt{3}(1-x^2)$$

e o volume do sólido é

$$V = \int_{-1}^1 A(x)\,dx = \int_{-1}^1 \sqrt{3}(1-x^2)\,dx$$

$$= 2\int_0^1 \sqrt{3}(1-x^2)\,dx = 2\sqrt{3}\left[x - \frac{x^3}{3}\right]_0^1 = \frac{4\sqrt{3}}{3}$$

EXEMPLO 8 Encontre o volume de uma pirâmide de base quadrada com lado L e cuja altura seja h.

SOLUÇÃO Colocamos a origem O no vértice da pirâmide e o eixo x ao longo do seu eixo central, como mostrado na Figura 14. Qualquer plano P_x que passa por x e é perpendicular ao eixo x intercepta a pirâmide em um quadrado com lado de comprimento s. Podemos expressar s em termos de x observando pelos triângulos semelhantes na Figura 15, que

$$\frac{x}{h} = \frac{s/2}{L/2} = \frac{s}{L}$$

de modo que $s = Lx/h$. [Outro método é observar que a reta OP tem uma inclinação de $L/(2h)$ e dessa forma a sua equação é $y = Lx/(2h)$.] Portanto, a área da seção transversal é

$$A(x) = s^2 = \frac{L^2}{h^2}x^2$$

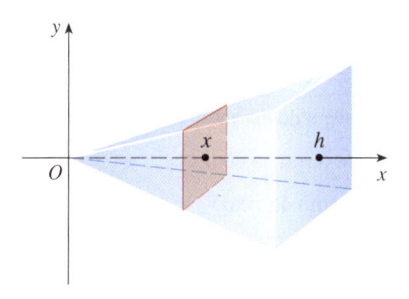

FIGURA 14

FIGURA 15

A pirâmide está entre $x = 0$ e $x = h$, então o seu volume é

$$V = \int_0^h A(x)\,dx = \int_0^h \frac{L^2}{h^2}x^2\,dx$$

$$= \frac{L^2}{h^2}\frac{x^3}{3}\bigg]_0^h = \frac{L^2 h}{3}$$

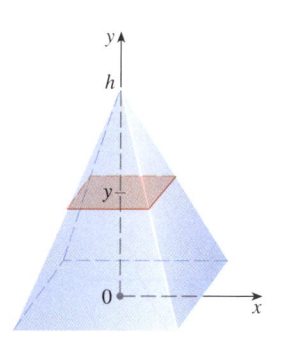

FIGURA 16

OBSERVAÇÃO Não precisamos colocar o vértice da pirâmide na origem no Exemplo 8. Nós o fizemos meramente para tornar as equações mais simples. Se, em vez disso, tivéssemos colocado o centro da base na origem e o vértice no semieixo positivo y, como na Figura 16, você pode verificar que teríamos obtido a integral

$$V = \int_0^h \frac{L^2}{h^2}(h-y)^2\,dy = \frac{L^2 h}{3}$$

EXEMPLO 9 Uma cunha é cortada a partir de um cilindro circular de raio 4 por dois planos. Um plano é perpendicular ao eixo do cilindro. O outro intercepta o primeiro com um ângulo de 30° ao longo de um diâmetro do cilindro. Encontre o volume da cunha.

SOLUÇÃO Se colocarmos o eixo x ao longo do diâmetro onde os planos se encontram, então a base do sólido é um semicírculo com equação $y = \sqrt{16 - x^2}$, $-4 \leq x \leq 4$. Uma seção transversal perpendicular ao eixo x a uma distância x da origem é um triângulo ABC, como mostrado na Figura 17, cuja base é $y = \sqrt{16 - x^2}$ e cuja altura é $|BC| = y\,\text{tg}\,30° = \sqrt{16 - x^2}/\sqrt{3}$. Assim, a área da seção transversal é

$$A(x) = \tfrac{1}{2}\sqrt{16 - x^2} \cdot \frac{1}{\sqrt{3}}\sqrt{16 - x^2}$$

$$= \frac{16 - x^2}{2\sqrt{3}}$$

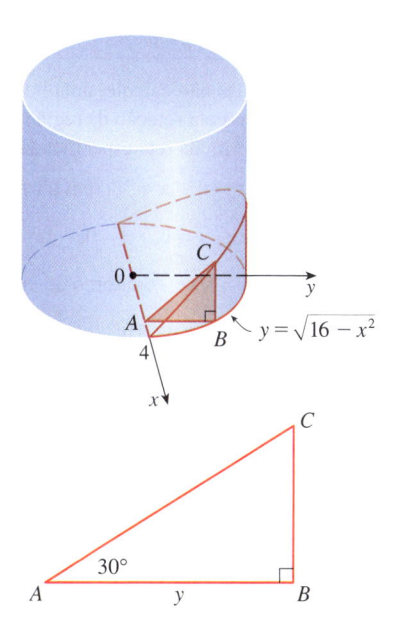

FIGURA 17

e o volume é

$$V = \int_{-4}^{4} A(x)\,dx = \int_{-4}^{4} \frac{16-x^2}{2\sqrt{3}}\,dx$$

$$= \frac{1}{\sqrt{3}} \int_{0}^{4} (16-x^2)\,dx = \frac{1}{\sqrt{3}}\left[16x - \frac{x^3}{3}\right]_{0}^{4} = \frac{128}{3\sqrt{3}}$$

Para outro método, consulte o Exercício 77. ■

6.2 | Exercícios

1-4 Um sólido é obtido pela rotação da região sombreada em torno da reta indicada.
(a) Esboce o sólido e um disco ou uma arruela típica.
(b) Defina a integral que fornece o volume do sólido.
(c) Determine o volume do sólido calculando a integral.

1. Em torno do eixo x

2. Em torno do eixo x

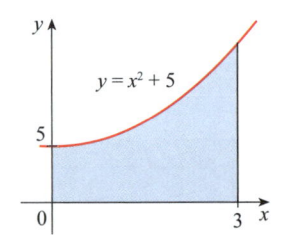

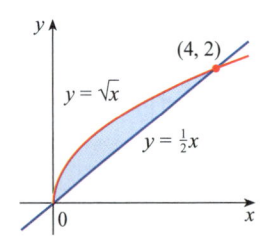

3. Em torno do eixo y

4. Em torno do eixo y

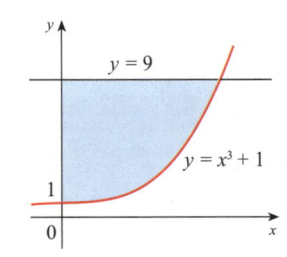

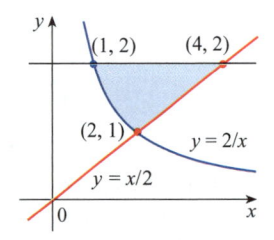

5-10 Defina, mas não calcule, uma integral que forneça o volume do sólido obtido pela rotação da região compreendida entre as curvas dadas em torno da reta especificada.

5. $y = \ln x$, $y = 0$, $x = 3$; em torno do eixo x

6. $x = \sqrt{5-y}$, $y = 0$, $x = 0$; em torno do eixo y

7. $8y = x^2$, $y = \sqrt{x}$; em torno do eixo y

8. $y = (x-2)^2$ $y = x + 10$; em torno do eixo x

9. $y = \operatorname{sen} x$, $y = 0$, $0 \leq x \leq \pi$; em torno de $y = -2$

10. $y = \sqrt{x}$, $y = 0$, $x = 4$; em torno de $x = 6$

11-28 Encontre o volume do sólido obtido pela rotação da região delimitada pelas curvas dadas em torno das retas especificadas. Esboce a região, o sólido e um disco ou arruela típicos.

11. $y = x + 1$, $y = 0$, $x = 0$, $x = 2$; em torno do eixo x

12. $y = 1/x$, $y = 0$, $x = 1$, $x = 4$; em torno do eixo x

13. $x = \sqrt{x-1}$, $y = 0$ $x = 5$; em torno do eixo x

14. $y = e^x$, $y = 0$, $x = -1$, $x = 1$; em torno do eixo x

15. $x = 2\sqrt{y}$, $x = 0$, $y = 9$; em torno do eixo x

16. $2x = y^2$, $x = 0$, $y = 4$; em torno do eixo y

17. $y = x^2$, $y = 2x$; em torno do eixo y

18. $y = 6 - x^2$, $y = 2$; em torno do eixo x

19. $y = x^3$, $y = \sqrt{x}$; em torno do eixo x

20. $x = 2 - y^2$, $x = y^4$; em torno do eixo y

21. $y = x^2$, $x = y^2$; em torno de $y = 1$

22. $y = x^3$, $y = 1$, $x = 2$; em torno de $y = -3$

23. $y = 1 + \sec x$, $y = 3$; em torno de $y = 1$

24. $y = \operatorname{sen} x$, $y = \cos x$, $0 \leq x \leq \pi/4$; em torno de $y = -1$

25. $y = x^3$, $y = 0$, $x = 1$; em torno de $x = 2$

26. $xy = 1$, $y = 0$, $x = 1$ $x = 2$; em torno de $x = -1$

27. $x = y^2$, $x = 1 - y^2$; em torno de $x = 3$

28. $y = x$, $y = 0$, $x = 2$ $x = 4$; em torno de $x = 1$

29-40 Veja a figura e encontre o volume gerado pela rotação da região ao redor da reta especificada.

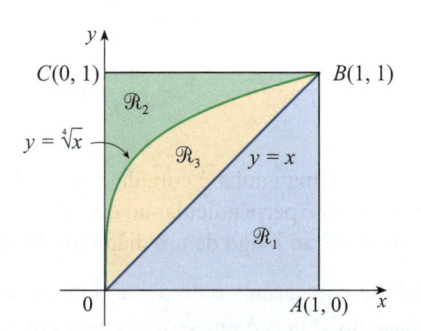

29. $\mathcal{R}_1$ em torno de OA

30. $\mathcal{R}_1$ em torno de OC

31. $\mathcal{R}_1$ em torno de AB

32. $\mathcal{R}_1$ em torno de BC

33. $\mathcal{R}_2$ em torno de OA

34. $\mathcal{R}_2$ em torno de OC

35. $\mathcal{R}_2$ em torno de AB

36. $\mathcal{R}_2$ em torno de BC

37. $\mathcal{R}_3$ em torno de OA

38. $\mathcal{R}_3$ em torno de OC

39. $\mathcal{R}_3$ em torno de AB

40. $\mathcal{R}_3$ em torno de BC

41-44 Encontre uma integral para o volume do sólido obtido pela rotação da região delimitada pelas curvas dadas em torno da reta especificada. Em seguida, use a calculadora para determinar a integral com precisão de cinco casas decimais.

41. $y = e^{-x^2}$, $y = 0$, $x = -1$, $x = 1$
  (a) Em torno do eixo x
  (b) Em torno de $y = -1$

42. $y = 0$, $y = \cos^2 x$, $-\pi/2 \leq x \leq \pi/2$
  (a) Em torno do eixo x
  (b) Em torno de $y = 1$

43. $x^2 + 4y^2 = 4$
  (a) Em torno de $y = 2$
  (b) Em torno de $x = 2$

44. $y = x^2$, $x^2 + y^2 = 1$, $y \geq 0$
  (a) Em torno do eixo x
  (b) Em torno do eixo y

45-46 Use um gráfico para encontrar os valores aproximados das coordenadas x dos pontos de intersecção das curvas indicadas. Em seguida, use uma calculadora ou um computador para encontrar (aproximadamente) o volume do sólido obtido pela rotação em torno do eixo x da região delimitada por essas curvas.

45. $y = \ln(x^6 + 2)$, $y = \sqrt{3 - x^3}$

46. $y = 1 + xe^{-x^3}$, $y = \text{arctg}\, x^2$

47-48 Use um sistema de computação algébrica para achar o volume exato do sólido obtido pela rotação da região delimitada pelas curvas dadas em torno da reta especificada.

47. $y = \text{sen}^2 x$, $y = 0$, $0 \leq x \leq \pi$; em torno de $y = -1$

48. $y = x$, $y = xe^{1-(x/2)}$; em torno de $y = 3$

49-54 Cada integral representa o volume de um sólido de revolução. Descreva o sólido.

49. $\pi \int_0^{\pi/2} \text{sen}^2 x \, dx$

50. $\pi \int_0^{\ln 2} e^{2x} \, dx$

51. $\pi \int_0^1 (x^4 - x^6) \, dx$

52. $\pi \int_{-1}^1 (1 - y^2)^2 \, dy$

53. $\pi \int_0^4 y \, dy$

54. $\pi \int_1^4 \left[3^2 - (3 - \sqrt{x})^2 \right] dx$

55. Uma tomografia computadorizada produz vistas de seções transversais igualmente espaçadas de um órgão humano, as quais fornecem informações sobre esse órgão que, de outra maneira, só seriam obtidas por cirurgia. Suponha que uma tomografia computadorizada de um fígado humano mostre seções transversais espaçadas por 1,5 cm. O fígado tem 15 cm de comprimento e as áreas das seções transversais, em centímetros quadrados, são 0, 18, 58, 79, 94, 106, 117, 128, 63, 39 e 0. Use a Regra do Ponto Médio para estimar o volume do fígado.

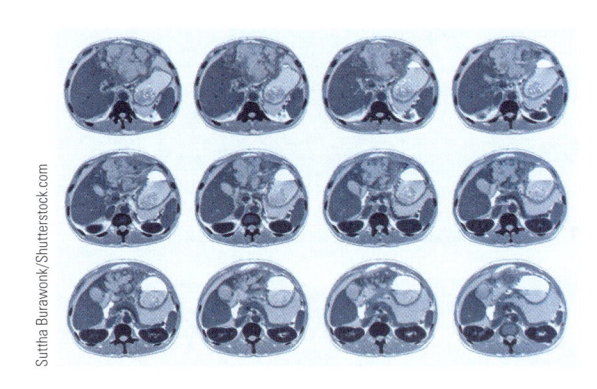

56. Um tronco de 10 m de comprimento é cortado a intervalos de 1 m e as suas áreas de seção transversal A (a uma distância x da extremidade do tronco) estão listadas na tabela. Use a Regra do Ponto Médio com $n = 5$ para estimar o volume do tronco.

x (m)	A (m²)	x (m)	A (m²)
0	0,68	6	0,53
1	0,65	7	0,55
2	0,64	8	0,52
3	0,61	9	0,50
4	0,58	10	0,48
5	0,59		

57. (a) Se a região mostrada na figura for girada em torno do eixo x para formar um sólido, use a Regra do Ponto Médio, com $n = 4$, para estimar o volume do sólido.

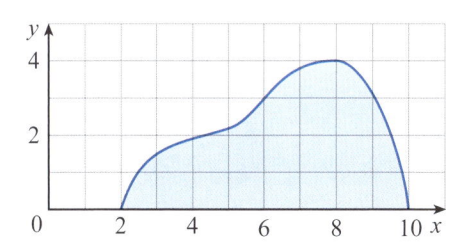

(b) Estime o volume se a região for girada em torno do eixo y. Novamente use a Regra do Ponto Médio com $n = 4$.

58. (a) Um modelo para a forma do ovo de um pássaro é obtido girando, em torno do eixo x, a região sob o gráfico de

$$f(x) = (ax^3 + bx^2 + cx + d)\sqrt{1 - x^2}$$

Use um sistema de computação algébrica para encontrar o volume deste ovo.

(b) Para uma certa espécie de pássaro, $a = -0,06$, $b = 0,04$, $c = 0,1$ e $d = 0,54$. Trace o gráfico de f e encontre o volume de um ovo desta espécie.

59-74 Encontre o volume do sólido S descrito.

59. Um cone circular reto com altura h e base com raio r.

60. Um tronco de um cone circular reto com altura h, raio da base inferior R e raio de base superior r.

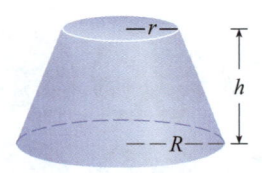

61. Uma calota de uma esfera de raio r e altura h.

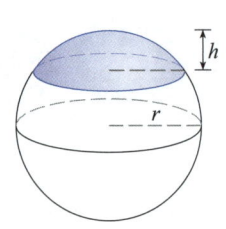

62. Um tronco de pirâmide com base quadrada de lado b, topo quadrado de lado a e altura h.

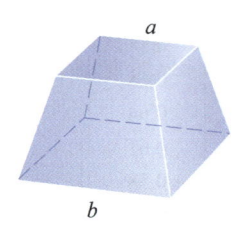

O que acontece se $a = b$? O que acontece se $a = 0$?

63. Uma pirâmide com altura h e base retangular com lados b e $2b$.

64. Uma pirâmide com altura h e base triangular equilátera com lado a (um tetraedro).

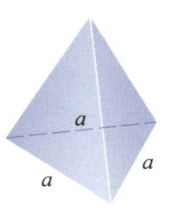

65. Um tetraedro com três faces perpendiculares entre si e as três arestas perpendiculares entre si com comprimentos de 3 cm, 4 cm e 5 cm.

66. A base de S é um disco circular com raio r. As seções transversais paralelas, perpendiculares à base, são quadradas.

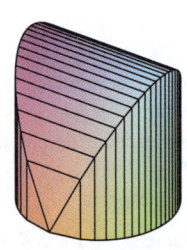

67. A base de S é uma região elíptica delimitada pela curva $9x^2 + 4y^2 = 36$. As seções transversais perpendiculares ao eixo x são triângulos isósceles retos com hipotenusa na base.

68. A base de S é a região triangular com vértices $(0, 0)$, $(1, 0)$ e $(0, 1)$. As seções transversais perpendiculares ao eixo y são triângulos equiláteros.

69. A base de S é a mesma base do Exercício 68, mas as seções transversais perpendiculares ao eixo x são quadradas.

70. A base de S é a região delimitada pela parábola $y = 1 - x^2$ e pelo eixo x. As seções transversais perpendiculares ao eixo y são quadradas.

71. A base de S é a mesma base do Exercício 70, mas as seções transversais perpendiculares ao eixo x são triângulos isósceles com altura igual à base.

72. A base de S é a região delimitada por $y = 2 - x^2$ e pelo eixo x. As seções transversais perpendiculares ao eixo y são quartos de círculos.

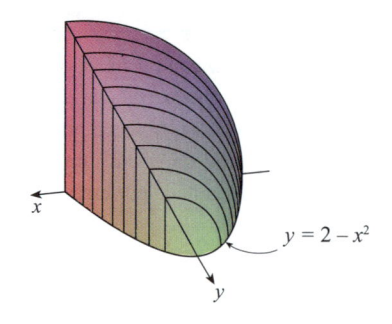

73. O sólido S é limitado por círculos que são perpendiculares ao eixo x, interceptam o eixo x e têm centros na parábola $y = \frac{1}{2}(1 - x^2)$, $-1 \le x \le 1$.

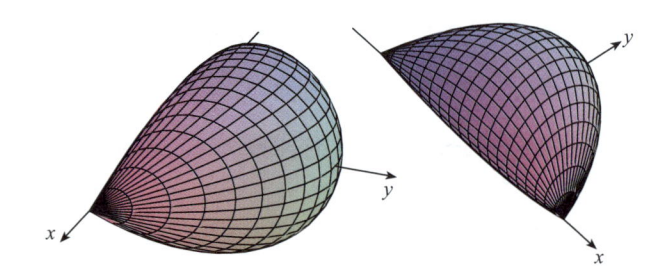

74. As seções transversais do sólido S em planos perpendiculares ao eixo x são círculos cujos diâmetros se estendem da curva $y = \frac{1}{2}\sqrt{x}$ à curva $y = \sqrt{x}$, para $0 \le x \le 4$.

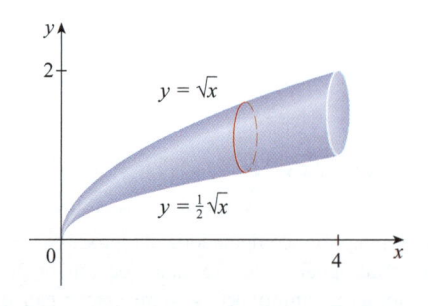

75. (a) Escreva uma integral para o volume de um *toro* sólido (o sólido com formato de rosquinha da figura) com raios r e R.
(b) Interpretando a integral como uma área, encontre o volume do toro.

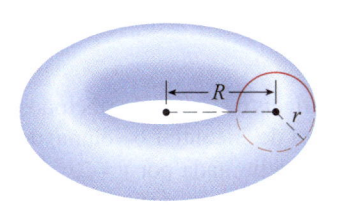

76. A base de um sólido S é um disco circular de raio r. Seções transversais paralelas entre si e perpendiculares à base do sólido são triângulos isósceles com altura h e bases diferentes.
   (a) Defina uma integral que corresponda ao volume de S.
   (b) Interpretando a integral como uma área, determine o volume de S.

77. Resolva o Exemplo 9 tomando seções transversais paralelas à reta de intersecção dos dois planos.

78-79 Princípio de Cavalieri O princípio de Cavalieri estabelece que, se uma família de planos paralelos é tal que cada plano, ao cortar dois sólidos S_1 e S_2, produz seções transversais com mesma área, então os volumes de S_1 e S_2 são iguais.

78. (a) Demonstre o Princípio de Cavalieri.
   (b) Use o Princípio de Cavalieri para determinar o volume do cilindro oblíquo mostrado na figura.

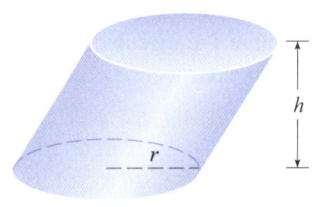

79. Use o Princípio de Cavalieri para mostrar que o volume de uma semiesfera sólida de raio r é igual ao volume de um cilindro de raio r e altura r do qual se extraiu um cone, como mostrado na figura.

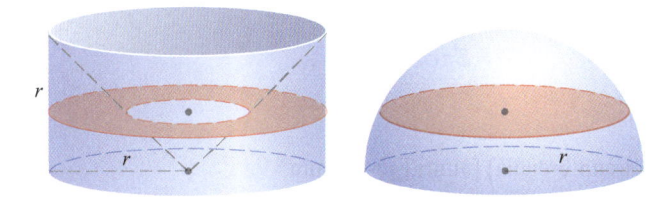

80. Encontre o volume da região comum a dois cilindros circulares, cada qual com raio r, supondo que os eixos dos cilindros se interceptam em ângulos retos.

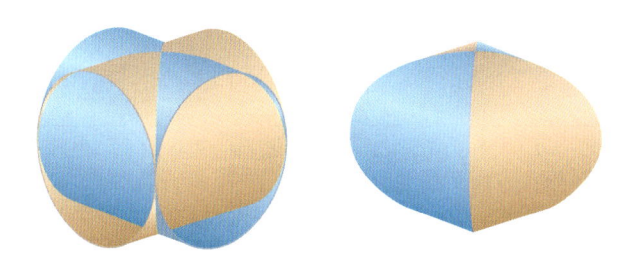

81. Encontre o volume da região comum a duas esferas, cada qual com raio r, supondo que o centro de cada esfera está sobre a superfície da outra esfera.

82. Uma tigela tem a forma de uma semiesfera com diâmetro de 30 cm. Dentro dela, põe-se uma bola pesada com diâmetro de 10 cm e, em seguida, despeja-se água até uma profundidade de h centímetros. Determine o volume de água que há na tigela.

83. Um furo de raio r atravessa um cilindro de raio $R > r$, formando um ângulo reto com eixo do cilindro. Defina, mas não calcule, uma integral que forneça o volume extraído do cilindro.

84. Um furo de raio r atravessa uma esfera de raio $R > r$, passando pelo seu centro. Encontre o volume da porção remanescente da esfera.

85. Alguns dos pioneiros do cálculo, como Kepler e Newton, inspiraram-se no problema da determinação dos volumes de barris de vinho. (Kepler publicou o livro *Stereometria doliorum* em 1615, dedicado aos métodos para determinar os volumes de barris.) Eles frequentemente aproximaram a forma dos lados dos barris por parábolas.
   (a) Um barril com altura h e raio máximo R é construído girando-se, em torno do eixo x, a parábola $y = R - cx^2$, para $-h/2 \le x \le h/2$, em que c é uma constante positiva. Mostre que o raio de cada extremidade do barril é $r = R - d$, em que $d = ch^2/4$.
   (b) Mostre que o volume contido no barril é dado por
$$V = \tfrac{1}{3}\pi h\left(2R^2 + r^2 - \tfrac{2}{5}d^2\right)$$

86. Suponha que uma região $\mathcal{R}$ tenha área A e esteja acima do eixo x. Quando $\mathcal{R}$ é girada em torno de eixo x, ela gera um sólido com volume V_1. Quando $\mathcal{R}$ é girada em torno da reta $y = -k$ (em que k é um número positivo), ela gera um sólido com volume V_2. Expresse V_2 em função de V_1, k e A.

87. Uma *dilatação* do plano, com fator de escala c, é uma transformação que leva o ponto (x, y) no ponto (cx, cy). A aplicação de uma dilatação a uma região do plano produz outra região com forma geométrica semelhante. Um fabricante deseja produzir um vaso de cerâmica de 5 litros (5.000 cm³) com forma geométrica similar à do sólido obtido pela rotação, em torno do eixo y, da região $\mathcal{R}_1$ mostrada na figura.
   (a) Determine o volume V_1 do vaso obtido pela rotação da região $\mathcal{R}_1$.
   (b) Mostre que a aplicação de uma dilatação com fator de escala c transforma a região $\mathcal{R}_1$ na região $\mathcal{R}_2$.
   (c) Mostre que o volume V_2 do vaso obtido pela rotação da região $\mathcal{R}_2$ é igual a $c^3 V_1$.
   (d) Determine o fator de escala c que produz um vaso de 5 litros.

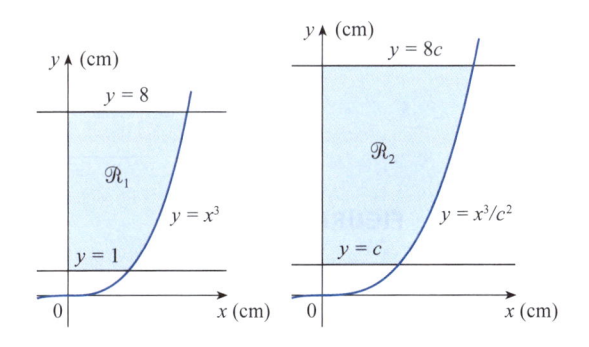

6.3 Volumes por Cascas Cilíndricas

Alguns problemas de volume são muito difíceis de lidar pelos métodos da seção anterior. Por exemplo, vamos considerar o problema de encontrar o volume de um sólido obtido pela rotação em torno do eixo y da região delimitada por $y = 2x^2 - x^3$ e $y = 0$. (Veja a Figura 1.) Se a fatiarmos perpendicularmente ao eixo y, obteremos uma arruela. No entanto, para calcularmos os raios interno e externo da arruela, teríamos de resolver a equação cúbica $y = 2x^2 - x^3$ para x em termos de y, o que não é fácil.

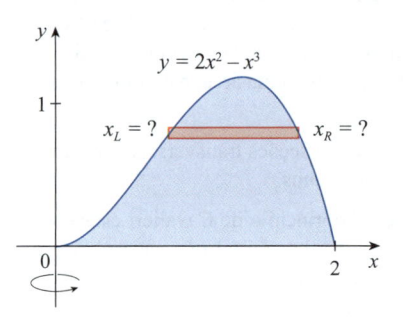

FIGURA 1

■ O Método das Cascas Cilíndricas

Existe um método chamado *método das cascas cilíndricas*, que é mais fácil de usar em casos como o mostrado na Figura 1. A Figura 2 mostra uma casca cilíndrica com raio interno r_1, raio externo r_2 e altura h. Seu volume V é calculado subtraindo-se o volume V_1 do cilindro interno do volume V_2 do cilindro externo:

$$V = V_2 - V_1$$
$$= \pi r_2^2 h - \pi r_1^2 h = \pi(r_2^2 - r_1^2)h$$
$$= \pi(r_2 + r_1)(r_2 - r_1)h$$
$$= 2\pi \frac{r_2 + r_1}{2} h(r_2 - r_1)$$

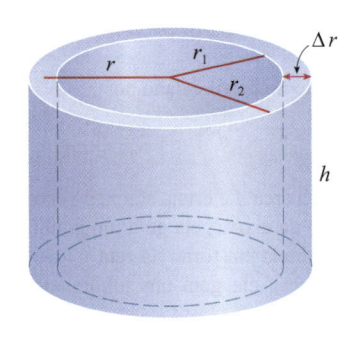

FIGURA 2

Se fizermos $\Delta r = r_2 - r_1$ (a espessura da casca) e $r = \frac{1}{2}(r_2 + r_1)$ (o raio médio da casca), então a fórmula para o volume de uma casca cilíndrica se torna

$$\boxed{1} \qquad \boxed{V = 2\pi r h \, \Delta r}$$

e pode ser memorizada como

$$V = [\text{circunferência}][\text{altura}][\text{espessura}].$$

Agora, considere S o sólido obtido pela rotação em torno do eixo y da região limitada por $y = f(x)$ [onde $f(x) \geq 0$], $y = 0$, $x = a$ e $x = b$, onde $b > a \geq 0$. (Veja a Figura 3.)

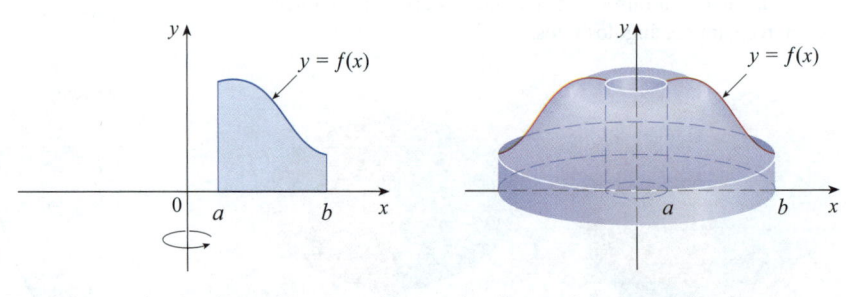

FIGURA 3

Dividimos o intervalo $[a, b]$ em n subintervalos $[x_{i-1}, x_i]$ de mesma largura Δx e consideramos $\bar{x}_i$ o ponto médio do i-ésimo subintervalo. Se o retângulo com base $[x_{i-1}, x_i]$ e altura $f(\overline{x}_i)$ é girado ao redor do eixo y, então o resultado é uma casca cilíndrica com raio médio $\overline{x}_i$, altura $f(\overline{x}_i)$ e espessura Δx (veja a Figura 4). Assim, pela Fórmula 1 seu volume é

$$V_i = (2\pi\overline{x}_i)[f(\overline{x}_i)]\Delta x$$

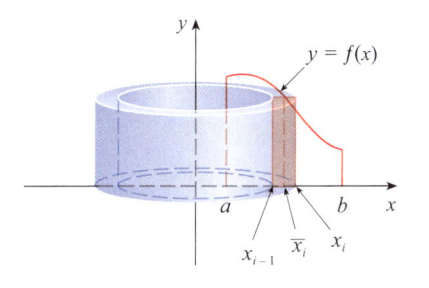

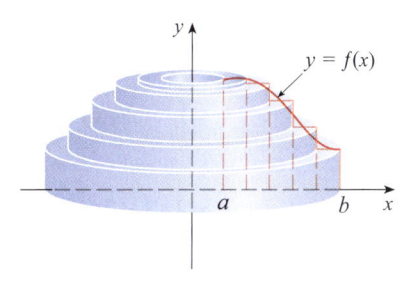

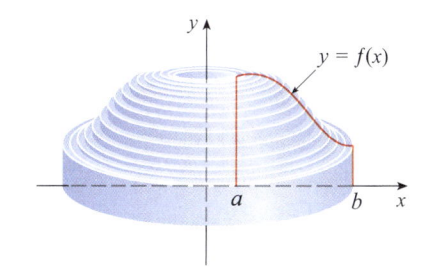

FIGURA 4

Portanto, uma aproximação para o volume V de S é dada pela soma dos volumes dessas cascas:

$$V \approx \sum_{i=1}^{n} V_i = \sum_{i=1}^{n} 2\pi\, \overline{x}_i f(\overline{x}_i)\Delta x$$

Essa aproximação parece se tornar melhor quando $n \to \infty$. Mas, pela definição de uma integral, sabemos que

$$\lim_{n\to\infty} \sum_{i=1}^{n} 2\pi\, \overline{x}_i f(\overline{x}_i)\Delta x = \int_a^b 2\pi x f(x)\,dx$$

Então, a seguinte definição parece plausível:

$\boxed{2}$ O volume do sólido na Figura 3, obtido pela rotação em torno do eixo y da região sob a curva $y = f(x)$ de a até b, é

$$V = \int_a^b 2\pi x f(x)\,dx \quad \text{onde } 0 \le a < b$$

O argumento das cascas cilíndricas empregado faz a Fórmula 2 parecer razoável, porém mais tarde seremos capazes de demonstrá-la (veja o Exercício 7.1.81).

A melhor maneira para se lembrar da Fórmula 2 é pensar em uma casca típica, cortada e achatada como na Figura 5, com raio x, circunferência $2\pi x$, altura $f(x)$ e espessura Δx ou dx:

$$V = \int_a^b \underbrace{(2\pi x)}_{\text{circunferência}} \underbrace{[f(x)]}_{\text{altura}} \underbrace{dx}_{\text{espessura}}$$

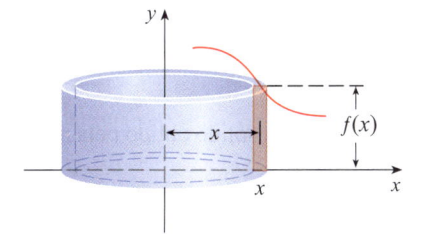

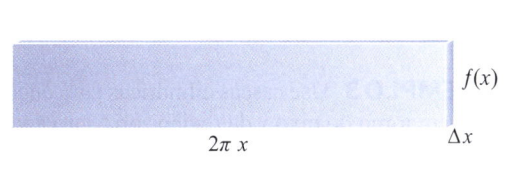

FIGURA 5

426 CÁLCULO

Esse tipo de argumento será útil em outras situações, tais como quando giramos em torno de outras retas além do eixo y.

EXEMPLO 1 Encontre o volume do sólido obtido pela rotação em torno do eixo y da região delimitada por $y = 2x^2 - x^3$ e $y = 0$.

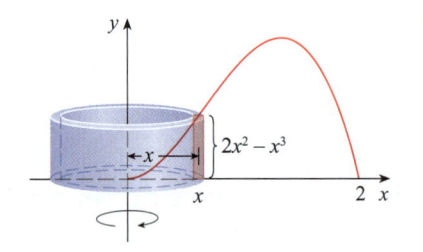

SOLUÇÃO Do esboço da Figura 6, vemos que uma casca típica tem raio x, circunferência $2\pi x$ e altura $f(x) = 2x^2 - x^3$. Então, pelo método das cascas, o volume é

$$V = \int_0^2 \underbrace{(2\pi x)}_{\text{circunferência}} \underbrace{[2x^2 - x^3]}_{\text{altura}} \underbrace{dx}_{\text{espessura}}$$

$$= 2\pi \int_0^2 (2x^3 - x^4)\,dx = 2\pi \left[\tfrac{1}{2}x^4 - \tfrac{1}{5}x^5\right]_0^2$$

$$= 2\pi \left(8 - \tfrac{32}{5}\right) = \tfrac{16}{5}\pi$$

Pode-se verificar que o método das cascas fornece a mesma resposta que o método das fatias. ∎

FIGURA 6

A Figura 7 mostra uma imagem do sólido gerada por computador, cujo volume calculamos no Exemplo 1.

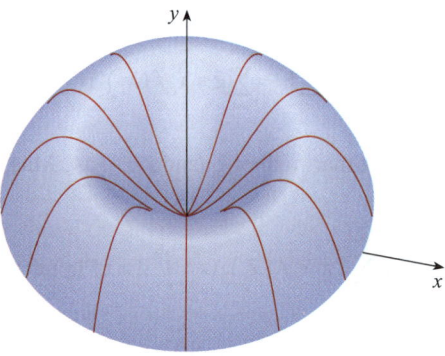

FIGURA 7

OBSERVAÇÃO Comparando a solução do Exemplo 1 com as observações no começo desta seção, vemos que o método das cascas cilíndricas é muito mais prático que o método das arruelas para este problema. Não tivemos de encontrar as coordenadas do máximo local e não tivemos de resolver a equação da curva para x em termos de y. Contudo, utilizar os métodos da seção anterior em outros exemplos pode ser mais fácil.

EXEMPLO 2 Encontre o volume do sólido obtido pela rotação em torno do eixo y da região entre $y = x$ e $y = x^2$.

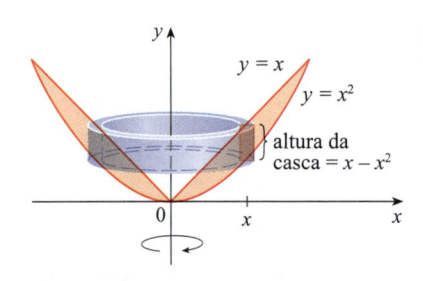

SOLUÇÃO A região e uma casca típica são mostradas na Figura 8. Vemos que a casca tem raio x, circunferência $2\pi x$ e altura $x - x^2$. Assim, o volume é

$$V = \int_0^1 (2\pi x)(x - x^2)\,dx = 2\pi \int_0^1 (x^2 - x^3)\,dx$$

$$= 2\pi \left[\frac{x^3}{3} - \frac{x^4}{4}\right]_0^1 = \frac{\pi}{6}$$

∎

FIGURA 8

Como mostra o exemplo a seguir, o método das cascas funciona tão bem quanto se girarmos em torno do eixo x. Nós simplesmente temos que desenhar um diagrama para identificar o raio e a altura da casca.

EXEMPLO 3 Use cascas cilíndricas para encontrar o volume do sólido obtido pela rotação em torno do eixo x da região sob a curva $y = \sqrt{x}$ de 0 até 1.

SOLUÇÃO Este problema foi resolvido utilizando discos no Exemplo 6.2.2. Para o uso de cascas, reescrevemos a curva $y = \sqrt{x}$ (na figura daquele exemplo) como $x = y^2$ na Figura

9. Pela rotação em torno do eixo x vemos que uma casca típica tem raio y, circunferência $2\pi y$ e altura $1 - y^2$. Assim, o volume é

$$V = \int_0^1 (2\pi y)(1 - y^2)\,dy = 2\pi \int_0^1 (y - y^3)\,dy$$

$$= 2\pi \left[\frac{y^2}{3} - \frac{y^4}{4}\right]_0^1 = \frac{\pi}{2}$$

Neste exemplo, o método do disco foi mais simples.

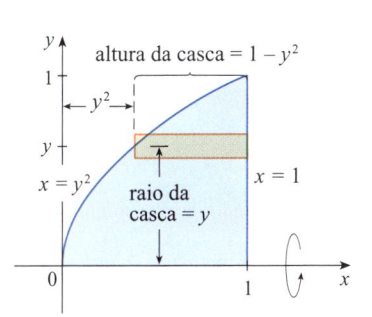

FIGURA 9

EXEMPLO 4 Encontre o volume do sólido obtido pela rotação da região delimitada por $y = x - x^2$ e $y = 0$ em torno da reta $x = 2$.

SOLUÇÃO A Figura 10 mostra a região e a casca cilíndrica formada pela rotação em torno da reta $x = 2$. Esta tem raio $2 - x$, circunferência $2\pi(2 - x)$ e altura $x - x^2$.

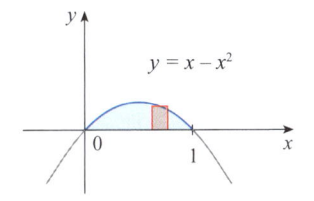

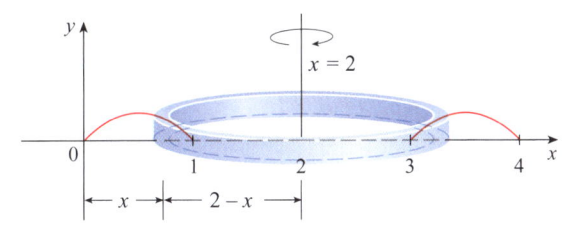

FIGURA 10

O volume do sólido dado é

$$V = \int_0^1 2\pi(2-x)(x-x^2)\,dx$$

$$= 2\pi \int_0^1 (x^3 - 3x^2 + 2x)\,dx$$

$$= 2\pi \left[\frac{x^4}{4} - x^3 + x^2\right]_0^1 = \frac{\pi}{2}$$

■ **Discos e Anéis *versus* Cascas Cilíndricas**

Ao calcularmos o volume de um sólido de revolução, como sabemos se usamos o método dos discos (ou anel) ou das cascas cilíndricas? Existem várias considerações a serem levadas em conta: a região é mais facilmente descrita por curvas fronteiras em cima e em baixo da forma $y = f(x)$ ou por fronteiras à esquerda e à direita da forma $x = g(y)$? Com qual escolha é mais fácil trabalhar? Os limites de integração são mais fáceis de encontrar para uma variável do que para a outra? A região requer o uso de duas integrais separadas ao usar x como variável, mas apenas uma integral em y? Somos capazes de calcular a integral que encontramos com nossa escolha de variável?

Se decidirmos que é mais fácil trabalhar com uma variável do que com a outra, então isso determina qual método usar. Desenhe um retângulo amostral na região, correspondendo a uma seção transversal do sólido. A espessura do retângulo, ou Δx ou Δy, corresponde à variável de integração. Se você imaginar o retângulo girando, ele se torna um disco (anel) ou uma casca. Às vezes, qualquer um dos métodos funciona, como no exemplo a seguir.

EXEMPLO 5 A Figura 11 mostra a região do primeiro quadrante limitada pelas curvas $y = x^2$ e $y = 2x$. Um sólido é gerado pela rotação dessa região em torno da reta $x = -1$. Determine o volume do sólido usando (a) x como variável de integração; e (b) y como variável de integração.

SOLUÇÃO O sólido é mostrado na Figura 12(a).

(a) Para determinar o volume do sólido usando x como variável de integração, desenhamos o retângulo amostral na vertical, como mostrado na Figura 12(b). A rotação da região em torno da reta $x = -1$ produz cascas cilíndricas, de modo que o volume é dado por

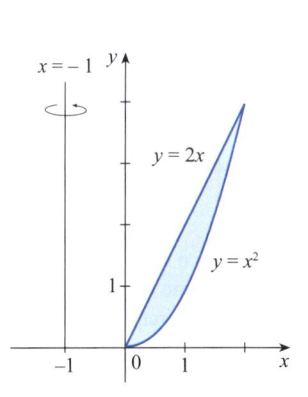

FIGURA 11

$$V = \int_0^2 2\pi(x+1)(2x-x^2)\,dx = 2\pi \int_0^2 (x^2 + 2x - x^3)\,dx$$

$$= 2\pi \left[\frac{x^3}{3} + x^2 - \frac{x^4}{4} \right]_0^2 = \frac{16\pi}{3}$$

(b) Para determinar o volume do sólido usando y como variável de integração, desenhamos o retângulo amostral na horizontal, como mostrado na Figura 12(c). A rotação da região em torno da reta produz seções transversais no formato de arruelas, de modo que o volume é dado por

$$V = \int_0^4 \left[\pi(\sqrt{y}+1)^2 - \pi(\tfrac{1}{2}y+1)^2 \right] dy = \pi \int_0^4 (2\sqrt{y} - \tfrac{1}{4}y^2)\,dy$$

$$= \pi \left[\tfrac{4}{3} y^{3/2} - \tfrac{1}{12} y^3 \right]_0^4 = \frac{16\pi}{3}$$

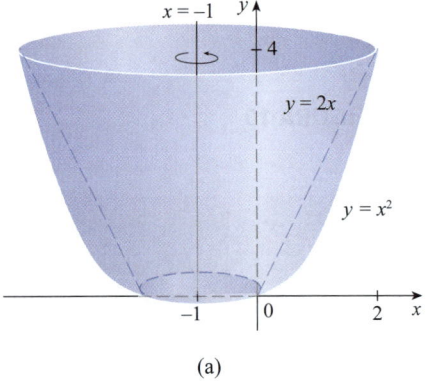

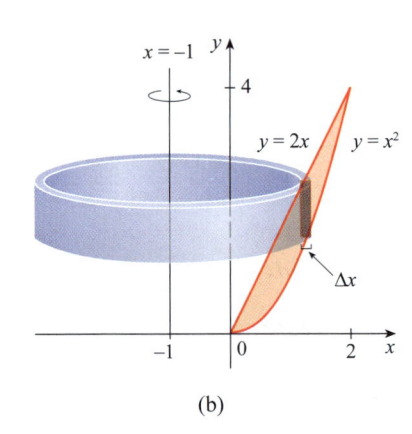

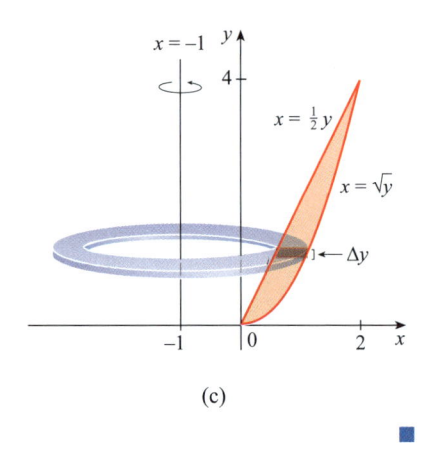

FIGURA 12

6.3 | Exercícios

1. Considere S o sólido obtido pela rotação da região mostrada na figura em torno do eixo y. Explique por que é complicado usar o método das arruelas para encontrar o volume V de S. Esboce uma casca aproximante típica. Quais são a circunferência e a altura? Use cascas para encontrar V.

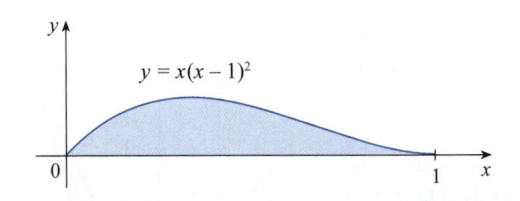

$y = x(x-1)^2$

2. Considere S o sólido obtido pela rotação da região mostrada na figura em torno do eixo y. Esboce uma casca cilíndrica típica e encontre sua circunferência e altura. Use cascas para encontrar o volume de S. Você acha que esse método é preferível ao fatiamento? Explique.

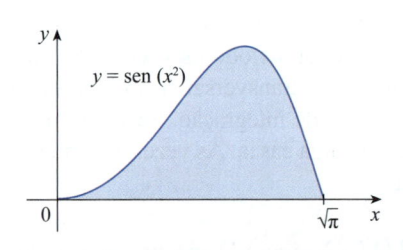

$y = \operatorname{sen}(x^2)$

3-4 Um sólido é obtido pela rotação da região sombreada em torno da reta especificada.
(a) Usando o método das cascas cilíndricas, defina uma integral que forneça o volume do sólido.
(b) Determine o volume do sólido calculando a integral.

3. Em torno do eixo y

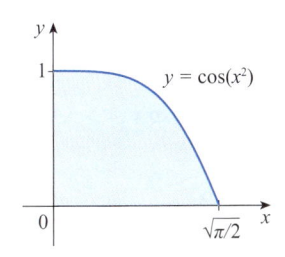

4. Em torno do eixo x

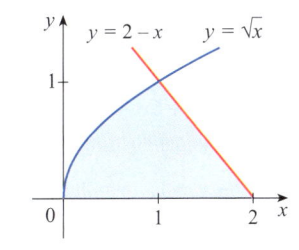

(gráfico: $y = \cos(x^2)$, de 0 a $\sqrt{\pi/2}$)

(gráfico: $y = 2 - x$, $y = \sqrt{x}$)

23. Em torno de $x = -2$

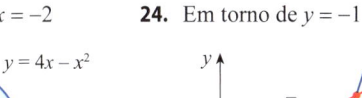

24. Em torno de $y = -1$

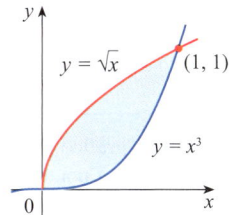

(gráfico: $y = 4x - x^2$, de 0 a 4)

(gráfico: $y = \sqrt{x}$, $y = x^3$, ponto $(1,1)$)

5-8 Defina, mas não calcule, uma integral que forneça o volume do sólido obtido pela rotação da região compreendida entre as curvas dadas em torno da reta especificada.

5. $y = \ln x$, $y = 0$, $x = 2$; em torno do eixo y

6. $y = x^3$, $y = 8$, $x = 0$; em torno do eixo x

7. $y = \operatorname{sen}^{-1} x$, $y = \pi/2$, $x = 0$; em torno de $y = 3$

8. $y = 4x - x^2$, $y = x$; em torno de $x = 7$

9-14 Use o método das cascas cilíndricas para achar o volume gerado pela rotação da região delimitada pelas curvas em torno do eixo y.

9. $y = \sqrt{x}$, $y = 0$, $x = 4$

10. $y = x^3$, $y = 0$, $x = 1$, $x = 2$

11. $y = 1/x$, $y = 0$, $x = 1$, $x = 4$

12. $y = e^{-x^2}$, $y = 0$, $x = 0$, $x = 1$

13. $y = \sqrt{5 + x^2}$, $y = 0$, $x = 0$, $x = 2$

14. $y = 4x - x^2$, $y = x$

15-20 Use o método das cascas cilíndricas para encontrar o volume do sólido obtido pela rotação da região delimitada pelas curvas dadas em torno do eixo x.

15. $xy = 1$, $x = 0$, $y = 1$, $y = 3$

16. $y = \sqrt{x}$, $x = 0$, $y = 2$

17. $y = x^{3/2}$, $y = 8$, $x = 0$

18. $x = -3y^2 + 12y - 9$, $x = 0$

19. $x = 1 + (y - 2)^2$, $x = 2$

20. $x + y = 4$, $x = y^2 - 4y + 4$

21-22 A região compreendida entre as curvas dadas é girada em torno do eixo especificado. Determine o volume do sólido resultante usando (a) x como a variável de integração; e (b) y como variável de integração.

21. $y = x^2$, $y = 8\sqrt{x}$; em torno do eixo y

22. $y = x^3$, $y = 4x^2$; em torno do eixo x

23-24 Um sólido é obtido pela rotação da região sombreada em torno da reta especificada.
(a) Esboce o sólido e uma casca cilíndrica aproximada típica.
(b) Use o método das cascas cilíndricas para definir uma integral que forneça o volume do sólido.
(c) Determine o volume do sólido calculando a integral.

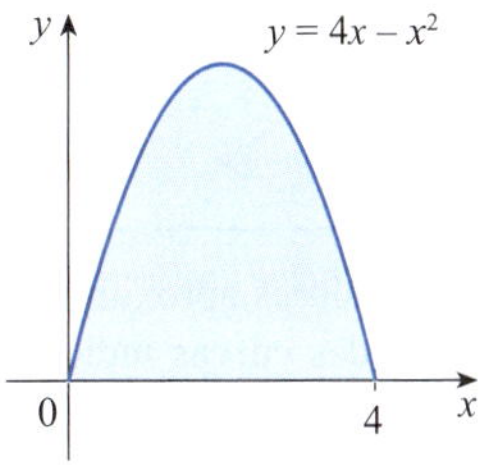

25-30 Use o método das cascas cilíndricas para achar o volume gerado pela rotação da região delimitada pelas curvas dadas em torno do eixo especificado.

25. $y = x^3$, $y = 8$, $x = 0$; em torno de $x = 3$

26. $y = 4 - 2x$, $y = 0$, $x = 0$; em torno de $x = -1$

27. $y = 4x - x^2$, $y = 3$; em torno de $x = 1$

28. $y = \sqrt{x}$, $x = 2y$; em torno de $x = 5$

29. $y = 2y^2$, $y \geq 0$, $x = 2$; em torno de $y = 2$

30. $x = 2y^2$, $x = y^2 + 1$; em torno de $y = -2$

31-36
(a) Escreva uma integral para o volume do sólido obtido pela rotação da região delimitada pelas curvas dadas em torno do eixo especificado.

[T] (b) Use sua calculadora para determinar a integral com precisão de cinco casas decimais.

31. $y = xe^{-x}$, $y = 0$, $x = 2$; em torno do eixo y

32. $y = \operatorname{tg} x$, $y = 0$, $x = \pi/4$; em torno de $x = \pi/2$

33. $y = \cos^4 x$, $y = -\cos^4 x$; $-\pi/2 \leq x \leq \pi/2$; em torno de $x = \pi$

34. $y = x$, $y = 2x/(1 + x^3)$; em torno de $x = -1$

35. $x = \sqrt{\operatorname{sen} y}$, $0 \leq y \leq \pi$, $x = 0$; em torno de $y = 4$

36. $x^2 - y^2 = 7$, $x = 4$; em torno de $y = 5$

37. Use a Regra do Ponto Médio, com $n = 5$, para estimar o volume obtido pela rotação em torno do eixo y da região sob a curva $y = \sqrt{1 + x^3}$, $0 \leq x \leq 1$.

38. Se a região mostrada na figura for girada em torno do eixo y para formar um sólido, use a Regra do Ponto Médio, com $n = 5$, para estimar o volume do sólido.

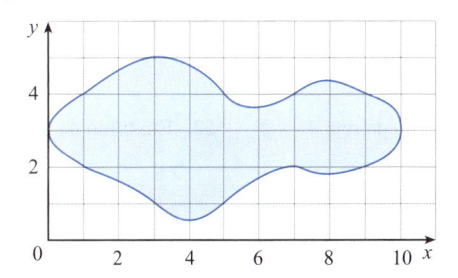

39-42 Cada integral representa o volume de um sólido. Descreva o sólido.

39. $\int_0^3 2\pi x^5 \, dx$

40. $\int_1^3 2\pi y \ln y \, dy$

41. $2\pi \int_1^4 \dfrac{y+2}{y^2}\,dy$

42. $\int_0^1 2\pi(2-x)(3^x - 2^x)\,dx$

T 43–44 Use um gráfico para encontrar os valores aproximados das coordenadas x dos pontos de intersecção das curvas indicadas. A seguir, use essa informação e uma calculadora ou computador para estimar o volume do sólido obtido pela rotação em torno do eixo y da região delimitada por essas curvas.

43. $y = x^2 - 2x$, $\quad y = \dfrac{x}{x^2+1}$

44. $y = e^{\operatorname{sen} x}$, $\quad y = x^2 - 4x + 5$

T 45–46 Use um sistema de computação algébrica para achar o volume exato do sólido obtido pela rotação da região delimitada pelas curvas dadas em torno da reta especificada.

45. $y = \operatorname{sen}^2 x$, $\quad y = \operatorname{sen}^4 x$, $\quad 0 \leq x \leq \pi$; em torno de $x = \pi/2$

46. $y = x^3 \operatorname{sen} x$, $\quad y = 0$, $\quad 0 \leq x \leq \pi$; em torno de $x = -1$

47–52 Um sólido é obtido pela rotação da região sombreada em torno da reta especificada.
(a) Usando qualquer método à sua escolha, defina uma integral que forneça o volume do sólido.
(b) Determine o volume do sólido calculando a integral.

47. Em torno do eixo y

48. Em torno do eixo x

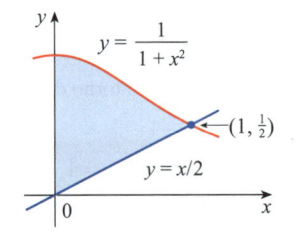

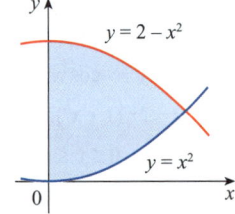

49. Em torno do eixo x

50. Em torno do eixo y

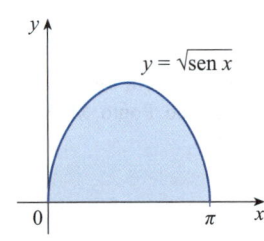

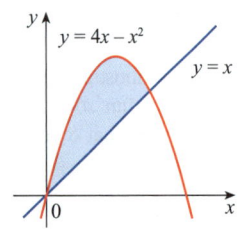

51. Em torno da reta $x = -2$

52. Em torno da reta $y = 3$

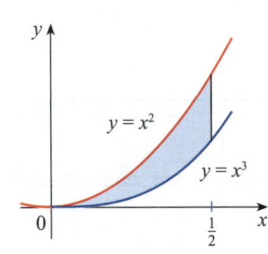

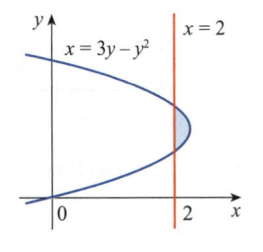

53–59 A região delimitada pelas curvas dadas é girada em torno do eixo especificado. Ache o volume do sólido resultante por qualquer método.

53. $y = -x^2 + 6x - 8$, $\quad y = 0$; em torno do eixo y

54. $y = -x^2 + 6x - 8$, $\quad y = 0$; em torno do eixo x

55. $y^2 - x^2 = 1$, $\quad y = 2$; em torno do eixo x

56. $y^2 - x^2 = 1$, $\quad y = 2$; em torno do eixo y

57. $x^2 + (y-1)^2 = 1$; em torno do eixo y

58. $x = (y-3)^2$, $\quad x = 4$; em torno de $y = 1$

59. $x = (y-1)^2$, $x - y = 1$; em torno de $x = -1$

---

60. Considere T a região triangular com vértices $(0, 0)$, $(1, 0)$ e $(1, 2)$, e considere V o volume do sólido obtido quando T é girado em torno da reta $x = a$, onde $a > 1$. Expresse a em termos de V.

61–63 Use cascas cilíndricas para encontrar o volume do sólido.

61. Uma esfera de raio r.

62. O toro sólido do Exercício 6.2.75.

63. Um cone circular reto com altura h e base com raio r.

---

64. Suponha que você faça anéis para guardanapos perfurando buracos com diferentes diâmetros através de duas bolas de madeira (as quais também têm diferentes diâmetros). Você descobre que ambos os anéis de guardanapo têm a mesma altura h, como mostrado na figura.
(a) Faça uma conjectura sobre qual anel tem mais madeira.
(b) Verifique o seu palpite: use cascas cilíndricas para calcular o volume de um anel de guardanapo criado pela perfuração de um buraco com raio r através do centro de uma esfera com raio R e expresse a resposta em termos de h.

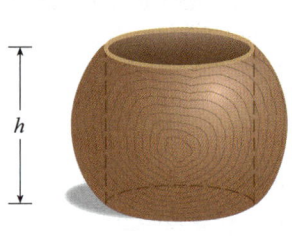

6.4 | Trabalho

O termo *trabalho* é usado na linguagem cotidiana significando a quantidade de esforço necessária para executar uma tarefa. Na física esse termo tem um significado técnico que depende do conceito de *força*. Intuitivamente, você pode pensar em força como descrevendo um empurrar ou puxar sobre um objeto – por exemplo, um empurrão horizontal em um livro sobre uma mesa ou a ação da gravidade terrestre sobre uma bola. Em geral, se um objeto se move ao longo de uma reta com função de posição $s(t)$, então a **força** F sobre o objeto (na mesma direção) é definida pela Segunda Lei de Newton do Movimento como o produto de sua massa m pela sua aceleração a:

$$\boxed{1} \qquad F = ma = m\frac{d^2 s}{dt^2}$$

No Sistema Métrico Internacional (SI), a massa é medida em quilogramas (kg), o deslocamento em metros (m), o tempo em segundos (s) e a força em newtons (N = kg·m/s^2). Então, uma força de 1 N atuando em uma massa de 1 kg produz uma aceleração de 1 m/s^2. No sistema usual norte-americano, a unidade de força escolhida é a libra.

No caso de aceleração constante, a força F também é constante, e o trabalho feito é definido como o produto da força F pela distância d que o objeto percorre:

$$\boxed{2} \qquad W = Fd \qquad \text{trabalho} = \text{força} \times \text{distância}$$

Se F é medida em newtons e d, em metros, então a unidade para W é o newton-metro, que é chamada joule (J). Se F é a medida em libras e d, em pés, então a unidade para W é libra/pé (lb/pé), que equivale a cerca de 1,36 J.

EXEMPLO 1

(a) Quanto trabalho é exercido ao se levantar um livro de 1,2 kg do chão até uma carteira de altura 0,7 m? Considere que a aceleração da gravidade é $g = 9,8$ m/s^2.

(b) Quanto trabalho é feito levantando-se um peso de 20 lb a uma altura de 6 pés do chão?

SOLUÇÃO

(a) A força exercida é igual e oposta à força exercida pela gravidade. Então, a Equação 1 fornece

$$F = mg = (1,2)(9,8) = 11,76 \text{ N}$$

e a Equação 2 nos dá o trabalho executado como

$$W = Fd = (11,76 \text{ N})(0,7 \text{ m}) \approx 8,2 \text{ J}$$

(b) Aqui a força dada é $F = 20$ lb, portanto o trabalho executado é

$$W = Fd = (20 \text{ lb})(6 \text{ pés}) = 120 \text{ lb/pé}$$

Observe que no item (b), ao contrário da parte (a), não tivemos de multiplicar por g porque nos foi dado o *peso* (que já é uma força) e não a massa do objeto. ■

A Equação 2 define trabalho desde que a força seja constante. Mas o que acontece se a força for variável? Suponha que o objeto se mova ao longo do eixo x na direção positiva de $x = a$ para $x = b$, e em cada ponto x entre a e b uma força $f(x)$ atue no objeto, onde f é uma função contínua. Dividimos o intervalo $[a, b]$ em n subintervalos com extremidades $x_0, x_1, \ldots, x_n$ e larguras iguais a Δx. Escolhemos o ponto amostral x_i^* no i-ésimo subintervalo $[x_{i-1}, x_i]$. Então, a força naquele ponto é $f(x_i^*)$. Se n é grande, então Δx é pequeno, e como f é contínua, os valores de f não variam muito sobre o intervalo $[x_{i-1}, x_i]$. Em outras palavras, f é praticamente constante no intervalo e, então, o trabalho W_i que é executado a partir do movimento da partícula de x_{i-1} para x_i é determinado aproximadamente pela Equação 2:

$$W_i \approx f(x_i^*)\,\Delta x$$

Portanto, podemos aproximar o trabalho total por

$$\boxed{3} \qquad W \approx \sum_{i=1}^{n} f(x_i^*)\,\Delta x$$

Parece que a aproximação torna-se cada vez melhor quando n aumenta. Portanto, definimos o **trabalho feito no movimento de um objeto de a para b** como o limite dessa quantidade quando $n \to \infty$. Como o lado direito de (3) é uma soma de Riemann, reconhecemos seu limite como uma integral definida e, então,

$$\boxed{4} \qquad W = \lim_{n \to \infty} \sum_{i=1}^{n} f(x_i^*)\,\Delta x = \int_a^b f(x)\,dx$$

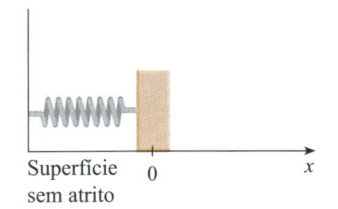

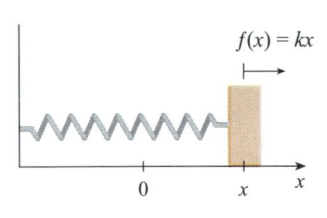

EXEMPLO 2 Quando uma partícula está localizada a uma distância de x metros da origem, uma força de $x^2 + 2x$ newtons age sobre ela. Quanto trabalho é realizado movendo-a de $x = 1$ para $x = 3$?

SOLUÇÃO
$$W = \int_1^3 (x^2 + 2x)\,dx = \left.\frac{x^3}{3} + x^2\right]_1^3 = \frac{50}{3}$$

O trabalho feito é de $16\tfrac{2}{3}$ J. ∎

No próximo exemplo usamos uma lei da física: a **Lei de Hooke** afirma que a força necessária para manter uma mola esticada x unidades além do seu comprimento natural é proporcional a x:

$$f(x) = kx$$

onde k é uma constante positiva chamada **constante da mola** (veja a Figura 1). A Lei de Hooke vale desde que x não seja muito grande.

FIGURA 1
Lei de Hooke

EXEMPLO 3 Uma força de 40 N é necessária para segurar uma mola que foi esticada do seu comprimento natural de 10 cm para um comprimento de 15 cm. Quanto trabalho é feito esticando-se a mola de 15 cm para 18 cm?

SOLUÇÃO De acordo com a Lei de Hooke, a força necessária para manter uma mola esticada x metros além do seu comprimento natural é $f(x) = kx$. Quando a mola é esticada de 10 cm para 15 cm, a quantidade esticada é 5 cm = 0,05 m. Isso significa que $f(0,05) = 40$, assim

$$0,05k = 40 \qquad k = \frac{40}{0,05} = 800$$

Portanto, $f(x) = 800x$ e o trabalho realizado para esticar a mola de 15 cm para 18 cm é

$$W = \int_{0,05}^{0,08} 800x\,dx = 800\,\left.\frac{x^2}{2}\right]_{0,05}^{0,08}$$
$$= 400[(0,08)^2 - (0,05)^2] = 1,56\,\text{J}$$
∎

APLICAÇÕES DE INTEGRAÇÃO   433

EXEMPLO 4 Um cabo de 90 kg tem 21 m de comprimento e está pendurado verticalmente a partir do topo de um edifício alto.

(a) Qual é o trabalho necessário para içar o cabo até o topo do edifício?

(b) Qual é o trabalho necessário para suspender apenas 6 metros de cabo?

SOLUÇÃO

(a) Um método para resolver o problema consiste em usar um argumento similar àquele empregado na obtenção da Definição 4 [Para conhecer outro método, veja o Exercício 14(b).]

Vamos posicionar a origem no topo do edifício e o eixo x apontando para baixo, como na Figura 2. Dividimos o cabo em pequenos pedaços de comprimento Δx. Se x_i^* é um ponto no i-ésimo intervalo, então todos os pontos nesse intervalo são içados por aproximadamente a mesma distância, a saber, x_i^*. O cabo tem massa de 30/7 kg por metro, então, a força atuando na i-ésima parte é $(30/7 \text{ kg/m})(9,8 \text{ m/s}^2)(\Delta x \text{ m}) = 42\,\Delta x$ N. Assim, o trabalho feito na i-ésima parte, em joules, é

$$\underbrace{(42\Delta x)}_{\text{força}} \cdot \underbrace{x_i^*}_{\text{distância}} = 42 x_i^*\,\Delta x$$

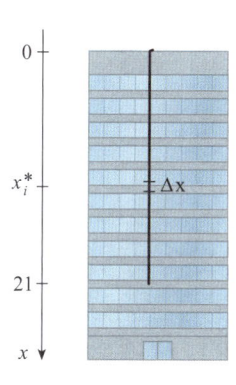

FIGURA 2

Obtemos o trabalho total realizado somando todas essas aproximações e fazendo o número de partes se tornar grande (de modo que $\Delta x \to 0$):

$$W = \lim_{n\to\infty} \sum_{i=1}^{n} 42 x_i^*\,\Delta x = \int_0^{21} 42x\,dx$$

$$= 21x^2 \Big]_0^{21} = 18.900 \text{ J}$$

Se tivéssemos colocado a origem na extremidade do cabo e o eixo x apontando para cima, teríamos obtido

$$W = \int_0^{21} 42(21 - x)\,dx$$

que nos dá a mesma resposta.

(b) O trabalho necessário para suspender os 6 m superiores do cabo até o topo do edifício é calculado da mesma forma adotada na parte (a):

$$W_1 = \int_0^6 42x\,dx = 21x^2\Big]_0^6 = 756 \text{ J}$$

Cada pedaço dos 15 m inferiores do cabo é movido pela mesma distância, isto é, por 6 m, de modo que o trabalho realizado é

$$W_2 = \lim_{n\to\infty} \sum_{i=1}^{n} \bigg(\underbrace{6}_{\text{distância}} \cdot \underbrace{42\Delta x}_{\text{força}}\bigg) = \int_6^{21} 252\,dx = 3.780 \text{ J}$$

(Opcionalmente, podemos observar que os últimos 15 m de cabo pesam $15 \cdot 30/7 \cdot 9,8 = 630$ N e são movidos uniformemente por 6 m, de modo que o trabalho realizado é igual a $630 \cdot 6 = 3.780$ J.)

O trabalho total realizado é $W_1 + W_2 = 756 + 3.780 = 4.536$ J. ■

EXEMPLO 5 Um tanque de água possui o formato de um cone circular invertido com altura de 10 m e raio da base de 4 m. Ele está cheio de água até uma altura de 8 m. Encontre o trabalho necessário para esvaziar o reservatório bombeando toda a água pela parte superior do tanque. (A densidade da água é 1.000 kg/m³.)

SOLUÇÃO Vamos medir as profundidades a partir do topo do tanque introduzindo uma coordenada vertical como na Figura 3. A água se estende de uma profundidade de 2 m até uma profundidade de 10 m e, então, dividimos o intervalo [2, 10] em n subintervalos com extremidades $x_0, x_1, \ldots, x_n$ e escolhemos x_i^* no i-ésimo subintervalo. Isso divide a água em n camadas. A i-ésima camada é aproximada por um cilindro circular de raio r_i e altura Δx. Podemos calcular r_i por triângulos semelhantes usando a Figura 4, como a seguir:

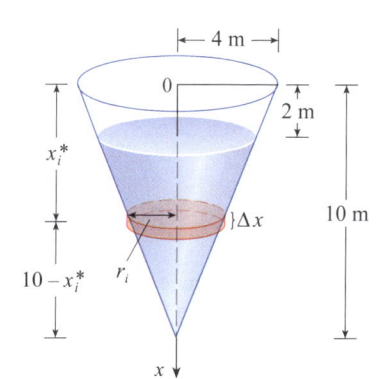

FIGURA 3

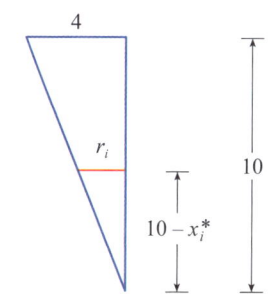

FIGURA 4

$$\frac{r_i}{10-x_i^*}=\frac{4}{10} \qquad r_i=\tfrac{2}{5}(10-x_i^*)$$

Então, uma aproximação para o volume da i-ésima camada de água é

$$V_i \approx \pi r_i^2 \Delta x = \frac{4\pi}{25}(10-x_i^*)^2 \Delta x$$

e, dessa forma, sua massa é

$$m_i = \text{densidade} \times \text{volume}$$
$$\approx 1.000 \cdot \frac{4\pi}{25}(10-x_i^*)^2 \Delta x = 160\pi(10-x_i^*)^2 \Delta x$$

A força necessária para elevar essa camada de água deve ser maior que a força da gravidade, e assim

$$F_i = m_i g \approx (9,8)\, 160\pi(10-x_i^*)^2 \Delta x$$
$$= 1.568\pi(10-x_i^*)^2 \Delta x$$

Cada partícula na camada deve se mover a uma distância de aproximadamente x_i^*. O trabalho W_i feito para elevar essa camada até o topo é aproximadamente o produto da força F_i e da distância x_i^*:

$$W_i \approx F_i x_i^* \approx 1.568\pi\, x_i^*(10-x_i^*)^2 \Delta x$$

Para encontrarmos o trabalho total realizado para esvaziar o tanque, adicionamos as contribuições de cada uma das n camadas e, então, tomamos o limite quando $n \to \infty$:

$$W = \lim_{n\to\infty}\sum_{i=1}^{n} 1.568\pi\, x_i^*(10-x_i^*)^2 \Delta x = \int_{2}^{10} 1.568\pi\, x(10-x)^2\, dx$$
$$= 1.568\pi \int_{2}^{10}(100x - 20x^2 + x^3)\, dx = 1.568\pi\left[50x^2 - \frac{20x^3}{3} + \frac{x^4}{4}\right]_{2}^{10}$$
$$= 1.568\pi\left(\tfrac{2.048}{3}\right) \approx 3,4 \times 10^6 \text{ J}$$

6.4 | Exercícios

1. Quanto trabalho é realizado quando um halterofilista levanta 200 kg de uma altura de 1,5 m para 2,0 m?

2. Calcule o trabalho realizado para içar um piano de cauda de 500 kg do solo até o terceiro andar, que está a 10 m de altura.

3. Um objeto move-se ao longo de uma linha reta devido à ação de uma força variável que equivale a $5x^{-2}$ newtons quando o objeto está a x metros da origem. Calcule o trabalho realizado para mover o objeto de $x = 1$ m a $x = 10$ m.

4. Uma partícula move-se ao longo de uma trajetória reta devido à ação de uma força variável que equivale a $4\sqrt{x}$ newtons quando a partícula está a x metros da origem. Calcule o trabalho realizado para mover a partícula de $x = 4$ a $x = 16$.

5. A figura a seguir mostra o gráfico de uma função força (em newtons) que cresce até seu máximo valor e depois permanece constante. Quanto trabalho é realizado pela força ao mover um objeto a uma distância de 8 m?

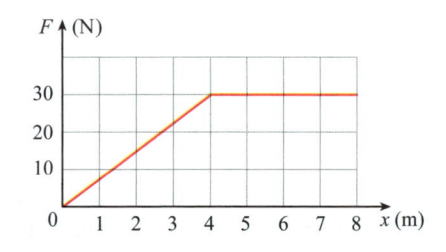

6. A tabela a seguir mostra valores de uma função de força $f(x)$, onde x é medido em metros e em newtons. Use a Regra do Ponto Médio para estimar o trabalho realizado pela força ao mover um objeto de $x = 4$ até $x = 20$.

x	4	6	8	10	12	14	16	18	20
$f(x)$	5	5,8	7,0	8,8	9,6	8,2	6,7	5,2	4,1

7. Uma força de 45 N é necessária para manter uma mola esticada 10 cm além do seu comprimento natural. Quanto trabalho é realizado para esticá-la do seu comprimento natural até 15 cm além do seu tamanho natural?

8. Uma mola tem comprimento natural de 40 cm. Se uma força de 60 N é necessária para mantê-la 10 cm comprimida, quanto trabalho é feito durante essa compressão? Quanto trabalho é necessário para comprimir a mola até o comprimento de 25 cm?

9. Suponha que 2 J de trabalho sejam necessários para esticar uma mola de seu comprimento natural de 30 cm para 42 cm.
   (a) Quanto trabalho é necessário para esticar a mola de 35 cm para 40 cm?
   (b) Quão longe de seu comprimento natural uma força de 30 N manterá a mola esticada?

10. Se o trabalho necessário para esticar uma mola 1 m além do seu comprimento natural é de 16 J, qual o trabalho necessário para esticá-la 9 pol além do seu comprimento natural?

11. Uma mola tem comprimento natural de 20 cm. Compare o trabalho W_1 realizado ao esticar a mola de 20 cm para 30 cm com o trabalho W_2 realizado para esticá-la de 30 cm para 40 cm. Como W_2 e W_1 estão relacionados?

12. Se 6 J de trabalho são necessários para esticar uma mola de 10 cm para 12 cm e um trabalho de 10 J é necessário para esticá-la de 12 cm para 14 cm, qual é o comprimento natural da mola?

13-22 Mostre como aproximar o trabalho pedido por uma soma de Riemann. Em seguida, expresse o trabalho como uma integral e calcule-a.

13. Uma corda pesada, com 15 m de comprimento, pesa 0,75 kg/m e está pendurada sobre a borda de um edifício com 35 m de altura.
   (a) Qual o trabalho necessário para puxar a corda até o topo do edifício?
   (b) Qual o trabalho necessário para puxar metade da corda até o topo do edifício?

14. Um cabo grosso, medindo 20 m de comprimento e pesando 80 kg, é suspenso pelo guincho de um guindaste. Calcule de duas formas diferentes o trabalho realizado quando o guincho enrola 7 m do cabo.
   (a) Siga o método do Exemplo 4.
   (b) Escreva uma função que forneça o peso da parte remanescente do cabo depois que x metros foram enrolados pelo guincho. Estime o trabalho realizado quando o guincho suspende Δx m de cabo.

15. Um cabo que pesa 3 kg/m é utilizado para erguer 350 kg de carvão em uma mina com profundidade de 150 m. Encontre o trabalho realizado.

16. Uma corrente que está no chão tem 10 m de comprimento e sua massa é 80 kg. Quanto trabalho é necessário para erguer uma ponta da corrente até a altura de 6 m?

17. Uma corrente com 3 m e 10 kg está pendurada no teto. Determine o trabalho realizado para levantar a extremidade inferior da corrente até o teto, de modo a nivelá-la com a extremidade superior.

18. Um foguete amador pesa 0,4 kg e é carregado com 0,75 kg de combustível de foguete. Depois de seu lançamento, o foguete sobe a uma taxa constante de 4 m/s, enquanto o combustível é consumido a uma taxa de 0,15 kg/s. Determine o trabalho realizado para impelir o foguete até 20 m de altura.

19. Um balde furado pesa 10 kg e é erguido do solo até uma altura de 12 m, a uma velocidade constante, por uma corda que pesa 0,8 kg/m. Inicialmente, o balde contém 36 kg de água, mas a água vaza a uma taxa constante e se esgota assim que o balde atinge 12 m de altura. Quanto trabalho foi realizado nessa operação?

20. Uma piscina circular tem diâmetro de 7 m, os lados medem 1,5 m de altura e a profundidade da água é de 1,2 m. Quanto trabalho é necessário para bombear toda a água para o lado de fora da piscina? (Leve em conta o fato de que a água pesa 1.000 kg/m³.)

21. Um aquário de 2 m de comprimento, 1 m de largura e 1 m de profundidade está cheio de água. Encontre o trabalho necessário para bombear metade da água para fora do aquário. (Use o fato de que a densidade da água é 1.000 kg/m³.)

22. Um tanque de água esférico, com 7 m de diâmetro, está no topo de uma torre de 18 m. O tanque é cheio por uma mangueira presa à base da esfera. Se uma bomba de 1,5 cavalo de força for usada para mandar água para o tanque, quanto tempo levará para encher o tanque? (Um cavalo de força = 745,7 J de trabalho por segundo.)

23-26 Um tanque está cheio de água. Encontre o trabalho necessário para bombear a água pela saída. Use o fato de que a densidade da água é de 1.000 kg/m³.

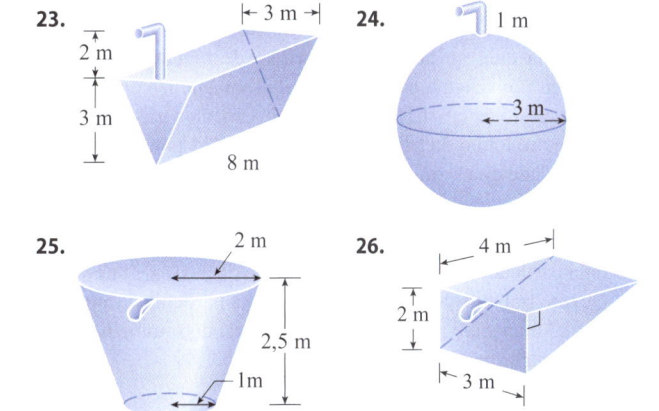

23.

24.

25. tronco de um cone

26.

27. Suponha que para o tanque do Exercício 23, a bomba quebre depois de o trabalho de $4,7 \times 10^5$ J ter sido realizado. Qual é a profundidade da água remanescente no tanque?

28. Resolva o Exercício 24 se o tanque estiver cheio até a metade de óleo, que tem densidade de 900 kg/m³.

29. Quando um gás se expande em um cilindro de raio r, a pressão em um dado instante é uma função do volume: $P = P(V)$. A força exercida pelo gás no pistão (veja a figura) é o produto da pressão pela área: $F = \pi r^2 P$. Mostre que o trabalho realizado pelo gás quando o volume se expande a partir de V_1 para V_2 é

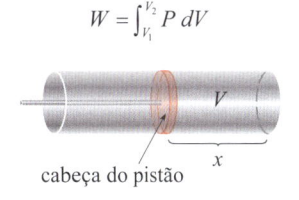

$$W = \int_{V_1}^{V_2} P \, dV$$

30. Em uma máquina a vapor a pressão P e o volume V de vapor satisfazem a equação $PV^{1,4} = k$, onde k é uma constante. (Isto é verdade para a expansão adiabática, isto é, a expansão na qual não há transferência de calor entre o cilindro e os seus arredores.) Use o Exercício 29 para calcular o trabalho realizado pelo motor, durante um ciclo em que o vapor começa a uma pressão de 1.100 kPa e um volume de 1 m³ e expande-se para um volume de 8 m³.

31-33 Teorema do Trabalho-Energia Cinética A energia cinética KE de um objeto de massa m que se move com velocidade v é definida por $KE = \frac{1}{2}mv^2$. Se uma força $f(x)$ age no objeto, movendo-o ao longo do eixo x de x_1 a x_2, o *Teorema do Trabalho-Energia* diz que o trabalho total realizado é igual à variação da energia cinética: $\frac{1}{2}mv_2^2 - \frac{1}{2}mv_1^2$, onde v_1 é a velocidade em x_1 e v_2 é a velocidade em x_2.

31. Sejam $x = s(t)$ a função posição do objeto no instante t e $v(t)$, $a(t)$ as funções velocidade e aceleração. Demonstre o Teorema do Trabalho-Energia usando primeiro a Regra da Substituição para Regra de Integrais Definidas (5.5.6) para mostrar que

$$W = \int_{x_1}^{x_2} f(x)\,dx = \int_{t_1}^{t_2} f(s(t))\, v(t)\,dt$$

A seguir, use a Segunda Lei de Movimento de Newton (força = massa × aceleração) e a substituição $u = v(t)$ para calcular a integral.

32. Quanto trabalho (em J) é necessário para lançar uma bola de boliche de 5 kg a 30 km/h?

33. Suponha que, ao lançar um carrinho de montanha-russa de 800 kg, um sistema de propulsão eletromagnética exerce uma força de $(5,7x^2 + 1,5x)$ newtons no carrinho na distância x metros ao longo do trilho. Use o Exercício 31 para encontrar a velocidade do carrinho quando ele tiver percorrido 60 metros.

34. Quando está localizada a uma distância de x metros da origem, uma partícula sofre a ação de uma força de $\cos(\pi x/3)$ newtons. Quanto trabalho é realizado para mover a partícula de $x = 1$ até $x = 2$? Interprete a sua resposta considerando o trabalho realizado entre $x = 1$ e $x = 1,5$ e entre $x = 1,5$ e $x = 2$.

35. (a) A Lei da Gravitação de Newton afirma que dois corpos com massa m_1 e m_2 atraem um ao outro com uma força

$$F = G\frac{m_1 m_2}{r^2}$$

onde r é a distância entre os corpos e G é a constante gravitacional. Se um dos corpos está fixo, encontre o trabalho necessário para mover o outro a partir de $r = a$ até $r = b$.

(b) Calcule o trabalho necessário para lançar verticalmente um satélite de 1.000 kg a uma altura de 1.000 km. Você pode supor que a massa da Terra é $5,98 \times 10^{24}$ kg e está concentrada no seu centro. Use o raio da Terra igual a $6,37 \times 10^6$ m e $G = 6,67 \times 10^{-11}$ N · m²/kg².

36. A Grande Pirâmide do Faraó Quéops foi construída em calcário no Egito ao longo de um período de 20 anos, de 2580 a.C. a 2560 a.C. Sua base é quadrangular com comprimento de lado de 230 m; sua altura quando foi construída era de 147 m. (Foi considerada a estrutura feita pelo homem mais alta do mundo por mais de 3.800 anos.) A densidade do calcário é de aproximadamente 2.400 kg/m³.

(a) Calcule o trabalho total realizado na construção da pirâmide.
(b) Se cada operário trabalhou 10 horas por dia durante 20 anos, em 340 dias por ano, e fez 250 J/h de trabalho ao colocar blocos de calcário no lugar, quantos trabalhadores foram necessários em média para construir a pirâmide?

6.5 | Valor Médio de uma Função

É fácil calcular o valor médio de uma quantidade finita de números $y_1, y_2, \ldots, y_n$:

$$y_{\text{med}} = \frac{y_1 + y_2 + \cdots + y_n}{n}$$

Mas como calcular a temperatura média durante o dia se infinitas leituras de temperatura forem possíveis? A Figura 1 mostra o gráfico de uma função de temperatura $T(t)$, onde t é medido em horas e T em °C, e é feita uma estimativa da temperatura média, T_{med}.

Em geral, vamos tentar calcular o valor médio da função $y = f(x)$, $a \leq x \leq b$. Começamos por dividir o intervalo $[a, b]$ em n subintervalos iguais, cada qual com comprimento $\Delta x = (b - a)/n$. Em seguida escolhemos pontos $x_1^*, \ldots, x_n^*$ em subintervalos sucessivos e calculamos a média dos números $f(x_1^*), \ldots, f(x_n^*)$:

$$\frac{f(x_i^*) + \cdots + f(x_n^*)}{n}$$

FIGURA 1

(Por exemplo, se f representa a função de temperatura e $n = 24$, isso significa que temos leituras de temperatura a cada hora e então calculamos a sua média.) A partir de $\Delta x = (b - a)/n$, podemos escrever $n = (b - a)/\Delta x$ e a média dos valores se torna

$$\frac{f(x_1^*) + \cdots + f(x_n^*)}{\frac{b-a}{\Delta x}} = \frac{1}{b-a}[f(x_1^*) + \cdots + f(x_n^*)]\Delta x$$

$$= \frac{1}{b-a}[f(x_1^*)\Delta x + \cdots + f(x_n^*)\Delta x]$$

$$= \frac{1}{b-a}\sum_{i=1}^{n} f(x_i^*)\Delta x$$

Se n aumentar, podemos calcular o valor médio de um grande número de valores igualmente espaçados. (Por exemplo, poderíamos calcular a média de medições de temperatura tomadas a cada minuto ou até a cada segundo.) O valor limite é

$$\lim_{n \to \infty} \frac{1}{b-a} \sum_{i=1}^{n} f(x_i^*)\Delta x = \frac{1}{b-a} \int_a^b f(x)\,dx$$

pela definição de integral definida.

Portanto, definimos **o valor médio de f no intervalo $[a, b]$** como

$$\boxed{f_{\text{med}} = \frac{1}{b-a} \int_a^b f(x)\,dx}$$

Para uma função positiva, podemos pensar nesta definição em termos de

$$\frac{\text{área}}{\text{comprimento}} = \text{altura média}$$

EXEMPLO 1 Encontre o valor médio da função $f(x) = 1 + x^2$ no intervalo $[-1, 2]$.

SOLUÇÃO Com $a = -1$ e $b = 2$, temos

$$f_{\text{med}} = \frac{1}{b-a}\int_a^b f(x)\,dx = \frac{1}{2-(-1)}\int_{-1}^{2}(1+x^2)\,dx = \frac{1}{3}\left[x + \frac{x^3}{3}\right]_{-1}^{2} = 2 \quad \blacksquare$$

Se $T(t)$ for a temperatura no instante t, poderíamos imaginar a existência de um instante específico no qual a temperatura seja a mesma da temperatura média. Para a função temperatura traçada na Figura 1, vemos que existem dois destes instantes – imediatamente antes do meio-dia e imediatamente antes da meia-noite. Em geral, existe um número c no qual o valor da função f é exatamente igual ao valor médio da função, isto é, $f(c) = f_{\text{med}}$? O seguinte teorema diz que isto é verdade para funções contínuas.

O Teorema do Valor Médio para Integrais Se f for contínua em $[a, b]$, então existe um número c em $[a, b]$ tal que

$$f(c) = f_{\text{med}} = \frac{1}{b-a}\int_a^b f(x)\,dx$$

ou seja, $\qquad \int_a^b f(x)\,dx = f(c)(b-a)$

O Teorema do Valor Médio para as Integrais é uma consequência do Teorema do Valor Médio para as derivadas e do Teorema Fundamental do Cálculo. A demonstração é descrita no Exercício 28.

A interpretação geométrica do Teorema do Valor Médio para Integrais é que, para funções *positivas* f, existe um número c tal que o retângulo com base $[a, b]$ e altura $f(c)$ tem a mesma área que a região sob o gráfico de f de a até b. (Veja a Figura 2 e uma interpretação mais pitoresca na observação da margem.)

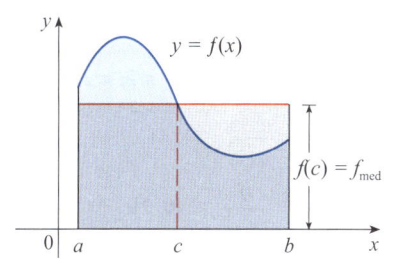

FIGURA 2

Você sempre pode cortar o topo de uma montanha (bidimensional) a uma certa altura (nomeadamente, f_{med}) e usá-lo para preencher os vales de tal maneira que a montanha se torne completamente plana.

EXEMPLO 2 Como $f(x) = 1 + x^2$ é contínua no intervalo $[-1, 2]$, o Teorema do Valor Médio para Integrais indica que existe um número c em $[-1, 2]$ tal que

$$\int_{-1}^{2}(1+x^2)\,dx = f(c)[2-(-1)]$$

Neste caso em particular, podemos encontrar c explicitamente. Do Exemplo 1 sabemos que $f_{med} = 2$, então, o valor de c satisfaz

$$f(c) = f_{med} = 2$$

Portanto, $\qquad 1 + c^2 = 2 \qquad$ e assim $\qquad c^2 = 1$

Dessa forma, nesse caso, existem dois números $c = \pm 1$ no intervalo $[-1, 2]$ que cumprem o Teorema do Valor Médio para Integrais.

Os Exemplos 1 e 2 estão ilustrados na Figura 3.

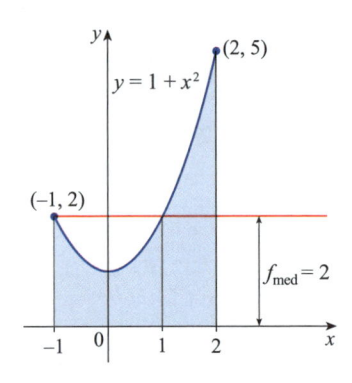

FIGURA 3

EXEMPLO 3 Mostre que a velocidade média de um carro em um intervalo de tempo $[t_1, t_2]$ é a mesma que a média de suas velocidades durante a viagem.

SOLUÇÃO Se $s(t)$ é o deslocamento do carro no intervalo de tempo t, então, por definição, a velocidade média do carro no intervalo é

$$\frac{\Delta s}{\Delta t} = \frac{s(t_2) - s(t_1)}{t_2 - t_1}$$

Por outro lado, o valor médio da função de velocidade no intervalo é

$$v_{med} = \frac{1}{t_2 - t_1}\int_{t_1}^{t_2} v(t)\,dt = \frac{1}{t_2 - t_1}\int_{t_1}^{t_2} s'(t)\,dt$$

$$= \frac{1}{t_2 - t_1}[s(t_2) - s(t_1)] \quad \text{(pelo Teorema de Variação Total)}$$

$$= \frac{s(t_2) - s(t_1)}{t_2 - t_1} = \text{velocidade média}$$

6.5 | Exercícios

1-8 Encontre o valor médio da função no intervalo dado.

1. $f(x) = 3x^2 + 8x, \quad [-1, 2]$
2. $f(x) = \sqrt{x}, \quad [0, 4]$
3. $g(x) = 3\cos x, \quad [-\pi/2, \pi/2]$
4. $f(z) = \dfrac{e^{1/z}}{z^2}, \quad [1, 4]$
5. $g(t) = \dfrac{9}{1+t^2}, \quad [0, 2]$
6. $f(x) = \dfrac{x^2}{(x^3+3)^2}, \quad [-1, 1]$
7. $h(x) = \cos^4 x \operatorname{sen} x, \quad [0, \pi]$
8. $h(u) = \dfrac{\ln u}{u}, \quad [1, 5]$

9-12
(a) Encontre o valor médio de f no intervalo dado.
(b) Determine um ponto c pertencente ao intervalo dado tal que $f_{med} = f(c)$.
(c) Esboce o gráfico de f e um retângulo cuja área seja a mesma que a área sob o gráfico de f.

9. $f(t) = 1/t^2, \quad [1, 3]$
10. $g(x) = (x+1)^3, \quad [0, 2]$
11. $f(x) = 2\operatorname{sen} x - \operatorname{sen} 2x, \quad [0, \pi]$
12. $f(x) = 2xe^{-x^2}, \quad [0, 2]$

13. Se f é contínua e $\int_1^3 f(x)\,dx = 8$, mostre que f assume o valor 4 pelo menos uma vez no intervalo $[1, 3]$.

14. Encontre os valores b tais que o valor médio de $f(x) = 2 + 6x - 3x^2$ no intervalo $[0, b]$ é igual a 3.

15. Encontre o valor médio de f em $[0, 8]$.

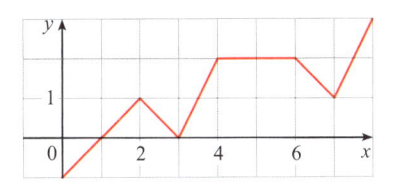

16. O gráfico da velocidade de um carro acelerando é mostrado a seguir.
(a) Utilize a Regra do Ponto Médio para estimar a velocidade média do veículo durante os primeiros 12 segundos.
(b) Em que instante a velocidade instantânea foi igual à velocidade média?

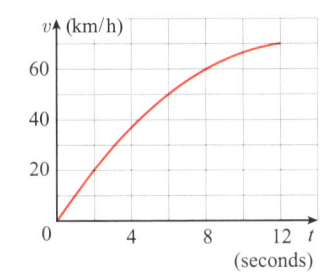

17. Em uma certa cidade a temperatura (em °C) t horas depois das 9 h foi modelada pela função

$$T(t) = 10 + 4\,\text{sen}\,\frac{\pi t}{12}$$

Calcule a temperatura média durante o período entre 9 h e 21 h.

18. A figura mostra os gráficos das temperaturas de duas cidades, uma da costa leste e outra da costa oeste dos EUA, ao longo de um período de 24 h que teve início à meia-noite. Qual cidade teve a maior temperatura nesse dia? Usando a Regra do Ponto Médio com $n = 12$, determine a temperatura média de cada cidade neste período de tempo. Interprete seus resultados; de uma forma geral, qual cidade esteve mais quente nesse dia?

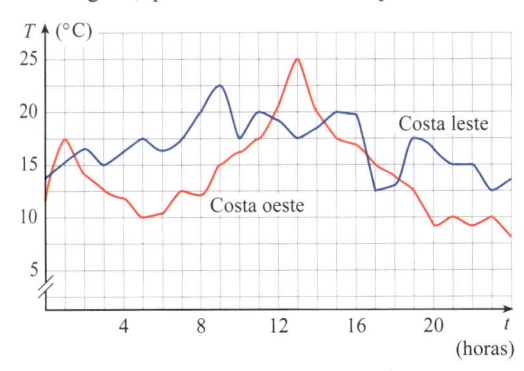

19. A densidade linear de uma barra com 8 m de comprimento corresponde a $12/\sqrt{x+1}$ kg/m, em que x é medido em metros a partir de uma das extremidades da barra. Determine a densidade média da barra.

20. A velocidade v do sangue que flui em um vaso sanguíneo com raio R e comprimento l, a uma distância r do eixo central do vaso, é dada por

$$v(r) = \frac{P}{4\eta l}(R^2 - r^2)$$

em que P é a diferença de pressão entre as extremidades do vaso sanguíneo e η é a viscosidade do sangue (veja o Exemplo 3.7.7). Determine a velocidade média (em relação a r) no intervalo $0 \le r \le R$. Compare a velocidade média com a velocidade máxima.

21. No Exemplo 3.8.1, modelamos a população mundial na segunda metade do século XX usando a equação $P(t) = 2.560e^{0,017185t}$. Use essa equação para estimar a população mundial média nesse período (1950-2000).

22. (a) Uma xícara de café tem temperatura de 95 °C e leva 30 minutos para esfriar até 61 °C em uma sala com temperatura de 20 °C. Use a Lei de Resfriamento de Newton (Seção 3.8) para mostrar que a temperatura do café depois de t minutos é

$$T(t) = 20 + 75e^{-kt}$$

onde $k \approx 0{,}02$.
(b) Qual a temperatura média do café durante a primeira meia hora?

23. Use o resultado do Exercício 5.5.89 para calcular o volume médio de ar inalado aos pulmões em um ciclo respiratório.

24. Quando um corpo em queda livre parte do repouso, seu deslocamento é dado por $s = \frac{1}{2}gt^2$. Seja v_T a velocidade após transcorrido um intervalo de tempo T. Mostre que, ao calcularmos a média das velocidades em relação a t, obtemos $v_{\text{med}} = \frac{1}{2}v_T$, enquanto calculando a média das velocidades com relação a s obtemos $v_{\text{med}} = \frac{2}{3}v_T$.

25. Use o diagrama para mostrar que se f é côncava para cima em $[a, b]$, então

$$f_{\text{med}} > f\left(\frac{a+b}{2}\right)$$

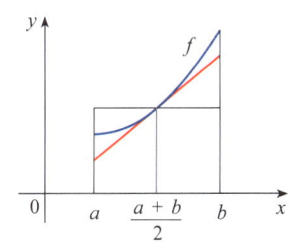

26-27 Seja $f_{\text{med}}[a, b]$ o valor médio de f no intervalo $[a, b]$.

26. Mostre que, se $a < c < b$, então

$$f_{\text{med}}[a,b] = \left(\frac{c-a}{b-a}\right)f_{\text{med}}[a, c] + \left(\frac{b-c}{b-a}\right)f_{\text{med}}[c, b]$$

27. Mostre que, se f é contínua, então $\lim_{t \to a^+} f_{\text{med}}[a, t] = f(a)$.

28. Demonstre o Teorema do Valor Médio para Integrais aplicando o Teorema do Valor Médio para derivadas (veja a Seção 4.2) à função $F(x) = \int_a^x f(t)\, dt$.

PROJETO APLICADO | CÁLCULOS E BEISEBOL

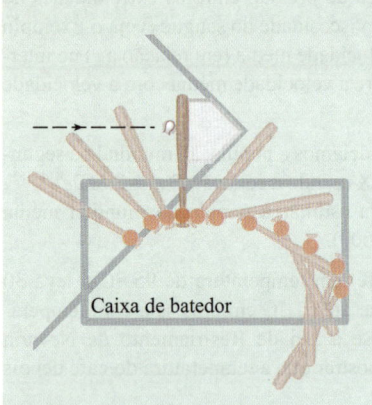

Neste projeto vamos explorar três das muitas aplicações do cálculo para beisebol. As interações físicas do jogo, especialmente a colisão da bola e o taco, são bastante complexas e seus modelos são discutidos em detalhes em um livro de Robert Adair, *The Physics of Baseball*. 3ª ed. (Nova York, 2002).

Visão superior da posição de um taco de beisebol, apresentada a cada quinquagésimo de segundo durante um balanço típico. (Adaptado de *The Physics of Baseball*).

1. Você pode se surpreender ao saber que a colisão da bola com um taco de beisebol dura apenas cerca de um milésimo de segundo. Aqui calculamos a força média no taco durante esta colisão computando primeiramente a variação no momento da bola.

   O *momento* p de um objeto é o produto de sua massa m e sua velocidade v, ou seja, $p = mv$. Suponha que um objeto, movendo-se ao longo de uma reta, seja acionado por uma força $F = F(t)$, que é uma função contínua do tempo.

   (a) Mostre que a variação do momento ao longo de um intervalo de tempo $[t_0, t_1]$ é igual à integral de F de t_0 a t_1; isto é, mostre que

   $$p(t_1) - p(t_0) = \int_{t_0}^{t_1} F(t)\,dt$$

   Essa integral é chamada *impulso* da força ao longo do intervalo de tempo.

   (b) Um arremessador joga uma bola com uma velocidade média de 145 km/h para o batedor, que a rebate na mesma linha diretamente ao arremessador. A bola fica em contato com o taco por 0,001 s e o deixa com velocidade de 180 km/h. A bola de beisebol pesa 14 kg.

   (i) Encontre a variação de momento da bola.

   (ii) Encontre a força média no taco.

2. Neste problema, calculamos o trabalho necessário para um arremessador jogar uma bola a uma velocidade de 145 km/h considerando primeiramente a energia cinética.

   A *energia cinética* K de um objeto com massa m e velocidade v é dada por $K = \frac{1}{2}mv^2$. Suponha que um objeto de massa m, movendo-se em linha reta, seja acionado por uma força $F = F(s)$ que depende da sua posição s. De acordo com a Segunda Lei de Newton

   $$F(s) = ma = m\frac{dv}{dt}$$

   onde a e v denotam a velocidade e a aceleração do objeto.

   (a) Mostre que o trabalho realizado para mover o objeto a partir de uma posição s_0 para a posição s_1 é igual à variação da energia cinética do objeto, isto é, mostre que

   $$W = \int_{s_0}^{s_1} F(s)\,ds = \tfrac{1}{2}mv_1^2 - \tfrac{1}{2}mv_0^2$$

   onde $v_0 = v(s_0)$ e $v_1 = v(s_1)$ são as velocidades do objeto nas posições s_0 e s_1. *Dica*: pela Regra da Cadeia,

   $$m\frac{dv}{dt} = m\frac{dv}{ds}\frac{ds}{dt} = mv\frac{dv}{ds}$$

   (b) Quantos joules de trabalho é preciso para atirar uma bola a uma velocidade de 145 km/h?

3. (a) Um defensor externo distante 85 m da base final arremessa a bola diretamente para o receptor, com uma velocidade de 30 m/s. Assuma que a velocidade $v(t)$ da bola depois de t segundos satisfaça a equação diferencial $dv/dt = -\frac{1}{10}v$ por causa da resistência do ar. Quanto tempo leva para a bola chegar à base final? (Ignore qualquer movimento vertical da bola.)

   (b) O técnico da equipe se pergunta se a bola chegará à base final mais cedo se for novamente arremessada por um defensor interno. O interbases se posiciona diretamente entre o defensor externo e a base final, pega a bola lançada pelo defensor externo, gira e arremessa a bola para o receptor, com uma velocidade inicial de 32 m/s. O técnico

(continua)

cronometra o tempo do novo arremesso do interbases (capturando, girando, jogando) em meio segundo. Quão distante da base final deve o interbases posicionar-se para minimizar o tempo total que a bola leva para chegar na base? Deveria o técnico incentivar um lançamento direto ou um novo arremesso? E se o interbases puder arremessar a 35 m/s?

[T] (c) Para qual velocidade de arremesso do interbases um lançamento retransmitido terá a mesma duração de um lançamento direto?

PROJETO APLICADO [T] ONDE SE SENTAR NO CINEMA

Uma sala de cinema tem uma tela que está posicionada a 3 m acima do chão e tem 7,5 m de altura. A primeira fila de assentos é colocada a 2,7 m da tela e as fileiras são posicionadas com 0,9 m de distância umas das outras. O chão da área dos assentos é inclinado a um ângulo de $\alpha = 20°$ acima da horizontal e a distância ao longo da linha inclinada até o seu assento é x. A sala tem 21 fileiras de assentos, então $0 \le x \le 18$. Suponha que você decida que o melhor lugar para se sentar é a fileira onde o ângulo θ subentendido pela tela em seus olhos é um ângulo máximo. Suponhamos que os seus olhos estejam a 1,2 m acima do solo, conforme mostrado na figura. (No Exercício 4.7.84, vimos uma versão mais simples deste problema, onde o solo é horizontal, mas este projeto envolve uma situação mais complicada e requer tecnologia.)

1. Mostre que

$$\theta = \arccos\left(\frac{a^2 + b^2 - 56{,}25}{2ab}\right)$$

onde $a^2 = (2{,}7 + x \cos \alpha)^2 + (9{,}3 - x \,\text{sen}\, \alpha)^2$

e $b^2 = (2{,}7 + x \cos \alpha)^2 + (x \,\text{sen}\, \alpha - 1{,}8)^2$

2. Use o gráfico de θ como uma função de x para estimar o valor de x que maximiza θ. Em qual fileira você deveria se sentar? Qual é o ângulo de visão θ nessa fileira?

3. Use um sistema de computação algébrica para derivar θ e encontrar um valor numérico para a raiz da equação $d\theta/dx = 0$. Esse resultado confirma a sua resposta no Problema 2?

4. Use o gráfico de θ para estimar o valor médio de θ no intervalo $0 \le x \le 18$. Então, use um sistema de computação algébrica para calcular o valor médio. Compare com os valores máximo e mínimo de θ.

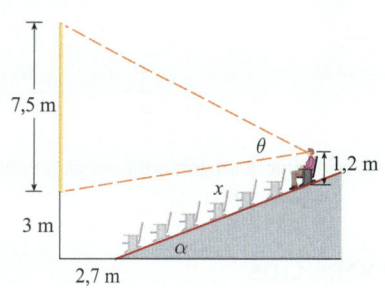

6   REVISÃO

VERIFICAÇÃO DE CONCEITOS

As respostas para a seção Verificação de Conceitos podem ser encontradas na página deste livro no site da Cengage.

1. (a) Desenhe duas curvas típicas $y = f(x)$ e $y = g(x)$, onde $f(x) \ge g(x)$ para $a \le x \le b$. Mostre como aproximar a área entre essas curvas por uma soma de Riemann e esboce os retângulos aproximantes correspondentes. Então, escreva uma expressão para a área exata.

   (b) Explique como a situação muda se as curvas tiverem equações $x = f(y)$ e $x = g(y)$, onde $f(y) \ge g(y)$ para $c \le y \le d$.

2. Suponha que Sue corra mais rápido que Kathy durante todo o percurso de 1.500 metros. Qual é o significado físico da área entre suas curvas de velocidade para o primeiro minuto de corrida?

3. (a) Suponha que S seja um sólido com áreas de seções transversais conhecidas. Explique como aproximar o volume de S por uma soma de Riemann. Então, escreva uma expressão para o volume exato.

   (b) Se S é um sólido de revolução, como você encontra as áreas das seções transversais?

4. (a) Qual é o volume de uma casca cilíndrica?

   (b) Explique como usar cascas cilíndricas para encontrar o volume de um sólido de revolução.

   (c) Por que você usaria o método das cascas em vez do método dos discos ou das arruelas?

5. Suponha que você empurre um livro sobre uma mesa de 6 m de comprimento exercendo uma força $f(x)$ sobre cada ponto de $x = 0$ até $x = 6$. O que $\int_0^6 f(x)\,dx$ representa? Se $f(x)$ é medida em newtons, quais são as unidades da integral?

6. (a) Qual é o valor médio da função f no intervalo $[a, b]$?
(b) O que diz o Teorema do Valor Médio para Integrais? Qual é a sua interpretação geométrica?

TESTES VERDADEIRO-FALSO

Determine se a afirmação é verdadeira ou falsa. Se for verdadeira, explique por quê. Se for falsa, explique por que ou dê um exemplo que comprove que ela é falsa.

1. A área entre as curvas $y = f(x)$ e $y = g(x)$ para $a \leq x \leq b$ é dada por $A = \int_a^b [f(x) - g(x)]\,dx$.

2. Um cubo é um sólido de revolução.

3. Ao girar a região delimitada pelas curvas $y = \sqrt{x}$ e $y = x$ em torno do eixo x, obtém-se um sólido cujo volume é dado por $V = \int_0^1 \pi (\sqrt{x} - x)^2\,dx$.

4-9 Seja $\mathcal{R}$ a região mostrada na figura.

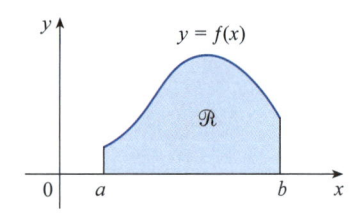

4. Ao girar $\mathcal{R}$ em torno do eixo y, o volume do sólido resultante é $V = \int_a^b 2\pi\, x f(x)\,dx$.

5. Ao girar $\mathcal{R}$ em torno do eixo x, o volume do sólido resultante é $V = \int_a^b \pi\, [f(x)]^2\,dx$.

6. Ao girar $\mathcal{R}$ em torno do eixo x, as seções transversais verticais do sólido, aquelas perpendiculares ao eixo x, são discos.

7. Ao girar $\mathcal{R}$ em torno do eixo y, as seções transversais horizontais do sólido são cascas cilíndricas.

8. O volume do sólido obtido pela rotação de $\mathcal{R}$ em torno da reta $x = -2$ é igual ao volume obtido pela rotação de $\mathcal{R}$ em torno do eixo y.

9. Se $\mathcal{R}$ é a base de um sólido S cujas seções transversais perpendiculares ao eixo x são quadrados, então o volume de S é $V = \int_a^b [f(x)]^2\,dx$.

10. Um cabo é suspenso verticalmente por um guincho instalado no topo de um edifício alto. O trabalho necessário para que o guincho suspenda a metade superior do cabo equivale à metade do trabalho necessário para suspender todo o cabo.

11. Se $\int_2^5 f(x)\,dx = 12$, então o valor médio de f no intervalo $[2, 5]$ é 4.

EXERCÍCIOS

1-6 Encontre a área da região delimitada pelas curvas dadas.

1. $y = x^2$, $y = 8x - x^2$

2. $y = \sqrt{x}$, $y = -\sqrt[3]{x}$, $y = x - 2$

3. $y = 1 - 2x^2$, $y = |x|$

4. $x + y = 0$, $x = y^2 + 3y$

5. $y = \text{sen}(\pi x/2)$, $y = x^2 - 2x$

6. $y = \sqrt{x}$, $y = x^2$, $x = 2$

7-11 Encontre o volume do sólido obtido pela rotação da região delimitada pelas curvas dadas em torno do eixo especificado.

7. $y = 2x$, $y = x^2$; em torno do eixo x

8. $x = 1 + y^2$, $y = x - 3$; em torno do eixo y

9. $x = 0$, $x = 9 - y^2$; em torno de $x = -1$

10. $y = x^2 + 1$, $y = 9 - x^2$; em torno de $y = -1$

11. $x^2 = -y^2 = a^2$, $x = a + h$ (onde $a > 0, h > 0$); em torno do eixo y

12-14 Escreva, mas não avalie, uma integral para o volume do sólido obtido pela rotação da região delimitada pelas curvas dadas em torno do eixo especificado.

12. $y = \text{tg}\,x$, $y = x$, $x = \pi/3$; em torno do eixo y

13. $y = \cos^2 x$, $|x| \leq \pi/2$, $y = \frac{1}{4}$; em torno de $x = \pi/2$

14. $y = \ln x$, $y = 0$, $x = 4$; em torno de $x = -1$

15-16 Suponha que a região delimitada pelas curvas dadas seja girada em torno do eixo especificado. Determine o volume do sólido usando (a) x como variável de integração; e (b) y como variável de integração.

15. $y = x^3$, $y = 3x^2$; em torno de $x = -1$

16. $y = \sqrt{x}$, $y = x^2$; em torno de $y = 3$

17. Encontre os volumes dos sólidos obtidos pela rotação da região delimitada pelas curvas $y = x$ e $y = x^2$ em torno das seguintes retas:
(a) O eixo x (b) O eixo y (c) $y = 2$

18. Considere que $\mathcal{R}$ seja a região do primeiro quadrante delimitada pelas curvas $y = x^3$ e $y = 2x - x^2$. Calcule as seguintes quantidades:
(a) A área de $\mathcal{R}$.
(b) O volume obtido pela rotação de $\mathcal{R}$ em torno do eixo x.
(c) O volume obtido pela rotação de $\mathcal{R}$ em torno do eixo y.

19. Considere que $\mathcal{R}$ seja a região delimitada pelas curvas $y = \text{tg}(x^2)$, $x = 1$ e $y = 0$. Use a Regra do Ponto Médio com $n = 4$ para estimar as quantidades a seguir.
(a) A área de $\mathcal{R}$.
(b) O volume obtido pela rotação de $\mathcal{R}$ em torno do eixo x.

20. Considere que $\mathcal{R}$ seja a região delimitada pelas curvas $y = 1 - x^2$ e $y = x^6 - x + 1$. Estime as seguintes quantidades:

(a) As coordenadas de x para os pontos de intersecção das curvas.
(b) A área de $\mathcal{R}$.
(c) O volume gerado quando $\mathcal{R}$ é girado em torno do eixo x.
(d) O volume gerado quando $\mathcal{R}$ é girado em torno do eixo y.

21-24 Cada integral representa o volume de um sólido. Descreva o sólido.

21. $\int_0^{\pi/2} 2\pi x \cos x \, dx$

22. $\int_0^{\pi/2} 2\pi \cos^2 x \, dx$

23. $\int_0^{\pi} \pi (2-\operatorname{sen} x)^2 \, dx$

24. $\int_0^4 2\pi(6-y)(4y-y^2)\,dy$

---

25. A base de um sólido é um disco circular de raio 3. Ache o volume do sólido se seções transversais paralelas, perpendiculares à base, são triângulos retos isósceles com a hipotenusa na base.

26. A base de um sólido é a região delimitada pelas parábolas $y = x^2$ e $y = 2 - x^2$. Encontre o volume do sólido se as seções transversais perpendiculares ao eixo x forem quadrados com um lado sobre a base.

27. A altura de um monumento é 20 m. Uma seção transversal horizontal a uma distância de x metros do topo é um triângulo equilátero com lado medindo $\frac{1}{4}x$ metros. Encontre o volume do monumento.

28. (a) A base de um sólido é um quadrado com vértices localizadas em $(1, 0)$, $(0, 1)$, $(-1, 0)$ e $(0, -1)$. Cada seção transversal perpendicular ao eixo x é um semicírculo. Ache o volume do sólido.
(b) Mostre que o volume do sólido da parte (a) pode ser calculado de modo mais simples primeiro cortando o sólido e o rearranjando na forma de um cone.

29. Uma força de 30 N é necessária para manter uma mola esticada do seu comprimento natural de 12 cm a um comprimento de 15 cm. Quanto trabalho é realizado ao esticar a mola de 12 cm para 20 cm?

30. Um elevador de 725 kg é suspenso por um cabo de 60 m, com massa de 15 kg/m. Quanto trabalho é necessário para suspender o elevador do subsolo ao terceiro andar, percorrendo-se uma distância de 9 m?

31. Um tanque cheio de água tem o formato de um paraboloide de revolução, como mostrado na figura; isto é, seu formato é obtido pela rotação de uma parábola ao redor de um eixo vertical.
(a) Se a altura e o raio do topo medem ambos 1,2 m, ache o trabalho necessário para bombear a água para fora do tanque.
(b) Qual a profundidade da água remanescente no tanque depois de um trabalho de 4.000 J ter sido realizado?

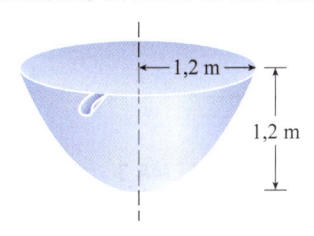

32. Um tanque de aço tem a forma de um cilindro circular orientado verticalmente, com diâmetro de 4 m e altura de 5 m. O tanque está atualmente cheio até o nível de 3 m com óleo de cozinha, que tem a densidade de 920 kg/m³. Calcule o trabalho necessário para bombear o óleo para fora por um cano no topo do tanque.

33. Encontre o valor médio da função $f(t) = \sec^2 t$ no intervalo $[0, \pi/4]$.

34. (a) Encontre o valor médio da função $f(x) = 1/\sqrt{x}$ no intervalo $[1, 4]$.
(b) Encontre o valor de c garantido pelo Teorema do Valor Médio para Integrais tal que $f_{\text{med}} = f(c)$.
(c) Esboce o gráfico de f no intervalo $[1, 4]$ e um retângulo com base $[1, 4]$ cuja área seja a mesma que a área sob o gráfico de f.

35. Considere que $\mathcal{R}_1$ seja a região delimitada por $y = x^2$, $y = 0$ e $x = b$, onde $b > 0$. Considere que $\mathcal{R}_2$ seja a região delimitada por $y = x^2$, $x = 0$ e $y = b^2$.
(a) Existe algum valor de b tal que $\mathcal{R}_1$ e $\mathcal{R}_2$ tenham a mesma área?
(b) Existe algum valor de b tal que $\mathcal{R}_1$ determine o mesmo volume quando girado em torno do eixo x e do eixo y?
(c) Existe algum valor de b tal que $\mathcal{R}_1$ e $\mathcal{R}_2$ determinem o mesmo volume quando girados em torno do eixo x?
(d) Existe algum valor de b tal que $\mathcal{R}_1$ e $\mathcal{R}_2$ determinem o mesmo volume quando girados em torno do eixo y?

Problemas Quentes

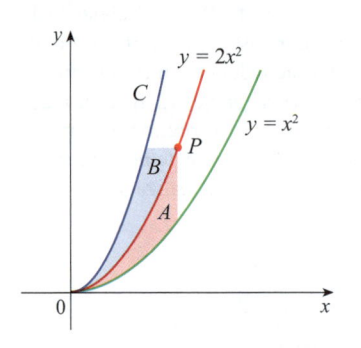

FIGURA PARA O PROBLEMA 3

1. Um sólido é gerado pela rotação em torno do eixo x da região abaixo da curva $y = f(x)$, onde f é uma função positiva e $x \geq 0$. O volume gerado pela parte da curva de $x = 0$ a $x = b$ é b^2 para todo $b > 0$. Encontre a função f.

2. Existe uma reta que passa pela origem e que divide a região limitada pela parábola $y = x - x^2$ e o eixo x em duas regiões de áreas iguais. Qual é a inclinação dessa reta?

3. A figura mostra uma curva C que satisfaz a propriedade de que, para todo ponto P da curva intermediária $y = 2x^2$, as áreas A e B são iguais. Encontre uma expressão para C.

4. Um vidro cilíndrico de raio r e altura L é enchido com água e então inclinado até que a água remanescente no vidro cubra exatamente a sua base.
   (a) Determine uma maneira de "fatiar" a água em seções transversais paralelas retangulares e, então, *escreva* uma integral definida para o volume de água no vidro.
   (b) Determine uma maneira de "fatiar" a água em seções transversais paralelas que são trapézios e, então, *escreva* uma integral definida para o volume de água.
   (c) Encontre o volume de água no vidro calculando uma das integrais no item (a) ou no item (b).
   (d) Encontre o volume de água no vidro a partir de considerações puramente geométricas.
   (e) Suponha que o vidro fosse inclinado até que a água cobrisse exatamente a metade da base. Em que direção você poderia "fatiar" a água em seções transversais triangulares? E em seções transversais retangulares? E em seções transversais que são segmentos de círculo? Encontre o volume de água no vidro.

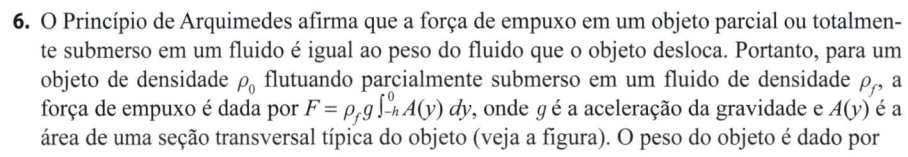

5. A água em uma bacia evapora a uma taxa proporcional à área da superfície da água. (Isso significa que a taxa de redução do volume é proporcional à área da superfície.) Mostre que a profundidade de água diminui a uma taxa constante, não importando a forma da bacia.

6. O Princípio de Arquimedes afirma que a força de empuxo em um objeto parcial ou totalmente submerso em um fluido é igual ao peso do fluido que o objeto desloca. Portanto, para um objeto de densidade ρ_0 flutuando parcialmente submerso em um fluido de densidade ρ_f, a força de empuxo é dada por $F = \rho_f g \int_{-h}^{0} A(y)\,dy$, onde g é a aceleração da gravidade e $A(y)$ é a área de uma seção transversal típica do objeto (veja a figura). O peso do objeto é dado por

$$W = \rho_0 g \int_{-h}^{L-h} A(y)\,dy$$

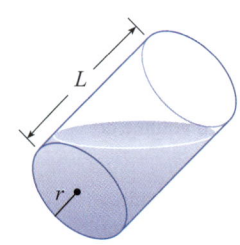

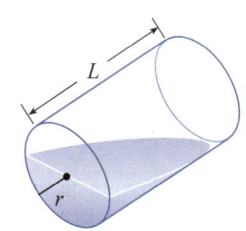

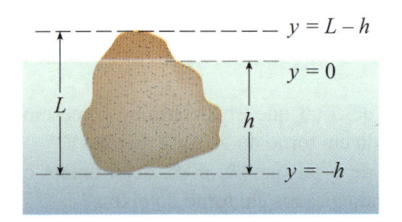

FIGURA PARA O PROBLEMA 6

(a) Mostre que a porcentagem do volume do objeto acima da superfície do líquido é

$$100\,\frac{\rho_f - \rho_0}{\rho_f}$$

(b) A densidade do gelo é de 917 kg/m³, e a densidade da água do mar é de 1.030 kg/m³. Que porcentagem do volume de um *iceberg* está acima da água?
(c) Um cubo de gelo flutua em um copo completamente cheio de água. A água transbordará quando o gelo derreter?
(d) Uma esfera de raio 0,4 m e peso desprezível está flutuando em um grande lago de água doce. Qual o trabalho necessário para submergir a esfera completamente? A densidade da água é 1.000 kg/m³.

7. Uma esfera de raio 1 se sobrepõe a uma esfera menor de raio r de tal forma que sua intersecção é um círculo de raio r. (Em outras palavras, elas se cruzam em um grande círculo da esfera pequena.) Encontre r de forma que o volume dentro da esfera pequena e fora da esfera grande seja o maior possível.

8. Um copo descartável cheio de água tem o formato de um cone com altura h e ângulo semivertical θ. (Veja a figura.) Uma bola é colocada cuidadosamente no copo, deslocando uma parte da água, o que resulta em um transbordamento. Qual é o raio da bola que faz com que o maior volume de água seja transbordado?

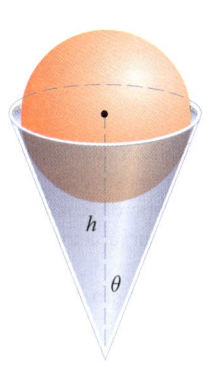

9. Uma *clepsidra*, ou relógio de água, é um frasco com um pequeno furo no fundo pelo qual a água pode passar. O relógio é calibrado para medir o tempo colocando-se marcas no frasco que correspondem ao nível de água a intervalos de tempo iguais. Seja $x = f(y)$ uma função contínua no intervalo $[0, b]$ e suponha que o frasco seja formado pela rotação do gráfico de f ao redor do eixo y. Sejam V o volume de água e h a altura do nível da água no instante t. (Veja a figura)
   (a) Determine V como uma função de h.
   (b) Mostre que
   $$\frac{dV}{dt} = \pi [f(h)]^2 \frac{dh}{dt}$$
   (c) Suponha que A é a área do buraco no fundo do frasco. Da Lei de Torricelli, temos que a taxa de variação do volume de água é dada por
   $$\frac{dV}{dt} = kA\sqrt{h}$$
   onde k é uma constante negativa. Determine uma fórmula para a função f tal que dh/dt seja uma constante C. Qual a vantagem em ter $dh/dt = C$?

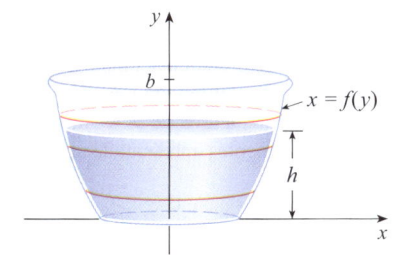

10. Um tanque cilíndrico de raio r e altura L está parcialmente cheio com um líquido, cujo volume é V. Se um tanque é girado em torno do seu eixo de simetria com uma velocidade angular constante ω, então, o tanque induzirá um movimento de rotação no líquido em torno desse mesmo eixo. Eventualmente, o líquido girará na mesma velocidade angular do tanque. A superfície do líquido se tornará convexa, como indicado na figura, porque a força centrífuga nas partículas do líquido aumenta com a distância do eixo do tanque. Pode-se mostrar que a superfície do líquido é um paraboloide de revolução gerado pela rotação da parábola
    $$y = h + \frac{\omega^2 x^2}{2g}$$ 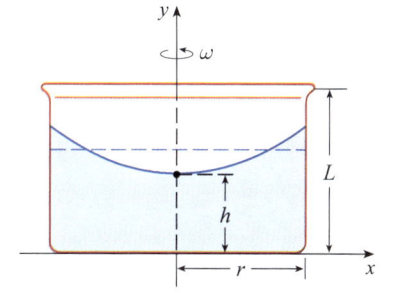
    em torno do eixo y, onde g é a aceleração da gravidade.
    (a) Determine h como uma função de ω.
    (b) A que velocidade angular a superfície do líquido tocará o fundo do tanque? A que velocidade o líquido entornará?

(c) Suponha que o raio do tanque seja 2 m, a altura, 7 m e o frasco e o líquido estejam girando com a mesma velocidade angular. A superfície do líquido está 5 m abaixo do topo do tanque no eixo central e 4 m abaixo do topo a 1 m de distância do eixo central.
   (i) Determine a velocidade angular do frasco e o volume do fluido.
   (ii) A que distância do topo está o líquido na parede do tanque?

11. Suponha que o gráfico de um polinômio cúbico intercepte a parábola $y = x^2$ quando $x = 0$, $x = a$ e $x = b$, onde $0 < a < b$. Se as duas regiões entre as curvas tiverem a mesma área, como b está relacionado com a?

T 12. Suponha que estejamos planejando fazer tacos com uma tortilha redonda com 8 polegadas de diâmetro, curvando a tortilha como se estivesse parcialmente envolvendo um cilindro circular. Queremos rechear a tortilha até a borda (e não mais) com carne, queijo e outros ingredientes. Nosso problema é decidir como curvar a tortilha a fim de maximizar o volume de comida que ela possa conter.

(a) Começamos posicionando um cilindro circular de raio r ao longo de um diâmetro da tortilha e envolvendo-a em torno do cilindro. Seja x a distância do centro da tortilha até um ponto P sobre o diâmetro (veja a figura). Mostre que a área da seção transversal do taco recheado no plano passando por P e perpendicular ao eixo do cilindro é

$$A(x) = r\sqrt{16-x^2} - \tfrac{1}{2}r^2 \operatorname{sen}\left(\frac{2}{r}\sqrt{16-x^2}\right)$$

escreva uma expressão para o volume desse taco recheado.

(b) Determine (aproximadamente) o valor de r que maximiza o volume do taco. (Use uma aproximação gráfica.)

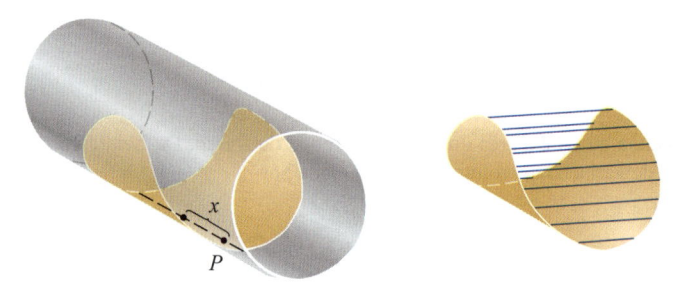

13. Se a tangente no ponto P à curva $y = x^3$ intercepta essa mesma curva novamente em Q, seja A a área da região delimitada pela curva e pelo segmento de reta PQ. Seja B a área da região definida da mesma forma, mas começando com Q em vez de P. Qual a relação entre A e B?

14. Seja $P(a, a^2)$, em que $a > 0$, um ponto qualquer da parte da parábola $y = x^2$ que pertence ao primeiro quadrante e seja $\mathcal{R}$ a região delimitada pela parábola e pela reta normal que passa por P. (Observe a figura.) Mostre que a área de $\mathcal{R}$ é mínima quando $a = \tfrac{1}{2}$. (Veja também o Problema 11 da seção Problemas Quentes apresentada após o Capítulo 4.)

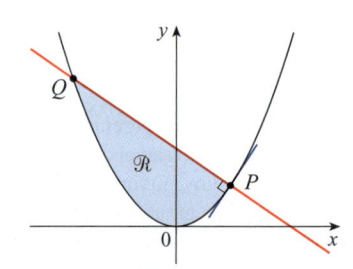

Os princípios físicos que governam o movimento de um foguete amador são os mesmos que se aplicam aos foguetes que enviam espaçonaves à órbita terrestre. No Exercício 7.1.74, você usará uma integral para calcular a quantidade de combustível necessária para lançar um foguete até determinada altura.
Ben Cooper / Science Faction / Getty Images; inset: Rasvan ILIESCU / Alamy Stock Photo

7 | Técnicas de Integração

POR CAUSA DO TEOREMA FUNDAMENTAL do Cálculo, podemos integrar uma função se conhecermos uma primitiva, isto é, uma integral indefinida. Aqui, resumimos as integrais mais importantes aprendidas até agora.

$$\int k\,dx = kx + C \qquad \int \operatorname{sen} x\,dx = -\cos x + C \qquad \int \operatorname{tg} x\,dx = \ln|\sec x| + C$$

$$\int x^n\,dx = \frac{x^{n+1}}{n+1} + C\,(n \neq -1) \qquad \int \cos x\,dx = \operatorname{sen} x + C \qquad \int \operatorname{cotg} x\,dx = \ln|\operatorname{sen} x| + C$$

$$\int \frac{1}{x}\,dx = \ln|x| + C \qquad \int \sec^2 x\,dx = \operatorname{tg} x + C \qquad \int \frac{1}{x^2 + a^2}\,dx = \frac{1}{a}\operatorname{tg}^{-1}\left(\frac{x}{a}\right) + C$$

$$\int e^x\,dx = e^x + C \qquad \int \operatorname{cossec}^2 x\,dx = -\operatorname{cotg} x + C \qquad \int \frac{1}{\sqrt{a^2 - x^2}}\,dx = \operatorname{sen}^{-1}\left(\frac{x}{a}\right) + C,\ a > 0$$

$$\int b^x\,dx = \frac{b^x}{\ln b} + C \qquad \int \sec x\,\operatorname{tg} x\,dx = \sec x + C \qquad \int \operatorname{senh} x\,dx = \cosh x + C$$

$$\int \operatorname{cossec} x\,\operatorname{cotg} x\,dx = -\operatorname{cossec} x + C \qquad \int \cosh x\,dx = \operatorname{senh} x + C$$

Neste capítulo desenvolveremos técnicas para usar essas fórmulas básicas de integração para obter integrais indefinidas de funções mais complicadas. Aprendemos o método mais importante de integração, a Regra da Substituição, na Seção 5.5. A outra técnica geral, integração por partes, é apresentada na Seção 7.1. Então, aprenderemos métodos especiais para classes particulares de funções, tais como funções trigonométricas e racionais.

A integração não é tão simples quanto a derivação; não existem regras que nos garantam a obtenção de uma integral indefinida de uma função. Portanto, na Seção 7.5, discutiremos uma estratégia para integração.

7.1 | Integração por Partes

Cada regra de derivação tem outra correspondente de integração. Por exemplo, a Regra de Substituição para a integração corresponde à Regra da Cadeia para a derivação. A regra de integração que corresponde à Regra do Produto para a derivação é chamada *integração por partes*.

■ Integração por Partes: Integrais Indefinidas

A Regra do Produto afirma que se f e g forem funções deriváveis, então

$$\frac{d}{dx}[f(x)g(x)] = f(x)g'(x) + g(x)f'(x)$$

Na notação para integrais indefinidas, essa equação se torna

$$\int [f(x)g'(x) = g(x)f'(x)]dx = f(x)g(x)$$

ou

$$\int f(x)g'(x) + \int g(x)f'(x)dx = f(x)g(x)$$

Podemos rearranjar essa equação como

$$\boxed{1} \quad \int f(x)g'(x)dx = f(x)g(x) - \int g(x)f'(x)dx$$

A Fórmula 1 é chamada **fórmula para integração por partes**. Talvez seja mais fácil lembrar com a seguinte notação. Sejam $u = f(x)$ e $v = g(x)$. Então as diferenciais são $du = f'(x)\,dx$ e $dv = g'(x)\,dx$ e, assim, pela Regra da Substituição, a fórmula para a integração por partes torna-se

$$\boxed{2} \quad \int u\,dv = uv - \int v\,du$$

EXEMPLO 1 Encontre $\int x \operatorname{sen} x\,dx$.

SOLUÇÃO USANDO A FÓRMULA 1 Suponha que escolhamos $f(x) = x$ e $g'(x) = \operatorname{sen} x$. Então $f'(x) = 1$ e $g(x) = -\cos x$. (Para g, podemos escolher qualquer antiderivada de g'.) Assim, utilizando a Fórmula 1, temos

$$\int x \operatorname{sen} x\,dx = f(x)g(x) - \int g(x)f'(x)dx$$
$$= x(-\cos x) - \int (-\cos x)dx = -x\cos x + \int \cos x\,dx$$
$$= -x\cos x + \operatorname{sen} x + C$$

É aconselhável verificar a resposta derivando-a. Se fizermos assim, obteremos $x \operatorname{sen} x$, como esperado.

SOLUÇÃO USANDO A FÓRMULA 2 Sejam

$$u = x \qquad dv = \operatorname{sen} x\,dx$$

Então, $\qquad du = dx \qquad v = -\cos x$

É útil usar o padrão:

$u = \square \qquad dv = \square$

$du = \square \qquad v = \square$

de modo que

$$\int x \operatorname{sen} x \, dx = \int \underbrace{x}_{u} \underbrace{\operatorname{sen} x \, dx}_{dv} = \underbrace{x}_{u}\underbrace{(-\cos x)}_{v} - \int \underbrace{(-\cos x)}_{v} \underbrace{dx}_{du}$$

$$= -x \cos x + \int \cos x \, dx$$

$$= -x \cos x + \operatorname{sen} x + C$$

OBSERVAÇÃO Nosso objetivo ao usarmos a integração por partes é obter uma integral mais simples que aquela de partida. Assim, no Exemplo 1, iniciamos com $\int x \operatorname{sen} x \, dx$ e a expressamos em termos da integral mais simples $\int \cos x \, dx$. Se tivéssemos escolhido $u = \operatorname{sen} x$ e $dv = x \, dx$, então $du = \cos x \, dx$ e $v = x^2/2$ e, assim, a integração por partes daria

$$\int x \operatorname{sen} x \, dx = (\operatorname{sen} x)\frac{x^2}{2} - \frac{1}{2}\int x^2 \cos x \, dx$$

Embora isso seja verdadeiro, $\int x^2 \cos x \, dx$ é uma integral mais difícil que aquela com a qual começamos. Em geral, ao decidirmos sobre uma escolha para u e dv, geralmente tentamos escolher $u = f(x)$ como uma função que se torna mais simples quando derivada (ou ao menos não mais complicada), contanto que $dv = g'(x) \, dx$ possa ser prontamente integrada para fornecer v.

EXEMPLO 2 Avalie $\int \ln x \, dx$.

SOLUÇÃO Aqui não temos muita escolha para u e dv. Considere

$$u = \ln x \qquad dv = dx$$

Então,
$$du = \frac{1}{x} dx \qquad v = x$$

Integrando por partes, temos

$$\int \ln x \, dx = x \ln x - \int x \cdot \frac{1}{x} dx$$
$$= x \ln x - \int dx$$
$$= x \ln x - x + C$$

É comum escrevermos $\int 1 \, dx$ como $\int dx$.
Verifique a resposta derivando-a.

A integração por partes é eficaz neste exemplo porque a derivada da função $f(x) = \ln x$ é mais simples que f.

EXEMPLO 3 Encontre $\int t^2 e^t \, dt$.

SOLUÇÃO Observe que e^t não se altera ao ser derivada ou integrada, enquanto t^2 torna-se mais simples ao ser derivada, motivo pelo qual escolhemos

$$u = t^2 \qquad dv = e^t \, dt$$

Então,
$$du = 2t \, dt \qquad v = e^t$$

A integração por partes resulta em

3
$$\int t^2 e^t \, dt = t^2 e^t - 2 \int t e^t \, dt$$

A integral que obtivemos, $\int te^t\, dt$, é mais simples que a integral original, mas ainda não é óbvia. Portanto, usamos a integração por partes mais uma vez, mas agora com $u = t$ e $dv = e^t\, dt$. Então, $du = dt$, $v = e^t$ e

$$\int te^t\, dt = te^t - \int e^t\, dt$$
$$= te^t - e^t + C$$

Colocando isso na Equação 3, obtemos

$$\int t^2 e^t\, dt = t^2 e^t - 2\int te^t\, dt$$
$$= t^2 e^t - 2(te^t - e^t + C)$$
$$= t^2 e^t - 2te^t + 2e^t + C_1 \qquad \text{onde } C_1 = -2C$$

EXEMPLO 4 Calcule $\int e^x \operatorname{sen} x\, dx$.

SOLUÇÃO Nem e^x nem sen x torna-se mais simples ao ser derivada, de modo que tentaremos adotar $u = e^x$ e $dv = \operatorname{sen} x\, dx$. (Constata-se, neste exemplo, que escolher $u = \operatorname{sen} x$ e $dv = e^x\, dx$ também serve.) Assim, $du = e^x\, dx$ e $v = -\cos x$, de modo que a integração por partes fornece

$$\boxed{4} \qquad \int e^x \operatorname{sen} x\, dx = -e^x \cos x + \int e^x \cos x\, dx$$

A integral que obtivemos, $\int e^x \cos x\, dx$, não é mais simples que a integral original, mas pelo menos não é mais complicada. Como tivemos sucesso no exemplo anterior integrando por partes duas vezes, insistiremos e integraremos por partes novamente. É importante que escolhamos novamente $u = e^x$, de modo que $dv = \cos x\, dx$. Então $du = e^x\, dx$, $v = \operatorname{sen} x$, e

$$\boxed{5} \qquad \int e^x \cos x\, dx = e^x \operatorname{sen} x - \int e^x \operatorname{sen} x\, dx$$

A princípio, parece que não fizemos nada, já que chegamos a $\int e^x \operatorname{sen} x\, dx$, isto é, onde começamos. No entanto, se substituirmos a expressão para $\int e^x \cos x\, dx$ da Equação 5 na Equação 4, obtemos

$$\int e^x \operatorname{sen} x\, dx = -e^x \cos x + e^x \operatorname{sen} x - \int e^x \operatorname{sen} x\, dx$$

Isso pode ser considerado uma equação para a integral desconhecida. Adicionando $\int e^x \operatorname{sen} x\, dx$ em ambos os lados, obtemos

$$2\int e^x \operatorname{sen} x\, dx = -e^x \cos x + e^x \operatorname{sen} x$$

Dividindo por 2 e adicionando a constante de integração, temos

$$\int e^x \operatorname{sen} x\, dx = \tfrac{1}{2} e^x (\operatorname{sen} x - \cos x) + C$$

Um método mais fácil, usando números complexos, é dado no Exercício 50 no Apêndice H.

A Figura 1 ilustra o Exemplo 4, mostrando os gráficos de $f(x) = e^x \operatorname{sen} x$ e $F(x) = \tfrac{1}{2} e^x (\operatorname{sen} x - \cos x)$. Como uma verificação visual de nosso trabalho, observe que $f(x) = 0$ quando F tem um máximo ou um mínimo.

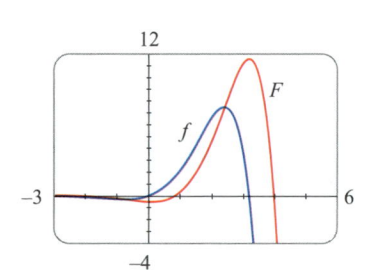

FIGURA 1

■ **Integração por Partes: Integrais Definidas**

Se combinarmos a fórmula de integração por partes com a Parte 2 do Teorema Fundamental do Cálculo, poderemos calcular integrais definidas por partes. Calculando ambos os lados da Fórmula 1 entre a e b, supondo f' e g' contínuas, e usando o Teorema Fundamental do Cálculo, obtemos

$$\boxed{6} \qquad \boxed{\int_a^b f(x) g'(x)\, dx = f(x) g(x) \Big]_a^b - \int_a^b g(x) f'(x)\, dx}$$

EXEMPLO 5 Calcule $\int_0^1 \operatorname{tg}^{-1} x \, dx$.

SOLUÇÃO Seja

$$u = \operatorname{tg}^{-1} x \qquad dv = dx$$

Então,
$$du = \frac{dx}{1+x^2} \qquad v = x$$

Assim, a Fórmula 6 resulta em

$$\int_0^1 \operatorname{tg}^{-1} x \, dx = x \operatorname{tg}^{-1} x \Big]_0^1 - \int_0^1 \frac{x}{1+x^2} dx$$
$$= 1 \cdot \operatorname{tg}^{-1} 1 - 0 \cdot \operatorname{tg}^{-1} 0 - \int_0^1 \frac{x}{1+x^2} dx$$
$$= \frac{\pi}{4} - \int_0^1 \frac{x}{1+x^2} dx$$

Como $\operatorname{tg}^{-1} x \geq 0$ para $x \geq 0$, a integral no Exemplo 5 pode ser interpretada como a área da região mostrada na Figura 2.

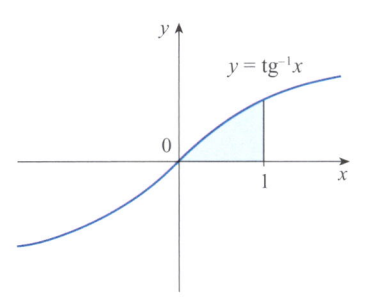

FIGURA 2

Para calcularmos essa integral, usamos a substituição $t = 1 + x^2$ (já que u tem outro significado neste exemplo). Então $dt = 2x \, dx$ e, assim, $x \, dx = \frac{1}{2} dt$. Quando $x = 0$, $t = 1$; quando $x = 1$, $t = 2$; portanto

$$\int_0^1 \frac{x}{1+x^2} dx = \frac{1}{2} \int_1^2 \frac{dt}{t} = \frac{1}{2} \ln|t| \Big]_1^2$$
$$= \frac{1}{2}(\ln 2 - \ln 1) = \frac{1}{2} \ln 2$$

Logo
$$\int_0^1 \operatorname{tg}^{-1} x \, dx = \frac{\pi}{4} - \int_0^1 \frac{x}{1+x^2} dx = \frac{\pi}{4} - \frac{\ln 2}{2}$$

Fórmulas de Redução

Os exemplos apresentados até aqui mostram que a integração por partes geralmente permite que expressemos uma integral em função de outra mais simples. Se o integrando contém uma potência de função, às vezes é possível usar integração por partes para reduzir o grau da potência. Desse modo, somos capazes de encontrar uma *fórmula de redução*, como no exemplo a seguir.

EXEMPLO 6 Demonstre a fórmula de redução

$$\boxed{7} \qquad \int \operatorname{sen}^n x \, dx = -\frac{1}{n} \cos x \, \operatorname{sen}^{n-1} x + \frac{n-1}{n} \int \operatorname{sen}^{n-2} x \, dx$$

A Equação 7 é chamada de *fórmula de redução* porque o expoente foi reduzido para $n - 1$ e $n - 2$.

onde $n \geq 2$ é um inteiro.

SOLUÇÃO Seja

$$u = \operatorname{sen}^{n-1} x \qquad dv = \operatorname{sen} x \, dx$$

Então,
$$du = (n-1) \operatorname{sen}^{n-2} x \cos x \, dx \qquad v = -\cos x$$

e a integração por partes resulta em

$$\int \operatorname{sen}^n x \, dx = -\cos x \, \operatorname{sen}^{n-1} x + (n-1) \int \operatorname{sen}^{n-2} x \cos^2 x \, dx$$

Uma vez que $\cos^2 x = 1 - \operatorname{sen}^2 x$, temos

$$\int \operatorname{sen}^n x \, dx = -\cos x \, \operatorname{sen}^{n-1} x + (n-1) \int \operatorname{sen}^{n-2} x \, dx - (n-1) \int \operatorname{sen}^n x \, dx$$

Como no Exemplo 4, nessa equação isolamos a integral desejada, levando o último termo do lado direito para o lado esquerdo. Então, temos

$$n\int \operatorname{sen}^n x\, dx = -\cos x\, \operatorname{sen}^{n-1} x + (n-1)\int \operatorname{sen}^{n-2} x\, dx$$

ou
$$\int \operatorname{sen}^n x\, dx = -\frac{1}{n}\cos x\, \operatorname{sen}^{n-1} x + \frac{n-1}{n}\int \operatorname{sen}^{n-2} x\, dx$$

A fórmula de redução (7) é útil porque usando-a repetidas vezes podemos eventualmente expressar $\int \operatorname{sen}^n x\, dx$ em termos de $\int \operatorname{sen} x\, dx$ (se n for ímpar) ou $\int (\operatorname{sen} x)^0\, dx = \int dx$ (se n for par).

7.1 Exercícios

1-4 Calcule a integral usando a integração por partes com as escolhas de u e dv indicadas.

1. $\int xe^{2x}\, dx; \quad u = x,\ dv = e^{2x} dx$
2. $\int \sqrt{x}\ln x\, dx; \quad u = \ln x,\ dv = \sqrt{x}\, dx$
3. $\int x\cos 4x\, dx; \quad u = x,\ dv = \cos 4x\, dx$
4. $\int \operatorname{sen}^{-1} x\, dx; \quad u = \operatorname{sen}^{-1} x,\ dv = dx$

5-42 Calcule a integral.

5. $\int te^{2t}\, dt$
6. $\int ye^{-y}\, dy$
7. $\int x\, \operatorname{sen} 10x\, dx$
8. $\int (\pi - x)\cos \pi x\, dx$
9. $\int w \ln w\, dw$
10. $\int \dfrac{\ln x}{x^2}\, dx$
11. $\int (x^2 + 2x)\cos x\, dx$
12. $\int t^2 \operatorname{sen} \beta t\, dt$
13. $\int \cos^{-1} x\, dx$
14. $\int \ln\sqrt{x}\, dx$
15. $\int t^4 \ln t\, dt$
16. $\int \operatorname{tg}^{-1}(2y)\, dy$
17. $\int t \operatorname{cossec}^2 t\, dt$
18. $\int x \cosh ax\, dx$
19. $\int (\ln x)^2\, dx$
20. $\int \dfrac{z}{10^z}\, dz$
21. $\int e^{3x}\cos x\, dx$
22. $\int e^x \operatorname{sen} \pi x\, dx$
23. $\int e^{2\theta} \operatorname{sen} 3\theta\, d\theta$
24. $\int e^{-\theta}\cos 2\theta\, d\theta$
25. $\int z^3 e^z\, dz$
26. $\int (\operatorname{arcsen} x)^2\, dx$
27. $\int (1+x^2)e^{3x}\, dx$
28. $\int_0^{1/2} \theta\, \operatorname{sen} 3\pi\theta\, d\theta$
29. $\int_0^1 x3^x\, dx$
30. $\int_0^1 \dfrac{xe^x}{(1+x)^2}\, dx$
31. $\int_0^2 y\, \operatorname{senh} y\, dy$
32. $\int_1^2 w^2 \ln w\, dw$
33. $\int_1^5 \dfrac{\ln R}{R^2}\, dR$
34. $\int_0^{2\pi} t^2 \operatorname{sen} 2t\, dt$
35. $\int_0^\pi x\, \operatorname{sen} x \cos x\, dx$
36. $\int_1^{\sqrt{3}} \operatorname{arctg}(1/x)\, dx$
37. $\int_1^5 \dfrac{M}{e^M}\, dM$
38. $\int_1^2 \dfrac{(\ln x)^2}{x^3}\, dx$
39. $\int_1^{\pi/3} \operatorname{sen} x \ln(\cos x)\, dx$
40. $\int_0^1 \dfrac{r^3}{\sqrt{4+r^2}}\, dr$
41. $\int_0^\pi \cos x\, \operatorname{senh} x\, dx$
42. $\int_0^t e^s \operatorname{sen}(t-s)\, ds$

43-48 Primeiro faça uma substituição e então use integração por partes para calcular a integral.

43. $\int e^{\sqrt{x}}\, dx$
44. $\int \cos(\ln x)\, dx$
45. $\int_{\sqrt{\pi/2}}^{\sqrt{\pi}} \theta^3 \cos(\theta^2)\, d\theta$
46. $\int_0^\pi e^{\cos t} \operatorname{sen} 2t\, dt$
47. $\int x \ln(1+x)\, dx$
48. $\int \dfrac{\operatorname{arcsen}(\ln x)}{x}\, dx$

49-52 Calcule a integral indefinida. Ilustre e verifique se sua resposta é razoável, usando o gráfico da função e de sua primitiva (tome $C = 0$).

49. $\int xe^{-2x}\, dx$
50. $\int x^{3/2} \ln x\, dx$
51. $\int x^3 \sqrt{1+x^2}\, dx$
52. $\int x^2 \operatorname{sen} 2x\, dx$

53. (a) Use a fórmula de redução no Exemplo 6 para mostrar que
$$\int \operatorname{sen}^2 x\, dx = \frac{x}{2} - \frac{\operatorname{sen} 2x}{4} + C$$
(b) Use a parte (a) e a fórmula de redução para calcular $\int \operatorname{sen}^4 x\, dx$.

54. (a) Demonstre a fórmula de redução
$$\int \cos^n x\, dx = \frac{1}{n}\cos^{n-1} x\, \operatorname{sen} x + \frac{n-1}{n}\int \cos^{n-2} x\, dx$$
(b) Use a parte (a) para calcular $\int \cos^2 x\, dx$.
(c) Use as partes (a) e (b) para calcular $\int \cos^4 x\, dx$.

55. (a) Use a fórmula de redução no Exemplo 6 para mostrar que
$$\int_0^{\pi/2} \operatorname{sen}^n x\, dx = \frac{n-1}{n}\int_0^{\pi/2} \operatorname{sen}^{n-2} x\, dx$$

onde $n \geq 2$ é um inteiro.

(b) Use a parte (a) para calcular $\int_0^{\pi/2} \operatorname{sen}^3 x\, dx$ e $\int_0^{\pi/2} \operatorname{sen}^5 x\, dx$.

(c) Use a parte (a) para mostrar que, para as potências ímpares de seno,
$$\int_0^{\pi/2} \operatorname{sen}^{2n+1} x\, dx = \frac{2 \cdot 4 \cdot 6 \cdot \ldots \cdot 2n}{3 \cdot 5 \cdot 7 \cdot \ldots \cdot (2n+1)}$$

56. Demonstre que, para as potências pares de seno,
$$\int_0^{\pi/2} \operatorname{sen}^{2n} x\, dx = \frac{1 \cdot 3 \cdot 5 \cdot \ldots \cdot (2n-1)}{2 \cdot 4 \cdot 6 \cdot \ldots \cdot 2n} \frac{\pi}{2}$$

57-60 Use integração por partes para demonstrar a fórmula de redução.

57. $\int (\ln x)^n\, dx = x(\ln x)^n - n \int (\ln x)^{n-1}\, dx$

58. $\int x^n e^x\, dx = x^n e^x - n \int x^{n-1} e^x\, dx$

59. $\int \operatorname{tg}^n x\, dx = \frac{\operatorname{tg}^{n-1} x}{n-1} - \int \operatorname{tg}^{n-2} x\, dx \quad (n \neq 1)$

60. $\int \sec^n x\, dx = \frac{\operatorname{tg} x \sec^{n-2} x}{n-1} + \frac{n-2}{n-1} \int \sec^{n-2} x\, dx \quad (n \neq 1)$

61. Use o Exercício 57 para encontrar $\int (\ln x)^3\, dx$.

62. Use o Exercício 58 para encontrar $\int x^4 e^x\, dx$.

63-64 Encontre a área da região delimitada pelas curvas dadas.

63. $y = x^2 \ln x, \quad y = 4 \ln x$ **64.** $y = x^2 e^{-x}, \quad y = xe^{-x}$

65-66 Use um gráfico para encontrar as coordenadas aproximadas x dos pontos de intersecção das curvas dadas. A seguir, ache (aproximadamente) a área da região delimitada pelas curvas.

65. $y = \operatorname{arcsen}\left(\frac{1}{2}x\right), \quad y = 2 - x^2$

66. $y = x \ln (x + 1), \quad y = 3x - x^2$

67-70 Use o método das cascas cilíndricas para encontrar o volume gerado pela rotação da região delimitada pelas curvas em torno do eixo dado.

67. $y = \cos(\pi x/2), \quad y = 0, 0 \leq x \leq 1; \quad$ em torno do eixo y

68. $y = e^x, \quad y = e^{-x}, \quad x = 1; \quad$ em torno do eixo y

69. $y = e^{-x}, \quad y = 0, \quad x = -1, x = 0; \quad$ em torno de $x = 1$

70. $y = e^x, \quad x = 0, \quad y = 3; \quad$ em torno do eixo x

71. Calcule o volume gerado pela rotação da região delimitada pelas curvas $y = \ln x, y = 0$ e $x = 2$ em torno de cada eixo.
(a) O eixo y (b) O eixo x

72. Calcule o valor médio de $f(x) = x \sec^2 x$ no intervalo $[0, \pi/4]$.

73. A função de Fresnel $S(x) = \int_0^x \operatorname{sen}\left(\frac{1}{2}\pi t^2\right) dt$ foi discutida no Exemplo 5.3.3 e é usada extensivamente na teoria da óptica. Encontre $\int S(x)\, dx$. [Sua resposta envolverá $S(x)$.]

74. Uma Equação de Foguete Um foguete acelera pela queima do combustível a bordo; assim, sua massa diminui com o tempo. Suponha que a massa inicial do foguete no lançamento (incluindo seu combustível) seja m, o combustível seja consumido a uma taxa r, e os gases de exaustão sejam ejetados a uma velocidade constante v_e (relativa ao foguete). Um modelo para a velocidade do foguete no instante t é dado pela seguinte equação
$$v(t) = -gt - v_e \ln \frac{m - rt}{m}$$
onde g é a aceleração da gravidade e t não é muito grande. Se $g = 9,8$ m/s², $m = 30.000$ kg, $r = 160$ kg/s e $v_e = 3.000$ m/s, determine a altura do foguete (a) um minuto após o lançamento; e (b) após ele consumir 6.000 kg de combustível.

75. Uma partícula que se move ao longo de uma reta tem velocidade igual a $v(t) = t^2 e^{-t}$ metros por segundo após t segundos. Qual a distância que essa partícula percorrerá durante os primeiros t segundos?

76. Se $f(0) = g(0) = 0$ e f'' e g'' forem contínuas, mostre que
$$\int_0^a f(x)g''(x)\,dx = f(a)g'(a) - f'(a)g(a) + \int_0^a f''(x)g(x)\,dx$$

77. Suponha que $f(1) = 2$, $f(4) = 7$, $f'(1) = 5$, $f'(4) = 3$ e f'' seja contínua. Encontre o valor de $\int_1^4 x f''(x)\, dx$.

78. (a) Use integração por partes para mostrar que
$$\int f(x)\,dx = xf(x) - \int xf'(x)\,dx$$
(b) Se f e g forem funções inversas e f' for contínua, demonstre que
$$\int_a^b f(x)\,dx = bf(b) - af(a) - \int_{f(a)}^{f(b)} g(y)\,dy$$
[*Dica*: Use a parte (a) e faça a substituição de $y = f(x)$.]
(c) No caso em que f e g forem funções positivas e $b > a > 0$, desenhe um diagrama para dar uma interpretação geométrica à parte (b).
(d) Use a parte (b) para calcular $\int_1^e \ln x\, dx$.

79. (a) Lembre-se de que a fórmula para integração por partes é obtida a partir da Regra do Produto. Use um raciocínio similar para obter a seguinte fórmula de integração a partir da Regra do Quociente.
$$\int \frac{u}{v^2}\,dv = -\frac{u}{v} + \int \frac{1}{v}\,du$$
(b) Use a fórmula do item (a) para calcular $\int \frac{\ln x}{x^2}\,dx$.

80. O Produto de Wallis para π Seja $I_n = \int_0^{\pi/2} \operatorname{sen}^n x\, dx$.
(a) Mostre que $I_{2n+2} \leq I_{2n+1} \leq I_{2n}$.
(b) Use o Exercício 56 para mostrar que
$$\frac{I_{2n+2}}{I_{2n}} = \frac{2n+1}{2n+2}$$
(c) Use as partes (a) e (b) para mostrar que
$$\frac{2n+1}{2n+2} \leq \frac{I_{2n+1}}{I_{2n}} \leq 1$$
e deduzir que $\lim_{n \to \infty} I_{2n+1}/I_{2n} = 1$.
(d) Use a parte (c) e os Exercícios 55 e 56 para mostrar que
$$\lim_{n \to \infty} \frac{2}{1} \cdot \frac{2}{3} \cdot \frac{4}{3} \cdot \frac{4}{5} \cdot \frac{6}{5} \cdot \frac{6}{7} \cdot \ldots \cdot \frac{2n}{2n-1} \cdot \frac{2n}{2n+1} = \frac{\pi}{2}$$

Essa fórmula geralmente é escrita como um produto infinito:

$$\frac{\pi}{2} = \frac{2}{1} \cdot \frac{2}{3} \cdot \frac{4}{3} \cdot \frac{4}{5} \cdot \frac{6}{5} \cdot \frac{6}{7} \cdots$$

que é chamado *produto de Wallis*.

(e) Construímos retângulos como a seguir. Comece com um quadrado de área 1 e coloque retângulos de área 1 alternadamente ao lado ou no topo do retângulo anterior (veja a figura). Encontre o limite da relação largura/altura desses retângulos.

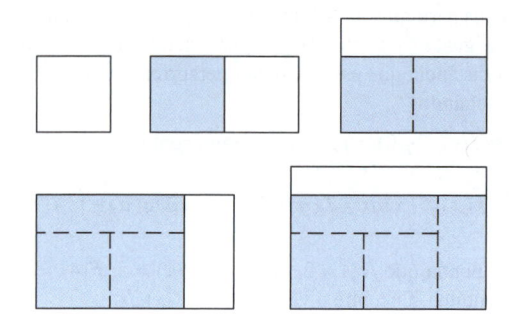

81. Chegamos à Fórmula 6.3.2, $V = \int_a^b 2\pi x\, f(x)\, dx$, utilizando cascas cilíndricas, mas agora podemos usar integração por partes para demonstrá-la usando o método das fatias da Seção 6.2, ao menos para o caso em que f for injetora e, portanto, tiver uma função inversa g. Use a figura para mostrar que

$$V = \pi b^2 d - \pi a^2 c - \int_e^d \pi [g(y)]^2\, dy$$

Faça a substituição $y = f(x)$ e então use integração por partes na integral resultante para demonstrar que

$$V = \int_a^b 2\pi x\, f(x)\, dx$$

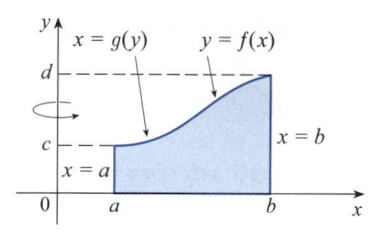

7.2 | Integrais Trigonométricas

Nesta seção usaremos as identidades trigonométricas para integrar certas combinações de funções trigonométricas.

■ Integrais de Potências do Seno e do Cosseno

Começaremos considerando as integrais nas quais o integrando é uma potência do seno, uma potência do cosseno ou um produto dessas potências.

EXEMPLO 1 Calcule $\int \cos^3 x\, dx$.

SOLUÇÃO A simples substituição de $u = \cos x$ não ajuda, porque assim $du = -\operatorname{sen} x\, dx$. Para integramos potências de cosseno, necessitaríamos de um fator extra sen x. De forma semelhante, uma potência de seno pediria um fator extra cos x. Portanto, aqui podemos separar um fator cosseno e converter o fator $\cos^2 x$ restante em uma expressão envolvendo o seno, usando a identidade $\operatorname{sen}^2 x + \cos^2 x = 1$:

$$\cos^3 x = \cos^2 x \cdot \cos x = (1 - \operatorname{sen}^2 x) \cos x$$

Podemos então calcular a integral, substituindo $u = \operatorname{sen} x$, de modo que $du = \cos x\, dx$ e

$$\int \cos^3 x\, dx = \int \cos^2 x \cdot \cos x\, dx = \int (1 - sen^2 x) \cos x\, dx$$
$$= \int (1 - u^2)\, du = u - \tfrac{1}{3} u^3 + C$$
$$= \operatorname{sen} x - \tfrac{1}{3} \operatorname{sen}^3 x + C \qquad \blacksquare$$

Em geral, tentamos escrever um integrando envolvendo as potências de seno e cosseno em uma forma onde tenhamos somente um fator seno (e o restante da expressão em termos de cosseno) ou apenas um fator cosseno (e o restante da expressão em termos de seno). A identidade $\operatorname{sen}^2 x + \cos^2 x = 1$ nos permite a interconversão de potências pares de seno e cosseno.

EXEMPLO 2 Encontre $\int \operatorname{sen}^5 x \cos^2 x \, dx$

SOLUÇÃO Poderíamos converter $\cos^2 x$ para $1 - \operatorname{sen}^2 x$, mas obteríamos uma expressão em termos de sen x sem nenhum fator extra cos x. Em vez disso, separamos um único fator de seno e reescrevemos o fator $\operatorname{sen}^4 x$ restante em termos de cos x:

$$\operatorname{sen}^5 x \cos^2 x = (\operatorname{sen}^2 x)^2 \cos^2 x \operatorname{sen} x = (1 - \cos^2 x)^2 \cos^2 x \operatorname{sen} x$$

Substituindo $u = \cos x$, temos $du = -\operatorname{sen} x \, dx$ e, assim,

$$\int \operatorname{sen}^5 x \cos^2 x \, dx = \int (\operatorname{sen}^2 x)^2 \cos^2 x \operatorname{sen} x \, dx$$

$$= \int (1 - \cos^2 x)^2 \cos^2 x \operatorname{sen} x \, dx$$

$$= \int (1 - u^2)^2 u^2 (-du) = -\int (u^2 - 2u^4 + u^6) \, du$$

$$= -\left(\frac{u^3}{3} - 2\frac{u^5}{5} + \frac{u^7}{7} \right) + C$$

$$= -\tfrac{1}{3} \cos^3 x + \tfrac{2}{5} \cos^5 x - \tfrac{1}{7} \cos^7 x + C \qquad \blacksquare$$

A Figura 1 mostra os gráficos do integrando $\operatorname{sen}^5 x \cos^2 x$ no Exemplo 2 e de sua integral indefinida (com $C = 0$). Qual é qual?

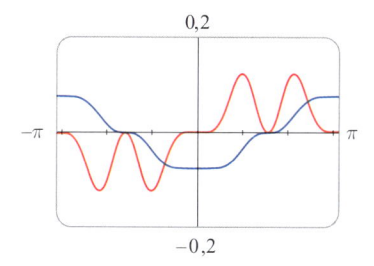

FIGURA 1

Nos exemplos anteriores, uma potência ímpar de seno ou cosseno nos permitiu separar um único fator e converter a potência par remanescente. Se um integrando contém potências pares tanto para seno como para cosseno, essa estratégia falha. Nesse caso, podemos aproveitar as identidades dos ângulos-metade (veja as Equações 18b e 18a no Apêndice D):

$$\operatorname{sen}^2 x = \tfrac{1}{2}(1 - \cos 2x) \quad \text{e} \quad \cos^2 x = \tfrac{1}{2}(1 + \cos 2x)$$

EXEMPLO 3 Calcule $\int_0^\pi \operatorname{sen}^2 x \, dx$.

SOLUÇÃO Se escrevermos $\operatorname{sen}^2 x = 1 - \cos^2 x$, a integral não é mais simples de calcular. Usando a fórmula do ângulo-metade para $\operatorname{sen}^2 x$, contudo, temos

$$\int_0^\pi \operatorname{sen}^2 x \, dx = \tfrac{1}{2} \int_0^\pi (1 - \cos 2x) \, dx$$

$$= \left[\tfrac{1}{2}\left(x - \tfrac{1}{2} \operatorname{sen} 2x \right) \right]_0^\pi$$

$$= \tfrac{1}{2}\left(\pi - \tfrac{1}{2} \operatorname{sen} 2\pi \right) - \tfrac{1}{2}\left(0 - \tfrac{1}{2} \operatorname{sen} 0 \right) = \tfrac{1}{2}\pi$$

Observe que mentalmente fizemos a substituição $u = 2x$ quando integramos cos $2x$. Outro método para se calcular essa integral foi dado no Exercício 7.1.53. ■

O Exemplo 3 mostra que a área da região exposta na Figura 2 é $\pi/2$.

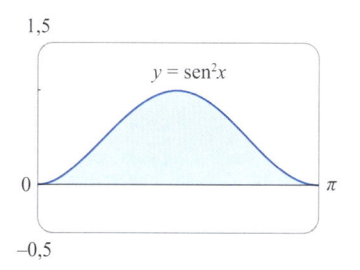

FIGURA 2

EXEMPLO 4 Encontre $\int \operatorname{sen}^4 x \, dx$.

SOLUÇÃO Nós poderíamos calcular essa integral usando a fórmula de redução para $\int \operatorname{sen}^n x \, dx$ (Equação 7.1.7) junto com o Exemplo 3 (como no Exercício 7.1.53), entretanto, um método melhor é escrever $\operatorname{sen}^4 x = (\operatorname{sen}^2 x)^2$ e usar uma fórmula de ângulo-metade:

$$\int \operatorname{sen}^4 x \, dx = \int (\operatorname{sen}^2 x)^2 \, dx$$

$$= \int \left[\tfrac{1}{2}(1 - \cos 2x) \right]^2 dx$$

$$= \tfrac{1}{4} \int \left[1 - 2\cos 2x + \cos^2 (2x) \right] dx$$

Como $\cos^2 (2x)$ ocorre, precisamos usar outra fórmula de ângulo-metade

$$\cos^2 (2x) = \tfrac{1}{2}[1 + \cos(2 \cdot 2x)] = \tfrac{1}{2}(1 + \cos 4x)$$

Isso fornece

$$\int \text{sen}^4 x\, dx = \tfrac{1}{4}\int \left[1 - 2\cos 2x + \tfrac{1}{2}(1+\cos 4x)\right] dx$$
$$= \tfrac{1}{4}\int \left(\tfrac{3}{2} - 2\cos 2x + \tfrac{1}{2}\cos 4x\right) dx$$
$$= \tfrac{1}{4}\left(\tfrac{3}{2}x - \text{sen}\, 2x + \tfrac{1}{8}\text{sen}\, 4x\right) + C \quad \blacksquare$$

Para resumirmos, listamos as regras que devem ser seguidas ao calcular integrais da forma $\int \text{sen}^m x \cos^n x\, dx$, onde $m \geq 0$ e $n \geq 0$ são inteiros.

Estratégia para Calcular $\int \text{sen}^m x \cos^n x\, dx$

(a) Se a potência do cosseno é ímpar ($n = 2k + 1$), guarde um fator cosseno e use $\cos^2 x = 1 - \text{sen}^2 x$ para expressar os fatores restantes em termos de seno:

$$\int \text{sen}^m x \cos^{2k+1} x\, dx = \int \text{sen}^m x (\cos^2 x)^k \cos x\, dx$$
$$= \int \text{sen}^m x (1 - \text{sen}^2 x)^k \cos x\, dx$$

A seguir, substitua $u = \text{sen}\, x$. Veja Exemplo 1.

(b) Se a potência do seno é ímpar ($m = 2k + 1$), guarde um fator seno e use $\text{sen}^2 x = 1 - \cos^2 x$ para expressar os fatores restantes em termos de cosseno:

$$\int \text{sen}^{2k+1} x \cos^n x\, dx = \int (\text{sen}^2 x)^k \cos^n x\, \text{sen}\, x\, dx$$
$$= \int (1 - \cos^2 x)^k \cos^n x\, \text{sen}\, x\, dx$$

A seguir, substitua $u = \cos x$. Veja Exemplo 2.
[Observe que se ambas as potências de seno e cosseno forem ímpares, podemos usar (a) ou (b).]

(c) Se as potências de seno e cosseno forem pares, utilizamos as identidades dos ângulos-metade

$$\text{sen}^2 x = \tfrac{1}{2}(1 - \cos 2x) \qquad \cos^2 x = \tfrac{1}{2}(1 + \cos 2x)$$

Veja Exemplos 3 e 4.
Algumas vezes é útil usar a identidade

$$\text{sen}\, x \cos x = \tfrac{1}{2}\, \text{sen}\, 2x$$

■ Integrais de Potências da Secante e da Tangente

Podemos empregar um raciocínio semelhante para calcular integrais da forma $\int \text{tg}^m x \sec^n x\, dx$. Como $(d/dx)\,\text{tg}\, x = \sec^2 x$, podemos separar um fator $\sec^2 x$ e converter a potência (par) da secante restante em uma expressão envolvendo a tangente, utilizando a identidade $\sec^2 x = 1 + \text{tg}^2 x$. Ou, como $(d/dx)\sec x = \sec x\,\text{tg}\, x$, podemos separar um fator $\sec x\,\text{tg}\, x$ e converter a potência (par) da tangente restante para a secante.

EXEMPLO 5 Calcule $\int \text{tg}^6 x \sec^4 x\, dx$.

SOLUÇÃO Se separarmos um fator $\sec^2 x$, poderemos expressar o fator $\sec^2 x$ em termos de tangente, usando a identidade $\sec^2 x = 1 + \text{tg}^2 x$. Podemos então calcular a integral, substituindo $u = \text{tg}\, x$, de modo que $du = \sec^2 x\, dx$:

$$\int \text{tg}^6 x \sec^4 x\, dx = \int \text{tg}^6 x \sec^2 x \sec^2 x\, dx$$
$$= \int \text{tg}^6 x (1+\text{tg}^2 x) \sec^2 x\, dx$$
$$= \int u^6 (1+u^2)\, du = \int (u^6 + u^8)\, du$$
$$= \frac{u^7}{7} + \frac{u^9}{9} + C = \tfrac{1}{7} \text{tg}^7 x + \tfrac{1}{9} \text{tg}^9 x + C \quad \blacksquare$$

EXEMPLO 6 Encontre $\int \text{tg}^5 \theta \sec^7 \theta\, d\theta$.

SOLUÇÃO Se separarmos um fator $\sec^2 \theta$, como no exemplo anterior, ficaremos com um fator $\sec^5 \theta$, que não é facilmente convertido para tangente. Contudo, se separarmos um fator $\sec\theta\, \text{tg}\,\theta$, poderemos converter a potência restante de tangente em uma expressão envolvendo apenas a secante, usando a identidade $\text{tg}^2 \theta = \sec^2 \theta - 1$. Poderemos então calcular a integral substituindo $u = \sec\theta$, de modo que $du = \sec\theta\, \text{tg}\,\theta\, d\theta$:

$$\int \text{tg}^5 \theta \sec^7 \theta\, d\theta = \int \text{tg}^4 \theta \sec^6 \sec\theta\, tg\,\theta\, d\theta$$
$$= \int (\sec^2 \theta - 1)^2 \sec^6 \theta \sec\theta\, \text{tg}\,\theta\, d\theta$$
$$= \int (u^2 - 1)^2 u^6\, du$$
$$= \int (u^{10} - 2u^8 + u^6)\, du$$
$$= \frac{u^{11}}{11} - 2\frac{u^9}{9} + \frac{u^7}{7} + C$$
$$= \tfrac{1}{11} \sec^{11} \theta - \tfrac{2}{9} \sec^9 \theta + \tfrac{1}{7} \sec^7 \theta + C \quad \blacksquare$$

Os exemplos anteriores mostram as estratégias para calcular integrais da forma $\int \text{tg}^m x \sec^n x\, dx$ para dois casos, os quais resumimos aqui.

Estratégia para Calcular $\int \text{tg}^m x \sec^n x\, dx$

(a) Se a potência da secante é par ($n = 2k$, $k \geq 2$), guarde um fator de $\sec^2 x$ e use $\sec^2 x = 1 + \text{tg}^2 x$ para expressar os fatores restantes em termos de tg x:

$$\int tg^m x \sec^{2k} x\, dx = \int tg^m x (\sec^2 x)^{k-1} \sec^2 x\, dx$$
$$= \int tg^m x (1+tg^2 x)^{k-1} \sec^2 x\, dx$$

A seguir, substitua $u = \text{tg}\, x$. Veja o Exemplo 5.

(b) Se a potência da tangente for ímpar ($m = 2k + 1$), guarde um fator de $\sec x\, \text{tg}\, x$ e use $\text{tg}^2 x = \sec^2 x - 1$ para expressar os fatores restantes em termos de sec x:

$$\int \text{tg}^{2k+1} x \sec^n x\, dx = \int (\text{tg}^2 x)^k \sec^{n-1} x \sec x\, \text{tg}\, x\, dx$$
$$= \int (\sec^2 x - 1)^k \sec^{n-1} x \sec x\, \text{tg}\, x\, dx$$

A seguir, substitua $u = \sec x$. Veja o Exemplo 6.

Para outros casos as regras não são tão simples. Talvez seja necessário usar identidades, integração por partes e, ocasionalmente, um pouco de engenhosidade. Algumas vezes precisaremos conseguir integrar tg x usando a fórmula estabelecida em 5.5.5:

$$\int \text{tg}\, x\, dx = \ln|\sec x| + C$$

Também precisaremos da integral indefinida da secante:

$$\boxed{\int \sec x \, dx = \ln|\sec x + \operatorname{tg} x| + C} \quad \boxed{1}$$

A Fórmula 1 foi descoberta por James Gregory em 1668. (Veja sua biografia no Seção 3.4.) Gregory usava essa fórmula para resolver um problema na construção de tabelas náuticas.

Poderíamos verificar a Fórmula 1 derivando o lado direito, ou como a seguir. Primeiro multiplicamos o numerador e o denominador por $\sec x + \operatorname{tg} x$:

$$\int \sec x \, dx = \int \sec x \frac{\sec x + \operatorname{tg} x}{\sec x + \operatorname{tg} x} \, dx$$

$$= \int \frac{\sec^2 x + \sec x \operatorname{tg} x}{\sec x + \operatorname{tg} x} \, dx$$

Se substituirmos $u = \sec x + \operatorname{tg} x$, então $du = (\sec x \operatorname{tg} x + \sec^2 x) \, dx$, assim a integral torna-se $\int (1/u) \, du = \ln |u| + C$. Então, temos

$$\int \sec x \, dx = \ln|\sec x + \operatorname{tg} x| + C$$

EXEMPLO 7 Encontre $\int \operatorname{tg}^3 x \, dx$.

SOLUÇÃO Aqui apenas $\operatorname{tg} x$ ocorre, então usamos $\operatorname{tg}^2 x = \sec^2 x - 1$ para reescrever um fator $\operatorname{tg}^2 x$ em termos de $\sec^2 x$:

$$\int \operatorname{tg}^3 x \, dx = \int \operatorname{tg} x \, \operatorname{tg}^2 x \, dx = \int \operatorname{tg} x (\sec^2 x - 1) \, dx$$

$$= \int \operatorname{tg} x \sec^2 x \, dx - \int \operatorname{tg} x \, dx$$

$$= \tfrac{1}{2} \operatorname{tg}^2 x - \ln|\sec x| + C$$

Na primeira integral substituímos mentalmente $u = \operatorname{tg} x$, de modo que $du = \sec^2 x \, dx$. ∎

Se uma potência par de tangente aparecer com uma potência ímpar de secante, é útil expressar o integrando completamente em termos de $\sec x$. As potências de $\sec x$ podem exigir integração por partes, conforme mostrado no seguinte exemplo:

EXEMPLO 8 Encontre $\int \sec^3 x \, dx$.

SOLUÇÃO Aqui integramos por partes com

$$u = \sec x \qquad dv = \sec^2 x \, dx$$
$$du = \sec x \operatorname{tg} x \, dx \qquad v = \operatorname{tg} x$$

Então,

$$\int \sec^3 x \, dx = \sec x \, \operatorname{tg} x - \int \sec x \, \operatorname{tg}^2 x \, dx$$

$$= \sec x \, \operatorname{tg} x - \int \sec x \, (\sec^2 x - 1) \, dx$$

$$= \sec x \, \operatorname{tg} x - \int \sec^3 x \, dx + \int \sec x \, dx$$

Usando a Fórmula 1 e isolando a integral pedida, temos

$$\int \sec^3 x \, dx = \tfrac{1}{2} (\sec x \, \operatorname{tg} x + \ln|\sec x + \operatorname{tg} x|) + C$$

∎

As integrais como as do exemplo anterior podem parecer muito especiais, mas elas ocorrem frequentemente nas aplicações de integração, como veremos no Capítulo 8.

Por fim as integrais da forma

$$\int \cotg^m x \, \cossec^n x \, dx$$

podem ser encontradas de forma semelhante usando identidade $1 + \cotg^2 x = \cossec^2 x$.

■ Usando as Identidades do Produto

As identidades do produto apresentadas a seguir são úteis para o cálculo de certas integrais trigonométricas.

> **2** Para calcular as integrais (a) $\int \sen mx \cos nx \, dx$, (b) $\int \sen mx \sen nx \, dx$ ou (c) $\int \cos mx \cos nx \, dx$, use a identidade correspondente:
>
> (a) $\sen A \cos B = \frac{1}{2}[\sen(A-B) + \sen(A+B)]$
>
> (b) $\sen A \sen B = \frac{1}{2}[\cos(A-B) - \cos(A+B)]$
>
> (c) $\cos A \cos B = \frac{1}{2}[\cos(A-B) + \cos(A+B)]$

Estas identidades envolvendo produtos são discutidas no Apêndice D.

EXEMPLO 9 Calcule $\int \sen 4x \cos 5x \, dx$.

SOLUÇÃO Essa integral poderia ser calculada utilizando integração por partes, mas é mais fácil usar a identidade na Equação 2(a) como a seguir:

$$\int \sen 4x \cos 5x \, dx = \int \tfrac{1}{2}[\sen(-x) + \sen 9x] \, dx$$
$$= \tfrac{1}{2} \int (-\sen x + \sen 9x) \, dx$$
$$= \tfrac{1}{2}(\cos x - \tfrac{1}{9}\cos 9x) + C \quad ■$$

7.2 | Exercícios

1-56 Calcule a integral.

1. $\int \sen^3 x \cos^2 x \, dx$
2. $\int \cos^6 y \, \sen^3 y \, dy$
3. $\int_0^{\pi/2} \cos^9 x \, \sen^5 x \, dx$
4. $\int_0^{\pi/4} \sen^5 x \, dx$
5. $\int \sen^5(2t) \cos^2(2t) \, dt$
6. $\int \cos^3(t/2) \sen^2(t/2) \, dt$
7. $\int_0^{\pi/2} \cos^2 \theta \, d\theta$
8. $\int_0^{\pi/4} \sen^2(2\theta) \, d\theta$
9. $\int_0^{\pi} \cos^4(2t) \, dt$
10. $\int_0^{\pi} \sen^2 t \cos^4 t \, dt$
11. $\int_0^{\pi/2} \sen^2 x \cos^2 x \, dx$
12. $\int_0^{\pi/2} (2 - \sen \theta)^2 \, d\theta$
13. $\int \sqrt{\cos \theta} \, \sen^3 \theta \, d\theta$
14. $\int (1 + \sqrt[3]{\sen t}) \cos^3 t \, dt$
15. $\int \sen x + \sec^5 x \, dx$
16. $\int \cossec^5 \theta \, \cos^3 \theta \, d\theta$
17. $\int \cotg x \cos^2 x \, dx$
18. $\int \tg^2 x \, \cos^3 x \, dx$
19. $\int \sen^2 x \, \sen 2x \, dx$
20. $\int \sen x \, \cos(\tfrac{1}{2}x) \, dx$
21. $\int \tg x \sen^3 x \, dx$
22. $\int \tg^2 \theta \, \sec^4 \theta \, d\theta$
23. $\int \tg^2 x \, dx$
24. $\int (\tg^2 x + \tg^4 x) \, dx$
25. $\int \tg^4 x \, \sec^6 x \, dx$
26. $\int_0^{\pi/4} \sec^6 \theta \, \tg^6 \theta \, d\theta$
27. $\int \tg^3 x \, \sec x \, dx$
28. $\int \tg^5 x \, \sec^3 x \, dx$
29. $\int \tg^3 x \, \sec^6 x \, dx$
30. $\int_0^{\pi/4} \tg^4 t \, dt$
31. $\int \tg^5 x \, dx$
32. $\int \tg^2 x \, \sec x \, dx$
33. $\int \dfrac{1 - \tg^2 x}{\sec^2 x} \, dx$
34. $\int \dfrac{\tg x \, \sec^2 x}{\cos x} \, dx$
35. $\int_0^{\pi/4} \dfrac{\sen^3 x}{\cos x} \, dx$
36. $\int \dfrac{\sen \theta + \tg \theta}{\cos^3 \theta} \, d\theta$
37. $\int_{\pi/6}^{\pi/2} \cotg^2 x \, dx$
38. $\int_{\pi/4}^{\pi/2} \cotg^3 x \, dx$

39. $\int_{\pi/4}^{\pi/2} \cotg^5\phi \ \cossec^3\phi \ d\phi$ **40.** $\int_{\pi/4}^{\pi/2} \cossec^4\theta \ \cotg^4\theta \ a$

41. $\int \cossec x \ dx$ **42.** $\int_{\pi/6}^{\pi/3} \cossec^3 x \ dx$

43. $\int \sen 8x \ \cos 5x \, dx$ **44.** $\int \sen 2\theta \ \sen 6\theta \ d\theta$

45. $\int_0^{\pi/2} \cos 5t \ \cos 10t \ dt$ **46.** $\int t \ \cos^5(t^2) \ dt$

47. $\int \dfrac{\sen^2(1/t)}{t^2} dt$ **48.** $\int \sec^2 y \ \cos^3(\tg y) \ dy$

49. $\int_0^{\pi/6} \sqrt{1+\cos 2x} \ dx$ **50.** $\int_0^{\pi/4} \sqrt{1-\cos 4\theta} \ d\theta$

51. $\int t \ \sen^2 t \ dt$ **52.** $\int x \sec x \ \tg x \ dx$

53. $\int x \tg^2 x \ dx$ **54.** $\int x \sen^3 x \ dx$

55. $\int \dfrac{dx}{\cos x - 1}$ **56.** $\int \dfrac{1}{\sec\theta + 1} d\theta$

57-60 Calcule a integral indefinida. Ilustre e verifique se sua resposta é razoável colocando em um gráfico o integrando e sua primitiva (tome $C = 0$).

57. $\int x \sen^2(x^2) \ dx$ **58.** $\int \sen^5 x \ \cos^3 x \ dx$

59. $\int \sen 3x \ \sen 6x \, dx$ **60.** $\int \sen^4\left(\tfrac{1}{2}x\right) \ dx$

61. Se $\int_0^{\pi/4} \tg^6 x \sec x \ dx = I$, expresse o valor de $\int_0^{\pi/4} \tg^8 x \sec x \ dx$ em termos de I.

62. (a) Comprove a fórmula de redução
$$\int \tg^{2n} x \, dx = \dfrac{\tg^{2n-1} x}{2n-1} - \int \tg^{2n-2} x \ dx$$
(b) Use esta fórmula para encontrar $\int \tg^8 x \ dx$.

63. Encontre o valor médio da função $f(x) = \sen^2 x \ \cos^3 x$ no intervalo $[-\pi, \pi]$.

64. Calcule $\int \sen x \cos x \ dx$ por quatro métodos:
(a) a substituição $u = \cos x$
(b) a substituição $u = \sen x$
(c) a identidade $\sen 2x = 2 \sen x \cos x$
(d) integração por partes
Explique as diferentes experiências de suas respostas.

65-66 Encontre a área da região delimitada pelas curvas dadas.

65. $y = \sen^2 x$, $y = \sen^3 x$, $0 \leq x \leq \pi$
66. $y = \tg x$, $y = \tg^2 x$, $0 \leq x \leq \pi/4$

67-68 Use um gráfico do integrando para conjecturar o valor da integral. Então, utilize os métodos desta seção para demonstrar que sua conjectura está correta.

67. $\int_0^{2\pi} \cos^3 x \, dx$ **68.** $\int_0^2 \sen 2\pi x \ \cos 5\pi x \ dx$

69-72 Encontre o volume obtido pela rotação da região delimitada pelas curvas em torno dos eixos dados.

69. $y = \sen x$, $y = 0$, $\pi/2 \leq x \leq \pi$;   em torno do eixo x
70. $y = \sen^2 x$, $y = 0$, $0 \leq x \leq \pi$;   em torno do eixo x
71. $y = \sen x$, $y = \cos x$, $0 \leq x \leq \pi/4$;   em torno de $y = 1$
72. $y = \sec x$, $y = \cos x$, $0 \leq x \leq \pi/3$;   em torno de $y = -1$

73. Uma partícula se move em linha reta com função velocidade $v(t) = \sen \omega t \cos^2 \omega t$. Encontre sua função posição $s = f(t)$ se $f(0) = 0$.

74. A eletricidade doméstica é fornecida na forma de corrente alternada que varia de 155 V a -155 V com uma frequência de 60 ciclos por segundo (Hz). A voltagem então é dada pela seguinte equação:
$$E(t) = 155 \sen(120\pi t)$$
onde t é o tempo em segundos. Os voltímetros leem a voltagem RMS (raiz da média quadrática), que é a raiz quadrada do valor médio de $[E(t)]^2$ em um ciclo.
(a) Calcule a voltagem RMS da corrente doméstica.
(b) Muitos fornos elétricos requerem a voltagem RMS de 220 V. Encontre a amplitude A correspondente necessária para a voltagem $E(t) = A \sen(120\pi t)$.

75-77 Demonstre a fórmula, onde m e n são inteiros positivos.

75. $\int_{-\pi}^{\pi} \sen mx \ \cos nx \ dx = 0$

76. $\int_{-\pi}^{\pi} \sen mx \ \sen nx \ dx = \begin{cases} 0 & \text{se } m \neq n \\ \pi & \text{se } m = n \end{cases}$

77. $\int_{-\pi}^{\pi} \cos mx \ \cos nx \ dx = \begin{cases} 0 & \text{se } m \neq n \\ \pi & \text{se } m = n \end{cases}$

78. Uma *série de Fourier finita* é dada pela soma
$$f(x) = \sum_{n=1}^{N} a_n \sen nx$$
$$= a_1 \sen x + a_2 \sen 2x + \cdots + a_N \sen Nx$$
Use o resultado do Exercício 76 para mostrar que o m-ésimo coeficiente, a_m, é dado pela fórmula
$$a_m = \dfrac{1}{\pi} \int_{-\pi}^{\pi} f(x) \sen mx \ dx$$

7.3 | Substituição Trigonométrica

Para encontrar a área de um círculo ou uma elipse, uma integral da forma $\int \sqrt{a^2 - x^2} \ dx$ aparece, onde $a > 0$. Se a integral fosse $\int x \sqrt{a^2 - x^2} \ dx$, a substituição $u = a^2 - x^2$ poderia ser eficaz, mas, como está, $\int \sqrt{a^2 - x^2} \ dx$ é mais difícil. Se mudarmos a variável de x para θ pela substituição $x = a \sen \theta$, então a identidade $1 - \sen^2 \theta = \cos^2 \theta$ permitirá que nos livremos da raiz, porque

$$\sqrt{a^2-x^2} = \sqrt{a^2-a^2\,\mathrm{sen}^2\theta} = \sqrt{a^2(1-sen^2\theta)} = \sqrt{a^2\cos^2\theta} = a|\cos\theta|$$

Observe a diferença entre a substituição $u = a^2 - x^2$ (na qual a nova variável é uma função da antiga) e a substituição $x = a$ sen θ (a variável antiga é uma função da nova).

Em geral, podemos fazer uma substituição da forma $x = g(t)$, usando a Regra da Substituição ao contrário. Para simplificarmos nossos cálculos, presumimos que g tenha uma função inversa, isto é, g é injetora. Nesse caso, se substituirmos u por x e x por t na Regra de Substituição (Equação 5.5.4), obteremos

$$\int f(x)\,dx = \int f(g(t))g'(t)\,dt$$

Esse tipo de substituição é chamado de *substituição inversa*.

Podemos fazer a substituição inversa $x = a$ sen θ desde que esta defina uma função injetora. Isso pode ser conseguido pela restrição de θ no intervalo $[-\pi/2, \pi/2]$.

Na tabela a seguir listamos as substituições trigonométricas que são eficazes para as expressões radicais dadas em razão de certas identidades trigonométricas. Em cada caso, a restrição de θ é imposta para assegurar que a função que define a substituição seja injetora. (Estes são os mesmos intervalos usados na Seção 1.5 na definição de funções inversas.)

Tabela de Substituições Trigonométricas

Expressão	Substituição	Identidade
$\sqrt{a^2-x^2}$	$x = a$ sen θ, $\quad -\dfrac{\pi}{2} \leq \theta \leq \dfrac{\pi}{2}$	$1 - \mathrm{sen}^2\theta = \cos^2\theta$
$\sqrt{a^2+x^2}$	$x = a$ tg θ, $\quad -\dfrac{\pi}{2} < \theta < \dfrac{\pi}{2}$	$1 + \mathrm{tg}^2\theta = \sec^2\theta$
$\sqrt{x^2-a^2}$	$x = a$ sec θ, $\quad 0 \leq \theta < \dfrac{\pi}{2}$ ou $\pi \leq \theta < \dfrac{3\pi}{2}$	$\sec^2\theta - 1 = \mathrm{tg}^2\theta$

EXEMPLO 1 Calcule $\displaystyle\int \frac{\sqrt{9-x^2}}{x^2}\,dx$.

SOLUÇÃO Seja $x = 3$ sen θ, onde $-\pi/2 \leq \theta \leq \pi/2$. Então $dx = 3\cos\theta\,d\theta$ e

$$\sqrt{9-x^2} = \sqrt{9-9\,\mathrm{sen}^2\theta} = \sqrt{9\cos^2\theta} = 3|\cos\theta| = 3\cos\theta$$

(Observe que $\cos\theta \geq 0$ porque $-\pi/2 \leq \theta \leq \pi/2$.) Assim, a Regra da Substituição Inversa fornece

$$\int \frac{\sqrt{9-x^2}}{x^2}\,dx = \int \frac{3\cos\theta}{9\,\mathrm{sen}^2\theta}\,3\cos\theta\,d\theta$$

$$= \int \frac{\cos^2\theta}{\mathrm{sen}^2\theta}\,d\theta = \int \mathrm{cotg}^2\theta\,d\theta$$

$$= -\mathrm{cotg}\,\theta - \theta + C$$

Como esta é uma integral indefinida, devemos retornar a variável original x. Isso pode ser feito usando identidades trigonométricas para expressar cotg θ em termos de sen $\theta = x/3$ ou desenhando um diagrama, como mostrado na Figura 1, onde θ é interpretado como um ângulo de um triângulo retângulo. Como sen $\theta = x/3$, escolhemos o lado oposto e a hipotenusa como tendo comprimentos x e 3. Pelo Teorema de Pitágoras, o comprimento do lado adjacente é $\sqrt{9-x^2}$, assim podemos ler simplesmente o valor de cotg θ da figura:

$$\mathrm{cotg}\,\theta = \frac{\sqrt{9-x^2}}{x}$$

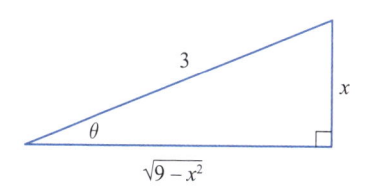

FIGURA 1

$\mathrm{sen}\,\theta = \dfrac{x}{3}$

(Embora $\theta > 0$ no diagrama, essa expressão para cotg θ é válida quando $\theta < 0$.) Como sen $\theta = x/3$, obtemos $\theta = \text{sen}^{-1}(x/3)$, logo

$$\int \frac{\sqrt{9-x^2}}{x^2} dx = -\cotg \theta - \theta + C = -\frac{\sqrt{9-x^2}}{x} - \text{sen}^{-1}\left(\frac{x}{3}\right) + C$$

EXEMPLO 2 Encontre a área delimitada pela elipse

$$\frac{x^2}{a^2} + \frac{y^2}{b^2} = 1$$

SOLUÇÃO Isolando y na equação da elipse, temos

$$\frac{y^2}{b^2} = 1 - \frac{x^2}{a^2} = \frac{a^2 - x^2}{a^2} \quad \text{ou} \quad y = \pm \frac{b}{a}\sqrt{a^2 - x^2}$$

Como a elipse é simétrica em relação a ambos os eixos, a área total A é quatro vezes a área do primeiro quadrante (veja a Figura 2). A parte da elipse no primeiro quadrante é dada pela função

$$y = \frac{b}{a}\sqrt{a^2 - x^2} \qquad 0 \leq x \leq a$$

e, assim,

$$\tfrac{1}{4} A = \int_0^a \frac{b}{a}\sqrt{a^2 - x^2}\, dx$$

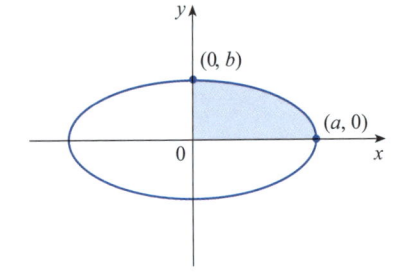

FIGURA 2
$\frac{x^2}{a^2} + \frac{y^2}{b^2} = 1$

Para calcularmos essa integral, substituímos $x = a$ sen θ. Então, $dx = a \cos \theta\, d\theta$. Para mudarmos os limites de integração, notamos que quando $x = 0$, sen $\theta = 0$, de modo que $\theta = 0$; quando $x = a$, sen $\theta = 1$, assim, $\theta = \pi/2$. Além disso,

$$\sqrt{a^2 - x^2} = \sqrt{a^2 - a^2 \text{sen}^2 \theta} = \sqrt{a^2 \cos^2 \theta} = a|\cos \theta| = a \cos \theta$$

já que $0 \leq \theta \leq \pi/2$. Portanto,

$$A = 4\frac{b}{a}\int_0^a \sqrt{a^2 - x^2}\, dx = 4\frac{b}{a}\int_0^{\pi/2} a \cos \theta \cdot a \cos \theta\, d\theta$$

$$= 4ab \int_0^{\pi/2} \cos^2 \theta\, d\theta = 4ab \int_0^{\pi/2} \tfrac{1}{2}(1 + \cos 2\theta)\, d\theta$$

$$= 2ab \left[\theta + \tfrac{1}{2} \text{sen } 2\theta \right]_0^{\pi/2} = 2ab\left(\frac{\pi}{2} + 0 - 0\right) = \pi ab$$

Mostramos que a área de uma elipse com semieixos a e b é πab. Em particular, considerando $a = b = r$, demonstramos a famosa fórmula que diz que a área de um círculo de raio r é πr^2.

OBSERVAÇÃO Como a integral no Exemplo 2 era uma integral definida, mudamos os limites da integração e não tivemos que converter de volta à variável x original.

EXEMPLO 3 Encontre $\int \dfrac{1}{x^2 \sqrt{x^2 + 4}}\, dx$.

SOLUÇÃO Se $x = 2$ tg θ, $-\pi/2 < \theta < \pi/2$. Então $dx = 2 \sec^2 \theta\, d\theta$ e

$$\sqrt{x^2 + 4} = \sqrt{4(\text{tg}^2 \theta + 1)} = \sqrt{4 \sec^2 \theta} = 2|\sec \theta| = 2 \sec \theta$$

Portanto, temos

$$\int \frac{dx}{x^2 \sqrt{x^2 + 4}} = \int \frac{2 \sec^2 \theta\, d\theta}{4\, \text{tg}^2 \theta \cdot 2 \sec \theta} = \frac{1}{4} \int \frac{\sec \theta}{\text{tg}^2 \theta}\, d\theta$$

Para calcularmos essa integral trigonométrica, colocamos tudo em termos de sen θ e cos θ:

$$\frac{\sec\theta}{\operatorname{tg}^2\theta} = \frac{1}{\cos\theta} \cdot \frac{\cos^2\theta}{\operatorname{sen}^2\theta} = \frac{\cos\theta}{\operatorname{sen}^2\theta}$$

Portanto, fazendo a substituição $u = \operatorname{sen}\theta$, temos

$$\int \frac{dx}{x^2\sqrt{x^2+4}} = \frac{1}{4}\int \frac{\cos\theta}{\operatorname{sen}^2\theta}d\theta = \frac{1}{4}\int \frac{du}{u^2}$$

$$= \frac{1}{4}\left(-\frac{1}{u}\right) + C = -\frac{1}{4\operatorname{sen}\theta} + C$$

$$= -\frac{\operatorname{cossec}\theta}{4} + C$$

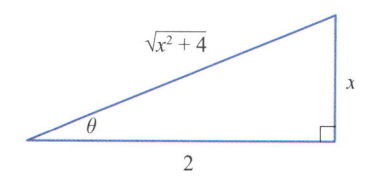

FIGURA 3

$\operatorname{tg}\theta = \dfrac{x}{2}$

Usamos a Figura 3 para determinar que $\operatorname{cossec}\theta = \sqrt{x^2+4}/x$ e, assim,

$$\int \frac{dx}{x^2\sqrt{x^2+4}} = -\frac{\sqrt{x^2+4}}{4x} + C \qquad \blacksquare$$

EXEMPLO 4 Encontre $\displaystyle\int \frac{x}{\sqrt{x^2+4}}\,dx$.

SOLUÇÃO Seria possível usar a substituição trigonométrica $x = 2\operatorname{tg}\theta$ aqui (como no Exemplo 3). Mas a substituição direta $u = x^2 + 4$ é mais simples, porque $du = 2x\,dx$ e

$$\int \frac{x}{\sqrt{x^2+4}}\,dx = \frac{1}{2}\int \frac{du}{\sqrt{u}} = \sqrt{u} + C = \sqrt{x^2+4} + C \qquad \blacksquare$$

OBSERVAÇÃO O Exemplo 4 ilustra o fato de que, mesmo quando as substituições trigonométricas são possíveis, elas nem sempre dão a solução mais fácil. Você deve primeiro procurar um método mais simples.

EXEMPLO 5 Calcule $\displaystyle\int \frac{dx}{\sqrt{x^2-a^2}}$, onde $a > 0$.

SOLUÇÃO 1 Seja $x = a\sec\theta$, onde $0 < \theta < \pi/2$ ou $\pi < \theta < 3\pi/2$. Então $dx = a\sec\theta\operatorname{tg}\theta\,d\theta$ e

$$\sqrt{x^2-a^2} = \sqrt{a^2(\sec^2\theta-1)} = \sqrt{a^2\operatorname{tg}^2\theta} = a|\operatorname{tg}\theta| = a\operatorname{tg}\theta$$

Portanto,

$$\int \frac{dx}{\sqrt{x^2-a^2}} = \int \frac{a\sec\theta\,\operatorname{tg}\theta}{a\operatorname{tg}\theta}d\theta = \int \sec\theta\,d\theta = \ln|\sec\theta + \operatorname{tg}\theta| + C$$

O triângulo da Figura 4 mostra que $\operatorname{tg}\theta = \sqrt{x^2-a^2}/a$, de modo que temos

$$\int \frac{dx}{\sqrt{x^2-a^2}} = \ln\left|\frac{x}{a} + \frac{\sqrt{x^2-a^2}}{a}\right| + C$$

$$= \ln\left|x + \sqrt{x^2-a^2}\right| - \ln a + C$$

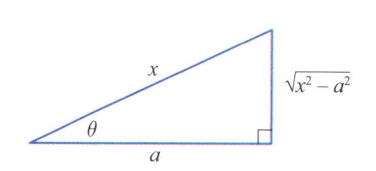

FIGURA 4

$\sec\theta = \dfrac{x}{a}$

Escrevendo $C_1 = C - \ln a$, temos

1
$$\int \frac{dx}{\sqrt{x^2-a^2}} = \ln\left|x + \sqrt{x^2-a^2}\right| + C_1$$

SOLUÇÃO 2 Para $x > 0$, a substituição hiperbólica $x = a \cosh t$ também pode ser usada. Usando a identidade $\cosh^2 y - \operatorname{senh}^2 y = 1$, temos

$$\sqrt{x^2 - a^2} = \sqrt{a^2(\cosh^2 t - 1)} = \sqrt{a^2 \operatorname{senh}^2 t} = a \operatorname{senh} t$$

Como $dx = a \operatorname{senh} t \, dt$, obtemos

$$\int \frac{dx}{\sqrt{x^2 - a^2}} = \int \frac{a \operatorname{senh} t \, dt}{a \operatorname{senh} t} = \int dt = t + C$$

Como $\cosh t = x/a$, temos $t = \cosh^{-1}(x/a)$ e

$$\boxed{2} \qquad \int \frac{dx}{\sqrt{x^2 - a^2}} = \cosh^{-1}\left(\frac{x}{a}\right) + C$$

Embora as Fórmulas 1 e 2 pareçam muito diferentes, elas são realmente equivalentes pela Fórmula 3.11.4. ∎

OBSERVAÇÃO Como o Exemplo 5 ilustra, as substituições hiperbólicas podem ser utilizadas no lugar das substituições trigonométricas e elas, às vezes, nos levam a respostas mais simples. Mas geralmente usamos substituições trigonométricas, porque as identidades trigonométricas são mais familiares que as identidades hiperbólicas.

> Como o Exemplo 6 mostra, a substituição trigonométrica é, algumas vezes, uma boa ideia quando $(x^2 + a^2)^{n/2}$ ocorre em uma integral, onde n é um inteiro arbitrário. O mesmo é verdade quando $(a^2 - x^2)^{n/2}$ ou $(x^2 - a^2)^{n/2}$ ocorrem.

EXEMPLO 6 Encontre $\int_0^{3\sqrt{3}/2} \frac{x^3}{(4x^2 + 9)^{3/2}} \, dx$.

SOLUÇÃO Primeiro observamos que $(4x^2 + 9)^{3/2} = \left(\sqrt{4x^2 + 9}\right)^3$, portanto a substituição trigonométrica é apropriada. Embora $\sqrt{4x^2 + 9}$ não seja exatamente uma expressão da tabela de substituições trigonométricas, ela se torna parte delas quando fazemos a substituição preliminar $u = 2x$, que leva a $\sqrt{u^2 + 9}$. Em seguida, substituímos $u = 3 \operatorname{tg} \theta$ ou, de forma equivalente, $x = \frac{3}{2} \operatorname{tg} \theta$, o que resulta em $dx = \frac{3}{2} \sec^2 \theta \, d\theta$ e

$$\sqrt{4x^2 + 9} = \sqrt{9 \operatorname{tg}^2 \theta + 9} = 3 \sec \theta$$

Quando $x = 0$, $\operatorname{tg} \theta = 0$, assim $\theta = 0$; quando $x = 3\sqrt{3}/2$, $\operatorname{tg} \theta = \sqrt{3}$, logo $\theta = \pi/3$. Portanto,

$$\int_0^{3\sqrt{3}/2} \frac{x^3}{(4x^2 + 9)^{3/2}} \, dx = \int_0^{\pi/3} \frac{\frac{27}{8} \operatorname{tg}^3 \theta}{27 \sec^3 \theta} \frac{3}{2} \sec^2 \theta \, d\theta$$

$$= \tfrac{3}{16} \int_0^{\pi/3} \frac{\operatorname{tg}^3 \theta}{\sec \theta} \, d\theta = \tfrac{3}{16} \int_0^{\pi/3} \frac{\operatorname{sen}^3 \theta}{\cos^2 \theta} \, d\theta$$

$$= \tfrac{3}{16} \int_0^{\pi/3} \frac{1 - \cos^2 \theta}{\cos^2 \theta} \operatorname{sen} \theta \, d\theta$$

Agora substituímos $u = \cos \theta$, de modo que $du = -\operatorname{sen} \theta \, d\theta$. Quando $\theta = 0$, $u = 1$; quando $\theta = \pi/3$, $u = \frac{1}{2}$. Portanto,

$$\int_0^{3\sqrt{3}/2} \frac{x^3}{(4x^2 + 9)^{3/2}} \, dx = -\tfrac{3}{16} \int_1^{1/2} \frac{1 - u^2}{u^2} \, du$$

$$= \tfrac{3}{16} \int_1^{1/2} (1 - u^{-2}) \, du = \tfrac{3}{16} \left[u + \frac{1}{u} \right]_1^{1/2}$$

$$= \tfrac{3}{16} \left[\left(\tfrac{1}{2} + 2\right) - (1 + 1) \right] = \tfrac{3}{32} \qquad \blacksquare$$

EXEMPLO 7 Calcule $\int \dfrac{x}{\sqrt{3-2x-x^2}}\,dx$.

SOLUÇÃO Podemos transformar o integrando em uma função para a qual a substituição trigonométrica é apropriada completando primeiramente o quadrado sob o sinal da raiz:

$$3 - 2x - x^2 = 3 - (x^2 + 2x) = 3 + 1 - (x^2 + 2x + 1)$$
$$= 4 - (x+1)^2$$

Isso sugere que façamos a substituição $u = x + 1$. Então $du = dx$ e $x = u - 1$, de modo que

$$\int \dfrac{x}{\sqrt{3-2x-x^2}}\,dx = \int \dfrac{u-1}{\sqrt{4-u^2}}\,du$$

Agora substituímos $u = 2\,\text{sen}\,\theta$, obtendo $du = 2\cos\theta\,d\theta$ e $\sqrt{4-u^2} = 2\cos\theta$, de forma que

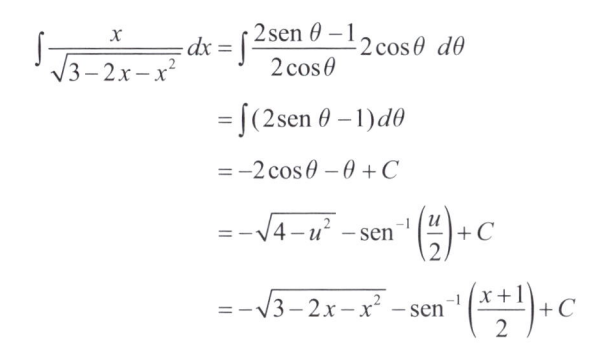

$$\int \dfrac{x}{\sqrt{3-2x-x^2}}\,dx = \int \dfrac{2\,\text{sen}\,\theta - 1}{2\cos\theta}\,2\cos\theta\,d\theta$$
$$= \int (2\,\text{sen}\,\theta - 1)\,d\theta$$
$$= -2\cos\theta - \theta + C$$
$$= -\sqrt{4-u^2} - \text{sen}^{-1}\left(\dfrac{u}{2}\right) + C$$
$$= -\sqrt{3-2x-x^2} - \text{sen}^{-1}\left(\dfrac{x+1}{2}\right) + C$$

A Figura 5 mostra os gráficos do integrando no Exemplo 7 e de sua integral indefinida (com $C = 0$). Qual é qual?

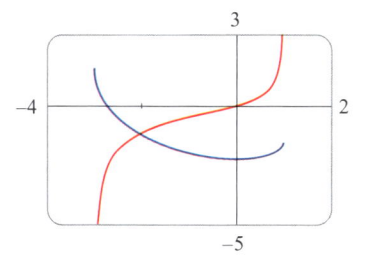

FIGURA 5

7.3 | Exercícios

1-4 (a) Determine uma substituição trigonométrica apropriada.
(b) Aplique a substituição para transformar a integral em uma integral trigonométrica. Não é necessário calcular a integral.

1. $\int \dfrac{x^3}{\sqrt{1+x^2}}\,dx$ **2.** $\int \dfrac{x^3}{\sqrt{9-x^2}}\,dx$

3. $\int \dfrac{x^2}{\sqrt{x^2-2}}\,dx$ **4.** $\int \dfrac{x^3}{(9-4x^2)^{3/2}}\,dx$

5-8 Calcule a integral usando a substituição trigonométrica indicada. Esboce e coloque legendas no triângulo retângulo associado.

5. $\int \dfrac{x^3}{\sqrt{1-x^2}}\,dx$ $x = \text{sen}\,\theta$

6. $\int \dfrac{x^3}{\sqrt{9+x^2}}\,dx$ $x = 3\,\text{tg}\,\theta$

7. $\int \dfrac{\sqrt{4x^2-25}}{x}\,dx$ $x = \tfrac{5}{2}\sec\theta$

8. $\int \dfrac{\sqrt{2-x^2}}{x^2}\,dx$ $x = \sqrt{2}\,\text{sen}\,\theta$

9-36 Calcule a integral.

9. $\int x^3\sqrt{16+x^2}\,dx$ **10.** $\int \dfrac{x^2}{\sqrt{9-x^2}}\,dx$

11. $\int \dfrac{\sqrt{x^2-1}}{x^4}\,dx$

12. $\int_0^3 \dfrac{x}{\sqrt{36-x^2}}\,dx$

13. $\int_0^3 \dfrac{dx}{(a^2+x^2)^{3/2}}$, $a > 0$

14. $\int \dfrac{dt}{t^2\sqrt{t^2-16}}$

15. $\int_2^3 \dfrac{dx}{(x^2-1)^{3/2}}$

16. $\int_0^{2/3} \sqrt{4-9x^2}\,dx$

17. $\int_0^{1/2} x\sqrt{1-4x^2}\,dx$

18. $\int_0^2 \dfrac{dt}{\sqrt{4+t^2}}$

19. $\int \dfrac{\sqrt{x^2-9}}{x^3}\,dx$

20. $\int_0^1 \dfrac{dx}{(x^2+1)^2}$

21. $\int_0^a x^2\sqrt{a^2-x^2}\,dx$

22. $\int_{1/4}^{\sqrt{3}/4} \sqrt{1-4x^2}\,dx$

23. $\int \dfrac{x}{\sqrt{x^2-7}}\,dx$

24. $\int \dfrac{x}{\sqrt{1+x^2}}\,dx$

25. $\int \dfrac{\sqrt{1+x^2}}{x}\,dx$

26. $\int_0^{0,3} \dfrac{x}{(9-25x^2)^{3/2}}\,dx$

27. $\int_0^{0,6} \dfrac{x^2}{\sqrt{9-25x^2}}\,dx$ **28.** $\int_0^1 \sqrt{x^2+1}\,dx$

29. $\int \dfrac{dx}{\sqrt{x^2+2x+5}}$ **30.** $\int_0^1 \sqrt{x-x^2}\,dx$

31. $\int x^2\sqrt{3+2x-x^2}\,dx$ **32.** $\int \dfrac{x^2}{(3+4x-4x^2)^{3/2}}\,dx$

33. $\int \sqrt{x^2+2x}\,dx$ **34.** $\int \dfrac{x^2+1}{(x^2-2x+2)^2}\,dx$

35. $\int x\sqrt{1-x^4}\,dx$ **36.** $\int_0^{\pi/2} \dfrac{\cos t}{\sqrt{1+\operatorname{sen}^2 t}}\,dt$

37. (a) Use substituição trigonométrica para mostrar que

$$\int \dfrac{dx}{\sqrt{x^2+a^2}} = \ln\left(x+\sqrt{x^2+a^2}\right)+C$$

(b) Use a substituição hiperbólica $x = a\operatorname{senh} t$ para mostrar que

$$\int \dfrac{dx}{\sqrt{x^2+a^2}} = \operatorname{senh}^{-1}\left(\dfrac{x}{a}\right)+C$$

Essas fórmulas estão interligadas pela Fórmula 3.11.3.

38. Calcule

$$\int \dfrac{x^2}{(x^2+a^2)^{3/2}} = dx$$

(a) por substituição trigonométrica.
(b) por substituição hiperbólica $x = a\operatorname{senh} t$.

39. Encontre o valor médio de $f(x) = \sqrt{x^2-1}/x$, $1 \le x \le 7$.

40. Encontre a área da região delimitada pela hipérbole $9x^2 - 4y^2 = 36$ e pela reta $x = 3$.

41. Demonstre a fórmula $A = \tfrac{1}{2}r^2\theta$ para a área de um setor circular com raio r e ângulo central θ. [Dica: Suponha que $0 < \theta < \pi/2$ e coloque o centro do círculo na origem, assim ele terá a equação $x^2 + y^2 = r^2$. Então A é a soma da área do triângulo POQ e a área da região PQR na figura.]

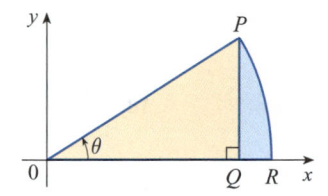

42. Calcule a integral

$$\int \dfrac{dx}{x^4\sqrt{x^2-2}}$$

Coloque em um gráfico o integrando e a integral indefinida e verifique se sua resposta é razoável.

43. Encontre o volume do sólido obtido pela rotação em torno do eixo x da região delimitada pelas curvas $y = 9/(x^2+9)$, $y = 0$, $x = 0$ e $x = 3$.

44. Encontre o volume do sólido obtido pela rotação em torno da reta $x = 1$ da região sob a curva $y = x\sqrt{1-x^2}$, $0 \le x \le 1$.

45. (a) Use substituição trigonométrica para verificar que

$$\int_0^x \sqrt{a^2-t^2}\,dt = \tfrac{1}{2}a^2\operatorname{sen}^{-1}(x/a) + \tfrac{1}{2}x\sqrt{a^2-x^2}$$

(b) Use a figura para dar interpretações geométricas de ambos os termos no lado direito da equação na parte (a).

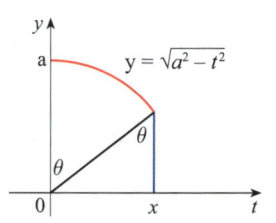

46. A parábola $y = \tfrac{1}{2}x^2$ divide o disco $x^2 + y^2 \le 8$ em duas partes. Encontre as áreas de ambas as partes.

47. Um toro é gerado pela rotação do círculo $x^2 + (y-R)^2 = r^2$ ao redor do eixo x. Ache o volume delimitado pelo toro.

48. Uma barra carregada de comprimento L produz um campo elétrico no ponto $P(a, b)$ dado por

$$E(P) = \int_{-a}^{L-a} \dfrac{\lambda b}{4\pi\varepsilon_0 (x^2+b^2)^{3/2}}\,dx$$

onde λ é a densidade de carga por unidade de comprimento da barra e ε_0, a permissividade do vácuo (veja a figura). Calcule a integral para determinar uma expressão para o campo elétrico $E(P)$.

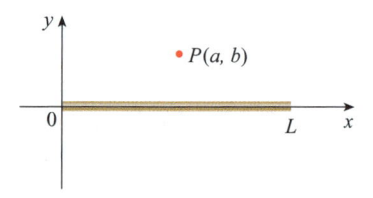

49. Encontre a área da região em forma de *lua crescente* delimitada pelos arcos dos círculos de raios r e R. (Veja a figura.)

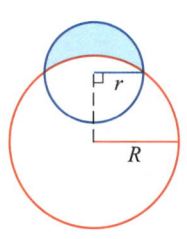

50. Um tanque de armazenamento de água tem a forma de um cilindro com diâmetro de 10 m. Ele está montado de forma que as secções transversais circulares são verticais. Se a profundidade da água é 7 m, qual a porcentagem da capacidade total usada?

7.4 Integração de Funções Racionais por Frações Parciais

Nesta seção mostraremos como integrar qualquer função racional (um quociente de polinômios) expressando-a como uma soma de frações mais simples, chamadas *frações parciais*, que já sabemos como integrar. Para ilustrarmos o método, observe que, levando as frações $2/(x-1)$ e $1/(x+2)$ a um denominador comum, obtemos

$$\frac{2}{x-1} - \frac{1}{x+2} = \frac{2(x+2)-(x-1)}{(x-1)(x+2)} = \frac{x+5}{x^2+x-2}$$

Se agora revertermos o procedimento, veremos como integrar a função no lado direito desta equação:

$$\int \frac{x+5}{x^2+x-2} dx = \int \left(\frac{2}{x-1} - \frac{1}{x+2} \right) dx$$
$$= 2\ln|x-1| - \ln|x+2| + C$$

■ O Método de Frações Parciais

Para vermos como o método de frações parciais funciona em geral, consideremos a função racional

$$f(x) = \frac{P(x)}{Q(x)}$$

onde P e Q são polinômios. É possível expressar f como uma soma de frações mais simples, desde que o grau de P seja menor que o grau de Q. Essa função racional é denominada *própria*. Lembre-se de que se

$$P(x) = a_n x^n + a_{n-1} x^{n-1} + \cdots + a_1 x + a_0$$

onde $a_n \neq 0$, então o grau de P é n e escrevemos $\text{gr}(P) = n$.

Se f for *imprópria*, isto é, $\text{gr}(P) \geq \text{gr}(Q)$, então devemos fazer uma etapa preliminar, dividindo Q por P (por divisão de polinômios) até o resto $R(x)$ ser obtido com $\text{gr}(R) < \text{gr}(Q)$. O resultado é

$$\boxed{1} \qquad f(x) = \frac{P(x)}{Q(x)} = S(x) + \frac{R(x)}{Q(x)}$$

onde S e R também são polinômios.

Como o exemplo a seguir mostra, algumas vezes essa etapa preliminar é tudo de que precisamos.

EXEMPLO 1 Encontre $\int \frac{x^3+x}{x-1} dx$.

SOLUÇÃO Como o grau do numerador é maior que o grau do denominador, primeiro devemos realizar a divisão. Isso nos permite escrever

$$\int \frac{x^3+x}{x-1} dx = \int \left(x^2 + x + 2 + \frac{2}{x-1} \right) dx$$
$$= \frac{x^3}{3} + \frac{x^2}{2} + 2x + 2\ln|x-1| + C \qquad \blacksquare$$

$$\begin{array}{r|l} x^3 + x & \underline{x-1} \\ -[x^3 - x^2] & x^2 + x + 2 \\ \hline x^2 + x & \\ -[x^2 - x] & \\ \hline 2x & \\ -[2x - 2] & \\ \hline 2 & \end{array}$$

Quando $Q(x)$, o denominador da Equação 1, é fatorável, o passo seguinte consiste em fatorá-lo tanto quanto possível. É possível demonstrar que qualquer polinômio Q pode ser fatorado como um produto de fatores lineares (da forma $ax + b$) e fatores quadráticos irredutíveis (da forma $ax^2 + bx + c$, onde $b^2 - 4ac < 0$). Por exemplo, se $Q(x) = x^4 - 16$, poderíamos fatorá-lo como

$$Q(x) = (x^2 - 4)(x^2 + 4) = (x - 2)(x + 2)(x^2 + 4)$$

A terceira etapa é expressar a função racional própria $R(x)/Q(x)$ (da Equação 1) como uma soma das **frações parciais** da forma

$$\frac{A}{(ax+b)^i} \quad \text{ou} \quad \frac{Ax+B}{(ax^2+bx+c)^j}$$

Um teorema na álgebra garante que é sempre possível fazer isso. Explicamos os detalhes para os quatro casos que ocorrem.

CASO I O denominador $Q(x)$ é um produto de fatores lineares distintos.

Isso significa que podemos escrever

$$Q(x) = (a_1 x + b_1)(a_2 x + b_2) \cdots (a_k x + b_k)$$

onde nenhum fator é repetido (e nenhum fator é múltiplo constante do outro). Nesse caso, o teorema das frações parciais afirma que existem constantes $A_1, A_2, \ldots, A_k$ tais que

$$\boxed{2} \qquad \frac{R(x)}{Q(x)} = \frac{A_1}{a_1 x + b_1} + \frac{A_2}{a_2 x + b_2} + \cdots + \frac{A_k}{a_k x + b_k}$$

Essas constantes podem ser determinadas como no exemplo seguinte.

EXEMPLO 2 Calcule $\int \dfrac{x^2 + 2x - 1}{2x^3 + 3x^2 - 2x} dx$.

SOLUÇÃO Como o grau do numerador é menor que o grau do denominador, não precisamos dividir. Fatoramos o denominador como

$$2x^3 + 3x^2 - 2x = x(2x^2 + 3x - 2) = x(2x - 1)(x + 2)$$

Como o denominador tem três fatores lineares distintos, a decomposição em frações parciais do integrando (2) tem a forma

$$\boxed{3} \qquad \frac{x^2 + 2x - 1}{x(2x-1)(x+2)} = \frac{A}{x} + \frac{B}{2x-1} + \frac{C}{x+2}$$

> Um outro método para encontrar A, B e C é dado na observação após este exemplo.

Para determinarmos os valores de A, B e C, multiplicamos os lados dessa equação pelo menos comum dos denominadores, $x(2x - 1)(x + 2)$, obtendo

$$\boxed{4} \qquad x^2 + 2x - 1 = A(2x - 1)(x + 2) + Bx(x + 2) + Cx(2x - 1)$$

Expandindo o lado direito da Equação 4 e escrevendo-a na forma padrão para os polinômios, temos

$$\boxed{5} \qquad x^2 + 2x - 1 = (2A + B + 2C)x^2 + (3A + 2B - C)x - 2A$$

Os polinômios em cada lado da Equação 5 são idênticos, então seus coeficientes de termos correspondentes devem ser iguais. O coeficiente x^2 do lado direito, $2A + B + 2C$, deve ser igual ao coeficiente de x^2 do lado esquerdo, ou seja, 1. Do mesmo modo, os coeficientes de x são iguais e os termos constantes também. Isso resulta no seguinte sistema de equações para A, B e C:

$$\begin{aligned} 2A + B + 2C &= 1 \\ 3A + 2B - C &= 2 \\ -2A &= -1 \end{aligned}$$

Resolvendo, obtemos $A = \frac{1}{2}$, $B = \frac{1}{5}$ e $C = -\frac{1}{10}$, e assim

$$\int \frac{x^2 + 2x - 1}{2x^3 + 3x^2 - 2x} dx = \int \left(\frac{1}{2} \frac{1}{x} + \frac{1}{5} \frac{1}{2x-1} - \frac{1}{10} \frac{1}{x+2} \right) dx$$

$$= \tfrac{1}{2} \ln|x| + \tfrac{1}{10} \ln|2x-1| - \tfrac{1}{10} \ln|x+2| + K$$

Ao integrarmos o termo do meio, fizemos mentalmente a substituição $u = 2x - 1$, que resulta em $du = 2\,dx$ e $dx = \tfrac{1}{2} du$. ∎

Poderíamos conferir nosso resultado tomando o denominador comum dos termos e depois somando-os.

OBSERVAÇÃO Podemos usar um método alternativo para encontrar os coeficientes A, B e C no Exemplo 2. A Equação 4 é uma identidade; é verdadeira para cada valor de x. Vamos escolher valores de x que simplificam a equação. Se colocarmos $x = 0$ na Equação 4, então o segundo e terceiro termos do lado direito desaparecerão, e a equação será $-2A = -1$, ou $A = \tfrac{1}{2}$. Da mesma forma, $x = \tfrac{1}{2}$ dá $5B/4 = \tfrac{1}{4}$ e $x = -2$ resulta em $10C = 1$, assim, $B = \tfrac{1}{5}$ e $C = -\tfrac{1}{10}$. (Você pode argumentar que a Equação 3 não é válida para $x = 0$, $\tfrac{1}{2}$ ou -2, então, por que a Equação 4 deveria ser válida para aqueles valores? Na verdade, a Equação 4 é válida para todos os valores de x, até para $x = 0$, $\tfrac{1}{2}$ e -2. Veja o Exercício 4.7.75 para obter uma explicação.)

EXEMPLO 3 Encontre $\int \frac{dx}{x^2 - a^2}$, onde $a \neq 0$.

SOLUÇÃO O método das frações parciais fornece

$$\frac{1}{x^2 - a^2} = \frac{1}{(x-a)(x+a)} = \frac{A}{x-a} + \frac{B}{x+a}$$

e, portanto,

$$A(x+a) + B(x-a) = 1$$

Usando o método da observação anterior, colocamos $x = a$ nessa equação e obtemos $A(2a) = 1$, assim, $A = 1/(2a)$. Se colocarmos $x = -a$, obteremos $B(-2a) = 1$, assim, $B = -1/(2a)$. Logo,

$$\int \frac{dx}{x^2 - a^2} = \frac{1}{2a} \int \left(\frac{1}{x-a} - \frac{1}{x+a} \right) dx$$

$$= \frac{1}{2a} (\ln|x-a| - \ln|x+a|) + C$$

Como $\ln x - \ln y = \ln(x/y)$, podemos escrever a integral como

6
$$\int \frac{dx}{x^2 - a^2} = \frac{1}{2a} \ln \left| \frac{x-a}{x+a} \right| + C$$

(Veja os Exercícios 61 e 62 para obter formas de usar a Fórmula 6.) ∎

CASO II $Q(x)$ é um produto de fatores lineares, e alguns dos fatores são repetidos.

Suponha que o primeiro fator linear $(a_1 x + b_1)$ seja repetido r vezes; isto é, $(a_1 x + b_1)^r$ ocorre na fatoração de $Q(x)$. Então, em vez de um único termo $A_1/(a_1 x + b_1)$ na Equação 2, usaríamos

7
$$\frac{A_1}{a_1 x + b_1} + \frac{A_2}{(a_1 x + b_1)^2} + \cdots + \frac{A_r}{(a_1 x + b_1)^r}$$

Para ilustrarmos, poderíamos escrever

$$\frac{x^3 - x + 1}{x^2 (x-1)^3} = \frac{A}{x} + \frac{B}{x^2} + \frac{C}{x-1} + \frac{D}{(x-1)^2} + \frac{E}{(x-1)^3}$$

mas é preferível detalhar um exemplo mais simples.

EXEMPLO 4 Encontre $\int \dfrac{x^4 - 2x^2 - 4x + 1}{x^3 - x^2 - x + 1} dx$.

SOLUÇÃO A primeira etapa é dividir. O resultado da divisão de polinômios é

$$\frac{x^4 - 2x^2 - 4x + 1}{x^3 - x^2 - x + 1} = x + 1 + \frac{4x}{x^3 - x^2 - x + 1}$$

A segunda etapa é fatorar o denominador $Q(x) = x^3 - x^2 - x + 1$. Como $Q(1) = 0$, sabemos que $x - 1$ é um fator e obtemos

$$x^3 - x^2 - x + 1 = (x-1)(x^2-1) = (x-1)(x-1)(x+1)$$
$$= (x-1)^2(x+1)$$

Como o fator linear $x - 1$ ocorre duas vezes, a decomposição em frações parciais é

$$\frac{4x}{(x-1)^2(x+1)} = \frac{A}{x-1} + \frac{B}{(x-1)^2} + \frac{C}{x+1}$$

Multiplicando pelo mínimo denominador comum, $(x - 1)^2 (x + 1)$, temos

$$\boxed{8} \qquad 4x = A(x-1)(x+1) + B(x+1) + C(x-1)^2$$
$$= (A+C)x^2 + (B-2C)x + (-A+B+C)$$

Agora igualamos os coeficientes:

$$A \quad + \quad C = 0$$
$$B - 2C = 4$$
$$-A + B + C = 0$$

Resolvendo, obtemos $A = 1$, $B = 2$ e $C = -1$; assim

$$\int \frac{x^4 - 2x^2 + 4x + 1}{x^3 - x^2 - x + 1} dx = \int \left[x + 1 + \frac{1}{x-1} + \frac{2}{(x-1)^2} - \frac{1}{x+1} \right] dx$$
$$= \frac{x^2}{2} + x + \ln|x-1| - \frac{2}{x-1} - \ln|x+1| + K$$
$$= \frac{x^2}{2} + x - \frac{2}{x-1} + \ln\left|\frac{x-1}{x+1}\right| + K \qquad\blacksquare$$

OBSERVAÇÃO Também poderíamos determinar os coeficientes A, B e C do Exemplo 4 adotando o método apresentado após o Exemplo 2. Substituindo $x = 1$ na Equação 8, obtemos $4 = 2B$, de modo que $B = 2$. Analogamente, substituindo $x = -1$, obtemos $-4 = 4C$, de modo que $C = -1$. Como não há um valor de x que faça com que tanto o segundo quanto o terceiro termo do lado direito da Equação 8 se anulem, não conseguimos encontrar tão facilmente o valor de A. Entretanto, podemos escolher um terceiro valor para x que forneça uma relação útil entre A, B e C. Por exemplo, $x = 0$ fornece $0 = -A + B + C$, o que resulta em $A = 1$.

CASO III $Q(x)$ **contém fatores quadráticos irredutíveis, nenhum dos quais se repete.**

Se $Q(x)$ tiver o fator $ax^2 + bx + c$, onde $b^2 - 4ac < 0$, então, além das frações parciais nas Equações 2 e 7, a expressão para $R(x)/Q(x)$ terá um termo da forma

$$\boxed{9} \qquad \frac{Ax + B}{ax^2 + bx + c}$$

onde A e B são constantes a serem determinadas. Por exemplo, a função dada por $f(x) = x/[(x - 2)(x^2 + 1)(x^2 + 4)]$ tem uma decomposição em frações parciais da forma

$$\frac{x}{(x-2)(x^2+1)(x^2+4)} = \frac{A}{x-2} + \frac{Bx+C}{x^2+1} + \frac{Dx+E}{x^2+4}$$

O termo dado em (9) pode ser integrado completando o quadrado (se necessário) e usando a fórmula

$$\boxed{\int \frac{dx}{x^2+a^2} = \frac{1}{a}\operatorname{tg}^{-1}\left(\frac{x}{a}\right) + C}$$

[10]

EXEMPLO 5 Calcule $\int \dfrac{2x^2 - x + 4}{x^3 + 4x} dx$.

SOLUÇÃO Como $x^3 + 4x = x(x^2 + 4)$ não pode ser mais fatorado, escrevemos

$$\frac{2x^2 - x + 4}{x(x^2+4)} = \frac{A}{x} + \frac{Bx+C}{x^2+4}$$

Multiplicando por $x(x^2 + 4)$, temos

$$2x^2 - x + 4 = A(x^2 + 4) + (Bx + C)x$$
$$= (A + B)x^2 + Cx + 4A$$

Igualando os coeficientes, obtemos

$$A + B = 2 \qquad C = -1 \qquad 4A = 4$$

Então $A = 1$, $B = 1$ e $C = -1$ e, assim,

$$\int \frac{2x^2 - x + 4}{x^3 + 4x} dx = \int \left(\frac{1}{x} + \frac{x-1}{x^2+4}\right) dx$$

Para integrarmos o segundo termo, nós o dividimos em duas partes:

$$\int \frac{x-1}{x^2+4} dx = \int \frac{x}{x^2+4} dx - \int \frac{1}{x^2+4} dx$$

Fazemos a substituição $u = x^2 + 4$ na primeira das integrais de modo que $du = 2x\, dx$. Calculamos a segunda integral usando a Fórmula 10 com $a = 2$:

$$\int \frac{2x^2 - x + 4}{x(x^2+4)} dx = \int \frac{1}{x} dx + \int \frac{x}{x^2+4} dx - \int \frac{1}{x^2+4} dx$$
$$= \ln|x| + \tfrac{1}{2}\ln(x^2+4) - \tfrac{1}{2}\operatorname{tg}^{-1}(x/2) + K \qquad \blacksquare$$

EXEMPLO 6 Calcule $\int \dfrac{4x^2 - 3x + 2}{4x^2 - 4x + 3} dx$.

SOLUÇÃO Como o grau do numerador *não é menor que* o grau do denominador, primeiro dividimos e obtemos

$$\frac{4x^2 - 3x + 2}{4x^2 - 4x + 3} = 1 + \frac{x-1}{4x^2 - 4x + 3}$$

Observe que o termo quadrático $4x^2 - 4x + 3$ é irredutível, porque seu discriminante é $b^2 - 4ac = -32 < 0$. Isso significa que este não pode ser fatorado, então não precisamos usar a técnica de frações parciais.

Para integrarmos a função dada completamos o quadrado no denominador:

$$4x^2 - 4x + 3 = (2x-1)^2 + 2$$

Isso sugere que façamos a substituição $u = 2x - 1$. Então $du = 2\,dx$ e $x = \tfrac{1}{2}(u+1)$; assim

$$\int \frac{4x^2 - 3x + 2}{4x^2 - 4x + 3}\,dx = \int \left(1 + \frac{x-1}{4x^2 - 4x + 3}\right)dx$$

$$= x + \tfrac{1}{2}\int \frac{\tfrac{1}{2}(u+1) - 1}{u^2 + 2}\,du = x + \tfrac{1}{4}\int \frac{u - 1}{u^2 + 2}\,du$$

$$= x + \tfrac{1}{4}\int \frac{u}{u^2 + 2}\,du - \tfrac{1}{4}\int \frac{1}{u^2 + 2}\,du$$

$$= x + \tfrac{1}{8}\ln(u^2 + 2) - \tfrac{1}{4}\cdot\tfrac{1}{\sqrt{2}}\,\operatorname{tg}^{-1}\left(\frac{u}{\sqrt{2}}\right) + C$$

$$= x + \tfrac{1}{8}\ln(4x^2 - 4x + 3) - \frac{1}{4\sqrt{2}}\,\operatorname{tg}^{-1}\left(\frac{2x-1}{\sqrt{2}}\right) + C \quad\blacksquare$$

OBSERVAÇÃO O Exemplo 6 ilustra o procedimento geral para se integrar uma fração parcial da forma

$$\frac{Ax + B}{ax^2 + bx + c} \qquad \text{onde}\quad b^2 - 4ac < 0$$

Completamos o quadrado no denominador e então fazemos uma substituição que traz a integral para a forma

$$\int \frac{Cu + D}{u^2 + a^2}\,du = C\int \frac{u}{u^2 + a^2}\,du + D\int \frac{1}{u^2 + a^2}\,du$$

Então, a primeira integral é um logaritmo, e a segunda é expressa em termos de tg^{-1}.

CASO IV $Q(x)$ contém fatores quadráticos irredutíveis repetidos.

Se $Q(x)$ tiver um fator $(ax^2 + bx + c)^r$, onde $b^2 - 4ac < 0$, então, em vez de uma única fração parcial (9), a soma

$$\boxed{11} \qquad \frac{A_1 x + B_1}{ax^2 + bx + c} + \frac{A_2 x + B_2}{(ax^2 + bx + c)^2} + \cdots + \frac{A_r x + B_r}{(ax^2 + bx + c)^r}$$

ocorre na decomposição em frações parciais de $R(x)/Q(x)$. Cada um dos termos de (11) pode ser integrado usando uma substituição ou completando primeiramente o quadrado, se necessário.

EXEMPLO 7 Escreva a forma da decomposição em frações parciais da função

$$\frac{x^3 + x^2 + 1}{x(x-1)(x^2 + x + 1)(x^2 + 1)^3}$$

SOLUÇÃO

$$\frac{x^3 + x^2 + 1}{x(x-1)(x^2 + x + 1)(x^2 + 1)^3}$$

$$= \frac{A}{x} + \frac{B}{x-1} + \frac{Cx + D}{x^2 + x + 1} + \frac{Ex + F}{x^2 + 1} + \frac{Gx + H}{(x^2 + 1)^2} + \frac{Ix + J}{(x^2 + 1)^3} \quad\blacksquare$$

Seria extremamente entediante o cálculo manual dos valores numéricos dos coeficientes no Exemplo 7. A maioria dos sistemas de computação algébrica, no entanto, consegue encontrar os valores numéricos muito rapidamente:

$A = -1 \quad B = \tfrac{1}{8} \quad C = D = -1$
$E = \tfrac{15}{8} \quad F = -\tfrac{1}{8} \quad G = H = \tfrac{3}{4}$
$I = -\tfrac{1}{2} \quad J = \tfrac{1}{2}$

EXEMPLO 8 Calcule $\int \dfrac{1-x+2x^2-x^3}{x(x^2+1)^2}\,dx$.

SOLUÇÃO A forma da decomposição em frações parciais é

$$\frac{1-x+2x^2-x^3}{x(x^2+1)^2} = \frac{A}{x} + \frac{Bx+C}{x^2+1} + \frac{Dx+E}{(x^2+1)^2}$$

Multiplicando por $x(x^2+1)^2$, temos

$$\begin{aligned}
-x^3+2x^2-x+1 &= A(x^2+1)^2 + (Bx+C)x(x^2+1) + (Dx+E)x \\
&= A(x^4+2x^2+1) + B(x^4+x^2) + C(x^3+x) + Dx^2 + Ex \\
&= (A+B)x^4 + Cx^3 + (2A+B+D)x^2 + (C+E)x + A.
\end{aligned}$$

Se igualarmos os coeficientes, obteremos o sistema

$$A+B=0 \qquad C=-1 \qquad 2A+B+D=2 \qquad C+E=-1 \qquad A=1,$$

que tem a solução $A=1$, $B=-1$, $C=-1$, $D=1$ e $E=0$. Logo,

$$\begin{aligned}
\int \frac{1-x+2x^2-x^3}{x(x^2+1)^2}\,dx &= \int\left(\frac{1}{x} - \frac{x+1}{x^2+1} + \frac{x}{(x^2+1)^2}\right)dx \\
&= \int\frac{dx}{x} - \int\frac{x}{x^2+1}\,dx - \int\frac{dx}{x^2+1} + \int\frac{x\,dx}{(x^2+1)^2} \\
&= \ln|x| - \tfrac{1}{2}\ln(x^2+1) - \operatorname{tg}^{-1}x - \frac{1}{2(x^2+1)} + K
\end{aligned}$$

No segundo e no quarto termos, fizemos mentalmente a substituição $u = x^2 + 1$.

OBSERVAÇÃO O Exemplo 8 funciona bastante bem porque o coeficiente E acabou sendo 0. Em geral, poderíamos obter um termo da forma $1/(x^2+1)^2$. Uma maneira de integrar um desses termos é fazer a substituição $x = \operatorname{tg}\theta$. Um outro método é usar a fórmula no Exercício 7.4.76.

As frações parciais podem, às vezes, ser evitadas na integração de funções racionais. Por exemplo, embora a integral

$$\int \frac{x^2+1}{x(x^2+3)}\,dx$$

possa ser calculada pelo método do Caso III, é muito mais fácil observar que se $u = x(x^2+3) = x^3 + 3x$, então $du = (3x^2+3)\,dx$ e, assim,

$$\int \frac{x^2+1}{x(x^2+3)}\,dx = \tfrac{1}{3}\ln|x^3+3x| + C$$

■ Substituições Racionalizantes

Algumas funções não racionais podem ser transformadas em funções racionais por meio de substituições apropriadas. Em particular, quando um integrando contém uma expressão da forma $\sqrt[n]{g(x)}$, então a substituição $u = \sqrt[n]{g(x)}$ pode ser eficaz. Outros exemplos aparecem nos exercícios.

EXEMPLO 9 Calcule $\int \dfrac{\sqrt{x+4}}{x}\,dx$.

SOLUÇÃO Seja $u = \sqrt{x+4}$. Então $u^2 = x+4$, de modo que, $x = u^2 - 4$ e $dx = 2u\,du$. Portanto,

$$\int \frac{\sqrt{x+4}}{x}\,dx = \int \frac{u}{u^2-4}\,2u\,du = 2\int \frac{u^2}{u^2-4}\,du = 2\int\left(1 + \frac{4}{u^2-4}\right)du$$

Podemos calcular essa integral fatorando $u^2 - 4$ em $(u-2)(u+2)$ e usando frações parciais ou usando a Fórmula 6 com $a = 2$:

$$\int \frac{\sqrt{x+4}}{x} dx = 2\int du + 8\int \frac{du}{u^2 - 4}$$

$$= 2u + 8 \cdot \frac{1}{2 \cdot 2} \ln\left|\frac{u-2}{u+2}\right| + C$$

$$= 2\sqrt{x+4} + 2\ln\left|\frac{\sqrt{x+4}-2}{\sqrt{x+4}+2}\right| + C$$

7.4 Exercícios

1-6 Escreva a forma da decomposição em frações parciais da função (como no Exemplo 7). Não determine os valores numéricos dos coeficientes.

1. (a) $\dfrac{1}{(x-3)(x+5)}$ (b) $\dfrac{2x+5}{(x-2)^2(x^2+2)}$

2. (a) $\dfrac{x-6}{x^2+x-6}$ (b) $\dfrac{1}{x^2+x^4}$

3. (a) $\dfrac{x^2+4}{x^3-3x^2+2x}$ (b) $\dfrac{x^3+x}{x(2x-1)^2(x^2+3)^2}$

4. (a) $\dfrac{5}{x^4-1}$ (b) $\dfrac{x^4+x+1}{(x^3-1)(x^2-1)}$

5. (a) $\dfrac{x^5+1}{(x^2-x)(x^4+2x^2+1)}$ (b) $\dfrac{x^2}{x^2+x-6}$

6. (a) $\dfrac{x^6}{x^2-4}$ (b) $\dfrac{x^4}{(x^2-x+1)(x^2+2)^2}$

7-40 Calcule a integral.

7. $\int \dfrac{5}{(x-1)(x+4)} dx$

8. $\int \dfrac{x-12}{x^2-4x} dx$

9. $\int \dfrac{5x+1}{(2x+1)(x-1)} dx$

10. $\int \dfrac{y}{(y+4)(2y-1)} dy$

11. $\int_0^1 \dfrac{2}{2x^2+3x+1} dx$

12. $\int_0^1 \dfrac{x-4}{x^2-5x+6} dx$

13. $\int \dfrac{1}{x(x-a)} dx$

14. $\int \dfrac{1}{(x+a)(x+b)} dx$

15. $\int \dfrac{x^2}{x-1} dx$

16. $\int \dfrac{3t-2}{t+1} dt$

17. $\int_1^2 \dfrac{4y^2-7y-12}{y(y+2)(y-3)} dy$

18. $\int_1^2 \dfrac{3x^2+6x+2}{x^2+3x+2} dx$

19. $\int_0^1 \dfrac{x^2+x+1}{(x+1)^2(x+2)} dx$

20. $\int_2^3 \dfrac{x(3-5x)}{(3x-1)(x-1)^2} dx$

21. $\int \dfrac{dt}{(t^2-1)^2}$

22. $\int \dfrac{3x^2+12x-20}{x^4-8x^2+16} dx$

23. $\int \dfrac{10}{(x-1)(x^2+9)} dx$

24. $\int \dfrac{3x^2-x+8}{x^3+4x} dx$

25. $\int_{-1}^0 \dfrac{x^3-4x+1}{x^2-3x+2} dx$

26. $\int_1^2 \dfrac{x^3+4x^2+x-1}{x^3+x^2} dx$

27. $\int \dfrac{4x}{x^3+x^2+x+1} dx$

28. $\int \dfrac{x^2+x+1}{(x^2+1)^2} dx$

29. $\int \dfrac{x^3+4x+3}{x^4+5x^2+4} dx$

30. $\int \dfrac{x^3+6x-2}{x^4+6x^2} dx$

31. $\int \dfrac{x+4}{x^2+2x+5} dx$

32. $\int_0^1 \dfrac{x}{x^2+4x+13} dx$

33. $\int \dfrac{1}{x^3-1} dx$

34. $\int \dfrac{x^3-2x^2+2x-5}{x^4+4x^2+3} dx$

35. $\int_0^1 \dfrac{x^3+2x}{x^4+4x^2+3} dx$

36. $\int \dfrac{x^5+x-1}{x^3+1} dx$

37. $\int \dfrac{5x^4+7x^2+x+2}{x(x^2+1)^2} dx$

38. $\int \dfrac{x^4+3x^2+1}{x^5+5x^3+5x} dx$

39. $\int \dfrac{x^2-3x+7}{(x^2-4x+6)^2} dx$

40. $\int \dfrac{x^3+2x^2+3x-2}{(x^2+2x+2)^2} dx$

41-56 Faça uma substituição para expressar o integrando como uma função racional e então calcule a integral.

41. $\int \dfrac{dx}{x\sqrt{x-1}}$

42. $\int \dfrac{dx}{2\sqrt{x+3}+x}$

43. $\int \dfrac{dx}{x^2+x\sqrt{x}}$

44. $\int_0^1 \dfrac{1}{1+\sqrt[3]{x}} dx$

45. $\int \dfrac{x^3}{\sqrt[3]{x^2+1}} dx$

46. $\int \dfrac{dx}{(1+\sqrt{x})^2}$

47. $\int \dfrac{1}{\sqrt{x}-\sqrt[3]{x}} dx$ [Dica: Substitua $u = \sqrt[6]{x}$.]

48. $\int \dfrac{1}{x-x^{1/5}} dx$

49. $\int \dfrac{1}{x-3\sqrt{x}+2} dx$

50. $\int \dfrac{\sqrt{1+\sqrt{x}}}{x} dx$

51. $\int \dfrac{e^{2x}}{e^{2x}+3e^x+2} dx$

52. $\int \dfrac{\operatorname{sen} x}{\cos^2 x - 3\cos x} dx$

53. $\int \dfrac{\sec^2 t}{\operatorname{tg}^2 t + 3\operatorname{tg} t + 2} dt$

54. $\int \dfrac{e^x}{(e^x-2)(e^{2x}+1)} dx$

55. $\int \dfrac{dx}{1+e^x}$ **56.** $\int \dfrac{\cosh t}{\operatorname{senh}^2 t + \operatorname{senh}^4 t}\,dt$

57-58 Use integração por partes, juntamente com as técnicas desta seção, para calcular a integral.

57. $\int \ln(x^2 - x + 2)\,dx$ **58.** $\int x\,\operatorname{tg}^{-1} x\,dx$

59. Use um gráfico de $f(x) = 1/(x^2 - 2x - 3)$ para decidir se $\int_0^2 f(x)\,dx$ é positiva ou negativa. Utilize o gráfico para dar uma estimativa aproximada do valor da integral e então use frações parciais para encontrar o valor exato.

60. Calcule
$$\int \frac{1}{x^2 + k}\,dx$$
considerando diversos casos para a constante k.

61-62 Calcule a integral completando o quadrado e usando a Fórmula 6.

61. $\int \dfrac{dx}{x^2 - 2x}$ **62.** $\int \dfrac{2x+1}{4x^2 + 12x - 7}\,dx$

63. Substituição Weierstrass O matemático alemão Karl Weierstrass (1815-1897) observou que a substituição $t = \operatorname{tg}(x/2)$ converte qualquer função racional de sen x e cos x em uma função racional ordinária de t.

(a) Se $t = \operatorname{tg}(x/2)$, $-\pi < x < \pi$, esboce um triângulo retângulo ou use as identidades trigonométricas para mostrar que
$$\cos \frac{x}{2} = \frac{1}{\sqrt{1+t^2}} \quad \text{e} \quad \operatorname{sen}\frac{x}{2} = \frac{t}{\sqrt{1+t^2}}$$

(b) Mostre que
$$\cos x = \frac{1-t^2}{1+t^2} \quad \text{e} \quad \operatorname{sen} x = \frac{2t}{1+t^2}$$

(c) Mostre que $dx = \dfrac{2}{1+t^2}\,dt$.

64-67 Use a substituição do Exercício 63 para transformar o integrando em uma função racional de t e então calcule a integral.

64. $\int \dfrac{dx}{1 - \cos x}$ **65.** $\int \dfrac{1}{3\operatorname{sen} x - 4\cos x}\,dx$

66. $\int_{\pi/3}^{\pi/2} \dfrac{1}{1 + \operatorname{sen} x - \cos x}\,dx$ **67.** $\int_0^{\pi/2} \dfrac{\operatorname{sen} 2x}{2 + \cos x}\,dx$

68-69 Encontre a área da região sob a curva dada de 1 até 2.

68. $y = \dfrac{1}{x^3 + x}$ **69.** $y = \dfrac{x^2 + 1}{3x - x^2}$

70. Encontre o volume do sólido resultante se a região sob a curva
$$y = \frac{1}{x^2 + 3x + 2}$$
de $x = 0$ a $x = 1$ for girada em torno do: (a) eixo x e (b) eixo y.

71. Um método de retardar o crescimento de uma população de insetos sem usar pesticidas é introduzir na população um número de machos estéreis que cruzam com fêmeas férteis, mas não produzem filhotes. (A foto mostra uma mosca de bicheira, a primeira peste efetivamente eliminada de uma região por esse método.) Represente por P o número de fêmeas na população e por S o número de machos estéreis introduzidos a cada geração. Seja r a taxa *per capita* de produção de fêmeas por fêmeas, desde que seu companheiro escolhido não seja estéril. Então a população de fêmeas está relacionada com o instante t pela equação
$$t = \int \frac{P+S}{P[(r-1)P - S]}\,dP$$

Suponha que uma população de insetos com 10.000 fêmeas cresça a uma taxa de $r = 1,1$ e que 900 machos estéreis sejam adicionados inicialmente. Calcule a integral para simplificar a equação relacionando a população de fêmeas com o tempo. (Observe que a equação resultante não pode ser resolvida explicitamente para P.)

72. Fatore $x^4 + 1$ como uma diferença de quadrados adicionando e subtraindo a mesma quantidade. Use essa fatoração para calcular $\int 1/(x^4 + 1)\,dx$.

73. (a) Use um sistema de computação algébrica para encontrar a decomposição em frações parciais da função
$$f(x) = \frac{4x^3 - 27x^2 + 5x - 32}{30x^5 - 13x^4 + 50x^3 - 286x^2 - 299x - 70}$$

(b) Use parte (a) para encontrar $\int f(x)\,dx$ (manualmente) e compare com o resultado se for usado um SCA para integrar f diretamente. Comente qualquer discrepância.

74. (a) Use um sistema de computação algébrica para encontrar a decomposição em frações parciais da função
$$f(x) = \frac{12x^5 - 7x^3 - 13x^2 + 8}{100x^6 - 80x^5 + 116x^4 - 80x^3 + 41x^2 - 20x + 4}$$

(b) Use a parte (a) para encontrar $\int f(x)\,dx$ e trace os gráficos de f e de sua integral indefinida na mesma tela.

(c) Use o gráfico de f para descobrir as principais características do gráfico de $\int f(x)\,dx$.

75. Suponha que F, G e Q sejam polinômios e
$$\frac{F(x)}{Q(x)} = \frac{G(x)}{Q(x)}$$
para todo x exceto quando $Q(x) = 0$. Demonstre que $F(x) = G(x)$ para todo x. [*Dica*: Use continuidade.]

76. (a) Use integração por partes para mostrar que, para qualquer inteiro positivo n,
$$\int \frac{dx}{(x^2 + a^2)^n} = \frac{x}{2a^2(n-1)(x^2 + a^2)^{n-1}} + \frac{2n-3}{2a^2(n-1)}\int \frac{dx}{(x^2 + a^2)^{n-1}}$$

(b) Use a parte (a) para calcular

$$\int \frac{dx}{(x^2+1)^2} \quad \text{e} \quad \int \frac{dx}{(x^2+1)^3}$$

77. Se $a \neq 0$ e n for um inteiro positivo, encontre a decomposição em frações parciais de $f(x) = 1/(x^n(x-a))$. [*Dica*: Primeiro encontre o coeficiente de $1/(x-a)$. Então subtraia o termo resultante e simplifique o que restou.]

78. Se f for uma função quadrática tal que $f(0) = 1$ e

$$\int \frac{f(x)}{x^2(x+1)^3} dx$$

for uma função racional, encontre o valor de $f'(0)$.

7.5 | Estratégias de Integração

Como vimos, a integração é mais desafiadora que a derivação. Para acharmos a derivada de uma função é óbvio qual fórmula de derivação devemos aplicar. Porém, não é necessariamente óbvio qual técnica devemos aplicar para integrar uma função.

■ Diretrizes para Integração

Até agora, técnicas individuais têm sido aplicadas em cada seção. Por exemplo, usamos geralmente a substituição nos Exercícios 5.5, a integração por partes nos Exercícios 7.1 e as frações parciais nos Exercícios 7.4. Nesta seção, contudo, apresentaremos uma coleção de integrais misturadas aleatoriamente e o principal desafio será reconhecer quais técnicas ou fórmulas deverão ser usadas. Regras fáceis e rápidas para a aplicação de dado método em determinada situação não podem ser dadas, todavia estabelecemos diretrizes gerais que podem lhe ser úteis.

Um pré-requisito para aplicar uma estratégia é o conhecimento das fórmulas básicas de integração. Na tabela seguinte juntamos as integrais de nossas listas anteriores com várias fórmulas adicionais que aprendemos neste capítulo.

Tabela de Fórmulas de Integração As constantes de integração foram omitidas.

1. $\int x^n \, dx = \dfrac{x^{n+1}}{n+1} \quad (n \neq -1)$
2. $\int \dfrac{1}{x} \, dx = \ln|x|$
3. $\int e^x \, dx = e^x$
4. $\int b^x \, dx = \dfrac{b^x}{\ln b}$
5. $\int \operatorname{sen} x \, dx = -\cos x$
6. $\int \cos x \, dx = \operatorname{sen} x$
7. $\int \sec^2 x \, dx = \operatorname{tg} x$
8. $\int \operatorname{cossec}^2 x \, dx = -\operatorname{cotg} x$
9. $\int \sec x \operatorname{tg} x \, dx = \sec x$
10. $\int \operatorname{cossec} x \operatorname{cotg} x \, dx = -\operatorname{cossec} x$
11. $\int \sec x \, dx = \ln|\sec x + \operatorname{tg} x|$
12. $\int \operatorname{cossec} x \, dx = \ln|\operatorname{cossec} x - \operatorname{cotg} x|$
13. $\int \operatorname{tg} x \, dx = \ln|\sec x|$
14. $\int \operatorname{cotg} x \, dx = \ln|\operatorname{sen} x|$
15. $\int \operatorname{senh} x \, dx = \cosh x$
16. $\int \cosh x \, dx = \operatorname{senh} x$
17. $\int \dfrac{dx}{x^2 + a^2} = \dfrac{1}{a} \operatorname{tg}^{-1}\left(\dfrac{x}{a}\right)$
18. $\int \dfrac{dx}{\sqrt{a^2 - x^2}} = \operatorname{sen}^{-1}\left(\dfrac{x}{a}\right), \quad a > 0$
*19. $\int \dfrac{dx}{x^2 - a^2} = \dfrac{1}{2a} \ln\left|\dfrac{x-a}{x+a}\right|$
*20. $\int \dfrac{dx}{\sqrt{x^2 \pm a^2}} = \ln\left|x + \sqrt{x^2 \pm a^2}\right|$

A maioria dessas fórmulas deveria ser memorizada. É útil conhecê-las todas, mas aquelas marcadas com asterisco não precisam ser memorizadas, porque podem ser facilmente deduzidas. A Fórmula 19 pode ser evitada pelo uso de frações parciais e as substituições trigonométricas podem ser utilizadas no lugar da Fórmula 20.

Uma vez armado dessas fórmulas básicas de integração, se não enxergar imediatamente como atacar dada integral, você poderá tentar a seguinte estratégia de quatro etapas.

1. **Simplifique o integrando, se possível** Algumas vezes o uso de manipulação algébrica ou trigonométrica simplifica o integrando e torna o método de integração óbvio. Aqui estão alguns exemplos:

$$\int \sqrt{x}\left(1+\sqrt{x}\right)dx = \int \left(\sqrt{x}+x\right)dx$$

$$\int \frac{\operatorname{tg}\theta}{\sec^2\theta}\,d\theta = \int \frac{\operatorname{sen}\theta}{\cos\theta}\cos^2\theta\,d\theta$$

$$= \int \operatorname{sen}\theta\cos\theta\,d\theta = \tfrac{1}{2}\int \operatorname{sen}2\theta\,d\theta$$

$$\int (\operatorname{sen} x + \cos x)^2\,dx = \int (\operatorname{sen}^2 x + 2\operatorname{sen} x\cos x + \cos^2 x)\,dx$$

$$= \int (1 + 2\operatorname{sen} x\cos x)\,dx$$

2. **Procure por uma substituição óbvia** Tente encontrar alguma função $u = g(x)$ no integrando, cujo diferencial $du = g'(x)\,dx$ também ocorra, a menos de um fator constante. Por exemplo, na integral

$$\int \frac{x}{x^2-1}\,dx$$

observamos que, se $u = x^2 - 1$, então $du = 2x\,dx$. Portanto, usamos a substituição $u = x^2 - 1$ em vez do método de frações parciais.

3. **Classifique o integrando de acordo com sua forma** Se as Etapas 1 e 2 não levaram à solução, então olhamos para a forma do integrando $f(x)$.

   (a) *Funções trigonométricas*. Se $f(x)$ for um produto de potências de sen x e cos x, de tg x e sec x ou de cotg x e cossec x, então utilizamos as substituições recomendadas na Seção 7.2.

   (b) *Funções racionais*. Se f for uma função racional, usamos o procedimento da Seção 7.4 envolvendo as frações parciais.

   (c) *Integração por partes*. Se $f(x)$ for um produto de uma potência de x (ou um polinômio) e uma função transcendental (como uma função trigonométrica, exponencial ou logarítmica), então tentamos integração por partes, escolhendo u e dv de acordo com o conselho dado na Seção 7.1. Se você olhar as funções nos Exercícios 7.1, verá que a maioria é do tipo descrito.

   (d) *Radicais*. Tipos particulares de substituição são recomendados quando certos radicais aparecem.

   (i) Se $\sqrt{x^2+a^2}, \sqrt{x^2-a^2}$, ou $\sqrt{a^2-x^2}$ ocorrer, utilizamos uma substituição trigonométrica de acordo com a tabela da Seção 7.3.

   (ii) Se $\sqrt[n]{ax+b}$ ocorrer, usamos a substituição racionalizante $u = \sqrt[n]{ax+b}$. De modo mais geral, isso às vezes funciona para $\sqrt[n]{g(x)}$.

4. **Tente novamente** Se as três primeiras etapas não derem resultado, lembre-se de que existem basicamente apenas dois métodos de integração: substituição e por partes.

   (a) *Tente a substituição*. Mesmo que nenhuma substituição seja óbvia (Etapa 2), alguma inspiração ou engenhosidade (ou até mesmo desespero) pode sugerir uma substituição apropriada.

   (b) *Tente por partes*. Embora a integração por partes seja usada na maioria das vezes nos produtos da forma descrita na Etapa 3(c), algumas vezes é eficaz em funções mais simples. Olhando na Seção 7.1, vemos que ela funciona em tg^{-1}x, sen^{-1}x e ln x e todas estas são funções inversas.

(c) *Manipule o integrando.* As manipulações algébricas (talvez racionalizando o denominador ou aplicando identidades trigonométricas) podem ser úteis na transformação da integral em uma forma mais fácil. Essas manipulações podem ser mais substanciais que na Etapa 1 e podem envolver alguma engenhosidade. Aqui está um exemplo:

$$\int \frac{dx}{1-\cos x} = \int \frac{1}{1-\cos x} \cdot \frac{1+\cos x}{1+\cos x} dx = \int \frac{1+\cos x}{1-\cos^2 x} dx$$

$$= \int \frac{1+\cos x}{\operatorname{sen}^2 x} dx = \int \left(\operatorname{cossec}^2 x + \frac{\cos x}{\operatorname{sen}^2 x} \right) dx$$

(d) *Relacione o problema a problemas anteriores.* Quando tiver adquirido alguma experiência em integração, você poderá usar um método em dada integral similar ao método anteriormente usado em outra integral. Ou até será capaz de expressar a integral dada em termos de uma integral anterior. Por exemplo, $\int \operatorname{tg}^2 x \sec x \, dx$ é uma integral desafiadora, mas se utilizarmos a identidade $\operatorname{tg}^2 x = \sec^2 x - 1$, podemos escrever

$$\int \operatorname{tg}^2 x \sec x \, dx = \int \sec^3 x \, dx - \int \sec x \, dx$$

e se $\int \sec^3 x \, dx$ tiver sido previamente calculada (veja o Exemplo 7.2.8), então esse cálculo poderá ser usado no problema presente.

(e) *Use vários métodos.* Algumas vezes dois ou três métodos são necessários para calcular uma integral. O cálculo pode envolver várias substituições sucessivas de diferentes tipos ou até combinar a integração por partes com uma ou mais substituições.

Nos exemplos a seguir indicamos o método de ataque, mas não resolvemos totalmente as integrais.

EXEMPLO 1 $\int \frac{\operatorname{tg}^3 x}{\cos^3 x} dx$

Na Etapa 1 reescrevemos a integral:

$$\int \frac{\operatorname{tg}^3 x}{\cos^3 x} dx = \int \operatorname{tg}^3 x \sec^3 x \, dx$$

A integral é agora da forma $\int \operatorname{tg}^m x \sec^n x \, dx$ com m ímpar, então podemos usar o conselho dado na Seção 7.2.

Alternativamente, se na Etapa 1 tivéssemos escrito

$$\int \frac{\operatorname{tg}^3 x}{\cos^3 x} dx = \int \frac{\operatorname{sen}^3 x}{\cos^3 x} \frac{1}{\cos^3 x} dx = \int \frac{\operatorname{sen}^3 x}{\cos^6 x} dx$$

então poderíamos ter continuado como segue, com a substituição $u = \cos x$:

$$\int \frac{\operatorname{sen}^3 x}{\cos^6 x} dx = \int \frac{1-\cos^2 x}{\cos^6 x} \operatorname{sen} x \, dx = \int \frac{1-u^2}{u^6} (-du)$$

$$= \int \frac{u^2-1}{u^6} du = \int (u^{-4} - u^{-6}) du \quad \blacksquare$$

EXEMPLO 2 $\int \operatorname{sen} \sqrt{x} \, dx$

De acordo com a Etapa 3(d)(ii), substituímos $u = \sqrt{x}$. Então $x = u^2$, assim, $dx = 2u \, du$ e

$$\int \operatorname{sen} \sqrt{x} \, dx = 2 \int u \operatorname{sen} u \, du$$

O integrando é agora um produto de u e da função trigonométrica sen u, de modo que pode ser integrado por partes.

EXEMPLO 3 $\int \dfrac{x^5 + 1}{x^3 - 3x^2 - 10x} dx$

Nenhuma simplificação algébrica ou substituição é óbvia, por isso as Etapas 1 e 2 não se aplicam aqui. O integrando é uma função racional, então aplicamos o procedimento da Seção 7.4, lembrando que a primeira etapa é dividir.

EXEMPLO 4 $\int \dfrac{dx}{x\sqrt{\ln x}}$

Aqui a Etapa 2 é tudo o que é necessário. Substituímos $u = \ln x$ porque sua diferencial é $du = dx/x$, que ocorre na integral.

EXEMPLO 5 $\int \sqrt{\dfrac{1-x}{1+x}} dx$

Embora a substituição racionalizante

$$u = \sqrt{\dfrac{1-x}{1+x}}$$

funcione aqui [Etapa 3(d)(ii)], isso leva a uma função racional muito complicada. Um método mais fácil é fazer alguma manipulação algébrica [como na Etapa 1 ou na Etapa 4(c)]. Multiplicando o numerador e o denominador por $\sqrt{1-x}$, temos

$$\int \sqrt{\dfrac{1-x}{1+x}} dx = \int \dfrac{1-x}{\sqrt{1-x^2}} dx$$

$$= \int \dfrac{1}{\sqrt{1-x^2}} dx - \int \dfrac{x}{\sqrt{1-x^2}} dx$$

$$= \text{sen}^{-1} x + \sqrt{1-x^2} + C$$

■ Podemos Integrar todas as Funções Contínuas?

Surge uma questão: nossa estratégia de integração nos permite encontrar a integral de toda função contínua? Por exemplo, podemos usá-la para calcular $\int e^{x^2} dx$? A resposta é não, ao menos não em termos das funções que nos são familiares.

As funções com as quais temos lidado neste livro são chamadas **funções elementares**. Essas são as funções polinomiais, racionais, potências (x^n), exponenciais (b^x), logarítmicas, trigonométricas e suas inversas, hiperbólicas e suas inversas, e todas as funções que podem ser obtidas a partir destas pelas operações de adição, subtração, multiplicação, divisão e composição. Por exemplo, a função

$$f(x) = \sqrt{\dfrac{x^2 - 1}{x^3 + 2x - 1}} + \ln(\cosh x) - xe^{\text{sen } 2x}$$

é uma função elementar.

Se f for uma função elementar, então f' é uma função elementar, mas $\int f(x) dx$ não precisa ser uma função elementar. Considere $f(x) = e^{x^2}$. Como f é contínua, sua integral existe, e se definimos a função F por

$$F(x) = \int_0^x e^{t^2} dt$$

então sabemos pela Parte 1 do Teorema Fundamental do Cálculo que

$$F'(x) = e^{x^2}$$

480 CÁLCULO

Logo, $f(x) = e^{x^2}$ tem uma primitiva F, mas pode-se demonstrar que F não é uma função elementar. Isso significa que não importa o quanto tentemos, nunca teremos sucesso em calcular $\int e^{x^2}\,dx$ nos termos das funções que conhecemos. (No Capítulo 11, no entanto, veremos como expressar $\int e^{x^2}\,dx$ como uma série infinita.) O mesmo pode ser dito das seguintes integrais:

$$\int \frac{e^x}{x}\,dx \qquad \int \operatorname{sen}(x^2)\,dx \qquad \int \cos(e^x)\,dx$$

$$\int \sqrt{x^3+1}\,dx \qquad \int \frac{1}{\ln x}\,dx \qquad \int \frac{\operatorname{sen} x}{x}\,dx$$

De fato, a maioria das funções elementares não tem primitivas elementares. Você pode ter a certeza, entretanto, de que todas as integrais nos exercícios a seguir são funções elementares.

7.5 | Exercícios

1-8 Fornecemos três integrais que, embora pareçam semelhantes, podem exigir técnicas de integração diferentes. Calcule as integrais.

1. (a) $\int \dfrac{x}{1+x^2}\,dx$ (b) $\int \dfrac{1}{1+x^2}\,dx$
  (c) $\int \dfrac{1}{1-x^2}\,dx$

2. (a) $\int x\sqrt{x^2-1}\,dx$ (b) $\int \dfrac{1}{x\sqrt{x^2-1}}\,dx$
  (c) $\int \dfrac{\sqrt{x^2-1}}{x}\,dx$

3. (a) $\int \dfrac{\ln x}{x}\,dx$ (b) $\int \ln(2x)\,dx$
  (c) $\int x \ln x\,dx$

4. (a) $\int \operatorname{sen}^2 x\,dx$ (b) $\int \operatorname{sen}^3 x\,dx$
  (c) $\int \operatorname{sen} 2x\,dx$

5. (a) $\int \dfrac{1}{x^2-4x+3}\,dx$ (b) $\int \dfrac{1}{x^2-4x+4}\,dx$
  (c) $\int \dfrac{1}{x^2-4x+5}\,dx$

6. (a) $\int x\cos x^2\,dx$ (b) $\int x\cos^2 x\,dx$
  (c) $\int x^2 \cos x\,dx$

7. (a) $\int x^2 e^{x^3}\,dx$ (b) $\int x^2 e^x\,dx$
  (c) $\int x^3 e^{x^2}\,dx$

8. (a) $\int e^x \sqrt{e^x-1}\,dx$ (b) $\int \dfrac{e^x}{\sqrt{1-e^{2x}}}\,dx$
  (c) $\int \dfrac{1}{\sqrt{e^x-1}}\,dx$

9-93 Calcule a integral.

9. $\int \dfrac{\cos x}{1-\operatorname{sen} x}\,dx$

10. $\int_0^1 (3x+1)^{\sqrt{2}}\,dx$

11. $\int_1^4 \sqrt{y}\ln y\,dy$

12. $\int \dfrac{e^{\arcsen x}}{\sqrt{1-x^2}}\,dx$

13. $\int \dfrac{\ln(\ln y)}{y}\,dy$

14. $\int_0^1 \dfrac{x}{(2x+1)^3}\,dx$

15. $\int \dfrac{x}{x^4+9}\,dx$

16. $\int t\operatorname{sen} t\cos t\,dt$

17. $\int_2^4 \dfrac{x+2}{x^2+3x-4}\,dx$

18. $\int \dfrac{\cos(1/x)}{x^3}\,dx$

19. $\int \dfrac{1}{x^3\sqrt{x^2-1}}\,dx$

20. $\int \dfrac{2x-3}{x^3+3x}\,dx$

21. $\int \dfrac{\cos^3 x}{\operatorname{cossec} x}\,dx$

22. $\int \ln(1+x^2)\,dx$

23. $\int x\sec x \operatorname{tg} x\,dx$

24. $\int_0^{\sqrt{2}/2} \dfrac{x^2}{\sqrt{1-x^2}}\,dx$

25. $\int_0^\pi t\cos^2 t\,dt$

26. $\int_1^4 \dfrac{e^{\sqrt{t}}}{\sqrt{t}}\,dt$

27. $\int e^{x+e^x}\,dx$

28. $\int \dfrac{e^x}{1+e^{2a}}\,dx$

29. $\int \operatorname{arctg}\sqrt{x}\,dx$

30. $\int \dfrac{\ln x}{x\sqrt{1+(\ln x)^2}}\,dx$

31. $\int_0^1 (1+\sqrt{x})^8\,dx$

32. $\int (1+\operatorname{tg} x)^2 \sec x\,dx$

33. $\int_0^1 \dfrac{1+12t}{1+3t}\,dt$

34. $\int_0^1 \dfrac{3x^2+1}{x^3+x^2+x+1}\,dx$

35. $\int \dfrac{dx}{1+e^x}$

36. $\int \operatorname{sen}\sqrt{at}\,dt$

37. $\int \ln\left(x+\sqrt{x^2-1}\right)dx$

38. $\int_{-1}^2 |e^x-1|\,dx$

39. $\int \sqrt{\dfrac{1+x}{1-x}}\,dx$

40. $\int_1^3 \dfrac{e^{3/x}}{x^2}\,dx$

41. $\int \sqrt{3-2x-x^2}\,dx$

42. $\int_{\pi/4}^{\pi/2} \dfrac{1+4\operatorname{cotg} x}{4-\operatorname{cotg} x}\,dx$

43. $\int_{-\pi/2}^{\pi/2} \dfrac{x}{1+\cos^2 x}\,dx$

44. $\int \dfrac{1+\operatorname{sen} x}{1+\cos x}\,dx$

45. $\int_0^{\pi/4} \operatorname{tg}^3\theta \sec^2\theta\, d\theta$

46. $\int_{\pi/6}^{\pi/3} \dfrac{\operatorname{sen}\theta\,\operatorname{cotg}\theta}{\sec\theta}\, d\theta$

47. $\int \dfrac{\operatorname{sen}\theta\,\operatorname{tg}\theta}{\sec^2\theta - \sec\theta}\, d\theta$

48. $\int_0^{\pi} \operatorname{sen} 6x\,\cos 3x\, dx$

49. $\int \theta\,\operatorname{tg}^2\theta\, d\theta$

50. $\int \dfrac{1}{x\sqrt{x-1}}\, dx$

51. $\int \dfrac{\sqrt{x}}{1+x^3}\, dx$

52. $\int \sqrt{1+e^x}\, dx$

53. $\int \dfrac{x}{1+\sqrt{x}}\, dx$

54. $\int \dfrac{(x-1)e^x}{x^2}\, dx$

55. $\int x^3(x-1)^{-4}\, dx$

56. $\int_0^1 x\sqrt{2-\sqrt{1-x^2}}\, dx$

57. $\int \dfrac{1}{x\sqrt{4x+1}}\, dx$

58. $\int \dfrac{1}{x^2\sqrt{4x+1}}\, dx$

59. $\int \dfrac{1}{x\sqrt{4x^2+1}}\, dx$

60. $\int \dfrac{dx}{x(x^4+1)}$

61. $\int x^2 \operatorname{senh} mx\, dx$

62. $\int (x+\operatorname{sen} x)^2\, dx$

63. $\int \dfrac{dx}{x+x\sqrt{x}}$

64. $\int \dfrac{dx}{\sqrt{x}+x\sqrt{x}}$

65. $\int x\sqrt[3]{x+c}\, dx$

66. $\int \dfrac{x \ln x}{\sqrt{x^2-1}}\, dx$

67. $\int \dfrac{dx}{x^4-16}$

68. $\int \dfrac{dx}{x^2\sqrt{4x^2-1}}$

69. $\int \dfrac{d\theta}{1+\cos\theta}$

70. $\int \dfrac{d\theta}{1+\cos^2\theta}$

71. $\int \sqrt{x}\, e^{\sqrt{x}}\, dx$

72. $\int \dfrac{1}{\sqrt{\sqrt{x}+1}}\, dx$

73. $\int \dfrac{\operatorname{sen} 2x}{1+\cos^4 x}\, dx$

74. $\int_{\pi/4}^{\pi/3} \dfrac{\ln(\operatorname{tg} x)}{\operatorname{sen} x \cos x}\, dx$

75. $\int \dfrac{1}{\sqrt{x+1}+\sqrt{x}}\, dx$

76. $\int \dfrac{x^2}{x^6+3x^3+2}\, dx$

77. $\int_1^{\sqrt{3}} \dfrac{\sqrt{1+x^2}}{x^2}\, dx$

78. $\int \dfrac{1}{1+2e^x-e^{-x}}\, dx$

79. $\int \dfrac{e^{2x}}{1+e^x}\, dx$

80. $\int \dfrac{\ln(x+1)}{x^2}\, dx$

81. $\int \dfrac{x+\operatorname{arc\,sen} x}{\sqrt{1-x^2}}\, dx$

82. $\int \dfrac{4^x+10^x}{2^x}\, dx$

83. $\int \dfrac{dx}{x\ln x - x}$

84. $\int \dfrac{x^2}{\sqrt{x^2+1}}\, dx$

85. $\int \dfrac{xe^x}{\sqrt{1+e^x}}\, dx$

86. $\int \dfrac{1+\operatorname{sen} x}{1-\operatorname{sen} x}\, dx$

87. $\int x\,\operatorname{sen}^2 x \cos x\, dx$

88. $\int \dfrac{\sec x \cos 2x}{\operatorname{sen} x + \sec x}\, dx$

89. $\int \sqrt{1-\operatorname{sen} x}\, dx$

90. $\int \dfrac{\operatorname{sen} x \cos x}{\operatorname{sen}^4 x + \cos^4 x}\, dx$

91. $\int_1^3 \left(\sqrt{\dfrac{9-x}{x}} - \sqrt{\dfrac{x}{9-x}}\right) dx$

92. $\int \dfrac{1}{(\operatorname{sen} x + \cos x)^2}\, dx$

93. $\int_0^{\pi/6} \sqrt{1+\operatorname{sen} 2\theta}\, d\theta$

94. Sabemos que $F(x) = \int_0^x e^{e^t}\, dt$ é uma função contínua pelo TFC1, embora não seja uma função elementar. As funções

$$\int \dfrac{e^x}{x}\, dx \quad \text{e} \quad \int \dfrac{1}{\ln x}\, dx$$

também não são elementares, mas podem ser expressas em termos de F. Calcule as seguintes integrais em termos de F.

(a) $\int_1^2 \dfrac{e^x}{x}\, dx$ \quad\quad (b) $\int_2^3 \dfrac{1}{\ln x}\, dx$

95. As funções $y = e^{x^2}$ e $y = x^2 e^{x^2}$ não têm primitivas expressas por meio de funções elementares, mas $y = (2x^2+1)e^{x^2}$ tem. Calcule $\int (2x^2+1)e^{x^2}\, dx$.

7.6 Integração Usando Tabelas e Tecnologia

Nesta seção descreveremos como usar as tabelas e programas matemáticos para integrar as funções que têm primitivas elementares. Você deve ter em mente, contudo, que até mesmo o programa computacional mais poderoso é incapaz de encontrar fórmulas explícitas para as primitivas de funções como e^{x^2} ou outras funções descritas no final da Seção 7.5.

■ Tabelas de Integrais

Tabelas de integrais indefinidas são muito úteis quando nos defrontamos com uma integral difícil de calcular à mão. Em alguns casos, os resultados obtidos com as tabelas têm uma forma mais simples que aquela fornecida por um computador. Uma tabela relativamente curta, composta por 120 integrais classificadas segundo o tipo, é fornecida ao final do livro, nas Páginas de Referência 6 a 10. Tabelas mais completas, contendo centenas ou milhares de integrais, estão disponíveis em publicações específicas ou na internet. Ao usar tabelas, lembre-se de que, frequentemente, as integrais não aparecem exatamente na forma apresentada nessas tabelas. Geralmente temos que usar a regra de substituição ou manipulação algébrica para transformar dada integral em uma das formas da tabela.

A Tabela de Integrais aparece nas Páginas de Referência 6-10 no final do livro.

EXEMPLO 1 A região delimitada pelas curvas $y = \operatorname{arctg} x$, $y = 0$ e $x = 1$ é girada em torno do eixo y. Encontre o volume do sólido obtido.

SOLUÇÃO Usando o método das cascas cilíndricas, vemos que o volume é

$$V = \int_0^1 2\pi\, x \operatorname{arctg} x\, dx$$

Na seção da Tabela de Integrais intitulada *Formas Trigonométricas Inversas* localizamos a Fórmula 92:

$$\int u\, \operatorname{tg}^{-1} u\, du = \frac{u^2 + 1}{2} \operatorname{tg}^{-1} u - \frac{u}{2} + C$$

Assim, o volume é

$$V = 2\pi \int_0^1 x \operatorname{tg}^{-1} x\, dx = 2\pi \left[\frac{x^2+1}{2}\operatorname{tg}^{-1} x - \frac{x}{2}\right]_0^1$$

$$= \pi \left[(x^2+1)\operatorname{tg}^{-1} x - x\right]_0^1 = \pi(2\operatorname{tg}^{-1} 1 - 1)$$

$$= \pi[2(\pi/4) - 1] = \tfrac{1}{2}\pi^2 - \pi$$

■

EXEMPLO 2 Use a Tabela de Integrais para encontrar $\int \dfrac{x^2}{\sqrt{5-4x^2}}\, dx$.

SOLUÇÃO Se olharmos na seção da tabela intitulada *Formas envolvendo $\sqrt{a^2 - u^2}$*, veremos que a entrada mais próxima é a Fórmula 34:

$$\int \frac{u^2}{\sqrt{a^2-u^2}}\, du = -\frac{u}{2}\sqrt{a^2-u^2} + \frac{a^2}{2}\operatorname{sen}^{-1}\left(\frac{u}{a}\right) + C$$

Isso não é exatamente o que temos, mas poderemos usá-la se fizermos primeiro a substituição $u = 2x$:

Lembre-se de que, quando fazemos a substituição $u = 2x$ (o que implica que $x = u/2$), também precisamos substituir $du = 2dx$ (o que implica que $dx = du/2$).

$$\int \frac{x^2}{\sqrt{5-4x^2}}\, dx = \int \frac{(u/2)^2}{\sqrt{5-u^2}}\, \frac{du}{2} = \frac{1}{8}\int \frac{u^2}{\sqrt{5-u^2}}\, du$$

Nesse caso, usaremos a Fórmula 34 com $a^2 = 5$ (assim $a = \sqrt{5}$):

$$\int \frac{x^2}{\sqrt{5-4x^2}}\, dx = \frac{1}{8}\int \frac{u^2}{\sqrt{5-u^2}}\, du = \frac{1}{8}\left(-\frac{u}{2}\sqrt{5-u^2} + \frac{5}{2}\operatorname{sen}^{-1}\frac{u}{\sqrt{5}}\right) + C$$

$$= -\frac{x}{8}\sqrt{5-4x^2} + \frac{5}{16}\operatorname{sen}^{-1}\left(\frac{2x}{\sqrt{5}}\right) + C$$

■

EXEMPLO 3 Use a Tabela de Integrais para calcular $\int x^3 \operatorname{sen} x\, dx$.

SOLUÇÃO Se olharmos na seção intitulada *Formas Trigonométricas*, veremos que nenhuma das entradas inclui explicitamente um fator u^3. Contudo, podemos usar a fórmula de redução na entrada 84 com $n = 3$:

$$\int x^3 \operatorname{sen} x\, dx = -x^3 \cos x + 3\int x^2 \cos x\, dx$$

Precisamos agora calcular $\int x^2 \cos x\, dx$. Podemos usar a fórmula de redução na entrada 85 com $n = 2$, seguida pela Fórmula 82:

$$\int x^2 \cos x\, dx = x^2 \operatorname{sen} x - 2\int x \operatorname{sen} x\, dx$$

$$= x^2 \operatorname{sen} x - 2(\operatorname{sen} x - x\cos x) + K$$

85. $\int u^n \cos u\, du$
$= u^n \operatorname{sen} u - n \int u^{n-1} \operatorname{sen} u\, du$

Combinando esses resultados, temos

$$\int x^3 \operatorname{sen} x\, dx = -x^3 \cos x + 3x^2 \operatorname{sen} x + 6x \cos x - 6 \operatorname{sen} x + C$$

onde $C = 3K$. ∎

EXEMPLO 4 Use a Tabela de Integrais para encontrar $\int x\sqrt{x^2 + 2x + 4}\, dx$.

SOLUÇÃO Como a tabela fornece formas envolvendo $\sqrt{a^2 + x^2}$, $\sqrt{a^2 - x^2}$ e $\sqrt{x^2 - a^2}$, mas não $\sqrt{ax^2 + bx + c}$, primeiro completamos o quadrado:

$$x^2 + 2x + 4 = (x + 1)^2 + 3$$

Se fizermos a substituição $u = x + 1$ (assim $x = u - 1$), o integrando envolverá o padrão $\sqrt{a^2 + u^2}$:

$$\int x\sqrt{x^2 + 2x + 4}\, dx = \int (u-1)\sqrt{u^2 + 3}\, du$$
$$= \int u\sqrt{u^2 + 3}\, du - \int \sqrt{u^2 + 3}\, du$$

A primeira integral é calculada utilizando-se a substituição $t = u^2 + 3$:

$$\int u\sqrt{u^2 + 3}\, du = \tfrac{1}{2}\int \sqrt{t}\, dt = \tfrac{1}{2} \cdot \tfrac{2}{3} t^{3/2} = \tfrac{1}{3}(u^2 + 3)^{3/2}$$

Para a segunda integral, usamos a Fórmula 21 com $a = \sqrt{3}$:

$$\int \sqrt{u^2 + 3}\, du = \frac{u}{2}\sqrt{u^2 + 3} + \tfrac{3}{2}\ln\left(u + \sqrt{u^2 + 3}\right)$$

21. $\int \sqrt{a^2 + u^2}\, du = \dfrac{u}{2}\sqrt{a^2 + u^2}$
$\quad + \dfrac{a^2}{2}\ln(u + \sqrt{a^2 + u^2}) + C$

Portanto,

$$\int x\sqrt{x^2 + 2x + 4}\, dx$$
$$= \tfrac{1}{3}(x^2 + 2x + 4)^{3/2} - \frac{x+1}{2}\sqrt{x^2 + 2x + 4} - \tfrac{3}{2}\ln\left(x + 1 + \sqrt{x^2 + 2x + 4}\right) + C \quad ∎$$

Integração Usando Recursos Tecnológicos

Vimos que o uso de tabelas envolve combinar a forma de dado integrando com as formas dos integrandos das tabelas. Os computadores são particularmente bons para reconhecer padrões. E, do mesmo jeito que usamos as substituições com as tabelas, um sistema de computação algébrica (SCA) ou programa computacional com recursos semelhantes pode fazer substituições que transformam uma integral dada em uma daquelas que ocorrem em suas fórmulas armazenadas. Então, não é surpresa que tenhamos programas excelentes para integração. Isso não significa que a integração manual seja uma habilidade obsoleta. Veremos que os cálculos manuais algumas vezes produzem uma integral indefinida em uma forma que é mais conveniente que a resposta do computador.

Para começarmos, vamos ver o que acontece quando pedimos que um computador integre a função relativamente simples $y = 1/(3x - 2)$. Usando a substituição $u = 3x - 2$, um cálculo manual fácil nos fornece

$$\int \frac{1}{3x - 2}\, dx = \tfrac{1}{3}\ln|3x - 2| + C$$

enquanto alguns pacotes de software retornam a resposta

$$\tfrac{1}{3}\ln(3x - 2)$$

A primeira coisa a observar é que falta a constante de integração. Em outras palavras, nos foi fornecida uma primitiva *particular*, não a mais geral. Portanto, quando usarmos uma integração feita por máquina, teremos de adicionar uma constante. Segundo, os símbolos do valor absoluto não foram incluídos na resposta da máquina. Isso está correto se nosso problema abranger apenas os valores x maiores que $\frac{2}{3}$. Mas se estivermos interessados em outros valores de x, então precisaremos inserir o símbolo de valor absoluto.

No próximo exemplo reconsideramos a integral do Exemplo 4, mas, dessa vez, usamos a tecnologia para conseguir uma resposta.

EXEMPLO 5 Use um sistema de computação algébrica para encontrar

$$\int x\sqrt{x^2+2x+4}\,dx$$

SOLUÇÃO Programas diferentes podem fornecer respostas com formatos diferentes. Um determinado sistema de computação algébrica fornece

$$\tfrac{1}{3}(x^2+2x+4)^{3/2} - \tfrac{1}{4}(2x+2)\sqrt{x^2+2x+4} - \tfrac{3}{2}\operatorname{arcsenh}\tfrac{\sqrt{3}}{3}(1+x)$$

Isso parece diferente da resposta que encontramos no Exemplo 4, mas é equivalente porque o terceiro termo pode ser reescrito, utilizando-se a identidade

Esta é a Equação 3.11.3.

$$\operatorname{arcsenh} x = \ln\left(x+\sqrt{x^2+1}\right)$$

Logo,

$$\operatorname{arcsenh}\frac{\sqrt{3}}{3}(1+x) = \ln\left[\frac{\sqrt{3}}{3}(1+x) + \sqrt{\tfrac{1}{3}(1+x)^2 + 1}\right]$$

$$= \ln\frac{1}{\sqrt{3}}\left[1+x+\sqrt{(1+x)^2+3}\right]$$

$$= \ln\frac{1}{\sqrt{3}} + \ln\left(x+1+\sqrt{x^2+2x+4}\right)$$

O termo extra resultante $-\tfrac{3}{2}\ln(1/\sqrt{3})$ pode ser absorvido na constante de integração.

Outro pacote computacional fornece a resposta

$$\left(\frac{5}{6}+\frac{x}{6}+\frac{x^2}{3}\right)\sqrt{x^2+2x+4} - \frac{3}{2}\operatorname{senh}^{-1}\left(\frac{1+x}{\sqrt{3}}\right)$$

Nesse caso, os dois primeiros termos da resposta do Exemplo 4 foram combinados em um único termo por meio de uma fatoração. ∎

EXEMPLO 6 Use um computador para calcular $\int x(x^2+5)^8\,dx$.

SOLUÇÃO Um computador pode fornecer a resposta

$$\tfrac{1}{18}x^{18} + \tfrac{5}{2}x^{16} + 50x^{14} + \tfrac{1.750}{3}x^{12} + 4.375x^{10} + 21.875x^8 + \tfrac{218.750}{3}x^6 + 156.250x^4 + \tfrac{390.625}{2}x^2$$

Nesse caso, o programa deve ter expandido $(x^2+5)^8$ usando o Teorema Binomial e depois integrado cada termo.

Se, em vez disso, integrarmos manualmente, usando a substituição $u = x^2 + 5$, obteremos

$$\int x(x^2+5)^8\,dx = \tfrac{1}{18}(x^2+5)^9 + C$$

Para a maioria dos propósitos, essa é uma forma mais conveniente de resposta. ∎

EXEMPLO 7 Use um computador para encontrar $\int \operatorname{sen}^5 x \cos^2 x\,dx$.

SOLUÇÃO No Exemplo 7.2.2, encontramos que

$$\boxed{1} \qquad \int \operatorname{sen}^5 x \cos^2 x\,dx = -\tfrac{1}{3}\cos^3 x + \tfrac{2}{5}\cos^5 x - \tfrac{1}{7}\cos^7 x + C$$

Dependendo do programa utilizado, você pode obter a resposta

$$-\tfrac{1}{7}\operatorname{sen}^4 x \cos^3 x - \tfrac{4}{35}\operatorname{sen}^2 x \cos^3 x - \tfrac{8}{105}\cos^3 x$$

ou você pode obter

$$-\tfrac{5}{64}\cos x - \tfrac{1}{192}\cos 3x + \tfrac{3}{320}\cos 5x - \tfrac{1}{448}\cos 7x$$

Suspeitamos que existem identidades trigonométricas que mostrem que essas três respostas são equivalentes. De fato, você pode ser capaz de usar o programa para simplificar o resultado inicial por ele fornecido, usando identidades trigonométricas, de modo a produzir uma resposta com o mesmo formato apresentado na Equação 1.

7.6 Exercícios

1-6 Use a fórmula fornecida no item indicado da Tabela de Integrais das Páginas de Referência 6 a 10 para calcular a integral.

1. $\int_0^{\pi/2} \cos 5x \cos 2x \, dx$; Fórmula 80
2. $\int_0^1 \sqrt{x - x^2} \, dx$; Fórmula 113
3. $\int x \operatorname{arcsen}(x^2) \, dx$; Fórmula 87
4. $\int \dfrac{\operatorname{tg}\theta}{\sqrt{2 + \cos\theta}} \, d\theta$; Fórmula 57
5. $\int \dfrac{y^5}{\sqrt{4 + y^4}} \, dy$; Fórmula 26
6. $\int \dfrac{\sqrt{t^6 - 5}}{t} \, dt$; Fórmula 41

7-34 Use a Tabela de Integrais nas Páginas de Referência para calcular a integral.

7. $\int_0^{\pi/8} \operatorname{arctg} 2x \, dx$
8. $\int_0^2 x^2 \sqrt{4 - x^2} \, dx$
9. $\int \dfrac{\cos x}{\operatorname{sen}^2 x - 9} \, dx$
10. $\int \dfrac{e^x}{4 - e^{2x}} \, dx$
11. $\int \dfrac{\sqrt{9x^2 + 4}}{x^2} \, dx$
12. $\int \dfrac{\sqrt{2y^2 - 3}}{y^2} \, dy$
13. $\int_0^\pi \cos^6 \theta \, d\theta$
14. $\int x \sqrt{2 + x^4} \, dx$
15. $\int \dfrac{\operatorname{arctg} \sqrt{x}}{\sqrt{x}} \, dx$
16. $\int_0^\pi x^3 \operatorname{sen} x \, dx$
17. $\int \dfrac{\operatorname{cotgh}(1/y)}{y^2} \, dy$
18. $\int \dfrac{e^{3t}}{\sqrt{e^{2t} - 1}} \, dt$
19. $\int y\sqrt{6 + 4y - 4y^2} \, dy$
20. $\int \dfrac{dx}{2x^3 - 3x^2}$
21. $\int \operatorname{sen}^2 x \cos x \ln(\operatorname{sen} x) \, dx$
22. $\int \dfrac{\operatorname{sen} 2\theta}{\sqrt{5 - \operatorname{sen}\theta}} \, d\theta$
23. $\int \dfrac{\operatorname{sen} 2\theta}{\sqrt{\cos^4 \theta + 4}} \, d\theta$
24. $\int_0^2 x^3 \sqrt{4x^2 - x^4} \, dx$
25. $\int x^3 e^{2x} \, dx$
26. $\int x^3 \operatorname{arcsen}(x^2) \, dx$
27. $\int \cos^5 y \, dy$
28. $\int \dfrac{\sqrt{(\ln x)^2 - 9}}{x \ln x} \, dx$
29. $\int \dfrac{\cos^{-1}(x^{-2})}{x^3} \, dx$
30. $\int \dfrac{dx}{\sqrt{1 - e^{2x}}}$
31. $\int \sqrt{e^{2x} - 1} \, dx$
32. $\int \operatorname{sen} 2\theta \operatorname{arctg}(\operatorname{sen}\theta) \, d\theta$
33. $\int \dfrac{x^4}{\sqrt{x^{10} - 2}} \, dx$
34. $\int \dfrac{\sec^2\theta \operatorname{tg}^2\theta}{\sqrt{9 - \operatorname{tg}^2\theta}} \, d\theta$

35. A região sob a curva $y = \operatorname{sen}^2 x$ de 0 a π é girada em torno do eixo x. Encontre o volume do sólido obtido.

36. Encontre o volume do sólido obtido quando a região sob a curva $y = \operatorname{arcsen} x$, $x \geq 0$, é girada em torno do eixo y.

37. Verifique a Fórmula 53 na Tabela de Integrais (a) por derivação e (b) empregando a substituição $t = a + bu$.

38. Verifique a Fórmula 31 (a) por derivação e (b) fazendo a substituição $u = a \operatorname{sen}\theta$.

T **39-46** Use um sistema de computação algébrica para calcular a integral. Compare a resposta com o resultado usando as tabelas. Se as respostas forem diferentes, mostre que elas são equivalentes.

39. $\int \sec^4 x \, dx$
40. $\int \operatorname{cossec}^5 x \, dx$
41. $\int x^2 \sqrt{x^2 + 4} \, dx$
42. $\int \dfrac{dx}{e^x(3e^x + 2)}$
43. $\int \cos^4 x \, dx$
44. $\int x^2 \sqrt{1 - x^2} \, dx$
45. $\int \operatorname{tg}^5 x \, dx$
46. $\int \dfrac{1}{\sqrt{1 + \sqrt[3]{x}}} \, dx$

T **47.** (a) Use a tabela de integrais para calcular $F(x) = \int f(x) \, dx$, onde

$$f(x) = \dfrac{1}{x\sqrt{1 - x^2}}$$

Qual é o domínio de f e F?

(b) Use um programa matemático para calcular $F(x)$. Qual o domínio da função F produzida pelo software? Existe uma discrepância entre este domínio e o domínio da função F que você encontrou na parte (a)?

T **48.** Algumas vezes, os computadores precisam de ajuda dos seres humanos. Tente calcular

$$\int (1 + \ln x) \sqrt{1 + (x \ln x)^2} \, dx$$

com um sistema de computação algébrica. Se ele não retornar uma resposta, faça uma substituição que mude a integral para uma daquelas que o SCA *pode* calcular.

PROJETO DE DESCOBERTA | PADRÕES EM INTEGRAIS

Nesse projeto, usa-se um programa matemático para investigar integrais indefinidas de famílias de funções. Observando os padrões que ocorrem nas integrais de vários membros da família, primeiro você vai sugerir e, então, demonstrar uma fórmula geral para qualquer membro da família.

1. (a) Use um computador para calcular as seguintes integrais.

   (i) $\int \dfrac{1}{(x+2)(x+3)} dx$ (ii) $\int \dfrac{1}{(x+1)(x+5)} dx$

   (iii) $\int \dfrac{1}{(x+2)(x-5)} dx$ (iv) $\int \dfrac{1}{(x+2)^2} dx$

   (b) Baseado no padrão de suas respostas na parte (a), sugira o valor da integral

   $$\int \dfrac{1}{(x+a)(x+b)} dx$$

   se $a \neq b$. E se $a = b$?

   (c) Verifique sua conjectura usando o software calcular a integral na parte (b). Então demonstre-a usando frações parciais.

2. (a) Use um computador para calcular as seguintes integrais.

   (i) $\int \operatorname{sen} x \cos 2x\, dx$ (ii) $\int \operatorname{sen} 3x \cos 7x\, dx$ (iii) $\int \operatorname{sen} 8x \cos 3x\, dx$

   (b) Baseado no padrão de suas respostas na parte (a), sugira o valor da integral

   $$\int \operatorname{sen} ax \cos bx\, dx$$

   (c) Verifique sua conjectura com um computador. Então demonstre-a usando as técnicas da Seção 7.2. Para quais valores de a e b isso é válido?

3. (a) Use um computador para calcular as seguintes integrais.

   (i) $\int \ln x\, dx$ (ii) $\int x \ln x\, dx$ (iii) $\int x^2 \ln x\, dx$

   (iv) $\int x^3 \ln x\, dx$ (v) $\int x^7 \ln x\, dx$

   (b) Baseado no padrão de suas respostas na parte (a), sugira o valor de

   $$\int x^n \ln x\, dx$$

   (c) Utilize integração por partes para demonstrar a conjectura que você fez na parte (b). Para quais valores de n isso é válido?

4. (a) Use um computador para calcular as seguintes integrais.

   (i) $\int x e^x\, dx$ (ii) $\int x^2 e^x\, dx$ (iii) $\int x^3 e^x\, dx$

   (iv) $\int x^4 e^x\, dx$ (v) $\int x^5 e^x\, dx$

   (b) Baseado no padrão de suas respostas na parte (a), sugira o valor de $\int x^6 e^x\, dx$. Então, use seu computador para verificar sua sugestão.

   (c) Baseado nos padrões das partes (a) e (b), faça uma conjectura sobre o valor da integral

   $$\int x^n e^x\, dx$$

   quando n é um inteiro positivo.

   (d) Use a indução matemática para demonstrar a conjectura que você fez na parte (c).

7.7 Integração Aproximada

Existem duas situações nas quais é impossível encontrar o valor exato de uma integral definida.

A primeira situação surge do fato de que, para calcularmos $\int_a^b f(x)\,dx$ usando o Teorema Fundamental do Cálculo, precisamos conhecer uma primitiva de f. Algumas vezes, no entanto, é difícil, ou mesmo impossível, encontrar uma primitiva (veja a Seção 7.5). Por exemplo, é impossível calcular as seguintes integrais exatamente:

$$\int_0^1 e^{x^2}\,dx \qquad \int_{-1}^1 \sqrt{1+x^3}\,dx$$

A segunda situação surge quando a função é determinada por um experimento científico, por meio de leituras de instrumentos ou dados coletados. Pode não haver uma fórmula para a função (veja o Exemplo 5).

Em ambos os casos precisamos encontrar valores aproximados para as integrais definidas. Já conhecemos um método desse tipo. Lembre-se de que a integral definida é obtida como um limite das somas de Riemann; assim, qualquer soma de Riemann pode ser usada como uma aproximação à integral: se dividirmos $[a, b]$ por n subintervalos de comprimento igual $\Delta x = (b - a)/n$, então teremos

$$\int_a^b f(x)\,dx \approx \sum_{i=1}^n f(x_i^*)\,\Delta x$$

onde x_i^* é um ponto qualquer no i-ésimo subintervalo $[x_{i-1}, x_i]$. Se x_i^* for escolhido como a extremidade esquerda do intervalo, então $x_i^* = x_{i-1}$ e teremos

$$\boxed{1} \qquad \int_a^b f(x)\,dx \approx L_n = \sum_{i=1}^n f(x_{i-1})\,\Delta x$$

Se $f(x) \geq 0$, então a integral representa uma área e a Equação 1 representa uma aproximação dessa área pelos retângulos mostrados na Figura 1(a). Se escolhermos x_i^* como a extremidade direita, então $x_i^* = x_i$ e teremos

$$\boxed{2} \qquad \int_a^b f(x)\,dx \approx R_n = \sum_{i=1}^n f(x_i)\,\Delta x$$

[Veja a Figura 1(b).] As aproximações L_n e R_n definidas pelas Equações 1 e 2 são chamadas de **aproximação pela extremidade esquerda** e **aproximação pela extremidade direita**, respectivamente.

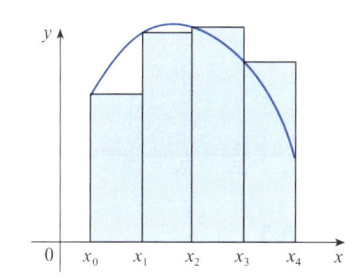

As Regras do Ponto Médio e do Trapézio

Na Seção 5.2, consideramos o caso em que, como o ponto x_i^* da soma de Riemann, foi adotado $\bar{x}_i$, o ponto médio do subintervalo $[x_{i-1}, x_i]$. A Figura 2 mostra a aproximação pelo ponto médio M_n para a área da Figura 1. Aparentemente, M_n é uma aproximação melhor que L_n e que R_n.

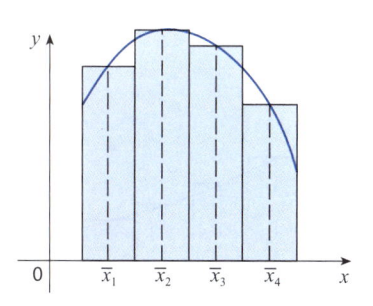

Regra do Ponto Médio

$$\int_a^b f(x)\,dx \approx M_n = \Delta x [f(\bar{x}_1) + f(\bar{x}_2) + \cdots + f(\bar{x}_n)]$$

onde
$$\Delta x = \frac{b-a}{n}$$

e
$$\bar{x}_i = \tfrac{1}{2}(x_{i-1} + x_i) = \text{ponto médio de } [x_{i-1}, x_i].$$

(a) Aproximação pela extremidade esquerda

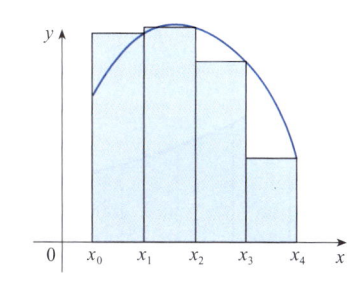

(b) Aproximação pela extremidade direita

FIGURA 1

FIGURA 2
Aproximação pelo ponto médio

Outra aproximação, denominada Regra do Trapézio, resulta da média das aproximações nas Equações 1 e 2:

$$\int_a^b f(x)dx \approx \frac{1}{2}\left[\sum_{i=1}^n f(x_{i-1})\,\Delta x + \sum_{i=1}^n f(x_i)\,\Delta x\right] = \frac{\Delta x}{2}\left[\sum_{i=1}^n (f(x_{i-1}) + f(x_i))\right]$$

$$= \frac{\Delta x}{2}\left[(f(x_0) + f(x_1)) + (f(x_1) + f(x_2)) + \cdots + (f(x_{n-1}) + f(x_n))\right]$$

$$= \frac{\Delta x}{2}\left[f(x_0) + 2f(x_1) + 2f(x_2) + \cdots + 2f(x_{n-1}) + f(x_n)\right]$$

Regra do Trapézio

$$\int_a^b f(x)dx \approx T_n = \frac{\Delta x}{2}\left[f(x_0) + 2f(x_1) + 2f(x_2) + \cdots + 2f(x_{n-1}) + f(x_n)\right]$$

onde $\Delta x = (b-a)/n$ e $x_i = a + i\,\Delta x$.

A razão para o nome Regra do Trapézio pode ser vista na Figura 3, que ilustra o caso com $f(x) \geq 0$ e $n = 4$. A área do trapézio que está acima do i-ésimo subintervalo é

$$\Delta x\left(\frac{f(x_{i-1}) + f(x_i)}{2}\right) = \frac{\Delta x}{2}\left[f(x_{i-1}) + f(x_i)\right]$$

e, se adicionarmos as áreas de todos os trapézios, teremos o lado direito da Regra do Trapézio.

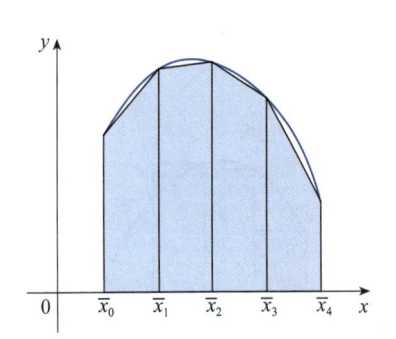

FIGURA 3
Aproximação por trapézios

EXEMPLO 1 Use (a) a Regra do Trapézio e (b) a Regra do Ponto Médio com $n = 5$ para aproximar a integral $\int_1^2 (1/x)\,dx$.

SOLUÇÃO

(a) Com $n = 5$, $a = 1$ e $b = 2$, temos $\Delta x = (2-1)/5 = 0{,}2$, e então a Regra do Trapézio resulta em

$$\int_1^2 \frac{1}{x}dx \approx T_5 = \frac{0{,}2}{2}\left[f(1) + 2f(1{,}2) + 2f(1{,}4) + 2f(1{,}6) + 2f(1{,}8) + f(2)\right]$$

$$= 0{,}1\left(\frac{1}{1} + \frac{1}{1{,}2} + \frac{1}{1{,}4} + \frac{1}{1{,}6} + \frac{1}{1{,}8} + \frac{1}{2}\right)$$

$$\approx 0{,}695635$$

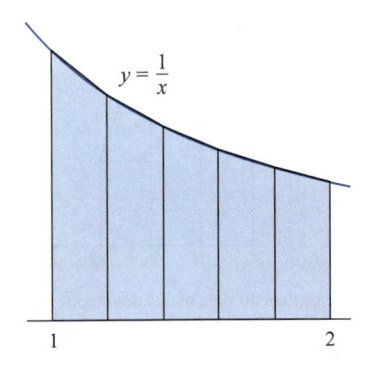

FIGURA 4

Essa aproximação é ilustrada na Figura 4.

(b) Os pontos médios dos cinco subintervalos são 1,1, 1,3, 1,5, 1,7 e 1,9; assim, a Regra do Ponto Médio resulta em

$$\int_1^2 \frac{1}{x}dx \approx \Delta x\left[f(1{,}1) + f(1{,}3) + f(1{,}5) + f(1{,}7) + f(1{,}9)\right]$$

$$= \frac{1}{5}\left(\frac{1}{1{,}1} + \frac{1}{1{,}3} + \frac{1}{1{,}5} + \frac{1}{1{,}7} + \frac{1}{1{,}9}\right)$$

$$\approx 0{,}691908$$

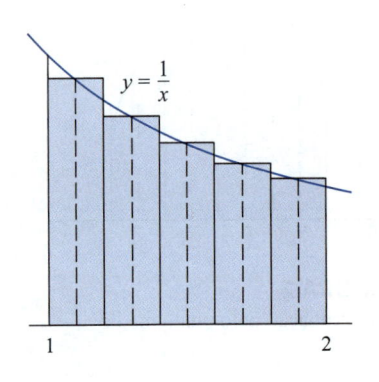

FIGURA 5

Essa aproximação é ilustrada na Figura 5. ∎

■ Limite de Erro para o Ponto Médio e Regras do Trapézio

No Exemplo 1 escolhemos deliberadamente uma integral cujo valor pode ser calculado explicitamente de maneira que possamos ver quão precisas são as Regras do Trapézio e do Ponto Médio. Pelo Teorema Fundamental do Cálculo,

$$\int_1^2 \frac{1}{x}\,dx = \ln x\Big]_1^2 = \ln 2 = 0{,}693147\ldots$$

O **erro** no uso de uma aproximação é definido como a quantidade que precisa ser adicionada à aproximação para torná-la exata. A partir dos valores no Exemplo 1, vemos que os erros nas aproximações das Regras do Trapézio e do Ponto Médio para $n = 5$ são

$$E_T \approx -0{,}002488 \quad \text{e} \quad E_M \approx 0{,}001239$$

$\int_a^b f(x)\,dx = $ aproximação + erro

Em geral, temos

$$E_T = \int_a^b f(x)\,dx - T_n \quad \text{e} \quad E_M = \int_a^b f(x)\,dx - M_n$$

As tabelas a seguir mostram os resultados de cálculos semelhantes àqueles no Exemplo 1, mas para $n = 5$, 10 e 20 e para as aproximações pelas extremidades esquerda e direita, assim como para as Regras do Trapézio e do Ponto Médio.

n	L_n	R_n	T_n	M_n
5	0,745635	0,645635	0,695635	0,691908
10	0,718771	0,668771	0,693771	0,692835
20	0,705803	0,680803	0,693303	0,693069

Aproximação para $\int_1^2 \frac{1}{x}\,dx$

n	E_L	E_R	E_T	E_M
5	−0,052488	0,047512	−0,002488	0,001239
10	−0,025624	0,024376	−0,000624	0,000312
20	−0,012656	0,012344	−0,000156	0,000078

Erros correspondentes

Essas observações são verdadeiras na maioria dos casos.

Podemos fazer várias observações a partir dessas tabelas:

1. Em todos os métodos obtemos aproximações mais precisas ao aumentarmos o valor de n. (Mas valores muito grandes de n resultam em tantas operações aritméticas que temos que tomar cuidado com os erros de arredondamento acumulados.)
2. Os erros nas aproximações pelas extremidades esquerda e direita têm sinais opostos e parecem diminuir por um fator de cerca de 2 quando dobramos o valor de n.
3. As Regras do Trapézio e do Ponto Médio são muito mais precisas que as aproximações pelas extremidades.
4. Os erros nas Regras do Trapézio e do Ponto Médio têm sinais opostos e parecem diminuir por um fator de cerca de 4 quando dobramos o valor de n.
5. O tamanho do erro na Regra do Ponto Médio é cerca de metade do tamanho do erro na Regra do Trapézio.

A Figura 6 mostra por que geralmente podemos esperar maior precisão na Regra do Ponto Médio do que na Regra do Trapézio. A área de um retângulo típico na Regra do Ponto Médio é a mesma que a do trapézio $ABCD$, cujo lado superior é tangente ao gráfico em P. A área desse trapézio está mais próxima da área sob o gráfico do que da área do trapézio $AQRD$ usado na Regra do Trapézio. (O erro do ponto médio, área sombreada em vermelho, é menor que o erro do trapézio, área sombreada em azul.)

Essas observações são corroboradas nas seguintes estimativas de erros, que são demonstradas em livros de análise numérica. Perceba que a Observação 4 corresponde a n^2 em cada denominador, porque $(2n)^2 = 4n^2$. O fato de que as estimativas dependem do

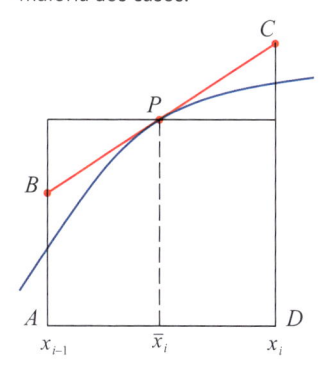

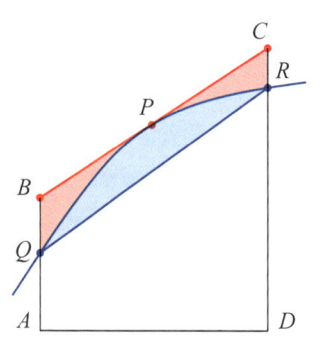

FIGURA 6

tamanho da segunda derivada não surpreende se você olhar a Figura 6, pois $f''(x)$ mede quanto o gráfico está curvado. [Lembre-se de que $f''(x)$ mede quão rápido a inclinação de $y = f(x)$ muda.]

> **3 Limitantes de Erro** Suponha que $|f''(x)| \le K$ para $a \le x \le b$. Se E_T e E_M são os erros nas Regras do Trapézio e do Ponto Médio, então
>
> $$|E_T| \le \frac{K(b-a)^3}{12n^2} \quad \text{e} \quad |E_M| \le \frac{K(b-a)^3}{24n^2}$$

Vamos aplicar essa estimativa de erro à aproximação pela Regra do Trapézio no Exemplo 1. Se $f(x) = 1/x$, então $f'(x) = -1/x^2$ e $f''(x) = 2/x^3$. Como $1 \le x \le 2$, temos $1/x \le 1$, logo

$$|f''(x)| = \left|\frac{2}{x^3}\right| \le \frac{2}{1^3} = 2$$

Portanto, tomando $K = 2$, $a = 1$, $b = 2$ e $n = 5$ na estimativa de erro (3), vemos que

$$|E_T| \le \frac{2(2-1)^3}{12(5)^2} = \frac{1}{150} \approx 0{,}006667$$

K pode ser qualquer número maior que todos os valores de $|f''(x)|$, mas valores menores para K dão melhores limitantes para o erro.

Comparando essa estimativa de erro de 0,006667 com o erro real de 0,002488, vemos que pode acontecer de o erro real ser substancialmente menor que o limitante superior do erro dado por (3).

EXEMPLO 2 Quão grande devemos tomar n a fim de garantir que as aproximações das Regras do Trapézio e do Ponto Médio para $\int_1^2 (1/x)\, dx$ tenham precisão de 0,0001?

SOLUÇÃO Vimos no cálculo anterior que $|f''(x)| \le 2$ para $1 \le x \le 2$; assim, podemos tomar $K = 2$, $a = 1$ e $b = 2$ em (3). A precisão de 0,0001 significa que o tamanho do erro deve ser menor que 0,0001. Portanto, escolhemos n para que

$$\frac{2(1)^3}{12n^2} < 0{,}0001$$

Isolando n na desigualdade, obtemos

$$n^2 > \frac{2}{12(0{,}0001)}$$

ou

$$n > \frac{2}{\sqrt{0{,}0006}} \approx 40{,}8$$

É bem possível que um valor mais baixo para n seja suficiente, mas 41 é o menor valor para o qual a fórmula de estimativa de erro pode garantir a precisão de 0,0001.

Então $n = 41$ irá garantir a precisão desejada.

Para a mesma precisão com a Regra do Ponto Médio escolhemos n de modo que

$$\frac{2(1)^3}{24n^2} < 0{,}0001 \quad \text{e então} \quad n > \frac{1}{\sqrt{0{,}0012}} \approx 29 \qquad \blacksquare$$

EXEMPLO 3
(a) Use a Regra do Ponto Médio com $n = 10$ para aproximar a integral $\int_0^1 e^{x^2}\, dx$.
(b) Dê um limitante superior para o erro envolvido nessa aproximação.

SOLUÇÃO
(a) Como $a = 0$, $b = 1$ e $n = 10$, a Regra do Ponto Médio resulta em

$$\int_0^1 e^{x^2}\,dx \approx \Delta x[\,f(0,05)+f(0,15)+\cdots+f(0,85)+f(0,95)]$$

$$= 0,1[e^{0,0025}+e^{0,0225}+e^{0,0625}+e^{0,1225}+e^{0,2025}+e^{0,3025}$$

$$+e^{0,4225}+e^{0,5625}+e^{0,7225}+e^{0,9025}\,]$$

$$\approx 1,460393$$

A Figura 7 ilustra essa aproximação.

(b) Como $f(x)=e^{x^2}$, temos $f'(x)=2xe^{x^2}$ e $f''(x)=(2+4x^2)e^{x^2}$. Além disso, como $0 \le x \le 1$, temos $x^2 \le 1$ e assim

$$0 \le f''(x) = (2+4x^2)e^{x^2} \le 6e$$

Tomando $K = 6e$, $a = 0$, $b = 1$ e $n = 10$ na estimativa de erro (3), vemos que um limitante superior para o erro é

$$\frac{6e(1)^3}{24(10)^2} = \frac{e}{400} \approx 0,007$$

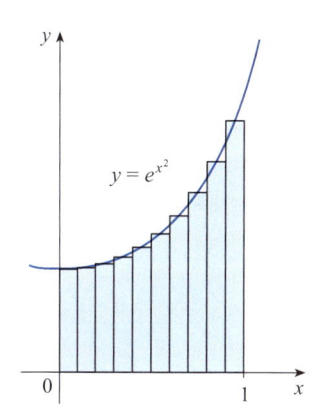

FIGURA 7

Estimativas de erro são limitantes superiores para o erro. Estas dão, teoricamente, os piores cenários. O erro real, nesse caso, é de cerca de 0,0023.

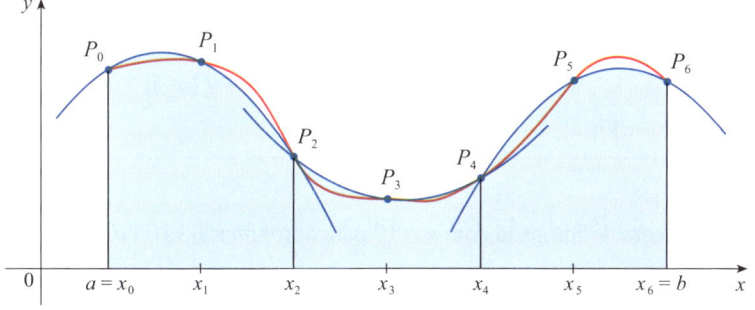

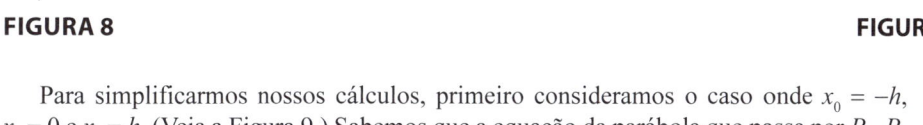

■ Regra de Simpson

Outra regra para resultados de integração aproximados consiste no uso de parábolas em vez de segmentos de reta para aproximar uma curva. Como antes, dividimos $[a, b]$ em n subintervalos de igual comprimento $h = \Delta x = (b-a)/n$, mas dessa vez assumimos que n seja um número *par*. Então, em cada par consecutivo de intervalos, aproximamos a curva $y = f(x) \ge 0$ por uma parábola conforme mostrado na Figura 8. Se $y_i = f(x_i)$, então $P_i(x_i, y_i)$ é o ponto na curva acima de x_i. Uma parábola típica passa por três pontos consecutivos P_i, P_{i+1} e P_{i+2}.

FIGURA 8

FIGURA 9

Para simplificarmos nossos cálculos, primeiro consideramos o caso onde $x_0 = -h$, $x_1 = 0$ e $x_2 = h$. (Veja a Figura 9.) Sabemos que a equação da parábola que passa por P_0, P_1 e P_2 é da forma $y = Ax^2 + Bx + C$, e assim a área sob a parábola de $x = -h$ até $x = h$ é

$$\int_{-h}^{h}(Ax^2+Bx+C)\,dx = 2\int_0^h(Ax^2+C)\,dx = 2\left[A\frac{x^3}{3}+Cx\right]_0^h$$

$$= 2\left(A\frac{h^3}{3}+Ch\right) = \frac{h}{3}(2Ah^2+6C)$$

Aqui, usamos o Teorema 5.5.7. Observe que $Ax^2 + C$ é par e Bx é ímpar.

Mas, como a parábola passa por $P_0(-h, y_0)$, $P_1(0, y_1)$ e $P_2(h, y_2)$, temos

$$y_0 = A(-h)^2 + B(-h) + C = Ah^2 - Bh + C$$
$$y_1 = C$$
$$y_2 = Ah^2 + Bh + C$$

e, portanto, $\qquad y_0 + 4y_1 + y_2 = 2Ah^2 + 6C$

Por isso podemos reescrever a área sob a parábola como

$$\frac{h}{3}(y_0 + 4y_1 + y_2)$$

Agora, movendo essa parábola horizontalmente, não mudamos a área sob ela. Isso significa que a área sob a parábola por P_0, P_1 e P_2 de $x = x_0$ a $x = x_2$ na Figura 8 ainda é

$$\frac{h}{3}(y_0 + 4y_1 + y_2)$$

Analogamente, a área sob a parábola por P_2, P_3 e P_4 de $x = x_2$ para $x = x_4$ é

$$\frac{h}{3}(y_2 + 4y_3 + y_4)$$

Se calcularmos as áreas sob todas as parábolas dessa forma e adicionarmos os resultados, obteremos

$$\int_a^b f(x)\,dx \approx \frac{h}{3}(y_0 + 4y_1 + y_2) + \frac{h}{3}(y_2 + 4y_3 + y_4) + \cdots + \frac{h}{3}(y_{n-2} + 4y_{n-1} + y_n)$$
$$= \frac{h}{3}(y_0 + 4y_1 + 2y_2 + 4y_3 + 2y_4 + \cdots + 2y_{n-2} + 4y_{n-1} + y_n)$$

Embora tenhamos deduzido essa aproximação para o caso no qual $f(x) \geq 0$, essa é uma aproximação razoável para qualquer função contínua f e é chamada Regra de Simpson, em homenagem ao matemático inglês Thomas Simpson (1710-1761). Observe o padrão dos coeficientes: 1, 4, 2, 4, 2, 4, 2, ..., 4, 2, 4, 1.

> **Simpson**
> Thomas Simpson foi um tecelão que aprendeu matemática sozinho e tornou-se um dos maiores matemáticos ingleses do século XVIII. O que chamamos Regra de Simpson já era conhecido por Cavalieri e Gregory no século XVII, mas Simpson popularizou-a em seu livro *Mathematical dissertations* (1743).

Regra de Simpson

$$\int_a^b f(x)\,dx \approx S_n = \frac{\Delta x}{3}[f(x_0) + 4f(x_1) + 2f(x_2) + 4f(x_3) + \cdots + 2f(x_{n-2}) + 4f(x_{n-1}) + f(x_n)]$$

onde n é par e $\Delta x = (b - a)/n$.

EXEMPLO 4 Use a Regra de Simpson com $n = 10$ para aproximar $\int_1^2 (1/x)\,dx$.

SOLUÇÃO Colocando $f(x) = 1/x$, $n = 10$ e $\Delta x = 0,1$ na Regra de Simpson, teremos

$$\int_1^2 \frac{1}{x}\,dx \approx S_{10}$$

$$= \frac{\Delta x}{3}[f(1) + 4f(1,1) + 2f(1,2) + 4f(1,3) + \cdots + 2f(1,8) + 4f(1,9) + f(2)]$$

$$= \frac{0,1}{3}\left(\frac{1}{1} + \frac{4}{1,1} + \frac{2}{1,2} + \frac{4}{1,3} + \frac{2}{1,4} + \frac{4}{1,5} + \frac{2}{1,6} + \frac{4}{1,7} + \frac{2}{1,8} + \frac{4}{1,9} + \frac{1}{2}\right)$$

$$\approx 0,693150 \qquad \blacksquare$$

Observe que, no Exemplo 4, a Regra de Simpson nos dá uma aproximação *muito* melhor ($S_{10} \approx 0,693150$) para o valor real da integral ($\ln 2 \approx 0,693147\ldots$) do que a aproximação pela Regra do Trapézio ($T_{10} \approx 0,693771$) ou pela Regra do Ponto Médio ($M_{10} \approx 0,692835$). As aproximações pela Regra de Simpson são médias ponderadas das aproximações pelas Regras do Trapézio e do Ponto Médio (veja o Exercício 7.7.50):

$$S_{2n} = \tfrac{1}{3}T_n + \tfrac{2}{3}M_n$$

(Lembre-se de que E_T e E_M geralmente têm sinais opostos e que $|E_M|$ é cerca de metade de $|E_T|$.)

Em muitas aplicações de cálculo precisamos calcular uma integral mesmo se nenhuma fórmula explícita for conhecida para y como uma função de x. Uma função pode ser dada graficamente ou como uma tabela de valores de dados coletados. Se existe evidência de que os valores não estão mudando rapidamente, então A Regra de Simpson (ou a Regra do Ponto Médio, ou mesmo a Regra do Trapézio) pode ainda ser usada para calcular um valor aproximado para $\int_a^b y\, dx$, a integral de y em relação a x.

EXEMPLO 5 A Figura 10 mostra o tráfego de dados por meio de uma linha direta conectando os Estados Unidos à SWITCH, a rede acadêmica e de pesquisa da Suíça, durante um dia inteiro. $D(t)$ denota o processamento dos dados, medida em megabits por segundo (Mb/s). Use a Regra de Simpson para dar uma estimativa da quantidade total de dados transmitidos por meio dessa linha da meia-noite até meio-dia daquele dia.

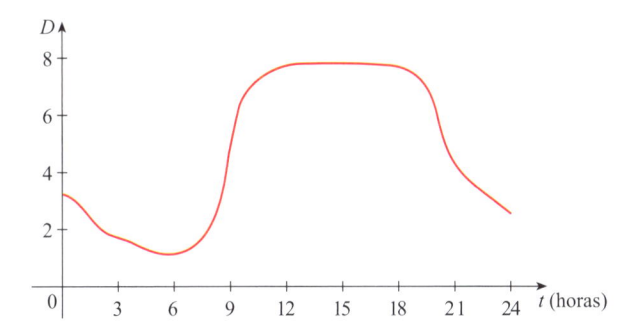

FIGURA 10

SOLUÇÃO Como queremos que as unidades sejam consistentes e $D(t)$ é medido em megabits por segundo, convertemos as unidades para t de horas para segundos. Seja $A(t)$ a quantidade de dados (em megabits) transmitida no instante t, onde t é medido em segundos, então $A'(t) = D(t)$. Logo, pelo Teorema da Variação Total (veja a Seção 5.4), a quantidade total de dados transmitidos até o meio-dia (quando $t = 12 \times 60^2 = 43.200$) é

$$A(43.200) = \int_0^{43.200} D(t)\, dt$$

Estimamos os valores de $D(t)$ em intervalos de hora em hora a partir do gráfico e os compilamos na tabela a seguir.

t (horas)	t (segundos)	$D(t)$	t (horas)	t (segundos)	$D(t)$
0	0	3,2	7	25.200	1,3
1	3.600	2,7	8	28.800	2,8
2	7.200	1,9	9	32.400	5,7
3	10.800	1,7	10	36.000	7,1
4	14.400	1,3	11	39.600	7,7
5	18.000	1,0	12	43.200	7,9
6	21.600	1,1			

Então, usamos a Regra de Simpson com $n = 12$ e $\Delta t = 3.600$ para estimar a integral:

$$\int_0^{43.200} A(t)\, dt \approx \frac{\Delta t}{3}[D(0) + 4D(3.600) + 2D(7.200) + \cdots + 4D(39.600) + D(43.200)]$$

$$\approx \frac{3.600}{3}[3,2 + 4(2,7) + 2(1,9) + 4(1,7) + 2(1,3) + 4(1,0)$$
$$+ 2(1,1) + 4(1,3) + 2(2,8) + 4(5,7) + 2(7,1) + 4(7,7) + 7,9]$$
$$= 143.880$$

Assim, a quantidade total de dados transmitidos da meia-noite até o meio-dia é de aproximadamente 144.000 megabits, ou 144 gigabites (18 gigabites).

n	M_n	S_n
4	0,69121989	0,69315453
8	0,69266055	0,69314765
16	0,69302521	0,69314721

n	E_M	E_S
4	0,00192729	−0,00000735
8	0,00048663	−0,00000047
16	0,00012197	−0,00000003

Muitas calculadoras e aplicativos têm um algoritmo embutido que calcula uma aproximação de uma integral definida. Alguns desses algoritmos usam a Regra de Simpson; outras utilizam as técnicas mais sofisticadas, como a integração numérica *adaptativa*. Isso significa que, se uma função flutua muito mais em uma certa parte do intervalo do que em outro lugar, então essa parte é dividida em mais subintervalos. Essa estratégia reduz o número de cálculos necessários para atingir dada precisão.

■ Limitante do Erro para a Regra de Simpson

A primeira tabela na margem mostra como a Regra de Simpson se compara à Regra do Ponto Médio para a integral $\int_1^2 (1/x)\,dx$, cujo valor é de aproximadamente 0,69314718. A segunda tabela mostra como o erro E_S na Regra de Simpson diminui por um fator de aproximadamente 16 quando n é duplicado. (Nos Exercícios 27 e 28 será solicitado para verificar isso para duas integrais adicionais.) Isso é consistente com a aparência de n^4 no denominador da seguinte estimativa de erro para a Regra de Simpson. Ela é semelhante às estimativas dadas em (3) para as Regras do Trapézio e do Ponto Médio, mas usa a quarta derivada de f.

4 Limitante do Erro para a Regra de Simpson Suponha que $|f^{(4)}(x)| \leq K$ para $a \leq x \leq b$. Se E_S é o erro envolvido no uso da Regra de Simpson, então

$$|E_S| \leq \frac{K(b-a)^5}{180n^4}$$

EXEMPLO 6 Quão grande devemos tomar n para garantir que a aproximação pela Regra de Simpson para $\int_1^2 (1/x)\,dx$ tenha uma precisão de 0,0001?

SOLUÇÃO Se $f(x) = 1/x$, então $f^{(4)}(x) = 24/x^5$. Como $x \geq 1$, obtemos $1/x \leq 1$, logo

$$|f^{(4)}(x)| = \left|\frac{24}{x^5}\right| \leq 24$$

Portanto, podemos tomar $K = 24$ em (4). Por isso, para um erro menor que 0,0001, devemos escolher n de modo que

$$\frac{24(1)^5}{180n^4} < 0,0001$$

Isso resulta em

$$n^4 > \frac{24}{180(0,0001)}$$

e então

$$n > \frac{1}{\sqrt[4]{0,00075}} \approx 6,04$$

Portanto, $n = 8$ (n deve ser par) fornece a precisão desejada. (Compare esse resultado com o Exemplo 2, onde obtivemos $n = 41$ para a Regra do Trapézio e $n = 29$ para a Regra do Ponto Médio.) ■

EXEMPLO 7

(a) Use a Regra de Simpson com $n = 10$ para aproximar a integral $\int_0^1 e^{x^2}\,dx$.
(b) Estime o erro envolvido nessa aproximação.

SOLUÇÃO

(a) Se $n = 10$, então $\Delta x = 0,1$ e a Regra de Simpson resulta em

$$\int_0^1 e^{x^2}\,dx \approx \frac{\Delta x}{3}[f(0) + 4f(0,1) + 2f(0,2) + \cdots + 2f(0,8) + 4f(0,9) + f(1)]$$

$$= \frac{0,1}{3}[e^0 + 4e^{0,01} + 2e^{0,04} + 4e^{0,09} + 2e^{0,16} + 4e^{0,25} + 2e^{0,36}$$

$$+ 4e^{0,49} + 2e^{0,64} + 4e^{0,81} + e^1]$$

$$\approx 1,462681$$

(b) A quarta derivada de $f(x) = e^{x^2}$ é

$$f^{(4)}(x) = (12 + 48x^2 + 16x^4)e^{x^2}$$

e assim, como $0 \le x \le 1$, temos

$$0 \le f^{(4)}(x) \le (12 + 48 + 16)e^1 = 76e$$

Portanto, colocando $K = 76e$, $a = 0$, $b = 1$ e $n = 10$ em (4), vemos que o erro é no máximo

$$\frac{76e(1)^5}{180(10)^4} \approx 0{,}000115$$

(Compare esse resultado com o Exemplo 3.) Logo, com precisão de três posições decimais, temos

$$\int_0^1 e^{x^2}\, dx \approx 1{,}463$$

A Figura 11 ilustra os cálculos no Exemplo 7. Observe que os arcos de parábola estão tão próximos ao gráfico de $y = e^{x^2}$ que eles são praticamente indistinguíveis do gráfico.

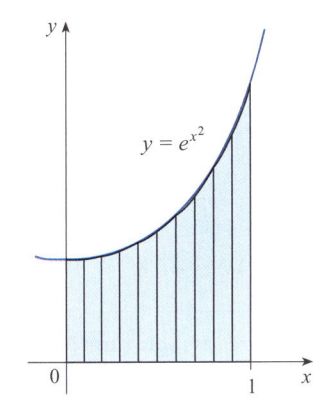

FIGURA 11

7.7 | Exercícios

Nesses exercícios, arredonde as suas respostas usando seis casas decimais, salvo quando houver outra indicação.

1. Seja $I = \int_0^4 f(x)\, dx$, onde f é a função cujo gráfico é mostrado.
   (a) Use o gráfico para encontrar L_2, R_2 e M_2.
   (b) Estas são estimativas por baixo ou por cima de I?
   (c) Use o gráfico para encontrar T_2. Como isso se compara com I?
   (d) Para qualquer valor de n, relacione os números L_n, R_n, M_n, T_n e I em ordem crescente.

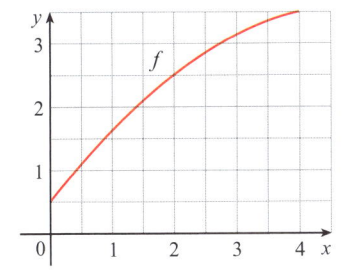

2. As aproximações pela extremidade esquerda, pela extremidade direita, Regras do Trapézio e do Ponto Médio foram usadas para estimar $\int_0^2 f(x)\, dx$, onde f é a função cujo gráfico é mostrado. As estimativas foram 0,7811, 0,8675, 0,8632 e 0,9540 e o mesmo número de subintervalos foi usado em cada caso.
   (a) Qual regra produz qual estimativa?
   (b) Entre quais aproximações está o valor verdadeiro de $\int_0^2 f(x)\, dx$?

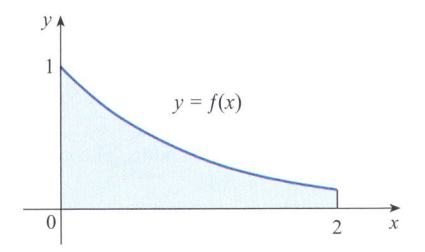

3. Estime $\int_0^1 \cos(x^2)\, dx$ usando (a) a Regra do Trapézio e (b) a Regra do Ponto Médio, cada uma com $n = 4$. A partir de um gráfico do integrando, decida se suas estimativas são subestimadas ou superestimadas. O que você pode concluir sobre o valor verdadeiro da integral?

4. Trace o gráfico de $f(x) = \text{sen}(\frac{1}{2}x^2)$ na janela retangular $[0,1]$ por $[0; 0,5]$ e denote $I = \int_0^1 f(x)\, dx$.
   (a) Use o gráfico para decidir se L_2, R_2, M_2 e T_2 subestimam ou superestimam I.
   (b) Para qualquer valor de n, relacione os números L_n, R_n, M_n, T_n e I em ordem crescente.
   (c) Calcule L_5, R_5, M_5 e T_5. A partir do gráfico, qual você acha que oferece a melhor estimativa de I?

5-6 Use (a) a Regra do Ponto Médio e (b) a Regra de Simpson para aproximar a integral dada com o valor de n especificado. (Arredonde suas respostas para seis casas decimais.) Compare seu resultado com o valor real para determinar o erro em cada aproximação.

5. $\int_0^\pi x\,\text{sen}\,x\, dx$, $n = 6$

6. $\int_0^2 \frac{x}{\sqrt{1+x^2}}\, dx$, $n = 8$

7-18 Use (a) a Regra do Trapézio, (b) a Regra do Ponto Médio e (c) a Regra de Simpson para aproximar a integral dada com o valor n especificado.

7. $\int_0^1 \sqrt{1+x^3}\, dx$, $n=4$ **8.** $\int_1^4 \operatorname{sen}\sqrt{x}\, dx$, $n=6$

9. $\int_0^1 \sqrt{e^x - 1}\, dx$, $n=10$ **10.** $\int_0^2 \sqrt[3]{1-x^2}\, dx$, $n=10$

11. $\int_{-1}^2 e^{x+\cos x}\, dx$, $n=6$ **12.** $\int_1^3 e^{1/x}\, dx$, $n=8$

13. $\int_0^4 \sqrt{y}\cos y\, dx$, $n=8$ **14.** $\int_2^3 \dfrac{1}{\ln t}\, dt$, $n=10$

15. $\int_0^1 \dfrac{x^2}{1+x^4}\, dx$, $n=10$ **16.** $\int_1^3 \dfrac{\operatorname{sen} t}{t}\, dt$, $n=4$

17. $\int_0^4 \ln(1+e^x)\, dx$, $n=8$ **18.** $\int_0^1 \sqrt{x+x^3}\, dx$, $n=10$

---

19. (a) Encontre as aproximações T_8 e M_8 para a integral $\int_0^1 \cos(x^2)\, dx$.
(b) Estime os erros envolvidos nas aproximações da parte (a).
(c) Quão grande devemos escolher n para que as aproximações T_n e M_n para a integral na parte (a) tenham uma precisão de 0,0001?

20. (a) Encontre as aproximações T_{10} e M_{10} para $\int_1^2 e^{1/x}\, dx$.
(b) Estime os erros envolvidos nas aproximações da parte (a).
(c) Quão grande temos que escolher n para que as aproximações T_n e M_n para a integral na parte (a) tenham a precisão de 0,0001?

21. (a) Encontre as aproximações T_{10}, M_{10} e S_{10} para $\int_0^\pi \operatorname{sen} x\, dx$ e os erros correspondentes E_T, E_M e E_S.
(b) Compare os erros reais na parte (a) com as estimativas de erros dadas por (3) e (4).
(c) Quão grande devemos escolher n para que as aproximações T_n, M_n e S_n para a integral na parte (a) tenham a precisão de 0,00001?

22. Quão grande deve ser n para garantir que a aproximação pela Regra de Simpson para $\int_0^1 e^{x^2}\, dx$ tenha uma precisão de 0,00001?

T 23. O problema com as estimativas de erro é que, frequentemente, é muito difícil calcular as quatro derivadas e obter um bom limitante superior K para $|f^{(4)}(x)|$ manualmente. Mas os programas matemáticos não têm problemas para calcular $f^{(4)}$ e traçar o seu gráfico; assim podemos facilmente encontrar um valor para K a partir do gráfico realizado por uma máquina. Este exercício trabalha com aproximações para a integral $I = \int_0^{2\pi} f(x)\, dx$, onde $f(x) = e^{\cos x}$. Nos itens (b), (d) e (g), arredonde sua resposta usando 10 casas decimais.
(a) Use um gráfico para obter um bom limitante superior para $|f''(x)|$.
(b) Use M_{10} para aproximar I.
(c) Use a parte (a) para estimar o erro na parte (b).
(d) Use uma calculadora ou computador para aproximar I.
(e) Como o erro real se compara com o erro estimado na parte (c)?
(f) Use um gráfico para obter um bom limitante superior para $|f^{(4)}(x)|$.
(g) Use S_{10} para aproximar I.
(h) Use a parte (f) para estimar o erro na parte (g).
(i) Como o erro real se compara com o erro estimado na parte (h)?
(j) Quão grande deve ser n para garantir que o tamanho do erro usando S_n seja menor que 0,0001?

T 24. Repita o Exercício 23 para a integral $I = \int_{-1}^1 \sqrt{4-x^3}\, dx$.

25-26 Encontre as aproximações L_n, R_n, T_n e M_n para $n = 5$, 10 e 20. Então calcule os erros correspondentes E_L, E_R, E_T e E_M. (Você pode usar o comando soma em um sistema de computação algébrica.) Quais observações você pode fazer? Em particular, o que acontece aos erros quando n é duplicado?

25. $\int_0^1 x e^x\, dx$ **26.** $\int_1^2 \dfrac{1}{x^2}\, dx$

27-28 Encontre as aproximações T_n, M_n e S_n para $n = 6$ e 12. Então calcule os erros correspondentes E_T, E_M e E_S. (Você pode usar o comando soma em um sistema de computação algébrica.) Quais observações você pode fazer? Em particular, o que acontece aos erros quando n é duplicado?

27. $\int_1^2 x^4\, dx$ **28.** $\int_1^4 \dfrac{1}{\sqrt{x}}\, dx$

29. Estime a área sob o gráfico na figura usando (a) a Regra do Trapézio, (b) a Regra do Ponto Médio e (c) a Regra de Simpson, cada uma com $n = 6$.

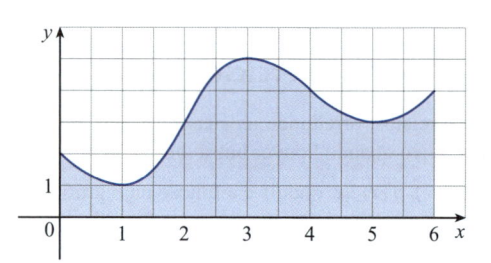

30. Os comprimentos (em metros) de uma piscina com o formato de um rim são medidos a intervalos de 2 metros, como indicado na figura. Use a Regra de Simpson com $n = 8$ para estimar a área da piscina.

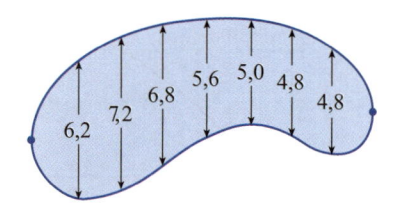

31. (a) Use a Regra do Ponto Médio e os dados a seguir para estimar o valor da integral $\int_1^5 f(x)\, dx$.

x	$f(x)$	x	$f(x)$
1,0	2,4	3,5	4,0
1,5	2,9	4,0	4,1
2,0	3,3	4,5	3,9
2,5	3,6	5,0	3,5
3,0	3,8		

(b) Se soubermos que $-2 \leq f''(x) \leq 3$ para todo x, estime o erro envolvido na aproximação na parte (a).

32. (a) Uma tabela de valores de uma função g é dada. Use a Regra de Simpson para estimar $\int_0^{1,6} g(x)\, dx$.

x	g(x)	x	g(x)
0,0	12,1	1,0	12,2
0,2	11,6	1,2	12,6
0,4	11,3	1,4	13,0
0,6	11,1	1,6	13,2
0,8	11,7		

(b) Se $-5 \leq g^{(4)}(x) \leq 2$ para $0 \leq x \leq 1,6$, estime o erro envolvido na aproximação na parte (a).

33. Um gráfico da temperatura em Boston, em um dia de verão, é mostrado. Use a Regra de Simpson com $n = 12$ para estimar a temperatura média naquele dia.

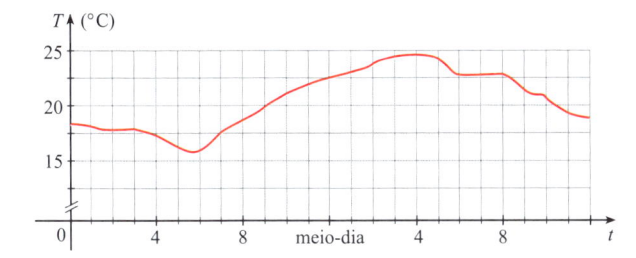

34. Um radar foi usado para medir a velocidade de um corredor durante os primeiros 5 segundos de uma corrida (veja a tabela). Use a Regra de Simpson para estimar a distância que o corredor cobriu durante aqueles 5 segundos.

t (s)	v (m/s)	t (s)	v (m/s)
0	0	3,0	10,51
0,5	4,67	3,5	10,67
1,0	7,34	4,0	10,76
1,5	8,86	4,5	10,81
2,0	9,73	5,0	10,81
2,5	10,22		

35. O gráfico da aceleração $a(t)$ de um carro, medida em m/s², é mostrado. Use a Regra de Simpson para estimar o aumento da velocidade do carro durante o intervalo de 6 segundos.

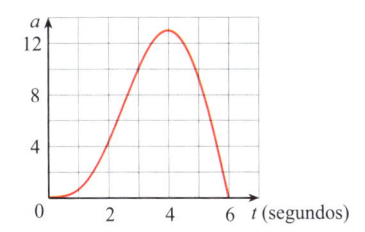

36. A água vaza de um tanque a uma taxa de $r(t)$ litros por hora, sendo o gráfico de r mostrado a seguir. Use a Regra de Simpson para estimar a quantidade total de água que vazou durante as primeiras seis horas.

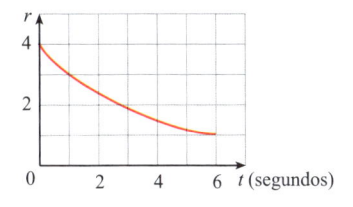

37. A tabela (fornecida por San Diego Gas and Electric) contém a potência elétrica P, em megawatts, consumida em San Diego, entre meia-noite e 6 horas da manhã de um dia de dezembro. Use a Regra de Simpson para estimar a energia usada durante esse período. (Utilize o fato de que a potência é a derivada da energia.)

t	P	t	P
0:00	1.814	3:30	1.611
0:30	1.735	4:00	1.621
1:00	1.686	4:30	1.666
1:30	1.646	5:00	1.745
2:00	1.637	5:30	1.886
2:30	1.609	6:00	2.052
3:00	1.604		

38. O gráfico a seguir mostra o tráfego de dados em um provedor de serviços na Internet entre meia-noite e 8 horas da manhã. D denota os dados em processamento, medidos em megabits por segundo. Use a Regra de Simpson para estimar a quantidade total de dados transmitidos durante esse período.

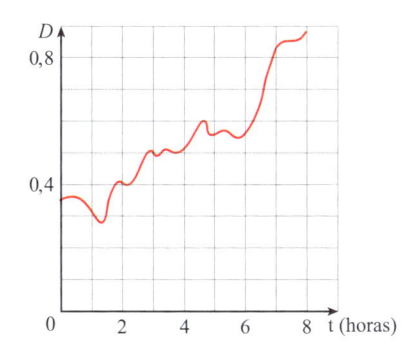

39. Use a Regra de Simpson com $n = 8$ para estimar o volume do sólido obtido ao girar a região mostrada na figura em torno do (a) eixo x e (b) eixo y.

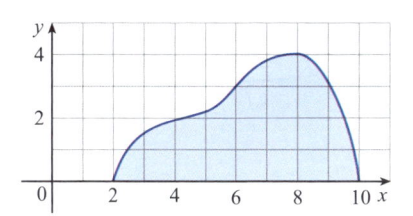

40. A tabela a seguir mostra valores de uma função força $f(x)$, onde x é medido em metros e $f(x)$, em newtons. Use a Regra de Simpson para estimar o trabalho realizado por essa força para mover um objeto por uma distância de 18 m.

x	0	3	6	9	12	15	18
f(x)	9,8	9,1	8,5	8,0	7,7	7,5	7,4

41. A região delimitada pela curva $y = 1/(1 + e^{-x})$, pelos eixos x e y e pela reta $x = 10$ é girada em torno do eixo x. Use a Regra de Simpson com $n = 10$ para estimar o volume do sólido resultante.

42. A figura mostra um pêndulo com comprimento L que forma um ângulo máximo de θ_0 com a vertical. Usando a Segunda Lei de Newton, pode ser mostrado que o período T (o tempo para um ciclo completo) é dado por

$$T = 4\sqrt{\frac{L}{g}}\int_0^{\pi/2} \frac{dx}{\sqrt{1-k^2\operatorname{sen}^2 x}}$$

onde $k = \operatorname{sen}\left(\frac{1}{2}\theta_0\right)$ e g é a aceleração da gravidade. Se $L = 1$ m e $\theta_0 = 42°$, use a Regra de Simpson com $n = 10$ para encontrar o período.

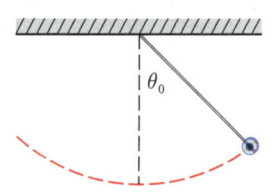

43. A intensidade de luz com comprimento de onda λ viajando através de uma grade de difração com N fendas a um ângulo de θ é dada por $I(\theta) = (N^2\operatorname{sen}^2 k)/k^2$, onde $k = (\pi N d \operatorname{sen}\theta)/\lambda$ e d é a distância entre fendas adjacentes. Um laser de hélio-neônio com comprimento de onda $\lambda = 632{,}8 \times 10^{-9}$ m está emitindo uma faixa estreita de luz, dada por $-10^{-6} < \theta < 10^{-6}$, através de uma grade com 10.000 fendas separadas por 10^{-4} m. Use a Regra do Ponto Médio com $n = 10$ para estimar a intensidade de luz total $\int_{-10^{-6}}^{10^{-6}} I(\theta)\, d\theta$ emergindo da grade.

44. Use a Regra do Trapézio com $n = 10$ para aproximar $\int_0^{20} \cos(\pi x)\, dx$. Compare seu resultado com o valor real. Você pode explicar a discrepância?

45. Esboce o gráfico de uma função contínua no intervalo $[0, 2]$ para a qual a Regra do Trapézio, com $n = 2$, seja mais precisa do que a Regra do Ponto Médio.

46. Esboce o gráfico de uma função contínua no intervalo $[0, 2]$ para a qual a aproximação pela extremidade direita com $n = 2$ seja mais precisa do que a Regra de Simpson.

47. Se f é uma função positiva e $f''(x) < 0$ para $a \le x \le b$, mostre que

$$T_n < \int_a^b f(x)\, dx < M_n$$

48. Quando a Regra de Simpson Fornece um Valor Exato?
   (a) Mostre que, se f é um polinômio de grau menor ou igual a 3, então a Regra de Simpson fornece o valor exato de $\int_a^b f(x)\, dx$.
   (b) Determine a aproximação S_4 para $\int_0^8 (x^3 - 6x^2 + 4x)\, dx$ e comprove que S_4 coincide com o valor exato da integral.
   (c) Use o limitante do erro fornecido em (4) para explicar por que a afirmação feita no item (a) é verdadeira.

49. Mostre que $\frac{1}{2}(T_n + M_n) = T_{2n}$.

50. Mostre que $\frac{1}{3}T_n + \frac{2}{3}M_n = S_{2n}$.

7.8 | Integrais Impróprias

Na definição de integral definida $\int_a^b f(x)\, dx$, trabalhamos com uma função f definida em um intervalo limitado $[a, b]$ e presumimos que f não tenha uma descontinuidade infinita (veja a Seção 5.2). Nessa seção, estenderemos o conceito de integral definida para o caso em que o intervalo é infinito e também para o caso onde f tem uma descontinuidade infinita em $[a, b]$. Em ambos os casos, a integral é chamada integral *imprópria*. Uma das aplicações mais importantes dessa ideia, distribuições de probabilidades, será estudada na Seção 8.5.

■ Tipo 1: Intervalos Infinitos

Considere a região ilimitada S que está sob a curva $y = 1/x^2$, acima do eixo x e à direita da reta $x = 1$. Você poderia pensar que, como S tem extensão infinita, sua área deve ser infinita, mas vamos olhar mais de perto. A área da parte de S que está à esquerda da reta $x = t$ (sombreada na Figura 1) é

$$A(t) = \int_1^t \frac{1}{x^2}\, dx = -\frac{1}{x}\bigg]_1^t = 1 - \frac{1}{t}$$

Observe que $A(t) < 1$ independentemente de quão grande t seja escolhido. Também observamos que

$$\lim_{t \to \infty} A(t) = \lim_{t \to \infty}\left(1 - \frac{1}{t}\right) = 1$$

A área da região sombreada se aproxima de 1 quando $t \to \infty$ (veja a Figura 2), assim, dizemos que a área da região infinita S é igual a 1 e escrevemos

$$\int_1^\infty \frac{1}{x^2}\, dx = \lim_{t \to \infty}\int_1^t \frac{1}{x^2}\, dx = 1$$

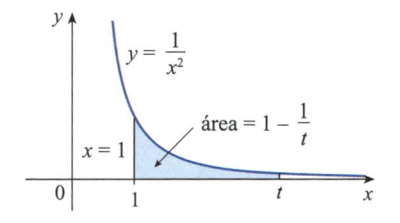

FIGURA 1

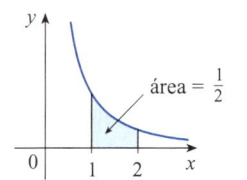

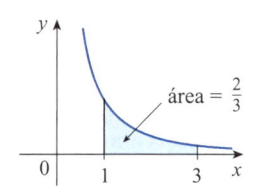

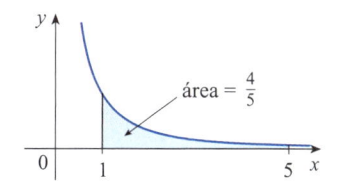

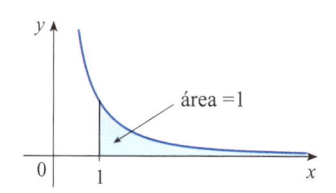

FIGURA 2

Usando esse exemplo como um guia, definimos a integral de f (não necessariamente uma função positiva) sobre um intervalo infinito como o limite de integrais sobre intervalos finitos.

---

1 Definição de uma Integral Imprópria do Tipo 1 de Simpson

(a) Se $\int_a^t f(x)\,dx$ existe para cada número $t \geq a$, então

$$\int_a^\infty f(x)\,dx = \lim_{t \to \infty} \int_a^t f(x)\,dx$$

desde que o limite exista (como um número).

(b) Se $\int_t^b f(x)\,dx$ existe para cada número $t \leq b$, então

$$\int_{-\infty}^b f(x)\,dx = \lim_{t \to -\infty} \int_t^b f(x)\,dx$$

desde que o limite exista (como um número).

As integrais impróprias $\int_a^\infty f(x)\,dx$ e $\int_{-\infty}^b f(x)\,dx$ são chamadas **convergentes** se os limites correspondentes existem e **divergentes** se os limites não existem

(c) Se ambas $\int_a^\infty f(x)\,dx$ e $\int_{-\infty}^a f(x)\,dx$ são convergentes, então definimos

$$\int_{-\infty}^\infty f(x)\,dx = \int_{-\infty}^a f(x)\,dx + \int_a^\infty f(x)\,dx$$

Na parte (c), qualquer número real a pode ser usado (veja o Exercício 88).

Qualquer uma das integrais impróprias na Definição 1 pode ser interpretada como uma área, desde que f seja uma função positiva. Por exemplo, no caso (a), se $f(x) \geq 0$ e a integral $\int_a^\infty f(x)\,dx$ for convergente, então definimos a área da região $S = \{(x, y) \mid x \geq a, 0 \leq y \leq f(x)\}$ na Figura 3 como

$$A(S) = \int_a^\infty f(x)\,dx$$

Isso é apropriado porque $\int_a^\infty f(x)\,dx$ é o limite quando $t \to \infty$ da área sob o gráfico de f de a a t.

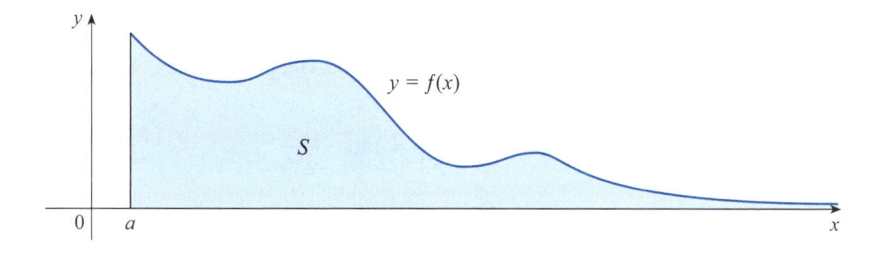

FIGURA 3

EXEMPLO 1 Determine se a integral $\int_1^\infty (1/x)\, dx$ é convergente ou divergente.

SOLUÇÃO De acordo com a parte (a) da Definição 1, temos

$$\int_1^\infty \frac{1}{x}\, dx = \lim_{t\to\infty} \int_1^t \frac{1}{x}\, dx = \lim_{t\to\infty} \ln|x|\Big]_1^t$$

$$= \lim_{t\to\infty} (\ln t - \ln 1) = \lim_{t\to\infty} \ln t = \infty$$

O limite não existe como um número finito e, assim, a integral imprópria $\int_1^\infty (1/x)\, dx$ é divergente. ∎

Vamos comparar o resultado do Exemplo 1 com o exemplo dado no início desta seção:

$$\int_1^\infty \frac{1}{x^2}\, dx \text{ converge} \qquad \int_1^\infty \frac{1}{x}\, dx \text{ diverge}$$

Geometricamente, isso quer dizer que, embora as curvas $y = 1/x^2$ e $y = 1/x$ pareçam muito semelhantes para $x > 0$, a região sob $y = 1/x^2$ à direita de $x = 1$ (a região sombreada na Figura 4) tem uma área finita, enquanto a região correspondente sob $y = 1/x$ (na Figura 5) tem uma área infinita. Observe que $1/x^2$ e $1/x$ se aproximam de 0 quando $x \to \infty$, mas $1/x^2$ se aproxima mais rápido de 0 que $1/x$. Os valores de $1/x$ não decrescem rápido o suficiente para que sua integral tenha um valor finito.

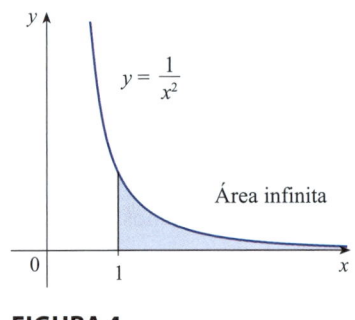

FIGURA 4
$\int_1^\infty (1/x^2)\, dx$ converge

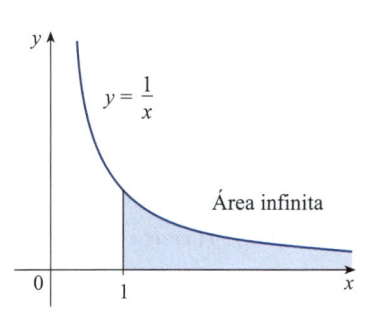

FIGURA 5
$\int_1^\infty (1/x)\, dx$ diverge

EXEMPLO 2 Calcule $\int_{-\infty}^0 xe^x\, dx$.

SOLUÇÃO Usando a parte (b) da Definição 1, temos

$$\int_{-\infty}^0 xe^x\, dx = \lim_{t\to -\infty} \int_t^0 xe^x\, dx$$

Integramos por partes com $u = x$, $dv = e^x\, dx$, de modo que $du = dx$, $v = e^x$:

$$\int_t^0 xe^x\, dx = xe^x\Big]_t^0 - \int_t^0 e^x\, dx$$

$$= -te^t - 1 + e^t$$

Sabemos que $e^t \to 0$ quando $t \to -\infty$ e, pela Regra de L'Hôspital, temos

$$\lim_{t\to -\infty} te^t = \lim_{t\to -\infty} \frac{t}{e^{-t}} = \lim_{t\to -\infty} \frac{1}{-e^{-t}}$$

$$= \lim_{t\to -\infty} (-e^t) = 0$$

Portanto,

$$\int_{-\infty}^{0} xe^x\,dx = \lim_{t\to-\infty}(-te^t - 1 + e^t)$$

$$= -0 - 1 + 0 = -1$$

EXEMPLO 3 Calcule $\int_{-\infty}^{\infty} \dfrac{1}{1+x^2}\,dx$.

SOLUÇÃO É conveniente escolher $a = 0$ na Definição 1(c):

$$\int_{-\infty}^{\infty} \frac{1}{1+x^2}\,dx = \int_{-\infty}^{0} \frac{1}{1+x^2}\,dx + \int_{0}^{\infty} \frac{1}{1+x^2}\,dx$$

Precisamos calcular as integrais no lado direito separadamente:

$$\int_{0}^{\infty} \frac{1}{1+x^2}\,dx = \lim_{t\to\infty}\int_{0}^{t}\frac{dx}{1+x^2} = \lim_{t\to\infty}\,\text{tg}^{-1}x\Big]_{0}^{t}$$

$$= \lim_{t\to\infty}(\text{tg}^{-1}t - \text{tg}^{-1}0) = \lim_{t\to\infty}\text{tg}^{-1}t = \frac{\pi}{2}$$

$$\int_{-\infty}^{0} \frac{1}{1+x^2}\,dx = \lim_{t\to-\infty}\int_{t}^{0}\frac{dx}{1+x^2} = \lim_{t\to-\infty}\text{tg}^{-1}x\Big]_{t}^{0}$$

$$= \lim_{t\to-\infty}(\text{tg}^{-1}0 - \text{tg}^{-1}t) = 0 - \left(-\frac{\pi}{2}\right) = \frac{\pi}{2}$$

Como ambas as integrais são convergentes, a integral dada é convergente

$$\int_{-\infty}^{\infty}\frac{1}{1+x^2}\,dx = \frac{\pi}{2} + \frac{\pi}{2} = \pi$$

Como $1/(1+x^2) > 0$, a integral imprópria dada pode ser interpretada como a área da região infinita sob a curva $y = 1/(1+x^2)$ e acima do eixo x (veja a Figura 6).

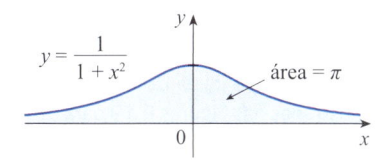

FIGURA 6

EXEMPLO 4 Para quais valores de p a integral

$$\int_{1}^{\infty}\frac{1}{x^p}\,dx$$

é convergente?

SOLUÇÃO Sabemos do Exemplo 1 que se $p = 1$, então a integral é divergente; assim, vamos supor que $p \neq 1$. Logo,

$$\int_{1}^{\infty}\frac{1}{x^p}\,dx = \lim_{t\to\infty}\int_{1}^{t}x^{-p}\,dx = \lim_{t\to\infty}\frac{x^{-p+1}}{-p+1}\bigg]_{x=1}^{x=t}$$

$$= \lim_{t\to\infty}\frac{1}{1-p}\left[\frac{1}{t^{p-1}} - 1\right]$$

Se $p > 1$, então $p - 1 > 0$; assim, quando $t \to \infty$, $t^{p-1} \to \infty$ e $1/t^{p-1} \to 0$. Portanto,

$$\int_{1}^{\infty}\frac{1}{x^p}\,dx = \frac{1}{p-1} \qquad \text{se } p > 1$$

e, nesse caso, a integral converge.

Se $p < 1$, então $p - 1 < 0$, de modo que

$$\frac{1}{t^{p-1}} = t^{p-1} \to \infty \quad \text{quando} \quad t \to \infty$$

e a integral diverge.

Resumimos o resultado do Exemplo 4 para referência futura:

$\boxed{2}$ $\quad \int_1^\infty \dfrac{1}{x^p}\,dx$ é convergente se $p > 1$ e divergente se $p \leq 1$.

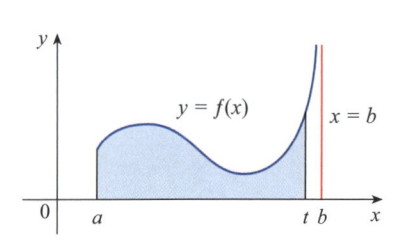

FIGURA 7

■ Tipo 2: Integrandos Descontínuos

Suponha que f seja uma função contínua positiva em um intervalo finito $[a, b)$, mas tenha uma assíntota vertical em b. Seja S a região delimitada sob o gráfico de f e acima do eixo x entre a e b. (Para as integrais de Tipo 1, as regiões se estendem indefinidamente em uma direção horizontal. Aqui a região é infinita em uma direção vertical.) A área da parte de S entre a e t (a região sombreada na Figura 7) é

$$A(t) = \int_a^t f(x)\,dx$$

Se acontecer de $A(t)$ se aproximar de um número A quando $t \to b^-$ então dizemos que a área da região S é A e escrevemos

$$\int_a^b f(x)\,dx = \lim_{t \to b^-} \int_a^t f(x)\,dx$$

Usamos essa equação para definir uma integral imprópria do Tipo 2, mesmo quando f não for uma função positiva, não importando o tipo de descontinuidade que f tenha em b.

As partes (b) e (c) da Definição 3 são mostradas nas Figuras 8 e 9 para o caso onde $f(x) \geq 0$ e f tiver uma assíntota vertical em a e c, respectivamente.

$\boxed{3}$ **Definição de uma Integral Imprópria do Tipo 2**

(a) Se f é contínua em $[a, b)$ e descontínua em b, então

$$\int_a^b f(x)\,dx = \lim_{t \to b^-} \int_a^t f(x)\,dx$$

se esse limite existir (como um número).

(b) Se f é contínua em $(a, b]$ e descontínua em a, então

$$\int_a^b f(x)\,dx = \lim_{t \to a^+} \int_t^b f(x)\,dx$$

se esse limite existir (como um número).

A integral imprópria $\int_a^b f(x)\,dx$ é chamada **convergente** se o limite correspondente existir e **divergente** se o limite não existir.

(c) Se f tiver uma descontinuidade em c, onde $a < c < b$, e ambas as integrais impróprias $\int_a^c f(x)\,dx$ e $\int_c^b f(x)\,dx$ forem convergentes, então definimos

$$\int_a^b f(x)\,dx = \int_a^c f(x)\,dx + \int_c^b f(x)\,dx$$

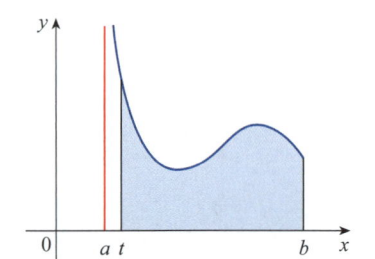

FIGURA 8

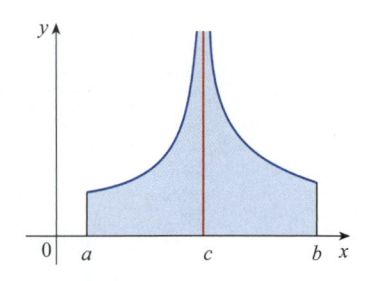

FIGURA 9

EXEMPLO 5 Encontre $\int_2^5 \dfrac{1}{\sqrt{x-2}}\,dx$.

SOLUÇÃO Observamos primeiro que a integral dada é imprópria, porque $f(x) = 1/\sqrt{x-2}$ tem a assíntota vertical $x = 2$. Como a descontinuidade infinita ocorre no extremo esquerdo de $[2,5]$, usamos a parte (b) da Definição 3:

$$\int_2^5 \frac{dx}{\sqrt{x-2}} = \lim_{t\to 2^+} \int_t^5 \frac{dx}{\sqrt{x-2}} = \lim_{t\to 2^+} 2\sqrt{x-2}\,\Big]_t^5$$
$$= \lim_{t\to 2^+} 2\left(\sqrt{3} - \sqrt{t-2}\right) = 2\sqrt{3}$$

Então, a integral imprópria dada é convergente e, como o integrando é positivo, podemos interpretar o valor da integral como a área da região sombreada na Figura 10. ■

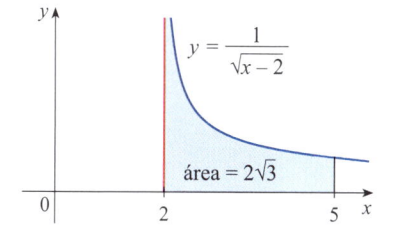

FIGURA 10

EXEMPLO 6 Determine se $\int_0^{\pi/2} \sec x\, dx$ converge ou diverge.

SOLUÇÃO Observe que a integral dada é imprópria, porque $\lim_{x\to(\pi/2)^-} \sec x = \infty$. Usando a parte (a) da Definição 3 e a Fórmula 14 da Tabela de Integrais, temos

$$\int_0^{\pi/2} \sec x\, dx = \lim_{t\to(\pi/2)^-} \int_0^t \sec x\, dx = \lim_{t\to(\pi/2)^-} \ln|\sec x + \tg x|\,\Big]_0^t$$
$$= \lim_{t\to(\pi/2)^-} [\ln(\sec t + \tg t) - \ln 1] = \infty$$

pois $\sec t \to \infty$ e $\tg t \to \infty$ quando $t \to (\pi/2)^-$. Então, a integral imprópria dada é divergente. ■

EXEMPLO 7 Calcule $\int_0^3 \frac{dx}{x-1}$ se for possível.

SOLUÇÃO Observe que a reta $x = 1$ é uma assíntota vertical do integrando. Como ela ocorre no meio do intervalo [0, 3], devemos usar a parte (c) da Definição 3 com $c = 1$:

$$\int_0^3 \frac{dx}{x-1} = \int_0^1 \frac{dx}{x-1} + \int_0^3 \frac{dx}{x-1}$$

onde
$$\int_0^1 \frac{dx}{x-1} = \lim_{t\to 1^-} \int_0^t \frac{dx}{x-1} = \lim_{t\to 1^-} \ln|x-1|\,\Big]_0^t$$
$$= \lim_{t\to 1^-} (\ln|t-1| - \ln|-1|) = \lim_{t\to 1^-} \ln(1-t) = -\infty$$

porque $1 - t \to 0^+$ quando $t \to 1^-$. Então $\int_0^1 dx/(x-1)$ é divergente. Isso implica que $\int_0^3 dx/(x-1)$ é divergente. [Não precisamos calcular $\int_1^3 dx/(x-1)$.] ■

⊘ **ATENÇÃO** Se não tivéssemos observado a assíntota $x = 1$ no Exemplo 7 e, em vez disso, tivéssemos confundido essa integral com uma integral comum, poderíamos ter calculado erroneamente $\int_0^3 dx/(x-1)$ como

$$\ln|x-1|\,\Big]_0^3 = \ln 2 - \ln 1 = \ln 2$$

Isso é errado, porque a integral é imprópria e deve ser calculada em termos de limite.

De agora em diante, toda vez que você vir o símbolo $\int_a^b f(x)\, dx$, você deverá decidir, olhando a função f em $[a, b]$, se ela é uma integral definida ordinária ou uma integral imprópria.

EXEMPLO 8 Calcule $\int_0^1 \ln x\, dx$.

SOLUÇÃO Sabemos que a função $f(x) = \ln x$ tem uma assíntota vertical em 0 uma vez que $\lim_{x\to 0^+} \ln x = -\infty$. Assim, a integral dada é imprópria e temos

$$\int_0^1 \ln x\, dx = \lim_{t\to 0^+} \int_t^1 \ln x\, dx$$

Agora usamos integração por partes, com $u = \ln x$, $dv = dx$, $du = dx/x$ e $v = x$:

$$\int_t^1 \ln x\, dx = x \ln x\Big]_t^1 - \int_t^1 dx$$
$$= 1 \ln 1 - t \ln t - (1 - t) = -t \ln t - 1 + t$$

Para calcularmos o limite do primeiro termo usamos a Regra de L'Hôspital:

$$\lim_{t \to 0^+} t \ln t = \lim_{t \to 0^+} \frac{\ln t}{1/t} = \lim_{t \to 0^+} \frac{1/t}{-1/t^2} = \lim_{t \to 0^+} (-t) = 0$$

Logo, $\qquad \int_0^1 \ln x\, dx = \lim_{t \to 0^+}(-t \ln t - 1 + t) = -0 - 1 + 0 = -1$

A Figura 11 mostra a interpretação geométrica desse resultado. A área da região sombreada acima de $y = \ln x$ e abaixo do eixo x é 1.

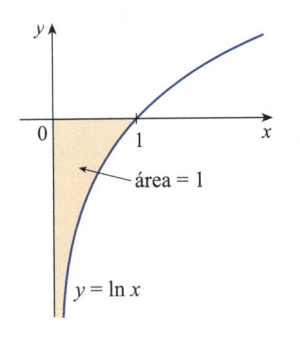

FIGURA 11

■ Um Teste de Comparação para Integrais Impróprias

Algumas vezes é impossível encontrar o valor exato de uma integral imprópria, mas ainda assim é importante saber se a integral é convergente ou divergente. Nesses casos, o teorema seguinte é útil. Apesar de afirmarmos isso para as integrais do Tipo 1, um teorema análogo é verdadeiro para as integrais do Tipo 2.

> **Teorema de Comparação** Suponha que f e g sejam funções contínuas com $f(x) \geq g(x) \geq 0$ para $x \geq a$.
> (a) Se $\int_a^\infty f(x)\, dx$ é convergente, então $\int_a^\infty g(x)\, dx$ é convergente
> (b) Se $\int_a^\infty g(x)\, dx$ é convergente, então $\int_a^\infty f(x)\, dx$ é convergente

Omitiremos a demonstração do Teorema da Comparação, mas a Figura 12 o faz parecer plausível. Se a área sob a curva superior $y = f(x)$ for finita, então a área sob a curva inferior $y = g(x)$ também o é. E se a área sob $y = g(x)$ for infinita, então a área sob $y = f(x)$ também o é. [Observe que a recíproca não é necessariamente verdadeira: se $\int_a^\infty g(x)\, dx$ for convergente, $\int_a^\infty f(x)\, dx$ pode ou não ser convergente, e se $\int_a^\infty f(x)\, dx$ for divergente, $\int_a^\infty g(x)\, dx$ pode ou não ser divergente.]

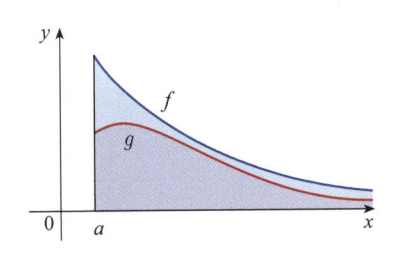

FIGURA 12

EXEMPLO 9 Mostre que $\int_0^\infty e^{-x^2}\, dx$ é convergente.

SOLUÇÃO Não podemos calcular a integral diretamente porque a primitiva de e^{-x^2} não é uma função elementar (como explicado na Seção 7.5). Escrevemos

$$\int_0^\infty e^{-x^2}\, dx = \int_0^1 e^{-x^2}\, dx + \int_1^\infty e^{-x^2}\, dx$$

e observamos que a primeira integral do lado direito é apenas uma integral definida ordinária com um valor finito. Na segunda integral, usamos o fato de que para $x \geq 1$ temos $x^2 \geq x$, assim $-x^2 \leq -x$ e, portanto, $e^{-x^2} \leq e^{-x}$. (Veja a Figura 13.) A integral de e^{-x} é calculada facilmente:

$$\int_1^\infty e^{-x}\, dx = \lim_{t \to \infty} \int_1^t e^{-x}\, dx = \lim_{t \to \infty}(e^{-1} - e^{-t}) = e^{-1}$$

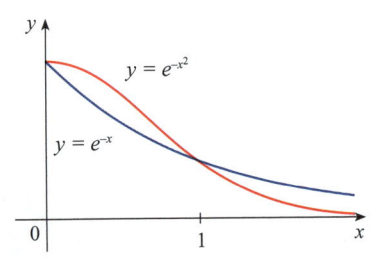

FIGURA 13

Portanto, tomando $f(x) = e^{-x}$ e $g(x) = e^{-x^2}$ no Teorema da Comparação, vemos que $\int_1^\infty e^{-x^2}\, dx$ é convergente. Segue que $\int_0^\infty e^{-x^2}\, dx$ é convergente também.

No Exemplo 9 mostramos que $\int_0^\infty e^{-x^2}\,dx$ é convergente sem calcular seu valor. No Exercício 84 nós indicamos como mostrar que seu valor é aproximadamente 0,8862. Na teoria da probabilidade, é importante saber o valor exato dessa integral imprópria, como veremos na Seção 8.5; usando os métodos do cálculo de várias variáveis, pode ser mostrado que o valor exato é $\sqrt{\pi}/2$. A Tabela 1 ilustra a definição de uma convergente integral imprópria revelando como os valores (gerados por computador) de $\int_0^t e^{-x^2}\,dx$ se aproximam de $\sqrt{\pi}/2$ à medida que t se torna grande. Na verdade, esses valores convergem bem depressa, porque $e^{-x^2} \to 0$ converge muito rapidamente à medida que $x \to \infty$.

EXEMPLO 10 A integral $\int_1^\infty \dfrac{1+e^{-x}}{x}\,dx$ é divergente pelo Teorema da Comparação porque

$$\frac{1+e^{-x}}{x} > \frac{1}{x}$$

e $\int_1^\infty (1/x)\,dx$ é divergente pelo Exemplo 1 [ou por (2) com $p = 1$]. ∎

A Tabela 2 ilustra a divergência da integral no Exemplo 10. Parece que os valores não se aproximam de qualquer número fixo.

Tabela 1

t	$\int_0^t e^{-x^2}\,dx$
1	0,7468241328
2	0,8820813908
3	0,8862073483
4	0,8862269118
5	0,8862269255
6	0,8862269255

Tabela 2

t	$\int_1^t [(1+e^{-x})/x]\,dx$
2	0,8636306042
5	1,8276735512
10	2,5219648704
100	4,8245541204
1.000	7,1271392134
10.000	9,4297243064

7.8 Exercícios

1. Explique por que cada uma das seguintes integrais é imprópria.

(a) $\int_1^4 \dfrac{dx}{x-3}$ (b) $\int_3^\infty \dfrac{dx}{x^2-4}$

(c) $\int_0^1 \operatorname{tg}\pi x\,dx$ (d) $\int_{-\infty}^{-1} \dfrac{e^x}{x}\,dx$

2. Quais das seguintes integrais são impróprias? Por quê?

(a) $\int_0^\pi \sec x\,dx$ (b) $\int_0^4 \dfrac{dx}{x-5}$

(c) $\int_{-1}^3 \dfrac{dx}{x+x^3}$ (d) $\int_1^\infty \dfrac{dx}{x+x^3}$

3. Encontre a área sob a curva $y = 1/x^3$ de $x = 1$ a $x = t$ e calcule-a para $t = 10$, 100 e 1.000. Então encontre a área total sob essa curva para $x \geq 1$.

4. (a) Trace as funções $f(x) = 1/x^{1,1}$ e $g(x) = 1/x^{0,9}$ nas janelas retangulares [0, 10] por [0, 1] e [0, 100] por [0, 1].
(b) Encontre as áreas sob os gráficos de f e g de $x = 1$ a $x = t$ e calcule para $t = 10$, 100, 10^4, 10^6, 10^{10} e 10^{20}.
(c) Encontre a área total sob cada curva para $x \geq 1$, se ela existir.

5-48 Determine se cada integral é convergente ou divergente. Calcule aquelas que são convergentes.

5. $\int_1^\infty 2x^{-3}\,dx$

6. $\int_{-\infty}^{-1} \dfrac{1}{\sqrt[3]{x}}\,dx$

7. $\int_0^\infty e^{-2x}\,dx$

8. $\int_1^\infty \left(\tfrac{1}{3}\right)^x\,dx$

9. $\int_{-2}^\infty \dfrac{1}{x+4}\,dx$

10. $\int_1^\infty \dfrac{1}{x^2+4}\,dx$

11. $\int_3^\infty \dfrac{1}{(x-2)^{3/2}}\,dx$

12. $\int_0^\infty \dfrac{1}{\sqrt[4]{1+x}}\,dx$

13. $\int_{-\infty}^0 \dfrac{x}{(x^2+1)^3}\,dx$

14. $\int_{-\infty}^{-3} \dfrac{x}{4-x^2}\,dx$

15. $\int_1^\infty \dfrac{x^2+x+1}{x^4}\,dx$

16. $\int_2^\infty \dfrac{x}{\sqrt{x^2-1}}\,dx$

17. $\int_0^\infty \dfrac{e^x}{(1+e^x)^2}\,dx$

18. $\int_{-\infty}^{-1} \dfrac{x^2+x}{x^3}\,dx$

19. $\int_{-\infty}^\infty xe^{-x^2}\,dx$

20. $\int_{-\infty}^\infty \dfrac{x}{x^2+1}\,dx$

21. $\int_{-\infty}^\infty \cos 2t\,dt$

22. $\int_1^\infty \dfrac{e^{-1/x}}{x^2}\,dx$

23. $\int_0^\infty \operatorname{sen}^2\alpha\,d\alpha$

24. $\int_0^\infty \operatorname{sen}\theta\,e^{\cos\theta}\,d\theta$

25. $\int_1^\infty \dfrac{1}{x^2+x}\,dx$

26. $\int_2^\infty \dfrac{dv}{v^2+2v-3}$

27. $\int_{-\infty}^0 ze^{2z}\,dz$

28. $\int_2^\infty ye^{-3y}\,dy$

29. $\int_1^\infty \dfrac{\ln x}{x}\,dx$

30. $\int_1^\infty \dfrac{\ln x}{x^2}\,dx$

31. $\int_{-\infty}^0 \dfrac{z}{z^4+4}\,dz$

32. $\int_e^0 \dfrac{1}{x(\ln x)^2}\,dx$

33. $\int_0^\infty e^{-\sqrt{y}}\,dy$

34. $\int_1^\infty \dfrac{dx}{\sqrt{x}+x\sqrt{x}}$

35. $\int_0^1 \dfrac{1}{x}\,dx$

36. $\int_0^5 \dfrac{1}{\sqrt[3]{5-x}}\,dx$

37. $\int_{-2}^{14} \dfrac{dx}{\sqrt[4]{x+2}}$

38. $\int_{-1}^2 \dfrac{x}{(x+1)^2}\,dx$

39. $\int_{-2}^{3} \dfrac{1}{x^4}\,dx$

40. $\int_{0}^{1} \dfrac{dx}{\sqrt{1-x^2}}$

41. $\int_{0}^{9} \dfrac{1}{\sqrt[3]{x-1}}\,dx$

42. $\int_{0}^{5} \dfrac{w}{w-2}\,dw$

43. $\int_{0}^{\pi/2} \operatorname{tg}^2\theta\,d\theta$

44. $\int_{0}^{4} \dfrac{dx}{x^2-x-2}$

45. $\int_{0}^{1} r\ln r\,dr$

46. $\int_{0}^{\pi/2} \dfrac{\cos\theta}{\sqrt{\operatorname{sen}\theta}}\,d\theta$

47. $\int_{-1}^{0} \dfrac{e^{1/x}}{x^3}\,dx$

48. $\int_{0}^{1} \dfrac{e^{1/x}}{x^3}\,dx$

49-54 Esboce a região e encontre sua área (se a área for finita).

49. $S = \{(x,y)\mid x\geq 1,\ 0\leq y\leq e^{-x}\}$

50. $S = \{(x,y)\mid x\leq 0,\ 0\leq y\leq e^{x}\}$

51. $S = \{(x,y)\mid x\geq 1,\ 0\leq y\leq 1/(x^3+x)\}$

52. $S = \{(x,y)\mid x\geq 0,\ 0\leq y\leq xe^{-x}\}$

53. $S = \{(x,y)\mid 0\leq x<\pi/2,\ 0\leq y\leq \sec^2 x\}$

54. $S = \{(x,y)\mid -2<x\leq 0,\ 0\leq y\leq 1/\sqrt{x+2}\}$

55. (a) Se $g(x) = (\operatorname{sen}^2 x)/x^2$, use uma calculadora ou computador para fazer uma tabela de valores aproximados de $\int_{1}^{t} g(x)\,dx$ para $t = 2, 5, 10, 100, 1.000$ e 10.000. Parece que $\int_{1}^{\infty} g(x)\,dx$ é convergente?
(b) Use o Teorema da Comparação com $f(x) = 1/x^2$ para mostrar que $\int_{1}^{\infty} g(x)\,dx$ é convergente.
(c) Ilustre a parte (b) colocando os gráficos de f e g na mesma tela para $1\leq x\leq 10$. Use sua ilustração para explicar intuitivamente por que $\int_{1}^{\infty} g(x)\,dx$ é convergente.

56. (a) Se $g(x) = 1/(\sqrt{x}-1)$, use uma calculadora ou computador para fazer uma tabela de valores aproximados de $\int_{2}^{t} g(x)\,dx$ para $t = 5, 10, 100, 1.000$ e 10.000. Parece que $\int_{2}^{\infty} g(x)\,dx$ é convergente ou divergente?
(b) Use o Teorema da Comparação com $f(x) = 1/\sqrt{x}$ para mostrar que $\int_{2}^{\infty} g(x)\,dx$ é divergente.
(c) Ilustre a parte (b) colocando os gráficos de f e g na mesma tela para $2\leq x\leq 20$. Use sua ilustração para explicar intuitivamente porque $\int_{2}^{\infty} g(x)\,dx$ é divergente.

57-64 Use o Teorema da Comparação para determinar se a integral é convergente ou divergente.

57. $\int_{0}^{\infty} \dfrac{x}{x^3+1}\,dx$

58. $\int_{1}^{\infty} \dfrac{1+\operatorname{sen}^2 x}{\sqrt{x}}\,dx$

59. $\int_{2}^{\infty} \dfrac{1}{x-\ln x}\,dx$

60. $\int_{0}^{\infty} \dfrac{\operatorname{arctg} x}{2+e^x}\,dx$

61. $\int_{1}^{\infty} \dfrac{x+1}{\sqrt{x^4-x}}\,dx$

62. $\int_{1}^{\infty} \dfrac{2+\cos x}{\sqrt{x^4+x^2}}\,dx$

63. $\int_{0}^{1} \dfrac{\sec^2 x}{x\sqrt{x}}\,dx$

64. $\int_{0}^{\pi} \dfrac{\operatorname{sen}^2 x}{\sqrt{x}}\,dx$

65-68 Integrais Impróprias que São Tanto do Tipo 1 como do Tipo 2 A integral $\int_{a}^{\infty} f(x)\,dx$ é imprópria porque o intervalo $[a,\infty)$ é infinito. Se f tiver uma descontinuidade infinita em a, então haverá uma segunda razão para que a integral seja imprópria. Nesse caso, calculamos a integral expressando-a como a soma de duas integrais impróprias, uma do Tipo 2 e outra do Tipo 1, como mostrado a seguir:

$$\int_{a}^{\infty} f(x)\,dx = \int_{a}^{c} f(x)\,dx + \int_{c}^{\infty} f(x)\,dx \quad c > a$$

Calcule a integral fornecida no caso de ela ser convergente.

65. $\int_{0}^{\infty} \dfrac{1}{x^2}\,dx$

66. $\int_{0}^{\infty} \dfrac{1}{\sqrt{x}}\,dx$

67. $\int_{0}^{\infty} \dfrac{1}{\sqrt{x}(1+x)}\,dx$

68. $\int_{2}^{\infty} \dfrac{1}{x\sqrt{x^2-4}}\,dx$

69-71 Encontre os valores de p para os quais a integral converge e calcule a integral para esses valores de p.

69. $\int_{0}^{1} \dfrac{1}{x^p}\,dx$

70. $\int_{e}^{\infty} \dfrac{1}{x(\ln x)^p}\,dx$

71. $\int_{0}^{1} x^p \ln x\,dx$

72. (a) Calcule a integral $\int_{0}^{\infty} x^n e^{-x}\,dx$ para $n = 0, 1, 2$ e 3.
(b) Conjecture o valor de $\int_{0}^{\infty} x^n e^{-x}\,dx$ quando n é um inteiro positivo arbitrário.
(c) Demonstre sua conjectura usando indução matemática.

73. O *Valor Principal de Cauchy* da integral $\int_{-\infty}^{\infty} f(x)\,dx$ é definido por

$$\int_{-\infty}^{\infty} f(x)\,dx = \lim_{t\to\infty} \int_{-t}^{t} f(x)\,dx$$

Mostre que $\int_{-\infty}^{\infty} x\,dx$ diverge, mas o valor principal de Cauchy dessa integral é 0.

74. A *velocidade média* das moléculas em um gás ideal é

$$\bar{v} = \dfrac{4}{\sqrt{\pi}}\left(\dfrac{M}{2RT}\right)^{3/2} \int_{0}^{\infty} v^3 e^{-Mv^2/(2RT)}\,dv$$

onde M é o peso molecular do gás; R, a constante do gás; T, a temperatura do gás; e v, a velocidade molecular. Mostre que

$$\bar{v} = \sqrt{\dfrac{8RT}{\pi M}}$$

75. Sabemos do exemplo 1 que a região

$$\mathcal{R} = \{(x,y)\mid x\geq 1,\ 0\leq y\leq 1/x\}$$

tem área infinita. Mostre que pela rotação de $\mathcal{R}$ em torno do eixo x obtemos um sólido (denominado *trombeta de Gabriel*) com volume finito.

76. Use a informação e os dados do Exercício 6.4.35 para calcular o trabalho necessário para lançar um veículo espacial de 1.000 kg para fora do campo gravitacional da Terra.

77. Encontre a *velocidade de escape* v_0 que é necessária para lançar um foguete de massa m para fora do campo gravitacional de um planeta com massa M e raio R. Use a Lei da Gravitação de Newton (veja o Exercício 6.4.35) e o fato de que a energia cinética inicial de $\frac{1}{2}mv_0^2$ supre o trabalho necessário.

78. Os astrônomos usam uma técnica chamada *estereografia estelar* para determinar a densidade das estrelas em um aglomerado estelar a partir da densidade (bidimensional) observada, que pode ser analisada a partir de uma fotografia. Suponha que em um aglomerado esférico de raio R a densidade das estrelas dependa somente da distância r do centro do aglomerado. Se a densidade estelar aparente é dada por $y(s)$, onde s é a distância planar observada do centro do aglomerado, e $x(r)$ é a densidade real, pode ser mostrado que

$$y(s) = \int_s^R \frac{2r}{\sqrt{r^2 - s^2}} x(r)\, dr$$

Se a densidade real das estrelas em um aglomerado for $x(r) = \frac{1}{2}(R - r)^2$, encontre a densidade aparente $y(s)$.

79. Um fabricante de lâmpadas quer produzir lâmpadas que durem cerca de 700 horas, mas naturalmente algumas lâmpadas queimam mais rapidamente que outras. Seja $F(t)$ a fração das lâmpadas da empresa que queimam antes de t horas, assim $F(t)$ sempre está entre 0 e 1.

(a) Faça um esboço de como você acha que o gráfico de F deva parecer.
(b) Qual o significado da derivada $r(t) = F'(t)$?
(c) Qual é o valor de $\int_0^\infty r(t)\, dt$? Por quê?

80. Como vimos na Seção 3.8, uma substância radioativa se deteriora exponencialmente: a massa no tempo t é $m(t) = m(0)e^{kt}$, onde $m(0)$ é a massa inicial e k é uma constante negativa. A *vida média* M de um átomo na substância é

$$M = -k\int_0^\infty t e^{kt}\, dt$$

Para o isótopo radioativo de carbono, ^{14}C, usado na datação de radiocarbono, o valor de k é $-0,000121$. Encontre a vida média de um átomo de ^{14}C.

81. Em um estudo sobre a propagação do uso de drogas ilícitas de um usuário entusiasta a uma população de N usuários, os autores modelaram o número esperado de novos usuários pela equação

$$\gamma = \int_0^\infty \frac{cN(1 - e^{-kt})}{k} e^{-\lambda t}\, dt$$

onde c, k e λ são constantes positivas. Calcule essa integral para expressar γ em termos de c, N, K e λ.

Fonte: F. Hoppensteadt et al. Threshold Analysis of a Drug Use Epidemic Model. *Mathematical Biosciences* 53 (1981): 79-87.

82. O tratamento por diálise remove ureia e outros produtos residuais do sangue de um paciente desviando parte da corrente sanguínea externamente por uma máquina chamada dialisador. A taxa na qual a ureia é removida do sangue (em mg/min) em geral é bem descrita pela equação

$$u(t) = \frac{r}{V} C_0 e^{-rt/V}$$

onde r é a taxa de escoamento do sangue pelo dialisador (em mL/min), V é o volume de sangue do paciente (em mL) e C_0 é a quantidade de ureia no sangue (em mg) no instante $t = 0$. Calcule a integral $\int_0^\infty u(t)$ e interprete-a.

83. Determine quão grande tem de ser o número a de modo que

$$\int_a^\infty \frac{1}{x^2 + 1}\, dx < 0,001$$

84. Estime o valor numérico de $\int_0^\infty e^{-x^2}\, dx$ escrevendo-a como a soma de $\int_0^4 e^{-x^2}\, dx$ e $\int_4^\infty e^{-x^2}\, dx$. Aproxime a primeira integral, usando a Regra de Simpson com $n = 8$, e mostre que a segunda integral é menor que $\int_4^\infty e^{-4x}\, dx$, que é menor que $0,0000001$.

85-87 A Transformada de Laplace Se $f(t)$ é contínua para $t \geq 0$, a *transformada de Laplace* de f é a função F definida por

$$F(s) = \int_0^\infty f(t) e^{-st}\, dt$$

e o domínio de F é o conjunto de todos os números s para os quais a integral converge.

85. Calcule a transformada de Laplace das seguintes funções.
(a) $f(t) = 1$ (b) $f(t) = e^t$ (c) $f(t) = t$

86. Mostre que se $0 \leq f(t) \leq Me^{at}$ para $t \geq 0$, onde M e a são constantes, então a transformada de Laplace $F(s)$ existe para $s > a$.

87. Suponha que $0 \leq f(t) \leq Me^{at}$ e $0 \leq f'(t) \leq Ke^{at}$ para $t \geq 0$, onde f' é contínua. Se a transformada de Laplace de $f(t)$ é $F(s)$ e a transformada de Laplace de $f'(t)$ é $G(s)$, mostre que

$$G(s) = sF(s) - f(0) \qquad s > a$$

88. Se $\int_{-\infty}^\infty f(x)\, dx$ é convergente e a e b são números reais, mostre que

$$\int_{-\infty}^a f(x)\, dx + \int_a^\infty f(x)\, dx = \int_{-\infty}^b f(x)\, dx + \int_b^\infty f(x)\, dx$$

89. Mostre que $\int_0^\infty x^2 e^{-x^2}\, dx = \frac{1}{2}\int_0^\infty e^{-x^2}\, dx$.

90. Mostre que $\int_0^\infty e^{-x^2}\, dx = \int_0^1 \sqrt{-\ln y}\, dy$ interpretando as integrais como áreas.

91. Encontre o valor da constante C para a qual a integral

$$\int_0^\infty \left(\frac{1}{\sqrt{x^2 + 4}} - \frac{C}{x + 2}\right) dx$$

converge. Calcule a integral para esse valor de C.

92. Encontre o valor da constante C para a qual a integral

$$\int_0^\infty \left(\frac{x}{x^2 + 1} - \frac{C}{3x + 1}\right) dx$$

converge. Calcule a integral para esse valor de C.

93. Suponha que f seja contínua em $[0, \infty)$ e que $\lim_{x \to \infty} f(x) = 1$. É possível que $\int_0^\infty f(x)\, dx$ seja convergente?

94. Mostre que se $a > -1$ e $b > a + 1$, então a integral a seguir é convergente.

$$\int_0^\infty \frac{x^a}{1 + x^b}\, dx$$

7 REVISÃO

VERIFICAÇÃO DE CONCEITOS

As respostas para a seção Verificação de Conceitos podem ser encontradas na página deste livro no site da Cengage.

1. Escreva a regra de integração por partes. Na prática, como você a usa?

2. Como você calcula $\int \text{sen}^m x \cos^n x \, dx$ se m for ímpar? O que acontece se n for ímpar? O que acontece se m e n forem ambos pares?

3. Se a expressão $\sqrt{a^2 - x^2}$ ocorrer em uma integral, que substituição você pode tentar? O que acontece se $\sqrt{a^2 + x^2}$ ocorrer? O que acontece se $\sqrt{x^2 - a^2}$ ocorrer?

4. Qual é a forma da decomposição em frações parciais de uma função racional $P(x)/Q(x)$ se o grau de P for menor que o grau de Q e $Q(x)$ tiver apenas fatores lineares distintos? O que acontece se um fator linear é repetido? O que acontece se $Q(x)$ tiver um fator quadrático irredutível (não repetido)? O que acontece se o fator quadrático é repetido?

5. Escreva as regras para a aproximação da integral definida $\int_a^b f(x) \, dx$ com a Regra do Ponto Médio, a Regra do Trapézio e a Regra de Simpson. De qual você espera a melhor estimativa? Como você aproxima o erro para cada regra?

6. Defina as seguintes integrais impróprias.
   (a) $\int_a^\infty f(x) \, dx$ (b) $\int_{-\infty}^b f(x) \, dx$ (c) $\int_{-\infty}^\infty f(x) \, dx$

7. Defina a integral imprópria $\int_a^b f(x) \, dx$ para cada um dos seguintes casos.
   (a) f tem uma descontinuidade infinita em a.
   (b) f tem uma descontinuidade infinita em b.
   (c) f tem uma descontinuidade infinita em c, onde $a < c < b$.

8. Enuncie o Teorema da Comparação para as integrais impróprias.

TESTES VERDADEIRO-FALSO

Determine se a afirmação é verdadeira ou falsa. Se for verdadeira, explique por quê. Se for falsa, explique por que ou forneça um exemplo que contradiga a afirmação.

1. É possível calcular $\int \text{tg}^{-1} x \, dx$ usando integração por partes.

2. É possível calcular $\int x^5 e^x \, dx$ aplicando-se integração por partes 5 vezes.

3. Para calcular $\int \dfrac{dx}{\sqrt{25 + x^2}}$, $x = 5 \, \text{sen} \, \theta$ é uma substituição trigonométrica apropriada.

4. Para calcular $\int \dfrac{dx}{\sqrt{9 + e^{2x}}}$, podemos usar a Fórmula 25 da Tabela de Integrais, obtendo assim $\ln\left(e^x + \sqrt{9 + e^{2x}}\right) + C$.

5. $\dfrac{x(x^2 + 4)}{x^2 - 4}$ pode ser colocado na forma $\dfrac{A}{x+2} + \dfrac{B}{x-2}$.

6. $\dfrac{x^2 + 4}{x(x^2 - 4)}$ pode ser colocado na forma $\dfrac{A}{x} + \dfrac{B}{x+2} + \dfrac{C}{x-2}$.

7. $\dfrac{x^2 + 4}{x^2(x - 4)}$ pode ser colocado na forma $\dfrac{A}{x^2} + \dfrac{B}{x-4}$.

8. $\dfrac{x^2 - 4}{x(x^2 + 4)}$ pode ser colocado na forma $\dfrac{A}{x} + \dfrac{B}{x^2 - 4}$.

9. $\int_0^4 \dfrac{x}{x^2 - 1} \, dx = \frac{1}{2} \ln 15$.

10. $\int_1^\infty \dfrac{1}{x^{\sqrt{2}}} \, dx$ é convergente.

11. Se $\int_{-\infty}^\infty f(x) \, dx$ é convergente, então $\int_0^\infty f(x) \, dx$ é convergente.

12. A Regra do Ponto Médio é sempre mais precisa que a Regra do Trapézio.

13. (a) Toda função elementar tem uma derivada elementar.
    (b) Toda função elementar tem uma primitiva elementar.

14. Se f é contínua $[0, \infty)$ e $\int_1^\infty f(x) \, dx$ é convergente, então $\int_0^\infty f(x) \, dx$ é convergente.

15. Se f é uma função contínua, decrescente em $[1, \infty)$ e $\lim_{x \to \infty} f(x) = 0$, então $\int_1^\infty f(x) \, dx$ é convergente.

16. Se $\int_a^\infty f(x) \, dx$ e $\int_a^\infty g(x) \, dx$ são ambas convergentes, então $\int_a^\infty [f(x) + g(x)] \, dx$ é convergente.

17. Se $\int_a^\infty f(x) \, dx$ e $\int_a^\infty g(x) \, dx$ são ambas divergentes, então $\int_a^\infty [f(x) + g(x)] \, dx$ é divergente.

18. Se $f(x) \leq g(x)$ e $\int_0^\infty g(x) \, dx$ diverge, então $\int_0^\infty f(x) \, dx$ também diverge.

EXERCÍCIOS

Observação: prática adicional em técnicas de integração é fornecida nos Exercícios 7.5.

1-50 Calcule a integral.

1. $\int_1^2 \dfrac{(x+1)^2}{x} \, dx$

2. $\int_1^2 \dfrac{x}{(x+1)^2} \, dx$

3. $\int \dfrac{e^{\text{sen} x}}{\sec x} \, dx$

4. $\int_0^{\pi/6} t \, \text{sen} \, 2t \, dt$

5. $\int \dfrac{dt}{2t^2 + 3t + 1}$

6. $\int_1^2 x^5 \ln x \, dx$

7. $\int_0^{\pi/2} \text{sen}^3 \theta \, \cos^2 \theta \, d\theta$

8. $\int \dfrac{dx}{x^2 \sqrt{16 - x^2}}$

9. $\int \dfrac{\text{sen}(\ln t)}{t} \, dt$

10. $\int_0^1 \dfrac{\sqrt{\text{arctg} \, x}}{1 + x^2} \, dx$

11. $\int x(\ln x)^2 \, dx$

12. $\int \text{sen} \, x \, \cos x \ln(\cos x) \, dx$

13. $\int_1^2 \dfrac{\sqrt{x^2-1}}{x}\,dx$

14. $\int \dfrac{e^{2x}}{1+e^{4x}}\,dx$

15. $\int e^{\sqrt[3]{x}}\,dx$

16. $\int \dfrac{x^2+2}{x+2}\,dx$

17. $\int x^2\,\text{tg}^{-1}x\,dx$

18. $\int (x+2)^2(x+1)^{20}\,dx$

19. $\int \dfrac{x-1}{x^2+2x}\,dx$

20. $\int \dfrac{\sec^6\theta}{\text{tg}^2\theta}\,d\theta$

21. $\int x\cos x\,dx$

22. $\int \dfrac{x^2+8x-3}{x^3+3x^2}\,dx$

23. $\int \dfrac{dx}{\sqrt{x^2-4x}}$

24. $\int \dfrac{2^{\sqrt{x}}}{\sqrt{x}}\,dx$

25. $\int \dfrac{x+1}{9x^2+6x+5}\,dx$

26. $\int \text{tg}^5\theta\sec^3\theta\,d\theta$

27. $\int_0^2 \sqrt{x^2-2x+2}\,dx$

28. $\int \cos\sqrt{t}\,dt$

29. $\int \dfrac{dx}{x\sqrt{x^2+1}}$

30. $\int e^x\cos x\,dx$

31. $\int \dfrac{x\,\text{sen}(\sqrt{1+x^2})}{\sqrt{1+x^2}}\,dx$

32. $\int \dfrac{dx}{x^{1/2}+x^{1/4}}$

33. $\int \dfrac{3x^3-x^2+6x-4}{(x^2+1)(x^2+2)}\,dx$

34. $\int x\,\text{sen}\,x\cos x\,dx$

35. $\int_0^{\pi/2} \cos^3 x\,\text{sen}\,2x\,dx$

36. $\int \dfrac{\sqrt[3]{x}+1}{\sqrt[3]{x}-1}\,dx$

37. $\int_{-3}^{3} \dfrac{x}{1+|x|}\,dx$

38. $\int \dfrac{dx}{e^x\sqrt{1-e^{-2x}}}$

39. $\int_0^{\ln 10} \dfrac{e^x\sqrt{e^x-1}}{e^x+8}\,dx$

40. $\int_0^{\pi/4} \dfrac{x\,\text{sen}\,x}{\cos^3 x}\,dx$

41. $\int \dfrac{x^2}{(4-x^2)^{3/2}}\,dx$

42. $\int (\text{arcsen}\,x)^2\,dx$

43. $\int \dfrac{1}{\sqrt{x+x^{3/2}}}\,dx$

44. $\int \dfrac{1-\text{tg}\,\theta}{1+\text{tg}\,\theta}\,d\theta$

45. $\int (\cos x+\text{sen}\,x)^2 \cos 2x\,dx$

46. $\int x\cos^3(x^2)\sqrt{\text{sen}(x^2)}\,dx$

47. $\int_0^{1/2} \dfrac{xe^{2x}}{(1+2x)^2}\,dx$

48. $\int_{\pi/4}^{\pi/3} \dfrac{\sqrt{\text{tg}\,\theta}}{\text{sen}\,2\theta}\,d\theta$

49. $\int \dfrac{1}{\sqrt{e^x-4}}\,dx$

50. $\int x\,\text{sen}(\sqrt{1+x^2})\,dx$

51-60 Calcule a integral ou mostre que ela é divergente.

51. $\int_1^{\infty} \dfrac{1}{(2x+1)^3}\,dx$

52. $\int_1^{\infty} \dfrac{\ln x}{x^4}\,dx$

53. $\int_2^{\infty} \dfrac{dx}{x\ln x}$

54. $\int_2^6 \dfrac{y}{\sqrt{y-2}}\,dy$

55. $\int_0^4 \dfrac{\ln x}{\sqrt{x}}\,dx$

56. $\int_0^1 \dfrac{1}{2-3x}\,dx$

57. $\int_0^1 \dfrac{x-1}{\sqrt{x}}\,dx$

58. $\int_{-1}^1 \dfrac{dx}{x^2-2x}$

59. $\int_{-\infty}^{\infty} \dfrac{dx}{4x^2+4x+5}$

60. $\int_1^{\infty} \dfrac{\text{tg}^{-1}x}{x^2}\,dx$

61-62 Calcule a integral indefinida. Ilustre e verifique se sua resposta é razoável, fazendo o gráfico da função e de sua primitiva (tome $C = 0$).

61. $\int \ln(x^2+2x+2)\,dx$

62. $\int \dfrac{x^3}{\sqrt{x^2+1}}\,dx$

63. Trace o gráfico da função $f(x) = \cos^2 x\,\text{sen}^3 x$ e use-o para conjecturar o valor da integral $\int_0^{2\pi} f(x)\,dx$. Então, calcule a integral para confirmar sua conjectura.

T 64. (a) Como você calcularia $\int x^5 e^{-2x}\,dx$ manualmente? (Não faça a integração.)
   (b) Como você calcularia $\int x^5 e^{-2x}\,dx$ usando tabelas de integrais? (Não faça isso de fato.)
   (c) Use um computador para calcular $\int x^5 e^{-2x}\,dx$.
   (d) Trace os gráficos do integrando e da integral indefinida na mesma tela.

65-68 Use a Tabela de Integrais nas Páginas de Referência 6-10 para calcular a integral.

65. $\int \sqrt{4x^2-4x-3}\,dx$

66. $\int \text{cossec}^5 t\,dt$

67. $\int \cos x\sqrt{4+\text{sen}^2 x}\,dx$

68. $\int \dfrac{\text{cotg}\,x}{\sqrt{1+2\,\text{sen}\,x}}\,dx$

69. Verifique a Fórmula 33 na Tabela de Integrais (a) por derivação e (b) usando uma substituição trigonométrica.

70. Verifique a Fórmula 62 da Tabela de Integrais.

71. É possível encontrar um número n tal que $\int_0^{\infty} x^n\,dx$ seja convergente?

72. Para quais valores de a a integral $\int_0^{\infty} e^{ax}\cos x\,dx$ é convergente? Calcule a integral para esses valores de a.

73-74 Use (a) a Regra do Trapézio, (b) a Regra do Ponto Médio e (c) a Regra de Simpson com $n = 10$ para aproximar a integral dada. Arredonde seus resultados para seis casas decimais.

73. $\int_2^4 \dfrac{1}{\ln x}\,dx$

74. $\int_1^4 \sqrt{x}\cos x\,dx$

75. Estime os erros envolvidos no Exercício 73, partes (a) e (b). Quão grande deve ser n em cada caso para garantir um erro menor que 0,00001?

76. Use a Regra de Simpson com $n = 6$ para estimar a área sob a curva $y = e^x/x$ de $x = 1$ a $x = 4$.

77. A leitura do velocímetro (v) em um carro foi observada em intervalos de 1 minuto e registrada na tabela a seguir. Use a Regra de Simpson para estimar a distância percorrida pelo carro.

t (min)	v (km/h)	t (min)	v (km/h)
0	64	6	90
1	67	7	91
2	72	8	91
3	78	9	88
4	83	10	90
5	86		

78. Uma população de abelhas cresce a uma taxa de $r(t)$ abelhas por semana, sendo o gráfico de r mostrado a seguir. Use a Regra de Simpson com 6 subintervalos para estimar o aumento da população de abelhas durante as primeiras 24 semanas.

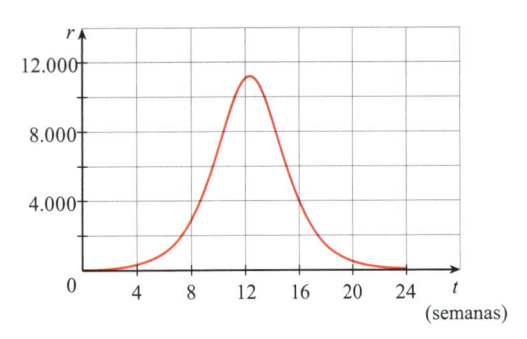

T 79. (a) Dada $f(x) = \text{sen}(\text{sen } x)$, use um sistema de computação algébrica para calcular $f^{(4)}(x)$ e use um gráfico para encontrar um limitante superior para $|f^{(4)}(x)|$.
(b) Use a Regra de Simpson com $n = 10$ para aproximar $\int_0^\pi f(x)\, dx$ e use a parte (a) para estimar o erro.
(c) Quão grande deve ser n para garantir que o tamanho do erro ao usar S_n seja menor que $0{,}00001$?

80. Suponha que lhe peçam para estimar o volume de uma bola de futebol americano. Você mede e descobre que a bola tem 28 cm de comprimento. Você usa um pedaço de barbante e mede a circunferência de 53 cm em seu ponto mais largo. A circunferência a 7 cm a partir de cada extremidade tem 45 cm. Use a Regra de Simpson para fazer sua estimativa.

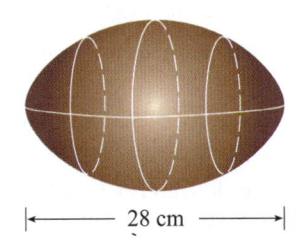

81. Use o Teorema da Comparação para determinar se a integral é convergente ou divergente.

(a) $\int_1^\infty \dfrac{2 + \text{sen } x}{\sqrt{x}}\, dx$ (b) $\int_1^\infty \dfrac{1}{\sqrt{1 + x^4}}\, dx$

82. Encontre a área da região delimitada pela hipérbole $y^2 - x^2 = 1$ e pela reta $y = 3$.

83. Encontre a área da região delimitada pelas curvas $y = \cos x$ e $y = \cos^2 x$ entre $x = 0$ e $x = \pi$.

84. Calcule a área da região delimitada pelas curvas $y = 1/(2 + \sqrt{x})$, $y = 1/(2 - \sqrt{x})$ e $x = 1$.

85. A região sob a curva $y = \cos^2 x$, $0 \leq x \leq \pi/2$, é girada em torno do eixo x. Encontre o volume do sólido obtido.

86. A região do Exercício 85 é girada em torno do eixo y. Encontre o volume do sólido obtido.

87. Se f' é contínua em $[0, \infty)$ e $\lim_{x \to \infty} f(x) = 0$, mostre que
$$\int_0^\infty f'(x)\, dx = -f(0)$$

88. Podemos estender nossa definição de valor médio de uma função contínua a um intervalo infinito definindo o valor médio de f no intervalo $[a, \infty)$ como
$$f_{\text{med}} = \lim_{t \to \infty} \frac{1}{t - a} \int_a^t f(x)\, dx$$

(a) Calcule o valor médio de $y = \text{tg}^{-1} x$ no intervalo $[0, \infty)$.
(b) Se $f(x) \geq 0$ e $\int_a^\infty f(x)\, dx$ for divergente, mostre que o valor médio de f no intervalo $[a, \infty)$ será $\lim_{x \to \infty} f(x)$, se esse limite existir.
(c) Se $\int_a^\infty f(x)\, dx$ for convergente, qual o valor médio de f no intervalo $[a, \infty)$?
(d) Calcule o valor médio de $y = \text{sen } x$ no intervalo $[0, \infty)$.

89. Use a substituição $u = 1/x$ para mostrar que
$$\int_0^\infty \frac{\ln x}{1 + x^2}\, dx = 0$$

90. A intensidade da força de repulsão entre duas cargas pontuais com o mesmo sinal, uma com carga 1 e outra com carga q, é
$$F = \frac{q}{4\pi \varepsilon_0 r^2}$$
onde r é a distância entre as cargas e ε_0 é uma constante. O *potencial* V no ponto P devido à carga q é definido como o trabalho realizado para trazer uma carga unitária até P, a partir do infinito, ao longo da reta que liga q e P. Ache uma fórmula para V.

Problemas Quentes

EXEMPLO 1

(a) Demonstre que se f é uma função contínua, então

$$\int_0^a f(x)\,dx = \int_0^a f(a-x)\,dx$$

Cubra a solução do exemplo e tente resolvê-lo sozinho.

(b) Use a parte (a) para mostrar que

$$\int_0^{\pi/2} \frac{\operatorname{sen}^n x}{\operatorname{sen}^n x + \cos^n x}\,dx = \frac{\pi}{4}$$

para todos os números n positivos.

SOLUÇÃO

(a) À primeira vista, a equação fornecida parece um tanto difícil de entender. Como é possível ligar o lado esquerdo ao lado direito? As associações, com frequência, podem ser feitas por meio de um dos princípios de resolução de problemas: *introduzir algo extra*. Aqui o ingrediente extra é uma nova variável. Frequentemente pensamos na introdução de uma nova variável quando usamos a Regra de Substituição para integrar uma função específica. Mas aquela regra ainda é útil na presente circunstância, em que temos uma função geral f.

SP Uma revisão da seção Princípios da Resolução de Problemas, apresentada após o Capítulo 1, pode lhe ser útil.

Uma vez que pensamos em fazer uma substituição, a forma do lado direito sugere que esta deverá ser $u = a - x$. Então, $du = -dx$. Quando $x = 0$, $u = a$; quando $x = a$, $u = 0$. Logo

$$\int_0^a f(a-x)\,dx = -\int_a^0 f(u)\,du = \int_0^a f(u)\,du$$

No entanto, essa integral do lado direito é apenas outra maneira de escrever $\int_0^a f(x)\,dx$. Assim, a equação dada está demonstrada.

(b) Se considerarmos a integral dada como I e aplicarmos a parte (a) com $a = \pi/2$, obteremos

$$I = \int_0^{\pi/2} \frac{\operatorname{sen}^n x}{\operatorname{sen}^n x + \cos^n x}\,dx = \int_0^{\pi/2} \frac{\operatorname{sen}^n (\pi/2 - x)}{\operatorname{sen}^n (\pi/2 - x) + \cos^n (\pi/2 - x)}\,dx$$

Os gráficos gerados por computador na Figura 1 tornam plausível que todas as integrais do exemplo tenham o mesmo valor. O gráfico de cada integrando está rotulado com o respectivo valor de n.

Uma identidade trigonométrica bem conhecida nos diz que $\operatorname{sen}(\pi/2 - x) = \cos x$ e $\cos(\pi/2 - x) = \operatorname{sen} x$, assim, obtemos

$$I = \int_0^{\pi/2} \frac{\cos^n x}{\cos^n x + \operatorname{sen}^n x}\,dx$$

Observe que as duas expressões para I são muito parecidas. De fato, os integrandos têm o mesmo denominador. Isso sugere que devemos adicionar as duas expressões. Se fizermos isso, obteremos

$$2I = \int_0^{\pi/2} \frac{\operatorname{sen}^n x + \cos^n x}{\operatorname{sen}^n x + \cos^n x}\,dx = \int_0^{\pi/2} 1\,dx = \frac{\pi}{2}$$

Portanto, $I = \pi/4$.

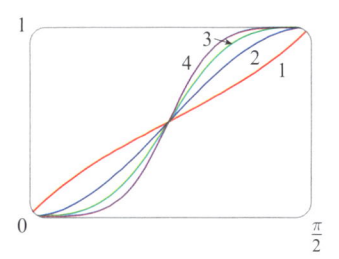

FIGURA 1

PROBLEMAS

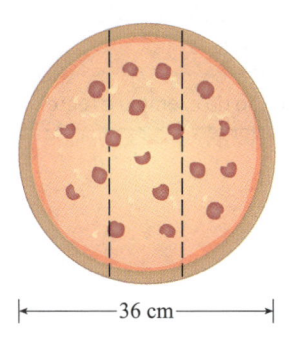

FIGURA PARA O PROBLEMA 1

1. Três estudantes de matemática pediram uma pizza de 36 centímetros. Em vez de fatiá-la da maneira tradicional, eles decidiram fatiá-la com cortes paralelos, como mostrado na figura. Sendo estudantes de matemática, eles foram capazes de determinar onde fatiar de maneira que a cada um coubesse a mesma quantidade de pizza. Onde foram feitos os cortes?

2. Calcule a integral

$$\int \frac{1}{x^7 - x} dx$$

O ataque direto seria começar com frações parciais, mas isso seria brutal. Tente uma substituição.

3. Calcule $\int_0^1 \left(\sqrt[3]{1-x^7} - \sqrt[7]{1-x^3} \right) dx$.

4. Suponha que f seja uma função contínua e crescente em $[0, 1]$, de modo que $f(0) = 0$ e $f(1) = 1$. Mostre que

$$\int_0^1 [f(x) + f^{-1}(x)] dx = 1$$

5. Supondo que f seja uma função par, que $r > 0$ e que $a > 0$, mostre que

$$\int_{-r}^{r} \frac{f(x)}{1 + a^x} dx = \int_0^r f(x) dx$$

Dica: $\dfrac{1}{1+u} + \dfrac{1}{1+u^{-1}} = 1$.

6. Os centros de dois discos de raio 1 estão separados de uma unidade. Encontre a área da união dos discos.

7. Uma elipse é recortada de um círculo com raio a. O maior eixo da elipse coincide com um diâmetro do círculo e o menor eixo tem comprimento $2b$. Demonstre que a área da parte restante do círculo é a mesma que a de uma elipse com semieixos a e $a - b$.

8. Um homem inicialmente parado em um ponto O anda ao longo de um cais puxando uma canoa por uma corda de comprimento L. O homem mantém a corda reta e esticada. O caminho percorrido pela canoa é uma curva chamada *tractriz* e tem a propriedade de que a corda é sempre tangente à curva (veja a figura).

   (a) Mostre que se o caminho percorrido pela canoa é o gráfico da função $y = f(x)$, então

$$f'(x) = \frac{dy}{dx} = \frac{-\sqrt{L^2 - x^2}}{x}$$

   (b) Determine a função $y = f(x)$.

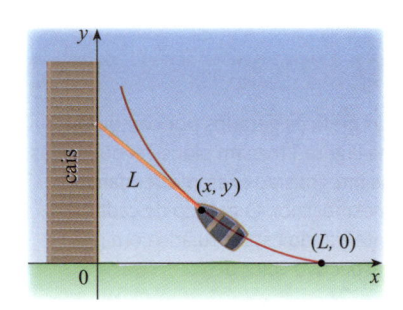

FIGURA PARA O PROBLEMA 8

9. Uma função f é definida por $f(x) = \int_0^\pi \cos t \cos(x - t) dt$, $0 \le x \le 2\pi$. Encontre o valor mínimo de f.

10. Se n é um inteiro positivo, demonstre que $\int_0^1 (\ln x)^n dx = (-1)^n n!$.

11. Mostre que

$$\int_0^1 (1 - x^2)^n dx = \frac{2^{2n}(n!)^2}{(2n+1)!}$$

Dica: Comece mostrando que se I_n denotar a integral, então

$$I_{k+1} = \frac{2k+2}{2k+3} I_k$$

12. Suponha que f seja uma função positiva tal que f' seja contínua.
    (a) Como o gráfico de $y = f(x) \operatorname{sen} nx$ está relacionado ao gráfico de $y = f(x)$? O que acontece se $n \to \infty$?

(b) Faça uma conjectura para o valor do limite

$$\lim_{n\to\infty}\int_0^1 f(x)\,\text{sen}\,nx\,dx$$

baseada em gráficos do integrando.

(c) Usando integração por partes, confirme a conjectura que você fez na parte (b). [Use o fato de que, como f' é contínua, existe uma constante M tal que $|f'(x)| \le M$ para $0 \le x \le 1$.]

13. Se $0 < a < b$, encontre

$$\lim_{t\to 0}\left\{\int_0^1 [bx+a(1-x)]^t\,dx\right\}^{1/t}$$

14. Trace o gráfico de $f(x) = \text{sen}(e^x)$ e use-o para estimar o valor de t tal que $\int_t^{t+1} f(x)\,dx$ seja um máximo. Então, calcule o valor exato de t que maximiza essa integral.

15. Calcule $\int_{-1}^{\infty}\left(\dfrac{x^4}{1+x^6}\right)^2 dx$.

16. Calcule $\int \sqrt{\text{tg}\,x}\,dx$.

17. A circunferência de raio 1 mostrada na figura toca a curva $y = |2x|$ duas vezes. Determine a área da região que se encontra entre as duas curvas.

18. Um foguete é lançado verticalmente, consumindo combustível a uma taxa constante de b quilogramas por segundo. Seja $v = v(t)$ a velocidade do foguete no instante t e suponha que a velocidade u da emissão de gases seja constante. Considere $M = M(t)$ como a massa do foguete no tempo t e observe que M decresce à medida que o combustível queima. Se desprezarmos a resistência do ar, segue da Segunda Lei de Newton que

$$F = M\dfrac{dv}{dt} - ub$$

onde a força $F = -Mg$. Logo,

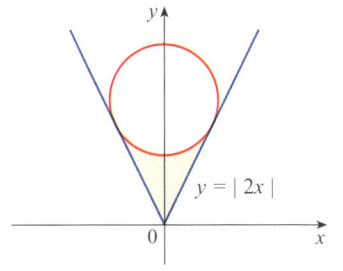

$$\boxed{1} \qquad M\dfrac{dv}{dt} - ub = -Mg$$

FIGURA PARA O PROBLEMA 17

Sejam M_1 a massa do foguete sem combustível, M_2 a massa inicial do combustível, e $M_0 = M_1 + M_2$. Então, até ele ficar sem combustível no tempo $t = M_2/b$, a massa será $M = M_0 - bt$.

(a) Substitua $M = M_0 - bt$ na Equação 1 e isole v na equação resultante. Use a condição inicial $v(0) = 0$ para calcular a constante.

(b) Determine a velocidade do foguete no instante $t = M_2/b$. Esta é chamada *velocidade terminal*.

(c) Determine a altura do foguete $y = y(t)$ no tempo terminal.

(d) Encontre a altura do foguete em um instante t qualquer.

O Gateway Arch, em St. Louis, no Missouri, eleva-se a 192 metros de altura e foi concluído em 1965. O arco foi projetado por Eero Saarinen usando uma equação que envolve a função cosseno hiperbólico. No Exercício 8.1.50 é pedido que você calcule o comprimento da curva que ele usou.
iStock.com / gnagel

8 Mais Aplicações de Integração

NO CAPÍTULO 6, VIMOS ALGUMAS APLICAÇÕES de integrais, como áreas, volumes, trabalho e valores médios. Aqui exploraremos algumas das muitas outras aplicações geométricas da integração – o comprimento de uma curva, a área de uma superfície –, assim como quantidades de interesse na física, engenharia, biologia, economia e estatística. Por exemplo, investigaremos o centro de gravidade de uma placa, a força exercida pela pressão da água em uma barragem, a circulação de sangue do coração humano e o tempo médio de espera na linha durante uma chamada telefônica de auxílio ao consumidor.

8.1 Comprimento de Arco

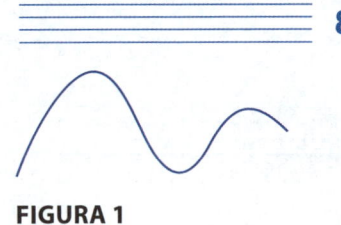

O que queremos dizer com o comprimento de uma curva? Podemos pensar em colocar um pedaço de barbante sobre a curva, na Figura 1, e então medir o comprimento do barbante com uma régua. Mas isso pode ser difícil de fazer com muita exatidão se tivermos uma curva complicada. Necessitamos de uma definição precisa para o comprimento de arco de uma curva, da mesma maneira como desenvolvemos definições para os conceitos de área e volume.

FIGURA 1

■ Comprimento de Arco de uma Curva

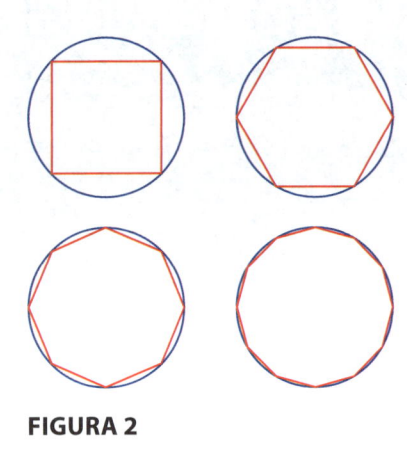

Se a curva é uma poligonal, podemos facilmente encontrar seu comprimento; apenas somamos os comprimentos dos segmentos de reta que formam a poligonal. (Podemos usar a fórmula de distância para encontrar a distância entre as extremidades de cada segmento.) Definiremos o comprimento de uma curva geral primeiro aproximando-a por uma linha poligonal (um caminho composto por segmentos de reta consecutivos) e, então, tomando o limite quando o número de segmentos da poligonal aumenta. Esse processo é familiar para o caso de um círculo, onde a circunferência é o limite dos comprimentos dos polígonos inscritos (veja a Figura 2).

Agora, suponha que uma curva C seja definida pela equação $y = f(x)$, onde f é contínua e $a \leq x \leq b$. Obtemos uma aproximação poligonal para C dividindo o intervalo $[a, b]$ em n subintervalos com extremidades $x_0, x_1, \ldots, x_n$ e com larguras iguais a Δx. Se $y_i = f(x_i)$, então o ponto $P_i(x_i, y_i)$ está em C e a poligonal com vértices $P_0, P_1, \ldots, P_n$, ilustrada na Figura 3, é uma aproximação para C.

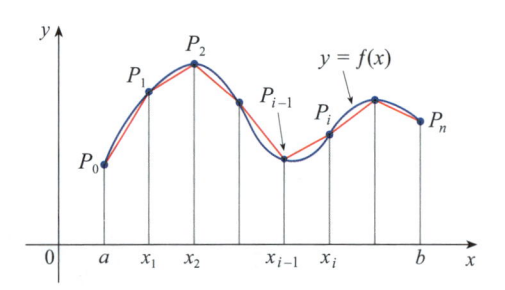

FIGURA 2

FIGURA 3

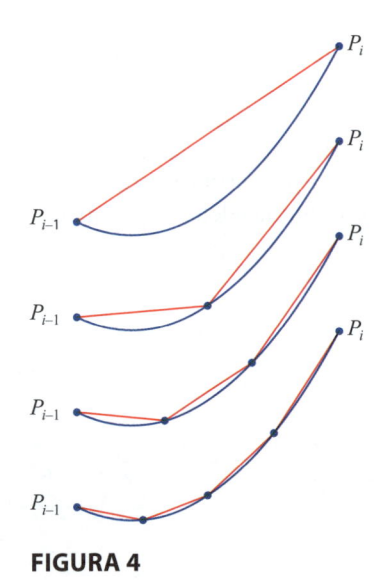

O comprimento L de C é aproximadamente o mesmo dessa poligonal e a aproximação fica melhor quando n aumenta. (Veja a Figura 4, na qual o arco da curva entre P_{i-1} e P_i foi ampliado e as aproximações com valores sucessivamente menores de Δx são mostradas.) Portanto, definimos o **comprimento** L da curva C com equação $y = f(x)$, $a \leq x \leq b$, como o limite dos comprimentos dessas poligonais inscritas (se o limite existir):

$$\boxed{1} \qquad L = \lim_{n \to \infty} \sum_{i=1}^{n} |P_{i-1} P_i|$$

em que $|P_{i-1} P_i|$ é a distância entre os pontos P_{i-1} e P_i.

Observe que o procedimento para a definição de comprimento de arco é muito similar àquele que usamos para definir a área e o volume: dividimos a curva em um número maior de partes pequenas. Então, encontramos os comprimentos aproximados das partes pequenas e os somamos. Finalmente, tomamos o limite quando $n \to \infty$.

A definição de comprimento de arco dada pela Equação 1 não é muito conveniente para propósitos computacionais, mas podemos deduzir uma fórmula integral para L no caso em que f tem uma derivada contínua. [Essa função f é chamada **lisa**, porque uma pequena mudança em x produz uma pequena mudança em $f'(x)$.]

Se tomarmos $\Delta y_i = y_i - y_{i-1}$, então

$$|P_{i-1} P_i| = \sqrt{(x_i - x_{i-1})^2 + (y_i - y_{i-1})^2} = \sqrt{(\Delta x)^2 + (\Delta y_i)^2}$$

FIGURA 4

Aplicando o Teorema do Valor Médio para f no intervalo $[x_{i-1}, x_i]$, descobrimos que existe um número x_i^* entre x_{i-1} e x_i tal que

$$f(x_i) - f(x_{i-1}) = f'(x_i^*)(x_i - x_{i-1})$$

isto é, $\qquad \Delta y_i = f'(x_i^*) \Delta x$

Então temos

$$|P_{i-1} P_i| = \sqrt{(\Delta x)^2 + (\Delta y_i)^2} = \sqrt{(\Delta x)^2 + [f'(x_i^*) \Delta x]^2}$$
$$= \sqrt{1 + [f'(x_i^*)]^2} \sqrt{(\Delta x)^2} = \sqrt{1 + [f'(x_i^*)]^2} \, \Delta x \quad \text{(já que } \Delta x > 0\text{)}$$

Logo, pela Definição 1,

$$L = \lim_{n \to \infty} \sum_{i=1}^{n} |P_{i-1} P_i| = \lim_{n \to \infty} \sum_{i=1}^{n} \sqrt{1 + [f'(x_i^*)]^2} \, \Delta x$$

Reconhecemos essa expressão como igual a

$$\int_a^b \sqrt{1 + [f'(x)]^2} \, dx$$

pela definição de integral definida. Sabemos que essa integral existe porque a função $g(x) = \sqrt{1 + [f'(x)]^2}$ é contínua. Então, demonstramos o seguinte teorema:

> **2 Fórmula do Comprimento de Arco** Se f' for contínua em $[a, b]$, então o comprimento da curva $y = f(x)$, $a \le x \le b$, é
>
> $$L = \int_a^b \sqrt{1 + [f'(x)]^2} \, dx$$

Se usarmos a notação de Leibniz para as derivadas, podemos escrever a fórmula do comprimento de arco como da seguinte forma:

3
$$L = \int_a^b \sqrt{1 + \left(\frac{dy}{dx}\right)^2} \, dx$$

EXEMPLO 1 Calcule o comprimento de arco da parábola semicúbica $y^2 = x^3$ entre os pontos $(1, 1)$ e $(4, 8)$. (Veja a Figura 5.)

SOLUÇÃO Para a porção superior da curva, temos

$$y = x^{3/2} \qquad \frac{dy}{dx} = \tfrac{3}{2} x^{1/2}$$

e assim a fórmula do comprimento de arco dá

$$L = \int_1^4 \sqrt{1 + \left(\frac{dy}{dx}\right)^2} \, dx = \int_1^4 \sqrt{1 + \tfrac{9}{4} x} \, dx$$

Se substituirmos $u = 1 + \tfrac{9}{4} x$, então $du = \tfrac{9}{4} dx$. Quando $x = 1$, $u = \tfrac{13}{4}$; quando $x = 4$, $u = 10$. Portanto,

$$L = \tfrac{4}{9} \int_{13/4}^{10} \sqrt{u} \, du = \tfrac{4}{9} \cdot \tfrac{2}{3} u^{3/2} \Big]_{13/4}^{10}$$
$$= \tfrac{8}{27} \left[10^{3/2} - \left(\tfrac{13}{4}\right)^{3/2} \right] = \tfrac{1}{27} \left(80 \sqrt{10} - 13 \sqrt{13} \right) \qquad \blacksquare$$

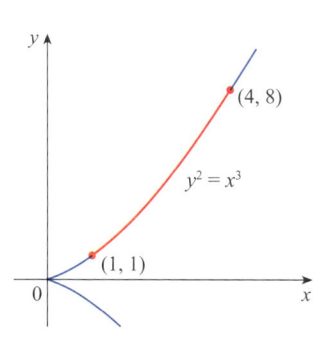

FIGURA 5

Como uma verificação de nossa resposta no Exemplo 1, observamos na Figura 5 que o comprimento de arco deve ser um pouco maior que a distância de $(1, 1)$ a $(4, 8)$, que é

$$\sqrt{58} \approx 7{,}615773$$

De acordo com os nossos cálculos no Exemplo 1, temos

$$L = \tfrac{1}{27} \left(80 \sqrt{10} - 13 \sqrt{13} \right)$$
$$\approx 7{,}633705$$

Seguramente, isso é um pouco maior que o comprimento do segmento de reta.

Se uma curva tem a equação $x = g(y)$, $c \le y \le d$, e $g'(y)$ é contínua, então, pela mudança dos papéis de x e y na Fórmula 2 ou na Equação 3, obtemos a seguinte fórmula para seu comprimento:

$$\boxed{4} \quad L = \int_c^d \sqrt{1 + [g'(y)]^2}\, dy = \int_c^d \sqrt{1 + \left(\frac{dx}{dy}\right)^2}\, dy$$

EXEMPLO 2 Calcule o comprimento de arco da parábola $y^2 = x$ de (0, 0) a (1, 1).

SOLUÇÃO Como $x = y^2$, temos $dx/dy = 2y$, e a Fórmula 4 nos dá

$$L = \int_0^1 \sqrt{1 + \left(\frac{dx}{dy}\right)^2}\, dy = \int_0^1 \sqrt{1 + 4y^2}\, dy$$

Fazemos a substituição trigonométrica $y = \tfrac{1}{2} \tg \theta$, que resulta em $dy = \tfrac{1}{2} \sec^2 \theta\, d\theta$ e $\sqrt{1 + 4y^2} = \sqrt{1 + \tg^2 \theta} = \sec \theta$. Quando $y = 0$, $\tg \theta = 0$, de modo que, $\theta = 0$; quando $y = 1$, $\tg \theta = 2$, assim, $\theta = \tg^{-1} 2 = \alpha$. Portanto,

$$L = \int_0^\alpha \sec \theta \cdot \tfrac{1}{2} \sec^2 \theta\, d\theta = \tfrac{1}{2} \int_0^\alpha \sec^3 \theta\, d\theta$$
$$= \tfrac{1}{2} \cdot \tfrac{1}{2} \left[\sec \theta\, \tg \theta + \ln|\sec \theta + \tg \theta|\right]_0^\alpha \quad \text{(do Exemplo 7.2.8)}$$
$$= \tfrac{1}{4} \left(\sec \alpha\, \tg \alpha + \ln|\sec \alpha + \tg \alpha|\right)$$

(Poderíamos ter usado a Fórmula 21 da Tabela de Integrais.) Uma vez que $\tg \alpha = 2$, temos $\sec^2 \alpha = 1 + \tg^2 \alpha = 5$, de modo que $\sec \alpha = \sqrt{5}$ e

$$L = \frac{\sqrt{5}}{2} + \frac{\ln(\sqrt{5} + 2)}{4} \qquad \blacksquare$$

A Figura 6 mostra o arco da parábola cujo comprimento é calculado no Exemplo 2, junto das aproximações poligonais tendo $n = 1$ e $n = 2$ segmentos de reta, respectivamente. Para $n = 1$, o comprimento aproximado é $L_1 = \sqrt{2}$, a diagonal de um quadrado. A tabela mostra as aproximações L_n que obtemos dividindo [0, 1] em n subintervalos iguais. Observe que cada vez que duplicamos o número de lados da poligonal, aproximamo-nos do comprimento exato, que é

$$L = \frac{\sqrt{5}}{2} + \frac{\ln(\sqrt{5} + 2)}{4} \approx 1{,}478943$$

FIGURA 6

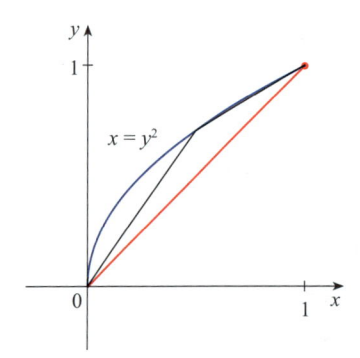

n	L_n
1	1,414
2	1,445
4	1,464
8	1,472
16	1,476
32	1,478
64	1,479

Por causa da presença da raiz quadrada nas Fórmulas 2 e 4, os cálculos de comprimento de um arco frequentemente nos levam a integrais muito difíceis ou mesmo impossíveis de calcular explicitamente. Então, algumas vezes temos de nos contentar em achar uma aproximação do comprimento da curva, como no exemplo a seguir.

EXEMPLO 3

(a) Escreva uma integral para o comprimento de arco da hipérbole $xy = 1$ do ponto (1, 1) ao ponto $\left(2, \tfrac{1}{2}\right)$.

(b) Use a Regra de Simpson com $n = 10$ para estimar o comprimento de arco.

SOLUÇÃO

(a) Temos

$$y = \frac{1}{x} \qquad \frac{dy}{dx} = -\frac{1}{x^2}$$

e assim o comprimento de arco é

$$L = \int_1^2 \sqrt{1 + \left(\frac{dy}{dx}\right)^2}\, dx = \int_1^2 \sqrt{1 = \frac{1}{x^4}}\, dx$$

(b) Usando a Regra de Simpson (veja a Seção 7.7) com $a = 1$, $b = 2$, $n = 10$, $\Delta x = 0{,}1$ e $f(x) = \sqrt{1 + 1/x^4}$, obtemos

$$L = \int_1^2 \sqrt{1 + \frac{1}{x^4}}\, dx$$

$$\approx \frac{\Delta x}{3}[f(1) + 4f(1{,}1) + 2f(1{,}2) + 4f(1{,}3) + \cdots + 2f(1{,}8) + 4f(1{,}9) + f(2)]$$

$$= 1{,}1321$$

Verificando o valor da integral definida com uma aproximação mais exata produzida por dispositivo computacional, obtemos 1,1320904. Vemos que a aproximação usando a Regra de Simpson é precisa até quatro casas decimais.

■ Função Comprimento de Arco

É útil termos uma função que meça o comprimento de arco de uma curva a partir de um ponto inicial particular até outro ponto qualquer na curva. Deste modo, se a curva lisa C tem a equação $y = f(x)$, $a \leq x \leq b$, seja $s(x)$ a distância ao longo de C do ponto inicial $P_0(a, f(a))$ ao ponto $Q(x, f(x))$. Então, s é uma função, chamada **função comprimento de arco**, e, pela Fórmula 2,

$$\boxed{5} \qquad s(x) = \int_a^x \sqrt{1 + [f'(t)]^2}\, dt$$

(Substituímos a variável da integração por t para que x não tenha dois significados.) Podemos usar a parte 1 do Teorema Fundamental do Cálculo para derivar a Equação 5 (uma vez que o integrando é contínuo):

$$\boxed{6} \qquad \frac{ds}{dx} = \sqrt{1 + [f'(x)]^2} = \sqrt{1 + \left(\frac{dy}{dx}\right)^2}$$

A Equação 6 mostra que a taxa de variação de s em relação a x é sempre pelo menos 1 e é igual a 1 quando $f'(x)$, a inclinação da curva, é 0. A diferencial do comprimento de arco é

$$\boxed{7} \qquad ds = \sqrt{1 + \left(\frac{dy}{dx}\right)^2}\, dx$$

e essa equação é escrita algumas vezes na forma simétrica

$$\boxed{8} \qquad (ds)^2 = (dx)^2 + (dy)^2$$

A interpretação geométrica da Equação 8 é mostrada na Figura 7. Ela pode ser utilizada como um dispositivo mnemônico para lembrar as Fórmulas 3 e 4. Se escrevermos $L = \int ds$, então a partir da Equação 8 podemos resolver para obter (7), o que resulta em (3), ou podemos resolver para obter

$$\boxed{9} \qquad ds = \sqrt{1 + \left(\frac{dx}{dy}\right)^2}\, dy$$

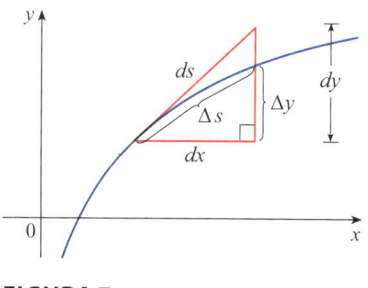

FIGURA 7

o que nos fornece (4).

EXEMPLO 4 Encontre a função comprimento de arco para a curva $y = x^2 - \frac{1}{8}\ln x$ tomando $P_0(1, 1)$ como o ponto inicial.

SOLUÇÃO Se $f(x) = x^2 - \frac{1}{8}\ln x$, então

$$f'(x) = 2x - \frac{1}{8x}$$

$$1 + [f'(x)]^2 = 1 + \left(2x - \frac{1}{8x}\right)^2 = 1 + 4x^2 - \frac{1}{2} + \frac{1}{64x^2}$$

$$= 4x^2 + \frac{1}{2} + \frac{1}{64x^2} = \left(2x + \frac{1}{8x}\right)^2$$

$$\sqrt{1 + [f'(x)]^2} = 2x + \frac{1}{8x} \quad \text{(já que } x > 0\text{)}$$

Assim, a função comprimento de arco é dada por

$$s(x) = \int_1^x \sqrt{1 + [f'(t)]^2}\, dt$$

$$= \int_1^x \left(2t + \frac{1}{8t}\right) dt = t^2 + \frac{1}{8}\ln t \Big]_1^x$$

$$= x^2 + \frac{1}{8}\ln x - 1$$

Por exemplo, o comprimento de arco ao longo da curva de $(1, 1)$ a $(3, f(3))$ é

$$s(3) = 3^2 + \frac{1}{8}\ln 3 - 1 = 8 + \frac{\ln 3}{8} \approx 8{,}1373 \quad \blacksquare$$

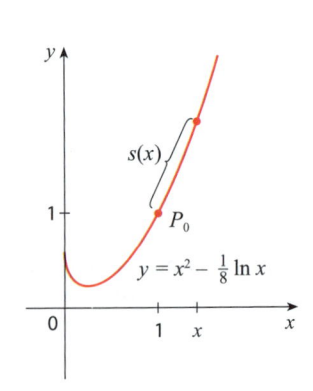

FIGURA 8

A Figura 8 mostra a interpretação da função comprimento de arco no Exemplo 4.

8.1 | Exercícios

1. Use a fórmula do comprimento de arco (3) para determinar o comprimento da curva $y = 3 - 2x$, $-1 \leq x \leq 3$. Confira sua resposta observando que a curva é um segmento de reta e calculando seu comprimento por meio da fórmula da distância.

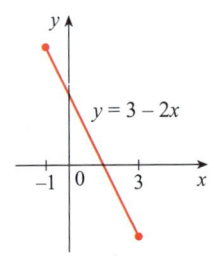

2. Use a fórmula do comprimento de arco para determinar o comprimento da curva $y = \sqrt{4 - x^2}$, $0 \leq x \leq 2$. Confira sua resposta observando que a curva é parte de uma circunferência.

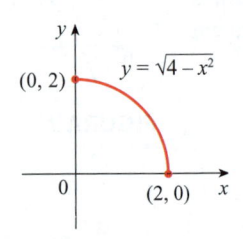

3-8 Escreva uma integral para o comprimento da curva. Use sua calculadora para encontrar o comprimento da curva com precisão de quatro casas decimais.

3. $y = x^3$, $0 \leq x \leq 2$
4. $y = e^x$, $1 \leq x \leq 3$
5. $y = x - \ln x$, $1 \leq x \leq 4$
6. $x = y^2 + y$, $0 \leq y \leq 3$
7. $x = \text{sen } y$, $0 \leq y \leq \pi/2$
8. $y^2 = \ln x$, $-1 \leq y \leq 1$

9-24 Determine o comprimento exato da curva.

9. $y = \frac{2}{3}x^{3/2}$, $0 \leq x \leq 2$

10. $y = (x + 4)^{3/2}$, $0 \leq x \leq 4$

11. $y = \frac{2}{3}(1 + x^2)^{3/2}$, $0 \leq x \leq 1$

12. $36y^2 = (x^2 - 4)^3$, $2 \leq x \leq 3$, $y \geq 0$

13. $y = \frac{x^3}{3} + \frac{1}{4x}$, $1 \leq x \leq 2$

14. $x = \frac{y^4}{8} + \frac{1}{4y^2}$, $1 \leq y \leq 2$

15. $y = \frac{1}{2}\ln(\text{sen } 2x)$, $\pi/8 \leq x \leq \pi/6$

16. $y = \ln(\cos x)$, $0 \leq x \leq \pi/3$

17. $y = \ln(\sec x)$, $\quad 0 \le x \le \pi/4$

18. $x = e^y + \frac{1}{4}e^{-y}$, $\quad 0 \le y \le 1$

19. $x = \frac{1}{3}\sqrt{y}\,(y-3)$, $\quad 1 \le y \le 9$

20. $y = 3 + \frac{1}{2}\cosh 2x$, $\quad 0 \le x \le 1$

21. $y = \frac{1}{4}x^2 - \frac{1}{2}\ln x$, $\quad 1 \le x \le 2$

22. $y = \sqrt{x - x^2} + \operatorname{sen}^{-1}(\sqrt{y}\,)$

23. $y = \ln(1 - x^2)$, $\quad 0 \le x \le \frac{1}{2}$

24. $y = 1 - e^{-x}$, $\quad 0 \le x \le 2$

25-26 Encontre o comprimento de arco da curva do ponto P ao ponto Q.

25. $y = \frac{1}{2}x^2$, $\quad P(-1, \frac{1}{2})$, $\quad Q(1, \frac{1}{2})$

26. $x^2 = (y - 4)^3$, $\quad P(1, 5)$, $\quad Q(8, 8)$

T 27-32 Trace a curva e estime visualmente seu comprimento. Em seguida, calcule o comprimento da curva, com precisão de quatro casas decimais.

27. $y = x^2 + x^3$, $\quad 1 \le x \le 2$

28. $y = x + \cos x$, $\quad 0 \le x \le \pi/2$

29. $y = \sqrt[3]{x}$, $\quad 1 \le x \le 4$

30. $y = x \operatorname{tg} x$, $\quad 0 \le x \le 1$

31. $y = xe^{-x}$, $\quad 1 \le x \le 2$

32. $y = \ln(x^2 + 4)$, $\quad -2 \le x \le 2$

33-34 Use a Regra de Simpson com $n = 10$ para estimar o comprimento de arco da curva. Compare a sua resposta com o valor da integral produzido pela sua calculadora.

33. $y = x \operatorname{sen} x$, $\quad 0 \le x \le 2\pi$ **34.** $y = e^{-x^2}$, $\quad 0 \le x \le 2$

35. (a) Trace a curva $y = x\sqrt[3]{4-x}$, $\quad 0 \le x \le 4$.
(b) Calcule os comprimentos das poligonais inscritas com $n = 1$, 2 e 4 lados. (Divida o intervalo em subintervalos iguais.) Ilustre esboçando essas poligonais (como na Figura 6).
(c) Escreva uma integral para o comprimento da curva.
(d) Use sua calculadora para encontrar o comprimento da curva com precisão de quatro casas decimais. Compare com as aproximações na parte (b).

36. Repita o Exercício 35 para a curva
$$y = x + \operatorname{sen} x \qquad 0 \le x \le 2\pi$$

T 37. Use um sistema de computação algébrica ou uma tabela de integrais para achar o comprimento de arco *exato* da curva $y = e^x$ que está entre os pontos $(0, 1)$ e $(2, e^2)$.

T 38. Use um sistema de computação algébrica ou uma tabela de integrais para achar o comprimento de arco *exato* da curva $y = x^{4/3}$ que está entre os pontos $(0, 0)$ e $(1, 1)$. Se seu SCA tiver problemas para calcular a integral, faça uma substituição que mude a integral em uma que o SCA possa calcular.

39. Determine o comprimento da astroide $x^{2/3} + y^{2/3} = 1$.

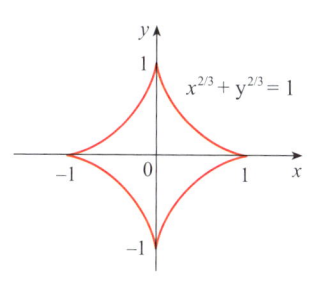

40. (a) Esboce a curva $y^3 = x^2$.
(b) Use as Fórmulas 3 e 4 para escrever duas integrais para o comprimento de arco de $(0, 0)$ a $(1, 1)$. Observe que uma delas é uma integral imprópria e calcule ambas as integrais.
(c) Ache o comprimento de arco dessa curva de $(-1, 1)$ a $(8, 4)$.

41. Encontre a função comprimento de arco para a curva $y = 2x^{3/2}$ com ponto inicial $P_0(1, 2)$.

42. (a) Encontre a função comprimento de arco para a curva $y = \ln(\operatorname{sen} x)$, $0 < x < \pi$, com o ponto inicial $(\pi/2, 0)$.
(b) Em uma mesma janela, trace tanto a curva como o gráfico de sua função comprimento de arco. Porque a função comprimento de arco é negativa quando x é menor que $\pi/2$?

43. Encontre a função comprimento de arco para a curva $y = \operatorname{sen}^{-1} x + \sqrt{1 - x^2}$ com ponto inicial $(0, 1)$.

44. A função comprimento de arco da curva $y = f(x)$, onde f é uma função crescente, é $s(x) = \int_0^x \sqrt{3t + 5}\, dt$.
(a) Se f interceptar o eixo y em 2, encontre uma equação para f.
(b) Qual ponto no gráfico de f está a 3 unidades ao longo da curva, a partir da intersecção com o eixo y? Arredonde sua resposta para três casas decimais.

45. Um falcão voando a 15 m/s a uma altitude de 180 m acidentalmente derruba sua presa. A trajetória parabólica de sua presa caindo é descrita pela equação
$$y = 180 - \frac{x^2}{45}$$
até que ela atinja o solo, onde y é a altura acima do solo e x, a distância horizontal percorrida em metros. Calcule a distância percorrida pela presa do momento em que ela é derrubada até o momento em que ela atinge o solo. Expresse sua resposta com precisão de um décimo de metro.

46. Um vento contínuo sopra uma pipa para oeste. A altura da pipa acima do solo a partir da posição horizontal $x = 0$ até $x = 25$ m é dada por $y = 50 - 0{,}1(x - 15)^2$. Ache a distância percorrida pela pipa.

T 47. Um fabricante de telhados metálicos corrugados quer produzir painéis que tenham 60 cm de largura e 4 cm de espessura processando folhas planas de metal como mostrado na figura. O perfil do telhado tem o formato de uma onda senoidal. Verifique que a senoide tem a equação $y = 2\operatorname{sen}(\pi x/15)$ e calcule a largura w de uma folha metálica plana que é necessária para fazer um painel de 60 cm. (Use sua calculadora para calcular a integral correta até quatro algarismos significativos.)

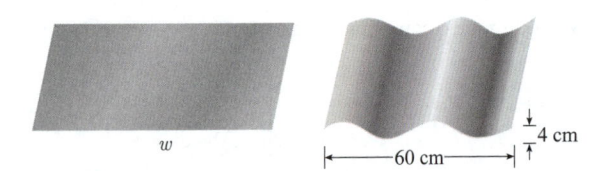

48-50 Catenárias Uma corrente (ou cabo) com densidade uniforme, quando suspensa entre dois pontos, como mostrado na figura, assume o formato de uma curva denominada *catenária*, cuja equação é $y = a\cosh(x/a)$. (Ver Projeto de Descoberta apresentado após a Seção 12.2 no volume 2 da obra.)

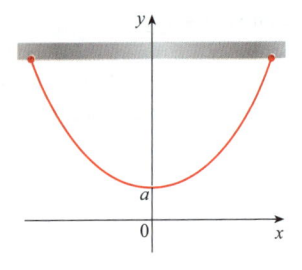

48. (a) Determine o comprimento de arco da catenária $y = a\cosh(x/a)$ no intervalo $[c, d]$.
(b) Mostre que, em qualquer intervalo $[c, d]$, a razão entre a área sob a catenária e o comprimento de arco desta é a.

49. A figura mostra um cabo telefônico pendurado entre dois postes, localizados em $x = -10$ e $x = 10$. O cabo assume o formato de uma catenária descrita pela equação

$$y = c + a\cosh\frac{x}{a}$$

Supondo que o comprimento do cabo entre os dois postes seja igual a 20,4 m e que o ponto mais baixo do cabo deva estar 9 m acima do chão, a que altura o cabo deve ser preso em cada poste?

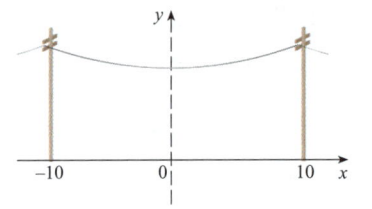

T 50. O físico e arquiteto inglês Robert Hooke (1635-1703) foi o primeiro a observar que o formato ideal de um arco autoportante é uma catenária invertida. Hooke declarou "Assim como a corrente fica pendente, o arco fica de pé". O arco Gateway, em St. Louis (Missouri, EUA), tem formato baseado em uma catenária; a parte central do arco é modelada pela equação

$$y = 211{,}49 - 20{,}96 \cosh 0{,}03291765x$$

em que x e y são medidos em metros e $|x| \leq 91{,}20$. Defina uma integral que forneça o comprimento do arco e a calcule numericamente para estimar esse comprimento com precisão de 1 metro.

51. Dada a função $f(x) = \frac{1}{4}e^x + e^{-x}$, mostre que, em qualquer intervalo, o comprimento do arco tem o mesmo valor da área sob a curva.

52. As curvas com as equações $x^n + y^n = 1$, $n = 4, 6, 8, \ldots$, são chamadas **círculos gordos**. Desenhe as curvas com $n = 2, 4, 6, 8$ e 10 para ver o porquê. Escreva uma integral para o comprimento L_{2k} do círculo gordo com $n = 2k$. Sem tentar calcular essa integral, determine o valor de $\lim_{k \to \infty} L_{2k}$.

53. Determine o comprimento da curva

$$y = \int_1^x \sqrt{t^3 - 1}\, dt \qquad 1 \leq x \leq 4$$

PROJETO DE DESCOBERTA | TORNEIO DE COMPRIMENTO DE ARCOS

As curvas mostradas a seguir são exemplos de funções f contínuas e que têm as seguintes propriedades.

1. $f(0) = 0$ e $f(1) = 0$.
2. $f(x) \geq 0$ para $0 \leq x \leq 1$.
3. A área sob o gráfico de f de 0 a 1 é igual a 1.

Os comprimentos L dessas curvas, no entanto, são diferentes.

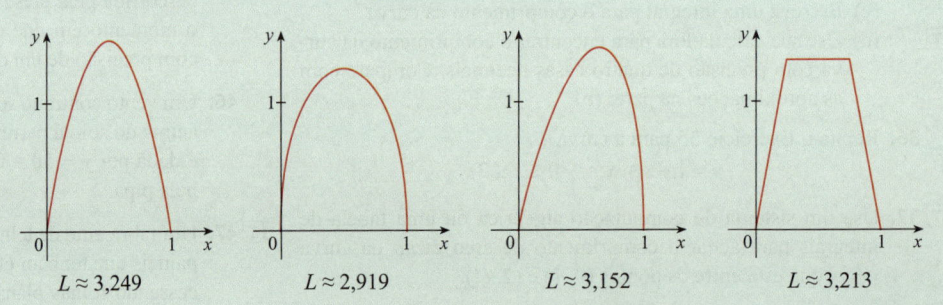

$L \approx 3{,}249$ $L \approx 2{,}919$ $L \approx 3{,}152$ $L \approx 3{,}213$

Tente descobrir as fórmulas de duas funções que satisfaçam as condições 1, 2 e 3. (Seus gráficos podem ser similares aos mostrados ou podem ser totalmente diferentes.) Em seguida, calcule o comprimento de arco de cada gráfico. O vencedor será aquele que obtiver o menor comprimento.

8.2 | Área de uma Superfície de Revolução

Uma superfície de revolução é formada quando uma curva é girada em torno de uma reta. Essa superfície é a fronteira lateral de um sólido de revolução do tipo discutido nas Seções 6.2 e 6.3.

Queremos definir a área da superfície de revolução de maneira que ela corresponda à nossa intuição. Se a área da superfície for A, podemos pensar que para pintar a superfície seria necessária a mesma quantidade de tinta que para pintar uma região plana com área A.

Vamos começar com algumas superfícies simples. A área da superfície lateral de um cilindro circular com raio r e altura h é tomada como $A = 2\pi rh$, porque podemos nos imaginar cortando o cilindro e desenrolando-o (como na Figura 1) para obter um retângulo com as dimensões $2\pi r$ e h.

Da mesma maneira, podemos tomar um cone circular com a base de raio r e a geratriz l, cortá-lo ao longo da linha pontilhada na Figura 2 e planificá-lo para formar o setor de um círculo com raio l e ângulo central $\theta = 2\pi r/l$. Sabemos que, em geral, a área do setor de um círculo com raio l e ângulo θ é $\frac{1}{2}l^2\theta$ (veja o Exercício 7.3.41); e assim, neste caso, a área é

$$A = \tfrac{1}{2}l^2\theta = \tfrac{1}{2}l^2\left(\frac{2\pi r}{l}\right) = \pi rl$$

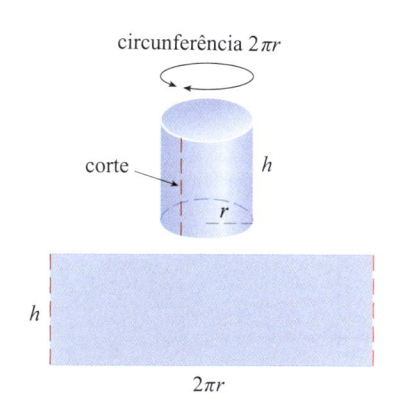

FIGURA 1

Portanto, definimos a área da superfície lateral de um cone como $A = \pi rl$.

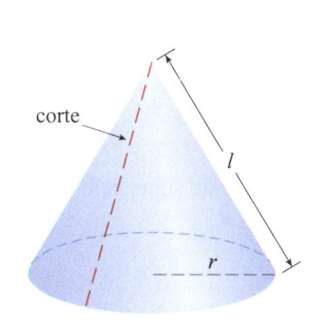

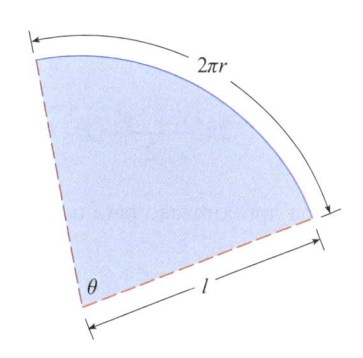

FIGURA 2

E nas superfícies de revolução mais complicadas? Se seguirmos a estratégia que usamos com o comprimento de arco, poderemos aproximar a curva original por um polígono. Quando esse polígono é girado ao redor de um eixo, ele cria uma superfície mais simples, cuja área da superfície se aproxima da área da superfície real. Tomando o limite, podemos determinar a área exata da superfície.

A superfície aproximante, então, consiste em diversas *faixas*, cada qual formada pela rotação de um segmento de reta ao redor de um eixo. Para encontrar a área da superfície, cada uma dessas faixas pode ser considerada uma parte de um cone circular, como mostrado na Figura 3. A área da faixa (ou tronco de um cone) mostrada na Figura 3, com geratriz l e raios superior e inferior r_1 e r_2, respectivamente, é calculada pela subtração das áreas dos dois cones:

$$\boxed{1} \qquad A = \pi r_2(l_1 + l) - \pi r_1 l_1 = \pi[(r_2 - r_1)l_1 + r_2 l]$$

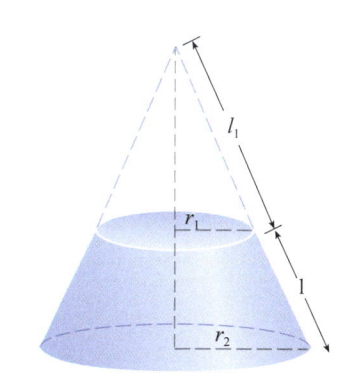

FIGURA 3

Por semelhança de triângulos, temos

$$\frac{l_1}{r_1} = \frac{l_1 + l}{r_2}$$

o que fornece

$$r_2 l_1 = r_1 l_1 + r_1 l \qquad \text{ou} \qquad (r_2 - r_1)l_1 = r_1 l$$

524 CÁLCULO

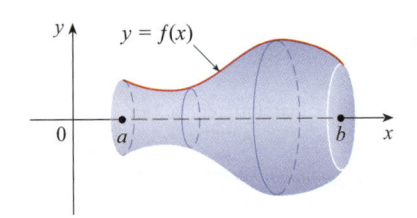

(a) Superfície de revolução

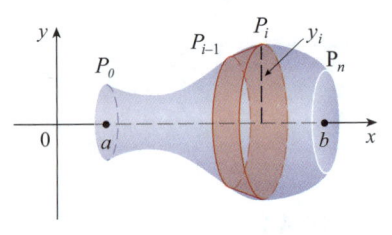

(b) Faixa aproximante

FIGURA 4

Colocando isso na Equação 1, obtemos $A = \pi(r_1 l + r_2 l)$ ou

$$\boxed{2 \qquad A = 2\pi r l}$$

onde $r = \frac{1}{2}(r_1 + r_2)$ é o raio médio da faixa.

Agora, aplicamos essa fórmula à nossa estratégia. Considere a superfície mostrada na Figura 4, obtida pela rotação ao redor do eixo x da curva $y = f(x)$, $a \leq x \leq b$, sendo f positiva e derivada contínua. Para definirmos sua área de superfície, dividimos o intervalo $[a, b]$ em n subintervalos com extremidades $x_0, x_1, \ldots, x_n$ e largura igual a Δx, como fizemos para determinar o comprimento de arco. Se $y_i = f(x_i)$, então o ponto $P_i(x_i, y_i)$ está sobre a curva. A parte da superfície entre x_{i-1} e x_i é aproximada ao tomar o segmento da reta $P_{i-1}P_i$ e girá-lo em torno do eixo x. O resultado é uma faixa com geratriz $l = |P_{i-1}P_i|$ e raio médio $r = \frac{1}{2}(y_{i-1} + y_i)$; logo, pela Fórmula 2, sua área de superfície é

$$2\pi \frac{y_{i-1} + y_i}{2} |P_{i-1}P_i|$$

Como na demonstração do Teorema 8.1.2, onde x_i^* é algum número entre x_{i-1} e x_i, temos

$$|P_{i-1}P_i| = \sqrt{1 + [f'(x_i^*)]^2}\, \Delta x$$

Quando Δx é pequeno, temos $y_i = f(x_i) \approx f(x_i^*)$ e também $y_{i-1} = f(x_{i-1}) \approx f(x_i^*)$, uma vez que f é contínua. Portanto,

$$2\pi \frac{y_{i-1} + y_i}{2} |P_{i-1}P_i| \approx 2\pi f(x_i^*)\sqrt{1 + [f'(x_i^*)]^2}\, \Delta x$$

e, então, uma aproximação para o que pensamos ser a área da superfície de revolução completa é

$$\boxed{3 \qquad \sum_{i=1}^{n} 2\pi f(x_i^*)\sqrt{1 + [f'(x_i^*)]^2}\, \Delta x}$$

Essa aproximação se torna melhor quando $n \to \infty$ e, reconhecendo (3) como uma soma de Riemann para a função $g(x) = 2\pi f(x)\sqrt{1 + [f'(x)]^2}$, temos

$$\lim_{n \to \infty} \sum_{i=1}^{n} 2\pi f(x_i^*)\sqrt{1 + [f'(x_i^*)]^2}\, \Delta x = \int_a^b 2\pi f(x)\sqrt{1 + [f'(x)]^2}\, dx$$

Portanto, no caso onde f é positiva e tem derivada contínua, definimos a **área da superfície** obtida pela rotação da curva $y = f(x)$, $a \leq x \leq b$, em torno do eixo x como

$$\boxed{4 \qquad S = \int_a^b 2\pi f(x)\sqrt{1 + [f'(x)]^2}\, dx}$$

Com a notação de Leibniz para as derivadas, essa fórmula se torna

$$\boxed{5 \qquad S = \int_a^b 2\pi y \sqrt{1 + \left(\frac{dy}{dx}\right)^2}\, dx}$$

Se a curva é descrita como $x = g(y)$, $c \leq y \leq d$, então a fórmula para a área da superfície torna-se

$$\boxed{6} \qquad S = \int_c^d 2\pi y \sqrt{1 + \left(\frac{dx}{dy}\right)^2}\, dy$$

e as Fórmulas 5 e 6 podem ser resumidas simbolicamente usando a notação para o comprimento de arco dada na Seção 8.1 como

$$\boxed{7} \qquad S = \int 2\pi y\, ds$$

Para a rotação em torno do eixo y, podemos usar um procedimento similar para obter a seguinte fórmula simbólica da área da superfície:

$$\boxed{8} \qquad S = \int 2\pi x\, ds$$

onde, como anteriormente (veja as Equações 8.1.7 e 8.1.9), podemos usar

$$ds = \sqrt{1 + \left(\frac{dy}{dx}\right)^2}\, dx \quad \text{ou} \quad ds = \sqrt{1 + \left(\frac{dx}{dy}\right)^2}\, dy$$

OBSERVAÇÃO É possível memorizar as Fórmulas 7 e 8 imaginando o integrando como a circunferência de um círculo traçado pelo ponto (x, y) da curva quando girado em torno do eixo x ou eixo y, respectivamente (veja a Figura 5).

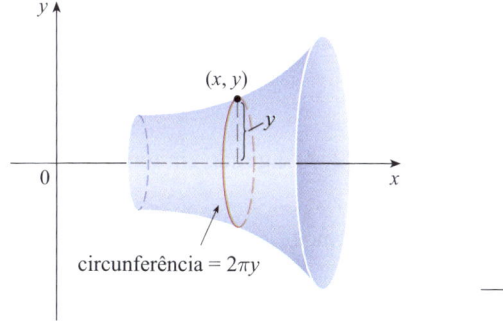

(a) Rotação em torno do eixo x:
$$S = \int \underbrace{2\pi\ \overbrace{y}^{\text{raio}}}_{\text{circunferência}}\, ds$$

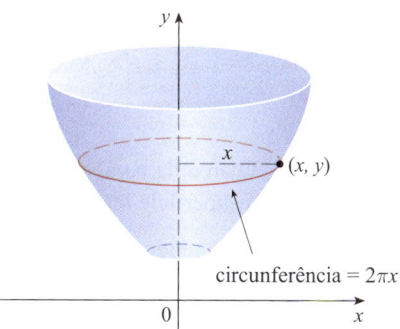

(b) Rotação em torno do eixo y:
$$S = \int \underbrace{2\pi\ \overbrace{x}^{\text{raio}}}_{\text{circunferência}}\, ds$$

FIGURA 5

EXEMPLO 1 A curva $y = \sqrt{4 - x^2}$, $-1 \leq x \leq 1$, é um arco do círculo $x^2 + y^2 = 4$. Calcule a área da superfície obtida pela rotação da curva em torno do eixo x. (A superfície é uma porção de uma esfera do raio 2. Veja a Figura 6.)

SOLUÇÃO Temos

$$\frac{dy}{dx} = \tfrac{1}{2}(4 - x^2)^{-1/2}(-2x) = \frac{-x}{\sqrt{4 - x^2}}$$

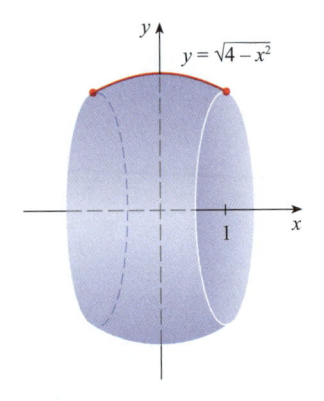

FIGURA 6
A porção da esfera cuja área da superfície é calculada no Exemplo 1.

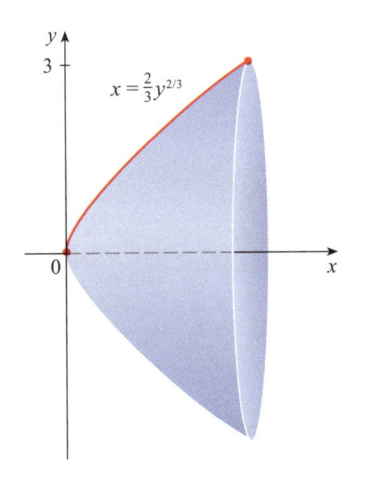

e assim, usando a Fórmula 7 com $ds = \sqrt{1+(dy/dx)^2}\,dx$ (ou, de forma equivalente, a Fórmula 5), a área da superfície é dada por

$$S = \int_{-1}^{1} 2\pi y \sqrt{1+\left(\frac{dy}{dx}\right)^2}\,dx$$

$$= 2\pi \int_{-1}^{1} \sqrt{4-x^2}\,\sqrt{1+\frac{x^2}{4-x^2}}\,dx$$

$$= 2\pi \int_{-1}^{1} \sqrt{4-x^2}\,\sqrt{\frac{4-x^2+x^2}{4-x^2}}\,dx$$

$$= 2\pi \int_{-1}^{1} \sqrt{4-x^2}\,\frac{2}{\sqrt{4-x^2}}\,dx = 4\pi \int_{-1}^{1} 1\,dx = 4\pi(2) = 8\pi$$

EXEMPLO 2 A porção da curva $x = \tfrac{2}{3}y^{3/2}$ que está entre $y=0$ e $y=3$ é girada em torno do eixo x (veja a Figura 7). Determine a área da superfície resultante.

SOLUÇÃO Tendo em vista que x foi fornecida em função de y, é natural que se use y como variável de integração. Empregando-se a Fórmula 7 com $ds = \sqrt{1+(dx/dy)^2}\,dy$ (ou a Fórmula 6), a área da superfície é dada por

$$S = \int_{0}^{3} 2\pi y \sqrt{1+\left(\frac{dx}{dy}\right)^2}\,dy = 2\pi \int_{0}^{3} y \sqrt{1+(y^{1/2})^2}\,dy$$

$$= 2\pi \int_{0}^{3} y\sqrt{1+y}\,dy$$

Substituindo $u = 1+y$ e $du = dy$, e lembrando de alterar os limites de integração, obtemos

$$S = 2\pi \int_{1}^{4} (u-1)\sqrt{u}\,du = 2\pi \int_{1}^{4} (u^{3/2}-u^{1/2})\,du$$

$$= 2\pi \left[\tfrac{2}{5}u^{5/2} - \tfrac{2}{3}u^{3/2}\right]_{1}^{4} = \tfrac{232}{15}\pi$$

FIGURA 7
A superfície de revolução cuja área é calculada no Exemplo 2.

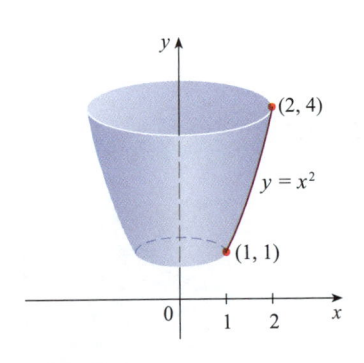

EXEMPLO 3 O arco da parábola $y = x^2$ de $(1, 1)$ a $(2, 4)$ é girado em torno do eixo y. Calcule a área da superfície resultante.

SOLUÇÃO 1 Considerando y como uma função de x, temos

$$y = x^2 \quad \text{e} \quad \frac{dy}{dx} = 2x$$

A Fórmula 8, com $ds = \sqrt{1+(dy/dx)^2}\,dx$, fornece

$$S = \int 2\pi x\,ds$$

$$= \int_{1}^{2} 2\pi x \sqrt{1+\left(\frac{dy}{dx}\right)^2}\,dx$$

$$= 2\pi \int_{1}^{2} x\sqrt{1+4x^2}\,dx$$

FIGURA 8
A superfície de revolução cuja área é calculada no Exemplo 3.

Substituindo $u = 1+4x^2$, temos $du = 8x\,dx$. Lembrando-nos de mudar os limites de integração, temos

$$S = 2\pi \int_5^{17} \sqrt{u} \cdot \tfrac{1}{8}\, du$$

$$= \frac{\pi}{4}\int_5^{17} u^{1/2}\, du = \frac{\pi}{4}\left[\tfrac{2}{3}u^{3/2}\right]_5^{17}$$

$$= \frac{\pi}{6}\left(17\sqrt{17} - 5\sqrt{5}\right)$$

SOLUÇÃO 2 Considerando x como uma função de y, temos

$$x = \sqrt{y} \quad \text{e} \quad \frac{dx}{dy} = \frac{1}{2\sqrt{y}}$$

Empregando a Fórmula 8 com $ds = \sqrt{1 + (dx/dy)^2}\, dy$, obtemos

$$S = \int 2\pi x\, ds = \int_1^4 2\pi x \sqrt{1 + \left(\frac{dx}{dy}\right)^2}\, dy$$

$$= 2\pi \int_1^4 \sqrt{y}\sqrt{1 + \frac{1}{4y}}\, dy = 2\pi \int_1^4 \sqrt{y + \tfrac{1}{4}}\, dy$$

$$= 2\pi \int_1^4 \sqrt{\tfrac{1}{4}(4y+1)}\, dy = \pi \int_1^4 \sqrt{4y+1}\, dy$$

$$= \frac{\pi}{4}\int_5^{17}\sqrt{u}\, du \quad \text{(onde } u = 1 + 4y\text{)}$$

$$= \frac{\pi}{6}\left(17\sqrt{17} - 5\sqrt{5}\right) \quad \text{(como na Solução 1)}$$

Para verificar nossa resposta no Exemplo 3, veja pela Figura 8 que a área da superfície deve ser próxima da área de um cilindro circular com a mesma altura e raio igual à média entre o raio superior e o inferior da superfície: $2\pi(1{,}5)(3) \approx 28{,}27$. Calculamos que a área da superfície era

$$\frac{\pi}{6}(17\sqrt{17} - 5\sqrt{5}) \approx 30{,}85$$

o que parece razoável.
Alternativamente, a área da superfície deve ser ligeiramente maior que a área do tronco de um cone com as mesmas bordas superior e inferior. Da Equação 2, isto é

$$2\pi(1{,}5)(\sqrt{10}) \approx 29{,}80.$$

EXEMPLO 4 Defina uma integral que forneça a área da superfície gerada pela rotação, em torno do eixo x, da curva $y = e^x$, para $0 \le x \le 1$. Em seguida, calcule numericamente a integral, com precisão de três casas decimais.

SOLUÇÃO Usando

$$y = e^x \quad \text{e} \quad \frac{dy}{dx} = e^x$$

e a Fórmula 7 com $ds = \sqrt{1+(dy/dx)^2}\, dx$ (ou a Fórmula 5), temos

$$S = \int_0^1 2\pi y \sqrt{1 + \left(\frac{dy}{dx}\right)^2}\, dx = 2\pi \int_0^1 e^x \sqrt{1 + e^{2x}}\, dx$$

Usando calculadora ou computador, obtemos

$$2\pi \int_0^1 e^x \sqrt{1+e^{2x}}\, dx \approx 22{,}943$$

Outro método: Use a Fórmula 7 com $x = \ln y$ e $ds = \sqrt{1+(dx/dy)^2}\, dy$ (ou, equivalentemente, a Fórmula 6).

8.2 | Exercícios

1-4 A curva dada é girada em torno do eixo x. Defina, mas não calcule, a integral que fornece a área da superfície resultante, integrando (a) com relação a x e (b) com relação a y.

1. $y = \sqrt[3]{x}$, $\quad 1 \le x \le 8$
2. $x^2 = e^y$, $\quad 1 \le x \le e$
3. $x = \ln(2y+1)$, $\quad 0 \le y \le 1$
4. $y = \text{tg}^{-1} x$, $\quad 0 \le x \le 1$

5-8 A curva dada é girada em torno do eixo y. Defina, mas não calcule, a integral que fornece a área da superfície resultante, integrando (a) com relação a x e (b) com relação a y.

5. $xy = 4$, $1 \leq x \leq 8$

6. $y = (x+1)^4$, $0 \leq x \leq 2$

7. $y = 1 + \operatorname{sen} x$, $0 \leq x \leq \pi/2$

8. $x = e^{2y}$, $0 \leq y \leq 2$

9-16 Determine a área exata da superfície obtida pela rotação da curva em torno do eixo x.

9. $y = x^3$, $0 \leq x \leq 2$

10. $y = \sqrt{5-x}$, $3 \leq x \leq 5$

11. $y^2 = x + 1$, $0 \leq x \leq 3$

12. $y = \sqrt{1 + e^x}$, $0 \leq x \leq 1$

13. $y = \cos(\tfrac{1}{2}x)$, $0 \leq x \leq \pi$

14. $y = \dfrac{x^3}{6} + \dfrac{1}{2x}$, $\tfrac{1}{2} \leq x \leq 1$

15. $x = \tfrac{1}{3}(y^2 + 2)^{3/2}$, $1 \leq y \leq 2$

16. $x = 1 + 2y^2$, $1 \leq y \leq 2$

17-20 A curva dada é girada em torno do eixo y. Calcule a área da superfície resultante.

17. $y = \tfrac{1}{3}x^{3/2}$, $0 \leq x \leq 12$

18. $x^{2/3} + y^{2/3} = 1$, $0 \leq y \leq 1$

19. $x = \sqrt{a^2 - y^2}$, $0 \leq y \leq a/2$

20. $x = \tfrac{1}{4}x^2 - \tfrac{1}{2}\ln x$, $1 \leq x \leq 2$

T 21-26 Defina uma integral que forneça a área da superfície obtida pela rotação da curva dada em torno do eixo especificado. Em seguida, calcule numericamente a sua integral, com precisão de quatro casas decimais.

21. $y = e^{-x^2}$, $-1 \leq x \leq 1$; eixo x

22. $xy = y^2 - 1$, $1 \leq y \leq 3$; eixo x

23. $x = y + y^3$, $0 \leq y \leq 1$; eixo y

24. $y = x + \operatorname{sen} x$, $0 \leq x \leq 2\pi/3$; eixo y

25. $\ln y = x - y^2$, $1 \leq y \leq 4$; eixo x

26. $x = \cos^2 y$, $0 \leq y \leq \pi/2$; eixo y

T 27-28 Use um SCA ou uma tabela de integrais para encontrar a área exata da superfície obtida pela rotação da curva dada em torno do eixo x.

27. $y = 1/x$, $1 \leq x \leq 2$

28. $y = \sqrt{x^2 + 1}$, $0 \leq x \leq 3$

T 29-30 Use um SCA para encontrar a área exata da superfície obtida girando a curva em torno do eixo y. Se seu SCA apresentar problemas para calcular a integral, expresse a área da superfície como uma integral na outra variável.

29. $y = x^3$, $0 \leq y \leq 1$

30. $y = \ln(x + 1)$, $0 \leq x \leq 1$

31-32 Use a Regra de Simpson com $n = 10$ para aproximar a área da superfície obtida pela rotação da curva dada em torno do eixo x. Compare sua resposta com o valor da integral fornecido por uma calculadora ou computador.

31. $y = \tfrac{1}{5}x^5$, $0 \leq x \leq 5$

32. $y = x \ln x$, $1 \leq x \leq 2$

33. Trombeta de Gabriel A superfície gerada pela rotação, em torno do eixo x, da curva $y = 1/x$, para $x \geq 1$, é conhecida como *Trombeta de Gabriel*. Mostre que a área da superfície é infinita (embora o volume por ela delimitado seja finito; veja o Exercício 7.8.75).

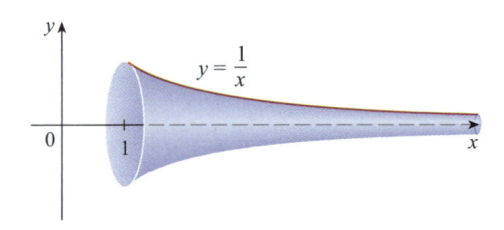

34. Se a curva infinita $y = e^{-x}$, $x \geq 0$, é girada em torno do eixo x, calcule a área da superfície resultante.

35. (a) Se $a > 0$, encontre a área da superfície gerada pela rotação da curva $3ay^2 = x(a - x)^2$ em torno do eixo x.

(b) Encontre a área da superfície se a rotação for em torno do eixo y.

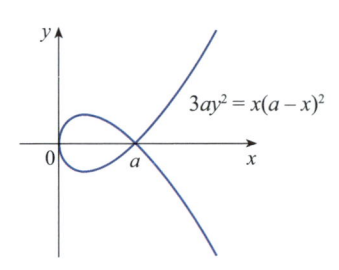

36. Um grupo de engenheiros está construindo uma antena parabólica cujo formato será formado pela rotação da curva $y = ax^2$ em torno do eixo y. Se a antena tiver 3 m de diâmetro e uma profundidade máxima de 1 m, encontre o valor de a e a área de superfície da antena.

37. (a) A elipse

$$\frac{x^2}{a^2} + \frac{y^2}{b^2} = 1 \quad a > b$$

é girada em torno do eixo x para formar uma superfície chamada *elipsoide* ou *esferoide prolato*. Encontre a área da superfície deste elipsoide.

(b) Se a elipse da parte (a) for girada em torno de seu eixo menor (o eixo y), o elipsoide resultante é chamado um *esferoide oblato*. Encontre a área da superfície deste elipsoide.

38. Encontre a área da superfície do *toro* no Exercício 6.2.75.

39. (a) Se a curva $y = f(x)$, $a \leq x \leq b$, é girada em torno da reta horizontal $y = c$, onde $f(x) \leq c$, encontre a fórmula para a área da superfície resultante.

T (b) Defina uma integral que permita encontrar a área da superfície gerada pela rotação da curva $y = \sqrt{x}$, $0 \leq x \leq 4$, em torno da reta $y = 4$. Em seguida, calcule numericamente a integral, com precisão de quatro casas decimais.

T **40.** Defina uma integral que forneça a área da superfície obtida pela rotação da curva $y = x^3$, $1 \leq x \leq 2$, em torno da reta dada. Em seguida, calcule numericamente a integral, com precisão de duas casas decimais.
 (a) $x = -1$ (b) $x = 4$
 (c) $y = \frac{1}{2}$ (d) $y = 10$

41. Calcule a área da superfície obtida pela rotação do círculo $x^2 + y^2 = r^2$ em torno da reta $y = r$.

42-43 **Zona Esférica** Uma *zona esférica* é a porção da superfície da esfera compreendida entre dois planos paralelos.

42. Mostre que a área da superfície de uma zona de uma esfera que está entre dois planos paralelos é $S = 2\pi Rh$, onde R é o raio da esfera e h, a distância entre os planos. (Observe que S depende apenas da distância entre os planos e não de sua localização, desde que ambos os planos interceptem a esfera.)

43. Mostre que a área de superfície de uma zona de um *cilindro* com raio R e altura h é a mesma que a área de superfície da zona de uma *esfera* no Exercício 42.

44. Seja L o comprimento da curva $y = f(x)$, $a \leq x \leq b$, onde f é positiva e tem derivada contínua. Seja S_f a área da superfície gerada pela rotação da curva em torno do eixo x. Se c é uma constante positiva, defina $g(x) = f(x) + c$ e seja S_g a área da superfície correspondente gerada pela curva $y = g(x)$, $a \leq x \leq b$. Expresse S_g em termos de S_f e L.

45. Mostre que, se girarmos a curva $y = e^{x/2} + e^{-x/2}$ em torno do eixo x, a área da superfície resultante tem o mesmo valor que o volume englobado, para qualquer intervalo $a \leq x \leq b$.

46. A Fórmula 4 é válida apenas quando $f(x) \geq 0$. Mostre que quando $f(x)$ não é necessariamente positiva, a fórmula para a área da superfície torna-se

$$S = \int_a^b 2\pi |f(x)| \sqrt{1 + [f'(x)]^2}\, dx$$

PROJETO DE DESCOBERTA | ROTAÇÃO EM TORNO DE UMA RETA INCLINADA

Sabemos como encontrar o volume de um sólido de revolução obtido pela rotação de uma região em torno de uma reta horizontal ou vertical (veja a Seção 6.2). Também sabemos calcular a área de uma superfície de revolução se girarmos uma curva em torno de uma reta horizontal ou vertical (veja a Seção 8.2). Mas, e se girarmos em torno de uma reta inclinada, isto é, uma reta que não é nem horizontal nem vertical? Neste projeto pedimos que você descubra as fórmulas para o volume de um sólido de revolução e para a área da superfície de revolução quando o eixo de rotação é uma reta inclinada.

Seja C o arco da curva $y = f(x)$ entre os pontos $P(p, f(p))$ e $Q(q, f(q))$ e seja $\mathcal{R}$ a região delimitada por C, pela reta $y = mx + b$ (que está inteiramente abaixo de C) e pelas perpendiculares à reta a partir de P e de Q.

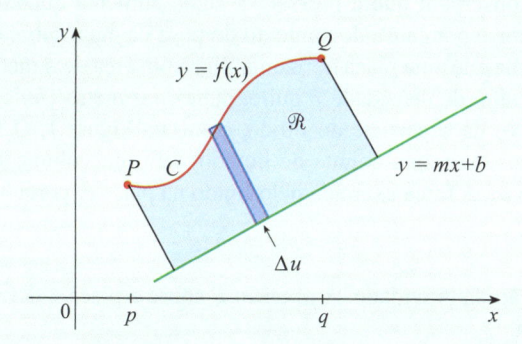

1. Mostre que a área de $\mathcal{R}$ é

$$\frac{1}{1+m^2} \int_p^q [f(x) - mx - b][1 + mf'(x)]\, dx$$

[*Dica*: Essa fórmula pode ser verificada pela subtração de áreas, mas será útil durante o projeto deduzi-la primeiro aproximando a área usando retângulos perpendiculares à reta, como mostrado na figura a seguir. Use a figura para ajudar a expressar Δu em termos de Δx.]

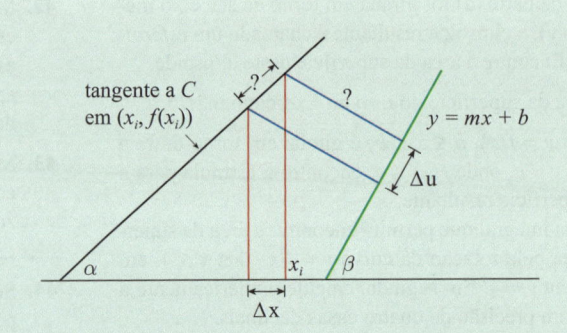

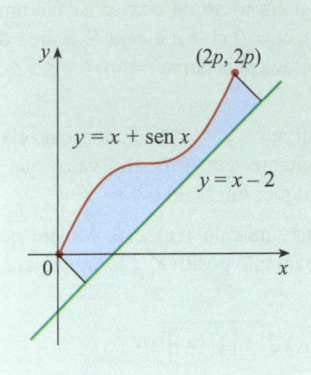

2. Encontre a área da região mostrada na figura à esquerda.

3. Encontre uma fórmula (similar àquela no Problema 1) para o volume do sólido obtido pela rotação de $\mathcal{R}$ em torno da reta $y = mx + b$.

4. Encontre o volume do sólido obtido pela rotação da região do Problema 2 ao redor da reta $y = x - 2$.

5. Encontre a fórmula para a área da superfície obtida pela rotação de C ao redor da reta $y = mx + b$.

T 6. Use um sistema de computação algébrica para encontrar a área exata da superfície obtida pela rotação da curva $y = \sqrt{x}$, $0 \leq x \leq 4$, em torno da reta $y = \frac{1}{2}x$. Então, aproxime seu resultado para três casas decimais.

8.3 | Aplicações à Física e à Engenharia

Dentre as muitas aplicações de cálculo integral à física e à engenharia, consideramos duas aqui: a força em função da pressão da água e os centros de massa. Como em nossas aplicações anteriores à geometria (áreas, volumes e comprimentos) e ao trabalho, nossa estratégia é fragmentar a quantidade física em um grande número de pequenas partes, aproximar cada pequena parte, somar os resultados (obtendo uma soma de Riemann), tomar o limite e, então, calcular a integral resultante.

■ Pressão e Força Hidrostática

Os mergulhadores observam que a pressão da água aumenta quando eles mergulham mais fundo. Isso ocorre por causa do aumento do peso da água sobre eles.

Em geral, suponha que uma placa horizontal fina com área de A metros quadrados seja submersa em um fluido de densidade ρ quilogramas por metro cúbico a uma profundidade d metros abaixo da superfície do fluido, como na Figura 1. O fluido diretamente acima da placa (pense em uma coluna de líquido) tem um volume $V = Ad$, assim sua massa é $m = \rho V = \rho A d$. A força exercida pelo fluido na placa é, portanto:

$$F = mg = \rho g A d$$

FIGURA 1

onde g é a aceleração da gravidade. A **pressão** P sobre a placa é definida como a força por unidade de área:

$$P = \frac{F}{A} = \rho g d$$

No Sistema Internacional de Unidades, a pressão é medida em newtons por metro quadrado, que é chamada pascal (abreviação: 1 N/m² = 1 Pa). Como essa é uma unidade pequena, o kilopascal (kPa) é frequentemente usado. Por exemplo, uma vez que a densidade da água é de $\rho = 1.000$ kg/m³, a pressão no fundo de uma piscina de 2 m de profundidade é

$$P = \rho g d = 1.000 \text{ kg/m}^3 \times 9,8 \text{ m/s}^2 \times 2 \text{ m}$$
$$= 19.600 \text{ Pa} = 19,6 \text{ kPa}$$

Quando utilizamos as unidades de medida usuais dos Estados Unidos, escrevemos $P = \rho g d = \delta d$, em que $\delta = \rho g$ é a *densidade de peso* (em oposição a ρ, que é a *densidade de massa*). Por exemplo, a densidade de peso da água é $\delta = 62,5$ lb/pé^3, de modo que a pressão no fundo de uma piscina com profundidade de 8 pés é $P = \delta d = 62,5$ lb/pé$^3 \times 8$ pés $= 500$ lb/pé^2.

Um princípio importante da pressão de fluidos é o fato verificado experimentalmente de que *em qualquer ponto no líquido a pressão é a mesma em todas as direções.* (Um mergulhador sente a mesma pressão no nariz e em ambas as orelhas.) Assim, a pressão em *qualquer* direção em uma profundidade d em um fluido com densidade de massa ρ é dada por

1
$$P = \rho g d$$

Isso nos ajuda a determinar a força hidrostática (a força exercida por um fluido em repouso) contra uma placa *vertical*, uma parede ou uma barragem. Este não é um problema simples, porque a pressão não é constante, mas aumenta com o aumento da profundidade.

A pressão exercida por um fluido sobre um objeto submerso muda com a profundidade, mas é independente do volume do fluido. Um peixe que nada a uma profundidade de 0,5 m sofre a mesma pressão d'água, não importando se está em um pequeno aquário ou em um grande lago.

EXEMPLO 1 Uma barragem tem o formato do trapézio mostrado na Figura 2. A altura é de 20 m e a largura é de 50 m no topo e 30 m no fundo. Calcule a força na barragem decorrente da pressão hidrostática da água, se o nível de água está a 4 m do topo da barragem.

SOLUÇÃO Primeiramente, associamos um sistema de coordenadas à barragem. Uma opção é escolher um eixo vertical x com origem na superfície da água, como na Figura 3(a). A profundidade da água é de 16 m; assim, dividimos o intervalo [0, 16] em subintervalos de igual comprimento com extremidades x_i e escolhemos $x_i^* \in [x_{i-1}, x_i]$. A i-ésima faixa horizontal da represa é aproximada por um retângulo com altura Δx e largura w_i, na qual, pela semelhança de triângulos na Figura 3(b),

$$\frac{a}{16 - x_i^*} = \frac{10}{20} \quad \text{ou} \quad a = \frac{16 - x_i^*}{2} = 8 - \frac{x_i^*}{2}$$

e, assim, $\qquad w_i = 2(15 + a) = 2(15 + 8 - \tfrac{1}{2}x_i^*) = 46 - x_i^*$

Se A_i é a área da i-ésima faixa, então

$$A_i \approx w_i \Delta x = (46 - x_i^*) \Delta x$$

Se Δx é pequeno, então a pressão P_i na i-ésima faixa é praticamente constante, e podemos usar a Equação 1 para escrever

$$P_i \approx 1.000 g x_i^*$$

A força hidrostática F_i agindo na i-ésima faixa é o produto da pressão pela área:

$$F_i = P_i A_i \approx 1.000 g x_i^* (46 - x_i^*) \Delta x$$

Somando essas forças e tomando o limite quando $n \to \infty$, obtemos a força hidrostática total sobre a barragem:

$$F = \lim_{n \to \infty} \sum_{i=1}^{n} 1.000 g x_i^* (46 - x_i^*) \Delta x = \int_0^{16} 1.000 g x (46 - x) dx$$

$$= 1.000(9,8) \int_0^{16} (46x - x^2) dx = 9.800 \left[23x^2 - \frac{x^3}{3} \right]_0^{16}$$

$$\approx 4,43 \times 10^7 \text{ N}$$

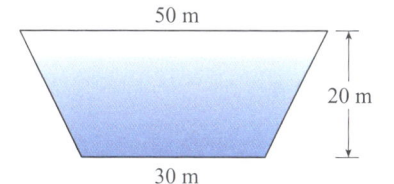

FIGURA 2

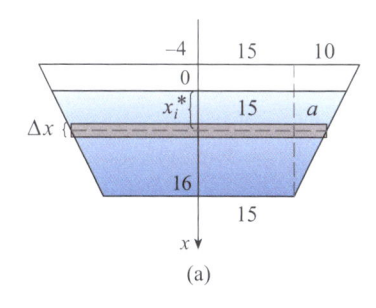

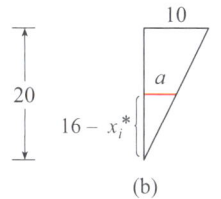

FIGURA 3

No Exemplo 1, como alternativa, poderíamos ter adotado o sistema de coordenadas usual, com a origem centrada na base da barragem. Nesse sistema, a equação da aresta direita da barragem é $y = 2x - 30$, de modo que a largura de uma faixa horizontal na posição y_i^* é igual a $2x_i^* = y_i^* + 30$. Uma vez que a profundidade nesse ponto é $16 - y_i^*$, a força sobre a barragem é dada por

$$F = 1.000(9,8)\int_0^{16}(y+30)(16-y)dy \approx 4,43 \times 10^7 \text{ N}$$

EXEMPLO 2 Calcule a força hidrostática no extremo de um tambor cilíndrico com raio de 1 metro que está submerso em água com 3 metros de profundidade.

SOLUÇÃO Neste exemplo é conveniente escolher os eixos como na Figura 4, de modo que a origem seja colocada no centro do tambor. Então, o círculo tem uma equação simples, $x^2 + y^2 = 1$. Como no Exemplo 1, dividimos a região circular em faixas horizontais de larguras iguais. Da equação do círculo, vemos que o comprimento da i-ésima faixa é $2\sqrt{1-(y_i^*)^2}$ e assim sua área é

$$A_i = 2\sqrt{1-(y_i^*)^2}\,\Delta y$$

Uma vez que a densidade da água é $\rho = 1.000$ kg/m³, a pressão nessa faixa (segundo a Equação 1) é aproximadamente

$$\rho \cdot gd_i = (1.000)(9,8)(2 - y_i^*)$$

e, portanto, a força (pressão × área) nessa faixa é aproximadamente

$$\rho gd_i A_i = (1.000)(9,8)(2 - y_i^*)2\sqrt{1-(y_i^*)^2}\,\Delta y$$

A força total é obtida pela soma das forças em todas as faixas e tomando-se o limite:

$$F = \lim_{n\to\infty}\sum_{i=1}^{n}(1.000)(9,8)(2-y_i^*)2\sqrt{1-(y_i^*)^2}\,\Delta y$$

$$= 19.600\int_{-1}^{1}(2-y)\sqrt{1-y^2}\,dy$$

$$= 19.600 \cdot 2\int_{-1}^{1}\sqrt{1-y^2}\,dy - 19.600\int_{-1}^{1}y\sqrt{1-y^2}\,dy$$

A segunda integral é 0, porque o integrando é uma função ímpar (veja o Teorema 5.5.7). A primeira integral pode ser calculada usando a substituição trigonométrica $y = 1 \sin \theta$, mas é mais fácil observar que essa é a área de um disco semicircular com raio 1. Então

$$F = 39.200\int_{-1}^{1}\sqrt{1-y^2}\,dy = 39.200 \cdot \tfrac{1}{2}\pi(1)^2$$

$$= \frac{39.200\pi}{2} \approx 50.270 \text{ N}$$

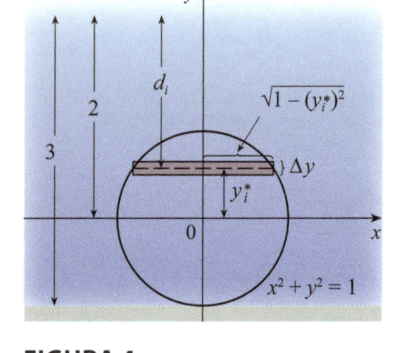

FIGURA 4

■ Momentos e Centros de Massa

Nosso principal objetivo aqui é encontrar o ponto P no qual uma fina placa de qualquer formato se equilibra horizontalmente, como na Figura 5. Esse ponto é chamado **centro de massa** (ou centro de gravidade) da placa.

Primeiro, consideramos a situação mais simples mostrada na Figura 6, na qual duas massas m_1 e m_2 são presas a um bastão de massa desprezível em lados opostos a um apoio e a distâncias d_1 e d_2 do apoio. O bastão ficará em equilíbrio se

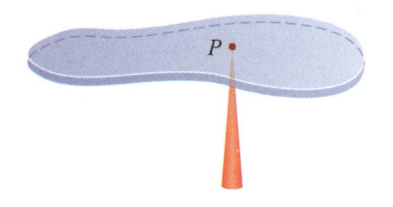

$$\boxed{2} \qquad m_1 d_1 = m_2 d_2$$

FIGURA 5

MAIS APLICAÇÕES DE INTEGRAÇÃO 533

Esse é um fato experimental descoberto por Arquimedes e chamado Lei da Alavanca. (Pense em uma pessoa mais leve equilibrando outra pessoa mais pesada em uma gangorra sentando-se mais longe do centro.)

Agora suponha que o bastão esteja ao longo do eixo x com m_1 em x_1 e m_2 em x_2 e o centro da massa em $\bar{x}$. Se compararmos as Figuras 6 e 7, vemos que $d_1 = \bar{x} - x_1$ e $d_2 = x_2 - \bar{x}$ e, portanto, a Equação 2 nos dá

$$m_1(\bar{x} - x_1) = m_2(x_2 - \bar{x})$$
$$m_1\bar{x} + m_2\bar{x} = m_1 x_1 + m_2 x_2$$

$$\boxed{3} \qquad \bar{x} = \frac{m_1 x_1 + m_2 x_2}{m_1 + m_2}$$

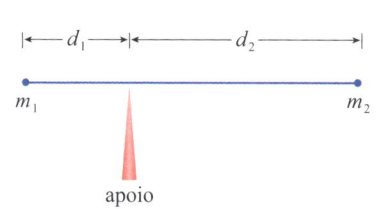

FIGURA 6

Os números $m_1 x_1$ e $m_2 x_2$ são denominados **momentos** das massas m_1 e m_2 (em relação à origem) e a Equação 3 diz que o centro de massa $\bar{x}$ é obtido somando-se os momentos das massas e dividindo pela massa total $m = m_1 + m_2$.

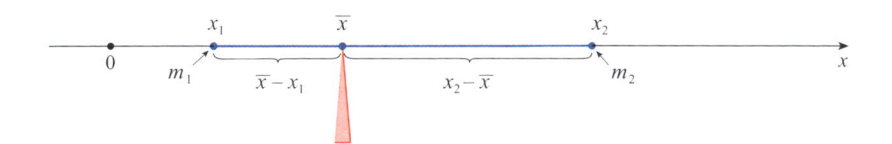

FIGURA 7

Em geral, se tivermos um sistema de n partículas com massas $m_1, m_2, \ldots, m_n$ localizadas nos pontos $x_1, x_2, \ldots, x_n$ sobre o eixo x, podemos mostrar analogamente que o centro de massa do sistema está localizado em

$$\boxed{4} \qquad \bar{x} = \frac{\sum_{i=1}^{n} m_i x_i}{\sum_{i=1}^{n} m_i} = \frac{\sum_{i=1}^{n} m_i x_i}{m}$$

onde $m = \Sigma m_i$ é a massa total do sistema, e a soma dos momentos individuais

$$M = \sum_{i=1}^{n} m_i x_i$$

é chamada **momento do sistema em relação à origem**. Então, a Equação 4 pode ser reescrita como $m\bar{x} = M$, que diz que, se a massa total fosse considerada concentrada no centro de massa $\bar{x}$, então seu momento seria o mesmo que o momento do sistema.

Agora, considere um sistema de n partículas com massas $m_1, m_2, \ldots, m_n$ nos pontos $(x_1, y_1), (x_2, y_2), \ldots, (x_n, y_n)$ no plano xy como mostrado na Figura 8. Por analogia com o caso unidimensional, definimos o **momento do sistema com relação ao eixo y** como

$$\boxed{5} \qquad M_y = \sum_{i=1}^{n} m_i x_i$$

e o **momento do sistema com relação ao eixo x** como

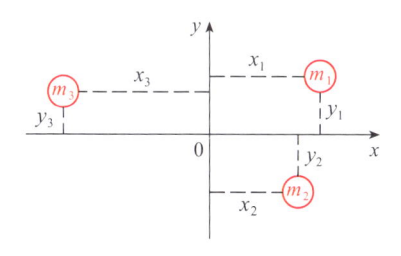

$$\boxed{6} \qquad M_x = \sum_{i=1}^{n} m_i y_i$$

FIGURA 8

Então, M_y mede a tendência de o sistema girar em torno do eixo y e M_x mede a tendência de ele girar em torno do eixo x.

Como no caso unidimensional, as coordenadas $(\bar{x}, \bar{y})$ do centro de massa são dadas em termos dos momentos pelas fórmulas

$$\boxed{7} \qquad \bar{x} = \frac{M_y}{m} \qquad \bar{y} = \frac{M_x}{m}$$

onde $m = \Sigma\, m_i$ é a massa total. Como $m\bar{x} = M_y$ e $m\bar{y} = M_x$, o centro de massa $(\bar{x}, \bar{y})$ é o ponto em que uma partícula única de massa m teria os mesmos momentos do sistema.

EXEMPLO 3 Calcule os momentos e os centros de massa do sistema de objetos que têm massas 3, 4 e 8 nos pontos $(-1, 1)$, $(2, -1)$ e $(3, 2)$, respectivamente.

SOLUÇÃO Usamos as Equações 5 e 6 para calcular os momentos:

$$M_y = 3(-1) + 4(2) + 8(3) = 29$$
$$M_x = 3(1) + 4(-1) + 8(2) = 15$$

Como $m = 3 + 4 + 8 = 15$, usamos as Equações 7 para obter

$$\bar{x} = \frac{M_y}{m} = \frac{29}{15} \qquad \bar{y} = \frac{M_x}{m} = \frac{15}{15} = 1$$

Então, o centro de massa é $\left(1\frac{14}{15}, 1\right)$. (Veja a Figura 9.)

A seguir, consideramos uma placa plana (denominada *lâmina*) com densidade uniforme ρ que ocupa uma região $\mathcal{R}$ do plano. Desejamos encontrar o centro de massa da placa, chamado **centroide** (ou centro geométrico) de $\mathcal{R}$. Ao fazermos isso, usamos os seguintes princípios físicos: o **princípio da simetria** diz que se $\mathcal{R}$ é simétrica em relação à reta l, então o centroide de $\mathcal{R}$ encontra-se em l. (Se $\mathcal{R}$ é refletida em torno de l, então $\mathcal{R}$ continua a mesma; assim, seu centroide permanece fixo. Mas os únicos pontos fixos estão em l.) Logo, o centroide de um retângulo é seu centro. Os momentos devem ser definidos de maneira que, se a massa total da região está concentrada no centro de massa, então seus momentos permanecem inalterados. Além disso, o momento da união de duas regiões sem intersecção deve ser a soma dos momentos das regiões individuais.

Suponha que a região $\mathcal{R}$ seja do tipo mostrado na Figura 10(a); isto é, $\mathcal{R}$ esteja entre as retas $x = a$ e $x = b$, acima do eixo x e abaixo do gráfico de f, onde f é uma função contínua. Dividimos o intervalo $[a, b]$ em n subintervalos com extremidades $x_0, x_1, \ldots, x_n$ e mesmo comprimento Δx. Escolhemos o ponto amostral x_i^* como o ponto médio $\bar{x}_i$ do i-ésimo subintervalo, isto é, $\bar{x}_i = (x_{i-1} + x_i)/2$. Isso determina a aproximação poligonal de $\mathcal{R}$, mostrada na Figura 10(b). O centroide do i-ésimo retângulo aproximante R_i é seu centro $C_i\left(\bar{x}_i, \tfrac{1}{2} f(\bar{x}_i)\right)$. Sua área é $f(\bar{x}_i)\,\Delta x$; e assim, sua massa é densidade × área:

$$\rho f(\bar{x}_i)\,\Delta x$$

O momento de R_i em relação ao eixo y é o produto de sua massa pela distância de C_i ao eixo y, que é $\bar{x}_i$. Logo,

$$M_y(R_i) = [\rho f(\bar{x}_i)\,\Delta x]\,\bar{x}_i = \rho\,\bar{x}_i\,f(\bar{x}_i)\,\Delta x$$

Somando esses momentos, obtemos o momento da aproximação poligonal de $\mathcal{R}$ e, então, tomando o limite quando $n \to \infty$, obtemos o momento da própria região $\mathcal{R}$ em relação ao eixo y:

$$\boxed{M_y = \lim_{n \to \infty} \sum_{i=1}^{n} \rho\,\bar{x}_i\,f(\bar{x}_i)\,\Delta x = \rho \int_a^b x\,f(x)\,dx}$$

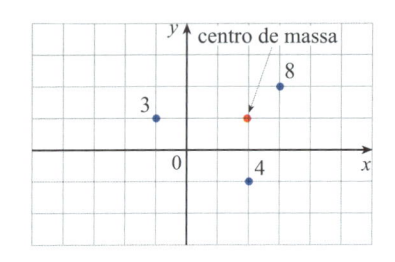

FIGURA 9

O centroide de uma região $\mathcal{R}$ é definido apenas pelo formato da região. Se uma placa de densidade *uniforme* ocupa uma região $\mathcal{R}$, seu centro de massa coincide com o centroide de $\mathcal{R}$. Já quando a densidade não é uniforme, o centro de massa geralmente fica em outra posição. Examinaremos esse caso na Seção 15.4, no volume 2 da obra.

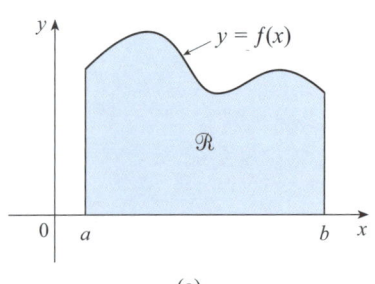

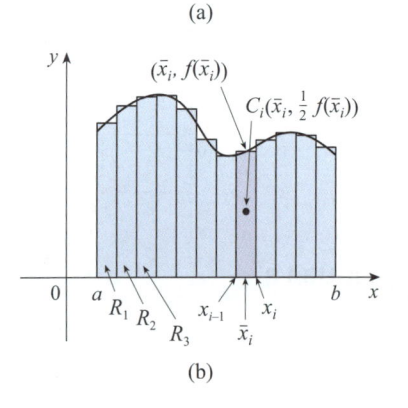

FIGURA 10

De maneira análoga, calculamos o momento de R_i em relação ao eixo x como o produto de sua massa e da distância de C_i ao eixo x (o que é a metade da altura de R_i):

$$M_x(R_i) = [\rho f(\bar{x}_i)\,\Delta x]\,\tfrac{1}{2}f(\bar{x}_i) = \rho \cdot \tfrac{1}{2}[f(\bar{x}_i)]^2\,\Delta x$$

Novamente somamos esses momentos e tomamos o limite para obter o momento de $\mathcal{R}$ em relação ao eixo x:

$$M_x = \lim_{n\to\infty}\sum_{i=1}^{n}\rho\cdot\tfrac{1}{2}\bigl[f(\bar{x}_i)\bigr]^2\,\Delta x = \rho\int_a^b \tfrac{1}{2}\bigl[f(x)\bigr]^2\,dx$$

Tal como no caso do sistema de partículas, o centro de massa da placa, $(\bar{x}, \bar{y})$, é definido de maneira que $m\bar{x} = M_y$ e $m\bar{y} = M_x$. Mas a massa da placa é o produto de sua densidade por sua área

$$m = \rho A = \rho\int_a^b f(x)\,dx$$

e assim

$$\bar{x} = \frac{M_y}{m} = \frac{\rho\int_a^b xf(x)\,dx}{\rho\int_a^b f(x)\,dx} = \frac{\int_a^b xf(x)\,dx}{\int_a^b f(x)\,dx}$$

$$\bar{y} = \frac{M_x}{m} = \frac{\rho\int_a^b \tfrac{1}{2}[f(x)]^2\,dx}{\rho\int_a^b f(x)\,dx} = \frac{\int_a^b \tfrac{1}{2}[f(x)]^2\,dx}{\int_a^b f(x)\,dx}$$

Observe o cancelamento dos ρ's. Quando a densidade é constante, a posição do centro de massa é independente da densidade.

Em resumo, o centro de massa da placa (ou o centroide de $\mathcal{R}$) com área A está localizado no ponto $(\bar{x}, \bar{y})$, onde

8
$$\bar{x} = \frac{1}{A}\int_a^b xf(x)\,dx \qquad \bar{y} = \frac{1}{A}\int_a^b \tfrac{1}{2}[f(x)]^2\,dx$$

EXEMPLO 4 Calcule o centro de massa de uma placa semicircular de raio r com densidade uniforme.

SOLUÇÃO Para usarmos (8), colocamos o semicírculo como na Figura 11, de modo que $f(x) = \sqrt{r^2 - x^2}$ e $a = -r$, $b = r$. Aqui não há a necessidade de usar a fórmula para calcular $\bar{x}$ porque, pelo princípio da simetria, o centro de massa deve estar sobre o eixo y, donde $\bar{x} = 0$. A área do semicírculo é $A = \tfrac{1}{2}\pi r^2$, e assim

$$\bar{y} = \frac{1}{A}\int_{-r}^{r}\tfrac{1}{2}[f(x)]^2\,dx$$

$$= \frac{1}{\tfrac{1}{2}\pi r^2}\cdot\tfrac{1}{2}\int_{-r}^{r}\left(\sqrt{r^2 - x^2}\right)^2 dx$$

$$= \frac{2}{\pi r^2}\int_0^r (r^2 - x^2)\,dx \quad \text{(já que o integrando é par)}$$

$$= \frac{2}{\pi r^2}\left[r^2 x - \frac{x^3}{3}\right]_0^r$$

$$= \frac{2}{\pi r^2}\cdot\frac{2r^3}{3} = \frac{4r}{3\pi}$$

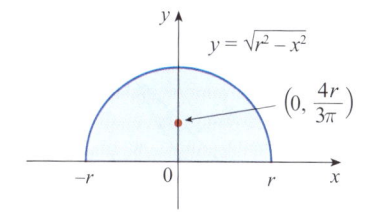

FIGURA 11

O centro de massa está localizado no ponto $(0, 4r/(3\pi))$.

EXEMPLO 5 Encontre o centroide da região delimitada pelas curvas $y = \cos x$, $y = 0$, e $x = 0$.

SOLUÇÃO A área da região é

$$A = \int_0^{\pi/2} \cos x \, dx = \operatorname{sen} x \Big]_0^{\pi/2} = 1$$

assim, a Fórmula 8 dá

$$\bar{x} = \frac{1}{A} \int_0^{\pi/2} x f(x) \, dx = \int_0^{\pi/2} x \cos x \, dx$$

$$= x \operatorname{sen} x \Big]_0^{\pi/2} - \int_0^{\pi/2} \operatorname{sen} x \, dx \quad \text{(por integração por partes)}$$

$$= \frac{\pi}{2} - 1$$

$$\bar{y} = \frac{1}{A} \int_0^{\pi/2} \tfrac{1}{2} [f(x)]^2 \, dx = \tfrac{1}{2} \int_0^{\pi/2} \cos^2 x \, dx$$

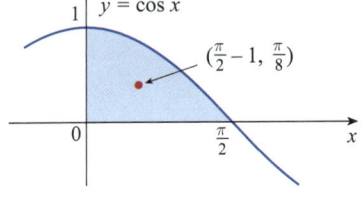

$$= \tfrac{1}{4} \int_0^{\pi/2} (1 + \cos 2x) \, dx = \tfrac{1}{4} \left[x + \tfrac{1}{2} \operatorname{sen} 2x \right]_0^{\pi/2} = \frac{\pi}{8}$$

FIGURA 12

O centroide é $\left(\tfrac{1}{2}\pi - 1, \tfrac{1}{8}\pi\right) \approx (0{,}57, 0{,}39)$ e está mostrado na Figura 12.

Se a região $\mathcal{R}$ está entre as curvas $y = f(x)$ e $y = g(x)$, onde $f(x) \geq g(x)$, como mostrado na Figura 13, então o mesmo tipo de argumento que nos levou às Fórmulas 8 pode ser usado para mostrar que o centroide $\mathcal{R}$ é $(\bar{x}, \bar{y})$, onde

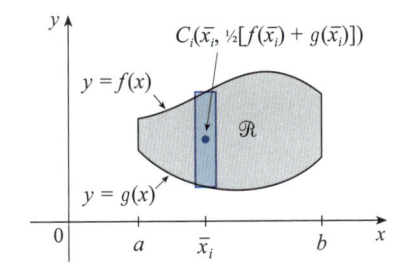

$$\boxed{9} \quad \begin{aligned} \bar{x} &= \frac{1}{A} \int_a^b x [f(x) - g(x)] \, dx \\ \bar{y} &= \frac{1}{A} \int_a^b \tfrac{1}{2} \{ [f(x)]^2 - [g(x)]^2 \} \, dx \end{aligned}$$

FIGURA 13

(Veja o Exercício 51.)

EXEMPLO 6 Encontre o centroide da região delimitada pela reta $y = x$ e pela parábola $y = x^2$.

SOLUÇÃO A região é esboçada na Figura 14. Tomamos $f(x) = x$, $g(x) = x^2$, $a = 0$ e $b = 1$ nas Fórmulas 9. Primeiro observamos que a área da região é

$$A = \int_0^1 (x - x^2) \, dx = \frac{x^2}{2} - \frac{x^3}{3} \Big]_0^1 = \frac{1}{6}$$

Portanto,

$$\bar{x} = \frac{1}{A} \int_0^1 x[f(x) - g(x)] \, dx = \frac{1}{\tfrac{1}{6}} \int_0^1 x(x - x^2) \, dx$$

$$= 6 \int_0^1 (x^2 - x^3) \, dx = 6 \left[\frac{x^3}{3} - \frac{x^4}{4} \right]_0^1 = \frac{1}{2}$$

$$\bar{y} = \frac{1}{A} \int_0^1 \tfrac{1}{2} \{ [f(x)]^2 - [g(x)]^2 \} \, dx = \frac{1}{\tfrac{1}{6}} \int_0^1 \tfrac{1}{2}(x^2 - x^4) \, dx$$

$$= 3 \left[\frac{x^3}{3} - \frac{x^5}{5} \right]_0^1 = \frac{2}{5}$$

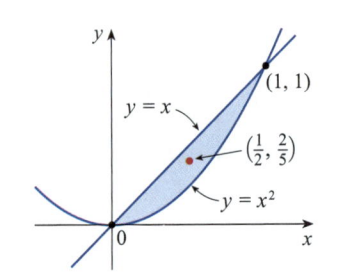

FIGURA 14

O centroide é $\left(\tfrac{1}{2}, \tfrac{2}{5}\right)$.

Teorema de Pappus

Terminaremos esta seção mostrando uma conexão surpreendente entre centroides e volumes de revolução.

> **Teorema de Pappus** Seja $\mathcal{R}$ uma região plana que está inteiramente de um lado de uma reta l em um plano. Se $\mathcal{R}$ é girada em torno de l, então o volume do sólido resultante é o produto da área A de $\mathcal{R}$ pela distância d percorrida pelo centroide de $\mathcal{R}$.

Este teorema tem o nome do matemático grego Pappus de Alexandria, que viveu no século IV d.C.

DEMONSTRAÇÃO Demonstraremos o caso especial no qual a região está entre $y = f(x)$ e $y = g(x)$ como na Figura 13 e a reta l é o eixo y. Usando o método das cascas cilíndricas (veja a Seção 6.3), temos

$$V = \int_a^b 2\pi x[f(x) - g(x)]dx$$
$$= 2\pi \int_a^b x[f(x) - g(x)]dx$$
$$= 2\pi(\bar{x}A) \quad \text{(pelas Fórmulas 9)}$$
$$= (2\pi\bar{x})A = Ad$$

onde $d = 2\pi\bar{x}$ é a distância percorrida pelo centroide durante uma rotação em torno do eixo y. ∎

EXEMPLO 7 Um toro é formado pela rotação de um círculo de raio r em torno de uma reta no plano do círculo que está a uma distância R ($> r$) do centro do círculo (veja a Figura 15). Determine o volume do toro.

SOLUÇÃO O círculo tem a área $A = \pi r^2$. Pelo princípio de simetria, seu centroide é seu centro e, assim, a distância percorrida pelo centroide durante a rotação é $d = 2\pi R$. Portanto, pelo Teorema de Pappus, o volume do toro é

$$V = Ad = (2\pi R)(\pi r^2) = 2\pi^2 r^2 R$$

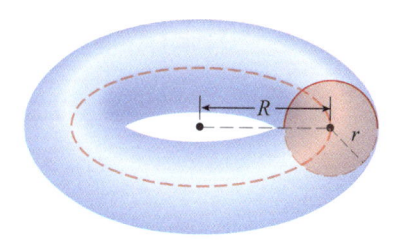

FIGURA 15

O método do Exemplo 7 deve ser comparado com o do Exercício 6.2.75.

8.3 | Exercícios

1. Um aquário de 1,5 m de comprimento, 0,5 m de largura e 1 m de profundidade está cheio de água. Descubra (a) a pressão hidrostática no fundo do aquário, (b) a força hidrostática no fundo e (c) a força hidrostática em uma extremidade do aquário.

2. Um tanque tem 8 m de comprimento, 4 m de largura, 2 m de altura e contém querosene com densidade 820 kg/m³ para uma profundidade de 1,5 m. Descubra (a) a pressão hidrostática no fundo do tanque, (b) a força hidrostática no fundo e (c) a força hidrostática em uma extremidade do tanque.

3-11 Uma placa vertical é imersa (ou parcialmente imersa) na água e tem a forma indicada em cada figura a seguir. Explique como aproximar a força hidrostática em um lado da placa usando uma soma de Riemann. Então expresse a força como uma integral e calcule-a.

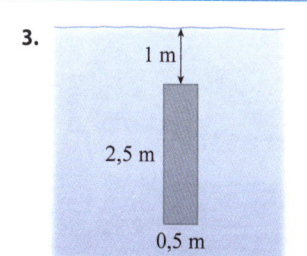

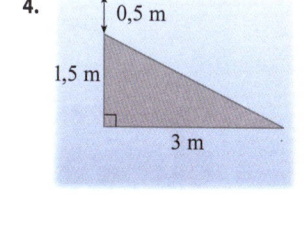

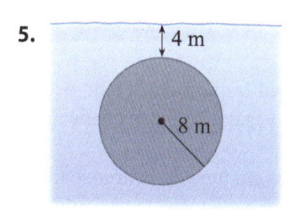

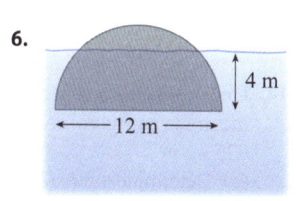

7–11.

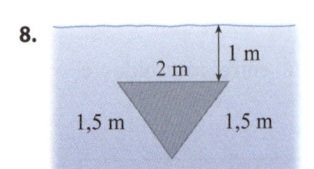

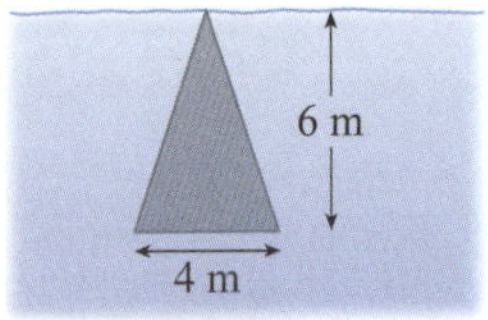

7. triângulo, base 4 m, altura 6 m (imerso na água).

8. triângulo invertido, topo 2 m, lados 1,5 m, profundidade do topo 1 m.

9. 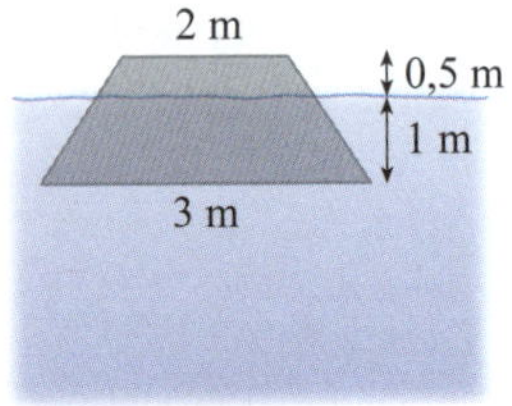 trapézio, topo 2 m, base 3 m, 0,5 m abaixo da superfície, altura 1 m.

10. 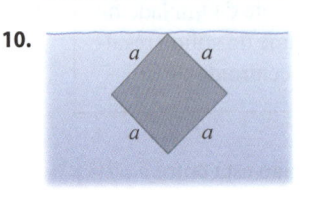 quadrado (losango) com lado a.

11. trapézio com topo $2a$, base a, altura h.

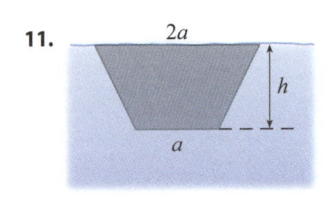

12. Uma barragem vertical tem um portão semicircular, como mostrado na figura. Calcule a força hidrostática contra o portão.

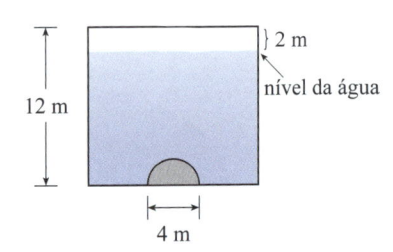

(figura: 12 m de altura, 4 m de largura do semicírculo, 2 m abaixo do nível da água)

13. Um caminhão-tanque transporta gasolina em um tanque cilíndrico horizontal com 2,5 m de diâmetro e 12 m de comprimento. Supondo que o tanque esteja cheio de gasolina com densidade igual a 753 kg/m³, calcule a força exercida em uma das extremidades do tanque.

14. Uma calha com seção transversal trapezoidal, como a que é mostrada na figura, contém óleo vegetal com densidade igual a 925 kg/m³.
  (a) Determine a força hidrostática em uma das extremidades da calha, supondo que ela esteja completamente cheia de óleo.
  (b) Calcule a força em uma das extremidades, supondo que a calha esteja cheia até uma profundidade de 1,2 m.

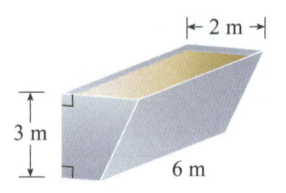

(figura: trapézio com topo 2 m, altura 3 m, base 6 m)

15. Um cubo com lados de 20 cm de comprimento está no fundo de um aquário no qual a água atinge 1 m de profundidade. Encontre a força hidrostática (a) no topo do cubo e (b) em um dos lados do cubo.

16. Uma barragem está inclinada a um ângulo de 30° da vertical e tem o formato de um trapézio isósceles de 30 m de largura no topo e 15 m no fundo e um lado inclinado de 20 m. Calcule a força hidrostática na barragem quando ela estiver cheia de água.

17. Uma piscina tem 10 m de largura, 20 m de comprimento e seu fundo é um plano inclinado. O extremo mais raso tem uma profundidade de 1 m e o extremo mais fundo, 3 m. Se a piscina estiver cheia de água, determine a força hidrostática (a) em cada um dos quatro lados e (b) no fundo da piscina.

18. Suponha que uma placa esteja imersa verticalmente em um fluido com densidade ρ e que a largura da placa seja $w(x)$ a uma profundidade de x metros abaixo do nível da superfície do fluido. Se o topo da placa está a uma profundidade a e o fundo, a uma profundidade b, mostre que a força hidrostática sobre um lado da placa é

$$F = \int_a^b \rho g x w(x)\, dx$$

19. Uma placa de metal foi encontrada verticalmente imersa em água do mar, que tem uma densidade de 1.000 kg/m³. As medidas da largura da placa foram tiradas nas profundidades indicadas. Use a fórmula do Exercício 18 e a Regra de Simpson para estimar a força da água contra a placa.

Profundidade (m)	2,1	2,3	2,4	2,5	2,6	2,7	2,8
Largura da placa (m)	0,4	0,5	1,0	1,2	1,1	1,3	1,3

20. (a) Use a fórmula do Exercício 18 para mostrar que

$$F = (\rho g \bar{x}) A$$

onde $\bar{x}$ é a coordenada x do centroide da placa e A é a sua área. Essa equação mostra que a força hidrostática contra uma região plana vertical seria a mesma se a região fosse horizontal e estivesse na mesma profundidade do centroide da região.
  (b) Use o resultado da parte (a) para dar outra solução para o Exercício 10.

21-22 As massas pontuais m_i estão localizadas no eixo x conforme mostra a figura a seguir. Ache o momento M do sistema com relação à origem e o centro de massa $\bar{x}$.

21. 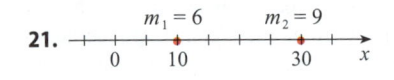 $m_1 = 6$ em $x = 10$; $m_2 = 9$ em $x = 30$.

22. 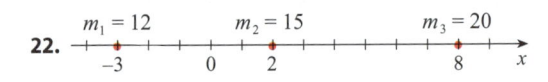 $m_1 = 12$ em $x = -3$; $m_2 = 15$ em $x = 2$; $m_3 = 20$ em $x = 8$.

23-24 As massas m_i estão localizadas nos pontos P_i. Encontre os momentos M_x e M_y e o centro de massa do sistema.

23. $m_1 = 5, m_2 = 8, m_3 = 7$;
$P_1(3, 1), P_2(0, 4), P_3(-5, -2)$

24. $m_1 = 4, m_2 = 3, m_3 = 6, m_4 = 3$;
$P_1(6, 1), P_2(3, -1), P_3(-2, 2), P_4(-2, -5)$

25-28 Estime visualmente a posição do centroide da região apresentada. Em seguida, determine as coordenadas exatas do centroide.

25.

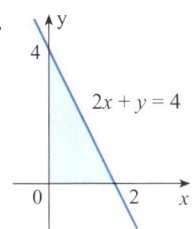

26.

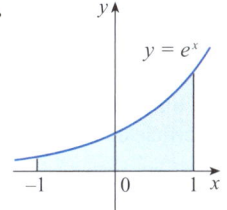

27.

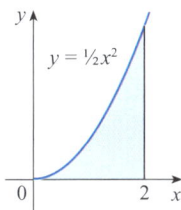

28.

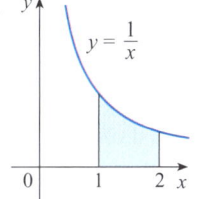

29-33 Calcule o centroide da região delimitada pelas curvas dadas.

29. $y = x^2$, $x = y^2$

30. $y = 2 - x^2$, $y = x$

31. $y = \text{sen } 2x$, $y = \text{sen } x$, $0 \le x \le \pi/3$

32. $y = x^3$, $x + y = 2$, $y = 0$

33. $x + y = 2$, $x = y^2$

34-35 Calcule os momentos M_x e M_y e o centro de massa de uma lâmina com a densidade e o formato dados:

34. $\rho = 4$

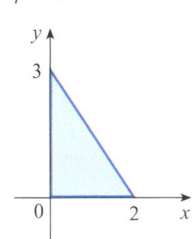

35. $\rho = 6$

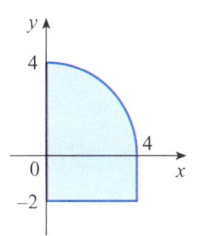

36. Utilize a Regra de Simpson para calcular o centroide da região dada.

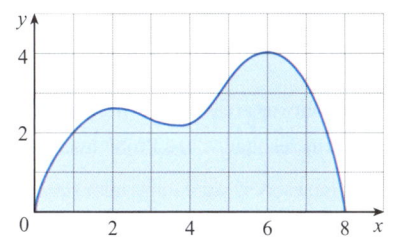

37. Encontre o centroide da região delimitada pelas curvas $y = x^3 - x$ e $y = x^2 - 1$. Esboce a região e marque o centroide para ver se sua resposta é razoável.

38. Use um gráfico para encontrar as abscissas aproximadas x dos pontos de intersecção das curvas $y = e^x$ e $y = 2 - x^2$. Então, encontre (aproximadamente) o centroide da região delimitada por essas curvas.

39. Demonstre que o centroide de qualquer triângulo está localizado no ponto de intersecção das medianas. [*Dicas*: Posicione os eixos de modo que os vértices sejam $(a, 0)$, $(0, b)$ e $(c, 0)$. Lembre-se de que uma mediana é um segmento de reta ligando um vértice ao ponto médio do lado oposto. Lembre-se também de que as medianas se interceptam em um ponto a dois terços da distância de cada vértice (ao longo da mediana) ao lado oposto.]

40-41 Encontre o centroide da região mostrada, não por integração, mas por localização dos centroides dos retângulos e triângulos (do Exercício 39) e usando a aditividade dos momentos.

40.

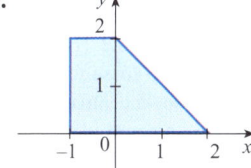

41.

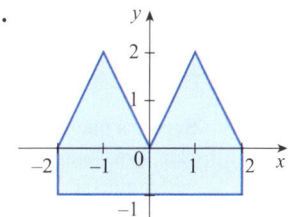

42. Um retângulo $\mathcal{R}$ com lados a e b foi dividido em duas partes $\mathcal{R}_1$ e $\mathcal{R}_2$ por um arco de parábola que tem seu vértice em um dos cantos de $\mathcal{R}$ e passa pelo canto oposto. Encontre os centroides de ambas as regiões $\mathcal{R}_1$ e $\mathcal{R}_2$.

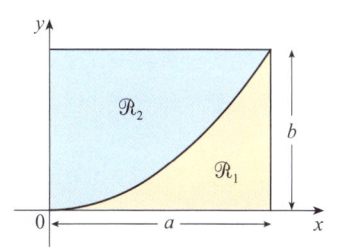

43. Se $\bar{x}$ é a coordenada x do centroide da região que fica sob o gráfico de uma função contínua f, onde $a \le x \le b$, mostre que

$$\int_a^b (cx + d) f(x)\,dx = (c\bar{x} + d) \int_a^b f(x)\,dx$$

44-46 Use o Teorema de Pappus para encontrar o volume do sólido dado.

44. Uma esfera de raio r (use o Exemplo 4).

45. Um cone com altura h e raio da base r.

46. O sólido obtido pela rotação do triângulo com vértices (2, 3), (2, 5) e (5, 4) ao redor do eixo x.

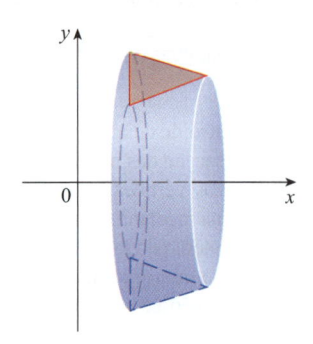

47. Centroide de uma Curva O centroide de uma *curva* pode ser determinado por um processo parecido com o que usamos para determinar o centroide de uma região. Se C é uma curva de comprimento L, então o centroide é $(\bar{x}, \bar{y})$ onde $\bar{x} = (1/L)\int x\,ds$ e $\bar{y} = (1/L)\int y\,ds$. Aqui, atribuímos limites de integração adequados e ds é definido como nas Seções 8.1 e 8.2. (Em geral, o centroide não fica sobre a curva. Se a curva fosse feita de arame e colocada sobre uma placa sem peso, o centroide seria o ponto de equilíbrio na placa.) Encontre o centroide do quarto de círculo $y = \sqrt{16 - x^2}$, $0 \leq x \leq 4$.

48-49 O Segundo Teorema de Pappus O *Segundo Teorema de Pappus* segue o mesmo princípio do Teorema de Pappus discutido nesta seção, mas se aplica a áreas de superfícies, em lugar de volumes: seja C uma curva que está inteiramente de um lado de uma reta l no plano. Se C for girada em torno de l, então a área da superfície resultante é o produto do comprimento de arco de C pela distância percorrida pelo centroide de C (veja o Exercício 47).

48. (a) Demonstre o Segundo Teorema de Pappus para o caso em que C é dada por $y = f(x)$, $f(x) \geq 0$, e C é girada em torno do eixo x.
(b) Use o Segundo Teorema de Pappus para calcular a área da superfície obtida pela rotação da curva do Exercício 47 em torno do eixo x. A sua resposta está de acordo com aquela dada pelas fórmulas geométricas?

49. Use o Segundo Teorema de Pappus para determinar a área da superfície do toro do Exemplo 7.

50. Seja $\mathcal{R}$ a região que está entre as curvas
$$y = x^m \qquad y = x^n \qquad 0 \leq x \leq 1$$
onde m e n são inteiros com $0 \leq n < m$.
(a) Esboce a região $\mathcal{R}$.
(b) Encontre as coordenadas do centroide de $\mathcal{R}$.
(c) Tente encontrar valores de m e n tais que o centroide esteja *fora* de $\mathcal{R}$.

51. Demonstre as Fórmulas 9.

PROJETO DE DESCOBERTA | XÍCARAS DE CAFÉ COMPLEMENTARES

Suponha que você possa escolher entre duas xícaras de café, do tipo mostrado, uma que se curva para fora e outra para dentro. Observando que elas têm a mesma altura e suas formas se encaixam perfeitamente, você se pergunta em qual xícara cabe mais café. É claro que você poderia encher uma xícara com água e derramá-la dentro da outra, mas, sendo um estudante de cálculo, você se decide por uma abordagem mais matemática. Ignorando as alças, você observa que ambas as xícaras são superfícies de revolução, de modo que você pode pensar no café como um volume de revolução.

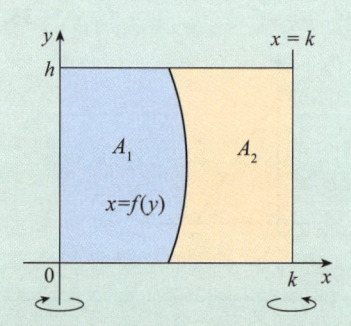

1. Suponha que as xícaras tenham altura h, que a xícara A seja formada girando a curva $x = f(y)$ em torno do eixo y e que a xícara B seja formada girando a mesma curva em torno da reta $x = k$. Encontre o valor de k tal que caiba a mesma quantidade de café nas duas xícaras.

2. O que o seu resultado do Problema 1 diz sobre as áreas A_1 e A_2 mostradas na figura?

3. Use o Teorema de Pappus para explicar seus resultados nos Problemas 1 e 2.

4. Com base em suas próprias medidas e observações, sugira um valor para h e uma equação para $x = f(y)$ e calcule a quantidade de café que cabe em cada xícara.

8.4 Aplicações à Economia e à Biologia

Nesta seção consideraremos algumas aplicações de integração à economia (excedente do consumidor) e à biologia (circulação sanguínea, capacidade cardíaca). Outras são descritas nos exercícios.

■ Excedente do Consumidor

Lembre-se da Seção 4.7, que a função demanda $p(x)$ é o preço que uma companhia deve cobrar para conseguir vender x unidades de um produto. Geralmente, para vender maiores quantidades, é necessário baixar os preços; assim, a função demanda é uma função decrescente. O gráfico de uma típica função demanda, chamado **curva de demanda**, é mostrado na Figura 1. Se X é a quantidade do produto que pode ser vendida atualmente, então $P = p(X)$ é o preço de venda corrente.

A dado preço, alguns consumidores que compram um bem, estariam dispostos a pagar mais; eles se beneficiam de não precisar fazer isso. A diferença entre o que um consumidor estaria disposto a pagar e o que os consumidores realmente pagam por um bem é chamada **excedente do consumidor**. Ao encontrar o excedente do consumidor total entre todos os compradores do bem, os economistas podem avaliar o benefício global de um mercado para a sociedade.

Para determinarmos o excedente do consumidor total, olhamos para a curva de demanda e dividimos o intervalo $[0, X]$ em n subintervalos, cada qual com o comprimento $\Delta x = X/n$, e tomamos $x_i^* = x_i$, a extremidade direita do i-ésimo subintervalo, como na Figura 2. De acordo com a curva de demanda, x_{i-1} unidades seriam compradas ao preço de $p(x_{i-1})$ dólares por unidade. Para aumentar as vendas para x_i unidades, o preço teria que ser abaixado para $p(x_i)$ dólares. Nesse caso, Δx unidades adicionais seriam vendidas (mas não mais). Em geral, consumidores que teriam pago $p(x_i)$ dólares colocaram um alto valor no produto; eles teriam pago o que vale para eles. Assim, pagando apenas P dólares, economizariam uma quantia de

(economia por unidade) (número de unidades) = $[p(x_i) - P] \Delta x$

Considerando grupos semelhantes de possíveis consumidores para cada um dos subintervalos e adicionando as economias, temos o total economizado de:

$$\sum_{i=1}^{n}[p(x_i) - P]\Delta x$$

(Essa soma corresponde à área dos retângulos na Figura 2.) Se tomarmos $n \to \infty$, essa soma de Riemann aproxima a integral

$$\boxed{1} \qquad \int_0^X [p(x) - P]dx$$

que fornece o excedente do consumidor para o produto. Ele representa a quantidade de dinheiro que os consumidores economizam ao comprar um produto pelo preço P, correspondente a uma quantidade demandada de X. A Figura 3 mostra a interpretação do excedente do consumidor como a área sob a curva de demanda e acima da reta $p = P$.

EXEMPLO 1 A demanda por um produto é

$$p = 1.200 - 0{,}2x - 0{,}0001x^2$$

Calcule o excedente do consumidor quando o nível de vendas for 500.

SOLUÇÃO Como o número de produtos vendidos é $X = 500$, o preço correspondente é

$$P = 1.200 - (0{,}2)(500) - (0{,}0001)(500)^2 = 1.075$$

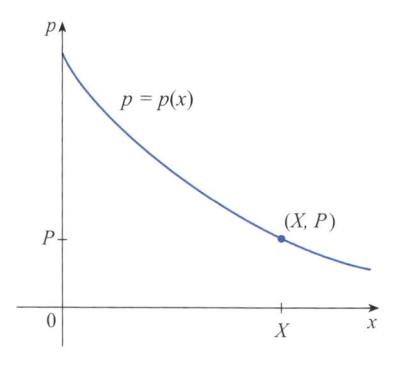

FIGURA 1
Curva típica de demanda

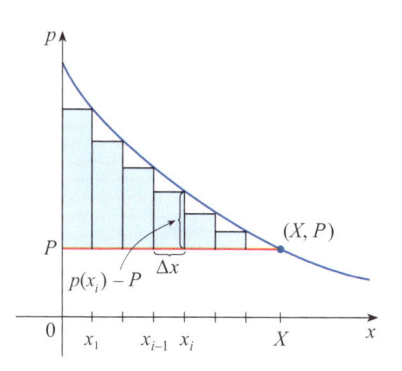

FIGURA 2

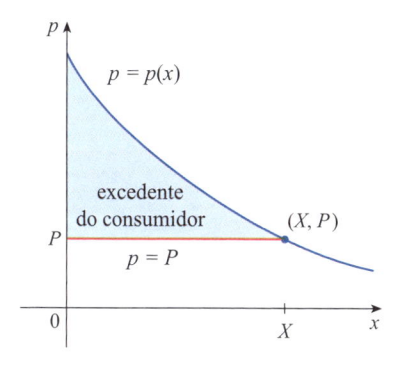

FIGURA 3

Portanto, da Definição 1, o excedente do consumidor é

$$\int_0^{500}[p(x)-P]\,dx = \int_0^{500}(1.200-0,2x-0,0001x^2-1.075)\,dx$$
$$= \int_0^{500}(125-0,2x-0,0001x^2)\,dx$$
$$= 125x-0,1x^2-(0,0001)\left(\frac{x^3}{3}\right)\Big]_0^{500}$$
$$= (125)(500)-(0,1)(500)^2-\frac{(0,0001)(500)^3}{3}$$
$$= \$33.333,33$$

■ Circulação Sanguínea

No Exemplo 3.7.7, discutimos a lei do fluxo laminar:

$$v(r)=\frac{P}{4\eta l}(R^2-r^2)$$

que dá a velocidade v do sangue que circula em um vaso sanguíneo com raio R e comprimento l a uma distância r do eixo central, onde P é a diferença de pressão entre as extremidades do vaso sanguíneo e η, a viscosidade do sangue. Agora, para calcularmos a taxa da circulação sanguínea, ou *fluxo* (volume por unidade de tempo), consideramos raios menores igualmente espaçados $r_1, r_2, \ldots$. A área aproximada do anel com o raio interno r_{i-1} e o raio externo r_i é

$$2\pi r_i\,\Delta r \qquad \text{onde} \qquad \Delta r = r_i - r_{i-1}$$

(Veja a Figura 4.) Se Δr é pequeno, então a velocidade é praticamente constante no anel e pode ser aproximada por $v(r_i)$. Assim, o volume de sangue por unidade de tempo que flui pelo anel é de aproximadamente

$$(2\pi r_i\,\Delta r)\,v(r_i) = 2\pi r_i\,v(r_i)\,\Delta r$$

e o volume total de sangue que flui por uma seção transversal por unidade de tempo é de aproximadamente

$$\sum_{i=1}^{n} 2\pi r_i v(r_i)\,\Delta r$$

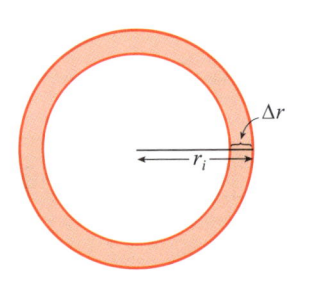

FIGURA 4

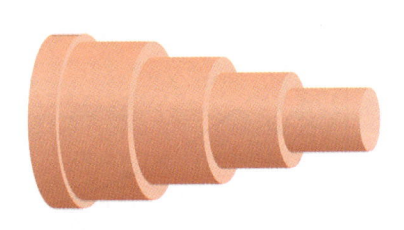

Essa aproximação está ilustrada na Figura 5. Observe que a velocidade (e portanto, o volume por unidade de tempo) aumenta em direção ao centro do vaso sanguíneo. A aproximação torna-se melhor quando n aumenta. Quando tomamos o limite, obtemos o valor exato do **fluxo** (ou *descarga*), que é o volume de sangue que passa pela seção transversal por unidade de tempo:

$$F = \lim_{n\to\infty}\sum_{i=1}^{n} 2\pi r_i v(r_i)\,\Delta r = \int_0^R 2\pi r v(r)\,dr$$
$$= \int_0^R 2\pi r\frac{P}{4\eta l}(R^2-r^2)\,dr$$
$$= \frac{\pi P}{2\eta l}\int_0^R (R^2 r - r^3)\,dr = \frac{\pi P}{2\eta l}\left[R^2\frac{r^2}{2}-\frac{r^4}{4}\right]_{r=0}^{r=R}$$
$$= \frac{\pi P}{2\eta l}\left[\frac{R^4}{2}-\frac{R^4}{4}\right] = \frac{\pi P R^4}{8\eta l}$$

FIGURA 5

A equação resultante

$$\boxed{2} \qquad F = \frac{\pi P R^4}{8\eta l}$$

denominada **Lei de Poiseuille**, mostra que o fluxo é proporcional à quarta potência do raio do vaso sanguíneo.

■ Capacidade Cardíaca

A Figura 6 mostra o sistema cardiovascular humano. O sangue retorna do corpo pelas veias, entra no átrio direito do coração e é bombeado para os pulmões pelas artérias pulmonares para a oxigenação. Então volta para o átrio esquerdo por meio das veias pulmonares e daí circula para o resto do corpo pela aorta. A **capacidade cardíaca** é o volume de sangue bombeado pelo coração por unidade de tempo, isto é, a taxa de fluxo na aorta.

O *método da diluição do contraste* é usado para medir a capacidade cardíaca. O contraste (corante) é injetado no átrio direito e escoa pelo coração para a aorta. Uma sonda inserida na aorta mede a concentração do contraste saindo do coração a intervalos regulares de tempo durante um intervalo $[0, T]$ até que o contraste tenha terminado. Seja $c(t)$ a concentração do contraste no instante t. Se dividirmos $[0, T]$ em subintervalos de igual comprimento Δt, então a quantidade de contraste que circula pelo ponto de medição durante o subintervalo de $t = t_{i-1}$ a $t = t_i$ é aproximadamente

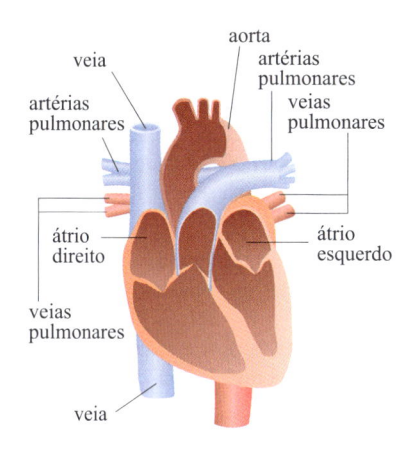

$$(\text{concentração})(\text{volume}) = c(t_i)(F\,\Delta t)$$

FIGURA 6

onde F é a taxa de fluxo que estamos tentando determinar. Assim, a quantidade total de contraste é de aproximadamente

$$\sum_{i=1}^{n} c(t_i) F \Delta t = F \sum_{i=1}^{n} c(t_i) \Delta t$$

e, fazendo $n \to \infty$, descobrimos que a quantidade de contraste é de

$$A = F \int_0^T c(t)\,dt$$

Então, a capacidade cardíaca é dada por

$$\boxed{3} \qquad F = \frac{A}{\int_0^T c(t)\,dt}$$

onde a quantidade de contraste A é conhecida e a integral pode ser aproximada pelas leituras de concentração.

EXEMPLO 2 Uma quantidade de 5 mg de contraste é injetada no átrio direito. A concentração de contraste (em miligramas por litro) é medida na aorta a intervalos de 1 segundo, como mostrado na tabela. Estime a capacidade cardíaca.

SOLUÇÃO Aqui $A = 5$, $\Delta t = 1$ e $T = 10$. Usamos a Regra de Simpson para aproximar a integral da concentração:

$$\int_0^{10} c(t)\,dt \approx \tfrac{1}{3}[0 + 4(0,4) + 2(2,8) + 4(6,5) + 2(9,8) + 4(8,9)$$
$$+ 2(6,1) + 4(4,0) + 2(2,3) + 4(1,1) + 0]$$
$$\approx 41,87$$

t	$c(t)$	t	$c(t)$
0	0	6	6,1
1	0,4	7	4,0
2	2,8	8	2,3
3	6,5	9	1,1
4	9,8	10	0
5	8,9		

Então, a Fórmula 3 dá a capacidade cardíaca como

$$F = \frac{A}{\int_0^{10} c(t)\,dt} \approx \frac{5}{41,87} \approx 0,12 \text{ L/s} = 7,2 \text{ L/min} \qquad ■$$

8.4 | Exercícios

1. A função custo marginal $C'(x)$ foi definida como a derivada da função custo. (Veja as Seções 3.7 e 4.7.) O custo marginal para produzir x litros de suco de laranja é dado por

   $$C'(x) = 0{,}82 - 0{,}00003x + 0{,}000000003x^2$$

   (medido em dólares por litro). O custo fixo inicial é $C(0)$ = \$ 18.000. Use o Teorema da Variação Total para determinar o custo de produção dos primeiros 4.000 litros de suco.

2. Uma empresa estima que a receita marginal (em dólares por unidade) realizada pela venda de x unidades de um produto é $48 - 0{,}0012x$. Supondo que a estimativa seja precisa, encontre o aumento na receita se as vendas aumentaram de 5.000 para 10.000 unidades.

3. Uma mineradora estima que o custo marginal de extração de x toneladas de cobre de uma mina é $0{,}6 + 0{,}008x$, medido em milhares de dólares por tonelada. Os custos iniciais são \$ 100.000. Qual é o custo de extração das 50 primeiras toneladas de cobre? E para as próximas 50 toneladas?

4. A função demanda para um pacote de férias específico é $p(x) = 2.000 - 46\sqrt{x}$. Calcule o excedente do consumidor quando o nível de vendas para o pacote é 400. Ilustre desenhando a curva de demanda e identificando o excedente do consumidor como uma área.

5. A função demanda para um forno de micro-ondas fabricado por determinada empresa é $p(x) = 870e^{-0{,}03x}$, em que x é dado em milhares. Calcule o excedente do consumidor quando o nível de vendas dos fornos é igual a 45.000.

6. Supondo que uma curva de demanda seja modelada por $p = 6 - (x/3.500)$, determine o excedente do consumidor quando o preço de venda é igual a \$ 2,80.

7. Uma empresa promotora de shows musicais tem vendido uma média de 210 camisetas a cada show por \$ 18 a unidade. A empresa estima que venderá 30 camisetas adicionais para cada dólar que reduzir no preço. Determine a função demanda para as camisetas e calcule o excedente do consumidor se cada camiseta for vendida por \$ 15.

8. Uma companhia modelou a curva de demanda de seu produto (cujo preço é dado em dólares) por meio da equação

   $$p = \frac{800.000 e^{-x/5.000}}{x + 20.000}$$

   Use um gráfico para estimar o nível de vendas quando o preço de venda é \$ 16. Em seguida, determine (aproximadamente) o excedente do consumidor para esse nível de vendas.

9-11 Excedente do Produtor A *função oferta* $p_S(x)$ de um produto fornece a relação entre o preço de venda e o número de unidades que os fabricantes produzirão por aquele preço. Para um preço maior, os fabricantes produzirão mais unidades, portanto p_S é uma função crescente de x. Seja X a quantidade de mercadoria produzida atualmente e seja $P = p_S(X)$ o preço atual. Alguns fabricantes desejariam fazer e vender o produto a um preço mais baixo e, portanto, estão recebendo mais que seu preço mínimo. O excesso é chamado *excedente do produtor*. Um argumento semelhante ao do excedente do consumidor mostra que o excedente é dado pela integral

$$\int_0^X [P - p_S(x)]dx$$

9. Calcule o excedente do produtor para a função oferta $p_S(x) = 3 + 0{,}01x^2$ ao nível de vendas $X = 10$. Ilustre desenhando a curva de oferta e identificando o excedente do produtor como uma área.

10. Se a curva de oferta é modelada pela equação $p = 125 + 0{,}002x^2$, calcule o excedente do produtor se o preço de venda for \$ 625.

11. Um fabricante estima que a curva de oferta para seu produto (cujo preço é dado em dólares) seja definida pela equação

    $$p = \sqrt{30 + 0{,}01xe^{0{,}001x}}$$

    Determine (aproximadamente) o excedente do produtor quando o preço de venda é igual a \$ 30.

12. **Equilíbrio de Mercado** Em um mercado puramente competitivo, o preço de um bem é naturalmente conduzido para o valor no qual a quantidade demandada pelos consumidores corresponde à quantidade feita pelos produtores e diz-se que o mercado está em *equilíbrio*. Esses valores são as coordenadas do ponto de intersecção das curvas de oferta e de demanda.
    (a) Dada a curva de demanda $p = 50 - \frac{1}{20}x$ e a curva de oferta $p = 20 - \frac{1}{10}x$ para um bem, em quais quantidade e preço o mercado para o bem estará em equilíbrio?
    (b) Encontre o excedente do consumidor e o excedente do produtor quando o mercado está em equilíbrio. Ilustre por meio de esboço das curvas de oferta e demanda e pela identificação dos excedentes como áreas.

13-14 Excedente Total A soma do excedente do consumidor com o excedente do produtor é chamada excedente total; ela é uma medida usada pelos economistas como indicador da saúde econômica de uma sociedade. O excedente total é maximizado quando o mercado para o bem está em equilíbrio.

13. (a) A função de demanda para os autorrádios de uma companhia eletrônica é $p(x) = 228{,}4 - 18x$ e a função de oferta é $p_S(x) = 27x + 57{,}4$, onde x é medido em milhares. Em que quantidade o mercado para autorrádios está em equilíbrio?
    (b) Calcule o excedente total máximo para os autorrádios.

14. Uma companhia de máquinas fotográficas estima que a função de demanda para sua nova câmera digital é $p(x) = 312e^{-0{,}14x}$ e que a função de oferta é $p_S(x) = 26e^{0{,}2x}$, onde x é medido em milhares. Calcule o excedente total máximo.

15. Se a quantidade de capital que uma companhia tem em um instante t é $f(t)$, então a derivada, $f'(t)$, é chamada *fluxo líquido de investimento*. Suponha que o fluxo líquido de investimento seja $\sqrt{t}$ milhões de dólares por ano (com t medido em anos). Calcule o aumento no capital (a *formação de capital*) do quarto ao oitavo anos.

16. Se a receita entra em uma companhia a uma taxa de $f(t) = 9.000\sqrt{1 + 2t}$, onde t é medido em anos e $f(t)$ é medido em dólares por ano, encontre a receita total obtida nos primeiros quatro anos.

17. Valor Futuro de uma Renda Se uma renda é coletada continuamente a uma taxa de $f(t)$ dólares por ano e será investida a uma taxa de juros constante r (capitalizados continuamente) por um período de T anos, então o valor futuro da renda é dado por $\int_0^T f(t)e^{r(T-t)}dt$. Calcule o valor futuro após 6 anos para uma renda recebida a uma taxa de $f(t) = 8.000e^{0,04t}$ dólares por ano e investido com juros de 6,2%.

18. Valor Presente de uma Renda O *valor presente* de um fluxo de renda é a quantia que seria necessária investir agora para corresponder ao valor futuro descrito no Exercício 17 e é dado por $\int_0^T f(t)e^{-rt}dt$. Encontre o valor presente do fluxo de renda do Exercício 17.

19. A *Lei da Renda de Pareto* afirma que o número de pessoas com renda entre $x = a$ e $x = b$ é $N = \int_a^b Ax^{-k}dx$, onde A e k são constantes, com $A > 0$ e $k > 1$. A renda média dessas pessoas é
$$\bar{x} = \frac{1}{N}\int_a^b Ax^{1-k}dx$$
Calcule $\bar{x}$.

20. Um verão quente e úmido está causando uma explosão da população de mosquitos em uma cidade turística. O número de mosquitos aumenta a uma taxa estimada de $2.200 + 10e^{0,8t}$ por semana (com t medido em semanas). Em quanto aumenta a população de mosquitos entre a quinta e a nona semanas do verão?

21. Use a Lei de Poiseuille para calcular a taxa de circulação sanguínea em uma pequena artéria humana, tomando $\eta = 0,027$, $R = 0,008$ cm, $l = 2$ cm e $P = 4.000$ dinas/cm².

22. A pressão alta resulta da constrição das artérias. Para manter uma taxa normal de circulação (fluxo), o coração tem de bombear mais forte, aumentando assim a pressão sanguínea. Use a Lei de Poiseuille para mostrar que se R_0 e P_0 são valores normais para o raio e a pressão em uma artéria, e R e P, os valores para a artéria constrita, então, para o fluxo permanecer constante, P e R estão relacionados pela equação
$$\frac{P}{P_0} = \left(\frac{R_0}{R}\right)^4$$
Deduza que se o raio de uma artéria é reduzido para três quartos de seu valor normal, então a pressão é mais que triplicada.

23. O método da diluição do contraste é usado para medir a capacidade cardíaca com 6 mg de contraste. As concentrações de contraste, em mg/L, são modeladas por $c(t) = 20te^{-0,6t}$, $0 \leq t \leq 10$, onde t é medido em segundos. Calcule a capacidade cardíaca.

24. Depois de uma injeção de 5,5 mg de contraste, as leituras de concentração do contraste, em mg/L, a intervalos de dois segundos, são mostradas na tabela. Use a Regra de Simpson para estimar a capacidade cardíaca.

t	$c(t)$	t	$c(t)$
0	0,0	10	4,3
2	4,1	12	2,5
4	8,9	14	1,2
6	8,5	16	0,2
8	6,7		

25. É mostrado o gráfico da concentração $c(t)$ depois da injeção de 7 mg de contraste em um coração. Use a Regra de Simpson para estimar a capacidade cardíaca.

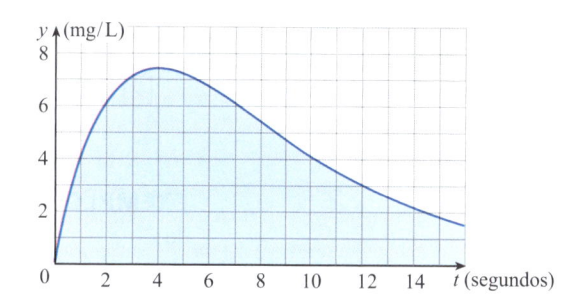

8.5 | Probabilidade

O cálculo tem um papel na análise de comportamento aleatório. Suponha que consideremos o nível de colesterol de uma pessoa escolhida aleatoriamente em um grupo de determinada idade, ou a altura de uma mulher adulta escolhida ao acaso, ou ainda a durabilidade de uma pilha de um certo tipo escolhida ao acaso. Essas quantidades são chamadas **variáveis aleatórias contínuas**, porque seus valores variam em um intervalo de números reais, embora possam ser medidos ou registrados apenas com o inteiro mais próximo. Poderíamos querer saber a probabilidade de que o nível de colesterol do sangue seja maior que 250, ou a probabilidade de que a altura de uma mulher adulta esteja entre 150 e 180 centímetros, ou a probabilidade de que a pilha que estamos comprando dure entre 100 e 200 horas. Se X representar a durabilidade daquele tipo de bateria, denotamos essa última probabilidade como segue:

$$P(100 \leq X \leq 200)$$

De acordo com a interpretação de frequência da probabilidade, esse número é a proporção, a longo prazo, de todas as pilhas do tipo especificado com durabilidade entre 100 e 200 horas. Como isso representa uma proporção, a probabilidade naturalmente está entre 0 e 1.

Observe que sempre usamos *intervalos* de valores ao trabalhar com função densidade de probabilidade. Nós não usaríamos, por exemplo, a função densidade para encontrar a probabilidade de que X seja *igual* a a.

Cada variável aleatória contínua X tem uma **função densidade de probabilidade** f. Isso significa que a probabilidade de X estar entre a e b é encontrada pela integração de f de a até b:

$$\boxed{1} \qquad P(a \leq X \leq b) = \int_a^b f(x)\,dx$$

Por exemplo, a Figura 1 mostra o gráfico de um modelo da função densidade de probabilidade f para uma variável aleatória X definida como a altura em polegadas de uma mulher norte-americana adulta (de acordo com dados do National Health Survey). A probabilidade de a altura da mulher escolhida aleatoriamente estar entre 150 e 180 centímetros é igual à área sob o gráfico de f, para x entre 150 e 180.

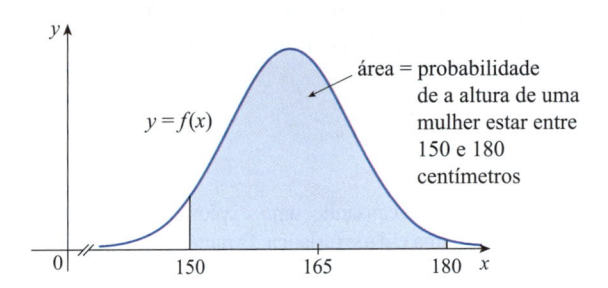

FIGURA 1
Função densidade de probabilidade para a altura de uma mulher adulta

Em geral, a função densidade de probabilidade f de uma variável aleatória X satisfaz $f(x) \geq 0$ para todo x. Como as probabilidades são medidas em uma escala de 0 até 1, segue que

$$\boxed{2} \qquad \int_{-\infty}^{\infty} f(x)\,dx = 1$$

EXEMPLO 1 Seja $f(x) = 0{,}006x(10 - x)$ para $0 \leq x \leq 10$ e $f(x) = 0$ para outros valores de x.

(a) Verifique que f é uma função densidade de probabilidade.

(b) Encontre $P(4 \leq X \leq 8)$.

SOLUÇÃO

(a) Para $0 \leq x \leq 10$, temos $0{,}006x(10 - x) \geq 0$, logo, $f(x) \geq 0$ para todo x. Também precisamos verificar se a Equação 2 é satisfeita:

$$\int_{-\infty}^{\infty} f(x)\,dx = \int_0^{10} 0{,}006\,x(10-x)\,dx = 0{,}006 \int_0^{10} (10x - x^2)\,dx$$

$$= 0{,}006\left[5x^2 - \tfrac{1}{3}x^3\right]_0^{10} = 0{,}006\left(500 - \tfrac{1.000}{3}\right) = 1$$

Portanto, f é uma função densidade de probabilidade.

(b) A probabilidade de que X esteja entre 4 e 8 é

$$P(4 \leq X \leq 8) = \int_4^8 f(x)\,dx = 0{,}006 \int_4^8 (10x - x^2)\,dx$$

$$= 0{,}006\left[5x^2 - \tfrac{1}{3}x^3\right]_4^8 = 0{,}544 \qquad \blacksquare$$

EXEMPLO 2 Fenômenos como tempo de espera ou tempo de falha de um equipamento são comumente modelados por funções densidade de probabilidade exponencialmente decrescentes. Encontre a forma exata de uma função desse tipo.

SOLUÇÃO Pense em uma variável aleatória como o tempo que você espera na linha antes de ser atendido por um funcionário da companhia para a qual você está ligando. Assim, em vez de x, use t para representar o tempo em minutos. Se f é a função densidade de probabilidade e você telefona no instante $t = 0$, então, pela Definição 1, $\int_0^2 f(t)\,dt$ representa a probabilidade de o funcionário responder dentro dos primeiros dois minutos, e $\int_4^5 f(t)\,dt$ é a probabilidade de sua chamada ser atendida no quinto minuto.

Está claro que $f(t) = 0$ para $t < 0$ (o funcionário não pode atender antes de você fazer a ligação). Para $t > 0$ devemos usar uma função exponencial decrescente, isto é, uma função do tipo $f(t) = Ae^{-ct}$, onde A e c são constantes positivas. Logo,

$$f(t) = \begin{cases} 0 & \text{se } t < 0 \\ Ae^{-ct} & \text{se } t \geq 0 \end{cases}$$

Usamos a Equação 2 para determinar o valor de A:

$$1 = \int_{-\infty}^{\infty} f(t)\,dt = \int_{-\infty}^{0} f(t)\,dt + \int_{0}^{\infty} f(t)\,dt$$

$$= \int_{0}^{\infty} Ae^{-ct}\,dt = \lim_{x \to \infty} \int_{0}^{x} Ae^{-ct}\,dt$$

$$= \lim_{x \to \infty} \left[-\frac{A}{c} e^{-ct} \right]_0^x = \lim_{x \to \infty} \frac{A}{c}(1 - e^{-cx})$$

$$= \frac{A}{c}$$

Portanto, $A/c = 1$ e, assim, $A = c$. Então, toda função densidade exponencial tem a forma

$$f(t) = \begin{cases} 0 & \text{se } t < 0 \\ ce^{-ct} & \text{se } t \geq 0 \end{cases}$$

Um gráfico típico é mostrado na Figura 2.

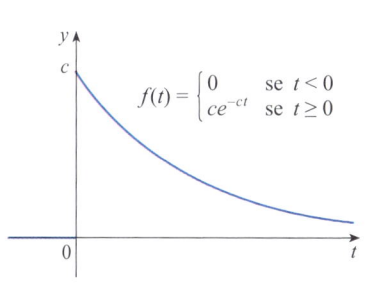

FIGURA 2
Função densidade exponencial

■ Valores Médios

Suponha que você esteja esperando que um funcionário da companhia para a qual você ligou atenda sua ligação e que esteja pensando quanto tempo, em média, terá de aguardar. Seja $f(t)$ a função densidade correspondente, na qual t é medido em minutos, e pense em uma amostra de N pessoas que ligaram para essa companhia. Provavelmente nenhuma das pessoas teve de esperar mais que uma hora; assim, vamos restringir nossa atenção ao intervalo $0 \leq t \leq 60$. Vamos dividir o intervalo em n intervalos de comprimento igual a Δt e extremidades $0, t_1, t_2, \ldots, t_n = 60$. (Pense em Δt com duração de um minuto, ou 30 segundos, ou 10 segundos, ou até mesmo 1 segundo.) A probabilidade de a ligação de alguém ser atendida durante o período de tempo entre t_{i-1} e t_i é a área sob a curva $y = f(t)$ de t_{i-1} a t_i, que é aproximadamente igual a $f(\bar{t}_i)\,\Delta t$. (Essa é a área de um retângulo aproximante na Figura 3, onde $\bar{t}_i$ é o ponto médio do intervalo.)

Como a proporção a longo prazo de chamadas respondidas em um período de tempo de t_{i-1} a t_i é $f(\bar{t}_i)\,\Delta t$, esperamos que, em nossa amostra de N pessoas que ligam, o número de chamadas respondidas nesse período de tempo seja aproximadamente $Nf(\bar{t}_i)\Delta t$ e o tempo de cada espera seja cerca de $\bar{t}_i$. Portanto, o tempo total de espera é o produto desses números: aproximadamente $\bar{t}_i[Nf(\bar{t}_i)\,\Delta t]$. Somando todos os intervalos, temos o tempo total aproximado de espera de todas as pessoas:

$$\sum_{i=1}^{n} N\bar{t}_i f(\bar{t}_i)\Delta t$$

Se agora dividirmos pelo número de pessoas que ligam N, obteremos o tempo *médio* de espera aproximado:

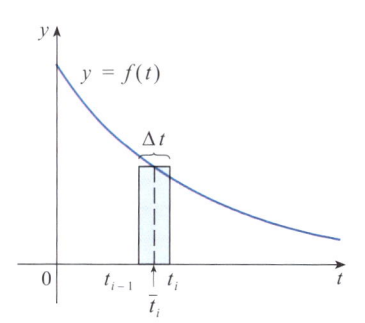

$$\sum_{i=1}^{n} \bar{t}_i f(\bar{t}_i)\Delta t$$

FIGURA 3

Reconhecemos isso como uma soma de Riemann para a função $tf(t)$. À medida que o intervalo diminui (isto é, $\Delta t \to 0$ e $n \to \infty$), essa soma de Riemann se aproxima da integral

$$\int_0^{60} t f(t) \, dt$$

Essa integral é chamada *tempo médio de espera*.

Em geral, a **média** de qualquer função densidade de probabilidade f é definida como

$$\mu = \int_{-\infty}^{\infty} x f(x) \, dx$$

Denotamos a média pela letra grega μ (mu).

A média pode ser interpretada como o valor médio a longo prazo da variável aleatória X. Isso também pode ser interpretado como uma medida de centralidade da função densidade de probabilidade.

A expressão para a média parece uma integral que vimos anteriormente. Se $\mathcal{R}$ é a região que está sob o gráfico de f, sabemos a partir da Fórmula 8.3.8 que a coordenada x do centroide de $\mathcal{R}$ é

$$\bar{x} = \frac{\int_{-\infty}^{\infty} x f(x) \, dx}{\int_{-\infty}^{\infty} f(x) \, dx} = \int_{-\infty}^{\infty} x f(x) \, dx = \mu$$

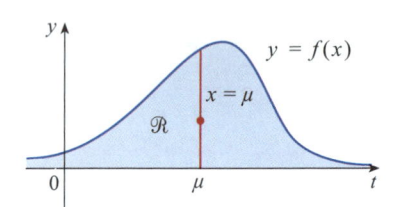

FIGURA 4
$\mathcal{R}$ se equilibra em um ponto da reta $x = \mu$

por causa da Equação 2. Dessa forma, uma placa fina no formato de $\mathcal{R}$ se equilibra em um ponto sobre a reta vertical $x = \mu$. (Veja a Figura 4.)

EXEMPLO 3 Calcule a média da distribuição exponencial do Exemplo 2:

$$f(t) = \begin{cases} 0 & \text{se } t < 0 \\ ce^{-ct} & \text{se } t \geq 0 \end{cases}$$

SOLUÇÃO De acordo com a definição da média, temos

$$\mu = \int_{-\infty}^{\infty} t f(t) \, dt = \int_0^{\infty} tce^{-ct} \, dt$$

Para calcularmos essa integral, usamos integração por partes, com $u = t$ e $dv = ce^{-ct} dt$, assim, $du = dt$ e $v = -e^{-ct}$.

$$\int_0^{\infty} tce^{-ct} \, dt = \lim_{x \to \infty} \int_0^{x} tce^{-ct} \, dt = \lim_{x \to \infty} \left(-te^{-ct} \Big]_0^{x} + \int_0^{x} e^{-ct} \, dt \right)$$

$$= \lim_{x \to \infty} \left(-xe^{-cx} + \frac{1}{c} - \frac{e^{-cx}}{c} \right) = \frac{1}{c} \quad \text{(O limite do primeiro termo é 0 pela Regra de l'Hôspital.)}$$

A média é $\mu = 1/c$ e, assim, podemos reescrever a função densidade de probabilidade como

$$f(t) = \begin{cases} 0 & \text{se } t < 0 \\ \mu^{-1} e^{-t/\mu} & \text{se } t \geq 0 \end{cases}$$

■

EXEMPLO 4 Suponha que o tempo médio de espera para um cliente ser atendido pelo funcionário da empresa para a qual ele está ligando seja 5 minutos.

(a) Calcule a probabilidade de a ligação ser atendida no primeiro minuto, supondo que uma distribuição exponencial seja adequada.

(b) Calcule a probabilidade de o consumidor esperar mais que 5 minutos para ser atendido.

SOLUÇÃO

(a) Foi-nos dado que a média da distribuição exponencial é $\mu = 5$ min. e, assim, pelo resultado do Exemplo 3, sabemos que a função densidade de probabilidade é

$$f(t) = \begin{cases} 0 & \text{se } t < 0 \\ 0,2 e^{-t/5} & \text{se } t \geq 0 \end{cases}$$

onde t é medido em minutos. Então a probabilidade de a ligação ser atendida no primeiro minuto é

$$\begin{aligned} P(0 \leq T \leq 1) &= \int_0^1 f(t)\,dt \\ &= \int_0^1 0,2 e^{-t/5}\,dt = 0,2(-5) e^{-t/5} \Big]_0^1 \\ &= 1 - e^{-1/5} \approx 0,1813 \end{aligned}$$

Assim, cerca de 18% das ligações dos clientes são atendidas durante o primeiro minuto.

(b) A probabilidade de o consumidor esperar mais que 5 minutos é

$$\begin{aligned} P(T > 5) &= \int_5^\infty f(t)\,dt = \int_5^\infty 0,2 e^{-t/5}\,dt \\ &= \lim_{x \to \infty} \int_5^x 0,2 e^{-t/5}\,dt = \lim_{x \to \infty}(e^{-1} - e^{-x/5}) \\ &= \frac{1}{e} - 0 \approx 0,368 \end{aligned}$$

Cerca de 37% dos consumidores esperam mais que 5 minutos antes de terem sua ligação atendida. ∎

Observe o resultado do Exemplo 4(b): embora o tempo médio de espera seja 5 minutos, apenas 37% dos consumidores esperam mais que 5 minutos. A razão disso é que alguns clientes têm de esperar muito mais (talvez 10 ou 15 minutos), aumentando a média.

Outra medida de centralidade da função densidade de probabilidade é a *mediana*. Esse é um número m tal que metade das chamadas têm um tempo de espera menor que m, e as outras chamadas têm um tempo de espera maior que m. Em geral, a **mediana** de uma função densidade de probabilidade é o número m tal que

$$\int_m^\infty f(x)\,dx = \tfrac{1}{2}$$

Isso significa que metade da área sob o gráfico de f está à direita de m. No Exercício 9 pedimos que você mostre que a mediana do tempo de espera para a companhia descrita no Exemplo 4 é aproximadamente 3,5 minutos.

■ Distribuições Normais

Muitos fenômenos aleatórios importantes – tais como os resultados de testes de aptidão, alturas e pesos de indivíduos de uma população homogênea, a precipitação de chuva anual em dada localidade – são modelados por uma **distribuição normal**. Isso significa que a função densidade de probabilidade de uma variável aleatória X é um membro de uma família de funções

$$\boxed{3} \qquad f(x) = \frac{1}{\sigma \sqrt{2\pi}} e^{-(x-\mu)^2/(2\sigma^2)}$$

Você pode verificar que a média para essa função é μ. A constante positiva σ é chamada **desvio padrão**; ela mede quão dispersos os valores de X estão. Dos gráficos com formato de sino dos membros da família na Figura 5, vemos que para pequenos valores de

O desvio padrão é simbolizado pela letra grega minúscula σ (sigma).

σ, os valores de X estão agrupados em torno da média, enquanto para valores maiores de σ, os valores de X estão mais espalhados. Os estatísticos têm métodos para usar conjuntos de dados para estimar μ e σ.

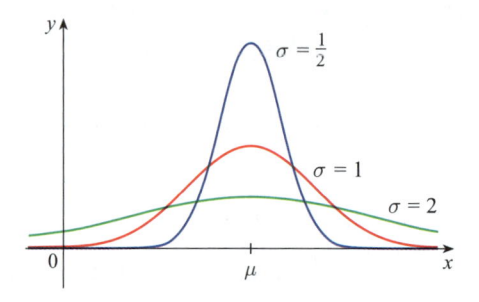

FIGURA 5
Distribuições normais

O fator $1/(\sigma\sqrt{2\pi})$ é necessário para fazer de f uma função densidade de probabilidade. De fato, isso pode ser verificado usando-se métodos de cálculo de várias variáveis (veja o Exercício 15.3.48) que

$$\int_{-\infty}^{\infty} \frac{1}{\sigma\sqrt{2\pi}} e^{-(x-\mu)^2/(2\sigma^2)}\,dx = 1$$

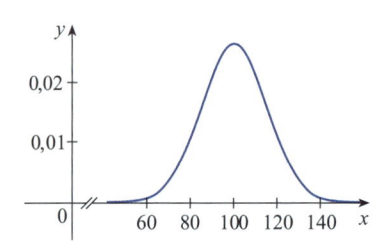

FIGURA 6

EXEMPLO 5 Os resultados do teste de Quociente de Inteligência (QI) têm distribuição normal com média 100 e desvio padrão 15. (A Figura 6 mostra a função densidade de probabilidade correspondente.)

(a) Qual a porcentagem da população com QI entre 85 e 115?
(b) Qual a porcentagem da população com QI acima de 140?

SOLUÇÃO

(a) Como os resultados do QI têm uma distribuição normal, utilizamos a função densidade de probabilidade dada pela Equação 3 com $\mu = 100$ e $\sigma = 15$:

$$P(85 \leq X \leq 115) = \int_{85}^{115} \frac{1}{15\sqrt{2\pi}} e^{-(x-100)^2/(2\cdot 15^2)}\,dx$$

Lembre-se, da Seção 7.5, de que a função $y = e^{-x^2}$ não tem primitiva elementar, de modo que não podemos calcular a integral exatamente. Mas podemos usar os recursos de integração numérica de uma calculadora ou de um computador (ou a Regra do Ponto Médio ou a Regra de Simpson) para estimar a integral. Fazendo assim, descobrimos que

$$P(85 \leq X \leq 115) \approx 0,68$$

Assim, cerca de 68% da população tem QI entre 85 e 115, isto é, dentro de um desvio padrão da média.

(b) A probabilidade de o QI de uma pessoa escolhida aleatoriamente ser maior que 140 é

$$P(X > 140) = \int_{140}^{\infty} \frac{1}{15\sqrt{2\pi}} e^{-(x-100)^2/450}\,dx$$

Para evitar a integral imprópria, podemos aproximá-la pela integral de 140 a 200. (É seguro dizer que é extremamente raro encontrar pessoas com QI acima de 200.) Então

$$P(X > 140) \approx \int_{140}^{200} \frac{1}{15\sqrt{2\pi}} e^{-(x-100)^2/450}\,dx \approx 0,0038$$

Portanto, cerca de 0,4% da população tem QI acima de 140. ∎

8.5 Exercícios

1. Seja $f(x)$ a função densidade de probabilidade para a durabilidade de um pneu de alta qualidade, com x medido em quilômetros. Explique o significado de cada integral.

   (a) $\int_{50.000}^{65.000} f(x)\,dx$

   (b) $\int_{40.000}^{\infty} f(x)\,dx$

2. Seja $f(t)$ a função densidade de probabilidade para o tempo que você leva para ir à escola de manhã, com t medido em minutos. Expresse as seguintes probabilidades como integrais.

   (a) A probabilidade de que você chegue à escola em menos de 15 minutos.

   (b) A probabilidade de que você demore mais que meia hora para chegar à escola.

3. Seja $f(x) = 30x^2(1-x)^2$ para $0 \leq x \leq 1$ e $f(x) = 0$ para todos os demais valores de x.

   (a) Verifique que f é uma função densidade de probabilidade.
   (b) Determine $P(X \leq \tfrac{1}{3})$.

4. A função densidade

$$f(x) = \frac{e^{3-x}}{(1+e^{3-x})^2}$$

   é um exemplo de uma *distribuição logística*.

   (a) Verifique que f é uma função densidade de probabilidade.
   (b) Encontre $P(3 \leq X \leq 4)$.
   (c) Trace o gráfico de f. Qual parece ser a média? E a mediana?

5. Seja $f(x) = c/(1+x^2)$.

   (a) Para qual valor de c é f uma função densidade de probabilidade?
   (b) Para este valor de c, encontre $P(-1 < X < 1)$.

6. Seja $f(x) = k(3x - x^2)$ se $0 \leq x \leq 3$ e $f(x) = 0$ se $x < 0$ ou $x > 3$.

   (a) Para qual valor de k é f uma função densidade de probabilidade?
   (b) Para este valor de k, calcule $P(X > 1)$.
   (c) Calcule a média.

7. A roleta de um jogo de mesa indica aleatoriamente um número real entre 0 e 10. A roleta é honesta, no sentido de que indica um número em dado intervalo com a mesma probabilidade que indica um número em qualquer outro intervalo de mesmo comprimento.

   (a) Explique por que a função

$$f(x) = \begin{cases} 0{,}1 & \text{se } 0 \leq x \leq 10 \\ 0 & \text{se } x < 0 \text{ ou } x > 10 \end{cases}$$

   é uma função densidade de probabilidade para os valores desta roleta.

   (b) O que sua intuição lhe diz sobre o valor da média? Verifique seu palpite calculando uma integral.

8. (a) Explique por que a função cujo gráfico é mostrado é uma função densidade de probabilidade.

   (b) Use o gráfico para encontrar as seguintes probabilidades:
   (i) $P(X < 3)$ (ii) $P(3 \leq X \leq 8)$

   (c) Calcule a média.

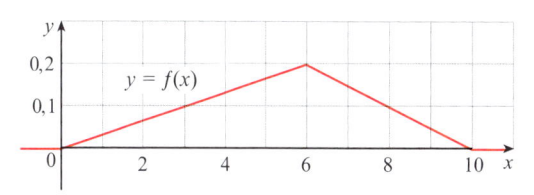

9. Mostre que a mediana do tempo de espera para uma chamada para a companhia descrita no Exemplo 4 é cerca de 3,5 minutos.

10. (a) O rótulo de um tipo de lâmpada indica que ela tem uma vida útil média de 1.000 horas. É razoável modelar a probabilidade de falha dessas lâmpadas por uma função densidade exponencial com média $\mu = 1\,000$. Use esse modelo para encontrar a probabilidade de uma lâmpada
    (i) queimar durante as primeiras 200 horas,
    (ii) funcionar por mais de 800 horas.

    (b) Qual a mediana da durabilidade dessas lâmpadas?

11. Um varejista on-line determinou que o tempo médio para as transações com cartão de crédito serem aprovadas é 1,6 segundo.

    (a) Use uma função de densidade exponencial para encontrar a probabilidade de um consumidor esperar menos de um segundo pela aprovação do cartão de crédito.
    (b) Encontre a probabilidade de um consumidor esperar mais de 3 segundos.
    (c) Qual é o tempo de aprovação mínimo para as 5% transações mais lentas?

12. O tempo entre a infecção e a mostra de sintomas para a dor de garganta por estreptococos é uma variável aleatória cuja função densidade de probabilidade pode ser aproximada por $f(t) = \frac{1}{15.676} t^2 e^{-0{,}05t}$ se $0 \leq t \leq 150$ e $f(t) = 0$ caso contrário (t é medido em horas).

    (a) Qual é a probabilidade de que um paciente infectado exiba sintomas dentro das primeiras 48 horas?
    (b) Qual é a probabilidade de um paciente infectado não mostrar sintomas até depois de 36 horas?

    Fonte: Adaptado de P. Sartwell. The Distribution of Incubation Periods of Infectious Disease. *American Journal of Epidemiology* 141 (1995): 386-94.

13. O sono REM é a fase do sono na qual a maioria dos sonhos ativos ocorre. Em um estudo, a quantidade de sono REM durante as primeiras quatro horas de sono foi descrita por uma variável aleatória T com função densidade de probabilidade

$$f(t) = \begin{cases} \frac{1}{1.600} t & \text{se } 0 \leq t \leq 40 \\ \frac{1}{20} - \frac{1}{1.600} t & \text{se } 40 < t \leq 80 \\ 0 & \text{por outro lado} \end{cases}$$

   onde t é medido em minutos.

   (a) Qual é a probabilidade de que a quantidade de sono REM esteja entre 30 e 60 minutos?
   (b) Encontre a quantidade média de sono REM.

14. De acordo com o National Health Survey, a altura de homens adultos nos Estados Unidos segue uma distribuição normal, com média de 175 centímetros e desvio padrão de 7 centímetros.

    (a) Qual é a probabilidade de que um homem adulto escolhido aleatoriamente tenha entre 165 e 185 centímetros de altura?

(b) Que porcentagem da população masculina adulta tem mais de 180 centímetros de altura?

15. O "Projeto Lixo", da Universidade do Arizona, relata que a quantidade de papel descartada por domicílios por semana tem uma distribuição normal com média de 4,3 kg e desvio padrão de 1,9 kg.
Qual a porcentagem por domicílios que jogam fora pelo menos 5 kg de papel por semana?

16. Os rótulos das caixas afirmam que elas contêm 500 g de cereal. A máquina que enche as caixas produz pesos que têm distribuição normal com desvio padrão de 12 g.
    (a) Se o peso-alvo é de 500 g, qual a probabilidade de a máquina produzir uma caixa com menos de 480 g de cereal?
    (b) Suponha que uma lei estabeleça que não pode haver mais que 5% de caixas de cereal produzidas com menos de 500 g. A que peso-alvo deve o fabricante aferir suas máquinas?

17. As velocidades dos veículos em uma autoestrada com limite de velocidade de 100 km/h são normalmente distribuídas com média 112 km/h e desvio padrão 8 km/h.
    (a) Qual a probabilidade de que um veículo escolhido aleatoriamente esteja viajando dentro do limite de velocidade?
    (b) Se a polícia for instruída a multar motoristas viajando a 125 km/h ou mais, qual percentual de motoristas poderá ser multado?

18. Mostre que a função densidade de probabilidade de uma variável aleatória com a distribuição normal tem pontos de inflexão em $x = \mu \pm \sigma$.

19. Para qualquer distribuição normal, calcule a probabilidade de uma variável aleatória estar dentro de dois desvios padrão da média.

20. O desvio padrão para uma variável aleatória com função densidade de probabilidade f e média μ é definido como

$$\sigma = \left[\int_{-\infty}^{\infty}(x-\mu)^2 f(x)\,dx\right]^{1/2}$$

Calcule o desvio padrão para uma função densidade exponencial com média μ.

21. O átomo de hidrogênio é composto por um próton no núcleo e um elétron, que se move ao redor do núcleo. Na teoria quântica de estrutura atômica supõe-se que o elétron não se mova em uma órbita bem definida. Ao contrário, ele ocupa um estado conhecido como *orbital*, que pode ser pensado como uma "nuvem" de carga negativa rodeando o núcleo. No estado de energia mais baixa, chamado *estado fundamental*, ou *orbital 1s*, supõe-se que o formato do orbital seja uma esfera com centro no núcleo. Essa esfera é descrita em termos da função densidade de probabilidade

$$p(r) = \frac{4}{a_0^3} r^2 e^{-2r/a_0} \quad r \geq 0$$

onde a_0 é o *raio de Bohr* ($a_0 \approx 5{,}59 \times 10^{-11}$ m). A integral

$$P(r) = \int_0^r \frac{4}{a_0^3} s^2 e^{-2s/a_0}\,ds$$

dá a probabilidade de o elétron ser encontrado dentro da esfera de raio r metros centrada no núcleo.
(a) Verifique se $p(r)$ é uma função densidade de probabilidade.
(b) Encontre $\lim_{r \to \infty} p(r)$. Para que valor de r a função $p(r)$ tem seu valor máximo?
(c) Faça o gráfico da função densidade.
(d) Calcule a probabilidade de o elétron estar dentro da esfera de raio $4a_0$ centrada no núcleo.
(e) Calcule a distância média entre o elétron e o núcleo no estado fundamental do átomo de hidrogênio.

8 REVISÃO

VERIFICAÇÃO DE CONCEITOS

As respostas para a seção Verificação de Conceitos podem ser encontradas na página deste livro no site da Cengage.

1. (a) Como o comprimento de uma curva é definido?
   (b) Escreva uma expressão para o comprimento de uma curva lisa dada por $y = f(x)$, $a \leq x \leq b$.
   (c) O que acontece se x for dado como uma função de y?

2. (a) Escreva uma expressão para a área da superfície obtida pela rotação da curva $y = f(x)$, $a \leq x \leq b$, em torno do eixo x.
   (b) O que acontece se x for dado como uma função de y?
   (c) O que acontece se a curva for girada em torno do eixo y?

3. Descreva como podemos calcular a força hidrostática contra uma parede vertical submersa em um fluido.

4. (a) Qual é o significado físico do centro de massa de uma placa fina?
   (b) Se a placa está entre $y = f(x)$ e $y = 0$, onde $a \leq x \leq b$, escreva expressões para as coordenadas do centro de massa.

5. O que diz o Teorema de Pappus?

6. Dada uma função demanda $p(x)$, explique o significado do excedente do consumidor quando a quantidade de produto disponível é X e o preço de venda é P. Ilustre com um esboço.

7. (a) O que é capacidade cardíaca?
   (b) Explique como a capacidade cardíaca pode ser medida pelo método de diluição do contraste.

8. O que é função densidade de probabilidade? Quais as propriedades dessa função?

9. Suponha que $f(x)$ seja uma função densidade de probabilidade para a massa corporal de universitárias, onde x é medido em quilogramas.
   (a) Qual o significado da integral $\int_0^{60} f(x)\,dx$?
   (b) Escreva uma expressão para a média dessa função densidade.
   (c) Como podemos calcular a mediana dessa função densidade?

10. O que é uma distribuição normal? Qual é o significado do desvio padrão?

TESTES VERDADEIRO-FALSO

Determine se a afirmação é verdadeira ou falsa. Se for verdadeira, explique por quê. Se for falsa, explique por que ou dê um exemplo que comprove que ela é falsa.

1. Os comprimentos de arco das curvas $y = f(x)$ e $y = f(x) + c$, para $a \leq x \leq b$, são iguais.

2. Se a cuva $y = f(x)$, $a \leq x \leq b$, está acima do eixo x e se $c > 0$, então as áreas das superfícies obtidas pela rotação de $y = f(x)$ e de $y = f(x) + c$ em torno do eixo x são iguais.

3. Se $f(x) \leq g(x)$ para $a \leq x \leq b$, então o comprimento de arco da curva $y = f(x)$ para $a \leq x \leq b$ é menor ou igual ao comprimento de arco da curva $y = g(x)$ para $a \leq x \leq b$.

4. O comprimento da curva $y = x^3$, para $0 \leq x \leq 1$, é dado por $L = \int_0^1 \sqrt{1 + x^6}\, dx$.

5. Se f é contínua, $f(0) = 0$ e $f(3) = 4$, então o comprimento de arco da curva $y = f(x)$, para $0 \leq x \leq 3$, é, no mínimo, 5.

6. O centro de massa de uma lâmina de densidade uniforme ρ depende apenas do formato da lâmina, e não de ρ.

7. A pressão hidrostática em uma barragem depende apenas do nível de água na barragem e não do tamanho do reservatório por ela criado.

8. Se f é uma função densidade de probabilidade, então $\int_{-\infty}^{\infty} f(x)\, dx = 1$.

EXERCÍCIOS

1-3 Calcule o comprimento da curva.

1. $y = 4(x-1)^{3/2}$, $1 \leq x \leq 4$

2. $y = 2\ln(\operatorname{sen} \tfrac{1}{2}x)$, $\pi/3 \leq x \leq \pi$

3. $12x = 4y^3 + 3y^{-1}$, $1 \leq y \leq 3$

4. (a) Calcule o comprimento da curva
$$y = \frac{x^4}{16} + \frac{1}{2x^2} \qquad 1 \leq x \leq 2$$
   (b) Calcule a área da superfície obtida pela rotação da curva descrita em (a) em torno do eixo y.

5. Seja C o arco da curva $y = 2/(x+1)$ do ponto $(0, 2)$ a $(3, \tfrac{1}{2})$. Use uma calculadora ou outro dispositivo para encontrar o valor de cada um dos seguintes itens, com precisão de quatro casas decimais.
   (a) O comprimento de C.
   (b) A área da superfície obtida pela rotação de C em torno do eixo x.
   (c) A área da superfície obtida pela rotação de C em torno do eixo y.

6. (a) A curva $y = x^2$, $0 \leq x \leq 1$, é girada em torno do eixo y. Calcule a área da superfície resultante.
   (b) Calcule a área da superfície obtida pela rotação da curva da parte (a) em torno do eixo x.

7. Use a Regra de Simpson com $n = 10$ para estimar o comprimento da curva $y = \operatorname{sen} x$, $0 \leq x \leq \pi$. Arredonde sua resposta para quatro casas decimais.

8. (a) Defina, mas não calcule, uma integral que forneça a área da superfície obtida pela rotação, em torno do eixo x, da curva do seno apresentada no Exercício 7.
   (b) Calcule sua integral com precisão de quatro casas decimais.

9. Encontre o comprimento da curva
$$y = \int_1^x \sqrt{\sqrt{t} - 1}\, dt \qquad 1 \leq x \leq 16$$

10. Calcule a área da superfície obtida pela rotação em torno do eixo y da curva do Exercício 9.

11. Um portão em um canal de irrigação é construído no formato de um trapézio com 1 m de largura na base, 2 m de largura no topo e 1 m de altura. Ele é colocado verticalmente no canal, com água até seu topo. Calcule a força hidrostática em um dos lados do portão.

12. Um canal é preenchido com água e suas extremidades verticais têm o formato da região parabólica da figura. Calcule a força hidrostática em uma extremidade do canal.

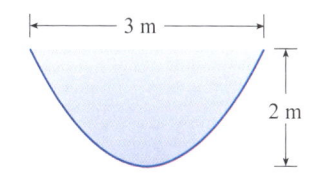

13-14 Calcule o centroide da região mostrada

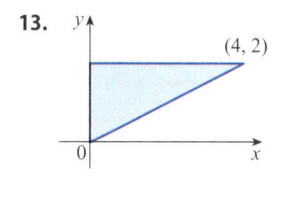

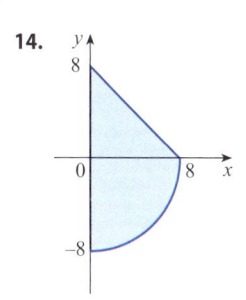

15-16 Calcule o centroide da região delimitada pelas curvas dadas.

15. $y = \tfrac{1}{2}x$, $y = \sqrt{x}$

16. $y = \operatorname{sen} x$, $y = 0$, $x = \pi/4$, $x = 3\pi/4$

17. Calcule o volume obtido quando o círculo de raio 1 com centro $(1, 0)$ é girado em torno do eixo y.

18. Use o Teorema de Pappus e o fato de que o volume de uma esfera de raio r é $\tfrac{4}{3}\pi r^3$ para determinar o centroide da região semicircular delimitada pela curva $y = \sqrt{r^2 - x^2}$ e pelo eixo x.

19. A função demanda para um produto é dada por
$$p = 2.000 - 0{,}1x - 0{,}01x^2$$
Calcule o excedente do consumidor quando o nível de vendas for 100.

20. Depois de uma injeção de 6 mg de contraste no coração, as leituras da concentração de contraste a intervalos de 2 segundos são mostradas na tabela. Use a Regra de Simpson para estimar a capacidade cardíaca.

t	$c(t)$	t	$c(t)$
0	0	14	4,7
2	1,9	16	3,3
4	3,3	18	2,1
6	5,1	20	1,1
8	7,6	22	0,5
10	7,1	24	0
12	5,8		

21. (a) Explique por que a função
$$f(x) = \begin{cases} \dfrac{\pi}{20} \operatorname{sen} \dfrac{\pi x}{10} & \text{se } 0 \leq x \leq 10 \\ 0 & \text{se } x < 0 \text{ ou } x > 10 \end{cases}$$
é uma função densidade de probabilidade.
(b) Encontre $P(X < 4)$.
(c) Calcule a média. É esse o valor que você esperaria?

22. A duração da gestação humana tem uma distribuição normal com média de 268 dias e desvio padrão de 15 dias. Qual a porcentagem de gestações que duram entre 250 e 280 dias?

23. O tempo de espera na fila de um certo banco é modelado por uma função densidade exponencial com média de 8 minutos.
(a) Qual a probabilidade de o cliente ser atendido nos primeiros 3 minutos?
(b) Qual a probabilidade de o cliente ter de esperar mais de 10 minutos?
(c) Qual é a mediana do tempo de espera?

Problemas Quentes

1. Calcule a área da região $S = \{(x, y) \mid x \geq 0, y \leq 1, x^2 + y^2 \leq 4y\}$.

2. Calcule o centroide da região delimitada pelo laço da curva $y^2 = x^3 - x^4$.

3. Se uma esfera de raio r é fatiada por um plano cuja distância ao centro da esfera é d, então a esfera é dividida em dois pedaços, chamados segmentos de mesma base (veja a primeira figura). As superfícies correspondentes são denominadas *zonas esféricas de mesma base*.
   (a) Determine as áreas das superfícies das duas zonas esféricas indicadas na figura.
   (b) Determine a área aproximada do oceano Ártico, supondo que ele tenha formato aproximadamente circular, com o centro no Polo Norte e "circunferência" a 75° graus de latitude norte. Use $r = 6.370$ km para o raio da Terra.
   (c) Uma esfera de raio r está inscrita em um cilindro circular reto de raio r. Dois planos perpendiculares ao eixo central do cilindro e separados a uma distância h cortam uma *zona esférica de duas bases* na esfera (veja a segunda figura). Mostre que a área da superfície da zona esférica se iguala à área da superfície da região que os dois planos cortam fora do cilindro.
   (d) A *Zona Tórrida* é uma região na superfície da Terra que está entre o Trópico de Câncer (23,45° graus de latitude norte) e o Trópico de Capricórnio (23,45° graus de latitude sul). Qual é a área da Zona Tórrida?

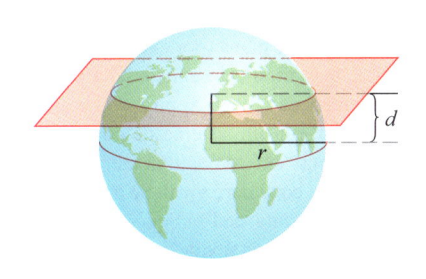

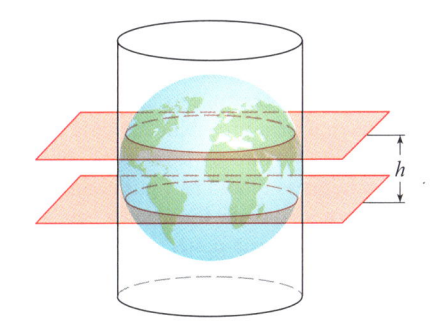

4. (a) Mostre que um observador a uma altura H acima do Polo Norte de uma esfera de raio r pode ver uma parte da esfera que tem área

$$\frac{2\pi r^2 H}{r + H}$$

   (b) Duas esferas com raios r e R estão colocadas de modo que a distância entre seus centros é d, onde $d > r + R$. Onde deve ser colocada uma luz na reta que liga os centros de modo que ilumine a maior área total de superfície?

5. Suponha que a densidade da água do mar, $\rho = \rho(z)$, varie com a profundidade z abaixo da superfície.
   (a) Mostre que a pressão hidrostática é regida pela equação diferencial

$$\frac{dP}{dz} = \rho(z)g$$

   onde g é a aceleração da gravidade. Sejam P_0 e ρ_0 a pressão e a densidade em $z = 0$. Expresse a pressão a uma profundidade z como uma integral.
   (b) Suponha que a densidade da água do mar a uma profundidade z seja dada por $\rho = \rho_0 e^{z/H}$, onde H é uma constante positiva. Calcule a força total, expressa como uma integral, exercida sobre uma janela vertical circular de raio r cujo centro está a uma distância $L > r$ abaixo da superfície.

6. A figura mostra um semicírculo com raio 1, o diâmetro horizontal PQ e as retas tangentes em P e Q. Em qual altura acima do diâmetro a reta horizontal deve ser posicionada para minimizar a área sombreada?

7. Seja P uma pirâmide de base quadrada de lado $2b$ e suponha que S seja uma esfera com centro na base de P e S tangente a todas as oito arestas de P. Encontre a altura de P. Em seguida, encontre o volume da intersecção de S e P.

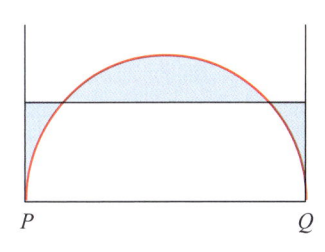

FIGURA PARA O PROBLEMA 6

8. Considere uma placa metálica plana colocada verticalmente sob a água com seu topo 2 m abaixo da superfície da água. Determine um formato para a placa de maneira que, se ela for dividida em qualquer número de faixas horizontais de mesma altura, a força hidrostática em cada faixa seja a mesma.

9. Um disco uniforme de raio 1 m deve ser cortado por uma reta de modo que o centro de massa do menor pedaço se encontre na metade do caminho ao longo de um raio. Quão próximo do centro do disco deve ser efetuado o corte? (Expresse sua resposta com precisão de duas casas decimais.)

10. Um triângulo com área 30 cm² é retirado do canto de um quadrado de lado 10 cm, como mostrado na figura. Se o centroide da região restante está a 4 cm do lado direito do quadrado, quão longe ele está da base do quadrado?

10 cm

11. Em um famoso problema do século XVIII, conhecido como o *problema da agulha de Buffon*, uma agulha de comprimento h é derrubada em uma superfície plana (por exemplo, uma mesa) na qual retas paralelas separadas por L, unidades $L \geq h$, foram desenhadas. O problema é determinar a probabilidade de a agulha interceptar uma das retas. Suponha que as retas estejam na direção leste para oeste, paralelas ao eixo x em um sistema de coordenadas cartesianas (como na figura). Seja y a distância da ponta "sul" da agulha até a reta mais próxima ao norte. (Se a ponta "sul" da agulha está na reta, considere $y = 0$. Se a agulha estiver na direção leste-oeste, considere a ponta "oeste" como a ponta "sul".) Seja θ o ângulo que a agulha faz com um raio se estendendo na direção leste a partir da ponta "sul". Então $0 \leq y \leq L$ e $0 \leq \theta \leq \pi$. Observe que a agulha intercepta uma das retas apenas quando $y < h \operatorname{sen} \theta$. Agora, o conjunto de todas as possibilidades para a agulha pode ser identificado com a região retangular $0 \leq y \leq L$, $0 \leq \theta \leq \pi$, e a proporção de vezes que a agulha intercepta uma reta é a razão

$$\frac{\text{área sob } y = h \operatorname{sen} \theta}{\text{área do retângulo}}$$

Essa razão é a probabilidade de a agulha interceptar uma reta. Calcule a probabilidade de a agulha interceptar uma reta se $h = L$. E se $h = \frac{1}{2}L$?

12. Se a agulha do Problema 11 tiver o comprimento $h > L$, é possível que a agulha intercepte mais de uma reta.
    (a) Se $L = 4$, calcule a probabilidade de a agulha de comprimento 7 interceptar pelo menos uma reta. [*Dica*: proceda como no Problema 11. Defina y como anteriormente; então o conjunto total de possibilidades para a agulha pode ser identificado com a mesma região retangular $0 \leq y \leq L$, $0 \leq \theta \leq \pi$. Qual porção do retângulo corresponde à agulha interceptando uma reta?]
    (b) Se $L = 4$, calcule a probabilidade de a agulha de comprimento 7 interceptar *duas* retas.
    (c) Se $2L < h \leq 3L$, encontre uma fórmula geral para a probabilidade de a agulha interceptar três retas.

13. Calcule o centroide da região limitada pela elipse $x^2 + (x + y + 1)^2 = 1$.

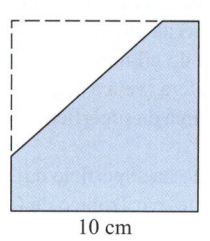

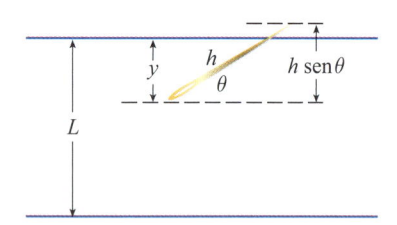

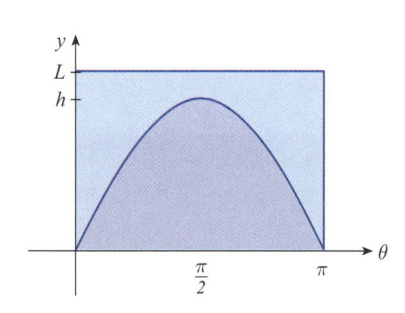

FIGURA PARA O PROBLEMA 11

Apêndices

A Números, Desigualdades e Valores Absolutos

B Geometria Analítica e Retas

C Gráficos das Equações de Segundo Grau

D Trigonometria

E Notação Sigma

F Demonstrações de Teoremas

G O Logaritmo Definido como uma Integral

H Respostas para os Exercícios Ímpares

A | Números, Desigualdades e Valores Absolutos

O cálculo baseia-se no sistema de números reais. Começamos com os **inteiros**:

$$\ldots,\ -3,\ -2,\ -1,\ 0,\ 1,\ 2,\ 3,\ 4,\ \ldots$$

Então, construímos os **números racionais**, que são as razões de inteiros. Assim, qualquer número racional r pode ser expresso como

$$r = \frac{m}{n} \quad \text{onde } m \text{ e } n \text{ são inteiros e } n \neq 0$$

Os exemplos são

$$\tfrac{1}{2} \qquad -\tfrac{3}{7} \qquad 46 = \tfrac{46}{1} \qquad 0{,}17 = \tfrac{17}{100}$$

(Lembre-se de que a divisão 0 sempre é descartada, portanto expressões como $\frac{3}{0}$ e $\frac{0}{0}$ são indefinidas.) Alguns números reais, como $\sqrt{2}$, não podem ser expressos como a razão de números inteiros e são, portanto, chamados **números irracionais**. Pode ser mostrado, com variado grau de dificuldade, que os números a seguir são irracionais:

$$\sqrt{3} \qquad \sqrt{5} \qquad \sqrt[3]{2} \qquad \pi \qquad \text{sen } 1° \qquad \log_{10} 2$$

O conjunto de todos os números reais é geralmente denotado pelo símbolo $\mathbb{R}$. Quando usarmos a palavra *número* sem qualificativo, estaremos nos referindo a um "número real".

Todo número tem uma representação decimal. Se o número for racional, então a dízima correspondente é repetida. Por exemplo,

$$\tfrac{1}{2} = 0{,}5000\ldots = 0{,}5\overline{0} \qquad \tfrac{2}{3} = 0{,}6666\ldots = 0{,}\overline{6}$$

$$\tfrac{157}{495} = 0{,}317171717\ldots = 0{,}3\overline{17} \qquad \tfrac{9}{7} = 1{,}285714285714\ldots = 1{,}\overline{285714}$$

(A barra indica que a sequência de dígitos se repete indefinidamente.) Caso contrário, se o número for irracional, a dízima não será repetitiva:

$$\sqrt{2} = 1{,}414213562373095\ldots \qquad \pi = 3{,}141592653589793\ldots$$

Ao pararmos a expansão decimal de qualquer número em certa casa decimal, obtemos uma aproximação dele. Por exemplo, podemos escrever

$$\pi \approx 3{,}14159265$$

onde o símbolo $\approx$ deve ser lido como "é aproximadamente igual a". Quanto mais casas decimais forem mantidas, melhor será a aproximação obtida.

Os números reais podem ser representados por pontos sobre uma reta, como na Figura 1. A direção positiva (à direita) é indicada por uma flecha. Escolhemos um ponto de referência arbitrário, O, denominado **origem**, que corresponde ao número real 0. Dada qualquer unidade conveniente de medida, cada número positivo x é representado pelo ponto da reta que está a x unidades de distância, à direita, da origem e cada número negativo $-x$ é representado pelo ponto sobre a reta que está a x unidades de distância, à esquerda, da origem. Assim, todo número real é representado por um ponto sobre a reta, e todo ponto P sobre a reta corresponde a um único número real. O número real associado ao ponto P é chamado **coordenada** de P, e a reta é dita então **reta coordenada**, ou **reta dos números reais**, ou simplesmente **reta real**. Frequentemente, identificamos o ponto com sua coordenada e pensamos em um número como um ponto na reta real.

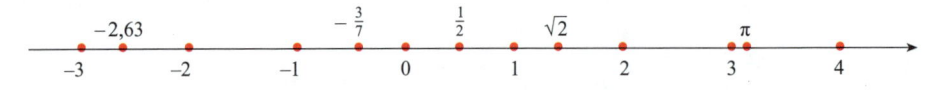

FIGURA 1

Os números reais são ordenados. Dizemos que *a é menor que b* e escrevemos $a < b$ se $b - a$ for um número positivo. Geometricamente, isso significa que a está à esquerda de b sobre a reta real. (De maneira equivalente, dizemos que *b é maior que a* e escrevemos $b > a$.) O símbolo $a \leq b$ (ou $b \geq a$) significa que $a < b$ ou $a = b$ e deve ser lido como "*a é menor ou igual a b*". Por exemplo, são verdadeiras as seguintes desigualdades:

$$7 < 7,4 < 7,5 \quad -3 > -\pi \quad \sqrt{2} < 2 \quad \sqrt{2} \leq 2 \quad 2 \leq 2$$

A seguir, vamos precisar usar a *notação de conjunto*. Um **conjunto** é uma coleção de objetos, chamados **elementos** do conjunto. Se S for um conjunto, a notação $a \in S$ significa que a é um elemento de S, e $a \notin S$ significa que a não é um elemento de S. Por exemplo, se Z representa o conjunto dos inteiros, então $-3 \in Z$, mas $\pi \notin Z$. Se S e T forem conjuntos, então sua **união**, $S \cup T$, é o conjunto que consiste em todos os elementos que estão em S ou T (ou em ambos, S e T). A **intersecção** de S e T é o conjunto $S \cap T$ consistindo em todos os elementos que estão em S e em T. Em outras palavras, $S \cap T$ é a parte comum de S e T. O conjunto vazio, denotado por $\varnothing$, é o conjunto que não contém elemento algum.

Alguns conjuntos podem ser descritos listando-se seus elementos entre chaves. Por exemplo, o conjunto A consistindo em todos os inteiros positivos menores que 7 pode ser escrito como

$$A = \{1, 2, 3, 4, 5, 6\}$$

Podemos também descrever A na *notação construtiva de conjuntos* como

$$A = \{x \mid x \text{ é um inteiro e } 0 < x < 7\}$$

que deve ser lido "A é o conjunto dos x tal que x é um inteiro e $0 < x < 7$".

■ Intervalos

Certos conjuntos de números reais, denominados **intervalos**, ocorrem frequentemente no cálculo e correspondem geometricamente a segmentos de reta. Por exemplo, se $a < b$, o **intervalo aberto** de a até b consiste em todos os números entre a e b e é denotado pelo símbolo (a, b). Usando a notação construtiva de conjuntos, podemos escrever

$$(a, b) = \{x \mid a < x < b\}$$

Observe que as extremidades do intervalo, isto é, a e b, estão excluídas. Isso é indicado pelos parênteses ( ) e pelas bolinhas vazias na Figura 2. O **intervalo fechado** de a até b é o conjunto

$$[a, b] = \{x \mid a \leq x \leq b\}$$

Aqui, as extremidades do intervalo estão incluídas. Isso é indicado pelos colchetes [ ] e pelas bolinhas cheias na Figura 3. Também é possível incluir somente uma extremidade em um intervalo, conforme mostrado na Tabela 1.

É necessário também considerar intervalos infinitos, como

$$(a, \infty) = \{x \mid x > a\}$$

Isso não significa que ∞ ("infinito") seja um número. A notação (a, ∞) representa o conjunto de todos os números maiores que a; dessa forma, o símbolo ∞ indica que o intervalo se estende indefinidamente na direção positiva.

FIGURA 2
Intervalo aberto (a, b)

FIGURA 3
Intervalo fechado [a, b]

1 Tabela de Intervalos

A Tabela 1 apresenta uma lista dos nove tipos possíveis de intervalos. Em todos os casos, sempre presumimos que a é menor que b.

Notação	Descrição do conjunto	Ilustração
(a, b)	$\{x \mid a < x < b\}$	
$[a, b]$	$\{x \mid a \leq x \leq b\}$	
$[a, b)$	$\{x \mid a \leq x < b\}$	
$(a, b]$	$\{x \mid a < x \leq b\}$	
(a, ∞)	$\{x \mid x > a\}$	
$[a, \infty)$	$\{x \mid x \geq a\}$	
$(-\infty, b)$	$\{x \mid x < b\}$	
$(-\infty, b]$	$\{x \mid x \leq b\}$	
$(-\infty, \infty)$	$\mathbb{R}$ (conjunto dos números reais)	

■ Desigualdades

Quando trabalhar com desigualdades, observe as seguintes regras:

---

2 Regras para Desigualdades

1. Se $a < b$, então $a + c < b + c$.
2. Se $a < b$ e $c < d$, então $a + c < b + d$.
3. Se $a < b$ e $c > 0$, então $ac < bc$.
4. Se $a < b$ e $c < 0$, então $ac > bc$.
5. Se $0 < a < b$, então $1/a > 1/b$.

A Regra 1 diz que podemos adicionar qualquer número a ambos os lados de uma desigualdade e a Regra 2 diz que duas desigualdades podem ser adicionadas. Porém, devemos ter cuidado com a multiplicação. A Regra 3 diz que podemos multiplicar ambos os lados de uma desigualdade por um *número* positivo, mas a Regra 4 diz que se multiplicarmos ambos os lados de uma desigualdade por um número negativo, então inverteremos o sentido da desigualdade. Por exemplo, se tomarmos a desigualdade $3 < 5$ e multiplicar por 2, obtemos $6 < 10$, mas se multiplicarmos por -2, obtemos $-6 > -10$. Por fim, a Regra 5 diz que se tomarmos recíprocos, então inverteremos o sentido de uma desigualdade (desde que os números sejam positivos).

EXEMPLO 1 Resolva a inequação $1 + x < 7x + 5$.

SOLUÇÃO A desigualdade dada é satisfeita por alguns valores de x, mas não por outros. *Resolver* uma inequação significa determinar o conjunto dos números x para os quais a desigualdade é verdadeira. Isto é conhecido como *conjunto solução*.

Primeiro, subtraímos 1 de cada lado da desigualdade (usando a Regra 1 com $c = -1$):

$$x < 7x + 4$$

Então subtraímos $7x$ de ambos os lados (Regra 1 com $c = -7x$):

$$-6x < 4$$

Vamos dividir agora ambos os lados por -6 (Regra 4 com $c = -\frac{1}{6}$):

$$x > -\tfrac{4}{6} = -\tfrac{2}{3}$$

Esses passos podem ser todos invertidos; dessa forma, o conjunto solução consiste em todos os números maiores que $-\frac{2}{3}$. Em outras palavras, a solução da inequação é o intervalo $(-\frac{2}{3}, \infty)$.

EXEMPLO 2 Resolva as inequações $4 \leq 3x - 2 < 13$.

SOLUÇÃO Aqui o conjunto solução consiste em todos os valores de x que satisfazem a ambas as desigualdades. Usando as regras dadas em (2), vemos que as seguintes desigualdades são equivalentes:

$$4 \leq 3x - 2 < 13$$
$$6 \leq 3x < 15 \quad \text{(adicione 2)}$$
$$2 \leq x < 5 \quad \text{(divida por 3)}$$

Portanto, o conjunto solução é $[2, 5)$.

EXEMPLO 3 Resolva a inequação $x^2 - 5x + 6 \leq 0$.

SOLUÇÃO Primeiro vamos fatorar o lado esquerdo:

$$(x - 2)(x - 3) \leq 0$$

Sabemos que a equação correspondente $(x - 2)(x - 3) = 0$ tem as soluções 2 e 3. Os números 2 e 3 dividem o eixo real em três intervalos:

$$(-\infty, 2) \quad (2, 3) \quad (3, \infty)$$

Em cada um desses intervalos, determinamos os sinais dos fatores. Por exemplo,

$$x \in (-\infty, 2) \;\Rightarrow\; x < 2 \;\Rightarrow\; x - 2 < 0$$

Vamos então registrar esses sinais na seguinte tabela:

Intervalo	$x - 2$	$x - 3$	$(x-2)(x-3)$
$x < 2$	−	−	+
$2 < x < 3$	+	−	−
$x > 3$	+	+	+

Um método visual para resolver o Exemplo 3 é esboçar a parábola $y = x^2 - 5x + 6$ (como na Figura 4, veja o Apêndice C) e observar que a curva está sobre ou abaixo do eixo x quando $2 \leq x \leq 3$.

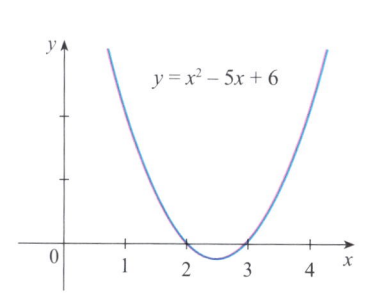

FIGURA 4

Outro método para obter a informação da tabela é usar *valores-teste*. Por exemplo, se usarmos o valor-teste $x = 1$ para o intervalo $(-\infty, 2)$, então, substituindo em $x^2 - 5x + 6$, obteremos

$$1^2 - 5(1) + 6 = 2$$

O polinômio $x^2 - 5x + 6$ não muda de sinal dentro de cada um dos três intervalos; logo, concluímos que é positivo em $(-\infty, 2)$.

Então, vemos a partir da tabela que $(x - 2)(x - 3)$ é negativo quando $2 < x < 3$. Assim, a solução da inequação $(x - 2)(x - 3) \leq 0$ é

$$\{x \mid 2 \leq x \leq 3\} = [2, 3].$$

Observe que incluímos as extremidades 2 e 3, pois estávamos procurando os valores de x tais que o produto fosse negativo ou zero. A solução está ilustrada na Figura 5.

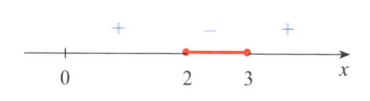

FIGURA 5

EXEMPLO 4 Resolva $x^3 + 3x^2 > 4x$.

SOLUÇÃO Primeiro deixamos todos os termos não nulos de um lado do sinal de desigualdade e então fatoramos a expressão resultante:

$$x^3 + 3x^2 - 4x > 0 \quad \text{ou} \quad x(x - 1)(x + 4) > 0$$

Como no Exemplo 3, resolvemos a equação correspondente $x(x-1)(x+4) = 0$ e usamos as soluções $x = -4$, $x = 0$ e $x = 1$ para dividir a reta real nos quatro intervalos $(-\infty, -4)$, $(-4, 0)$, $(0, 1)$ e $(1, \infty)$. Em cada intervalo o produto mantém um sinal constante, conforme mostra a tabela:

Intervalo	x	$x - 1$	$x + 4$	$x(x-1)(x+4)$
$x < -4$	−	−	−	−
$-4 < x < 0$	−	−	+	+
$0 < x < 1$	+	−	+	−
$x > 1$	+	+	+	+

Vemos a partir da tabela que o conjunto solução é

$$\{x \mid -4 < x < 0 \text{ ou } x > 1\} = (-4, 0) \cup (1, \infty)$$

A solução está ilustrada na Figura 6.

FIGURA 6

■ Valor Absoluto

O **valor absoluto** de um número a, denotado por $|a|$, é a distância de a até 0 na reta real. Como distâncias são sempre positivas ou nulas, temos

$$|a| \geq 0 \qquad \text{para todo número } a.$$

Por exemplo,

$$|3| = 3 \qquad |-3| = 3 \qquad |0| = 0 \qquad |\sqrt{2} - 1| = \sqrt{2} - 1 \qquad |3 - \pi| = \pi - 3$$

Em geral, temos

Lembre-se que se a for negativo, então $-a$ será positivo.

3
$$\begin{array}{ll} |a| = a & \text{se } a \geq 0 \\ |a| = -a & \text{se } a < 0 \end{array}$$

EXEMPLO 5 Expresse $|3x - 2|$ sem usar o símbolo de valor absoluto.

SOLUÇÃO

$$|3x - 2| = \begin{cases} 3x - 2 & \text{se } 3x - 2 \geq 0 \\ -(3x - 2) & \text{se } 3x - 2 < 0 \end{cases}$$

$$= \begin{cases} 3x - 2 & \text{se } x \geq \frac{2}{3} \\ 2 - 3x & \text{se } x < \frac{2}{3} \end{cases}$$

Lembre-se de que o símbolo $\sqrt{\ }$ significa "raiz quadrada positiva de". Então $\sqrt{r} = s$ significa $s^2 = r$ e $s \geq 0$. Portanto, a equação $\sqrt{a^2} = a$ não é sempre verdadeira. Só é verdadeira quando $a \geq 0$. Se $a < 0$, então $-a > 0$, portanto obtemos $\sqrt{a^2} = -a$. Em vista de (3), temos então a equação

4
$$\sqrt{a^2} = |a|$$

que é verdadeira para todos os valores de a.

Sugestões para as demonstrações das propriedades a seguir serão dadas nos exercícios.

5 **Propriedades dos Valores Absolutos** Suponhamos que a e b sejam números reais quaisquer e n seja um inteiro. Então

1. $|ab| = |a| \, |b|$
2. $\left|\dfrac{a}{b}\right| = \dfrac{|a|}{|b|}$ $(b \neq 0)$
3. $|a^n| = |a|^n$

Para resolver as equações e as inequações envolvendo valores absolutos, é frequentemente muito útil usar as seguintes afirmações.

6 Suponha $a > 0$. Então

4. $|x| = a$ se e somente se $x = \pm a$
5. $|x| < a$ se e somente se $-a < x < a$
6. $|x| > a$ se e somente se $x > a$ ou $x < -a$

Por exemplo, a desigualdade $|x| < a$ diz que a distância de x à origem é menor que a, e você pode ver a partir da Figura 7 que isso é verdadeiro se e somente se x estiver entre $-a$ e a.

Se a e b forem números reais quaisquer, então a distância entre a e b é o valor absoluto da diferença, isto é, $|a - b|$, que também é igual a $|b - a|$. (Veja a Figura 8.)

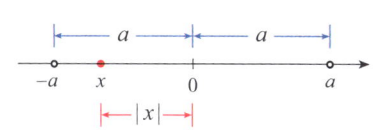

FIGURA 7

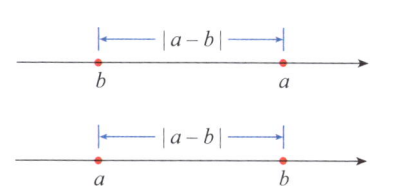

FIGURA 8
Comprimento de um segmento de reta $= |a - b|$

EXEMPLO 6 Resolva $|2x - 5| = 3$.

SOLUÇÃO Pela Propriedade 4 de (6), $|2x - 5| = 3$ é equivalente a

$$2x - 5 = 3 \quad \text{ou} \quad 2x - 5 = -3$$

Logo, $2x = 8$ ou $2x = 2$. Assim, $x = 4$ ou $x = 1$.

EXEMPLO 7 Resolva $|x - 5| < 2$.

SOLUÇÃO 1 Pela Propriedade 5 de (6), $|x - 5| < 2$ é equivalente a

$$-2 < x - 5 < 2$$

Assim, adicionando 5 a cada lado, temos

$$3 < x < 7$$

e o conjunto solução é o intervalo aberto $(3, 7)$.

SOLUÇÃO 2 Geometricamente, o conjunto solução consiste em todos os números x cuja distância de 5 é menor que 2. Pela Figura 9, vemos que este é o intervalo $(3,7)$.

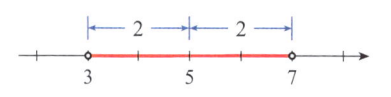

FIGURA 9

EXEMPLO 8 Resolva $|3x + 2| \geq 4$.

SOLUÇÃO Pelas Propriedades 4 e 6 de (6), $|3x + 2| \geq 4$ é equivalente a

$$3x + 2 \geq 4 \quad \text{ou} \quad 3x + 2 \leq -4$$

No primeiro caso $3x \geq 2$, o que resulta em $x \geq \frac{2}{3}$. No segundo caso $3x \leq -6$, o que resulta em $x \leq -2$. Logo, o conjunto solução é

$$\left\{x \mid x \leq -2 \text{ ou } x \geq \tfrac{2}{3}\right\} = (-\infty, -2] \cup \left[\tfrac{2}{3}, \infty\right)$$

Outra propriedade importante do valor absoluto, denominada Desigualdade Triangular, é frequentemente usada não apenas no cálculo, mas em geral em toda a matemática.

> **7** **A Desigualdade Triangular** Se a e b forem quaisquer números reais, então
> $$|a+b| \leq |a|+|b|$$

Observe que se os números a e b forem ambos positivos ou negativos, então os dois lados na Desigualdade Triangular serão realmente iguais. Mas se a e b tiverem sinais opostos, o lado esquerdo envolve uma subtração, ao passo que o lado direito, não. Isso faz com que a Desigualdade Triangular pareça razoável, mas podemos demonstrá-la da forma a seguir.

Observe que
$$-|a| \leq a \leq |a|$$

é sempre verdadeira, pois a é igual a $|a|$ ou $-|a|$. A afirmação correspondente para b é
$$-|b| \leq b \leq |b|$$

Somando-se essas desigualdades, obtemos
$$-(|a|+|b|) \leq a+b \leq |a|+|b|$$

Se aplicarmos agora as Propriedades 4 e 5 (com x substituído por $a+b$ e a por $|a|+|b|$), obteremos
$$|a+b| \leq |a|+|b|$$

que é o que queríamos mostrar.

EXEMPLO 9 Se $|x-4| < 0{,}1$ e $|y-7| < 0{,}2$, use a Desigualdade Triangular para estimar $|(x+y)-11|$.

SOLUÇÃO A fim de usarmos a informação fornecida, utilizamos a Desigualdade Triangular com $a = x-4$ e $b = y-7$.
$$|(x+y)-11| = |(x-4)+(y-7)|$$
$$\leq |x-4|+|y-7|$$
$$< 0{,}1+0{,}2 = 0{,}3$$

Logo, $\qquad |(x+y)-11| < 0{,}3$ ∎

A | Exercícios

1-12 Reescreva a expressão sem usar o símbolo de valor absoluto.

1. $|5-23|$
2. $|5|-|-23|$
3. $|-\pi|$
4. $|\pi-2|$
5. $|\sqrt{5}-5|$
6. $||-2|-|-3||$
7. $|x-2|$ se $x < 2$
8. $|x-2|$ se $x > 2$
9. $|x+1|$
10. $|2x-1|$
11. $|x^2+1|$
12. $|1-2x^2|$

13-38 Resolva a inequação em termos de intervalos e represente o conjunto solução na reta real.

13. $2x+7 > 3$
14. $3x-11 < 4$
15. $1-x \leq 2$
16. $4-3x \geq 6$
17. $2x+1 < 5x-8$
18. $1+5x > 5-3x$
19. $-1 < 2x-5 < 7$
20. $1 < 3x+4 \leq 16$
21. $0 \leq 1-x < 1$
22. $-5 \leq 3-2x \leq 9$
23. $4x < 2x+1 \leq 3x+2$
24. $2x-3 < x+4 < 3x-2$
25. $(x-1)(x-2) > 0$
26. $(2x+3)(x-1) \geq 0$
27. $2x^2+x \leq 1$
28. $x^2 < 2x+8$
29. $x^2+x+1 > 0$
30. $x^2+x > 1$

31. $x^2 < 3$ **32.** $x^2 \geq 5$

33. $x^3 - x^2 \leq 0$ **34.** $(x+1)(x-2)(x+3) \geq 0$

35. $x^3 > x$ **36.** $x^3 + 3x < 4x^2$

37. $\dfrac{1}{x} < 4$ **38.** $-3 < \dfrac{1}{x} \leq 1$

39. A relação entre as escalas de temperatura Celsius e Fahrenheit é dada por $C = \tfrac{5}{9}(F - 32)$, onde C é a temperatura em graus Celsius e F é a temperatura em graus Fahrenheit. Qual é o intervalo sobre a escala Celsius correspondente à temperatura no intervalo $50 \leq F \leq 95$?

40. Use a relação entre C e F dada no Exercício 39 para determinar o intervalo na escala Fahrenheit correspondente à temperatura no intervalo $20 \leq C \leq 30$.

41. À medida que sobe, o ar seco se expande, e ao fazer isso se resfria a uma taxa de cerca de 1 °C para cada 100 m de subida, até cerca de 12 km.

(a) Se a temperatura do solo for de 20 °C, escreva uma fórmula para a temperatura a uma altura h.

(b) Que variação de temperatura você pode esperar se um avião decola e atinge uma altura máxima de 5 km?

42. Se uma bola for atirada para cima do topo de um edifício com 30 m de altura com velocidade inicial de 10 m/s, então a altura h acima do solo t segundos mais tarde será

$$h = 30 + 10t - 5t^2$$

Durante que intervalo de tempo a bola estará no mínimo a 15 m acima do solo?

43-46 Resolva a equação.

43. $|2x| = 3$ **44.** $|3x + 5| = 1$

45. $|x + 3| = |2x + 1|$ **46.** $\left|\dfrac{2x-1}{x+1}\right| = 3$

47-56 Resolva a inequação.

47. $|x| < 3$ **48.** $|x| \geq 3$

49. $|x - 4| < 1$ **50.** $|x - 6| < 0{,}1$

51. $|x + 5| \geq 2$ **52.** $|x + 1| \geq 3$

53. $|2x - 3| \leq 0{,}4$ **54.** $|5x - 2| < 6$

55. $1 \leq |x| \leq 4$ **56.** $0 < |x - 5| < \tfrac{1}{2}$

57-58 Isole x, supondo que a, b e c sejam constantes positivas.

57. $a(bx - c) \geq bc$ **58.** $a \leq bx + c < 2a$

59-60 Isole x, supondo que a, b e c sejam constantes negativas.

59. $ax + b < c$ **60.** $\dfrac{ax + b}{c} \leq b$

61. Suponha que $|x - 2| < 0{,}01$ e $|y - 3| < 0{,}04$. Use a Desigualdade Triangular para mostrar que $|(x + y) - 5| < 0{,}05$.

62. Mostre que se $|x + 3| < \tfrac{1}{2}$, então $|4x + 13| < 3$.

63. Mostre que se $a < b$, então $a < \dfrac{a + b}{2} \leq b$.

64. Use a Regra 3 para comprovar a Regra 5 de (2).

65. Demonstre que $|ab| = |a||b|$. [*Dica*: Use a Equação 4.]

66. Demonstre que $\left|\dfrac{a}{b}\right| = \dfrac{|a|}{|b|}$.

67. Mostre que se $0 < a < b$, então $a^2 < b^2$.

68. Demonstre que $|x - y| \geq |x| - |y|$. [*Dica:* Use a Desigualdade Triangular com $a = x - y$ e $b = y$.]

69. Mostre que a soma, a diferença e o produto dos números racionais são números racionais.

70. (a) A soma de dois números irracionais é sempre irracional?
(b) O produto de dois números irracionais é sempre irracional?

B | Geometria Analítica e Retas

Da mesma forma que os pontos sobre uma reta podem ser identificados com números reais atribuindo-se a eles coordenadas, conforme descrito no Apêndice A, também os pontos no plano podem ser identificados com pares ordenados de números reais. Vamos começar desenhando duas retas coordenadas perpendiculares que se interceptam na origem O de cada reta. Geralmente uma reta é horizontal com direção positiva para a direita e é chamada eixo x; a outra reta é vertical com direção positiva para cima e é denominada eixo y.

Qualquer ponto P no plano pode ser localizado por um único par ordenado de números como a seguir. Desenhe as retas pelo ponto P perpendiculares aos eixos x e y. Essas retas interceptam os eixos nos pontos com as coordenadas a e b como mostrado na Figura 1. Então ao ponto P é atribuído o par ordenado (a, b). O primeiro número a é chamado de **coordenada x** ou **abscissa** de P; o segundo número b é chamado de **coordenada y** ou **ordenada** de P. Dizemos que P é o ponto com as coordenadas (a, b) e denotamos o ponto pelo símbolo $P(a, b)$. Na Figura 2 estão vários pontos com suas coordenadas.

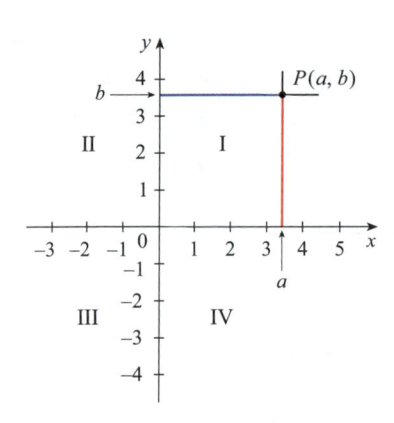

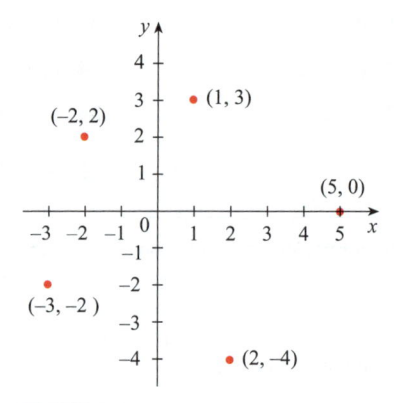

FIGURA 1

FIGURA 2

Ao revertermos o processo anterior, podemos começar com um par ordenado (a, b) e chegar ao ponto correspondente P. Muitas vezes, identificamos o ponto com o par ordenado (a, b) e nos referimos ao "ponto (a, b)". [Embora a notação usada para um intervalo aberto (a, b) seja a mesma usada para o ponto (a, b), você será capaz de distinguir pelo contexto qual o significado desejado.]

Esse sistema de coordenadas é dito **sistema coordenado retangular** ou **sistema de coordenadas cartesianas**, em homenagem ao matemático francês René Descartes (1596-1650), embora outro francês, Pierre Fermat (1601-1665), tenha inventado os princípios da geometria analítica ao mesmo tempo que Descartes. O plano munido com esse sistema de coordenadas é denominado **plano coordenado** ou **cartesiano**, sendo denotado por $\mathbb{R}^2$.

Os eixos x e y são chamados **eixos coordenados** e dividem o plano cartesiano em quatro quadrantes, denotados por I, II, III e IV na Figura 1. Observe que o primeiro quadrante consiste nos pontos com coordenadas x e y positivas.

EXEMPLO 1 Descreva e esboce as regiões dadas pelos seguintes conjuntos.

(a) $\{(x, y) \mid x \geq 0\}$ (b) $\{(x, y) \mid y = 1\}$ (c) $\{(x, y) \mid |y| < 1\}$

SOLUÇÃO

Os pontos cujas coordenadas x são positivas ou nulas estão situados à direita ou sobre o eixo y, como indicado pela região sombreada da Figura 3(a).

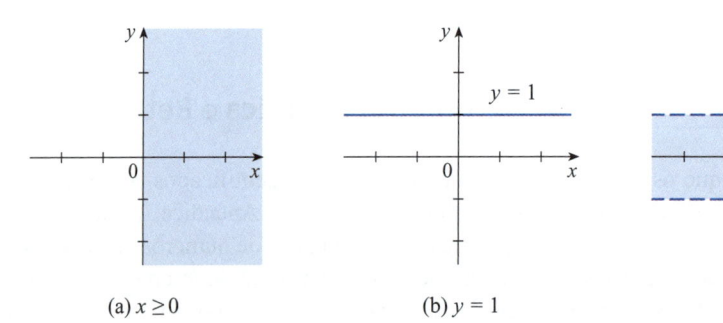

FIGURA 3   (a) $x \geq 0$ (b) $y = 1$ (c) $|y| < 1$

(b) O conjunto de todos os pontos com coordenada y igual a 1 é uma reta horizontal uma unidade acima do eixo x [veja a Figura 3(b)].

(c) Lembre-se, do Apêndice A, de que

$$|y| < 1 \quad \text{se e somente se} \quad -1 < y < 1$$

A região dada consiste naqueles pontos do plano cuja coordenada y está entre -1 e 1. Assim, a região consiste em todos os pontos que estão entre (mas não sobre) as retas horizontais $y = 1$ e $y = -1$. [Essas retas estão mostradas como retas tracejadas na Figura 3(c) para indicar que os pontos sobre essas retas não estão no conjunto.] ∎

Lembre-se, a partir do Apêndice A, de que a distância entre os pontos a e b sobre a reta real é $|a - b| = |b - a|$. Portanto, a distância entre os pontos $P_1(x_1, y_1)$ e $P_3(x_2, y_1)$ sobre uma reta horizontal deve ser $|x_2 - x_1|$ e a distância entre $P_2(x_2, y_2)$ e $P_3(x_2, y_1)$ sobre uma reta vertical deve ser $|y_2 - y_1|$. (Veja a Figura 4.)

Para encontrarmos a distância $|P_1P_2|$ entre dois pontos quaisquer $P_1(x_1, y_1)$ e $P_2(x_2, y_2)$, observamos que o triângulo $P_1P_2P_3$ na Figura 4 é retângulo e, portanto, pelo Teorema de Pitágoras, temos

$$|P_1P_2| = \sqrt{|P_1P_3|^2 + |P_2P_3|^2} = \sqrt{|x_2 - x_1|^2 + |y_2 - y_1|^2}$$
$$= \sqrt{(x_2 - x_1)^2 + (y_2 - y_1)^2}$$

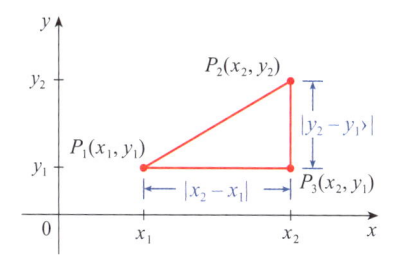

FIGURA 4

1 Fórmula de Distância A distância entre os pontos $P_1(x_1, y_1)$ e $P_2(x_2, y_2)$ é

$$|P_1P_2| = \sqrt{(x_2 - x_1)^2 + (y_2 - y_1)^2}$$

EXEMPLO 2 A distância entre $(1, -2)$ e $(5, 3)$ é

$$\sqrt{(5 - 1)^2 + [3 - (-2)]^2} = \sqrt{4^2 + 5^2} = \sqrt{41}$$

Retas

Desejamos encontrar uma equação para dada reta L; essa equação é satisfeita pelas coordenadas dos pontos em L e por nenhum outro ponto. Para encontrarmos a equação de L, usamos sua *inclinação*, que é uma medida do grau de declividade da reta.

2 Definição A **inclinação** de uma reta não vertical que passa pelos pontos $P_1(x_1, y_1)$ e $P_2(x_2, y_2)$,

$$m = \frac{\Delta y}{\Delta x} = \frac{y_2 - y_1}{x_2 - x_1}$$

A inclinação de uma reta vertical não está definida.

Assim, a inclinação de uma reta é a razão da variação em y, Δy, e da variação em x, Δx. (Veja a Figura 5.) A inclinação é, portanto, a taxa de variação de y com relação a x. O fato de tratar-se de uma reta significa que a taxa de variação é constante.

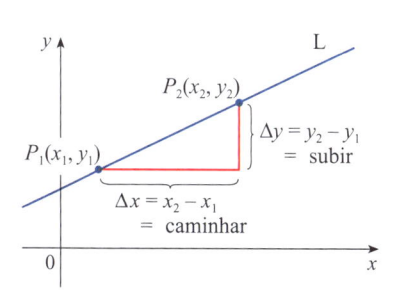

FIGURA 5

A Figura 6 mostra várias retas acompanhadas de suas inclinações. Observe que as retas com inclinação positiva se inclinam para cima à direita, enquanto as retas com inclinação negativa inclinam-se para baixo à direita. Observe também que as retas mais íngremes são aquelas para as quais o valor absoluto da inclinação é maior, e que uma reta horizontal tem inclinação zero.

Agora determinemos uma equação da reta que passa por certo ponto $P_1(x_1, y_1)$ e tem inclinação m. Um ponto $P(x, y)$ com $x \neq x_1$ está nesta reta se e somente se a inclinação da reta por P_1 e P for igual a m; isto é,

$$\frac{y - y_1}{x - x_1} = m$$

Essa equação pode ser reescrita na forma

$$y - y_1 = m(x - x_1)$$

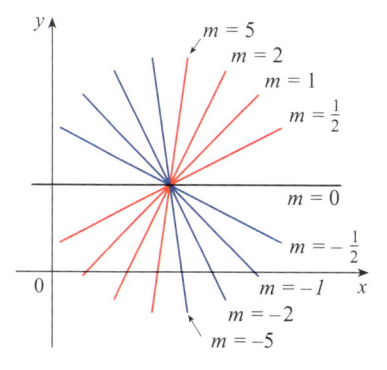

FIGURA 6

e observamos que essa equação também é satisfeita quando $x = x_1$ e $y = y_1$. Portanto, ela é uma equação da reta dada.

> **3 Equação de uma Reta na Forma Ponto-Inclinação** Uma equação da reta passando pelo ponto $P_1(x_1, y_1)$ e tendo inclinação m é
>
> $$y - y_1 = m(x - x_1)$$

EXEMPLO 3 Determine uma equação da reta por $(1, -7)$ com inclinação $-\frac{1}{2}$.

SOLUÇÃO Usando (3) com $m = -\frac{1}{2}$, $x_1 = 1$ e $y_1 = -7$, obtemos uma equação da reta como

$$y + 7 = -\tfrac{1}{2}(x - 1)$$

que pode ser reescrita como

$$2y + 14 = -x + 1 \quad \text{ou} \quad x + 2y + 13 = 0$$

EXEMPLO 4 Determine uma equação da reta que passa pelos pontos $(-1, 2)$ e $(3, -4)$.

SOLUÇÃO Pela Definição 2, a inclinação da reta é

$$m = \frac{-4 - 2}{3 - (-1)} = -\frac{3}{2}$$

Usando a forma ponto-inclinação com $x_1 = -1$ e $y_1 = 2$, obtemos

$$y - 2 = -\tfrac{3}{2}(x + 1)$$

que se simplifica para $\quad 3x + 2y = 1$

Suponha que uma reta não vertical tenha inclinação m e intersecção com o eixo y igual a (Veja a Figura 7.) Isso significa que ela intercepta o eixo y no ponto $(0, b)$, logo a equação da reta na forma ponto-inclinação, com $x_1 = 0$ e $y_1 = b$, torna-se

$$y - b = m(x - 0)$$

Isso pode ser simplificado como a seguir.

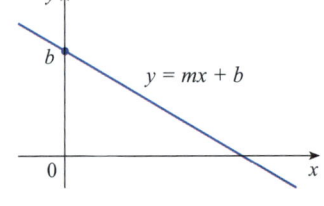

FIGURA 7

> **4 Equação de uma Reta na Forma Inclinação-Intersecção com o Eixo** Uma equação da reta com inclinação m e intersecção com o eixo y em b é
>
> $$y = mx + b$$

Em particular, se a reta for horizontal, sua inclinação é $m = 0$, logo sua equação é $y = b$, onde b é a intersecção com o eixo y (veja a Figura 8). Uma reta vertical não tem uma inclinação, mas podemos escrever sua equação como $x = a$, onde a é a intersecção com o eixo x, pois a coordenada x de todo ponto sobre a reta é a.

Observe que a equação de toda reta pode ser escrita na forma

5 $\quad\boxed{Ax + By + C = 0}$

porque uma reta vertical tem a equação $x = a$ ou $x - a = 0$ ($A = 1$, $B = 0$, $C = -a$) e uma reta não vertical tem a equação $y = mx + b$ ou $-mx + y - b = 0$ ($A = -m$, $B = 1$, $C = -b$). Reciprocamente, se começarmos com uma equação geral de primeiro grau, isto é, uma equação da forma (5), onde A, B e C são constantes e A e B não são ambos 0, então pode-

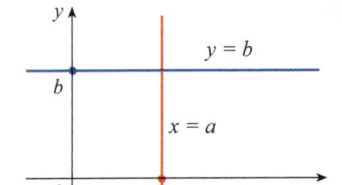

FIGURA 8

mos mostrar que ela é a equação de uma reta. Se $B = 0$, a equação torna-se $Ax + C = 0$ ou $x = -C/A$, que representa uma reta vertical com intersecção com o eixo x em $-C/A$. Se $B \neq 0$, a equação pode ser reescrita isolando-se y:

$$y = -\frac{A}{B}x - \frac{C}{B}$$

e reconhecemos isso como a equação de uma reta na forma inclinação-intersecção com o eixo ($m = -A/B$, $b = -C/B$). Portanto, uma equação da forma (5) é chamada **equação linear** ou **equação geral de uma reta**. Para sermos sucintos, nós nos referimos frequentemente "à reta $Ax + By + C = 0$" em vez de "à reta cuja equação é $Ax + By + C = 0$".

EXEMPLO 5 Esboce o gráfico da função $3x - 5y = 15$.

SOLUÇÃO Uma vez que a equação é linear, seu gráfico é uma reta. Para desenharmos o gráfico, podemos simplesmente determinar dois pontos sobre a reta. É mais fácil determinar as intersecções com os eixos. Substituindo $y = 0$ (a equação do eixo x) na equação dada, obtemos $3x = 15$, portanto $x = 5$ é a intersecção com o eixo x. Substituindo $x = 0$ na equação, vemos que a intersecção com o eixo y é -3. Isso nos permite esboçar o gráfico na Figura 9.

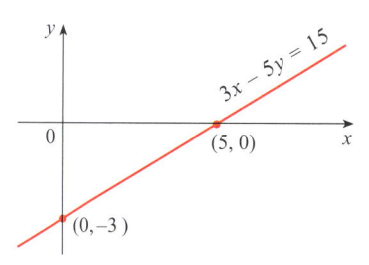

FIGURA 9

EXEMPLO 6 Represente graficamente a inequação $x + 2y > 5$.

SOLUÇÃO Devemos esboçar o gráfico do conjunto $\{(x, y) \mid x + 2y > 5\}$ e começamos ao isolar y na desigualdade:

$$x + 2y > 5$$
$$2y > -x + 5$$
$$y > -\tfrac{1}{2}x + \tfrac{5}{2}$$

Compare essa desigualdade com a equação $y = -\tfrac{1}{2}x + \tfrac{5}{2}$, que representa uma reta com inclinação $-\tfrac{1}{2}$ e intersecção com o eixo y igual a $\tfrac{5}{2}$. Observamos que a inequação em questão consiste nos pontos cuja coordenada y é *maior* que aquela sobre a reta $y = -\tfrac{1}{2}x + \tfrac{5}{2}$. Assim, a representação gráfica é a da região que se situa *acima* da reta, conforme ilustrado na Figura 10.

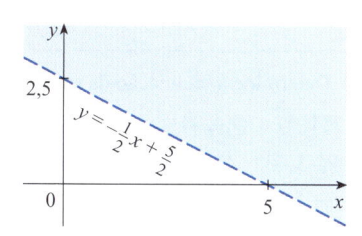

FIGURA 10

Retas Paralelas e Perpendiculares

As inclinações podem ser usadas para mostrar que as retas são paralelas ou perpendiculares. Os fatos a seguir são demonstrados, por exemplo, em *Precalculus: Mathematics for Calculus*, 7ª edição, de Stewart, Redlin e Watson (Boston, 2016).

---

6 Retas Paralelas e Perpendiculares

1. Duas retas não verticais são paralelas se e somente se tiverem a mesma inclinação.

2. Duas retas com inclinações m_1 e m_2 são perpendiculares se e somente se $m_1 m_2 = -1$; isto é, suas inclinações são recíprocas opostas:

$$m_2 = -\frac{1}{m_1}$$

EXEMPLO 7 Determine uma equação da reta que passa pelo ponto $(5, 2)$ e que é paralela à reta $4x + 6y + 5 = 0$.

SOLUÇÃO A reta dada pode ser escrita na forma

$$y = -\tfrac{2}{3}x - \tfrac{5}{6}$$

que está na forma inclinação-intersecção com o eixo com $m = -\tfrac{2}{3}$. As retas paralelas têm a mesma inclinação, logo a reta pedida tem a inclinação $-\tfrac{2}{3}$ e sua equação na forma ponto-inclinação é

$$y - 2 = -\tfrac{2}{3}(x - 5)$$

Podemos reescrever essa equação como $2x + 3y = 16$. ∎

EXEMPLO 8 Mostre que as retas $2x + 3y = 1$ e $6x - 4y - 1 = 0$ são perpendiculares.

SOLUÇÃO As equações podem ser escritas como

$$y = -\tfrac{2}{3}x + \tfrac{1}{3} \qquad \text{e} \qquad y = \tfrac{3}{2}x - \tfrac{1}{4}$$

de onde vemos que as inclinações são

$$m_1 = -\tfrac{2}{3} \qquad \text{e} \qquad m_2 = \tfrac{3}{2}$$

Como $m_1 m_2 = -1$, as retas são perpendiculares. ∎

B | Exercícios

1-6 Determine a distância entre os dois pontos.

1. $(1, 1)$, $(4, 5)$
2. $(1, -3)$, $(5, 7)$
3. $(6, -2)$, $(-1, 3)$
4. $(1, -6)$, $(-1, -3)$
5. $(2, 5)$, $(4, -7)$
6. (a, b), (b, a)

7-10 Determine a inclinação da reta que passa por P e Q.

7. $P(1, 5)$, $Q(4, 11)$
8. $P(-1, 6)$, $Q(4, -3)$
9. $P(-3, 3)$, $Q(-1, -6)$
10. $P(-1, -4)$, $Q(6, 0)$

11. Mostre que o triângulo com vértices $A(0, 2)$, $B(-3, -1)$ e $C(-4, 3)$ é isósceles.

12. (a) Mostre que o triângulo com vértices $A(6, -7)$, $B(11, -3)$ e $C(2, -2)$ é um triângulo retângulo usando a recíproca do Teorema de Pitágoras.
(b) Use as inclinações para mostrar que ABC é um triângulo retângulo.
(c) Determine a área do triângulo.

13. Mostre que os pontos $(-2, 9)$, $(4, 6)$, $(1, 0)$ e $(-5, 3)$ são os vértices de um quadrado.

14. (a) Mostre que os pontos $A(-1, 3)$, $B(3, 11)$ e $C(5, 15)$ são colineares (pertencem à mesma reta) mostrando que $|AB| + |BC| = |AC|$.
(b) Use as inclinações para mostrar que A, B e C são colineares.

15. Mostre que $A(1, 1)$, $B(7, 4)$, $C(5, 10)$ e $D(-1, 7)$ são vértices de um paralelogramo.

16. Mostre que $A(1, 1)$, $B(11, 3)$, $C(10, 8)$ e $D(0, 6)$ são vértices de um retângulo.

17-20 Esboce o gráfico da equação.

17. $x = 3$
18. $y = -2$
19. $xy = 0$
20. $|y| = 1$

21-36 Ache uma equação da reta que satisfaça as condições dadas.

21. Passa pelo ponto $(2, -3)$, inclinação 6
22. Passa pelo ponto $(-1, 4)$, inclinação -3
23. Passa pelo ponto $(1, 7)$, inclinação $\tfrac{2}{3}$
24. Passa pelo ponto $(-3, -5)$, inclinação $-\tfrac{7}{2}$
25. Passa pelos pontos $(2, 1)$ e $(1, 6)$
26. Passa pelos pontos $(-1, -2)$ e $(4, 3)$
27. Inclinação 3, intersecção com o eixo y igual a -2
28. Inclinação $2/5$, intersecção com o eixo y igual a 4
29. Intersecção com o eixo x igual a 1, intersecção com o eixo y igual a -3
30. Intersecção com o eixo x igual a -8, intersecção com o eixo y igual a 6
31. Passa pelo ponto $(4, 5)$, paralela ao eixo x
32. Passa pelo ponto $(4, 5)$, paralela ao eixo y
33. Passa pelo ponto $(1, -6)$, paralela à reta $x + 2y = 6$
34. Intersecção com o eixo y igual a 6, paralela à reta $2x + 3y + 4 = 0$
35. Passa pelo ponto $(-1, -2)$, perpendicular à reta $2x + 5y + 8 = 0$
36. Passa pelo ponto $\left(\tfrac{1}{2}, -\tfrac{2}{3}\right)$, perpendicular à reta $4x - 8y = 1$

37-42 Ache a inclinação e a intersecção da reta com o eixo y e faça um esboço de seu gráfico.

37. $x + 3y = 0$
38. $2x - 5y = 0$
39. $y = -2$
40. $2x - 3y + 6 = 0$
41. $3x - 4y = 12$
42. $4x + 5y = 10$

43-52 Esboce a região no plano xy.

43. $\{(x, y) \mid x < 0\}$
44. $\{(x, y) \mid y > 0\}$
45. $\{(x, y) \mid xy < 0\}$
46. $\{(x, y) \mid x \geq 1 \text{ e } y < 3\}$

47. $\{(x, y) \mid |x| \leq 2\}$ **48.** $\{(x, y) \mid |x| < 3 \text{ e } |y| < 2\}$

49. $\{(x, y) \mid 0 \leq y \leq 4 \text{ e } x \leq 2\}$ **50.** $\{(x, y) \mid y > 2x - 1\}$

51. $\{(x, y) \mid 1 + x \leq y \leq 1 - 2x\}$ **52.** $\{(x, y) \mid -x \leq y < \frac{1}{2}(x + 3)\}$

53. Ache um ponto sobre o eixo y que seja equidistante de $(5, -5)$ e $(1, 1)$.

54. Mostre que o ponto médio do segmento de reta de $P_1(x_1, y_1)$ até $P_2(x_2, y_2)$ é
$$\left(\frac{x_1 + x_2}{2}, \frac{y_1 + y_2}{2} \right)$$

55. Encontre o ponto médio do segmento de reta que une os pontos dados.
(a) $(1, 3)$ e $(7, 15)$ (b) $(-1, 6)$ e $(8, -12)$

56. Determine os comprimentos das medianas do triângulo com vértices $A(1, 0)$, $B(3, 6)$ e $C(8, 2)$. (A mediana é um segmento de reta de um vértice até o ponto médio do lado oposto.)

57. Mostre que as retas $2x - y = 4$ e $6x - 2y = 10$ não são paralelas e ache o seu ponto de intersecção.

58. Mostre que as retas $3x - 5y + 19 = 0$ e $10x + 6y - 50 = 0$ são perpendiculares e ache o seu ponto de intersecção.

59. Ache uma equação da mediatriz do segmento de reta com extremidades nos pontos $A(1, 4)$ e $B(7, -2)$.

60. (a) Encontre as equações dos lados do triângulo com vértices $P(1, 0)$, $Q(3, 4)$ e $R(-1, 6)$.
(b) Ache equações para as medianas desse triângulo. Onde elas se interceptam?

61. (a) Mostre que se as intersecções com os eixos x e y de uma reta são os números a e b diferentes de zero, então a equação da reta pode ser colocada na forma
$$\frac{x}{a} + \frac{y}{b} = 1$$
Esta equação é chamada de **forma a partir das duas intersecções** da equação de uma reta.
(b) Use a parte (a) para encontrar a equação da reta cuja intersecção com o eixo x é 6 e cuja intersecção com o eixo y é -8.

62. Um carro parte de Detroit às 2 horas da tarde e viaja a uma velocidade constante pela rodovia I-96, na direção oeste, passando por Ann Arbor, que está a 65 km de Detroit, às 2h50.
(a) Expresse a distância percorrida em termos do tempo decorrido.
(b) Trace o gráfico da equação na parte (a).
(c) Qual a inclinação desta reta? O que ela representa?

C | Gráficos das Equações de Segundo Grau

No Apêndice B vimos que uma equação $Ax + By + C = 0$, de primeiro grau ou linear, representa uma reta. Nesta seção vamos discutir as equações do segundo grau, tais como

$$x^2 + y^2 = 1 \qquad y = x^2 + 1 \qquad \frac{x^2}{9} + \frac{y^2}{4} = 1 \qquad x^2 - y^2 = 1$$

que representam uma circunferência, uma parábola, uma elipse e uma hipérbole, respectivamente.

O gráfico de tais equações em x e y é o conjunto de todos os pontos (x, y) que satisfazem aquela equação; ele dá uma representação visual da equação. Reciprocamente, dada uma curva no plano xy, podemos ter de achar uma equação que a represente, isto é, uma equação satisfeita pelas coordenadas dos pontos na curva e por nenhum outro ponto. Esta é a outra metade dos princípios básicos da geometria analítica como formulada por Descartes e Fermat. A ideia é que se uma curva geométrica pode ser representada por uma equação algébrica, então as regras da álgebra podem ser usadas para analisar o problema geométrico.

■ Circunferências

Como um exemplo desse tipo de problema, vamos determinar uma equação da circunferência com raio r e centro (h, k). Por definição, a circunferência é o conjunto de todos os pontos $P(x, y)$ cuja distância do centro $C(h, k)$ é r. (Veja a Figura 1.) Logo, P está sobre a circunferência se e somente se $|PC| = r$. Da fórmula de distância, temos

$$\sqrt{(x - h)^2 + (y - k)^2} = r$$

ou, de maneira equivalente, elevando ao quadrado ambos os membros, obtemos

$$(x - h)^2 + (y - k)^2 = r^2$$

Esta é a equação desejada.

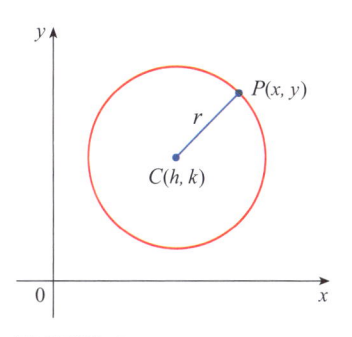

FIGURA 1

1 Equação da Circunferência Uma equação da circunferência com centro (h, k) e raio r é

$$(x - h)^2 + (y - k)^2 = r^2$$

Em particular, se o centro for a origem $(0, 0)$, a equação será

$$x^2 + y^2 = r^2$$

EXEMPLO 1 Ache uma equação da circunferência com raio 3 e centro $(2, -5)$.

SOLUÇÃO Da Equação 1 com $r = 3$, $h = 2$ e $k = -5$, obtemos

$$(x - 2)^2 + (y + 5)^2 = 9$$

EXEMPLO 2 Esboce o gráfico da equação $x^2 + y^2 + 2x - 6y + 7 = 0$ mostrando primeiro que ela representa uma circunferência e então encontrando seu centro e raio.

SOLUÇÃO Vamos primeiro agrupar os termos em x e y da seguinte forma:

$$(x^2 + 2x) + (y^2 - 6y) = -7$$

Então, completando cada quadrado entre parênteses e somando as constantes apropriadas (os quadrados da metade dos coeficientes de x e y) a ambos os lados da equação, temos:

$$(x^2 + 2x + 1) + (y^2 - 6y + 9) = -7 + 1 + 9$$

ou
$$(x + 1)^2 + (y - 3)^2 = 3$$

Comparando essa equação com a equação padrão da circunferência (1), vemos que $h = -1$, $k = 3$ e $r = \sqrt{3}$, assim, a equação dada representa uma circunferência com centro $(-1, 3)$ e raio $\sqrt{3}$. Ela está esboçada na Figura 2.

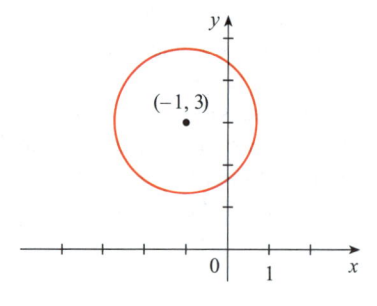

FIGURA 2
$x^2 + y^2 + 2x - 6y + 7 = 0$

■ **Parábolas**

As propriedades geométricas das parábolas serão revisadas na Seção 10.5 do volume 2. Aqui, consideraremos uma parábola um gráfico de uma equação da forma $y = ax^2 + bx + c$.

EXEMPLO 3 Esboce o gráfico da parábola $y = x^2$.

SOLUÇÃO Vamos fazer uma tabela de valores, marcar os pontos e depois juntá-los por uma curva suave para obter o gráfico da Figura 3.

x	$y = x^2$
0	0
$\pm \frac{1}{2}$	$\frac{1}{4}$
± 1	1
± 2	4
± 3	9

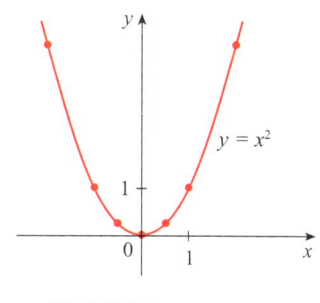

FIGURA 3

A Figura 4 mostra os gráficos de diversas parábolas com equações da forma $y = ax^2$ para diversos valores do número a. Em cada caso o *vértice* – o ponto onde a parábola muda de direção – é a origem. Vemos que a parábola $y = ax^2$ abre-se para cima se $a > 0$ e para baixo se $a < 0$ (como na Figura 5).

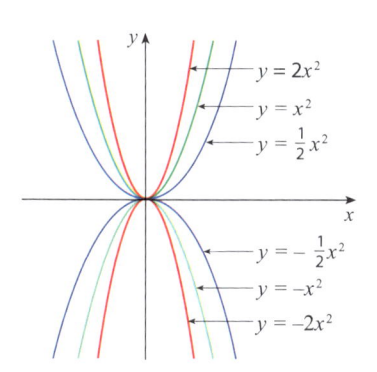

FIGURA 4

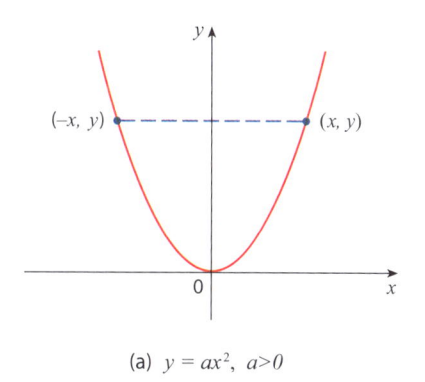

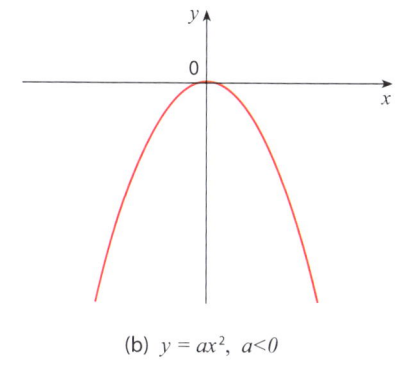

(a) $y = ax^2$, $a>0$

(b) $y = ax^2$, $a<0$

FIGURA 5

Observe que se (x, y) satisfaz $y = ax^2$, então $(-x, y)$ também o cumpre. Isso corresponde ao fato geométrico de que, se a metade direita do gráfico for refletida em torno do eixo y, obteremos a metade esquerda do gráfico. Dizemos que o gráfico é **simétrico em relação ao eixo y**.

> O gráfico de uma equação é simétrico em relação ao eixo y se a equação ficar invariante quando substituirmos x por $-x$.

Se trocarmos x e y na equação $y = ax^2$, teremos $x = ay^2$, que também representa uma parábola. (Trocar x e y significa fazer uma reflexão em torno da reta bissetriz $y = x$.) A parábola $x = ay^2$ abre para a direita se $a > 0$ e para a esquerda se $a < 0$. (Veja a Figura 6.) Dessa vez a parábola é simétrica em relação ao eixo x, pois se (x, y) satisfizer a equação $x = ay^2$, então o mesmo acontece com $(x, -y)$.

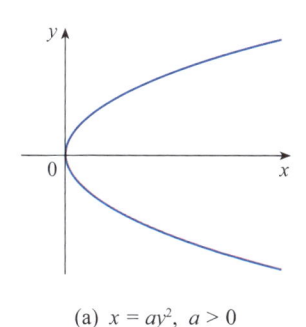

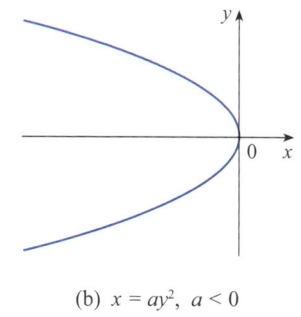

(a) $x = ay^2$, $a > 0$

(b) $x = ay^2$, $a < 0$

FIGURA 6

> O gráfico de uma equação é simétrico em relação ao eixo x se a equação ficar invariante quando substituirmos y por $-y$.

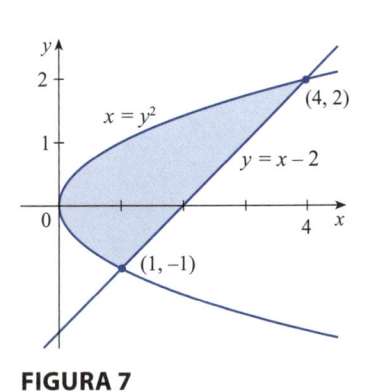

EXEMPLO 4 Esboce a região limitada pela parábola $x = y^2$ e pela reta $y = x - 2$.

SOLUÇÃO Primeiro encontramos os pontos da intersecção, resolvendo as duas equações simultaneamente. Substituindo $x = y + 2$ na equação $x = y^2$, obtemos $y + 2 = y^2$, o que resulta em

$$0 = y^2 - y - 2 = (y - 2)(y + 1)$$

logo, $y = 2$ ou -1. Assim, os pontos de intersecção são $(4, 2)$ e $(1, -1)$ e, passando por esses dois pontos, traçamos a reta $y = x - 2$. Esboçamos então a parábola $x = y^2$ lembrando-nos da Figura 6(a) e fazendo com que a parábola passe pelos pontos $(4, 2)$ e $(1, -1)$. A região delimitada por $x = y^2$ e $y = x - 2$ significa a região finita cuja fronteira é formada por essas curvas. Ela está esboçada na Figura 7.

FIGURA 7

■ Elipses

A curva com a equação

$$\boxed{2} \qquad \frac{x^2}{a^2} + \frac{y^2}{b^2} = 1$$

onde a e b são números positivos é chamada **elipse** na posição padrão. (As propriedades geométricas serão discutidas na Seção 10.5 do volume 2.) Observe que a Equação 2 fica invariante se x for substituído por $-x$ ou se y for substituído por $-y$; dessa forma, a elipse é simétrica em relação aos eixos. Como uma ajuda adicional para o esboço da elipse, vamos determinar suas intersecções com os eixos.

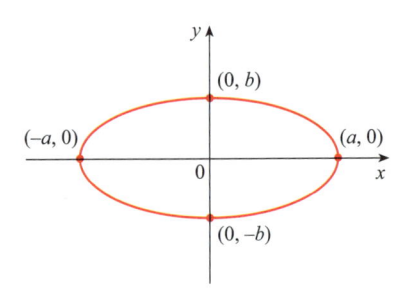

> As **intersecções com o eixo x** de um gráfico são as coordenadas x dos pontos onde ele intercepta o eixo x. Eles são encontrados fazendo-se $y = 0$ na equação do gráfico.
>
> As **intersecções com o eixo y** de um gráfico são as coordenadas y dos pontos onde ele intercepta o eixo y. Eles são encontrados fazendo-se $x = 0$ na equação do gráfico.

Se fizermos $y = 0$ na Equação 2, obteremos $x^2 = a^2$ e, dessa forma, as intersecções com o eixo x são $\pm a$. Fazendo $x = 0$, obteremos $y^2 = b^2$; assim, as intersecções com o eixo y são $\pm b$. Usando essa informação, junto com a simetria, fazemos o esboço da elipse na Figura 8. Se $a = b$, a elipse é uma circunferência com raio a.

FIGURA 8
$\dfrac{x^2}{a^2} + \dfrac{y^2}{b^2} = 1$

EXEMPLO 5 Esboce o gráfico de $9x^2 + 16y^2 = 144$.

SOLUÇÃO Dividimos ambos os lados da equação por 144:

$$\frac{x^2}{16} + \frac{y^2}{9} = 1$$

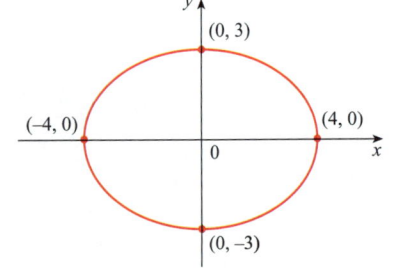

A equação está agora na forma padrão para uma elipse (2), e assim temos $a^2 = 16$, $b^2 = 9$, $a = 4$ e $b = 3$. As intersecções com o eixo x são ± 4; e as intersecções com o eixo y são ± 3. O gráfico está esboçado na Figura 9.

FIGURA 9
$9x^2 + 16y^2 = 144$

■ Hipérboles

A curva com equação

$$\boxed{3} \quad \boxed{\dfrac{x^2}{a^2} - \dfrac{y^2}{b^2} = 1}$$

é denominada **hipérbole** na posição padrão. Novamente, a Equação 3 fica invariante quando x é substituído por $-x$ ou y é substituído por $-y$; dessa forma, a hipérbole é simétrica em relação aos eixos. Para encontrarmos as intersecções com o eixo x, fazemos $y = 0$ e obtemos $x^2 = a^2$ e $x = \pm a$. Mas, se colocarmos $x = 0$ na Equação 3, teremos $y^2 = -b^2$, o que é impossível; dessa forma, não existe intersecção com o eixo y. Na verdade, da Equação 3 obtemos

$$\dfrac{x^2}{a^2} = 1 + \dfrac{y^2}{b^2} \geq 1$$

o que demonstra que $x^2 \geq a^2$ e, portanto, $|x| = \sqrt{x^2} \geq a$. Assim, temos $x \geq a$ ou $x \leq -a$. Isso significa que a hipérbole consiste em duas partes, chamadas *ramos*. Ela está esboçada na Figura 10.

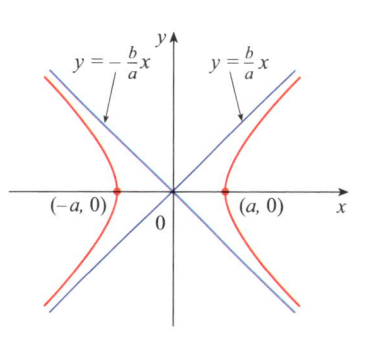

Quando desenhamos uma hipérbole é útil traçar primeiro as *assíntotas*, que são as retas $y = (b/a)x$ e $y = -(b/a)x$ mostradas na Figura 10. Ambos os ramos da hipérbole tendem para as assíntotas; isto é, ficam arbitrariamente perto das assíntotas. Isso envolve a ideia de limite, como discutido no Capítulo 2 (veja também o Exercício 4.5.77).

Trocando os papéis de x e y, obtemos uma equação da forma

$$\boxed{\dfrac{y^2}{a^2} - \dfrac{x^2}{b^2} = 1}$$

que também representa uma hipérbole e está esboçada na Figura 11.

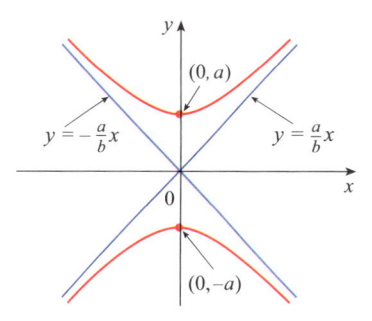

FIGURA 10
A hipérbole $\dfrac{x^2}{a^2} - \dfrac{y^2}{b^2} = 1$

FIGURA 11
A hipérbole $\dfrac{y^2}{a^2} - \dfrac{x^2}{b^2} = 1$

EXEMPLO 6 Esboce a curva $9x^2 - 4y^2 = 36$.

SOLUÇÃO Dividindo ambos os lados por 36, obtemos

$$\dfrac{x^2}{4} - \dfrac{y^2}{9} = 1$$

que é a equação de uma hipérbole na forma padrão (Equação 3). Visto que $a^2 = 4$, as intersecções com o eixo x são ± 2. Como $b^2 = 9$, temos $b = 3$ e as assíntotas são $y = \pm \tfrac{3}{2}x$. A hipérbole está esboçada na Figura 12.

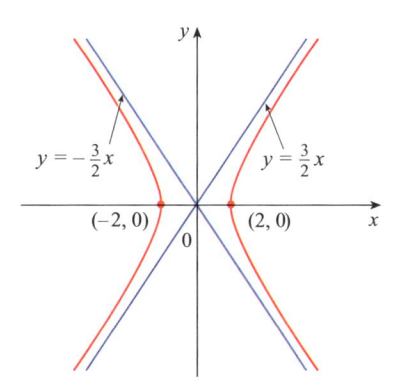

FIGURA 12
A hipérbole $9x^2 - 4y^2 = 36$

Se $b = a$, a hipérbole tem a equação $x^2 - y^2 = a^2$ (ou $y^2 - x^2 = a^2$) e é chamada *hipérbole equilátera* [veja a Figura 13(a)]. Suas assíntotas são $y = \pm x$, que são perpendiculares. Girando-se uma hipérbole equilátera em 45°, as assíntotas tornam-se os eixos x e y, e pode-se mostrar que a nova equação da hipérbole é $xy = k$, onde k é uma constante [veja a Figura 13(b)].

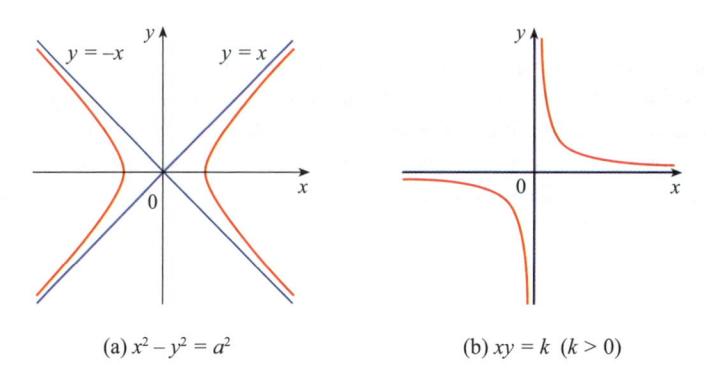

FIGURA 13
Hipérboles equiláteras

(a) $x^2 - y^2 = a^2$

(b) $xy = k$ $(k > 0)$

■ Cônicas Deslocadas

Lembre-se de que uma equação da circunferência com centro na origem e raio r é $x^2 + y^2 = r^2$, mas se o centro for o ponto (h, k), então a equação da circunferência fica

$$(x - h)^2 + (y - k)^2 = r^2$$

Analogamente, se tomarmos a elipse com a equação

$$\boxed{4} \quad \boxed{\frac{x^2}{a^2} + \frac{y^2}{b^2} = 1}$$

e a deslocarmos de forma que se seu centro esteja no ponto (h, k), então sua equação torna-se

$$\boxed{5} \quad \boxed{\frac{(x-h)^2}{a^2} + \frac{(y-k)^2}{b^2} = 1}$$

(Veja a Figura 14.)

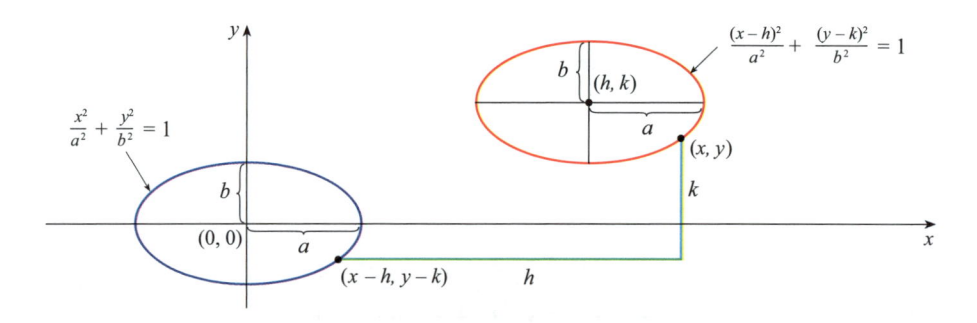

FIGURA 14

Observe que, ao transladarmos a elipse, substituímos x por $x - h$ e y por $y - k$ na Equação 4 para obter a Equação 5. Usando o mesmo procedimento, deslocamos a parábola $y = ax^2$ de forma que seu vértice (a origem) torna-se o ponto (h, k), como na Figura 15. Substituindo x por $x - h$ e y por $y - k$, vemos que a nova equação é

$$y - k = a(x - h)^2 \quad \text{ou} \quad y = a(x - h)^2 + k$$

FIGURA 15

EXEMPLO 7 Esboce o gráfico da equação $y = 2x^2 - 4x + 1$.

SOLUÇÃO Primeiro vamos completar o quadrado:

$$y = 2(x^2 - 2x) + 1 = 2(x - 1)^2 - 1$$

Nessa forma vemos que a equação representa a parábola obtida deslocando-se $y = 2x^2$ de modo que seu vértice seja o ponto $(1, -1)$. O gráfico está esboçado na Figura 16.

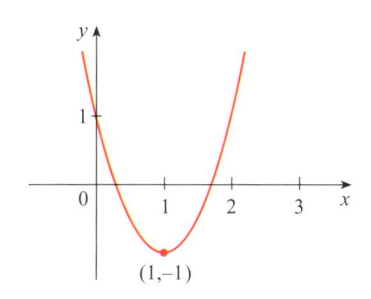

FIGURA 16
$y = 2x^2 - 4x + 1$

EXEMPLO 8 Esboce a curva $x = 1 - y^2$.

SOLUÇÃO Dessa vez começamos com a parábola $x = -y^2$ (como na Figura 6 com $a = -1$) e deslocamos uma unidade para a direita para obter o gráfico de $x = 1 - y^2$. (Veja a Figura 17.)

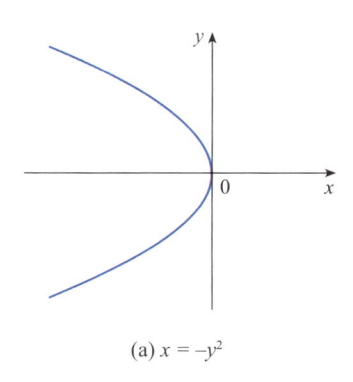

(a) $x = -y^2$ (b) $x = 1 - y^2$ FIGURA 17

C | Exercícios

1-4 Determine uma equação de uma circunferência que satisfaça as condições dadas.

1. Centro $(3, -1)$, raio 5
2. Centro $(-2, -8)$, raio 10
3. Centro na origem, passa por $(4, 7)$
4. Centro $(-1, 5)$, passa por $(-4, -6)$

5-9 Mostre que a equação representa uma circunferência e determine o centro e o raio.

5. $x^2 + y^2 - 4x + 10y + 13 = 0$
6. $x^2 + y^2 + 6y + 2 = 0$
7. $x^2 + y^2 + x = 0$
8. $16x^2 + 16y^2 + 8x + 32y + 1 = 0$
9. $2x^2 + 2y^2 - x + y = 1$

10. Que condições nos coeficientes a, b e c fazem que a equação $x^2 + y^2 + ax + by + c = 0$ represente uma circunferência? Quando a condição for satisfeita, determine o centro e o raio da circunferência.

11-32 Identifique o tipo de curva e esboce o gráfico. Não marque os pontos. Somente use os gráficos padrão dados nas Figuras 5, 6, 8, 10 e 11 e desloque se for necessário.

11. $y = -x^2$
12. $y^2 - x^2 = 1$
13. $x^2 + 4y^2 = 16$
14. $x = -2y^2$
15. $16x^2 - 25y^2 = 400$
16. $25x^2 + 4y^2 = 100$
17. $4x^2 + y^2 = 1$
18. $y = x^2 + 2$
19. $x = y^2 - 1$
20. $9x^2 - 25y^2 = 225$
21. $9y^2 - x^2 = 9$
22. $2x^2 + 5y^2 = 10$
23. $xy = 4$
24. $y = x^2 + 2x$
25. $9(x - 1)^2 + 4(y - 2)^2 = 36$
26. $16x^2 + 9y^2 - 36y = 108$
27. $y = x^2 - 6x + 13$
28. $x^2 - y^2 - 4x + 3 = 0$
29. $x = 4 - y^2$
30. $y^2 - 2x + 6y + 5 = 0$
31. $x^2 + 4y^2 - 6x + 5 = 0$
32. $4x^2 + 9y^2 - 16x + 54y + 61 = 0$

33-34 Esboce a região delimitada pelas curvas.

33. $y = 3x$, $y = x^2$
34. $y = 4 - x^2$, $x - 2y = 2$

35. Determine uma equação da parábola com vértice $(1, -1)$ que passe pelos pontos $(-1, 3)$ e $(3, 3)$.

36. Encontre uma equação da elipse com centro na origem que passe pelos pontos $(1, -10\sqrt{2}/3)$ e $(-2, 5\sqrt{5}/3)$.

37-40 Esboce o gráfico do conjunto.

37. $\{(x, y) \mid x^2 + y^2 \leq 1\}$
38. $\{(x, y) \mid x^2 + y^2 > 4\}$
39. $\{(x, y) \mid y \geq x^2 - 1\}$
40. $\{(x, y) \mid x^2 + 4y^2 \leq 4\}$

D | Trigonometria

■ Ângulos

Os ângulos podem ser medidos em graus ou radianos (abreviado por rad). O ângulo dado por uma revolução completa tem 360°, que é o mesmo que 2π rad. Portanto,

$$\boxed{1} \qquad \pi \text{ rad} = 180°$$

e

$$\boxed{2} \qquad 1 \text{ rad} = \left(\frac{180}{\pi}\right)° \approx 57{,}3° \qquad 1° = \frac{\pi}{180} \text{ rad} \approx 0{,}017 \text{ rad}$$

EXEMPLO 1

(a) Encontre a medida em radianos de 60°.   (b) Expresse $5\pi/4$ rad em graus.

SOLUÇÃO Da Equação 1 ou 2 vemos que, para converter de graus para radianos, multiplicamos por $\pi/180$. Portanto,

$$60° = 60\left(\frac{\pi}{180}\right) = \frac{\pi}{3} \text{ rad}$$

(b) Para convertermos de radianos para graus multiplicamos por $180/\pi$. Logo,

$$\frac{5\pi}{4} \text{ rad} = \frac{5\pi}{4}\left(\frac{180}{\pi}\right) = 225° \qquad ■$$

Em cálculo, usamos o radiano como medida dos ângulos, exceto quando explicitamente indicada outra unidade. A tabela a seguir fornece a correspondência entre medidas em graus e em radianos de alguns ângulos comuns.

Graus	0°	30°	45°	60°	90°	120°	135°	150°	180°	270°	360°
Radianos	0	$\frac{\pi}{6}$	$\frac{\pi}{4}$	$\frac{\pi}{3}$	$\frac{\pi}{2}$	$\frac{2\pi}{3}$	$\frac{3\pi}{4}$	$\frac{5\pi}{6}$	π	$\frac{3\pi}{2}$	2π

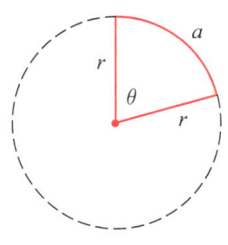

A Figura 1 mostra um setor de um círculo com ângulo central θ e raio r subtendendo um arco com comprimento a. Como o comprimento do arco é proporcional ao tamanho do ângulo, e como todo o círculo tem circunferência $2\pi r$ e ângulo central 2π, temos

$$\frac{\theta}{2\pi} = \frac{a}{2\pi r}$$

FIGURA 1

Isolando θ e a nessa equação, obtemos

$$\boxed{3} \qquad \boxed{\theta = \frac{a}{r}} \qquad \boxed{a = r\theta}$$

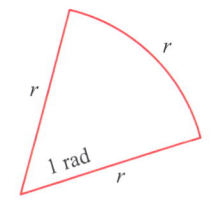

Lembre que essas equações são válidas somente quando θ é medido em radianos.

Em particular, fazendo $a = r$ na Equação 3, vemos que um ângulo de 1 rad é um ângulo subtendido no centro de um círculo por um arco com comprimento igual ao raio do círculo (veja a Figura 2).

FIGURA 2

EXEMPLO 2

(a) Se o raio de um círculo for 5 cm, qual o ângulo subtendido por um arco de 6 cm?

(b) Se um círculo tem raio 3 cm, qual é o comprimento de um arco subtendido por um ângulo central de $3\pi/8$ rad?

SOLUÇÃO

(a) Usando a Equação 3 com $a = 6$ e $r = 5$, vemos que o ângulo é

$$\theta = \tfrac{6}{5} = 1,2 \text{ rad}$$

(b) Com $r = 3$ cm e $\theta = 3\pi/8$ rad, o comprimento de arco é

$$a = r\theta = 3\left(\frac{3\pi}{8}\right) = \frac{9\pi}{8} \text{ cm}$$

A **posição padrão** de um ângulo ocorre quando colocamos seu vértice na origem do sistema de coordenadas e seu lado inicial sobre o eixo x positivo, como na Figura 3. Um ângulo **positivo** é obtido girando-se o lado inicial no sentido anti-horário até que ele coincida com o lado final; da mesma forma, ângulos **negativos** são obtidos girando-se no sentido horário, como na Figura 4.

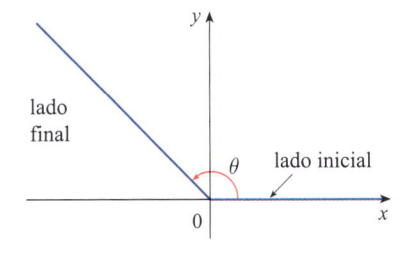

FIGURA 3 $\theta \geq 0$ 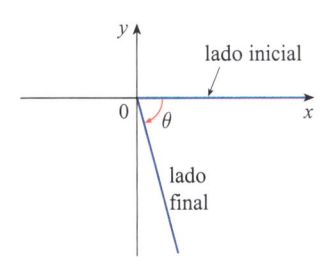   **FIGURA 4** $\theta < 0$

A Figura 5 mostra vários exemplos de ângulos em posição padrão. Observe que ângulos diferentes podem ter o mesmo lado final. Por exemplo, os ângulos $3\pi/4$, $-5\pi/4$ e $11\pi/4$ têm os mesmos lados inicial e final, pois

$$\frac{3\pi}{4} - 2\pi = -\frac{5\pi}{4} \qquad \frac{3\pi}{4} + 2\pi = \frac{11\pi}{4}$$

e 2π rad representa uma revolução completa.

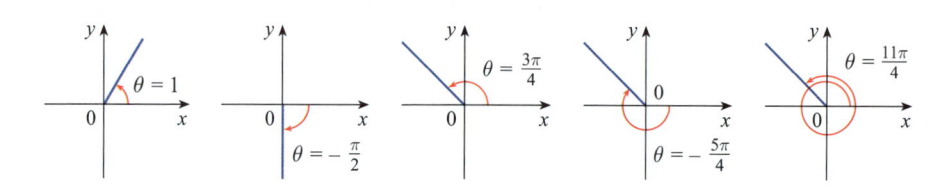

FIGURA 5
Ângulos na posição padrão

As Funções Trigonométricas

Para um ângulo agudo θ as seis funções trigonométricas são definidas como razões de comprimento de lados de um triângulo retângulo como segue (veja a Figura 6).

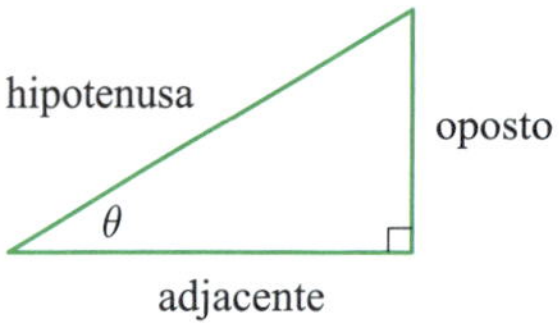

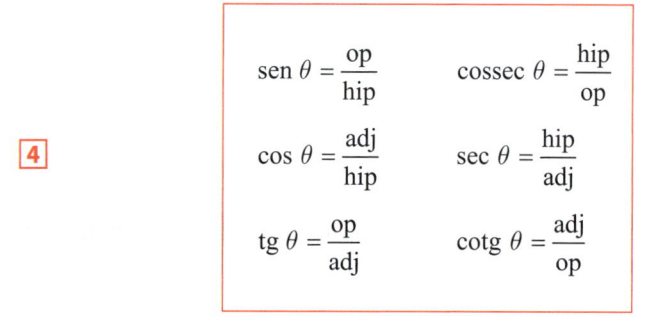

FIGURA 6

$$\boxed{4} \quad \text{sen}\, \theta = \frac{\text{op}}{\text{hip}} \qquad \text{cossec}\, \theta = \frac{\text{hip}}{\text{op}}$$
$$\cos \theta = \frac{\text{adj}}{\text{hip}} \qquad \sec \theta = \frac{\text{hip}}{\text{adj}}$$
$$\text{tg}\, \theta = \frac{\text{op}}{\text{adj}} \qquad \text{cotg}\, \theta = \frac{\text{adj}}{\text{op}}$$

Essa definição não se aplica aos ângulos obtusos ou negativos, de modo que, para um ângulo geral θ na posição padrão, tomamos $P(x, y)$ como um ponto qualquer sobre o lado final de θ e r como a distância $|OP|$, como na Figura 7. Então, definimos

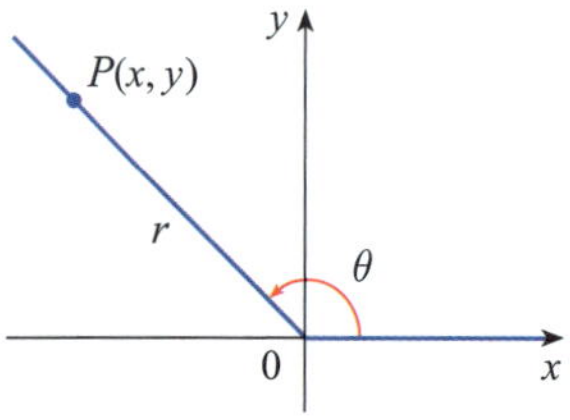

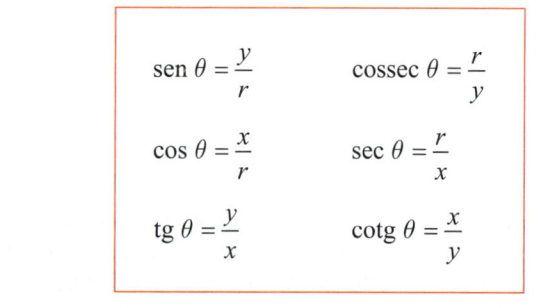

FIGURA 7

$$\boxed{5} \quad \text{sen}\, \theta = \frac{y}{r} \qquad \text{cossec}\, \theta = \frac{r}{y}$$
$$\cos \theta = \frac{x}{r} \qquad \sec \theta = \frac{r}{x}$$
$$\text{tg}\, \theta = \frac{y}{x} \qquad \text{cotg}\, \theta = \frac{x}{y}$$

Se colocarmos $r = 1$ na Definição 5 e desenharmos um círculo unitário com centro na origem e rotularmos θ como na Figura 8, então as coordenadas de P serão $(\cos \theta, \text{sen}\, \theta)$.

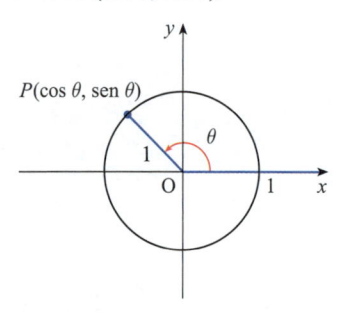

Como a divisão por 0 não é definida, tg θ e sec θ são indefinidas quando $x = 0$ e cossec θ e cotg θ são indefinidas quando $y = 0$. Observe que as definições em (4) e (5) são consistentes quando θ é um ângulo agudo.

Se θ for um número, a convenção é que sen θ significa o seno do ângulo cuja medida em *radianos* é θ. Por exemplo, a expressão sen 3 implica que estamos tratando com um ângulo de 3 rad. Ao determinarmos uma aproximação na calculadora para esse número, devemos nos lembrar de colocar a calculadora no modo radiano, e então obteremos

$$\text{sen}\, 3 \approx 0{,}14112$$

Para conhecermos o seno do ângulo 3°, escrevemos sen 3° e, com nossa calculadora no modo grau, encontramos que

$$\text{sen}\, 3° \approx 0{,}05234$$

FIGURA 8

As razões trigonométricas exatas para certos ângulos podem ser lidas dos triângulos da Figura 9. Por exemplo,

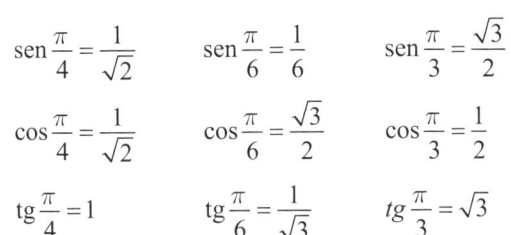

$$\operatorname{sen}\frac{\pi}{4} = \frac{1}{\sqrt{2}} \qquad \operatorname{sen}\frac{\pi}{6} = \frac{1}{6} \qquad \operatorname{sen}\frac{\pi}{3} = \frac{\sqrt{3}}{2}$$

$$\cos\frac{\pi}{4} = \frac{1}{\sqrt{2}} \qquad \cos\frac{\pi}{6} = \frac{\sqrt{3}}{2} \qquad \cos\frac{\pi}{3} = \frac{1}{2}$$

$$\operatorname{tg}\frac{\pi}{4} = 1 \qquad \operatorname{tg}\frac{\pi}{6} = \frac{1}{\sqrt{3}} \qquad \operatorname{tg}\frac{\pi}{3} = \sqrt{3}$$

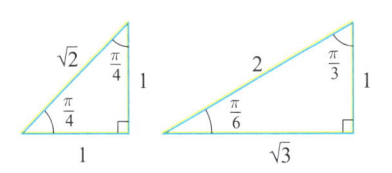

FIGURA 9

Os sinais das funções trigonométricas para ângulos em cada um dos quatro quadrantes podem ser lembrados pela regra mostrada na Figura 10 "**A**ll **S**tudents **T**ake **C**alculus".

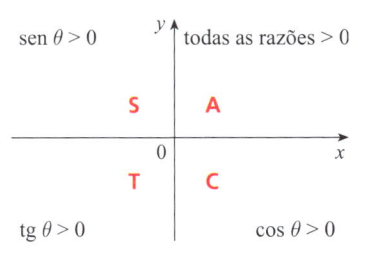

FIGURA 10

EXEMPLO 3 Encontre as razões trigonométricas exatas para $\theta = 2\pi/3$.

SOLUÇÃO Da Figura 11 vemos que um ponto sobre a reta final para $\theta = 2\pi/3$ é $P(-1, \sqrt{3})$. Portanto, tomando

$$x = -1 \qquad y = \sqrt{3} \qquad r = 2$$

nas definições das razões trigonométricas, temos

$$\operatorname{sen}\frac{2\pi}{3} = \frac{\sqrt{3}}{2} \qquad \cos\frac{2\pi}{3} = -\frac{1}{2} \qquad \operatorname{tg}\frac{2\pi}{3} = -\sqrt{3}$$

$$\operatorname{cossec}\frac{2\pi}{3} = \frac{2}{\sqrt{3}} \qquad \sec\frac{2\pi}{3} = -2 \qquad \operatorname{cotg}\frac{2\pi}{3} = -\frac{1}{\sqrt{3}}$$

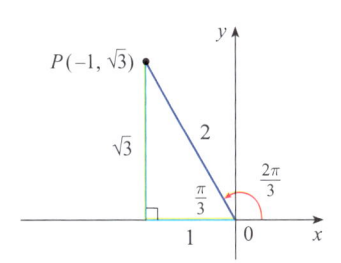

FIGURA 11

A tabela a seguir fornece alguns valores de $\operatorname{sen}\theta$ e $\cos\theta$ encontrados pelo método do Exemplo 3.

θ	0	$\frac{\pi}{6}$	$\frac{\pi}{4}$	$\frac{\pi}{3}$	$\frac{\pi}{2}$	$\frac{2\pi}{3}$	$\frac{3\pi}{4}$	$\frac{5\pi}{6}$	π	$\frac{3\pi}{2}$	2π
$\operatorname{sen}\theta$	0	$\frac{1}{2}$	$\frac{1}{\sqrt{2}}$	$\frac{\sqrt{3}}{2}$	1	$\frac{\sqrt{3}}{2}$	$\frac{1}{\sqrt{2}}$	$\frac{1}{2}$	0	-1	0
$\cos\theta$	1	$\frac{\sqrt{3}}{2}$	$\frac{1}{\sqrt{2}}$	$\frac{1}{2}$	0	$-\frac{1}{2}$	$-\frac{1}{\sqrt{2}}$	$-\frac{\sqrt{3}}{2}$	$-i$	0	1

EXEMPLO 4 Se $\cos\theta = \frac{2}{5}$ e $0 < \theta < \pi/2$, determine as outras cinco funções trigonométricas de θ.

SOLUÇÃO Como $\cos\theta = \frac{2}{5}$, podemos tomar a hipotenusa como tendo comprimento igual a 5 e o lado adjacente como tendo comprimento igual a 2 na Figura 12. Se o lado oposto tem comprimento x, então o Teorema de Pitágoras fornece $x^2 + 4 = 25$ e, portanto, $x^2 = 21$, $x = \sqrt{21}$. Podemos agora usar o diagrama para escrever as outras cinco funções trigonométricas:

$$\operatorname{sen}\theta = \frac{\sqrt{21}}{5} \qquad \operatorname{tg}\theta = \frac{\sqrt{21}}{2}$$

$$\operatorname{cossec}\theta = \frac{5}{\sqrt{21}} \qquad \sec\theta = \frac{5}{2} \qquad \operatorname{cotg} = \frac{2}{\sqrt{21}}$$

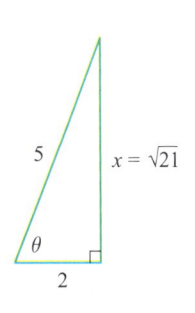

FIGURA 12

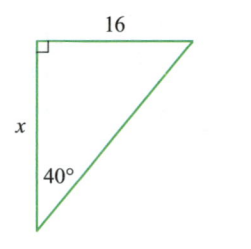

FIGURA 13

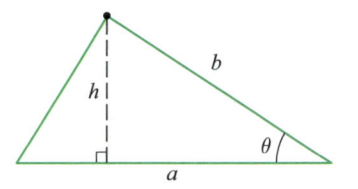

FIGURA 14

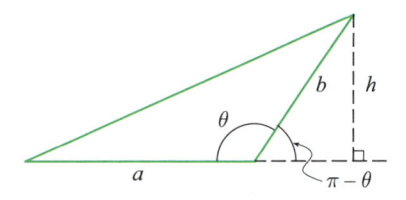

FIGURA 15

EXEMPLO 5 Use uma calculadora para aproximar o valor de x na Figura 13.

SOLUÇÃO Do diagrama vemos que

$$\operatorname{tg} 40° = \frac{16}{x}$$

Logo,
$$x = \frac{16}{\operatorname{tg} 40°} \approx 19{,}07$$

Se θ é um ângulo agudo, então a altura do triângulo mostrado na Figura 14 é $h = b \operatorname{sen} \theta$, de modo que a área do triângulo, $\mathcal{A}$, é dada por

$$\mathcal{A} = \tfrac{1}{2}(\text{base})(\text{altura}) = \tfrac{1}{2} ab \operatorname{sen} \theta$$

Se θ é obtuso, como mostrado na Figura 15, então a altura é $h = b \operatorname{sen}(\pi - \theta) = b \operatorname{sen} \theta$ (veja o Exercício 44). Assim, em ambos os casos a área do triângulo com lados de comprimento a e b e cujo ângulo compreendido entre esses lados mede θ é

$$\boxed{6} \qquad \mathcal{A} = \tfrac{1}{2} ab \operatorname{sen} \theta$$

EXEMPLO 6 Determine a área de um triângulo equilátero com lados de comprimento a.

SOLUÇÃO Todos os ângulos do triângulo equilátero medem $\pi/3$ e são adjacentes a dois lados de comprimento a, de modo que a área do triângulo é

$$\mathcal{A} = \frac{1}{2} a^2 \operatorname{sen} \frac{\pi}{3} = \frac{\sqrt{3}}{4} a^2$$

■ Identidades Trigonométricas

Uma identidade trigonométrica é uma relação entre as funções trigonométricas. As mais elementares são dadas a seguir e são consequências imediatas das definições das funções trigonométricas.

$$\boxed{7} \quad \boxed{\begin{array}{ccc} \operatorname{cossec} \theta = \dfrac{1}{\operatorname{sen} \theta} & \sec \theta = \dfrac{1}{\cos \theta} & \operatorname{cotg} \theta = \dfrac{1}{\operatorname{tg} \theta} \\[6pt] \operatorname{tg} \theta = \dfrac{\operatorname{sen} \theta}{\cos \theta} & \operatorname{cotg} \theta = \dfrac{\cos \theta}{\operatorname{sen} \theta} & \end{array}}$$

Para a próxima identidade, voltemos à Figura 7. A fórmula da distância (ou, de maneira equivalente, o Teorema de Pitágoras) nos diz que $x^2 + y^2 = r^2$. Portanto,

$$\operatorname{sen}^2 \theta + \cos^2 \theta = \frac{y^2}{r^2} + \frac{x^2}{r^2} = \frac{x^2 + y^2}{r^2} = \frac{r^2}{r^2} = 1$$

Demonstramos, portanto, uma das mais úteis identidades da trigonometria:

$$\boxed{8} \qquad \boxed{\operatorname{sen}^2 \theta + \cos^2 \theta = 1}$$

Se agora dividirmos ambos os lados da Equação 8 por $\cos^2 \theta$ e usarmos as Equações 7, obteremos

$$\boxed{9} \qquad \boxed{\operatorname{tg}^2 \theta + 1 = \sec^2 \theta}$$

Analogamente, se dividirmos ambos os lados da Equação 8 por sen²θ, obteremos

$$\boxed{1 + \operatorname{cotg}^2 \theta = \operatorname{cossec}^2 \theta} \quad \boxed{10}$$

As identidades

$$\boxed{\begin{aligned} \operatorname{sen}(-\theta) &= -\operatorname{sen}\theta \\ \cos(-\theta) &= \cos\theta \end{aligned}} \quad \boxed{\text{11a}} \\ \boxed{\text{11b}}$$

indicam que seno é uma função ímpar e o cosseno uma função par. Elas são facilmente demonstradas desenhando um diagrama mostrando θ e $-\theta$ na posição padrão (veja o Exercício 39).

As funções ímpares e as funções pares são discutidas na Seção 1.1.

Uma vez que os ângulos θ e $\theta + 2\pi$ têm o mesmo lado final, temos

$$\boxed{12} \quad \operatorname{sen}(\theta + 2\pi) = \operatorname{sen}\theta \qquad \cos(\theta + 2\pi) = \cos\theta$$

Essas identidades revelam que as funções seno e cosseno são periódicas com período 2π.

As identidades trigonométricas restantes são todas consequências de duas identidades básicas chamadas **fórmulas da adição**:

$$\boxed{\begin{aligned} \operatorname{sen}(x+y) &= \operatorname{sen} x \cos y + \cos x \operatorname{sen} y \\ \cos(x+y) &= \cos x \cos y - \operatorname{sen} x \operatorname{sen} y \end{aligned}} \quad \boxed{\text{13a}} \\ \boxed{\text{13b}}$$

As demonstrações dessas fórmulas de adição estão resumidas nos Exercícios 89, 90 e 91.

Substituindo $-y$ por y nas Equações 13a e 13b e usando as Equações 11a e 11b, obtemos as seguintes **fórmulas de subtração**:

$$\boxed{\begin{aligned} \operatorname{sen}(x-y) &= \operatorname{sen} x \cos y - \cos x \operatorname{sen} y \\ \cos(x-y) &= \cos x \cos y + \operatorname{sen} x \operatorname{sen} y \end{aligned}} \quad \boxed{\text{14a}} \\ \boxed{\text{14b}}$$

Então, dividindo as fórmulas nas Equações 13 ou 14, obtemos as fórmulas correspondentes para tg$(x \pm y)$:

$$\boxed{\begin{aligned} \operatorname{tg}(x+y) &= \frac{\operatorname{tg} x + \operatorname{tg} y}{1 - \operatorname{tg} x \ \operatorname{tg} y} \\ \operatorname{tg}(x-y) &= \frac{\operatorname{tg} x - \operatorname{tg} y}{1 + \operatorname{tg} x \ \operatorname{tg} y} \end{aligned}} \quad \boxed{\text{15a}} \\ \boxed{\text{15b}}$$

Se fizermos $y = x$ nas fórmulas de adição (13), obteremos as **fórmulas dos ângulos duplos**:

$$\boxed{\begin{aligned} \operatorname{sen} 2x &= 2\operatorname{sen} x \cos x \\ \cos 2x &= \cos^2 x - \operatorname{sen}^2 x \end{aligned}} \quad \boxed{\text{16a}} \\ \boxed{\text{16b}}$$

Então, usando a identidade sen²x + cos²x = 1, obtemos as seguintes formas alternativas de fórmulas de ângulos duplos para cos $2x$:

$$\boxed{\begin{aligned} \cos 2x &= 2\cos^2 x - 1 \\ \cos 2x &= 1 - 2\operatorname{sen}^2 x \end{aligned}} \quad \boxed{\text{17a}} \\ \boxed{\text{17b}}$$

Se agora isolarmos $\cos^2 x$ e $\sen^2 x$ nestas equações, obteremos as seguintes **fórmulas do ângulo-metade**, que são úteis em cálculo integral:

18a $$\cos^2 x = \frac{1+\cos 2x}{2}$$

18b $$\sen^2 x = \frac{1-\cos 2x}{2}$$

Finalmente, enunciamos as **fórmulas do produto** que podem ser deduzidas das Equações 13 e 14:

19a $$\sen x \cos y = \tfrac{1}{2}[\sen(x+y)+\sen(x-y)]$$

19b $$\cos x \cos y = \tfrac{1}{2}[\cos(x+y)+\cos(x-y)]$$

19c $$\sen x \sen y = \tfrac{1}{2}[\cos(x-y)-\cos(x+y)]$$

Há muitas outras identidades trigonométricas, mas as aqui enunciadas são algumas das mais usadas no cálculo. Se você se esquecer alguma das identidades 14-19, lembre-se de que elas podem ser deduzidas das Equações 13a e 13b.

EXEMPLO 7 Determine todos os valores de x no intervalo $[0, 2\pi]$ tal que $\sen x = \sen 2x$.

SOLUÇÃO Usando a fórmula do ângulo duplo (16a), reescrevemos a equação dada como

$$\sen x = 2 \sen x \cos x \quad \text{ou} \quad \sen x (1 - 2\cos x) = 0$$

Portanto, há duas possibilidades:

$$\sen x = 0 \quad \text{ou} \quad 1 - 2\cos x = 0$$
$$x = 0, \pi, 2\pi \qquad \cos x = \tfrac{1}{2}$$
$$\qquad\qquad\qquad\qquad x = \frac{\pi}{3}, \frac{5\pi}{3}$$

A equação dada tem cinco soluções: 0, $\pi/3$, π, $5\pi/3$ e 2π. ■

■ A Lei dos Senos e a Lei dos Cossenos

A **Lei dos Senos** estabelece que, em qualquer triângulo, os comprimentos dos lados são proporcionais aos senos dos ângulos opostos correspondentes. Para apresentá-la, denotaremos A, B e C os vértices de um triângulo, bem como os ângulos correspondentes a esses vértices, e seguiremos a convenção de denominar a, b e c os comprimentos dos lados opostos correspondentes, como mostrado na Figura 16.

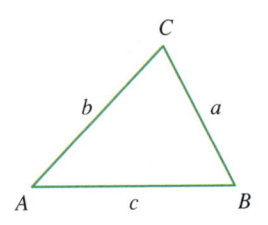

FIGURA 16

Lei dos Senos Em qualquer triângulo ABC

$$\frac{\sen A}{a} = \frac{\sen B}{b} = \frac{\sen C}{c}$$

DEMONSTRAÇÃO Segundo a Fórmula 6, a área do triângulo ABC apresentado na Figura 16 é $\tfrac{1}{2}ab \sen C$. Segundo a mesma fórmula, a área também é dada por $\tfrac{1}{2}ac \sen B$ e por $\tfrac{1}{2}bc \sen A$. Logo,

$$\tfrac{1}{2} bc \operatorname{sen} A = \tfrac{1}{2} ac \operatorname{sen} B = \tfrac{1}{2} ab \operatorname{sen} C$$

e multiplicando os três termos por $2/abc$, obtemos a Lei dos Senos. ∎

A **Lei dos Cossenos** exprime o comprimento de um lado de um triângulo em função dos outros dois lados e do ângulo compreendido entre eles.

Lei dos Cossenos Em qualquer triângulo ABC

$$a^2 = b^2 + c^2 - 2bc \cos A$$
$$b^2 = a^2 + c^2 - 2ac \cos B$$
$$c^2 = a^2 + b^2 - 2ab \cos C$$

DEMONSTRAÇÃO Provaremos a primeira fórmula; a demonstração das outras duas é feita de forma similar. Posicione o triângulo no plano coordenado, de modo que o vértice A esteja sobre a origem, como mostrado na Figura 17. As coordenadas dos vértices B e C são, respectivamente, $(c, 0)$ e $(b \cos A, b \operatorname{sen} A)$. (Você deve conferir que as coordenadas desses pontos serão as mesmas se traçarmos um triângulo cujo ângulo A é agudo.) Empregando a fórmula da distância, temos

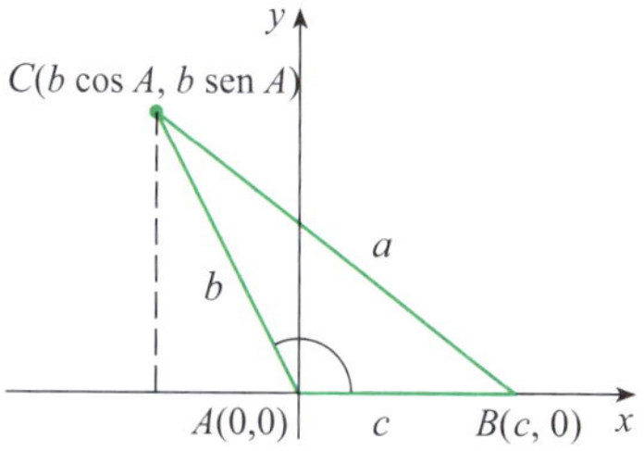

$$\begin{aligned} a^2 &= (b \cos A - c)^2 + (b \operatorname{sen} A - 0)^2 \\ &= b^2 \cos^2 A - 2bc \cos A + c^2 + b^2 \operatorname{sen}^2 A \\ &= b^2 (\cos^2 A + \operatorname{sen}^2 A) - 2bc \cos A + c^2 \\ &= b^2 + c^2 - 2bc \cos A \qquad \text{(pela Fórmula 8)} \end{aligned}$$

∎

FIGURA 17

A Lei dos Cossenos pode ser usada para demonstrar a seguinte fórmula da área, na qual supomos serem conhecidos apenas os comprimentos dos lados de um triângulo.

Fórmula de Heron A área $\mathcal{A}$ de um triângulo ABC qualquer é dada por

$$\mathcal{A} = \sqrt{s(s-a)(s-b)(s-c)}$$

em que $s = \tfrac{1}{2}(a+b+c)$ é o *semiperímetro* do triângulo.

DEMONSTRAÇÃO Aplicando inicialmente a Lei dos Cossenos, obtém-se

$$1 + \cos C = 1 + \frac{a^2 + b^2 - c^2}{2ab} = \frac{2ab + a^2 + b^2 - c^2}{2ab}$$
$$= \frac{(a+b)^2 - c^2}{2ab} = \frac{(a+b+c)(a+b-c)}{2ab}$$

De forma similar,

$$1 - \cos C = \frac{(c+a-b)(c-a+b)}{2ab}$$

Logo, pela Fórmula 6, tem-se

$$\begin{aligned} \mathcal{A}^2 &= \tfrac{1}{4} a^2 b^2 \operatorname{sen}^2 \theta = \tfrac{1}{4} a^2 b^2 (1 - \cos^2 \theta) \\ &= \tfrac{1}{4} a^2 b^2 (1 + \cos \theta)(1 - \cos^2 \theta) \end{aligned}$$

$$= \tfrac{1}{4}a^2b^2\,\frac{(a+b+c)(a+b-c)}{2ab}\,\frac{(c+a-b)(c-a+b)}{2ab}$$

$$= \frac{(a+b+c)}{2}\frac{(a+b-c)}{2}\frac{(c+a-b)}{2}\frac{(c-a+b)}{2}$$

$$= s(s-c)(s-b)(s-a)$$

Extraindo a raiz quadrada dos dois lados dessa equação, chega-se à Fórmula de Heron. ■

Gráficos das Funções Trigonométricas

O gráfico da função $f(x) = \operatorname{sen} x$, mostrado na Figura 18(a), é obtido desenhando-se os pontos para $0 \le x \le 2\pi$ e então usando-se a periodicidade da função (da Equação 12) para completar o gráfico. Observe que os zeros da função seno ocorrem em múltiplos inteiros de π, isto é,

$$\operatorname{sen} x = 0 \quad \text{sempre que } x = n\pi, \quad \text{com } n \text{ um número inteiro}$$

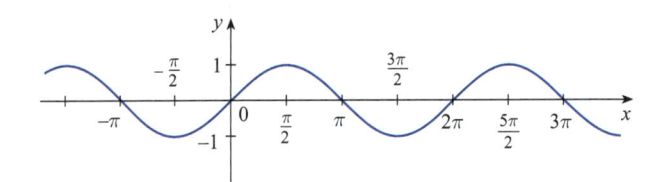

(a) $f(x) = \operatorname{sen} x$

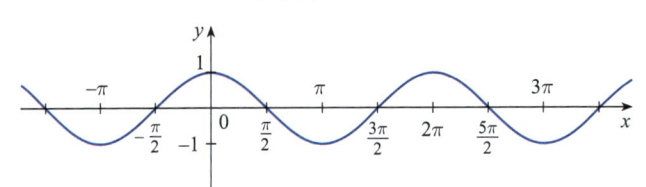

(b) $g(x) = \cos x$

FIGURA 18

Em virtude da identidade

$$\cos x = \operatorname{sen}\!\left(x + \frac{\pi}{2}\right)$$

(que pode ser verificada usando-se a Equação 13a), o gráfico do cosseno é obtido deslocando-se em $\pi/2$ para a esquerda o gráfico do seno [veja a Figura 18(b)]. Observe que tanto para a função seno quanto para a função cosseno o domínio é $(-\infty, \infty)$, e a imagem é o intervalo fechado $[-1, 1]$. Dessa forma, para todos os valores de x, temos

$$-1 \le \operatorname{sen} x \le 1 \qquad -1 \le \cos x \le 1$$

Os gráficos das quatro funções trigonométricas restantes estão mostrados na Figura 19, e seus domínios estão ali indicados. Observe que a tangente e a cotangente têm a mesma imagem $(-\infty, \infty)$, enquanto a cossecante e a secante têm como imagem $(-\infty, -1] \cup [1, \infty)$. Todas as funções são periódicas: tangente e cotangente têm período π, ao passo que cossecante e secante possuem período 2π.

(a) $y = \operatorname{tg} x$

(b) $y = \operatorname{cotg} x$

(c) $y = \operatorname{cossec} x$

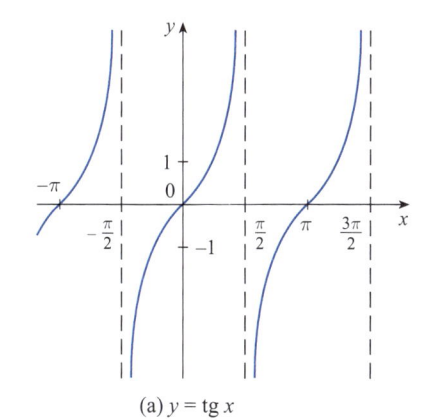

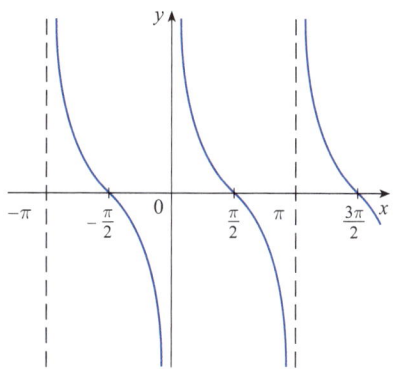

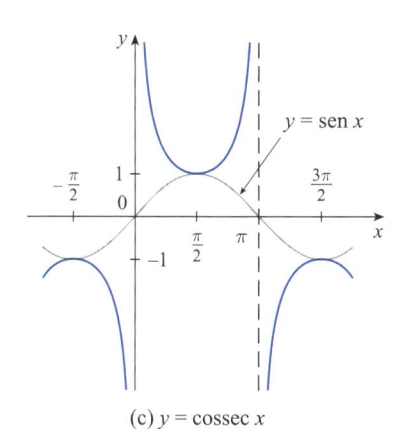

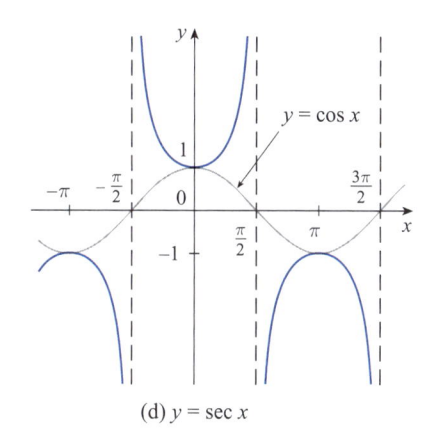

(d) $y = \sec x$

FIGURA 19

D | Exercícios

1-6 Converta de graus para radianos.

1. 210° **2.** 300° **3.** 9°

4. −315° **5.** 900° **6.** 36°

7-12 Converta de radianos para graus.

7. 4π **8.** $-\dfrac{7\pi}{2}$ **9.** $\dfrac{5\pi}{12}$

10. $\dfrac{8\pi}{3}$ **11.** $-\dfrac{3\pi}{8}$ **12.** 5

13. Determine o comprimento de um arco circular subtendido pelo ângulo de $\pi/12$ rad se o raio do círculo for de 36 cm.

14. Se um círculo tem raio de 10 cm, qual é o comprimento de arco subtendido pelo ângulo central de 72°?

15. Um círculo tem raio de 1,5 m. Qual o ângulo subtendido no centro do círculo por um arco de 1 m de comprimento?

16. Determine o raio de um setor circular com ângulo $3\pi/4$ e comprimento de arco 6 cm.

17-22 Desenhe, na posição padrão, o ângulo cuja medida é dada.

17. 315° **18.** −150° **19.** $-\dfrac{3\pi}{4}$ rad

20. $\dfrac{7\pi}{3}$ rad **21.** 2 rad **22.** −3 rad

23-28 Determine as razões trigonométricas exatas para o ângulo cuja medida em radianos é dada.

23. $\dfrac{3\pi}{4}$ **24.** $\dfrac{4\pi}{3}$ **25.** $\dfrac{9\pi}{2}$

26. -5π **27.** $\dfrac{5\pi}{6}$ **28.** $\dfrac{11\pi}{4}$

29-34 Determine as demais razões trigonométricas.

29. $\operatorname{sen} \theta = \dfrac{3}{5}, \quad 0 < \theta < \dfrac{\pi}{2}$

30. $\operatorname{tg} \alpha = 2, \quad 0 < \alpha < \dfrac{\pi}{2}$

31. $\sec \phi = -1{,}5, \quad \dfrac{\pi}{2} < \phi < \pi$

32. $\cos x = -\dfrac{1}{3}, \quad \pi < x < \dfrac{3\pi}{2}$

33. $\operatorname{cotg} \beta = 3, \quad \pi < \beta < 2\pi$

34. $\operatorname{cossec} \theta = -\dfrac{4}{3}, \quad \dfrac{3\pi}{2} < \theta < 2\pi$

35-38 Determine, com precisão de cinco casas decimais, o comprimento do lado chamado de x.

35.

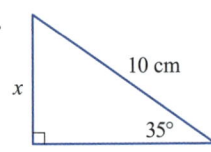

Triângulo retângulo com hipotenusa 10 cm, ângulo 35°, cateto x.

36.

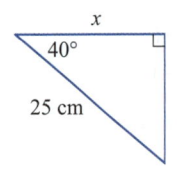

Triângulo retângulo com hipotenusa 25 cm, ângulo 40°, cateto x.

37.

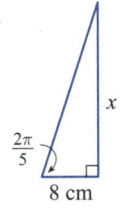

Triângulo retângulo com cateto 8 cm, ângulo $\frac{2\pi}{5}$, hipotenusa x.

38.

Triângulo retângulo com cateto 22 cm, ângulo $\frac{3\pi}{8}$, cateto x.

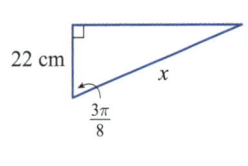

39-41 Demonstre cada equação.

39. (a) Equação 11a   (b) Equação 11b
40. (a) Equação 15a   (b) Equação 15b
41. (a) Equação 19a   (b) Equação 19b
    (c) Equação 19c

42-58 Demonstre a identidade.

42. $\cos\left(\dfrac{\pi}{2} - x\right) = \operatorname{sen} x$

43. $\operatorname{sen}\left(\dfrac{\pi}{2} - + x\right) = \cos x$

44. $\operatorname{sen}(\pi - x) = \operatorname{sen} x$

45. $\operatorname{sen}\theta \operatorname{cotg}\theta = \cos\theta$

46. $(\operatorname{sen} x + \cos x)^2 = 1 + \operatorname{sen} 2x$

47. $\sec y - \cos y = \operatorname{tg} y \operatorname{sen} y$

48. $\operatorname{tg}^2 \alpha - \operatorname{sen}^2 \alpha = \operatorname{tg}^2 \alpha \operatorname{sen}^2 \alpha$

49. $\operatorname{cotg}^2 \theta + \sec^2 \theta = \operatorname{tg}^2 \theta + \operatorname{cossec}^2 \theta$

50. $2 \operatorname{cossec} 2t = \sec t \operatorname{cossec} t$

51. $\operatorname{tg} 2\theta = \dfrac{2 \operatorname{tg} \theta}{1 - \operatorname{tg}^2 \theta}$

52. $\dfrac{1}{1 - \operatorname{sen}\theta} + \dfrac{1}{1 + \operatorname{sen}\theta} = 2\sec^2\theta$

53. $\operatorname{sen} x \operatorname{sen} 2x + \cos x \cos 2x = \cos x$

54. $\operatorname{sen}^2 x - \operatorname{sen}^2 y = \operatorname{sen}(x+y) \operatorname{sen}(x-y)$

55. $\dfrac{\operatorname{sen}\phi}{1 - \cos\phi} = \operatorname{cossec}\phi + \operatorname{cotg}\phi$

56. $\operatorname{tg} x + \operatorname{tg} y = \dfrac{\operatorname{sen}(x+y)}{\cos x \cos y}$

57. $\operatorname{sen} 3\theta + \operatorname{sen}\theta = 2 \operatorname{sen} 2\theta \cos\theta$

58. $\cos 3\theta = 4 \cos^3\theta - 3\cos\theta$

59-64 Se $\operatorname{sen} x = \frac{1}{3}$ e $\sec y = \frac{5}{4}$, onde x e y estão entre 0 e $\pi/2$, calcule a expressão.

59. $\operatorname{sen}(x+y)$ **60.** $\cos(x+y)$
61. $\cos(x-y)$ **62.** $\operatorname{sen}(x-y)$

63. $\operatorname{sen} 2y$ **64.** $\cos 2y$

65-72 Encontre todos os valores de x no intervalo $[0, 2\pi]$ que satisfaçam a equação.

65. $2\cos x - 1 = 0$
66. $3 \operatorname{cotg}^2 x = 1$
67. $2\operatorname{sen}^2 x = 1$
68. $|\operatorname{tg} x| = 1$
69. $\operatorname{sen} 2x = \cos x$
70. $2\cos x + \operatorname{sen} 2x = 0$
71. $\operatorname{sen} x = \operatorname{tg} x$
72. $2 + \cos 2x = 3\cos x$

73-76 Determine todos os valores de x no intervalo $[0, 2\pi]$ que satisfaçam a desigualdade.

73. $\operatorname{sen} x \leq \frac{1}{2}$
74. $2\cos x + 1 > 0$
75. $-1 < \operatorname{tg} x < 1$
76. $\operatorname{sen} x > \cos x$

77. No triângulo ABC, $\angle A = 50°$, $\angle B = 68°$ e $c = 230$. Use a Lei dos Senos para determinar os comprimentos dos lados e os ângulos restantes, com precisão de duas casas decimais.

78. No triângulo ABC, $a = 3{,}0$, $b = 4{,}0$ e $\angle C = 53°$. Use a Lei dos Cossenos para determinar c, com precisão de duas casas decimais.

79. Para determinar a distância $|AB|$ entre pontos separados por uma pequena enseada, introduziu-se um ponto C como ilustrado na figura e efetuou-se as seguintes medidas:

$\angle C = 103°$ $|AC| = 820$ m $|BC| = 910$ m

Use a Lei dos Cossenos para determinar a distância desejada.

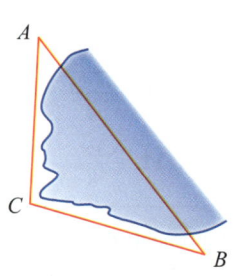

80. No triângulo ABC, $a = 100$, $c = 200$ e $\angle B = 160°$. Determine b e $\angle A$, com precisão de duas casas decimais.

81. Determine a área do triângulo ABC, com precisão de cinco casas decimais, supondo que

$|AB| = 10$ cm $|BC| = 3$ cm $\angle B = 107°$

82. No triângulo ABC, $a = 4$, $b = 5$ e $c = 7$. Determine a área do triângulo.

83-88 Faça o gráfico da função começando com o gráfico das Figuras 18 e 19 e aplicando as transformações da Seção 1.3 quando apropriado.

83. $y = \cos\left(x - \dfrac{\pi}{3}\right)$

84. $y = \operatorname{tg} 2x$

85. $y = \dfrac{1}{3} \operatorname{tg}\left(x - \dfrac{\pi}{2}\right)$

86. $y = 1 + \sec x$

87. $y = |\operatorname{sen} x|$

88. $y = 2 + \operatorname{sen}\left(x + \dfrac{\pi}{4}\right)$

---

89. Use a figura para demonstrar a fórmula da subtração

$$(\cos\alpha - \beta) = \cos\alpha\cos\beta + \operatorname{sen}\alpha\operatorname{sen}\beta$$

[*Dica*: Calcule c^2 de duas maneiras (usando a Lei dos Cossenos e também a fórmula da distância) e compare as duas expressões.]

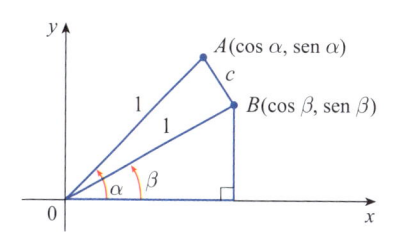

90. Use a fórmula do Exercício 89 para demonstrar a fórmula da adição para cosseno (13b).

91. Use a fórmula da adição para cosseno e as identidades

$$\cos\left(\dfrac{\pi}{2} - \theta\right) = \operatorname{sen}\theta \qquad \operatorname{sen}\left(\dfrac{\pi}{2} - \theta\right) = \cos\theta$$

para demonstrar a fórmula da subtração (14a) para a função seno.

E | Notação Sigma

Uma maneira conveniente de escrever as somas usa a letra grega Σ (sigma maiúsculo, correspondente à nossa letra S) e é chamada **notação de somatória (ou notação sigma)**.

> **1 Definição** Se $a_m, a_{m+1}, \ldots, a_n$ forem números reais e m e n inteiros tais que $m \leq n$, então
> $$\sum_{i=m}^{n} a_i = a_m + a_{m+1} + a_{m+2} + \cdots + a_{n-1} + a_n$$

Isso nos diz para terminar com $i = n$.

Isso nos diz para somar. $\longrightarrow \sum_{i=m}^{n} a_i$

Isso nos diz para começar com $i = m$.

Com a notação de função, a Definição 1 pode ser escrita como

$$\sum_{i=m}^{n} f(i) = f(m) + f(m+1) + f(m+2) + \cdots + f(n-1) + f(n)$$

Assim, o símbolo $\sum_{i=m}^{n}$ indica uma soma na qual a letra i (denominada **índice da somatória**) assume valores inteiros consecutivos começando em m e terminando em n, isto é, $m, m+1, \ldots, n$. Outras letras também podem ser usadas como índice da somatória.

EXEMPLO 1

(a) $\displaystyle\sum_{i=1}^{4} i^2 = 1^2 + 2^2 + 3^2 + 4^2 = 30$

(b) $\displaystyle\sum_{i=3}^{n} i = 3 + 4 + 5 + \cdots + (n-1) + n$

(c) $\displaystyle\sum_{j=0}^{5} 2^j = 2^0 + 2^1 + 2^2 + 2^3 + 2^4 + 2^5 = 63$

(d) $\displaystyle\sum_{k=1}^{n} \dfrac{1}{k} = 1 + \dfrac{1}{2} + \dfrac{1}{3} + \cdots + \dfrac{1}{n}$

(e) $\displaystyle\sum_{i=1}^{3} \dfrac{i-1}{i^2+3} = \dfrac{1-1}{1^2+3} + \dfrac{2-1}{2^2+3} + \dfrac{3-1}{3^2+3} = 0 + \dfrac{1}{7} + \dfrac{1}{6} = \dfrac{13}{42}$

(f) $\displaystyle\sum_{i=1}^{4} 2 = 2 + 2 + 2 + 2 = 8$ ∎

EXEMPLO 2 Escreva a soma $2^3 + 3^3 + \cdots + n^3$ na notação de somatória.

SOLUÇÃO Não há uma maneira única de escrever uma soma na notação de somatória. Poderíamos escrever

$$2^3 + 3^3 + \cdots + n^3 = \sum_{i=2}^{n} i^3$$

ou

$$2^3 + 3^3 + \cdots + n^3 = \sum_{j=1}^{n-1} (j+1)^3$$

ou

$$2^3 + 3^3 + \cdots + n^3 = \sum_{k=0}^{n-2} (k+2)^3$$

O teorema a seguir apresenta três regras simples para se trabalhar com a notação de somatória.

2 Teorema Se c for uma constante qualquer (isto é, não depender de i), então

(a) $\displaystyle\sum_{i=m}^{n} ca_i = c \sum_{i=m}^{n} a_i$ (b) $\displaystyle\sum_{i=m}^{n} (a_i + b_i) = \sum_{i=m}^{n} a_i + \sum_{i=m}^{n} b_i$

(c) $\displaystyle\sum_{i=m}^{n} (a_i - b_i) = \sum_{i=m}^{n} a_i - \sum_{i=m}^{n} b_i$

DEMONSTRAÇÃO Para vermos por que essas regras são verdadeiras, devemos escrever ambos os lados na forma expandida. A regra (a) é tão somente a propriedade distributiva dos números reais:

$$ca_m + ca_{m+1} + \cdots + ca_n = c(a_m + a_{m+1} + \cdots + a_n)$$

A regra (b) segue das propriedades associativa e comutativa:

$$(a_m + b_m) + (a_{m+1} + b_{m+1}) + \cdots + (a_n + b_n)$$
$$= (a_m + a_{m+1} + \cdots + a_n) + (b_m + b_{m+1} + \cdots + b_n)$$

A regra (c) é demonstrada de modo análogo. ∎

EXEMPLO 3 Encontre $\displaystyle\sum_{i=1}^{n} 1$.

SOLUÇÃO
$$\sum_{i=1}^{n} 1 = \underbrace{1 + 1 + \cdots + 1}_{n \text{ termos}} = n$$

EXEMPLO 4 Demonstre a fórmula para a soma do n primeiros inteiros positivos:

$$\sum_{i=1}^{n} i = 1 + 2 + 3 + \cdots + n = \frac{n(n+1)}{2}$$

A indução matemática é discutida na seção Princípios da Resolução de Problemas, apresentada após o Capítulo 1.

SOLUÇÃO Essa fórmula pode ser demonstrada por indução matemática ou pelo método a seguir, usado pelo matemático alemão Karl Friedrich Gauss (1777-1855) quando ele tinha 10 anos de idade.

Escreva a soma S duas vezes, uma na ordem usual e a outra na ordem invertida:

$$S = 1 + 2 + 3 + \cdots + (n-1) + n$$
$$S = n + (n-1) + (n-2) + \cdots + 2 + 1$$

Somando-se verticalmente todas as colunas, obtemos

$$2S = (n+1) + (n+1) + (n+1) + \cdots + (n+1) + (n+1)$$

Do lado direito existem n termos, cada um dos quais é $n+1$; portanto,

$$2S = n(n+1) \quad \text{ou} \quad S = \frac{n(n+1)}{2}$$

EXEMPLO 5 Demonstre a fórmula para a soma dos quadrados dos n primeiros inteiros positivos:

$$\sum_{i=1}^{n} i^2 = 1^2 + 2^2 + 3^2 + \cdots n^2 = \frac{n(n+1)(2n+1)}{6}$$

SOLUÇÃO 1 Seja S a soma desejada. Começamos com a *soma telescópica* (ou soma reduzida):

$$\sum_{i=1}^{n} [(1+i)^3 - i^3] = (2^3 - 1^3) + (3^3 - 2^3) + (4^3 - 3^3) + \cdots + [(n+1)^3 - n^3]$$

$$= (n+1)^3 - 1^3 = n^3 + 3n^2 + 3n$$

A maioria dos termos se cancela em pares.

Por outro lado, usando o Teorema 2 e os Exemplos 3 e 4, temos

$$\sum_{i=1}^{n}[(1+i)^3 - i^3] = \sum_{i=1}^{n}[3i^2 + 3i + 1] = 3\sum_{i=1}^{n} i^2 + 3\sum_{i=1}^{n} i + \sum_{i=1}^{n} 1$$

$$= 3S + 3\frac{n(n+1)}{2} + n = 3S + \tfrac{3}{2}n^2 + \tfrac{5}{2}n$$

Então temos

$$n^3 + 3n^2 + 3n = 3S + \tfrac{3}{2}n^2 + \tfrac{5}{2}n$$

Isolando S nessa equação, obtemos

$$3S = n^3 + \tfrac{3}{2}n^2 + \tfrac{1}{2}n$$

ou

$$S = \frac{2n^3 + 3n^2 + n}{6} = \frac{n(n+1)(2n+1)}{6}$$

SOLUÇÃO 2 Seja S_n a fórmula dada.

1. S_1 é verdadeira, pois $\quad 1^2 = \dfrac{1(1+1)(2\cdot 1+1)}{6}$

2. Suponha que S_k seja verdadeira; isto é,

$$1^2 + 2^2 + 3^2 + \cdots + k^2 = \frac{k(k+1)(2k+1)}{6}$$

Então,

$$1^2 + 2^2 + 3^2 + \cdots + (k+1)^2 = (1^2 + 2^2 + 3^2 + \cdots + k^2) + (k+1)^2$$

$$= \frac{k(k+1)(2k+1)}{6} + (k+1)^2$$

$$= (k+1)\frac{k(2k+1) + 6(k+1)}{6}$$

Princípio de Indução Matemática

Seja S_n uma afirmativa envolvendo o inteiro positivo n. Suponha que
1. S_1 seja verdadeira.
2. Se S_k for verdadeira, então S_{k+1} é verdadeira.

Então, S_n é verdadeira para todos inteiros positivos n.

$$= (k+1)\frac{2k^2 + 7k + 6}{6}$$

$$= \frac{(k+1)(k+2)(2k+3)}{6}$$

$$= \frac{(k+1)[(k+1)+1][2(k+1)+1]}{6}$$

Logo, S_{k+1} é verdadeira.

Pelo Princípio da Indução Matemática, S_n é verdadeira para todo n. ∎

Vamos agrupar os resultados dos Exemplos 3, 4 e 5 com um resultado similar para cubos (veja os Exercícios 37-40) como o Teorema 3. Essas fórmulas são necessárias para encontrar áreas e calcular integrais no Capítulo 5.

3 Teorema Seja c uma constante e n um inteiro positivo. Então,

(a) $\sum_{i=1}^{n} 1 = n$

(b) $\sum_{i=1}^{n} c = nc$

(c) $\sum_{i=1}^{n} i = \frac{n(n+1)}{2}$

(d) $\sum_{i=1}^{n} i^2 = \frac{n(n+1)(2n+1)}{6}$

(e) $\sum_{i=1}^{n} i^3 = \left[\frac{n(n+1)}{2}\right]^2$

EXEMPLO 6 Calcule $\sum_{i=1}^{n} i(4i^2 - 3)$.

SOLUÇÃO Usando os Teoremas 2 e 3, temos

$$\sum_{i=1}^{n} i(4i^2 - 3) = \sum_{i=1}^{n} (4i^3 - 3i) = 4\sum_{i=1}^{n} i^3 - 3\sum_{i=1}^{n} i$$

$$= 4\left[\frac{n(n+1)}{2}\right]^2 - 3\frac{n(n+1)}{2}$$

$$= \frac{n(n+1)[2n(n+1) - 3]}{2}$$

$$= \frac{n(n+1)(2n^2 + 2n - 3)}{2}$$

∎

EXEMPLO 7 Encontre $\lim_{n\to\infty} \sum_{i=1}^{n} \frac{3}{n}\left[\left(\frac{i}{n}\right)^2 + 1\right]$.

SOLUÇÃO

O tipo de cálculo do Exemplo 7 ocorre no Capítulo 5, quando calculamos áreas.

$$\lim_{n\to\infty} \sum_{i=1}^{n} \frac{3}{n}\left[\left(\frac{i}{n}\right)^2 + 1\right] = \lim_{n\to\infty} \sum_{i=1}^{n} \left[\frac{3}{n^3}i^2 + \frac{3}{n}\right]$$

$$= \lim_{n\to\infty} \left[\frac{3}{n^3} \sum_{i=1}^{n} i^2 + \frac{3}{n} \sum_{i=1}^{n} 1\right]$$

$$= \lim_{n \to \infty} \left[\frac{3}{n^3} \frac{n(n+1)(2n+1)}{6} + \frac{3}{n} \cdot n \right]$$

$$= \lim_{n \to \infty} \left[\frac{1}{2} \cdot \frac{n}{n} \cdot \left(\frac{n+1}{n}\right)\left(\frac{2n+1}{n}\right) + 3 \right]$$

$$= \lim_{n \to \infty} \left[\frac{1}{2} \cdot 1 \left(1 + \frac{1}{n}\right)\left(2 + \frac{1}{n}\right) + 3 \right]$$

$$= \tfrac{1}{2} \cdot 1 \cdot 1 \cdot 2 + 3 = 4$$

E | Exercícios

1-10 Escreva a soma na forma expandida.

1. $\sum_{i=1}^{5} \sqrt{i}$
2. $\sum_{i=1}^{6} \frac{1}{i+1}$
3. $\sum_{i=4}^{6} 3^i$
4. $\sum_{i=4}^{6} i^3$
5. $\sum_{k=0}^{4} \frac{2k-1}{2k+1}$
6. $\sum_{k=5}^{8} x^k$
7. $\sum_{i=1}^{n} i^{10}$
8. $\sum_{j=n}^{n+3} j^2$
9. $\sum_{j=0}^{n-1} (-1)^j$
10. $\sum_{i=1}^{n} f(x_i)\Delta x_i$

11-20 Escreva a soma na forma expandida.

11. $1 + 2 + 3 + 4 + \cdots + 10$
12. $\sqrt{3} + \sqrt{4} + \sqrt{5} + \sqrt{6} + \sqrt{7}$
13. $\tfrac{1}{2} + \tfrac{2}{3} + \tfrac{3}{4} + \tfrac{4}{5} + \cdots + \tfrac{19}{20}$
14. $\tfrac{3}{7} + \tfrac{4}{8} + \tfrac{5}{9} + \tfrac{6}{10} + \cdots + \tfrac{23}{27}$
15. $2 + 4 + 6 + 8 + \cdots + 2n$
16. $1 + 3 + 5 + 7 + \cdots + (2n-1)$
17. $1 + 2 + 4 + 8 + 16 + 32$
18. $\tfrac{1}{1} + \tfrac{1}{4} + \tfrac{1}{9} + \tfrac{1}{16} + \tfrac{1}{25} + \tfrac{1}{36}$
19. $x + x^2 + x^3 + \cdots + x^n$
20. $1 - x + x^2 - x^3 + \cdots + (-1)^n x^n$

21-35 Determine o valor da soma.

21. $\sum_{i=4}^{8} (3i-2)$
22. $\sum_{i=3}^{6} i(i+2)$
23. $\sum_{j=1}^{6} 3^{j+1}$
24. $\sum_{k=0}^{8} \cos k\pi$
25. $\sum_{n=1}^{20} (-1)^n$
26. $\sum_{i=1}^{100} 4$
27. $\sum_{i=0}^{4} (2^i + i^2)$
28. $\sum_{i=-2}^{4} 2^{3-i}$
29. $\sum_{i=1}^{n} 2i$
30. $\sum_{i=1}^{n} (2-5i)$
31. $\sum_{i=1}^{n} (i^2 + 3i + 4)$
32. $\sum_{i=1}^{n} (3+2i)^2$
33. $\sum_{i=1}^{n} (i+1)(i+2)$
34. $\sum_{i=1}^{n} i(i+1)(i+2)$
35. $\sum_{i=1}^{n} (i^3 - i - 2)$

36. Determine o número n tal que $\sum_{i=1}^{n} i = 78$.

37. Demonstre a fórmula (b) do Teorema 3.

38. Demonstre a fórmula (e) do Teorema 3 usando indução matemática.

39. Demonstre a fórmula (e) do Teorema 3 usando um método similar àquele da Solução 1 do Exemplo 5 [comece com $(1+i)^4 - i^4$].

40. Demonstre a fórmula (e) do Teorema 3 usando o seguinte método publicado por Abu Bekr Mohammed ibn Alhusain Alkarchi por volta do ano 1010. A figura mostra um quadrado cujos lados AB e AD foram divididos em segmentos com comprimentos 1, 2, 3, ..., n. Dessa forma, o lado do quadrado tem comprimento $n(n+1)/2$, de modo que a área é $[n(n+1)/2]^2$. Porém a área também é a soma das áreas dos n "gnomons" G_1, G_2, ..., G_n mostrados na figura. Demonstre que a área de G_i é i^3 e conclua que a fórmula (e) é verdadeira.

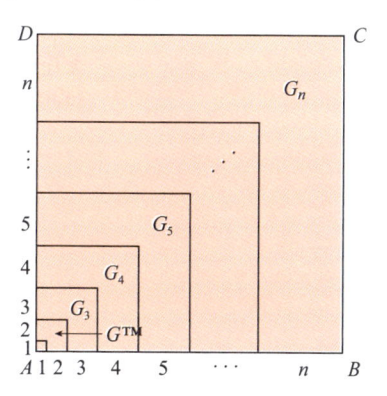

41. Calcule cada soma telescópica.

(a) $\sum_{i=1}^{n} [i^4 - (i-1)^4]$
(b) $\sum_{i=1}^{100} (5^i - 5^{i-1})$

(c) $\displaystyle\sum_{i=3}^{99}\left(\frac{1}{i}-\frac{1}{i+1}\right)$ (d) $\displaystyle\sum_{i=1}^{n}(a_i-a_{i-1})$

42. Demonstre a desigualdade triangular generalizada:

$$\left|\sum_{i=1}^{n}a_i\right|\le\sum_{i=1}^{n}|a_i|$$

43-46 Determine o limite.

43. $\displaystyle\lim_{n\to\infty}\sum_{i=1}^{n}\frac{1}{n}\left(\frac{i}{n}\right)^{2}$

44. $\displaystyle\lim_{n\to\infty}\sum_{i=1}^{n}\frac{1}{n}\left[\left(\frac{i}{n}\right)^{3}+1\right]$

45. $\displaystyle\lim_{n\to\infty}\sum_{i=1}^{n}\frac{2}{n}\left[\left(\frac{2i}{n}\right)^{3}+5\left(\frac{2i}{n}\right)\right]$

46. $\displaystyle\lim_{n\to\infty}\sum_{i=1}^{n}\frac{3}{n}\left[\left(1+\frac{3i}{n}\right)^{3}-2\left(1+\frac{3i}{n}\right)\right]$

47. Demonstre a fórmula para a soma de um série geométrica finita com primeiro termo a e razão $r\neq 1$:

$$\sum_{i=1}^{n}ar^{i-1}=a+ar+ar^{2}+\cdots+ar^{n-1}=\frac{a(r^{n}-1)}{r-1}$$

48. Calcule $\displaystyle\sum_{i=1}^{n}\frac{3}{2^{i-1}}$.

49. Calcule $\displaystyle\sum_{i=1}^{n}(2i+2^{i})$.

50. Calcule $\displaystyle\sum_{i=1}^{m}\left[\sum_{j=1}^{n}(i+j)\right]$.

F | Demonstrações de Teoremas

Neste apêndice apresentamos as demonstrações de vários teoremas que estão enunciados na parte principal do texto. As seções nas quais eles ocorrem estão indicadas na margem.

SEÇÃO 2.3

Propriedades dos Limites Suponha que c seja uma constante e que os limites

$$\lim_{x\to a}f(x)=L\quad\text{e}\quad\lim_{x\to a}g(x)=M$$

existam. Então,

1. $\displaystyle\lim_{x\to a}[f(x)+g(x)]=L+M$ **2.** $\displaystyle\lim_{x\to a}[f(x)-g(x)]=L-M$

3. $\displaystyle\lim_{x\to a}[cf(x)]=cL$ **4.** $\displaystyle\lim_{x\to a}[f(x)g(x)]=LM$

5. $\displaystyle\lim_{x\to a}\frac{f(x)}{g(x)}=\frac{L}{M}$ se $M\neq 0$

DEMONSTRAÇÃO DA PROPRIEDADE 4 Seja $\varepsilon>0$ arbitrário. Queremos encontrar $\delta>0$ tal que

se $\quad 0<|x-a|<\delta,\quad$ então $\quad|f(x)g(x)-LM|<\varepsilon$

A fim de conseguirmos termos que contenham $|f(x)-L|$ e $|g(x)-M|$, adicionamos e subtraímos $Lg(x)$ como segue:

$$\begin{aligned}|f(x)g(x)-LM|&=|f(x)g(x)-Lg(x)+Lg(x)-LM|\\&=|[f(x)-L]g(x)+L[g(x)-M]|\\&\le|[f(x)-L]g(x)|+|L[g(x)-M]|\quad\text{(Desigualdade Triangular)}\\&=|f(x)-L||g(x)|+|L||g(x)-M|\end{aligned}$$

Queremos fazer cada um desses termos menores que $\varepsilon/2$.

Uma vez que $\lim_{x\to a}g(x)=M$, há um número $\delta_1>0$ tal que

se $\quad 0<|x-a|<\delta_1,\quad$ então $\quad|g(x)-M|<\dfrac{\varepsilon}{2(1+|L|)}$

Também, há um número $\delta_2 > 0$ tal que se $0 < |x - a| < \delta_2$, então
$$|g(x) - M| < 1$$
e, portanto,
$$|g(x)| = |g(x) - M + M| \leq |g(x) - M| + |M| < 1 + |M|$$

Uma vez que $\lim_{x \to a} f(x) = L$, há um número $\delta_3 > 0$ tal que

$$\text{se} \quad 0 < |x - a| < \delta_3, \quad \text{então} \quad |f(x) - L| < \frac{\varepsilon}{2(1 + |M|)}$$

Seja $\delta = \min\{\delta_1, \delta_2, \delta_3\}$. Se $0 < |x - a| < \delta$, então temos $0 < |x - a| < \delta_1$, $0 < |x - a| < \delta_2$ e $0 < |x - a| < \delta_3$, portanto, podemos combinar as inequações para obter

$$|f(x)g(x) - LM| \leq |f(x) - L||g(x)| + |L||g(x) - M|$$
$$< \frac{\varepsilon}{2(1 + |M|)}(1 + |M|) + |L|\frac{\varepsilon}{2(1 + |L|)}$$
$$< \frac{\varepsilon}{2} + \frac{\varepsilon}{2} = \varepsilon$$

Isso mostra que $\lim_{x \to a}[f(x)g(x)] = LM$. ∎

DEMONSTRAÇÃO DA PROPRIEDADE 3 Se tomarmos $g(x) = c$ na Propriedade 4, obteremos

$$\lim_{x \to a}[cf(x)] = \lim_{x \to a}[g(x)f(x)] = \lim_{x \to a} g(x) \cdot \lim_{x \to a} f(x)$$
$$= \lim_{x \to a} c \cdot \lim_{x \to a} f(x)$$
$$= c \lim_{x \to a} f(x) \quad \text{(pela Propriedade 8)} \quad ∎$$

DEMONSTRAÇÃO DA PROPRIEDADE 2 Usando as Propriedades 1 e 3 com $c = -1$, temos

$$\lim_{x \to a}[f(x) - g(x)] = \lim_{x \to a}[f(x) + (-1)g(x)] = \lim_{x \to a} f(x) + \lim_{x \to a}(-1)g(x)$$
$$= \lim_{x \to a} f(x) + (-1)\lim_{x \to a} g(x) = \lim_{x \to a} f(x) - \lim_{x \to a} g(x) \quad ∎$$

DEMONSTRAÇÃO DA PROPRIEDADE 5 Primeiro vamos mostrar que

$$\lim_{x \to a} \frac{1}{g(x)} = \frac{1}{M}$$

Para fazer isso devemos mostrar que, dado $\varepsilon > 0$, existe $\delta > 0$ tal que

$$\text{se} \quad 0 < |x - a| < \delta, \quad \text{então} \quad \left|\frac{1}{g(x)} - \frac{1}{M}\right| < \varepsilon$$

Observe que
$$\left|\frac{1}{g(x)} - \frac{1}{M}\right| = \frac{|M - g(x)|}{Mg(x)}$$

Sabemos que podemos tornar o numerador pequeno. Porém, também precisamos saber que o denominador não é pequeno quando x está próximo de a. Como $\lim_{x \to a} g(x) = M$, há um número $\delta_1 > 0$ tal que, se $0 < |x - a| < \delta_1$, temos

$$|g(x) - M| < \frac{|M|}{2}$$

e, portanto,
$$|M| = |M - g(x) + g(x)| \leq |M - g(x)| + |g(x)|$$
$$< \frac{|M|}{2} + |g(x)|$$

Isso mostra que

se $\quad 0 < |x - a| < \delta_1, \quad$ então $\quad |g(x)| > \dfrac{|M|}{2}$

então, para esses valores de x,

$$\frac{1}{|Mg(x)|} = \frac{1}{|M||g(x)|} < \frac{1}{|M|} \cdot \frac{2}{|M|} = \frac{2}{M^2}$$

Além disso, há $\delta_2 > 0$ tal que

se $\quad 0 < |x - a| < \delta_2, \quad$ então $\quad |g(x) - M| < \dfrac{M^2}{2}\varepsilon$

Seja $\delta = \min\{\delta_1, \delta_2\}$. Então, para $0 < |x - a| < \delta$, temos

$$\left|\frac{1}{g(x)} - \frac{1}{M}\right| = \frac{|M - g(x)|}{|Mg(x)|} < \frac{2}{M^2}\frac{M^2}{2}\varepsilon = \varepsilon$$

Segue que $\lim_{x \to a} 1/g(x) = 1/M$. Finalmente, usando a Propriedade 4, obtemos

$$\lim_{x \to a} \frac{f(x)}{g(x)} = \lim_{x \to a}\left(f(x) \cdot \frac{1}{g(x)}\right) = \lim_{x \to a} f(x) + \lim_{x \to a} \frac{1}{g(x)} = L \cdot \frac{1}{M} = \frac{L}{M} \quad \blacksquare$$

---

2 Teorema Se $f(x) \leq g(x)$ para todo x em um intervalo aberto que contenha a (exceto possivelmente em a) e

$$\lim_{x \to a} f(x) = L \quad \text{e} \quad \lim_{x \to a} g(x) = M$$

então $L \leq M$.

DEMONSTRAÇÃO Usamos o método de prova por contradição. Suponha, se possível, que $L > M$. A propriedade 2 dos limites diz que

$$\lim_{x \to a}[g(x) - f(x)] = M - L$$

Portanto, para qualquer $\varepsilon > 0$, existe $\delta > 0$ tal que

se $\quad 0 < |x - a| < \delta, \quad$ então $\quad |[g(x) - f(x)] - (M - L)| < \varepsilon$

Em particular, tomando $\varepsilon = L - M$ (observando que $L - M > 0$ por hipótese), temos um número $\delta > 0$ tal que

se $\quad 0 < |x - a| < \delta, \quad$ então $\quad |[g(x) - f(x)] - (M - L)| < L - M$

Uma vez que $b \leq |b|$ para qualquer número b, temos

se $\quad 0 < |x - a| < \delta, \quad$ então $\quad [g(x) - f(x)] - (M - L) < L - M$

que se simplifica para

$$\text{se} \quad 0 < |x - a| < \delta, \quad \text{então} \quad g(x) < f(x)$$

Mas isso contradiz o fato de que $f(x) \leq g(x)$. Assim, a desigualdade $L > M$ deve ser falsa. Portanto, $L \leq M$. ∎

---

3 O Teorema do Confronto Se $f(x) \leq g(x) \leq h(x)$ para todo x em um intervalo aberto que contenha a (exceto possivelmente em a) e

$$\lim_{x \to a} f(x) = \lim_{x \to a} h(x) = L$$

então

$$\lim_{x \to a} g(x) = L$$

DEMONSTRAÇÃO Considere $\varepsilon > 0$ arbitrário. Uma vez que $\lim_{x \to a} f(x) = L$, há um número $\delta_1 > 0$ tal que

$$\text{se} \quad 0 < |x - a| < \delta_1, \quad \text{então} \quad |f(x) - L| < \varepsilon$$

ou seja,

$$\text{se} \quad 0 < |x - a| < \delta_1, \quad \text{então} \quad L - \varepsilon < f(x) < L + \varepsilon$$

Uma vez que $\lim_{x \to a} h(x) = L$, há um número $\delta_2 > 0$ tal que

$$\text{se} \quad 0 < |x - a| < \delta_2, \quad \text{então} \quad |h(x) - L| < \varepsilon$$

ou seja,

$$\text{se} \quad 0 < |x - a| < \delta_2, \quad \text{então} \quad L - \varepsilon < h(x) < L + \varepsilon$$

Seja $\delta = \min\{\delta_1, \delta_2\}$. Se $0 < |x - a| < \delta$, então $0 < |x - a| < \delta_1$ e $0 < |x - a| < \delta_2$, de modo que

$$L - \varepsilon < f(x) \leq g(x) \leq h(x) < L + \varepsilon$$

Em particular, $\quad L - \varepsilon < g(x) < L + \varepsilon$

ou melhor, $|g(x) - L| < \varepsilon$. Portanto, $\lim_{x \to a} g(x) = L$. ∎

Teorema Se f for uma função contínua injetora definida em um intervalo (a, b), então sua função inversa f^{-1} também é contínua.

SEÇÃO 2.5

DEMONSTRAÇÃO Primeiro, mostramos que se f for tanto injetora quanto contínua em (a, b), então ela precisa ser ou crescente ou decrescente em (a, b). Se ela não fosse nem crescente nem decrescente, então existiriam números x_1, x_2 e x_3 em (a, b) com $x_1 < x_2 < x_3$ tais que $f(x_2)$ não está entre $f(x_1)$ e $f(x_3)$. Há duas possibilidades: ou (1) $f(x_3)$ está entre $f(x_1)$ e $f(x_2)$ ou (2) $f(x_1)$ está entre $f(x_2)$ e $f(x_3)$. (Desenhe uma figura.) No caso (1), aplicamos o Teorema do Valor Intermediário à função contínua f para obter um número c entre x_1 e x_2 tal que $f(c) = f(x_3)$. No caso (2), o Teorema do Valor Intermediário dá um número c entre x_2 e x_3 tal que $f(c) = f(x_1)$. Em ambos os casos, contradissemos o fato de f ser injetora.

Vamos supor, para fixarmos uma situação, que f seja crescente em (a, b). Tomamos qualquer número y_0 no domínio de f^{-1} e fazemos $f^{-1}(y_0) = x_0$; ou seja, x_0 é o número em (a, b) tal que $f(x_0) = y_0$. Para mostrarmos que f^{-1} é contínua em y_0, tomamos qualquer $\varepsilon > 0$ tal que o intervalo $(x_0 - \varepsilon, x_0 + \varepsilon)$ esteja contido no intervalo (a, b). Como f é crescente, ela leva os números no intervalo $(x_0 - \varepsilon, x_0 + \varepsilon)$ nos números no intervalo $(f(x_0 - \varepsilon), f(x_0 + \varepsilon))$ e f^{-1} inverte a correspondência. Se denotarmos por δ o menor dos números $\delta_1 = y_0 - f(x_0 - \varepsilon)$ e $\delta_2 = f(x_0 + \varepsilon) - y_0$, então o intervalo $(y_0 - \delta, y_0 + \delta)$ está contido no intervalo $(f(x_0 - \varepsilon), f(x_0 + \varepsilon))$ e assim é levado dentro do intervalo $(x_0 - \varepsilon, x_0 + \varepsilon)$ por f^{-1}. (Veja o diagrama de flechas na Figura 1.) Portanto, encontramos um número $\delta > 0$ tal que

$$\text{se} \quad |y - y_0| < \delta, \quad \text{então} \quad |f^{-1}(y) - f^{-1}(y_0)| < \varepsilon$$

Isso mostra que $\lim_{y \to y_0} f^{-1}(y) = f^{-1}(y_0)$ e, assim, f^{-1} é contínua em qualquer número y_0 em seu domínio.

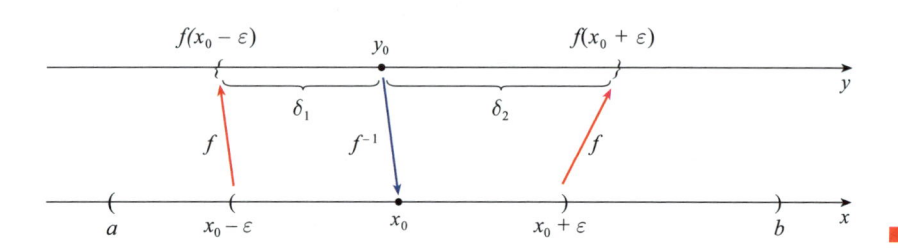

FIGURA 1

---

8 Teorema Se f for contínua em b $\lim_{x \to a} g(x) = b$, então

$$\lim_{x \to a} f(g(x)) = f(b)$$

DEMONSTRAÇÃO Considere $\varepsilon > 0$ arbitrário. Queremos encontrar um número $\delta > 0$ tal que

$$\text{se} \quad 0 < |x - a| < \delta, \quad \text{então} \quad |f(g(x)) - f(b)| < \varepsilon$$

Uma vez que f é contínua em b, temos

$$\lim_{y \to b} f(y) = f(b)$$

de modo que há $\delta_1 > 0$ satisfazendo

$$\text{se} \quad 0 < |y - b| < \delta_1, \quad \text{então} \quad |f(y) - f(b)| < \varepsilon$$

Uma vez que $\lim_{x \to a} g(x) = b$, existe $\delta > 0$ tal que

$$\text{se} \quad 0 < |x - a| < o, \quad \text{então} \quad |g(x) - b| < \delta_1$$

Combinando essas duas afirmações, vemos que sempre que $0 < |x - a| < \delta$, temos $|g(x) - b| < \delta_1$, o que implica que $|f(g(x)) - f(b)| < \varepsilon$. Dessa forma, demonstramos que $\lim_{x \to a} f(g(x)) = f(b)$.

SEÇÃO 3.3

A demonstração do resultado a seguir foi prometida ao demonstrarmos que $\lim_{\theta \to 0} \dfrac{\operatorname{sen} \theta}{\theta} = 1$.

Teorema Se $0 < \theta < \pi/2$, então $\theta \leq \operatorname{tg} \theta$.

DEMONSTRAÇÃO A Figura 2 mostra um setor de um círculo com centro O, ângulo central θ e raio 1. Então

$$|AD| = |OA| \operatorname{tg} \theta = \operatorname{tg} \theta$$

Aproximamos o arco AB por uma linha poligonal inscrita no setor circular, composta por n segmentos de reta iguais, e tomamos um segmento típico PQ. Estendemos os segmentos OP e OQ para encontrar AD nos pontos R e S. Então traçamos $RT \| PQ$ como na Figura 2. Observe que

$$\angle RTO = \angle PQO < 90°$$

e também $\angle RTS > 90°$. Portanto, temos

$$|PQ| < |RT| < |RS|$$

Se adicionarmos as n desigualdades semelhantes a essa, obtemos

$$L_n < |AD| = \operatorname{tg} \theta$$

onde L_n é o comprimento da linha poligonal inscrita no setor circular. Assim, pelo Teorema 2 da Seção 2.3, temos

$$\lim_{n \to \infty} L_n \leq \operatorname{tg} \theta$$

Mas o comprimento do arco foi definido na Equação 8.1.1 como o limite dos comprimentos das linhas poligonais, de modo que

$$\theta = \lim_{n \to \infty} L_n \leq \operatorname{tg} \theta \qquad \blacksquare$$

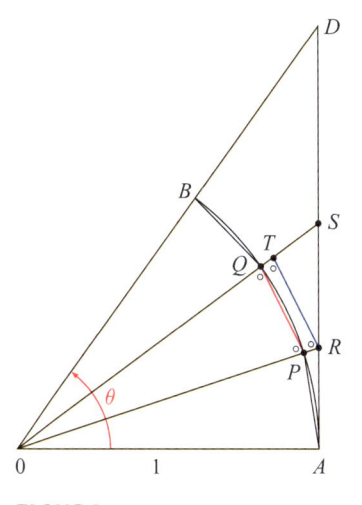

FIGURA 2

SEÇÃO 3.6

> **Teorema** Se f é uma função injetora e diferenciável, com função inversa f^{-1} tal que $f'(f^{-1}(a)) \neq 0$, então sua função inversa é diferenciável em a e
>
> $$(f^{-1})'(a) = \frac{1}{f'(f^{-1}(a))}$$

DEMONSTRAÇÃO Escreva a definição de derivada como indicado na Equação 2.7.5:

$$(f^{-1})'(a) = \lim_{x \to a} \frac{f^{-1}(x) - f^{-1}(a)}{x - a}$$

Se $f(b) = a$, então $f^{-1}(a) = b$. Da mesma forma, se definirmos $y = f^{-1}(x)$, então $f(y) = x$. Uma vez que f é diferenciável, ela é contínua, de modo que f^{-1} é contínua (veja a Seção 2.5). Assim, se $x \to a$, temos $f^{-1}(x) \to f^{-1}(a)$, ou seja, $y \to b$. Portanto,

$$(f^{-1})'(a) = \lim_{x \to a} \frac{f^{-1}(x) - f^{-1}(a)}{x - a} = \lim_{y \to b} \frac{y - b}{f(y) - f(b)}$$

$$= \lim_{y \to b} \frac{1}{\frac{f(y) - f(b)}{y - b}} = \frac{1}{\lim_{y \to b} \frac{f(y) - f(b)}{y - b}}$$

$$= \frac{1}{f'(b)} = \frac{1}{f'(f^{-1}(a))} \qquad \blacksquare$$

SEÇÃO 4.3

> **Teste da Concavidade**
> (a) Se $f''(x) > 0$ para todo x em I, então o gráfico de f é côncavo para cima em I.
> (b) Se $f''(x) < 0$ para todo x em I, então o gráfico de f é côncavo para baixo em I.

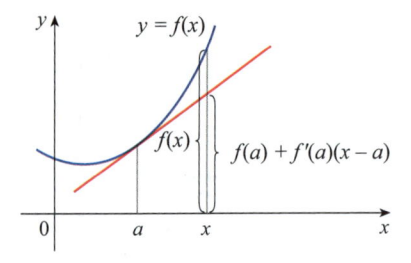

FIGURA 3

DEMONSTRAÇÃO DE (a) Seja a um número arbitrário em I. Devemos mostrar que a curva $y = f(x)$ está acima da reta tangente no ponto $(a, f(a))$. A equação dessa tangente é

$$y = f(a) + f'(a)(x - a)$$

Assim, devemos mostrar que

$$f(x) > f(a) + f'(a)(x - a)$$

qualquer que seja $x \in I$ ($x \neq a$). (Veja a Figura 3.)

Primeiro, assumimos o caso onde $x > a$. Aplicando o Teorema do Valor Médio a f no intervalo $[a, x]$, obtemos um número c, com $a < c < x$, tal que

$$\boxed{1} \qquad f(x) - f(a) = f'(c)(x - a)$$

Uma vez que $f'' > 0$ em I, sabemos do Teste Crescente/Decrescente que f' é crescente em I. Logo, como $a < c$, temos

$$f'(a) < f'(c)$$

de modo que, multiplicando essa desigualdade pelo número positivo $x - a$, obtemos

$$\boxed{2} \qquad f'(a)(x - a) < f'(c)(x - a)$$

Somando agora $f(a)$ a ambos os lados dessa desigualdade, obtemos:

$$f(a) + f'(a)(x - a) < f(a) + f'(c)(x - a)$$

Porém, da Equação 1 temos $f(x) = f(a) + f'(c)(x - a)$. Dessa forma, a desigualdade fica

$$\boxed{3} \qquad f(x) > f(a) + f'(a)(x - a)$$

que é o que queríamos demonstrar.

Para o caso onde $x < a$, temos $f'(c) < f'(a)$, mas a multiplicação pelo número negativo $x - a$ inverte o sinal da desigualdade; assim, obtemos (2) e (3) como anteriormente. ∎

SEÇÃO 4.4

A fim de darmos a demonstração da Regra de L'Hôspital prometida precisamos, primeiro, de uma generalização do Teorema do Valor Médio. O nome do teorema a seguir é uma homenagem ao matemático francês Augustin-Louis Cauchy (1789-1857).

Um esboço biográfico de Cauchy é apresentado na Seção 2.4.

> **1 Teorema de Valor Médio de Cauchy** Suponhamos que as funções f e g sejam contínuas em $[a, b]$ e deriváveis em (a, b), sendo $g'(x) \neq 0$ para todo x em (a, b). Então, existe um número c em (a, b) tal que
>
> $$\frac{f'(c)}{g'(c)} = \frac{f(b) - f(a)}{g(b) - g(a)}$$

Observe que se considerarmos o caso especial no qual $g(x) = x$, então $g'(c) = 1$ e o Teorema 1 é exatamente o Teorema do Valor Médio Comum. Além disso, o Teorema 1 pode ser demonstrado de forma similar. Perceba que tudo o que devemos fazer é mudar a função h dada pela Equação 4 da Seção 4.2 para a função

$$h(x) = f(x) - f(a) - \frac{f(b) - f(a)}{g(b) - g(a)}[g(x) - g(a)]$$

e então aplicar o Teorema de Rolle como anteriormente.

Regras de L'Hôspital Suponhamos que f e g sejam deriváveis e $g'(x) \neq 0$ em um intervalo aberto I que contém a (exceto possivelmente em a). Suponha que

$$\lim_{x \to a} f(x) = 0 \quad \text{e} \quad \lim_{x \to a} g(x) = 0$$

ou que
$$\lim_{x \to a} f(x) = \pm\infty \quad \text{e} \quad \lim_{x \to a} g(x) = \pm\infty$$

(Em outras palavras, temos uma forma indeterminada do tipo $\frac{0}{0}$ ou $\frac{\infty}{\infty}$.) Então,

$$\lim_{x \to a} \frac{f(x)}{g(x)} = \lim_{x \to a} \frac{f'(x)}{g'(x)}$$

se o limite do lado direito existir (ou for ∞ ou $-\infty$).

DEMONSTRAÇÃO DA REGRA DE L'HÔSPITAL Supomos que $\lim_{x \to a} f(x) = 0$ e $\lim_{x \to a} g(x) = 0$. Seja

$$L = \lim_{x \to a} \frac{f'(x)}{g'(x)}$$

Devemos mostrar que $\lim_{x \to a} f(x)/g(x) = L$. Defina

$$F(x) = \begin{cases} f(x) & \text{se } x \neq a \\ 0 & \text{se } x = a \end{cases} \qquad G(x) = \begin{cases} g(x) & \text{se } x \neq a \\ 0 & \text{se } x = a \end{cases}$$

Então F é contínua em I, uma vez que f é contínua em $\{x \in I \mid x \neq a\}$ e

$$\lim_{x \to a} F(x) = \lim_{x \to a} f(x) = 0 = F(a)$$

Do mesmo modo, G é contínua em I. Seja $x \in I$ com $x > a$. Então F e G são contínuas em $[a, x]$ e deriváveis em (a, x) e $G' \neq 0$ ali (uma vez que $F' = f'$ e $G' = g'$). Portanto, pelo Teorema do Valor Médio de Cauchy, existe um número y tal que $a < y < x$ e

$$\frac{F'(y)}{G'(y)} = \frac{F(x) - F(a)}{G(x) - G(a)} = \frac{F(x)}{G(x)}$$

Aqui, usamos o fato de que, por definição, $F(a) = 0$ e $G(a) = 0$. Agora, se deixamos $x \to a^+$, então $y \to a^+$ (uma vez que $a < y < x$), portanto

$$\lim_{x \to a^+} \frac{f(x)}{g(x)} = \lim_{x \to a^+} \frac{F(x)}{G(x)} = \lim_{y \to a^+} \frac{F'(x)}{G'(x)} = \lim_{x \to a^+} \frac{f'(x)}{g'(x)} = L$$

Um argumento análogo mostra que o limite lateral à esquerda é também L. Portanto,

$$\lim_{x \to a} \frac{f(x)}{g(x)} = L$$

Isso prova a Regra de l'Hôspital para o caso onde a é finito.

Se a é infinito, consideramos $t = 1/x$. Então $t \to 0^+$ quando $x \to \infty$, assim temos

$$\lim_{x \to \infty} \frac{f(x)}{g(x)} = \lim_{t \to 0^+} \frac{f(1/t)}{g(1/t)}$$

$$= \lim_{t \to 0^+} \frac{f'(1/t)(-1/t^2)}{g'(1/t)(-1/t^2)} \quad \text{(pela Regra de l'Hôspital para } a \text{ finito)}$$

$$= \lim_{t \to 0^+} \frac{f'(1/t)}{g'(1/t)} = \lim_{x \to \infty} \frac{f'(x)}{g'(x)} \quad \blacksquare$$

SEÇÃO 11.1

7 Teorema Se $\lim_{n \to \infty} a_n = L$ e a função f é contínua em L, então

$$\lim_{n \to \infty} f(a_n) = f(L)$$

DEMONSTRAÇÃO Seja dado $\varepsilon > 0$. Uma vez que f é contínua em L, temos $\lim_{x \to L} f(x) = f(L)$. Logo, existe $\delta > 0$ tal que

1 se $0 < |x - L| < \delta$, então $|f(x) - f(L)| < \varepsilon$

Além disso, uma vez que $\lim_{n \to \infty} a_n = L$ e δ é um número positivo, existe um número inteiro N tal que

2 se $n > N$, então $|a_n - L| < \delta$

Combinando (1) e (2), obtemos

se $n > N$, então $|f(a_n) - f(L)| < \varepsilon$

logo, pela Definição 11.1.2 (no volume 2 da obra), $\lim_{n \to \infty} f(a_n) = f(L)$. $\blacksquare$

SEÇÃO 11.8

Para demonstrarmos o Teorema 11.8.4, precisamos primeiro dos seguintes resultados.

Teorema

1. Se uma série de potências $\Sigma c_n x^n$ converge quando $x = b$ (onde $b \neq 0$), então ela converge sempre que $|x| < |b|$.

2. Se uma série de potências $\Sigma c_n x^n$ diverge quando $x = d$ (onde $d \neq 0$), então ela diverge sempre que $|x| > |d|$.

DEMONSTRAÇÃO DE 1 Suponha que $\Sigma c_n b^n$ convirja. Então, pelo Teorema 6 da Seção 11.2, temos $\lim_{n \to \infty} c_n b^n = 0$. De acordo com a Definição 11.1.2 com $\varepsilon = 1$, há um inteiro positivo N tal que $|c_n b^n| < 1$ sempre que $n \geq N$. Assim, para $n \geq N$, temos

$$|c_n x^n| = \left|\frac{c_n b^n x^n}{b^n}\right| = |c_n b^n| \left|\frac{x}{b}\right|^n < \left|\frac{x}{b}\right|^n$$

Se $|x| < |b|$, então $|x/b| < 1$, de onde $\Sigma |x/b|^n$ é uma série geométrica convergente. Portanto, pelo Teste da Comparação Direta, a série $\Sigma_{n=N}^{\infty} |c_n x^n|$ é convergente. Então a série $\Sigma c_n x^n$ é absolutamente convergente e, portanto, convergente. $\blacksquare$

DEMONSTRAÇÃO DE 2 Suponha que $\Sigma c_n d^n$ divirja. Se x for qualquer número real tal que $|x| > |d|$, então $\Sigma c_n x^n$ não pode convergir, pois, pela parte 1, a convergência de $\Sigma c_n x^n$ implicaria a convergência de $\Sigma c_n d^n$. Portanto, $\Sigma c_n x^n$ diverge sempre que $|x| > |d|$. ∎

> **Teorema** Para uma série de potências $\Sigma c_n x^n$, há somente três possibilidades:
> (i) A série converge apenas quando $x = 0$.
> (ii) A série converge para todo x.
> (iii) Há um número positivo R tal que a série converge se $|x| < R$ e diverge se $|x| > R$.

DEMONSTRAÇÃO Suponha que nem o caso (i) nem o caso (ii) sejam verdadeiros. Então há números não nulos b e d tais que $\Sigma c_n x^n$ converge para $x = b$ e diverge para $x = d$. Portanto o conjunto $S = \{x \mid \Sigma c_n x^n \text{ converge}\}$ não é vazio. Pelo teorema precedente, a série diverge se $|x| > |d|$, de modo que $|x| \leq |d|$ para todo $x \in S$. Isso diz que $|d|$ é uma cota superior para o conjunto S. Assim, pelo Axioma da Completude (veja a Seção 11.1), S tem uma menor cota superior R. Se $|x| > R$, então $x \notin S$, portanto $\Sigma c_n x^n$ diverge. Se $|x| < R$, então $|x|$ não é uma cota superior S e assim há $b \in S$ tal que $b > |x|$. Como $b \in S$, $\Sigma c_n x^n$ converge, de modo que pelo teorema precedente $\Sigma c_n x^n$ converge. ∎

Agora, estamos aptos a demonstrar o Teorema 11.8.4.

> **4 Teorema** Para uma série de potências $\Sigma c_n (x - a)^n$, há somente três possibilidades:
> (i) A série converge apenas quando $x = a$.
> (ii) A série converge para todo x.
> (iii) Existe um número positivo R tal que a série converge se $|x - a| < R$ e diverge se $|x - a| > R$.

DEMONSTRAÇÃO Se fizermos a mudança de variáveis $u = x - a$, então a série de potências se torna $\Sigma c_n u^n$ e podemos aplicar o teorema anterior a esta série. No caso (iii), temos convergência para $|u| < R$ e divergência para $|u| > R$. Assim, temos convergência para $|x - a| < R$ e divergência para $|x - a| > R$. ∎

SEÇÃO 14.3

> **Teorema de Clairaut** Suponha que f esteja definida em um disco D que contenha o ponto (a, b). Se as funções f_{xy} e f_{yx} forem ambas contínuas em D, então $f_{xy}(a, b) = f_{yx}(a, b)$.

DEMONSTRAÇÃO Para pequenos valores de h, $h \neq 0$, considere a diferença

$$\Delta(h) = [f(a + h, b + h) - f(a + h, b)] - [f(a, b + h) - f(a, b)]$$

Observe que, se fizermos $g(x) = f(x, b + h) - f(x, b)$, então

$$\Delta(h) = g(a + h) - g(a)$$

Pelo Teorema do Valor Médio, existe um número c entre a e $a + h$ tal que

$$g(a + h) - g(a) = g'(c)h = h[f_x(c, b + h) - f_x(c, b)]$$

Aplicando o Teorema do Valor Médio de novo, desta vez para f_x, obtemos um número d entre b e $b + h$ tal que

$$f_x(c, b + h) - f_x(c, b) = f_{xy}(c, d)h$$

Combinando essas equações, obtemos

$$\Delta(h) = h^2 f_{xy}(c, d)$$

Se $h \to 0$, então $(c, d) \to (a, b)$, de modo que a continuidade de f_{xy} em (a, b) fornece

$$\lim_{h \to 0} \frac{\Delta(h)}{h^2} = \lim_{(c,d) \to (a,b)} f_{xy}(c,d) = f_{xy}(a,b)$$

Analogamente, escrevendo

$$\Delta(h) = [f(a+h, b+h) - f(a, b+h)] - [f(a+h, b) - f(a, b)]$$

e usando o Teorema do Valor Médio duas vezes e a continuidade de f_{yx} em (a, b), obtemos

$$\lim_{h \to 0} \frac{\Delta(h)}{h^2} = f_{xy}(a,b)$$

Segue que $f_{xy}(a, b) = f_{yx}(a, b)$. ■

SEÇÃO 14.4

> **8 Teorema** Se as derivadas parciais f_x e f_y existirem perto de (a, b) e forem contínuas em (a, b), então f é derivável em (a, b).

DEMONSTRAÇÃO Seja

$$\Delta z = f(a + \Delta x, b + \Delta y) - f(a, b)$$

De acordo com a Definição 14.4.7, para demonstrar que f é derivável em (a, b), devemos mostrar que podemos escrever Δz na forma

$$\Delta z = f_x(a, b)\, \Delta x + f_y(a, b)\, \Delta y + \varepsilon_1\, \Delta x + \varepsilon_2\, \Delta y$$

onde ε_1 e $\varepsilon_2 \to 0$ quando $(\Delta x, \Delta y) \to (0, 0)$.

Observando a Figura 4, escrevemos

$$\boxed{1} \quad \Delta z = [f(a + \Delta x, b + \Delta y) - f(a, b + \Delta y)] + [f(a, b + \Delta y) - f(a, b)]$$

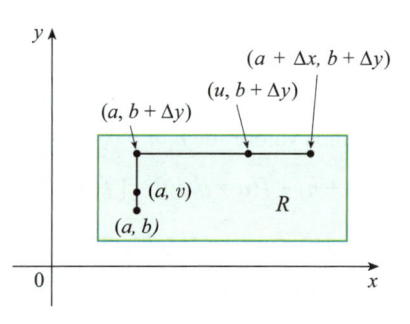

FIGURA 4

Observe que a função de uma única variável

$$g(x) = f(x, b + \Delta y)$$

está definida no intervalo $[a, a + \Delta x]$ e $g'(x) = f_x(x, b + \Delta y)$. Se aplicarmos o Teorema do Valor Médio a g, obtemos

$$g(a + \Delta x) - g(a) = g'(u)\, \Delta x$$

onde u é algum número entre a e $a + \Delta x$. Em termos de f, esta equação se torna

$$f(a + \Delta x, b + \Delta y) - f(a, b + \Delta y) = f_x(u, b + \Delta y)\,\Delta x$$

Isso nos dá uma expressão para a primeira parte do lado direito da Equação 1. Para a segunda parte, tomamos $h(y) = f(a, y)$. Então h é uma função de uma única variável definida no intervalo $[b, b + \Delta y]$ e $h'(y) = f_y(a, y)$. Uma segunda aplicação do Teorema do Valor Médio então dá

$$h(b + \Delta y) - h(b) = h'(v)\,\Delta y$$

onde v é algum número entre b e $b + \Delta y$. Em termos de f, isso se torna

$$f(a, b + \Delta y) - f(a, b) = f_y(a, v)\,\Delta y$$

Agora, substituímos essa expressão na Equação 1 e obtemos

$$\begin{aligned}\Delta z &= f_x(u, b + \Delta y)\,\Delta x + f_y(a, v)\,\Delta y \\ &= f_x(a, b)\,\Delta x + [f_x(u, b + \Delta y) - f_x(a, b)]\,\Delta x + f_y(a, b)\,\Delta y \\ &\quad + [f_y(a, v) - f_y(a, b)]\,\Delta y \\ &= f_x(a, b)\,\Delta x + f_y(a, b)\,\Delta y + \varepsilon_1\,\Delta x + \varepsilon_2\,\Delta y\end{aligned}$$

onde
$$\varepsilon_1 = f_x(u, b + \Delta y) - f_x(a, b)$$
$$\varepsilon_2 = f_y(a, v) - f_y(a, b)$$

Como $(u, b + \Delta y) \to (a, b)$ e $(a, v) \to (a, b)$ quando $(\Delta x, \Delta y) \to (0, 0)$ e uma vez que f_x e f_y são contínuas em (a, b), vemos que $\varepsilon_1 \to 0$ e $\varepsilon_2 \to 0$ quando $(\Delta x, \Delta y) \to (0, 0)$.

Portanto, f é derivável em (a, b). ∎

G | O Logaritmo Definido como uma Integral

Nosso tratamento das funções exponencial e logarítmica até agora fundamentou-se em nossa intuição, que é baseada na evidência numérica e visual. (Veja as Seções 1.4, 1.5 e 3.1.) Aqui, usaremos o Teorema Fundamental do Cálculo para dar um tratamento alternativo que fornece uma fundamentação mais sólida para estas funções.

Em vez de começarmos com b^x e definir $\log_b x$ como sua inversa, desta vez começamos pela definição de $\ln x$ como uma integral e então definimos a função exponencial como sua inversa. Você deve ter em mente que não usamos nenhuma de nossas definições e resultados prévios relativos a funções exponencial e logarítmica.

■ O Logaritmo Natural

Primeiro, definimos $\ln x$ como uma integral.

1 Definição A **função logaritmo natural** é a função definida por

$$\ln x = \int_1^x \frac{1}{t}\,dt \qquad x > 0$$

A existência dessa função depende do fato de a integral de uma função contínua sempre existir. Se $x > 1$, então $\ln x$ pode ser interpretada geometricamente como a área sob a hipérbole $y = 1/t$ de $t = 1$ a $t = x$. (Veja a Figura 1.) Para $x = 1$, temos

$$\ln 1 = \int_1^1 \frac{1}{t}\,dt = 0$$

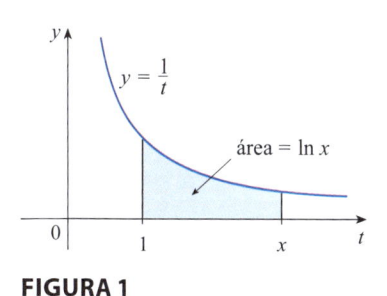

FIGURA 1

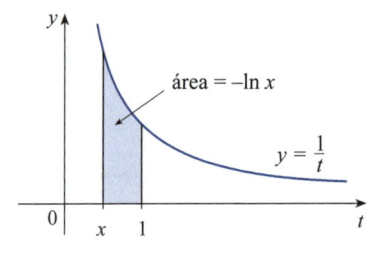

FIGURA 2 (área = −ln x, y = 1/t)

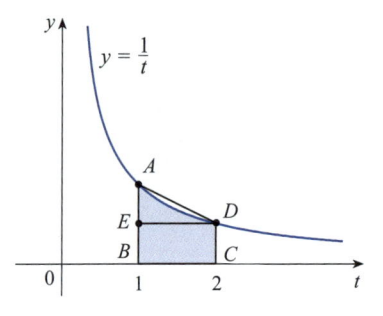

Para $0 < x < 1$, $\quad \ln x = \int_1^x \frac{1}{t}\,dt = -\int_x^1 \frac{1}{t}\,dt < 0$

e assim ln x é o oposto da área mostrada na Figura 2.

EXEMPLO 1
(a) Comparando áreas, mostre que $\frac{1}{2} < \ln 2 < \frac{3}{4}$.

(b) Use a Regra do Ponto Médio com $n = 10$ para estimar o valor de ln 2.

SOLUÇÃO
(a) Podemos interpretar ln 2 como a área sob a curva $y = 1/t$ de 1 a 2. Da Figura 3, vemos que esta área é maior que a área do retângulo $BCDE$ e menor que a área do trapézio $ABCD$. Assim, temos

$$\tfrac{1}{2} \cdot 1 < \ln 2 < 1 \cdot \tfrac{1}{2}\left(1 + \tfrac{1}{2}\right)$$

$$\tfrac{1}{2} < \ln 2 < \tfrac{3}{4}$$

FIGURA 3

(b) Se usarmos a Regra do Ponto Médio com $f(t) = 1/t$, $n = 10$ e $\Delta t = 0{,}1$, obtemos

$$\ln 2 = \int_1^2 \frac{1}{t}\,dt \approx (0{,}1)[\,f(1{,}05) + f(1{,}15) + \cdots + f(1{,}95)\,]$$

$$= (0{,}1)\left(\frac{1}{1{,}05} + \frac{1}{1{,}15} + \cdots + \frac{1}{1{,}95}\right) \approx 0{,}693 \quad\blacksquare$$

Observe que a integral que define ln x é exatamente o tipo de integral discutida na Parte 1 do Teorema Fundamental do Cálculo (veja a Seção 5.3). De fato, usando aquele teorema, temos

$$\frac{d}{dx}\int_1^x \frac{1}{t}\,dt = \frac{1}{x}$$

e, então,

2 $\qquad \boxed{\dfrac{d}{dx}(\ln x) = \dfrac{1}{x}}$

Agora, usamos esta regra de derivação para demonstrar as seguintes propriedades sobre a função logaritmo.

---

3 Propriedades dos Logaritmos Se x e y forem números positivos e r for um número racional, então

1. $\ln(xy) = \ln x + \ln y$
2. $\ln\left(\dfrac{x}{y}\right) = \ln x - \ln y$
3. $\ln(x^r) = r \ln x$

DEMONSTRAÇÃO
1. Seja $f(x) = \ln(ax)$, onde a é uma constante positiva. Então, usando a Equação 2 e a Regra da Cadeia, temos

$$f'(x) = \frac{1}{ax}\frac{d}{dx}(ax) = \frac{1}{ax}\cdot a = \frac{1}{x}$$

Portanto, $f(x)$ e ln x têm a mesma derivada e devem então diferir por uma constante:

$$\ln(ax) = \ln x + C$$

Colocando $x = 1$ nesta equação, obtemos $\ln a = \ln 1 + C = 0 + C = C$. Logo,

$$\ln(ax) = \ln x + \ln a$$

Se agora substituirmos a constante a por qualquer número y, temos

$$\ln(xy) = \ln x + \ln y$$

2. Usando a Propriedade 1 com $x = 1/y$, temos

$$\ln \frac{1}{y} + \ln y = \ln\left(\frac{1}{y} \cdot y\right) = \ln 1 = 0$$

e assim
$$\ln \frac{1}{y} = -\ln y$$

Usando a Propriedade 1 novamente, temos

$$\ln\left(\frac{1}{y}\right) = \ln\left(x \cdot \frac{1}{y}\right) = \ln x + \ln \frac{1}{y} = \ln x - \ln y$$

A demonstração da Propriedade 3 será deixada como exercício. ∎

Para traçarmos o gráfico de $y = \ln x$, primeiro determinamos seus limites:

4 (a) $\lim\limits_{x \to \infty} \ln x = \infty$ (b) $\lim\limits_{x \to 0^+} \ln x = -\infty$

DEMONSTRAÇÃO

(a) Usando a Propriedade 3 com $x = 2$ e $r = n$ (onde n é um inteiro positivo arbitrário), temos $\ln(2^n) = n \ln 2$. Agora $\ln 2 > 0$, portanto isso mostra que $\ln(2^n) \to \infty$ quando $n \to \infty$. Mas $\ln x$ é uma função crescente, já que sua derivada $1/x > 0$. Portanto, $\ln x \to \infty$ quando $x \to \infty$.

(b) Se tomarmos $t = 1/x$, então $t \to \infty$ quando $x \to 0^+$. Logo, usando (a), temos

$$\lim_{x \to 0^+} \ln x = \lim_{t \to \infty} \ln\left(\frac{1}{t}\right) = \lim_{t \to \infty}(-\ln t) = -\infty \quad \blacksquare$$

Se $y = \ln x$, $x > 0$, então

$$\frac{dy}{dx} = \frac{1}{x} > 0 \qquad \text{e} \qquad \frac{d^2 y}{dx^2} = -\frac{1}{x^2} < 0$$

o que mostra que $\ln x$ é crescente e côncava para baixo em $(0, \infty)$. Juntando esta informação com (4), traçamos o gráfico de $y = \ln x$ na Figura 4.

Como $\ln 1 = 0$ e $\ln x$ é uma função contínua crescente que assume valores arbitrariamente grandes, o Teorema do Valor Intermediário mostra que existe um número no qual $\ln x$ assume o valor 1. (Veja a Figura 5.) Esse número importante é denotado por e.

5 Definição e é o número tal que $\ln e = 1$.

Mostraremos (no Teorema 19) que esta definição é consistente com nossa definição prévia de e.

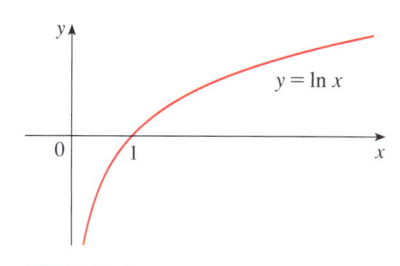

FIGURA 4

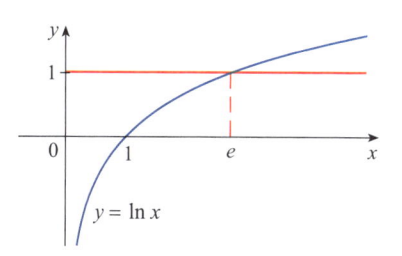

FIGURA 5

A Função Exponencial Natural

Como ln é uma função crescente, ela é injetora e, portanto, tem uma função inversa, que denotaremos por exp. Assim, de acordo com nossa definição de função inversa,

$f^{-1}(x) = y \iff f(y) = x$

6 $\quad \exp(x) = y \iff \ln y = x$

e as equações de cancelamento são

$f^{-1}(f(x)) = x$
$f(f^{-1}(x)) = x$

7 $\quad \exp(\ln x) = x \quad \text{e} \quad \ln(\exp x) = x$

Em particular, temos

$\exp(0) = 1$ já que $\ln 1 = 0$
$\exp(1) = e$ já que $\ln e = 1$

O gráfico de $y = \exp x$ é obtido refletindo o gráfico de $y = \ln x$ em torno da reta $y = x$. (Veja a Figura 6.) O domínio da exp é a imagem de ln, ou seja, $(-\infty, \infty)$; a imagem de exp é o domínio de ln, ou seja, $(0, \infty)$.

Se r for qualquer número racional, então a terceira propriedade dos logaritmos dá

$$\ln(e^r) = r \ln e = r$$

Portanto, por (6), $\quad \exp(r) = e^r$

FIGURA 6

Logo, $\exp(x) = e^x$ sempre que x for um número racional. Isso nos leva a definir e^x, mesmo para valores irracionais de x, pela equação

$$e^x = \exp(x)$$

Em outras palavras, pelas razões apresentadas, definimos e^x como a função inversa de $\ln x$. Nesta notação, (6) se torna

8 $\quad e^x = y \iff \ln y = x$

e as equações de cancelamento (7) são

9 $\quad e^{\ln x} = x \iff x > 0$

10 $\quad \ln(e^x) = x \quad \text{para todo } x$

FIGURA 7
A função exponencial natural

A função exponencial natural $f(x) = e^x$ é uma das mais frequentes funções no cálculo e em suas aplicações, então é importante estar familiarizado com seu gráfico (Figura 7) e suas propriedades (que decorrem do fato de que ela é a inversa da função logarítmica natural).

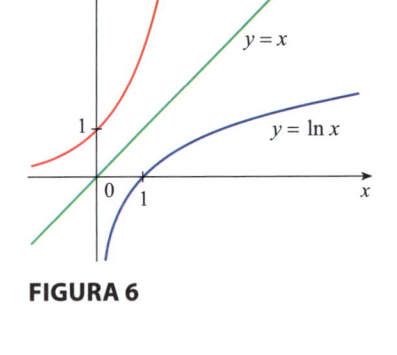

Propriedades da Função Exponencial A função exponencial $f(x) = e^x$ é uma função contínua crescente com domínio $\mathbb{R}$ e imagem $(0, \infty)$. Assim, $e^x > 0$ para todo x. Temos também

$$\lim_{x \to -\infty} e^x = 0 \qquad \lim_{x \to \infty} e^x = \infty$$

Logo, o eixo x é uma assíntota horizontal de $f(x) = e^x$.

Verificamos agora que f tem as outras propriedades esperadas de uma função exponencial.

> **11 Propriedades dos Expoentes** Se x e y forem números naturais e r for um racional, então
>
> **1.** $e^{x+y} = e^x e^y$ **2.** $e^{x-y} = \dfrac{e^x}{e^y}$ **3.** $(e^x)^r = e^{rx}$

DEMONSTRAÇÃO DA PROPRIEDADE 1 Usando a primeira propriedade dos logaritmos e a Equação 10, temos

$$\ln(e^x e^y) = \ln(e^x) + \ln(e^y) = x + y = \ln(e^{x+y})$$

Como ln é uma função injetora, segue que $e^x e^y = e^{x+y}$.

As Propriedades 2 e 3 são demonstradas de modo análogo (veja os Exercícios 6 e 7). Como veremos em breve, a Propriedade 3 na realidade vale quando r é qualquer número real. ∎

Demonstraremos agora a fórmula de derivação para e^x.

12
$$\frac{d}{dx}(e^x) = e^x$$

DEMONSTRAÇÃO A função $y = e^x$ é derivável porque ela é a inversa da função $y = \ln x$, que sabemos ser derivável, com derivada não nula. Para encontrarmos sua derivada, usamos o método da função inversa. Seja $y = e^x$. Então, $\ln y = x$ e, derivando essa última equação implicitamente com relação a x, obtemos

$$\frac{1}{y}\frac{dy}{dx} = 1$$

$$\frac{dy}{dx} = y = e^x$$
∎

Funções Exponenciais Gerais

Se $b > 0$ e r for qualquer número racional, então, por (9) e (11),

$$b^r = (e^{\ln b})^r = e^{r \ln b}$$

Portanto, mesmo para um número irracional x, *definimos*

13
$$b^x = e^{x \ln b}$$

Assim, por exemplo,

$$2^{\sqrt{3}} = e^{\sqrt{3} \ln 2} \approx e^{1,20} \approx 3,32$$

A função $f(x) = b^x$ é chamada **função exponencial com base b**. Observe que b^x é positivo para todo x porque e^x é positivo para todo x.

A Definição 13 nos permite estender uma das propriedades de logaritmos. Já sabemos que $\ln(b^r) = r \ln b$ quando r é racional. Mas se agora permitimos que r seja *qualquer* número real, temos, pela Definição 13,

$$\ln b^r = \ln(e^{r \ln b}) = r \ln b$$

Logo,

$$\boxed{14} \qquad \ln b^r = r \ln b \qquad \text{para todo número real } r$$

As propriedades gerais dos expoentes seguem da Definição 13 junto com as propriedades dos expoentes para e^x.

> **15 Propriedades dos Expoentes** Se x e y forem números reais e $a, b > 0$, então
>
> **1.** $b^{x+y} = b^x b^y$ **2.** $b^{x-y} = b^x/b^y$ **3.** $(b^x)^y = b^{xy}$ **4.** $(ab)^x = a^x b^x$

DEMONSTRAÇÃO

1. Usando a Definição 13 e as propriedades dos expoentes para e^x, temos

$$b^{x+y} = e^{(x+y)\ln b} = e^{x\ln b + y\ln b}$$
$$= e^{x\ln b} e^{y\ln b} = b^x b^y$$

3. Usando a Equação 14, obtemos

$$(b^x)^y = e^{y\ln(b^x)} = e^{yx\ln b} = e^{xy\ln b} = b^{xy}$$

As demonstrações restantes são deixadas como exercícios. ■

A fórmula de derivação para as funções exponenciais também é uma consequência da Definição 13:

$$\boxed{16} \qquad \frac{d}{dx}(b^x) = b^x \ln b$$

DEMONSTRAÇÃO

$$\frac{d}{dx}(b^x) = \frac{d}{dx}(e^{x\ln b}) = e^{x\ln b}\frac{d}{dx}(x\ln b) = b^x \ln b \qquad ■$$

Se $b > 1$, então $\ln b > 0$, donde $(d/dx)\, b^x = b^x \ln b > 0$, o que mostra que $y = b^x$ é crescente (veja a Figura 8). Se $0 < b < 1$, então $\ln b < 0$ e, portanto, $y = b^x$ é decrescente (veja a Figura 9).

■ Funções Logarítmicas Gerais

Se $b > 0$ e $b \neq 1$, então $f(x) = b^x$ é uma função injetora. Sua função inversa é chamada **função logarítmica de base b** e é denotada por $\log_b$. Logo,

$$\boxed{17} \qquad \log_b x = y \iff b^y = x$$

Em particular, vemos que

$$\log_e x = \ln x$$

As propriedades dos logaritmos são parecidas com as do logaritmo natural e podem ser deduzidas das propriedades dos expoentes (veja o Exercício 10).

Para derivar $y = \log_b x$, escrevemos a equação como $b^y = x$. Da Equação 14, temos $y \ln b = \ln x$. Portanto,

$$\log_b x = y = \frac{\ln x}{\ln b}$$

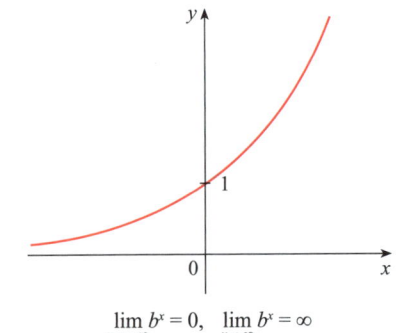

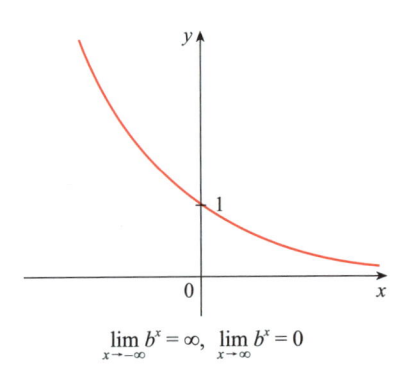

FIGURA 8
$y = b^x,\ b > 1$
$\lim\limits_{x\to -\infty} b^x = 0, \quad \lim\limits_{x\to \infty} b^x = \infty$

FIGURA 9
$y = b^x,\ 0 < b < 1$
$\lim\limits_{x\to -\infty} b^x = \infty, \quad \lim\limits_{x\to \infty} b^x = 0$

Como ln b é constante, podemos derivar da seguinte forma:

$$\frac{d}{dx}(\log_b x) = \frac{d}{dx}\frac{\ln x}{\ln b} = \frac{1}{\ln b}\frac{d}{dx}(\ln x) = \frac{1}{x \ln b}$$

18
$$\frac{d}{dx}(\log_b x) = \frac{1}{x \ln b}$$

O Número e Expresso como um Limite

Neste apêndice, definimos e como o número tal que $\ln e = 1$. O próximo teorema mostra que isto é o mesmo que o número e definido na Seção 3.1 (veja a Equação 3.6.5).

19
$$e = \lim_{x \to \infty}(1+x)^{1/x}$$

DEMONSTRAÇÃO Seja $f(x) = \ln x$. Então $f'(x) = 1/x$, logo $f'(1) = 1$. Porém, pela definição de derivada,

$$f'(1) = \lim_{h \to 0}\frac{f(1+h) - f(1)}{h} = \lim_{x \to 0}\frac{f(1+x) - f(1)}{x}$$

$$= \lim_{x \to 0}\frac{f(1+x) - \ln 1}{x} = \lim_{x \to 0}\frac{1}{x}\ln(1+x) = \lim_{x \to 0}\ln(1+x)^{1/x}$$

Por causa de $f'(1) = 1$, temos

$$\lim_{x \to 0}\ln(1+x)^{1/x} = 1$$

Assim, pelo Teorema 2.5.8 e pela continuidade da função exponencial, temos

$$e = e^1 = e^{\lim_{x \to 0}\ln(1+x)^{1/x}} = \lim_{x \to 0}e^{\ln(1+x)^{1/x}} = \lim_{x \to 0}\ln(1+x)^{1/x}$$ ∎

G | Exercícios

1. (a) Pela comparação de áreas, mostre que
$$\tfrac{1}{3} < \ln 1{,}5 < \tfrac{5}{12}$$
   (b) Use a Regra do Ponto Médio com $n = 10$ para estimar ln 1,5.

2. Com referência ao Exemplo 1.
   (a) Encontre a equação da reta tangente à curva $y = 1/t$ que seja paralela à reta secante AD.
   (b) Use a parte (a) para mostrar que ln 2 > 0,66.

3. (a) Pela comparação de áreas, mostre que
$$\frac{1}{2} + \frac{1}{3} + \cdots + \frac{1}{n} < \ln n < 1 + \frac{1}{2} + \frac{1}{3} + \cdots + \frac{1}{n-1}$$

4. (a) Comparando áreas, mostre que ln 2 < 1 < ln 3.
   (b) Deduza que $2 < e < 3$.

5. Demonstre a terceira propriedade dos logaritmos. [*Dica*: Comece mostrando que ambos os lados da equação têm a mesma derivada.]

6. Demonstre a segunda propriedade dos expoentes para e^x [veja (11)].

7. Demonstre a terceira propriedade dos expoentes para e^x [veja (11)].

8. Demonstre a segunda propriedade dos expoentes [veja (15)].

9. Demonstre a quarta propriedade dos expoentes [veja (15)].

10. Deduza as seguintes propriedades dos logaritmos a partir de (15):
    (a) $\log_b(xy) = \log_b x + \log_b y$
    (b) $\log_b(x/y) = \log_b x - \log_b y$
    (c) $\log_b(x^y) = y \log_b x$

CAPÍTULO 1

EXERCÍCIOS 1.1

1. Sim

3. (a) 2, −2, 1, 2,5 (b) −4 (c) [−4, 4]
   (d) [−4, 4], [−2, 3] (e) [0, 2]

5. [−85, 115] 7. Sim 9. Não 11. Sim 13. Não

15. Não 17. Sim, [−3, 2], [−3, −2) ∪ [−1, 3]

19. (a) 13,8 °C (b) 1990 (c) 1910, 2000
    (d) [13,5, 14,4]

21. [Gráfico de T vs t]

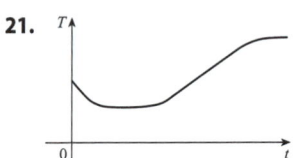

23. (a) 500 MW; 730 MW (b) 4 h; meio-dia; sim

25. [Gráfico de T com meio-dia, meia-noite]

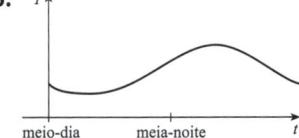

27. [Gráfico quantidade vs preço]

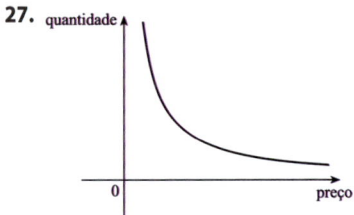

29. [Gráfico altura da grama vs dias da semana]

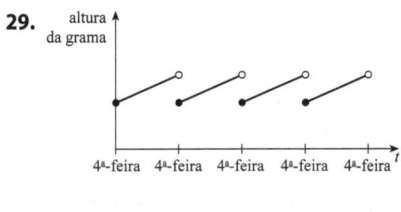

31. (a) [Gráfico T(°C) vs t (horas)] (b) 23 °C

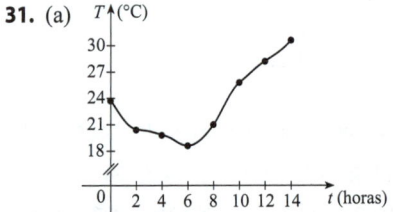

33. 12, 16, $3a^2 − a + 2$, $3a^2 + a + 2$, $3a^2 + 5a + 4$,
    $6a^2 − 2a + 4$, $12a^2 − 2a + 2$, $3a^4 − a^2 + 2$,
    $9a^4 − 6a^3 + 13a^2 − 4a + 4$, $3a^2 + 6ah + 3h^2 − a − h + 2$

35. $−3 − h$ 37. $−1/(ax)$

39. $(−\infty, −3) \cup (−3, 3) \cup (3, \infty)$ 41. $(−\infty, \infty)$

43. $(−\infty, 0), \cup (5, \infty)$ 45. $[0, 4]$

47. $[−2, 2]$, $[0, 2]$

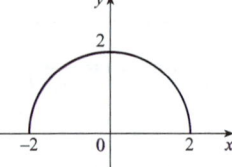

49. 11, 0, 2

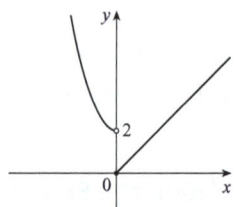

51. −2, 0, 4

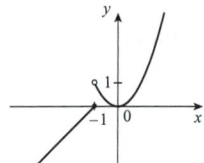

53. [Gráfico]

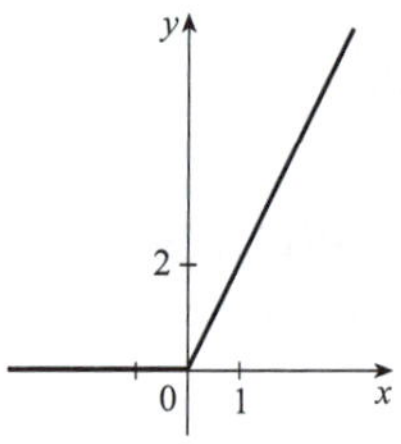

55. [Gráfico]

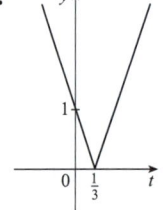

57. [Gráfico]

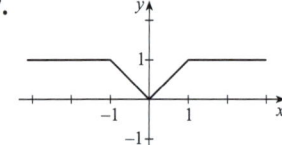

59. $f(x) = \frac{5}{2}x − \frac{11}{2}, 1 \le x \le 5$ 61. $f(x) = 1 − \sqrt{−x}$

63. $f(x) = \begin{cases} −x+3 & \text{se } 0 \le x \le 3 \\ 2x−6 & \text{se } 3 \le x \le 5 \end{cases}$

65. $A(L) = 10L − L^2, 0 < L < 10$

67. $A(x) = \sqrt{3}x^2/4, x > 0$ 69. $S(x) = x^2 + (8/x), x > 0$

71. $V(x) = 4x^3 − 64x^2 + 240x, 0 < x < 6$

73. $F(x) = \begin{cases} 15(40−x) & \text{se } 0 \le x < 40 \\ 0 & \text{se } 40 \le x \le 65 \\ 15(x−65) & \text{se } x > 65 \end{cases}$

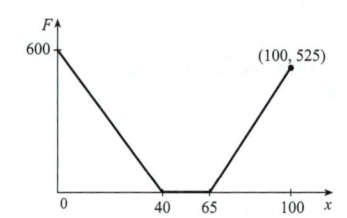

[Gráfico de F com pontos (100, 525), valores 600, 40, 65, 100]

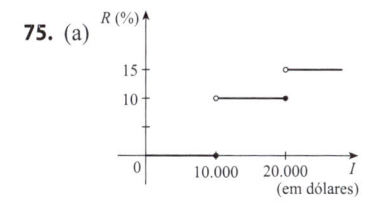

75. (a) [graph: R(%) step function with values 10 at 10.000–20.000 and 15 above 20.000]

(b) $ 400, $ 1.900

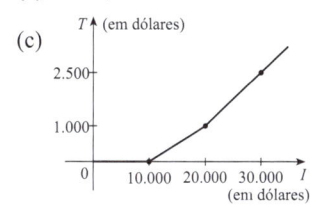

(c) [graph: T (em dólares) vs I (em dólares)]

77. f é ímpar, g é par

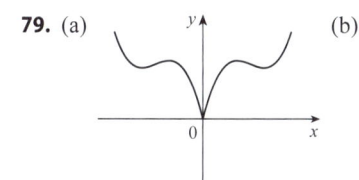

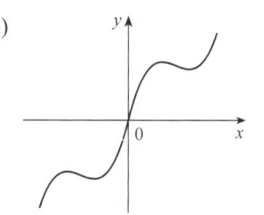

79. (a) [graph] (b) [graph]

81. Ímpar   **83.** Nenhum   **85.** Par

87. Par; ímpar; nenhum (a menos que $f = 0$ ou $g = 0$)

EXERCÍCIOS 1.2

1. (a) Polinomial, grau 3   (b) Trigonométrica   (c) Potência
(d) Exponencial   (e) Algébrica   (f) Logarítmica

3. (a) h (b) f (c) g

5. $\{x \mid x \neq \pi/2 + 2n\pi\}$, n um inteiro

7. (a) $y = 2x + b$, onde b é a intersecção com o eixo y.

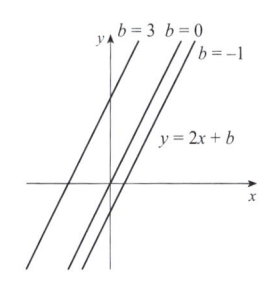

[graph showing lines $y = 2x + b$ with $b = 3$, $b = 0$, $b = -1$]

(b) $y - mx + 1 - 2m$, onde m é a inclinação.

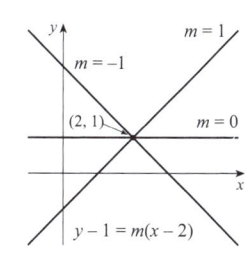

[graph showing lines through (2, 1) with $m = -1$, $m = 0$, $m = 1$; equation $y - 1 = m(x - 2)$]

(c) $y = 2x - 3$

9. Seus gráficos têm inclinação -1.

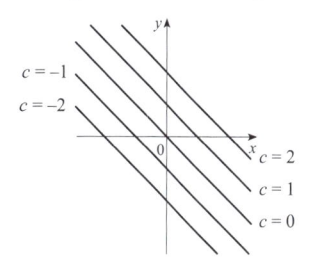

[graph showing parallel lines for $c = -2, -1, 0, 1, 2$]

11. $f(x) = 2x^2 - 12x + 18$

13. $f(x) = -3x(x + 1)(x - 2)$

15. (a) 8,34, variação em mg para cada ano de variação
(b) 8,34 mg

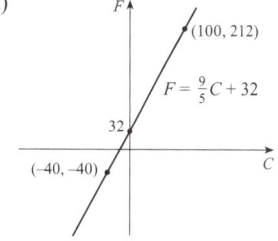

17. (a) [graph: F vs C, line through $(-40, -40)$ and $(100, 212)$, y-intercept 32, $F = \frac{9}{5}C + 32$]

(b) $\frac{9}{5}$, variação em °F para cada 1 °C de variação; 32, temperatura em Fahrenheit correspondendo a 0 °C

19. (a) $C = 13x + 900$

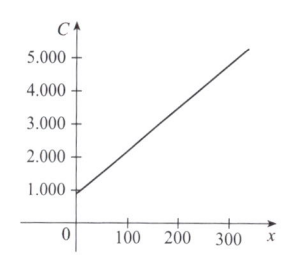

[graph of C vs x]

(b) 13; custo (em dólares) de produção de cada cadeira adicional
(c) 900; custo fixo diário

21. (a) $P = 0,1d + 1,05$ (b) 59,5 m

23. Quatro vezes mais clara

25. (a) 8   (b) 4   (c) 605.000 W; 2.042.000 W; 9.454.000 W

27. (a) Cosseno   (b) Linear

29. (a) O modelo linear é apropriado.

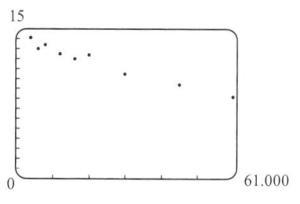

[scatter plot]

(b) $y = -0,000105x + 14,521$

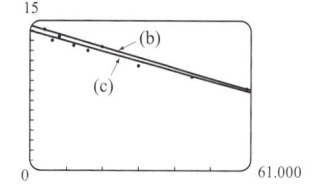

[scatter plot with fitted lines (b) and (c)]

A58   CÁLCULO

    (c) $y = -0{,}00009979x + 13{,}951$
    (d) Cerca de 11,5 por população de 100
    (e) Cerca de 6%   (f) Não

31. (a) Veja o gráfico na parte (b).
    (b) $y = 1{,}88074x + 82{,}64974$

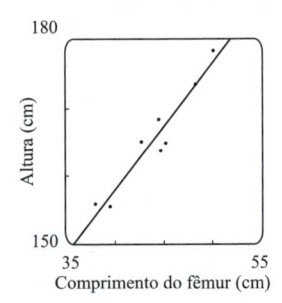

    (c) 182,3 cm

33. (a) Um modelo linear é apropriado. Veja o gráfico na parte (b).
    (b) $y = 1.124{,}86x + 60.119{,}86$

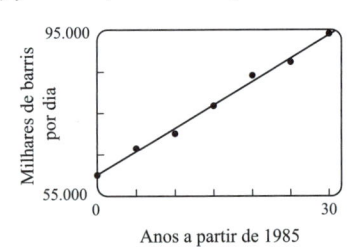

    (c) Em milhares de barris por dia: 79.242 e 96.115

35. (a) 2   (b) 334 m²

EXERCÍCIOS 1.3

1. (a) $y = f(x) + 3$ (b) $y = f(x) - 3$ (c) $y = f(x-3)$
    (d) $y = f(x+3)$ (e) $y = -f(x)$ (f) $y = f(-x)$
    (g) $y = 3f(x)$ (h) $y = \frac{1}{3}f(x)$

3. (a) 3   (b) 1   (c) 4   (d) 5   (e) 2

5. (a), (b), 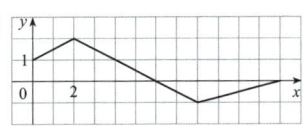 (c),  (d) [gráficos]

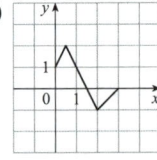

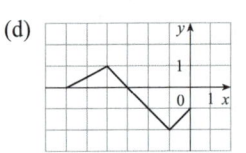

7. $y = -\sqrt{-x^2 - 5x - 4} - 1$

9. [gráfico de $y = 1 + x^2$]

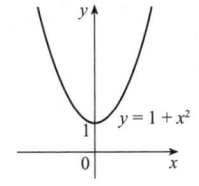

11. [gráfico de $y = |x+2|$]

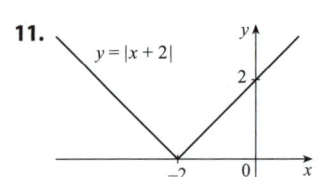

13. [gráfico de $y = \frac{1}{x} + 2$, assíntota $y = 2$]

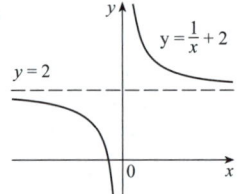

15. [gráfico de $y = \operatorname{sen} 4x$]

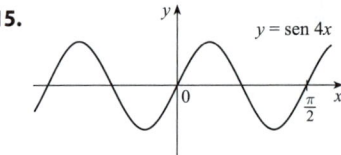

17. [gráfico de $y = 2 + \sqrt{x+1}$]

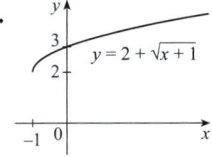

19. [gráfico de $y = x^2 - 2x + 5$]

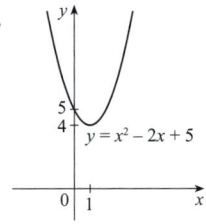

21. [gráfico de $y = 2 - |x|$]

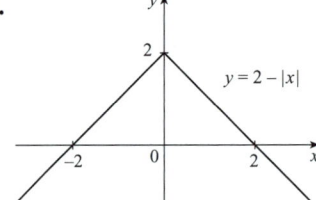

23. [gráfico de $y = 3 \operatorname{sen} \frac{1}{2}x + 1$]

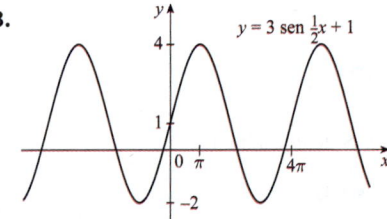

25. [gráfico de $y = |\cos \pi x|$]

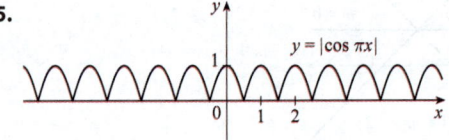

27. $L(t) = 12 + 2 \operatorname{sen}\left[\dfrac{2\pi}{365}(t-80)\right]$

29. $D(t) = 5\cos[(\pi/6)(t - 6{,}75)] + 7$

31. (a) A parte do gráfico de $y = f(x)$ à direita do eixo y é refletida em torno do eixo y.

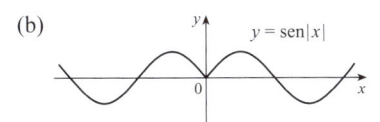

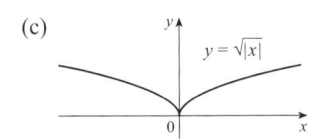

(b) $y = \text{sen}|x|$

(c) $y = \sqrt{|x|}$

33. (a) $(f+g)(x) = \sqrt{25 - x^2} + \sqrt{x+1}$, $[-1, 5]$

(b) $(f-g)(x) = \sqrt{25 - x^2} - \sqrt{x+1}$, $[-1, 5]$

(c) $(fg)(x) = \sqrt{-x^3 - x^2 + 25x + 25}$, $[-1, 5]$

(d) $(f/g)(x) = \sqrt{\dfrac{25 - x^2}{x+1}}$, $(-1, 5]$

35. (a) $(f \circ g)(x) = x + 5$, $(-\infty, \infty)$

(b) $(g \circ f)(x) = \sqrt[3]{x^3 + 5}$, $(-\infty, \infty)$

(c) $(f \circ f)(x) = (x^3 + 5)^3 + 5$, $(-\infty, \infty)$

(d) $(g \circ g)(x) = \sqrt[9]{x}$, $(-\infty, \infty)$

37. (a) $(f \circ g)(x) = \dfrac{1}{\sqrt{x+1}}$, $(-1, \infty)$

(b) $(g \circ f)(x) = \dfrac{1}{\sqrt{x}} + 1$, $(0, \infty)$

(c) $(f \circ f)(x) = \sqrt[4]{x}$, $(0, \infty)$

(d) $(g \circ g)(x) = x + 2$, $(-\infty, \infty)$

39. (a) $(f \circ g)(x) = \dfrac{2}{\text{sen}\, x}$, $\{x \mid x \neq n\pi\}$, n inteiro

(b) $(g \circ f)(x) = \text{sen}\left(\dfrac{2}{x}\right)$, $\{x \mid x \neq 0\}$

(c) $(f \circ f)(x) = x$, $\{x \mid x \neq 0\}$

(d) $(g \circ g)(x) = \text{sen}(\text{sen}\, x)$, $\mathbb{R}$

41. $(f \circ g \circ h)(x) = 3\,\text{sen}(x^2) - 2$

43. $(f \circ g \circ h)(x) = \sqrt{x^6 + 4x^3 + 1}$

45. $g(x) = 2x + x^2$, $f(x) = x^4$

47. $g(x) = \sqrt[3]{x}$, $f(x) = x/(1+x)$

49. $g(t) = t^2$, $f(t) = \sec t \,\text{tg}\, t$

51. $h(x) = \sqrt{x}$, $g(x) = x - 1$, $f(x) = \sqrt{x}$

53. $h(t) = \cos t$, $g(t) = \text{sen}\, t$, $f(t) = t^2$

55. (a) 6   (b) 5   (c) 5   (d) 3

57. (a) 4   (b) 3   (c) 0

(d) Não existe; $f(6) = 6$ não está no domínio de g.

(e) 4   (f) −2

59. (a) $r(t) = 60t$

(b) $(A \circ r)(t) = 3.600\pi t^2$; a área do círculo como uma função do tempo

61. (a) $s = \sqrt{d^2 + 36}$ (b) $d = 30t$

(c) $(f \circ g)(t) = \sqrt{900t^2 + 36}$; a distância entre o farol e o navio como uma função do tempo decorrido desde o meio-dia

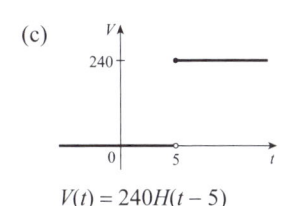

63. (a) [graph of H]   (b) [graph of V, $V(t) = 120H(t)$]

(c) [graph of V, $V(t) = 240H(t-5)$]

65. Sim; $m_1 m_2$

67. (a) $f(x) = x^2 + 6$ (b) $g(x) = x^2 + x - 1$

69. Sim

71. (d) $f(x) = \tfrac{1}{2}E(x) + \tfrac{1}{2}O(x)$, onde
$E(x) = 2^x + 2^{-x} + (x-3)^2 + (x+3)^2$ e
$O(x) = 2^x - 2^{-x} + (x-3)^2 - (x+3)^2$

EXERCÍCIOS 1.4

1. (a) −1   (b) $3^{-6} = \dfrac{1}{729}$ (c) $x^{-5/4} = 1/(x\sqrt[4]{x})$

(d) x^2 (e) $b^5/9$ (f) $2x^6/(9y)$

3. (a) $f(x) = b^x$, $b > 0$ (b) $\mathbb{R}$ (c) $(0, \infty)$

(d) Veja as Figuras 4(c), 4(b), and 4(a), respectivamente.

5. Todos se aproximam de 0 quando $x \to -\infty$, todos passam por (0, 1) e todos são crescentes. Quanto maior a base, mais rápida é a taxa de crescimento.

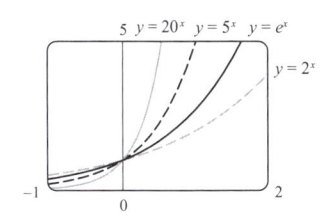

7. As funções com base maior que 1 são crescentes e aquelas com base menor que 1 são decrescentes. Estas são reflexões das primeiras em torno do eixo y.

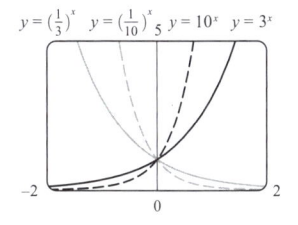

A60   CÁLCULO

9. [Graph: $y = 3^x + 1$, passing through $(0, 2)$, asymptote $y = 1$]

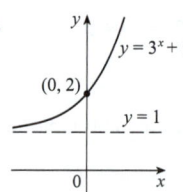

11. [Graph: $y = -e^{-x}$, passing through $(0, -1)$]

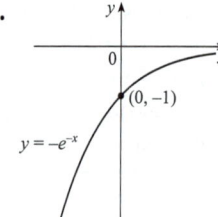

13. [Graph: $y = 1 - \frac{1}{2}e^{-x}$, passing through $(0, \frac{1}{2})$, asymptote $y = 1$]

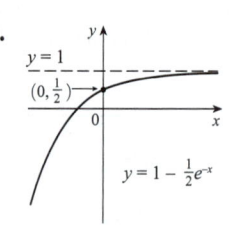

15. (a) $y = e^x - 2$ (b) $y = e^{x-2}$ (c) $y = -e^x$
     (d) $y = e^{-x}$ (e) $y = -e^{-x}$

17. (a) $(-\infty, -1) \cup (-1, 1) \cup (1, \infty)$ (b) $(-\infty, \infty)$

19. $f(x) = 3 \cdot 2^x$ **25.** Em $x \approx 35,8$

27. (a) Veja o gráfico na parte (c).
     (b) $f(t) = 36,89301 \cdot (1,06614)^t$
     (c) [Graph of bacteria count vs t (hours)]   Cerca de 10,87 h

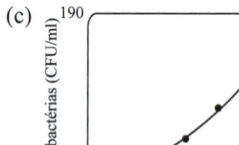

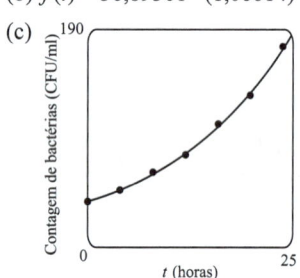

29. (a) 32.000   (b) $y = 500 \cdot 2^{2t}$ (c) ≈ 1.260 (d) 3,82 h

31. 3,5 dias

35. O valor mínimo é a e o gráfico torna-se mais próximo de uma reta horizontal à medida que a aumenta.

EXERCÍCIOS 1.5

1. (a) Veja a Definição 1.
    (b) Deve passar pelo Teste da Reta Horizontal.

3. Não   **5.** Não   **7.** Sim   **9.** Sim   **11.** Sim

13. Não   **15.** Não   **17.** (a) 6   (b) 3   **19.** 0

21. $F = \frac{9}{5}C + 32$; a temperatura em Fahrenheit como uma função da temperatura em Celsius; $[-273,15, \infty)$

23. $f^{-1}(x) = \sqrt{1-x}$ **25.** $g^{-1}(x) = (x-2)^2 - 1$, $x \geq 2$

27. $y = 1 - \ln x$ **29.** $y = \left(\sqrt[5]{x} - 2\right)^3$

31. $f^{-1}(x) = \frac{1}{4}(x^2 - 3)$, $x \geq 0$ [Graph of f and f^{-1}]

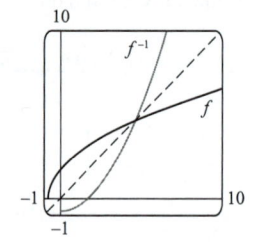

33. [Graph of f and f^{-1}]

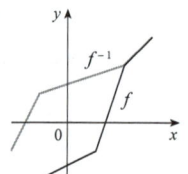

35. (a) $f^{-1}(x) = \sqrt{1-x^2}$, $0 \leq x \leq 1$; e f^{-1} são a mesma função.
     (b) Um quarto de círculo no primeiro quadrante.

37. (a) É definido como a inversa da função exponencial com base b, isto é, $\log_b x = y \Leftrightarrow b^y = x$.
     (b) $(0, \infty)$ (c) $\mathbb{R}$ (d) Veja a Figura 11.

39. (a) 4   (b) -4 (c) $\frac{1}{2}$

41. (a) 1   (b) -2 (c) -4

43. (a) $2 \log_{10} x + 3 \log_{10} y + \log_{10} z$
     (b) $4 \ln x - \frac{1}{2}\ln(x+2) - \frac{1}{2}\ln(x-2)$

45. (a) $\log_{10} 2$ (b) $\ln \dfrac{ac^3}{b^2}$

47. (a) 1,430677   (b) 0,917600

49. Todos os gráficos tendem a $-\infty$ quando $x \to 0^+$, todos passam por $(1, 0)$, e todos são crescentes. Quanto maior a base, mais lenta é a taxa de crescimento.
[Graph showing $y = \log_{1,5} x$, $y = \ln x$, $y = \log_{10} x$, $y = \log_{50} x$]

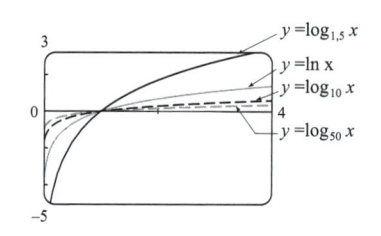

51. Em torno de 335.544 km.

53. (a) [Graph of $y = \log_{10}(x+5)$]   (b) [Graph of $y = -\ln x$]

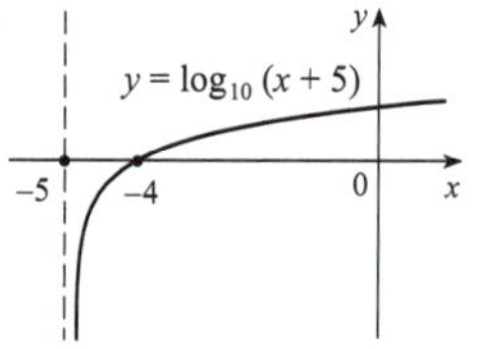

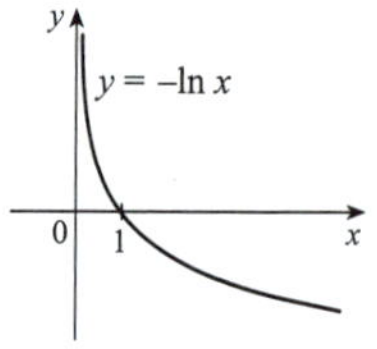

55. (a) $(0, \infty)$; $(-\infty, \infty)$ (b) e^{-2}
     (c) [Graph of $f(x) = \ln x + 2$, asymptote $x = 0$]

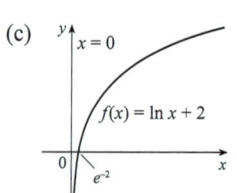

57. (a) $\frac{1}{4}(e^3 - 2) \approx 4,521$ (b) $\frac{1}{2}(3 + \ln 12) \approx 2,742$

59. (a) $\frac{1}{2}(1 + \sqrt{5}) \approx 1,618$ (b) $\dfrac{1}{2} - \dfrac{\ln 9}{2 \ln 5} \approx -0,183$

61. (a) $0 < x < 1$ (b) $x > \ln 5$

63. (a) $(\ln 3, \infty)$ (b) $f^{-1}(x) = \ln(e^x + 3)$; $\mathbb{R}$

65. O gráfico passa pelo Teste da Reta Horizontal.

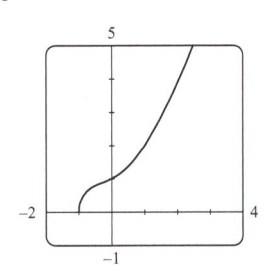

$f^{-1}(x) = -\frac{1}{6}\sqrt[3]{4}\left(\sqrt[3]{D - 27x^2 + 20} - \sqrt[3]{D + 27x^2 - 20} + \sqrt[3]{2}\right)$,
onde $D = 3\sqrt{3}\sqrt{27x^4 - 40x^2 + 16}$; duas das expressões são complexas.

67. (a) $f^{-1}(n) = (3/\ln 2)\ln(n/100)$; o tempo decorrido quando há n bactérias
(b) Após cerca de 26,9 horas.

69. (a) π (b) $\pi/6$
71. (a) $\pi/4$ (b) $\pi/2$
73. (a) $5\pi/6$ (b) $\pi/3$
77. $x/\sqrt{1+x^2}$
79. O segundo gráfico é a reflexão do primeiro gráfico em torno da reta $y = x$.

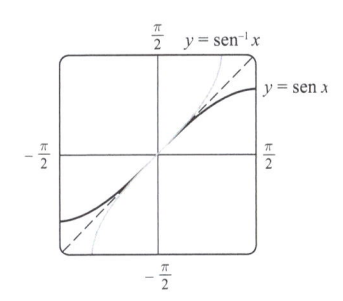

81. $[-\frac{2}{3}, 0], [-\pi/2, \pi/2]$
83. (a) Desloca-se para baixo; $g^{-1}(x) = f^{-1}(x) - c$
(b) $h^{-1}(x) = (1/c)f^{-1}(x)$

CAPÍTULO 1 REVISÃO

Testes Verdadeiro-Falso

1. Falso **3.** Falso **5.** Verdadeiro **7.** Falso
9. Verdadeiro **11.** Falso **13.** Falso

Exercícios

1. (a) 2,7 (b) 2,3, 5,6 (c) [−6, 6] (d) [−4, 4]
(e) [−4, 4] (f) Não; falha no Teste da Reta Horizontal.
(g) Ímpar; seu gráfico é simétrico em relação à origem.
3. $2a + h - 2$ **5.** $(-\infty, \frac{1}{3}) \cup (\frac{1}{3}, \infty), (-\infty, 0) \cup (0, \infty)$
7. $(-6, \infty), (-\infty, \infty)$
9. (a) Translade o gráfico 5 unidades para cima.
(b) Translade o gráfico 5 unidades para esquerda.
(c) Amplie o gráfico verticalmente por um fator de 2, então translade-o 1 unidade para cima.
(d) Translade o gráfico 2 unidades para direita e 2 unidades para baixo.
(e) Reflita o gráfico em torno do eixo x.
(f) Reflita o gráfico em torno da reta $y = x$ (assumindo que f é injetora).

11.

13.

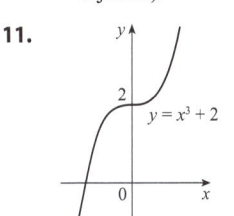

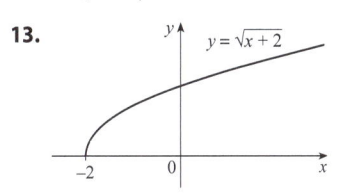

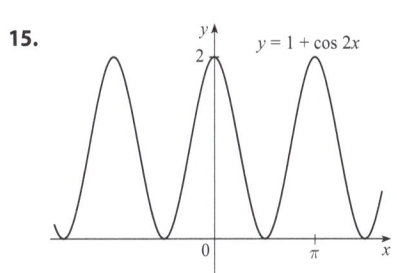

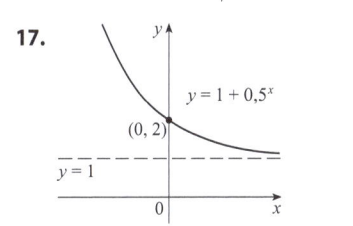

15.

17.

19. (a) Nenhum (b) Ímpar (c) Par (d) Nenhum
(e) Par (f) Nenhum
21. (a) $(f \circ g)(x) = \ln(x^2 - 9), (-\infty, -3) \cup (3, \infty)$
(b) $(g \circ f)(x) = (\ln x)^2 - 9, (0, \infty)$
(c) $(f \circ f)(x) = \ln \ln x, (1, \infty)$
(d) $(g \circ g)(x) = (x^2 - 9)^2 - 9, (-\infty, \infty)$
23. $y = 0,2441x - 413,3960$; cerca de 82,1 anos
25. 1
27. (a) $\ln x + \frac{1}{2}\ln(x+1)$ (b) $\frac{1}{2}\log_2(x^2+1) - \frac{1}{2}\log_2(x-1)$
29. (a) 25 (b) 3 (c) $\frac{4}{3}$
31. $\frac{1}{2}\ln 3 \approx 0,549$
33. $\ln(\ln 10) \approx 0,834$
35. $\pm 1/\sqrt{3} \approx \pm 0,577$
37. (a) 6,5 cópias de RNA/mL (b) $V(t) = 52,0(\frac{1}{2})^{t/8}$
(c) $t(V) = -8\log_2(V/52,0)$; o tempo necessário para a carga viral chegar a um determinado número V
(d) 37,6 dias

PRINCÍPIOS DA SOLUÇÃO DE PROBLEMAS

1. $a = 4\sqrt{h^2 - 16}/h$, onde a é o comprimento da altura e h é o comprimento da hipotenusa
3. $-\frac{2}{3}, \frac{4}{3}$

A62 CÁLCULO

5. [gráfico]

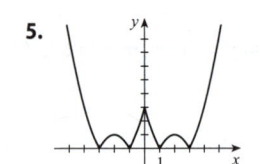

7. [gráfico]

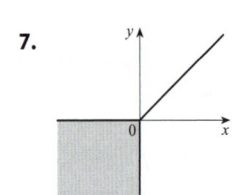

9. (a) [gráfico] $f(x) = \max\{x, 1/x\}$

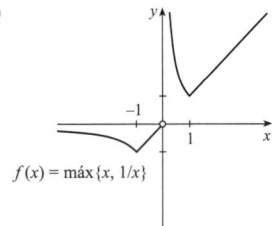

(b) [gráfico] $f(x) = \max\{\sin x, \cos x\}$

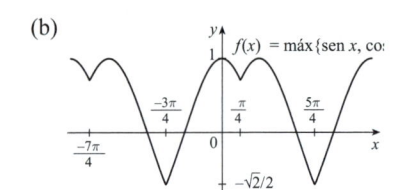

(c) [gráfico] $f(x) = \max\{x^2, 2+x, 2-x\}$

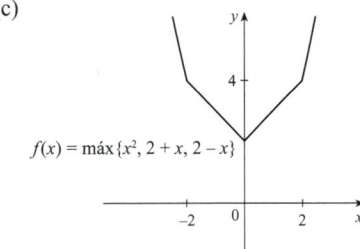

13. 0   **15.** $x \in [-1, 1-\sqrt{3}) \cup (1+\sqrt{3}, 3]$

17. 66,7 km/h   **21.** $f_n(x) = x^{2^n-1}$

CAPÍTULO 2

EXERCÍCIOS 2.1

1. (a) $-44,4$, $-38,8$, $-27,8$, $-22,2$, $-16,\overline{6}$
(b) $-33,3$ (c) $-33\frac{1}{3}$

3. (a) (i) 2   (ii) 1,111111   (iii) 1,010101
(iv) 1,001001   (v) 0,666667   (vi) 0,909091
(vii) 0,990099   (viii) 0,999001
(b) 1   (c) $y = x - 3$

5. (a) (i) -40 m/s   (ii) $-39,4$ m/s   (iii) $-39,3$ m/s
(b) -39 m/s

7. (a) (i) 8,9 m/s   (ii) 9,9 m/s   (iii) 13,9 m/s
(iv) 14,9 m/s
(b) 8,9 m/s

9. (a) 0, 1,7321, $-1,0847$, $-2,7433$, 4,3301, $-2,8173$, 0, $-2,1651$, $-2,6061$, -5, 3,4202; não
(c) $-31,4$

EXERCÍCIOS 2.2

1. Sim

3. (a) $\lim_{x \to -3} f(x) = \infty$ significa que podemos fazer os valores de $f(x)$ ficarem arbitrariamente grandes (tão grandes quanto quisermos) tomando x suficientemente próximo de -3 (mas não igual a -3).
(b) $\lim_{x \to 4^+} f(x) = -\infty$ significa que os valores de $f(x)$ podem se tornar números negativos arbitrariamente grandes ao fazer x ficar suficientemente próximo a 4 por valores maiores que 4.

5. (a) 2   (b) 1   (c) 4   (d) Não existe   (e) 3

7. (a) 4   (b) 5   (c) 2, 4   (d) 4

9. (a) $-\infty$ (b) ∞ (c) ∞ (d) $-\infty$ (e) ∞
(f) $x = -7, x = -3, x = 0, x = 6$

11. $\lim_{x \to a} f(x)$ existe para qualquer a exceto $a = 0$.

13. (a) -1 (b) 1   (c) Não existe

15. [gráfico]   **17.** [gráfico]

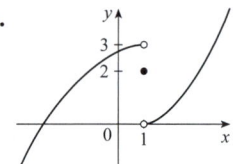

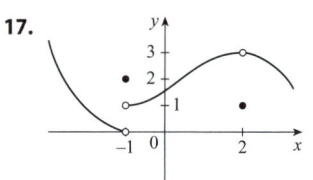

19. $\frac{1}{2}$ **21.** 5   **23.** 0,25   **25.** 1,5   **27.** 1

29. ∞ **31.** ∞ **33.** $-\infty$ **35.** $-\infty$ **37.** ∞

39. $-\infty$ **41.** $x = -2$ **43.** $-\infty; \infty$

45. (a) 2,71828
(b) [gráfico]

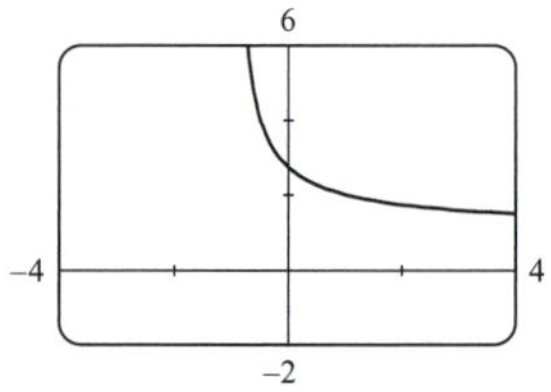

47. (a) 0,998000, 0,638259, 0,358484, 0,158680, 0,038851, 0,008928, 0,001465; 0
(b) 0,000572, $-0,000614$, $-0,000907$, $-0,000978$, $-0,000993$, $-0,001000$; $-0,001$

49. $x \approx \pm 0,90, \pm 2,24; x = \pm \operatorname{sen}^{-1}(\pi/4), \pm(\pi - \operatorname{sen}^{-1}(\pi/4))$

51. $m \to \infty$

EXERCÍCIOS 2.3

1. (a) -6 (b) -8 (c) 2   (d) -6
(e) Não existe   (f) 0

3. 75   **5.** 88   **7.** 5   **9.** $-\frac{1}{27}$ **11.** -13

13. 6   **15.** Não existe   **17.** $\frac{5}{7}$ **19.** $\frac{9}{2}$

21. -6 **23.** $\frac{1}{6}$ **25.** $-\frac{1}{9}$ **27.** 1

29. $\frac{1}{128}$ **31.** $-\frac{1}{2}$ **33.** $3x^2$

35. (a), (b) $\frac{2}{3}$ **39.** 7   **43.** 8

45. -4 **47.** Não existe

49. (a) [gráfico]

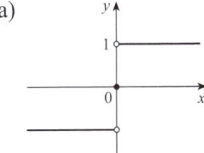

(b) (i) 1 (ii) −1 (iii) Não existe (iv) 1

51. (a) (i) 5 (ii) −5 (b) Não existe

(c) [gráfico com pontos (2, 5), (−3, 0), (2, −5)]

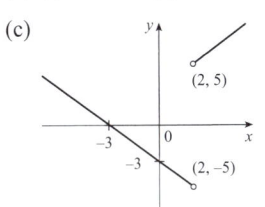

53. 7

55. (a) (i) −2 (ii) Não existe (iii) −3
(b) (i) $n-1$ (ii) n
(c) a não é um inteiro.

61. 8   **67.** 15; −1

EXERCÍCIOS 2.4

1. 0,1 (ou qualquer número positivo menor)

3. 1,44 (ou qualquer número positivo menor)

5. 0,4269 (ou qualquer número positivo menor)

7. 0,0219 (ou qualquer número positivo menor); 0,011 (ou qualquer número positivo menor)

9. (a) 0,01 (ou qualquer número positivo menor)
(b) $\lim\limits_{x \to 2^+} \dfrac{1}{\ln(x-1)} = \infty$

11. (a) $\sqrt{1.000/\pi}$ cm
(b) A menos de aproximadamente 0,0445 cm
(c) Raio; área; $\sqrt{1.000/\pi}$; 1.000; 5; ≈0,0445

13. (a) 0,025 (b) 0,0025

35. (a) 0,093 (b) $d = (B^{2/3} - 12)/(6B^{1/3}) - 1$, onde $B = 216 + 108\varepsilon + 12\sqrt{336 + 324\varepsilon + 81\varepsilon^2}$

41. A menos de 0,1

EXERCÍCIOS 2.5

1. $\lim_{x \to 4} f(x) = f(4)$

3. (a) −4, −2, 2, 4; $f(-4)$ não é definida e $\lim\limits_{x \to a} f(x)$ não existe para $a = -2, 2$ e 4
(b) −4, nenhum; −2, esquerda; 2, direita; 4, direita

5. (a) 1 (b) 1, 3 (c) 3

7. [gráfico]

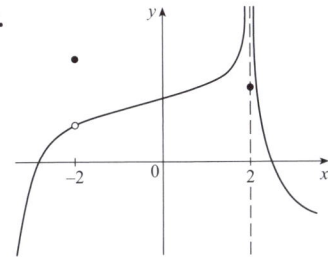

9. [gráfico]

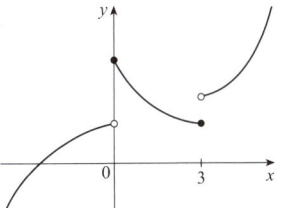

11. (a) [gráfico]

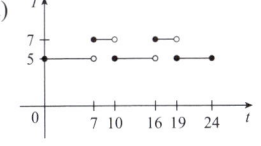

19. $f(-2)$ não está definido.

[gráfico de $y = \dfrac{1}{x+2}$]

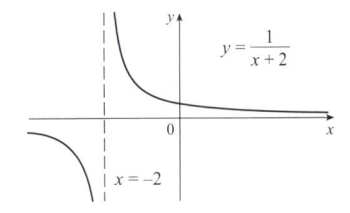

21. $\lim\limits_{x \to -1} f(x)$ não existe. 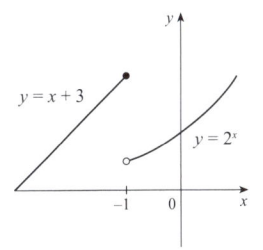   **23.** $\lim\limits_{x \to 0} f(x) \neq f(0)$

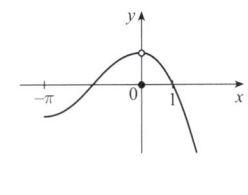

[gráficos]

25. (b) Defina $f(3) = \tfrac{1}{6}$.   **27.** $(-\infty, \infty)$ **29.** $(-\infty, 0) \cup (0, \infty)$

31. $(-1, 1)$ **33.** $(-\infty, -1] \cup (0, \infty)$ **35.** 8   **37.** ln 2

39. $x = \dfrac{\pi}{2} + 2n\pi$, para todo n inteiro

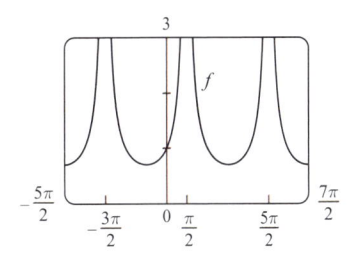

[gráfico]

43. −1, direita 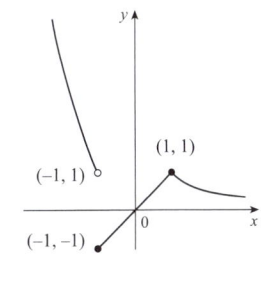   **45.** 0, direita; 1, esquerda

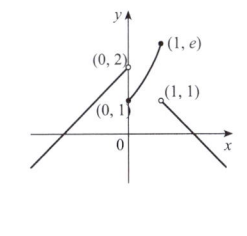

[gráficos]

47. $\frac{2}{3}$ **49.** 4

51. (a) $g(x) = x^3 + x^2 + x + 1$ (b) $g(x) = x^2 + x$

59. (b) $(0,86, 0,87)$ **61.** (b) $70,347$ **71.** Nenhum.

EXERCÍCIOS 2.6

1. (a) Quando x se torna grande, $f(x)$ aproxima-se de 5.
(b) Quando x se torna um negativo grande, $f(x)$ aproxima-se de 3.

3. (a) -2 (b) 2   (c) ∞ (d) $-\infty$
(e) $x = 1, x = 3, y = -2, y = 2$

5.

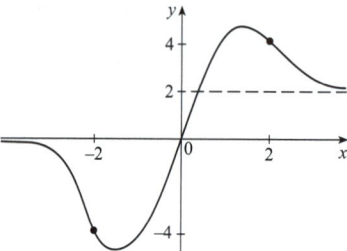

7.

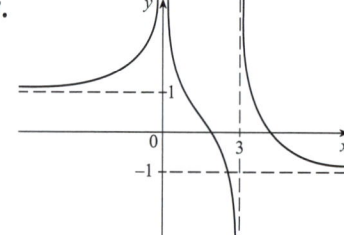

9.

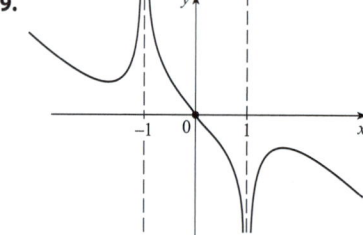

11. 0   **13.** $\frac{2}{5}$ **15.** $\frac{4}{5}$ **17.** 0

19. $-\frac{1}{3}$ **21.** -1 **23.** $\frac{\sqrt{3}}{4}$ **25.** -2

27. $-\infty$ **29.** 0   **31.** $\frac{1}{2}(a-b)$ **33.** $-\infty$

35. 0   **37.** $-\frac{1}{2}$ **39.** 0   **41.** ∞

43. (a) (i) 0   (ii) $-\infty$ (iii) ∞ (b) ∞
(c)

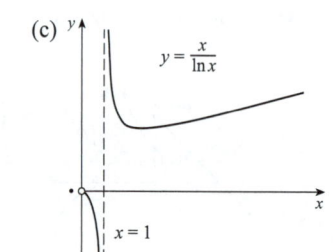

45. (a), (b) $-\frac{1}{2}$ **47.** $y = 4, x = -3$

49. $y = 2; x = -2, x = 1$ **51.** $x = 5$ **53.** $y = 3$

55. (a) 0   (b) $\pm\infty$

57. $f(x) = \dfrac{2-x}{x^2(x-3)}$ **59.** (a) $\frac{5}{4}$ (b) 5

61. $-\infty, -\infty$ **63.** $-\infty, \infty$

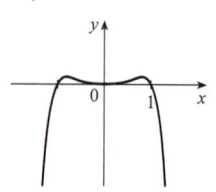

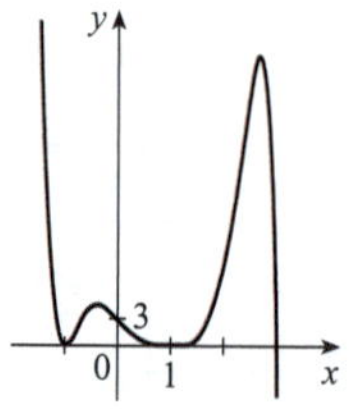

65. (a) 0   (b) Um número infinito de vezes

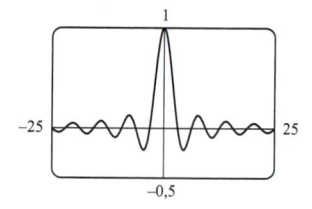

67. 5

69. (a) v^* (b) $\approx 0,47$ s

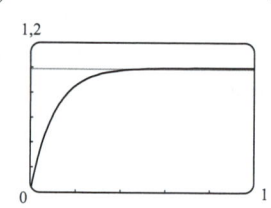

71. $N \geq 15$ **73.** $N \leq -9, N \leq -19$

75. (a) $x > 100$

EXERCÍCIOS 2.7

1. (a) $\dfrac{f(x) - f(3)}{x - 3}$ (b) $\lim\limits_{x \to 3} \dfrac{f(x) - f(3)}{x - 3}$

3. (a) 1   (b) $y = x - 1$ (c)

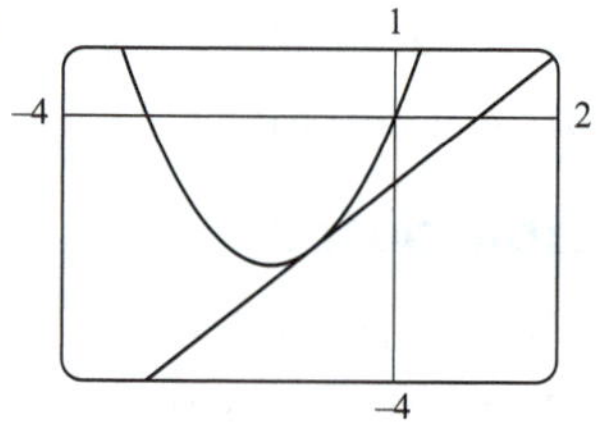

5. $y = 7x - 17$ **7.** $y = -5x + 6$

9. (a) $8a - 6a^2$ (b) $y = 2x + 3, y = -8x + 19$
(c)

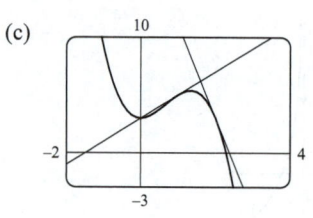

11. (a) 2,5 s   (b) 24,5 m/s

13. $-2/a^3$ m/s; -2 m/s; $-\frac{1}{4}$ m/s; $-\frac{2}{27}$ m/s

15. (a) Direita: $0 < t < 1$ e $4 < t < 6$; esquerda: $2 < t < 3$; está parada: $1 < t < 2$ e $3 < t < 4$

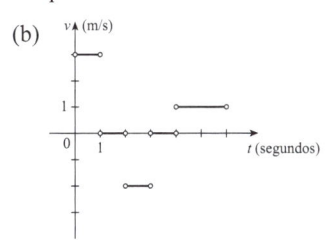

(b) [gráfico de v (m/s) vs t (segundos)]

17. $g'(0)$, 0, $g'(4)$, $g'(2)$, $g'(-2)$

19. $\frac{2}{5}$ **21.** $\frac{5}{9}$ **23.** $4a - 5$

25. $-\dfrac{2a}{(a^2+1)^2}$ **27.** $y = -\frac{1}{2}x + 3$ **29.** $y = 3x - 1$

31. (a) $-\frac{3}{5}$; $y = -\frac{3}{5}x + \frac{16}{5}$ (b) [gráfico]

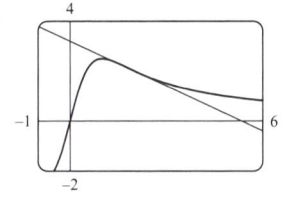

33. $f(2) = 3$; $f'(2) = 4$

35. 32 m/s; 32 m/s

37. [gráfico de Temperatura vs Tempo] Maior (em módulo)

39. [gráfico]

41. [gráfico]

43. $f(x) = \sqrt{x}$, $a = 9$ **45.** $f(x) = x^6$, $a = 2$

47. $f(x) = \operatorname{tg} x$, $a = \pi/4$

49. (a) (i) \$ 20,25/unidade (ii) \$ 20,05/unidade
(b) \$ 20/unidade

51. (a) A taxa de variação do custo por onça de ouro produzida; dólares por onça
(b) O custo de produção do 22º quilograma de ouro equivale a US\$ 17/kg
(c) Decrescer a curto prazo; aumentar a longo prazo

53. (a) A taxa de variação da solubilidade do oxigênio com relação à temperatura da água; (mg/L)/°C

(b) $S'(16) \approx -0{,}25$; no momento em que a temperatura ultrapassa 16 °C, a solubilidade do oxigênio está decrescendo a uma taxa de 0,25 (mg/L)/°C

55. (a) Em (g/dL)/h:
(i) $-0{,}015$ (ii) $-0{,}012$ (iii) $-0{,}012$ (iv) $-0{,}011$
(b) $-0{,}012$ (g/dL)/h; Após 2 horas, a concentração de álcool está diminuindo a uma taxa de 0,012 (g/dL)/h.

57. Não existe

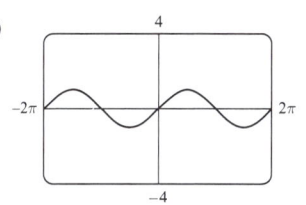

59. (a) [gráfico] A inclinação parece ser 1.

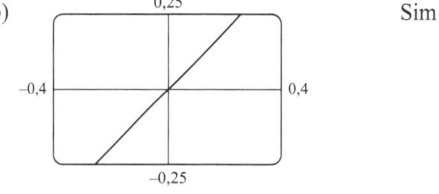

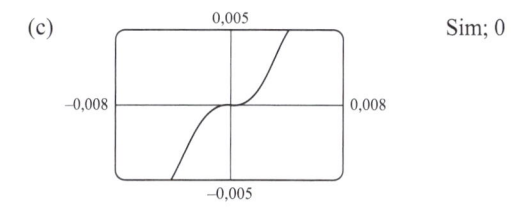

(b) [gráfico] Sim

(c) [gráfico] Sim; 0

EXERCÍCIOS 2.8

1. (a) 0,5 (b) 0 (c) -1 (d) $-1{,}5$
(e) -1 (f) 0 (g) 1 (h) 1

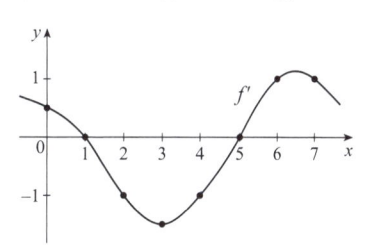

[gráfico de f']

3. (a) II (b) IV (c) I (d) III

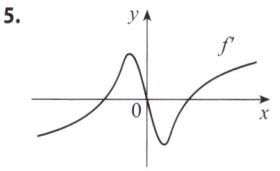

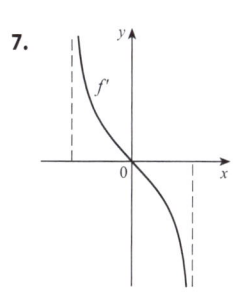

5. [gráfico de f']

7. [gráfico de f']

9. [gráfico]

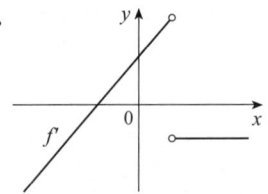

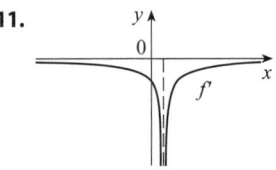

11. [gráfico]

13. (a) A taxa instantânea de variação da porcentagem da capacidade total com relação ao tempo decorrido em horas.
(b) A taxa de variação da porcentagem da capacidade total está decrescendo e se aproximando a 0.

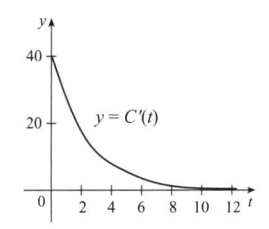

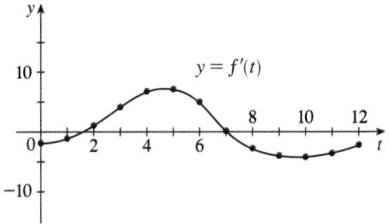

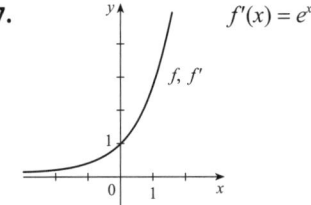

[gráfico: $y = C'(t)$]

15. [gráfico: $y = f'(t)$] Quando $t \approx 5,25$

17. [gráfico] $f'(x) = e^x$

19. (a) 0, 1, 2, 4 (b) −1, −2, −4 (c) $f'(x) = 2x$

21. $f'(x) = 3$, $\mathbb{R}$, $\mathbb{R}$ **23.** $f'(t) = 5t + 6$, $\mathbb{R}$, $\mathbb{R}$

25. $A'(p) = 12p^2 + 3$, $\mathbb{R}$, $\mathbb{R}$

27. $f'(x) = -\dfrac{2x}{(x^2-4)^2}$, $(-\infty, -2) \cup (-2, 2) \cup (2, \infty)$, $(-\infty, -2) \cup (-2, 2) \cup (2, \infty)$

29. $g'(u) = -\dfrac{5}{(4u-1)^2}$, $\left(-\infty, \frac{1}{4}\right) \cup \left(\frac{1}{4}, \infty\right)$, $\left(-\infty, \frac{1}{4}\right) \cup \left(\frac{1}{4}, \infty\right)$

31. $f'(x) = -\dfrac{1}{2(1+x)^{3/2}}$, $(-1, \infty)$, $(-1, \infty)$

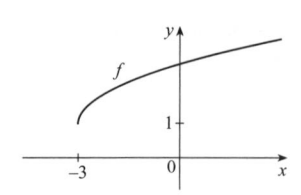

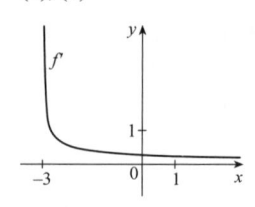

33. (a) [gráfico de f] (b), (d) [gráfico de f']

(c) $f'(x) = \dfrac{1}{2\sqrt{x+3}}$, $[-3, \infty)$, $(-3, \infty)$

35. (a) $f'(x) = 4x^3 + 2$

37.

t	14	21	28	35	42	49
$H'(t)$	0,57	0,43	0,33	0,29	0,14	0,5

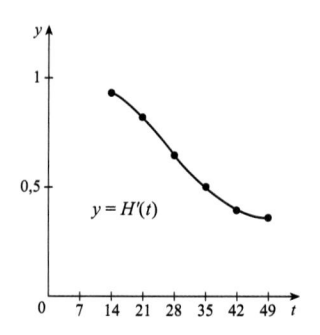

[gráfico: $y = H'(t)$]

39. (a) A taxa na qual a porcentagem de potência elétrica produzida pelos painéis solares está variando, em pontos percentuais por ano.
(b) Em 1º de janeiro de 2020, a porcentagem de potência elétrica produzida pelos painéis solares estava crescendo a uma taxa de 3,5 pontos percentuais por ano.

41. −4 (quina); 0 (descontinuidade)

43. 1 (não é definida); 5 (tangente vertical)

45. Derivável em −1; não derivável em 0

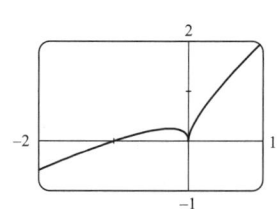

[gráfico]

47. $f''(1)$ **49.** $a = f$, $b = f'$, $c = f''$

51. a = aceleração, b = velocidade, c = posição

53. $6x + 2$; 6

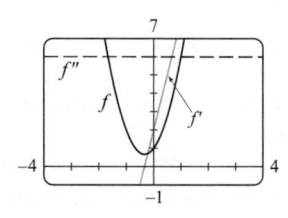

[gráfico com f, f', f'']

55. 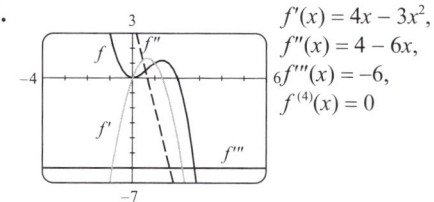 $f'(x) = 4x - 3x^2$, $f''(x) = 4 - 6x$, $f'''(x) = -6$, $f^{(4)}(x) = 0$

57. (a) $\frac{1}{3}a^{-2/3}$

59. $f'(x) = \begin{cases} -1 & \text{se } x < 6 \\ 1 & \text{se } x > 6 \end{cases}$

ou $f'(x) = \dfrac{x-6}{|x-6|}$

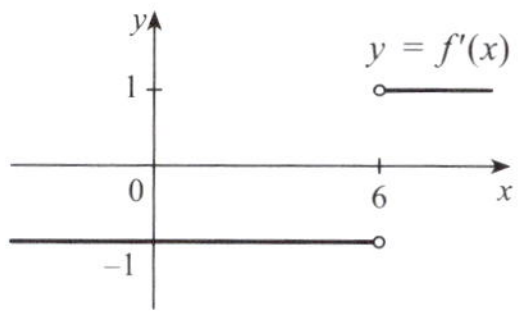

61. (a) 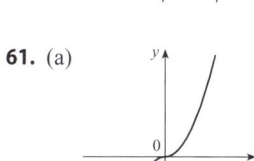 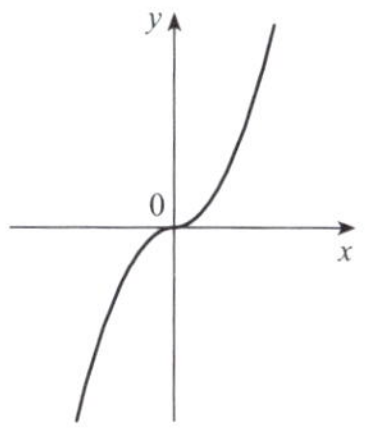 (b) Todo x (c) $f'(x) = 2|x|$

65. (a) $-1, 1$ (b) 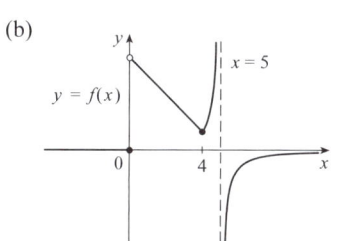 (c) 0, 5 (d) 0, 4, 5

67. (a) 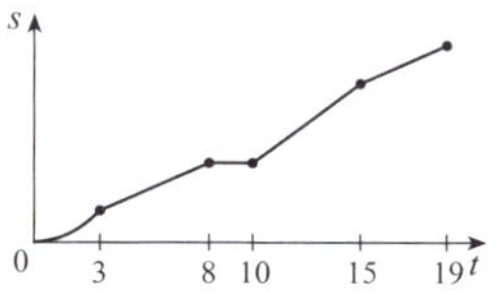 (b)

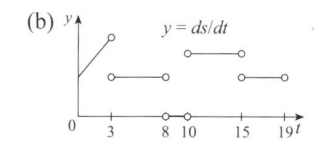

CAPÍTULO 2 REVISÃO

Testes Verdadeiro-Falso

1. Falso **3.** Verdadeiro **5.** Verdadeiro **7.** Falso
9. Verdadeiro **11.** Falso **13.** Falso **15.** Falso
17. Verdadeiro **19.** Falso **21.** Verdadeiro
23. Verdadeiro **25.** Falso

Exercícios

1. (a) (i) 3 (ii) 0 (iii) Não existe (iv) 2
(v) ∞ (vi) $-\infty$ (vii) 4 (viii) -1
(b) $y = 4, y = -1$ (c) $x = 0, x = 2$ (d) $-3, 0, 2, 4$

3. 1 **5.** $\frac{3}{2}$ **7.** 3 **9.** ∞ **11.** $\frac{5}{7}$ **13.** $\frac{1}{2}$
15. $-\infty$ **17.** 2 **19.** $\pi/2$ **21.** $x = 0, y = 0$ **23.** 1
29. (a) (i) 3 (ii) 0 (iii) Não existe (iv) 0
(v) 0 (vi) 0
(b) Em 0 e 3 (c)

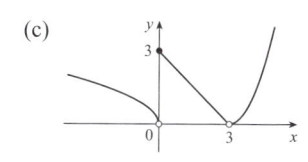

31. $\mathbb{R}$ **35.** (a) -8 (b) $y = -8x + 17$
37. (a) (i) 3 m/s (ii) 2,75 m/s (iii) 2,625 m/s
(iv) 2,525 m/s
(b) 2,5 m/s

39. (a) 10 (b) $y = 10x - 16$
(c)

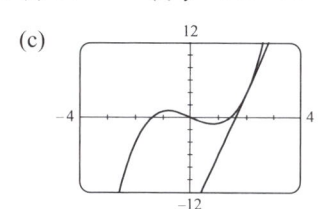

41. (a) A taxa em que o custo varia com relação à taxa de juros; dólares/(porcentagem ao ano).
(b) À medida que a taxa de juros aumenta após 10%, o custo está aumentando a uma taxa de $ 1.200/(porcentagem ao ano).
(c) Sempre positivo.

43.

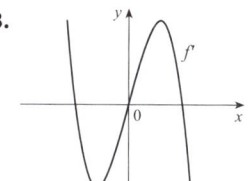

45. $f'(x) = -4/x^3$, $(-\infty, 0) \cup (0, \infty)$
47. (a) $f'(x) = -\frac{5}{2}(3 - 5x)^{-1/2}$ (b) $\left(-\infty, \frac{3}{5}\right], \left(-\infty, \frac{3}{5}\right)$
(c)

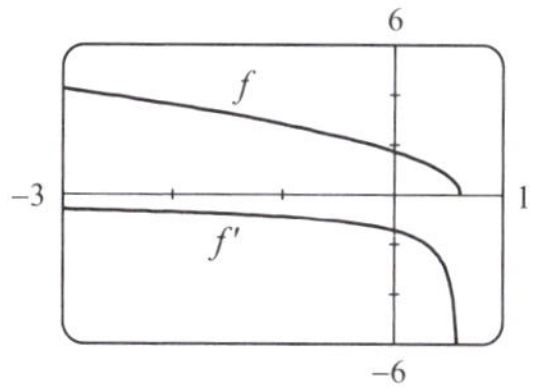

49. -4 (descontinuidade), -1 (quina), 2 (descontinuidade), 5 (tangente vertical)

51.

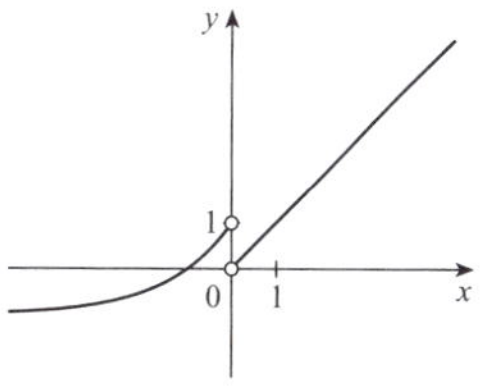

53. A taxa na qual o número de notas de US$ 20 em circulação está variando com relação ao tempo; 0,28 bilhão de notas por ano.

55. 0

PROBLEMAS QUENTES

1. $\frac{2}{3}$ **3.** -4 **5.** (a) Não existe (b) 1
7. (a) $(-\infty, 0) \cup [1, \infty), (0, 2)$ (b) 1 **9.** $\frac{3}{4}$
11. (b) Sim (c) Sim; não
13. (a) 0 (b) 1 (c) $f'(x) = x^2 + 1$

CAPÍTULO 3

EXERCÍCIOS 3.1

1. (a) e é o número tal que $\lim_{h \to 0} \frac{e^h - 1}{h} = 1$.
(b) $0{,}99, 1{,}03; 2{,}7 < e < 2{,}8$
3. $g'(x) = 4$ **5.** $f'(x) = 75x^{74} - 1$
7. $f'(t) = -2e^t$ **9.** $W'(v) = -5{,}4v^{-4}$
11. $f'(x) = \frac{3}{2}x^{1/2} - 3x^{-4}$ **13.** $s'(t) - \frac{1}{t^2} - \frac{2}{t^3}$
15. $y' = 2 + 1/(2\sqrt{x})$ **17.** $g'(x) - \frac{1}{2}x^{-3/2} + \frac{1}{4}x^{-3/4}$
19. $f'(x) = 4x^3 + 9x^2$ **21.** $y' = 3e^x - \frac{4}{3}x^{-4/3}$
23. $f'(x) = 3 + 2x$ **25.** $G'(r) = \frac{3}{2}r^{-1/2} + \frac{3}{2}r^{1/2}$
27. $j'(x) - 2{,}4\,x^{1{,}4}$ **29.** $F'(z) = -\frac{2A}{z^3} - \frac{B}{z^2}$
31. $D'(t) = -\frac{3}{64t^4} - \frac{1}{4t^2}$
33. $P'(w) = 3\sqrt{w} - \frac{1}{2}w^{-1/2} - 2w^{-3/2}$
35. $dy/dx = 2tx + t^3;\ dy/dt = x^2 + 3t^2 x$
37. $y = 4x - 1$ **39.** $y = \frac{1}{2}x + 2$
41. Tangente: $y = 2x + 2$; normal: $y = -\frac{1}{2}x + 2$
43. $y = 3x - 1$ **45.** $f'(x) = 4x^3 - 6x^2 + 2x$
47. (a) (c) $4x^3 - 9x^2 - 12x + 7$

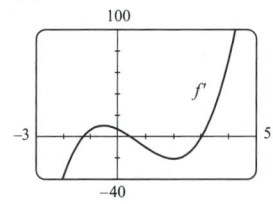

49. $f'(x) = 0{,}005x^4 - 0{,}06x^2,\ f''(x) = 0{,}02x^3 - 0{,}12x$
51. $f'(x) = 2 - \frac{15}{4}x^{-1/4},\ f''(x) = \frac{15}{16}x^{-5/4}$
53. (a) $v(t) = 3t^2 - 3,\ a(t) = 6t$ (b) 12 m/s² (c) $a(1) = 6$ m/s²
55. $4{,}198$; aos 12 anos, o comprimento do peixe está aumentando a uma taxa de $4{,}198$ cm/ano
57. (a) $V = 5{,}3/P$
(b) $-0{,}00212$; taxa instantânea de variação do volume com relação à pressão em 25 °C; m³/kPa
59. $(-3, 37), (1, 5)$ **63.** $y = 3x - 3,\ y = 3x - 7$
65. $y = -2x + 3$ **67.** $(\pm 2, 4)$
71. $P(x) = x^2 - x + 3$ **73.** $y = \frac{3}{16}x^3 - \frac{9}{4}x + 3$
75. Não

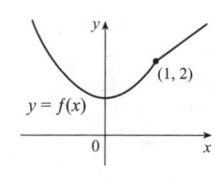

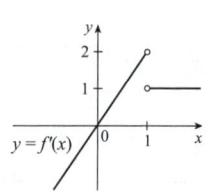

77. (a) Não derivável em 3 ou -3
$$f'(x) = \begin{cases} 2x & \text{se } |x| > 3 \\ -2x & \text{se } |x| < 3 \end{cases}$$
(b)

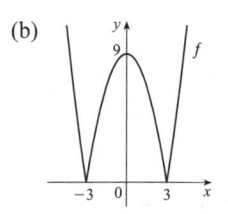

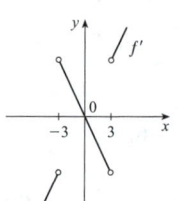

79. $y = 2x^2 - x$ **81.** $a = -\frac{1}{2},\ b = 2$ **83.** $-\frac{1}{3}$
85. $m = 4,\ b = -4$ **87.** 1.000 **89.** $(0, -\frac{1}{4})$ **91.** $3; 1$

EXERCÍCIOS 3.2

1. $1 - 2x + 6x^2 - 8x^3$ **3.** $y' = 24x^2 + 40x + 6$
5. $y' = e^x(x^3 + 3x^2)$ **7.** $f'(x) = e^x(3x^2 + x - 5)$
9. $y' = \frac{1-x}{e^x}$ **11.** $g'(t) = \frac{-17}{(5t+1)^2}$
13. $f'(t) = \frac{-10t^3 - 5}{(t^3 - t - 1)^2}$ **15.** $y' = \frac{3 - 2\sqrt{s}}{2s^{5/2}}$
17. $J'(u) = -\left(\frac{1}{u^2} + \frac{2}{u^3} + \frac{3}{u^4}\right)$
19. $H'(u) = 2u - 1$ **21.** $V'(t) = \frac{3t + 2e^t + 4te^t}{2\sqrt{t}}$
23. $y' = e^p\left(1 + \frac{3}{2}\sqrt{p} + p + p\sqrt{p}\right)$
25. $f'(t) = \frac{-2t - 3}{3t^{2/3}(t-3)^2}$ **27.** $f'(x) = \frac{xe^x(x^3 + 2e^x)}{(x^2 + e^x)^2}$
29. $f'(x) = \frac{2cx}{(x^2 + c)^2}$ **31.** $e^x(x^2 + 2x);\ e^x(x^2 + 4x + 2)$
33. $\frac{-x^2 - 1}{(x^2 - 1)^2};\ \frac{2x^3 + 6x}{(x^2 - 1)^3}$ **35.** $y = \frac{3}{4}x - \frac{1}{4}$
37. $y = -\frac{1}{3}x + \frac{5}{6};\ y = 3x - \frac{5}{2}$
39. (a) $y = \frac{1}{2}x + 1$ (b)

41. (a) $e^x(x^3 + 3x^2 - x - 1)$
(b)

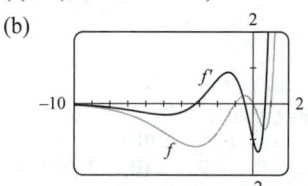

43. $\frac{1}{4}$ **45.** (a) −16 (b) $-\frac{20}{9}$ (c) 20 **47.** 7

49. $y = -2x + 18$ **51.** (a) 3 (b) $-\frac{7}{12}$

53. (a) $y' = xg'(x) + g(x)$ (b) $y' = \dfrac{g(x) - xg'(x)}{[g(x)]^2}$

(c) $y' = \dfrac{xg'(x) - g(x)}{x^2}$

55. Dois, $\left(-2 \pm \sqrt{3}, \frac{1}{2}(1 \mp \sqrt{3})\right)$ **57.** 1

59. \$ 359,6 milhões/ano

61. $\dfrac{0{,}0021}{(0{,}015 + [S])^2}$;

a taxa de variação da taxa de uma reação enzimática com relação à concentração de um substrato S.

63. (c) $3e^{3x}$

65. $f'(x) = (x^2 + 2x)e^x$, $f''(x) = (x^2 + 4x + 2)e^x$,
$f'''(x) = (x^2 + 6x + 6)e^x$, $f^{(4)}(x) = (x^2 + 8x + 12)e^x$,
$f^{(5)}(x) = (x^2 + 10x + 20)e^x$; $f^{(n)}(x) = [x^2 + 2nx + n(n-1)]e^x$

EXERCÍCIOS 3.3

1. $f'(x) = 3 \cos x + 2 \,\text{sen}\, x$
3. $y' = 2x - \text{cossec}^2 x$
5. $h'(\theta) = \theta (\theta \cos \theta + 2 \,\text{sen}\, \theta)$
7. $y' = \sec \theta (\sec^2 \theta + \text{tg}^2 \theta)$
9. $f'(\theta) = \theta \cos \theta - \cos^2 \theta + \,\text{sen}\, \theta + \,\text{sen}^2 \theta$
11. $H'(t) = -2 \,\text{sen}\, t \cos t$
13. $f'(\theta) = \dfrac{1}{1 + \cos \theta}$
15. $y' = \dfrac{2 - \text{tg}\, x + x \sec^2 x}{(2 - \text{tg}\, x)^2}$
17. $f'(w) = \dfrac{2 \sec w \,\text{tg}\, w}{(1 - \sec w)^2}$
19. $y' = \dfrac{(t^2 + t) \cos t + \,\text{sen}\, t}{(1 + t)^2}$
21. $f'(\theta) = \frac{1}{2} \,\text{sen}\, 2\theta + \theta \cos 2\theta$
27. $y = x + 1$ **29.** $y = 2x + 1$
31. (a) $y = 2x$ (b) $\frac{3\pi}{2}$

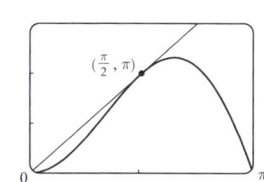

33. (a) $\sec x \,\text{tg}\, x - 1$
35. $\dfrac{\theta \cos \theta - \,\text{sen}\, \theta}{\theta^2}$; $\dfrac{-\theta^2 \,\text{sen}\, \theta - 2\theta \cos \theta + 2\,\text{sen}\, \theta}{\theta^3}$
37. (a) $f'(x) = (1 + \text{tg}\, x)/\sec x$ (b) $f'(x) = \cos x + \,\text{sen}\, x$

39. $(2n+1)\pi \pm \frac{1}{3}\pi$, n um inteiro
41. (a) $v(t) = 8 \cos t$, $a(t) = -8 \,\text{sen}\, t$
(b) $4\sqrt{3}, -4, -4\sqrt{3}$; para a esquerda
43. 3 m/rad **45.** $\frac{5}{3}$ **47.** 3 **49.** 0 **51.** 2
53. $-\frac{3}{4}$ **55.** $\frac{1}{2}$ **57.** $-\frac{1}{4}$ **59.** $-\sqrt{2}$
61. $-\cos x$ **63.** $A = -\frac{3}{10}$, $B = -\frac{1}{10}$

65. (a) $\sec^2 x = \dfrac{1}{\cos^2 x}$ (b) $\sec x \,\text{tg}\, x = \dfrac{\,\text{sen}\, x}{\cos^2 x}$

(c) $\cos x - \,\text{sen}\, x = \dfrac{\text{cotg}\, x - 1}{\text{cossec}\, x}$

67. 1

EXERCÍCIOS 3.4

1. $dy/dx = -12x^3(5 - x^4)^2$ **3.** $dy/dx = -\,\text{sen}\, x \cos(\cos x)$

5. $dy/dx = \dfrac{e^{\sqrt{x}}}{2\sqrt{x}}$ **7.** $f'(x) = 10x(2x^3 - 5x^2 + 4)^4(3x - 5)$

9. $f'(x) = \dfrac{5}{2\sqrt{5x+1}}$ **11.** $g'(t) = \dfrac{-4}{(2t+1)^3}$

13. $f'(\theta) = -2\theta \,\text{sen}\, (\theta^2)$ **15.** $g'(x) = e^{x^2 - x}(2x - 1)$
17. $y' = xe^{-3x}(2 - 3x)$ **19.** $f'(t) = e^{at}(b \cos bt + a \,\text{sen}\, bt)$
21. $F'(x) = 4(4x + 5)^2(x^2 - 2x + 5)^3(11x^2 - 4x + 5)$

23. $y' = \dfrac{1}{2\sqrt{x}(x+1)^{3/2}}$ **25.** $y' = (\sec^2 \theta) e^{\text{tg}\, \theta}$

27. $g'(u) = \dfrac{48u^2 (u^3 - 1)^7}{(u^3 + 1)^9}$ **29.** $r'(t) = \dfrac{(\ln 10) 10^{2\sqrt{t}}}{\sqrt{t}}$

31. $H'(r) = \dfrac{2(r^2 - 1)^2 (r^2 + 3r + 5)}{(2r + 1)^6}$

33. $F'(t) = e^{t \,\text{sen}\, 2t}(2t \cos 2t + \,\text{sen}\, 2t)$

35. $G'(x) = -C(\ln 4)\dfrac{4^{C/x}}{x^2}$

37. $f'(x) = 2x \,\text{sen}\, x \,\text{sen}(1 - x^2) + \cos x \cos(1 - x^2)$

39. $F'(t) = \dfrac{t \sec^2 \sqrt{1 + t^2}}{\sqrt{1 + t^2}}$

41. $y' = 4x \,\text{sen}(x^2 + 1) \cos(x^2 + 1)$

43. $g'(x) = \dfrac{e^x}{(1 + e^x)^2} \cos\left(\dfrac{e^x}{1 + e^x}\right)$

45. $f'(t) = -\sec^2 (\sec(\cos t)) \sec(\cos t) \,\text{tg}(\cos t) \,\text{sen}\, t$
47. $f'(x) = 4x \,\text{sen}(x^2) \cos(x^2) e^{\,\text{sen}^2 (x^2)}$
49. $y' = -8x (\ln 3) \,\text{sen}(x^2) \, 3^{\cos(x^2)}(3^{\cos(x^2)} - 1)^3$

51. $y' = -\dfrac{\pi \cos(\text{tg}\, \pi x) \sec^2 (\pi x) \,\text{sen}\, \sqrt{\,\text{sen}(\text{tg}\, \pi x)}}{2\sqrt{\,\text{sen}(\text{tg}\, \pi x)}}$

53. $y' = -3 \cos 3\theta \,\text{sen}(\,\text{sen}\, 3\theta)$;

A70 CÁLCULO

$y'' = -9\cos^2(3\theta)\cos(\text{sen }3\theta) + 9(\text{sen }3\theta)\text{sen}(\text{sen }3\theta)$

55. $y' = \dfrac{-\text{sen }x}{2\sqrt{\cos x}}; y'' = -\dfrac{1 + \cos^2 x}{4(\cos x)^{3/2}}$

57. $y = (\ln 2)x + 1$ **59.** $y = -x + \pi$

61. (a) $y = \tfrac{1}{2}x + 1$ (b)

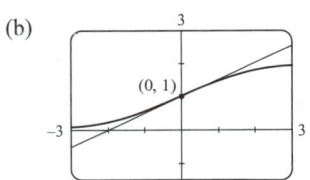

63. (a) $f'(x) = \dfrac{2 - 2x^2}{\sqrt{2 - x^2}}$

65. $((\pi/2) + 2n\pi, 3), ((3\pi/2) + 2n\pi, -1)$, n um inteiro

67. 24   **69.** (a) 30   (b) 36

71. (a) $\tfrac{1}{4}$ (b) -2 (c) $-\tfrac{1}{2}$ **73.** $-\tfrac{1}{6}\sqrt{2}$

75. (a) $F'(x) = e^x f'(e^x)$ (b) $G'(x) = e^{f(x)} f'(x)$

77. 120   **79.** 96

83. $-2^{50}\cos 2x$ **85.** $v(t) = \tfrac{5}{2}\pi\cos(10\pi t)$ cm/s

87. (a) $\dfrac{dB}{dt} = \dfrac{7\pi}{54}\cos\dfrac{2\pi t}{5,4}$ (b) 0,16

89. $v(t) = 2e^{-1,5t}(2\pi\cos 2\pi t - 1,5\,\text{sen }2\pi t)$

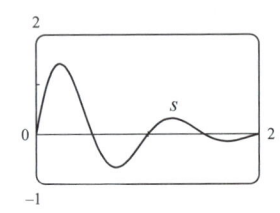

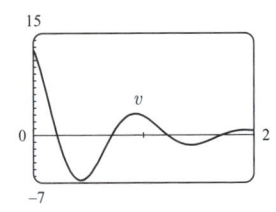

91. (a) 0,00075 (g/dL)/min   (b) 0,00030 (g/dL)/min

93. dv/dt é a taxa de variação da velocidade com relação ao tempo; dv/ds é a taxa de variação da velocidade com relação ao deslocamento

EXERCÍCIOS 3.5

1. (a) $y' = \dfrac{10x}{3y^2}$ (b) $y = \sqrt[3]{5x^2 - 7}, y' = \dfrac{10x}{3(5x^2 - 7)^{2/3}}$

3. (a) $y' = -\sqrt{y}/\sqrt{x}$ (b) $y = (1 - \sqrt{x})^2, y' = 1 - 1/\sqrt{x}$

5. $y' = \dfrac{2y - x}{y - 2x}$ **7.** $y' = -\dfrac{2x(2x^2 + y^2)}{y(2x^2 + 3y)}$

9. $y' = \dfrac{x(x + 2y)}{2x^2 y + 4xy^2 + 2y^3 + x^2}$ **11.** $y' = \dfrac{2 - \cos x}{3 - \text{sen }y}$

13. $y' = -\dfrac{\cos(x+y) + \text{sen }x}{\cos(x+y) + \text{sen }y}$ **15.** $y' = -\dfrac{2x + y + \text{sen }x}{\cos x - 2y}$

17. $y' = -\dfrac{2e^y + ye^x}{2xe^y + e^x}$ **19.** $y' = -\dfrac{1 - 8x^3\sqrt{x+y}}{8y^3\sqrt{x+y} - 1}$

21. $y' = -\dfrac{y(y - e^{x/y})}{y^2 - xe^{x/y}}$ **23.** $-\tfrac{16}{13}$

25. $x' = \dfrac{-2x^4 y + x^3 - 6xy^2}{4x^3 y^3 - 3x^2 y + 2y^3}$ **27.** $y = x$

29. $y = \dfrac{1}{\sqrt{3}}x + 4$ **31.** $y = \tfrac{3}{4}x - \tfrac{1}{2}$ **33.** $y = x + \tfrac{1}{2}$

35. $y = -\tfrac{9}{13}x + \tfrac{40}{13}$

37. (a) $y = \tfrac{9}{2}x - \tfrac{5}{2}$ (b)

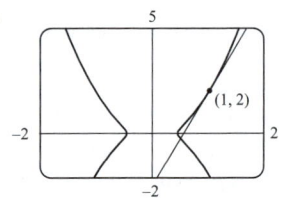

39. $-1/(4y^3)$ **41.** $\dfrac{\cos^2 y \cos x + \text{sen}^2 x \,\text{sen }y}{\cos^3 y}$ **43.** $1/e^2$

45. (a)   Oito; $x \approx 0{,}42, 1{,}58$

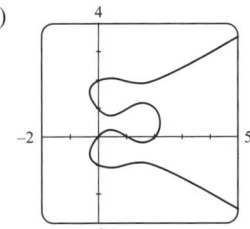

(b) $y = -x + 1; y = \tfrac{1}{3}x + 2$ (c) $1 \mp \tfrac{1}{3}\sqrt{3}$

47. $\left(\pm\tfrac{5}{4}\sqrt{3}, \pm\tfrac{5}{4}\right)$ **49.** $(x_0 x/a^2) - (y_0 y/b^2) = 1$

53.   **55.**

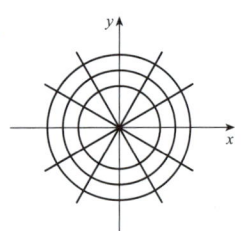

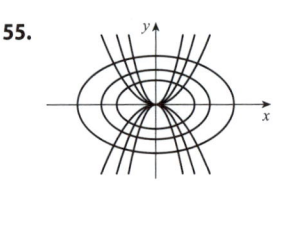

59. (a) $\dfrac{V^3(nb - V)}{PV^3 - n^2 aV + 2n^3 ab}$ (b) $\approx -4{,}04$ L/atm

61. $(\pm\sqrt{3}, 0)$ **63.** $(-1, -1), (1, 1)$

65. $y' = \dfrac{y}{x + 2y^3}; y' = \dfrac{1}{3y^2 + 1}$

67. 2 unidades

EXERCÍCIOS 3.6

1. A fórmula de derivação é mais simples.

3. $f'(x) = \dfrac{2x + 3}{x^2 + 3x + 5}$ **5.** $f'(x) = \dfrac{\cos(\ln x)}{x}$

7. $f'(x) = -\dfrac{1}{x}$ **9.** $g'(x) = \dfrac{1}{x} - 2$

11. $F'(t) = \ln t \left(\ln t \cos t + \dfrac{2\operatorname{sen} t}{t} \right)$

13. $y' = \dfrac{2x+3}{(x^2+3x)\ln 8}$ **15.** $F'(s) = \dfrac{1}{s \ln s}$

17. $T'(z) = 2^z \left(\dfrac{1}{z \ln 2} + \ln z \right)$ **19.** $y' = \dfrac{-10x^4}{3-2x^5}$

21. $y' = \dfrac{-x}{1+x}$ **23.** $h'(x) = e^{x^2}(2x^2+1)$

25. $y' = \dfrac{a}{x} - \ln b$

29. $y' = (2 + \ln x)/(2\sqrt{x});\ y'' = -\ln x/(4x\sqrt{x})$

31. $y' = \operatorname{tg} x;\ y'' = \sec^2 x$

33. $f'(x) = \dfrac{2x - 1 - (x-1)\ln(x-1)}{(x-1)[1-\ln(x-1)]^2}$;

$(1, 1+e) \cup (1+e, \infty)$

35. $f'(x) = \dfrac{2(x-1)}{x(x-2)};\ (-\infty, 0) \cup (2, \infty)$

37. 2   **39.** $y = 3x - 9$ **41.** $\cos x + 1/x$ **43.** 7

45. $y' = (x^2+2)^2 (x^4+4)^4 \left(\dfrac{4x}{x^2+2} + \dfrac{16x^3}{x^4+4} \right)$

47. $y' = \sqrt{\dfrac{x-1}{x^4+1}} \left(\dfrac{1}{2x-2} - \dfrac{2x^3}{x^4+1} \right)$

49. $y' = x^x(1 + \ln x)$

51. $y' = x^{\operatorname{sen} x} \left(\dfrac{\operatorname{sen} x}{x} + \ln x \cos x \right)$

53. $y' = (\cos x)^x (-x \operatorname{tg} x + \ln \cos x)$

55. $y' = \dfrac{(2x^{\ln x}) \ln x}{x}$ **57.** $y' = \dfrac{2x}{x^2+y^2-2y}$

59. $f^{(n)}(x) = \dfrac{(-1)^{n-1}(n-1)!}{(x-1)^n}$

63. $f'(x) = \dfrac{5}{\sqrt{1-25x^2}}$

65. $y' = \dfrac{1}{2x\sqrt{x-1}}$ **67.** $y' = \dfrac{2\operatorname{tg}^{-1} x}{1+x^2}$

69. $h'(x) = \dfrac{\arcsin x}{x} + \dfrac{\ln x}{\sqrt{1-x^2}}$

71. $f'(z) = \dfrac{2z e^{\arcsin(z^2)}}{\sqrt{1-z^4}}$

73. $h'(t) = 0$ **75.** $y' = \operatorname{sen}^{-1} x$

77. $y' = \dfrac{a}{x^2+a^2} + \dfrac{a}{x^2-a^2}$ **79.** $1 - \dfrac{x \arcsin x}{\sqrt{1-x^2}}$ **85.** $\frac{1}{2}$

EXERCÍCIOS 3.7

1. (a) $3t^2 - 18t + 24$ (b) 9 m/s   (c) $t = 2, 4$
(d) $0 \leq t < 2,\ t > 4$ (e) 44 m

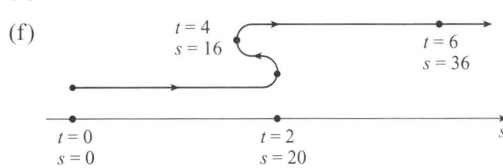

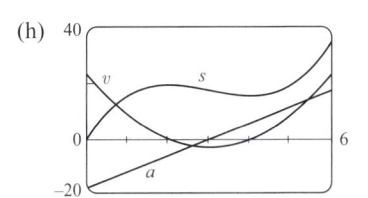

(f) [diagrama de movimento: $t=0$, $s=0$; $t=2$, $s=20$; $t=4$, $s=16$; $t=6$, $s=36$]

(g) $6t - 18;\ -12$ m/s²

(h) [gráfico de v, s, a em intervalo $[0,6]$]

(i) Acelerando quando $2 < t < 3$ e $t > 4$; desacelerando quando $0 \leq t < 2$ e $3 < t < 4$

3. (a) $(\pi/2)\cos(\pi t/2)$ (b) 0 m/s
(c) $t = 2n+1$, n um inteiro não negativo
(d) $0 < t < 1,\ 3 < t < 5,\ 7 < t < 9$, e assim por diante
(e) 6 m

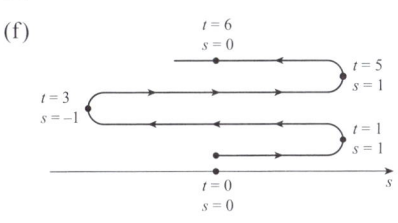

(f) [diagrama de movimento]

(g) $(-\pi^2/4)\operatorname{sen}(\pi t/2);\ -\pi^2/4$ m/s²

(h) [gráfico de v, s, a]

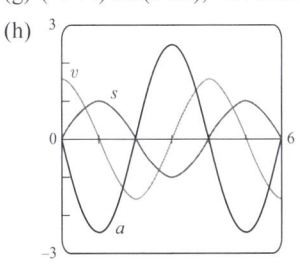

(i) Aumentando a velocidade quando $1 < t < 2,\ 3 < t < 4$ e $5 < t < 6$; diminuindo quando $0 < t < 1,\ 2 < t < 3$ e $4 < t < 5$

5. (a) Acelerando quando $0 < t < 1$ e $2 < t < 3$; freando quando $1 < t < 2$
(b) Acelerando quando $1 < t < 2$ e $3 < t < 4$; freando quando $0 < t < 1$ e $2 < t < 3$

7. Desloca-se para a frente quando $0 < t < 5$; desloca-se para trás quando $7 < t < 8$; não se move

9. (a) 4,9 m/s; $-14,7$ m/s   (b) Aos 2,5 s   (c) $32\tfrac{5}{8}$ m
(d) $\approx 5{,}08$ s   (e) $\approx -25{,}3$ m/s

11. (a) 7,56 m/s   (b) $\approx 6{,}24$ m/s; $\approx -6{,}24$ m/s

13. (a) 30 mm²/mm; a taxa em que a área está aumentando com relação ao comprimento da lateral quando x atinge 15 mm
(b) $\Delta A \approx 2x\, \Delta x$

15. (a) (i) 5π (ii) $4{,}5\pi$ (iii) $4{,}1\pi$
(b) 4π (c) $\Delta A \approx 2\pi r\, \Delta r$

17. (a) 160π cm²/cm (b) 320π cm²/cm
(c) 480π cm²/cm. A taxa aumenta à medida que o raio aumenta.

19. (a) 6 kg/m (b) 12 kg/m (c) 18 kg/m
Na extremidade direita; na extremidade esquerda

21. (a) 4,75 A (b) 5 A; $t = \frac{2}{3}$ s

25. (a) $dV/dP = -C/P^2$ (b) No início

27. $400(3^t)$; ≈ 6.850 bactérias/h

29. (a) 16 milhões/ano; 78,5 milhões/ano
(b) $P(t) = at^3 + bt^2 + ct + d$, onde $a \approx -0,0002849$, $b \approx 0,5224331$, $c \approx -6,395641$, $d \approx 1.720,586$
(c) $P'(t) = 3at^2 + 2bt + c$
(d) 14,16 milhões/ano (menor); 71,72 milhões/ano (menor)
(e) $f'(t) = (1,43653 \times 10^9) \cdot (1,01395)^t \ln 1,01395$
(f) 26,25 milhões/ano (maior); 60,28 milhões/ano (menor)
(g) $P'(85) \approx 76,24$ milhões/ano, $f'(85) = 64,61$ milhões/ano

31. (a) 0,926 cm/s; 0,694 cm/s; 0
(b) 0; −92,6 (cm/s)/cm; −185,2 (cm/s)/cm
(c) Ao centro; na extremidade

33. (a) $C'(x) = 3 + 0,02x + 0,0006x^2$
(b) $ 11/par; a taxa na qual o custo está variando quando o centésimo par de jeans está sendo produzido; o custo do centésimo primeiro par
(c) $ 11,07

35. (a) $[xp'(x) - p(x)]/x^2$; a produtividade média aumenta à medida que novos trabalhadores são contratados.

37. $\dfrac{dt}{dc} = \dfrac{3\sqrt{9c^2 - 8c} + 9c - 4}{\sqrt{9c^2 - 8c}\left(3c + \sqrt{9c^2 - 8c}\right)}$; a taxa de variação da duração necessária de diálise com relação à concentração inicial de ureia.

39. ≈ −0,2436 K/min

41. (a) 0 e 0 (b) $C = 0$
(c) (0, 0), (500, 50); é possível que as espécies coexistam.

43. (a) $\dfrac{1}{D\ln 2}$; decresce

(b) $-\dfrac{1}{W\ln 2}$; que a dificuldade decresce à medida que a largura aumenta; aumenta

EXERCÍCIOS 3.8

1. Cerca de 8,7 milhões

3. (a) $50e^{1,9803t}$ (b) ≈ 19,014 (c) ≈ 37.653 células/h
(d) ≈ 4,30 h

5. (a) 1.508 milhões, 1.871 milhões (b) 2.161 milhões
(c) 3.972 milhões; guerras na primeira metade do século, expectativa de vida aumentada na segunda metade

7. (a) $Ce^{-0,0005t}$ (b) $-2.000 \ln 0,9 \approx 211$ s

9. (a) $100 \times 2^{-t/30}$ mg (b) ≈ 9,92 mg (c) ≈ 199,3 anos

11. ≈ 2.500 anos **13.** Sim; 12,5 bilhões de anos

15. (a) ≈ 58 °C (b) ≈ 89 min

17. (a) $13,\overline{3}$ °C (b) ≈ 67,74 min

19. (a) ≈ 64,5 kPa (b) ≈ 39,9 kPa

21. (a) (i) $ 4.362,47 (ii) $ 4.364,11 (iii) $ 4.365,49
(iv) $ 4.365,70 (v) $ 4.365,76 (vi) $ 4.365,77
(b) $dA/dt = 0,0175A$, $A(0) = 4.000$

EXERCÍCIOS 3.9

1. (a) $dV/dt = 3x^2\, dx/dt$ (b) 2.700 cm³/s

3. 48 cm²/s

5. 128π cm²/min **7.** $3/(25\pi)$ m/min

9. (a) $-\frac{3}{8}$ (b) $\frac{8}{3}$ **11.** −3,41 N/s

13. (a) A altitude do avião é de 2 km e sua velocidade é 800 km/h.
(b) A taxa na qual a distância entre o avião e a estação aumenta 3 km além da estação
(c) [triângulo com catetos 2 e x, hipotenusa y]
(d) $y^2 = x^2 + 4$
(e) $800/3\sqrt{5}$ km/h

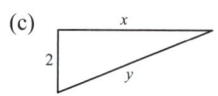

15. (a) A altura do poste (6 m), a altura do homem (2 m) e a velocidade do homem (1,5 m/s)
(b) A taxa em que a ponta da sombra do homem está se movendo quando ele está a 10 m do poste
(c) [triângulos semelhantes com 6, 2, x, y]
(d) $\dfrac{6}{2} = \dfrac{x+y}{y}$
(e) $\frac{9}{4}$ m/s

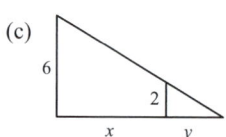

17. 78 km/h

19. $8.064/\sqrt{8.334.400} \approx 2,79$ m/s

21. −1,6 cm/min **23.** 9,8 m/s

25. $(10.000 + 800.000\pi/9) \approx 2,89 \times 10^5$ cm³/min

27. $\frac{10}{3}$ cm/min **29.** $4/(3\pi) \approx 0,42$ m/min

31. $150\sqrt{3}$ cm²/min **33.** ≈ 20,3 m/s **35.** $-\frac{1}{2}$ rad/s

37. 80 cm³/min **39.** $\frac{107}{810} \approx 0,132$ Ω/s **41.** ≈ 87,2 km/h

43. $\sqrt{7}\pi/21 \approx 0,396$ m/min

45. (a) 120 ms/s (b) ≈ 0,107 rad/s

47. $\frac{10}{9}\pi$ km/min **49.** $1.650/\sqrt{31} \approx 296$ km/h

51. $\frac{7}{4}\sqrt{15} \approx 6,78$ m/s

EXERCÍCIOS 3.10

1. $L(x) = 16x + 23$ **3.** $L(x) = \frac{1}{12}x + \frac{4}{3}$

5. $\sqrt{1-x} \approx 1 - \frac{1}{2}x$;
$\sqrt{0,9} \approx 0,95$,
$\sqrt{0,99} \approx 0,995$

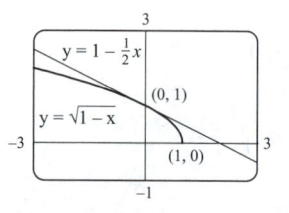

[gráfico mostrando $y = 1 - \frac{1}{2}x$ e $y = \sqrt{1-x}$, com pontos (0, 1) e (1, 0)]

7. $-0,731 < x < 0,731$ **9.** $-0,368 < x < 0,677$

11. $dy = 5e^{5x}dx$ **13.** $\dfrac{-1}{(1+3u)^2}\,du$

15. $dy = \dfrac{3-2x}{(x^2-3x)^2}\,dx$ **17.** $dy = \cotg\theta\,d\theta$

19. $dy = \frac{1}{10}e^{x/10}\,dx$ (b) 0,01

21. $dy = \dfrac{x}{\sqrt{3+x^2}}\,dx$ (b) $-0{,}05$

23. $\Delta y = 1{,}25,\ dy = 1$

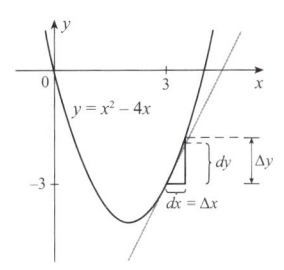

25. $\Delta y \approx 0{,}34,\ dy = 0{,}4$

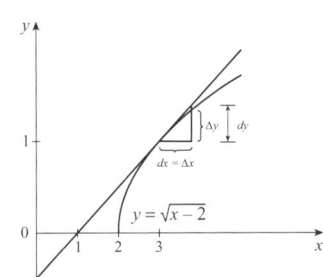

27. $\Delta y \approx 0{,}1655,\ dy = 0{,}15;\ \Delta y \approx 0{,}0306,\ dy = 0{,}03;$ sim
29. $\Delta y \approx -0{,}012539,\ dy = -0{,}0125;$
$\Delta y \approx -0{,}002502,\ dy = -0{,}0025;$ sim
31. 15,968 **33.** $10{,}00\overline{3}$ **35.** 1,1
41. (a) 270 cm³, 0,01, 1% (b) 36 cm², $0{,}00\overline{6},\ 0{,}\overline{6}\%$
43. (a) $84/\pi \approx 27\,\text{cm}^2;\ \tfrac{1}{84} \approx 0{,}012 = 1{,}2\%$

(b) $1.764/\pi^2 \approx 179\,\text{cm}^3;\ \tfrac{1}{56} \approx 0{,}018 = 1{,}8\%$

45. (a) $2\pi rh\,\Delta r$ (b) $\pi(\Delta r)^2 h$
51. (a) 4,8, 5,2 (b) Muito grande

EXERCÍCIOS 3.11

1. (a) 0 (b) 1 **3.** (a) $\tfrac{13}{5}$ (b) $\tfrac{1}{2}(e^5 + e^{-5}) \approx 74{,}20995$
5. (a) 1 (b) 0 **7.** $\tfrac{13}{2}e^x - \tfrac{3}{2}e^{-x}$ **9.** $\dfrac{x^2-1}{2x}$
25. $\sech x = \tfrac{3}{5},\ \senh x = \tfrac{4}{3},\ \cossech x = \tfrac{3}{4},\ \tgh x = \tfrac{4}{5},\ \cotgh x = \tfrac{5}{4}$
27. (a) 1 (b) -1 (c) ∞ (d) $-\infty$ (e) 0
  (f) 1 (g) ∞ (h) $-\infty$ (i) 0 (j) $\tfrac{1}{2}$
35. $f'(x) = 3\senh 3x$ **37.** $h'(x) = 2x\cosh(x^2)$
39. $G'(t) = \dfrac{t^2+1}{2t^2}$ **41.** $f'(x) = \dfrac{\sech^2\sqrt{x}}{2\sqrt{x}}$
43. $y' = \sech^3 x - \sech x\,\tgh^2 x$
45. $g'(t) = \cotgh\sqrt{t^2+1} - \dfrac{t^2}{\sqrt{t^2+1}}\cossech^2\sqrt{t^2+1}$
47. $f'(x) = \dfrac{-2}{\sqrt{1+4x^2}}$ **49.** $y' = \sec\theta$

51. $G'(u) = \dfrac{1}{\sqrt{1+u^2}}$ **53.** $y' = \senh^{-1}(x/3)$
59. (a) 0,3572 (b) 70,34°
61. (a) 1.176 N; 164,50 m (b) 120 m; 164,13 m
63. (b) $y = 2\senh 3x - 4\cosh 3x$
65. $\left(\ln(1+\sqrt{2}),\sqrt{2}\right)$

CAPÍTULO 3 REVISÃO

Testes Verdadeiro-Falso

1. Verdadeiro **3.** Verdadeiro **5.** Falso **7.** Falso
9. Verdadeiro **11.** Verdadeiro **13.** Verdadeiro
15. Verdadeiro

Exercícios

1. $4x^7(x+1)^3(3x+2)$ **3.** $\dfrac{3}{2}\sqrt{x} - \dfrac{1}{2\sqrt{x}} - \dfrac{1}{\sqrt{x^3}}$
5. $x(\pi x\cos\pi x + 2\sen\pi x)$
7. $\dfrac{8t^3}{(t^4+1)^2}$ **9.** $\dfrac{1+\ln x}{x\ln x}$ **11.** $\dfrac{\cos\sqrt{x} - \sqrt{x}\,\sen\sqrt{x}}{2\sqrt{x}}$
13. $\dfrac{e^{1/x}(1+2x)}{x^4}$ **15.** $\dfrac{2xy - \cos y}{1 - x\sen y - x^2}$
17. $\dfrac{1}{2\sqrt{\arctg x}\,(1+x^2)}$ **19.** $\dfrac{1-t^2}{(1+t^2)^2}\sec^2\!\left(\dfrac{t}{1+t^2}\right)$
21. $3^{x\ln x}(\ln 3)(1+\ln x)$ **23.** $-(x-1)^{-2}$
25. $\dfrac{2x - y\cos(xy)}{x\cos(xy)+1}$ **27.** $\dfrac{2}{(1+2x)\ln 5}$
29. $\cotg x - \sen x\cos x$ **31.** $\dfrac{4x}{1+16x^2} + \tg^{-1}(4x)$
33. $5\sec 5x$ **35.** $-6x\cossec^2(3x^2+5)$
37. $\cos\!\left(\tg\sqrt{1+x^3}\right)\!\left(\sec^2\sqrt{1+x^3}\right)\dfrac{3x^2}{2\sqrt{1+x^3}}$
39. $\dfrac{-5}{x^2+1}$ **41.** $\tg^{-1}x$ **43.** $2\cos\theta\,\tg(\sen\theta)\sec^2(\sen\theta)$
45. $\dfrac{(2-x)^4(3x^2-55x-52)}{2\sqrt{x+1}(x+3)^8}$ **47.** $2x^2\cosh(x^2) + \senh(x^2)$
49. $3\tgh 3x$ **51.** $\dfrac{\cosh x}{\sqrt{\senh^2 x - 1}}$
53. $\dfrac{-3\sen\!\left(e^{\sqrt{\tg 3x}}\right)e^{\sqrt{\tg 3x}}\sec^2(3x)}{2\sqrt{\tg 3x}}$
55. $-\tfrac{4}{27}$ **57.** $-5x^4/y^{11}$
61. $y = 2\sqrt{3}x + 1 - \pi\sqrt{3}/3$
63. $y = 2x+1$ **65.** $y = -x+2;\ y = x+2$
67. (a) $\dfrac{10-3x}{2\sqrt{5-x}}$ (b) $y = \tfrac{7}{4}x + \tfrac{1}{4},\ y = -x + 8$

(c) [gráfico]

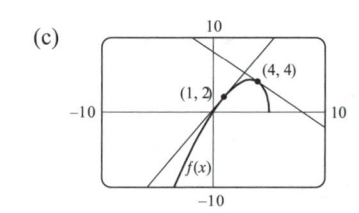

69. $(\pi/4, \sqrt{2}), (5\pi/4, -\sqrt{2})$

73. (a) 4 (b) 6 (c) $\frac{7}{9}$ (d) 12

75. $x^2 g'(x) + 2xg(x)$ **77.** $2g(x)g'(x)$

79. $g'(e^x)e^x$ **81.** $g'(x)/g(x)$

83. $\dfrac{f'(x)[g(x)]^2 + g'(x)[f(x)]^2}{[f(x)+g(x)]^2}$

85. $f'(g(\operatorname{sen} 4x))g'(\operatorname{sen} 4x)(\cos 4x)(4)$

87. $(-3, 0)$ **89.** $y = -\frac{2}{3}x^2 + \frac{14}{3}x$

91. $v(t) = -Ae^{-ct}[\omega \operatorname{sen}(\omega t + \delta) + c\cos(\omega t + \delta)]$,
$a(t) = Ae^{-ct}[(c^2 - \omega^2)\cos(\omega t + \delta) + 2c\omega \operatorname{sen}(\omega t + \delta)]$

93. (a) $v(t) = 3t^2 - 12$; $a(t) = 6t$
(b) $t > 2$; $0 \le t < 2$ (c) 23
(d) [gráfico]
(e) $t > 2$; $0 < t < 2$

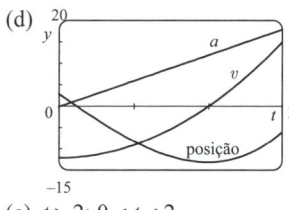

95. 4 kg/m

97. (a) $200(3{,}24)^t$ (b) ≈ 22.040
(c) ≈ 25.910 bactérias/h   (d) $(\ln 50)/(\ln 3{,}24) \approx 3{,}33$ h

99. (a) $C_0 e^{-kt}$ (b) ≈ 100 h   **101.** $4/3$ cm²/min

103. $117/\sqrt{666} \approx 4{,}53$ m/s   **105.** 400 m/h

107. (a) $L(x) = 1 + x$; $\sqrt[3]{1+3x} \approx 1+x$; $\sqrt[3]{1+3x} \approx 1+x$; $\sqrt[3]{1{,}03} \approx 1{,}01$
(b) $-0{,}235 < x < 0{,}401$

109. $12 + \frac{3}{2}\pi \approx 16{,}7$ cm²   **111.** $\left[\dfrac{d}{dx}\sqrt[4]{x}\right]_{x=16} = \dfrac{1}{32}$

113. $\frac{1}{4}$ **115.** $\frac{1}{8}x^2$

PROBLEMAS QUENTES

1. $\left(\pm\sqrt{3}/2, \frac{1}{4}\right)$ **5.** $3/\sqrt{2}$ **11.** $\left(0, \frac{5}{4}\right)$

13. 3 retas; $(0, 2)$, $\left(\frac{4}{3}\sqrt{2}, \frac{2}{3}\right)$ e $\left(\frac{2}{3}\sqrt{2}, \frac{10}{3}\right)$, $\left(-\frac{4}{3}\sqrt{2}, \frac{2}{3}\right)$ e $\left(-\frac{2}{3}\sqrt{2}, \frac{10}{3}\right)$

15. (a) $4\pi\sqrt{3}/\sqrt{11}$ rad/s   (b) $40\left(\cos\theta + \sqrt{8+\cos^2\theta}\right)$ cm
(c) $-480\pi \operatorname{sen}\theta\left(1 + (\cos\theta)/\sqrt{8+\cos^2\theta}\right)$ cm/s

19. $x_T \in (3, \infty)$, $y_T \in (2, \infty)$, $x_N \in \left(0, \frac{5}{3}\right)$, $y_N \in \left(-\frac{5}{2}, 0\right)$

21. (b) (i) 53° (ou 127°)   (ii) 63° (ou 117°)

23. R aproxima-se do ponto médio do raio AO.

25. $-\operatorname{sen} a$ **27.** $2\sqrt{e}$ **31.** $(1, -2), (-1, 0)$

33. $\sqrt{29}/58$ **35.** $2 + \frac{375}{128}\pi \approx 11{,}204$ cm³/min

CAPÍTULO 4

EXERCÍCIOS 4.1

Abreviações: abs, absoluto; loc, local; máx., máximo; mín., mínimo

1. Mín. abs: menor valor da função em todo o domínio da função; mín. loc em c: menor valor da função quando x está próximo c

3. Máx. abs em s, mín. abs em r, máx. loc em c, mín. loc em b e r, nem um máx. nem um mín. em a e d

5. Máx. abs $f(4) = 5$, máx. loc $f(4) = 5$ e $f(6) = 4$, mín. loc $f(2) = 2$ e $f(1) = f(5) = 3$

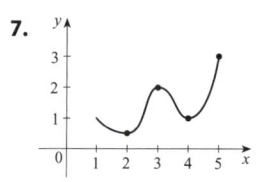

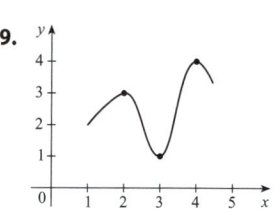

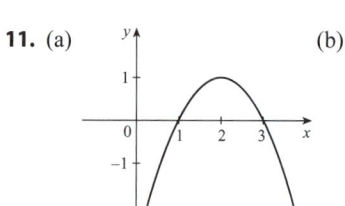

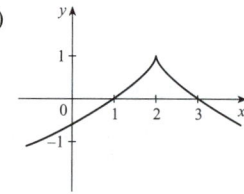

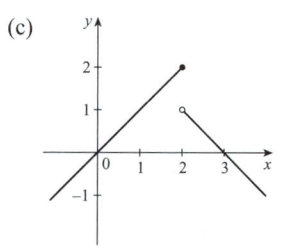

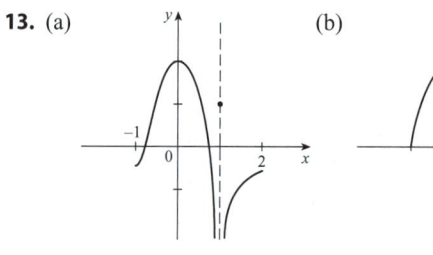

7. [gráfico]   **9.** [gráfico]

11. (a) [gráfico]   (b) [gráfico]   (c) [gráfico]

13. (a) [gráfico]   (b) [gráfico]

15. Máx abs. $f(-1) = 5$ **17.** Máx abs. $f(1) = 1$

19. Mín. abs. $f(0) = 0$

21. Máx abs. $f(\pi/2) = 1$; mín. abs. $f(-\pi/2) = -1$

23. Máx abs. $f(2) = \ln 2$ **25.** Máx abs. $f(0) = 1$

27. Mín. abs. $f(1) = -1$; mín. loc. $f(0) = 0$ **29.** $-\frac{1}{6}$

31. $-4, 0, 2$ **33.** Nenhum   **35.** $0, 2$ **37.** $-1, 2$

39. $0, \frac{4}{9}$ **41.** $0, \frac{8}{7}, 4$ **43.** $0, \frac{4}{3}, 4$

45. $n\pi$ (n um inteiro)   **47.** $1/\sqrt{e}$ **49.** 10

51. $f(2) = 16, f(5) = 7$ **53.** $f(-1) = 8, f(2) = -19$

55. $f(-2) = 33, f(2) = -31$ **57.** $f(0,2) = 5,2, f(1) = 2$
59. $f(4) = 4 - \sqrt[3]{4}, f(\sqrt{3}/9) = -2\sqrt{3}/9$
61. $f(\pi/6) = \frac{3}{2}\sqrt{3}, f(\pi/2) = 0$
63. $f(e^{1/2}) = 1/(2e), f(-\frac{1}{2}) = -4\ln 2$
65. $f(1) = \ln 3, f(-\frac{1}{2}) = \ln \frac{3}{4}$
67. $f\left(\dfrac{a}{a+b}\right) = \dfrac{a^a b^b}{(a+b)^{a+b}}$
69. (a) 2,19, 1,81   (b) $\frac{6}{25}\sqrt{\frac{3}{5}} + 2, -\frac{6}{25}\sqrt{\frac{3}{5}} + 2$
71. (a) 0,32, 0,00   (b) $\frac{3}{16}\sqrt{3}, 0$
73. 0,0177 g/dL; 21,4 min   **75.** $\approx 3,9665$ °C
77. Cerca de 4,1 meses após 1º de janeiro.
79. (a) $r = \frac{2}{3}r_0$ (b) $v = \frac{4}{27}kr_0^3$

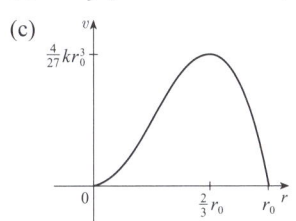

(c) [gráfico]

EXERCÍCIOS 4.2

1. 1, 5
3. (a) g é contínua em [0, 8] e diferenciável em (0, 8)
   (b) 2,2, 6,4   (c) 3,7, 5,5
5. Não   **7.** Sim; $\approx 3,8$ **9.** 1   **11.** π
13. f não é derivável em $(-1, 1)$ **15.** 1
17. $3/\ln 4$ **19.** 1; sim

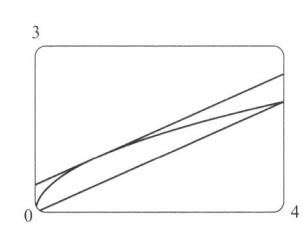

[gráfico]

21. f não é contínua em 3   **29.** 16   **31.** Não   **37.** Não

EXERCÍCIOS 4.3

Abreviações: AH, assíntota horizontal; AV, assíntota vertical; CB, côncava para baixo; CC, côncava para cima; cres., crescente; decres., decrescente; PI, ponto de inflexão

1. (a) (1, 3), (4, 6)   (b) (0, 1), (3, 4)   (c) (0, 2)
   (d) (2, 4), (4, 6)   (e) (2, 3)
3. (a) Teste C/D   (b) Teste da Concavidade
   (c) Encontre os pontos em que a concavidade muda.
5. (a) Cres. em (0,1) e (3,5); decres. em (1,3) e (5,6)
   (b) Máx. local em $x = 1$ e $x = 5$; mín. local em $x = 3$
7. (a) 3, 5   (b) 2, 4, 6   (c) 1, 7
9. Cres. em $(-\infty, 1)$ e $(4, \infty)$; decres. em $(1, 4)$; máx. local $f(1) = 6$; mín. local $f(4) = -21$
11. Cres. em $(2, \infty)$; decres. em $(-\infty, 2)$; mín. local $f(2) = -31$

13. Cres. em $(-\infty, 4)$ e $(6, \infty)$; decres. em $(4, 5)$ e $(5, 6)$; máx. local $f(4) = 8$; mín. local $f(6) = 12$
15. Cres. em $(0, \pi/4)$ e $(5\pi/4, 2\pi)$; decres. em $(\pi/4, 5\pi/4)$; máx. local $f(\pi/4) = \sqrt{2}$; mín. local $f(5\pi/4) = -\sqrt{2}$
17. CC em $(1, \infty)$; CB em $(-\infty, 1)$; PI $(1, -7)$
19. CC em $(0, \pi/4)$, $(3\pi/4, \pi)$; CB em $(\pi/4, 3\pi/4)$; PI $(\pi/4, \frac{1}{2})$ e $(3\pi/4, \frac{1}{2})$
21. CC em $(-\sqrt{5}, \sqrt{5})$; CB em $(-\infty, -\sqrt{5})$, $(\sqrt{5}, \infty)$; PI $(\pm\sqrt{5}, \ln 10)$
23. (a) Cres. em $(-1, 0)$ e $(1, \infty)$; decres. em $(-\infty, -1)$ e $(0, 1)$
   (b) Máx. local $f(0) = 3$; mín. local $f(\pm 1) = 2$
   (c) CC em $(-\infty, -\sqrt{3}/3)$ e $(\sqrt{3}/3, \infty)$; CB em $(-\sqrt{3}/3, \sqrt{3}/3)$; PI $\left(\pm\sqrt{3}/3, \frac{22}{9}\right)$
25. (a) Cres. em $(1, \infty)$; decres. em $(0, 1)$ (b) Mín. local $f(1) = 0$
   (c) CC em $(0, \infty)$; nenhum PI
27. (a) Cres. em $\left(-\frac{1}{2}, \infty\right)$; decres. em $\left(-\infty, -\frac{1}{2}\right)$
   (b) Mín. local $f\left(-\frac{1}{2}\right) = -\dfrac{1}{2e}$
   (c) CC em $(-1, \infty)$; CB em $(-\infty, -1)$; PI $\left(-1, -\dfrac{1}{e^2}\right)$
29. Máx. local $f(1) = 2$; mín. local $f(0) = 1$ **31.** $(-3, \infty)$
33. (a) f tem um máximo local em 2.
   (b) f tem uma tangente horizontal em 6.
35. (a) [gráfico]   (b) [gráfico]

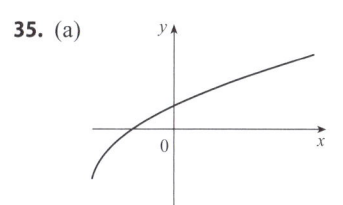

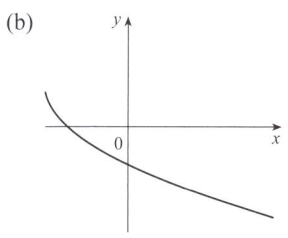

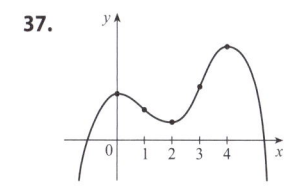

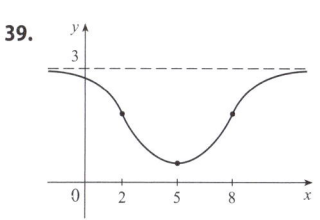

37. [gráfico]   **39.** [gráfico]

41. [gráfico com $y = 8$, ponto (2, 5)]

43. (a) Cres. em $(0, 2), (4, 6), (8, \infty)$; decres. em $(2, 4), (6, 8)$
   (b) Máx. local em $x = 2, 6$; mín. local em $x = 4, 8$
   (c) CC em $(3, 6), (6, \infty)$; CB em $(0, 3)$
   (d) 3
   (e) Veja o gráfico à direita. [gráfico]

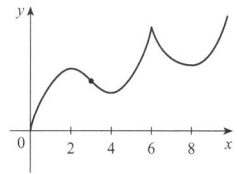

45. (a) Cres. em $(-\infty, 0)$ e $(2, \infty)$;
decres. em $(0, 2)$
(b) Máx. local $f(0) = 4$;
mín. local $f(2) = 0$
(c) CC em $(1, \infty)$;
CB em $(-\infty, 1)$; PI $(1, 2)$
(d) Veja o gráfico à direita.

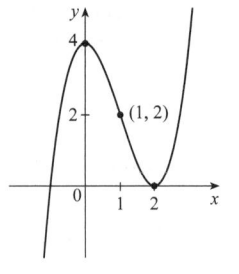

47. (a) Cres. em $(-2, 0)$, $(2, \infty)$; decres. em $(-\infty, -2)$, $(0, 2)$
(b) Máx. local $f(0) = 3$; mín. local $f(\pm 2) = -5$
(c) CC em $\left(-\infty, -\frac{2}{\sqrt{3}}\right), \left(\frac{2}{\sqrt{3}}, \infty\right)$; CB em $\left(-\frac{2}{\sqrt{3}}, \frac{2}{\sqrt{3}}\right)$;
PIs $\left(\pm\frac{2}{\sqrt{3}}, -\frac{13}{9}\right)$
(d)

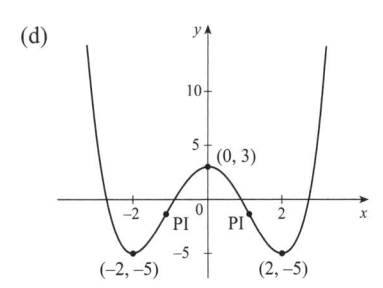

49. (a) Cres. em $(2, \infty)$;
decres. em $(-\infty, 2)$
(b) Mín. local $f(2) = -4$
(c) CC em $(-\infty, 0)$ e $\left(\frac{4}{3}, \infty\right)$;
CB em $\left(0, \frac{4}{3}\right)$;
PIs $(0, 12)$ e $\left(\frac{4}{3}, \frac{68}{27}\right)$
(d) Veja o gráfico à direita.

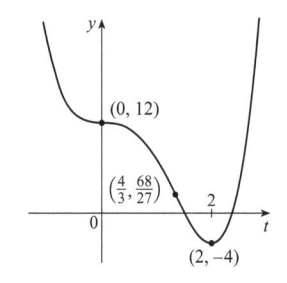

51. (a) Cres. em $(-\infty, 0)$ e $(2, \infty)$; decres. em $(0, 2)$
(b) Máx. local $f(0) = 0$; mín. local $f(2) = -320$
(c) CC em $\left(\sqrt[5]{\frac{16}{3}}, \infty\right)$; CB em $\left(-\infty, \sqrt[5]{\frac{16}{3}}\right)$;
PI $\left(\sqrt[5]{\frac{16}{3}}, -\frac{320}{3}\sqrt[5]{\frac{256}{9}}\right) \approx (1{,}398, -208{,}4)$
(d)

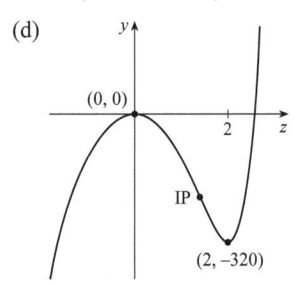

53. (a) Cres. em $(-\infty, 4)$;
decres. em $(4, 6)$
(b) Máx. local $F(4) = 4\sqrt{2}$
(c) CB em $(-\infty, 6)$;
nenhum PI
(d) Veja o gráfico à direita.

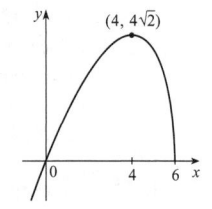

55. (a) Cres. em $(-1, \infty)$;
decres. em $(-\infty, -1)$
(b) Mín. local $C(-1) = -3$
(c) CC em $(-\infty, 0)$, $(2, \infty)$;
CB em $(0, 2)$;
PIs $(0, 0)$ e $(2, 6\sqrt[3]{2})$
(d) Veja o gráfico à direita.

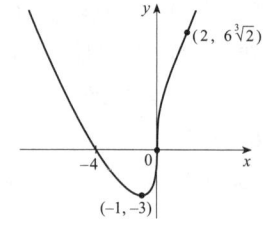

57. (a) Cres. em $(\pi, 2\pi)$;
decres. em $(0, \pi)$
(b) Mín. local $f(\pi) = -1$
(c) CC em $(\pi/3, 5\pi/3)$;
CB em $(0, \pi/3)$ e $(5\pi/3, 2\pi)$;
PIs $(\pi/3, \frac{5}{4})$ e $(5\pi/3, \frac{5}{4})$
(d) Veja o gráfico à direita.

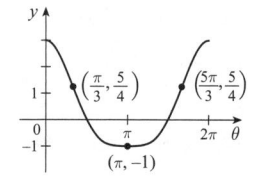

59. (a) AV $x = 0$; AH $y = 1$
(b) Cres. em $(0, 2)$;
decres. em $(-\infty, 0)$ e $(2, \infty)$
(c) Máx. local $f(2) = \frac{5}{4}$
(d) CC em $(3, \infty)$;
CB em $(-\infty, 0)$, $(0, 3)$;
PI $\left(3, \frac{11}{9}\right)$
(e) Veja o gráfico à direita.

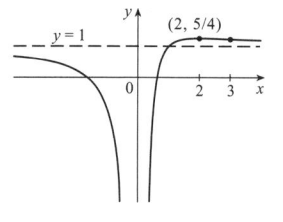

61. (a) AV $x = 0$; AH $y = 1$
(b) Cres. em $(-\infty, 0)$ e $(0, \infty)$;
(c) Nenhum
(d) CC em $(-\infty, 0)$ e $(0, 1)$;
CB em $(1, \infty)$;
PI $(1, 1/e^2)$
(e) Veja o gráfico à direita.

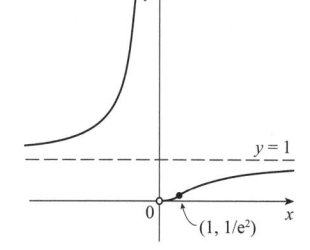

63. (a) AH $y = 0$
(b) Cres. em $(-\infty, 0)$;
decres. em $(0, \infty)$
(c) Máx. local $f(0) = 1$
(d) CC em $\left(-\infty, -1/\sqrt{2}\right)$,
$\left(1/\sqrt{2}, \infty\right)$; CB em $\left(-1/\sqrt{2}, 1/\sqrt{2}\right)$;
PIs $\left(\pm 1/\sqrt{2}, e^{-1/2}\right)$
(e) Veja o gráfico à direita.

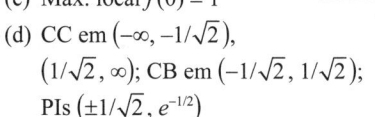

65. (a) AVs $x = 0$, $x = e$
(b) Decres. em $(0, e)$;
(c) Nenhum
(d) CC em $(0, 1)$;
CB em $(1, e)$;
PI $(1, 0)$
(e) Veja o gráfico à direita.

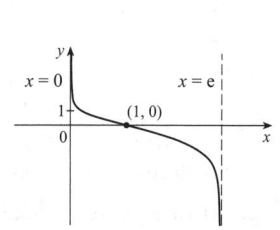

67. f é CC em $(-\infty, \infty)$ para todo $c > 0$. À medida que c cresce, o ponto de mínimo se afasta da origem.

69. (a) Máx. abs. e loc. $f(1) = \sqrt{2}$, sem mín.
(b) $\frac{1}{4}(3 - \sqrt{17})$

71. (b) CB em (0, 0,85) e (1,57, 2,29);
CC em (0,85, 1,57) e (2,29, π);
PIs (0,85, 0,74), (1,57, 0) e (2,29, −0,74)

73. CC on (−∞, −0,6), (0,0, ∞); CB on (−0,6, 0,0)

75. (a) A taxa de crescimento inicialmente é muito pequena; cresce a um máximo em $t \approx 8$ h, e, então, decresce para 0.
(b) Quando $t = 8$ (c) CC em (0, 8); CB em (8, 18)
(d) (8, 350)

77. Supondo que $D(t)$ seja a função que fornece o déficit em relação ao tempo, no momento do anúncio, $D'(t) > 0$, mas $D''(t) < 0$.

79. $K(3) − K(2)$; CB

81. 28,57 min, quando a taxa de crescimento do nível medicamentoso na corrente sanguínea é maior; 85,71 min, quando a taxa de decrescimento é maior

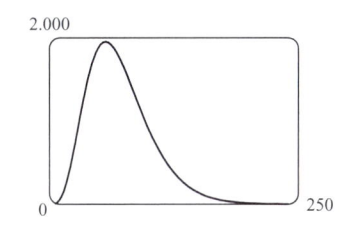

83. $f(x) = \frac{1}{9}(2x^3 + 3x^2 − 12x + 7)$

EXERCÍCIOS 4.4

1. (a) Indeterminado (b) 0 (c) 0
(d) ∞, −∞, ou não existe (e) Indeterminado

3. (a) −∞ (b) Indeterminado (c) ∞

5. $\frac{9}{4}$ **7.** 1 **9.** 6 **11.** $\frac{7}{3}$ **13.** $\sqrt{2}/2$ **15.** 2
17. $\frac{1}{4}$ **19.** 0 **21.** −∞ **23.** $-\frac{1}{3}$ **25.** 3 **27.** 2
29. 1 **31.** 1 **33.** 1/ln 3 **35.** 0 **37.** 0
39. a/b **41.** $\frac{1}{24}$ **43.** π **45.** $\frac{5}{3}$ **47.** 0
49. $-2/\pi$ **51.** $\frac{1}{2}$ **53.** $\frac{1}{2}$ **55.** 0 **57.** 1
59. e^{-2} **61.** $1/e$ **63.** 1 **65.** e^4 **67.** e^3
69. 0 **71.** e^2 **73.** $\frac{1}{4}$ **77.** 1

79. f tem um mínimo absoluto para $c > 0$. À medida que c aumenta, os pontos de mínimo se distanciam mais da origem.

83. (a) M; a população deve se aproximar de seu tamanho máximo à medida que o tempo passa. (b) $P_0 e^{kt}$; exponencial

85. $\frac{16}{9}a$ **87.** $\frac{1}{2}$

89. (a) Uma possibilidade: $f(x) = 7/x^2$, $g(x) = 1/x^2$
(b) Uma possibilidade: $f(x) = 7 + (1/x^2)$, $g(x) = 1/x^2$

91. (a) 0

EXERCÍCIOS 4.5

Abreviações: int., intersecção; AO, assíntota oblíqua

1. A. ℝ B. int y 0; int x −3, 0
C. Nenhuma D. Nenhuma
E. Cres. em (−∞, −2), (0, ∞);
decres. em (−2, 0)
F. Máx. local $f(−2) = 4$;
mín. local $f(0) = 0$
G. CC em (−1, ∞); CB em (−∞, −1); PI (−1, 2)
H. Veja o gráfico abaixo.

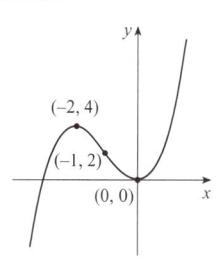

3. A. ℝ B. int y 0; int x 0, $\sqrt[3]{4}$
C. Nenhuma D. Nenhuma
E. Cres. em (1, ∞);
decres. em (−∞, 1)
F. Mín. local $f(1) = −3$
G. CC em (−∞, ∞)
H. Veja o gráfico à direita.

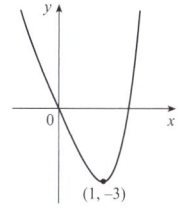

5. A. ℝ B. int y 0; int x 0, 4
C. Nenhuma D. Nenhuma
E. Cres. em (1, ∞);
decres. em (−∞, 1)
F. Mín. local $f(1) = −27$
G. CC em (−∞, 2) e (4, ∞);
CB em (2, 4);
PIs (2, −16) e (4, 0)
H. Veja o gráfico à direita.

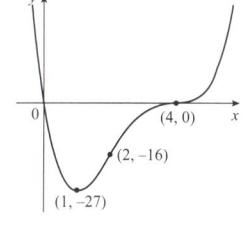

7. A. ℝ B. int y 0; int x 0
C. Em relação a (0, 0)
D. Nenhuma
E. Cres. em (−∞, ∞)
F. Nenhum
G. CC em (−2, 0) e (2, ∞);
CB em (−∞, −2) e (0, 2);
PIs $\left(-2, -\frac{256}{15}\right)$, (0, 0),
$\left(2, \frac{256}{15}\right)$
H. Veja o gráfico à direita.

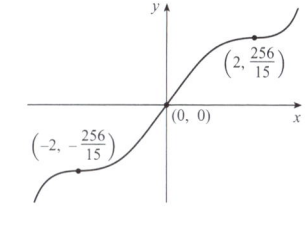

9. A. (−∞, −2) ∪ (−2, ∞)
B. int. y $\frac{3}{2}$; int. x $-\frac{3}{2}$
C. Nenhuma
D. AV $x = −2$, AH $y = 2$
E. Cres. em (−∞, −2), (−2, ∞)
F. Nenhum
G. CC em (−∞, −2);
CB em (−2, ∞)
H. Veja o gráfico à direita.

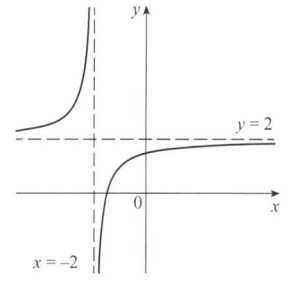

11. A. (−∞, 1) ∪ (1, 2) ∪ (2, ∞)
B. int. y 0; int. x 0
C. Nenhuma
D. AV $x = 2$, AH $y = −1$
E. Cres. em (−∞, 1), (1, 2), (2, ∞)
F. Nenhum
G. CC em (−∞, 1), (1, 2);
CB em (2, ∞)
H. Veja o gráfico à direita.

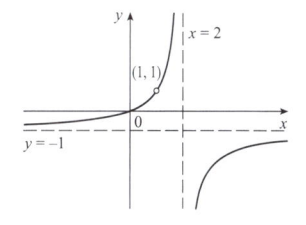

13.
A. $(-\infty, -2) \cup (-2, 2) \cup (2, \infty)$
B. int. y 0; int. x 0
C. Em relação a (0, 0)
D. AV $x = \pm 2$; AH $y = 0$
E. Decres. em $(-\infty, -2), (-2, 2), (2, \infty)$
F. Nenhum extremo local
G. CC em $(-2, 0), (2, \infty)$; CB em $(-\infty, -2)$ e $(0, 2)$; PI (0, 0)
H. Veja o gráfico à direita.

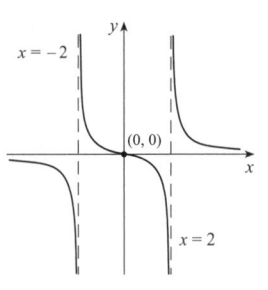

15.
A. $\mathbb{R}$ B. int. y 0; int. x 0
C. Em torno do eixo y
D. AH $y = 1$
E. Cres. em $(0, \infty)$; decres. em $(-\infty, 0)$
F. Mín. local $f(0) = 0$
G. CC em $(-1, 1)$; CB em $(-\infty, -1)$ e $(1, \infty)$; PIs $(\pm 1, \frac{1}{4})$
H. Veja o gráfico à direita.

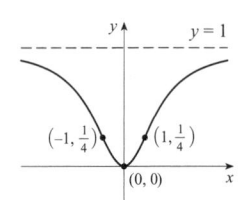

17.
A. $(-\infty, 0) \cup (0, \infty)$ B. int. 1
C. Nenhuma
D. AV $x = 0$; AH $y = 0$
E. Cres. em $(0, 2)$; decres. em $(-\infty, 0), (2, \infty)$
F. Máx. local $f(2) = \frac{1}{4}$
G. CC em $(3, \infty)$; CB em $(-\infty, 0)$ e $(0, 3)$; PI $(3, \frac{2}{9})$
H. Veja o gráfico à direita.

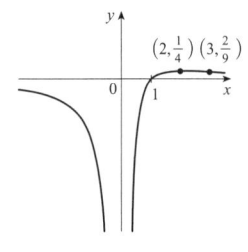

19.
A. $(-\infty, -1) \cup (-1, \infty)$
B. int. y 0; int. 0
C. Nenhuma
D. AV $x = -1$; AH $y = 1$
E. Cres. em $(-\infty, -1), (-1, \infty)$;
F. Nenhuma
G. CC em $(-\infty, -1), (0, \sqrt[3]{\frac{1}{2}})$; CB em $(-1, 0), (\sqrt[3]{\frac{1}{2}}, \infty)$;
PIs $(0, 0), (\sqrt[3]{\frac{1}{2}}, \frac{1}{3})$
H. Veja o gráfico à direita.

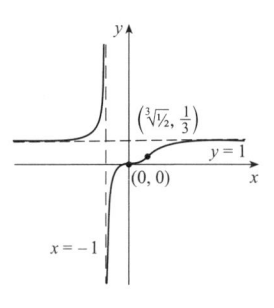

21.
A. $[0, \infty)$
B. int. y 0; int. 0 e 3
C. Nenhuma   D. Nenhuma
E. Cres. em $(1, \infty)$; decres. em $(0, 1)$
F. Mín. local $f(1) = -2$
G. CC em $(0, \infty)$
H. Veja o gráfico à direita.

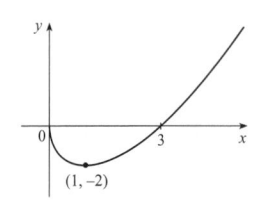

23.
A. $(-\infty, -2] \cup [1, \infty)$
B. int. x -2, 1
C. Nenhuma   D. Nenhuma
E. Cres. em $(1, \infty)$; decres. em $(-\infty, -2)$
F. Nenhum
G. CC em $(-\infty, -2), (1, \infty)$
H. Veja o gráfico à direita.

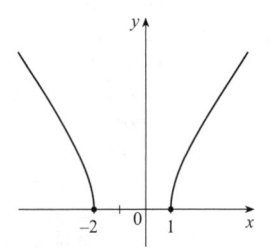

25.
A. $\mathbb{R}$ B. int. y 0; int. 0
C. Em relação a (0, 0)
D. AH $y = \pm 1$
E. Cres. em $(-\infty, \infty)$
F. Nenhum
G. CC em $(-\infty, 0)$; CB em $(0, \infty)$; PI (0, 0)
H. Veja o gráfico à direita.

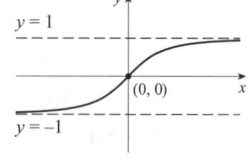

27.
A. $[-1, 0) \cup (0, 1]$
B. Int. x ± 1
C. Em relação a (0, 0)
D. AV $x = 0$
E. Decres. em $(-1, 0), (0, 1)$
F. Nenhum
G. CC em $(-1, -\sqrt{2/3}), (0, \sqrt{2/3})$;
CB em $(-\sqrt{2/3}, 0), (\sqrt{2/3}, 1)$;
PIs $(\pm\sqrt{2/3}, \pm 1/\sqrt{2})$
H. Veja o gráfico à direita.

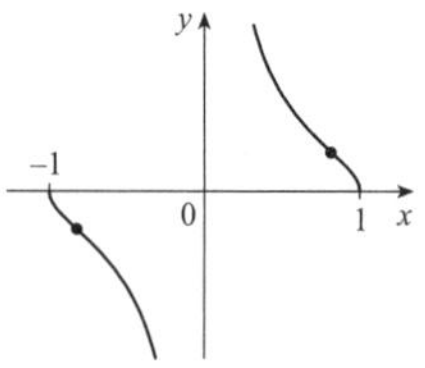

29.
A. $\mathbb{R}$ B. int. y 0; int. x $\pm 3\sqrt{3}$, 0   C. Em relação a (0, 0)
D. Nenhuma
E. Cres. em $(-\infty, -1), (1, \infty)$; decres. em $(-1, 1)$
F. Máx. local $f(-1) = 2$; mín. local $f(1) = -2$
G. CC em $(0, \infty)$; CB em $(-\infty, 0)$; PI (0, 0)
H. Veja o gráfico à direita.

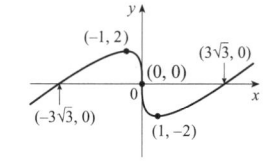

31.
A. $\mathbb{R}$ B. int. y -1; int. x ± 1
C. Em relação ao eixo y
D. Nenhuma
E. Cres. em $(0, \infty)$; decres. em $(-\infty, 0)$
F. Mín. local $f(0) = -1$
G. CC em $(-1, 1)$; CB em $(-\infty, -1), (1, \infty)$; PI $(\pm 1, 0)$
H. Veja o gráfico à direita.

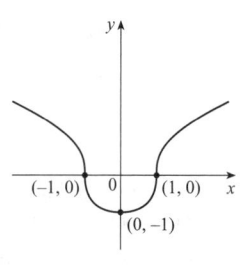

33.
A. $\mathbb{R}$ B. int. y 0; int. x $n\pi$ (n um inteiro)
C. Em relação a (0, 0), período 2π D. Nenhuma
Respostas E-G para $0 \le x \le \pi$:
E. Cres. em $(0, \pi/2)$; decres. em $(\pi/2, \pi)$
F. Máx. local $f(\pi/2) = 1$
G. Seja $\alpha = \text{sen}^{-1}\sqrt{2/3}$; CC em $(0, \alpha), (\pi - \alpha, \pi)$; CB em $(\alpha, \pi - \alpha)$; PIs para $x = 0, \pi, \alpha, \pi - \alpha$
H.

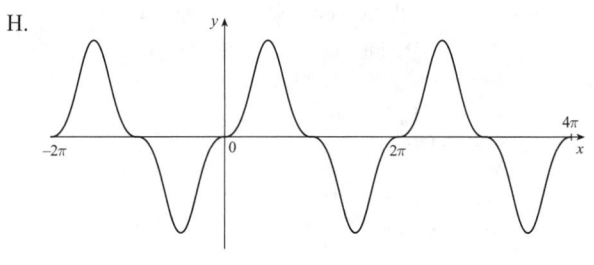

35. A. $(-\pi/2, \pi/2)$
B. int. y 0; int. x 0
C. Em relação ao eixo y
D. AV $x = \pm\pi/2$
E. Cres. em $(0, \pi/2)$;
   decres. em $(-\pi/2, 0)$
F. Mín. local $f(0) = 0$
G. CC em $(-\pi/2, \pi/2)$
H. Veja o gráfico à direita.

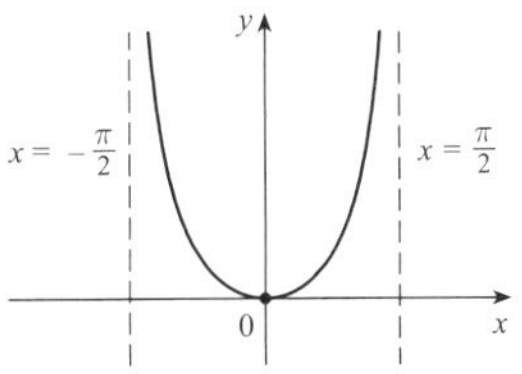

37. A. $[-2\pi, 2\pi]$
B. Int. y $\sqrt{3}$; int. x $-4\pi/3, -\pi/3, 2\pi/3, 5\pi/3$
C. Período 2π D. Nenhuma
E. Cres. em $(-2\pi, -11\pi/6), (-5\pi/6, \pi/6), (7\pi/6, 2\pi)$;
   decres. em $(-11\pi/6, -5\pi/6), (\pi/6, 7\pi/6)$
F. Máx. local $f(-11\pi/6) = f(\pi/6) = 2$;
   mín. local $f(-5\pi/6) = f(7\pi/6) = -2$
G. CC em $(-4\pi/3, -\pi/3)$,
   $(2\pi/3, 5\pi/3)$;
   CB em $(-2\pi, -4\pi/3)$,
   $(-\pi/3, 2\pi/3), (5\pi/3, 2\pi)$;
   PIs $(-4\pi/3, 0), (-\pi/3, 0)$,
   $(2\pi/3, 0), (5\pi/3, 0)$
H. Veja o gráfico à direita.

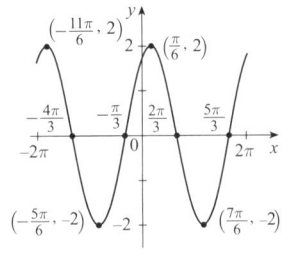

39. A. Todos os reais, exceto $(2n + 1)\pi$ (n um inteiro)
B. Int. y 0; int. x $2n\pi$
C. Em relação à origem, período 2π
D. AV $x = (2n + 1)\pi$
E. Cres. em $((2n - 1)\pi, (2n + 1)\pi)$ F. Nenhum
G. CC em $(2n\pi, (2n + 1)\pi)$; CB em $((2n - 1)\pi, 2n\pi)$;
   PIs $(2n\pi, 0)$
H.

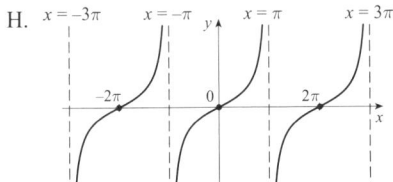

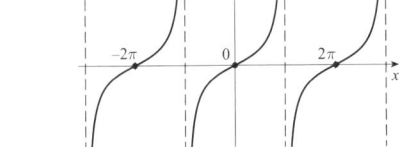

41. A. $\mathbb{R}$ B. int. y $\pi/4$
C. Nenhuma
D. AH $y = 0, y = \pi/2$
E. Cres. em $(-\infty, \infty)$
F. Nenhum
G. CC em $(-\infty, 0)$;
   CB em $(0, \infty)$;
   PI $(0, \pi/4)$
H. Veja o gráfico à direita.

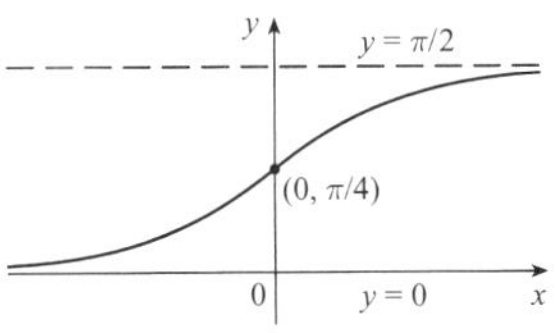

43. A. $\mathbb{R}$ B. int. y $\frac{1}{2}$
C. Nenhuma
D. AH $y = 0, y = 1$
E. Cres. em $\mathbb{R}$
F. Nenhum
G. CC em $(-\infty, 0)$;
   CB em $(0, \infty)$; PI $(0, \frac{1}{2})$
H. Veja o gráfico à direita.

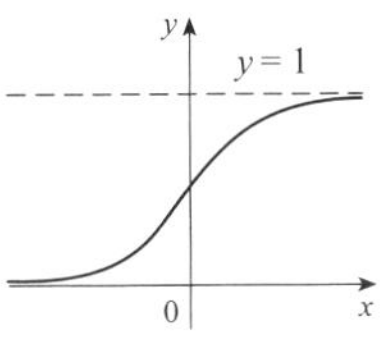

45. A. $(0, \infty)$ B. Nenhuma
C. Nenhuma   D. AV $x = 0$
E. Cres. em $(1, \infty)$;
   decres. em $(0, 1)$
F. Mín. local $f(1) = 1$
G. CC em $(0, 2)$;
   CB em $(2, \infty)$;
   PI $(2, \frac{1}{2} + \ln 2)$
H. Veja o gráfico à direita.

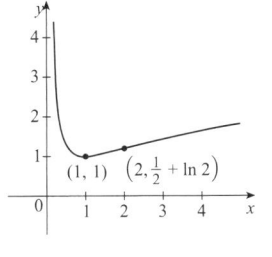

47. A. $\mathbb{R}$ B. int. y $\frac{1}{4}$
C. Nenhuma
D. AV $y = 0, y = 1$
E. Decres. em $\mathbb{R}$
F. Nenhum
G. CC em $(\ln \frac{1}{2}, \infty)$;
   CB em $(-\infty, \ln \frac{1}{2})$;
   PI $(\ln \frac{1}{2}, \frac{4}{9})$
H. Veja o gráfico à direita.

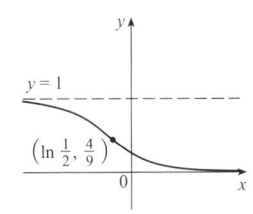

49. A. Todo x em $(2n\pi, (2n + 1)\pi)$ (n um inteiro)
B. Int. x $\pi/2 + 2n\pi$ C. Período 2π D. AV $x = n\pi$
E. Cres. em $(2n\pi, \pi/2 + 2n\pi)$;
   decres. em $(\pi/2, + 2n\pi, (2n + 1)\pi)$
F. Máx. local $f(\pi/2 + 2n\pi) = 0$ G. CB em $(2n\pi, (2n + 1)\pi)$
H.

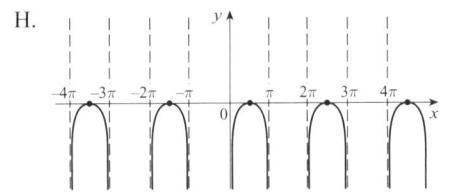

51. A. $(-\infty, 0) \cup (0, \infty)$
B. Nenhuma   C. Nenhuma
D. AV $x = 0$
E. Cres. em $(-\infty, -1), (0, \infty)$;
   decres. em $(-1, 0)$
F. Máx. local $f(-1) = -e$
G. CC em $(0, \infty)$;
   CB em $(-\infty, 0)$
H. Veja o gráfico à direita.

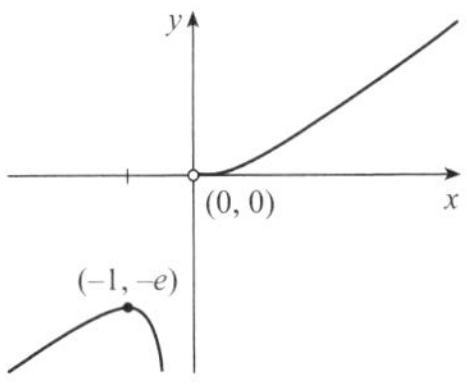

53. A. $\mathbb{R}$ B. int. y 1
C. Nenhuma
D. AH $y = e^{\pm\pi/2}$
E. Cres. em $\mathbb{R}$
F. Nenhuma
G. CC em $(-\infty, \frac{1}{2})$;
   CB em $(\frac{1}{2}, \infty)$;
   PI $(\frac{1}{2}, e^{\text{arctg}(1/2)})$
H. Veja o gráfico à direita.

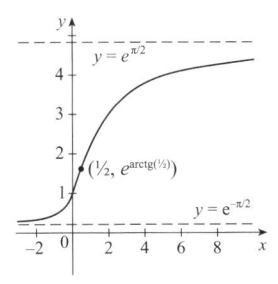

55. (a) $(-\infty, 7]$; $(-\infty, 3) \cup (3, 7)$ (b) 3, 5
(c) $-1/\sqrt{3} \approx -0{,}58$ (d) AH $y = \sqrt{2}$

57. (a) $\mathbb{R}$; $(-\infty, 3) \cup (3, 7) \cup (7, \infty)$ (b) 3, 5, 7, 9
(c) -2 (d) AH $y = 1, y = 2$

59. [graph: m vs v, point (0, m₀), vertical asymptote v = c]

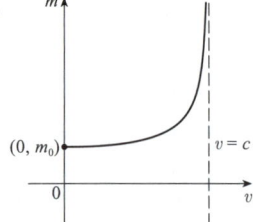

61. (a) Quando $t = (\ln a)/k$ (b) Quando $t = (\ln a)/k$
(c) [graph of $y = p(t)$, horizontal asymptote at 1, passing through (ln a/k, 1/2)]

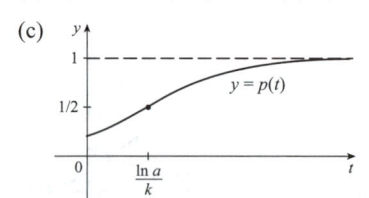

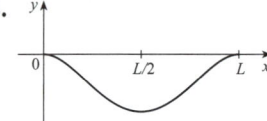

63. [graph on [0, L], minimum around L/2]

65. $y = x - 1$ **67.** $y = 2x - 3$

69. A. $(-\infty, 1) \cup (1, \infty)$
B. Int. y 0; int. x 0
C. Nenhuma
D. AV $x = 1$; AO $y = x + 1$
E. Cres. em $(-\infty, 0)$, $(2, \infty)$; decres. em $(0, 1)$, $(1, 2)$
F. Máx. local $f(0) = 0$; mín. local $f(2) = 4$
G. CC em $(1, \infty)$; CB em $(-\infty, 1)$
H. Veja o gráfico à direita.

71. A. $(-\infty, 0) \cup (0, \infty)$
B. Int. $x - \sqrt[3]{4}$ C. Nenhuma
D. AV $x = 0$; AO $y = x$
E. Cres. em $(-\infty, 0)$, $(2, \infty)$; decres. em $(0, 2)$
F. Mín. local $f(2) = 3$
G. CC em $(-\infty, 0)$, $(0, \infty)$
H. Veja o gráfico à direita.

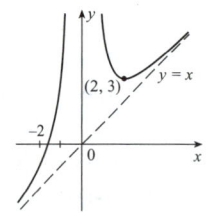

73. A. $\mathbb{R}$ B. int. y 2
C. Nenhuma   D. AO $y = 1 + \frac{1}{2}x$
E. Cres. em $(\ln 2, \infty)$; decres. em $(-\infty, \ln 2)$
F. Mín. local $f(\ln 2) = \frac{3}{2} + \frac{1}{2}\ln 2$
G. CC em $(-\infty, \infty)$
H. Veja o gráfico à direita.

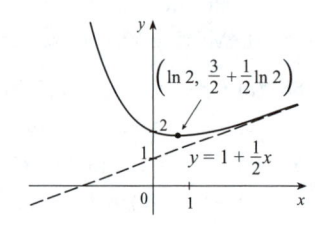

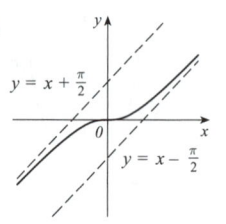

75. [graph with asymptotes $y = x + \frac{\pi}{2}$ and $y = x - \frac{\pi}{2}$]

79. AV $x = 0$, assintótica em $y = x^3$
[graph of f with $y = x^3$ asymptote]

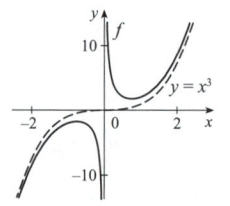

EXERCÍCIOS 4.6

1. Cresc. em $(-\infty, -1{,}50)$, $(0{,}04, 2{,}62)$, $(2{,}84, \infty)$;
decres. em $(-1{,}50, 0{,}04)$, $(2{,}62, 2{,}84)$;
máx. local $f(-1{,}50) \approx 36{,}47$, $f(2{,}62) \approx 56{,}83$;
mín. local $f(0{,}04) \approx -0{,}04$, $f(2{,}84) \approx 56{,}73$;
CC em $(-0{,}89, 1{,}15)$, $(2{,}74, \infty)$;
CB em $(-\infty, -0{,}89)$, $(1{,}15, 2{,}74)$;
PIs $(-0{,}89, 20{,}90)$, $(1{,}15, 26{,}57)$, $(2{,}74, 56{,}78)$

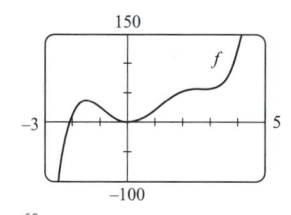

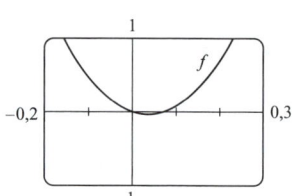

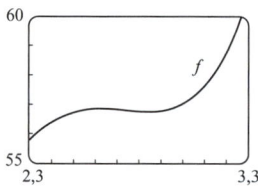

[three graphs of f]

3. Cresc. em $(-1{,}31, -0{,}84)$, $(1{,}06, 2{,}50)$, $(2{,}75, \infty)$;
decres. em $(-\infty, -1{,}31)$, $(-0{,}84, 1{,}06)$, $(2{,}50, 2{,}75)$;
máx. local $f(-0{,}84) \approx 23{,}71$, $f(2{,}50) \approx -11{,}02$;
mín. local $f(-1{,}31) \approx 20{,}72$, $f(1{,}06) \approx -33{,}12$, $f(2{,}75) \approx -11{,}33$;
CC em $(-\infty, -1{,}10)$, $(0{,}08, 1{,}72)$, $(2{,}64, \infty)$;
CB em $(-1{,}10, 0{,}08)$, $(1{,}72, 2{,}64)$;
PIs $(-1{,}10, 22{,}09)$, $(0{,}08, -3{,}88)$, $(1{,}72, -22{,}53)$, $(2{,}64, -11{,}18)$

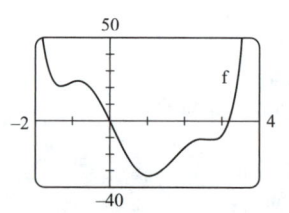

[graph of f]

5. Cresc. em $(-\infty, -1{,}47)$, $(-1{,}47, 0{,}66)$; decres. em $(0{,}66, \infty)$;
máx. local $f(0{,}66) \approx 0{,}38$;
CC em $(-\infty, -1{,}47)$, $(-0{,}49, 0)$, $(1{,}10, \infty)$;
CB em $(-1{,}47, -0{,}49)$, $(0, 1{,}10)$;
PIs $(-0{,}49, -0{,}44)$, $(1{,}10, 0{,}31)$, $(0, 0)$

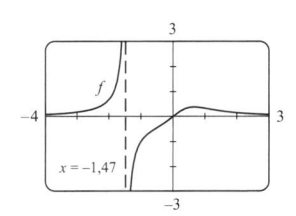

7. Cresc. em (−1,40, −0,44), (0,44, 1,40);
decres. em (−π, −1,40), (−0,44, 0), (0, 0,44), (1,40, π);
máx. local $f(-0,44) \approx -4,68$; $f(1,40) \approx 6,09$;
mín. local $f(-1,40) \approx -6,09$; $f(0,44) \approx 4,68$;
CC em (−π, −0,77), (0, 0,77); CB em (−0,77, 0), (0,77, π);
PIs (−0,77, −5,22), (0,77, 5,22)

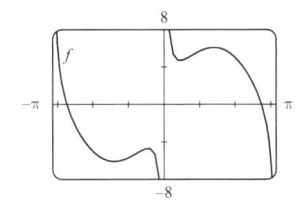

9. Cresc. em $\left(-8-\sqrt{61}, -8+\sqrt{61}\right)$; decres. em $\left(-\infty, -8-\sqrt{61}\right)$, $\left(-8+\sqrt{61}, 0\right), (0, \infty)$; CC em $\left(-12-\sqrt{138}, -12+\sqrt{138}\right), (0, \infty)$;
CB em $\left(-\infty, -12-\sqrt{138}\right), \left(-12+\sqrt{138}, 0\right)$

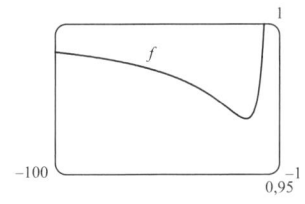

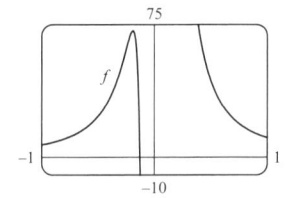

11. (a)

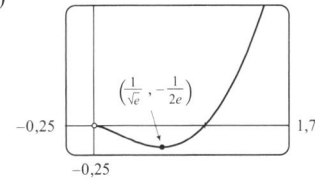

(b) $\lim_{x \to 0^+} f(x) = 0$
(c) Mín. local $f(1/\sqrt{e}) = -1/(2e)$;
CC em $(0, e^{-3/2})$; CB em $(e^{-3/2}, \infty)$

13. Máx. local $f(-5,6) \approx 0,018$, $f(0,82) \approx -281,5$,
$f(5,2) \approx 0,0145$; mín. local $f(3) = 0$

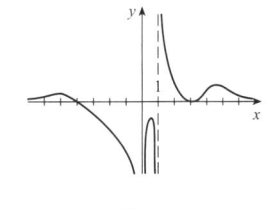

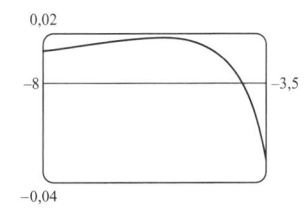

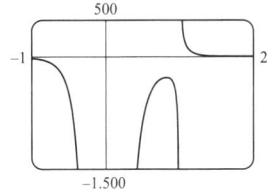

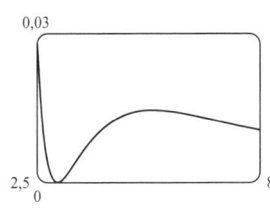

15. $f'(x) = -\dfrac{x(x+1)^2 (x^3 + 18x^2 - 44x - 16)}{(x-2)^3 (x-4)^5}$

$f''(x) = 2\dfrac{(x+1)(x^6 + 36x^5 + 6x^4 - 628x^3 + 684x^2 + 672x + 64)}{(x-2)^4 (x-4)^6}$

CC em (−35,3, −5,0), (−1, −0,5), (−0,1, 2), (2, 4), (4, ∞);
CB em (−∞, −35,3), (−5,0, 1), (−0,5, −0,1);
PIs (−35,3, −0,015), (−5,0, −0,005), (−1, 0), (−0,5, 0,00001), (−0,1, 0,0000066)

17. Cresc. em (−9,41, −1,29), (0, 1,05);
decres. em (−∞, −9,41), (−1,29, 0), (1,05, ∞);
máx. local $f(-1,29) \approx 7,49$, $f(1,05) \approx 2,35$;
mín. local $f(-9,41) \approx -0,056$, $f(0) = 0,5$;
CC em (−13,81, −1,55), (−1,03, 0,60), (1,48, ∞);
CB em (−∞, −13,81), (−1,55, −1,03), (0,60, 1,48);
PIs (−13,81, −0,05), (−1,55, 5,64), (−1,03, 5,39), (0,60, 1,52), (1,48, 1,93)

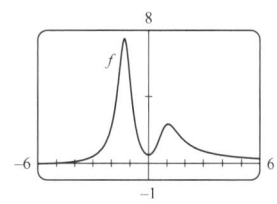

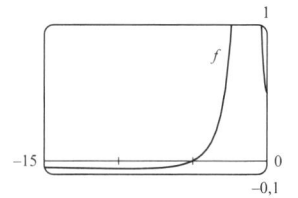

19. Cresc. em (−4,91, −4,51), (0, 1,77), (4,91, 8,06), (10,79, 14,34), (17,08, 20);
decres. em (−4,51, −4,10), (1,77, 4,10), (8,06, 10,79), (14,34, 17,08);
máx. local $f(-4,51) \approx 0,62$, $f(1,77) \approx 2,58$, $f(8,06) \approx 3,60$, $f(14,34) \approx 4,39$;
mín. local $f(10,79) \approx 2,43$, $f(17,08) \approx 3,49$; CC em (9,60, 12,25), (15,81, 18,65);
CB em (−4,91, −4,10), (0, 4,10), (4,91, 9,60), (12,25, 15,81), (18,65, 20);
PIs (9,60, 2,95), (12,25, 3,27), (15,81, 3,91), (18,65, 4,20)

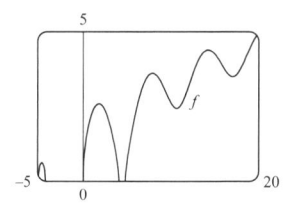

21. Cresc. em (−∞, 0), (0, ∞);
CC em (−∞, −0,42), (0, 0,42);
CB em (−0,42, 0), (0,42, ∞);
PIs (∓0,42, ±0,83)

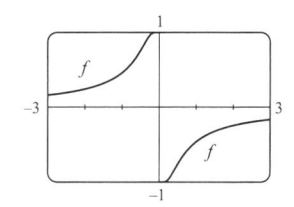

23.

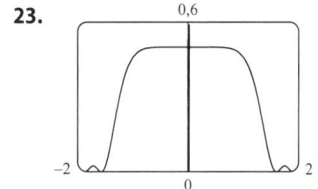

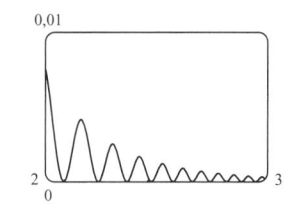

25. (a) [gráfico]

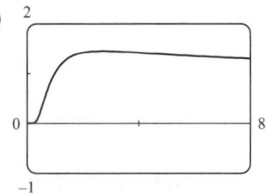

(b) $\lim_{x \to 0^+} x^{1/x} = 0$, $\lim_{x \to \infty} x^{1/x} = 1$
(c) Máx. local $f(e) = e^{1/e}$
(d) PIs em $x \approx 0{,}58,\ 4{,}37$

27. Máx. $f(0{,}59) \approx 1, f(0{,}68) \approx 1, f(1{,}96) \approx 1$;
mín. $f(0{,}64) \approx 0{,}99996, f(1{,}46) \approx 0{,}49, f(2{,}73) \approx -0{,}51$;
PIs $(0{,}61,\ 0{,}99998)$, $(0{,}66,\ 0{,}99998)$, $(1{,}17,\ 0{,}72)$, $(1{,}75,\ 0{,}77)$, $(2{,}28,\ 0{,}34)$

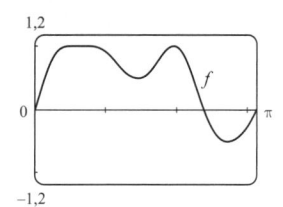

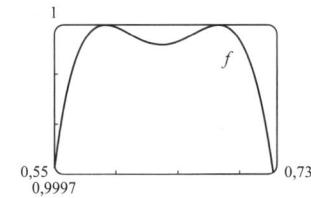

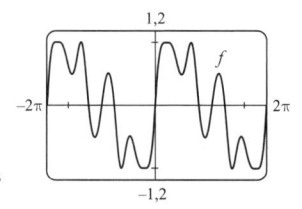

29. Para $c < 0$, há um mín. local que se move em direção a $(-3, -9)$ à medida que c aumenta. Para $0 < c < 8$, há um mín. local que se move em direção a $(-3, -9)$ e um máx. local que se move em direção à origem à medida que c diminui. Para todo $c > 0$, há um mín. local no primeiro quadrante que se move em direção à origem à medida que c diminui. $c = 0$ é um valor de transição que dá o gráfico de uma parábola. Para todo c não nulo, o eixo y é uma AV e existe um PI que se move em direção à origem quando $|c| \to 0$.

$c \le 0$

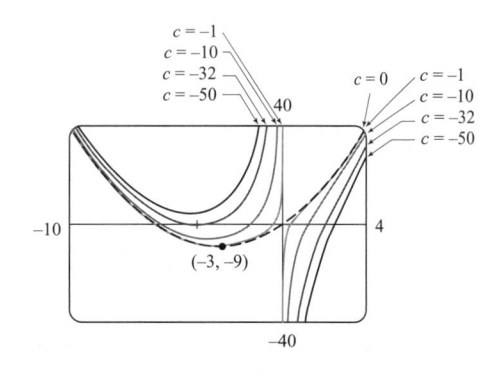

$c \ge 0$

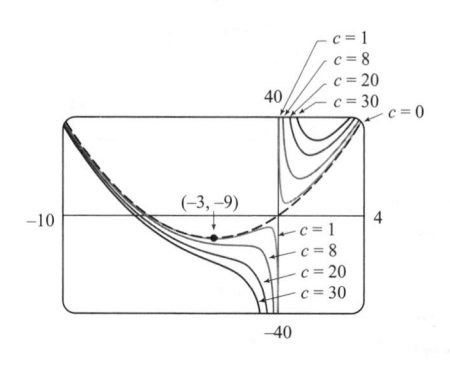

31. Para $c < 0$, não há ponto extremo e há um PI, que decresce ao longo do eixo x. Para $c > 0$, não há PI, e há um ponto mínimo.

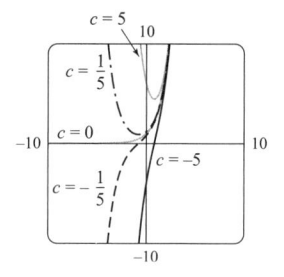

33. Para $c > 0$, os valores máximo e mínimo são sempre $\pm \frac{1}{2}$, mas os pontos extremos e os PIs aproximam-se do eixo y à medida que c cresce. $c = 0$ é um valor de transição: quando c é substituído por $-c$, a curva é refletida em relação ao eixo x.

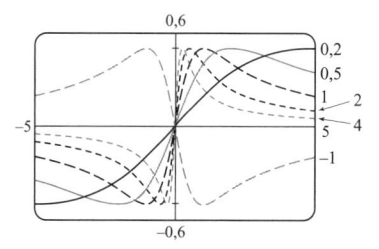

35. Para $|c| < 1$, o gráfico tem valores de máximo e de mínimo locais; para $|c| \ge 1$, não possui. A função é crescente para $c \ge 1$ e é decrescente para $c \le -1$. À medida que c varia, os PIs movem-se vertical, mas não horizontalmente.

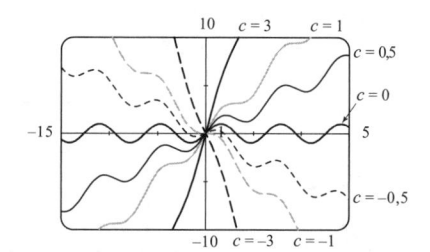

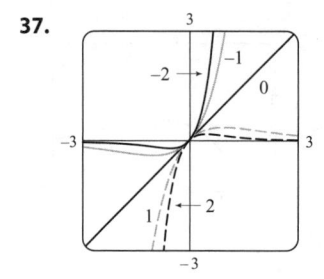

37.

Para $c > 0$, $\lim_{x \to \infty} f(x) = 0$ e $\lim_{x \to -\infty} f(x) = -\infty$.
Para $c < 0$, $\lim_{x \to \infty} f(x) = \infty$ e $\lim_{x \to -\infty} f(x) = 0$.
À medida que $|c|$ cresce, os pontos de máximo e de mínimo e os PIs se aproximam da origem.

39. $c = 0$; $c = -1,5$

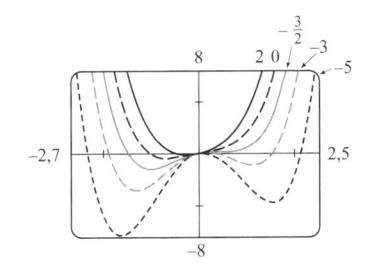

EXERCÍCIOS 4.7

1. (a) 11, 12   (b) 11,5, 11,5
3. 10, 10   **5.** $\frac{9}{4}$ **7.** 25 m por 25 m   **9.** $N = 1$
11. (a)

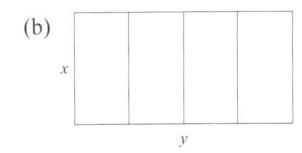

(c) $A = xy$ (d) $5x + 2y = 300$ (e) $A(x) = 150x - \frac{5}{2}x^2$
(f) 2.250 m²

13. 100 m por 150 m, cerca divisória paralela ao lado curto
15. 20 m por 600 m   **19.** 4.000 cm³   **21.** ≈ \$ 163,54
23. 45 cm por 45 cm por 90 cm.
25. $\left(-\frac{6}{5}, \frac{3}{5}\right)$ **27.** $\left(-\frac{1}{3}, \pm\frac{4}{3}\sqrt{2}\right)$ **29.** Quadrado, lado $\sqrt{2}r$
31. $L/2$, $\sqrt{3}\,L/4$ **33.** Base $\sqrt{3}\,r$, altura $3r/2$
37. $4\pi r^3/(3\sqrt{3})$ **39.** $\pi r^2 \left(1 + \sqrt{5}\right)$
41. 24 cm por 36 cm
43. (a) Use todo o fio para o quadrado
     (b) $40\sqrt{3}/(9 + 4\sqrt{3})$ m para o quadrado
45. 30 cm   **47.** $V = 2\pi R/(9\sqrt{3})$ **51.** $E^2/(4r)$
53. (a) $\frac{3}{2}s^2 \operatorname{cossec}\theta\,(\operatorname{cossec}\theta - \sqrt{3}\,\operatorname{cotg}\theta)$
     (b) $\cos^{-1}\left(1/\sqrt{3}\right) \approx 55°$ (c) $6s\left[h + s/\left(2\sqrt{2}\right)\right]$
55. Reme diretamente para B **57.** ≈ 4,85 km a leste da refinaria
59. A $10\sqrt[3]{3}/\left(1 + \sqrt[3]{3}\right) \approx 5{,}91$ m da fonte mais forte
61. $(a^{2/3} + b^{2/3})^{3/2}$ **63.** $2\sqrt{6}$
65. (b) (i) \$ 342.491; \$ 342,49/unidade; \$ 389,74/unidade
     (ii) 400   (iii) \$ 320/unidade
67. (a) $p(x) = 19 - \frac{1}{3.000}x$ (b) \$ 9,50
69. (a) $p(x) = 500 - \frac{1}{8}x$ (b) \$ 250   (c) \$ 310
75. 9,35 m   **79.** $x = 15$ cm   **81.** $\pi/6$
83. À distância $5 - 2\sqrt{5} \approx 0{,}53$ de A **85.** $\frac{1}{2}(L + W)^2$
87. (a) Cerca de 5,1 km from B (b) C está próximo a B; C está próximo a D; $W/L = \sqrt{25 + x^2}/x$, onde $x = |BC|$
     (c) ≈ 1,07; não há tal valor   (d) $\sqrt{41}/4 \approx 1{,}6$

EXERCÍCIOS 4.8

1. (a) $x_2 \approx 7{,}3$, $x_3 \approx 6{,}8$ (b) Sim
3. $\frac{9}{2}$ **5.** a, b, c **7.** 1,5215   **9.** $-1{,}25$
11. 2,94283096   **13.** (b) 2,630020   **15.** $-1{,}914021$
17. 1,934563   **19.** $-1{,}257691$, 0,653483
21. $-1{,}428293$, 2,027975
23. $-1{,}69312029$, $-0{,}74466668$, 1,26587094
25. 0,76682579   **27.** $-0{,}87828292$, 0,79177077
29. (b) 31,622777
35. (a) $-1{,}293227$, $-0{,}441731$, 0,507854   (b) $-2{,}0212$
37. (1,519855, 2,306964)   **39.** (0,410245, 0,347810)
41. 0,76286%

EXERCÍCIOS 4.9

1. (a) $F(x) = 6x$ (b) $G(t) = t^3$
3. (a) $H(q) = \operatorname{sen} q$ (b) $F(x) = e^x$
5. $F(x) = 2x^2 + 7x + C$ **7.** $F(x) = \frac{1}{2}x^4 - \frac{2}{9}x^3 + \frac{5}{2}x^2 + C$
9. $F(x) = 4x^3 + 4x^2 + C$ **11.** $G(x) = 12x^{1/3} - \frac{3}{4}x^{8/3} + C$
13. $F(x) = 2x^{3/2} - \frac{3}{2}x^{4/3} + C$
15. $F(t) = \frac{4}{3}t^{3/2} - 8\sqrt{t} + 3t + C$
17. $F(x) = \frac{2}{5}\ln|x| + \frac{3}{x} + C$
19. $G(t) = 7e^t - e^3 t + C$
21. $F(\theta) = -2\cos\theta - 3\sec\theta + C$
23. $F(r) = 4\operatorname{tg}^{-1}r - \frac{5}{9}r^{9/5} + C$
25. $F(x) = 2^x/\ln 2 + 4\cosh x + C$
27. $F(x) = 2e^x - 3x^2 - 1$
29. $f(x) = 4x^3 + Cx + D$
31. $f(x) = \frac{1}{5}x^5 + 4x^3 - \frac{1}{2}x^2 + Cx + D$
33. $f(x) = \frac{1}{3}x^3 + 3e^x + Cx + D$
35. $f(t) = 2t^3 + \cos t + Ct^2 + Dt + E$
37. $f(x) = 2x^4 + \ln x - 5$
39. $f(t) = 4\operatorname{arctg} t - \pi$
41. $f(x) = 3x^{5/3} - 75$
43. $f(t) = \operatorname{tg} t + \sec t - 2 - \sqrt{2}$
45. $f(x) = -x^2 + 2x^3 - x^4 + 12x + 4$
47. $f(\theta) = -\operatorname{sen}\theta - \cos\theta + 5\theta + 4$
49. $f(x) = 2x^2 + x^3 + 2x^4 + 2x + 3$

51. $f(x) = e^x + 2\,\text{sen}\,x - \dfrac{2}{\pi}(e^{\pi/2}+4)x+2$

53. $f(x) = -\ln x + (\ln 2)x - \ln 2$

55. 8 **57.** b

59.

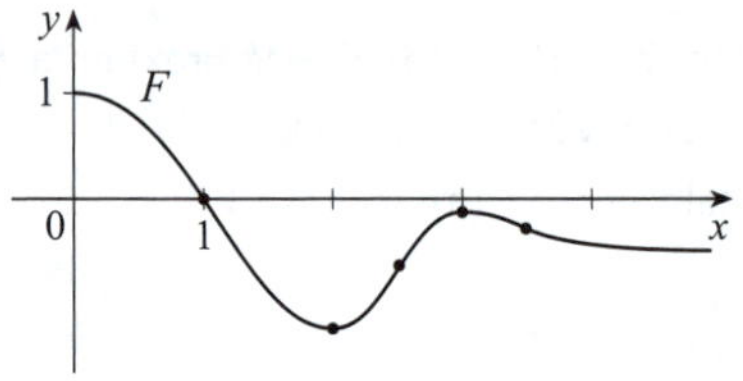

61. 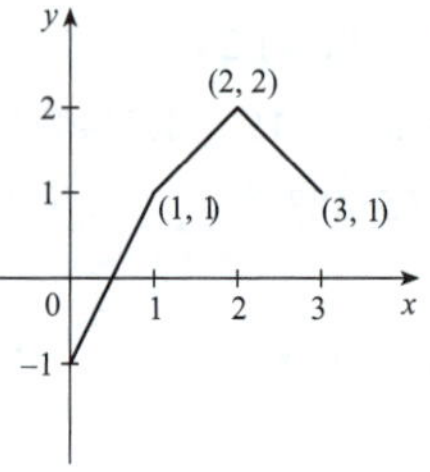 **63.**

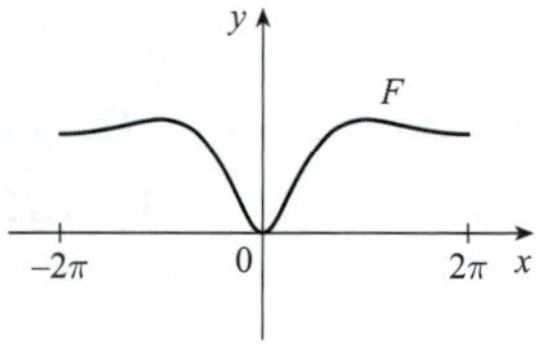

65. $s(t) = 2\,\text{sen}\,t - 4\cos t + 7$

67. $s(t) = \tfrac{1}{3}t^3 + \tfrac{1}{2}t^2 - 2t + 3$

69. $s(t) = -\text{sen}\,t + \cos t + \dfrac{8}{\pi}t - 1$

71. (a) $s(t) = 450 - 4{,}9t^2$ (b) $\sqrt{450/4{,}9} \approx 9{,}58$ s

(c) $-9{,}8\sqrt{450/4{,}9} \approx -93{,}9$ m/s   (d) Cerca de 9,09 s

75. 81,6 m **77.** \$ 742,08 **79.** $\tfrac{130}{11} \approx 11{,}8$ s

81. 1,79 m/s² **83.** 62.500 km/h² ≈ 4,82 m/s²

85. (a) 101,0 km (b) 87,7 km (c) 21 min 50 s
(d) 172 km

CAPÍTULO 4 REVISÃO

Testes Verdadeiro-Falso

1. Falso **3.** Falso **5.** Verdadeiro
7. Falso **9.** Verdadeiro **11.** Verdadeiro
13. Falso **15.** Verdadeiro **17.** Verdadeiro
19. Verdadeiro **21.** Falso

Exercícios

1. Máx. abs. $f(2) = f(5) = 18$, mín. abs. $f(0) = -2$,
máx. local $f(2) = 18$, mín. local $f(4) = 14$

3. Máx. abs. $f(2) = \tfrac{2}{5}$, mín. abs. e local $f(-\tfrac{1}{3}) = -\tfrac{9}{2}$

5. Máx. abs. e local $f(\pi/6) = \pi/6 + \sqrt{3}$,
mín. abs. $f(-\pi) = -\pi - 2$, mín. local $f(5\pi/6) = 5\pi/6 - \sqrt{3}$

7. 1 **9.** 4 **11.** 0 **13.** $\tfrac{1}{2}$

15.

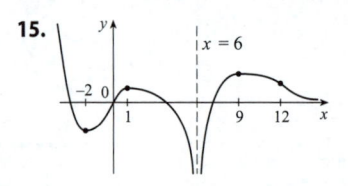

17.

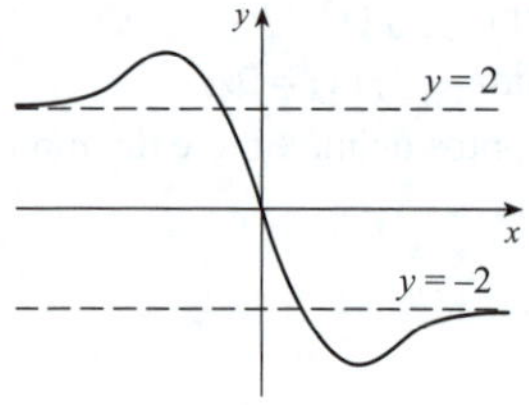

19. A. $\mathbb{R}$ B. int. y 2
C. Nenhuma D. Nenhuma
E. Decres. em $(-\infty, \infty)$
F. Nenhum
G. CC em $(-\infty, 0)$;
CB em $(0, \infty)$; PI $(0, 2)$
H. Veja o gráfico à direita.

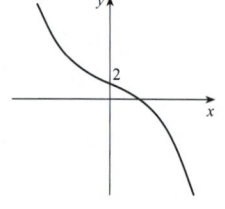

21. A. $\mathbb{R}$ B. int. y 2
C. Nenhuma D. Nenhuma
E. Cres. em $(1, \infty)$;
decres. em $(-\infty, 1)$
F. Mín. local $f(1) = 1$
G. CC em $(-\infty, 0)$, $(\tfrac{2}{3}, \infty)$;
CB em $(0, \tfrac{2}{3})$;
PIs $(0, 2)$, $(\tfrac{2}{3}, \tfrac{38}{27})$
H. Veja o gráfico à direita.

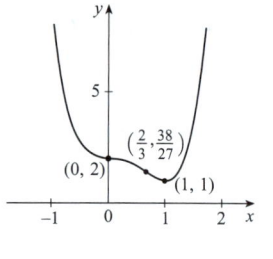

23. A. $(-\infty, 0) \cup (0, 3) \cup (3, \infty)$
B. Nenhum C. Nenhuma
D. AH $y = 0$; AV $x = 0$, $x = 3$
E. Cres. em $(1, 3)$;
decres. em $(-\infty, 0)$, $(0, 1)$, $(3, \infty)$
F. Mín. local $f(1) = \tfrac{1}{4}$
G. CC em $(0, 3)$, $(3, \infty)$;
CB em $(-\infty, 0)$
H. Veja o gráfico à direita.

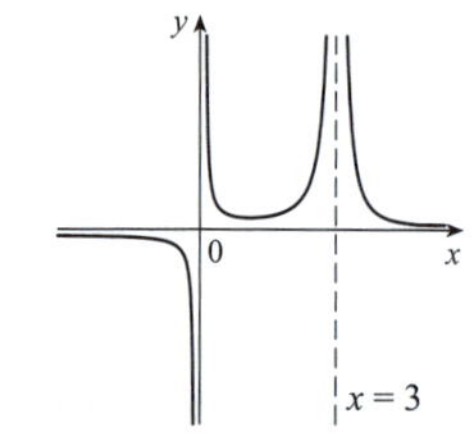

25. A. $(-\infty, 0) \cup (0, \infty)$
B. Int. x 1 C. Nenhuma
D. AV $x = 0$; AO $y = x - 3$
E. Cres. em $(-\infty, -2)$, $(0, \infty)$;
decres. em $(-2, 0)$
F. Máx. local $f(-2) = -\tfrac{27}{4}$
G. CC em $(1, \infty)$;
CB em $(-\infty, 0)$, $(0, 1)$;
PI $(1, 0)$
H. Veja o gráfico à direita.

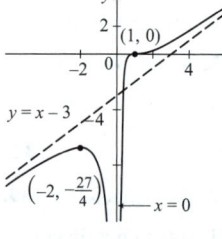

27. A. $[-2, \infty)$
B. Int. y 0; int. x −2, 0
C. Nenhuma D. Nenhuma
E. Cres. em $(-\tfrac{4}{3}, \infty)$;
decres. em $(-2, -\tfrac{4}{3})$
F. Mín. local $f(-\tfrac{4}{3}) = -\tfrac{4}{9}\sqrt{6}$
G. CC em $(-2, \infty)$
H. Veja o gráfico à direita.

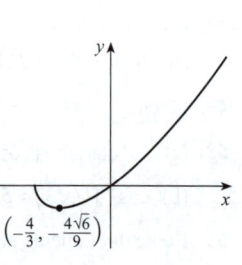

29. A. $[-\pi, \pi]$ B. int. y 0; int. x $-\pi$, 0, π
C. Nenhuma D. Nenhuma
E. Cres. em $(-\pi/4, 3\pi/4)$; decres. em $(-\pi, -\pi/4)$, $(3\pi/4, \pi)$
F. Máx. local $f(3\pi/4) = \tfrac{1}{2}\sqrt{2}\,e^{3\pi/4}$,

mín. local $f(-\pi/4) = -\frac{1}{2}\sqrt{2}\,e^{-\pi/4}$
G. CC em $(-\pi/2, \pi/2)$; CB em $(-\pi, -\pi/2), (\pi/2, \pi)$;
PIs $(-\pi/2, -e^{-\pi/2}), (\pi/2, e^{\pi/2})$

H.

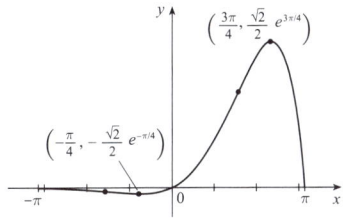

31. A. $(-\infty, -1) \cup [1, \infty)$
B. Nenhuma
C. Em relação a $(0, 0)$
D. AH $y = 0$
E. Decres. em $(-\infty, -1)$, $(1, \infty)$
F. Nenhum
G. CC em $(1, \infty)$; CB em $(-\infty, -1)$
H. Veja o gráfico à direita.

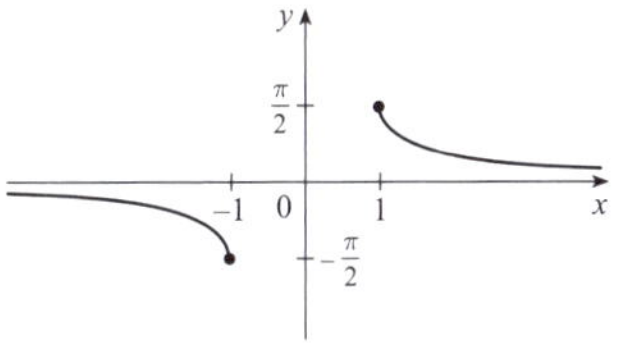

33. A. $\mathbb{R}$
B. Int. y –2; int. x 2
C. Nenhuma D. AH $y = 0$
E. Cres. em $(-\infty, 3)$; decres. em $(3, \infty)$
F. Máx. local $f(3) = e^{-3}$
G. CC em $(4, \infty)$; CB em $(-\infty, 4)$; PI $(4, 2e^{-4})$
H. Veja o gráfico à direita.

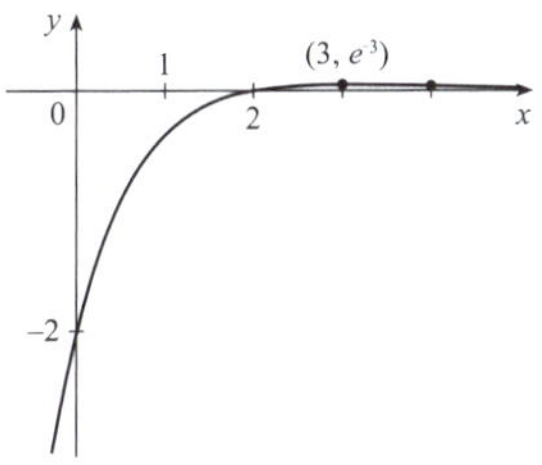

35. Cres. em $\left(-\sqrt{3}, 0\right), \left(0, \sqrt{3}\right)$;
decres. em $\left(-\infty, -\sqrt{3}\right), \left(\sqrt{3}, \infty\right)$;
máx. local $f\left(\sqrt{3}\right) = \frac{2}{9}\sqrt{3}$,
mín. local $f\left(-\sqrt{3}\right) = -\frac{2}{9}\sqrt{3}$;
CC em $\left(-\sqrt{6}, 0\right), \left(\sqrt{6}, \infty\right)$;
CB em $\left(-\infty, -\sqrt{6}\right), \left(0, \sqrt{6}\right)$;
PIs $\left(\sqrt{6}, \frac{5}{36}\sqrt{6}\right), \left(-\sqrt{6}, -\frac{5}{36}\sqrt{6}\right)$

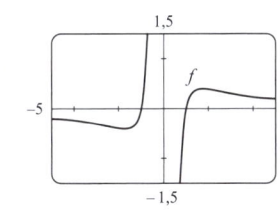

37. Cres. em $(-0{,}23, 0), (1{,}62, \infty)$; decres. em $(-\infty, -0{,}23), (0, 1{,}62)$;
máx. local $f(0) = 2$; mín. local $f(-0{,}23) \approx 1{,}96, f(1{,}62) \approx -19{,}2$;
CC em $(-\infty, -0{,}12), (1{,}24, \infty)$;
CB em $(-0{,}12, 1{,}24)$; PIs $(-0{,}12, 1{,}98), (1{,}24, -12{,}1)$

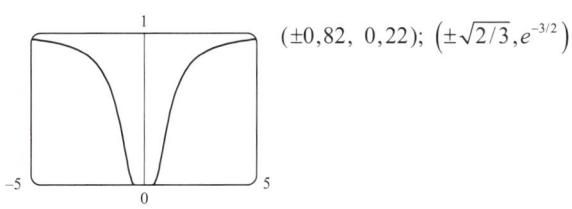

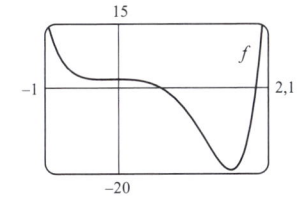

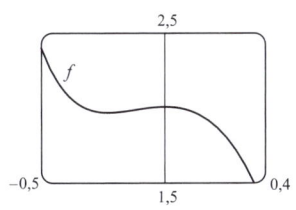

39. $(\pm 0{,}82,\ 0{,}22);\ \left(\pm\sqrt{2/3}, e^{-3/2}\right)$

41. Máx. local em $x \approx -2{,}96, -0{,}18, 3{,}01$;
mín. local em $x \approx -1{,}57, 1{,}57$; PI em $x \approx -2{,}16, -0{,}75, 0{,}46, 2{,}21$

43. Para $c > -1$, f é periódica com período 2π e tem máximos locais em $2n\pi + \pi/2$, n um inteiro. Para $c \le -1$, f não tem gráfico. Para $-1 < c \le 1$, f tem assíntotas verticais. Para $c > 1$, f é contínua em $\mathbb{R}$. À medida que c cresce, f move-se para cima e suas oscilações tornam-se menos pronunciadas.

49. (a) 0   (b) CC em $\mathbb{R}$ **53.** $3\sqrt{3}r^2$
55. $4/\sqrt{3}$ cm de D **57.** $L = C$ **59.** \$ 11,50
61. 1,297383   **63.** 1,16718557
65. $F(x) = \frac{8}{3}x^{3/2} - 2x^3 + 3x + C$
67. $F(t) = -2\cos t - 3e^t + C$
69. $f(t) = t^2 + 3\cos t + 2$
71. $f(x) = \frac{1}{2}x^2 - x^3 + 4x^4 + 2x + 1$
73. $s(t) = t^2 - \operatorname{tg}^{-1}t + 1$
75. (b) $0{,}1e^x - \cos x + 0{,}9$
(c)

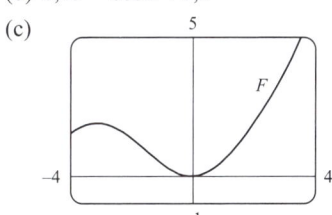

77. Não
79. (b) Cerca de 25,44 cm por 5,96 cm
(c) $2\sqrt{300}$ cm por $2\sqrt{600}$ cm
85. $\operatorname{tg}^{-1}\left(-\dfrac{2}{\pi}\right) + 180° \approx 147{,}5°$
87. (a) $10\sqrt{2} \approx 14$ m
(b) $\dfrac{dI}{dt} = \dfrac{-60k(h-1)}{[(h-1)^2 + 400]^{-5/2}}$, em que k é a constante de proporcionalidade

PROBLEMAS QUENTES

3. Máx. abs $f(-5) = e^{45}$, sem abs. mín.   **7.** 24
9. $(-2, 4), (2, -4)$ **13.** $(1 + \sqrt{5})/2$ **15.** $(m/2, m^2/4)$
17. $a \le e^{1/e}$
21. (a) $T_1 = D/c_1$, $T_2 = (2h\sec\theta)/c_1 + (D - 2h\operatorname{tg}\theta)/c_2$,
$T_3 = \sqrt{4h^2 + D^2}/c_1$
(c) $c_1 \approx 3{,}85$ km/s, $c_2 \approx 7{,}66$ km/s, $h \approx 0{,}42$ km
25. $3/\left(\sqrt[3]{2} - 1\right) \approx 11\tfrac{1}{2}$ h

CAPÍTULO 5

EXERCÍCIOS 5.1

1. (a) Inferior ≈ 12, superior ≈ 22

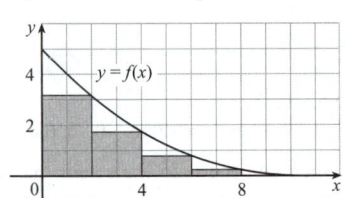

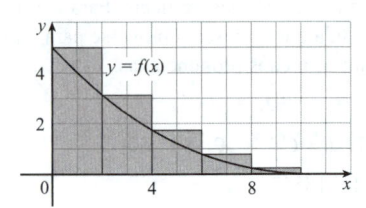

(b) Inferior ≈ 14,4, superior ≈ 19,4

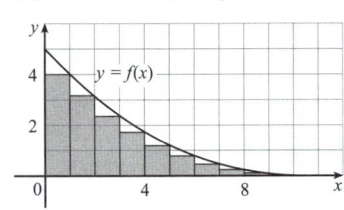

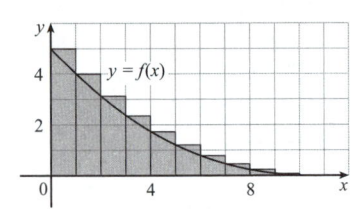

3. (a) 0,6345, subestimativa 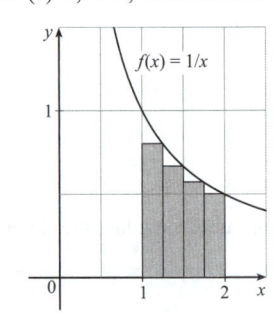   (b) 0,7595, superestimativa

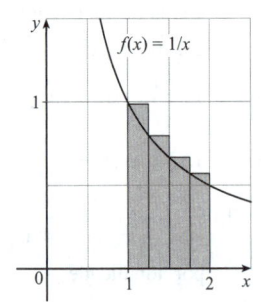

5. (a) 8, 6,875 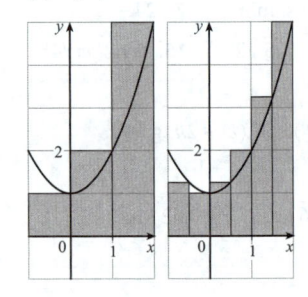   (b) 5, 5,375

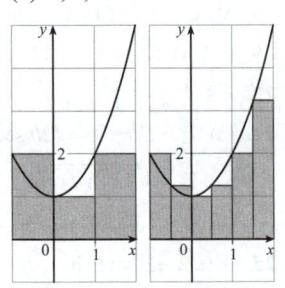

(c) 5,75, 5,9375

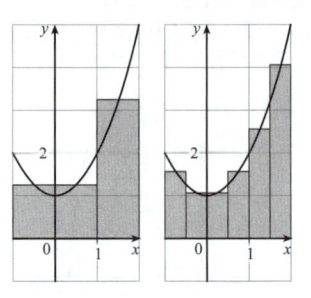

(d) M_6

7. $n = 2$: superior = 24, inferior = 8

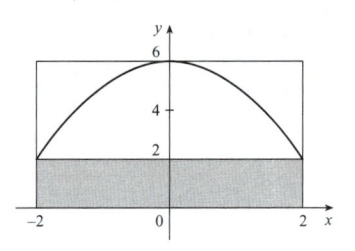

$n = 4$: superior = 22, inferior = 14

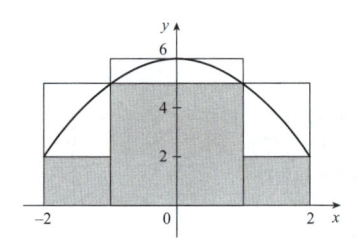

$n = 8$: superior = 20,5, inferior = 16,5

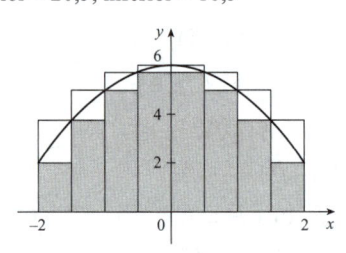

9. 10,55 m, 13,65 m   **11.** 63,2 L, 70 L   **13.** 39 m

15. 7.840   **17.** $\lim_{n \to \infty} \sum_{i=1}^{n} \left[2 + \text{sen}^2\, (\pi i/n) \right] \cdot \dfrac{\pi}{n}$

19. $\lim_{n \to \infty} \sum_{i=1}^{n} (1 + 4i/n) \sqrt{(1 + 4i/n)^3 + 8} \cdot \dfrac{4}{n}$

21. A região sob o gráfico de $y = \dfrac{1}{1+x}$ entre 0 e 2

23. A região sob o gráfico de $y = \text{tg}\, x$ entre 0 e $\pi/4$

25. (a) $L_n < A < R_n$

27. 0,2533, 0,2170, 0,2101, 0,2050; 0,2

29. (a) Esquerda: 0,8100; 0,7937; 0,7904; direita: 0,7600; 0,7770; 0,7804

(b)

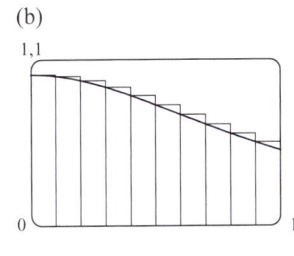

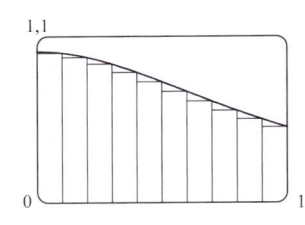

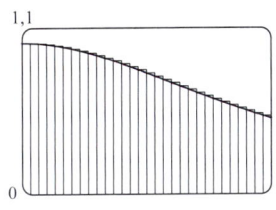

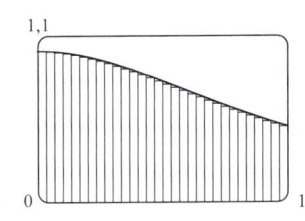

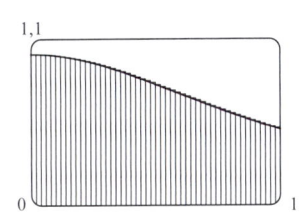

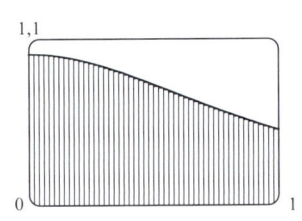

31. (a) $\lim_{n\to\infty} \dfrac{64}{n^6} \sum_{i=1}^{n} i^5$ (b) $\dfrac{n^2(n+1)^2(2n^2+2n-1)}{12}$

(c) $\dfrac{32}{3}$

33. sen b, 1

EXERCÍCIOS 5.2

1. -10

A soma de Riemann representa a soma das áreas dos dois retângulos acima do eixo x menos a soma das áreas dos três retângulos abaixo do eixo x; isto é, a área líquida dos retângulos com relação ao eixo x.

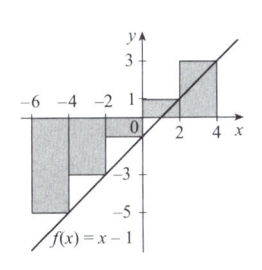

3. $-\dfrac{49}{16}$

A soma de Riemann representa a soma das áreas dos dois retângulos acima do eixo x menos a soma das áreas de quatro retângulos abaixo do eixo x.

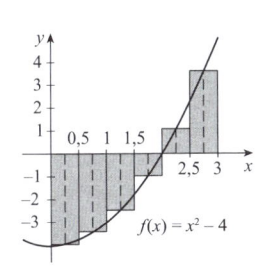

5. (a) 4 (b) 2 (c) 6

7. Inferior $= -64$; superior $= 16$ **9.** 168

11. 10,2857 **13.** 0,3186 **15.** 0,3181, 0,3180

17.

n	R_n
5	1,933766
10	1,983524
50	1,999342
100	1,999836

Os valores de R_n parecem estar se aproximando de 2.

19. $\int_0^1 \dfrac{e^x}{1+x} dx$ **21.** $\int_2^7 (5x^3 - 4x) dx$

23. $-\dfrac{40}{3}$ **25.** $\lim_{n\to\infty} \sum_{i=1}^{n} \sqrt{4 + (1+2i/n)} \cdot \dfrac{2}{n}$

27. 6 **29.** $\dfrac{57}{2}$ **31.** 208 **33.** $-\dfrac{3}{4}$

35. (a) 4 (b) 10 (c) -3 (d) 0 (e) 6 (f) -4

37. (a) 18

39. (a) -48 (b) (c) -40

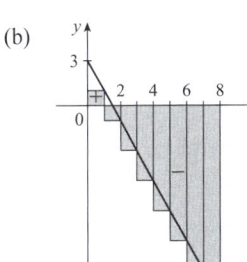

41. $\dfrac{35}{2}$ **43.** $\dfrac{25}{4}$ **45.** $3 + \dfrac{9}{4}\pi$

49. $\lim_{n\to\infty} \sum_{i=1}^{n} \left(\operatorname{sen}\dfrac{5\pi i}{n}\right)\dfrac{\pi}{n} = \dfrac{2}{5}$ **51.** 0 **53.** 3

55. $e^5 - e^3$ **57.** $\int_{-1}^{5} f(x)\, dx$ **59.** 122

61. B < E < A < D < C **63.** 15

69. $0 \le \int_0^1 x^3\, dx \le 1$ **71.** $\dfrac{\pi}{12} \le \int_{\pi/4}^{\pi/3} \operatorname{tg} x\, dx \le \dfrac{\pi}{12}\sqrt{3}$

73. $0 \le \int_0^2 xe^{-x}\, dx \le 2/e$ **77.** $\int_1^2 \operatorname{arctg} x\, dx$

83. $\int_0^1 x^4\, dx$ **85.** $\dfrac{1}{2}$

EXERCÍCIOS 5.3

1. Um processo desfaz o que o outro faz. Veja o Teorema Fundamental do Cálculo.

3. (a) 0, 2, 5, 7, 3 (b) (0, 3) (c) $x = 3$

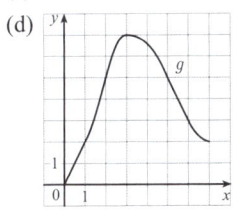

(d)

5. (a) $g(x) = 3x$

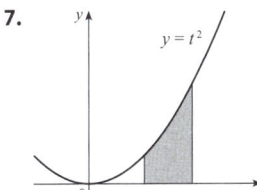

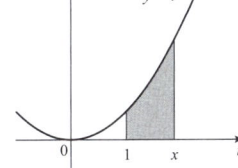

7. (a), (b) x^2

9. $g'(x) = \sqrt{x + x^3}$ **11.** $g'(w) = \operatorname{sen}(1 + w^3)$

13. $F'(x) = -\sqrt{1 + \sec x}$ **15.** $h'(x) = xe^x$

17. $y' = \dfrac{3(3x+2)}{1 + (3x+2)^3}$ **19.** $y' = -\dfrac{1}{2}\operatorname{tg}\sqrt{x}$

21. 3,75

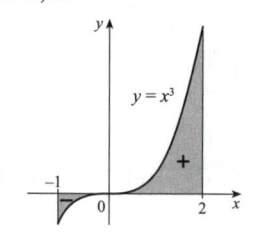

23. −2

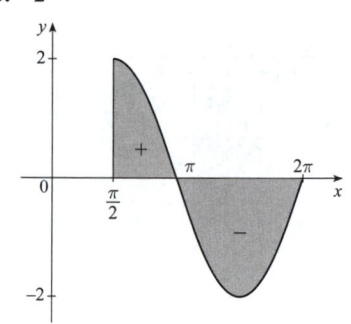

25. $\frac{26}{3}$ **27.** 2 **29.** $\frac{52}{3}$ **31.** $\frac{512}{15}$ **33.** −1

35. $-\frac{37}{6}$ **37.** $\frac{82}{5}$ **39.** $8 + \ln 3$ **41.** 1

43. $\frac{15}{4}$ **45.** $\ln 2 + 7$ **47.** $\frac{1}{e+1} + e - 1$

49. $4\pi/3$ **51.** $\frac{15}{\ln 2}$ **53.** 0 **55.** $\frac{16}{3}$

57. $\frac{32}{3}$ **59.** $\frac{243}{4}$ **61.** 2

63. A função $f(x) = x^{-4}$ não é contínua no intervalo $[-2, 1]$, de modo que não é possível aplicar o TFC2.

65. A função $f(\theta) = \sec\theta\,\text{tg}\,\theta$ não é contínua no intervalo $[\pi/3, \pi]$, de modo que não é possível aplicar o TFC2.

67. $g'(x) = \dfrac{-2(4x^2-1)}{4x^2+1} + \dfrac{3(9x^2-1)}{9x^2+1}$

69. $F'(x) = 2xe^{x^4} - e^{x^2}$

71. $y' = \text{sen}\,x \ln(1 + 2\cos x) + \cos x \ln(1 + 2\,\text{sen}\,x)$

73. $(-4, 0)$ **75.** $y = e^4 x - 2e^4$ **77.** 1 **79.** 29

81. (a) $-2\sqrt{n}, \sqrt{4n-2}$, n um inteiro > 0
 (b) $(0, 1), (-\sqrt{4n-1}, -\sqrt{4n-3})$, e $(\sqrt{4n-1}, \sqrt{4n+1})$, n um inteiro > 0
 (c) 0,74

83. (a) Máx. local em 1 e 5; mín. local em 3 e 7
 (b) $x = 9$
 (c) $(\frac{1}{2}, 2), (4, 6), (8, 9)$
 (d) Veja o gráfico à direita.

85. $\frac{7}{10}$

93. $f(x) = x^{3/2}$, $a = 9$

95. (b) Gasto médio sobre $[0, t]$; minimiza o gasto médio

EXERCÍCIOS 5.4

5. $x^3 + 2x^2 + x + C$ **7.** $\frac{1}{2}x^2 + \text{sen}\,x + C$

9. $\frac{1}{2,3}x^{2,3} + 2x^{3,5} + C$ **11.** $5x + \frac{2}{9}x^3 + \frac{3}{16}x^4 + C$

13. $\frac{2}{3}u^3 + \frac{9}{2}u^2 + 4u + C$ **15.** $\ln|x| + 2\sqrt{x} + x + C$

17. $e^x + \ln|x| + C$ **19.** $-\cos x + \cosh x + C$

21. $\theta + \text{tg}\,\theta + C$ **23.** $-3\cotg t + C$

25. $\text{sen}\,x + \frac{1}{4}x^2 + C$

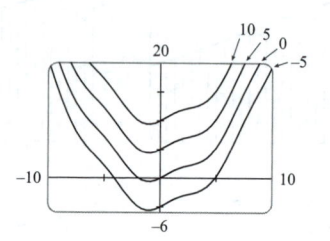

27. $-\frac{10}{3}$ **29.** 505,5 **31.** −2 **33.** $20 + \ln 3$

35. 36 **37.** $8/\sqrt{3}$ **39.** $\frac{55}{63}$ **41.** $\frac{3}{4} - 2\ln 2$

43. $2\,\text{senh}\,2$ **45.** $+1\,\pi/4$ **47.** $4\sqrt{3} - 6$

49. $\pi/3$ **51.** $\pi/6$ **53.** −3,5 **55.** $\approx 1{,}36$ **57.** $\frac{4}{3}$

59. O aumento no peso da criança (em quilogramas) entre 5 e 10 anos

61. Número de litros de óleo vazado nas primeiras 2 horas (120 minutos)

63. Aumento na receita quando a produção aumenta de 1.000 para 5.000 unidades

65. Número total de batimentos cardíacos nos primeiros 30 minutos de exercício

67. Newton-metros (ou joules) **69.** (a) $-\frac{3}{2}$ m (b) $\frac{41}{6}$ m

71. (a) $v(t) = \frac{1}{2}t^2 + 4t + 5$ m/s (b) $416\frac{2}{3}$ m

73. $46\frac{2}{3}$ kg **75.** 2,3 km **77.** $ 58.000

79. 12,1 m/s

81. 5.443 bactéria **83.** 332,6 gigawatt-horas

EXERCÍCIOS 5.5

1. $\frac{1}{2}\text{sen}\,2x + C$ **3.** $\frac{2}{9}(x^3+1)^{3/2} + C$

5. $\frac{1}{4}\ln|x^4-5| + C$ **7.** $2\,\text{sen}\sqrt{t} + C$

9. $-\frac{1}{3}(1-x^2)^{3/2} + C$ **11.** $-\frac{1}{4}e^{-t^4} + C$

13. $-(3/\pi)\cos(\pi t/3) + C$ **15.** $\frac{1}{4}\ln|4x+7| + C$

17. $\ln|1 + \text{sen}\,\theta| + C$ **19.** $-\frac{1}{4}\cos^4\theta + C$

21. $\dfrac{1}{1-e^u} + C$ **23.** $\frac{2}{3}\sqrt{3ax+bx^3} + C$

25. $\frac{1}{3}(\ln x)^3 + C$ **27.** $\frac{1}{4}\text{tg}^4\theta + C$

29. $\dfrac{1}{12}\left(x^2 + \dfrac{2}{x}\right)^6 + C$ **31.** $\dfrac{2}{15}(2+3e^r)^{5/2} + C$

33. $\ln|\text{tg}\,\theta| + C$ **35.** $\frac{1}{3}(\arctg x)^3 + C$

37. $-\dfrac{1}{\ln 5}\cos(5^t) + C$ **39.** $\frac{1}{5}\text{sen}(1 + 5t) + C$

41. $-\frac{2}{3}(\cotg x)^{3/2} + C$ **43.** $\frac{1}{3}\senh^3 x + C$

45. $-\ln(1 + \cos^2 x) + C$ **47.** $\ln|\sen x| + C$

49. $\ln|\sen^{-1} x| + C$ **51.** $\tg^{-1} x + \frac{1}{2}\ln(1 + x^2) + C$

53. $\frac{1}{40}(2x + 5)^{10} - \frac{5}{36}(2x + 5)^9 + C$

55. $\frac{1}{8}(x^2 - 1)^4 + C$ **57.** $-e^{\cos x} + C$

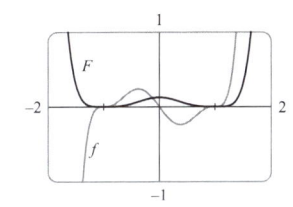

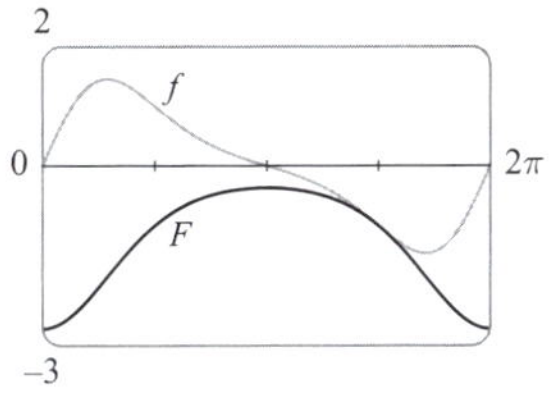

59. $2/\pi$ **61.** $\frac{45}{28}$ **63.** $2/\sqrt{3} - 1$ **65.** $e - \sqrt{e}$

67. 0   **69.** 3   **71.** $\frac{1}{3}(2/\sqrt{2} - 1)a^3$ **73.** $\frac{16}{15}$ **75.** 2

77. $\ln(e + 1)$ **79.** $\frac{1}{6}$ **81.** $\sqrt{3} - \frac{1}{3}$ **83.** 6π

85. Todas as três áreas são iguais.   **87.** ≈ 4.512 L

89. $\frac{5}{4\pi}\left(1 - \cos\frac{2\pi t}{5}\right)$ L

91. $C_0(1 - e^{-30\,r/V})$; a quantidade total de ureia removida do sangue nos primeiros 30 minutos do tratamento por diálise.

93. 5   **95.** $\pi^2/4$

CAPÍTULO 5 REVISÃO

Testes Verdadeiro-Falso

1. Verdadeiro   **3.** Verdadeiro   **5.** Falso   **7.** Verdadeiro

9. Falso   **11.** Verdadeiro   **13.** Falso   **15.** Verdadeiro

17. Falso   **19.** Falso

Exercícios

1. (a) 8   (b) 5,7

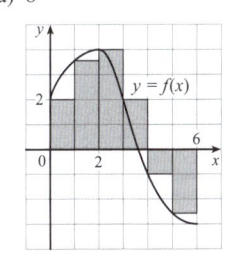

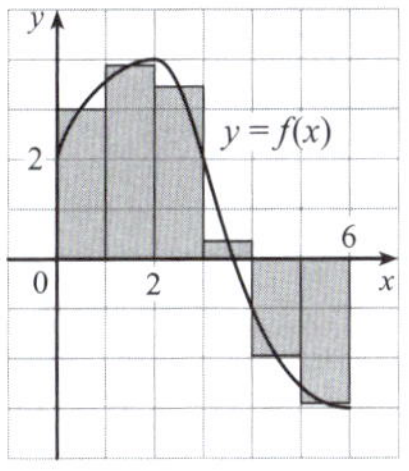

3. $\frac{1}{2} + \pi/4$ **5.** 3   **7.** f é c, f' é b, $\int_0^x f(t)\,dt$ é a.

9. 3, 0   **11.** $-\frac{13}{6}$ **13.** $\frac{9}{10}$ **15.** -76 **17.** $\frac{21}{4}$

19. Não existe   **21.** $\frac{1}{3}\sen 1$ **23.** 0

25. $\frac{1}{2}\ln(x^2 + 1) + C$ **27.** $\sqrt{x^2 + 4x} + C$

29. $[1/(2\pi)]\sen^2 \pi t + C$ **31.** $2e^{\sqrt{x}} + C$

33. $-\frac{1}{2}[\ln(\cos x)]^2 + C$ **35.** $\frac{1}{4}\ln(1 + x^4) + C$

37. $\ln|1 + \sec\theta| + C$ **39.** $-\frac{3}{5}(1-x)^{5/3} + \frac{3}{8}(1-x)^{8/3} + C$

41. $\frac{23}{3}$ **43.** $2\sqrt{1 + \sen x} + C$ **45.** $\frac{64}{5}$ **47.** $\frac{124}{3}$

49. (a) 2   (b) 6   **51.** $F'(x) = x^2/(1 + x^3)$

53. $g'(x) = 4x^3\cos(x^8)$ **55.** $y' = \left(2e^x - e^{\sqrt{x}}\right)/(2x)$

57. $4 \leq \int_1^3 \sqrt{x^2 + 3}\,dx \leq 4\sqrt{3}$ **63.** 0,2810

65. Número de barris de óleo consumidos de 1º de janeiro de 2015, a 1º de janeiro de 2020

67. 72.400   **69.** 3   **71.** $c \approx 1,62$

73. $f(x) = e^{2x}(2x - 1)/(1 - e^{-x})$

PROBLEMAS QUENTES

1. $\pi/2$ **3.** $2k$ **5.** -1 **7.** e^{-2} **9.** $[-1, 2]$

11. (a) $\frac{1}{2}(n - 1)n$

(b) $\frac{1}{2}[\![b]\!](2b - [\![b]\!] - 1) - \frac{1}{2}[\![a]\!](2a - [\![a]\!] - 1)$

17. $y = -\frac{2b}{a^2}x^2 + \frac{3b}{a}x$ **19.** $2(\sqrt{2} - 1)$

CAPÍTULO 6

EXERCÍCIOS 6.1

1. (a) $\int_0^2 (2x - x^2)\,dx$ (b) $\frac{4}{3}$

3. (a) $\int_{-1}^1 (e^y - y^2 + 2)\,dy$ (b) $e - (1/e) + \frac{10}{3}$

5. 8   **7.** $\int_0^1 (3^x - 2^x)\,dx$ **9.** $\int_1^2 (-x^2 + 3x - 2)\,dx$

11. $\frac{23}{6}$ **13.** $\ln 2 - \frac{1}{2}$ **15.** $\frac{9}{2}$ **17.** $\frac{8}{3}$ **19.** 72

21. $\frac{32}{3}$ **23.** 4   **25.** 9   **27.** $\frac{1}{2}$ **29.** $6\sqrt{3}$

31. $\frac{13}{5}$ **33.** $(4/\pi) - \frac{1}{2}$ **35.** $\ln 2$

37. (a) 39   (b) 15   **39.** $\frac{1}{6}\ln 2$ **41.** $\frac{5}{2}$

43. $\frac{3}{2}\sqrt{3} - 1$ **45.** 0, 0,896; 0,037

47. $-1,11$, 1,25, 2,86; 8,38   **49.** 2,80123   **51.** 0,25142

53. $12\sqrt{6} - 9$ **55.** 36 m   **57.** 4.232 cm^2

59. (a) Décimo segundo ($t \approx 11,26$)
(b) Décimo oitavo ($t \approx 17,18$)
(c) 706 (células/mL) · dias

61. (a) Carro A
(b) A distância em que A está à frente de B após 1 minuto
(c) Carro A   (d) $t \approx 2,2$ min

63. $\frac{24}{5}\sqrt{3}$ **65.** $4^{2/3}$ **67.** ± 6 **69.** $\frac{32}{27}$

EXERCÍCIOS 6.2

1. (a)

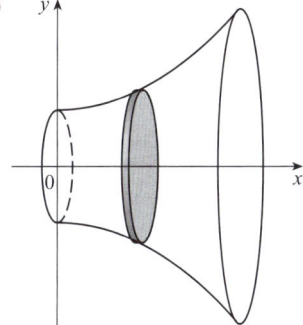

(b) $\int_0^3 \pi(x^4 + 10x^2 + 25)\,dx$ (c) $1.068\pi/5$

3. (a)

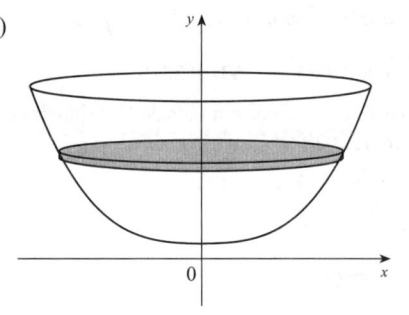

(b) $\int_1^9 \pi(y-1)^{2/3}\,dy$ (c) $96\pi/5$

5. $\int_1^3 \pi(\ln x)^2\,dx$ **7.** $\int_0^2 \pi(8y - y^4)\,dy$

9. $\int_0^\pi \pi[(2 + \operatorname{sen} x)^2 - 4]\,dx$

11. $26\pi/3$

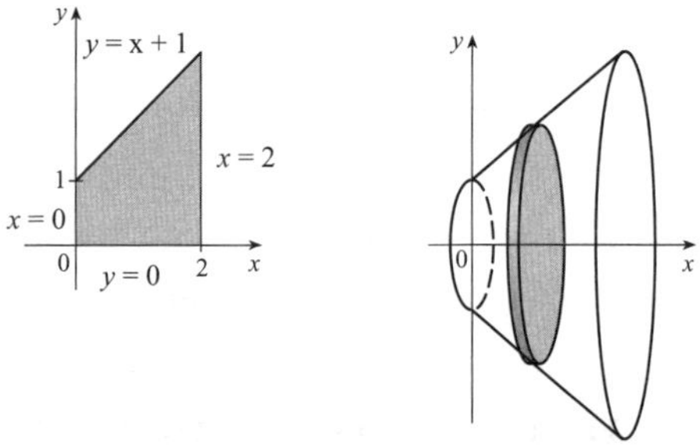

13. 8π

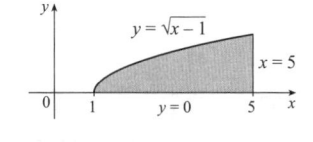

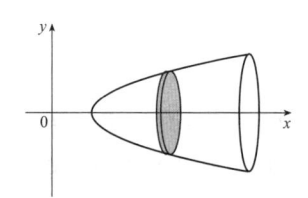

15. 162π

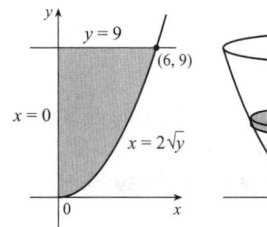

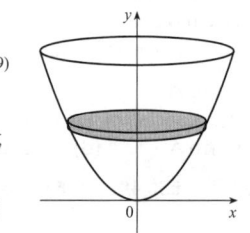

17. $8\pi/3$

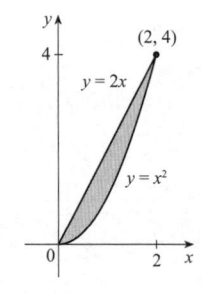

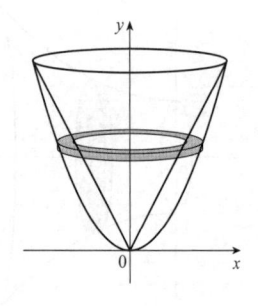

19. $5\pi/14$

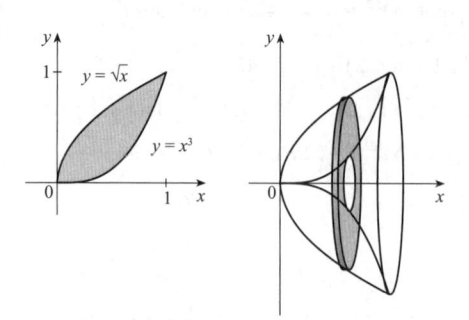

21. $11\pi/30$

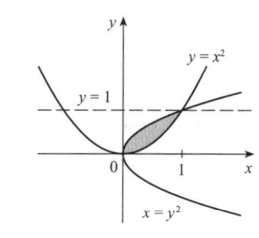

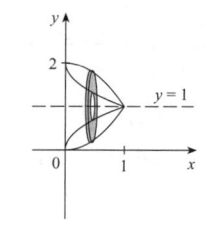

23. $2\pi\left(\frac{4}{3}\pi - \sqrt{3}\right)$

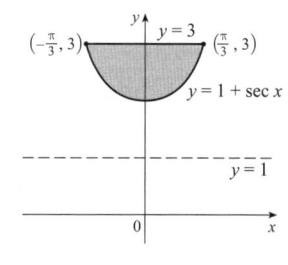

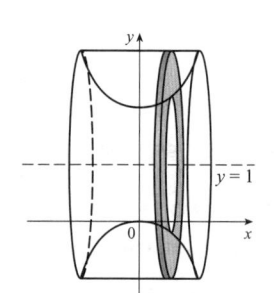

25. $3\pi/5$

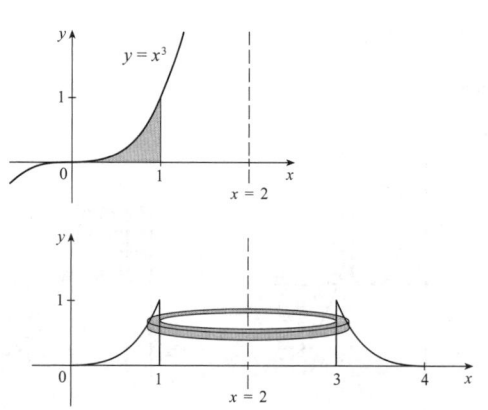

27. $10\sqrt{2}\,\pi/3$

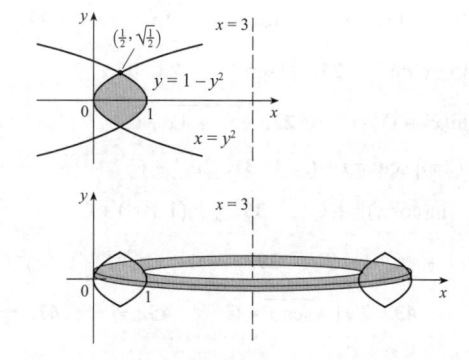

29. $\pi/3$ **31.** $\pi/3$ **33.** $\pi/3$
35. $13\pi/45$ **37.** $\pi/3$ **39.** $17\pi/45$
41. (a) $2\pi \int_0^1 e^{-2x^2} dx \approx 3{,}75825$
  (b) $2\pi \int_0^1 (e^{-2x^2} + 2e^{-x^2}) dx \approx 13{,}14312$
43. (a) $2\pi \int_0^2 8\sqrt{1 - x^2/4}\, dx \approx 78{,}95684$
  (b) $2\pi \int_0^1 8\sqrt{4 - 4y^2}\, dy \approx 78{,}95684$
45. $-4{,}091, -1{,}467, 1{,}091; 89{,}023$ **47.** $\frac{11}{8}\pi^2$
49. Sólido obtido pela rotação da região $0 \leq x \leq \pi/2$, $0 \leq y \leq \operatorname{sen} x$ em torno do eixo x
51. Sólido obtido pela rotação da região $0 \leq x \leq 1$, $x^3 \leq y \leq x^2$ em torno do eixo x
53. Sólido obtido pela rotação da região $0 \leq y \leq 4$, $0 \leq x \leq \sqrt{y}$ em torno do eixo y
55. 1.110 cm^3 **57.** (a) 196   (b) 838
59. $\frac{1}{3}\pi r^2 h$ **61.** $\pi h^2(r - \frac{1}{3}h)$ **63.** $\frac{2}{3}b^2 h$
65. 10 cm^3 **67.** 24   **69.** $\frac{1}{3}$ **71.** $\frac{8}{15}$ **73.** $4\pi/15$
75. (a) $8\pi R \int_0^r \sqrt{r^2 - y^2}\, dy$ (b) $2\pi^2 r^2 R$
77. $\int_0^4 \frac{2}{\sqrt{3}} y \sqrt{16 - y^2}\, dy = \frac{128}{3\sqrt{3}}$ **81.** $\frac{5}{12}\pi r^3$
83. $8 \int_0^r \sqrt{R^2 - y^2}\sqrt{r^2 - y^2}\, dy$
87. (a) $93\pi/5$ (d) $\sqrt[3]{25.000/(93\pi)} \approx 4{,}41$

EXERCÍCIOS 6.3

1. Circunferência $= 2\pi x$, altura $= x(x-1)^2$; $\pi/15$

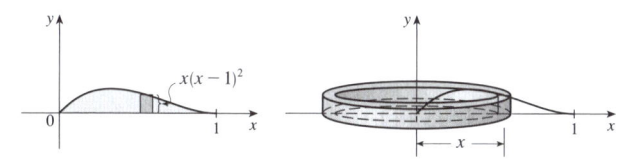

3. (a) $\int_0^{\sqrt{\pi/2}} 2\pi x \cos(x^2)\, dx$ (b) π **5.** $\int_1^2 2\pi x \ln x\, dx$
7. $\int_0^{\pi/2} 2\pi(3-y)\operatorname{sen} y\, dy$ **9.** $128\pi/5$ **11.** 6π
13. $\frac{2}{3}\pi(27 - 5\sqrt{5})$ **15.** 4π **17.** 192π **19.** $16\pi/3$
21. $384\pi/5$
23. (a)

  (b) $\int_0^4 2\pi(x+2)(4x - x^2)\, dx$ (c) $256\pi/3$
25. $264\pi/5$ **27.** $8\pi/3$ **29.** $13\pi/3$
31. (a) $2\pi \int_0^2 x^2 e^{-x}\, dx$ (b) $4{,}06300$
33. (a) $4\pi \int_{-\pi/2}^{\pi/2} (\pi - x) \cos^4 x\, dx$ (b) $46{,}50942$
35. (a) $\int_0^\pi 2\pi(4 - y)\sqrt{\operatorname{sen} y}\, dy$ (b) $36{,}57476$ **37.** $3{,}68$

39. Sólido obtido pela rotação da região $0 \leq y \leq x^4$, $0 \leq x \leq 3$ em torno do eixo y
41. Sólido obtido (usando cascas) pela rotação da região $0 \leq x \leq 1/y^2$, $1 \leq y \leq 4$ em torno da reta $y = -2$
43. $0, 2{,}175; 14{,}450$ **45.** $\frac{1}{32}\pi^3$
47. (a) $\int_0^1 2\pi x\left(\frac{1}{1+x^2} - \frac{x}{2}\right) dx$ (b) $\pi(\ln 2 - \frac{1}{3})$
49. (a) $\int_0^\pi \pi \operatorname{sen} x\, dx$ (b) 2π
51. (a) $\int_0^{1/2} 2\pi(x+2)(x^2 - x^3)\, dx$ (b) $59\pi/480$
53. 8π **55.** $4\sqrt{3}\pi$ **57.** $4\pi/3$
59. $117\pi/5$ **61.** $\frac{4}{3}\pi r^3$ **63.** $\frac{1}{3}\pi r^2 h$

EXERCÍCIOS 6.4

1. 980 J   **3.** 4,5 J   **5.** 180 J   **7.** $\frac{81}{16}$ J
9. (a) $\frac{25}{24} \approx 1{,}04$ J   (b) 10,8 cm   **11.** $W_2 = 3W_1$
13. (a) $\frac{6{,}615}{8}$ J   (b) ≈ 620 J   **15.** $845{,}250$ J
17. 73,5 J   **19.** ≈ 3.857 J   **21.** 2.450 J
23. $\approx 1{,}06 \times 10^6$ J   **25.** ≈ 176.000 J
27. $\approx 2{,}0$ m   **33.** $\approx 32{,}14$ m/s
35. (a) $Gm_1 m_2 \left(\frac{1}{a} - \frac{1}{b}\right)$ (b) $\approx 8{,}50 \times 10^9$ J

EXERCÍCIOS 6.5

1. 7   **3.** $6/\pi$ **5.** $\frac{9}{2}\operatorname{tg}^{-1} 2$ **7.** $2/(5\pi)$
9. (a) $\frac{1}{3}$ (b) $\sqrt{3}$
  (c)

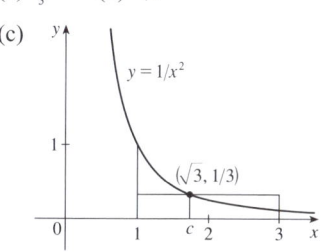

11. (a) $4/\pi$ (b) $\approx 1{,}24, 2{,}81$
  (c)

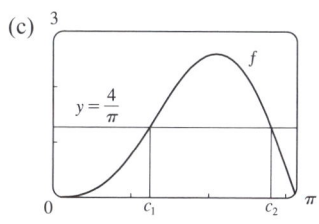

15. $\frac{9}{8}$ **17.** $(10 + 8/\pi)°C \approx 12{,}5°C$ **19.** 6 kg/m
21. Cerca de 4.056 milhões (ou 4 bilhões) de pessoas
23. $5/(4\pi) \approx 0{,}40$ L

CAPÍTULO 6 REVISÃO

Testes Verdadeiro-Falso

1. Falso   **3.** Falso   **5.** Verdadeiro   **7.** Falso
9. Verdadeiro   **11.** Verdadeiro

A92 CÁLCULO

Exercícios

1. $\frac{64}{3}$ 3. $\frac{7}{12}$ 5. $\frac{4}{3} + 4/\pi$ 7. $64\pi/15$ 9. $1.656\pi/5$

11. $\frac{4}{3}\pi(2ah + h^2)^{3/2}$ 13. $\int_{-\pi/3}^{\pi/3} 2\pi(\pi/2 - x)(\cos^2 x - \frac{1}{4})dx$

15. $189\pi/5$ 17. (a) $2\pi/15$ (b) $\pi/6$ (c) $8\pi/15$

19. (a) 0,38   (b) 0,87

21. Sólido obtido pela rotação da região $0 \le y \le \cos x$, $0 \le x \le \pi/2$ em torno do eixo y

23. Sólido obtido pela rotação da região $0 \le y \le 2 - \operatorname{sen} x$, $0 \le x \le \pi$ em torno do eixo x

25. 36   27. $\frac{125}{3}\sqrt{3}$ m³   29. 3,2 J

31. (a) 10.640 J   (b) 0,7 m

33. $4/\pi$ 35. (a) Não   (b) Sim   (c) Não   (d) Sim

PROBLEMAS QUENTES

1. $f(x) = \sqrt{2x/\pi}$ 3. $y = \frac{32}{9}x^2$ 7. $2/\sqrt{5}$

9. (a) $V = \int_0^h \pi [f(y)]^2\, dy$

   (c) $f(y) = \sqrt{kA/(\pi C)}\, y^{1/4}$. Vantagem: as marcas no frasco são igualmente espaçadas.

11. $b = 2a$ 13. $B = 16A$

CAPÍTULO 7

EXERCÍCIOS 7.1

1. $\frac{1}{2}xe^{2x} - \frac{1}{4}e^{2x} + C$ 3. $\frac{1}{4}x \operatorname{sen} 4x + \frac{1}{16}\cos 4x + C$

5. $\frac{1}{2}te^{2t} - \frac{1}{4}e^{2t} + C$ 7. $-\frac{1}{10}x\cos 10x + \frac{1}{100}\operatorname{sen} 10x + C$

9. $\frac{1}{2}w^2 \ln w - \frac{1}{4}w^2 + C$

11. $(x^2 + 2x)\operatorname{sen} x + (2x + 2)\cos x - 2\operatorname{sen} x + C$

13. $x\cos^{-1} x - \sqrt{1 - x^2} + C$ 15. $\frac{1}{5}t^5 \ln t - \frac{1}{25}t^5 + C$

17. $-t \operatorname{cotg} t + \ln|\operatorname{sen} t| + C$

19. $x(\ln x)^2 - 2x \ln x + 2x + C$

21. $\frac{1}{10}e^{3x} \operatorname{sen} x + \frac{3}{10}e^{3x} \cos x + C$

23. $\frac{1}{13}e^{2\theta}(2\operatorname{sen} 3\theta - 3\cos 3\theta) + C$

25. $z^3 e^z - 3z^2 e^z + 6ze^z - 6e^z + C$

27. $\frac{1}{3}x^2 e^{3x} - \frac{2}{9}xe^{3x} + \frac{11}{27}e^{3x} + C$ 29. $\dfrac{3}{\ln 3} - \dfrac{2}{(\ln 3)^2}$

31. $2\cosh 2 - \operatorname{senh} 2$ 33. $\frac{4}{5} - \frac{1}{5}\ln 5$ 35. $-\pi/4$

37. $2e^{-1} - 6e^{-5}$ 39. $\frac{1}{2}\ln 2 - \frac{1}{2}$

41. $-\frac{1}{2}(1 + \cosh \pi) = -\frac{1}{4}(2 + e^\pi + e^{-\pi})$

43. $2(\sqrt{x} - 1)e^{\sqrt{x}} + C$ 45. $-\frac{1}{2} - \pi/4$

47. $\frac{1}{2}(x^2 - 1)\ln(1 + x) - \frac{1}{4}x^2 + \frac{1}{2}x + \frac{3}{4} + C$

49. $-\frac{1}{2}xe^{-2x} - \frac{1}{4}e^{-2x} + C$

51. $\frac{1}{3}x^2(1 + x^2)^{3/2} - \frac{2}{15}(1 + x^2)^{5/2} + C$

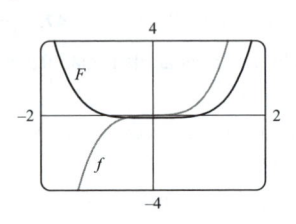

53. (b) $-\frac{1}{4}\cos x \operatorname{sen}^3 x + \frac{3}{8}x - \frac{3}{16}\operatorname{sen} 2x + C$

55. (b) $\frac{2}{3}, \frac{8}{15}$

61. $x[(\ln x)^3 - 3(\ln x)^2 + 6 \ln x - 6] + C$

63. $\frac{16}{3}\ln 2 - \frac{29}{9}$ 65. $-1{,}75119$, $1{,}17210$; $3{,}99926$

67. $4 - 8/\pi$ 69. $2\pi e$

71. (a) $2\pi(2\ln 2 - \frac{3}{4})$ (b) $2\pi[(\ln 2)^2 - 2\ln 2 + 1]$

73. $xS(x) + \dfrac{1}{\pi}\cos\left(\frac{1}{2}\pi x^2\right) + C$

75. $2 - e^{-t}(t^2 + 2t + 2)$ m   77. 2

79. (b) $-\dfrac{\ln x}{x} - \dfrac{1}{x} + C$

EXERCÍCIOS 7.2

1. $\frac{1}{5}\cos^5 x - \frac{1}{3}\cos^3 x + C$ 3. $\frac{1}{210}$

5. $-\frac{1}{14}\cos^7(2t) + \frac{1}{5}\cos^5(2t) - \frac{1}{6}\cos^3(2t) + C$

7. $\pi/4$ 9. $3\pi/8$ 11. $\pi/16$

13. $\frac{2}{7}(\cos \theta)^{7/2} - \frac{2}{3}(\cos \theta)^{3/2} + C$ 15. $\frac{1}{4}\sec^4 x + C$

17. $\ln|\operatorname{sen} x| - \frac{1}{2}\operatorname{sen}^2 x + C$ 19. $\frac{1}{2}\operatorname{sen}^4 x + C$

21. $\frac{1}{3}\sec^3 x + C$ 23. $\operatorname{tg} x - x + C$

25. $\frac{1}{9}\operatorname{tg}^9 x + \frac{2}{7}\operatorname{tg}^7 x + \frac{1}{5}\operatorname{tg}^5 x + C$

27. $\frac{1}{3}\sec^3 x - \sec x + C$ 29. $\frac{1}{8}\operatorname{tg}^8 x + \frac{1}{3}\operatorname{tg}^6 x + \frac{1}{4}\operatorname{tg}^4 x + C$

31. $\frac{1}{4}\sec^4 x - \operatorname{tg}^2 x + \ln|\sec x| + C$ 33. $\frac{1}{2}\operatorname{sen} 2x + C$

35. $-\frac{1}{4} - \ln(\sqrt{2}/2)$ 37. $\sqrt{3} - \frac{1}{3}\pi$

39. $\frac{22}{105}\sqrt{2} - \frac{8}{105}$ 41. $\ln|\operatorname{cossec} x - \operatorname{cotg} x| + C$

43. $-\frac{1}{6}\cos 3x - \frac{1}{26}\cos 13x + C$ 45. $\frac{1}{15}$

47. $-1/(2t) + \frac{1}{4}\operatorname{sen}(2/t) + C$ 49. $\frac{1}{2}\sqrt{2}$

51. $\frac{1}{4}t^2 - \frac{1}{4}t \operatorname{sen} 2t - \frac{1}{8}\cos 2t + C$

53. $x \operatorname{tg} x - \ln|\sec x| - \frac{1}{2}x^2 + C$ 55. $\operatorname{cossec} x + \operatorname{cotg} x + C$

57. $\frac{1}{4}x^2 - \frac{1}{4}\text{sen}(x^2)\cos(x^2) + C$

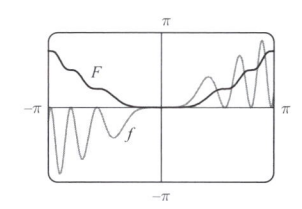

59. $\frac{1}{6}\text{sen}\,3x - \frac{1}{18}\text{sen}\,9x + C$

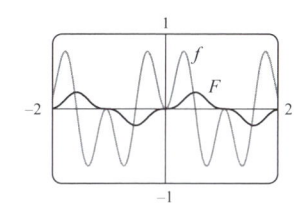

61. $\frac{1}{8}(\sqrt{2} - 7I)$ **63.** 0 **65.** $\frac{1}{2}\pi - \frac{4}{3}$ **67.** 0

69. $\pi^2/4$ **71.** $\pi(2\sqrt{2} - \frac{5}{2})$ **73.** $s = (1 - \cos^3 \omega t)/(3\omega)$

EXERCÍCIOS 7.3

1. (a) $x = \text{tg}\,\theta$ (b) $\int \text{tg}^3\theta \sec\theta\,d\theta$

3. (a) $x = \sqrt{2}\sec\theta$ (b) $\int 2\sec^3\theta\,d\theta$

5. $-\sqrt{1-x^2} + \frac{1}{3}(1-x^2)^{3/2} + C$

7. $\sqrt{4x^2 - 25} - 5\sec^{-1}(\frac{2}{5}x) + C$

9. $\frac{1}{15}(16 + x^2)^{3/2}(3x^2 - 32) + C$

11. $\frac{1}{3}\frac{(x^2-1)^{3/2}}{x^3} + C$ **13.** $\frac{1}{\sqrt{2}a^2}$

15. $\frac{2}{3}\sqrt{3} - \frac{3}{4}\sqrt{2}$ **17.** $\frac{1}{12}$

19. $\frac{1}{6}\sec^{-1}(x/3) - \sqrt{x^2-9}/(2x^2) + C$

21. $\frac{1}{16}\pi a^4$ **23.** $\sqrt{x^2 - 7} + C$

25. $\ln\left|(\sqrt{1+x^2} - 1)/x\right| + \sqrt{1+x^2} + C$ **27.** $\frac{9}{500}\pi$

29. $\ln\left|\sqrt{x^2 + 2x + 5} + x + 1\right| + C$

31. $4\,\text{sen}^{-1}\left(\frac{x-1}{2}\right) + \frac{1}{4}(x-1)^3\sqrt{3+2x-x^2}$
$\qquad\qquad - \frac{2}{3}(3+2x-x^2)^{3/2} + C$

33. $\frac{1}{2}(x+1)\sqrt{x^2+2x} - \frac{1}{2}\ln\left|x+1+\sqrt{x^2+2x}\right| + C$

35. $\frac{1}{4}\text{sen}^{-1}(x^2) + \frac{1}{4}x^2\sqrt{1-x^4} + C$

39. $\frac{1}{6}(\sqrt{48} - \sec^{-1} 7)$ **43.** $\frac{3}{8}\pi^2 + \frac{3}{4}\pi$

47. $2\pi^2 R r^2$ **49.** $r\sqrt{R^2 - r^2} + \pi r^2/2 - R^2\arcsin(r/R)$

EXERCÍCIOS 7.4

1. (a) $\dfrac{A}{x-3} + \dfrac{B}{x+5}$ (b) $\dfrac{A}{x-2} + \dfrac{B}{(x-2)^2} + \dfrac{Cx+D}{x^2+2}$

3. (a) $\dfrac{A}{x} + \dfrac{B}{x-1} + \dfrac{C}{x-2}$

(b) $\dfrac{A}{x} + \dfrac{B}{2x-1} + \dfrac{C}{(2x-1)^2} + \dfrac{Dx+E}{x^2+3} + \dfrac{Fx+G}{(x^2+3)^2}$

5. (a) $\dfrac{A}{x} + \dfrac{B}{x-1} + \dfrac{Cx+D}{x^2+1} + \dfrac{Ex+F}{(x^2+1)^2}$

(b) $1 + \dfrac{A}{x-2} + \dfrac{B}{x+3}$ **7.** $\ln|x-1| - \ln|x+4| + C$

9. $\frac{1}{2}\ln|2x+1| + 2\ln|x-1| + C$ **11.** $2\ln\frac{3}{2}$

13. $-\dfrac{1}{a}\ln|x| + \dfrac{1}{a}\ln|x-a| + C$

15. $\frac{1}{2}x^2 + x + \ln|x-1| + C$

17. $\frac{27}{5}\ln 2 - \frac{9}{5}\ln 3\,\left(\text{ou}\,\frac{9}{5}\ln\frac{8}{3}\right)$

19. $\frac{1}{2} - 5\ln 2 + 3\ln 3\,\left(\text{ou}\,\frac{1}{2} + \ln\frac{27}{32}\right)$

21. $\dfrac{1}{4}\left[\ln|t+1| - \dfrac{1}{t+1} - \ln|t-1| - \dfrac{1}{t-1}\right] + C$

23. $\ln|x-1| - \frac{1}{2}\ln(x^2+9) - \frac{1}{3}\text{tg}^{-1}(x/3) + C$

25. $\frac{5}{2} - \ln 2 - \ln 3\,\left(\text{ou}\,\frac{5}{2} - \ln 6\right)$

27. $-2\ln|x+1| + \ln(x^2+1) + 2\,\text{tg}^{-1}x + C$

29. $\frac{1}{2}\ln(x^2+1) + \text{tg}^{-1}x - \frac{1}{2}\text{tg}^{-1}(x/2) + C$

31. $\frac{1}{2}\ln(x^2+2x+5) + \frac{3}{2}\text{tg}^{-1}\left(\dfrac{x+1}{2}\right) + C$

33. $\frac{1}{3}\ln|x-1| - \frac{1}{6}\ln(x^2+x+1) - \dfrac{1}{\sqrt{3}}\text{tg}^{-1}\dfrac{2x+1}{\sqrt{3}} + C$

35. $\frac{1}{4}\ln\frac{8}{3}$

37. $2\ln|x| + \frac{3}{2}\ln(x^2+1) + \frac{1}{2}\text{tg}^{-1}x + \dfrac{x}{2(x^2+1)} + C$

39. $\frac{7}{8}\sqrt{2}\,\text{tg}^{-1}\left(\dfrac{x-2}{\sqrt{2}}\right) + \dfrac{3x-8}{4(x^2-4x+6)} + C$

41. $2\,\text{tg}^{-1}\sqrt{x-1} + C$

43. $-2\ln\sqrt{x} - \dfrac{2}{\sqrt{x}} + 2\ln(\sqrt{x}+1) + C$

45. $\frac{3}{10}(x^2+1)^{5/3} - \frac{3}{4}(x^2+1)^{2/3} + C$

47. $2\sqrt{x} + 3\sqrt[3]{x} + 6\sqrt[6]{x} + 6\ln|\sqrt[6]{x} - 1| + C$

49. $4\ln|\sqrt{x} - 2| - 2\ln|\sqrt{x} - 1| + C$

51. $\ln\dfrac{(e^x+2)^2}{e^x+1} + C$

53. $\ln|\text{tg}\,t + 1| - \ln|\text{tg}\,t + 2| + C$

55. $x - \ln(e^x + 1) + C$

57. $(x - \frac{1}{2})\ln(x^2 - x + 2) - 2x + \sqrt{7}\,\text{tg}^{-1}\left(\dfrac{2x-1}{\sqrt{7}}\right) + C$

59. $-\frac{1}{2}\ln 3 \approx -0{,}55$

61. $\frac{1}{2}\ln\left|\dfrac{x-2}{x}\right| + C$ **65.** $\frac{1}{5}\ln\left|\dfrac{2\text{tg}(x/2) - 1}{\text{tg}(x/2) + 2}\right| + C$

67. $4\ln\frac{2}{3} + 2$ **69.** $-1 + \frac{11}{3}\ln 2$

71. $t = \ln\dfrac{10.000}{P} + 11\ln\dfrac{P-9.000}{1.000}$

73. (a) $\dfrac{24.110}{4.879}\dfrac{1}{5x+2} - \dfrac{668}{323}\dfrac{1}{2x+1} - \dfrac{9.438}{80.155}\dfrac{1}{3x-7}$
$+ \dfrac{1}{260.015}\dfrac{22.098x+48.935}{x^2+x+5}$

(b) $\dfrac{4.822}{4.879}\ln|5x+2| - \dfrac{334}{323}\ln|2x+1|$
$- \dfrac{3.146}{80.155}\ln|3x-7| + \dfrac{11.049}{260.015}\ln(x^2+x+5)$
$+ \dfrac{75.772}{260.015\sqrt{19}}\operatorname{tg}^{-1}\dfrac{2x+1}{\sqrt{19}} + C$

O SCA omite os sinais do valor absoluto e a constante de integração.

77. $\dfrac{1}{a^n(x-a)} - \dfrac{1}{a^n x} - \dfrac{1}{a^{n-1}x^2} - \cdots - \dfrac{1}{ax^n}$

EXERCÍCIOS 7.5

1. (a) $\tfrac{1}{2}\ln(1+x^2) + C$ (b) $\operatorname{tg}^{-1}x + C$
 (c) $\tfrac{1}{2}\ln|1+x| - \tfrac{1}{2}\ln|1-x| + C$

3. (a) $\tfrac{1}{2}(\ln x)^2 + C$ (b) $x\ln(2x) - x + C$
 (c) $\tfrac{1}{2}x^2\ln x - \tfrac{1}{4}x^2 + C$

5. (a) $\tfrac{1}{2}\ln|x-3| - \tfrac{1}{2}\ln|x-1| + C$ (b) $-\dfrac{1}{x-2} + C$
 (c) $\operatorname{tg}^{-1}(x-2) + C$

7. (a) $\tfrac{1}{3}e^{x^3} + C$ (b) $e^x(x^2 - 2x + 2) + C$
 (c) $\tfrac{1}{2}e^{x^2}(x^2-1) + C$

9. $-\ln(1-\operatorname{sen} x) + C$ **11.** $\tfrac{32}{3}\ln 2 - \tfrac{28}{9}$

13. $\ln y[\ln(\ln y) - 1] + C$ **15.** $\tfrac{1}{6}\operatorname{tg}^{-1}\left(\tfrac{1}{3}x^2\right) + C$

17. $\tfrac{4}{5}\ln 2 + \tfrac{1}{5}\ln 3\,(\text{ou }\tfrac{1}{5}\ln 48)$ **19.** $\tfrac{1}{2}\sec^{-1}x + \dfrac{\sqrt{x^2-1}}{2x^2} + C$

21. $-\tfrac{1}{4}\cos^4 x + C$ **23.** $x\sec x - \ln|\sec x + \operatorname{tg} x| + C$

25. $\tfrac{1}{4}\pi^2$ **27.** $e^{e^x} + C$ **29.** $(x+1)\operatorname{arctg}\sqrt{x} - \sqrt{x} + C$

31. $\tfrac{4.097}{45}$ **33.** $4 - \ln 4$ **35.** $x - \ln(1+e^x) + C$

37. $x\ln(x+\sqrt{x^2-1}) - \sqrt{x^2-1} + C$

39. $\operatorname{sen}^{-1}x - \sqrt{1-x^2} + C$

41. $2\operatorname{sen}^{-1}\left(\dfrac{x+1}{2}\right) + \dfrac{x+1}{2}\sqrt{3-2x-x^2} + C$

43. 0 **45.** $\tfrac{1}{4}$ **47.** $\ln|\sec\theta - 1| - \ln|\sec\theta| + C$

49. $\theta\operatorname{tg}\theta - \tfrac{1}{2}\theta^2 - \ln|\sec\theta| + C$ **51.** $\tfrac{2}{3}\operatorname{tg}^{-1}(x^{3/2}) + C$

53. $\tfrac{2}{3}x^{3/2} - x + 2\sqrt{x} - 2\ln(1+\sqrt{x}) + C$

55. $\ln|x-1| - 3(x-1)^{-1} - \tfrac{3}{2}(x-1)^{-2} - \tfrac{1}{3}(x-1)^{-3} + C$

57. $\ln\left|\dfrac{\sqrt{4x+1}-1}{\sqrt{4x+1}+1}\right| + C$

59. $-\ln\left|\dfrac{\sqrt{4x^2+1}+1}{2x}\right| + C$

61. $\dfrac{1}{m}x^2\cosh mx - \dfrac{2}{m^2}x\operatorname{senh} mx + \dfrac{2}{m^3}\cosh mx + C$

63. $2\ln\sqrt{x} - 2\ln(1+\sqrt{x}) + C$

65. $\tfrac{3}{7}(x+c)^{7/3} - \tfrac{3}{4}c(x+c)^{4/3} + C$

67. $\tfrac{1}{32}\ln\left|\dfrac{x-2}{x+2}\right| - \tfrac{1}{16}\operatorname{tg}^{-1}\left(\dfrac{x}{2}\right) + C$

69. $\operatorname{cossec}\theta - \operatorname{cotg}\theta + C$ ou $\operatorname{tg}(\theta/2) + C$

71. $2(x - 2\sqrt{x} + 2)e^{\sqrt{x}} + C$

73. $-\operatorname{tg}^{-1}(\cos^2 x) + C$ **75.** $\tfrac{2}{3}[(x+1)^{3/2} - x^{3/2}] + C$

77. $\sqrt{2} - 2/\sqrt{3} + \ln(2+\sqrt{3}) - \ln(1+\sqrt{2})$

79. $e^x - \ln(1+e^x) + C$

81. $-\sqrt{1-x^2} + \tfrac{1}{2}(\operatorname{arcsen} x)^2 + C$ **83.** $\ln|\ln x - 1| + C$

85. $2(x-2)\sqrt{1+e^x} + 2\ln\dfrac{\sqrt{1+e^x}+1}{\sqrt{1+e^x}-1} + C$

87. $\tfrac{1}{3}x\operatorname{sen}^3 x + \tfrac{1}{3}\cos x - \tfrac{1}{9}\cos^3 x + C$

89. $2\sqrt{1+\operatorname{sen} x} + C$ **91.** $2\sqrt{2}$

93. $(3-\sqrt{3})/2$ ou $1 - \sqrt{1-(\sqrt{3}/2)}$ **95.** $xe^{x^2} + C$

EXERCÍCIOS 7.6

1. $-\tfrac{5}{21}$ **3.** $\tfrac{1}{2}x^2\operatorname{sen}^{-1}(x^2) + \tfrac{1}{2}\sqrt{1-x^4} + C$

5. $\tfrac{1}{4}y^2\sqrt{4+y^4} - \ln(y^2 + \sqrt{4+y^4}) + C$

7. $\dfrac{\pi}{8}\operatorname{arctg}\dfrac{\pi}{4} - \tfrac{1}{4}\ln\left(1+\tfrac{1}{16}\pi^2\right)$ **9.** $\tfrac{1}{6}\ln\left|\dfrac{\operatorname{sen} x - 3}{\operatorname{sen} x + 3}\right| + C$

11. $-\dfrac{\sqrt{9x^2+4}}{x} + 3\ln(3x + \sqrt{9x^2+4}) + C$

13. $5\pi/16$ **15.** $2\sqrt{x}\operatorname{arctg}\sqrt{x} - \ln(1+x) + C$

17. $-\ln|\operatorname{senh}(1/y)| + C$

19. $\dfrac{2y-1}{8}\sqrt{6+4y-4y^2} + \dfrac{7}{8}\operatorname{sen}^{-1}\left(\dfrac{2y-1}{\sqrt{7}}\right)$
$- \tfrac{1}{12}(6+4y-4y^2)^{3/2} + C$

21. $\tfrac{1}{9}\operatorname{sen}^3 x\,[3\ln(\operatorname{sen} x) - 1] + C$

23. $-\ln(\cos^2\theta + \sqrt{\cos^4\theta + 4}) + C$

25. $\tfrac{1}{8}e^{2x}(4x^3 - 6x^2 + 6x - 3) + C$

27. $\tfrac{1}{15}\operatorname{sen} y\,(3\cos^4 y + 4\cos^2 y + 8) + C$

29. $-\tfrac{1}{2}x^{-2}\cos^{-1}(x^{-2}) + \tfrac{1}{2}\sqrt{1-x^{-4}} + C$

31. $\sqrt{e^{2x}-1} - \cos^{-1}(e^{-x}) + C$

33. $\tfrac{1}{5}\ln|x^5 + \sqrt{x^{10}-2}| + C$ **35.** $\tfrac{3}{8}\pi^2$

39. $\tfrac{1}{3}\operatorname{tg} x\sec^2 x + \tfrac{2}{3}\operatorname{tg} x + C$

41. $\frac{1}{4}x(x^2+2)\sqrt{x^2+4} - 2\ln(\sqrt{x^2+4}+x) + C$

43. $\frac{1}{4}\cos^3 x \,\text{sen}\, x + \frac{3}{8}x + \frac{3}{8}\text{sen}\, x \cos x + C$

45. $-\ln|\cos x| - \frac{1}{2}\text{tg}^2 x + \frac{1}{4}\text{tg}^4 x + C$

47. (a) $-\ln\left|\dfrac{1+\sqrt{1-x^2}}{x}\right| + C$;

ambos têm domínio $(-1, 0) \cup (0, 1)$

EXERCÍCIOS 7.7

1. (a) $L_2 = 6, R_2 = 12, M_2 \approx 9{,}6$
  (b) L_2 é uma subestimativa, R_2 e M_2 são superestimativas.
  (c) $T_2 = 9 < I$ (d) $L_n < T_n < I < M_n < R_n$

3. (a) $T_4 \approx 0{,}895759$ (subestimativa)
  (b) $M_4 \approx 0{,}908907$ (superestimativa);
     $T_4 < I < M_4$

5. (a) $M_6 \approx 3{,}177769, E_M \approx -0{,}036176$
  (b) $S_6 \approx 3{,}142949, E_S \approx -0{,}001356$

7. (a) 1,116993   (b) 1,108667   (c) 1,111363

9. (a) 1,777722   (b) 0,784958   (c) 0,780895

11 (a) 10,185560   (b) 10,208618   (c) 10,201790

13. (a) −2,364034   (b) −2,310690   (c) −2,346520

15. (a) 0,243747   (b) 0,243748   (c) 0,243751

17. (a) 8,814278   (b) 8,799212   (c) 8,804229

19. (a) $T_8 \approx 0{,}902333, M_8 \approx 0{,}905620$
  (b) $|E_T| \le 0{,}0078, |E_M| \le 0{,}0039$
  (c) $n = 71$ para T_n, $n = 50$ para M_n

21. (a) $T_{10} \approx 1{,}983524, E_T \approx 0{,}016476$;
    $M_{10} \approx 2{,}008248, E_M \approx -0{,}008248$;
    $S_{10} \approx 2{,}000110, E_S \approx -0{,}000110$
  (b) $|E_T| \le 0{,}025839, |E_M| \le 0{,}012919, |E_S| \le 0{,}000170$
  (c) $n = 509$ para T_n, $n = 360$ para M_n, $n = 22$ for S_n

23. (a) 2,8   (b) 7,954926518   (c) 0,2894
  (d) 7,954926521   (e) O erro real é muito menor.
  (f) 10,9   (g) 7,953789422   (h) 0,0593
  (i) O erro real é muito menor.   (j) $n \ge 50$

25.

n	L_n	R_n	T_n	M_n
5	0,742943	1,286599	1,014771	0,992621
10	0,867782	1,139610	1,003696	0,998152
20	0,932967	1,068881	1,000924	0,999538

n	E_L	E_R	E_T	E_M
5	0,257057	−0,286599	−0,014771	0,007379
10	0,132218	−0,139610	−0,003696	0,001848
20	0,067033	−0,068881	−0,000924	0,000462

As observações são as mesmas que as que seguem o Exemplo 1.

27.

n	T_n	M_n	S_n
6	6,695473	6,252572	6,403292
12	6,474023	6,363008	6,400206

n	E_T	E_M	E_S
6	−0,295473	0,147428	−0,003292
12	−0,074023	0,036992	−0,000206

As observações são as mesmas que as que seguem o Exemplo 1.

29. (a) 19   (b) 18,6   (c) $18{,}\overline{6}$

31. (a) 14,4   (b) 0,5

33. 21,6 °C   **35.** 18,8 m/s

37. 10,177 megawatt-horas

39. (a) 190   (b) 828

41. 28   **43.** 59,4

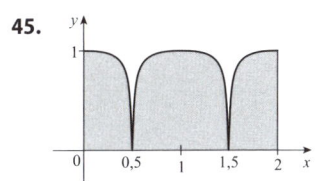

45.

EXERCÍCIOS 7.8

Abreviações: C, convergente; D, divergente

1. (a), (c) Descontinuidade infinita   (b), (d) Intervalo infinito

3. $\frac{1}{2} - 1/(2t^2)$; 0,495, 0,49995, 0,4999995; 0,5

5. 1   **7.** $\frac{1}{2}$ **9.** D   **11.** 2   **13.** $-\frac{1}{4}$ **15.** $\frac{11}{6}$

17. $\frac{1}{2}$ **19.** 0   **21.** D   **23.** D   **25.** ln 2

27. $-\frac{1}{4}$ **29.** D   **31.** $-\pi/8$ **33.** 2

35. D   **37.** $\frac{32}{3}$ **39.** D   **41.** $\frac{9}{2}$ **43.** D

45. $-\frac{1}{4}$ **47.** $-2/e$

49. $1/e$ **51.** $\frac{1}{2}\ln 2$

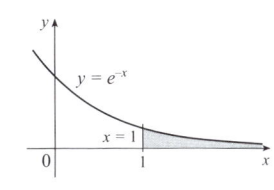

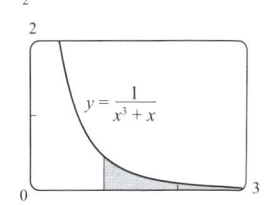

53. Área infinita

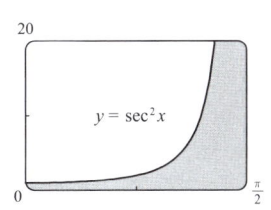

55. (a)

t	$\int_1^t [(\operatorname{sen}^2 x)/x^2]\, dx$
2	0,447453
5	0,577101
10	0,621306
100	0,668479
1.000	0,672957
10.000	0,673407

A integral aparenta ser convergente.

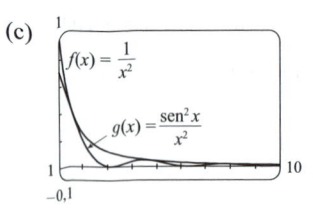

(c) [gráfico de $f(x) = 1/x^2$ e $g(x) = \operatorname{sen}^2 x / x^2$]

57. C **59.** D **61.** D **63.** D **65.** D **67.** π
69. $p < 1, 1/(1-p)$ **71.** $p > -1, -1/(p+1)^2$
75. π **77.** $\sqrt{2GM/R}$

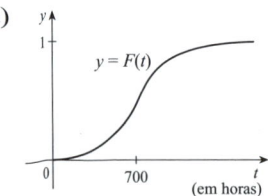

79. (a) [gráfico de $y = F(t)$, passando por 700]

(b) A taxa segundo a qual a fração $F(t)$ aumenta à medida que t aumenta
(c) 1; em algum momento, todas as lâmpadas estarão queimadas

81. $\gamma = \dfrac{cN}{\lambda(k+\lambda)}$ **83.** 1.000

85. (a) $F(s) = 1/s, s > 0$ (b) $F(s) = 1/(s-1), s > 1$
(c) $F(s) = 1/s^2, s > 0$

91. $C = 1; \ln 2$ **93.** Não

CAPÍTULO 7 REVISÃO

Testes Verdadeiro-Falso

1. Verdadeiro **3.** Falso **5.** Falso **7.** Falso
9. Falso **11.** Verdadeiro **13.** (a) Verdadeiro (b) Falso
15. Falso **17.** Falso

Exercícios

1. $\frac{7}{2} + \ln 2$ **3.** $e^{\operatorname{sen} x} + C$ **5.** $\ln|2t+1| - \ln|t+1| + C$
7. $\frac{2}{15}$ **9.** $-\cos(\ln t) + C$
11. $\frac{1}{4} x^2 [2(\ln x)^2 - 2 \ln x + 1] + C$ **13.** $\sqrt{3} - \frac{1}{3}\pi$
15. $3 e^{\sqrt[3]{x}}(x^{2/3} - 2x^{1/3} + 2) + C$
17. $\frac{1}{6}[2x^3 \operatorname{tg}^{-1} x - x^2 + \ln(1+x^2)] + C$
19. $-\frac{1}{2} \ln|x| + \frac{3}{2}\ln|x+2| + C$
21. $x \operatorname{senh} x - \cosh x + C$
23. $\ln|x-2 + \sqrt{x^2 - 4x}| + C$

25. $\frac{1}{18}\ln(9x^2+6x+5) + \frac{1}{9}\operatorname{tg}^{-1}\left[\frac{1}{2}(3x+1)\right] + C$
27. $\sqrt{2} + \ln(\sqrt{2} + 1)$ **29.** $\ln\left|\dfrac{\sqrt{x^2+1}-1}{x}\right| + C$
31. $-\cos(\sqrt{1+x^2}) + C$
33. $\frac{3}{2}\ln(x^2+1) - 3\operatorname{tg}^{-1} x + \sqrt{2}\,\operatorname{tg}^{-1}(x/\sqrt{2}) + C$
35. $\frac{2}{5}$ **37.** 0 **39.** $6 - \frac{3}{2}\pi$
41. $\dfrac{x}{\sqrt{4-x^2}} - \operatorname{sen}^{-1}\left(\dfrac{x}{2}\right) + C$
43. $4\sqrt{1+\sqrt{x}} + C$ **45.** $\frac{1}{2}\operatorname{sen} 2x - \frac{1}{8}\cos 4x + C$
47. $\frac{1}{8}e - \frac{1}{4}$ **49.** $\operatorname{tg}^{-1}\left(\frac{1}{2}\sqrt{e^x - 4}\right) + C$ **51.** $\frac{1}{36}$
53. D **55.** $4\ln 4 - 8$ **57.** $-\frac{4}{3}$ **59.** $\pi/4$
61. $(x+1)\ln(x^2+2x+2) + 2\arctan(x+1) - 2x + C$

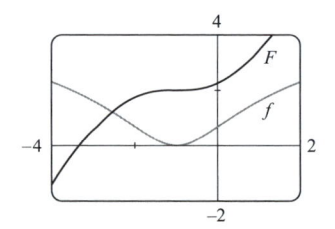

[gráfico de F e f]

63. 0
65. $\frac{1}{4}(2x-1)\sqrt{4x^2-4x-3}$
$\qquad - \ln\left|2x-1+\sqrt{4x^2-4x-3}\right| + C$
67. $\frac{1}{2}\operatorname{sen} x \sqrt{4+\operatorname{sen}^2 x} + 2\ln(\operatorname{sen} x + \sqrt{4+\operatorname{sen}^2 x}) + C$
71. Não
73. (a) 1,925444 (b) 1,920915 (c) 1,922470
75. (a) 0,01348, $n \geq 368$ (b) 0,00674, $n \geq 260$
77. 13,7 km
79. (a) 3,8 (b) 1,786721, 0,000646 (c) $n \geq 30$
81. (a) D (b) C
83. 2 **85.** $\frac{3}{16}\pi^2$

PROBLEMAS QUENTES

1. Cerca de 4,7 centímetros do centro **3.** 0
9. $f(\pi) = -\pi/2$ **13.** $(b^b a^{-a})^{1/(b-a)} e^{-1}$ **15.** $\frac{1}{8}\pi - \frac{1}{12}$
17. $2 - \operatorname{sen}^{-1}(2/\sqrt{5})$

CAPÍTULO 8

EXERCÍCIOS 8.1

1. $4\sqrt{5}$ **3.** $\int_0^2 \sqrt{1+9x^4}\, dx$ **5.** $\int_1^4 \sqrt{1+\left(1-\dfrac{1}{x}\right)^2}\, dx$
7. $\int_0^{\pi/2} \sqrt{1+\cos^2 y}\, dy$ **9.** $2\sqrt{3} - \frac{2}{3}$ **11.** $\frac{5}{3}$ **13.** $\frac{59}{24}$

15. $\frac{1}{2}\left[\ln(1\sqrt{3}) - \ln(\sqrt{2}-1)\right]$ **17.** $\ln(\sqrt{2}+1)$

19. $\frac{32}{3}$ **21.** $\frac{3}{4} + \frac{1}{2}\ln 2$ **23.** $\ln 3 - \frac{1}{2}$

25. $\sqrt{2} + \ln(1+\sqrt{2})$ **27.** 10,0556   **29.** 3,0609

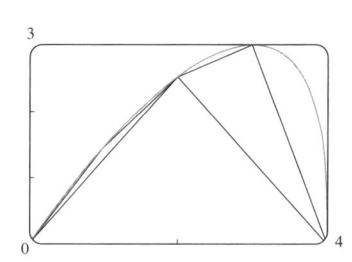

31. 1,0054   **33.** 15,498085; 15,374568

35. (a), (b)

$L_1 = 4, L_2 \approx 6{,}43, L_4 \approx 7{,}50$

(c) $\int_0^4 \sqrt{1 + [4(3-x)/(3(4-x)^{2/3})]^2}\, dx$ (d) 7,7988

37. $\sqrt{1+e^4} - \ln(1+\sqrt{1+e^4}) + 2 - \sqrt{2} + \ln(1+\sqrt{2})$

39. 6   **41.** $s(x) = \frac{2}{27}\left[(1+9x)^{3/2} - 10\sqrt{10}\right]$

43. $s(x) = 2\sqrt{2}\left(\sqrt{1+x} - 1\right)$ **45.** 209,1 m

47. 62,55 cm   **49.** $\approx 7{,}42$ m acima do chão   **53.** 12,4

EXERCÍCIOS 8.2

1. (a) $\int_1^8 2\pi \sqrt[3]{x}\sqrt{1 + \frac{1}{9}x^{-4/3}}\, dx$ (b) $\int_1^2 2\pi y\sqrt{1+9y^4}\, dy$

3. (a) $\int_0^{\ln 3} \pi(e^x - 1)\sqrt{1+\frac{1}{4}e^{2x}}\, dx$

(b) $\int_0^1 2\pi y\sqrt{1 + \frac{4}{(2y+1)^2}}\, dy$

5. (a) $\int_1^8 2\pi x\sqrt{1+\frac{16}{x^4}}\, dx$ (b) $\int_{1/2}^4 \frac{8\pi}{y}\sqrt{1+\frac{16}{y^4}}\, dy$

7. (a) $\int_0^{\pi/2} 2\pi x \sqrt{1+\cos^2 x}\, dx$

(b) $\int_1^2 2\pi \operatorname{sen}^{-1}(y-1)\sqrt{1 + \frac{1}{2y-y^2}}\, dy$

9. $\frac{1}{27}\pi(145\sqrt{145} - 1)$ **11.** $\frac{1}{6}\pi(17\sqrt{17} - 5\sqrt{5})$

13. $\pi\sqrt{5} + 4\pi\ln\left(\frac{1+\sqrt{5}}{2}\right)$ **15.** $\frac{21}{2}\pi$ **17.** $\frac{3.712}{15}\pi$

19. πa^2 **21.** $\int_{-1}^1 2\pi e^{-x^2}\sqrt{1+4x^2e^{-2x^2}}\, dx$; 11,0753

23. $\int_0^1 2\pi(y+y^3)\sqrt{1+(1+3y^2)^2}\, dy$; 13,5134

25. $\int_1^4 2\pi y\sqrt{1+[2y+(1/y)]^2}\, dy$; 286,9239

27. $\frac{1}{4}\pi\left[4\ln(\sqrt{17}+4) - 4\ln(\sqrt{2}+1) - \sqrt{17} + 4\sqrt{2}\right]$

29. $\frac{1}{6}\pi\left[\ln(\sqrt{10}+3) + 3\sqrt{10}\right]$ **31.** 1.230.507

35. (a) $\frac{1}{3}\pi a^2$ (b) $\frac{56}{45}\pi\sqrt{3}a^2$

37. (a) $2\pi\left[b^2 + \frac{a^2 b\,\operatorname{sen}^{-1}\left(\sqrt{a^2-b^2}/a\right)}{\sqrt{a^2-b^2}}\right]$

(b) $2\pi a^2 + \frac{2\pi ab^2}{\sqrt{a^2-b^2}}\ln\frac{a+\sqrt{a^2-b^2}}{b}$

39. (a) $\int_a^b 2\pi[c - f(x)]\sqrt{1+[f'(x)]^2}\, dx$

(b) $\int_0^4 2\pi(4-\sqrt{x})\sqrt{1+1/(4x)}\, dx \approx 80{,}6095$

41. $4\pi^2 r^2$ **45.** Ambas iguais a $\pi\int_a^b (e^{x/2} + e^{-x/2})^2\, dx$.

EXERCÍCIOS 8.3

1. (a) 915,5 kg/m²   (b) 8.340 N   (c) 2.502 N

3. 31.136 N   **5.** $\approx 2{,}36 \times 10^7$ N   **7.** 470.400 N

9. 1.793 kg   **11.** $\frac{2}{3}\delta ah^2$ **13.** ≈ 9.450 N

15. (a) ≈ 314 N   (b) ≈ 353 N

17. (a) $4{,}9 \times 10^4$ N (extremidade rasa), $\approx 4{,}4 \times 10^5$ N (extremidade funda), e $\approx 4{,}2 \times 10^5$ N (um dos lados)

(b) $3{,}9 \times 10^6$ N (fundo da piscina)

19. 8.372 kg   **21.** 330; 22

23. 23; −20; (−1, 1,15)   **25.** $\left(\frac{2}{3}, \frac{4}{3}\right)$ **27.** $\left(\frac{3}{2}, \frac{3}{5}\right)$

29. $\left(\frac{9}{20}, \frac{9}{20}\right)$ **31.** $\left(\pi - \frac{3}{2}\sqrt{3}, \frac{3}{8}\sqrt{3}\right)$ **33.** $\left(\frac{8}{5}, -\frac{1}{2}\right)$

35. $\left(\frac{28}{3(\pi+2)}, \frac{10}{3(\pi+2)}\right)$ **37.** $\left(-\frac{1}{5}, -\frac{12}{35}\right)$

41. $\left(0, \frac{1}{12}\right)$ **45.** $\frac{1}{3}\pi r^2 h$ **47.** $\left(\frac{8}{\pi}, \frac{8}{\pi}\right)$

49. $4\pi^2 rR$

EXERCÍCIOS 8.4

1. \$ 21.104   **3.** \$ 140.000; \$ 60.000   **5.** \$ 11.332,78

7. $p = 25 - \frac{1}{30}x$; \$ 1.500   **9.** \$ 6,67   **11.** \$ 55.735

13. (a) 3.800   (b) \$ 324.900

15. $\frac{2}{3}(16\sqrt{2} - 8) \approx$ \$ 9,75 milhões

17. \$ 65.230,48   **19.** $\dfrac{(1-k)(b^{2-k} - a^{2-k})}{(2-k)(b^{1-k} - a^{1-k})}$

21. $\approx 1{,}19 \times 10^{-4}$ cm³/s   **23.** $\approx 6{,}59$ L/min

25. 5,77 L/min

EXERCÍCIOS 8.5

1. (a) A probabilidade de que um pneu escolhido aleatoriamente terá uma vida útil entre 50.000 e 65.000 quilômetros

(b) A probabilidade de que um pneu escolhido aleatoriamente terá uma vida útil de pelo menos 40.000 quilômetros

3. (a) $f(x) \geq 0$ para todo x e $\int_{-\infty}^{\infty} f(x)\, dx = 1$ (b) $\frac{17}{81}$

5. (a) $1/\pi$ (b) $\frac{1}{2}$

7. (a) $f(x) \geq 0$ para todo x e $\int_{-\infty}^{\infty} f(x)\, dx = 1$ (b) 5

11. (a) $\approx 0{,}465$ (b) $\approx 0{,}153$ (c) Cerca de 4,8 s

13. (a) $\frac{19}{32}$ (b) 40 min   **15.** $\approx 36\%$

17. (a) 0,0668   (b) $\approx 5{,}21\%$ **19.** $\approx 0{,}9545$

A98   CÁLCULO

21. (b) $0; a_0$
(c) [graph showing peak around 4×10^{-10}, max near 1×10^{10}]
(d) $1 - 41e^{-8} \approx 0{,}986$ (e) $\frac{3}{2} a_0$

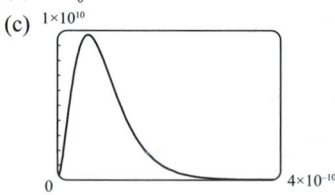

CAPÍTULO 8 REVISÃO

Testes Verdadeiro-Falso

1. Verdadeiro   **3.** Falso   **5.** Verdadeiro   **7.** Verdadeiro

Exercícios

1. $\frac{1}{54}\left(109\sqrt{109} - 1\right)$ **3.** $\frac{53}{6}$

5. (a) $3{,}5121$ (b) $22{,}1391$ (c) $29{,}8522$

7. $3{,}8202$ **9.** $\frac{124}{5}$ **11.** 6.533 N   **13.** $\left(\frac{4}{3}, \frac{4}{3}\right)$

15. $\left(\frac{8}{5}, 1\right)$ **17.** $2\pi^2$ **19.** $\$\,7.166{,}67$

21. (a) $f(x) \geq 0$ para todo x e $\int_{-\infty}^{\infty} f(x)\,dx = 1$
(b) $\approx 0{,}3455$ (c) 5; sim

23. (a) $1 - e^{-3/8} \approx 0{,}313$ (b) $e^{-5/4} \approx 0{,}287$
(c) $8\ln 2 \approx 5{,}55$ min

PROBLEMAS QUENTES

1. $\frac{2}{3}\pi - \frac{1}{2}\sqrt{3}$

3. (a) $2\pi r(r \pm d)$ (b) $\approx 8{,}69 \times 10^6$ km^2
(c) $\approx 2{,}03 \times 10^8$ km^2

5. (a) $P(z) = P_0 + g \int_0^z \rho(x)\,dx$
(b) $(P_0 - \rho_0 gH)(\pi r^2) + \rho_0 gH e^{L/H} \int_{-r}^{r} e^{x/H} \cdot 2\sqrt{r^2 - x^2}\,dx$

7. Altura $\sqrt{2}\,b$, volume $\left(\frac{28}{27}\sqrt{6} - 2\right)\pi b^3$ **9.** $0{,}14$ m

11. $2/\pi;\ 1/\pi$ **13.** $(0, -1)$

APÊNDICES

EXERCÍCIOS A

1. 18 **3.** π **5.** $5 - \sqrt{5}$ **7.** $2 - x$

9. $|x+1| = \begin{cases} x+1 & \text{para } x \geq -1 \\ -x-1 & \text{para } x < -1 \end{cases}$ **11.** $x^2 + 1$

13. $(-2, \infty)$ **15.** $[-1, \infty)$

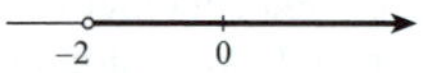

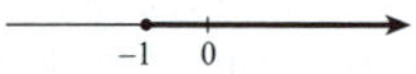

17. $(3, \infty)$ 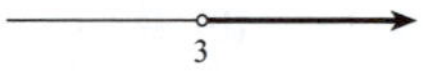   **19.** $(2, 6)$

21. $(0, 1]$ 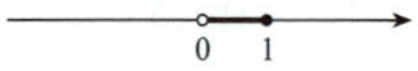   **23.** $\left[-1, \frac{1}{2}\right)$

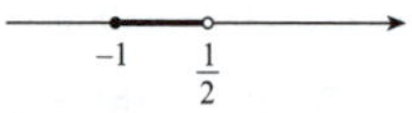

25. $(-\infty, 1) \cup (2, \infty)$ 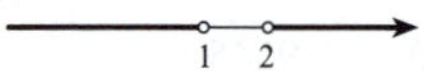   **27.** $\left[-1, \frac{1}{2}\right]$

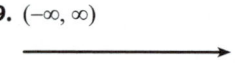

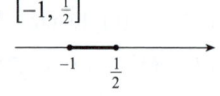

29. $(-\infty, \infty)$ **31.** $\left(-\sqrt{3}, \sqrt{3}\right)$

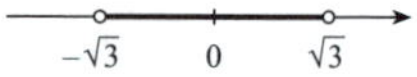

33. $(-\infty, 1]$ 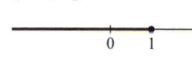   **35.** $(-1, 0) \cup (1, \infty)$

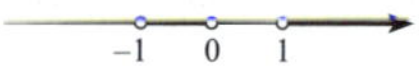

37. $(-\infty, 0) \cup \left(\frac{1}{4}, \infty\right)$

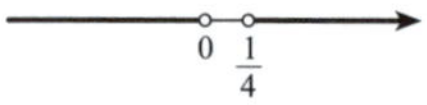

39. $10 \leq C \leq 35$

41. (a) $T = 20 - 10h,\ 0 \leq h \leq 12$
(b) $-30\,°\text{C} \leq T \leq 20\,°\text{C}$

43. $\pm \frac{3}{2}$ **45.** $2, -\frac{4}{3}$ **47.** $(-3, 3)$ **49.** $(3, 5)$

51. $(-\infty, -7] \cup [-3, \infty)$ **53.** $[1,3,\ 1,7]$

55. $[-4, -1] \cup [1, 4]$ **57.** $x \geq (a+b)c/(ab)$

59. $x > (c - b)/a$

EXERCÍCIOS B

1. 5 **3.** $\sqrt{74}$ **5.** $2\sqrt{37}$ **7.** 2 **9.** $-\frac{9}{2}$

17. [gráfico: $x = 3$]   **19.** [gráfico: $xy = 0$]

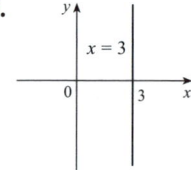

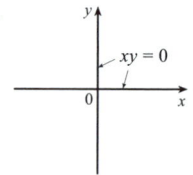

21. $y - 6x - 15$ **23.** $2x - 3y + 19 = 0$

25. $5x + y = 11$ **27.** $y = 3x - 2$ **29.** $y = 3x - 3$

31. $y = 5$ **33.** $x + 2y + 11 = 0$ **35.** $5x - 2y + 1 = 0$

37. $m = -\frac{1}{3},\ b = 0$ **39.** $m = 0,\ b = -2$ **41.** $m = \frac{3}{4},\ b = -3$

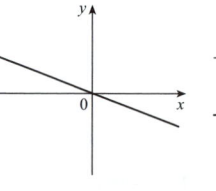

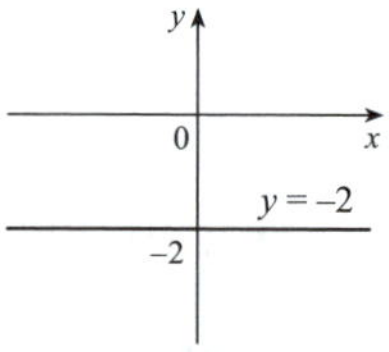

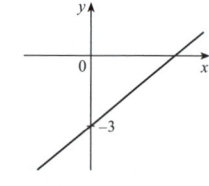

43. [gráfico]   **45.** [gráfico]

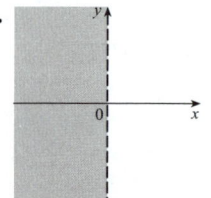

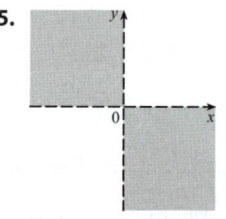

47. [gráfico]   **49.** [gráfico: $y = 4$, $x = 2$]

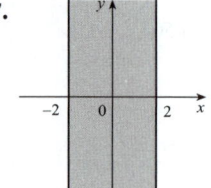

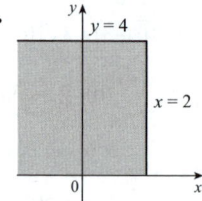

51.

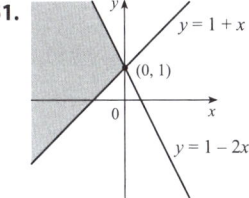

53. $(0, -4)$ **55.** (a) $(4, 9)$ (b) $(3,5; -3)$ **57.** $(1, -2)$
59. $y = x - 3$ **61.** (b) $4x - 3y - 24 = 0$

EXERCÍCIOS C

1. $(x - 3)^2 + (y + 1)^2 = 25$ **3.** $x^2 + y^2 = 65$
5. $(2, -5), 4$ **7.** $\left(-\frac{1}{2}, 0\right), \frac{1}{2}$ **9.** $\left(\frac{1}{4}, -\frac{1}{4}\right), \sqrt{10}/4$
11. Parábola **13.** Elipse

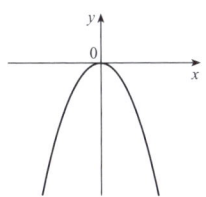

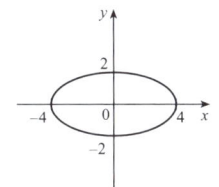

15. Hipérbole 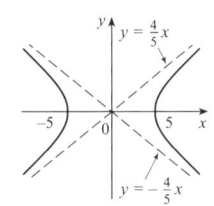 **17.** Elipse

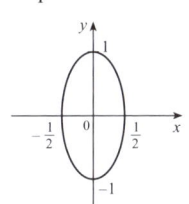

19. Parábola 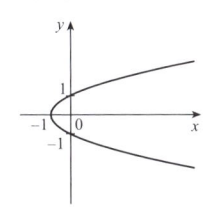 **21.** Hipérbole

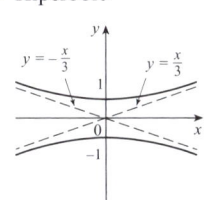

23. Hipérbole 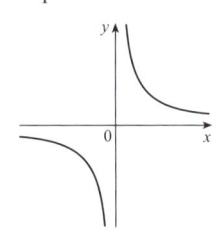 **25.** Elipse

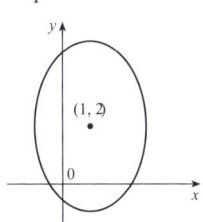

27. Parábola 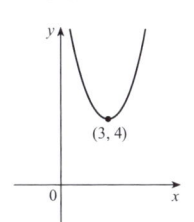 **29.** Parábola

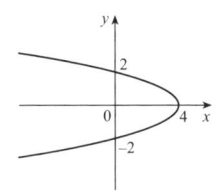

31. Elipse 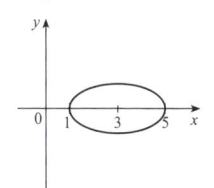 **33.**

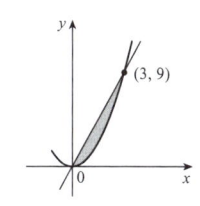

35. $y = x^2 - 2x$
37. **39.**

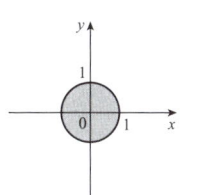

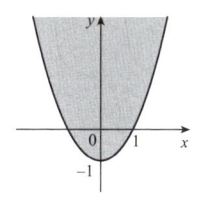

EXERCÍCIOS D

1. $7\pi/6$ **3.** $\pi/20$ **5.** 5π **7.** $720°$ **9.** $75°$
11. $-67,5°$ **13.** 3π cm **15.** $\frac{2}{3}$ rad $= (120/\pi)°$

17. **19.**

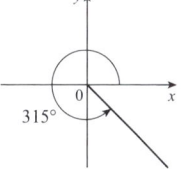

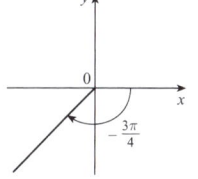

21.

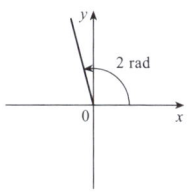

23. $\text{sen}(3\pi/4) = 1/\sqrt{2}$, $\cos(3\pi/4) = -1/\sqrt{2}$, $\text{tg}(3\pi/4) = -1$, $\text{cossec}(3\pi/4) = \sqrt{2}$, $\sec(3\pi/4) = -\sqrt{2}$, $\cotg(3\pi/4) = -1$

25. $\text{sen}(9\pi/2) = 1$, $\cos(9\pi/2) = 0$, $\text{cossec}(9\pi/2) = 1$, $\cotg(9\pi/2) = 0$, $\text{tg}(9\pi/2)$ e $\sec(9\pi/2)$ indefinidos

27. $\text{sen}(5\pi/6) = \frac{1}{2}$, $\cos(5\pi/6) = -1/\sqrt{3}/2$, $\text{tg}(5\pi/6) = -1/\sqrt{3}$, $\text{cossec}(5\pi/6) = 2$, $\sec(5\pi/6) = -2\sqrt{3}$, $\cotg(5\pi/6) = -\sqrt{3}$

29. $\cos\theta = \frac{4}{5}$, $\text{tg}\,\theta = \frac{3}{4}$, $\text{cossec}\,\theta = \frac{5}{3}$, $\sec\theta = \frac{5}{4}$, $\cotg\theta = \frac{4}{3}$

31. $\text{sen}\,\phi = \sqrt{5}/3$, $\cos\phi = -\frac{2}{3}$, $\text{tg}\,\phi = -\sqrt{5}/2$, $\text{cossec}\,\phi = 3/\sqrt{5}$, $\cotg\phi = -2/\sqrt{5}$

33. $\text{sen}\,\beta = -1/\sqrt{10}$, $\cos\beta = -3/\sqrt{10}$, $\text{tg}\,\beta = \frac{1}{3}$, $\text{cossec}\,\beta = -\sqrt{10}$, $\sec\beta = -\sqrt{10}/3$

35. $5,73576$ cm **37.** $24,62147$ cm
59. $\frac{1}{15}\left(4 + 6\sqrt{2}\right)$ **61.** $\frac{1}{15}\left(3 + 8\sqrt{2}\right)$
63. $\frac{24}{25}$ **65.** $\pi/3, 5\pi/3$
67. $\pi/4, 3\pi/4, 5\pi/4, 7\pi/4$ **69.** $\pi/6, \pi/2, 5\pi/6, 3\pi/2$
71. $0, \pi, 2\pi$ **73.** $0 \leq x \leq \pi/6$ e $5\pi/6 \leq x \leq 2\pi$
75. $0 \leq x < \pi/4, 3\pi/4 < x < 5\pi/4, 7\pi/4 < x \leq 2\pi$

77. $\angle C = 62°, a \approx 199{,}55, b \approx 241{,}52$

79. ≈ 1.355 m **81.** $14{,}34457$ cm^2

83.

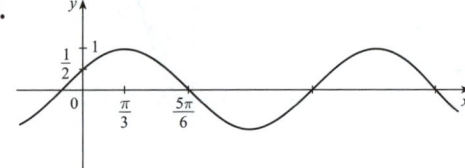

85.

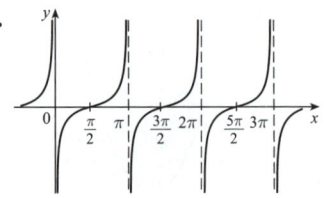

87.

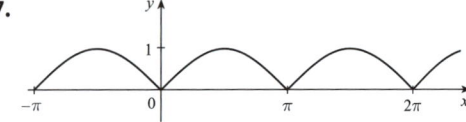

EXERCÍCIOS E

1. $\sqrt{1} + \sqrt{2} + \sqrt{3} + \sqrt{4} + \sqrt{5}$ **3.** $3^4 + 3^5 + 3^6$

5. $-1 + \frac{1}{3} + \frac{3}{5} + \frac{5}{7} + \frac{7}{9}$ **7.** $1^{10} + 2^{10} + 3^{10} + \cdots + n^{10}$

9. $1 - 1 + 1 - 1 + \cdots + (-1)^{n-1}$ **11.** $\sum_{i=1}^{10} i$

13. $\sum_{i=1}^{19} \frac{i}{i+1}$ **15.** $\sum_{i=1}^{n} 2i$ **17.** $\sum_{i=0}^{5} 2^i$ **19.** $\sum_{i=1}^{n} x^i$

21. 80   **23.** 3.276   **25.** 0   **27.** 61   **29.** $n(n+1)$

31. $n(n^2 + 6n + 17)/3$ **33.** $n(n^2 + 6n + 11)/3$

35. $n(n^3 + 2n^2 - n - 10)/4$

41. (a) n^4 (b) $5^{100} - 1$ (c) $\frac{97}{300}$ (d) $a_n - a_0$

43. $\frac{1}{3}$ **45.** 14   **49.** $2^{n+1} + n^2 + n - 2$

EXERCÍCIOS G

1. (b) 0,405

Índice Remissivo

Abel, Niels, 194
Aceleração como uma taxa de variação, 144, 206
Aceleração gravitacional, 431
Ajuste de curva, 16
Ângulo
    do desvio, 264
    entre curvas, 253
Ângulo de um arco-íris, 264
Aplicações
    administração e economia, 313
    áreas entre curvas, 406
    economia e biologia, 541
    engenharia, 530
    física, 234, 530
    funções exponenciais, 40
    integração, 401, 515
Aplicações econômicas, taxas de variação, 212
Aplicações na física, 234
    taxas de variação, 205
Aproximação
    linear, 232
    para e, 163, 359
    pela Regra de Simpson, 491, 492
    pela Regra do Ponto Médio, 360, 487
    pela Regra do Trapézio, 488
    pelas somas de Riemann, 355
    pelo método de Newton, 322
    pelo polinômio de Taylor de grau n, 239
    polinomial, 238
    por diferenciais, 232
    quadrática, 238
    reta tangente, 233
Aproximação da reta tangente, 232
Aproximação pela extremidade esquerda, 487
Arco-íris, formação e localização, 264
Área, 346
    de um círculo, 462
    de uma elipse, 462
    de superfície, 524
de uma superfície de revolução, 523, 529
    entre curvas, 401, 402, 404, 405
    por exaustão, 86
    resultante, 355
sob uma curva, 342, 347, 355
Arquimedes, 86, 385
Assíntotas, 294, 295
    em gráficos, 294
    horizontais, 114, 115, 294
    oblíquas, 294, 298
    verticais, 78, 79, 80, 294
Astroide, 195
Atrito, coeficiente de, 180

Avião, descida de um, 190
Avião, minimizando a energia, 321

Barrow, Isaac, 86, 138, 367, 385
Base de um cilindro, 412
Base de um logaritmo, 49
    mudança, 52
Beisebol e cálculo, 440
Bernoulli, John, 284, 292
Biologia, taxas de variação na, 210
Boato, taxa de disseminação de um, 213
Bruxa de Maria Agnesi, 172

Cabo (pendurar), 240
Calculadora, representação gráfica com, 301
Cálculo, 2
    invenção do, 2
Cálculo de integrais definidas, 357
Cálculo de um arco-íris, 264
Caminho de aproximação para uma aeronave, 190
Capacidade cardíaca, 543
Capacidade de suporte, 217, 276, 291
Cardioide, 195
Carga elétrica, 208
Cascas cilíndricas, 424, 427
Cascas cilíndricas, método das, 424
Catenária, 240, 522
Cauchy, Augustin-Louis, 97
Cavalieri, 492
Centro de gravidade, 532. *Ver também* Centro de massa
Centro de massa, 513, 532
    de uma placa, 535
Centroide, 534
    de uma curva, 540
    de uma região plana, 518
Cilindro aproximante, 414
Cilindro circular, 412
Cilindro reto, 412
Círculo
    área de um, 462
Círculo gordo, 195, 522
Cissoide de Diocles, 195
Coeficiente dominante, 19
Coeficiente Gini, 410
Coeficientes
    de atrito, 180, 263
    de desigualdade, 410
    de um polinômio, 18-19
    dominantes, 19
Combinações de funções, 33
Comportamento final de uma função, 126
Composição de funções, 33, 182
    continuidade da, 109

    derivada da, 183
Compressibilidade, 209
Compressibilidade isotérmica, 209
Comprimento
    de uma curva, 516
Comprimento do arco
    de uma curva, 516
Concavidade, 275
Concentração, 209, 264
Concentração média de álcool no sangue (CAS), 189
Constante da mola, 432
Continuidade
    à esquerda ou à direita, 105
    de um intervalo, 106
    de uma função, 103
Convenção sobre o domínio, 6
Convergência
    de uma integral imprópria, 502, 505
Corrente, 208
Corrente elétrica para um dispositivo de laser por pulso, 61
Cosseno hiperbólico, 239
Crescimento exponencial, 218
Crescimento natural, lei do, 218
Crescimento populacional, 40, 219
    de insetos, 475
    mundial, 41
Cúbica de Tschirnhausen, 196, 410
Curva assintótica, 301
Curva de aprendizado, 213
Curva de demanda, 313, 541
Curva de esquecimento de Ebbinghaus, 217
Curva de Lorenz, 410
Curva do diabo, 190
Curva dose-resposta, 282
Curva lisa, 516
Curva ponta de bala, 188
Curvas
    ângulo entre, 253
    área entre, 402
    assintóticas, 301
    comprimento das, 516
    curva de esquecimento de Ebbinghaus, 217
    de aprendizagem, 213
    de demanda, 541
    do diabo, 196
    famílias de curvas implícitas, 197
    lisas, 516
    ortogonais, 196
    ponta de bala, 188
    serpentina, 172
Curvas ortogonais, 196
Custo marginal, 212

Datação por radiocarbono, 224
Decaimento exponencial, 218
Decaimento radioativo, 220
Demonstração da Regra da Cadeia, 187
Densidade
  de líquidos, 530
  linear, 208, 380
  massa versus peso, 530, 531
Densidade linear, 208, 380
Derivação implícita, 191, 192
Derivada, 127, 130
  à direita, 149
  à esquerda, 149
  como a inclinação da tangente, 127, 132
  como uma função, 138
  como uma taxa de variação, 127
  de funções exponenciais, 158, 186
  de funções hiperbólicas, 239, 241
  de funções logarítmicas, 198
  de funções trigonométricas inversas, 198, 200, 203
  de funções trigonométricas, 174, 176
  de ordem superior, 144
  de um polinômio, 158
  de um produto, 168, 169
  de um quociente, 170
  de uma função composta, 181
  de uma função constante, 158
  de uma função crescente ou decrescente, 272
  de uma função exponencial natural, 164
  de uma função hiperbólica inversa, 243
  de uma função ímpar, 149
  de uma função inversa, 198
  de uma função par, 149
  de uma função potência, 158
  de uma integral, 367
  domínio da, 138
  e a forma de um gráfico, 271
  notação, 141
  segunda, 144
  terceira, 145
Descarga (fluxo), 542
Descida de uma aeronave, determinando o início da, 109
Descontinuidade, 103, 104
Descontinuidade em saltos, 104
Descontinuidade infinita, 104
Descontinuidade removível, 104
Desigualdade triangular, 100
Desigualdade, coeficiente de, 410
Deslocamento, 129, 380
Deslocamento de uma função, 29
Deslocamento horizontal de uma função, 29
Deslocamento vertical de um gráfico, 29
Desvio padrão, 549
Desvio, ângulo de, 264
Diagrama de dispersão, 4, 5
Diagrama de flechas, 3

Diagrama de máquina de uma função, 2
Diferença indeterminada, 287
Diferenciação, 141, 157
  como um processo inverso da integração, 373
  fórmulas para, 172
  implícita, 191, 192
  logarítmica, 200
Diferenciação logarítmica, 198
Diferencial, 232, 235, 386
Diretrizes para integração, 476
Discos e anéis versus cascas cilíndricas, 427
Dispersão, 264
Distribuição logística, 551
Distribuição normal, 549
Divergência
  de uma integral imprópria, 499, 502
Domínio de uma função, 2
Domínio, determinação no esboço de uma curva, 293, 294

e (o número), 42, 163
  como um limite, 202
Ebbinghaus, Hermann, 217
Efeito Stiles-Crawford, 291
Elipse, 195
  área, 462
  girada, 197
Energia cinética, 440
Entrada de uma função como máquina, 3
Equação de foguete, 453
Equação de van der Waals, 197
Equação diferencial, 166, 218, 329
Equação logística, 291
Equações
  de cancelamento, 47
  de grau n, 194
  do n-ésimo grau, 194
Equações de cancelamento
  para funções inversas, 47
  para funções trigonométricas inversas, 49, 53
  para logaritmos, 49
Equilíbrio de mercado, 544
Erro
  na integração aproximada, 489, 490
  porcentagem, 236
  relativo, 236
Erro percentual, 236
Erro relativo, 236
Esboço de curvas, 277
  procedimento para, 293
Esboço de curvas, roteiro para, 293
Estado fundamental, 552
Estereografia estelar, 507
Estimativa de erro
  para a Regra de Simpson, 491
  para a Regra do Ponto Médio, 489, 490
  para a Regra do Trapézio, 489, 490
Estratégia
  para integração, 476, 477

  para integrais trigonométricas, 456, 457
  para problemas de otimização, 308, 309, 310
  para resolução de problemas, 61, 227
  para taxas relacionadas, 226
Estratégia de resolução de problemas, 227
Euclides, 86
Eudoxo, 86, 385
Euler, Leonhard, 42, 255
Excedente do consumidor, 541
Excedente do produtor, 544
Excedente total, 544
Expansão de uma função, 30
Exponentes, propriedades dos, 39
Extrapolação, 18

Família
  de curvas implícitas, 197
  de funções, 20, 305, 306
  de funções exponenciais, 38
Fator quadrático, 470
Fator quadrático irredutível, 470
  repetido, 472
Fator quadrático irredutível repetido, 472
Fatores lineares distintos, 468
Fatores lineares repetidos, 469
Fermat, Pierre, 138, 259, 385
Fluxo laminar, lei do, 211, 542
Fluxo líquido de investimento, 544
Fluxo sanguíneo, 211, 319, 542
Fluxo, 542
Fólio de Descartes, 191
Força, 431
  exercida por um fluido, 531
Força líquida, 531
Formação de capital, 544
Formas indeterminadas de limites, 283, 286, 287
Formas trigonométricas de integrais, 482
Fórmula de comprimento do arco, 517
Fórmula de redução, 451, 452, 455
Fórmulas de primitivação, 328, 329
Fourier, Joseph, 214
Frações parciais, 467, 468
Fresnel, Augustin, 370
Função, 2
  algébrica, 22
  arco-seno, 53
  área, 366
  combinações de, 33
  comportamento final da, 126
  composta, 33, 181
  constante, 158
  contínua, integração de, 479
  contínua, 87, 103
  continuidade de, 103
  crescente, 10, 11
  cúbica, 19
  de comprimento do arco, 516, 519
  de custo, 212, 313
  de custo marginal, 212, 313, 380
  de custo médio, 317

de Bessel, 197
de erro, 375
de Fresnel, 370, 375
de Heaviside, 37
decrescente, 10
definida por partes, 8
demanda, 313, 541
densidade de probabilidade, 545
densidade normal, 282
derivada da, 130, 138
descontínua, 103
deslocada, 29
diagrama de flechas, 3
diferenciabilidade da, 141
domínio da, 2
elementar, 479
empírica, 16
erro, 375
escada, 9
expandida, 30
exponencial natural, 42, 164
exponencial, 24, 38, 40, 42, 163
família da, 20, 305, 306
gráfico da, 3
hiperbólica inversa, 241
hiperbólica, 241
ímpar, 9, 149, 293
implícita, 191
injetora, 46
inteiro maior, 90
intervalo da, 2
inversa da tangente, 54
inversa do cosseno, 54
inversa do seno, 53
inversa, 45, 46
limite da, 72, 93
linear, 15
lisa, 516
logarítmica natural, 50
logarítmica, 24, 49
lucro marginal, 313
lucro, 308
não diferenciável, 143
par, 9, 149, 293
periódica, 293
piso, 90
polinômio, 18
ponto fixo da, 155, 271
posição, 129
potência, 20, 158
propriedades contínuas, 106
quadrática, 19
racional, 22, 477
raiz, 21
rampa, 37
receita marginal, 313
receita, 313
recíproca, 21
refletida, 30
regras para definir, 7
representações de, 2, 4
seno integral, 375

simétrica, 390
sinal, 92
tabular, 5
transcendente, 29
transformação da, 29
translações da, 29
trigonométrica, 23
trigonométrica inversa, 53, 55, 202, 203
valor absoluto, 8
valor da, 2
valor médio da, 437, 547
valores extremos, 256
valores máximos e mínimos de, 256
Função cosseno
  derivada da, 176
  gráfico da, 23
Função de comprimento do arco, 519
Função de custo, 212, 313
Função de custo marginal, 133, 212, 313, 380
Função de custo médio, 317
Função de demanda, 313, 541
Função de densidade de probabilidade, 545, 546
Função de Fresnel, 370
Função de posição, 129
Função de valor absoluto, 8
Função decrescente, 10, 11
Função definida por partes, 8
Função descontínua, 103
Função diferenciável, 141
  quando uma função não pode ser, 143
Função do logaritmo natural, 50, 52
  derivada da, 198
Função do maior inteiro, 90
Função elementar, integralidade de, 479
Função escada, 9
Função exponencial, 24, 40, 163, 186
  derivada, 158, 183
  gráficos da, 38
  integração da, 358, 385, 386
  limites da, 115
Função exponencial natural, 42, 163
  derivada da, 161
  gráfico da, 164
Função ímpar, 10, 293
Função implícita, 191, 192
Função injetora, 46
Função integrável, 354
Função inversa da tangente, 54
Função inversa do cosseno, 54
Função inversa do seno, 53
Função lucro, 313
Função não diferenciável, 143
Função oferta, 544
Função polinomial, 18
Função potência, 20
  derivada da, 158
Função quadrática, 19
Função racional, 22, 477
  continuidade de uma, 106

integração, 467
Função raiz, 21
Função rampa, 37
Função receita, 313
Função recíproca, 21
Função secante
  derivada da, 176
Função seno
  derivada da, 176, 177
  gráfico da, 23
Função seno integral, 375
Função sinal, 92
Função tabular, 5
Função tangente
  derivada da, 176
  gráfico da, 25
Função transcendente, 23
Funções de receita marginal, 313
Funções hiperbólicas, 239
  derivadas de, 241
  inversas, 241, 242, 243
Funções hiperbólicas inversas, 241
Funções inversas, 45, 46
Funções logarítmicas, 24, 49
  com base b, 52
  derivadas de, 200
  gráficos de, 49, 54
  limites de, 80
  propriedades de, 50
Funções simétricas, integrais de, 390
Funções trigonométricas, 23, 477
  derivadas de, 174, 176
  gráficos de, 23, 24
  integrais de, 376, 454
  inversas, 53, 202, 203
  limites envolvendo, 177, 178
Funções trigonométricas inversas, 53, 54, 198, 202, 203

G (constante gravitacional), 215, 436
Galois, Evariste, 194
Gini, Corrado, 410
Gradiente de velocidade, 212
Gráfico exponencial, 37
Gráficos
  de funções exponenciais, 38, 163
  de funções logarítmicas, 52, 53
  de funções potência, 210
  de funções trigonométricas, 23
  de uma função, 3
Grande Pirâmide de Quéops, 436
Grau de um polinômio, 19
Gregory, James, 182, 458, 492

Heaviside, Oliver, 76
Hipérbole, 195

Identidades
  hiperbólicas, 240
  de produto para integrais
    trigonométricas, 459
  trigonométricas, 460

Imagem de uma função, 2
Impulso de uma força, 440
Inclinação de uma curva, 128
Incremento, 132
Indução matemática, 62, 63
    princípio da, 62, 63
Integração, 354, 373
    aproximada, 487
    com tabelas, 481
    com tecnologia, 481, 483
    de funções exponenciais, 354, 388
    de funções racionais, 467
    de funções trigonométricas, 454
    de potências da secante e da tangente, 456
    de potências do seno e do cosseno, 454
    em relação a x, 402
    em relação a y, 405
    fórmulas, 447, 476
    indefinida, 376
    limites de, 353
    numérica, 494
    por frações parciais, 467
    por partes, 448, 449, 450, 451, 477
    por substituições racionalizantes, 473
    substituição na, 386
    técnicas de, 447
Integração definida
    por partes, 448, 449, 450, 451
    por substituição, 389
Integração numérica adaptativa, 494
Integração parcial, 447, 448, 449
Integrais
    aproximações de, 359
    cálculo de, 357
    de funções simétricas, 390
    definidas, 353
    derivadas de, 369
    impróprias, 498
    indefinidas, 376, 448
    mudança de variáveis em, 385
    padrões em, 486
    propriedades comparativas de, 362
    propriedades de, 361
    tabela de, 447, 476, 481
    trigonométricas, 454
    unidades para, 382
Integrais indefinidas, 376
    Regra de Substituição para, 386
    tabela de, 377
Integrais trigonométricas, 454
    estratégia para calcular, 456, 457
Integral definida, 353
    cálculo, 357
    propriedades da, 361
    Regra de Substituição para, 389
Integral imprópria, 499, 502
    convergência ou divergência de, 500, 502
    teste de comparação para, 504
Integral imprópria divergente, 499, 502

Integrando, 354, 454
    descontínuo, 502
Integrandos descontínuos, 502
Interpolação, 18
Interpretações de uma derivada, 214
Intersecções, 293, 295
Intervalo infinito, 498, 499
Intervalos de crescimento e decrescimento, 295
Invenção do cálculo, 2
    Newton e Leibniz, disputa de prioridade entre, 385

Jerk, 145
Joule, 431
Juros capitalizados, 222, 291
Juros capitalizados continuamente, 222

Kampyle de Eudoxo, 196

l'Hôspital, Marquês de, 284
Lagrange, Joseph-Louis, 267, 268
Lâmina, 534
Laplace, transformada de, 507
Latas, minimizando o custo da fabricação de, 320
Lei da Gravitação, 215, 436
Lei da Renda de Pareto, 545
Lei de Boyle, 216, 231
Lei de Coulomb, 300
Lei de Gravitação de Newton, 215, 436
Lei de Hooke, 432
Lei de Poiseuille, 237, 319, 543, 545
Lei de Resfriamento de Newton, 221
Lei de Snell, 318
Lei de Torricelli, 215
Lei do crescimento natural, 218
Lei do crescimento ou decaimento natural, 218
Lei do decaimento natural, 218
Lei do fluxo laminar, 211, 542
Lei do inverso do quadrado, 22
Lei do resfriamento, 221
Leibniz, Gottfried Wilhelm, 141, 367, 385
Lemniscata, 196
Libra (unidade de força), 431
Limites, 72
    à direita, 76, 98
    à esquerda, 76, 98
    avaliação gráfica, 72
    cálculo de, 84, 86
    da integração, 354
    de funções exponenciais, 120
    de funções logarítmicas, 81
    de uma função trigonométrica, 177
    de uma função, 72
    de uma sequência, 344
    definição intuitiva, 72
    definições precisas, 93, 94, 98, 101, 121, 122, 124
    e (o número) como um, 202

    envolvendo funções de seno e cosseno, 174, 175, 176
    inferior da integração, 354
    infinitos, 78, 100, 120
    laterais, 76, 98
    no infinito, 114, 115, 117, 120, 121, 124
    propriedades dos, 843
    superior de integração, 354
Limites de erro, 489, 490
Limites laterais, 76, 98
Linearização, 232
Logaritmos, 24, 49
    naturais, 50
    notação de, 50
    propriedades dos, 49, 50

Máximo e mínimo absolutos, 256, 230
Máximo e mínimo globais, 256
Máximo e mínimo locais, 256, 294, 295
Média de uma função de densidade de probabilidade, 548
Mediana de uma função de densidade de probabilidade, 549
Meia vida, 220
Método da arruela, 416
Método da exaustão, 86
Método das cascas cilíndricas, 424
Método das cascas para aproximação de volume, 424
Método das frações parciais, 467
Método de diluição de contraste, 543
Método de Newton, 322
Método de Newton-Raphson, 322
Método do disco para aproximar volume, 414
Método do Intervalo Fechado, 258
Método dos mínimos quadrados, 17
Modelagem
crescimento populacional, 40, 219
Modelo empírico, 16
Modelo linear, 15
Modelo matemático, 5, 15
Modelo predador-presa, 217
Modelos matemáticos, 4, 15
    empíricos, 16
    exponenciais, 24, 38
    função potência, 20
    função racional, 22
    lineares, 15
    logarítmicos, 24
    para crescimento populacional, 219
    polinomiais, 18
    trigonométricos, 23, 24
Momento de um objeto, 440
Momentos
    de um sistema de partículas, 533
    de uma lâmina, 534
    de uma massa, 533
    em relação a um eixo, 533
Montanha-russa, projeto de uma, 167
Movimento harmônico simples, 189

Movimento retilíneo de um objeto, 330
Mudança de base, fórmula para, 52
Mudança de variáveis
    na integração, 385, 386

Newton (unidade de força), 440
Newton, Sir Isaac, 2, 86, 138, 367, 385
Notação de função, 2
Notação de Leibniz, 141
Notação de linha, 130, 161
Notação delta (Δ), 132
Notação sigma, 347
Número crítico, 258, 260

Onde sentar no cinema, 441
Operador diferencial, 141
Orbital, 552

Padrões em integrais, 486
Pappus de Alexandria, 537
Parábola
    propriedade de reflexão, 360
Paraboloide, 253
Paralelepípedo, 412
Paralelepípedo retangular, 412
Partes, integração por, 447, 448, 449
Pascal (unidade de pressão), 530
Pássaros, minimizando a energia dos, 321
Pêndulo, aproximação do período de um, 234, 238
Perda de células vermelhas do sangue durante cirurgias, 225
Período, 293
Peso (força), 431
Placa vertical, 531
Poiseuille, Jean-Louis-Marie, 211
Polinômio, 18
Polinômio de Taylor, 239
Ponto de inflexão, 276, 294
Ponto de libração, 327
Ponto de rede, 254
Ponto fixo de uma função, 155, 271
Pontos amostrais, 347, 354
Potência, 134
Potencial, 510
Potências indeterminadas, 288
Pressão e força hidrostática, 530
Pressão exercida por um fluido, 530
Primitiva particular, 483
Primitivas, 327, 328
Primitivas, traçando gráficos de, 330
Princípio da indução matemática, 62, 63
Princípio da simetria, 534
Princípio de Arquimedes, 444
Princípio de Cavalieri, 423
Princípio de Fermat, 318
Princípios de resolução de problemas, 61
    dividir em casos, 61, 64, 266
    entender o problema, 1
    executar um plano, 62
    introduzir algo mais, 61, 385
    planejar, 61

    reconhecer algo familiar, 61
    reconhecer padrões, 61
    rever para encontrar uma solução, 62, 227
    usar analogias, 61
    usos, 154, 333, 385, 397
Probabilidade, 545
Problema da agulha de Buffon, 556
Problema da tangente, 68, 130
Problema de área, 342
Problema de distância, 349
Problema de velocidade, 70, 130
Problemas de otimização, 256, 308
Processos inversos, diferenciação e integração como, 373
Produtividade média, 217
Produto de Wallis, 453
Produto indeterminado, 286
Propriedade da Diferença dos limites, 84
Propriedade da Multiplicação por Constante dos limites, 84
Propriedade da Potência dos limites, 85
Propriedade da Raiz dos limites, 85
Propriedade da Soma dos limites, 84, 99
Propriedade de reflexão
    de uma parábola, 250, 251
Propriedade de Substituição Direta, 87
Propriedade do Produto dos limites, 84
Propriedade do Quociente dos limites, 84
Propriedades comparativas da integral, 362
Propriedades de funções contínuas, 106
Propriedades de uma integral definida, 360
Propriedades dos expoentes, 39
Propriedades dos limites, 84, 85, 99
Propriedades dos logaritmos, 50

Quociente de diferença, 4
Quociente de diferença simétrica, 137

Radiano (medida), 23, 75
Raio de Bohr, 552
Raios paraxiais, 234
Ramificação vascular, 319
Reação química, 208, 209
Reflexão de uma função, 30
Região
    debaixo de um gráfico, 342, 346
    entre dois gráficos, 402
Regra da Cadeia, 181, 182, 183, 186
Regra da Diferença, 161
Regra da Multiplicação por Constante, 161
Regra da potência, 159, 160, 181, 201
Regra da soma, 161
Regra de l'Hôspital, 283, 284, 285, 292
    origens, 292
Regra de Simpson, 491, 492, 498
    limites de erro para, 494
Regra de Substituição, 385, 386, 389
    para integrais definidas, 389
    para integrais indefinidas, 386
Regra do Ponto Médio, 359, 487, 488
    erro ao usar, 489

Regra do Produto, 168, 169
    estendida para três funções, 173
Regra do Quociente, 168, 170, 171
Regra do Recíproco, 174
Regra do Trapézio, 487, 488
    erro na, 489
Regressão linear, 17
Representação de uma função, 4, 5
Representações visuais de uma função, 2, 4
Reta normal, 160
Reta secante, 68, 69, 71
Reta tangente, 127, 128
    de uma curva, 68, 128
    métodos iniciais para encontrar, 138
    vertical, 143
Reta tangente vertical, 143
Retas em um plano, 68
    normal, 160
    secante, 68, 69
    tangente, 68, 69, 127
Revolução, sólido de, 414
Revolução, superfície de, 523
Riemann, Georg Bernhard, 354
Roberval, Gilles de, 372
Rolle, Michel, 266
Roteiro para esboçar curvas, 293

Saída de uma regra de função, 3
Secção transversal, 412
Segunda derivada, 144
    de uma função implícita, 194
Segunda Lei do Movimento de Newton, 431, 432
Segundo Teorema de Pappus, 540
Seno hiperbólico, 239
Sensibilidade, 217
Sequência
    limite de uma, 337
Série de Fourier finita, 460
Serpentina (curva), 172
Simetria, 293, 295, 390
Simpson, Thomas, 492
Sinal de integral, 354
Síntese de FM, 305
Sólido, 430
Sólido de revolução, 414
    rotação em uma reta inclinada, 529
    volume de um, 418, 425, 529
Soma, 347
    de frações parciais, 468
    de Riemann, 354
    inferior, 347
    superior, 347
Soma de Riemann, 354, 487
Soma inferior, 347
Soma superior, 347
Substituição hiperbólica, 464
Substituição racionalizante para integração, 473
Substituição trigonométrica, 460
Substituição Weierstrass, 475
Substituições trigonométricas, 460, 463, 464

tabela de, 460
Superfície aproximante, 523
Superfície de revolução, 523
  área superficial de uma, 524

Tabela de fórmulas da primitivação, 329
Tabela de fórmulas de derivação, 172
Tabela de integrais, 476, 481
  uso de, 481
Tabela de substituições trigonométricas, 461
Taxa de crescimento, 210, 218, 380
  relativa, 219
Taxa de fertilidade total, 153
Taxa de reação, 134, 209, 380
Taxa de variação
  derivada como uma, 127
  instantânea, 71, 132, 205
  interpretações da, 214
  média, 132, 205
  nas ciências naturais, 205
  nas ciências sociais, 205
Taxa instantânea de crescimento, 210
Taxa instantânea de reação, 209
Taxa instantânea de variação, 70, 132, 205
Taxas relacionadas, 226
Técnicas de integração, resumo de, 477
Tecnologia, armadilhas do uso de, 78
Telescópio espacial Hubble, 261
Tempo médio de espera, 548
Teorema Binomial, 158, 484
Teorema da Variação Total, 379
Teorema de Comparação para integrais, 504
Teorema de Fermat, 258, 259
Teorema de Pappus, 537
Teorema de Pitágoras, 461
Teorema de Rolle, 265
Teorema do Confronto, 90
Teorema do Valor Extremo, 257
Teorema do Valor Intermediário, 110

Teorema do Valor Médio, 265, 266, 267, 268
  para integrais, 437
Teorema Fundamental do Cálculo, 367, 373
  Parte 1, 367, 369
  Parte 2, 371
Terceira derivada, 145
Teste Crescente/Decrescente (CD), 272, 294
Teste da Primeira Derivada, 273
  para Valores Extremos Absolutos, 310
Teste da Reta Horizontal, 46
Teste da Reta Vertical, 7
Teste da Segunda Derivada, 276
Teste de Comparação para integrais impróprias, 504
Teste de Concavidade, 275
Tolerância ao erro, 94
Torneio de comprimento do arco, 522
Toro, 422, 537
Trabalho (força), 431, 432
Trajetórias ortogonais, 196
Transformação
de uma função raiz, 31
de uma função, 29
Transformada de Laplace, 507
Translação de uma função, 29
Trombeta de Gabriel, 506, 528
Tronco, 421, 422

Uso de tecnologia, 78, 483, 496, 510

Valor absoluto, 8, 114
Valor de uma função, 2
Valor extremo, 256
Valor futuro da renda, 545
Valor inicial, 218
Valor inicial de uma função de crescimento, 218
Valor limite, 71

Valor médio de uma função, 436, 547
Valor presente da renda, 545
Valor principal de Cauchy para uma integral, 506
Valores absolutos máximos e mínimos, 256, 260
Valores extremos do ponto de extremidade, 257
Valores máximos e mínimos, 256
Variáveis
  aleatórias contínuas, 545
  dependentes, 2
  independentes, 2
  mudança de, 386
  Velocidade, 70, 129, 205, 380
  de escape, 507
  de uma partícula, 133
  instantânea, 71, 129, 130, 205
  média, 71, 130, 205
  média das moléculas, 506
Vida média de um átomo, 507
Volume, 412
  de um sólido, 412, 413
  de um sólido de revolução, 414, 529
  de um sólido em uma reta inclinada, 529
  definição de, 412, 413
  por arruelas, 416, 417
  por cascas cilíndricas, 424
  por discos, 414, 417
  por seções transversais, 418, 419, 542

Weierstrass, Karl, 475
Weierstrass, substituição, 475

Xícaras de café como superfícies de revolução, 540

Zona tórrida, 555
Zonas esféricas, 529, 556

PÁGINA DE REFERÊNCIA 1

ÁLGEBRA

Operações Aritméticas

$a(b+c) = ab + ac$

$\dfrac{a}{b} + \dfrac{c}{d} = \dfrac{ad+bc}{bd}$

$\dfrac{a+c}{b} = \dfrac{a}{b} + \dfrac{c}{b}$

$\dfrac{\frac{a}{b}}{\frac{c}{d}} = \dfrac{a}{b} \times \dfrac{d}{c} = \dfrac{ad}{bc}$

Expoentes e Radicais

$x^m x^n = x^{m+n}$ $\qquad$ $\dfrac{x^m}{x^n} = x^{m-n}$

$(x^m)^n = x^{mn}$ $\qquad$ $x^{-n} = \dfrac{1}{x^n}$

$(xy)^n = x^n y^n$ $\qquad$ $\left(\dfrac{x}{y}\right)^n = \dfrac{x^n}{y^n}$

$x^{1/n} = \sqrt[n]{x}$ $\qquad$ $x^{m/n} = \sqrt[n]{x^m} = \left(\sqrt[n]{x}\right)^m$

$\sqrt[n]{xy} = \sqrt[n]{x} \sqrt[n]{y}$ $\qquad$ $\sqrt[n]{\dfrac{x}{y}} = \dfrac{\sqrt[n]{x}}{\sqrt[n]{y}}$

Fatoração de Polinômios Especiais

$x^2 - y^2 = (x+y)(x-y)$

$x^3 + y^3 = (x+y)(x^2 - xy + y^2)$

$x^3 - y^3 = (x-y)(x^2 + xy + y^2)$

Teorema Binomial

$(x+y)^2 = x^2 + 2xy + y^2$ $\qquad$ $(x-y)^2 = x^2 - 2xy + y^2$

$(x+y)^3 = x^3 + 3x^2 y + 3xy^2 + y^3$

$(x-y)^3 = x^3 - 3x^2 y + 3xy^2 - y^3$

$(x+y)^n = x^n + nx^{n-1}y + \dfrac{n(n-1)}{2} x^{n-2} y^2$

$\qquad + \cdots + \binom{n}{k} x^{n-k} y^k + \cdots + nxy^{n-1} + y^n$

onde $\binom{n}{k} = \dfrac{n(n-1)\cdots(n-k+1)}{1 \cdot 2 \cdot 3 \cdot \,\cdots\, \cdot k}$

Fórmula Quadrática

Se $ax^2 + bx + c = 0$, então $x = \dfrac{-b \pm \sqrt{b^2 - 4ac}}{2a}$.

Desigualdades e Valor Absoluto

Se $a < b$ e $b < c$, então $a < c$.

Se $a < b$, então $a + c < b + c$.

Se $a < b$ e $c > 0$, então $ca < cb$.

Se $a < b$ e $c < 0$, então $ca > cb$.

Se $a > 0$, então

$\qquad |x| = a$ significa que $\quad x = a$ ou $x = -a$

$\qquad |x| < a$ significa que $\quad -a < x < a$

$\qquad |x| > a$ significa que $\quad x > a$ ou $x < -a$

GEOMETRIA

Fórmulas Geométricas

Fórmulas para área A, circunferência C e volume V:

Triângulo $\qquad$ Círculo $\qquad$ Setor do Círculo

$A = \tfrac{1}{2} bh$ $\qquad$ $A = \pi r^2$ $\qquad$ $A = \tfrac{1}{2} r^2 \theta$

$ = \tfrac{1}{2} ab \operatorname{sen} \theta$ $\qquad$ $C = 2\pi r$ $\qquad$ $s = r\theta$ (θ em radiano)

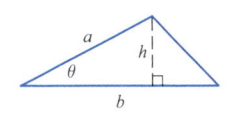

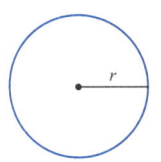

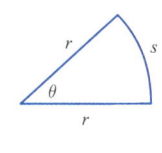

Esfera $\qquad$ Cilindro $\qquad$ Cone

$V = \tfrac{4}{3} \pi r^3$ $\qquad$ $V = \pi r^2 h$ $\qquad$ $V = \tfrac{1}{3} \pi r^2 / h$

$A = 4\pi r^2$ $\qquad\qquad\qquad\qquad$ $A = \pi r \sqrt{r^2 + h^2}$

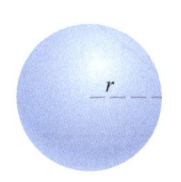

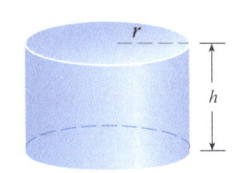

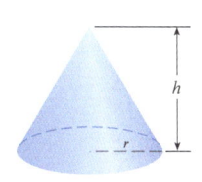

Fórmulas de Distância e Ponto Médio

Distância entre $P_1(x_1, y_1)$ e $P_2(x_2, y_2)$:

$$d = \sqrt{(x_2 - x_1)^2 + (y_2 - y_1)^2}$$

Ponto Médio de $\overline{P_1 P_2}$: $\left(\dfrac{x_1 + x_2}{2}, \dfrac{y_1 + y_2}{2}\right)$

Retas

Inclinação da reta passando por $P_1(x_1, y_1)$ e $P_2(x_2, y_2)$:

$$m = \dfrac{y_2 - y_1}{x_2 - x_1}$$

Equação da reta passando por $P_1(x_1, y_1)$ com inclinação m:

$$y - y_1 = m(x - x_1)$$

Equação da reta com inclinação m e interceptando o eixo y em b:

$$y = mx + b$$

Circunferências

Equação da circunferência com centro (h, k) e raio r:

$$(x - h)^2 + (y - k)^2 = r^2$$

PÁGINA DE REFERÊNCIA 2

TRIGONOMETRIA

Medida de Ângulo

π radianos = 180°

$1° = \dfrac{\pi}{180}$ rad 1 rad $= \dfrac{180°}{\pi}$

$s = r\theta$

(θ em radianos)

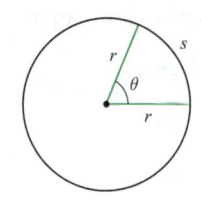

Trigonometria do Triângulo Retângulo

$\operatorname{sen}\theta = \dfrac{\text{op}}{\text{hip}}$ $\operatorname{cossec}\theta = \dfrac{\text{hip}}{\text{op}}$

$\cos\theta = \dfrac{\text{adj}}{\text{hip}}$ $\sec\theta = \dfrac{\text{hip}}{\text{adj}}$

$\operatorname{tg}\theta = \dfrac{\text{op}}{\text{adj}}$ $\operatorname{cotg}\theta = \dfrac{\text{adj}}{\text{op}}$

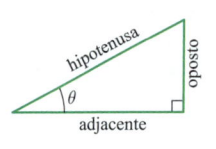

Funções Trigonométricas

$\operatorname{sen}\theta = \dfrac{y}{r}$ $\operatorname{cossec}\theta = \dfrac{r}{y}$

$\cos\theta = \dfrac{x}{r}$ $\sec\theta = \dfrac{r}{x}$

$\operatorname{tg}\theta = \dfrac{y}{x}$ $\operatorname{cotg}\theta = \dfrac{x}{y}$

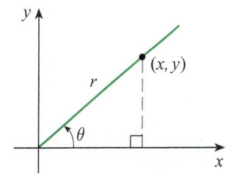

Gráficos de Funções Trigonométricas

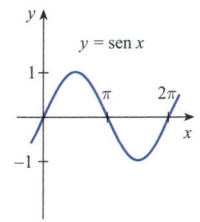

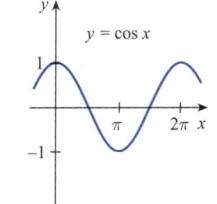

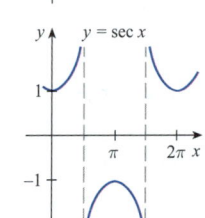

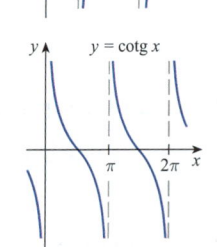

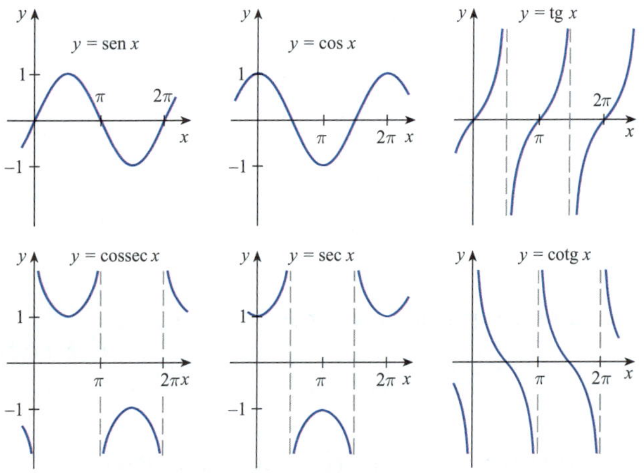

Funções Trigonométricas de Ângulos Importantes

θ	radianos	$\operatorname{sen}\theta$	$\cos\theta$	$\operatorname{tg}\theta$
0°	0	0	1	0
30°	$\pi/6$	$1/2$	$\sqrt{3}/2$	$\sqrt{3}/3$
45°	$\pi/4$	$\sqrt{2}/2$	$\sqrt{2}/2$	1
60°	$\pi/3$	$\sqrt{3}/2$	$1/2$	$\sqrt{3}$
90°	$\pi/2$	1	0	—

Identidades Fundamentais

$\operatorname{cossec}\theta = \dfrac{1}{\operatorname{sen}\theta}$ $\sec\theta = \dfrac{1}{\cos\theta}$

$\operatorname{tg}\theta = \dfrac{\operatorname{sen}\theta}{\cos\theta}$ $\operatorname{cotg}\theta = \dfrac{\cos\theta}{\operatorname{sen}\theta}$

$\operatorname{cotg}\theta = \dfrac{1}{\operatorname{tg}\theta}$ $\operatorname{sen}^2\theta + \cos^2\theta = 1$

$1 + \operatorname{tg}^2\theta = \sec^2\theta$ $1 + \operatorname{cotg}^2\theta = \operatorname{cossec}^2\theta$

$\operatorname{sen}(-\theta) = -\operatorname{sen}\theta$ $\cos(-\theta) = \cos\theta$

$\operatorname{tg}(-\theta) = -\operatorname{tg}\theta$ $\operatorname{sen}\left(\dfrac{\pi}{2} - \theta\right) = \cos\theta$

$\cos\left(\dfrac{\pi}{2} - \theta\right) = \operatorname{sen}\theta$ $\operatorname{tg}\left(\dfrac{\pi}{2} - \theta\right) = \operatorname{cotg}\theta$

Lei dos Senos

$\dfrac{\operatorname{sen} A}{a} = \dfrac{\operatorname{sen} B}{b} = \dfrac{\operatorname{sen} C}{c}$

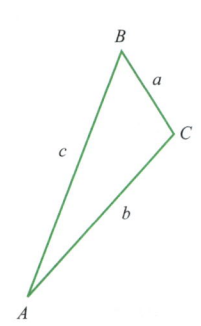

Lei dos Cossenos

$a^2 = b^2 + c^2 - 2bc \cos A$

$b^2 = a^2 + c^2 - 2ac \cos B$

$c^2 = a^2 + b^2 - 2ab \cos C$

Fórmulas de Adição e Subtração

$\operatorname{sen}(x + y) = \operatorname{sen} x \cos y + \cos x \operatorname{sen} y$

$\operatorname{sen}(x - y) = \operatorname{sen} x \cos y - \cos x \operatorname{sen} y$

$\cos(x + y) = \cos x \cos y - \operatorname{sen} x \operatorname{sen} y$

$\cos(x - y) = \cos x \cos y + \operatorname{sen} x \operatorname{sen} y$

$\operatorname{tg}(x + y) = \dfrac{\operatorname{tg} x + \operatorname{tg} y}{1 - \operatorname{tg} x \operatorname{tg} y}$

$\operatorname{tg}(x - y) = \dfrac{\operatorname{tg} x - \operatorname{tg} y}{1 + \operatorname{tg} x \operatorname{tg} y}$

Fórmulas de Ângulo Duplo

$\operatorname{sen} 2x = 2 \operatorname{sen} x \cos x$

$\cos 2x = \cos^2 x - \operatorname{sen}^2 x = 2\cos^2 x - 1 = 1 - 2\operatorname{sen}^2 x$

$\operatorname{tg} 2x = \dfrac{2\operatorname{tg} x}{1 - \operatorname{tg}^2 x}$

Fórmulas de Ângulo-Metade

$\operatorname{sen}^2 x = \dfrac{1 - \cos 2x}{2}$ $\cos^2 x = \dfrac{1 + \cos 2x}{2}$

PÁGINA DE REFERÊNCIA 3

FUNÇÕES ESPECIAIS

Funções Potências $f(x) = x^n$

(i) $f(x) = x^n$, n um inteiro positivo

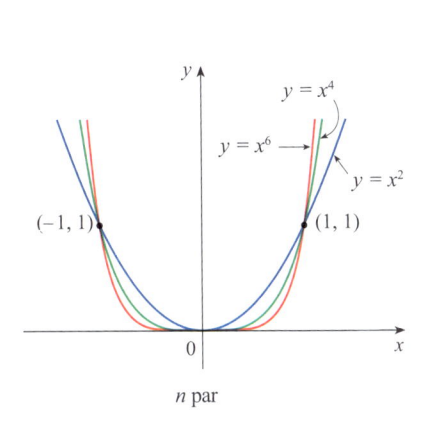

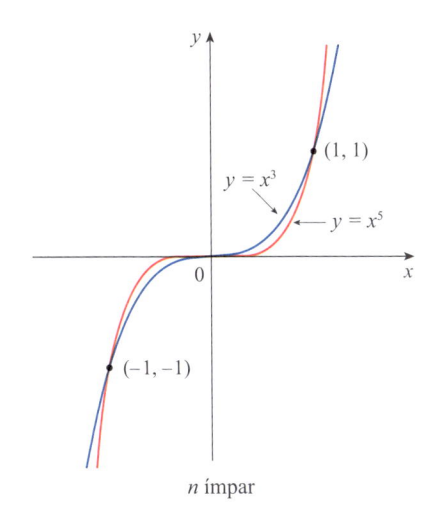

$y = x^4$, $y = x^6$, $y = x^2$
$(-1, 1)$, $(1, 1)$

n par

$y = x^3$, $y = x^5$
$(1, 1)$, $(-1, -1)$

n ímpar

(ii) $f(x) = x^{1/n} = \sqrt[n]{x}$, n um inteiro positivo

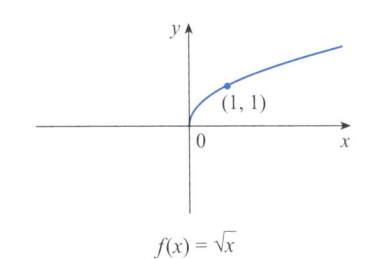

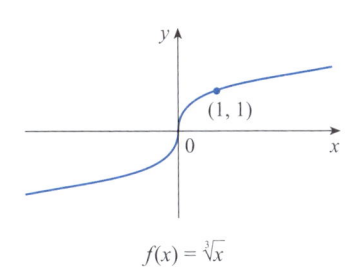

$f(x) = \sqrt{x}$

$f(x) = \sqrt[3]{x}$

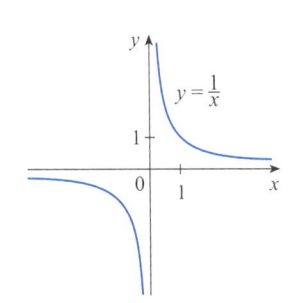

(iii) $f(x) = x^{-1} = \dfrac{1}{x}$

$y = \dfrac{1}{x}$

Funções Trigonométricas Inversas

$\arcsen x = \sen^{-1} x = y \iff \sen y = x$ e $-\dfrac{\pi}{2} \leq y \leq \dfrac{\pi}{2}$

$\arccos x = \cos^{-1} x = y \iff \cos y = x$ e $0 \leq y \leq \pi$

$\arctg x = \tg^{-1} x = y \iff \tg y = x$ e $-\dfrac{\pi}{2} \leq y \leq \dfrac{\pi}{2}$

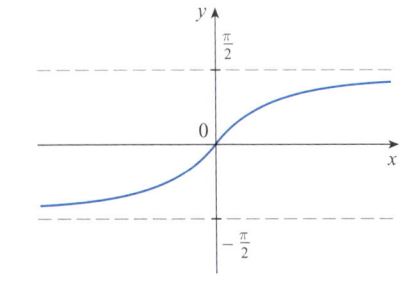

$\displaystyle\lim_{x \to -\infty} \tg^{-1} x = -\dfrac{\pi}{2}$

$\displaystyle\lim_{x \to \infty} \tg^{-1} x = \dfrac{\pi}{2}$

$y = \tg^{-1} x = \arctg x$

PÁGINA DE REFERÊNCIA 4

FUNÇÕES ESPECIAIS

Funções Exponenciais e Logarítmicas

$\log_b x = y \Leftrightarrow b^y = x$

$\ln x = \log_e x$, onde $\ln e = 1$

$\ln x = y \Leftrightarrow e^y = x$

Equações de Cancelamento

$\log_b (b^x) = x \qquad b^{\log_b x} = x$

$\ln(e^x) = x \qquad e^{\ln x} = x$

Propriedades dos Logaritmos

1. $\log_b (xy) = \log_b x + \log_b y$
2. $\log_b \left(\dfrac{x}{y}\right) = \log_b x - \log_b y$
3. $\log_b (x^r) = r \log_b x$

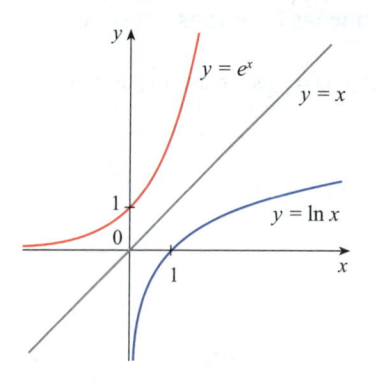

$\lim\limits_{x \to -\infty} e^x = 0 \qquad \lim\limits_{x \to \infty} e^x = \infty$

$\lim\limits_{x \to 0^+} \ln x = -\infty \qquad \lim\limits_{x \to \infty} \ln x = \infty$

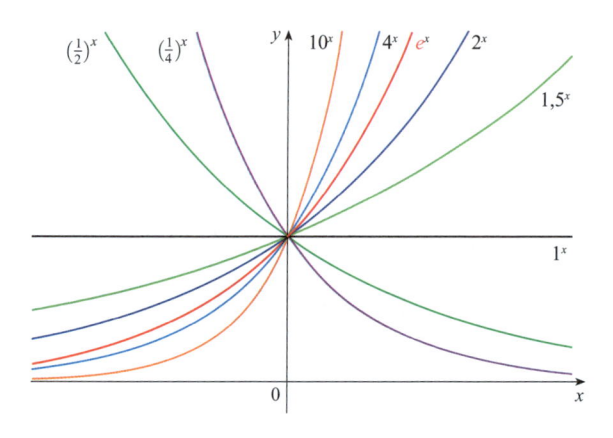

Funções Exponenciais

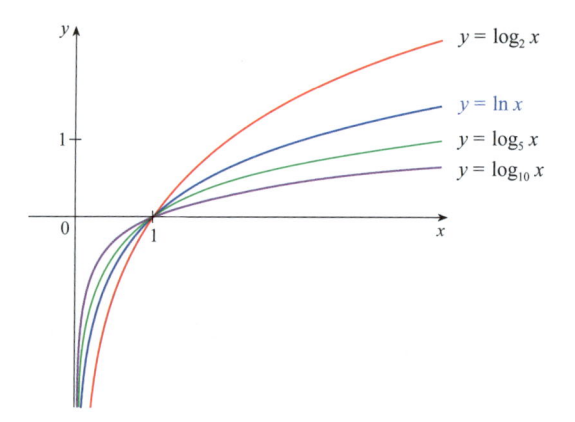

Funções Logarítmicas

Funções Hiperbólicas

$\operatorname{senh} x = \dfrac{e^x - e^{-x}}{2}$

$\cosh x = \dfrac{e^x + e^{-x}}{2}$

$\operatorname{tgh} x = \dfrac{\operatorname{senh} x}{\cosh x}$

$\operatorname{cossech} x = \dfrac{1}{\operatorname{senh} x}$

$\operatorname{sech} x = \dfrac{1}{\cosh x}$

$\operatorname{cotgh} x = \dfrac{\cosh x}{\operatorname{senh} x}$

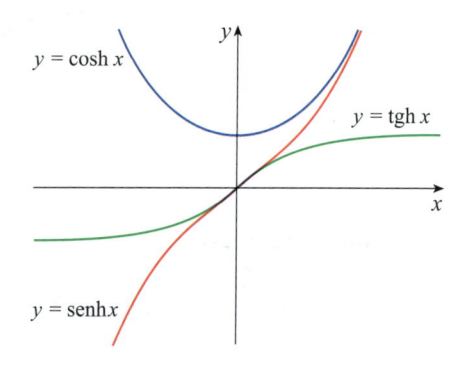

Funções Hiperbólicas Inversas

$y = \operatorname{senh}^{-1} x \Leftrightarrow \operatorname{senh} y = x$

$y = \cosh^{-1} x \Leftrightarrow \cosh y = x \text{ e } y \geq 0$

$y = \operatorname{tgh}^{-1} x \Leftrightarrow \operatorname{tgh} y = x$

$\operatorname{senh}^{-1} x = \ln\left(x + \sqrt{x^2 + 1}\right)$

$\cosh^{-1} x = \ln\left(x + \sqrt{x^2 - 1}\right)$

$\operatorname{tgh}^{-1} x = \tfrac{1}{2} \ln\left(\dfrac{1+x}{1-x}\right)$

PÁGINA DE REFERÊNCIA 5

REGRAS DE DERIVAÇÃO

Fórmulas Gerais

1. $\dfrac{d}{dx}(c) = 0$

2. $\dfrac{d}{dx}[cf(x)] = cf'(x)$

3. $\dfrac{d}{dx}[f(x) + g(x)] = f'(x) + g'(x)$

4. $\dfrac{d}{dx}[f(x) - g(x)] = f'(x) - g'(x)$

5. $\dfrac{d}{dx}[f(x)g(x)] = f(x)g'(x) + g(x)f'(x)$ (Regra de Produto)

6. $\dfrac{d}{dx}\left[\dfrac{f(x)}{g(x)}\right] = \dfrac{g(x)f'(x) - f(x)g'(x)}{[g(x)]^2}$ (Regra do Quociente)

7. $\dfrac{d}{dx}f(g(x)) = f'(g(x))g'(x)$ (Regra da Cadeia)

8. $\dfrac{d}{dx}(x^n) = nx^{n-1}$ (Regra da Potência)

Funções Exponenciais e Logarítmicas

9. $\dfrac{d}{dx}(e^x) = e^x$

10. $\dfrac{d}{dx}(b^x) = b^x \ln b$

11. $\dfrac{d}{dx}\ln|x| = \dfrac{1}{x}$

12. $\dfrac{d}{dx}(\log_b x) = \dfrac{1}{x \ln b}$

Funções Trigonométricas

13. $\dfrac{d}{dx}(\operatorname{sen} x) = \cos x$

14. $\dfrac{d}{dx}(\cos x) = -\operatorname{sen} x$

15. $\dfrac{d}{dx}(\operatorname{tg} x) = \sec^2 x$

16. $\dfrac{d}{dx}(\operatorname{cossec} x) = -\operatorname{cossec} x \, \operatorname{cotg} x$

17. $\dfrac{d}{dx}(\sec x) = \sec x \, \operatorname{tg} x$

18. $\dfrac{d}{dx}(\operatorname{cotg} x) = -\operatorname{cossec}^2 x$

Funções Trigonométricas Inversas

19. $\dfrac{d}{dx}(\operatorname{sen}^{-1} x) = \dfrac{1}{\sqrt{1-x^2}}$

20. $\dfrac{d}{dx}(\cos^{-1} x) = -\dfrac{1}{\sqrt{1-x^2}}$

21. $\dfrac{d}{dx}(\operatorname{tg}^{-1} x) = \dfrac{1}{1+x^2}$

22. $\dfrac{d}{dx}(\operatorname{cossec}^{-1} x) = -\dfrac{1}{x\sqrt{x^2-1}}$

23. $\dfrac{d}{dx}(\sec^{-1} x) = \dfrac{1}{x\sqrt{x^2-1}}$

24. $\dfrac{d}{dx}(\operatorname{cotg}^{-1} x) = -\dfrac{1}{1+x^2}$

Funções Hiperbólicas

25. $\dfrac{d}{dx}(\operatorname{senh} x) = \cosh x$

26. $\dfrac{d}{dx}(\cosh x) = \operatorname{senh} x$

27. $\dfrac{d}{dx}(\operatorname{tgh} x) = \operatorname{sech}^2 x$

28. $\dfrac{d}{dx}(\operatorname{cossech} x) = -\operatorname{cossech} x \, \operatorname{cotgh} x$

29. $\dfrac{d}{dx}(\operatorname{sech} x) = -\operatorname{sech} x \, \operatorname{tgh} x$

30. $\dfrac{d}{dx}(\operatorname{cotgh} x) = -\operatorname{cossech}^2 x$

Funções Hiperbólicas Inversas

31. $\dfrac{d}{dx}(\operatorname{senh}^{-1} x) = \dfrac{1}{\sqrt{1+x^2}}$

32. $\dfrac{d}{dx}(\cosh^{-1} x) = -\dfrac{1}{\sqrt{x^2-1}}$

33. $\dfrac{d}{dx}(\operatorname{tgh}^{-1} x) = \dfrac{1}{1-x^2}$

34. $\dfrac{d}{dx}(\operatorname{cossech}^{-1} x) = -\dfrac{1}{|x|\sqrt{x^2+1}}$

35. $\dfrac{d}{dx}(\operatorname{sech}^{-1} x) = -\dfrac{1}{x\sqrt{1-x^2}}$

36. $\dfrac{d}{dx}(\operatorname{cotgh}^{-1} x) = \dfrac{1}{1-x^2}$

PÁGINA DE REFERÊNCIA 6

TABELA DE INTEGRAIS

Fórmulas Básicas

1. $\int u\,dv = uv - \int v\,du$

2. $\int u^n\,du = \dfrac{u^{n+1}}{n+1} + C, \quad n \neq -1$

3. $\int \dfrac{du}{u} = \ln|u| + C$

4. $\int e^u\,du = e^u + C$

5. $\int b^u\,du = \dfrac{b^u}{\ln b} + C$

6. $\int \operatorname{sen} u\,du = -\cos u + C$

7. $\int \cos u\,du = \operatorname{sen} u + C$

8. $\int \sec^2 u\,du = \operatorname{tg} u + C$

9. $\int \operatorname{cossec}^2 u\,du = -\operatorname{cotg} u + C$

10. $\int \sec u\,\operatorname{tg} u\,du = \sec u + C$

11. $\int \operatorname{cossec} u\,\operatorname{cotg} u\,du = -\operatorname{cossec} u + C$

12. $\int \operatorname{tg} u\,du = \ln|\sec u| + C$

13. $\int \operatorname{cotg} u\,du = \ln|\operatorname{sen} u| + C$

14. $\int \sec u\,du = \ln|\sec u + \operatorname{tg} u| + C$

15. $\int \operatorname{cossec} u\,du = \ln|\operatorname{cossec} u - \operatorname{cotg} u| + C$

16. $\int \dfrac{du}{\sqrt{a^2 - u^2}} = \operatorname{sen}^{-1} \dfrac{u}{a} + C, \quad a > 0$

17. $\int \dfrac{du}{a^2 + u^2} = \dfrac{1}{a}\operatorname{tg}^{-1} \dfrac{u}{a} + C$

18. $\int \dfrac{du}{u\sqrt{u^2 - a^2}} = \dfrac{1}{a}\sec^{-1} \dfrac{u}{a} + C$

19. $\int \dfrac{du}{a^2 - u^2} = \dfrac{1}{2a}\ln\left|\dfrac{u+a}{u-a}\right| + C$

20. $\int \dfrac{du}{u^2 - a^2} = \dfrac{1}{2a}\ln\left|\dfrac{u-a}{u+a}\right| + C$

Funções Trigonométricas $\sqrt{a^2 + u^2}$, $a > 0$

21. $\int \sqrt{a^2 + u^2}\,du = \dfrac{u}{2}\sqrt{a^2 + u^2} + \dfrac{a^2}{2}\ln\left(u + \sqrt{a^2 + u^2}\right) + C$

22. $\int u^2 \sqrt{a^2 + u^2}\,du = \dfrac{u}{8}(a^2 + 2u^2)\sqrt{a^2 + u^2} - \dfrac{a^4}{8}\ln\left(u + \sqrt{a^2 + u^2}\right) + C$

23. $\int \dfrac{\sqrt{a^2 + u^2}}{u}\,du = \sqrt{a^2 + u^2} - a\ln\left|\dfrac{a + \sqrt{a^2 + u^2}}{u}\right| + C$

24. $\int \dfrac{\sqrt{a^2 + u^2}}{u^2}\,du = -\dfrac{\sqrt{a^2 + u^2}}{u} + \ln\left(u + \sqrt{a^2 + u^2}\right) + C$

25. $\int \dfrac{du}{\sqrt{a^2 + u^2}} = \ln\left(u + \sqrt{a^2 + u^2}\right) + C$

26. $\int \dfrac{u^2\,du}{\sqrt{a^2 + u^2}} = \dfrac{u}{2}\sqrt{a^2 + u^2} - \dfrac{a^2}{2}\ln\left(u + \sqrt{a^2 + u^2}\right) + C$

27. $\int \dfrac{du}{u\sqrt{a^2 + u^2}} = -\dfrac{1}{a}\ln\left|\dfrac{\sqrt{a^2 + u^2} + a}{u}\right| + C$

28. $\int \dfrac{du}{u^2\sqrt{a^2 + u^2}} = -\dfrac{\sqrt{a^2 + u^2}}{a^2 u} + C$

29. $\int \dfrac{du}{(a^2 + u^2)^{3/2}} = \dfrac{u}{a^2\sqrt{a^2 + u^2}} + C$

PÁGINA DE REFERÊNCIA 7

TABELA DE INTEGRAIS

Fórmulas Envolvendo $\sqrt{a^2 - u^2}$, $a > 0$

30. $\int \sqrt{a^2 - u^2}\, du = \dfrac{u}{2}\sqrt{a^2 - u^2} + \dfrac{a^2}{2}\operatorname{sen}^{-1}\dfrac{u}{a} + C$

31. $\int u^2 \sqrt{a^2 - u^2}\, du = \dfrac{u}{8}(2u^2 - a^2)\sqrt{a^2 - u^2} + \dfrac{a^4}{8}\operatorname{sen}^{-1}\dfrac{u}{a} + C$

32. $\int \dfrac{\sqrt{a^2 - u^2}}{u}\, du = \sqrt{a^2 - u^2} - a\ln\left|\dfrac{a + \sqrt{a^2 - u^2}}{u}\right| + C$

33. $\int \dfrac{\sqrt{a^2 - u^2}}{u^2}\, du = -\dfrac{1}{u}\sqrt{a^2 - u^2} - \operatorname{sen}^{-1}\dfrac{u}{a} + C$

34. $\int \dfrac{u^2\, du}{\sqrt{a^2 - u^2}} = -\dfrac{u}{2}\sqrt{a^2 - u^2} + \dfrac{a^2}{2}\operatorname{sen}^{-1}\dfrac{u}{a} + C$

35. $\int \dfrac{du}{u\sqrt{a^2 - u^2}} = -\dfrac{1}{a}\ln\left|\dfrac{a + \sqrt{a^2 - u^2}}{u}\right| + C$

36. $\int \dfrac{du}{u^2\sqrt{a^2 - u^2}} = -\dfrac{1}{a^2 u}\sqrt{a^2 - u^2} + C$

37. $\int (a^2 - u^2)^{3/2}\, du = -\dfrac{u}{8}(2u^2 - 5a^2)\sqrt{a^2 - u^2} + \dfrac{3a^4}{8}\operatorname{sen}^{-1}\dfrac{u}{a} + C$

38. $\int \dfrac{du}{(a^2 - u^2)^{3/2}} = \dfrac{u}{a^2\sqrt{a^2 - u^2}} + C$

Fórmulas Envolvendo $\sqrt{u^2 - a^2}$, $a > 0$

39. $\int \sqrt{u^2 - a^2}\, du = \dfrac{u}{2}\sqrt{u^2 - a^2} - \dfrac{a^2}{2}\ln\left|u + \sqrt{u^2 - a^2}\right| + C$

40. $\int u^2 \sqrt{u^2 - a^2}\, du = \dfrac{u}{8}(2u^2 - a^2)\sqrt{u^2 - a^2} - \dfrac{a^4}{8}\ln\left|u + \sqrt{u^2 - a^2}\right| + C$

41. $\int \dfrac{\sqrt{u^2 - a^2}}{u}\, du = \sqrt{u^2 - a^2} - a\cos^{-1}\dfrac{a}{|u|} + C$

42. $\int \dfrac{\sqrt{u^2 - a^2}}{u^2}\, du = -\dfrac{\sqrt{u^2 - a^2}}{u} + \ln\left|u + \sqrt{u^2 - a^2}\right| + C$

43. $\int \dfrac{du}{\sqrt{u^2 - a^2}} = \ln\left|u + \sqrt{u^2 - a^2}\right| + C$

44. $\int \dfrac{u^2\, du}{\sqrt{u^2 - a^2}} = \dfrac{u}{2}\sqrt{u^2 - a^2} + \dfrac{a^2}{2}\ln\left|u + \sqrt{u^2 - a^2}\right| + C$

45. $\int \dfrac{du}{u^2\sqrt{u^2 - a^2}} = \dfrac{\sqrt{u^2 - a^2}}{a^2 u} + C$

46. $\int \dfrac{du}{(u^2 - a^2)^{3/2}} = -\dfrac{u}{a^2\sqrt{u^2 - a^2}} + C$

(continua)

PÁGINA DE REFERÊNCIA 8

TABELA DE INTEGRAIS

Fórmulas Envolvendo $a + bu$

47. $\displaystyle\int \frac{u\,du}{a+bu} = \frac{1}{b^2}(a+bu-a\ln|a+bu|)+C$

48. $\displaystyle\int \frac{u^2\,du}{a+bu} = \frac{1}{2b^3}\left[(a+bu)^2 - 4a(a+bu)+2a^2\ln|a+bu|\right]+C$

49. $\displaystyle\int \frac{du}{u(a+bu)} = \frac{1}{a}\ln\left|\frac{u}{a+bu}\right|+C$

50. $\displaystyle\int \frac{du}{u^2(a+bu)} = -\frac{1}{au} + \frac{b}{a^2}\ln\left|\frac{a+bu}{u}\right|+C$

51. $\displaystyle\int \frac{u\,du}{(a+bu)^2} = -\frac{a}{b^2(a+bu)} + \frac{1}{b^2}\ln|a+bu|+C$

52. $\displaystyle\int \frac{du}{u(a+bu)^2} = \frac{1}{a(a+bu)} - \frac{1}{a^2}\ln\left|\frac{a+bu}{u}\right|+C$

53. $\displaystyle\int \frac{u^2\,du}{(a+bu)^2} = \frac{1}{b^3}\left(a+bu - \frac{a^2}{a+bu} - 2a\ln|a+bu|\right)+C$

54. $\displaystyle\int u\sqrt{a+bu}\,du = \frac{2}{15b^2}(3bu-2a)(a+bu)^{3/2}+C$

55. $\displaystyle\int \frac{u\,du}{\sqrt{a+bu}} = \frac{2}{3b^2}(bu-2a)\sqrt{a+bu}+C$

56. $\displaystyle\int \frac{u^2\,du}{\sqrt{a+bu}} = \frac{2}{15b^3}(8a^2+3b^2u^2-4abu)\sqrt{a+bu}+C$

57. $\displaystyle\int \frac{du}{u\sqrt{a+bu}} = \frac{1}{\sqrt{a}}\ln\left|\frac{\sqrt{a+bu}-\sqrt{a}}{\sqrt{a+bu}+\sqrt{a}}\right|+C,\ \text{se } a>0$

$\qquad\qquad\qquad = \dfrac{2}{\sqrt{-a}}\,\text{tg}^{-1}\sqrt{\dfrac{a+bu}{-a}}+C,\quad \text{se } a<0$

58. $\displaystyle\int \frac{\sqrt{a+bu}}{u}\,du = 2\sqrt{a+bu} + a\int \frac{du}{u\sqrt{a+bu}}$

59. $\displaystyle\int \frac{\sqrt{a+bu}}{u^2}\,du = -\frac{\sqrt{a+bu}}{u} + \frac{b}{2}\int \frac{du}{u\sqrt{a+bu}}$

60. $\displaystyle\int u^n\sqrt{a+bu}\,du = \frac{2}{b(2n+3)}\left[u^n(a+bu)^{3/2} - na\int u^{n-1}\sqrt{a+bu}\,du\right]$

61. $\displaystyle\int \frac{u^n\,du}{\sqrt{a+bu}} = \frac{2u^n\sqrt{a+bu}}{b(2n+1)} - \frac{2na}{b(2n+1)}\int \frac{u^{n-1}\,du}{\sqrt{a+bu}}$

62. $\displaystyle\int \frac{du}{u^n\sqrt{a+bu}} = -\frac{\sqrt{a+bu}}{a(n-1)u^{n-1}} - \frac{b(2n-3)}{2a(n-1)}\int \frac{du}{u^{n-1}\sqrt{a+bu}}$

PÁGINA DE REFERÊNCIA 9

TABELA DE INTEGRAIS

Fórmulas Trigonométricas

63. $\int \operatorname{sen}^2 u\, du = \frac{1}{2}u - \frac{1}{4}\operatorname{sen} 2u + C$

64. $\int \cos^2 u\, du = \frac{1}{2}u + \frac{1}{4}\operatorname{sen} 2u + C$

65. $\int \operatorname{tg}^2 u\, du = \operatorname{tg} u - u + C$

66. $\int \operatorname{cotg}^2 u\, du = -\operatorname{cotg} u - u + C$

67. $\int \operatorname{sen}^3 u\, du = -\frac{1}{3}(2 + \operatorname{sen}^2 u)\cos u + C$

68. $\int \cos^3 u\, du = \frac{1}{3}(2 + \cos^2 u)\operatorname{sen} u + C$

69. $\int \operatorname{tg}^3 u\, du = \frac{1}{2}\operatorname{tg}^2 u + \ln|\cos u| + C$

70. $\int \operatorname{cotg}^3 u\, du = -\frac{1}{2}\operatorname{cotg}^2 u - \ln|\operatorname{sen} u| + C$

71. $\int \sec^3 u\, du = \frac{1}{2}\sec u\, \operatorname{tg} u + \frac{1}{2}\ln|\sec u + \operatorname{tg} u| + C$

72. $\int \operatorname{cossec}^3 u\, du = -\frac{1}{2}\operatorname{cossec} u\, \operatorname{cotg} u + \frac{1}{2}\ln|\operatorname{cossec} u - \operatorname{cotg} u| + C$

73. $\int \operatorname{sen}^n u\, du = -\frac{1}{n}\operatorname{sen}^{n-1} u \cos u + \frac{n-1}{n}\int \operatorname{sen}^{n-2} u\, du$

74. $\int \cos^n u\, du = \frac{1}{n}\cos^{n-1} u\, \operatorname{sen} u + \frac{n-1}{n}\int \cos^{n-2} u\, du$

75. $\int \operatorname{tg}^n u\, du = \frac{1}{n-1}\operatorname{tg}^{n-1} u - \int \operatorname{tg}^{n-2} u\, du$

76. $\int \operatorname{cotg}^n u\, du = \frac{-1}{n-1}\operatorname{cotg}^{n-1} u - \int \operatorname{cotg}^{n-2} u\, du$

77. $\int \sec^n u\, du = \frac{1}{n-1}\operatorname{tg} u \sec^{n-2} u + \frac{n-2}{n-1}\int \sec^{n-2} u\, du$

78. $\int \operatorname{cossec}^n u\, du = \frac{1}{n-1}\operatorname{cotg} u\, \operatorname{cossec}^{n-2} u + \frac{n-2}{n-1}\int \operatorname{cossec}^{n-2} u\, du$

79. $\int \operatorname{sen} au\, \operatorname{sen} bu\, du = \frac{\operatorname{sen}(a-b)u}{2(a-b)} - \frac{\operatorname{sen}(a+b)u}{2(a+b)} + C$

80. $\int \cos au \cos bu\, du = \frac{\operatorname{sen}(a-b)u}{2(a-b)} + \frac{\operatorname{sen}(a+b)u}{2(a+b)} + C$

81. $\int \operatorname{sen} au \cos bu\, du = -\frac{\cos(a-b)u}{2(a-b)} - \frac{\cos(a+b)u}{2(a+b)} + C$

82. $\int u\, \operatorname{sen} u\, du = \operatorname{sen} u - u\cos + C$

83. $\int u\, \cos u\, du = \cos u + u\, \operatorname{sen} + C$

84. $\int u^n\, \operatorname{sen} u\, du = -u^n \cos u + u\int u^{n-1}\cos u\, du$

85. $\int u^n \cos u\, du = u^n \operatorname{sen} u - n\int u^{n-1}\operatorname{sen} u\, du$

86. $\int \operatorname{sen}^n u \cos^m u\, du = -\frac{\operatorname{sen}^{n-1} u \cos^{m+1} u}{n+m} + \frac{n-1}{n+m}\int \operatorname{sen}^{n-2} u \cos^m u\, du$
$= \frac{\operatorname{sen}^{n+1} u \cos^{m-1} u}{n+m} + \frac{m-1}{n+m}\int \operatorname{sen}^n u \cos^{m-2} u\, du$

Fórmulas Trigonométricas Inversas

87. $\int \operatorname{sen}^{-1} u\, du = u\, \operatorname{sen}^{-1} u + \sqrt{1-u^2} + C$

88. $\int \cos^{-1} u\, du = u\, \cos^{-1} u - \sqrt{1-u^2} + C$

89. $\int \operatorname{tg}^{-1} u\, du = u\, \operatorname{tg}^{-1} u - \frac{1}{2}\ln(1+u^2) + C$

90. $\int u\, \operatorname{sen}^{-1} u\, du = \frac{2u^2 - 1}{4}\operatorname{sen}^{-1} u + \frac{u\sqrt{1-u^2}}{4} + C$

91. $\int u\, \cos^{-1} u\, du = \frac{2u^2 - 1}{4}\cos^{-1} u + \frac{u\sqrt{1-u^2}}{4} + C$

92. $\int u\, \operatorname{tg}^{-1} u\, du = \frac{u^2 + 1}{2}\operatorname{tg}^{-1} u - \frac{u}{2} + C$

93. $\int u^n \operatorname{sen}^{-1} u\, du = \frac{1}{n+1}\left[u^{n+1}\operatorname{sen}^{-1} u - \int \frac{u^{n+1}\, du}{\sqrt{1-u^2}}\right], \quad n \neq -1$

94. $\int u^n \cos^{-1} u\, du = \frac{1}{n+1}\left[u^{n+1}\cos^{-1} u + \int \frac{u^{n+1}\, du}{\sqrt{1-u^2}}\right], \quad n \neq -1$

95. $\int u^n \operatorname{tg}^{-1} u\, du = \frac{1}{n+1}\left[u^{n+1}\operatorname{tg}^{-1} u - \int \frac{u^{n+1}\, du}{1+u^2}\right], \quad n \neq -1$

(continua)

PÁGINA DE REFERÊNCIA 10

TABELA DE INTEGRAIS

Fórmulas Exponenciais e Logarítmicas

96. $\int u e^{au} du = \dfrac{1}{a^2}(au-1)e^{au} + C$

97. $\int u^n e^{au} du = \dfrac{1}{a} u^n e^{au} - \dfrac{n}{a}\int u^{n-1} e^{au} du$

98. $\int e^{au} \operatorname{sen} bu\, du = \dfrac{e^{au}}{a^2+b^2}(a\operatorname{sen} bu - b\cos bu) + C$

99. $\int e^{au} \cos bu\, du = \dfrac{e^{au}}{a^2+b^2}(a\cos bu + b\operatorname{sen} bu) + C$

100. $\int \ln u\, du = u\ln u - u + C$

101. $\int u^n \ln u\, du = \dfrac{u^{n+1}}{(n+1)^2}[(n+1)\ln u - 1] + C$

102. $\int \dfrac{1}{u\ln u} du = \ln|\ln u| + C$

Fórmulas Hiperbólicas

103. $\int \operatorname{senh} u\, du = \cosh u + C$

104. $\int \cosh u\, du = \operatorname{senh} u + C$

105. $\int \operatorname{tgh} u\, du = \ln \cosh u + C$

106. $\int \operatorname{cotgh} u\, du = \ln|\operatorname{senh} u| + C$

107. $\int \operatorname{sech} u\, du = \operatorname{tg}^{-1}|\operatorname{senh} u| + C$

108. $\int \operatorname{cosech} u\, du = \ln|\operatorname{tgh} \tfrac{1}{2} u| + C$

109. $\int \operatorname{sech}^2 u\, du = \operatorname{tgh} u + C$

110. $\int \operatorname{cossech}^2 u\, du = -\operatorname{cotgh} u + C$

111. $\int \operatorname{sech} u\, \operatorname{tgh} u\, du = -\operatorname{sech} u + C$

112. $\int \operatorname{cossech} u\, \operatorname{cotgh} u\, du = -\operatorname{cossech} u + C$

Fórmulas Envolvendo $\sqrt{2au - u^2}$, $a > 0$

113. $\int \sqrt{2au-u^2}\, du = \dfrac{u-a}{2}\sqrt{2au-u^2} + \dfrac{a^2}{2}\cos^{-1}\left(\dfrac{a-u}{a}\right) + C$

114. $\int u\sqrt{2au-u^2}\, du = \dfrac{2u^2-au-3a^2}{6}\sqrt{2au-u^2} + \dfrac{a^3}{2}\cos^{-1}\left(\dfrac{a-u}{a}\right) + C$

115. $\int \dfrac{\sqrt{2au-u^2}}{u} du = \sqrt{2au-u^2} + a\cos^{-1}\left(\dfrac{a-u}{a}\right) + C$

116. $\int \dfrac{\sqrt{2au-u^2}}{u^2} du = -\dfrac{2\sqrt{2au-u^2}}{u} - \cos^{-1}\left(\dfrac{a-u}{a}\right) + C$

117. $\int \dfrac{du}{\sqrt{2au-u^2}} = \cos^{-1}\left(\dfrac{a-u}{a}\right) + C$

118. $\int \dfrac{u\, du}{\sqrt{2au-u^2}} = -\sqrt{2au-u^2} + a\cos^{-1}\left(\dfrac{a-u}{a}\right) + C$

119. $\int \dfrac{u^2\, du}{\sqrt{2au-u^2}} = -\dfrac{(u+3a)}{2}\sqrt{2au-u^2} + \dfrac{3a^2}{2}\cos^{-1}\left(\dfrac{a-u}{a}\right) + C$

120. $\int \dfrac{du}{u\sqrt{2au-u^2}} = \dfrac{\sqrt{2au-u^2}}{au} + C$